Lithium Batteries:
Science and Technology

锂电池
科学与技术

【法】 克里斯汀·朱利恩　　艾伦·玛格
　　　Christian Julien　　　Alain Mauger
　　　　　　　　　　　　　　　　　　　　　著
【加】 阿肖克·维志　　　　卡里姆·扎赫伯
　　　Ashok Vijh　　　　　Karim Zaghib

刘兴江　等译

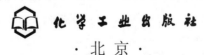

·北京·

本书总结了锂电池基础理论、关键材料、电池技术的研究成果,特别是对各种锂电池正负极材料、电池工艺进行了详尽介绍。全书共分为15章,涉及能量储存和转化的基本要素、锂电池、嵌入原理、刚性能带理论模型应用于锂嵌入化合物的可靠性、二维正极材料、单元素离子的三维框架正极材料、聚阴离子正极材料、氟代聚阴离子化合物、无序化合物、锂离子电池负极、锂电池电解质与隔膜、储能纳米技术、试验技术、锂离子电池安全性、锂离子电池技术等内容。

本书具有全面、具体、新颖、实用的特点,可以作为我国从事锂电池研究、生产、应用的各类科技与专业人员的一部极具价值的参考书,也可以作为各类高校、研究院所从事电化学及材料学相关专业师生的有益参考书。

图书在版编目(CIP)数据

锂电池科学与技术/[法]克里斯汀·朱利恩
(Christian Julien)等著;刘兴江等译.—北京:
化学工业出版社,2018.1(2023.1重印)
书名原文:Lithium Batteries Science and
Technology
ISBN 978-7-122-31107-8

Ⅰ.①锂… Ⅱ.①克…②刘… Ⅲ.①锂电池-研究
Ⅳ.①TM911

中国版本图书馆 CIP 数据核字(2017)第 298334 号

Translation from the English language edition:
Lithium Batteries Science and Technology
by Christian Julien,Alain Mauger,Ashok Vijh and Karim Zaghib
Copyright © Springer International Publishing Switzerland 2016
Springer is a part of Springer Nature
All Rights Reserved.
本书中文简体字版由 Springer International Publishing Switzerland 授权化学工业出版社独家出版发行。
未经许可,不得以任何方式复制或抄袭本书的任何部分,违者必究。
北京市版权局著作权合同登记号:01-2017-8303

责任编辑:朱 彤　　　　　　　　　　文字编辑:向 东
责任校对:王素芹　　　　　　　　　　装帧设计:王晓宇

出版发行:化学工业出版社(北京市东城区青年湖南街13号　邮政编码100011)
印　　装:三河市航远印刷有限公司
787mm×1092mm　1/16　印张27　字数664千字　2023年1月北京第1版第6次印刷

购书咨询:010-64518888　　　　　　　售后服务:010-64518899
网　　址:http://www.cip.com.cn
凡购买本书,如有缺损质量问题,本社销售中心负责调换。

定　价:158.00元　　　　　　　　　　　　　　　　　　版权所有　违者必究

  《锂电池科学与技术》（Lithium Batteries Science and Technology）是由法国和加拿大科学家 Christian Julien、Alain Mauger、Ashok Vijh、Karim Zaghib 共同编写的锂电池专著。该书全面总结了锂电池基础理论、关键材料、电池技术的研究成果。特别是对各种正负极材料、电池工艺进行了详尽介绍。

  《锂电池科学与技术》共 15 章，涉及能量储存和转化的基本要素、锂电池、嵌入原理、刚性能带理论模型应用于锂嵌入化合物的可靠性、二维正极材料、单元素离子的三维框架正极材料、聚阴离子正极材料、氟代聚阴离子化合物、无序化合物、锂离子电池负极、锂电池电解质与隔膜、储能纳米技术、试验技术、锂离子电池安全性、锂离子电池技术等内容，具有全面、具体、新颖、实用的特点。译者相信本书可以成为我国从事锂电池研究、生产、应用的各类科技与专业人员的一部极具价值的参考书；同时，本书也可作为各类高校、研究院所从事电化学及材料学相关专业师生的有益参考书。

  中国电子科技集团公司第十八研究所作为全国最大的电池专业研究所承担了本书的翻译工作。参加本书翻译和审校的专家与科技人员有：刘兴江、王松蕊、卢志威、宗军、许寒、郁济敏、李杨等。同时，中国电子科技集团公司第十八研究所和化学与物理电源行业协会对该书的编撰与出版提供了有力支持。

  在此谨向参与本书翻译和相关工作的专家与科技人员表示衷心感谢；向支持本项工作的领导和同事表示衷心感谢。

  由于译者水平和时间所限，本书难免有不当之处，欢迎读者批评指正。

刘兴江
2017 年 10 月

前言
FOREWORD

充电电池储能在近二十年来成为被关注的焦点，基于互联网的移动电子设备（如笔记本电脑、手机、平板电脑、数码相机等）都离不开储能电池。

电池的重要性日益突显，已广泛应用在电动工具、便携电子设备、远程医疗和远程教学以及实时通信领域。如今，能源与环境问题备受重视，混合电动汽车和纯电动汽车已有取代化石燃料汽车之势，储能电池被推到解决能源与环境问题的首要位置，起到关键性作用。

在这样的背景下，储能电池的研究、开发和商业化应用焕发出了巨大活力，不断推出更高效、更耐用的电池，并想方设法提高电池比能量和比功率。电池行业尤其是锂电池行业发表论文和申请专利的数量巨大，这一研究领域的火热程度可见一斑。

电池行业每年召开很多座谈会和研讨会，近几年出版了大量书籍，这些书籍基本上都是由行业内的技术人员编写而成。

那么，为什么还要出版本书呢？第一，现代锂离子电池的主要研发中心之一是 Hydro-Québec 研究所，本书的作者就是在这里工作。第二，以前的书基本上都是由电池研究人员编写的；本文的作者有其他学科的研究背景，可以从多个不同角度来看待这一领域：Christian Julien 和 Alain Mauger 从事电池材料方面的固态物理学研究；Ashok Vijh 是界面电化学专家，可以从新的角度提出不同观点；Karim Zaghib 是电化学工程师，熟悉电池技术，经验丰富。第三，电池在陆地运输甚至在航空运输中起火的事情还没有引起科学界的足够重视，至少没有引起选择和使用锂电池的汽车与飞机制造商的重视。现在很多书籍的作者从不同技术角度探讨安全性问题，但通常公司的管理人员和采购人员对这些文章不感兴趣。本书关于安全问题的论述不完全从技术角度出发，而是更多地关注使用者的感受。第四，近几年来，纳米技术的研究取得了很大进步，人工合成多孔纳米粒子，制备含有如石墨烯、碳纳米管或导电涂层的复合纳米粒子。这些技术还有升级的空间，我们希望在不久的将来还能够开发出下一代锂离子电池。希望读者在阅读本书之后有所启发，能够在这一领域继续研究和探讨，这也是出版本书的目的。

最后，本书中还突出了材料方面的内容，包括粒子团和界面性质。本文的作者相信，无论是过去还是未来，电池研发技术的提升要以电池材料基础理化研究为基础。在这方面，John Goodenough 先生作出了卓越的贡献。

法国，巴黎	克里斯汀·朱利恩
法国，巴黎	艾伦·玛格
加拿大，魁北克	阿肖克·维志
加拿大，魁北克	卡里姆·扎赫伯

目录 CONTENTS

第1章 能量储存和转化的基本要素
1.1 能量储存能力 /001
1.2 不间断能量供应 /002
1.3 纳米储能 /003
1.4 储能 /004
1.5 电化学电池简要历史 /006
    1.5.1 重要里程碑 /006
    1.5.2 电池设计 /007
1.6 电池的重要参数 /008
    1.6.1 基本参数 /008
    1.6.2 循环寿命与日历寿命 /011
    1.6.3 能量、容量和功率 /012
1.7 电化学系统 /013
    1.7.1 电池组 /013
    1.7.2 电致变色与智能窗 /014
    1.7.3 超级电容器 /015
1.8 总结与评论 /016
参考文献 /016

第2章 锂电池
2.1 引言 /019
2.2 发展历史概述 /020
2.3 一次锂电池 /022
    2.3.1 高温锂电池 /022
    2.3.2 固态电解质锂电池 /023
    2.3.3 液态正极锂电池 /025
    2.3.4 固态正极锂电池 /025
2.4 二次锂电池 /029
    2.4.1 锂-金属电池 /029
    2.4.2 锂离子电池 /031
    2.4.3 锂聚合物电池 /035
    2.4.4 锂-硫电池 /036
2.5 锂电池经济 /037

2.6 电池模型 /038

参考文献 /039

第3章 嵌入原理

3.1 引言 /045
3.2 嵌入机理 /046
3.3 吉布斯相律 /047
3.4 典型嵌入反应 /049
    3.4.1 完美的无化学计量比化合物：Ⅰ类电极材料 /049
    3.4.2 准两相系统：Ⅱ类电极 /051
    3.4.3 两相系统：Ⅲ型电极 /051
    3.4.4 邻域：Ⅳ型电极 /052
3.5 插层化合物 /052
    3.5.1 合成插层化合物 /052
    3.5.2 碱金属插层化合物 /053
3.6 插层化合物的电子能量 /054
3.7 插层化合物高电压的产生原理 /055
3.8 锂离子电池正极材料 /056
3.9 相转化反应 /058
3.10 合金化反应 /058

参考文献 /059

第4章 刚性能带理论模型应用于锂嵌入化合物的可靠性

4.1 引言 /062
4.2 费米能级的演变 /062
4.3 TMDs的电子结构 /064
4.4 锂嵌入 TiS_2 材料 /066
4.5 锂嵌入 TaS_2 材料 /068
4.6 锂嵌入 $2H\text{-}MoS_2$ 材料 /069
4.7 锂嵌入 WS_2 材料 /071
4.8 锂嵌入 InSe 材料 /072
4.9 过渡金属化合物的电化学性质 /074
4.10 总结与评论 /075

参考文献 /075

第5章 二维正极材料

5.1 引言 /077
5.2 二元层状氧化物 /077
    5.2.1 MoO_3 /077
    5.2.2 V_2O_5 /080

  5.2.3 LiV_3O_8 /082
 5.3 三元层状氧化物 /083
  5.3.1 $LiCoO_2$（LCO） /084
  5.3.2 $LiNiO_2$（LNO） /086
  5.3.3 $LiNi_{1-y}Co_yO_2$（NCO） /087
  5.3.4 掺杂的 $LiCoO_2$（d-LCO） /089
  5.3.5 $LiNi_{1-y-z}Co_yAl_zO_2$（NCA） /091
  5.3.6 $LiNi_{0.5}Mn_{0.5}O_2$（NMO） /092
  5.3.7 $LiNi_{1-y-z}Mn_yCo_zO_2$（NMC） /092
  5.3.8 Li_2MnO_3 /095
  5.3.9 富锂层状化合物（LNMC） /097
  5.3.10 其他层状化合物 /099
 5.4 总结与评论 /099
参考文献 /100

第6章 单元素离子的三维框架正极材料

 6.1 引言 /110
 6.2 二氧化锰 /111
  6.2.1 MnO_2 /112
  6.2.2 锰基复合材料 /112
  6.2.3 MnO_2纳米棒 /113
  6.2.4 水钠锰矿 /115
 6.3 锂化二氧化锰 /116
  6.3.1 $Li_{0.33}MnO_2$ /116
  6.3.2 $Li_{0.44}MnO_2$ /117
  6.3.3 $LiMnO_2$ /118
  6.3.4 $Li_xNa_{0.5-x}MnO_2$ /119
 6.4 尖晶石锂锰氧化物 /119
  6.4.1 $LiMn_2O_4$（LMO） /119
  6.4.2 锰酸锂表面修饰 /123
  6.4.3 缺陷尖晶石 /124
  6.4.4 锂掺杂尖晶石 /124
 6.5 5V尖晶石 /126
 6.6 钒氧化物 /128
  6.6.1 V_6O_{13} /128
  6.6.2 $LiVO_2$ /129
  6.6.3 VO_2(B) /130
 6.7 总结与评论 /130
参考文献 /131

第 7 章　聚阴离子正极材料

　　7.1　引言　/138
　　7.2　合成路线　/140
　　　　7.2.1　固相法　/140
　　　　7.2.2　溶胶-凝胶法　/141
　　　　7.2.3　水热法　/141
　　　　7.2.4　共沉淀法　/141
　　　　7.2.5　微波合成　/141
　　　　7.2.6　多元醇与溶剂热过程　/142
　　　　7.2.7　微乳液　/142
　　　　7.2.8　喷雾技术　/142
　　　　7.2.9　模板法　/142
　　　　7.2.10　机械活化　/143
　　7.3　晶体化学　/144
　　　　7.3.1　橄榄石磷酸盐的结构　/144
　　　　7.3.2　诱导效应　/146
　　7.4　优化的 $LiFePO_4$ 粒子的结构与形貌　/147
　　　　7.4.1　磷酸铁锂的 XRD 谱　/147
　　　　7.4.2　优化的磷酸铁锂的形貌　/148
　　　　7.4.3　局域结构与晶格动力学　/148
　　7.5　磁性和电子特性　/150
　　　　7.5.1　本征磁性　/150
　　　　7.5.2　$\gamma\text{-}Fe_2O_3$ 杂质的影响　/151
　　　　7.5.3　Fe_2P 杂质的影响　/152
　　　　7.5.4　磁极性效应　/154
　　7.6　碳包覆层　/157
　　　　7.6.1　碳层的表征　/157
　　　　7.6.2　碳层质量　/158
　　7.7　化学计量比偏差的影响　/160
　　7.8　LFP 颗粒暴露于水中的老化　/161
　　　　7.8.1　水浸 LFP 颗粒　/162
　　　　7.8.2　长期暴露于水中的 LFP 颗粒　/163
　　7.9　LFP 的电化学性能　/163
　　　　7.9.1　循环性能　/163
　　　　7.9.2　电化学特性与温度　/164
　　7.10　4V 正极 $LiMnPO_4$　/166
　　7.11　聚阴离子高电压正极材料　/167
　　　　7.11.1　橄榄石材料的合成　/168
　　　　7.11.2　5V 正极材料 $LiNiPO_4$　/168
　　　　7.11.3　5V 正极材料 $LiCoPO_4$　/168

7.12　NASICON 类型化合物　/170
7.13　聚阴离子硅酸盐 Li_2MSiO_4（M=Fe，Mn，Co）　/171
7.14　总结和展望　/173
参考文献　/174

第 8 章　氟代聚阴离子化合物

8.1　引言　/185
8.2　聚阴离子型化合物　/185
8.3　氟代聚阴离子　/187
　　8.3.1　氟掺杂 $LiFePO_4$　/187
　　8.3.2　$LiVPO_4F$　/188
　　8.3.3　$LiMPO_4F$（M=Fe，Ti）　/190
　　8.3.4　Li_2FePO_4F（M=Fe，Co，Ni）　/191
　　8.3.5　Li_2MPO_4F（M=Co，Ni）　/191
　　8.3.6　$Na_3V_2(PO_4)_2F_3$ 混合离子正极材料　/192
　　8.3.7　其他氟磷酸盐　/193
8.4　氟硫酸盐　/193
　　8.4.1　$LiFeSO_4F$　/194
　　8.4.2　$LiMSO_4F$（M=Co，Ni，Mn）　/195
8.5　总结与评论　/196
参考文献　/197

第 9 章　无序化合物

9.1　引言　/203
9.2　无序 MoS_2　/204
9.3　水合 MoO_3　/206
9.4　MoO_3 薄膜　/207
9.5　无序钒氧化物　/211
9.6　$LiCoO_2$ 薄膜　/213
9.7　无序 $LiMn_2O_4$　/214
9.8　无序 $LiNiVO_4$　/216
参考文献　/217

第 10 章　锂离子电池负极

10.1　引言　/221
10.2　碳基负极　/223
　　10.2.1　硬碳　/223
　　10.2.2　软碳　/223
　　10.2.3　碳纳米管　/224
　　10.2.4　石墨烯　/225

10.2.5 表面修饰碳材料 /226
10.3 硅负极 /226
  10.3.1 Si 薄膜 /228
  10.3.2 Si 纳米线 /228
  10.3.3 多孔 Si /230
  10.3.4 多孔纳米管/纳米线与纳米颗粒 /232
  10.3.5 纳米结构 Si 包覆及 SEI 稳定性 /233
10.4 锗 /234
10.5 锡和铅 /235
10.6 具有插层-脱嵌反应的氧化物 /236
  10.6.1 TiO_2 /236
  10.6.2 $Li_4Ti_5O_{12}$ /242
  10.6.3 Ti-Nb 氧化物 /246
10.7 基于合金化与去合金化反应的氧化物 /246
  10.7.1 Si 氧化物 /246
  10.7.2 GeO_2 和锗酸盐 /248
  10.7.3 Sn 氧化物 /248
10.8 基于转化反应的负极 /252
  10.8.1 CoO /253
  10.8.2 NiO /254
  10.8.3 CuO /257
  10.8.4 MnO /258
  10.8.5 尖晶石结构氧化物 /260
  10.8.6 具有刚玉结构的氧化物：M_2O_3（M＝Fe，Cr，Mn）/264
  10.8.7 二氧化物 /266
10.9 尖晶石结构三元金属氧化物 /267
  10.9.1 钼化合物 /267
  10.9.2 青铜型氧化物 /268
  10.9.3 $Mn_2Mo_3O_8$ /269
10.10 基于合金和转化反应的负极 /269
  10.10.1 $ZnCo_2O_4$ /269
  10.10.2 $ZnFe_2O_4$ /270
10.11 总结与评论 /271
参考文献 /272

第 11 章 锂电池电解质与隔膜

11.1 引言 /300
11.2 理想电解质的性质 /300
  11.2.1 电解质的组成 /301
  11.2.2 溶剂 /301

11.2.3 溶质 /302
11.2.4 包含离子液体的电解质 /303
11.2.5 聚合物电解质 /305
11.3 锂电池中电极-电解质界面钝化现象 /306
11.4 现有商业化电解质体系存在的问题 /307
11.4.1 不可逆容量损失 /307
11.4.2 使用温度范围 /308
11.4.3 热失控：安全与危害 /308
11.4.4 离子传输能力的提升 /308
11.5 电解质设计 /308
11.5.1 SEI膜的控制 /309
11.5.2 锂盐的安全问题 /309
11.5.3 过充保护 /311
11.5.4 阻燃剂 /311
11.6 隔膜 /313
11.7 总结 /315
参考文献 /315

第12章 储能纳米技术

12.1 引言 /322
12.2 纳米材料的合成方法 /323
12.2.1 湿化学法 /323
12.2.2 模板合成法 /327
12.2.3 喷雾热解法 /327
12.2.4 水热法 /328
12.2.5 喷射研磨 /330
12.3 无序表面层 /331
12.3.1 一般注意事项 /331
12.3.2 $LiFePO_4$ 纳米颗粒的无序层 /332
12.3.3 $LiMO_2$ 层状化合物的无序层 /334
12.4 纳米颗粒的电化学性能 /336
12.5 纳米功能材料 /337
12.5.1 WO_3 纳米复合材料 /337
12.5.2 WO_3 纳米棒 /338
12.5.3 WO_3 纳米粉末和纳米膜 /338
12.5.4 Li_2MnO_3 岩盐纳米结构 /339
12.5.5 NCA材料中的铝掺杂效应 /339
12.5.6 MnO_2 纳米棒 /340
12.5.7 MoO_3 纳米纤维 /341
12.6 总结与评论 /342

参考文献 /343

第 13 章　试验技术

13.1　引言　/348
13.2　理论　/348
13.3　嵌入参数的测量　/349
　　13.3.1　电化学电势谱　/349
　　13.3.2　间歇恒电流电位滴定法　/351
　　13.3.3　电化学阻抗谱　/353
13.4　应用：MoO_3 电极的动力学研究　/354
　　13.4.1　MoO_3 晶体　/354
　　13.4.2　MoO_3 薄膜　/354
13.5　递增容量分析法（ICA）　/355
　　13.5.1　简介　/355
　　13.5.2　半电池的递增容量分析法　/357
　　13.5.3　全电池的 ICA 和 DVA 法　/361
13.6　固相传输测量技术　/362
　　13.6.1　电阻率测量　/362
　　13.6.2　霍尔效应测试法　/362
　　13.6.3　范德华测试技术　/363
　　13.6.4　光学性质测试　/364
　　13.6.5　离子电导率测定：复合阻抗技术　/367
13.7　磁性质测试在正极材料固体化学中的应用　/370
　　13.7.1　$LiNiO_2$　/370
　　13.7.2　$LiNi_{1-y}Co_yO_2$　/371
　　13.7.3　硼掺杂的 $LiCoO_2$　/373
　　13.7.4　$LiNi_{1/3}Mn_{1/3}Co_{1/3}O_2$　/375

参考文献　/375

第 14 章　锂离子电池安全性

14.1　引言　/379
14.2　实验与方法　/380
　　14.2.1　扣式电池制备　/380
　　14.2.2　差示扫描量热仪（DSC）　/380
　　14.2.3　商业 18650 电池实验　/380
14.3　$LiFePO_4$-石墨电池的安全性　/382
14.4　使用离子液体的锂离子电池　/388
　　14.4.1　不同电解液中石墨负极性能　/388
　　14.4.2　不同电解液中 $LiFePO_4$ 正极性能　/390
14.5　表面修饰　/391

    14.5.1 能量示意图 /392
    14.5.2 层状电极的表面包覆 /393
    14.5.3 尖晶石电极的表面修饰 /394
  14.6 总结与评论 /395
  参考文献 /396

第 15 章　锂离子电池技术

  15.1 容量 /400
  15.2 负极/正极容量比 /400
  15.3 电极载量 /401
  15.4 衰降 /401
    15.4.1 晶体结构破坏 /401
    15.4.2 SEI 膜讨论 /402
    15.4.3 正极基团迁移 /402
    15.4.4 腐蚀 /402
  15.5 制造与包装 /402
    15.5.1 步骤 1：电极活性材料颗粒的制备 /402
    15.5.2 步骤 2：电极叠片的制备 /404
    15.5.3 装配过程 /407
    15.5.4 化成过程 /408
    15.5.5 充电器 /408
  参考文献 /409

缩略词

第1章
能量储存和转化的基本要素

1.1 能量储存能力

大量二氧化碳气体排放对地球环境造成了影响,"利用绿色能源,减缓全球变暖"成为现代社会的主要挑战之一。绿色能源是指取代煤、天然气、石油等化石燃料以及核能源的新型可再生能源,如太阳能、风能、潮汐能、生物质能、地热能、水电等污染小的能源。太阳能和风能因其10亿~20亿千瓦·时的巨大电能产出而成为最具潜力的能源,但这两种方式产生的电能是间断的,需要安全的储能系统将电能储存,以便于随时使用。依靠储能系统,电池可在没有阳光、没有风的时候输出电能。利用洋流获取能量也是新能源的一种。电源市场发展的主要趋势既有小规模的风能系统,也有大规模的电网工程。从1996年到2009年,全球风能发电总量从5GW增长到160GW[1]。2014年2月,欧盟国家风能发电总量117.3GW;其中,在岸110.7GW,离岸6.6GW,德国发电量最大,占比29%[2]。21世纪,随着现代社会对电能依赖程度的提高,直接或间接储能系统的开发越来越受到关注。当今,电子设备快速发展,全球70亿人口中有60亿人口使用移动电话,使用人数占全球总人数的85%[3]。

储能技术的发展依靠雄厚的工业基础。电池是将化学反应产生的能量转化为电能的装置,它能够储存和释放电能,便于携带,可以在短时间内获得并安装使用。在高科技移动设备发展迅速的今天,移动电话、笔记本电脑、数码相机等设备都要依靠锂离子电池,在2013年,全球锂离子电池销量达50亿只[4]。从便携式电子设备的能量消耗来看,使用电流从几微安到几安不等:手机(200~800mA),摄像机(700~1000mA),笔记本电脑(500~1500mA),电子游戏机(20~200mA),遥控器(10~60mA)等。

以上,我们把储能设备的历史和现状做了一个简短回顾。储能(ES),依据所储能量不同,还有很多不同的形式:

- 机械储能,比如筑坝拦水(利用势能),或者高速重型轮船用发动机(利用动能)。
- 电储能,电压等于势能,电流等于动能,但这个等式不适用于高温超导体,只适用于低温固态导体。
- 化学储能,分别储存两种不同的元素,如Li和F;或者储存不同的分子,如H_2SO_4

和 H_2O，使两者接触反应产生能量。化学储能即在化学反应中，通过化学成分重组而获得能量。

- 电化学储能，其有别于化学储能之处在于，电化学储能是依靠正极和负极两种不同的化合物之间的键能来完成。铅酸电池是个典型的例子，铅的氧化度从一个电极到另一个电极发生转变。电解液也是电池的重要组成部分，通过电解液传递 SO_4^{2-}。

在电化学体系中，充电和放电过程都是电子从阳极流向阴极。在可充电电池（如锂电池）中，负极和正极在充放电过程中被称为阳极和阴极。电池的阳极和阴极在充电和放电中是相反的。

储能体系有两种形式：一种是将化学物质装在一起并在两个电极之间进行物理隔离，这种系统只能放电，被称为原电池；另一种被称为二次电池，这种电池体系是可逆的，可以再充电。就像我们在水坝上从下往上泵水一样，将高表面积纳米结构活性粒子合成到高容量充电薄层中。高表面积可以获得超级电容。每克数法的超级电容易于制备，但取决于双电层的形成状态和电位稳定性（保持先前的电容量规模为1F左右）。

1.2 不间断能量供应

众所周知，能源的消耗会造成很多环境问题，尤其是二氧化碳的排放造成的温室效应改变了全球气候。使用一次能源已经不符合全球可持续发展的趋势。表 1.1 是国际能源署（IEA）给出的统计数据[5]。全球一次能源供给量，相当于兆吨原油（Mtoe），1998 年时是 5096Mtoe，IEA 预测到 2020 年全球需求量将达到 13700Mtoe。

化石燃料的巨大消耗造成了全球气候改变。大气中的温室气体浓度（GHG）自 19 世纪末以来增长迅速，温室气体有 CO_2、CH_4、O_3、N_2O 和 CFC。2011 年，大气中 CO_2 的气体浓度为 391×10^{-6}，1750 年时，这个数值为 278×10^{-6}。美国每人每年向空气中排放 5t CO_2，这还不包括其他温室气体[6]。表 1.2 是 2013 年全球发电量（$TW \cdot h$）的统计表。发电所消耗的能源总量约为 4.4×10^6 ktoe（1ktoe 相当于 1000t 原油燃料的能量，约合 $11630MW \cdot h$）[5]。从 2011 年起，中国就超过了美国成为全球发电量最大的国家。2012 年中国的发电总量为 $4936.5TW \cdot h$，美国为 $4298.9TW \cdot h$。中国的发电量从 2002 年到 2012 年每年增长 11.5%，10 年间翻了三倍。虽然全球能源消耗巨大，但是可再生能源的使用量也在快速增长，每年涨幅 12.5%，使用量从 17.6% 涨到 19.2%。中国是全球使用可再生能源发电量最大的国家，2012 年发电量 $949.2TW \cdot h$，远超美国 $536.9TW \cdot h$ 和巴西 $462.2TW \cdot h$。

表1.1 全球一次能源供给量（所占百分比，%）以及未来预测（IEA 数据[5]）

能源供给	1973	1998	2010	2020
原油	44.9	53.2	38.8	38.3
煤炭、生物能和废料能源	36.1	24.4	28.4	28.7
天然气	16.3	18.8	23.6	25.2
核能	0.9	1.3	5.8	4.4
水电	1.8	2.1	2.6	2.6
地热能、风能、太阳能和热能	0.1	0.2	0.7	0.8

表 1.2　2013 年全球发电量　　　　　　　单位：TW·h

能源	欧洲	北美	亚太经合组织	中国①	印度②
化石燃料	1661	3232	1462	3889	794
核燃料	831	899	145	89	131
水电	601	724	135	823	29
可再生能源	336	222	41	126	31
总量	3429	5077	1783	4936	985

① 2012 年。

② 2011 年。

注：亚太经合组织是亚洲太平洋经济合作组织的简称，包括澳大利亚、日本、韩国和新西兰。

全球可持续发展目标要求用可持续能源（地热能、生物能、氢能、电池等）代替全部化石燃料（石油、煤炭、天然气）。储能系统的巨大需求可能与经济和政治的推动有关，经济、环境和技术是现代工业化国家需要解决的几大基本问题。为满足储能装备快速发展的需要，各国都在投入研发新型电源，如锂离子电池（LiBs）、超级电容器（SCs）、太阳电池和燃料电池。这些电池的研发还要依靠其他学科新技术的发展，如使用纳米技术制造轻质可穿戴装备[7]。

1.3　纳米储能

纳米材料研究的重点是降低纳米颗粒粒径。CMOS 半导体（Si 或 GaAs）电子设备越来越多地使用了纳米技术。"纳米"在这里是什么意思呢？在电子学中，粒子的粒径足够小，小于 10nm，它的电子性能或磁性能受到量子限制效应的影响而改变。锂离子电池负极材料的粒子很小，它的物理与电化学性能很大程度上受到表面作用的影响。在实验室中，如果粒子的粒径小于 100nm，通常在 20～100nm 之间，我们就可以称之为"纳米"材料。电池纳米材料的表层只有 3nm 厚。纳米碳材料的石墨烯已应用于电池负极中。

CMOS 电路中的功率消耗在开关模式下与电压的平方成比例，这种电路在最低电压条件下使用能够延长电池寿命。把电能储存起来，可以为手机、寻呼机等微电子设备和备用电源系统充电。图 1.1 显示的是在手机中使用半导体器件时电压产生的变化。电压下降与集成电路的厚度有关。图中显示集成电路的厚度约 0.2mm 时电压范围为 2～3V。当然，这个问题要求通信设备用电池可以有新的设计。

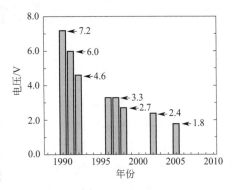

图 1.1　手机中使用半导体器件时电压的变化

我们再来看看移动电话。大多数移动电话使用一块锂电池，4.2V 最大充电电压。因不同的组件需要不同的电压，所以还需要能量管理系统（PMS），如 1.8V 数码基带（公差±5%）和存储器、2.5V 模拟基带、2.8V SIM 卡和 RF 模块。PMS 与电池管理系统（BMS）的作用一样，控制电池充电，检测和电量计量。以新一代 GSM 手机电话的能量需要为例（GSM：全球移动通信），在通话时的电流消耗约为 275mA，所以，满足 150min 的通话时间就需要 700mA·h 的锂电池。同样的手机，在待机时的耗电量约为 2.25mA，那么，同样的电池可以待机 310h，约合 13d[8]。

1.4 储能

在物理学中，"能量"是一个标量的物理量，用来描述在一个力的作用下产生的功的总和。在 1961 年加利福尼亚技术学院，Feynman 教授在对学生的演讲中谈到了对"能量"的定义，"定律，是用来描述已知的自然现象的，定律之下，没有例外。有一种定律叫做能量守恒；即能量不会因形式的变化而发生改变。这也是一个数学的抽象概念，即一定的数量不会因中间发生的变化而最终改变。这不是机械学或其他有形科学的描述，这是用数字概括一件事情，然后在这定律的指导下观察自然，再用数字去验证，得到的结果一样。"[9]

地热能除外，有两种形式的能量，均源于太阳能：一种是远古的能量储存——化石能量，它的形成需要几百万年；还有一种是现实能量——光能和风能，如表 1.3 所示。

表 1.3 储能方式汇总

化学能	生物能	电化学能
$\Delta G = \Delta H - T\Delta S$ 氢能 生物燃料 液氨 氢氧 过氧化氢	淀粉 糖原质	电池 液流电池 燃料电池
电能	机械能	热能
$E_{p,e} = \dfrac{1}{4\pi\epsilon_0} \times \dfrac{Q_1 Q_2}{r}$ 电池 超级电容器 超导电磁 储能	$E_p = -\int F dS$ 压缩空气 飞轮 液压储能器 水电 发条	$\Delta q = \int C_v dT$ 冰库 熔盐 低温液态气体 太阳能水池 蒸汽发电机 无烟机车

以前，一次燃料的储存是运输部门负责，对石油和液化气等燃料进行安全运输和储存，并使其安全转化为所需的动力。电力部门负责电量的按需供应，电量的需求每周和每天都是变化的，使用核反应、燃煤、燃料、气体、生物能等方法发电满足不同的需要。石油资源有限，开采成本高，这就迫使我们找到其他的替代能源。图 1.2 显示的是飞轮发电、电池、压缩空气、蓄水发电、氢能和天然气等不同储能技术的储能与放电时间比曲线。蓄水发电是利用势能的传统大规模发电方式，飞轮与电池也能在短时间内储能。例如，正极为磷酸铁锂，负极为钛酸锂的锂离子电池可进行 30000 次充放电循环，充电率为 15C（4min），放电率为 5C（12min）[10]。在实践中，电池组由若干个电池单体组成，电池为电动车（EV）供电，可以保证汽车的使用寿命和性能。还有很多储能系统使用气体做功技术，将气体燃料（如天然气、氢气等）转化为电能。如图 1.2 所示，放电时间非常长，包括栅格平衡的需要。根据不同的储能需求，2W 电池适用于手机，20～30W 的电池适用于笔记本电脑，20kW 电池适用于电动车。

储能介质就是将各种形式的能量储存起来，在以后一段时间使用。储能的装置一般称为

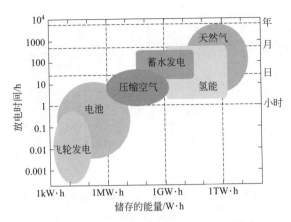

图 1.2　不同储能技术的放电时间与能量储存比

蓄电池。能量的形式既包括势能（如化学能、重力或电能），也包括动能（如热能）。一个上发条的闹钟可以储存势能，这里利用的是弹簧张力机械能；电子闹钟使用电池，电池用所存的化学能维持闹钟运转。储冰罐储存冰（热能），用于冷却。煤、石油等化石燃料储存的是远古时代的光能；甚至食物，也是一种化学形式的储能。

利用各种能源发电还需考虑几个方面的问题，第一方面是二氧化碳的排放。图 1.3 显示的是利用几种能源发电的化学反应时间和二氧化碳排放量的关系[11]。图中明显可以看到核能发电的时间（48h）比其他形式的发电时间都长。用煤炭、石油和天然气发电的时间居中。

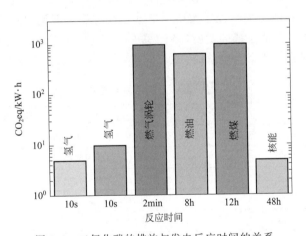

图 1.3　二氧化碳的排放与发电反应时间的关系

第二方面要考虑质量比能量 [图 1.4(a)]。可以看到氢能的额定比能量为 10^5 W·h·kg^{-1}，汽油为 10^4 W·h·kg^{-1}，电化学电池的额定比能量最多能达到 10^3 W·h·kg^{-1}。锂离子电池经过 1000 次循环后的总存储能量还能达到 10^6 W·h·kg^{-1}，那么锂离子电池的这一性能优于其他所有化石燃料。第三方面是体积比能量（W·h·dm^{-1}），这个指标的对比有些难度，因为需要把天然气和氢气加压 200bar（1bar＝10^5Pa）将其罐装或使用低温罐将其液化。因此，对于这一指标，汽油的数值是优于其他能源的 [图 1.4(b)]。

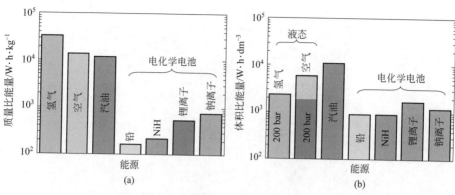

图 1.4 不同能源质量比能量 (a) 和体积比能量 (b) 的比较

($1bar=10^5Pa$)

通过以上讨论，Birk[12]对于储能有三点总结：①要解决供需双方存在差异的问题和能量需求变动的问题；②在使用一次燃料的基础上开发更多的可以使用的能源；③减少一次燃料的使用。

1.5 电化学电池简要历史

1.5.1 重要里程碑

表 1.4 和表 1.5 列出了电化学系统发展的一些重要节点[13,14]。电池的发展历史可以追溯到 1800 年，Alessandro Volta 先生发明了电池，经过勒克朗谢（Leclanché）电池、铅酸电池、镉镍电池等多个电池系统的发展，到 1992 年开发出了锂离子电池。总体上说，电化学电池的发展可以划分为两个主要阶段。

表 1.4 一次电池的发展

时间	发明者	电池设计
1000BC	巴格达电池	铜管内插入一根铁棒
1782	Volta	将锌片和银片堆叠起来
1813	Davy	第一次公开进行电实验
1836	Daniell	$Zn/ZnSO_4/CuSO_4/Cu$
1839	Grove	硝酸电池
1866	G. Leclanché	锌/二氧化锰电池
1878	锌空气电池	$Zn/NaOH/O_2$
1945	Ruben 和 Mallory	汞齐扣式电池
1949	Lew Urry	Eveready 电池公司将碱性干电池用于商业化生产
1961	银锌电池	$Zn/KOH/Ag_2O$
1970~1980	锂-碘	$Li/Li/I_2$ 电池，用于起搏器
	扣式电池	$Li/$非质子电解质$/MnO_2$
	锂正极	$Li/SOCl_2$

表1.5 二次电池的发展

时间	发明者	电池设计
1859	Planté	PbO_2/稀 H_2SO_4/Pb
1899	Waldemar Jungner	镉镍电池 Ni/2NiOOH/Cd
1905	Edison	铁镍电池 Ni/2NiOOH/Fe
1949	Lew Urry	Eveready 电池公司将碱性干电池商业化生产
1959	Francis Bacon	使用镍电极的燃料电池的首次实践
20世纪60年代	Volkswagen	带有 $LaNi_5$ 或 ZrNi 的镍金属氢化物电池
1965	Ford	Beta 电池 $Na/\beta\text{-}Al_2O_3$/S
20世纪80年代	Li polymer	$Li/PEO\text{-}LiClO_4/Ic$ (Ic$=V_6O_{13}$, TiS_2, V_2O_5)①
	Microbattery	Li/Li^+ 快速离子导体/TiS_2
20世纪90年代	Sony Corp.	使用石墨/$LiCoO_2$ 电极的锂离子电池

① Ic 插入化合物。

- 一次电池是不可逆地将化学能转化为电能。反应物产生的能量不能再储存在电池中。
- 二次电池是可以再充电的,通过化学反应还能将电能储存在电池中,恢复其原来的成分。

1.5.2 电池设计

在勒克朗谢(Leclanché)电池的基础上,提高性能和稳定性的研究还在继续[15]。因为在电池反应中有气体析出(图1.5),所以电池的安全设计十分重要。例如,Rayovac Co. 公司的工程师研究出了一种新型隔膜。这种隔膜使用 Kraft 隔膜纸再涂上抗腐蚀的涂层,可以防止锌负极被腐蚀[16]。

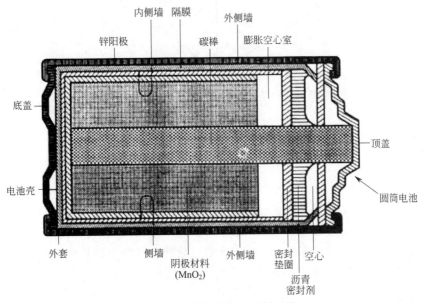

图 1.5 勒克朗谢电池的剖面图

电池主要由三部分组成:电极 A、电解液和电极 B;也可以通过形态将电池分为液态、软包和固态。图 1.6 是 Rubik 的正方体图解[13]。所有这些介质可以是液态塑料(软包)或固态的,这个很重要。因为某些界面是很难处理的。普通电池的结构为固态-液态-固态;Na-S 电池采用液态-固态-液态的结构,使用 β-氧化铝作为电解质,生产上相对容易一些。

另外，全固态系统有一些难以解决的界面问题，每个界面的形稳性不能保证。这些问题可以通过使用聚合物薄膜作为塑料电解质来解决；同样，Batscap 商业化生产的锂金属聚合物电池采用聚环氧乙烷（PEO）隔膜技术来解决问题[17]。微固态电池采用薄膜连续沉积的方法，可以部分避免界面接触难题，微固态电池可作为与微电子相关的电源使用[18]。超薄膜固态锂电池采用的是固态聚合物电解质薄膜，这种薄膜是通过等离子体聚合物和高氯酸锂制备的[19]。

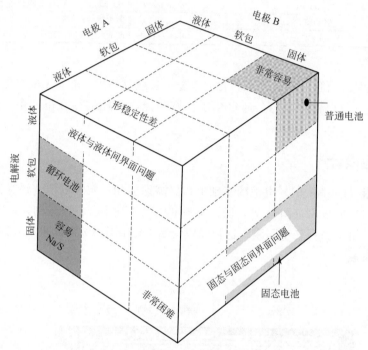

图 1.6　Rubik 正方体显示的是固态、软包和液态三种形态的电化学电池的三要素之间的关系[13]

1.6　电池的重要参数

电池用户要求电池具有长寿命、高比能量、长循环寿命和快速充电等性能特点。用户需要的电池重要参数有：①质量比能量（$W \cdot h \cdot g^{-1}$）；②体积比容量（$A \cdot h \cdot cm^{-3}$）；③倍率性能；④循环能力；⑤自放电。这些性能指标主要与电池的正极和负极有关。选择电池材料的关键是考察材料的氧化还原性能，即在无机化合物电解液中的氧化还原反应。另外，材料的选择还要考虑列举的参数。

1.6.1　基本参数

我们来讨论一下电化学电源设计的参数。电化学电势，有时缩写为 ECP，是对以化学电势和静电势的形式储存的能量的热力学测量。它在固态物理学和化学中普遍适用，用来探讨电子的化学电势和电化学电势。在电化学电池中，发生在电极上的化学反应可用如下关系表示[20]：

$$aA + ne^- \rightleftharpoons bB \tag{1.1}$$

$$cC - ne^- \rightleftharpoons dD \tag{1.2}$$

$$aA + cC \rightleftharpoons bB + dD \tag{1.3}$$

其中，a 个分子 A 携带 n 个电子 e^- 在电极上形成 b 个分子 B，第二个公式同理。公式(1.1)和公式(1.2)分别表示了还原和氧化反应，公式(1.3)表示了两个电极的整个化学反应过程。标准能量变化为 ΔG^0，在此反应中为：

$$\Delta G^0 = -nFE^0 \tag{1.4}$$

式中，F 是法拉第常数（$F = eN_A = 96485 \text{C} \cdot \text{mol}^{-1}$）；$E^0$ 是标准电动势（emf），当条件不在标准状态下时，电池的电压 V_{oc} 有如下能斯特（Nernst）等式：

$$V_{oc} = E^0 - \frac{RT}{nF} \ln \frac{\mu_B^i \mu_D^i}{\mu_A^i \mu_C^i} \tag{1.5}$$

式中，μ^i 是相关物质的活性；R 是气体常数（$8.314 \text{J} \cdot \text{K}^{-1} \cdot \text{mol}^{-1}$）；$T$ 是热力学温度。

根据电极的半导体特性，电池的工作电压受到开路电压的限制，V_{oc} 是没有电流通过时电池端点间的电势差：

$$V_{oc} = -\frac{1}{nF}(\mu_A^i - \mu_C^i) \tag{1.6}$$

式中，$\mu_A^i - \mu_C^i$ 是负极（A）和正极（C）的化学电势差；n 是电池化学反应中电荷的数量。标称电压决定于电子和离子移动的能量。电池的工作运行决定了电子转移的能量，晶体结构决定了离子转移的能量。所以，离子运动的电子带结构和势垒高度都要考虑。开路电压限制在 $V_{oc} < 5\text{V}$，这不仅决定于负极的还原反应和正极的氧化反应间的电化学电势差 $\mu_A - \mu_C$，还决定于在 HOMO（分子轨道最高位）和在 LUMO（分子轨道最低位）的能隙 E_g，或者在固态电解质价带顶端和导带底端的能隙 E_g[21]。

比能量是评价电池的常用参数。电池以合适的电流放电，测量电池中储存的额定能量（$\text{W} \cdot \text{h} \cdot \text{g}^{-1}$）：

$$E_{pr} = V_{oc} Q_{th} \tag{1.7}$$

式中，V_{oc} 是在电池反应中产生的能量变化，是工作电压，V；Q_{th} 是额定容量，$\text{A} \cdot \text{h} \cdot \text{kg}^{-1}$ 或 $\text{mA} \cdot \text{h} \cdot \text{kg}^{-1}$。依据法拉第原理得到理论值：

$$Q_{th} = \frac{1000nF}{3600M_w} = \frac{26.8}{M_w}n \tag{1.8}$$

式中，M_w 是电极材料的摩尔质量。例如，锂嵌入氧化钒晶格（$M_w = 542 \text{g} \cdot \text{mol}^{-1}$），每个标准单元能够可逆地容纳 4 个 Li^+，在实验放电中，电压为 2.4V 相对于 Li/Li^+，放电率 $C/3$，反应式为：

$$4Li^+ + 4e^- + V_6O_{13} \rightleftharpoons Li_4V_6O_{13} \tag{1.9}$$

关于公式(1.9)，理论额定容量为 $197.8 \text{mA} \cdot \text{h} \cdot \text{g}^{-1}$，理论比能量为 $475 \text{W} \cdot \text{h} \cdot \text{kg}^{-1}$。

每个电极材料的平均电压和材料的容量决定了电池的理论能量：

$$E_{batt} = \left(\frac{1}{Q^+} - \frac{1}{Q^-}\right)^{-1}(E^+ - E^-) \tag{1.10}$$

式中，Q^+ 和 Q^- 分别表示正极和负极活性材料的容量。

C 率表示的是电池的充放电性能，C 率测量的是与电池最大容量相关的放电速率。以

nC 率充电表示 $1/n$ h 电池充满电[22]。例如，$1C$ 率表示整个电池放电的时间是 1h。一个容量为 $50A\cdot h$ 的电池，相当于放电电流为 50A，$C/2$ 率相当于放电电流 25A。

输出功率 P_{out} 是电池的放电电流与正负极间外部电压的乘积：

$$P_{out} = I_{dis}V_{dis} \tag{1.11}$$

电压 V_{dis} 为开路电压 $V_{oc}(I_{dis}=0)$ 与压降 $I_{dis}R_b$ 的差，R_b 为电池的内电阻。由于两个电极都发生了偏振损失，所以放电电压（V_{dis}）下降，充电电压（V_{ch}）升高：

$$V_{dis} = V_{oc} - I_{dis}R_b \tag{1.12}$$

$$V_{ch} = V_{oc} + I_{ch}R_b \tag{1.13}$$

公式符合欧姆定律。另外，电池内阻 I^2R_b 损失引发的朱尔（Joule）热效应将使温度升高。根据公式(1.11)和公式(1.13)实现了得到最大功率 P_{max} 和高电压 V_{oc}，低电池内阻 R_b 的如下要求：

$$P_{max} = I_{max}V_{max} \tag{1.14}$$

$$R_b = R_{el} + R_{in}(A) + R_{in}(C) + R_c(A) + R_c(C) \tag{1.15}$$

式中，$R_{in}(A)$，$R_{in}(C)$ 是在电解液与电极间界面离子传输的电阻；$R_c(A)$，$R_c(C)$ 是电极内电阻。电解液电阻 R_{el} 是有效厚度 L 与内电极几何面积 A 和电解液离子电导率 σ_i 的比。

$$R_{el} = \frac{L}{A\sigma_i} \tag{1.16}$$

电极的几何面积和界面面积的比与电解液-电极间界面离子传输的电阻成比例关系：

$$R_{in} \sim A/A_{in} \tag{1.17}$$

由于界面间离子传输会使电池发生化学反应，公式(1.17)决定了孔隙和小颗粒电极的导电性。在经过很多次充放电循环后，电池要达到并保持高的电极容量，在可逆反应中使用高含量电极材料，颗粒之间及大颗粒与电解液界面间需要达到并保持良好的电接触。如果可逆反应的第一阶段发生变化，粒子会发生变化或者损失，打破了连接集流体的导电路径。

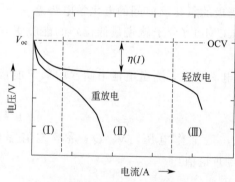

图 1.7 电压 V 与电流 I 的典型极化曲线
[曲线的电压降 $V_{oc}-V=\eta(I)$
用电池电阻 $R_b(I)$ 测量]

电池电压 V_{dis} 与放电电流 I_{dis} 形成极化曲线。电压降 $V_{oc}-V=\eta(I)$ 的曲线图如图 1.7 所示，它与电池电阻的关系为：

$$R_b(I) = \eta(I)/I \tag{1.18}$$

充电中，$\eta(I_{ch}) = V_{ch} - V_{oc}$ 表示过电压。图 1.7 的区域（Ⅰ）中，界面电压降饱和，因此在区域（Ⅱ）中，曲线下降：

$$dV/dI \approx R_{el} + R_c(A) + R_c(C) \tag{1.19}$$

区域（Ⅲ）是有限的扩散区，电流更大，正常的过程不能将离子带入或带离电极-电解液界面进行平衡反应。电池在充电状态下的电压与持续电流的曲线成为放电曲线。

电池的荷电状态（SOC）是充电容量占电池全部容量的百分比（%）：

$$SOC = 100\% - \frac{Q_e}{Q_0} \tag{1.20}$$

式中，Q_e 是电池已放电电量；Q_0 是正常的电池容量，A·h；SOC 是用户了解在下一次充电前电池所剩电量的重要参数。对于 SOC 的研究需要建立电池模型[23,24]。

自放电率（SDR）是开路状态下损失的电池容量的百分率。在通常条件下，让电池达到最大容量后放置 2d，测其损失的放电容量，得到自放电率 SDR(%)：

$$SDR(\%) = \frac{Q_{max} - Q_{ret}}{Q_{max}} \times 100\% \qquad (1.21)$$

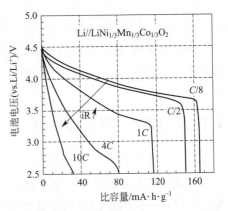

图 1.8 Li//LiNi$_{1/3}$Mn$_{1/3}$Co$_{1/3}$O$_2$ 电池在不同 C 率下的放电曲线

式中，Q_{max} 是以 C/n 倍率放电的最大放电容量；Q_{ret} 是以 C/n 倍率放电的剩余容量。例如，Li//LiNi$_{1/3}$Mn$_{1/3}$Co$_{1/3}$O$_2$ 电池以不同的 C 率充放电的曲线图，如图 1.8 所示。

1.6.2 循环寿命与日历寿命

通常，电池性能老化的评估有两个途径：①循环衰降；②日历衰降。日历衰降是指在电池使用之前或没使用的损耗时间。电池在实际使用中温度是否升高严重影响电池荷电状态 SOC 的衰降率。内电阻和容量损失 $L(t)$，可以用如下公式表达[25]：

$$L(t) = A\sqrt{t} \qquad (1.22)$$

其中，A 是常量。电化学交流阻抗谱（EIS）是测量电池在不同荷电状态（SOC）、温度和循环的界面阻抗工具[26]。在电极表面会形成钝化膜，在浮充电压条件下钝化膜经过一年以上的生长，厚度达到几十纳米（浮充电压是电池在充满电后通过自放电补偿保持的电压）。图 1.9 是 3.8V 浮充电压的 LiCoO$_2$//合成石墨方形电池容量衰降曲线。

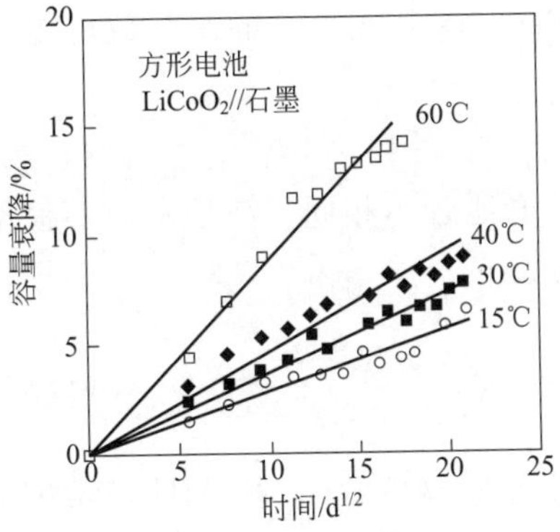

图 1.9 LiCoO$_2$//合成石墨方形电池容量衰降曲线（电解液为 1mol·L^{-1} LiPF$_6$ 的 EC∶DEC∶DMC 溶液，电池储存在 15～60℃的温度范围内，浮充电压 3.8V）

循环寿命是指电池在它的额定容量降至原来的 80% 之前，电池能够进行的充放电次数。循环寿命和放电深度（DOD）之间成对数关系。保存期指电池可以放置不使用的时间。Wright 等人[27]发表文章称，采用 LiNi$_{0.8}$Co$_{0.15}$Al$_{0.05}$O$_2$ 正极材料的 18650 锂离子电池在 25℃和 45℃时进行循环寿命实验，分析其容量衰减的结果。以 1C 和 C/25 的放电率测试 44 周，369000 次循环。Broussely 等人[26]使用 LiCoO$_2$ 或 LiNi$_y$Mn$_{1-y}$O$_2$ 正极材料的锂离子电池在 15～60℃温度范围内进行实验，研究其长时间日历寿命。

库伦效率 CE（%），指的是每次循环放电容量和充电容量的比：

$$CE(\%) = \frac{Q_{disch}}{Q_{ch}} \times 100\% \qquad (1.23)$$

容量损失率与测试时间成反比：

$$\psi = \frac{1-\mathrm{CE}}{t_{\mathrm{ts}}} \tag{1.24}$$

容量损失率表示很多含义，如固体电解液界面（SEI）层的增长，电极材料晶体结构的老化，杂质在电解质中的溶解，多余的化学反应、副反应，以及其他化合物的生成。

1.6.3 能量、容量和功率

1.6.3.1 改进的 Peukert 曲线

电池能使用多长时间？电池的额定容量决定于放电率。放电 C 率越快，剩余的容量越低，所以，一个 120A·h 的电池当以 $C/20$ 以上的速率放电后剩余容量较低，这是铅酸电池的典型速率。纳米磷酸盐锂离子的电池的高倍率容量保持率较高。比较两只锂离子磷酸盐（Li-nP）电池和铅酸电池，在 $C/20$ 倍率下放电容量相近。在更快的速率下，锂离子磷酸盐电池比铅酸电池的放电容量更高。额定容量 120A·h 的锂离子磷酸盐电池经过 $1C$ 放电后所剩容量为 114A·h，相当于额定容量的 95%；相同条件下，铅酸电池的剩余容量仅为 88A·h[28]。因此，120A·h 的电池以 10A 的负载运行 12h 来计算放电容量是错误的。这种情况可以考虑使用 Peukert 定律（以德国科学家命名）。该定律是建立一个简单的电池模型，考虑电池的部分非线性特性，预测电池的寿命。改进的 Peukert 公式表示的是与放电电流 I_n 的关系[29]：

$$I_n^k t = \Gamma \tag{1.25}$$

式中，t 是最大放电时间；k 是 Peukert 幂，该值每个电池各不相同；Γ 是常数。根据公式（1.21），在不同的放电率 I_{m1} 下，得到容量 Q_m，公式如下[29]：

$$Q_m = Q_n \left(\frac{I_n}{I_m} \right)^{k-1} \tag{1.26}$$

总放电时间是 m h。对于富液式铅酸电池，k 的范围是 $1.2 \leqslant k \leqslant 1.6$，Ni-MH 电池的 k 值小一些，锂离子电池的值更好。Peukert 公式通常受到很多因素的影响，其中主要是温度和电池搁置时间。图 1.10 是改进的锂电池 Peukert 曲线，该锂电池采用 $LiNi_{1/3}Mn_{1/3}Co_{1/3}O_2$（NMC）电极材料。在相同条件下，进行 5 次循环测试。从 Peukert 定律分析看出，使用传统草酸辅助湿化学法合成的不同粉末材料出现了 3.2% 的阳离子混排（小部分 Ni^{2+} 占据了 $3b$ Li 的位置），两步草酸盐法得到 $Ni^{2+}(3b) = 2.6\%$，明显降低了阳离子混排的比率，提高了剩余容量，即使在 10C 的高速率下，剩余容量也为 83mA·h·g^{-1}，是初始放电容量的 50%[30]。

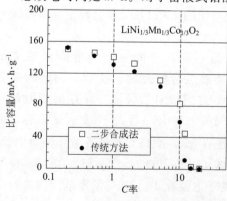

图 1.10　Li // $LiNi_{1/3}Mn_{1/3}Co_2O_2$ 电池改进 Peukert 曲线［电解液为在 EC-DEC 溶剂中加入 1mol·L^{-1} 的 $LiPF_6$。电池在 2.5～4.5V 间循环。正极材料通过以下途径合成：①传统草酸辅助湿化学法；②两步草酸盐法］

1.6.3.2 Ragone 图

Ragone 图的概念是基于连接负载或发电机的

电储存系统的路径相等。可以用一个纯电源模拟电池，串联电压一律为 V_{oc}，内阻为 R_s，电阻为 R_L，电流为 i，负载间的电压可以根据欧姆定律得到：

$$V_{dis} = R_L i \quad (1.27)$$

结合公式(1.12)和公式(1.27)，电池电压为：

$$V_{oc} = V_L \left(1 + \frac{R_s}{R_L}\right) \quad (1.28)$$

我们要区别不同的能量关系：能量 W_L 是供给负载，能量 W_S 是内阻热损失[31,32]。Ragone 图是比能量（W·h·kg^{-1}）与比功率（W·kg^{-1}）的双对数曲线。对于电化学电容器还需考虑体积[33]。图 1.11 反映的是不同电化学储能装置的 Ragone 曲线[34]。电容器与电池相比，比功率更高，比能量相当。作为汽车电池，电容器与电池相反，虽然加速性能好，但充电后使用时间短[35]。

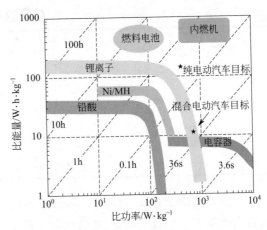

图 1.11 不同电化学储能装置的 Ragone 曲线（将锂离子电池与超级电容器相结合对于提高汽车电池的加速度与延长充电后的使用时间有重要意义）

1.7 电化学系统

1.7.1 电池组

根据不同的放电原理，主要的电储存方式有：①电化学装置（电池），利用化学反应产生电能；②氢能装置，通过燃料电池产生电能；③超级电容器，通过累积电荷储存电能。本节中，把电池和超级电容器做一个比较[36]。技术发展的趋势在于设计出小巧、轻便、易携带、易运输的储能装备。图 1.12 展示了不同电化学体系电池的体积比能量与质量比能量的比较。

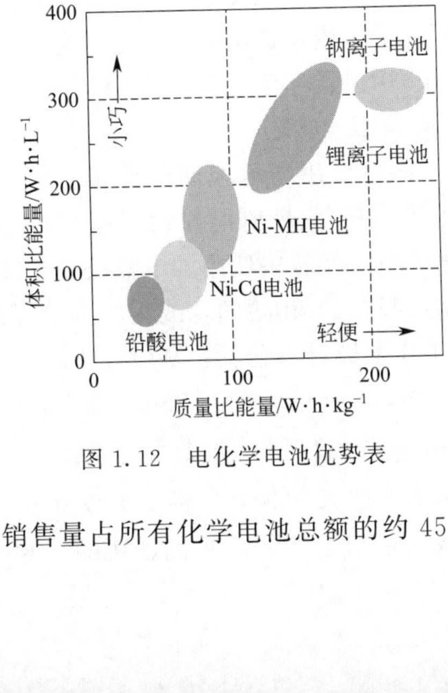

根据电化学电池不同的原理、成分（图 1.6）、设计和使用条件，可以将电池分为几类：不可充电电池（一次电池）与可充电电池（二次电池）（表 1.6）；水溶液电池与非水电池；液体电解质电池与固体电解质电池；低温电池与高温电池等。电池依据电极和电解液化学特点的不同，电池的特点也各不相同，需为客户提供所有性能参数。例如，美国海军开发的鱼雷上使用的锌/氧化银电池，在所有含水二次电池中质量比能量与体积比能量均达到最高水平。有资料显示，铅酸电池是目前普遍认为生产成本低的二次电池；它的销售量占所有化学电池总额的约 45%。不同反应原理的一次和二次电池的特点，详见参考

图 1.12 电化学电池优势表

文献[37,38]。

表1.6 电池分类

项目	水溶液电池	非水电池
一次电池	锰干电池	金属锂电池
	碱性干电池	
	镁电池	
二次电池	铅酸电池	锂聚合物电池
	镍镉电池	锂离子电池
	金属氢化物镍电池	

电池作为储能系统（ESS），可以作为汽车的驱动电源，如混合电动车（HEVs），插电式混合电动车（PHEVs）和纯电动车（EVs）。混合电动车使用 Ni-MH 电池，它比铅酸电池的循环寿命长。插电式混合电动车和纯电动车使用锂离子电池，特别是锂-磷酸盐电池。超级电容器在汽车加速或爬山坡的时候提供额外的动力（图1.11）。美国能源部（DOE）的能源效率与可再生能源办公室发布的资料显示，轻型混合电动车和纯电动车的广泛使用，可以使美国的进口原油下降30%~60%，温室效应降低30%~45%。"电动汽车蓝图"计划是美国能源部提出的，用10年的时间推广插电式电动车（PEVs）。目标是将电动车电池的成本由500美元·$(kW·h)^{-1}$降至125美元·$(kW·h)^{-1}$，电池质量比能量从100W·h·kg^{-1}提高到250W·h·kg^{-1}，体积比能量由200W·h·L^{-1}提高到400W·h·L^{-1}，质量比功率由400W·kg^{-1}提高到2000W·kg^{-1}。有资料显示，美国在2013年销售的插电式电动车数量为97000辆[39]。由美国高级电池联合会（USABC）发起，由戴姆勒、福特和通用三家汽车公司联合起来，用15年的时间，完成电化学储能技术以及燃料电池车和电动车的商业化开发，将成本降低到20美元·kW^{-1}。美国高级电池联合会在2012年的资金总投入为2160万美元[40]。

1.7.2 电致变色与智能窗

电致变色器件是用来调节光在传输、吸收或反射中的辐射的。电致变色器件是在玻璃上连续沉积5层薄膜：透明导体，电致色材料（工作电极），离子导体（隔膜/电解液），电致色材料（反电极）和透明导体（图1.13）。该装置应用于电极间的电场，工作电极的光传输和/或反射能够通过辐射的动态控制来调节。装置中使用的电极决定于装置的类型：吸收的/传输的，或吸收的/反射的[41]。工作电极材料包括：WO_3，MoO_3，NiO，Ni_2O_3，In_2O_3，SnO_2:Sn，SnO_2:F，

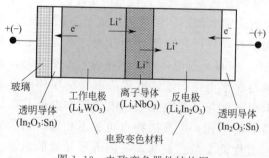

图1.13 电致变色器件结构图

VO_2，PEDOT/PSS，单壁碳纳米管（SWNT）等[42]。由于电极材料发生氧化还原反应，使离子在其主晶格中嵌入或析出（质子，Li^+，Na^+），从而产生光学偏差，需要光学调整。如果出现嵌入，主晶格颜色变化，需要电致变色显示器或智能窗。例如，白色透明的 WO_3

膜结合酸电解液可以用于电致变色显示器，可逆反应公式如下：

$$x\mathrm{H}^+ + x\mathrm{e}^- + \mathrm{WO}_3 \rightleftharpoons \mathrm{H}_x\mathrm{WO}_3 \tag{1.29}$$

产物为深蓝色钨铜（$\mathrm{H}_x\mathrm{WO}_3$），过渡金属还原反应使 W^{6+} 转化为 W^{5+}[43]。Li 的嵌入也发生相似的电子转移。实际上，小的阳离子 H^+ 和 Li^+ 很容易嵌入层状化合物和隧道结构的框架中[44]。

无论哪种电池结构，传统窗是最大的能量消耗区域。通常利用金属涂层反射光与热，但是这种方法不能起到调节作用。智能窗是一种低能量玻璃（20 世纪 90 年代引入），基于匹配的电致变色反应改变了光和热的传输，对电压产生影响。当外部环境使温度升高时，智能窗能够自动调节。这种降低能量损失的技术能够在加热、冷却和光照上节约几十亿美元的成本。美国能源部估计，在能量使用中传统窗目前的成本是每年 400 亿美元，占美国能量消耗总额的 1/4[45]。智能窗由两片标准浮法玻璃（一片具有电致变色涂层，一片覆盖表面）密封形成一个单绝缘玻璃单元（IGU），两片之间有空气层。涂层对可见光和近红外线（NIR）产生的热有控制作用。目前，有研究报道称，将掺杂锡的氧化铟纳米晶体引入氧化铌（NbO_x）玻璃中，形成一个新的非晶结构与纳米晶体相连接，可以实现光学转换，得到很好的电致变色稳定性，在 2000 次循环后保持 96% 的充电容量[46]。智能窗目前已在建筑行业使用，波音公司已将智能窗使用在其新型 787 飞机上。

1.7.3 超级电容器

超级电容器是双电层电容器（EDLCs），与传统的电解电容器比，比能量高。大的超级电容器能够达到 5000F 的电容[47]。在实际应用中，以脉冲的形式传输能量，使用电子电路的传统电容器储能的能力小。很多研究人员都在致力于高比能量电容器的开发[48]。图 1.14 显示的是电池与超级电容器电压 V_{oc} 的不同。简单的电容器模型是电容器内部的两块金属板作为两个端电极，中间用薄层绝缘材料隔开。金属板间的电容为 C，电压为 V，电容器储存的能量为 $1/2CV^2$。电容量值可由以下公式计算：

$$C = \frac{\Delta Q}{\Delta V} = \frac{I\Delta t}{\Delta V} \tag{1.30}$$

式中，I 是恒定放电电流；$\Delta t = t_2 - t_1$，$\Delta V = V_1 - V_2$，$V_1 = 80\% V_{max}$，$V_2 = 40\% V_{max}$，V_{max} 是超级电容器最大电压。

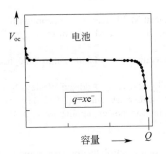
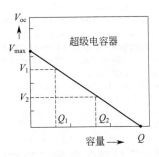

图 1.14　电池与超级电容器的电压 V_{oc} 与电容量的关系图

超级电容器的电极材料是高比表面、纳米多孔材料。这样的材料有活性炭黑，气凝胶碳，无水 RuO_2，过渡金属氧化物（如 MnO_2）；或者电容范围为 $100\sim1300F\cdot cm^{-3}$ 的掺杂导电聚合物。随着碳材料的不断研究，预计未来超级电容器的比能量能达到 $10mW\cdot h\cdot g^{-1}$，比功率能达到 $1\sim2W\cdot g^{-1}$。

1.8　总结与评论

本章中，我们简要概述了储能的历史和使用化石燃料（石油、天然气和煤炭）带来的温室气体排放等问题。因此，能量被以不同的形式储存起来是要研究的主要技术。电作为能源之一可以驱动很多机器。利用可再生能源发电需要将电能储存起来，以备没有阳光或风的时候使用。一次能源的使用在设计上需要更进一步研究，电网还需更好的控制与管理。使用电能代替汽油驱动汽车，以减少污染。这对于电池的性能、成本和可靠性都是一个巨大的挑战。基于这项技术，储能领域结合了包括现代材料科学在内的各种学科的研究成果。目前，与嵌入反应有关的材料研究引起了全球范围的关注，在储能设备的综合利用上取得了突破性进展。电储能科研的魅力在于材料性能的提高、环境的需要，以及相关领域技术的发展。

最先进的储能技术是使用先进材料和高性能的设备，如金属氢化物电池、锂离子电池、电致变色、超级电容器等，所有这些都是为取得更高的比能量和功率。现在，纳米储能技术在电池、超级电容器应用上又开辟了新的研究道路。如锂离子电池用于大规模设施上支撑储能应用，负载均衡及调频。随着汽车电池与电网双向互动供电能力的开发，电动汽车入网（V2G）技术即将出现。

参　考　文　献

1. El-Ashry M (2010) Renewvable energy policy network for the 21st century. http://www.harbortaxgroup.com/wp-content. Accessed Sept 2010
2. The European Wind Energy Association (2014) Wind in power 2013 European statistics. http://www.ewea.org/fileadmin/files/library/publications/statistics/EWEA_Annual_Statistics_2013.pdf. Accessed Feb 2014
3. Schneider EL, Oliveira CT, Brito RM, Malfatti CF (2014) Classification of discarded MIMH and Li-ion batteries and reuse of the cells still in operational conditions in prototypes. J Power Sourc 262:1–9
4. Van Noorden R (2014) A better battery. Nature 507:26–28
5. International Energy Agency (IEA) (2014) http://www.iea.org/statistics
6. European Environment Agency (2013) Atmospheric greenhouse gas concentrations. http://www.eea.europa.eu/data-and-maps/indicators/atmospheric-greenhouse-gas-concentrations-3/assessment. Accessed Feb 2014
7. Zaghib K, Guerfi A, Hovington P, Vijh A, Trudeau M. Mauger A, Goodenough JB, Julien CM (2013) Review and analysis of nanostructured olivine-based lithium rechargeable batteries: status and trends. J Power Sourc 232:357–369
8. Szepesi T, Shum K (2002) http://www.eetimes.com/document.asp?doc_id=1225408. Accessed 20 Feb 2002
9. Feynman R (1964) The Feynman lectures on physics, vol 1. Addison Wesley, New York
10. Zaghib K, Dontigny M, Guerfi A, Charest P, Mauger A, Julien CM (2011) Safe and fast-charging Li-ion battery with long shelf life for power applications. J Power Sourc 196:3949–3954
11. ITM Power (2014) www.itm-power.com
12. Birk JR (1976) Energy storage, batteries, and solid electrolytes: prospects and problems. In: Mahan GD, Roth WL (eds) Superionic conductors. Plenum, New York, pp 1–14
13. Julien C, Nazri GA (1994) Solid state batteries: materials design and optimization. Kluwer,

Boston
14. Julien C, Nazri GA (2001) Intercalation compounds for advanced lithium batteries. In: Nalwa HS (ed) Handbook of advanced electronic and photonic materials, vol 10. Academic Press, San Diego, pp 99–184, chap 3
15. Augustynski J, Dalard F, Machat JY, Sohm JC (1975) Electric cells of the Leclanché type. US Patent 3,902,921, 2 Sept 1975
16. Ekern RJ, Armacanqui ME, Rose JI (1997) Reduced environmental hazard Leclanché cell having improved performance ionically permeable separator. US Patent 5,604,054, 18 Feb 1997
17. Bascap (2009) http://www.batscap.com. Accessed 5 Mar 2009
18. Julien C (1997) Solid state batteries. In: Gellings PJ, Bouwmeester HJM (eds) The CRC handbook of solid state electrochemistry. CRC Press, Boca Raton, pp 372–406
19. Ogumi Z, Uchimoto Y, Takehara Z, Kamanori Y (1988) Thin all-solid-state lithium batteries utilizing solid polymer electrolyte prepared by plasma polymerization. J Electrochem Soc 135:2649–2650
20. Weppner W, Huggins R (1977) Determination of the kinetic parameters of mixed-conducting electrodes and applications to the system Li_3Sb. J Electrochem Soc 124:1569–1578
21. Goodenough JB, Kim Y (2010) Challenges for rechargeable Li batteries. Chem Mater 22:587–603
22. Julien CM, Mauger A, Zaghib K, Vijh A (2010) Lectures of the workshop on materials science for energy storage, Chennai, India, 18–22 Jan 2010
23. Linden D, Reddy TB (2001) Handbook of batteries, 3rd edn. McGraw-Hill, New York
24. Bergveld HJ, Kruijt WS, Notten PHL (2002) Battery management systems, design by modelling. Kluwer Academic Publishers, Dordrecht
25. Ploehn HJ, Ramadass P, White RE (2004) Solvent diffusion model for aging of lithium-ion battery cells. J Electrochem Soc 151:A456–A462
26. Broussely M, Herreyre S, Biensan P, Kasztejna P, Nechev K, Staniewicz RJ (2001) Aging mechanism in Li ion cells and calendar life predictions. J Power Sourc 97–98:13–21
27. Wright RB, Christopherden JP, Motloch CG, Belt JR, Ho CD, Battaglia VS, Barnes JA, Duong TQ, Sutula RA (2003) Power fade and capacity fade resulting from cycle-life testing of advanced technology development program lithium-ion batteries. J Power Sourc 119–121:865–869
28. Mike M, Les A, Knakal T (2011) Lithium ion vehicle start batteries, power for the future. In: Proc NDIA ground vehicle systems engineering and technology symposium, Dearborn, MI, Accessed 9–11 Aug 2011
29. Doerffel D, Sharkh SA (2006) A critical review of using the Peukert equation for determining the remaining capacity of lead-acid and lithium-ion batteries. J Power Sourc 155:395–400
30. Hashem AM, El-Taweel RS, Abuzeid HM, Abdel-Ghany AE, Eid AE, Groult H, Mauger A, Julien CM (2012) Structural and electrochemical properties of $LiNi_{1/3}Co_{1/3}Mn_{1/3}O_2$ material prepared a two-step synthesis via oxalate precursor. Ionics 18:1–9
31. Gallay R (2014) Energy storage. Ragone. http://www.garmanage.com/atelier/index.cgi?path=public/Energy_storage/Ragone
32. Christen T, Carlen MW (2000) Theory of Ragone plots. J Power Sourc 91:210–216
33. Pech D, Brunet M, Durou H, Huang P, Mochalin V, Gogotsi Y, Taberna PL, Simon P (2010) Ultrahigh-power micrometer sized supercapacitors based on onion-like carbon. Nat Nanotechnol 5:651–654
34. Srinivasan V (2011) The three laws of batteries and a bonus Zeroth law. http://gigaom.com/2011/03/18/the-three-laws-of-batteries-and-a-bonus-zeroth-law. Accessed 18 Mar 2011
35. Scherson DA, Palencsar A (2006) Batteries and electrochemical capacitors. Interface Spring 2006:17–22
36. Winter M, Brodd RJ (2004) What are batteries, fuel cells and supercapacitors? Chem Rev 104:4245–4269
37. Linden D, Reddy T (2002) The handbook of batteries, 3rd edn. The McGraw-Hill, New York
38. Colin V, Scrosati B (1997) Modern batteries, 2nd edn. Wiley, Portland
39. Office of Energy Efficiency & Renewable Energy (2014) http://energy.gov/eere/vehicles/vehicle-technologies-office-batteries. Accessed July 2014
40. Snyder K (2012) Overview and progress of United States Advanced Battery Consortium (USABC) activity. http://www1.eere.energy.gov/vehiclesandfuels/pdfs/merit_review_2012/energy_storage/es097_snyder_2012_o.pdf. Accessed 15 May 2012
41. Granqvist CG, Azens A, Hjelm A, Kullman L, Niklasson GA, Rönnow D, Mattsson MS, Veszelei M, Vaivars (1998) Recent advances in electrochromics for smart windows applications. Sol Energ 63:199–216
42. Niklasson GA, Granqvisr CG (2006) Electrochromics for smart windows: thin films of

tungsten oxide and nickel oxide, and devices based on these. J Mater Chem 17:127–156
43. Cogan SF, Plante TD, Parker MA, Rauh RD (1986) Free-electron electrochromic modulation in crystalline Li_xWO_3. J Appl Phys 60:2735–3738
44. Castro-Garcia S, Pecquenard B, Bender A, Livage J, Julien C (1997) Electrochromic properties of tungsten oxides synthesized from aqueous solutions. Ionics 3:104–109
45. Hatt A (2013) Raising the IQ of smart windows. http://www.eurekalert.org/pub_releases/2013-08/dbnl-rti081413.php. Accessed 14 Aug 2013
46. Llordés A, Garcia G, Gazquez J, Milliron DJ (2013) Tunable near-infrared and visible-light transmittance in nanocrystal-in-glass composites. Nature 500:323–326
47. Al-Sakka M, Gualous H, Omar N, Van Mierlo J (2012) Batteries and supercapacitors for electric vehicles. http://cdn.intechopen.com/pdfs-wm/41417.pdf
48. Burke A (2000) Ultracapitors: why, how, and where is the technology. J Power Sourc 91:37–50

第 2 章
锂电池

2.1 引言

20 世纪 60 年代中期，用纯锂作负极元素，锂盐无水溶液作电解质的新一代电池诞生。基本上，锂电池的电荷传输与金属氢化物镍（Ni-MH）电池或镉镍（Ni-Cd）电池一样，Li^+ 由下面的简单反应产生

$$Li \longrightarrow Li^+ + e^- \qquad (2.1)$$

通过外电路释放一个电子，一个离子进入正极的多孔结构中。上一章中讨论过，储能系统的主要参数有：比能量（质量比能量和体积比能量），比功率，能量效率和能量品质[1]。锂金属是轻金属（摩尔质量 $M_w = 6.941g \cdot mol^{-1}$，密度为 $0.51g \cdot cm^{-3}$），电子结构为 $(He)2s^1$。锂金属的额定容量为 $3860mA \cdot h \cdot g^{-1}$，电对 Li/Li^+ 具有最高的电活性，相对于 H_2/H^+ 的标准氧化还原电势为 $-3.04V$。因此，锂电池的电压比铅酸电池和金属氢化物镍电池的电压都高，因为锂是自然界最活泼的金属元素。

一次和二次锂电池使用非水电解质，由于电池电压高于水在 25℃ 时的热力学极限 1.23V，因此锂电池比使用水溶液电解质的电池比能量高。非水锂电池的性能好，适用于需要高功率的便携式设备、电动汽车等。

由于锂是活泼金属，易与空气和水反应，因此自然界没有以纯金属形式存在的锂。锂是从矿石或海盐中提取（主要从氯化锂 LiCl、氢氧化锂 LiOH 和碳酸锂 Li_2CO_3 中提取）。1kg Li_2CO_3 可以提取 112.7g 的锂，那么提取 1kg 锂需要 5.3kg 碳酸锂。据美国地质调查局 2010 年 1 月的勘测，玻利维亚的锂碳酸盐（Li_2CO_3）储量占全球总储量的 32%，智利接近 27%。智利、中国和阿根廷是最大的锂生产国[2]。有资料表明，全球每年锂的产量为 25000t，平均 1s 生产锂 0.8kg，生产出的金属锂主要用于锂离子电池的生产。美国地质调查局的工作人员 Goonan 说，平均 7.5～16.0kg 锂碳酸盐提取出 1.4～3.0kg 锂，用这些锂生产出的锂离子电池可供电动汽车行驶 40mile（1mile=1.609km）[2]。

本章中，主要讨论锂电池技术。先简述锂电池的发展历史，然后主要讲述一次和二次锂电池。如果读者有兴趣了解更多有关电池方面的知识，文章后的参考文献列出了很多有关锂电池的优秀书籍，读者可以自行阅读[3~16]。但是几乎还没有讨论当前及未来下一代锂电池的书籍，特别是关于电动汽车和混合电动汽车的。

2.2 发展历史概述

锂电池的研究起始于 1912 年，由 G. N. Lewis 发起，但有所突破是在 1958 年，Harris 发现金属锂在如熔盐、液体 SO_2 的非水电解液中，或在加入锂盐的有机溶剂（如加入 $LiClO_4$ 的碳酸丙烯酯 $C_4H_6O_3$）中的稳定性很好。钝化层结构阻止了金属锂与电解液的直接化学反应，但能够允许离子传输，这是保证锂电池稳定性的前提[17]。

以上这些研究为一次锂电池的生产和市场化打下了基础；20 世纪 60 年代后期，开发出了 3V 的非水锂电池。锂电池的不同体系包括：锂-二氧化硫电池（$Li/\!/SO_2$），1973 年日本松下公司开发出了锂-聚氟化碳 $[Li/\!/(CF_x)_n]$ 电池，1975 年日本索尼公司开发了锂-二氧化锰（$Li/\!/MnO_2$）电池，还有其他体系如锂-氧化铜（$Li/\!/CuO$）电池，锂-碘 $[Li/\!/(P2VP)I_n]$ 电池等。同期，还开发了 FeS 作正极、Li-Al 合金作负极、熔盐（LiCl-KCl 共晶体）作电解液的电池体系[1]。自 1972 年起，锂-碘电池已经使用在了超过 400 万只心脏起搏器中，由此可以看出，锂-碘电池体系的性能好，可靠性很高[18]。

20 世纪 70 年代早期，研究人员发现将客体物质（离子，有机分子或金属分子）可逆地嵌入宿主晶格中，材料在保持原有结构的基础上又展现出了新的物理特性。最早从事这项研究的是 Armand 教授[19]，他在美国的斯坦福开始研究普鲁士蓝［铁氰化铜 $M_{0.5}Fe(CN)_3$］的特性。后来，科学家又着手无机材料的研究，Armand 教授在法国的格勒诺布尔[20]研究 CrO_3 等过渡金属氧化物（TMOs），美国贝尔实验室的 DiSalvo 教授[21]以及美国埃克森公司[22~25]的科研人员先后研究了过渡金属二硫化物（TMDs）。使用嵌锂化合物作正电极的可充电锂电池的开发始于 20 世纪 70 年代中期，Chloride Technical 公司的 Winn 和 Steele[26,27]两位科研人员发表了有关含锂和钠的 TiS_2 固态溶液电极的文章，而后，埃克森公司也宣称开发 $Li/\!/TiS_2$ 体系的电池[28]；贝尔实验室开展了 $NbSe_3$ 和 TiS_3 体系锂电池的开发[29]，同时英国的 Dickens 还从事了过渡金属氧化物，如 V_2O_5、V_6O_{13} 等物质的研究[30]。表 2.1 列出的是使用过渡金属氧化物作正极，金属锂作负极的几种可充电锂电池的性能。

表 2.1 使用过渡金属氧化物作正极的可充电锂电池

电池	电压/V	比能量/$W\cdot h\cdot kg^{-1}$	公司/年份
$Li/\!/V_2O_5$	1.5	10	东芝/1989
$Li/\!/CDMO$①	3.0	—	索尼/1989
$Li/\!/Li_{0.33}MnO_2$	3.0	50	塔迪兰/1989
Li/VO_x	3.2	100	魁北克水电公司/1990

① 复合型二氧化锰。

使用锂嵌入技术的原型电池具有高比能量（是 Ni-MH 电池的三倍），长循环寿命和高电压（约 3V）的特点。随着正极材料的不断开发，正在尝试将锂合金（如锂铝合金）用于负极。加拿大 Moli 公司开发出了新型可充电锂电池，$Li/\!/MoS_2$ 电池（MOLICEL™）。在 2.3～1.3V 电压之间，电池的持续消耗率为几安培。在 $C/3$ 放电率时（约 800mA），比能量为 60～65$W\cdot h\cdot kg^{-1}$，电池总容量 3.7$A\cdot h$，实际循环次数视充放电条件而定[10]。日本首批研发生产的用于手提电话的电池由于锂枝晶问题，安全性差，易起火，所以生产的产品全部被召回[31]。

美国 Eveready 电池公司开发出了 Li/硫化物玻璃/TiS_2 电池。新型电池以磷的硫化物玻璃 $Li_8P_4O_{0.25}S_{13.75}$ 与 LiI 相结合作为基础，固溶体复合电极 TiS_2 与固态电解质与炭黑的质量比为 51∶42∶7。正极容量范围为 1.0~9.5mA·h。电池封装标准为 XR2016 扣式电池。在 21℃时电池阻抗为 25~100Ω，实验中，电池循环次数超过 200 次[32]。美国 Grace 公司研发的 AA 型卷绕 Li//TiS_2 电池，放电电流为 200mA，容量为 1A·h，电压为 1.7V[33]。美国 EIC 实验室研发的 Li//TiS_2 电池容量为 1.6A·h，使用温度范围-20~20℃[34]。

锂摇椅式电池或锂离子电池的概念是在 20 世纪 70 年代后期由 Armand 提出的，他提出用两种不同的嵌入化合物分别作为正极和负极，所谓的"摇椅式"电池就是锂离子从一个电极转移到另一个电极[35]。这个概念在 80 年代早期开始实际研究[36]。

然而，锂离子电池的概念给了日本企业很大的启发。继在牛津大学的 Goodenough[39,40] 和法国格勒诺布尔的 Armand 和 Touzain[41] 进行的基础研究之后，索尼公司和三洋公司分别于 1985 年和 1988 年[37,38] 开始了正极材料的研究。锂离子电池包含相对 Li/Li^+ 标准的高电压正极和低电压负极。锂离子电池的大规模生产始于 1991 年 7 月，索尼公司批量生产用于移动电话的锂离子电池，氧化钴锂（$LiCoO_2$）作正极，非石墨碳（锂化焦炭 LiC_6）作负极。索尼公司生产的 18650 型电池比能量为 253W·h·L^{-1}，电解液为碳酸丙烯酯/碳酸二乙酯溶剂中加入 $LiPF_6$[42]。表 2.2 列出的是早期的锂离子电池实用新型专利。第一个专利是 1985 年 10 月 5 日申请的关于锂离子电池结构的专利，专利所有权属于日本朝日化学品公司。

接下来的几十年，锂离子电池的研发重点在于研发更小、更轻、比能量更高的电池，以适应日益发展的小型化便携式电子设备的需要。锂离子电池的生产厂商主要有：索尼、松下、日立、汤浅、A&T、Moli 和 SAFT（表 2.3）。在电池技术的发展中，锂离子电池的出现具有重要意义。法国 SAFT 公司研发的 VL18650 电池额定容量为 1.2A·h，放电温度范围-20~60℃，适合便携式电子产品的需要。现在，技术人员正在致力于用于电动汽车的大功率锂离子电池的研究。1995 年，索尼公司生产的容量为 100A·h 的 $LiCoO_2$//石墨电池用于电动汽车，汽车可行驶 200km，最大时速 120km·h^{-1}；1996 年，三菱汽车公司生产的尖晶石 $LiMn_2O_4$ 作正极的锂离子电池，能使电动汽车行驶 250km。

表 2.2　早期锂离子电池专利

发明者/公司	专利名称	专利号	申请日期
Goodenough JB, Mizushima K(Kingdom Atomic Energy)	Fast ion conductors($A_xM_yO_2$)	US 4357215A	1979 年 4 月 5 日
Goodenough JB, Mizushima K(Kingdom Atomic Energy)	Electrochemical cell with new fast ion conductors	US 4302518	1980 年 3 月 31 日
Ikeda H, Narukawa K, Nakashima(Sanyo)	Graphite/Li in nonaqueous solvents	Japan 1769661	1981 年 6 月 18 日
Basu S (Bell Labs)	Graphite/Li in nonaqueous solvents	US 4423125	1982 年 9 月 13 日
Yoshino A, Jitsuchika K, Nakajima T(Asahi Chemical Ind.)	Li-ion battery based on carbonaceous material	Japan 1989293	1985 年 10 月 5 日
Nishi N, Azuma H, Omaru A(Sony Corp.)	Non aqueous electrolyte cell	US 4959281	1989 年 8 月 29 日

表 2.3　几家公司的锂离子电池在 $C/5$ 放电率下的比能量

电池	比能量	
	质量比能量/$W \cdot h \cdot kg^{-1}$	体积比能量/$W \cdot h \cdot dm^{-3}$
索尼 US18650	103	245
A&T LSR18650	130	321
三洋 UR18650	126	288
Moli ICR18650	113	287
三菱 CGR17500	129	269
SAFT VL18650	108	260

2.3　一次锂电池

一次锂电池的研发始于20世纪70年代早期，因其能量密度大，所以一般使用在手表、照相机、医疗设备以及军事应用中。典型的一次锂电池比能量为 $250 W \cdot h \cdot kg^{-1}$。相比之下，锂离子电池只有 $150 W \cdot h \cdot kg^{-1}$。一次锂电池的研究主要集中在化学材料和结构上。表2.4中，依据不同的正极材料和电解液可将电池分为三种类型。2009年，Frost和Sullivan两位研究人员称全球电池市场中，一次电池（包括碱性电池），锌-碳和锂电池占全球市场的23.6%，其中一次锂电池占3%；由于二次电池发展迅速，预计到2015年一次电池的占比将下降到7.4%[43]。根据Freedonia的研究，一次电池的产量从2002年到2012年翻了一倍。美国一次和二次电池的需求量每年增长4.2%，到2017年将为171亿美元。二次锂电池和一次锂电池都将迎来最好的发展机遇[44]。图2.1是2013年的日本电池市场，锂金属电池占全部的17%。

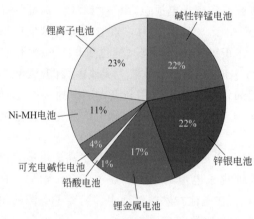

图 2.1　日本 2013 年电池生产量
（一次电池占 61%，其中锂金属电池占 17%）

表 2.4　根据化学成分不同，将一次锂电池分类

液态电解质电池		固态电解质电池
固态正极	液态正极	固态正极
二硫化铁(FeS_2)	二氧化硫(SO_2)	碘(I_2)
氟化碳(CF_x)	亚硫酰氯($SOCl_2$)	碘化铅(PbI_2)
二氧化锰(MnO_2)	硫酰氯(SO_2Cl_2)	Me_4Ni_5-C 电池
铬酸银(Ag_2CrO_4)		三氟化溴(BrF_3)
氧化铜(CuO)		

2.3.1　高温锂电池

2.3.1.1　锂二硫化铁电池

锂二硫化铁电池采用熔融卤化物共晶体作电解质，固定在孔隙适当的隔板中，使用温度可达到 400~500℃。锂二硫化铁电池与钠硫电池相比有几个突出的特点：方形平板结构，

承受冻融循环能力强，短路失效，承受过充电的能力强，并且材料成本低。该电池的主要缺点是电池性能较差，适用于负载均衡的设备，继续研究的重点主要集中在改进电池设计上[46]。1989年研究人员成功生产出第一只AA型1.5V Li-FeS$_2$电池，额定比能量约为297 W·h·kg^{-1}，后续在2005年生产出AAA型1.5V Li-FeS$_2$电池。

最常用的电解质是LiCl-KCl二元共晶体和LiF-LiCl-LiI三元锂的卤化物。Li-Al合金作负极，FeS$_2$作正极，放电反应步骤如下：

$$4Li+3FeS_2 \longrightarrow Li_4Fe_2S_5+FeS \tag{2.2}$$

$$2Li+Li_4Fe_2S_5+FeS \longrightarrow 3Li_2FeS_2 \tag{2.3}$$

$$6Li+3Li_2FeS_2 \longrightarrow 6Li_2S+3Fe \tag{2.4}$$

电压平台分别为2.1V、1.9V和1.6V。Li-Al合金的使用理论上使比能量降低了50%，但使稳定性大大提高。很多研究人员都在开发使用LiAl/FeS电池，德国Varta电池公司制造出了140A·h的电池，在80mA·cm^{-2}低放电率条件下比能量达100W·h·kg^{-1}，在2500mA·cm^{-2}高电流密度放电条件下比能量降到50W·h·kg^{-1}。还有一种配比是LiAl/LiCl-LiBr-KBr/FeS$_2$电池，采用致密FeS$_2$作电极[47]。熔点310℃的LiCl-LiBr-KBr的熔融盐，电池的工作温度可达到400℃。这些改进可使电池经过循环后的剩余容量大大提高，电池循环次数可超过1000次。该电池由美国Eagle-picher公司，Gould公司和SAFT公司研发并生产。电池容量为150～350A·h，比能量为70～95W·h·kg^{-1}，在4h倍率下放电。关于LiAl/FeS体系电池和衰降失效机理仍然还有很多要解决的问题。在此体系中，隔板也是重要部件之一，既要将电极有效隔离，又要保持电解质能够很好地渗透。最合适的材料是将氮化硼和氧化锆制成织物，但是这样成本很高。

2.3.1.2 氯化锂电池

氯化锂电池的设计与上述电池相似，工作温度可达650℃。电池组分为Li(液体)/LiCl(液体)/Cl$_2$(g)，碳。电池的两个电极为液体锂负极和多孔碳正极，两个电极浸入被压缩的氯气中，电解液为熔融氯化锂。电池反应式如下：

$$Li(液体)+\frac{1}{2}Cl_2(g) \longrightarrow LiCl(液体) \tag{2.5}$$

开路电压为3.6V。在正常工作温度下理论比能量为2.18kW·h·kg^{-1}。该体系电池最大的问题是电池部件的腐蚀，在电池密封安全性上还需继续研究。

2.3.2 固态电解质锂电池

固态电解质电池热稳定性高，自放电率低（可保存5～10年以上），比能量高，约为0.3～0.7W·h·cm^{-3}。因固态电解质内阻较高，因此电池的比功率相对较低。三种已生产的固态电解质电池体系都是基于固态电解质LiI，或在电池制造过程中在线生成或者分散在三氧化二铝中。

2.3.2.1 锂-碘电池

1958年，在瑞典斯德哥尔摩的Karolinska医院，Ake Senning医生首次成功将心脏起搏器植入人体。从此，科学家们开始了起搏器电源的探索。1972年研制出的锂-碘电池代替了原来的锌汞电池安装在心脏起搏器中，可以延长心脏病人约10年的寿命。关于该电池的详细介绍请参考文献[48]。心脏起搏器电池的最重要特点是可靠性[49]。端电压衰降很少，到电池寿命末期电压几乎没有变化。锂-碘电池采用固态锂作负极，聚乙烯吡啶（PVP）作正极，其中碘含量为90%。固体电解质为 LiI 薄膜。放电反应式如下：

$$2Li + nI_2(PVP) \longrightarrow (n-1)I_2(PVP) + 2LiI \tag{2.6}$$

正极材料由碘和 PVP 经过热反应生成，电池开路电压为 2.8V，$Li/LiI/I_2$（PVP）电池理论比能量为 $1.9W \cdot h \cdot cm^{-3}$。25℃时电解质离子电导率约为 $6.5 \times 10^{-7} S \cdot cm^{-1}$，比能量 $100 \sim 200W \cdot h \cdot kg^{-1[50]}$。碘与 PVP 的比率在 50/1～30/1 之间，不同的生产商比率不一样。Phillips 和 Untereker 两人对碘/PVP 材料的相位图进行了研究[51]。研究表明，在使用温度 37℃时，材料经过三个相位的变化：一个二相位区，由共晶熔化物和纯碘组成；一个单相位液体区；还有一个二相位系统区，其中碘/单体单元加合物相位与熔化物共存。正极材料是电子导体，电导率与碘和 PVP 的比率成函数关系。碘和 PVP 的比率为 8/1 时，电导率最大。由于早期研究时这个比率很大，因此比率达到 8/1 后电子电导率才有了提高，随着电池反应的不断进行，电导率还会逐渐下降。电导率下降和锂/碘的反应产物使电池阻抗升高，导致电池电压逐渐下降。起搏器的电子系统很容易发生电压下降，这样通过遥测可以检查电池的状态，在电池开始出现衰降时应及时更换电池。随着电池放电，体积会发生变化，当正极碘占总质量的 91% 时，体积变化约为 12%。体积变化可通过多孔放电产物的结构或通过电池内孔隙结构来调节。这种电池可作为心脏起搏器的电源，在 37℃条件下工作。锂-碘电池由 Catalyst Research 公司、Wilson Greatbatch 公司和 Medtronic 公司三家生产。锂-碘电池的容量范围一直保持在 120～250mA·h，现在锂-碘电池还可用于便携式小型监测和记录设备，额定容量一般在 15A·h 以下，大多不超过 5A·h。

1A·h 左右容量的电池可用作电子设备的随机存储记忆电源，类似地还可使用锂-溴电池。溴的电负性可使电池电压提高到 3.5V，比能量达到 $1.25W \cdot h \cdot cm^{-3}$。在实际使用中，锂-溴电池受限于 LiBr 薄膜的低导电性。

2.3.2.2　Li/LiI-Al_2O_3/PbI_2 电池

这种电池使用得较少，只适于低消耗或开路条件下的长寿命应用。已经投入生产的电池正极可以是 $PbI_2 + Pb$ 或 $PbI_2 + PbS + Pb$ 混合物，现在又开发出 $TiS_2 + S$ 混合物或 As_2S_3 正极材料，可使电池比能量提高。固态电解质是加入氧化铝的 LiI 和 LiOH 分散后的混合物。有报道称，在 25℃时锂离子电导率达到 $10^{-4} S \cdot cm^{-1[52]}$，开路电压为 1.9V，比能量为 $75 \sim 150W \cdot h \cdot kg^{-1}$。Duracell International 公司将三只电池串联得到电压为 6V、容量为 140mA·h 的电池组，用于起搏器电源。在互补金属氧化物半导体（CMOS）存储器中，电池容量为 350mA·h，截止电压为 1.0V。

2.3.2.3　碳四甲基铵五碘化物电池

$Li/LiI(SiO_2，H_2O)/Me_4NI_5 + C$ 电池用于心脏起搏器。电池电压为 2.72V，体积比能量为 $0.4W \cdot h \cdot cm^{-3[53]}$。正极为碳和四甲基铵五碘化物（$Me_4NI_5$）的混合物。

2.3.2.4　锂三氟化溴电池

将碱金属与强氧化液体如 SO_2、$SOCl_2$ 或 BrF_3 相结合，这是突破传统的改进，结合物同时作电解液溶剂和正极去极化物。BrF_3 在室温下是非常活泼的液体，有人便提出了 $Li // BrF_3$ 的概念[45,53,54]。这种超高比能量电池用锂作负极、三氟化溴作催化剂、五氯化锑作电解质[55]。电池反应式如下：

$$4Li + BrF_3 \longrightarrow 3Li^+F^- + Li^+Br^- \tag{2.7}$$

反应不需要电解质盐，由于保护表层的结构特点，锂在 BrF_3 中是稳定的。电池反应电势为 5V，理论质量比能量和体积比能量为 $2680W \cdot h \cdot kg^{-1}$ 和 $4480W \cdot h \cdot dm^{-3}$。$Li/BrF_3/C$ 电池放电电流密度为 $5mA \cdot cm^{-2}$，容量为 $5mA \cdot h \cdot cm^{-2}$。在负极与电解质界面形成的电池反应产物层可使阻抗升高，从而影响电池性能。BrF_3 电解质可以通过溶解不同的氟化物（$LiAsF_6$，$LiPF_6$，$LiSbF_6$ 或 $LiBF_4$）进行改进。美国 EIC Laboratories 公司正在研发这种电池。

2.3.3 液态正极锂电池

2.3.3.1 锂亚硫酰氯电池

锂亚硫酰氯电池是用液态亚硫酰氯（$SOCl_2$）作正极活性材料，金属锂作负极活性材料[56]。电池反应式如下：

$$2SOCl_2 + 4Li \longrightarrow 4LiCl + S + SO_2 \tag{2.8}$$

$Li//SOCl_2$ 电池可以达到 3.6V 的高电压，放电电流为 $100\mu A$ 时可得到 $970W \cdot h \cdot dm^{-3}$ 的高体积比能量。使用温度范围宽，为 $-55 \sim 85℃$。电池反应中在锂金属负极表面形成 LiCl 保护层，使得该电池比传统电池的自放电率低。$Li//SOCl_2$ 电池的主要应用有：医疗设备、收银机、测量设备、微电脑设备、传感器和电子仪表等。已经投入生产的 Bipower® $Li//SOCl_2$ 电池额定电压为 3.6V，$1.6A \cdot h$ 的方形电池（BL-16PN-64）持续放电电流为 20mA。电池用于无线电发射机、军用 GPS 系统、数据记录器、警报和安全系统、CMOS 记忆备份和医疗设备。SAFT 生产的 $Li//SOCl_2$ 电池是 3.6V 碳包式(LS)或卷绕式(LSH)电池，使用温度范围为 $-60 \sim 150℃$，自放电率低。碳包式电池寿命长（5～20 年），特点是几微安基本电流和周期脉冲，卷绕式电池电流范围为 $0.1 \sim 0.8A$。Taridan 电池公司生产的 SL-500 $Li//SOCl_2$ 电池使用温度能达到 130℃。这些电池的保存期能达到 10 年，自放电率很低，低于每年 1%。

2.3.3.2 锂二氧化硫电池

锂二氧化硫（$Li-SO_2$）电池的正极是压缩的气体，同时该气体和其他化学物质一起作电解质盐；这与锂亚硫酰氯电池相似，亚硫酰氯作电解质和液体正极[57]。$Li-SO_2$ 电池用于飞机紧急电源和寒冷环境下的军事应用。NASA 将 $Li-SO_2$ 电池用于热气球和飞行设备。$Li-SO_2$ 电池的特点如下[58]：①$280W \cdot h \cdot kg^{-1}$ 的高比能量；②开路电压为 2.95V，根据负载阻抗的不同，使用电压为 $2.7 \sim 2.9V$；③长储存寿命，每年自放电率低于 2%，室温下可储存 10 年；④卷绕式结构可使电池的放电倍率提高；⑤使用温度范围宽为 $-54 \sim 71℃$。SAFT 生产的卷绕式 $Li-SO_2$ 电池工作电压为 3V，温度范围为 $-40 \sim 70℃$，电池放电能力在 1A 以上。电池最大的优点是能在 $-40℃$ 的低温下使用，储存时的自放电率低。$11.5A \cdot h$ 的电池（型号 LO39SHX）脉冲放电率最大达到 60A。

2.3.4 固态正极锂电池

硫化物和过渡金属氧化物的半导体特性和隧道结构特点使其能作为锂电池材料使用（表 2.5）。几种锂基化合物成功取代了以前的 Zn/AgO 电池和后来的锂-碘电池材料[59~61]。例如，$Li//CuO$、$Li//V_2O_5$、$Li//CF_x$ 和最近研发的 $Li//Ag_2V_4O_{11}$ 电池已在 $200\mu W$ 以下的心脏起搏器中使用[62,63]。锂-氟化碳（Li∥CF_x）一次电池能够应用于很多领域，其比能量是 Li∥MnO_2 一次电池的两倍，Li∥CF_x 电池理论比能量为 2203W·h·kg^{-1}，而 Li∥MnO_2 电池为 847W·h·kg^{-1}。

表 2.5 固态正极一次锂电池

体 系	开路电压/V	备 注
Li∥CF_x	3.1	松下开发,1973 年
Li∥MnO_2	3.3	三洋,1975 年
Li∥Ag_2CrO_4	3.25	用于植入式起搏器
Li∥CuS	2.0~1.5	两个电压平台
Li∥CuO	2.4	使用温度可达 150℃
Li∥FeS_2	1.8	变体是 Li∥$CuFeS_2$
Li∥$Ag_2V_4O_{11}$	2.75~2.50	用于植入式起搏器

2.3.4.1 锂氟化碳电池

氟化碳的通式是 $(CF_x)_n$，是炭黑和其他几种碳在高温下氟化而得到的。理论比能量可达到 2600W·h·kg^{-1}，依据正极材料组分的不同，开路电压范围为 2.8~3.3V。电池反应式如下[64]：

$$nx Li + (CF_x)_n \longrightarrow nC + nx LiF \tag{2.9}$$

理论额定放电容量 Q_{th}(mA·h·g^{-1}) 的表达式为：

$$Q_{th}(x) = \frac{xF}{3.6\times(12+19x)} \tag{2.10}$$

图 2.2 是 $(CF_x)_n$ 材料在 0.5≤x≤1.0 范围内变化时，实验室额定容量的变化图。理论容量计算参考式(2.10)。

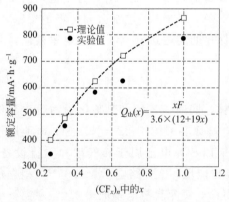

图 2.2 一次锂电池 $(CF_x)_n$ 正极材料实验室理论额定容量与材料组分的关系
[理论容量计算参考式(2.10)]

Touhara 等人研究认为，氟化石墨 $(CF_x)_n$ 化合物在 $x>0.5$ 时晶体结构经历两个阶段：阶段 1 为 $(CF_1)_n$；阶段 2 为 $(CF_{0.5})_n$，也有的认为是 $(C_2F)_n$[65]。在阶段 1 化合物中，氟嵌入碳层生成-CFCF-层堆；在阶段 2（六边形 C_{3h} 对称）模型中形成—CCFCCF—层堆串。在 $(CF_1)_n$ 和 $(CF_{0.5})_n$ 阶段都保持了六边形对称结构。由于电子锁定在 C—F 键中，$(CF)_n$ 的电导率约为 10^{-14} S·cm^{-1}，比石墨（约 1.7×10^4 S·cm^{-1}）下降很多。

很多公司生产不同形式的氟化碳电池。松下电子公司开发设计了 BR435 圆柱形电池。Nippon Steel 公司研制的可充电电池以碳纤维作电极。美国 Eagle Picher 和 Yardney 两家公司研发军用电池，卷绕圆柱形电池的最大容量为 5A·h。

Lam 和 Yazami 两位研究人员用石墨制备氟化石墨 $(CF_x)_n$（0.33<x<0.63）。电池在低自放电率下，随着正极材料氟含量 x 的变化，比能量也发生变化。但是在高放电率下，弱氟化化合物的性能比用石油焦合成的 $(CF_x)_n$ 更好。扣式电池 Li∥$CF_{0.52}$ 在 2.5C 放电率下额定容量为 400mA·h·g^{-1}[66]。Sandia 国家实验室对于 3.6A·h 18650 型 Li∥$(CF_x)_n$ 电池进行实验，实验温

度范围为 $-40\sim72℃$，在 EC∶PC∶EMC（1∶1∶3）的电解质中加入 $1\mathrm{mol\cdot L^{-1}}$ 的 $\mathrm{LiBF_4}$[67]。Li∥$\mathrm{CF_x}$ 电池由 Wilson Greatbatch 研制，用于高级起搏器的替代电源[68]。Li∥$\mathrm{CF_x}$-$\mathrm{MnO_2}$ 混合电池由 Ultralife 研制，该电池储存时间可达 15 年以上，比同型号的 Li∥$\mathrm{MnO_2}$ 电池容量增加 40%。Li∥$\mathrm{CF_x}$ 电池约占全球一次电池市场份额的 9%，主要市场份额被以下公司占据：松下（50%），Greatbatch Medical（20%），Spectrum Brands（20%），还有 Eagle-Picher[69]。

2.3.4.2 锂二氧化锰电池

锂二氧化锰（Li-$\mathrm{MnO_2}$）电池是锂电池中最常见的，约占锂电池市场的 80%。该电池体系是热处理 $\mathrm{MnO_2}$ 作正极，金属锂作负极，碳酸丙烯酯/乙二醇二甲醚中加入 $\mathrm{LiClO_4}$ 作惰性电解质。电池反应式如下：

$$\mathrm{Mn^{IV}O_2 + Li \longrightarrow Mn^{III}OOLi} \tag{2.11}$$

$\mathrm{MnO_2}$ 的还原反应中，没有气体放出，反应产物仍在正极上。Li-$\mathrm{MnO_2}$ 体系有以下几个优势：①质量比能量为 $150\sim250\mathrm{W\cdot h\cdot kg^{-1}}$，体积比能量为 $500\sim650\mathrm{W\cdot h\cdot dm^{-3}}$；②使用温度范围为 $-40\sim60℃$；③二氧化锰是安全的低成本材料。据全球企业增长资讯公司 Frost & Sullivan 统计，锂二氧化锰电池约占电池市场总量的 50%。

很多电池研发公司，如松下、索尼、三洋、富士、NTT、Varta、SAFT 等，都在研发小型可充电高比能量低成本 Li-$\mathrm{MnO_2}$ 电池。松下生产从 $30\mathrm{mA\cdot h}$ 扣式电池（CR1025）到圆柱形 $2.4\mathrm{A\cdot h}$ 电池等多个种类的电池。Duracell® Li-$\mathrm{MnO_2}$ 电池已在广泛领域应用，如用于全自动 35mm 照相机，用于电脑中时间/日历的电源等。Maxell® Li-$\mathrm{MnO_2}$ 纽扣和卷绕圆柱形电池稳定性可达到 10 年，自放电率每年 0.5%。圆柱形 CR17450 电池重 22g，额定容量为 $2500\mathrm{mA\cdot h}$，$V_{oc}=3\mathrm{V}$，使用温度范围为 $-40\sim85℃$。电池以 40mA 持续放电过程中，温度变化会使电压也发生变化。如图 2.3 所示。废弃的 Energizer® Li-$\mathrm{MnO_2}$ 电池符合美国运输部（DOT）49CFR173.185 标准的要求：每

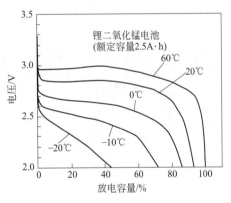

图 2.3 在 40mA 持续放电过程中，温度变化与电池电压变化曲线

只电池的 Li 低于 12g，外壳坚固，外短路保护。索尼生产的 CR2025 纽扣电池在 23℃下进行实验，加入 $15\mathrm{k\Omega}$ 的负载可持续工作 900h。电池具有良好的长时间储存稳定性，在 60℃下可储存 120d，相当于室温下储存 6 年。PowerStream 公司生产的 CR 系列 Li-$\mathrm{MnO_2}$ 纽扣电池品种很多，额定容量从 $25\mathrm{mA\cdot h}$ 到 $1000\mathrm{mA\cdot h}$。$1\mathrm{A\cdot h}$ 的 CR2477 电池的价格是 3.00\$。圆柱形 3V Bipower® 电池（CR34615）额定容量为 $8\mathrm{A\cdot h}$，重 120g。松下也生产了多种轻型纽扣电池，CR2025 容量为 $165\mathrm{mA\cdot h}$，重 2.3g。1976 年起，三洋为适应市场需要也开发出了多种一次 Li-$\mathrm{MnO_2}$ 电池。CR1220 纽扣电池容量为 $36\mathrm{mA\cdot h}$，重 0.8g，最大持续放电电流 2mA。高功率圆柱形卷绕结构电池容量为 $2.6\mathrm{A\cdot h}$，重 23g，放电电流为 500mA。

2.3.4.3 低温锂硫化铁电池

一次 Li∥$\mathrm{FeS_2}$ 电池使用非水电解质，具有良好的低温性能。电解质的溶质为碘化锂，溶剂是含乙醚的 1,2-二甲氧基丙烷，溶剂成分中 1,2-二甲氧基乙烷不超过 30%（体积分数）[70,71]。Li∥$\mathrm{FeS_2}$ AA 一次电池比相同型号的 Zn∥$\mathrm{MeO_2}$ 碱性 AA 电池使用时间长，并能

在低于环境温度和高功率设备上应用[72]。电解质含 1mol·L^{-1} LiCF$_3$SO$_3$ 溶质,溶解于 24.95%(体积分数)二氧戊环,74.85%(体积分数)二甲氧基丙烷和0.2%(体积分数)二甲基异唑混合溶剂中。当 FeS$_2$ 样品粒径小于 1μm 时,Li∥FeS$_2$ 电池容量受到电解质中铁的导电性的影响。实验表明电池的电化学性能很大程度上取决于 FeS$_2$ 正极材料颗粒的大小。将 FeS$_2$ 的粒径从 10μm 降至 100nm,提高了 FeS$_2$ 单位体积的表面积,产生了大量锂化产物的成核位置,提高了 FeS$_2$ 多相(非嵌入)锂化过程的动力学特性[73]。对于 14mg·cm^{-2} 的负载正极,Li∥纳米 FeS$_2$ 电池在电流密度低于 3mA·g^{-1}(0.042mA·cm^{-2})时,在 1.7V 和 1.5V 上呈二步电压反应。1.7V 锂化平台是由于黄铁矿 Fe$_{1-x}$S($0<x<0.2$)和 Li$_{2+x}$Fe$_{1-x}$S$_2$($0<x<0.33$)中间阶段的结构特点,1.5V 反应产生层状 Li$_2$S 和无定形 Fe 的混合物。

2.3.4.4 钒酸银电池

用 Ag$_2$V$_4$O$_{11}$(SVO)作正极材料的锂一次电池可作为植入式心脏除颤器(ICDs)的电源。Li∥SVO 电池最早由 Medtronic 公司研发,电池成分>6Li:Ag$_2$V$_4$O$_{11}$[74]。SVO 是隧道结构,银嵌在两个氧化钒层中间。Li∥SVO 电池在 3.24V 和 2.6V 上呈现两条平稳的放电曲线。在全放电状态下,正极的成分是 Li$_6$Ag$_2$V$_4$O$_{11}$,这个成分结构相当于银还原为 Ag^0,V^{5+} 还原为 V^{4+}[75,76]。Medtronic 公司开发出了 Ag$_2$V$_4$O$_{11}$ 和 CF$_x$ 混合正极的锂电池。该电池结合了两种正极材料的优势。图 2.4 是 Li∥SVO 电池和 Li∥SVO-CF$_x$ 电池放电曲线的比较。铬酸银(Ag$_2$CrO$_4$)也可用于起搏器一次锂电池。电池反应与 SVO 电池的反应相同,生成金属银和 Li$_2$CrO$_4$。电池

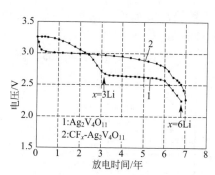

图 2.4 Li∥SVO 电池和 Li∥SVO-CF$_x$ 电池的放电曲线

额定电压为 3.5V,比能量为 200W·h·dm^{-3};或在截止电压为 2.5V 时,比能量可达 575W·h·dm^{-3}。SAFT 已经生产出铬酸银纽扣电池。

2.3.4.5 其他一次锂电池

很多情况下,锂氧化物的放电机理还是没有完全搞清楚。放电反应可以用如下置换过程表示:

$$2Li+MO \longrightarrow Li_2O+M \tag{2.12}$$

其中,MO 可以表示为 CuO,Mn$_2$O$_3$,Bi$_2$O$_3$,Pb$_3$O$_4$ 氧化物,其理论容量分别为 670mA·h·g^{-1},310mA·h·g^{-1},350mA·h·g^{-1},310mA·h·g^{-1}。开路电压(OCV)范围为 3.0~3.5V,实际比能量为 500W·h·dm^{-3}。Varta 公司开发了 CR2025 型电池,SAFT 公司生产了 LM2020 型电池。SAFT 公司研制的 Li∥CuO 电池(LC01)只有一步简单的置换反应[公式(2.12)]。Li∥CuO 电池开路电压为 1.5V,在所有固态正极锂电池中,该电池比能量最高,实际达到 750W·h·dm^{-3}。液态电解质生产商之间各不相同,在二氧戊环中加入 LiClO$_4$ 是经常使用的。SAFT 生产的圆柱形电池实际容量在 0.5~3.9A·h 范围内。

硫化物电极的优势在于它们大多数都是良好的电子导体,因此硫化物电池通常电极不需要加入碳。三个硫化铜电池单体组成的电池组已被开发用于心脏起搏器电源。Li∥CuS 电池

放电分两步，因此在 2.12V 和 1.75V 电压上呈现两条平稳的放电曲线，首次放电到 1.5V 时电池容量为 530mA·h·g^{-1}。在第一个电压平台上，CuS 被还原生成 Li_xCuS，在第二个电压平台上，生成 $Cu_{1.96}S$、Li_2S 和金属 $Cu^{[77]}$。

2.4 二次锂电池

20 世纪 70 年代，研究人员开始研究材料经过嵌入反应成为正极活性物质，可充电锂电池（RLB）应运而生。如图 2.5 所示，可充电锂电池的设计有两种方法。第一种是使用嵌入化合物作正极材料，金属锂薄片作负极，也称为锂-金属电池 [图 2.5(a)]。第二种是使用两种开放结构的材料作电极，锂离子可以从一边嵌入化合物（锂离子源）移动到另一边，放电过程反之亦然。我们常说的锂电池 [图 2.5(b)] 早期也称"摇椅电池""摇摆电池"或"羽毛球电池"，有时也称为"无锂金属可充电电池"[10]（图 2.5）。

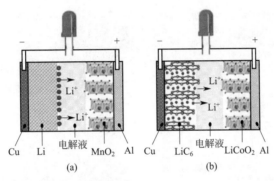

图 2.5 可充电锂电池的结构图 [金属锂 (a) 和锂插层化合物 (b) 都可作电池的负极，两种体系中正极材料是嵌入化合物，在相对 Li/Li$^+$ 高电势下发生氧化还原反应]

2.4.1 锂-金属电池

嵌入化合物最早使用在锂-金属电池（LMBs）上。从 20 世纪 70 年代早期，开始研发用经过嵌入反应的材料作电池的电化学活性成分[8]。在过渡金属二硫族化物 MX_2（X=S，Se）中发生电子施主作用。如 $Li//Li_xTiS_2$ 体系[24]，使用 MX_2 化合物的电池可作为浓差电池，其中锂的活性因 x 的变化而变化（0≤x≤1）。当 $x=0$ 时，TiS_2 在原始状态，电池是充满电状态。当 $x=1$ 时，在全嵌入 $LiTiS_2$ 状态，电池是放电状态。以 Li_xTiS_2 为例，嵌入机理的内在可逆性可用以下公式表示：

$$xLi^+ + xe^- + TiS_2 \rightleftharpoons Li_xTiS_2 \quad (2.13)$$

过渡金属阳离子的还原反应产生电子，电子从外电路排出，使宿主电中性在 Li$^+$ 嵌入过程中得以保持，Ti^{4+} 被氧化为 Ti^{3+}。Li 进入宿主框架结构中，电压电势下降，简化能斯特等式如下：

$$V(x) = E^0 - \frac{RT}{F}\ln a(Li^+) \quad (2.14)$$

其中 $a(Li^+)$ 是 Li_xTiS_2 中的活性锂离子。有资料表明，Li 嵌入电池的特点是随着锂离子活性的提高电池电势下降。宿主的结构稳定，电化学反应可逆。

Whittingham 发表文章称，在锂负极过量的情况下，$Li//TiS_2$ 电池的可逆反应可使电池深度循环 1000 次,每次容量损失很小,低于 0.05%[78]。Exxon 提高了 LiAl 作负极[79] 的电池安全性。LiAl∥TiS$_2$ 电池可用于如手表的小型设备,同样的正负极材料,使用二氧戊环中加入 LiB(CH$_3$)$_4$ 的电解液可制成大型方形电池,曾在 1977 年芝加哥电子设备展中展出[78]。TiS$_2$ 是简并半导体,电导率高,作正极材料不需要加入导电炭黑。尽管 TiS$_2$ 性能优秀,但在循环过程中,在浸入液体电解液的金属负极表面形成形状各异的树枝状结晶,如图 2.6 所示。研究人员 Xu 指出[80],由于在锂上生长了枝晶和锂结晶脱落,使得安全隐患大大增加(如图 2.6 所示)。枝晶会导致内短路,锂结晶表面积大,会影响电解液溶剂的化学活性。第一次放电时,结晶就开始形成,在锂负极表面形成钝化层,这种固体电解质界面(SEI)实际上是一个很差的离子导体 [见图 2.6(a)]。SEI 还会在循环过程中继续生成。放电时负极表面被隔离,Li 粒子迁移到正极;充电时过程相反。由于这些 Li 粒子没有记忆功能,不能回到原来的位置,所以从正极出来的 Li$^+$ 的沉积,也是结晶成核的原因之一 [见图 2.6(b)]。总之,结晶的形成和溶解破坏了负极的稳定性,给电池的使用带来风险。

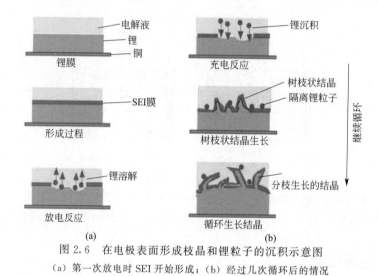

图 2.6 在电极表面形成枝晶和锂粒子的沉积示意图
(a) 第一次放电时 SEI 开始形成;(b) 经过几次循环后的情况

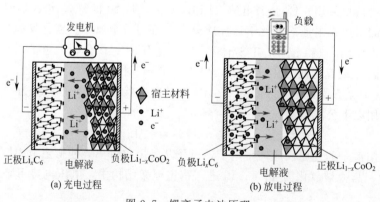

图 2.7 锂离子电池原理

锂金属电池的使用仍然是低效的,原因有以下几点:①锂与电解液的反应没有得到很好的控制;②固体电解质界面(SEI)难于掌握;③枝晶的结构会造成内短路;④循环中表面积增加存在过热的风险。锂金属电池在碳酸盐溶液中的库伦效率低,约 90%,由于钝化层不断生长,使得循环寿命降低[81]。Von Sacken 等人[82] 报道称,锂金属与电解质反应产生热,而负极材料的热量难于控制。这方面的进一步研究将在后面有关负极材料的章节中继续讲述。

锂金属电池的正极材料除了 TiS_2 以外,还有其他几种具有一维层状结构的过渡金属硫化物 MX_2 或 MX_3 ($X=S$, Se)。它们中的大多数在锂嵌入中表现出单相状态。Li_xVSe_2 是唯一出现二相的材料,放电曲线出现两个电压平台[83]。使用 TiS_2、MoS_2 和 $NbSe_3$ 可以形成三个体系。美国 Eveready 电池公司开发了 Li/硫系玻璃/TiS_2-碳固态电池,用于 CMOS 记忆备用电池。电解质为加入 LiI 的磷硫系玻璃 $Li_8P_4O_{0.25}S_{13.75}$,电极是质量比为 51:42:7 的 TiS_2-固态电解质-炭黑复合电极。容量范围 $1.0\sim9.5$mA·h。电池封装为标准 XR2016 扣式电池。在 21℃时电池内阻在 $25\sim100\Omega$ 之间,随充电状态变化而变化[84]。美国 Grace 公司研制的卷绕 AA 型 Li/TiS_2 电池,放电率 200mA,容量 1A·h,电压 1.7V[33]。美国 EIC 实验室研究出了 C 型 Li/TiS_2 电池,容量 1.6A·h,使用温度范围 $-20\sim20$℃[34]。加拿大 Moli 能源公司开发的 C 型 3.7A·h Li/MoS_2 电池用于日本的手机。该电池采用 MoS_2 作正极,锂作负极,碳酸丙烯酯作电解质溶剂。电池持续在几安培工作时电压为 $2.3\sim1.3$V。在 C/3 放电率(约 800mA)下的比能量范围为 $60\sim65$W·h·kg^{-1}[85]。美国 AT&T 公司开发了叫做 "FARADAY" 的 $Li\text{-}NbSe_3$ 体系 AA 型柱状电池[86]。电流 400mA 时循环 200 次后的容量为 0.7A·h。电池理论比能量 1600W·h·cm^{-3},经过 350 次充放电循环后的实际比能量为 200W·h·cm^{-3}。

早就认识到锂可以嵌入金属氧化物中,如氧化钼[87,88]和氧化钒[89]。碱性金属 Li_xMO_y 嵌入反应具有可逆性,因此使用它作电极材料的电池很多都是充电电池。Labat 等人[90]发现用 V_2O_5 作正极的电池是可充电的。SAFT 公司生产了 AC 型 $Li//V_2O_5$ 1.4A·h 电池,用锂或锂合金作电池负极,电压 3.8V。Tracor 应用科技公司生产的电池,在 V_2O_5 中掺入了 2%~20%(质量分数)的碳[91]。日本的松下微电池公司开发出了扣式 $Li//V_2O_5$ 电池用于电子设备的记忆备份电源。正极是 V_2O_5 和 5%的炭黑混合而成。放电时每个 V_2O_5 分子得到三个 Li 的平均电压为 2V,以 1mA 放电率放电时电池容量为 36mA·h[92]。

2.4.2 锂离子电池

2.4.2.1 原理

原则上,锂离子电池(LiB)不包含锂金属,只是充电时出现 Li^+。这些离子在电解液中从一个电极游移到另一个电极,电解液是良好的离子导体和电绝缘体。图 2.7 是 $Li_xCoO_2/LiPF_6\text{-}EC\text{-}DMC/Li_xC_6$ 锂离子电池的充放电反应。一个新电池放电时电压低,因此在初始阶段,正极(Li_1CoO_2)上充满了 Li^+,负极(C)是空的。电池发生的电化学反应是离子与电子的传输,是一个氧化还原过程。在充电过程中,Li^+ 从正极(阴极)产生,穿过电解液进入负极(阳极),电子通过外电路循环;在这个过程中,正极失去 x 个电子被氧化($Li_{1-x}CoO_2$),负极得到 x 个电子被还原(Li_xC_6),放电过程与之相反。

$LiCoO_2$ 作正极、碳作负极的锂离子电池,充放电的化学反应式如下:

$$xLi^+ + xe^- + 6C \Longleftrightarrow Li_xC_6 \text{(在负极)} \tag{2.15}$$

$$LiCoO_2 \Longleftrightarrow Li_{1-x}CoO_2 + xLi^+ + xe^- \text{(在正极)} \tag{2.16}$$

上面的箭头代表放电过程,下面的箭头代表充电过程。整个反应式如下:

$$LiCoO_2 + 6C \Longleftrightarrow Li_{1-x}CoO_2 + Li_xC_6 \tag{2.17}$$

有文献表明，由于两电极间的电势差大 $[\mu(LiCoO_2)-\mu(C)]$，所以 $LiCoO_2$∥C 电池电压可达 4V [公式(2.1)]。

目前，电池的电解液是烷基碳酸酯作溶剂，六氟磷酸锂（$LiPF_6$）作溶质。电解液作为离子导体，使锂离子能够来回运动。离子在固相中的运动是个缓慢过程，需要使用良好晶体的电极材料进行优化[93,94]。但是，有些非晶物质是可以使用的，负极材料的使用将在第 10 章中讲述。电极设计和优化的一个重要方法是纳米技术，纳米技术可以使离子在固相的移动路径尽量短。粒子的粒径越小，充放电循环中粒子从核到表面的变化越小[95]。

锂离子电池比能量高，循环使用效果好。它比传统的铅酸电池或 Ni-MH 电池的体积和重量小 70%（见表 2.6）。但必须使用电池管理系统（BMS）来控制和监测电池组，补偿电池单体间的不平衡，保证了电池的大容量和长寿命。电池管理系统必须对每个电池进行持续检测，防止电池单体热失控并波及其他电池单体，使整个电池起火。目前的新技术有将磷酸盐和钛酸盐用于电极制成磷酸铁锂电池（LFP）或钛酸锂电池（LTO），并已在公共交通中安全使用[96]，电池管理系统用来控制电池组中各电池单体之间的平衡。18650 电池容量 800mA·h，以 10C 充电率（6min）和 5C 放电率（12min）循环 20000 次后容量几乎不变；以 15C 充电率（4min）和 5C 放电率，100% 放电深度（DOD）和 100% 充电状态（SOC）下，循环 30000 次后容量是原来的 95%。近年来，开发了很多新的化学材料，如将 $LiCoO_2$ 作为氧化电极用于锂离子电池。

表 2.6 锂离子电池与金属氢化物镍电池的性能对比

性　　能	Ni-MH 电池	锂离子电池	性　　能	Ni-MH 电池	锂离子电池
使用电压/V	1.3	3.7	循环寿命	好	好
比能量/W·h·kg^{-1}	75	160	记忆效应	有	无
自放电率/(%/月)	30	5			

2.4.2.2　能级图

Goodenough 和 Kim 两位科研人员研究过锂电池的能级图[97]。图 2.8 是在热力学平衡时锂电池的电极和电解液的高能结构图。阳极和阴极是电子导体，电化学电势分别为 μ_A 和 μ_C，也称为费米能级 E_A 和 E_C。电解液是离子导体禁带宽度 E_g，在能量为 E_L 的最低未占分子轨道（LUMO）和能量为 E_H 的最高占据分子轨道之间起到隔离作用。锂电池热力学稳定性要求电极电势 E_A 和 E_C 位于电解液的高能窗，电池电压 V_{oc} 表达式如下：

$$eV_{oc}=E_C-E_A \geqslant E_g \qquad (2.18)$$

式中，e 为基本电荷；$E_g=E_L-E_H$[14]。

在实际中，非水锂电池体系的负极（锂或石墨）表面总是会覆盖一层薄膜——固体电解液界面（SEI），1～3nm 厚，是金属与电解液反应的产物。这层膜是金属与电解液的界面，具有固体电解质的性能。SEI 作为在电极与电解液之间的钝化层，当公式(2.18) 的条件满足时，能够保持电池的稳定。此外，这层膜有腐蚀作用，随着电池循环的进行不断生长[98]。电极的设计必须与电解液的 LUMO 和 HOMO 水平匹配。图 2.8 是三个不同化学成分的锂离子电池的结构能级图，三种化学成分分别是：钛酸锂∥磷酸铁锂（LTO∥LFP），石墨∥钴酸锂（C∥LCO）和石墨∥镍锰酸锂（C∥LNM）。$Li_4Ti_5O_{12}$∥$LiFeO_4$ 电池的电压 V_{oc} 比较小。由于电极能级和 E_A 在电解液窗相匹配，因此电极上没有生成 SEI，提高了电池的安全性。但是，这个体系电池的开路电压较低，只有 2V，石墨∥$LiCoO_2$ 电池的电压是 4V。

对于石墨∥$LiCoO_2$电池，石墨在非水电解质的LUMO水平的能量为E_A，正极在HOMO水平的能量为E_C。该体系电池有SEI薄膜生成，SEI膜有以下特点：①电池循环中电极体积会产生变化，SEI保持良好的机械稳定性；②必须能使Li^+在电极和电解液之间快速传输；③在温度$-40℃<T<60℃$范围内，具有良好的离子导电性[99]。在石墨∥$LiNi_{1/2}Mn_{3/2}O_4$电池中，E_C与E_H相差较大，电极与电解液非常不稳定。表2.7中列出了到目前为止研究开发比较热门的一些锂离子电池技术。

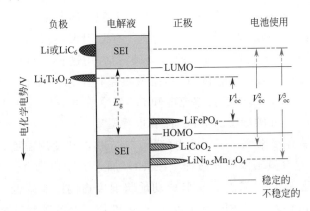

图2.8 使用不同电极的锂离子电池的电子禁带图（橄榄石$LiFeO_4$，薄层状$LiCoO_2$和尖晶石$LiNi_{1/2}Mn_{3/2}O_4$作正极，锂金属和碳作负极；E_A和E_C分别表示阴极和阳极的费米能级，E_g是保持热稳定性的电解质窗，当$E_A>E_L$和$E_C<E_H$时，SEI层能够保持稳定）

表2.7 最普遍应用的锂离子电池

缩写	正极	负极	电压/V	比能量/$W·h·kg^{-1}$
LCO	$LiCoO_2$	石墨	3.7～3.9	140
LNO	$LiNiO_2$	石墨	3.6	150
NCA	$LiNi_{0.8}Co_{0.15}Al_{0.05}O_2$	石墨	3.65	130
NMC	$LiNi_xMn_yCo_{1-x-y}O_2$	石墨	3.8～4.0	170
LMO	$LiMn_2O_4$	石墨	4.0	120
LNM	$LiNi_{1/2}Mn_{3/2}O_4$	石墨	4.8	140
LFP	$LiFePO_4$	$Li_4Ti_5O_{12}$	2.3～2.5	100

本书后面的章节将详细讨论各种正负极材料的特点及优劣势。表2.7中，只有$Li_4Ti_5O_{12}$（LTO）能够代替石墨，并已经商业化生产。LTO作为1.5V负极材料，有几点优势（见第10章），LTO与几个不同的正极组成的锂离子电池分别接受测试。先从LTO∥$LiMn_2O_4$电池开始，使用液体[100]或固体聚合物电解质[101]；然后是LTO∥$LiNi_{0.8}Co_{0.2}O_2$电池和LTO∥$LiCoO_2$电池[102]，能够用于高功率设备。由于LTO电池的比能量和电压较低，很多年来LTO电池的研究受到了冷落。Ohzuku工作组近年来又重新开始了对LTO电池的研究[103,104]，将LTO与Li氧化物结合作正极，质量比能量达到$250W·h·kg^{-1}$，体积比能量为$970W·h·dm^{-3}$。LTO∥$LiMn_2O_4$电池在55℃，1C循环下的可逆容量为90～100 $mA·h·g^{-1}$[105,106]。LTO粒子直径20nm，纳米LTO∥$LiMn_2O_4$电池在25℃和55℃时可经受1000次循环，可以80C的速率快速充电[107]。电池负极是由LTO纳米级（≤10nm）一次颗粒组成的微米级（约0.5～2μm）二次颗粒构成，正极为球形$LiMn_2O_4$颗粒[108]。电池在55℃时以5C倍率循环1000次后仍能保持几乎100%的容量。但是，$LiMn_2O_4$电池的

问题不是循环寿命而是日历寿命，在电解液中锰会分解。另外，分解反应还会随温度的升高而加快。美国的一家公司在2013年盛夏将$LiMn_2O_4$电池使用在了电动汽车上，由于上述的分解反应导致电池失效，厂家不得不召回汽车，更换电池。因此，研究人员一直努力寻找不会在电解液中溶解的可以替代$LiMn_2O_4$的过渡金属。LTO∥$LiFePO_4$（LFP）电池从1994年开始研究，使用电压约1.75V，使用胶体聚合物电解质[109]。液态电解质是在离子液体中加入锂盐形成双（三氟甲烷）磺胺锂，也有将LiTFSI加入Py_{24}TFSI中的[110]。作LTO∥LFP电池的$LiFePO_4$粒子需涂覆导电层，以提高LFP颗粒的电导率，电池容量为155mA·$h·g^{-1}$。涂层一般是2～3nm厚的导电碳层[112]，有时用聚醛树脂[111]。涂覆碳层的纳米LFP，粒径25nm，是电池正极材料研究的新突破[96]。用这种材料作正极的电池在100%DOD，100%SOC，以10C倍率充电和5C倍率放电条件下循环20000次后容量几乎不变，在100%DOD，100%SOC，以15C倍率充电和5C倍率放电条件下循环30000次后容量能够保持95%。粒径为90nm碳涂覆的LTO性能也会提高，100C倍率下性能仍然不错[113]。在电池使用过程中提高温度来测试不同的电解质。18650电池使用温度窗的上限可到80℃，电解液为1mol·L^{-1}双（氟磺酰）亚胺锂（LiFSI）加入γ-丁内酯（GBL），或1mol·L^{-1}LiFSI加入碳酸丙烯酯（PC）+GBL，实验成功地将温度窗的限制降低。18650电池使用低温电解质，溶质为1mol·L^{-1} $LiPF_6$和0.2mol·L^{-1}LiFSI，溶剂为四种脂类溶剂按体积比1∶1∶1∶1混合，混合溶剂为：碳酸丙烯酯（PC）+丙酸甲酯（MP）+乙基甲基碳酸酯（EMC）+5%氟代碳酸乙烯酯（FEC），这四种溶剂在25℃时电化学性能相似，是传统的电池电解液。由于提高了电解质的离子导电性，电池在-10℃下通过了混合动力脉冲能力特性（HPPC）测试。电池还通过了加速热量测试，证明电池是安全的[113]。LTO/LFP电池是能在插入式混合电动车上使用的最好的电池，能够储存风能和太阳能。前面提到的$LiNi_{1/2}Mn_{3/2}O_4$（LNM）正极（使用电压4.7V）中的Li不能与石墨结合，Ohzuku研究组认为LTO可作为替代负极[104,114,115]。LNM∥LTO电池（多数配比为0.056g LTO和0.049g LNM）使用电压3.2V，当电流密度从12.7mA·g^{-1}上升到509mA·g^{-1}时，容量从5.4mA·h降到4.8mA·h。Amine研究组发现，LNM∥LTO电池在0.5～10C的C率以及2.0～3.5V的电压下循环1000次后的剩余容量为86%[116]。$Li(Ni_{0.45}Co_{0.1}Mn_{1.45})O_4$∥LTO薄片型电池，负极与正极的质量比为1.36，再以1C循环500次后的容量为124mA·h[117]。LNM电池的问题是传统电极中锰的溶解（$LiMn_2O_4$电极也有同样的问题），这个问题会降低电池寿命，阻碍电池商业化生产。

LTO电池结合了层状氧化物$LiCoO_2$[102]、$Li(Ni_{0.8}Co_{0.2})O_2$、$Li(Co_{1/2}Ni_{1/2})O_2$[118]、$Li(Co_{1/3}Ni_{1/3}Mn_{1/3})O_2$[104]和$Li_{1+x}(Co_{1/3}Ni_{1/3}Mn_{1/3})_{1-x}O_2$[119]，电池性能优良。层状化合物作正极的作用在于可以提高电池的比能量。例如，LTO∥$Li(Co_{1/3}Ni_{1/3}Mn_{1/3})O_2$电池的容量<85mA·$h·g^{-1}$（340mA·$h·cm^{-3}$），比能量为215W·$h·kg^{-1}$（970W·$h·dm^{-3}$），平均电压2.5V。LTO代替石墨提高了电池的能量，因为这种材料嵌入锂后体积不会改变，也使电池的充放电率加快。但层状化合物的安全问题仍然存在。电池的热稳定性差，使用受到限制，如果电池管理系统（BMS）不能管理电池内在的不稳定，电池会有起火的危险。即使这种电池的比能量高，我们也不推荐其使用在交通设备上。

用第10章中所列出的材料作负极的电池有很多都在实验室研究阶段，表2.7中列出的电池类型很多也没有进行商业化生产。另外，在第10章中可以看到，材料的性能很大程度上取决于负极的合成,目前的研究主要集中在材料结构的优化上,例如合成碳纳米管、石墨或不同形状(球形、纳米管、纳米板)的纳米颗粒活性涂层。对于全电池(相对于第10章中Li作负极的半电池而言)的初步研究见参考文献[120],但由于纳米科技和材料科技的发展,第10章中关于半电池的研究进展已经超越了对全电池的研究。

2.4.2.3 设计和生产

锂离子电池包括三个主要部分。电池有两个可逆电极:负极在放电时释放锂离子,正极在充电时得到锂离子并嵌入晶格中。两个电极被多孔结构薄膜隔开[121]并浸入液体电解液中。电解液是锂离子的快离子导体,也是电子绝缘体,因为电子通过电解液的传输会产生自放电。锂盐在非质子溶剂中溶解得到离子导体。负极沉积在铜箔上,正极是电活性材料、炭黑和黏合剂的混合物涂覆在铝箔表面。两个金属箔都起到集流器的作用,每个电极涂覆层的厚度为几十微米,宽度为几厘米。电池的制造过程还有很多步骤,从粉末的制备和涂覆到电池的制造和检测(图2.9)。涂层的总厚度约为 $150\mu m$,需依据电池的性能而定,改变涂层厚度可以提高电池的性能。厚涂层电池是高能量型,而薄涂层电池是高功率型。参考文献[122]简述了锂离子电池的制造过程。锂离子电池的生产环境必须是干燥环境,相对湿度小于 100×10^{-6},大多数是全自动流程。

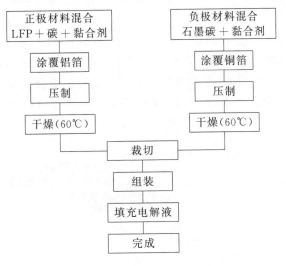

图2.9 锂离子电池的生产流程简图

大规模高功率电池的电池单体、电池组和电池包的生产还在开发阶段。有一个问题需要注意:由于锂和其他化学物质对湿度敏感,所以锂电池的生产要在干燥的环境中进行。为满足电动车电池市场的需要,要求快速低成本地生产电池,需要全自动和集成性的生产线。加拿大 Hydro-Québec 公司采用全自动生产线为电动车和混合电动车生产 $10A \cdot h$ 磷酸铁锂电池。图2.10对电动车和混合电动车不同电池技术的性能进行比较。除了能量和功率密度,图中还标记了电池的快速充电、循环、温度和安全性的性能。

2.4.3 锂聚合物电池

20世纪80年代,Armand教授与法国ELF-Aquitaine公司和加拿大Hydro-Québec公司联合研发锂聚合物电池(LPM)。Armand[123]建议使用聚环氧乙烷(PEO)作LPM电池

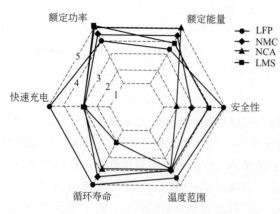

图 2.10 不同电极材料的锂离子电池比较
(LFP 为磷酸铁锂电池，NMC 为镍-锰-氧化钴电池，NCA 为镍-钴-氧化铝电池，LMS 为锂锰电池，1=最差，5=最好)

的固体聚合物电解质，这种电解质在室温下具有高导电性。聚合物电解质是碱金属盐和包含杂原子的聚合物链复合而成。PEO 链由—CH_2—CH_2—O—重复组成。杂原子这里是 O，作为阳离子 M^+ 的施主，阴离子 X^- 稳定于 PEO-M^+ 复合物中。早期研究时聚合物电解质在 25℃时电导率小于 10^{-5} S·cm^{-1}，用于电池的话电导率太低。现在制成的电解质电导率性能与非水液态电解质相当[124]。PEO-MX 复合物是介于液态和固态电解质之间的塑料电解质。多数聚合物电池是 Li/PEO-Li 盐/IC 的结构，IC 是嵌入化合物，也是包含大量活性嵌入材料的复合电极。对聚合物离子导体进行温度可靠性检测，基于聚磷腈的复合物在室温下电导率较高。由于玻璃质转换温度 T_g 值低，聚合物链具有柔韧性，P—N 键旋转的障碍小[125]。

LPM 电池正极由锂嵌入电极（V_6O_{13}、TiS_2、MnO_2、Cr_3O_8 或 LiV_3O_8）与聚合物电解质和导电炭黑混合而成，这样可以提高离子和电子的电导率。复合电极（50～75μm）沉积在几微米厚的铜箔或镍箔集流器上，与 25～50μm 厚的 $[(C_2H_4O)_9·LiCF_3SO_3]_n$ 聚合物隔膜电解质组成电池（图 2.11）。为达到最好的导电性，聚合物温度要保持在 80～90℃。法国-加拿大研究团队设计出了 Li/(PEO)$_8$·$LiClO_4$/TiS_2+PEO+C 的电池体系[124]。另一种体系是 TiO_2 作正极，C/8 速率循环时电压范围 3.0～1.2V。两种体系的电池性能相似。

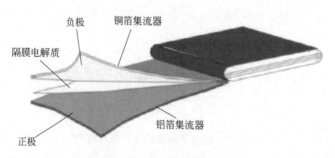

图 2.11 方形锂离子电池结构

现在，BatScap 公司正在研发电动车用高功率 LPM 电池，电动车用电池需要改进一些设计。电池组将 12 只单体电池串联，用电池管理系统（BMS）进行电控和温控，在使用中会反馈安全信息和充电状态信息。BatScap 公司开发的 2.8kW·h 电池组，额定电压 31V，质量比能量 100W·h·kg^{-1}，体积比能量 100W·h·L^{-1}，重 25kg，体积 25L，成功用于全电动车 Bluecar。

2.4.4 锂-硫电池

由于锂-硫电池理论上具有大容量和高质量比能量的特点，所以对它的研究持续了 20 年以上。硫的比容量高达 1673mA·h·g^{-1}，但是由于多硫化物的分解造成容量衰降很快。

Li-S 电池放电过程中锂从负极表面溶解，嵌入碱金属多硫化物盐中，充电过程中负极上又还原出锂[126]。理论上，一个硫原子能够结合两个锂离子，但实际中，只能结合 0.5～0.7 个 Li^+。电池放电过程中多硫化物被还原，反应过程如下[126~129]：

$$S_8 \rightarrow Li_2S_8 \rightarrow Li_2S_6 \rightarrow Li_2S_4 \rightarrow Li_2S_3 \quad (2.19)$$

电池充电时，硫聚合物通过多孔膜扩散，在阴极上形成：

$$Li_2S \rightarrow Li_2S_2 \rightarrow Li_2S_3 \rightarrow Li_2S_4 \rightarrow Li_2S_6 \rightarrow Li_2S_8 \rightarrow S_8 \quad (2.20)$$

这些反应与 Na//S 电池相似。S_8 有三种形式：α-硫，β-硫。γ-硫、β-硫和 γ-硫是亚稳定的，在环境温度下会转化为 α-硫储存。Li//S 电池首次循环的充放电电压如图 2.12 所示。

Li-S 电池的负极可以是硅或锂，不同的正极可以是纯硫、多孔 TiO 包覆的硫纳米颗粒、用无序的碳纳米管包覆硫、共聚硫、硫/石墨烯纳米混合物[129~132]。用溅射法在硫正极表面涂覆 180Å 厚的碳层。首次放电时的比容量为 1178mA·$h·g^{-1}$，50 次循环后降至 500 mA·h·g^{-1}[132]。Ji 等人[130] 称用有序的碳/硫正极制备出锂硫电池。导电介孔碳结构可以使硫纳米填充物在其通道内

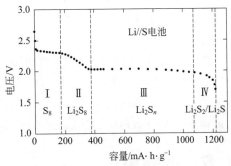

图 2.12　Li//S 电池首次循环的充放电电压

生长，与绝缘硫产生电接触。这种结构可以使锂更易于与硫反应，可逆容量为 1320mA·h·g^{-1}。Zheng 等人[131] 有报道称，通过使用阳极铝氧化物模板和聚苯乙烯热碳化的方法制成了中空碳纳米管包覆的硫正极，可以有效捕捉多硫化物。使用该正极的电池在 C/5 速率充放电循环 150 次后比能量约为 730mA·h·g^{-1}。在电解质中加入 $LiNO_3$ 可以提高库仑效率，C/5 速率下库仑效率超过 99%。

2.5　锂电池经济

我们再看一下锂电池管理。图 2.13 是几种类型的电池，包括圆柱形、扣式、方形和软包电池。A2-A·h·18650 锂离子电池内含 0.6g 锂，使用在 60W·h 的笔记本电脑中的电池组由 8 个这样的电池单体组成（4 个单体串联，2 组再并联），总共是 4.8g 锂。按照 UN 规定锂不超过 8g，那么电池最大能量 96W·h。电池组可由 12 只 2.2A·h 的电池单体组成（4 个串联，3 组并联）。如果用 2.4A·h 的电池单体，那就用 9 只电池单体组成（3 个串联，3 组并联）。显然，锂电池的市场接受度取决于它与其他类型电池成本的比较。在法国，国内电价为 1.31 欧元·(kW·h)$^{-1}$（含税，2014 年 1 月）；一只 AA 型碱性勒克朗谢电池，5W·h，1.50 欧元。因此，这种一次电池的成本为 300 欧元·(kW·h)$^{-1}$，比国内电价提供的电能贵了 200 多倍。

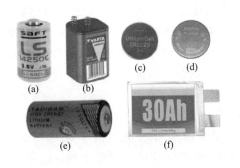

图 2.13　各种结构的电池
(a) LS14250 圆柱形 Li//$SOCl_2$ 电池；(b) 4R25 方形电池；
(c), (d) CR2020 Li-MnO_2 扣式电池；(e) AA 型锂离子
圆柱形电池（1.5A·h, 3.6V, 12.4g）；
(f) 30A·h 软包 $LiMn_2O_4$ 电池（3.8V, 850g）

现在电池的价格已经降到每千瓦·时400～750美元，使用85kW·h电池组的特斯拉电动汽车的成本为6375～34000美元。波士顿咨询公司建议电池价格降到200美元·(kW·h)$^{-1}$，电动汽车才真正具有竞争力。美国IDC公司的工程师Sam Jaffe称，到2015年，全球电池需求总量为26149MW·h，锂离子电池的价格有望降到400美元·(kW·h)$^{-1}$[133]。全球每年生产出超过150亿只电池，其中40%是锂电池。全球动力锂离子电池市场份额2012年为16亿美元，到2020年将会达到220亿美元，届时电池成本将降到397美元·(kW·h)$^{-1}$。据Frost&Sullivan咨询公司调查称，2009年锂离子电池占全球电池市场收入的40%，其中37%是锂离子电池，3%是一次锂电池。目前，中国、日本、韩国三国成为锂离子电池生产大国。据日本经济产业省2013年的统计，日本全年共生产34.6亿只电池，产值6834亿日元[134]。产品中61%是一次电池，39%是二次电池（图2.1）。

电动汽车电池的回收利用可以减少污染、避免浪费，其过程与铅酸电池相似。据Chemetall公司的预计[135]，到2040年，将有一半锂电池中的锂是回收锂。目前，回收1t电池的成本约1700美元。据Hsiao和Richter两人的计算[136]，如果回收100A·h NCA电池可得到169kg碳酸锂、38kg钴和201kg镍，回收材料的总价值超过5000美元。

2.6　电池模型

纯电动汽车、插电式电动汽车、混合电动汽车都具有非常复杂的动力传动系统，需要通过电池模拟优化能量管理。电池模型有助于预测和延长电动汽车的寿命。Jongerden和Havekort两位研究人员在实验室中建立了电池的电化学模型和随机模型[137,138]。开路电压是电池电化学模型的主要参数，模型中电荷转化为过电压，出现扩散过电压和电阻电压降［公式(1.6) 和公式(1.7)］。由于寿命表达式$t=Q/i$有不同的非线性结果，它不适用于实际当中，因此按照Peukert定律［公式(1.26)］可以用电流i对t进行简单估算。等效电路可以从充电状态下电池的电化学电阻光谱（EIS）实验数据得到[139]。

可以使用几个不同的模型对金属锂和锂电池的电化学特性和电池管理进行分析。电化学模型由Doyle等人开发[140～142]，包括六组，非线性微分方程式由"Dualfoil" Fortran程序得到，精确性很高，电压和电流为时间和电池电解质参数的函数。Hageman工程师提出用电子电路模型计算Ni-Cd电池[143]。一个典型的等效电路由五部分组成：①表示电池容量的电容；②放电率决定在高放电电流下容量的损失；③电池电路放电；④电压与充电状态的对照表；⑤表示电池电阻的电阻器。Rakhmatov模型是基于电池活性材料扩散过程的Peukert定律的延伸。Fick定律是通过计算扩散过程估测寿命。这些分析模型均适用于锂离子电池，最大误差率为2.7%，平均误差率小于1%。

在动态电池模型（KiBaM）中，Manwell和McGowan两人[144]用电池电荷的分布建立化学动态过程。为在放电过程中计算电压，将电池模拟为有内电阻的串联电压源。因KiBaM的放电曲线与锂磷酸盐锂离子电池接近，KiBaM可以模拟该类型电池。Chiasserini和Rao两人[145]将基于离散时间的Markov链引入随机模型。这种方法对锂离子电池的模拟准确率很高，误差率为1%。随后，在2015年Rao等人[146]提出了基于分析KiBaM的随机电池模型。该方法成功应用与AAA型Ni-MH电池，最大误差率2.65%。

Tremblay和Dekkiche两人[14]开发出了简便易用的电池模型，使用动态模拟软件用于模拟电池的充电状态（SOC）。该模型与Shepherd模型相似，通过电压和电流结合Peukert公式[148,149]描述电池的电化学性能。但与 Shepherd 模型不同，它不产生代数环。用一个简单的控制电压源串联再结合一个恒定电阻来模拟电池，如图 1.7 所示。假设模型的充放电循环与电池有相同的特点，开路电压由非线性卡尔曼滤波法计算出，它是基于电池实际 SOC 的一个等式：

$$E = E_0 - K\frac{Q}{Q-it} + Ae^{\left(-B\int idt\right)} \tag{2.21}$$

式中，E 是负载电压，V；E_0 是恒定电压，V；K 是极化电压，V；Q 是电池容量，A·h；A 是指数区幅度，V；B 是指数区时间常数的倒数，$(A\cdot h)^{-1}$；$\int idt$ 表示实际电池电荷，A·h。

Broussely 等人[150]进行了用于卫星和替代电源的锂离子电池长寿命研究。试验中发现，电池容量与储存的温度有关。电池采用 $LiCoO_2$ 或 $LiNi_xM_yO_2$ 作正极，石墨作负极，浮充电压 3.8V 或 3.9V。该项研究主要集中在负极的损失和固态电解质界面层（SEI）的电导率模拟数据上，根据 Arrhenius 定律，该数据与温度有关。

参 考 文 献

1. Julien C, Nazri GA (1994) Solid state batteries: materials design and optimization. Kluwer, Boston
2. Goonan TG (2012) Lithium use in batteries. US Geological Survey Circular 1371, Reston, Virginia. http://pubs.usgs.gov/circ/1371/pdf/circ1371_508.pdf
3. Pistoia G (1994) Lithium batteries: new materials, developments and perspectives. Elsevier, Amsterdam
4. Linden D, Reddy TB (2001) Handbook of batteries, 3rd edn. McGraw-Hill, New York
5. Bergveld HJ, Kruijt WS, Notten PHL (2002) Battery management systems, design by modelling. Kluwer Academic Publishers, Dordrecht
6. Van Schalkwijk WA, Scrosati B (2002) Advances in lithium batteries. Kluwer, New York
7. Nazri GA, Pistoia G (2003) Lithium batteries, science and technology. Springer, New York
8. Balbuena PB, Wang Y (2004) Lithium-ion batteries, solid-electrolyte interphase. Imperial College Press, London
9. Wakihara M, Yamamoto O (2008) Lithium ion batteries: fundamentals and performance. Wiley, Weinheim
10. Yoshio M, Brodd RJ, Kozawa A (2009) Lithium batteries, science and technologies. Springer, New York
11. Ozawa K (2009) Lithium ion rechargeable batteries. Wiley, Weinheim
12. Park CR (ed) (2010) Lithium-ion batteries. InTech, Rijeka (Croatia) Open access book. http://www.intechopen.com/books/lithium-ion-batteries
13. Yuan X, Liu H, Jiujun Z (2012) Lithium batteries: advanced materials and technologies. CRC Press, Boca Raton
14. Belharouak I (ed) (2012) Lithium batteries new developments. InTech, Rijeka (Croatia) Open access book. http://www.intechopen.com/books/lithium-ion-batteries-new-developments
15. Abu-Lebdeh Y, Davidson I (2013) Nanotechnology for lithium-ion batteries. Springer, New York
16. Scrosati B, Abraham KM, Van Schalkwijk WA, Hassoun J (2013) Lithium batteries: advanced technologies and applications. Wiley, Hoboken
17. Jasinski R (1967) High-energy batteries. Plenum, New York
18. Julien C (2000) Design considerations for lithium batteries. In: Julien C, Stoynov Z (eds) Materials for lithium-ion batteries. Kluwer, Dordrecht, pp 1–20
19. Armand MB, Whittingham MS, Huggins RA (1972) The iron cyanide bronzes. Mater Res Bull 7:101–108
20. Armand MB (1973) Lithium intercalation in CrO_3 using n-butyllithium. In: Van Gool W (ed) Fast ion transport in solids. North Holland, Amsterdam, pp 665–673
21. Gamble FR, Osiecki JH, Cais M, Pisharody R, DiSalvo FL, Geballe TH (1971) Intercalation complexes of Lewis bases and layered sulfides: a large class of new superconductors. Science 174:493–497
22. Dines MB (1975) Intercalation of metallocenes in the layered transition-metal dichalcogenides. Science 188:1210–1211
23. Dines MB (1975) Lithium intercalation via n-butyllithium of the layered transition metal dichalcogenides. Mater Res Bull 10:287–292

24. Whittingham MS (1978) Chemistry of intercalation compounds: metal guests in chalcogenaide hosts. Prog Solid State Chem 12:41–99
25. Whittingham MS (1982) Intercalation chemistry: an introduction. In: Whittinggham MS, Jacobson AJ (eds) Intercalation chemistry. Academic, New York, pp 1–18
26. Winn DA, Steele BCH (1976) Thermodynamic characterization of non-stoichiometric titanium disulphide. Mater Res Bull 11:551–558
27. Winn DA, Shemilt JM, Steele BCH (1976) Titanium disulphide: a solid solution electrode for sodium and lithium. Mater Res Bull 11:559–566
28. Whittingham MS (1977) Preparation of stoichiometric titanium disulfide. US Patent 4,007,055, Accessed 8 Feb 1977
29. Murphy DW, Trumbore FA (1976) The chemistry of TiS_3 and $NbSe_3$ cathodes. J Electrochem Soc 123:960–964
30. Dickens PG, French SJ, Hight AT, Pye MF (1979) Phase relationships in the ambient temperature $Li_xV_2O_5$ system $(0.1 < x < 1.0)$. Mater Res Bull 14:1295–1299
31. Toronto Globe and Mail (1989) Cellular phone recall may cause setback for Moli. Accessed 15 Aug 1989
32. Akridge JR, Vourlis H (1986) Solid state batteries using vitreous solid electrolytes. Solid State Ionics 18–19:1082–1087
33. Anderman M, Lunquist JT, Johnson SL, Gionannoi TR (1989) Rechargeable lithium-titanium disulphide cells of spirally-wound design. J Power Sourc 26:309–312
34. Abraham KM, Pasquariello DM, Schwartz DA (1989) Practical rechargeable lithium batteries. J Power Sourc 26:247–255
35. Armand M (1980) Intercalation electrodes. In: Murphy DW, Broadhead J, Steele BCH (eds) Materials for advanced batteries. Plenum Press, New York, pp 145–161
36. Lazzari M, Scrosati B (1980) A cycleable lithium organic electrolyte cell based on two intercalation electrodes. J Electrochem Soc 127:773–774
37. Nagaura T, Nagamine M, Tanabe I, Miyamoto N (1989) Solid state batteries with sulfide-based solid electrolytes. Prog Batteries Sol Cells 8:84–88
38. Nagaura T, Tozawa K (1990) Lithium ion rechargeable battery. Prog Batteries Solar Cells 9:209–212
39. Goodenough JB, Mizuchima K (1981) Electrochemical cell with new fast ion conductors. US Patent 4,302,518, Accessed 24 Nov 1981
40. Mizushima K, Jones PC, Wiseman PJ, Goodenough JB (1980) Li_xCoO_2 $(0 < x < 1)$: a new cathode material for batteries of high energy density. Mater Res Bull 15:783–789
41. Armand M, Touzain P (1977) Graphite intercalation compounds as cathode materials. Mater Sci Eng 31:319–329
42. Ozawa K (1994) Lithium-ion rechargeable batteries with $LiCoO_2$ and carbon electrodes: the $LiCoO_2$/C system. Solid State Ionics 69:212–221
43. Frost & Sullivan (2013) Global lithium-ion market to double despite recent issues. http://www.frost.com. Accessed 21 Feb 2013
44. Freedonia (2013) Batteries, study ID 3075. http://www.freedoniagroup.com/industry-category/enrg/energy-and-power-equipment.htm. Accessed Nov 2013
45. Julien C (1997) Solid state batteries. In: Gellings PJ, Bouwmeester HJM (eds) The CRC handbook of solid state electrochemistry. CRC Press, Boca Raton, pp 372–406
46. Ritchie AG, Bowles PG, Scattergood DP (2004) Lithium-iron/iron sulphide rechargeable batteries. J Power Sourc 136:276–280
47. Jensen J (1980) Energy storage. Butterworths, London
48. Holmes CF (2007) The lithium/iodine-polyvinylpyridine battery – 35 years of successful clinical use. ECS Trans 6:1–7
49. Mallela VS, Ilankumaran V, Rao NS (2004) Trends in cardiac pacemaker batteries. Indian Pacing Electrophysiol J 4:201–212
50. Schlaikjer CR, Liang CC (1971) Ionic conduction in calcium doped polycrystalline lithium iodide. J Electrochem Soc 118:1447–1450
51. Phillips GM, Untereker DF (1980) In: Owens BB, Margalit N (eds) Power sources for biomedical implantable applications and ambient temperature lithium batteries. The Electrochem Soc Proc Ser PV 870-4, p 195
52. Liang CC, Joshi AV, Hamilton WE (1978) Solid-state storage batteries. J Appl Electrochem 8:445–454
53. Park KH, Miles MH, Bliss DE, Stilwell D, Hollins RA, Rhein RA (1988) The discharge behaviour of active metal anodes in bromine trifluoride. J Electrochem Soc 135:2901–2902
54. Goodson FR, Shipman WH, McCartney JF (1978) Lithium anode, bromide trifluoride, antimony pentafluoride. US Patent 4,107,401 A, Accessed 15 Aug 1978
55. Crepy G, Buchel JP (1993) Lithium/bromide trifluoride electrochemical cell designed to be

discharged after being activated and stored. US Patent 5,188,913 A, Accessed 23 Feb 1993
56. Bowden WL, Dey AN (1980) Primary Li/SOCl$_2$ cells XI. SOCl$_2$ reduction mechanism in a supporting electrolyte. J Electrochem Soc 127:1419–1426
57. Dey AN, Holmes RW (1980) Safety studies on Li/SO$_2$ cells: investigations of alternative organic electrolytes for improved safety. J Electrochem Soc 127:1886–1890
58. PowerStream (2014) Primary lithium SO$_2$ cells from PowerStream http://www.powerstream.com/LiPSO$_2$.htm
59. Leising RA, Takeuchi ES (1993) Solid-state cathode materials for lithium batteries: effect of synthesis temperature on the physical and electrochemical properties of silver vanadium oxide. Chem Mater 5:738–742
60. Holmes CF (2001) The role of lithium batteries in modern health care. J Power Sourc 97–98:739–741
61. Root MJ (2010) Lithium-manganese dioxide cells for implantable defibrillator devices, discharge voltage models. J Power Sourc 195:5089–5093
62. Chen K, Meritt DR, Howard WG, Schmidt CL, Skarstad PM (2006) Hybrid cathode lithium batteries for implantable medical applications. J Power Sourc 162:837–840
63. Walk CR (1983) Lithium-vanadium pentoxide cells. In: Gabano JP (ed) Lithium batteries. Academic, London, pp 265–280
64. Whittingham MS (1975) Mechanism of reduction of the fluorographite cathode. J Electrochem Soc 122:526–527
65. Touhara H, Kadono K, Fujii Y, Watanabe N (1987) On the structure of graphite fluoride. Z Anorg Allg Chem 544:7–20
66. Lam P, Yazami R (2006) Physical characteristics and rate performance of $(CF_x)_n$ ($0.33 < x < 0.66$) in lithium batteries. J Power Sourc 153:354–359
67. Nagasubramanian G (2007) Fabrication and testing capabilities for 18650 Li/$(CF_x)_n$ cells. Int J Electrochem Sci 2:913–922
68. Holmes CF, Takeuchi ES, Ebel SJ (1996) Lithium/carbon monofluoride (Li//CF$_x$): a new pacemaker battery. Pacing Clin Electrophys 19:1836–1840
69. Shmuel De-Leon (2011) Li/CF$_x$ batteries the renaissance. http://www.sdle.co.il/AllSites/810/Assets/li-cfx%20-%20the%20renaissance.pdf. Accessed 8 June 2011
70. Broussely M (1978) Organic solvent electrolytes for high specific energy primary cells. US Patent 4,129,691A, Accessed 12 Dec 1978
71. Webber A (2009) Low temperature Li/FeS$_2$ battery. US paten 7,510,808B2, Accessed 31 Mar 2009
72. Clark MB (1982) Lithium-iron disulfide cells. Academic, New York
73. Shao-Horn Y, Osmialowski S, Horn QC (2002) Nano-FeS$_2$ for commercial Li/FeS$_2$ primary batteries. J Electrochem Soc 149:A1199–A1502
74. West K, Crespi AM (1995) Lithium insertion into silver vanadium oxide Ag$_2$V$_4$O$_{11}$. J Power Sourc 54:334–337
75. Crespi AM (1993) Silver vanadium oxide cathode material and method of preparation. US Patent 5,221,453, Accessed 27 Sept 1990
76. Crespi A, Schmildt C, Norton J, Chen K, Skarstad P (2001) Modeling and characterization of the resistance of lithium/SVO for implantable cardioverter-defibrillators. J Electrochem Soc 148:A30–A37
77. Chung JS, Sohn HJ (2002) Electrochemical behaviours of CuS as a cathode material for lithium secondary batteries. J Power Sourc 108:226–231
78. Whittingham MS (2004) Lithium batteries and cathode materials. Chem Rev 104:4271–4301
79. Rao BML, Francis RW, Christopher HA (1977) Lithium-aluminum electrode. J Electrochem Soc 124:1490–1492
80. Xu K (2004) Nonaqueous liquid electrolytes for lithium-based rechargeable batteries. Chem Rev 104:4303–4417
81. Ota H (2004) Characterization of lithium electrodes in lithium imides/ethylene carbonate and cyclic ether electrolytes. Surface chemistry. J Electrochem Soc 151:A437–A446
82. Von Sacken U, Nodwell E, Sundher A, Dahn JR (1990) Comparative thermal stability of carbon intercalation anodes and lithium metal anodes for rechargeable lithium batteries. J Power Sourc 54:240–245
83. Whittingham MS (1978) The electrochemical characteristics of VSe$_2$ in lithium cells. Mater Res Bul 13:959–965
84. Akridge JR, Vourlis H (1988) Performance of Li/TiS$_2$ solid state batteries using phosphorous chacogenide network former glasses as solid electrolyte. Solid State Ionics 28–30:841–846
85. Py MA, Haering RR (1983) Structural destabilization induced by lithium intercalation in MoS$_2$ and related compounds. Can J Phys 61:76–84
86. Trumbore FA (1989) Niobium triselenide: a unique rechargeable positive electrode material.

J Power Sourc 26:65–75

87. Schöllhorn R, Kuhlmann R, Besenhard JO (1976) Topotactic redox reactions and ion exchange of layered MoO_3 bronzes. Mater Res Bull 11:83–90
88. Besenhard JO, Schöllhorn R (1976) The discharge reaction mechanism of the MoO_3 electrode in organic electrolytes. J Power Sourc 1:267–276
89. Murphy DW, Christian PA, DiSalvo FJ, Waszczak JV (1979) Lithium incorporation by vanadium pentoxide. Inorg Chem 18:2800–2803
90. Labat J, Cocciantelli JM (1990) Rechargeable electrochemical cell having a cathode based on vanadium oxide. US Patent No. 5,219,677, Accessed 11 Dec 1990
91. Margalit N, Walk CR (1995) Lithium ion battery with lithium vanadium pentoxide positive electrode. World Patent WO 1996006465 A1, Accessed 18 Aug 1995
92. Desilvestro J, Haas O (1990) Metal oxide cathode materials for electrochemical energy storage. J Electrochem Soc 137:5C–22C
93. Zaghib K, Mauger A, Groult H, Goodenough JB, Julien CM (2013) Advanced electrodes for high power Li-ion batteries. Materials 6:1028–1049
94. Julien CM, Mauger A, Zaghib K, Groult H (2014) Comparative issues of cathode materials for Li-ion batteries. Inorganics 2:132–154
95. Zaghib K, Guerfi A, Hovington P, Vijh A, Trudeau M, Mauger A, Goodenough JB, Julien CM (2013) Review and analysis of nanostructured olivine-based lithium rechargeable batteries: status and trends. J Power Sourc 232:357–369
96. Zaghib K, Dontigny M, Guerfi A, Charest P, Rodrigues I, Mauger A, Julien CM (2011) Safe and fast-charging Li-ion battery with long shelf life for power applications. J Power Sourc 196:3949–3954
97. Goodenough JB, Kim Y (2010) Challenges for rechargeable Li batteries. Chem Mat 22:587–603
98. Peled E (1979) The electrochemical behaviour of alkali and alkaline earth metals in nonaqueous battery systems. The solid electrolyte interphase model. J Electrochem Soc 126:2047–2051
99. Aurbach D, Gamolsky K, Markovsky B, Salitra G, Gofer Y, Heider U, Oesten R, Schmidt M (2000) The study of surface phenomena related to electrochemical lithium intercalation into Li_xMO_y host materials (M = Ni, Mn). J Electrochem Soc 147:1322–1331
100. Ferg E, Gummow RJ, Dekock A, Thackeray MM (1994) Spinel anodes for lithium-ion batteries. J Electrochem Soc 141:L147–L150
101. Peramunage D, Abraham KM (1998) Preparation of micron-sized $Li_4Ti_5O_{12}$ and its electrochemistry in polyacrylonitrile electrolyte-based lithium cells. J Electrochem Soc 145:2609–2615
102. Jansen AN, Kahaian AJ, Kepler KD, Nelson PA, Amine K, Dees DW, Vissers DR, Thackeray MM (1999) Development of a high-power lithium-ion battery. J Power Sourc 81:902–905
103. Ohzuku T, Yamato R, Kawai T, Ariyoshi K (2008) Steady-state polarization measurements of lithium insertion electrodes for high-power lithium-ion batteries. J Solid State Electrochem 128:979–985
104. Ariyoshi K, Ohzuku T (2007) Conceptual design for 12 V "lead-free" accumulators for automobile and stationary applications. J Power Sourc 174:1258–1262
105. Lu W, Belharouak I, Liu J, Amine K (2007) Thermal properties of $Li_{4/3}Ti_{5/3}O_4/LiMn_2O_4$ cell. J Power Sourc 174:673–677
106. Belharouak I, Sun YK, Lu W, Amine K (2007) On the safety of the $Li_4Ti_5O_{12}/LiMn_2O_4$ lithium-ion battery system batteries and energy storage. J Electrochem Soc 154:A1083–A1087
107. Du Pasquier A, Huang CC, Spitler T (2009) Nano $Li_4Ti_5O_{12}$-$LiMn_2O_4$ batteries with high power capability and improved cycle-life. J Power Sourc 186:508–514
108. Amine K, Belharouak I, Chen ZH, Tran T, Yumoto H, Ota N, Myung ST, Sun YK (2010) Nanostructured anode material for high-power battery system in electric vehicles. Adv Mater 22:3052–3057
109. Reale P, Panero S, Scrosati B, Garche J, Wohlfahrt-Mehrens M, Wachtler M (2004) A safe, low-cost, and sustainable lithium-ion polymer battery. J Electrochem Soc 151:A2138–A2142
110. Reale P, Fernicola A, Scrosati B (2009) Compatibility of the $Py_{24}TFSI$-LiTFSI ionic liquid solution with $Li_4Ti_5O_{12}$ and $LiFePO_4$ lithium ion battery electrodes. J Power Sourc 194:182–189
111. Sun LQ, Cui RH, Jalbout AF, Li MJ, Pan XM, Wang RS, Xie HM (2009) $LiFePO_4$ as an optimum power cell material. J Power Sourc 189:522–526
112. Jaiswal A, Horne CR, Chang O, Zhang W, Kong W, Wang E, Chern T, Doeff MM (2009) Nanoscale $LiFePO_4$ and $Li_4Ti_5O_{12}$ for high rate Li-ion batteries and energy storage. J Electrochem Soc 156:A1041–A1046

113. Zaghib K, Dontigny M, Guerfi A, Trottier J, Hamel-Paquet J, Gariepy V, Galoutov K, Hovington P, Mauger A, Julien CM (2012) An improved high-power battery with increased thermal operating range: C-LiFePO$_4$//C-Li$_4$Ti$_5$O$_{12}$. J Power Sourc 216:192–200
114. Ohzuku T, Ariyoshi K, Yamamoto S, Makimura Y (2001) A 3-volt lithium-ion cell with Li[Ni$_{1/2}$Mn$_{3/2}$]O$_4$ and Li[Li$_{1/3}$Ti$_{5/3}$]O$_4$: a method to prepare stable positive-electrode material of highly crystallized Li[Ni$_{1/2}$Mn$_{3/2}$]O$_4$. Chem Lett 1270–1271
115. Ariyoshi K, Yamamoto S, Ohzuku T (2003) Three-volt lithium-ion battery with Li[Ni$_{1/2}$Mn$_{3/2}$]O$_4$ and the zero-strain insertion material of Li[Li$_{1/3}$Ti$_{5/3}$]O$_4$. J Power Sourc 119:959–963
116. Wu HM, Belharouak I, Deng H, Abouimrane A, Sun YK, Amine K (2009) Development of LiNi$_{0.5}$Mn$_{1.5}$O$_4$/Li$_4$Ti$_5$O$_{12}$ system with long cycle life batteries and energy storage. J Electrochem Soc 156:A1047–A1050
117. Jung HG, Jang MW, Hassoun J, Sun YK, Scrosati B (2011) A high-rate long-life Li$_4$Ti$_5$O$_{12}$/Li[Ni$_{0.45}$Co$_{0.1}$Mn$_{1.45}$]O$_4$ lithium-ion battery. Nat Commun 2:516
118. Sawai K, Yamato R, Ohzuku T (2006) Impedance measurements on lithium-ion battery consisting of Li[Li$_{1/3}$Ti$_{5/3}$]O$_4$ and Li(Co$_{1/2}$Ni$_{1/2}$)O$_2$. Electrochim Acta 51:1651–1655
119. Lu W, Liu J, Sun YK, Amine K (2007) Electrochemical performance of Li$_{4/3}$Ti$_{5/3}$O$_4$/Li$_{1+x}$(Ni$_{1/3}$Co$_{1/3}$Mn$_{1/3}$)$_{1-x}$O$_2$ cell for high power applications. J Power Sourc 167:212–216
120. Reddy MV, Suba Rao GV, Chowdari BVR (2013) Metal oxides and oxysalts as anode materials for Li ion batteries. Chem Rev 113:5364–5457
121. Arora P, Zhang Z (2004) Battery separators. Chem Rev 104:4419–4462
122. Daniel C (2008) Materials and processing for lithium-ion batteries. JOM 60:43–48
123. Armand MB (1983) Polymer solid electrolytes – an overview. Solid State Ionics 9–10:745–754
124. Gauthier M, Fauteux D, Vassort G, Belanger A, Duval M, Ricoux P, Gabano JP, Muller D, Rigaud P, Armand MB, Deroo D (1985) Assessment of polymer-electrolyte batteries for EV and ambient temperature applications. J Electrochem Soc 132:1333–1340
125. Armand M (1985) Ionically conductive polymers. In: Sequeira CAC, Hooper A (eds) Solid state batteries. Marinus Nijhoff, Dordrecht, pp 63–72
126. Zhang SS (2013) Liquid electrolyte lithium/sulfur battery: fundamental chemistry, problems, and solutions. J Power Sourc 231:153–162
127. Jeong SS, Lim Y, Choi YJ, Cho GB, Kim KW, Ahn HJ, Cho KK (2007) Electrochemical properties of lithium sulfur cells using PEO polymer electrolytes prepared under three different mixing conditions. J Power Sourc 174:745–750
128. Song MK, Zhang Y, Cairns EJ (2013) A long-life, high-rate lithium/sulfur cell: a multifaceted approach to enhancing cell performance. Nano Lett 13:5891–5899
129. Manthiram A, Fu Y, Su YS (2013) Challenges and prospects of lithium-sulfur batteries. Acc Chem Res 46:1125–1134
130. Ji X, Lee KT, Nazar LF (2009) A highly ordered nanostructured carbon-sulphur cathode for lithium-sulphur batteries. Nat Mater 8:500–506
131. Zheng G, Yang Y, Cha JJ, Hong SS, Cui Y (2011) Hollow carbon nanofiber-encapsulated sulfur cathodes for high specific capacity rechargeable lithium batteries. Nano Lett 11:4462–4467
132. Choi YJ, Ahn JH, Ahn HJ (2008) Effects of carbon coating on the electrochemical properties of sulfur cathode for lithium/sulfur cell. J Power Sourc 184:548–552
133. Jaffe S, Talon C, Ishimori K, Bigliani R, Tong F, Nicholson R (2001) Business strategy: lithium ion manufacturing global buildout, supply and demand forecasts. http://www.idc.com/getdoc.jsp?containerId=EI232266. Accessed Dec 2011
134. Battery Association of Japan (2014) Total battery production statistics. http://www.baj.or.jp/e/statistics/01.html
135. Chemetall (2009) Lithium applications and availability: Chemetall statement to investors, July 28. http://www.chemetall.com/fileadmin/files_chemetall/Downloads/Chemetall_Li-Supply_2009_July.pdf. Accessed 4 Jan 2009
136. Hsiao E, Richter C (2008) Electric vehicles special report – Lithium Nirvana – Powering the car of tomorrow. In: CLSA Asia-Pacific Markets. http://www.clsa.com/assets/files/reports/CLAS-Jp-ElectricVehicles20080530.pdf. Accessed 2 Dec 2009
137. Jongerden MR, Haverkort BR (2008) Which battery model to use? In: Dingle NJ, Haeder U, Argent-Katwala A (eds) UKPEW 2008. Imperial College, London, pp 76–88, http://doc.utwente.nl/64866/1/battery-model.pdf
138. Jongerden MR, Haverkort BR (2008) Battery modelling. Tech report TR-CIT-08-01. UTwente, Enschede. http://eprints.eemcs.utwente.nl/11645/01/BatteryRep4.pdf. Accessed 29 Jan 2008
139. Hafsaoui J, Scordia J, Sellier F, Aubret P (2012) Development of an electrochemical battery model and its parameters identification tool. Int J Automobile Eng 3:27–33

140. Doyle M, Fuller TF, Newman J (1993) Modeling of galvanostatic charge and discharge of the lithium/polymer/insertion cell. J Electrochem Soc 140:1526–1533
141. Fuller TF, Doyle M, Newman J (1994) Simulation and optimization of the dual lithium ion insertion cell. J Electrochem Soc 141:1–10
142. Fuller TF, Doyle M, Newman J (1994) Relaxation phenomena in lithium-ion-insertion cells. J Electrochem Soc 141:982–990
143. Hageman SC (1993) Simple PSpice models let you simulate common battery types. Electronic Design News 38:117–129
144. Manwell J, McGowan J (1993) Lead acid battery storage model for hybrid energy systems. Sol Energ 50:399–405
145. Chiasserini C, Rao R (2001) Energy efficient battery management. IEEE J Selected Areas Commun 19:1235–1245
146. Rao V, Singhal G, Kumar A, Navet N (2005) Battery model for embedded systems. In; Proceedings of the 18th international conference on VLSI design held jointly with 4th international conference on embedded systems design (VLSID'05) IEEE Computer Society, pp 105–110
147. Tremblay O, Dessaint LA, Dekkiche AI (2007) A generic battery model for the dynamic simulation of hybrid electric vehicles. In: Proceedings of the vehicle power and propulsion conference. Arlington, TX, IEEE, pp 284–289
148. Moore S, Merhdad E (1996) Texas A&M, an empirically based electrosource horizon lead-acid battery model, Strategies in Electric and Hybrid Vehicle Design, SAE J. SP-1156, paper 960448, pp 135–138
149. Unnewehr LE, Nasar SA (1982) Electric vehicle technology. Wiley, New York, pp 81–91
150. Broussely M, Herreyre S, Biensan P, Kasztejna P, Nechev K, Staniewicz RJ (2001) Aging mechanism in Li ion cells and calendar life predictions. J Power Sourc 97–98:13–21

第 3 章
嵌入原理

3.1 引言

在化学领域，嵌入是指粒子（离子或分子）进入/脱出于层状或隧道结构宿主的可逆过程。嵌入化合物曾被按各种方法进行分类，如根据给体嵌入宿主的通道的维度进行分类（图 3.1）。其中，一维结构（1D）的例子如 $NbSe_3$、$TiSe_3$、$(CH)_x$ 以及橄榄石结构晶体材料。而被最为广泛研究的是二维（2D）晶格化合物，包括过渡金属卤化物和氧化物。三维（3D）固体包括过渡金属氧化物 MnO_2、尖晶石、WO_3 和 V_6O_{13} 等。在上述这些化合物中，客体粒子穿过晶格易于以最小能量优先占据晶格位置。由于低维材料在强键结合链或层间存在较弱的范德华力而易于发生嵌入反应，但三维材料则是由于存在可接受客体的空位而成为嵌入反应宿主。通道的存在意味着有助于离子快速扩散。

具有规定化学计量比的嵌入化合物是通过宿主<H>与嵌入原子或分子（A）反应而生成。式(3.1)的异构反应产物是众所周知的嵌入化合物。

$$<H> + xA \rightleftharpoons A_x<H> \tag{3.1}$$

式中，x 是嵌入基团（A）的浓度。作为层状化合物，这个过程包括了范德华键的断裂，层间距增加，引入中间插层而形成新的有序化合物晶体。图 3.2 展现了<H>中嵌入过程的示意图（a）和具有混合导体特征的最终产物（b）。因为嵌入反应会改变嵌入层的晶格参数等物理特性，从而导致一些复杂结果。嵌入材料有多种应用如润滑剂、电池[1]、催化剂[2]等。

决定锂离子电池性能极限的主要因素之一是正负极材料的本征特性。这些材料的电化学反应通过嵌入过程来实现，并操控了反应特性。层状化合物可以实现在其晶格中锂离子的嵌入/脱出过程而用作锂离子电池材料。许多学者综述了这种特殊的化学反应过程，特别是嵌入反应引起的电子学和结构变化[3~5]。这种现象首先在石墨[6]、层状过渡金属卤化物材料研究中进行了描述[7~9]，以及后来的层状氧化物，如首先成功商业化的锂离子电池正极材料——氧化钴锂[10]。石墨和过渡金属氧化物（TMOs）是最为广泛研究的锂离子嵌入宿主，这是由于这些化合物接受电荷传递。特别是过渡金属离子在氧化还原过程中不会引起其配位数及宿主结构显著变化，从而保持了结构和组分稳定[11]。

层状化合物中层内原子间以很强的共价键或离子键结合，而层间则以弱得多的类范德华作用相连接[12]。所以，嵌入是指客体离子或分子进入层状化合物宿主，而插入反应是指粒子进入一维（1D）或三维（3D）结构。插入过程必须考虑两个主要因素（图3.1）。
- 其一是几何条件，应保证宿主晶格具有易于接受插入离子或分子的空位。
- 其二是能量条件，要求具有交换电子的电子能态。

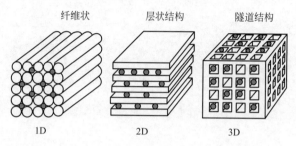

图3.1 嵌入化合物的维度分类（黑色圆代表通过宿主通道的嵌入离子）

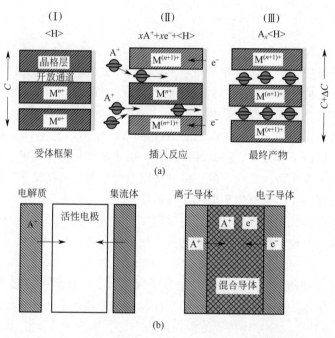

图3.2 层状结构宿主<H>嵌入过程示意图（a）（A^+突破宿主层间的范德华力嵌入层间，宿主晶格参数发生变化，过渡金属离子M被还原）和新产物的混合导体特征（b）

绝大部分嵌入化合物是电子和离子的混合导体，其电荷转移发生在嵌入基团与宿主结构之间。电荷转移倾向是阴极材料嵌入反应的主要驱动力。嵌入反应是新型电池和超级电容循环工作的关键；包含沿晶面或穿过晶面的复杂扩散过程。

嵌入反应带来宿主材料晶胞参数的变化，结构变化程度与嵌入离子半径以及宿主晶格空位大小（八面体或四面体空位）及特性有关。由于嵌入的碱金属离子间具有相互排斥作用最小化趋势，从而导致材料形成超结构的特殊排列[13,14]。

3.2 嵌入机理

电极可正式定义为离子导电的电解液（A^+或B^-）与电子导体之间的界面[15]。电化学反应发生在粒子 A 或 B 的化学位 μ_i 交点。

$$A \rightleftharpoons A^+ + e^- \tag{3.2}$$

$$\frac{1}{2}B_2 + e^- \rightleftharpoons B^- \tag{3.3}$$

在这个理想模式下，电极表面不具有任何容量。只有电极具有一定的体积，具备三个特性才能观察到电容量：①电子导电性（e^-）；②离子导电性（A^+ 或 B^-）；③合适的化学位（μ_A 或 μ_{B_2}）。电极材料必须具备宿主晶格结构<H>，满足嵌入机制的电化学反应过程（图 3.1）。

$$xA^+ + xe^- + \square_x<H> \rightleftharpoons <A_xH> \tag{3.4}$$

$$xB^- + \square_x<H> \rightleftharpoons <B_xH> + xe^- \tag{3.5}$$

式中，$\square_x$ 表示晶格空位。电解质和集流体只是电荷的载体，起到溶解或运输反应物的作用，而不参与电化学反应过程。总体来看，嵌入反应电极工作于固态体系，其倍率性能只依赖于宿主晶格内的粒子传输特性。从历史上看，1840 年 Schafhaeutl 首先发现了石墨化合物的化学嵌入现象[16]，其后，1972 年 Steele[17] 和 Armand[18] 明确提出了电化学嵌入概念并指出嵌入化合物可用于电池电极。

A 或 B 作为嵌入物的源或宿主。通常很少有阴离子嵌入例（石墨基碳化物 B_xC），我们只限定一价阳离子。作为轻金属的主要代表的锂成为研究的主流。不同离子的同步嵌入一般基于交换反应

$$xA + yB + \square_x<H> \longrightarrow <A_xB_yH> \tag{3.6}$$

$$xA + \square_xB_y<H> \longrightarrow <A_xB_yH> \tag{3.7}$$

$$xA + B_x<H> \longrightarrow xB + <A_xH> \tag{3.8}$$

3.3 吉布斯相律

对于给定的氧化还原对，插入电极可以看作客体 A 溶解在宿主<H>中，其电势可以通过经典的热动力学定律给出：

$$V(x) = -\frac{1}{zF}\frac{\partial(\Delta G)}{\partial x} + 常数 \tag{3.9}$$

式中，ΔG 为体系吉布斯自由能的变化；x 为组分构成；z 为电子数；F 为法拉第常数。因此电极电势 $V(x)$ 是<A_xH>组分中 x 的函数。

在平衡态的封闭体系中，根据吉布斯相律，自由度 f 与自主组分间的关系为：

$$f = c - p + n \tag{3.10}$$

式中，p 为主体相的数目；n 为体系中强变化参数的必须数目（各相中的摩尔分数变化除外）。为了确定体系所有的性质，热动力学参数的数目必须是确定的。在电化学体系研究中，强变化参数只有压力和温度。因此，吉布斯相律可以简化为：

$$f = c - p + 2 \tag{3.11}$$

考虑到客体锂和宿主晶格，正极可以看作为两相体系（$c=2$），当实验中温度和压力保持恒定时，体系的自由度可以减少到：

$$f = (2 - p + 2) - 2 = 2 - p \tag{3.12}$$

如果电极颗粒中只存在一相，则 $p=1$，$f=1$；电极电势只有一个自由度，只与锂离子

的浓度有关。另外，如果正极颗粒中存在两相［图 3.3(a)］，则 $p=2$，因此 $f=0$，在这种情况下，自由度为零，意味着电极电势没有变化，为常数 C^{onst}。在组成范围 $\alpha_1 \leqslant x \leqslant \beta_1$ 内，出现较宽的电压平台，如图 3.3(b) 所示：

$$\frac{\partial(\Delta G)}{\partial x} = C^{\text{onst}} \longrightarrow V(x) = C^{\text{onst}} \tag{3.13}$$

橄榄石结构的 $Li_x MPO_4$ (M=Fe,Co,Ni) 在锂插入/脱出过程为两相体系，符合上面所述的一般特征。

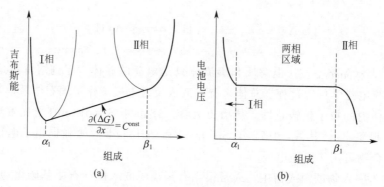

图 3.3　两相体系的吉布斯相律示意图 (a) 及组成
范围为 $\alpha_1 \leqslant x \leqslant \beta_1$ 时，体相材料的电压曲线出现平台 (b)

这意味着，在 x 不接近于零或 1 时，$Li_x FePO_4$ 固溶体是不存在的，快速分裂成两相体系，分别为富锂相的 $Li_{1-\alpha} FePO_4$ 和贫锂相的 $Li_\beta FePO_4$，其中，α 和 β 分别表示了图 3.3 中各单相区域的宽度。

对于大颗粒电极（微米尺寸），$\alpha \approx \beta \approx 0$，可以使用中间浓度，如 $xLiFePO_4 + (1-x)FePO_4$ 的形式来表示组成。对于纳米颗粒，两相区域范围收缩，造成吉布斯能变化如图 3.4 (a) 所示。由于 α 和 β 单相范围的宽化，导致电压平台变窄［图 3.4(b)］。相应地，使用纳米颗粒为正极的 Li∥LiFePO_4 半电池的电压曲线在 $\alpha_2 \leqslant x \leqslant \beta_2$ 范围内出现一个逐渐下降的电压平台（$\alpha_2 > \alpha_1$ 和 $\beta_2 > \beta_1$）。

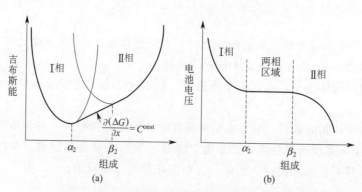

图 3.4　纳米两相体系的吉布斯相律示意图 (a) 及纳米材料的电势与组分关系图 (b)

图 3.5(a) 展示了三相体系（标示为 Ⅰ，Ⅱ，Ⅲ）的吉布斯相律，在化学计量比为 $\beta \sim \gamma$ 之间出现了中间-单相，全占据了能量最优位置点。

例如，尖晶石 $LiNi_{0.5}Mn_{1.5}O_4$ 材料是一种高压正极材料，其电压曲线在 $\alpha \sim \beta$ 和 $\gamma \sim \delta$

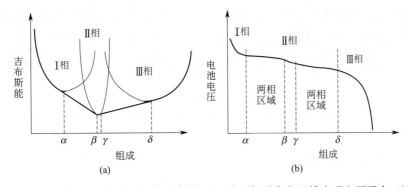

图 3.5 三相体系的吉布斯相律示意图（a）及两相不稳定区域出现电压平台（b）

范围内出现两个平台。

3.4 典型嵌入反应

嵌入反应过程是客体 A（$A^+ + e^-$）溶解在宿主<H>的过程，如 Armand 所讨论，固溶体<A_xH>的性质由宿主-客体间的嵌入决定。本节针对不同的嵌入情况进行讨论。

3.4.1 完美的无化学计量比化合物：Ⅰ类电极材料

该类化合物可以定义为嵌入反应产物，对于公式（3.3）中 x 的取值范围可以连续地从零到最大值 x_{max}，$0 < x < x_{max}$。定义 y 作为占有率：

$$y = \frac{x}{x_{max}} \tag{3.14}$$

这类固溶体材料可以通过电化学注入法将离子注入非化学计量比的电极材料中。可以通过材料选择找到不同元素的嵌入主体，如氢、锂、钠等，这些元素可以在不同的电化学装置中作为电化学活性物种[19]。因而这些材料可以用作固溶体电极（SSEs）。

Ⅰ类电极材料是可逆电化学反应的理想情况，任何浓度下，物质传递通过主体相内被充电物质两相流（$A^+ + e^-$）实现，如图 3.6 所示。

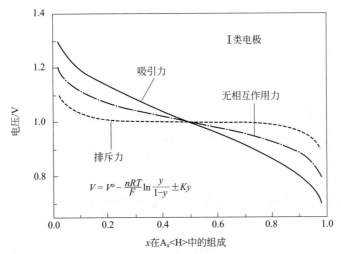

图 3.6 Ⅰ类电极材料的电势-组成曲线

H_xMnO_2、Li_xTiS_2 和 Li_xNbSe_2（$0<x<1$）电极材料符合这种情况。根据公式（3.9）插入电极可以看作 A 在主体晶格<H>内的溶解，因此其电势可以表示为：

$$V=-\frac{1}{F}\mu(A)_{(H)}+C_0 \tag{3.15}$$

式中，$\mu(A)_{(H)}$ 为 A 在<H>相中的化学势；C_0 为常数。电极电势是<A_xH>中 x 的函数。在最简单的理想状态下，A 的电势是离子和电子化学势的总和：

$$\mu(A)=\mu(A^+)+\mu(e^-) \tag{3.16}$$

在嵌入反应中，主体晶格<H>保持完整性，通过可接受 A^+ 的位置保持浓度。离子分布造成电化学式为：

$$\mu(A^+)=\mu_i^o+RT\ln\frac{\xi_{os}}{\xi_{es}}=\mu_i^o+RT\ln\frac{y_i}{1-y_i} \tag{3.17}$$

式中，ξ_{os} 和 ξ_{es} 分别为占位和空位的数目。价电子为费米态，分布在晶格的宽能量带 L，因此可以通过费米-狄拉克统计来确定总的价带占有率 y_e：

$$y_e=\frac{\int_{\mu_e^o}^{y_e^o+L}D(E)f(E)dE}{\int_{\mu_e^o}^{y_e^o+L}D(E)dE} \tag{3.18}$$

式中，$f(E)$ 为费米函数；$D(E)$ 为态密度。公式（3.18）可以在假设电子能带较窄（狄拉克函数），$L=0$ 的前提下进行简化，针对离子晶体可以推导出：

$$\exp\left(\frac{\mu_e-\mu_e^o}{RT}\right)=\frac{y_e}{1-y_e} \tag{3.19}$$

因此公式（3.17）可以改写为：

$$\mu_e=\mu_e^o+RT\ln\frac{y_e}{1-y_e} \tag{3.20}$$

将公式（3.15）、公式（3.16）和公式（3.20）组合，可以得到电极电势：

$$V=V^o-\frac{RT}{F}\ln\frac{y_i}{1-y_i} \tag{3.21}$$

公式（3.19）存在两种可能的情况：只有一类位置被限定时，

当 $y_e\ll y_i$ 时，$\qquad\qquad y_i=y=\frac{x}{x_{max}} \tag{3.22a}$

当 $y_i\ll y_e$ 时，$\qquad\qquad y_e=y=\frac{x}{x_{max}} \tag{3.22b}$

两类位置被同时限定时，$y_i=y_e=y=\frac{x}{x_{max}}$，最后，Ⅰ类电极的电势为：

$$V=V^o-\frac{nRT}{F}\ln\frac{y}{1-y} \tag{3.23}$$

式中，$n=1$ 或 2。

该简单模型假定焓为常数，只考虑了熵项。客体物种间的相互作用会形成一个与位置占用率有关的新能量项：

$$V=V^o-\frac{nRT}{F}\ln\frac{y}{1-y}\pm Ky \tag{3.24}$$

这是造成电势与占用率呈平滑下降函数关系的主要公式，$\partial E/\partial y<0$ 表明：

$$K<\frac{4nRT}{F} \tag{3.25}$$

因此 K 值大于零时为相互吸引力，K 值小于零时为相互排斥力。不存在相互吸引力和排斥力情况下的 Ⅰ 类电极电压-组成曲线在图 3.6 中给出。Leclanché 电池[20]中的 H_xMnO_2 电极经实验确定 $n=1$，$K=0$；Li_xTiS_2 的试验数据拟合，得到 $n=2$ 和 $K=0.22eV$[21]。Steele[19]推导出非化学计量比 SSE（活性物种 A，组成为 A_xMX_y）的判断标准。

3.4.2　准两相系统：Ⅱ类电极

公式(3.19)不再适合于具有狭窄非化学计量比区域的 Ⅱ 类电极（图 3.7）。当宿主晶格包含过渡金属元素 M 时，嵌入反应的电子插入空 d 轨道，造成金属氧化态的降低 $M^{n+} \rightarrow M^{(n-1)+}$，导致离子半径、配位体对称性（Jahn-Teller 姜-泰勒效应）的改变和宿主<H>的变形。该情况可以通过公式(3.19)中的正比于嵌入物质数量的强正相互作用项描述。不稳定区域（ε~λ）可能存在电势 $V(x)$ 极值。由于准两相间的平衡，电压-组成曲线在禁止混合区域出现平台。

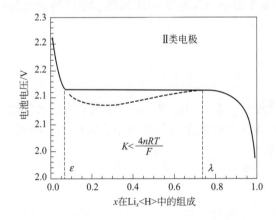

图 3.7　Ⅱ类电极材料的电势-组成曲线　　图 3.8　Ⅲ类电极的电势-组成曲线的形状

3.4.3　两相系统：Ⅲ型电极

图 3.8 显示了两相 A_zBX 和 BX 共存的电极的电势-组成曲线。该系统遵循吉布斯相规则，由于一些晶格弛豫，禁止组分范围的存在意味着 ε-λ 域中的不稳定性[22]。结果，由于两个准相的平衡，电压组成曲线显示出"禁止的组成范围"中的平台。由于电压是吉布斯能量变化的导数：

$$V(x)=-\frac{1}{zF}\frac{\partial(\Delta G)}{\partial x} \tag{3.26}$$

它意味着第三类电极是个常数：

$$\frac{\partial(\Delta G)}{\partial x}=C^{onst} \rightarrow V(x)=C^{onst} \tag{3.27}$$

这是橄榄石磷化物 $LiFePO_4$ 的普遍情况，插入反应的情况可以由式(3.28)表示：

$$FePO_4+xLi^++xe^- \longrightarrow Li_xFePO_4, \quad 0 \leqslant x \leqslant \varepsilon$$

$$Li_\varepsilon FePO_4 + xLi^+ + xe^- \longrightarrow Li_{\varepsilon+x}FePO_4, \quad \varepsilon \leqslant x \leqslant \lambda \tag{3.28}$$
$$Li_\lambda FePO_4 + xLi^+ + xe^- \longrightarrow Li_{\lambda+x}FePO_4, \quad \lambda \leqslant x \leqslant 1$$

对于遵循 Gibbs 定律的符合条件的参数为 $p=2$，以便 $f=0$，在 $\varepsilon \leqslant x \leqslant \lambda$ 组成区域没有给出密集变量。

3.4.4 邻域：Ⅳ型电极

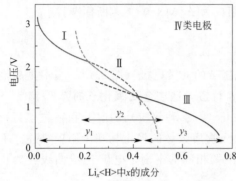

图 3.9 Ⅳ 类电极的电势-组成曲线的形状

有序的子晶格可以随着宿主结构中的 A 浓度增加而出现，在 $0 < x < x_l$ 范围内为相 1，$x_k < x < x_j$ 范围内为相 2，其中 $x_k < x_l$ 定义共存区域 $[x_k, x_l]$。每个准阶段对应于不同的主-客体交互。电压-构成曲线的表达变为：

$$V_{l,j} = V_{l,j}^o - \frac{nRT}{F}\ln\frac{y_{l,j}}{1-y_{l,j}} \tag{3.29}$$

式中，$y_{l,j}$ 表示 l，j 相位的占位程度。准相位对于 $V_j = V_l$ 是平衡的，因此，我们含蓄地将化学势作为全局占有率 y 的函数。相应的曲线如图 3.9 所示。Na_xTiS_2 证明了这种情况[23]。

3.5 插层化合物

在本节中，我们仅限于对碱金属插层化合物进行一般的讨论和介绍；讨论了插层化合物的合成，以及影响层状化合物例如过渡金属二硫化物和过渡金属氧化物中嵌入的几何因素。关于电子方面的内容我们会在下面的章节中描述。

3.5.1 合成插层化合物

Rüdorff[24]、Omloo 和 Jellinek[25] 首先描述了三元化合物 A_xMX_2（A＝碱金属；M＝过渡金属；X＝S，Se；$0 < x \leqslant 1$）。层状的 MX_2 化合物可能代表能够提供插层化合物的最佳主体结构。

几种制备碱金属插层化合物方法如下。

- 在液氨中使用碱金属溶液，从而进行快速反应。一个很好的方法是使用厚壁密封的派热克斯玻璃管通过选定的渐变温度从插层化合物产品中分离出氨[26]。
- 丁基锂（C_4H_9Li）的己烷（$0.4\,mol \cdot L^{-1}$ 或更低）溶液是进行插层的良好试剂[18,27]。插入从暴露于溶液的样品的边缘开始，并进一步进入内核。图 3.10 展示了 n 型半导体 MoO_3 的相对能级并且将带隙 E_g 和电离能 E_i 与叔丁基锂的分解电势相比较[28]。
- 固相反应[29]。
- 使用宿主作为阴极的电化学插入。这种方法已被广泛用于制备碱金属镀铜材料[23]。
- 碱金属卤化物熔融体中的氧化还原反应[30]。
- 在液氨中通过溶液生长单晶[30]。
- 利用在 900℃加热氢化锂进行碱金属衍生物的原位分解。

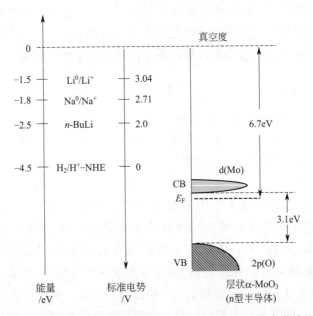

图 3.10 使用正丁基锂技术将 Li^+ 嵌入 MoO_3 中是非常容易的，因为费米能级处在导带最小值，表明它是具有 $E_i \leqslant 7.6eV$，$E_g = 3.1eV$ 的强 n 型材料

3.5.2 碱金属插层化合物

在电池工作中，将会有反复的充电和放电。固态宿主的碱金属离子插入/脱出过程发生还原-氧化（氧化还原）反应。

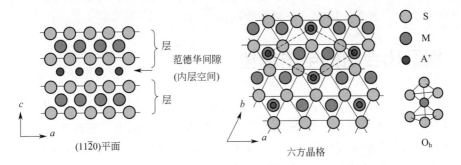

图 3.11 锂离子插入层状化合物的层之间的范德华间隙

这个概念首先用具有层结构的化合物[4]来阐述。图 3.11 是锂离子可逆地插入主体 MS_2 中硫化物层之间的范德华间隙或内层间隙的示意图。过渡金属二硫化物 MS_2 的结构可以通过从其他的 2D 紧密堆积结构的规则堆叠…S-M-S-(M)-S-M-S…中除去替代金属（M）层而较容易地实现。因此产生的空隙成为范德华间隙，自然地 S-M-S "三明治"被分离出来。插入导致外来物质（离子或分子）占据空隙。对于机械强度来说，重要的是在这些过程中确保电极材料的结构受到最小的扰动。当层状的框架被插入时，通常会发生两种结构变化。第一种是由于需要额外的空间来容纳插入的 Li^+，这样导致了范德华间隙的增加，并且在这一过程中我们可以通过选择小的离子例如锂来实现最小化。第二种是在夹层的内部结构中发生更

微妙的变化，因为主体层中的价电子总数发生变化[12]。价电子的这种变化当然是来自插入离子的电荷转移的直接结果，并且额外的电子必须被容纳在宿主的电子结构内。以 TiS_2 的情况为例。在 $Li/\!/TiS_2$ 电池的放电过程中，为了保持电荷平衡，须将 Ti^{4+} 还原为 Ti^{3+}：

$$xLi^+ + xe^- + \square_x Ti^{IV} S_2 \rightleftharpoons Li_x[Ti_x^{III} Ti_{1-x}^{IV}]S_2 \tag{3.30}$$

这种反应是具有最优势能的，同时给出了在 $2.4V$（$x=0$）和 $1.8V$（$x=1$）之间变化的开路电压。V_{oc} 的减小部分是由于钛 d 带中费米能量的增加，但是由于该 d 带中的态密度高，所以其仅限于 $0.6V$。随着电子流向阴极，后者获得负电位，其又在电化学电池内提供电场，将正离子驱动到阴极。然后，过渡金属阳离子从 M^{IV} 还原为 M^{III} [等式(3.29)]，其改变了 S-M-S 层中的原子间距，同时也伴随着 M 的离子半径的改变。通常，电化学过程的电压组成曲线由几个因素决定：外来离子占位的性质和能量，插入离子的大小，插层的数量，键的离子性以及主体容纳电子交换的能力[26]。注意，电负性很高的元素如碱金属的嵌入使得 MX_n 宿主以 $A^+[MX_n]_2$ 形式进行电离。

宿主中空位的填充在几何方面引起了关于局部结构效应，例如：①占位的对称性；②在范德华间隙中的排序；③结构的全局变化与 c 轴在垂直于层基面的方向上延伸。从结构观点来看，插层物质可以占据层状化合物层间的八面体或三角棱柱。

将 A^+ 插入 MX_2 基体中意味着电子的离域化，这导致整个体系依照 $A_x^+(MX_2)^-$ 这种形式进行离子化。在这些条件下，参数变化可由两个冲突因素的作用所导致：与插入离子的大小相关的几何空间因子，其倾向于引起平行于 c 轴的 Δc 升高，但是也引起了离子化的 $(MX_2)^-$ 和 A^+ 层的静电力，这倾向于抵消以前的作用。一个三角棱柱对应于 A 的一个弱键合。这种效应是由于随着碱金属插入量的增加，带电体也相应地增加，并且反映出 c 随着 x 的增加而明显异常收缩。八面体代表了相反的紧凑结构：由于更严格的几何要求，碱含量的增加可能导致收缩，参数 c 随着 x 而略微增加。

3.6 插层化合物的电子能量

开路电压 V_{oc} 限制了电池的工作电压。当没有通电流时，电池两端之间的电势差[公式(1.6)]即为负极电化学势 μ_A 与正极电化学势 μ_C 之差。对于高电压正极而言，由于其半导体特性，材料的 μ_C 由费米能级决定[31]。以 $4.7V$ $LiNi_{1/2}Mn_{3/2}O_2$（LNM）材料为例，如果具有反应活性的过渡金属阳离子包含多个定域 d 电子，那么轨道失电子数量的不同会形成过渡金属元素不同的价态，从而获得氧化还原对，比如 LNM 材料中的 $Ni^{2+/4+}$。局域有效库仑关联能 U（Hubbard 势）可以将连续地将氧化还原对分离开，而晶体场分裂或原子内部交换分裂都会使 U 势变得很大[32]。然而，正极材料的费米能级 E_{FC} 接近电子宿主阴离子的 p 带顶，p-d 杂化过程可以将 E_{FC} 附近的关联 d 电子转变成占据单电子态的带电子。在 E_{FC} 处的 d 轨道没有发生晶体场分裂，比如 Ni 由四价还原为二价的情况，单电子态不会被局域 U 势分离，因此电池的电压也不会发生阶跃。在宿主发生氧化或者还原的过程中，E_{FC} 会从一个价态转移至另一个价态。图 3.12 为尖晶石 $Li_x Ni_{0.5}Mn_{1.5}O_4$（a）和橄榄石 $Li_x NiPO_4$（b）正极的态密度和费米能级原理图。

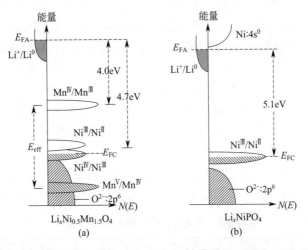

图 3.12 尖晶石 $Li_xNi_{0.5}Mn_{1.5}O_4$（a）和橄榄石 Li_xNiPO_4（b）正极的态密度和费米能级原理图（以金属锂的费米能级作为参考系）

3.7 插层化合物高电压的产生原理

以高电压正极 $Li_xNi_yMn_{2-y}O_4$[31~35] 的电化学反应为例，Gao 等[34] 采用紫外线电子能谱研究了一系列 y 值（$0.0<y<0.5$）的 $LiNi_yMn_{2-y}O_4$ 尖晶石结构的价带顶。在态密度中，Ni 的 3d 电子部分比 Mn 的 3d 成键电子部分高出约 0.5eV。当 $y=0$ 时，$Li//LiMn_2O_4$ 的电压平台为 4.1V。随着 y 值增加，4.1V 平台对应的容量随着每个结构单元中锂含量（$1-2y$Li）的变化而逐渐下降，直至在 4.7V 形成新的平台；4.7V 平台对应的容量会随着结构单元中锂（$2y$Li）的增加而提升。因此，材料的整体容量（4.1V 和 4.7V 电压平台的容量之和）是恒定不变的。这可以作为在这些材料中 Ni 价态为 +2 价的证据，因此可以将化学式写为 $Li^+Ni_y^{2+}Mn_{1-2y}^{3+}Mn_{1+y}^{4+}O_4^{2-}$[36]。

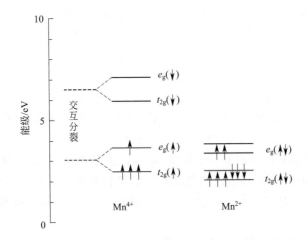

图 3.13 尖晶石 $LiNi_yMn_{2-y}O_4$ 材料中 Mn^{3+} 和 Ni^{2+} 的 3d 电子能级示意图（在 $LiNi_yMn_{2-y}O_4$ 中，Ni^{2+} 更倾向于低自旋配位）

4.1V 的电压平台与 Mn^{3+} 被氧化为 Mn^{4+} 有关，而 4.7V 的平台则对应了 Ni^{2+} 氧化为 Ni^{4+}，图 3.13 展示了这种电化学行为的成因。晶体场分裂出的 Mn 和 Ni 的 3d 能级与 O 进行八面体配位形成 e_g 成键与 t_{2g} 反键能级[36]。对于 Mn^{3+} 而言，4 个自旋向上 $3d^4$ 电子中的 3 个占据 $t_{2g}(↑)$ 反键轨道，另一个电子占据 $e_g(↑)$ 成键轨道。在低自旋配位中，Ni^{2+} 的 $3d^8$ 电子中的 6 个电子位于 $t_{2g}(↑↓)$ 反键轨道能级而另两个位于 $e_g(↑↓)$ 成键轨道能级。如果 Mn^{3+} 要失去一个电子，那么会优先失去 $e_g(↑)$ 成键轨道上的那个电子，此处电子结合能约为 1.5~1.6eV，对应着 4.1V 的电压平台。当 Mn 全部被氧化成 Mn^{4+} 之后，Mn 的 $e_g(↑)$ 成键轨道没有电子剩余，无法继续失电子，此时 Ni 的 $e_g(↑↓)$ 成键轨道开始失电子。由于结合能更高（约 2.1eV），Ni 的 $e_g(↑↓)$ 成键轨道失电子需要的能量也更高，因此电压平台随之上移至 4.7V。表 3.1 列举了一系列高电压正极材料的电化学数据。

表 3.1 高电压正极材料的电化学数据

正极材料	高电压平台氧化还原对	放电电压① (vs. Li^+/Li)/V	理论比容量/$mA·h·g^{-1}$
$LiNi_{0.5}Mn_{1.5}O_4$	$Ni^{2+/4+}$	4.7	147
$LiNi_{0.45}Mn_{1.45}Cr_{0.1}O_4$	$Ni^{2+/4+}/Cr^{3+/4+}$	4.7/4.8	145
$LiCr_{0.5}Mn_{1.5}O_4$	$Cr^{3+/4+}$	4.8	149
$LiCrMnO_4$②	$Cr^{3+/4+}$	4.8	151
$LiCu_{0.5}Mn_{1.5}O_4$	$Cu^{2+/3+}$	4.9	147
$LiCoMnO_4$②	$Co^{3+/4+}$	5.0	147
$LiFeMnO_4$②	$Fe^{3+/4+}$	5.1	148
$LiNiVO_4$	$Ni^{2+/3+}$	4.8	148
$LiNiPO_4$	$Ni^{2+/3+}$	5.1	167
$LiCoPO_4$	$Co^{2+/3+}$	4.8	167
Li_2CoPO_4F	$Co^{2+/4+}$	5.1	115

① 最高平台的电压值。

② 嵌锂过程有一部分发生在 4V (vs. Li^+/Li)，对应 $Mn^{3+/4+}$ 的氧化还原。

3.8 锂离子电池正极材料

作为锂离子二次电池正极材料的锂离子插层化合物，需要具有以下几个特点。

① 插层化合物 $Li_xM_yX_z$ 需要具有高的对锂电极电位，从而在电池中获得高的电压；相应地，$Li_xM_yX_z$ 中的过渡金属离子 M^{n+} 应当具有高的氧化态。

② 插层化合物 $Li_xM_yO_z$ 能够容纳大量锂离子的嵌入/脱出，从而使电池的容量最大化。这取决于插层化合物中可用嵌锂位点的数量和嵌锂宿主中过渡金属 M 的多种可用价态。

③ 锂离子嵌入/脱出过程应当是可逆的，且在锂离子嵌入/脱出过程中材料结构不会发生变化或只有很小的变化，从而确保电池良好的循环寿命。

④ 插层化合物应具有良好的电子电导率 σ_e 和锂离子电导率 σ_{Li}，从而使充放电过程中电池的极化损失最小化，进而提供高的电流密度和功率密度。

⑤ 插层化合物应当具有良好的化学稳定性，在锂离子嵌入/脱出过程中不会与电解质发生化学反应。

⑥ 在锂离子嵌入/脱出过程中正极的氧化还原电位应当处于电解质的电压窗口范围内，以防止电解质发生不必要的氧化或还原反应。

⑦ 从商业角度出发，插层化合物需要具有价格便宜、环境友好和质量轻等特点。这意

味着 M^{n+} 首选范围为 3d 过渡金属元素。

图 3.14 列举了锂离子电池中常用各种插层化合物的电压与容量之间的关系。在过去几年中，锂离子电池已应用到消费市场中，尤其是手机和相机领域。锂离子电池由于其电压高、重量轻、体积小、功率输出性能好以及循环寿命长等优点，非常适用于特定的储能需求。这些出色的性能特点也使电动车领域开始逐渐考虑使用锂离子电池作为能源存储方式[37]。

电化学势 μ_C 或电化学势 μ_A 的能量主要取决于金属性电极（例如碳）中可跃迁电子的费米能量或过渡金属阳离子 $M^{n+}/M^{(n+1)+}$ 氧化还原对中定域 d 电子所提供的能量。

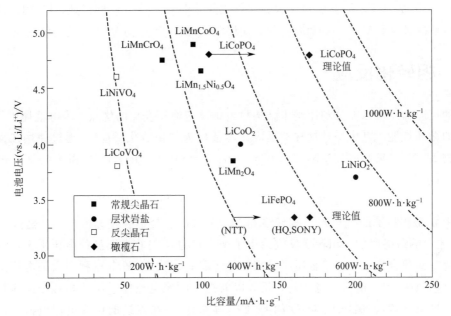

图 3.14 锂离子电池中不同插层化合物的容量与电压之间的关系

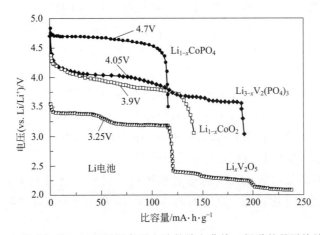

图 3.15 含钴或钒的正极材料锂离子电池的放电曲线（报道的是平均放电电位）

电化学势 μ_C 或电化学势 μ_A 的能量主要取决于金属性电极（例如碳）中可跃迁电子的费米能量或过渡金属阳离子 $M^{n+}/M^{(n+1)+}$ 氧化还原对中定域 d 电子所提供的能量。$M^{n+}/M^{(n+1)+}$ 的能量取决于两个因素：①阳离子的价态形式；②最邻近化学键的共价组成。因此，该结构影响了配对阳离子的位置和特征以及原子键中离子化的马德隆能。因此，正极材料对 Li/Li^+ 的本征电压值是由过渡金属离子氧化还原对相对于阴离子 p 带顶或导带底位置所决定。从图 3.15 中可以看出聚阴离子在含有钴和钒的层状结构锂嵌入宿主材料中所起到的作用，正极材料的 Li/Li^+ 放电平台电位随着过渡金属元素的不同会发生相应的改变。

电池的电压范围则是由宿主结构可逆的锂嵌入/脱出所决定。相对于层状 $LiCoO_2$ 和 V_2O_5，橄榄石型 $LiCoPO_4$ 和 Nasicon 快离子导体型 $Li_3VO_2(PO_4)_3$ 分别包含同种过渡金属元素。与 $LiCoO_2$ 中 $Co^{4+/3+}$ 的氧化还原相比，由于橄榄石型 $LiCoPO_4$ 中的 $(PO_4)^{3-}$ 聚阴离子的影响使得 Co 的氧化还原发生在三价和二价之间（即 $Co^{3+/2+}$）；同样地，$Li_3VO_2(PO_4)_3$ 中的高电压平台对应了 $V^{4+/3+}$ 的氧化还原，而层状结构 V_2O_5 则为 $V^{5+/4+}$ 之间的反应。

3.9 相转化反应

新的反应概念可以充分利用纳米结构材料中反应途径变化的优点，为电池提供了高容量和良好的循环性能。其中一种这样的反应途径被称为"相转化反应"。通过使用二元过渡金属化合物 M_yX_z（M=Fe，Mn，Ni，Co，Cu；X=O，S，P，Se），相转化反应过程如式（3.31）所示。

$$M_xX_y + yne^- + ynLi^+ \rightleftharpoons xM^0 + yLi_nX \quad (3.31)$$

其中 n 是阴离子的氧化态。相转变机理表明 3d 过渡金属纳米粒子 M^0 是锂离子嵌入 Li_2O 基体中的最终产物。相转变反应给出了两个信息：①非常典型的电压平台，其长度通常等于使金属化合物 M_yX_z 完全还原所需的电子量；②充电/放电过程中大的电压差会导致较差的能量效率[38]。值得注意的是，很久以前提出的原电池体系中的相转变反应目前仍然在使用（见第 2 章），例如 Li/CuO 和 Li/CF_x 体系[39]。在先进的可充电锂电池中，已经有大量具有不同程度可逆性的相转变材料见诸报道，包括氧化物（例如 CoO，NiO，Fe_2O_3，MoO_2），硫化物（例如 CuS，FeS，Ni_3S_2），氟化物（例如 FeF_3，CoF_2，NiF_2）和磷化物（如 NiP_3，Cu_3P，FeP_2）[40]。相转变反应的可逆性主要取决于以下几点：二元化合物 M-X 的形貌，金属 M^0 在第一次放电时完全还原转变为纳米颗粒（直径为 5~12nm）的分解过程以及锂二元化合物 Li_nX 的形成过程。一般来说，金属颗粒 M^0 的纳米特性在经过少量氧化还原循环后能够保持不变。与锂进行相转变反应的正极材料的单个过渡金属阳离子通常可以容纳不止一个 Li 原子，作为锂离子电池大容量电极使用具有很大的应用前景。最近一些更为复杂的体系的电化学特性表现出新的观点，例如 $Ni_{0.5}TiOPO_4/C$ 复合材料作为电池负极的体系表现出的是嵌入反应和相转变反应的复合[41]。

最后，需要注意的是相转化反应意味着在形成二元锂基化合物 Li_nX 如 Li_2O、LiF 或 Li_2S 的过程中发生了电化学反应。这方面内容在第 10 章中将会进行更细致的讨论。

3.10 合金化反应

30 多年来，作为锂离子电池负极材料的锂金属合金 Li_xM_y（M=Al，Sb，Si，Sn 等）已经得到了广泛研究。它们表现出比常规石墨负极（372mA·h·g^{-1}）更高的比容量，例

如 $Li_{4.4}Sn$ 和 $Li_{4.4}Si$ 的比容量分别可达 $993mA \cdot h \cdot g^{-1}$ 和 $4200mA \cdot h \cdot g^{-1}$。合金一个很大的缺点是充放电过程会引起较大的体积膨胀/收缩，从而使材料产生裂纹甚至粉碎，利用纳米结构颗粒代替体相材料可以减少体积变化带来的影响。Li 与 Sb 的合金化过程如式 (3.32) 所示[42,43]。

$$Sb + 3Li^+ + 3e^- \longrightarrow Li_3Sb \quad (3.32)$$

理论比容量为 $660mA \cdot h \cdot g^{-1}$。

为了减少体积变化的影响，可以采用由金属间化合物形成的中间相 $M'M''$ 替代单金属合金，其电化学过程是在合金化过程中锂离子取代了金属间化合物中的一种金属形成合金 Li_xM''，而电化学惰性的金属 M' 则在这一过程中起到缓冲体积变化的作用。这种方法最早由 Huggins[44] 和 Besenhard[45] 提出，目前已被应用于几种不同的体系中。例如，金属间化合物 Ni_3Sn_4 的电化学过程包括两步：

$$Ni_3Sn_4 + 17.6Li^+ + 17.6e^- \longrightarrow 4Li_{4.4}Sn + 3Ni \quad (3.33)$$

$$4Li_{4.4}Sn \longrightarrow Sn + 4.4Li^+ + 4.4e^- \quad (3.34)$$

$$Sn + 4.4Li^+ + 4.4e^- \longrightarrow 4Li_{4.4}Sn \quad (3.35)$$

反应方程式(3.33) 所代表的第一步反应表明在经过可逆电化学反应后形成了镍基质和具有反应活性的 Li 合金 $Li_{4.4}Sn$，反应方程式(3.34) 和式(3.35) 则表明该稳态过程的理论比容量为 $993mA \cdot h \cdot g^{-1}$。目前，尺寸为 50nm 的 Ni_3Sn_4 纳米粒子在 200 次循环后仍具有约 $500mA \cdot h \cdot g^{-1}$ 的比容量[46]。

参 考 文 献

1. Haering R, Stiles JAR (1980) Electrical storage device. US Patent 4,233,377, 11 Nov 1980
2. Meitzner G, Kharas K (2012) Methods for promoting syngas-to-alcohol catalysts. US Patent 8,110,522, 7 Feb 2012
3. Rouxel J (1978) Alkali metal intercalation compounds of transition metal chalcogenides: TX_2, TX_3 and TX_4 chacogenides. In: Levy F (ed) Intercalated layer materials. Reidel, Dordrecht, pp 201–250
4. Whittingham MS (1978) Chemistry of intercalation compounds: metal guests in chalcogenide hosts. Prog Solid State Chem 12:41–99
5. Friend RH, Yoffe AD (1987) Electronic properties of intercalation complexes of the transition metal dichalcogenides. Adv Phys 36:1–94
6. Dresselhaus MS, Dresselhaus G (1981) Intercalation compounds of graphite. Adv Phys 30:139–326
7. Whittingham MS (1982) Intercalation chemistry: an introduction. In: Whittingham MS, Jacobson AJ (eds) Intercalation chemistry. Academic, New York, NY, pp 1–18
8. Julien C, Nazri GA (2001) Intercalation compounds for advanced lithium batteries. In: Nalwa HS (ed) Handbook of advanced electronic and photonic materials, vol 10. Academic, San Diego, CA, pp 99–184
9. Julien CM (2003) Lithium intercalated compounds charge transfer and related properties. Mater Sci Eng R 40:47–102
10. Mizushima K, Jones PC, Wiseman PJ, Goodenough JB (1980) Li_xCoO_2 ($0 < x < 1$): a new cathode material for batteries of high energy density. Mater Res Bull 15:783–789
11. Schöllhorn R (1980) Intercalation chemistry. Physica B 99:89–99
12. Liang WY (1986) Electronic properties of transition metal dichalcogenides and their intercalation complexes. In: Dresselhaus MS (ed) Intercalation in layered materials. Plenum, New York, NY, pp 31–73
13. Rouxel J (1976) Sur un diagramme ionicity-structure pour les composes intercalaires alcalins des sulfures. J Solid State Chem 17:223–229
14. Hibma TJ (1980) X-ray study of the ordering of the alkali ions in the intercalation compounds Na_xTiS_2 and Li_xTiS_2. J Solid State Chem 34:97–106

15. Armand M (1980) Intercalation electrodes. In: Murphy DW, Broadhead J, Steele BCH (eds) Materials for advanced batteries. Plenum, New York, NY, pp 145–161
16. Schafhaeutl C (1840) Ueber die verbindungen des kohlenstoffes mi silicium, eisen und andern metallen. J Prakt Chem 19:159–1740
17. Steele BCH (1973) In: van Gool W (ed) Fast ion transport in solids. North-Holland, Amsterdam, pp 103–109
18. Armand MB (1973) Lithium intercalation in CrO_3 using n-butyllithium. In: van Gool W (ed) Fast ion transport in solids. North-Holland, Amsterdam, pp 665–673
19. Steele BCH (1976) Properties and applications of solid solution electrodes. In: Mahan GD (ed) Superionic conductors. Plenum, New York, NY, pp 47–64
20. Vosburgh WC (1959) The manganese dioxide electrode. J Electrochem Soc 106:839–845
21. Whittingham MS (1976) The role of ternary phases in cathode reactions. J Electrochem Soc 123:315–320
22. Ramana CV, Mauger A, Zaghib K, Gendron F, Julien C (2009) Study of the Li-insertion/extraction process in $LiFePO_4/FePO_4$. J Power Sourc 187:555–564
23. Winn DA, Shemilt JM, Steele BCH (1976) Titanium disulphide: a solid solution electrode for sodium and lithium. Mater Res Bull 11:559–566
24. Rüdorff W (1965) Inclusion of base metals in graphite and in metallic chalcogenides of the type MeX_2. Chimia [Zürich] 19:489–499
25. Omloo WP, Jellinek F (1970) Intercalation compounds of alkali metals with niobium and tantalum dichalcogenides. J Less Common Met 20:121–129
26. Rouxel J, Trichet L, Chevalier P, Colombet P, Abou-Ghaloun O (1979) Preparation and structure of alkali intercalation compounds. J Solid State Chem 29:311–321
27. Julien C, Nazri GA (1994) Transport properties of lithium-intercalated MoO_3. Solid State Ionics 68:111–116
28. Julien C, Hatzikraniotis E, Balkanski M (1986) Electrical properties of lithium intercalated p-type GaSe. Mater Lett 4:401–403
29. Parkin SSP, Friend RH (1980) Magnetic and transport properties of 3d transition metal intercalates of some group Va transition metal dichalcogenides. Physica B 99:219–223
30. Schölhorn R, Lerf A (1975) Redox reactions of layered metal disulfides in alkali halide melts. J Less Common Met 42:89–100
31. Goodenough JB, Kim Y (2010) Challenges for rechargeable Li batteries. Chem Mater 22:587–603
32. Goodenough JB (2002) Oxides cathodes. In: van Schalkwijk W, Scrosati B (eds) Advances in lithium-ion batteries. Kluwer, New York, NY, pp 135–154
33. Zhong QM, Bonakdarpour A, Zhang MJ, Gao Y, Dahn JR (1997) Synthesis and electrochemistry of $LiNi_xMn_{2-x}O_4$. J Electrochem Soc 144:205–213
34. Gao Y, Myrtle K, Zhang MJ, Reimers JN, Dahn JR (1996) Valence band of $LiNi_xMn_{2-x}O_4$ and its effects on the voltage profiles of $LiNi_xMn_{2-x}O_4/Li$ electrochemical cells. Phys Rev B Condens Matter 54:16670–16675
35. Shin Y, Manthiram A (2003) Origin of the high voltage (>4.5 V) capacity of spinel lithium manganese oxides. Electrochim Acta 48:3583–3592
36. Julien CM, Mauger A (2013) Review of 5-V electrodes for Li-ion batteries: status and rends. Ionics 19:951–988
37. Zaghib K, Guerfi A, Hovington P, Vijh A, Trudeau M, Mauger A, Goodenough JB, Julien CM (2013) Review and analysis of nanostructured olivine-based lithium rechargeable batteries: status and trends. J Power Sourc 232:357–369
38. Armand M, Tarascon JM (2008) Building better batteries. Nature 451:652–657
39. Goodenough JB (2013) Battery components, active materials for. In: Brodd RJ (ed) Batteries for sustainability: selected entries from the encyclopedia of sustainability science and technology. Springer Sci, New York, NY, pp 51–92
40. Cabana J, Monconduit L, Larcher D, Palacin MR (2010) Beyond intercalation-based Li-ion batteries: the state of the art and challenges of electrode materials reacting through conversion reactions. Adv Mater 22:E170–E192
41. Lasri K, Dahbi M, Liivat A, Brandell D, Edström K, Saadoune I (2013) Intercalation and conversion reactions in $Ni_{0.5}TiOPO_4/C$ Li-ion battery anode materials. J Power Sourc 229:265–271
42. Weppner W, Huggins RA (1977) Determination of the kinetic parameters of mixed-conducting electrodes and application to the system Li_3Sb. J Electrochem Soc 124:1569–1578
43. Weppner W, Huggins RA (1978) Thermodynamic properties of the intermetallic systems lithium antimony and lithium bismth. J Electrochem Soc 125:7–14

44. Huggins RA, Boukamp BA (1984) All-solid electrodes with mixed conductor matrix. US Patent 4,436,796, 13 March 1984
45. Yang J, Winter M, Besenhard JO (1996) Small particle size multiphase Li-alloy anodes for lithium-ion batteries. Solid State Ionics 90:281–287
46. Timmons A, Dahn JR (2007) Isotropic volume expansion of particles of amorphous metallic alloys in composite negative electrodes for Li-ion batteries. J Electrochem Soc 154:A444–A448

第 4 章
刚性能带理论模型应用于锂嵌入化合物的可靠性

4.1 引言

层状化合物,尤其是过渡金属硫族化合物(TMDs)和过渡金属氧化物(TMOs),可以在较宽范围内嵌入有机/无机材料,对原层状化合物的物理性质有明显影响[1]。这些化合物的嵌入反应是通过电荷从嵌入物转移到宿主化合物导带进行的,因而在该反应中出现电子给体。可逆的离子电荷转移反应可以通过以下形式表示:

$$x\mathrm{A}^+ + x\mathrm{e}^- + <\mathrm{H}> \rightleftharpoons \mathrm{A}_x^+ <\mathrm{H}>^{x-} \tag{4.1}$$

在通常情况下,式中<H>是宿主材料,A 是碱金属,x 是分子嵌入分数。在这种反应中电子转移对形成嵌入化合物起至关重要的作用。同时电子转移也是造成具有特定电子组成的宿主结构膨胀,从而引起相转变的主要因素。因此,在嵌入反应中需要考虑三个阶段,分别对应于转移电子离域移位的不同过程。可能出现的过程或者是离散的原子状态,或者是实际结构中存在的离散多原子实体,再或者是导带的一部分。

在本章中介绍了正极材料的物理性质,并核实验证了刚性能带理论模型在具有层状结构的过渡金属硫族化合物 MX_2(M=Ti,Ta,Mo,W;X=S,Se)和过渡金属氧化物 $LiMO_2$(M=Co,Ni)等嵌入化合物中的应用。主要研究其电学性质和光学性质。对某些材料,研究了嵌入过程中不同程度的不可逆过程和宿主结构从晶格膨胀到完全破坏的过程。这些研究的主要目的是在材料学架构下研究材料性质。因此本章中的电学性质都是在低倍率($C/12$ 或 $C/24$)下进行的,使材料的物理性质处在接近于热力学平衡状态。

4.2 费米能级的演变

图 4.1 中给出了锂电池负极材料、正极材料和电解质的电子能级结构示意图。根据物理学描述,真空区域为零能级,材料的电子能带结构依赖于三个能带的性质:功函数 W,即将电子从固体费米能级移动到真空能级所需要的最低热力学能量 $W = E_{vac} - E_F$;电子吸引能 $E_{EA} = E_{vac} - E_{cb}$,即电子从导带低端移动到真空能级所释放能量;带隙宽度 $E_g = E_{vb} - E_{cb}$,即从价带到导带的能量间距。负极为金属锂,为无限电子供给部分;因此,金属中的

电子可以作为导带中的自由电子，$W_{Li} = E_{EA(Li)} \approx 1.5eV$。电解质为电子绝缘体，具有较宽的能带间隙 $E_g > 4eV$，这是分子占有轨道（HOMO）和空轨道（LUMO）能级间隔。正极材料为半导体材料，因此其情况更为复杂，其费米能级多样化，并不一定处在 $E_F = (E_{cb} + E_{vb})/2$ 的位置。如 TiS_2 为简并半导体，其 $E_g \approx 0.2eV$[2]，而 $LiCoO_2$ 为 p 型半导体，其 $E_g \approx 2.4eV$，$W = 4.36eV$，这导致其费米能级高于价带 $0.4eV$[3]。

刚性能带理论模型（RBM）是描述嵌入宿主材料电子性质变化的有用方法。Sellmyer[4]总结了两种应用于稀固溶体的刚性能带理论模型，分别称为电子-气体 RBM 和屏蔽杂质 RBM。电子-气体 RBM 主要是由 Jones[5]提出，价带电子处在平面波状态，只有和具有价态差 ΔZ 的元素形成合金时，才会受到影响，从自由电子态改变到新的价态，这一新价态可以简单地通过溶剂和溶质在合金中所占的原子比换算得到。在这种情况下，材料的费米能级也随之变化，但是 E_{BC} 保持不变。在 Friedel[6]提出的屏蔽杂质 RBM 中，认为电子气不能支撑不纯电荷的长距离电场。为了屏蔽库仑场，导带电子本身进行重新分布，该现象可以通过测量介电常数证明，导体材料具有较大的介电常数。在这种情况下，任何电荷扰动都会造成固定电子的极化，形成库仑电势。因此，虽然材料的费米能级没有发生改变，但是整个导带在库仑电场作用下产生了移动（图 4.2）。

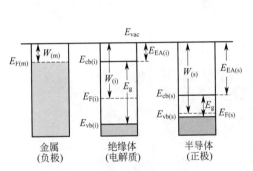

图 4.1 锂电池活性材料的电子能级结构示意图

（E_{EA} 为电子吸引能，W 为功函数，E_g 为能级间隙）

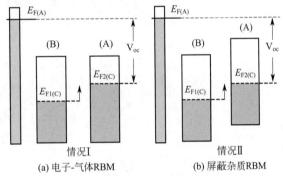

图 4.2 刚性能带理论模型 RBM 中费米能级变化示意图

［(B) 和 (A) 分别代表锂嵌入前后；在两种状况下 V_{oc} 都是电池电压］

刚性能带概念意味着体系的化学稳定性。从能量角度来说，这意味着嵌入电子对物质的总能量几乎没有影响，并且其结构也处在稳定状态，涉及嵌入的电子能带只是 TMDs 中较窄的 d 导带。这恰恰是理想正极材料所需要具备的性质，可以在老化和机械疲劳中保证电压平台稳定[1]。因此，最重要的是研究理论计算和实验符合程度在锂电池正极材料体系中的应用。

以嵌入化合物为正极的锂电池电势是由电极的化学电势差决定的［公式(1.6)］，正极晶体的化学性质决定着电池电压。图 4.3 图示了聚阴离子对电池电压的影响，在 PO_4^{3-} 和 $P_2O_7^{4-}$ 等含铁锂嵌入化

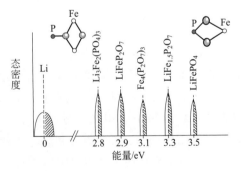

图 4.3 在不同的含 Fe 锂嵌入材料中铁氧化还原能量的位置（对 Li/Li^+）及其电池电压变化（展示了聚阴离子的作用）

合物中，铁的氧化还原能量电位（对 Li/Li$^+$）和阳离子的环境呈函数关系。该现象被 Goodenough 称为诱导效应[7]，该效应与骨架连接相关。例如，氟磷酸化合物因为 PO_4^{3-} 官能团的诱导效应和 F$^-$ 的吸电子效应的共同作用，具有更高的电池电压。

4.3 TMDs 的电子结构

考虑到 TMDs 层状材料在结构和化学性质方面的相似性，Wilson 和 Yoffe[8~10] 提出这些材料的电子能级结构也具有相似性，表现出来的光学性质和电学性质的差别归因于价带电子数的变化造成的能带填充亚组的变化。然而，TMDs 材料的刚性能带理论模型不能解释所有的性质变化，理论计算和实验证明关于这些材料的基本观点是正确的：不同亚组能带的能级和性质保持相同，只是宽度和分裂随着组成和配位体的不同而有所差别。

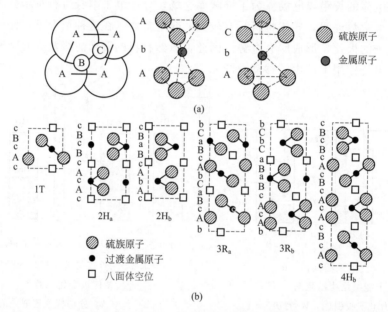

图 4.4　MX$_2$ 化合物的八面体和三方柱面体配位结构（A、B、C 代表了紧密堆积的三种非等效位置；在八面体和四面体中边层为硫族原子，中间层为金属原子）(a) 及 TMDs 中简单多面体配位在 <1120> 方向上的基本单元 (b)

TMDs 化合物的层状结构是由金属原子层 M 在两层硫族元素 X 间形成的三明治结构组成（图 4.4），X-M-X 层间由较弱的范德华力连接。每层原子呈六方密堆积结构［图 4.4(a)］。这种结构在层间嵌入不同电子给体时，层晶面间距离几乎可以无限制膨胀。尽管最初这种嵌入化合物是应用在超导材料中（超低温），但是现在被用于锂二次电池的活性材料[8]。该结构中的三种紧密堆积非等效位置标示为 A、B、C。存在两种可能的配位体结构，其中一种或两种构成了晶体的基本单元。在三方柱面体配位结构中，三明治结构 X-M-X 按 AbA 的方式排列，在八面体配位结构中三明治结构 X-M-X 按 AbC 的方式排列［图 4.4(a)］，边层为硫族原子，中间层为金属原子。

Brown 和 Beerntsen 提出了这些同质多形体和多面体的命名术语[11]，如图 4.4(b) 所示。为了区分这些多面体，首先标出垂直于层晶面方向形成晶胞单元所需要的三明治结构数量，然后标出结构的整体对称性：T 为三方晶系，H 为六方晶系，R 为斜方六面体晶系。下标用于区分多面体类型，如 $2H_a$ 和 $2H_b$。因此，最简单的八面体配位标示为 1T，在垂直于层面方向只有一个重复三明治结构，该多面体类型通过堆积三明治结构组成。在三方对称性中，最简单的三方柱面体配位结构中有两个三明治重复结构，标示为 $2H_a$ 和 $2H_b$。含有 V 族金属的材料多为 $2H_a$ 结构，如 NbS_2，金属原子直接在 c 轴上，而在含 VI 族半导体元素材料 $2H_b$ 结构中，如 MoS_2，金属原子（半导体原子）交错排列。在 $4H_b$ 和 6R 多面体中，八面体和三方柱面体配位的三明治结构交替，即混合配位结构。过渡金属硫族化合物最常见的六种多面体在图 4.4(b) 中给出。三明治结构中的八面体间隙位置（空位）标示为正方形，该位置为嵌入原子的位置。

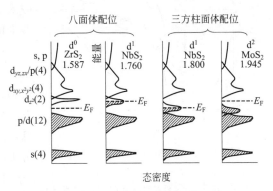

图 4.5 具有八面体配位和三方柱面体配位的 TMDs 化合物的能级结构示意图
（该图显示了锂离子嵌入前后电子结构变化及相应的费米能级位置变化）

TMDs 的电子能带结构通常使用简单的分子轨道理论和含 IV 族、V 族、VI 族的 TMDs 材料的光学性质实验得到。图 4.5 给出了具有八面体配位和三方柱面体配位的 MX_2 化合物能级结构示意图。该能带模型给出了规则三方柱面体配位（含 IV 族和 V 族金属原子）和规则八面体配位（含 V 族和 VI 族金属原子）的基本特征。硫族元素的 p 轨道中因为添加了价带轨道成分，出现了不同程度的金属性，而硫族元素的 s 轨道位于 10～15eV 下，金属原子的 d 轨道和硫族原子轨道混合，紧接在 p 轨道的上面，更高的轨道为金属空 s 和 p 轨道。d 轨道在配位场作用下出现分化和移位，分化出的最低轨道含有两个电子，Wilson 和 Yoffe[8] 命名为 "d_{z^2}" 轨道。因为三方配位形变 "d_{z^2}" 轨道和 $d_{xy}-d_{x^2-y^2}$ 轨道群中分化，向低能量方向移动。尽管 p 轨道和 d 轨道产生了杂化，但仍使用原来的轨道标示。在所有含有从 IV 族到 VI 族过渡金属的化合物中，p 和 s 价电子轨道为全满状态，材料电性质和光学性质变化主要是由 "d_{z^2}" 轨道的填充程度造成的[12]。

八面体配位材料的整体能带结构特性为金属原子的电子向硫族原子轨道转移。p 价带轨道相对较窄（宽度约 2.5eV），而从 d 复合轨道中衍生的 "d_{z^2}" 轨道距离 p 价带轨道 2eV。所有的含 IV 族金属原子和部分含 V 族金属原子的化合物都符合这种电子轨道情况。然而，三方柱面体配位材料具有较宽的 p 价带轨道（宽度约 5eV），p 轨道和 d 轨道的杂化程度更深，"d_{z^2}" 轨道和 p 轨道紧接因为有部分重叠而和其他 d 轨道主体分离。所有含 VI 族金属原子和部分含 V 族金属原子的化合物符合该电子轨道情况。

配位体的对称性决定了其 "d_{z^2}" 轨道的位置。考虑到给定配位体的总体能量是令人关注的，总体能量包含两个相互竞争的部分：静电场能量和 "d_{z^2}" 轨道电子能量。第 IV 族化合物的 "d_{z^2}" 轨道为空轨道，静电场能量项决定八面体配位，氧族元素在金属原子的两侧，呈三明治状错列排布。第 VI 族化合物的 "d_{z^2}" 轨道为满电子轨道，呈明显的共价键特征，其能量最优方式为通过三方柱配位降低 "d_{z^2}" 轨道能量，氧族元素位于重叠位置。第 V 族化合物的 "d_{z^2}" 轨道为半满轨道，所以哪一项都有可能成为能量优势项，因而两种配位方式都有可能出现。

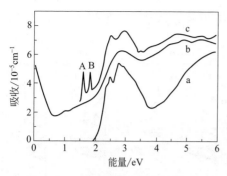

图 4.6 二维 TMDs 材料的吸收谱
a—1T-ZrS$_2$；b—2H-NbS$_2$；
c—2H-MoS$_2$（MoS$_2$ 材料的两个尖峰为激子跃迁）

在嵌入过程中，供电子占据一个空 d 轨道。对嵌入化合物价带结构的最简单近似是宿主化合物的费米能级上移以容纳多余的电子。

很多测试技术可以得到材料的光学性质，如光吸收系数 α，反射率 R 和介电常数 ε_1 和 ε_2。可见光和紫外吸收谱可以给出价带和导带的联合密度态。软 X 射线和同步加速器辐射可以得到导带信息，光电子实验（UPS、XPS、ESCA）可以得到价带的态密度和费米能级能量。半导体 MoS$_2$ 材料（第Ⅵ族 d^2）、导体 NbS$_2$ 材料（第Ⅴ族 d^1）和宽带隙半导体 ZrS$_2$ 材料（第Ⅳ族 d^0）的典型吸收谱在图 4.6 中给出。MoS$_2$ 材料的两个尖峰为激子跃迁，而 NbS$_2$ 材料在约 1eV 处可以观察到自由载流子吸收特征峰。

4.4 锂嵌入 TiS$_2$ 材料

对于过渡金属硫化物，电子移动性和温度间的依赖关系比声频声子散射更强烈。材料的电阻系通常包含一个与温度无关的、通过实验拟合得到的外来载流子浓度因子。

$$\rho = \rho_0 + AT^\alpha \tag{4.2}$$

式中，ρ_0 与温度无关，来自于杂质散射浓度项；A 为常数[13]；指数 α 变化范围从化学计量比 TiS$_2$ 材料的 2.3（载流子浓度 $n=1.1\times10^{20}\,\mathrm{cm}^{-3}$）到非计量比材料的 1.6（载流子浓度 $n=2.9\times10^{21}\,\mathrm{cm}^{-3}$），对 ZrS$_2$ 材料来说，指数 α 为 2.2。

在 Li$_x$TiS$_2$ 材料中，随着锂含量的增加，霍尔系数呈数量级式降低。证实了电子从嵌入材料向宿主的转移。嵌入前 TiS$_2$ 材料的电子浓度为 $3.1\times10^{20}\,\mathrm{cm}^{-3}$，表明该材料的化学计量比为 Ti$_{1.0044}S_2$。随着锂的嵌入，明显观察到电阻率和霍尔系数的降低。在电子嵌入样品中载流子浓度在 $x=0.25$ 和 $x=0.5$ 时分别上升到 $5\times10^{21}\,\mathrm{cm}^{-3}$ 和 $9.6\times10^{21}\,\mathrm{cm}^{-3}$。霍尔系数 R_H 的变化与温度无关，与常规的金属材料类似。

Klipstein 等人[15,16]通过包含电子袋间和袋内散射相互影响的纵向声子谱模型对该现象进行了解释，费米表面的上升减少了散射过程中声子波矢的束缚，意味着载流子浓度的增加，指数 α 向 1 的方向变化。$\alpha=1$ 是金属的界限，此时电阻率只与通过 LA-声频声子造成的电子散射有关。同时，最低温度 T_min 上升，在低于该温度（T_min）时 $\ln(\rho-\rho_0)$ 与 $\ln(T)$ 开始偏离线性，因为在该温度下，声子波矢特性太短而无法跨域费米表面，从而造成动量弛豫的不完全，进而导致偏离原点。该模型基于不同化学计量比的原始态 TiS$_2$，后来证实也可以应用于更高载流子浓度的材料，如通过正丁基锂对 TiS$_2$ 嵌锂样品[16]和肼插入 TiS$_2$ 材料[17]。

该体系的电子转移性质也可以通过光学性质进行研究。图 4.7 给出了 0.5～6.0eV 范围内的 TiS$_2$ 和插锂 TiS$_2$ 材料的吸收谱[18]。在插锂化合物 LiTiS$_2$ 的吸收谱中，自由载流子吸收降低到 1eV 以下，对应于在接近等离子频率 ω_p 时声子频率的降低造成的吸收增强。同时还表现出带间转移，在布朗带 L 点允许电子从 p 价带到 d 导带的直接转移。在 Li$_x$TiS 中，带间转移向高能量区偏移，吸收带振子强度分裂为二。Beal 和 Nulsen 认为[18]这恰与"d_{z^2}"轨道从半满到嵌入化合物的饱和一致。

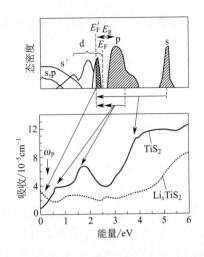
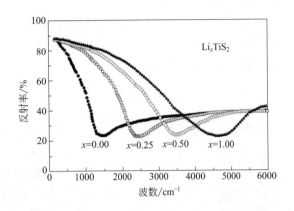

图 4.7　TiS$_2$ 和 LiTiS$_2$ 的室温吸收谱（价带结构图表明刚性能带理论模型可以应用于嵌入化合物）

图 4.8　Li$_x$TiS$_2$ 样品的 FTIR 反射谱随锂含量的变化

另一种光学实验，红外反射也应于锂嵌入 TiS$_2$ 材料的研究[15]。图 4.8 给出了不同嵌锂状态的 TiS$_2$ 单晶样品 FTIR 反射谱随 x(Li) 含量的变化规律（$0 \leqslant x \leqslant 1$）。可以明显看出，对比纯 TiS$_2$ 样品，Li$_{1.0}$TiS$_2$ 样品的等离子边缘大幅度偏移。根据自由载流子德吕德模型（第 13 章）可以得到样品的介电常数。TiS$_2$ 样品的等离子边缘约为 1200cm^{-1}。而 LiTiS$_2$ 样品的等离子边缘约为 4000cm^{-1}。如果将高频介电常数与原始材料介电常数相近性和 Isomaki 等人给出的电子有效质量都考虑在内，分别对应于等离子频率 1360cm^{-1} 和 4100cm^{-1}。在布里渊晶带 L 点，Isomaki 等人估计沿 x 轴方向 $m_a = 0.4m_0$[19]。该假设说明光学有效质量 m_{opt} 的值大于 $1.3m_0$。在目前的分析中，利用德吕德模型得到的插锂材料 Li$_{1.0}$TiS$_2$ 的载流子浓度为 1.7×10^{22} cm^{-3}。这和理论预期值 1.75×10^{22} cm^{-3} 非常一致，也与通过霍尔测量得到的数值 2.2×10^{22} cm^{-3} 相近。

在刚性能带理论模型中，假设离子嵌入造成导带有效质量或宿主材料高频介电常数的小幅度变化。从碱性金属原子转移到宿主材料 d 导带的转移电荷 Δn 可以嵌入反应前后材料的 ω_p^2 变化量可以直接计算得到。此时 Δn 表示为每个 Ti 原子上的电子转移数。利用该模型可以得到 $\Delta n = (0.9 \pm 0.1)e$。0.1e 的不确定性来源于假设模型。等离子阻尼因子从 Ti$_{1.005}$S$_2$ 的 310cm^{-1} 大幅上升到 Li$_{1.0}$Ti$_{1.005}$S$_2$ 的 2160cm^{-1}。该上升可以通过等离子峰的宽化造成的能量损失函数得到。等离子阻尼因子可以表示为：

$$\Gamma = 1/\tau = q/(m^* \mu_H) \tag{4.3}$$

式中，μ_H 为自由载流子的霍尔迁移率。观察到的 Γ 上升表明霍尔迁移率的降低或者嵌入材料的有效质量的修正[14]。在 Li$_{1.0}$Ti$_{1.005}$S$_2$ 中，通过霍尔效应测到的电子迁移率为 1.9cm$^2 \cdot$V$^{-1} \cdot$s^{-1}（室温）。该数值与文献中给出的 TiS$_2$ 13.5cm$^2 \cdot$V$^{-1} \cdot$s^{-1} 和 LiTiS$_2$ 0.35cm$^2 \cdot$V$^{-1} \cdot$s^{-1} 有关[16]。

Li$_{1.0}$Ti$_{1.005}$S$_2$ 样品的红外反射谱随温度的变化规律与纯材料 TiS$_2$ 的变化规律相似。谱图在接近等离子频率 $\omega_p = 4180$cm^{-1} 时，出现下降。等离子频率是通过类德吕德模型分析频

率与弛豫时间的关系得到的

$$1/\tau(x,T,\omega)=x\tau_0+\alpha[(pT)^2+\omega^2] \tag{4.4}$$

通过公式(4.4)得到的散射速率和光学实验数据吻合较好[20]，$p=13.6$ 与理想各向同性三维有效质量模型中的 2π 不同，第二项 ω^2 由电子-电子散射决定[21]。对于锂嵌入 TiS_2 样品，公式(4.4)中的温度和频率组成项被第一项（$x\tau_0$）强烈遮蔽，如图4.9所示。这可以解释为 d 轨道处在全满态，导致霍尔迁移率非常低。在这种情况下，因为不能满足 $\omega\tau\gg1$，所以很难估计光子迁移性。

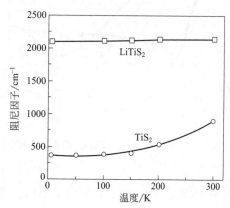

图4.9 TiS_2 和 $LiTiS_2$ 样品的阻尼因子（弛豫时间的倒数）与温度间的关系

$Li_{1.0}Ti_{1.005}S_2$ 样品的霍尔测量结果得到 $N_H=1.8\times10^{22}cm^{-3}$，通过光反射得到的费米能级 $E_F=4180cm^{-1}=0.52eV$，可以得到电子的有效质量 $m^*=0.49m_0$。和 Isomaki 等人[19]报道的纯材料值相近。通过上述讨论，可以看出刚性能带理论模型能够解释锂嵌入材料的电学性质和光学性质。同时，Scholz 和 Frindt[22]对 Ag 嵌入 TiS_2 样品的光学性质研究也符合该模型。

刚性能带理论模型的可信性在于 TiS_2 材料具有良好的结构稳定性。由于 TiS_2 材料具有高的电子电导率，可以减少碳的添加；同时具有范德华平面内的高锂离子迁移率，因此从电化学角度看，TiS_2 可以作为最好的正极材料。但是问题来自于负极。贝尔电话实验室的 Broadhead 和 Butherus 早在1972年7月24日就申请了 $Li/\!/TiS_2$ 电池的专利[23]。

4.5 锂嵌入 TaS_2 材料

在第V族的 TMDs 中，TaS_2 也许是研究者最感兴趣的，因为该材料在结构和电子性质方面具有很大的吸引力。由于价电子占据"d_{z^2}"轨道，因此其金属化合物存在 1T-、2H-、或 4H-结构类型[24]。从八面体配位结构到三方柱配位结构的变化结果，导致"d_{z^2}"轨道能量向低能量方向偏移。单纯的 2H-TaS_2 样品的吸收光谱在低于 1eV 位置出现德吕德边缘，对应于材料中半满"d_{z^2}"轨道的自由载流子吸收。嵌锂后，德吕德边缘消失，第一个"d_{z^2}"→d 转变向低能量方向偏移。该变化有利于从锂中转移的电子逐步填满"d_{z^2}"轨道。

1T-TaS_2 材料的吸收光谱在图4.10中给出，在 1.5eV 附近的吸收带对应于"d_{z^21}"→"d_{z^22}"和"d_{z^21}"→d 的电子转变，在约 3.5eV 的吸收带对应于 p→"d_{z^2}"的电子转变。电荷从锂向宿主晶格的转移增加了"d_{z^2}"轨道的电子数量，费米能级上升到新的

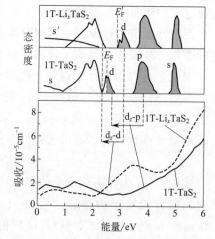

图4.10 1T-TaS_2 和 1T-Li_xTaS_2 材料的吸收光谱（价带结构示意图表明锂的嵌入导致"d_{z^2}"轨道能量降低）

能量 $E_{F'}$。和没有插锂的原材料相比，3eV 附近的强吸收带的替换表明 "d_{z^2}" 轨道能量明显降低。锂贡献电子使 "d_{z^2}" 轨道充满造成了 "d_{z^2}" 轨道能量降低，同时材料的结构也发生了改变，锂嵌入后造成 c/a 值上升[25]。这些结果证明刚性能带理论模型对锂嵌入的 1T-TaS_2 材料并不能完全适应。

4.6 锂嵌入 2H-MoS_2 材料

在第Ⅵ族的 TMDs 中，锂嵌入反应中会导致宿主 MoS_2 材料转变，从而引起局域配位场的改变。在该特殊情况下，钼和硫间的配位关系从三方柱配位转变到八面体配位（TP→Oh 转变）[26~28]。发生结构改变的同时，M-X 键的离子性增加，对应于新的原子排布稳定性，带电配位体间的库仑排斥力使八面体配位为最优结构。对比 2H-MoS_2 材料和假设 1T-$LiMoS_2$ 材料的 d 轨道态密度，表明占有轨道可能出现六种状态，八面体配位状态具有最低能量。该效果符合 Mo 和 S 原子间的滑动过程。这是很好的锂还原造成结构不稳定的例子。

图 4.11 给出了以 $1mol \cdot L^{-1} LiClO_4$ 碳酸丙烯溶液为电解液时，$Li // Li_xMoS_2$ 电池电压随组分的变化[29]。Li-MoS_2 电化学体系表现出三个明显不同的过程，和 Hearing 的研究结果一致[30]。新鲜电池的放电反应的电压范围为 3.0~0.55V，当 3 个锂嵌入 MoS_2 晶格中时，具有两个电压平台，1.1V 和 0.7V 左右。第一个放电曲线（相Ⅰ）表现出的平台在 $0.25 \leqslant x \leqslant 1$ 范围内，对应于 2H-$Li_{0.25}MoS_2$ 和 1T-$LiMoS_2$ 两相共存体系。当 $x=1$ 时，从三方柱（TP）配位向八面体（Oh）配位转变完全，该过程的驱动力为降低体系的静电能量，当锂贡献的电子

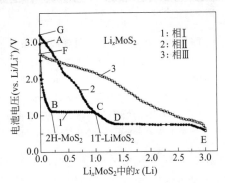

图 4.11 Li-MoS_2 体系的电化学曲线随 Li_xMoS_2 中锂含量的变化[29]

进入 MoS_2 层时，八面体配位开始形成。八面体配位开始于 $x \approx 0.25$，结束于 $x=1.0$，在随后的循环过程中不能保持[1,26,27]。当 $x>1$ 时，相Ⅱ形成，在电压范围 0.75~3.2V 间可逆，没有放电平台。相Ⅱ是电池应用中的首选相（图 4.11 中的 D-G 路径），需要所谓的电池化成过程，即首先放电到 0.75V。相Ⅲ（路径 E-F）发生在第二个平台的末端，该相由于较差的可逆性，不适合使用[30]。

Li-MoS_2 体系的电子衍射研究表明在组成 $x \approx 0.25$ 时的结构转化伴随着 $2a_0 \times 2a_0$ 超晶格的形成，这可以理解成基础六方晶格的伪阶段（图 4.12）[31]。在 $Li_{0.3}MoS_2$ 材料的电化学递增容量 dQ/dV 中和拉曼散射光谱中也都观察到该超晶格的存在[28,32,33]。但是，锂嵌入过程中电荷转移伴随着费米能级的上升。图 4.13 中给出了锂嵌入 MoS_2 材料的电导率对温度的变化。未嵌入的 MoS_2 为 n 型半导体，符合 $\sigma \sim \exp(-E_a/k_BT)$，式中 $E_a=0.05eV$；$Li_{0.3}MoS_2$ 是高变性半导体，符合 $\sigma \sim T^{-1.4}$。在这里必须清楚刚性能带理论模型的限制。由于 "d_{z^2}" 轨道为全满状态，新电子必须进入最近的更高 d 轨道造成 c/a 比的改变，伴随着宿主晶格结构的不稳定，因此对 Li_xMoS_2 材料来说，刚性能带理论模型完全不适合。

跟随上述结构转变，声子谱是一种很好的定量各向异性的技术，不仅能区别层间和层内的正交模式，还能确定不同方向的剪切模量。图 4.14 给出了 2H-MoS_2 材料的拉曼谱。结果

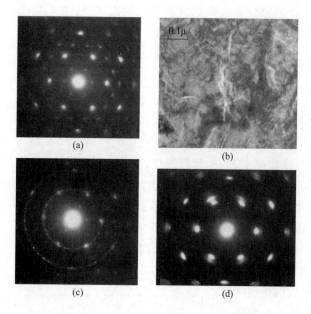

图 4.12 在正丁基锂中的锂嵌入 MoS_2 的图片
(a) 10min 后,边缘产生缺陷,样本由箭头标示;
(b) 2h 后,出现超晶格斑点(标示为字母 S),指示为 (1/201/20),注意主体斑点的分裂(标示为字母 M);
(c) 样本严重锂嵌入缺陷处的微观图片;
(d) 锂分布和距离样本边缘的 SSNTD 图[29]

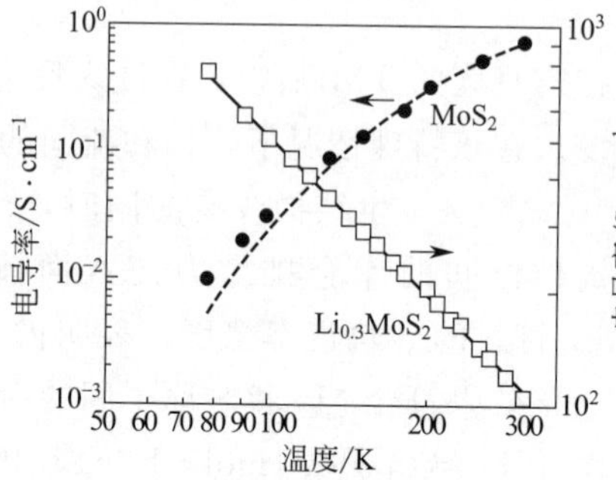

图 4.13 锂嵌入 MoS_2 材料的电导率随温度的变化

表明存在四个拉曼活性键:包含沿 c 轴运动的 $407cm^{-1}$ 位置的层内 A_{1g} 模式,包含基础平面内运动的 $382cm^{-1}$ 位置的层内 E_{2g} 模式,$286cm^{-1}$ 位置的 E_{1g} 模式和 $32cm^{-1}$ 位置的刚性层模式 E_{2g} 对称。其中最后一种模式为层间类型,包含邻近三明治对立相的刚性运动。

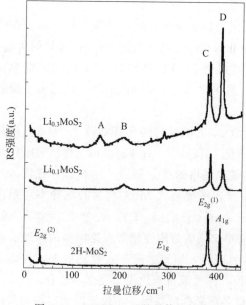

图 4.14 $2H\text{-}MoS_2$ 天然晶体的拉曼谱图随锂含量的变化

同时图 4.14 还给出了 $x\approx 0.1$ 和 $x\approx 0.3$ 时的 Li_xMoS_2 材料的拉曼光谱。结果展示出随着锂的嵌入,从 β 相(2H 结构)向 α 相(1T 结构)的结构变化[32]。从三方柱配位向八面体配位的转化可以归因于八面体具有更低静电能量的驱动,在嵌入过程中锂贡献的电子进入 MoS_2 的层中时,八面体配位结构可以降低体系的静电能量[33]。Li_xMoS_2 材料的八面体转化从 $x=0.1$ 开始到 $x=1$ 完全完成。当锂的嵌入量 $x\approx 0.1$ 时,拉曼强度降低(因子 5),出现两个新带:$153cm^{-1}$ 位置的宽峰(A 线)和 $205cm^{-1}$ 位置的弱峰(B 线),刚性层模式峰强度降低。两个层内模式峰还可以观察到,在频率上出现偏移,并都向低能量方向分裂出较弱的附加肩缝(C 和 D 线)。这些峰是由于光声子分支的达维多夫对造成的。在 $x=0.3$ 的样品中,拉曼谱和原材料相比有很大的改变。刚性层模式峰消失，其他线都还存在。另外，可以看到 MoS_2 样品晶体模式频率的小幅度偏移[33]。

为了计算锂嵌入后新出现的运动模式的频率可以采用一种简单的模型。嵌入后运动模式可以表示为：

$$\omega_{int}(O)=[k(2m_1+m_2)/(m_1m_2)]^{1/2} \tag{4.5}$$

式中，m_1 和 m_2 是 MoS_2 和 Li 的分子量；k 为锂和硫之间的力学常数，估计 $k=8.23\times 10^3 dyn \cdot cm^{-1}$（$1dyn \cdot cm^{-1}=10^{-3}N \cdot m^{-1}$），远小于层内力学常数。在嵌入程度 $x=0.3$ 时，假设 Li_xMoS_2 为两相混合体系。因此晶体动力学方面的改变有：由于 1T 结构的原始晶胞只包含一个分子结构单元（每个三明治结构 3 个原子），所以刚性层模式峰消失；从 D_{6h} 到 D_{3d} 的对称性变化，新的对称性只允许两个具有拉曼活性 A_{1g} 和 E_g 模式的层内原子运动；由于锂嵌入造成体积的膨胀和钼原子配位的改变都比较小，因而没有造成这些运动模式频率的明显变化。通过简单的计算可以得到这些频率的改变量约为 6%。因此可以应用 2H 结构的晶体运动模型[33]。最后，可以明显地看出，锂在 MoS_2 中的嵌入不满足刚性能带理论模型。

4.7 锂嵌入 WS_2 材料

在过渡金属硫化物中，WS_2 属于ⅥB族过渡金属，晶体结构和 MoS_2 相同，也是层状结构。具有三方柱配位的二聚六方晶体（2H）和斜方六面体（3R）是最常见到的晶体类型。曾经报道的其他多晶结构还有 o-WS_2 和 2M-WS_2[34]。八面体结构的 β-WS_2（1T 结构）可以通过从 Na_xWS_2 中移除 Na 的方法制备得到[35]。WS_2 是灰黑间接跃迁的 n 型半导体，能带间隙为 1.35eV，电子转化为 d→d 跃迁。WS_2 的二维价带结构中最低直接能量转化在 1.9eV 和 2.5eV，标示为 A 和 B 激发对，其狭窄的"d_{z^2}"次轨道为满电态。导带基于"$d_{x^2-y^2}$"轨道和 d_{xy} 轨道，存在空轨道可以接受电子。Rüdorff[36]在观察使用含有碱金属的液态氨溶液处理 WS_2 制备金属嵌入化合物时，发现锂嵌入 WS_2 的电化学通性。Somoano 等人[37]在研究钨衍生物时也发现了嵌入化合物。Omloo 和 Jellinek[38]试图研究碱金属和碱土金属嵌入的 WS_2 和 WSe_2 化合物的不稳定性。图 4.15(a)[39]给出了 Li_xWS_2 材料的锂嵌入和脱出过程的电化学性质。其电压曲线与组成间的关系表明：①起始开路电压为 3.0eV；②平滑的电压降范围为 3.0~2.2V，对应于 $0 \leqslant x \leqslant 0.2$，在 $x=0.2$ 时出现突变；③在 $x>0.2$ 时，放电曲线中在 2.1V 出现伪平台；④当 $x=0.6$ 时，电池电压下降到 0.5V，比能量达到 $140W \cdot h \cdot kg^{-1}$。第一次放电的递增容量曲线 $-(\partial x/\partial V)$ 表明该放电过程为双位点能量体系 [图 4.15(b)][40]。嵌入离子间的递增排斥力和新相的形成也证实了该体系为双位点能量体系。在嵌入过程中，碱金属电子转移到 W 基于"$d_{x^2-y^2}$"和 d_{xy} 形成的导带轨道中的空轨道内。嵌入过程为较高的能量轨道填充过程，呈现金属性质。根据分子轨道计算，"d_{z^2}"轨道为满电子轨道，嵌入过程导致 d 轨道从 d^2 向 d^3 转化，三方柱配位可以降低电子能量。实际上，对含 W 的层状化合物而言，在嵌入过程中 d 电池超过 d^2。嵌入 WS_2 化合物的稳定性与嵌入金属的离子化能和层状化合物[38]的吸引力相关，当锂的嵌入量 $x>0.2$ 时，棱柱形配位处在不稳定状态。因为这种层间结构的不稳定性，所以出现了从 3R-WS_2 结构向 2H-Li_xWS_2 的结构转化。后面的讨论确定了锂的嵌入造成层间距离的增加[41]。

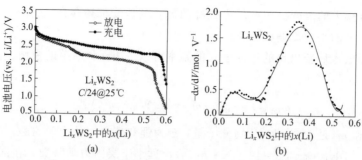

图 4.15 使用斜方六面体 3R-WS$_2$ 为正极的 Li∥WS$_2$
电化学体系的充放电曲线（a）；递增容量 dx/dV 与组成间的关系（b）

图 4.16(a) 给出了 5K 时，WS$_2$ 和 Li$_{0.1}$WS$_2$ 样品在 1.4～2.5eV 范围内的吸收谱。从图中可以看到 WS$_2$ 和 Li$_{0.1}$WS$_2$ 样品分别在 1.9eV 和 1.7eV 的吸收峰以及出现在 1.93eV 和 1.88eV 的激发态造成的肩峰。在 1.93eV 的激发转化是有 K 点 [(110) 方向的布里渊区边缘点] 的最小直接带隙（"d$_{z^2}$" 价带态和 "d$_{x^2-y^2}$"、d$_{xy}$ 导带态之间的带隙，层间相互作用和自旋-轨道耦合造成的能带分化）。随着锂的嵌入，吸收谱发生改变，吸收边缘红移，由于自由载流子的遮蔽作用激发峰消失，自由载流子上升，在 "d$_{z^2}$" 轨道上面想成满带。在 Li$_x$WS$_2$ 材料中，供体电子进入 "d$_{x^2-y^2}$" 和 d$_{xy}$ 形成导带中的空轨道内[42]。纯 WS$_2$ 在 5K 时的激发态半峰宽约为 20meV，而 Li$_x$WS$_2$ 材料的激发态半峰宽约为 55meV，这是由于 x 电子从供体向宿主基体转移造成的。嵌入过程的第二个结果是造成内带吸收边缘向低能量区移动 [图 4.16(b)]。该结果可以解释为电子能带结构的不稳定性造成的。主体吸收边缘向低能量区的移动是由导带中的 s, p 轨道和锂原子的 2s 轨道间的相互作用造成的。最终造成光学带隙降低 0.22eV。锂嵌入 WS$_2$ 的光学效果可以通过电子供体进行解释，但是刚性能带理论模型不适合该化合物。值得指出的是，在 1.4～2.5eV 能量范围的研究中，锂的嵌入没有造成激发吸收带的上升[42]。

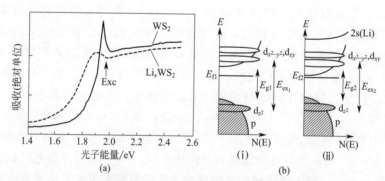

图 4.16　5K 时，WS$_2$ 和锂嵌入 WS$_2$ 单晶样品的吸收谱（锂含量 x=0.1）（a）；
三方棱柱结构纯 WS$_2$（ⅰ）和 Li$_{0.1}$WS$_2$（ⅱ）的电子能带结构（b）

4.8　锂嵌入 InSe 材料

锂在 InSe 材料的嵌入已经得到广泛研究。InSe 为层状半导体材料，每层含有四个紧密堆积，共价键，单原子层按 Se-In-In-Se 排布。利用 Bridgman 法生长的材料为 3R 多型体

（γ-InSe）晶体，斜方六面体晶系，R3m 空间群（C_{6v}^5），每个原始晶胞单元只包含一个分子，但是跨越三个晶格层[43,44]。层与层之间按 CBA□ABC 的方式排列，靠弱层间相互作用（类似于范德华力）分开。方块（□）表示可以嵌入的空位置。锂嵌入 InSe 晶体过程可以通过电化学滴定、原位 X 射线衍射、X 射线光电子能谱进行研究。结果表明，该过程为嵌入反应和化学分解反应竞争的过程[45~47]。

$$x\text{Li} + \text{InSe} \longrightarrow \text{Li}_x\text{InSe} \tag{4.6}$$

$$2\text{Li} + \text{InSe} \longrightarrow \text{Li}_2\text{Se} + \text{In} \tag{4.7}$$

锂嵌入 InSe 材料的电子结构已经被光致发光、拉曼散射和吸收测量等方式证实[48,49]。随着锂的嵌入可以看到 Li_xInSe 光谱的不同特征，这些特征的出现与锂含量直接相关。在 $x \approx 0.1$ 时，主体吸收阈值发生蓝移，这是由于最高能量价带和最低能量导带的不稳定造成的。这种不稳定性与嵌入锂的 s 轨道具有（s，p_z）轨道特性相关。在 $\text{Li}_{0.1}\text{InSe}$ 的光致发光谱中，新的宽能带出现在 1.278eV 和 1.206eV，这是垂直于基本平面方向的膨胀造成的晶格变形和锂的施主能级共同作用导致的[49]。

图 4.17 给出了 Li_xInSe 样品的拉曼光谱演变过程。可以明显看出锂嵌入导致的结构变形。γ-InSe（C_{3v}^5 对称）的振动特征包含 6 个拉曼活性模式：$3A_1 + 3E$[50]。拉曼光谱在 41cm^{-1} 位置出现一个低频率带（E 类型），在 117cm^{-1} 位置出现一个强带（A_1 类型），在 177cm^{-1}，199cm^{-1}，211cm^{-1} 位置出现三个极化声子带（LO 和 TO 模式）和一个位于 225cm^{-1} 的非极化模式（A_1 类型）。锂嵌入后（$x \approx 0.2$）拉曼光谱发生明显改变，原始材料的拉曼峰消失，在 95cm^{-1}，174cm^{-1} 和 257cm^{-1} 位置出现新的宽峰。这些峰对应于宿主晶格中新生成的 Li_2Se 和无定形 Se，在 $x = 0.5$ 时这三个峰成为拉曼谱的主体峰。此时 Li_xInSe 中的 ν(Se-Li-Se) 弯曲模式出现在 174cm^{-1} 位置。在该阶段，晶体部分分解，生成 Li_2Se、无定形 Se 和金属 In。该现象可以通过图 4.18 中能带结构示意图进行解释。在锂含量较低时（$x \approx 0.1$），假设图 4.18(a) 中的基础电子态分为两组：（s，p_z）和（p_x，p_y）。具有更高能量的锂类 s 轨道电子进入导带，排斥具有相同对称的低能级 [图 4.18(b)]。锂嵌入的影响对内带光学转变非常小，但也能观察到。该结果说明分解过程很好地符合能级组成曲线，其中平台线代表锂诱导的 InSe 分解反应的吉布斯自由能 $\Delta G_{\text{react}} = -140\text{kJ} \cdot \text{mol}^{-1}$。这意味着，在 $x > 0.1$ 时，InSe 的化学分解反应占主导优势。

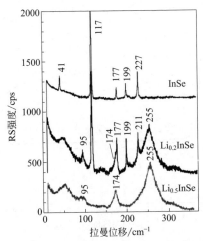

图 4.17　锂嵌入 γ-InSe 单晶样品的拉曼散射谱（嵌入样品通过锂电池恒电流法制备）

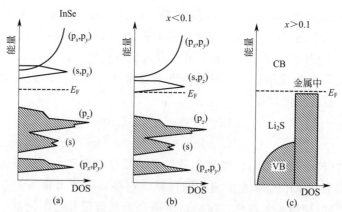

图 4.18 锂嵌入 InSe 的电子能带结构演变示意图

(a) 原材料；(b) $x<0.1$ 的 Li_xInSe；(c) $x>0.1$ 的 Li_xInSe（表现为化学分解反应）

4.9 过渡金属化合物的电化学性质

图 4.19 对比了不同过渡金属化合物 MX_2 为正极时的非水体系锂电池的放电曲线［金属锂为负极，$1mol·L^{-1} LiClO_4$ 的碳酸丙烯（PC）溶液为电解液］。这类正极材料具有以下优点：①电压高；②电解反应时没有水参与；③材料的电导率高；④电极不溶于电解液[51]。虽然在石墨碳作为负极的锂离子电池中不能使用 PC 溶剂，但在该章中仅考虑半电池，即金属锂为负极。电池电压变化通常由材料的电子状态决定。在放电过程中，电压为电极组成 x 的函数，x 代表了 $Li_x<H>$ 中的电子分数。此外，Li-Li 的相互作用也决定了电压的大小。因此，分析电压 V 与 x 间的关系是非常有意义的。锂离子嵌入脱出形成的固相氧化还原反应的工作电压通常对固相基质中的锂离子和电子浓度非常敏感，不单单遵循能斯特定律。限制这些电池应用的主要问题是锂枝晶的生长，容易造成正负极短路。

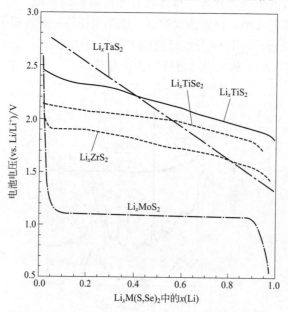

图 4.19 几种锂嵌入过渡金属硫族化合物的放电曲线

4.10 总结与评论

在该章中讨论了层状材料的异相嵌入过程。因此，基于宿主材料电子带结构不变的刚性能带理论模型应用很少。第Ⅳ族过渡金属硫化物的电子能带结构为八面体配位的 X-M-X 三明治结构，受到锂嵌入的影响较小。对给定的配位结构的稳定性需要考虑两个主要的能量相：基于离子键和离子间库伦力的晶格能量项（马德隆能量）和基于满电子能带（尤其是处在 d 轨道最低状态的电子占据 "d_{z^2}" 轨道）的电子能带能量项。

比较显著的例子是锂和第Ⅲ～Ⅵ族层状化合物的反应，如锂嵌入造成 InSe 的分解反应生成 Li_2Se，这可以通过对不同嵌入量的拉曼光谱研究证实。锂嵌入 MoS_2 表现得更加稳定，在 $x(Li) \approx 0.25$ 时有超晶格产生，但是在 $x \approx 1$ 时，发生由 $2H\text{-}MoS_2$ 结构（β 相）向 $1T\text{-}MoS_2$ 结构（α-相）的转变。该过程为不可逆过程，但是锂的嵌入和脱出反应可以在 $1T\text{-}MoS_2$ 中进行，在形成电池后可以作为可充放锂电池的正极。

参 考 文 献

1. Liang WY (1989) Electronic properties of intercalation compounds. Mater Sci Eng B 3:139–143
2. Wilson JA (1977) Concerning the semimetallic characters of TiS_2 and $TiSe_2$. Solid State Commun 22:551–553
3. Laubach S, Schmidt PC, Ensling D, Schmid S, Jaegermann W, Thisen A, Nikolowskid K, Ehrenberg H (2009) Changes in the crystal and electronic structure of $LiCoO_2$ and $LiNiO_2$ upon Li intercalation and de-intercalation. Phys Chem Chem Phys 11:3278–3289
4. Sellmyer DJ (1978) Electronic structure of metallic compounds and alloys. Solid State Phys 33:83–248
5. Jones H (1934) The theory of alloys in the γ-phase. Proc R Soc London Ser A 144:225–234
6. Friedel J (1954) Electronic structure of primary solid solutions in metals. Adv Phys 3:446–507
7. Goodenough JB, Kim Y (2010) Challenges for rechargeable Li batteries. Chem Mater 22:587–603
8. Wilson JA, Yoffe AD (1969) The transition metal dichalcogenides discussion and interpretation of the observed optical, electrical and structural properties. Adv Phys 18:193–335
9. Huisman R, de Jong R, Haas C (1971) Trigonal-prismatic coordination in solid compounds of transition metals. J Solid State Chem 3:56–66
10. Williams PM (1976) Photoemission studies of materials with layered structures. In: Lee PA (ed) Physics and chemistry of materials with layered structure, vol 4. Reidel, Dordrecht, pp 273–341
11. Brown BE, Beerntsen DJ (1965) Layer structure polytypism among niobium and tantalum selenides. Acta Crystallogr 18:31–36
12. Hibma TJ (1982) Structural aspects of monovalent cation intercalates of layered dichacogenides. In: Whittingham MS, Jacobson AJ (eds) Intercalation chemistry. Academic, New York, pp 285–313
13. Julien C, Balkanski M (1993) Is the rigid band model applicable in lithium intercalation compounds? Mater Res Soc Symp Proc 293:27–37
14. Julien C, Samaras I, Gorochov O, Ghorayeb AM (1992) Optical and electrical-transport studies on lithium-intercalated TiS_2. Phys Rev B 45:13390–13395
15. Klipstein PC, Pereira CM, Friend RH (1984) Transport and Raman investigation of the group IV layered compounds and their lithium intercalates. In: Acrivos JV, Mott NF, Yoffe AD (eds) Physics and chemistry of electrons and ions in condensed matter, NATO-ASI Series, Ser. C 130. Reidel, Dordrecht, pp 549–559
16. Klipstein PC, Friend RH (1987) Transport properties of Li_xTiS_2 ($0 < x < 1$): a metal with a tunable Fermi level. J Phys C 20:4169–4180
17. Ghorayeb AM, Friend RH (1987) Transport and optical properties of the hydrazine intercalation complexes of TiS_2, $TiSe_2$ and ZrS_2. J Phys C 20:4181–4200
18. Beal AR, Nulsen S (1981) Transmission spectra of lithium intercalation complexes of some layered transition-metal dichalcogenides. Phil Mag B 43:965–983
19. Isomaki H, von Boehm J, Krusius P (1979) Band structure of group IVA transition-metal dichacogenides. J Phys C 12:3239–3252
20. Julien C, Ruvalds J, Virosztek A, Gorochov O (1991) Fermi liquid reflectivity of TiS_2. Solid State Commun 79:875–878
21. Virosztek A, Ruvalds J (1990) Nested-Fermi-liquid theory. Phys Rev B 42:4064–4072

22. Scholz GA, Frindt RF (1983) Transmission spectra of silver intercalated 2H-TaS$_2$ and 1T-TiS$_2$. Can J Phys 61:965–970
23. Broadhead J, Butherus AD (1972) Rechargeable nonaqueous battery. US Patent 3,791,867, Accessed 12 Feb 1974
24. Ghorayeb AM, Liang WY, Yoffe AD (1986) Band structure changes upon lithium intercalation. In: Dresselhaus MS (ed) Intercalation in layered compounds, NATO-ASI Series, Ser B 148. Plenum, New York, pp 135–138
25. Liang WY (1986) Electronic properties of transition metal dichalcogenides and their intercalation complexes. In: Dresselhaus MS (ed) Intercalation in layered compounds, NATO-ASI Series, Ser. B 148. Plenum, New York, pp 31–73
26. Py MA, Haering RR (1983) Structural destabilization induced by lithium intercalation in MoS$_2$ and related compounds. Can J Phys 61:76–84
27. Selwyn LS, McKinnon WR, von Sacken U, Jones CA (1987) Lithium electrochemical cells at low voltage. Decomposition of Mo and W dichalcogenides. Solid State Ionics 22:337–344
28. Samaras I, Saikh I, Julien C, Balkanski M (1989) Lithium insertion in layered materials as battery cathodes. Mater Sci Eng B 3:209–214
29. Julien CM (2002) Lithium intercalated compounds: charge transfer and related properties. Mater Sci Eng R 40:47–102
30. Hearing RR, Stiles JAR, Brandt Klaus (1979) Lithium molybdenum disulphide battery cathode. US Patent 4,224,390, Accessed 23 Sep 1980
31. Chrissafis K, Zamani M, Kambas K, Stoemenos J, Economou NA, Samaras I, Julien C (1989) Structural studies of MoS$_2$ intercalated by lithium. Mater Sci Eng B 3:145–151
32. Sekine T, Julien C, Samaras I, Jouanne M, Balkanski M (1989) Vibrational modifications on lithium intercalation in MoS$_2$. Mater Sci Eng B 3:153–158
33. Julien C, Sekine T, Balkanski M (1991) Lattice dynamics of lithium intercalated MoS$_2$. Solid State Ionics 48:225–229
34. Mattheis LF (1973) Band structure of transition-metal-dichalcogenide layer compounds. Phys Rev B 8:3719–3740
35. Tsai HL, Heising J, Schindler JL, Kannewurf CT, Kanatzidis MG (1997) Exfoliated-restacked phase of WS$_2$. Chem Mater 9:879–882
36. Rüdorff W (1966) Reaktionen stark elktropositiver metalle mit graphit und mit metalldichalcogeniden. Angew Chem 78:948
37. Somoano RB, Hadek V, Rembaum A (1973) Alkali metal intercalates of molybdenum disulphide. J Chem Phys 58:697–701
38. Omloo WPF, Jellinek F (1970) Intercalation compounds of alkali metals with niobium and tantalum dichalcogenides. J Less Common Metals 20:121–129
39. Julien C, Yebka B (1996) Studies of lithium intercalation in 3R-WS$_2$. Solid State Ionics 90:141–149
40. DiSalvo FJ, Bagley BG, Voorhoeve JM, Waszczak JV (1973) Preparation and properties of a new polytype of tantalum disulfide (4Hb-TaS$_2$). J Phys Chem Solids 34:1357–1362
41. Julien C (1990) Technological applications of solid state ionics. Mater Sci Eng B 6:9–28
42. Julien C, Yebka B, Porte C (1998) Effects of the lithium intercalation on the optical band edge of WS$_2$. Solid State Ionics 110:29–34
43. Likforman A, Carre D, Etienne J, Bachet B (1975) Structure cristalline du monoséléniure d'indium InSe. Acta Crystallogr B 31:1252–1254
44. Ikari T, Shigetomi S, Hashimoto K (1982) Crystal structure and Raman spectra of InSe. Phys Status Sol (b) 111:477–481
45. Levy-Clement C, Rioux J, Dahn JR, McKinnon WR (1984) In-situ X-ray characterization of the reaction of lithium with InSe. Mater Res Bull 19:1629–1634
46. Schellenberger A, Lehman J, Pettenkofer C, Jaegermann W (1994) Electronic structure of in-situ (in UHV) prepared Li/InSe insertion compounds. Solid State Ionics 74:255–262
47. Schellenberger A, Jaegermann W, Pettenkofer C, Tomm Y (1995) Electronic structure and electrochemical potential of electrons during alkali intercalation in layered materials. Ionics 1:115–124
48. Julien C, Jouanne M, Burret PA, Balkanski M (1989) Effects of lithium intercalation on the optical properties of InSe. Mater Sci Eng B 3:39–44
49. Burret PA, Jouanne M, Julien C (1989) Theoretical calculations and Raman spectrum of intercalation modes in Li$_x$InSe. Z Phys B Condensed Matter 76:451–455
50. Kuroda N, Nishina Y (1978) Resonant Raman scattering at higher M$_0$ exciton edge in layer compound InSe. Solid State Commun 28:439–443
51. Julien C, Nazri GA (2001) Intercalation compounds for advanced lithium batteries. In: Nalwa HS (ed) Handbook of advanced electronic and photonic materials, vol 10. Academic Press, San Diego, pp 99–184

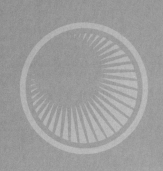

第 5 章
二维正极材料

5.1 引言

40多年来,研究人员在低维固体的物理化学性质研究方面进行了大量试验,事实上这些被开发出来的材料的主要的应用领域是能量的储存和转化。这些材料的发展历程中有几个明显阶段,1971 年,DiSalvo 研究了过渡金属硫族化物(TMCs)作为插层化合物的性质,这些化合物可用于先进的元器件,例如超导材料等[1]。1972 年 7 月,Broadhead 发明了第一款可充电非水电池,在这种电池中,活性材料为层状结构;在他的专利中,他建议使用像 TiS_2 和 WS_2 这样的过渡金属硫化物[2]。Goodenough 发现的某些金属氧化物具有快速传导的能力[3];紧接着,日本率先实现了锂离子电池的商业化(LiBs),打开了物理和化学领域广泛开展锂离子电池技术研究的大门,这些研究的目的主要是寻找到一类高压电池用的电池材料[1~3]。然而,这些研究仍然存在着几个关键问题需要解决,例如数百周循环之后的结构稳定性问题等。在正极材料领域,优化电极系统的研究更为广泛,这些研究显示,$A_xM_yO_n$(A=Li,Na;M=Ni,Co,Mn,Cr,Fe)类过渡金属氧化物,在结构稳定和长寿命方面具有巨大的发展前景和潜力。

本章阐述了层状化合物结构和电化学性质之间的关系:目前关于 3d 过渡金属氧化物的研究主要集中在锂离子电池方面的潜在应用。首先,我们简要考察了三元层状氧化物 MoO_3、V_2O_5 和 LiV_3O_8,这些层状氧化物作为插层化合物从 20 世纪 70 年代末被提出来。随后,三元层状化合物被列入考察。这些层状化合物都是以 $LiCoO_2$ 为原型开始研究的,$LiCoO_2$ 正极材料是目前所有锂离子电池制造商所采用的最主要的电池正极材料,我们将这一大类家族称为层状氧化物族,例如 LiM_xO_y 和它们的衍生物:金属掺杂氧化物 $LiM_xM'_zO_y$、固溶体材料 LiM_xO_y-LiM'_xO_y 及其复合材料,例如富锂氧化物等。对于每一类材料我们都讨论了其电化学性质和晶体结构稳定性的提升。活性粒子的表面修饰(包覆或胶囊)等一系列令人鼓舞的成果,在本章中也被回顾和讨论。

5.2 二元层状氧化物

5.2.1 MoO_3

钼的氧化物和其在最高价态下的水和氧化物显示出 MoO_6 八面体相关的一系列的结构类

型变化。MoO_3是主体，无水MoO_3，典型的斜方晶系（α-MoO_3），是正常条件下形成的稳定形态，这种形态拥有类似于图 5.1 的层状结构[4]以及三个亚稳态相：β-MoO_3 相具有 ReO_3 晶体结构，MoO_3-Ⅱ或 ϵ-MoO_3（$P2_1/m$ S.G.）亚稳态高压相，具有六边形 MoO_3 形态（h-MoO_3）。在这三种不同化学计量的固体 MoO_3 水合物或者"钼酸"中，白色单水三氧化钼具有近似于 α-MoO_3[5]的结构，它由独立的双链分支组成的 MoO_6 八面体和每个钼原子的配位水分子组成。

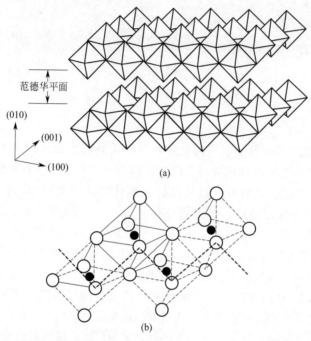

图 5.1 层间范德华间隙的 α-MoO_3 层状结构（a）和 Mo 协调的细节（b）

图 5.2 展示了 α-MoO_3 和 β-MoO_3 晶体样品的 XRD 谱图，这些样品具备斜方晶系（Pbnm S.G.）的主要特征 [a=3.9621(4) Å，b=13.858(8) Å，c=3.972(1) Å]，以及单斜晶系（$P2_1/n$ S.G.）的主要特征 [a=7.118(7) Å，b=5.379(2) Å，c=5.566(6) Å，β=91.87°]。α-MoO_3 单晶为狭长的片状形态，同时（010）轴垂直于基准面，（001）顺着最长边缘生长。斜方结构是在 500℃以上形成的，分层排列导致由 MoO_6 八面体片层之间具有范德华相互作用，这些片层沿共享的（001）方向边缘生长，通过（100）方向上的角连接。（$0k0$）方向的强布拉格线表明，这种化合物具有层状结构，并且沿着 b 轴方向叠加生长。六边形 MoO_3 一般使用化学沉淀方法合成，晶体参数为 a=10.55Å，c=14.89Å（$P6_3/m$ S.G.）。

MoO_3 显示出涉及 MoO_6 八面体的各种结构类型，这种结构有利于嵌入过程。多项研究表明，Li^+ 可以可逆地插入 Mo-O 化合物中[6~9]。Li//α-MoO_3 体系具有高度可逆的氧化还原性，每个钼原子最高可以容纳 1.5 个锂原子，并产生高达 745W·h·kg^{-1} 的理论能量密度，而 $MoO_{2.765}$ 的理论能量密度达到了 490W·h·kg^{-1}，与 TiS_2 相当。尽管 Mo(Ⅵ) 氧化物和氧化钼水合物所显示的结构类型有明显的多样性，但它们与锂的反应具有许多共同特征。Mo 氧化物提供的高电压和宽组成间隔有利于锂的嵌入。科研人员对于 α-MoO_3 的兴趣源于其层状结构，它表现出快速锂离子扩散的开放通道，与硫化物相比，对锂（Li/Li^+）

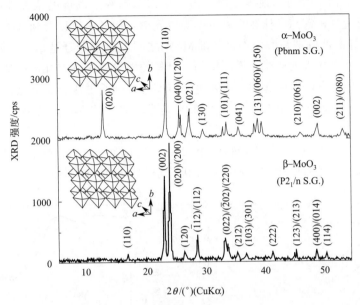

图 5.2　α-MoO₃ 和 β-MoO₃ 晶体的 XRD 谱图以及各自对应的单斜晶系
（P2₁/n S.G.）和斜方晶系（Pbnm S.G.）

具有更高的电化学活性以及氧化物晶格中具有最高的化学稳定性[10]。

采用电化学的方式将锂插入 MoO₃，可以采取如下的方式描述该反应过程：

$$x\text{Li}^+ + x\text{e}^- + [\text{Mo}^{\text{VI}}]\text{O}_3 \rightleftharpoons \text{Li}_x^+[\text{Mo}^{(6-x)+}]\text{O}_3 \tag{5.1}$$

假设从 Mo^{VI} 降低到 Mo^{V} 和 Mo^{IV} 价态，最多可以吸纳 1.5 个锂原子。图 5.3 显示了使用 α 相的无水且结晶度良好的 MoO₃ 粉末制成的 Li∥MoO₃ 电池的放电-充电曲线[11]。电化学法插锂进入 MoO₃ 骨架的过程可以被表述成 Mo（Ⅵ）降低到 Mo（Ⅴ）和 Mo（Ⅳ）氧化态的过程。

测量到的 MoO₃ 的容量与理论容量（280mA·h·g^{-1}）一致。α-MoO₃ 作为正极材料优势非常明显，因为在充电结束时，钼发生二次氧化，即电位在 3.5V 左右时，产生极化较大的电阻效应，从而使得钼可以充当自限压组分（图 5.3）。

Nadkarni 和 Simmons[12] 研究了 MoO₃ 的电学性质，并报道了由于氧空位导致传导和价带之间的供体带。MoO₃ 具有 4s⁵5s¹ 的外层电子结构。如果 MoO₃ 被认为是仅由 Mo^{VI} 和 O^{2-} 组成，价带将由氧 2p 状态和空 4d 和 5s 状态的导带组成[13]。图 5.4 显示了通过电化学滴定法测定的不同温度下 Li$_x$MoO₃（0.0<x<0.3）的电导率。在 Li 插入之后，Li$_x$MoO₃ 的电导率增加了两个数量级，而 σ 的温度依赖性则显示出传导机理的重要变化。MoO₃ 的半导体特性逐渐消失。与此同时，我们也观测到了一系列简并半导体行为。当锂原

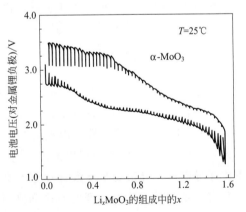

图 5.3　用 α 相的无水且结晶度良好的 MoO₃ 粉末制成的 Li∥MoO₃ 电池的放电-充电曲线[11]（经许可转载）

子插入（$x=0.3$）时，材料表现出金属性质。从霍尔系数对温度的依赖性中，可以看出这种金属特征。通过分析等离子体频率附近的吸收光谱，同样也可以看到这种变化。必须承认的是，MoO_3 的导电性机理是由于 Mo^{6+} 和 Mo^{5+} 之间的电子跃迁造成的。从图 5.4 中我们可以发现，随着外界加入的插层介质的增加，材料的电导率也在上升，这是由于电子从锂转移到钼离子，造成价态降低引起的。需要进一步实验来阐明过渡金属氧化物中发生电荷转移的机理，但刚性带模型应用于 Li_xMoO_3 中似乎是足够的，这在汽车工业的电致变色后视镜中得到了应用。

在 MoO_3 中，电导率来自于 Mo^{6+} 和 Mo^{5+} 之间形成的小极化子间电子的跃迁。Li_xMoO_3 化合物的红外吸收研究揭示了该小极化子与金属特征的转变[14]。

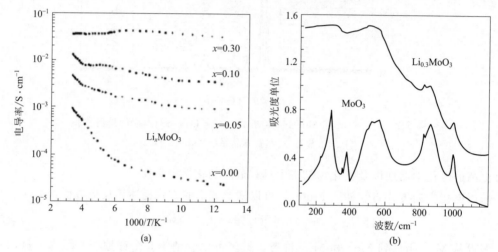

图 5.4 α-MoO_3 和 Li_xMoO_3 电子电导率阿伦尼乌斯曲线（a）
及 α-MoO_3 和 $Li_{0.3}MoO_3$ 的傅里叶红外吸收光谱（b）

这与电导率分析的结果相一致，嵌入后，晶格振动谱完全被主体材料中的自由电子屏蔽。如图 5.4 所示，德鲁特边缘贡献，也就是等离子体特征，这种特征是 $Li_{0.3}MoO_3$ 中由于高电子密度而导致的金属吸收的原因。

自由载流子吸收系数可以表示为：

$$\alpha = \omega_p^2 \tau [nc(1+\omega^2\tau^2)] \tag{5.2}$$

式中，ω_p 是等离子体频率；τ 是自由载流子的弛豫时间；n 是折射率；c 是光速。方程（5.2）中，实验数据拟合得到 $Li_{0.3}MoO_3$ 中载流子浓度为 $5\times10^{16} cm^{-3}$。该值与霍尔测量值一致。在 MoO_3 中，键合框架由五个 $O(p_\pi)$ 和三个 $Mo(t_{2g})$ 轨道组成，它们相互作用形成 π 和 π^* 带[5]。由于插入锂提供的额外电子处于反向 π^* 状态，预计 $Li_{0.3}MoO_3$ 将呈现二维型的电子导电性。导带变窄导致有效电子质量的增加，这影响了德鲁特边缘在 Li_xMoO_3 相中的位置。吸收系数随着温度的升高而降低，这可归因于 $x=0.3$ 的 Li 插层 MoO_3 是简并半导体。

5.2.2 V_2O_5

五氧化二钒（V_2O_5）是最早被研究的插层化合物之一，在每个化学计量比结构中可以插入三个 Li，显示出几个不同的相。V_2O_5 是正交晶胞结构，属于 Pmnm 空间群，晶格参

数为 $a=11.510\text{Å}$（$1\text{Å}=0.1\text{nm}$，全书同），$b=3.563\text{Å}$，$c=4.369\text{Å}$[15,16]。正交 V_2O_5 的晶体结构通常被描述为由边缘共享的 VO_5 方形金字塔链组成［图 5.5(a)］。这些链通过角共享连接在一起。扭曲的多面体具有短的氧化基键（1.54Å），位于基面的四个氧原子的距离范围为 $1.78\sim 2.02\text{Å}$［图 5.5(b)］。这里，钒原子周围的氧原子分别被几何地标记为 O_1，O_{21}，O_{23}，O'_{23} 和 O_3。在包含 O'_1 原子的缺陷八面体中，$V-O_1$ 键长度最短：1.54Å，$V-O'_1$ 距离为 2.81Å。在 b 方向上具有共同角的缺陷八面体由共同的边缘连接，从而在 a 方向上产生链。

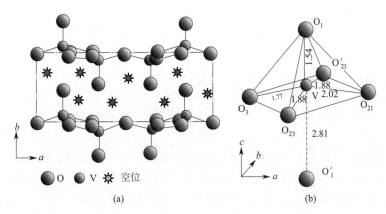

图 5.5 (002) 上 V_2O_5 的层状结构的投影（叠加的氧原子对称位移）
(a) 及 V_2O_5 结构的缺陷金字塔［用坐标系和 V，O_1，O_{21}，O_{23} 和 O_3 原子的标号表示，实线和虚线示意性地表示化学键，数值表示原子之间的键合长度（Å），O'_1 原子是属于邻近金字塔相反方向的 O_1 型原子］(b)

锂离子插入五氧化二钒化合物的多元相图已经被多个从事电化学和化学合成的课题组报道[17~19]。图 5.6 显示了 Galy[20] 提出的 α- 和 γ-$Li_xV_2O_5$ 结构和 Li-V_2O_5 相图的示意图。$Li\//Li_xV_2O_5$ 电池在 $0\leqslant x\leqslant 3$ 范围内的放电曲线如图 5.7 所示。可以看出，每个化学式可以插入一个锂原子，而这一过程通过两个步骤来进行，每个步骤各充一半的电。

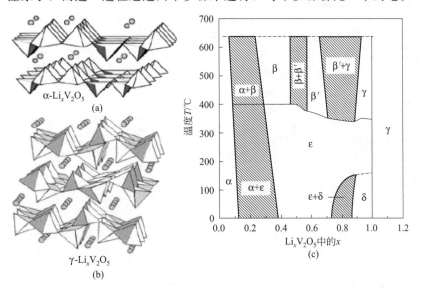

图 5.6 α-$Li_xV_2O_5$ (a)，γ-$Li_xV_2O_5$ (b) 和 $Li_xV_2O_5$ (c) 相图的示意图

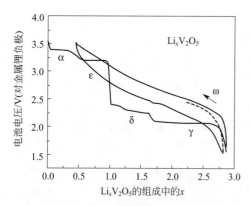

图 5.7　Li∥$Li_xV_2O_5$ 电化学电池的放电曲线
[在 $x=3$ 时，系统达到类似 NaCl 的
ω-$Li_{3-x}V_2O_5$ 相（黑色曲线）]

在 $Li_xV_2O_5$ 中锂嵌入量高达 $x=3$ 时，出现了对应于 442mA·h·g^{-1} 的理论比容量，伴随一系列的结构重排（α-、ε-、δ-和 γ-$Li_xV_2O_5$ 相）。当锂含量增加超过 $x=1$ 时，放电曲线显示出明显的电位降低，随后是具有两相结构域的平台特征的区域，δ-和 γ-$Li_xV_2O_5$ 相处于平衡状态。

当插入锂的量限于 $x<2$ 时，组成范围 $0<x<1$ 的可逆性没有太大影响[21]。在 $x\geqslant 3$ 时，新的 ω-V_2O_5 相出现[22,23]。该相具有大量类似 NaCl 结构的空位。在钒氧化物（V_2O_5）中，O^{2-} 沿着剪切平面结合到三个阳离子，具有较高的化学扩散系数。$Li_xV_2O_5$ 在 0.01～0.98[24] 的范围内显示 $10^{-8}cm^2·s^{-1}$ 的扩散系数。最近，Li 等人[25] 报道了水热处理 α-V_2O_5 合成粉末 β-$Li_xV_2O_5$ 相（$0<x\leqslant 3$），先在 220℃下使锂插入 24h，然后在 650℃下加热 3h。单斜隧道结构的 β-V_2O_5 具有刚性 3D 主晶格，在每个化学计量单位插入 3 个 Li 时显示出良好的可逆性，并且在电流密度为 10mA·g^{-1} 时，放电容量超过 330m·A·h·g^{-1}，电位范围为 4.0～1.8V。

5.2.3　LiV_3O_8

钒酸锂 LiV_3O_8，是一种混合价态的氧化物。首先由 Wadsley[26] 报道，LiV_3O_8 是一种准层状化合物，可以看作是对锂稳定的 V_2O_5 化合物，具有单斜对称（$P2_1/m$ S.G.）结晶，由八面体（VO_6）和三角双锥体（VO_5）带组成。在这种结构中，扭曲的（VO_6）八面体通过共享边和顶点连接形成（V_3O_8）$^-$，彼此堆叠形成外表层（图 5.8）。层平面之间的间距足够柔韧，八面体和四面体间隙位点可以容纳客体物质[27,28]。

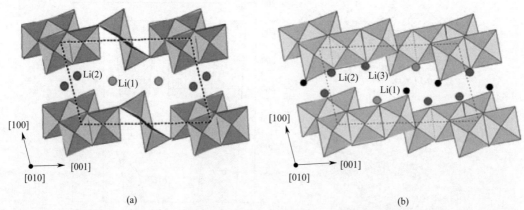

图 5.8　LiV_3O_8（$P2_1/m$ S.G.）层状结构的 [010] 晶面视图 [圆圈表示层之间的八面体位置 Li(1) 和四面体位置 Li(2)]（a）和 [010] 面 $Li_4V_3O_8$ 结构的视图（c 轴在 V_3O_8 层间的水平位置上）（b）

当 Li^+ 插入 LiV_3O_8 框架中形成 $Li_4V_3O_8$ 组成时，V_3O_8 框架保持完整，单斜晶胞参数各向同性变化[29]。很多研究人员[28,30~34] 报道，V_3O_8 子晶格在锂化后非常稳定，导致

$Li_{3.8}V_3O_8$ 的出现,可以归功于运输 Li^+ 的 2D 间隙空间的可用性。该特性使 LiV_3O_8 具有高于 300mA·h·g^{-1} 的比容量,成为有吸引力的锂二次电池候选正极材料。电化学插层机理的研究包括长循环和 Li^+ 动力学机理[35~37]研究。LiV_3O_8 具有较低的锂离子扩散系数(约 10^{-13} cm^2·s^{-1}),比 $Li_xV_2O_5$ 的扩散系数(约 10^{-10} cm^2·s^{-1})[37]更低。Jouanneau 等人[38]报道,当还原至 2.3V 左右时,少量的 V^{III} 溶解在电解液中,当然,这与粉末形态有关。图 5.9 是 $Li//Li_{1.2+x}V_3O_8$ 电池的典型电压/组成 x(Li)曲线。在 20mA·g^{-1} 电流密度下,$x=3.8$ 时,初始放电容量达到了 308mA·h·g^{-1}。放电曲线显示了一个相当复杂的过程,起初,当组成 $x \leqslant 0.8$(S 形区域)时,$Li_{1.2+x}V_3O_8$ 的开路电压(S 形区域)迅速下降到 2.85V,此时,锂原子首先插入到间隙位置 Li(2)。然后,在 $0.8 \leqslant x \leqslant 1.7$ 的范围内,电压从 2.85V 降至 2.7V,在该区间内,锂插入 $Li_2V_3O_8$ 结构的间隙空间中,可能在 S_t(1)和 S_t(2)四面体位置。在 $x>1.7$ 时,电压曲线显示了在 2.5V 时存在一个平台。该平台是两相系统共存的典型特征,此时该两相化合物是 $Li_{2.9}V_3O_8$ 以及具有缺陷岩盐结构的 $Li_4V_3O_8$ 成分。$Li_{1+\delta}V_3O_8$ 表现出极性导通(室温下为 $\sigma_e = 10^{-5}$ S·cm^{-1},$E_a = 0.25$eV)半导体的性质。

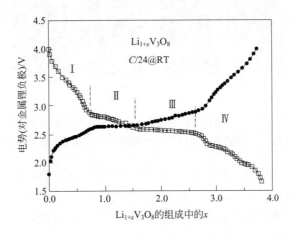

图 5.9 Li//LiV_3O_8 电池的典型电压与组成 x(Li)曲线
(放电-充电过程是相当复杂的反应,其对应于与钒离子的还原氧化相关的多步 Li 插入和脱出)

对于所有插层化合物来说,LiV_3O_8 的制备方法对于其电化学性质至关重要。LiV_3O_8 合成技术包括:在高温(680℃)下使用 Li_2VO_3 和 V_2O_5 为原料的传统固相反应法[38]、溶胶-凝胶法[39]、沉淀法[40]、水热法[41]、冷冻干燥法[42]、燃烧法[43]、喷雾热解法[44]和聚合物辅助法[45]。West 等人[32]比较了几个样品的容量和循环性能。纳米结构的 LiV_3O_8 正极材料有纳米晶体[46,47]、纳米线[48,49]、纳米棒[41,50]和纳米片[51]等几种形式。锂的插入过程也可以通过有效的掺杂来实现[52]。通过水热-固相工艺,采用结构独特的 $(NH_4)_{0.5}V_2O_5$ 纳米线作为前驱体,可以合成厚度为 15~30nm 的 LiV_3O_8 纳米片。在 5C 的倍率下,具有 149mA·h·g^{-1} 的放电容量,并且具有良好的循环性能(85% 的保持率)[53]。采用导电材料进行表面改性,抑制活性材料的溶解和整体相变,在提升 LiV_3O_8 材料电化学性质方面有显著的效果[54]。Kumagai 等人[55]报道了使用超声波处理的 LiV_3O_8 粉末。

5.3 三元层状氧化物

这类材料包括 $LiMO_2$ 化合物(M=Co,Ni,Cr)和相关氧化物 $LiCoM'O_2$,其中 M' 是

三价或二价元素（M'=Ni，Cr，Fe，Al，B，Mg 等）。$LiMO_2$ 氧化物都具有 $R\bar{3}m$（D_{3d}^5）空间群的 α-$NaFeO_2$ 型晶体结构。这种结构源自 NaCl 结构，锂离子在相邻的 MO_2 层之间堆积[56]。配位八面体采用面共享。它们比常规 3V 体系显示更高的工作电压；过渡金属氧化物的工作电压与其 d 电子特性之间的关系已经被证明。其中，$LiNiO_2$ 和 $LiCoO_2$ 以及它们的固溶体 $LiN_{1-y}Co_yO_2$ 与 α-$NaFeO_2$ 是同构的。Co^{3+}（68pm）的晶体半径与 Ni^{3+}（70pm）几乎相同（低自旋状态的八面体位置的离子），可以获得 $LiNiO_2$ 和 $LiCoO_2$ 的固溶体[57]。P2-，P3-，O2-和 O3-$LiMO_2$ 的简要晶体结构如图 5.10 所示。标记"O2"和"O3"表示在两种情况下 Li 环境为八面体，但是氧层的堆叠顺序为 ABCB 和 ABCABC，每个六边形单元中分别有两组和三组 Co 和 Li 层。

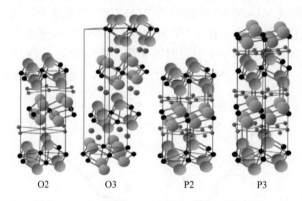

图 5.10　P2-，P3-，O2-和 O3-$LiMO_2$ 的晶体结构（O 表示八面体阳离子，配位的数字对应于构建单元的层数。在 O3 型中，每层通过转移与其他层相关，而在 O2 型中，每两层之间旋转 60°）

O2-$LiCoO_2$ 的电化学性能与常规 O3-$LiCoO_2$ 的电化学性能相当，但合成更为困难，因此难以实现工业化应用[58]。α-$NaFeO_2$ 型正极材料的结构特性研究已经表明，氧亚晶格可以被认为是沿着六边形 c 轴方向的 fcc 阵列扭曲变形[59,60]。就 XRD 谱图来说，这种三方晶系的扭曲，导致了层状框架特征（006，102）和（108，110）布拉格线的分裂。当 c 轴方向的扭曲缺失时，晶格参数 c/a 的比值为 $\sqrt{24}$（4.899），（006，102）和（108，110）线合并成单峰[61]。

5.3.1　$LiCoO_2$(LCO)

从 Goodenough 等人的实验结果来看[3,62]，$LiCoO_2$（LCO）被认为是在 3.6～4.2V 电位范围内发生快速充放电反应的阴极氧化物[63]。近 30 年来，这种材料及其衍生物仍然以"正常"热力学稳定的 O3 结构以及 O2 结构形式用于商业锂离子电池。在 O3-$LiCoO_2$ 晶格中，M 阳离子位于八面体 3a（000）位置，氧阴离子密集填充在立方体中（ccp），占据 6c（00z，000z）位点。Li^+ 驻留在 Wyckoff 3b（00½）位置。过渡金属和锂离子占据交替（111）面。布拉维氏晶胞含有一个分子（Z=1）。晶格常数（a=2.806Å，c=9.52Å，1Å=0.1nm）表明，O2-$LiCoO_2$ 具有比常规 O3-$LiCoO_2$ 稍大的层间距（a=2.816Å，c=14.08Å）。

该材料具有显著的分层结构。从 O2-$LiCoO_2$ 晶格精修来看，氧原子和钴原子分别位于 2a 和 2b 位置的 $P6_3mc$（No.186）空间群。$LiCoO_2$ 中的强共价键使 Co—O 键的距离减小，

导致了 Co^{3+} 在低自旋基态 $d^6=(t_{2g})^6(e_g)^0$，$S=0$ 下稳定，降低了化合物的电子导电性。

大量的技术被用来制备具有不同形态特征的钴酸锂材料，晶粒尺寸分布范围从微米到纳米，这些都是开发高效正极材料的重要因素。在 LCO 合成中，在 $T>850℃$ 的高温（称为 HT-LCO）下获得的是菱方结构，而在 400℃ 附近时得到的是具有尖晶石结构的低温相 $Li_2Co_2O_4$(LT-LCO)[64]。Shao-Horn 等[65]发现 LT-LCO 从中间体尖晶石 $Li_xCo_{1-x}[Co_2]O_4$ 成核，然后更慢地转化为 HT-LCO。传统的固态合成过程非常流行[56,66,67]。它包括将碳酸钴（或氧化物）和碳酸锂（或氢氧化物）的混合物在高温 $T≈850\sim900℃$ 下在空气中烧结数小时。许多的钴酸锂制备技术的目的在于获得具有较窄尺寸分布的一次颗粒，包括使用各种螯合剂的溶胶-凝胶法[68,69]，燃烧合成法[70]，熔融盐合成法[71]，机械活化法[72]，冷冻干燥盐合成法[73]，水热法[74]和微波合成法[75]。Akimoto 等人[76]在金坩埚中，且在助熔剂的作用下，从 900℃ 缓慢冷却，成功地生长出 $LiCoO_2$ 单晶。图 5.11(a) 给出了 $Li//LiCoO_2$ 电池的充放电特性以及 $0<x<1$[67,77]范围内 Li_xCoO_2 材料的各种相。

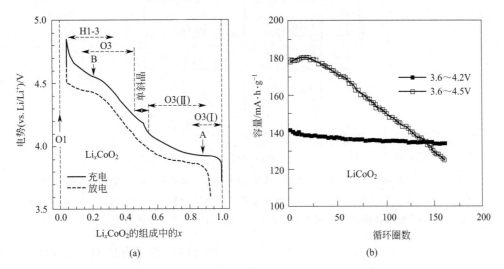

图 5.11 $Li//LiCoO_2$ 在 $3.0\sim4.8V$ 的电压范围内循环的电化学特性（粉体是通过溶胶-凝胶法合成的）(a) 和容量保持作为工作区的函数（当 $LiCoO_2$ 电极工作在截止电压为 $3.6\sim4.5V$ 时，容量衰减变得非常明显）(b)

在 $2.5\sim4.3V$ 电压范围内，$LiCoO_2$ 在 3.92V 显示出典型的平台。3.92V，这是第一相转变的特征，表示为 $H1 \rightleftharpoons H2$。这种转变与半导体属性转变有关。$LiCoO_2$ 电极的容量保持率被清楚地描绘为工作区域的函数。对于工作电压在 $3.6\sim4.2V$ 之间的电池，容量相当稳定，而对于 $3.6\sim4.5V$ 电压范围内循环的电池，由于深度脱锂造成氧损失，容量随循环次数急剧下降［图 5.11(b)］。在较低的锂含量的失氧使 $Li//LiCoO_2$ 体系的实际容量限制在 $140mA·h·g^{-1}$。

O2-LCO 和 O3-LCO 材料作为 $x(Li)$[78,79]的函数时，都表现出类似的可逆相转化。第一步相转化（O3 型发生在 3.90V，O2 型发生在 3.73V）时，晶格常数有较大变化（晶体结构变化反而较小）；在 $O3-LiCoO_2$ 中，这种修改注明为 $H1 \rightleftharpoons H2$，在 $O2-LiCoO_2$ 中注明为 $O2_1 \rightleftharpoons O2_2$。当 Li_xCoO_2 接近 $x=0.5$ 时，两种材料都表现出由于锂排序引起的相变。这是 O3 中单斜相的连续相变（$H2 \rightleftharpoons M$）。如果更多的 Li 被去除，则在 $O3-LiCoO_2$ 中发生另一个持续转变（M⇌H3）。然而，晶体化学和 Li_xCoO_2 脱锂的相图存在一些争议[80]。

Li 脱出（充电）过程中 $LiCoO_2$ 相的结构变化目前仍然存在着较大争议（图 5.12）。文献[81]通过使用 NO_2BF_4 的乙腈溶液这种化学提取锂的方法来研究 $Li_{1-x}CoO_{2-\delta}$ 和 $Li_{1-x}Ni_{0.85}Co_{0.15}O_{2-\delta}$ [$0<(1-x)<1$]电极材料的结构和化学稳定性。该技术不需要使用碳和黏合剂。$Li_xCoO_{2-\delta}$ 和 $Li_{1-x}Ni_{0.85}Co_{0.15}O_{2-\delta}$ 分别维持初始的 O3 型结构，分别为 $0.5<x<1$ 和 $0.3<x<1$。当 $x<0.5$ 时，$Li_xCoO_{2-\delta}$ 开始形成 P3 型相，但是当 $x<0.3$ 时，$Li_{1-x}Ni_{0.85}Co_{0.15}O_{2-\delta}$ 开始形成新的 O3 相，称为 O3′相。

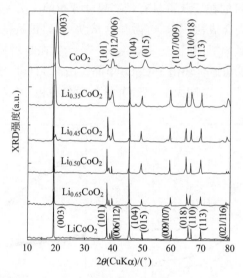

图 5.12 使用 NO_2BF_4 氧化剂和无水乙腈混合物对 $LiCoO_2$ 进行化学脱锂的 XRD 图谱
[我们发现 003 衍射峰在 $x=0.45$ 形成新相之后均向高角度发生了一定的移动，这可能是由于 P3 相的锂固体溶解度范围小和（或）P3 相的氧含量与整体锂含量的变化造成的]

对于 $Li_xCoO_{2-\delta}$ 和 $Li_xNi_{0.85}Co_{0.15}O_{2-\delta}$ 来说，P3 和 O3′相具有比 O3 更小的晶胞 c 参数，并且化学式中氧的含量均小于 2，这样导致晶格中的氧在 $x<0.5$ 和 $x<0.3$ 时的损失。

P3 和 O3′相的形成与 O:2p 带和 O—O 相互作用中引入空穴有关。样品的电化学充电过程也证实了氧的损失。不幸的是，$LiCoO_2$ 的理论容量只有 50% 可以被实际应用。这对应于每个钴可以可逆脱出/插入 0.5 个 Li^+，对应了 140 mA·h·g^{-1} 的实际容量，因为 Li_xCoO_2 中 $x<0.5$ 时，容量会发生衰减。Reimers 等人[82]将这一实际应用的限制归因于锂离子的排序，以及 Li_xCoO_2 在 $x=0.5$ 左右时结构的扭曲变形。然而，Chebiam 等人[78]认为有限的容量可能是由于 Li_xCoO_2 在 $x<0.5$ 深度充电下的化学不稳定性造成的。改善 $Li_xCoO_{2-\delta}$ 的化学不稳定性的一种方法是用纳米惰性氧化物如 Al_2O_3 和 ZrO_2 改性其表面[83]。X 射线衍射，光电子能谱和能带结构计算表明，Li_xCoO_2 和 Li_xNiO_2（$0.5<x<1$）的容量衰减和极化是由于 Li 脱出时 Co/Ni 3d 态的变宽造成的[84]。

5.3.2 $LiNiO_2$(LNO)

$LiNiO_2$（LNO）与 $LiCoO_2$ 同构，具有 O3 层结构。像 $LiCoO_2$ 一样，$Ni^{3+/4+}$ 拥有较高的（对锂）化学电位 $\mu_{Li(c)}$，接近 4V（图 5.13）。然而，$LiNiO_2$ 有一些缺点：①合成材料过程中，所有的镍元素均以 +3 价形式存在且形成完美有序的相而没有 Li^+ 和 Ni^{2+} 相互混排以及各自的互相占位乃至形成 $[Li_{1-x}Ni_x]_{3b}[Ni]_{3a}O_2$（3a 和 3b 分别占据内部和层间的位置），这是非常困难的[85]；②与低自旋 Ni^{3+}：$d^7(t_{2g}^6 e_g^1)$ 离子相关的 Jahn-Teller 形变效应（四边形结构扭曲）[86]；③充放电过程中发生的不可逆相变[87]；④高温下放热释放氧气，并在充电状态下会有安全问题[88]。采用磁测量技术研究了 $Li_{1-x}Ni_{1+x}O_2$ 与化学计量的偏差[89]。在专门介绍实验技术的第 13 章中我们会重温这种材料的磁性质。

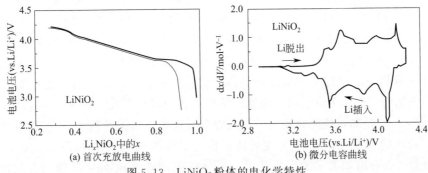

图 5.13 LiNiO$_2$ 粉体的电化学特性

因此，纯 LiNiO$_2$ 不是很有前途的商用锂离子电池材料，尽管镍比钴更便宜且毒性更小。在锂含量较低时形成的 Li_xNiO_2（$x<0.2$）会造成循环寿命降低。此外，该材料还可能被电解质高度催化，并且一些镍离子可能迁移到锂的位置。其充电状态下的 LiNiO$_2$ 被认为是热不稳定的[90]。纯 LiNiO$_2$ 的形成非常困难，NiO$_6$ 层间存在残留的 Ni^{II}（高达 1%～2%）。事实上，首次充放电过程中的不可逆性，主要与控制电解质分解时，层间 Ni^{II} 的含量有关，而这些 Ni^{II} 需要额外的电荷来被氧化成更高的化合价态[91]。通过在热处理过程中仔细合成和调整材料中锂的浓度，可以得到非常接近化学计量比的 LiNiO$_2$。为了稳定锂含量低时 LiNiO$_2$ 的结构，可以使用诸如 B 和 Al 的 sp 元素作为 LiNiO$_2$ 材料的掺杂剂。这些掺杂元素在电池的充放电期间不参与氧化还原过程。

图 5.14 显示了 $y=0.05$ 的铝掺杂 $LiNi_{1-y}Al_yO_2$ 的充放电曲线。由于 Al 不参与氧化还原过程，所以电池的比容量随着 Al 含量的升高而降低。材料的容量随着 Al 含量的升高至 25% 时，几乎呈现线性变化。该结果可能表明 LiAlO$_2$ 和 LiNiO$_2$ 之间形成固溶体时存在互溶极限。还观察到，随着样品中 Al 含量的增加，首次充-放电不可逆容量也增加。锂位上的镍可能导致首周不可逆容量的增加[92]。Ohzuku 等人[93]提出了组成为 $LiNi_{3/4}Al_{1/5}O_2$ 的化合物，可作为锂离子电池更稳定的正极材料。

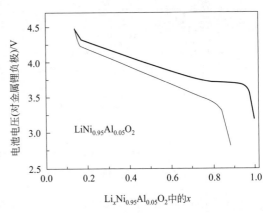

图 5.14 铝掺杂 $LiNi_{1-y}Al_yO_2$ 的充电放电曲线（$y=0.05$）

5.3.3 LiNi$_{1-y}$Co$_y$O$_2$(NCO)

目前，在提升 LiNiO$_2$ 氧化物电极的电化学性能方面，科研人员做了大量工作，其中主要是通过合成被认为是富镍材料的 $LiNi_{1-y}Co_yO_2$（NCO）固溶体来改善材料性能。Delmas

等人[94]率先研究了 NCO 系统。通过掺杂多种阳离子形成固溶体，在抑制材料容量衰减方面取得了成功的结果和进展，值得注意的是，锂位上的阳离子混排仍然保持在较低的程度[95~99]。当前，许多技术用于 NCO 的制备。Julien 等人[100]通过甘氨酸-硝酸盐燃烧的方法合成了粒度为 510nm 的 $LiNi_{0.3}Co_{0.7}O_2$ 粉末。该样品比采用溶胶-凝胶法合成的样品（125mA·h·g^{-1}）具有更高的容量（140mA·h·g^{-1}）。Julien 等人[69]用柠檬酸作为螯合剂，采用溶胶-凝胶技术制备 NCO。发现 NCO 的结构性质与其亲本氧化物 O3-$LiCoO_2$ 相似。在 $LiNi_{1-y}Co_yO_2$ 粉体中可以观察到（Co，Ni）O_2 共价平面的轻微增加。红外吸收光谱表明，这种轻微变化和阳离子氧化物晶格周围氧配位的短程环境有关[101]。在图 5.15 中介绍的 $LiNi_{1-y}Co_yO_2$ 的晶格参数随着 Co 取代 Ni 量的变化而变化。这些图遵循 Vegard 定律，表明在这些化合物中，材料完全是以固溶体形式存在的。有一点很有意思且需要强调的是 c/a 比值是变化的，而这个值表征的是层状结构的各向异性程度。当 $y=0$ 时，$c/a>4.92$；当 $y=1$ 时，$c/a<4.99$，该差异确定了与六边形紧密堆积结构的偏差[97]。采用柠檬酸盐路线湿法化学合成的 $LiNi_{1-y}Co_yO_2$ 的主要特性也绘制在图 5.15 中。从图 5.15(c) 中 c/a 对 y 的曲线我们可以看出阳离子的混排效果。Co—O 键结合能比 Ni—O 键结合能强，Co—O 骨架有助于 $LiNi_{1-y}Co_yO_2$ 在充电状态下的稳定性。

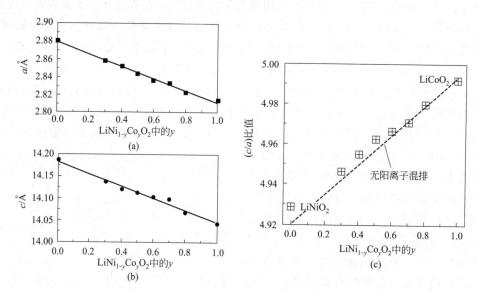

图 5.15 (a) 和 (b) 为 $LiCo_yNi_{1-y}O_2$ 固溶体中六方晶胞参数与钴浓度 y 的变化；(c) 为钴含量与 c/a 比值的关系（虚线表示没有阳离子混排效果的 c/a 比值对 y 的关系）

至于 $LiNi_{1-y}Co_yO_2$，即使是少量的钴存在下，也显示了 Ni^{3+} 出现在 3a 位的减少，稳定了层状结构，提高了电化学容量和充放电过程的可逆性。当 $LiFeO_2$ 中的部分铁被钴取代时，可能会发生相同的效果：层状结构被认为是因为钴离子的存在减少了 Fe^{3+} 在 3a 位置出现，所以稳定了结构，从而促进锂离子的扩散，使锂脱出成为可能。层状正极材料结构能够在共同的八面体边缘实现快速的 $2DLi^+$ 扩散和直接金属-金属相互作用，并且这种变化和作用可以在高电位下进行（大于 4.0V 对 Li/Li^+）。作为实验事实，铁富集在 $LiNi_{1-y}Fe_yO_2$ 和 $LiCo_{1-y}Fe_yO_2$ 正极材料的表面，抑制了高电压下电极-电解液界面的副反应，铁取代正极材料和未取代材料相比，表现出优异的倍率性能、较低的界面电阻（R_s）和电荷转移电阻（R_{ct}）。据报道，在 $LiNi_{1-y}Fe_yO_2$ 中，Li 位相分别为 Ni 和 Fe，氧化态分别为 +2 和

+3，与 Ni^{2+} 相比，Fe^{3+} 优先占据 Li 位置；这表明 Fe 取代样品的化学式如下：$[Li_{1-z} Ni^{2+}_{z-a} Fe^{3+}_a]_{\text{inter-slab}}[Ni^{3+}_{1-y} Fe^{3+}_{y-a} Ni^{2+}_{z+a}]_{\text{slab}} O_2$。三角扭曲畸变和阳离子混排的变化可以从 XRD 谱图中两个涉及布拉格线强度的因素中来判定。众所周知，被称为 R_1 因子的比值较小，即 $(I_{006}+I_{102})/I_{101}$，这与较高的六边形排列有关，并且比值 $R_2=I_{003}/I_{104}$ 较大与较少的阳离子混排有关。如图 5.16 所示，当 $y=0.1$ 时，在温和条件（溶胶-凝胶法）下合成的 $Li(Ni_{0.5}Co_{0.5})_{1-y}Fe_yO_2$ 正极显示出最小的 R_1 因子 $[(I_{006}+I_{102})/I_{101}]$ 和最大的 I_{003}/I_{104}。这一结果表明，该结构具有更好的六边形排列，更少的阳离子混排。（006）和（102）峰，（108）和（110）峰的分裂反映了在 $R\bar{3}m$ 结构中，c 轴方向的扭曲程度（见图 5.12）。

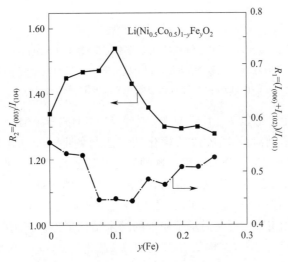

图 5.16 在 $Li(Ni_{0.5}Co_{0.5})_{1-y}Fe_yO_2$ 中 $y=0.1$ 的 R 因子的变化说明了更好的六边形排列和更少的阳离子混排

由于 LCO 和 LNO 的电压组成曲线相似，可以预期 NCO 固溶体也具有类似于 Li_xCoO_2 正极的性能，但当 $y>0.3$ 时，NCO 中的钴显著减少，同时部分 Ni^{II} 从锂层中消除。这说明了 Ni^{4+}/Ni^{3+} 离子对比 Co^{4+}/Co^{3+} 高约 0.35eV，这样就使得材料具有更高的容量[102]。尽管 $LiCoO_2$ 的容量约为 130mA·h·g^{-1}，但由 Ni 取代部分 Co 后，$LiNi_{1-y}Co_yO_2$ 的容量增加到约 180mA·h·g^{-1}，但放电电压稍微下降（抑制 H1 $\rightleftharpoons$ H2 转化）。这种固溶体系，特别是组成为 $LiNi_{0.8}Co_{0.2}O_2$ 的材料，表现出了要替代 $LiCoO_2$ 的趋势。材料的充放电曲线如图 5.17 所示。$LiNi_{0.8}Co_{0.2}O_2$ 材料在 25℃下显示出 200mA·h·g^{-1} 的高放电容量。$LiNi_{1-y}Co_yO_2$ 化合物的物理化学性质与组成的研究包括结构和形态[101]，振动光谱[103]，磁性[104,105]，电子传输[97]，核磁共振[106]。Chebiam 等人[107]表明，富钴相更有利于深度脱锂，这主要是由于在 $Li_{1-x}Ni_{1-y}Co_yO_{2-\delta}$ 中，$Co^{3+/4+}$ 的 t_{2g} 频带与 O 顶点的 2p 频带重叠。

还制备了薄膜化合物 $LiNi_{1-y}Co_yO_2$[108]。通过采用脉冲激光，制备出了高度定向 $LiNi_{0.8}Co_{0.2}O_2$ 的薄膜，该薄膜可用于制造微电池[109]。电化学滴定曲线显示在 2.5～4.3V 的电位范围内电流密度为 4μA·cm^{-2} 时的比电容量为 85μA·h·μm^{-1}·cm^{-2}。

5.3.4 掺杂的 $LiCoO_2$(d-LCO)

LCO 中掺杂若干元素，使 $x(Li)<0.5$ 稳定层状晶格，并已增加 $LiCo_{1-y}M'_yO_2$ 的比放

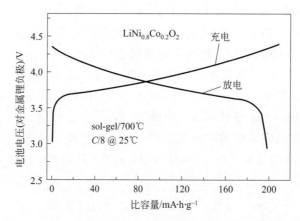

图 5.17 Li∥LiNi$_{0.8}$Co$_{0.2}$O$_2$ 非水电解液的典型充放电曲线（使用组成为 1mol·L^{-1} LiClO$_4$ 的电解质，PC 为溶剂，温度为 25℃，以 0.1mA·cm^{-2} 的电流密度获得充放电，LiNi$_{0.8}$Co$_{0.2}$O$_2$ 粉末在空气中在 700℃下焙烧 4h）

电容量[110,111]，掺杂元素可以为 $M'=Al$[112,113]，$M'=Mg$[99]，$M'=B$[114]，$M'=Cr$[115]。它们主要通过二元酸辅助溶胶-凝胶法的软化学方法制备[116,117]。在这种技术中，螯合剂 $C_nH_mO_4$ 与 COOH 基团起氧化剂的作用，这种氧化开始于高纯金属酸盐溶解于最小体积的去离子水中。仔细调整螯合物的浓度，得到 pH 值在 3~4 的溶液。将该膏状物在 120℃下进一步干燥，得到干燥的前驱体。在 400℃左右的空气中分解前驱体，随后在 800℃温度下煅烧。扫描电子显微镜（SEM）研究揭示了粉末的纳米结构形态。同时清楚地证明了 Al 掺杂对粒度和形貌的影响[118]。层状结构的 B 取代样品 LiCo$_{1-y}$B$_y$O$_2$，保留了大量的 B^{III}（$y\leqslant 0.25$），同时，化合物中没有检测到残留的杂质相[114]。

硼的溶解度也是影响样品电化学性能的因素。当 $y\leqslant 0.2$ 时，硼显著地改善了电池的循环性能，因为硼的掺杂更加有利于 Li$^+$ 在晶格中的插入/脱出，并且抑制了 Li$_{0.5}$CoO$_2$ Verwey 相变相关的一阶结构相变。Abuzeid 等[119]使用湿化学法通过柠檬酸合成了 LiCo$_{0.8}$Mn$_{0.2}$O$_2$。该正极材料可以通过化学方法将锂离子从结构中释放出来，类似于在电化学电池中的第一步充电转移反应。Mn^{3+}-Mn^{4+} 离子对的浓度和 Mn^{4+}-Mn^{4+} 离子对在脱锂过程中形成的浓度均与 Mn^{3+}-Mn^{3+} 离子对的浓度一致。结果表明，在脱锂时，从结构中脱除的锂离子随机分布，然后经历扩散过程。对该正极材料进行测试，其容量约为 170mA·h·g^{-1}，材料的极化较小且库仑效率较高[120]。

图 5.18 比较了合成的 LiCo$_{0.7}$M$'_{0.3}$O$_2$（$M'=$Ni，Al，B 和 Cr）层状氧化物的电化学特征。层状 LiCo$_{0.7}$Ni$_{0.3}$O$_2$、LiCo$_{0.7}$Al$_{0.3}$O$_2$ 和 LiCo$_{0.65}$B$_{0.35}$O$_2$ 的氧化物的电化学特征与 LiCoO$_2$ 的氧化物类似。替换少量的 Co 导致充电曲线中在 3.85V 时的电压平台消失。这归因于 M$'$ 取代样品没有发生半导体-金属转变[121]。Al 基和 Ni 基掺杂的样品，电化学性能有所提高，并且显示了良好的循环性能。我们可以看到长循环下的容量保持效率，而并未牺牲初始的可逆容量。然而，LiCo$_{0.7}$Cr$_{0.3}$O$_2$ 电池却显示出严重的容量衰减[115]，这主要是由于取代造成了结构扭曲。Li∥LiCo$_{1-y}$B$_y$O$_2$ 的电化学曲线，包括各种不同量的硼取代（$0.05\leqslant y\leqslant 0.35$），在循环充放电过程中，电极表现出非常低的极化，当充电截止电压达到 4.3V 时容量超过 130mA·h·g^{-1}（对锂负极）。在 100 次充放电循环后，掺杂 15％硼的 LiCoO$_2$ 的容量保持在 125mA·h·g^{-1} 以上。硼或铝取代的 LiNiO$_2$ 和 LiCoO$_2$ 正极材料与电解液的副

反应更少[99]。

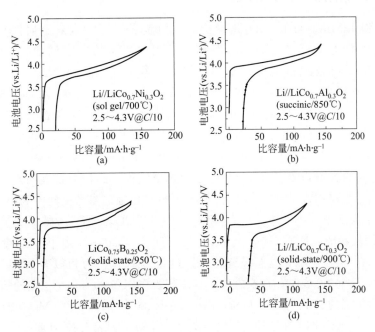

图 5.18　Li//LiCo$_{1-y}$M$'_y$O$_2$ 电池在 2.5~4.4V 的首次充放电曲线
(a) M'=Ni；(b) M'=Al；(c) M'=B；(d) M'=Cr

5.3.5　LiNi$_{1-y-z}$Co$_y$Al$_z$O$_2$(NCA)

在高镍层状化合物中，LiNi$_{1-y-z}$Co$_y$Al$_z$O$_2$ 与无 Al 掺杂的 LiNi$_{1-y}$Co$_y$O$_2$ 混合材料相比，NCA 因为其结构和热稳定性更好，所以具有更高的电化学性能[122~125]。目前，结构组成为 LiNi$_{0.80}$Co$_{0.15}$Al$_{0.15}$O$_2$ 的材料用于 85kW·h 电池组，为特斯拉纯电动跑车提供动力。我们注意到 NCA 材料目前用于 SAFT 公司的商用电池，这些电池被用于 EV、HEV、空间、军事等领域[126]。Majumdar 等人[127]使用金属乙酸盐和硝酸铝通过湿化学方法合成了 NCA 粉末。合成的样品在 3.2~4.2V 电位范围，电流密度为 0.45mA·cm^{-2} 的条件下进行电化学性能测试，其比容量为 136mA·h·g^{-1}。采用共沉淀法制备的 NCA，显示出准理想的薄层结构，这种结构在晶格空间内有少于 1% 的额外的镍离子[92]。Bang 等人[124]采用 XRD 研究了 LiNi$_{0.80}$Co$_{0.15}$Al$_{0.05}$O$_2$ 材料热分解过程中脱锂（不同荷电态）的结构变化。随着充电过程中电量的增加，当 $2\theta=65°$ 时，(018) 和 (110) 布拉格线分别向较低的角度移动。这些衍射峰之间的距离增加表明 NCA 晶格中的 c/a 比值增加[128]。采用金属氧化物包覆的 NCA 粉末，有助于提高其高温（大于 60℃）性能。Cho 等人[129,130]采用纳米化的 SiO$_2$ 和 TiO$_2$ 包覆的 NCA 材料，其界面非常稳定。采用其他材料对 NCA 进行表面修饰的报道也很多，如 Ni$_3$(PO$_4$)$_2$[131]，AlF$_3$[132]，Li$_2$O-2B$_2$O$_3$（LBO）玻璃[133]和碳[134]等。使用 2% 的 LBO 对 LiNi$_{0.80}$Co$_{0.15}$Al$_{0.05}$O$_2$ 进行包覆，即使是在高温下，也有助于提高容量保持率（电流密度为 360mA·g^{-1} 时比容量为 169mA·h·g^{-1}）[133]。Belharouak 等人[135]研究了热分解过程中锂脱出的 NCA 样品。根据他们的分析，氧气从脱锂的粉末中释放出来与结构变化有关，从 $R\bar{3}m \rightarrow Fd3m$（层状→尖晶石）转换到 $R\bar{3}m \rightarrow Fm3m$（尖晶石→NiO 型）转变。

5.3.6　LiNi$_{0.5}$Mn$_{0.5}$O$_2$(NMO)

层状的单斜 LiMnO$_2$ 与 LiCoO$_2$ 是同构的，但是在 3~4V（对金属锂）循环过程中，该材料会转化为热力学更稳定的尖晶石相。采用阳离子掺杂（例如，Ni^{2+} 或 Cr^{3+} 等）可以在一定程度上有效地稳定层状结构。据报道层状氧化物 LiNi$_{0.5}$Mn$_{0.5}$O$_2$（NMO）是有前景的正极材料[136,137]。LiNi$_{0.5}$Mn$_{0.5}$O$_2$ 为六方晶胞单元（如同 α-NaFeO$_2$）。XANES 已经证明，LiNi$_{0.5}$Mn$_{0.5}$O$_2$ 中过渡金属离子为 Ni^{3+} 和 Mn^{4+} 以及少量的 Ni^{2+}。材料中的锰始终保持 +4 价态，从而有效地抑制了和 Mn^{3+} 的 Jahn-Teller 效应有关的不稳定性。该材料在 2.5~4.3V 电压范围内显示出 150mA·h·g^{-1} 的可逆容量，显示出比 LiMn$_2$O$_4$ 更大的容量以及比 LiNiO$_2$ 更好的热稳定性。结构分析表明，LiNi$_{0.5}$Mn$_{0.5}$O$_2$ 的晶格参数为 $a=2.896$Å，$c=14.306$Å，化学成分可以通过参考空间群 R3m 的 Wyckoff 位置 $3a$ 和 $3b$ 表示为 [Li$_{0.92}$Ni$_{0.07}$]$_{3a}$[Li$_{0.08}$Mn$_{0.5}$Ni$_{0.43}$]$_{3b}$O$_2$。图 5.19(a) 是利用摩尔顺磁磁化率曲线表征的材料的磁性质[138]，其中 $\chi(T)$ 作为 4~300K 范围内的温度函数。观察到 $\chi(T)$ 中的尖点接近 15K，这与报道的 LiNiO$_2$ 自旋玻璃行为相似[139,140]。ZFC 和 FC 曲线之间的偏差大于 100K 表明存在铁磁体。铁磁相互作用与 $3a$ 和 $3b$ 位点的随机占有率分别与 7% 的 Ni^{2+} 和 50% 的 Mn^{4+} 有关。LiNi$_{0.5}$Mn$_{0.5}$O$_2$ 中 180° 的 Ni^{2+}—O—Mn^{4+}—O—Ni^{2+} 超交换相互作用被认为是铁磁性的。在这种层状化合物中，当 $3a$ 位点部分被 M 阳离子占据时，几乎线形的 180° M$_{3a}$—O—M$_{3b}$—O—M$_{3a}$ 键预期比中间层 90° M$_{3b}$—O—M$_{3b}$ 键强[139]。图 5.19(b) 显示了电流密度为 0.12mA·cm^{-2}，截止电压为 2.6~4.2V 的 Li∥LiNi$_{0.5}$Mn$_{0.5}$O$_2$ 电池的充放电曲线。该电化学曲线表明 LiNi$_{0.5}$Mn$_{0.5}$O$_2$ 中的锂脱嵌过程通过单相反应进行。

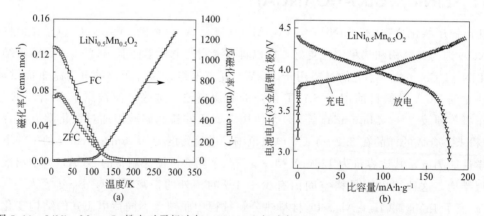

图 5.19　LiNi$_{0.5}$Mn$_{0.5}$O$_2$ 粉末对零场冷却（ZFC）和场冷却（FC）的磁化率的温度依赖性（a）及电流密度为 0.12mA·cm^{-2}，截止电压为 2.6~4.2V 的 Li∥LiNi$_{0.5}$Mn$_{0.5}$O$_2$ 电池的充放电曲线（正极材料采用柠檬酸辅助溶胶-凝胶法合成）（b）

5.3.7　LiNi$_{1-y-z}$Mn$_y$Co$_z$O$_2$(NMC)

为了寻找到日历寿命更加优异和热滥用容忍性更好的高功率锂离子电池来替代 Li∥LiCoO$_2$ 体系，Liu 等人率先合成了新的化学物质 Li(Ni,Mn,Co)O$_2$(NMC)[141]。这些化合物拥有不同的组成，看起来像简单的 LiCoO$_2$-LiNiO$_2$-LiMnO$_2$ 固溶体（图 5.20），同时这些化合物也被深入地研究，其最终目标是大大提高热和结构稳定性，并且显著增加容量保持率，这主要还是因为镍、锰和钴的组合可以拥有许多优点。

LiNi$_{1-y-z}$Mn$_y$Co$_z$O$_2$ 化合物拥有 α-NaFeO$_2$ 型结构（R$\bar{3}$m 空间群）。Dahn 课题组做了很多开创性的工作，展示了 Li∥LiNi$_y$Mn$_y$Co$_{1-2x}$O$_2$ 的高性能，并分别指出了过渡金属阳离子的价态，如二价（Ni^{2+}），三价（Co^{3+}）和四价（Mn^{4+}）等[142,143]。值得注意的是，为了保持电中性，避免 Mn^{3+} 的 Jahn-Teller 效应，Ni 离子和 Mn 离子的量必须相等。据报道，LiNi$_y$Mn$_y$Co$_{1-2x}$O$_2$ 在 2.5～4.4V 具有 160mA·h·g^{-1} 的

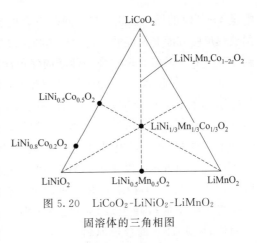

图 5.20　LiCoO$_2$-LiNiO$_2$-LiMnO$_2$ 固溶体的三角相图

比容量[144]，并且充电态的 LiNi$_y$Mn$_y$Co$_{1-2x}$O$_2$ 的热行为比充电的 LCO 和 LNO 更温和[145]。影响 LiNi$_{1-y-z}$Mn$_y$Co$_z$O$_2$ 电化学性质的因素有很多，如合成制备、结构缺陷、形貌、组成、工作电压等。Lee 等人[146]从热力学和动力学方面研究了 NMC 缺陷化学和掺杂效应，特别关注了成对的反占位缺陷。

NMC 类正极材料的性质在几篇综述[147~149]中进行了总结。核磁共振研究证明了 LiNi$_{1-x-y}$Mn$_x$Co$_y$O$_2$[150]中过渡金属阳离子的非随机分布。绝缘体到金属的过渡中，观测到了 $y \geqslant 0.2$ 时 LiCoO$_2$ 的消失，这主要是由于钴离子之间失去接触，而中断了协同效应。制备 LiNi$_{1-y-z}$Mn$_y$Co$_z$O$_2$ 的方法很多，如传统的固相反应法[151,152]，超临界水法[153]，溶胶-凝胶法[154]，共沉淀合成法[155~157]，喷雾干燥法[121,158,159]，辐射聚合物凝胶法[160]，溶剂蒸发法[161]，熔盐合成法[162]，聚合物模板路法[163]和 Pechini 法[164]。在这些合成方法中，共沉淀法和溶胶-凝胶法途径很多，并且比较容易实现规模化生产。过渡金属离子在水溶液中实现了分子水平上的同时均匀沉淀和氧化。Fujii 等人[165]表明高煅烧温度导致过渡离子平面中形成空位，降低了比容量和循环性能。为了获得高电化学活性和高的颗粒堆积密度，最佳煅烧温度为 900℃。

通过掺杂阳离子[166,167]和氟化物对氧的阴离子取代，改善了 LiNi$_{1-y-z}$Mn$_y$Co$_z$O$_2$ 正极材料的电化学性能[168]。通过 FTIR 和 EPR 光谱法研究了 LiNi$_{1-y-z}$Mn$_y$Co$_z$O$_2$ 中阳离子的远距离和局部结构环境[169]。通过使用 ^{6}Li 魔角旋转（MAS）核磁共振（NMR）光谱和中子对分布函数（PDF）分析[150]的组合来研究阳离子排序。对于 Li[Ni$_x$Mn$_y$Co$_z$]O$_2$ 层状化合物，电子传导性不是问题，但是这些材料在倍率放电或高充电截止电压下循环性能较差，这限制了其在便携式设备中的应用。Aurbach 等人[170]指出，由于 SEI 膜具有一定的电阻，从而使得材料的容量保持强烈依赖于颗粒的表面化学性质。这就是许多人尝试用金属氧化物如 Al$_2$O$_3$，TiO$_2$，ZrO$_2$ 和 MgO 或其他化合物如 FePO$_4$，LiFePO$_4$ 和 Li$_4$Ti$_5$O$_{12}$ 来保护 NMC 材料的表面[83]的原因。由于表面层晶体化而导致电化学性能的提升可以理解如下。首先，电导率受结构无序度的影响。由于材料的结晶度提高，当合成过程中使用的煅烧温度从 800℃升至约 1000℃时，电导率增加的传导实验证明了这一点。事实上，高结晶度对于获得良好的导电性至关重要。采用另一种方法，在合成的 LiNi$_{1/3}$Mn$_{1/3}$Co$_{1/3}$O$_2$（NMC）正极材料上使用紫外线辅助来形成聚三［2-(丙烯酰氧基)乙基］磷酸酯（PTAEP）凝胶聚合物电解质涂层是个新工艺。得到厚度为 20nm 的平滑且连续的 PTAEP 涂层，改善了材料在充

电至 4.6V 时的循环性能，与此同时不会损害容量性能[171]。然而，作者强调这种材料，在抑制放热反应方面非常优秀。它的放热峰值温度从 284℃变化到 294℃，放热峰从 649J·g^{-1} 降低到 576J·g^{-1}。然而，作为一种新的保形涂层策略，必须在其他电极上进行探索。

如今，由 Ohzuku 课题组于 2001 年首次推出的具有六边形结构的魔术组成 $LiNi_{1/3}Mn_{1/3}Co_{1/3}O_2$ 已经引起了更多的关注，作为正极材料的候选者，因为即使在高温下循环也具有良好的稳定性，高可逆性容量[155]。富锂类的正极材料 $Li_{1+x}(Ni_{1/3}Mn_{1/3}Co_{1/3})_{1-x}O_2$ 比符合化学计量比的材料在充电截止电压对金属锂达到 4.6V 时表现出更好的循环性和倍率性能[172~174]。Ligneel 发现了 NMC 的结构稳定性[174]。Zhang 等人[173]探索了共沉淀法合成 $Li_{1+x}(NMC)_{1-x}O_2$ 粉末，并通过调整一个合成参数即锂-过渡金属比（κ）来优化其结构，从而将阳离子混排降至最小。使用过渡金属氢氧化物和碳酸锂作为 NMC 粉末（Li 过量 $0.04 \leqslant x \leqslant 0.12$）的合成原料。

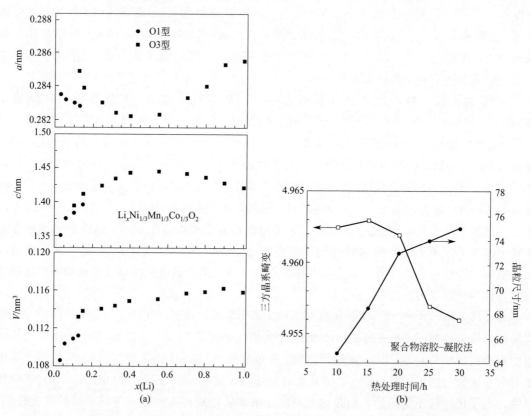

图 5.21　$Li_x Ni_{1/3} Mn_{1/3} Co_{1/3} O_2$ 中的晶格参数与 $x(Li)$ 的变化［粉末采用柠檬酸盐凝胶法制备，摩尔比 Li/(Ni+Mn+Co)=1](a) 及在最佳温度为 900℃时，煅烧时间和 $Li_x Ni_{1/3} Mn_{1/3} Co_{1/3} O_2$ 粉末的三角形形变的函数关系（即 c/a 比和粒度的关系)(b)

最终产品在 950℃下在空气中烧结 10h。这里描述的样品是以 M=Ni+Mn+Co 的标称值得到：$\kappa=$Li/M=1.05（样品 A）和 $\kappa=$1.10（样品 B）。Rietveld 对 XRD 谱图的精修和磁性分析表明样品 A 和样品 B 的阳离子混排含量低于 2%。图 5.21 显示了利用柠檬酸盐凝胶法制备的 $Li_x Ni_{1/3} Mn_{1/3} Co_{1/3} O_2$ 粉末的结构特性，其金属摩尔比 Li/(Ni+Mn+Co)=1。$Li_x Ni_{1/3} Mn_{1/3} Co_{1/3} O_2$ 中的晶格参数与 $x(Li)$ 的变化显示了两个 O1-和 O3-相结构。测量 c/a 比值、粒度以及烧结温度的函数关系构成的三角形形变曲线来看，对 $Li_x Ni_{1/3} Mn_{1/3} Co_{1/3} O_2$

进行20h的热处理是足够的。通过共沉淀法合成的$Li_{1+x}(NMC)_{1-x}Co_{1/3}O_2$粉末，$\kappa=1.05$时合成样品的电化学性能如图5.22(a)所示。结果表明，通过共沉淀法合成的NMC电极以1C的倍率在3.0～4.3V之间进行充放电，循环30周容量保持在初始容量的95%以上，每周的损耗率为0.15%。值得注意的是，阳离子混排含量低于2%可以被认为是NMC的电化学性能不变化的临界值。

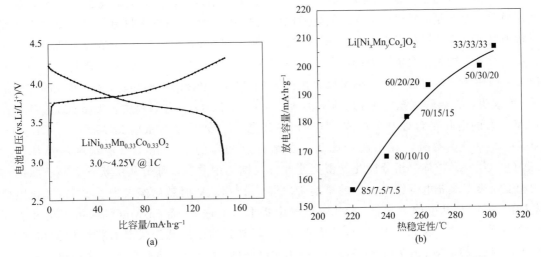

图5.22 通过共沉淀法合成的$Li_{1+x}(NMC)_{1-x}Co_{1/3}O_2$粉末的电化学特征（通过调整锂-过渡金属比为$\kappa=Li/M=1.05$优化结构，结果表明，NMC电极每个循环衰减的速率为0.15%）(a) 及由一系列$LiNi_xMn_yCo_zO_2$正极材料测定的放热峰和材料放电容量的关系（数字表示Ni/Mn/Co的摩尔比）(b)

一系列材料的放电容量和热稳定性关系如图5.22(b)所示，数字表示Ni/Mn/Co的摩尔比，图中显示$LiNi_{0.33}Mn_{0.33}Co_{0.33}O_2$材料更加稳定。

5.3.8 Li$_2$MnO$_3$

富锂锰酸锂Li_2MnO_3日益引起研究人员的关注，仍然是被讨论的焦点，因为在氧化锰一族中，从电化学行为和充放电过程中结构演化的角度来看，它是最有趣的化合物之一[175~179]。Li_2MnO_3具有O3型结构，习惯上，用$LiMO_2$表示层状的$Li_{3a}[Li_{1/3}Mn_{2/3}]_{3b}O_2$结构。其中，双峰八面体位点仅被$Li^+$占据，而$Li^+$和$Mn^{4+}$（以1∶2的比例）占据八面体部位，$3a$和$3b$指的是三角形晶格的八面体位置[180]。换句话说，在Li_2MnO_3中，过渡金属层中1/3的Mn^{4+}被Li^+代替。锂离子层和交替层的锰离子被通过立方密封填充氧层平面分离，因此类似于$LiCoO_2$的理想层状结构。应该注意的是，Li_2MnO_3的可逆容量大于200mA·h·g^{-1}，是所谓的锂离子电池高能正极$xLi_2MnO_3\cdot(1-x)Li[M]O_2$材料（M=Mn，Ni，Co）的一部分[181]。在这些材料中，Li_2MnO_3组分起着重要作用，它可以提供稳定材料结构。Li_2MnO_3中富含移动的Li^+，理论上在充电至4.6V时，可以提供高达460mA·h·g^{-1}的高容量。

然而，锰在八面体环境中不能被氧化超过+4价，特别是微晶形式的Li_2MnO_3被认为是具有锂插入和脱出的电化学惰性的材料。我们发现，Li^+从Li_2MnO_3中脱出，可能不是通过Mn^{4+}的氧化来实现的，而是通过其他机理。它们可能涉及同时去除氧（Li_2O）以平衡电荷[182]或者在升高的温度下由非水电解质溶液的氧化反应产生的质子来交换Li^+[183]。实际上，Li_2MnO_3是在包含其纳米尺寸颗粒的电极中变成电化学活性的，这些电极在容量和循环行为方面表现出更高的电化学活性[178]。这可能是由于锂离子在首次充电时从主体结构脱出后电势衰降，同时也伴随着更大的比表面积，更短的电子和锂离子在纳米颗粒中的传输距离，表面电化学活性位点浓度的增加，在Li^+脱出/插入期间更好的适应性。最近，Okamoto提到了锂离子脱出到Li_2MnO_3中氧空位浓度增加的时候，材料电势的衰降，这一过程激发了锂在脱出反应时锰作为氧化还原反应的中心[184]。有许多报道[185,186]致力于研究层状锂离子电池正极材料$LiMO_2$（M＝过渡金属，如Mn，Ni，Co）的结构相变，从层状到尖晶石的结构相变取决于锂的电化学或化学脱出。Amalraj[179]报道了在充电过程中在电位4.6～4.7V下，包含微米或纳米尺寸颗粒的Li_2MnO_3电极的结构相变。Ito等人的实验结果[187]表明，在第一次充电的$xLi_2MnO_3·(1-x)Li[M]O_2$活化材料中，尖晶石型有序相在4.5V左右的电位平台处开始形成；同时，在该电位下发生Li_2MnO_3（$Li_2MnO_3 \longrightarrow Li_2O+MnO_2$）的活化。另外，我们已经确认，在结构上相容的$Li_2MnO_3$（层状单斜晶体）和$LiMO_2$（层状菱方体）组分彼此紧密相连并且在结构中并存，部分从层状到尖晶石状的结构相变在第一次充电（锂脱出）的早期阶段即4.1～4.4V时就已经发生了[188]。在该电位范围内，Li^+仅从电化学活性$LiMO_2$组分中提取（脱嵌），而Li_2MnO_3保持无活性直至4.5V（图5.23）。因此，可以说，$LiMO_2$对于观察到的由层状至尖晶石状结构的相转变，在电极组成$xLi_2MnO_3·(1-x)Li[M]O_2$中的结构排序是有"责任"的。这种相变被认为是通过电化学充电电极或通过酸性介质中层状材料的化学脱锂（浸出）而将过渡金属阳离子部分不可逆地迁移到层间Li的位置[175,178,183,185]。

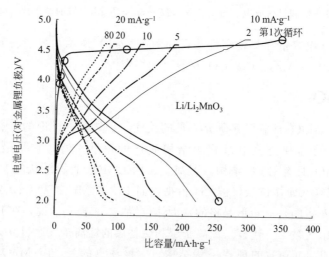

图5.23 在扣式电池中，在30℃下，Li_2MnO_3电极在2.0～4.7V（前2个循环）和2.0～4.6V（其余周期）范围内的典型充放电曲线（循环次数在曲线上显示。循环模式为恒流-恒压，恒电压步进在4.7V下充电1h，在4.6V下充电0.5h。通过施加$i=25mA·g^{-1}$的电流密度进行前2个循环。对于循环3～100，电流密度为$i=20mA·g^{-1}$，对于随后的循环$i=10mA·g^{-1}$。首次的充-放电曲线上的空圆表示电化学电池终止的电位，以及Li_2MnO_3电极被研究用于可能的结构变换）

Li_2MnO_3电极在各个充电态下，从层状型到尖晶石型排序的结构相变都被进行了研究，甚至在4.3V左右的早期阶段，相变远远超出Li_2MnO_3的电化学分解，并且在4.5V（电势平台区域）下，Li_2MnO_3 分解成 Li_2O 和 MnO_2[189]。

X 射线和电子衍射技术，拉曼光谱以及磁性质等手段是探测结构排序的有效工具，可以用来观测 Li_2MnO_3 的层状至尖晶石的转变。这项工作的创新是，Li_2MnO_3 电极被电化学活化之前，在初始充电阶段检测和研究了层状到尖晶石的结构转变。此外，与这项正极材料有关的工作不适合多晶态的 Li_2MnO_3，它能够在 α-相和 β-相中结晶（图 5.24），这取决于合成过程中的烧结温度[190]。

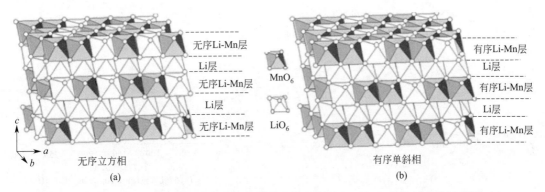

图 5.24 Li-Mn 层中呈现随机分布的阳离子位点的 α 相的 Li_2MnO_3 晶体结构的示意图（a）及对应于阳离子排序的情况下的 β 相（b）

5.3.9 富锂层状化合物(LNMC)

具有层状岩盐结构的新型富锂层状正极材料 $Li[Li_xNi_yCo_yMn_{1-x-y}]O_2$ 近年来受到极大关注，这主要是因为它们在充电至 4.6V 时，可以释放出 $250mA·h·g^{-1}$ 的容量[191~205]。如图 5.25 的相图所示，层状岩盐化合物在均相的角度可以被看成是 $Li[Li_{1/3}Mn_{2/3}]O_2$ 和 $LiNi_zCo_{1-z}O_2$[191] 的固溶体，另外，在两个均相中，它也被认为是一种具有 Li_2MnO_3 和 $Li(Ni,Co)O_2$ 的纳米团簇的小范围区域内的复合电极[192]。用于制造高容量LNMC复合材料的各种合成技术包括离子交换反应法[206]，金属氢氧化物与 900℃ 煅烧 24h 的固相法[207]，共沉淀法[208]，溶胶-凝胶法[209]，熔盐法[210]和无模板法[211]。

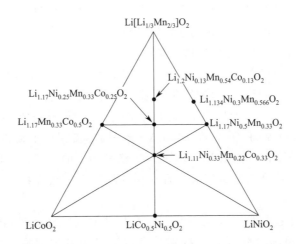

图 5.25 "层状岩盐"结构的 $Li[Li_{1/3}Mn_{2/3}]O_2$-$LiCoO_2$-$LiNiO_2$ 固溶体系三元相图

图 5.26 比较了采用柠檬酸作为螯合剂辅助的溶胶-凝胶法合成的 $Li_{1.134}Ni_{0.3}Mn_{0.566}O_2$ 和 $Li_{1.2}Ni_{0.13}Mn_{0.54}Co_{0.13}O_2$ 富锂层状化合物的充-放电曲线。

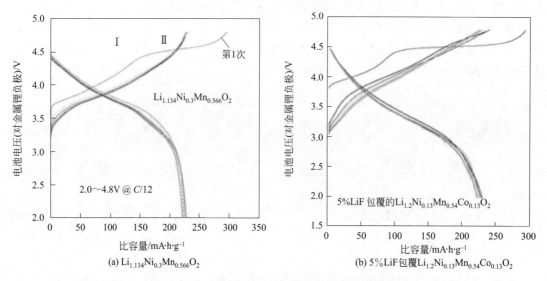

图 5.26 富 Li 层状岩盐复合电极的充放电曲线
(在恒温模式下以 $C/12$ 倍率在 2.0~4.8V 的电位范围内进行测试)

电压范围为 4.8~2.0V，测试倍率为 0.1C。充放电曲线，在第一次充电时显示两个区域（Ⅰ和Ⅱ）（由图 5.26 中的虚线分隔开）。低于 4.6V 的区域（Ⅰ）对应于过渡金属阳离子（TM）氧化成四价 M^{4+}，而在 4.6V 附近的平台（区域Ⅱ）对应于 O^{2-} 的氧化和来自晶格的氧的不可逆损失[212]。失氧导致在第一次放电结束时过渡金属离子的氧化态降低，这使随后循环的可逆性变得更容易。据 Wu 和 Manthiram 报道[213]，通过少量 Al^{3+} 代替 Li^+ 或用 F^- 代替 O^- 可以降低 LNMC 骨架中氧的不可逆损失，这显著降低了不可逆容量损失（ICL）。

通过用 Al_2O_3 表面改性可以获得高容量的 $Li[Li_{(1-x)/3}Mn_{(2-x)/3}Ni_{x/3}Co_{x/3}]O_2$ 材料。例如，表面改性的 $Li[Li_{0.2}Ni_{0.13}Mn_{0.54}Co_{0.13}]O_2$ 显示出高达 285mA·h·g^{-1} 的容量，ICL 为 41mA·h·g^{-1}，并具有良好的倍率性能[213]。Tran 等人讨论了富锂材料 $Li_{1.12}(Ni_{0.425}Mn_{0.425}Co_{0.15})_{0.88}O_2$ 在高电压下观察到平台的机理[214]。

采用喷雾干燥法合成的 CeO_2 纳米颗粒改性 $Li(Li_{0.17}Ni_{0.2}Co_{0.05}Mn_{0.58})O_2$ 材料，具有较小的界面电荷迁移电阻和较高的放电容量[195]。氟掺杂 Li_2MnO_3-$LiMO_2$ 可以在 Li_2MnO_3 晶格中产生具有约 0.27eV 的迁移能垒的极化子态。极化子态被氟原子强烈地捕获，这降低了掺杂效应，提高了电子导电性[196]。通过简单的二元模板法在 800℃ 下制备了新型 $Li_{1.2}Mn_{0.5}Co_{0.25}Ni_{0.05}O_2$ 微球[205]，在 200mA·g^{-1} 的电流密度下提供 208mA·h·g^{-1} 的高可逆放电容量。一般来说，由于 Li_2MnO_3 首周绝缘相中的失氧，纯富锂层状正极材料在首周循环中会有较高的不可逆容量损失，且在循环过程中伴随着容量的衰减和倍率性能的变差[196]。

表面改性[215]，酸化处理[216]，掺杂[217] 以及与其他正极材料[218] 的混合已经被发现可以有效抑制首周的不可逆容量损失。特别是可以通过与其他锂插入主体如 $Li_4Mn_5O_{12}$，LiV_3O_8，V_2O_5[219] 共混来消除首周的不可逆容量损失。

5.3.10 其他层状化合物

5.3.10.1 锰基氧化物

尖晶石 $LiMn_2O_4$ 所面临的一系列问题，也促成了几种非尖晶石氧化锰的研究[220]。虽然通过常规合成方法获得的 $LiMnO_2$ 具有斜方晶岩盐结构（Pmmn S.G.），其中氧阵列从理想的密堆积的立方体形变而来[221]，层状 $LiCoO_2$（O3 结构）与层状（单斜晶体）$LiMnO_2$ 结构相同，可以通过 $NaMnO_2$ 的离子交换[222]或通过 Cr 或 Al 部分取代 Mn 来获得[223]。不幸的是，具有紧密堆积的氧阵列的斜方晶和单斜 $LiMnO_2$ 都倾向于在几个充放电循环中完成向尖晶石相的转变[224]。这方面，在文献中一般写为 $Na_{0.44}MnO_2$ 且拥有非封闭式隧道结构的 $Na_{0.5}MnO_2$ 引起了一些关注，因为它不会转变为尖晶石相，并显示出高达 300℃ 的结构稳定性[225,226]。尽管可以将另外的锂插入 $Na_{0.5-x}Li_xMnO_2$ 中，但是只有少量锂可以从离子交换样品 $Na_{0.5-x}Li_xMnO_2$ 中脱出。因此，该材料对于用碳负极制造的锂离子电池没有吸引力。然而，它已被证明是使用金属锂负极的锂聚合物电池的有希望的候选者[225]。另外，无定形锰氧化物已显示出具有良好循环性能的高容量（300mA·h·g^{-1}）[227]。然而，该材料的容量发挥在 4.3~1.5V 的电压范围内，在该范围内放电曲线是连续倾斜的，从最初的材料中并不能够脱出太多的锂。因此，这些无定形氧化物对于用碳负极制造的锂离子电池是没有吸引力的。然而，随着新的含锂电极的发展，它们会变得可行。

5.3.10.2 铬氧化物

$LiCrO_2$ 也是来自于 $LiCoO_2$ 结构的 O3 晶型。虽然 Cr^{3+} 优先占据八面体位点，并显示出良好的结构稳定性，但是难以从 $LiCrO_2$ 中提取锂。然而，含有 Cr 氧化态为 $\geqslant+5$ 价的 Cr_2O_5、Cr_6O_{15} 和 Cr_3O_8 等的铬氧化物在截止电压高于 2V 时，显示出高容量和高达 1200mW·h·g^{-1} 的能量密度[228]。此外，无定形 Cr_3O_8 已经被发现显示出高的能量密度和良好的可充电性[229]。然而，这些氧化物的合成通常需要在高压釜中，或在高氧气压力下分解 CrO_3，并且产物通常被未分解的 CrO_3 污染。另外，在环境条件下，通过用硼氢化钾还原铬酸钾溶液并在中等温度下进行热处理合成的无定形 $CrO_{2-\delta}$（$0\leqslant\delta\leqslant0.5$）已显示出 $\geqslant$150mA·h·g^{-1} 的容量[230]。然而，这些材料中不存在锂，使得它们不适合与锂离子电池中的碳负极一起使用。

5.3.10.3 铁基氧化物

与其他 $3d$ 过渡金属氧化物相比，从成本和毒性的角度来看，氧化铁有显著的优势。通过常规方法获得的 $LiFeO_2$ 具有立方结构（Fm3m S.G.），同时可以按照与 $LiMnO_2$ 相同的方法，例如通过 $NaMO_2$ 的离子交换反应，获得 O3 型层状 α-$LiFeO_2$。不幸的是，层状 $LiFeO_2$ 不具有良好的电化学性能，因为高自旋 Fe^{3+}：$3d^5$ 离子不具备八面体配位的易于通过相邻的四面体位点迁移到锂平面特别的优先权[231]。通过固态反应合成的立方相表现出良好的 0.55μm 大小的微晶。磁性测量证明，α-$LiFeO_2$ 在室温下偏离了居里-魏斯定律，$\mu_{eff}\leqslant$ 5.9μ_B。阳离子无序性似乎影响磁性且我们希望该化合物拥有 Fe 磁性半导体类的磁性。电化学测试显示在电池的第一次充放电过程中发生了严重的结构变化。通过原位 X 射线衍射和拉曼光谱可以证明从 α-$LiFeO_2$ 到 $LiFe_5O_8$ 尖晶石相的结构转变[231]。

5.4 总结与评论

从降低成本和环境两方面考虑，科研工作者们在替代第一代商业锂离子电池中的锂-钴氧化物正极材料方面做出了大量努力。新材料的开发需要借助于新的合成方法，如溶胶-凝胶法、离子交换法和水热法等。通过研究大量样品，进而去比较过渡金属氧化物电极的化学和结构稳定性。在最佳结构设计方面，也融入了各种物理化学的技术。就这一点而言，合成无定形化合物有助于微观结构知识体系的建立。

对具有优良循环性能的层状材料的研究，对于层状材料来说，出于对其优良循环性能的追求，目前已经导致了对 M=(Ni, Co)，(Ni, Co, Al)，(Ni, Mn, Co) 的 $LiMO_2$ 系列的过渡金属和阳离子掺杂的复合材料等的一系列研究，例如对 $LiNiO_2$，$LiCoO_2$ 和 $LiMnO_2$ 的掺杂等。相对于容易发生失氧反应的传统的 $LiCoO_2$，$LiCo_{1-y}M_yO_2$ 体系显示出更好的化学稳定性，也呈现出逐步将 $LiCoO_2$ 替代的趋势。新体系如 $LiNi_{0.5}Mn_{0.5}O_2$ 和 $LiNi_{0.33}Mn_{0.33}Co_{0.33}O_4$ 等显示出有趣的电化学特征，但需要更好地控制其晶体的化学性质。

具有层状岩盐结构的固溶体正极材料是非常有希望的材料，但是其不可逆容量损失必须通过阴离子取代或表面改性来控制。最近在表面碳包覆或铝掺杂方面取得了一些进展。考虑到最大程度提升电池电压以及能量密度等因素，过渡金属氧化物主体已经成为正极材料的候选[232~235]。一些 3d 过渡金属氧化物的电性能总结在表 5.1 中。然而，目前这些层状化合物只有理论容量的 70% 被释放出来。$xLi_2MnO_3 \cdot (1-x)LiMO_2$ 正极材料（>250mA·h·g^{-1}）具有高容量，归因于 Li_2MnO_3 组分在晶格内的电化学活化，但是结构不稳定，例如 Li_2MnO_3 的相分离。

正极材料的未来发展方向是使用简单的过渡金属层状氧化物，其中每个过渡金属离子至少有一个锂离子可以可逆地脱出/插入，同时保持材料的低成本和低毒性；与目前水平相比，这样的正极材料，其能量密度几乎可以增加一倍。也可能通过改变粉体的纳米尺寸和无定形来增加正极的容量。从安全、循环和储藏寿命的角度来看，未来迫切需要的是电压低于4.5V，但同时容量显著增加的正极材料。

表 5.1 一些 3d 过渡金属层状氧化物的电性能比较

化合物	首次放电容量 /mA·h·g^{-1}	平均电压（vs. Li）/V	Li 摄取	比能量 /W·h·kg^{-1}
$Li_xV_2O_5$	420	2.25	3.0	923
$Li_{1+x}V_3O_8$	308	2.50	4.0	770
Li_xMoO_3	250	2.30	1.5	575
$Li_{1-x}CoO_2$	140	3.70	0.5	520
$Li_{1-x}NiO_2$	160	3.80	0.5	530
$Li_{1-x}Ni_{0.70}Co_{0.30}O_2$	180	3.75	0.5	675
$Li_{1-x}Ni_{0.80}Co_{0.15}Al_{0.05}O_2$	120	3.60	0.8	400
$Li_{1-x}Ni_{1/3}Mn_{1/3}Co_{1/3}O_2$	170	3.30	1.0	560
$Li_{1.2}Ni_{0.2}Mn_{0.6}O_2$	178	3.50	1.0	623
$Li_{1.17}Mn_{0.33}Co_{0.5}O_2$	254	3.50	1.0	889
$Li_{1.17}Ni_{0.125}Mn_{0.33}Co_{0.375}O_2$	265	3.50	1.0	927

参 考 文 献

1. Gamble FR, Osiecki JH, Cais M, Pisharody R, DiSalvo FL, Geballe TH (1971) Intercalation complexes of Lewis bases and layered sulfides: a large class of new superconductors. Science 174:493-497
2. Broadhead J, Butherus AD (1972) Rechargeable nonaqueous battery. US Patent 3,791,867. Accessed 24 July 1972
3. Mizushima K, Jones PC, Wiseman PJ, Goodenough JB (1980) Li_xCoO_2 ($0<x<1$): a new cathode material for batteries of high energy density. Mater Res Bull 15:783-789

4. Julien C, Nazri GA (1994) Transport properties of lithium-intercalated MoO_3. Solid State Ionics 68:111–116
5. Crouch-Baker S, Dickens PG (1989) Qualitative bonding models for some molybdenum oxide phases. Solid State Ionics 32–33:219–227
6. Julien C (1990) Technological applications of solid state ionics. Mater Sci Eng B 6:9–15
7. Julien C, Hussain OM, El-Farh L, Balkanski M (1992) Electrochemical studies of lithium insertion in MoO_3 films. Solid State Ionics 53–56:400–404
8. Campanella L, Pistoia G (1971) MoO_3: a new electrode material for nonaqueous secondary battery applications. J Electrochem Soc 118:1905–1908
9. Besenhard JO, Heydecke J, Wudy E, Fritz HP, Foag W (1983) Characteristics of molybdenum oxide and chromium oxide cathodes in primary and secondary organic electrolyte batteries. II. Transport properties. Solid State Ionics 8:61–71
10. Goodenough JB (1990) Designing a reversible solid electrode. In: Akridge JR, Balkanski M (eds) Solid state microbatteries, NATO-ASI Series, Ser. B 217. Plenum, New York, pp 213–232
11. Yebka B, Julien C (1997) Lithium intercalation in sputtered MoO_3 films. Ionics 3:83–88
12. Nadkarni GS, Simmons JG (1970) Electrical properties of evaporated molybdenum oxide films. J Appl Phys 41:545
13. Goodenough JB (1971) Metallic oxides. Prog Solid State Chem 5:145–399
14. Julien C, Nazri GA (2001) Intercalation compounds for advanced lithium batteries. In: Nalwa HS (ed) Handbook of advanced electronic and photonic materials, vol 10. Academic Press, San Diego, pp 99–184
15. Bystrom A, Wilhelmi KA, Brotzen O (1950) Vanadium pentoxide a compound with five-coordinated vanadium atoms. Acta Chem Scand 4:1119–1130
16. Bachmann HG, Ahmed FR, Barnes WH (1961) The crystal structure of vanadium pentoxide. Z Kristallogr 115:110–116
17. Cava RJ, Santoro A, Murphy DW, Zahurak SM, Fleming RM, Marsh P, Roth RS (1986) he structure of the lithium-inserted metal oxide LiV_2O_5. J Solid State Chem 65:63–71
18. Murphy DW, Christian PA, DiSalvo FJ, Carides JN, Waszczak JV (1981) Lithium incorporation by V_6O_{13} and related vanadium (+4,+5) oxide cathode materials. J Electrochem Soc 128:2053–2060
19. Dickens PG, French SJ, Hight AT, Pye MF (1979) Phase relationship in the ambient temperature $Li_xV_2O_5$ system ($0.1 < x < 1.0$). Mater Res Bull 14:1295–1299
20. Galy J (1992) Vanadium pentoxide and vanadium oxide bronzes – structural chemistry of single (S) and double (D) layer $M_xV_2O_5$ phases. J Solid State Chem 100:229–245
21. West K, Zachau-Christiansen B, Jacobsen T, Skaarup S (1991) Vanadium oxides as host materials for lithium and sodium intercalation. Mater Res Soc Symp Proc 210:449–460
22. Delmas C, Brethes S, Ménétrier M (1991) ω-$Li_xV_2O_5$ a new electrode material for rechargeable lithium batteries. J Power Sourc 34:113–118
23. Leger C, Bach S, Soudan P, Pereira-Ramos JP (2005) Structural and electrochemical properties of ω-$Li_xV_2O_5$ ($0.4 \leqslant x \leqslant 3$) as rechargeable cathodic material for lithium batteries. J Electrochem Soc 152:A236–A241
24. Dickens PG, Reynolds GJ (1981) Thermodynamics and kinetics of the electrochemical insertion of lithium into tungsten. Solid State Ionics 5:351–354
25. Li WD, Xu CX, Du Y, Fang HT, Feng YJ, Zhen L (2014) Electrochemical lithium insertion behavior of β-$Li_xV_2O_5$ phases ($0 < x \leqslant 3$) as cathode material for secondary lithium batteries. J Electrochem Soc 161:A75–A83
26. Wadsley AD (1957) Crystal chemistry of non-stoichiometric pentavalent vanadium oxides: crystal structure of $Li_{1+x}V_3O_8$. Acta Crystallogr 10:261–267
27. Pistoia G, Panero S, Tocci M, Moshtev R, Manev V (1984) Solid solutions $Li_{1+x}V_3O_8$ as cathodes for high rate secondary Li batteries. Solid State Ionics 13:311–318
28. Pasquali M, Pistoia G, Manev V, Moshtev RV (1986) Li//$Li_{1+x}V_3O_8$ batteries. J Electrochem Soc 133:2454–2458
29. Pistoia G, Pasquali M, Tocci M, Moshtev RV, Manev V (1985) Li/$Li_{1+x}V_3O_8$ secondary batteries. III. Further characterization of the mechanism of Li^+ insertion and of the cycling behavior. J Electrochem Soc 132:281–284
30. Besenhard JO, Schöllhorn R (1976/1977) The discharge reaction mechanism of the MoO_3 electrode in organic electrolytes. J Power Sourc 1:267–276
31. Schöllhorn R, Klein-Reesink F, Reimold R (1979) Formation, structure and topotactic exchange reactions of the layered hydrogen bronze $H_xV_3O_8$. J Chem Soc Chem Commun 398–399
32. Nassau K, Murphy DW (1981) The quenching and electrochemical behaviour of Li_2O-V_2O_5 glasses. J Non Cryst Solids 44:297–304

33. West K, Zachau-Christiansen B, Skaarup S, Saidi Y, Barker L, Olsen II, Pynenburg R, Koksbang R (1996) Comparison of LiV_3O_8 cathode materials prepared by different methods. J Electrochem Soc 143:820–826
34. Winter M, Besenhard JO, Sparhr ME, Novak P (1998) Insertion electrode materials for rechargeable lithium batteries. Adv Mater 10:725–763
35. Pistoia G, Li L, Wang G (1992) Direct comparison of cathode materials of interest for secondary high-rate lithium cells. Electrochim Acta 37:63–68
36. Kawakita J, Miura T, Kishi T (1999) Lithium insertion and extraction kinetics of $Li_{1+x}V_3O_8$. J Power Sourc 83:79–83
37. Jouanneau S, Verbaere A, Lascaud S, Guyomard D (2006) Improvement of the lithium insertion properties of $Li_{1.1}V_3O_8$. Solid State Ionics 177:311–315
38. Jouanneau S, Le Gal La Salle A, Verbaere A, Guyomard D (2005) The origin of capacity fading upon lithium cycling in $Li_{1.1}V_3O_8$. J Electrochem Soc 152:A1660–A1667
39. Xie JG, Li JX, Zhan H, Zhou YH (2003) Low-temperature sol-gel synthesis of $Li_{1.2}V_3O_8$ from V_2O_5 gel. Mater Lett 57:2682–2687
40. Kawakita J, Katayama Y, Miura T, Kishi T (1998) Lithium insertion behavior of $Li_{1+x}V_3O_8$ prepared by precipitation technique in CH_3OH. Solid State Ionics 110:199–207
41. Liu HM, Wang YG, Wang KX, Wang YR, Zhou HS (2009) Synthesis and electrochemical properties of single-crystalline LiV_3O_8 nanorods as cathode materials for rechargeable lithium batteries. J Power Sourc 192:668–673
42. Liu HM, Wang YG, Wang WS, Zhou HS (2011) A large capacity of LiV_3O_8 cathode material for rechargeable lithium-based batteries. Electrochim Acta 56:1392–1398
43. Si YC, Jiao LF, Yan HT, Li HX, Wang YM (2009) Structural and electrochemical properties of LiV_3O_8 prepared by combustion synthesis. J Alloys Compd 486:400–405
44. Ju SH, Kang YC (2010) Morphological and electrochemical properties of LiV_3O_8 cathode powders prepared by spray pyrolysis. Electrochim Acta 55:6088–6092
45. Sakunthala A, Reddy MV, Selvasekarapandian S, Chowdari BVR, Selvin PC (2010) Preparation, characterization and electrochemical performance of lithium trivanadate rods by a surfactant-assisted olymer precursor method for lithium batteries. J Phys Chem C 114:8099–8107
46. Hui Y, Juan L, Zhang JG, Jia DZ (2007) Synthesis and properties of LiV_3O_8 nanomaterials as the cathode material for Li-ion battery. J Inorg Mater 22:447–450
47. Yang H, Li J, Zhang XG, Jin YL (2008) Synthesis of LiV_3O_8 nanocrystallites as cathode materials for lithium ion batteries. J Mater Process Technol 207:265–270
48. Liu XH, Wang JQ, Zhang JY, Yang SR (2007) Sol-gel template synthesis of LiV_3O_8 nanowires. J Mater Sci 42:867–871
49. Lee KP, Manesh KM, Kim KS, Gopalan AY (2009) Synthesis and characterization of nanostructured wires (1D) to plates (3D) LiV_3O_8 combining sol-gel and electrospinning processes. J Nanosci Nanotechnol 9:417–422
50. Xu HY, Wang H, Song ZQ, Wang YW, Yan H, Yoshimura M (2004) Novel chemical method for synthesis of LiV_3O_8 nanorods as cathode materials for lithium ion batteries. Electrochim Acta 49:349–353
51. Sun D, Jin G, Wang H, Huang X, Ren Y, Jiang J, He H, Tang Y (2014) $Li_xV_2O_5/LiV_3O_8$ nanoflakes with significantly improved electrochemical performance for Li-ion batteries. J Mater Chem A 2:8009–8016
52. Liu L, Jiao LF, Sun JL, Zhang YH, Zhao M, Yuan HT, Wang YM (2008) Electrochemical performance of $LiV_{3-x}Ni_xO_8$ cathode materials synthesized by a novel low-temperature solid-state method. Electrochim Acta 53:7321–7325
53. Wang H, Ren Y, Wang Y, Wang W, Liu S (2012) Synthesis of LiV_3O_8 nanosheets as a high-rate cathode material for rechargeable lithium batteries. Cryst Eng Comm 14:2831–2836
54. Feng CQ, Chew SY, Guo ZP, Wang JZ, Liu HK (2007) An investigation of polypyrrole-LiV_3O_8 composite cathode materials for lithium-ion batteries. J Power Sourc 174:1095–1099
55. Kumagai N, Yu A (1997) Ultrasonically treated LiV_3O_8 as a cathode material for secondary lithium batteries. J Electrochem Soc 144:830–835
56. Orman HJ, Wiseman PJ (1984) Cobalt(III) lithium oxide, $CoLiO_2$: structure refinement by powder neutron diffraction. Acta Crystallogr C 40:12–14
57. Delmas C, Fouassier C, Hagenmuller P (1980) Structural classification and properties of the layered oxides. Physica B 99:81–85
58. Venkatraman S, Manthiram A (2002) Synthesis and characterization of P3-type $CoO_{2-\delta}$. Chem Mater 14:3907–3912
59. Gao Y, Yakovleva MV, Ebner WB (1998) Novel $LiNi_{1-x}Ti_{x/2}Mg_{x/2}O_2$ compounds as cathode materials for safer lithium-ion batteries. Electrochem Solid State Lett 1:117–119

60. Cho J, Kim G, Lim HS (1999) Effect of preparation methods of $LiNi_{1-x}Co_xO_2$ cathode materials on their chemical structure of electrode performance. J Electrochem Soc 146:3571–3576
61. Mueller-Neuhaus JR, Dunlap RA, Dahn JR (2000) Understanding irreversible capacity in $LiNi_{1-y}Fe_yO_2$ cathode materials. J Electrochem Soc 147:3598–3605
62. Goodenough JB, Mizuchima K (1981) Electrochemical cell with new fast ion conductors. US Patent 4,302,518. Accessed 24 Nov 1981
63. Nagaura T, Tozawa K (1990) Lithium ion rechargeable battery. Prog Batteries Solar Cells 9:209–212
64. Gummow RJ, Thackeray MM, David WIF, Hull S (1992) Structure and electrochemistry of lithium cobalt oxide synthesized at 400 °C. Mater Res Bull 27:327–337
65. Shao-Horn Y, Hackney SA, Kahaian AJ, Thackeray MM (2002) Structural stability of $LiCoO_2$ at 400 °C. J Solid State Chem 168:60–68
66. Johnston WD, Heikes RR, Sestrich D (1958) The preparation, crystallography and magnetic properties of the $Li_xCo_{(1-x)}O$ system. J Phys Chem Solids 7:1–13
67. Ohzuku T, Ueda A (1994) Solid-state redox reactions of $LiCoO_2$ (R-3 m) for 4 volt secondary lithium cells. J Electrochem Soc 141:2972–2977
68. Oh IH, Hong YS, Sun YK (1997) Low-temperature preparation of ultrafine $LiCoO_2$ powders by the sol-gel method. J Mater Sci 32:3177–3182
69. Julien C, El-Farh L, Rangan S, Massot M (1999) Synthesis of $LiNi_{1-y}Co_yO_2$ cathode materials prepared by a citric acid-assisted sol-gel method for lithium batteries. J Sol Gel Sci Technol 15:63–72
70. Santiago EI, Andrade AVC, Paiva-Santos CO, Bulhoes LOS (2003) Structural and electrochemical properties of $LiCoO_2$ prepared by combustion synthesis. Solid State Ionics 158:91–102
71. Han CH, Hong YS, Park CM, Kim K (2001) Synthesis and electrochemical properties of lithium cobalt oxides prepared by molten-salt synthesis using the eutectic mixture of LiCl-Li_2CO_3. J Power Sourc 92:95–101
72. Kosova NV, Anufrienko VF, Larina TV, Rougier A, Aymard L, Tarascon JM (2002) Disordering and electronic state of cobalt ions in mechanochemically synthesized $LiCoO_2$. J Solid State Chem 165:56–64
73. Brylev OA, Shlyakhtin OA, Kulova TL, Skundin AM, Tretyakov YD (2003) Influence of chemical prehistory on the phase formation and electrochemical performance of $LiCoO_2$ materials. Solid State Ionics 156:291–299
74. Larcher D, Polacin MR, Amatucci GG, Tarascon JM (1997) Electrochemically active $LiCoO_2$ and $LiNiO_2$ made by cationic exchange under hydrothermal conditions. J Electrochem Soc 144:408–417
75. Yan H, Huang X, Zhonghua L, Huang H, Xue R, Chen L (1997) Microwave synthesis of $LiCoO_2$ cathode materials. J Power Sourc 68:530–532
76. Akimoto J, Gotoh Y, Oosawa Y (1998) Synthesis and structure refinement of $LiCoO_2$ single crystals. J Solid State Chem 141:298–302
77. Amatucci GG, Tarascon JM, Klein LC (1996) CoO_2, the end member of the Li_xCoO_2 solid solution. J Electrochem Soc 143:1114–1123
78. Chebiam RV, Prado F, Manthiram A (2001) Soft chemistry synthesis and characterization of layered $Li_{1-x}Ni_{1-y}Co_yO_{2-\delta}$ ($0 \leqslant x \leqslant 1$ and $0 \leqslant y \leqslant 1$). Chem Mater 13:2951–2957
79. Chebiam RV, Kannan AM, Prado F, Manthiram A (2001) Comparison of the chemical stability of the high energy density cathodes of lithium-ion batteries. Electrochem Commun 3:624–627
80. Delmas C, Saadoune I (1992) Electrochemical and physical properties of the $Li_xNi_{1-y}Co_yO_2$ phases. Solid State Ionics 53–56:370–375
81. Venkatraman S, Shin Y, Manthiram A (2003) Phase relationships and structural and chemical stabilities of charged $Li_{1-x}CoO_{2-\delta}$ and $Li_{1-x}Ni_{0.85}Co_{0.15}O_{2-\delta}$ cathodes. Electrochem Solid State Lett 6:A9–A12
82. Reimers JN, Dahn JR (1992) Electrochemical and in situ X-ray diffraction studies of lithium intercalation in Li_xCoO_2. J Electrochem Soc 139:2091–2097
83. Mauger A, Julien CM (2014) Surface modifications of electrode materials for lithium-ion batteries: status and trends. Ionics 20:751–787
84. Laubach S, Laubach S, Schmidt C, Ensling D, Schmid S, Jaegermann W, Thissen A, Nikolowski K, Erhenberg H (2009) Changes in the crystal end electronic structure of $LiCoO_2$ and $LiNiO_2$ upon Li intercalation and de-intercalation. Phys Chem Chem Phys 11:3278–3289
85. Hirano A, Kanno R, Kawamoto Y, Takeda Y, Yamamura K, Takano M, Ohyama K,

Ohashi M, Yamaguchi Y (1995) Relationship between non-stoichiometry and physical properties in LiNiO$_2$. Solid State Ionics 78:123–131

86. Ohzuku T, Ueda A, Nagayama M, Iwakashi Y, Komori H (1993) Comparative study of LiCoO$_2$, LiNi$_{1/2}$Co$_{1/2}$O$_2$ and LiNiO$_2$ for 4 volt secondary lithium cells. Electrochim Acta 38:1159–1167

87. Dahn JR, Fuller EW, Obrovac M, von Sacken U (1994) Thermal stability of Li$_x$CoO$_2$, Li$_x$NiO$_2$ and λ-MnO$_2$ and consequence for the safety of Li-ion cells. Solid State Ionics 69:265–270

88. Zhang Z, Fouchard D, Rea JR (1998) Differential scanning calorimetry material studies: implications for the safety of lithium-ion cells. J Power Sourc 70:16–20

89. Bianchi V, Caurant D, Baffier N, Belhomme C, Chappel E, Chouteau G, Bach S, Pereira-Ramos JP, Sulpice A, Wilmann P (2001) Synthesis, structural characterization and magnetic properties of quasistoichiometric LiNiO$_2$. Solid State Ionics 140:1–17

90. Arai H, Okada S, Yamaki J (1998) Thermal behavior of Li$_{1-y}$NiO$_2$ and the decomposition mechanism. Solid State Ionics 109:295–302

91. Li W, Currie J (1997) Morphology effects on the electrochemical performance of LiNi$_{1-x}$Co$_x$O$_2$. J Electrochem Soc 144:2773–2779

92. Guilmard M, Pouillerie C, Croguennec L, Delmas C (2003) Structural and electrochemical properties of LiNi$_{0.70}$Co$_{0.15}$Al$_{0.15}$O$_2$. Solid State Ionics 160:39–50

93. Ohzuku T, Ueda A, Kouguchi M (1995) Synthesis and characterization of LiAl$_{1/4}$Ni$_{3/4}$O$_2$ (R-3 m) for lithium-ion (shuttlecock) batteries. J Electrochem Soc 142:4033–4039

94. Delmas C, Saadoune I, Rougier A (1993) The cycling properties of the Li$_x$Ni$_{1-y}$Co$_y$O$_2$ electrode. J Power Sourc 44:595–602

95. Kannan AM, Manthiram A (2002) Degradation of LiNi$_{0.8}$Co$_{0.2}$O$_2$ cathode surfaces in high-power lithium-ion batteries. Electrochem Solid State Lett 5:A164–A166

96. Gummow RJ, Thackeray MM (1993) Characterization of LT-Li$_x$Co$_{1-y}$Ni$_y$O$_2$ electrodes for rechargeable lithium cells. J Electrochem Soc 140:3365–3368

97. Julien C, Letranchant C, Rangan S, Lemal M, Ziolkiewicz S, Castro-Garcia S, El-Farh L, Benkaddour M (2000) Layered LiNi$_{0.5}$Co$_{0.5}$O$_2$ cathode materials grown by soft-chemistry via various solution methods. Mater Sci Eng B 76:145–155

98. Ohzuku T, Yanagawa T, Kouguchi M, Ueda A (1997) Innovative insertion material of LiAl$_{1/4}$Ni$_{3/4}$O$_2$ (R-3 m) for lithium-ion (shuttlecock) batteries. J Power Sourc 68:131–134

99. Julien C, Nazri GA, Rougier A (2000) Electrochemical performances of layered LiM$_{1-y}$M'$_y$O$_2$ (M = Ni, Co; M' = Mg, Al, B) oxides in lithium batteries. Solid State Ionics 135:121–130

100. Julien C, Michael SS, Ziolkiewicz S (1999) Structural and electrochemical properties of LiNi$_{0.3}$Co$_{0.7}$O$_2$ synthesized by different low-temperature techniques. Int J Inorg Mat 1:29–34

101. Abdel-Ghany AE, Hashem AMA, Abuzeid HAM, Eid AE, Bayoumi HA, Julien CM (2009) Synthesis, structure characterization and magnetic properties of nanosized LiCo$_{1-y}$Ni$_y$O$_2$ prepared by sol-gel citric acid route. Ionics 15:49–59

102. Goodenough JB (1999) Oxide engineering for advanced power sources. Electrochem Soc Proc 99–24:1–14

103. Julien C (2000) Local cationic environment in lithium nickel-cobalt oxides used as cathode materials for lithium batteries. Solid State Ionics 136–137:887–896

104. Senaris-Rodriguez MA, Castro-Garcia S, Castro-Couceiro A, Julien C, Hueso LE, Rivas J (2003) Magnetic clusters in LiNi$_{1-y}$Co$_y$O$_2$ nanomaterials used as cathodes in lithium-ion batteries. Nanotechnology 14:277–282

105. Zhang X, Julien CM, Mauger A, Gendron F (2011) Magnetic analysis of lamellar oxides for Li-ions batteries. Solid State Ionics 188:148–155

106. Delmas C, Ménétrier M, Croguennec L, Saadoune I, Rougier A, Pouillerie C, Prado G, Grüne M, Fournès L (1999) An overview of the Li(Ni, M)O$_2$ systems: synthesis, structure and properties. Electrochim Acta 45:243–253

107. Caurant D, Baffier N, Bianchi V, Grégoire G, Bach S (1996) Preparation by a chimie douce route and characterization of LiNi$_z$Mn$_{1-z}$O$_2$ ($0.5 \leq z \leq 1$) cathode materials. J Mater Chem 6:1149–1155

108. Julien C, Castro-Garcia S (2001) Lithiated cobaltates for Li-ion batteries. Structure, morphology and electrochemistry of oxides grown by solid-state reaction, wet chemistry and film deposition. J Power Sourc 97–98:290–293

109. Ramana CV, Zaghib K, Julien CM (2006) Highly oriented growth of pulsed-laser deposited LiNi$_{0.8}$Co$_{0.2}$O$_2$ films for application in microbatteries. Chem Mater 18:1397–1400

110. Julien C (2000) Structure, morphology and electrochemistry of doped lithium cobalt oxides. Ionics 6:451–460

111. Julien C (2003) Local structure and electrochemistry of lithium cobalt oxides and their doped compounds. Solid State Ionics 157:57–71
112. Julien C, Camacho-Lopez MA, Lemal M, Ziolkiewicz S (2002) $LiCo_{1-y}M_yO_2$ positive electrodes for rechargeable lithium batteries. I. Aluminium doped materials. Mater Sci Eng B 95:6–13
113. Amdouni N, Zarrouk H, Soulette F, Julien C (2003) $LiAl_yCo_{1-y}O_2$ ($0.0 \leqslant y \leqslant 0.3$) intercalation compounds synthesized from the citrate precursors. Mater Chem Phys 80:205–214
114. Julien CM, Mauger A, Groult H, Zhang X, Gendron F (2011) $LiCo_{1-y}B_yO_2$ as cathode materials for rechargeable lithium batteries. Chem Mater 23:208–218
115. Amdouni N, Zarrouk H, Julien C (2003) Low temperature synthesis of $LiCr_{0.3}Co_{0.7}O_2$ intercalation compounds using citrate, oxalate, succinate and glycinate precursors. British Ceram Trans 102:27–30
116. Julien C, Letranchant C, Lemal M, Ziolkiewicz S, Castro-Garcia S (2002) Layered $LiNi_{1-y}Co_yO_2$ compounds synthesized by a glycine-assisted combustion method for lithium batteries. J Mater Sci 37:2367–2375
117. Mazas-Brandariz D, Senaris-Rodriguez MA, Castro-Garcia S, Camacho-Lopez MA, Julien C (1999) Structural properties of $LiNi_{1-y}Co_yO_2$ ($0 \leqslant y \leqslant 1$) synthesized by wet chemistry via malic acid-assisted technique. Ionics 5:345–350
118. Castro-Couceiro A, Castro-Garcia S, Senaris-Rodriguez MA, Soulette F, Julien C (2002) Effects of the aluminum doping on the microstructure and morphology of $LiNi_{0.5}Co_{0.5}O_2$ oxides. Ionics 8:192–200
119. Abuzeid HA, Hashem AM, Abdel-Ghany AE, Eid AE, Mauger A, Groult H, Julien CM (2011) Study of the delithiation of $LiMn_{0.2}Co_{0.8}O_2$ cathode material for lithium batteries. ECS Trans 35–34:95–102
120. Abuzeid HAM, Hashem AMA, Abdel-Ghany AE, Eid AE, Mauger A, Groult H, Julien CM (2011) De-intercalation of $LiCo_{0.8}Mn_{0.2}O_2$: a magnetic approach. J Power Sourc 196:6440–6448
121. Wang GX, Bewlay S, Yao J (2003) Multiple-ion doped lithium nickel oxides as cathode materials for lithium-ion batteries. J Power Sourc 119–121:189–194
122. Kostecki R, McLarnon F (2004) Local-probe studies of degradation of composite $LiNi_{0.80}Co_{0.15}Al_{0.05}O_2$ cathodes in high-power lithium-ion cells. Electrochem Solid State Lett 7:A380–A383
123. Weaving J, Coowar F, Teagle D, Cullen J, Dass V, Bindin P, Green R, Macklin W (2001) Development of high energy density Li-ion batteries based on $LiNi_{1-x-y}Co_xAl_yO_2$. J Power Sourc 97:733–735
124. Bang HJ, Joachin H, Yang H, Amine K, Prakash J (2006) Contribution of the structural changes of $LiNi_{0.80}Co_{0.15}Al_{0.05}O_2$ cathodes on the exothermic reactions in Li-ion cells. J Electrochem Soc 153:A731–A737
125. Ju S, Jang H, Kang Y (2007) Al-doped Ni-rich cathode powders prepared from the precursor powders with fine size and spherical shape. Electrochim Acta 52:7286–7292
126. Biensan P, Simon B, Pérès JP, de Guilbert A, Broussely M, Bodet JM, Perton F (1999) On safety of lithium-ion cells. J Power Sourc 81:906–912
127. Majumdar SB, Nieto S, Katiyar RS (2006) Synthesis and electrochemical properties of $LiNi_{0.80}(Co_{0.20-x}Al_x)O_2$ ($x = 0.0$ and 0.05) cathodes for Li ion rechargeable batteries. J Power Sourc 154:262–267
128. Chebiam RV, Prado F, Manthiram A (2001) Structural instability of delithiated $Li_{1-x}Ni_{1-y}Co_yO_2$ cathodes. J Electrochem Soc 148:A49–A53
129. Cho Y, Cho J (2010) Significant improvement of $LiNi_{0.80}Co_{0.15}Al_{0.05}O_2$ cathodes at 60 °C by SiO_2 dry coating for Li-ion batteries. J Electrochem Soc 157:A625–A629
130. Cho Y, Lee YS, Park SA, Lee Y, Cho J (2010) $LiNi_{0.80}Co_{0.15}Al_{0.05}O_2$ cathodes materials prepared by TiO_2 nanoparticle coatings on $Ni_{0.80}Co_{0.15}Al_{0.05}(OH)_2$ precursors. Electrochim Acta 56:333–339
131. Lee DJ, Scrosati B, Sun YK (2011) $Ni_3(PO_4)_2$-coated $Li(Ni_{0.80}Co_{0.15}Al_{0.05})O_2$ lithium battery electrode with improved cycling performance at 55 °C. J Power Sourc 196:7742–7746
132. Lee SH, Yoon CS, Amine K, Sun YK (2013) Improvement of long-term cycling performance of $Li(Ni_{0.80}Co_{0.15}Al_{0.05})O_2$ by AlF_3 coating. J Power Sourc 234:201–207
133. Lim SN, Ahn W, Yeon SH, Park SB (2014) Enhanced elevated-temperature performance of $LiNi_{0.80}Co_{0.15}Al_{0.05}O_2$ electrodes coated with Li_2O-$2B_2O_3$ glass. Electrochim Acta 136:1–9
134. Ju JH, Chung YM, Bak YR, Hwang MJ, Ryu KS (2010) The effects of carbon nano-coating on $Li(Ni_{0.80}Co_{0.15}Al_{0.05})O_2$ cathode material using organic carbon for Li-ion battery. Surf Rev Lett 17:51–58

135. Belharouak I, Lu W, Vissers D, Amine K (2006) Safety characteristics of Li(Ni$_{0.8}$Co$_{0.15}$Al$_{0.05}$)O$_2$ and Li(Ni$_{1/3}$Co$_{1/3}$Mn$_{1/3}$)O$_2$. Electrochem Commun 8:329–335
136. Ohzuku T, Makimura Y (2001) Layered lithium insertion material of LiNi$_{1/2}$Mn$_{1/2}$O$_2$: a possible alternative to LiCoO$_2$ for advanced lithium-ion batteries. Chem Lett 30:744–745
137. Liu Y, Chen B, Cao F, Zhao X, Yuan J (2011) Synthesis of nanoarchitectured LiNi$_{0.5}$Mn$_{0.5}$O$_2$ spheres for high-performance rechargeable lithium-ion batteries via an in situ conversion route. J Mater Chem 21:10437–10441
138. Abdel-Ghany A, Zaghib K, Gendron F, Mauger A, Julien CM (2007) Structural, magnetic and electrochemical properties of LiNi$_{0.5}$Mn$_{0.5}$O$_2$ as positive electrode for Li-ion batteries. Electrochim Acta 52:4092–4100
139. Yamaura K, Takano M, Hirano A, Kanno R (1996) Magnetic properties of Li$_{1-x}$Ni$_{1+x}$O$_2$ ($0 \leq x \leq 0.08$). J Solid State Chem 127:109–118
140. Goodenough JB (1963) Magnetism and the chemical bond. Wiley-Interscience, New York
141. Liu Z, Yu A, Lee JY (1999) Synthesis and characterization of LiNi$_{1-x-y}$Co$_y$Mn$_y$O$_2$ as the cathode materials secondary lithium batteries. J Power Sourc 81–82:416–419
142. Lu Z, MacNeil DD, Dahn JR (2001) Layred Li[Ni$_x$Co$_{1-2x}$Mn$_x$]O$_2$ cathode materials for lithium-ion batterie. Electrochem Solid State Lett 4:A200–A203
143. MacNeil DD, Lu Z, Dahn JR (2002) Structure and electrochemistry of Li[Ni$_x$Co$_{1-2x}$Mn$_x$]O$_2$ ($0 \leq x \leq 1/2$). J Electrochem Soc 149:A1332–A1336
144. Shaju KM, Subba-Rao GV, Chowdari BVR (2002) Performance of layered Li(Ni$_{1/3}$Co$_{1/3}$Mn$_{1/3}$)O$_2$ as cathode for Li-ion batteries. Electrochim Acta 48:145–151
145. Yabuuchi N, Ohzuku T (2003) Novel lithium insertion material of Li Ni$_{1/3}$Co$_{1/3}$Mn$_{1/3}$O$_2$ for advanced lithium-ion batteries. J Power Sourc 119–121:171–174
146. Lee S, Park SS (2012) Atomistic simulation study of mixed-metal oxide (LiNi$_{1/3}$Mn$_{1/3}$Co$_{1/3}$O$_2$) cathode material for lithium ion battery. J Phys Chem C 116:6484–6489
147. Wang L, Li J, He X, Pu W, Wan C, Jiang C (2005) Recent advances in layered LiNi$_x$Co$_y$Mn$_{1-x-y}$O$_2$ cathode materials for lithium ion batteries. J Solid State Electrochem 13:1157–1164
148. Fergus JW (2010) Recent developments in cathode materials for lithium ion batteries. J Power Sourc 195:939–954
149. Zhu JP, Xu QB, Yang HW, Zhao JJ, Yang G (2011) Recent development of LiNi$_{1/3}$Co$_{1/3}$Mn$_{1/3}$O$_2$ as cathode material of lithium ion battery. J Nanosci Nanotechnol 11:10357–10368
150. Zeng D, Cabana J, Bréger J, Yoon WS, Grey CP (2007) Cation ordering in Li[Ni$_x$Mn$_x$Co$_{(1-2x)}$]O$_2$-layered cathode materials. Chem Mater 19:6277–6289
151. Liao PY, Duh JG, Sheen SR (2005) Microstructure and electrochemical performance of LiNi$_{0.6}$Co$_{0.4-x}$Mn$_x$O$_2$ cathode materials. J Power Sourc 143:212–218
152. Gan CL, Hu XH, Zhan H (2005) Synthesis and characterization of Li$_{1.2}$Ni$_{0.6}$Co$_{0.2}$Mn$_{0.2}$O$_{2+\delta}$ as cathode material for secondary lithium batteries. Solid State Ionics 176:687–692
153. Lee JW, Lee JH, Tan-Viet T, Lee JY, Kim JS, Lee CH (2010) Synthesis of LiNi$_{1/3}$Mn$_{1/3}$Co$_{1/3}$O$_2$ cathode materials by using a supercritical water method in a bath reactor. Electrochim Acta 55:3015–3021
154. Na SH, Kim HS, Moon SI (2005) The effect of Si doping on the electrochemical characteristics of LiNi$_x$Mn$_y$Co$_{(1-x-y)}$O$_2$. Solid State Ionics 176:313–317
155. Ohzuku T, Makimura Y (2001) Layered lithium insertion material LiNi$_{1/3}$Mn$_{1/3}$Co$_{1/3}$O$_2$ for lithium-ion batteries. Chem Lett 30:642–643
156. Ngala JK, Chernova NA, Ma M, Mamak M, Zavalij PY, Whittingham MS (2004) The synthesis, characterization and electrochemical behavior of the layered LiNi$_{0.4}$Mn$_{0.4}$Co$_{0.2}$O$_2$ compound. J Mater Chem 14:214–220
157. Lee MH, Kang YJ, Myung ST, Sun YK (2004) Synthetic optimization of Li[Ni$_{1/3}$Mn$_{1/3}$Co$_{1/3}$]O$_2$ via co-precipitation. Electrochim Acta 50:939–948
158. Oh SW, Park SH, Park CW, Sun YK (2004) Structural and electrochemical properties of layered Li(Ni$_{0.5}$Mn$_{0.5}$)$_{1-x}$Co$_x$O$_2$ positive materials synthesized by ultrasonic spray pyrolysis method. Solid State Ionics 171:167–172
159. Li DC, Noguchi H, Yoshio M (2004) Electrochemical characteristics of LiNi$_{0.5-x}$Mn$_{0.5-x}$Co$_{2x}$O$_2$ ($0 \leq x \leq 0.1$) prepared by spray dry method. Electrochim Acta 50:427–430
160. Wen JW, Liu J, Wu H, Chen CH (2007) Synthesis and electrochemical characterization of LiCo$_{1/3}$Ni$_{1/3}$Mn$_{1/3}$O$_2$ by radiated polymer gel method. J Mater Sci 42:7696–7701
161. Ren H, Li X, Peng Z (2011) Electrochemical properties of Li[Ni$_{1/3}$Mn$_{1/3}$Al$_{1/3-x}$Co$_x$]O$_2$ as a catode material for litium ion battery. Electrochim Acta 56:7088–7091
162. Du K, Peng Z, Hu G, Yang Y, Qi L (2009) Synthesis of LiMn$_{1/3}$Ni$_{1/3}$Co$_{1/3}$O$_2$ in molten KCl for rechargeable lithium-ion batteries. J Alloy Comp 476:329–334

163. Sinha NN, Munichandriaah N (2010) High rate capability of porous $LiNi_{1/3}Mn_{1/3}Co_{1/3}O_2$ synthesized by polymer template route. J Electrochem Soc 157:A647–A653
164. Samarasingh P, Tran-Nguyen DH, Behm M, Wijayasinghe A (2008) $LiNi_{1/3}Mn_{1/3}Co_{1/3}O_2$ synthesized by the Pechini method for the positive electrode in Li-ion batteries: material characteristics and electrochemical behaviour. Electrochim Acta 53:7995–8000
165. Fujii Y, Miura H, Suzuki N, Shoji T, Nakayama N (2007) Structural and electrochemical properties of $LiNi_{1/3}Co_{1/3}Mn_{1/3}O_2$: calcinations temperature dependence. J Power Sourc 171:894–903
166. Park SH, Oh SW, Sun YK (2005) Synthesis and structural characterization of layered $Li[Li_{1/3+x}Co_{1/3}Mn_{1/3-2x}Mo_x]O_2$ cathode materials by ultrasonic spray pyrolysis. J Power Sourc 146:622–625
167. Li DC, Sasaki Y, Kobayakawa K (2006) Morphological, structural and electrochemical characteristics of $LiNi_{0.5}Mn_{0.4}M_{0.1}O_2$ (M = Li, Mg, Co, Al). J Power Sourc 157:488–493
168. Kim GH, Kim JH, Myung ST (2005) Improvement of high-voltage cycling behavior of surface-modified $Li[Ni_{1/3}Co_{1/3}Mn_{1/3}]O_2$ cathodes by fluorine substitution for Li-ion batteries. J Electrochem Soc 152:A1707–A1713
169. Ben-Kamel K, Amdouni N, Abdel-Ghany A, Zaghib K, Mauger A, Gendron F, Julien CM (2008) Local structure and electrochemistry of $LiNi_yMn_yCo_{1-2y}O_2$ electrode materials for Li-ion batteries. Ionics 14:89–97
170. Aurbach D, Gamolsky K, Markovsky B, Salitra G, Gofer GY, Heider U, Oesten R, Schmidt M (2000) The study of surface phenomena related to the electrochemical intercalation into Li_xMO_y host materials (M = Ni, Mn). J Electrochem Soc 147:1322–1331
171. Lee EH, Park JH, Cho JH, Cho SJ, Kim DW, Dan H, Kang Y, Lee SY (2013) Direct ultraviolet-assisted conformal coating of nanometer-thick poly(tri(2-acryloyloxy)ethyl) phosphate gel polymer electrolytes on high-voltage $LiNi_{1/3}Co_{1/3}Mn_{1/3}O_2$ cathodes. J Power Sourc 244:389–394
172. Choi J, Manthiram A (2004) Comparison of the electrochemical behaviours of stoichiometric $Li_{1.03}(Ni_{1/3}Mn_{1/3}Co_{1/3})_{0.97}O_2$ and lithium excess $LiNi_{1/3}Mn_{1/3}Co_{1/3}O_2$. Electrochem Solid State Lett 7:A365–A368
173. Zhang X, Jiang WJ, Mauger A, Qi L, Gendron F, Julien CM (2010) Minimization of the cation mixing in $Li_{1+x}(NMC)_{1-x}Co_{1/3}O_2$ as cathode material. J Power Sourc 195:1292–1301
174. Ligneel E, Nazri GA (2009) Improvement of $LiNi_{1/3}Mn_{1/3}Co_{1/3}O_2$ by a cationic substitution and effect of over-lithiation. ECS Trans 16–50:21–29
175. Robertson AD, Bruce PG (2003) Mechanism of electrochemical activity in Li_2MnO_3. Chem Mater 15:1984–1992
176. Gan C, Zhan H, Hu X, Zhou Y (2005) Origin of the irreversible plateau (4.5 V) of $Li[Li_{0.182}Ni_{0.182}Co_{0.091}Mn_{0.545}]O_2$ layered material (2005). Electrochem Commun 7:1318–1322
177. Lei CH, Wen JG, Sardela M, Bareno J, Petrov I, Kang SH, Abraham DP (2009) Structural study of Li_2MnO_3 by electron microscopy. J Mater Sci 44:5579–5587
178. Yu DYW, Yanagida K, Kato Y, Nakamura H (2009) Electrochemical activities in Li_2MnO_3 batteries and energy storage. J Electrochem Soc 156:A417–A424
179. Amalraj F, Markovsky B, Sharon D, Talianker M, Zinigrad E, Persky R, Haik O, Grinblat J, Lampert J, Schulz-Dobrick M, Garsuch A, Burlaka L, Aurbach D (2012) Study of the electrochemical behavior of the "inactive" Li_2MnO_3. Electrochim Acta 78:32–39
180. Julien CM, Massot M (2003) Lattice vibrations of materials for lithium rechargeable batteries III. Lithium manganese oxides. Mater Sci Eng B 100:69–78
181. Johnson CS, Li N, Lefief C, Vaughey JT, Thackeray MM (2008) Synthesis, characterization and electrochemistry of lithium battery electrodes: $xLi_2MnO_3\text{-}(1-x)LiMn_{0.333}Ni_{0.333}Co_{0.333}O_2$ ($0 \leqslant x \leqslant 0.7$). Chem Mater 20:6095–6106
182. Lu ZH, Dahn JR (2002) Understanding the anomalous capacity of $Li/Li[Ni_xLi_{(1/3-2x/3)}Mn_{(2/3-x/3)}]O_2$ cells using in situ X-ray diffraction and electrochemical studies. J Electrochem Soc 149:A815–A822
183. Armstrong AR, Robertson AD, Bruce PG (2005) Overcharging manganese oxides: extracting lithium beyond Mn^{4+}. J Power Sourc 146:275–280
184. Okamoto Y (2012) Ambivalent effect of oxygen vacancies on Li_2MnO_3: a first principles study. J Electrochem Soc 159:A152–A157
185. Gabrisch H, Yi T, Yazami R (2008) Transmission electron microscope studies of $LiNi_{1/3}Mn_{1/3}Co_{1/3}O_2$ before and after long-term aging at 70 °C. Electrochem Solid State Lett 11:A119–A124
186. Meng YS, de Dompablo EA (2009) First principles computational materials design for energy storage materials in lithium ion batteries. Energy Environ Sci 2:589–609

187. Ito A, Shoda K, Sato Y, Hatano M, Horie H, Ohsawa Y (2011) Direct observation of the partial formation of a framework structure for Li-rich layered cathode material Li[$Ni_{0.17}Li_{0.2}Co_{0.17}Mn_{0.56}$]$O_2$ upon the first charge and discharge. J Power Sourc 196:4785–4790
188. Amalraj F, Talianker M, Markovsky B, Sharon D, Burlaka L, Shafir G, Zinigrad E, Haik O, Aurbach D, Lampert J, Schulz-Dobrick M, Garsuch A (2013) Studies of Li and Mn-rich Li_x[MnNiCo]O_2 electrodes: electrochemical performance, structure, and the effect of the aluminum fluoride coating. J Electrochem Soc 160:A2220–A2233
189. Amalraj SF, Burlaka L, Julien CM, Mauger A, Kovacheva D, Talianker M, Markovsky B, Auirbach D (2014) Phase transitions in Li_2MnO_3 electrodes at various states-of-charge. Electrochim Acta 123:395–404
190. Von Meyer G, Hoppe R (1976) ZuV thermischen verhalten von Li_3MnO_4. Uber α- and β-Li_2MnO_3. Z Anorg Allg Chem 424:257–261
191. Jonson CS, Kim JS, Lefief C, Li N, Vaughey JT, Thackeray MM (2004) The significance of the Li_2MnO_3 component in composite $xLi_2MnO_3 \cdot (1-x)LiMn_{0.5}Ni_{0.5}O_2$ electrodes. Electrochem Commun 6:1085–1091
192. Thackeray MM, Kang SH, Johnson CS, Vaughey JT, Hackney SA (2006) Comments on the structural complexity of lithium-rich $Li_{1+x}M_{1-x}O_2$ electrodes (M = Mn, Ni, Co) for lithium batteries. Electrochem Commun 8:1531–1538
193. Deng H, Belharouak I, Yoon CS, Amine K (2010) High temperatura performance of surface-treated $Li_{1.1}(Ni_{0.15}Co_{0.1}Mn_{0.55})O_{1.95}$ layered oxide. J Electrochem Soc 157:A1035–A1039
194. Armstrong AR, Holzapfel M, Novák P, Johnson CS, Kang SH, Thackeray MM, Bruce PG (2006) Demonstrating oxygen loss and associated structural reorganization in the lithium battery cathode Li[$Ni_{0.2}Li_{0.2}Mn_{0.6}$]O_2. J Am Chem Soc 128:8694–8698
195. Yuan W, Zahng HZ, Liu Q, Li GR, Gao XP (2014) Surface modification of Li($Li_{0.17}Ni_{0.2}Co_{0.05}Mn_{0.58}$)$O_2$ with CeO_2 as cathode material for Li-ion batteries. Electrochim Acta 135:199–207
196. Wang ZQ, Chen YC, Ouyang CY (2015) Polaron states and migration in F-doped Li_2MnO_3. Phys Lett A 378:2449–2452
197. Röder P, Baba N, Wiemhöfer HD (2014) A detailed thermal study of a Li[$Ni_{0.33}Co_{0.33}Mn_{0.33}$]$O_2$-$LiMn_2O_4$-based lithium ion cell by accelerating rate and differential scanning calorimetry. J Power Sourc 248:978–987
198. Shi SJ, Tu JP, Tang YY, Liu XY, Zhao XY, Wang XL, Gu CD (2013) Morphology and electrochemical performance of Li[$Li_{0.2}Mn_{0.54}Ni_{0.13}Co_{0.13}$]$O_2$ cathode materials treated in molten salts. J Power Sourc 241:186–195
199. Toprakci O, Toprakci HAK, Li Y, Ji LW, Xue LG, Lee H, Zhang S, Zhang XW (2013) Synthesis and characterization of $xLi_2MnO_3 (1-x)LiMn_{1/3}Ni_{1/3}Co_{1/3}O_2$ composite cathode materials for rechargeable lithium-ion batteries. J Power Sourc 241:522–526
200. Shi SJ, Tu JP, Tang YY, Zhang YQ, Wang XL, Gu CD (2013) Preparation and characterization of macroporous $Li_{1.2}Mn_{0.54}Ni_{0.13}Co_{0.13}O_2$ cathode material for lithium-ion batteries via aerogel template. J Power Sourc 240:140–148
201. Zhenyao W, Biao L, Jin M, Dingguo X (2014) Molten salt synthesis and high-performance of nanocrystalline Li-rich cathode materials. RSC Adv 4:15825–15829
202. Zhang HZ, Qiao QQ, Li GR, Gao XP (2014) PO_4^{3-} polyanion-doping for stabilizing Li-rich layered oxides as cathode materials for advanced lithium-ion batteries. J Mater Chem A 2:7454–7460
203. Myung ST, Lee KS, Sun YK, Yashiro H (2011) Development of high power lithium-ion batteries: layer Li[$Ni_{0.4}Co_{0.2}Mn_{0.4}$]O_2 and spinel Li[$Li_{0.1}Al_{0.05}Mn_{1.85}$]$O_4$. J Power Sources 196:7039–7043
204. Zhu Z, Zhu L (2014) Synthesis of layered cathode material $0.5Li_2MnO_3$-$0.5LiMn_{1/3}Ni_{1/3}Co_{1/3}O_2$ by an improved co-precipitation method for lithium-ion battery. J Power Sourc 256:178–182
205. Shi SJ, Lou ZR, Xia TF, Gu CD, Tu JP (2014) Hollow $Li_{1.2}Mn_{0.5}Co_{0.25}Ni_{0.05}O_2$ microcube prepared by binary template method as a cathode material for lithium ion batteries. J Power Sourc 257:198–204
206. Croy KSH, Balasubramanian M, Thackeray MM (2011) Li_2MnO_3-based composite cathodes for lithium batteries: a novel synthesis approach and new structures. Electrochem Commun 13:1063–1066
207. Li J, Klöpsch R, Stan MC, Nowak S, Kunze M, Winter M, Passerini S (2011) Synthesis and electrochemical performance of the high voltage cathode material Li[$Li_{0.2}Mn_{0.56}Ni_{0.16}Co_{0.08}$]$O_2$ with improved rate capability. J Power Sourc 196:4821–4825
208. Chen Y, Xu G, Li J, Zhang Y, Chen Z, Kang F (2013) High capacity $0.5Li_2MnO_3$-

$0.5LiNi_{0.33}Co_{0.33}Mn_{0.33}O_2$ cathode material via a fast co-precipitation method. Electrochim Acta 87:686–892
209. Kim JH, Sun YK (2003) Electrochemical performance of $Li[Li_xNi_{(1-3x)/2}Mn_{(1+x)/2}]O_2$ cathode materials synthesized by a sol-gel method. J Power Sourc 119:166–170
210. Zhao X, Cui Y, Xiao L, Liang H, Liu H (2011) Molten salt synthesis of $Li_{1+x}(Ni_{0.5}Mn_{0.5})_{1-x}O_2$ as cathode material for Li-ion batteries. Solid State Ionics 192:321–325
211. Kim MG, Jo M, Hong YS, Cho J (2009) Template-free synthesis of $Li[Ni_{0.25}Li_{0.15}Mn_{0.6}]O_2$ nanowires for high performance lithium battery cathode. Chem Commun 218–220
212. Lu Z, MacNeil DD, Dahn JR (2001) Layered cathode materials $Li[Ni_xLi_{(1/3-2x/3)}Mn_{(1/3-x/3)}]O_2$ for lithium-ion batteries. Electrochem Solid State Lett 4:A191–A194
213. Wu Y, Manthiram A (2007) Effect of Al^{3+} and F^- doping on the irreversible oxygen loss from layered $Li[Li_{0.17}Mn_{0.58}Ni_{0.25}]O_2$ cathodes. Electrochem Solid State Lett 10:A151–A154
214. Tran N, Croguennec L, Menetrier M, Weill F, Biensan P, Jordy C, Delmas C (2008) Mechanisms associated with the plateau observed at high voltage for the overlithiated $Li_{1.12}(Ni_{0.425}Mn_{0.425}Co_{0.15})_{0.88}O_2$ system. Chem Mater 20:4815–4825
215. Wang ZY, Liu EZ, He CN, Shi CS, Li JJ, Zhao NQ (2013) Effect of amorphous $FePO_4$ coating on structure and electrochemical performance of $Li_{1.2}Ni_{0.13}Co_{0.13}Mn_{0.54}O_2$ cathode material for Li-ion batteries. J Power Sourc 236:25–32
216. Kang SH, Johnson CS, Vaughey JT, Amine K, Thackeray MM (2006) The effects of acid treatment on the electrochemical properties of $0.5Li_2MnO_3 \cdot 0.5LiNi_{0.44}Co_{0.25}Mn_{0.31}O_2$ electrodes in lithium cells. J Electrochem Soc 153:A1186–A1192
217. Tang JH, Wang ZX, Li XH, Peng WJ (2012) Preparation and electrochemical properties of Co-doped and none-doped $Li[Li_xMn_{0.65(1-x)}Ni_{0.35(1-x)}]O_2$ cathode materials for lithium batteries. J Power Sourc 204:187–192
218. Tran HY, Täubert C, Fleischhammer M, Axmann P, Küppers L, Wohlfahrt-Mehrens M (2011) $LiMn_2O_4$ spinel/$LiNi_{0.8}Co_{0.15}Al_{0.05}O_2$ blends as cathode materials for lithium-ion batteries. J Electrochem Soc 158:A556–A561
219. Gao J, Manthiram A (2009) Eliminating the irreversible capacity loss of high capacity layered $Li[Li_{0.2}Mn_{0.54}Ni_{0.13}Co_{0.13}]O_2$ cathode by blending with other lithium insertion hosts. J Power Sourc 191:644–647
220. Thackeray MM (1997) Manganese oxides for lithium batteries. Prog Solid State Chem 25:1–71
221. Gummow RJ, Liles DC, Thackeray MM (1993) Lithium extraction from orthorhombic lithium manganese oxide and the phase transformation to spinel. Mater Res Bull 28:1249–1256
222. Armstrong AR, Bruce PG (1996) Synthesis of layered $LiMnO_2$ as an electrode for rechargeable lithium batteries. Nature 381:499–500
223. Davidson IJ, McMillan RS, Murray JJ (1995) Rechargeable cathodes based on $Li_2Cr_xMn_{2x}O_4$. J Power Sourc 54:205–208
224. Choi S, Manthiram A (2002) Factors influencing the layered to spinel-like phase transition in layered oxide cathodes. J Electrochem Soc 149:A1157–A1163
225. Doeff MM, Richardson TJ, Kepley L (1996) Lithium insertion processes of orthorhombic Na_xMnO_2-based electrode materials. J Electrochem Soc 143:2507–2516
226. Jeong YU, Manthiram A (1999) Synthesis and lithium intercalation properties of $Na_{0.5-x}Li_xMnO_{2+\delta}$ and $Na_{0.5-x}MnO_{2+\delta}$ cathodes. Electrochem Solid State Lett 2:421–424
227. Kim J, Manthiram A (1999) Amorphous manganese oxyiodides exhibiting high lithium intercalation capacity at higher current density. Electrochem Solid State Lett 2:55–57
228. Takeda Y, Kanno R, Tsuji Y, Yamamoto O (1983) Chromium oxides as cathodes for lithium cells. J Power Sourc 9:325–328
229. Yamamoto O, Takeda Y, Kanno R, Oyabe Y, Shinya Y (1987) Amorphous chromium oxide, a new lithium battery cathode. J Power Sourc 20:151–156
230. Kim J, Manthiram A (1997) Synthesis, characterization, and electrochemical properties of amorphous $CrO_{2-\delta}$ ($0 \leqslant \delta \leqslant 0.5$) cathodes. J Electrochem Soc 144:3077–3081
231. Abdel-Ghany AE, Mauger A, Groult H, Zaghib K, Julien CM (2012) Structural properties and electrochemistry of α-$LiFeO_2$. J Power Sourc 197:285–291
232. Wang W, Wang H, Liu S, Huang J (2010) Synthesis of γ-LiV_2O_5 nanorods as high-performance cathode for Li ion battery. J Solid State Electrochem 16:2555–2561
233. Yang G, Wang G, Hou W (2005) Microwave solid-state synthesis of LiV_3O_8 as cathode material for lithium batteries. J Phys Chem B 109:11186–11196
234. Delmas C, Braconnier JJ, Hagenmuller P (1982) A new variety of $LiCoO_2$ with an unusual packing obtained by exchange reaction. Mater Res Bull 17:117–123
235. Paulsen JM, Mueller-Neuhaus JM, Dahn JR (2000) Layered $LiCoO_2$ with a different oxygen stacking (O2 structure) as a cathode material for rechargeable lithium batteries. J Electrochem Soc 147:508–516

第 6 章
单元素离子的三维框架正极材料

6.1 引言

近年来，三维（3D）结构的锂离子电池正极材料已经成为研究热点。3D 材料是指二元过渡金属氧化物（TMO）和锂化 TMO。历史上，在 1975 年，SANYO 电气公司在市场上首次将锂一次电池用于手表等低功率电源[1]，并且针对锂二次电池中二氧化锰（EMD）的循环性进行了研究[2]。在 20 世纪 80 年代初，德国慕尼黑大学、英国牛津大学和美国新泽西州贝尔实验室的几个小组集中进行了 Li^+ 插入到 MoO_3 及其衍生物中的研究，如 Magneli 相 Mo_8O_{23}、V_2O_5 材料通过剪切 ReO_3 型链和相关化合物 V_6O_{13} 和 LiV_3O_8，WO_3 和 TiO_2[3~5]形成。进一步研究了作为二次电池正极材料的锂二氧化锰尖晶石中的混合离子的电子传导性质[6]。表 6.1 列出了使用 TM 氧化物作为正极，Li 金属作为负极，$LiClO_4$ 溶于碳酸亚丙酯溶液作为电解液的可充电锂电池的工业研究。

表 6.1 使用 TM 氧化物作为可循环锂离子电池活性物质

电池	电压/V	比能量/$W \cdot h \cdot kg^{-1}$	公司（年份）
$Li // V_2O_5$	1.5	10	Toshiba(1989)
$Li // CDMO$①	3.0	—	Sanyo(1989)
$Li // Li_{0.33}MnO_2$	3.0	50	Taridan(1989)
$Li // VO_x$	3.2	200	Hydro-Québec(1990)
$C // LiMn_2O_4$	4.0	400	Duracell(1999)

① 复合锰氧化物。

Li-Mn-O 电极由于具有毒性低，成本低，环保友好，热稳定性高等显著优点，使其成为最具有吸引力的材料，并且锰的成本不足钴的 1%，毒性较小。例如，在充电状态下，$Li_xMn_2O_4$ 在温度超过 220℃时显示出低的起始反应活性和低放热特性[7,8]。另外，锰在地球中的含量丰富，使锰金属成为非常有吸引力的过渡金属，但是锰氧化物的比容量较低。

我们在考虑 Mn 不同氧化态的 Li-Mn 氧化物的结构特性的变化同时，也要考虑在电化学反应时密闭填充氧（CPO）阵列（MnO_6）中八面体部位的 Mn 离子的大小变化，因为离子的扩大会破坏晶格。

作为固态化学的一般规律，CPO 阵列中的八面体配位中 Mn 和 O 的离子半径的比例在

0.4～0.7 范围内。图 6.1 给出了配位数 CN＝6 的 Mn^{n+} 的离子半径的变化，其中 LS 和 HS 表示低和高自旋态[9]。如图 6.1 所示，位于八面体位置的 Mn 离子的离子半径相对于 O_2 (140μm)，其离子半径在 53～83μm 的范围内，因此比率 $r(Mn^{n+})/r(O_2)$ 是可以确定的。因此，Mn 离子的离子半径为四价和三价状态的半径。这表明，Mn^{4+} 可以接受电子形成 Mn^{3+}，而不会破坏八面体配位结构，对应于氧化还原反应中 Li^+ 插入/脱出过程。Ohzuku[10] 已经讨论了固体框架中的 Li^+ 运动，其中当 Mn-O 共价形成 $(MnO_6)^{8-/9-}$ 时，Li-O 键被认为在八面体位置上是足够稳定的。例如，二氧化锰结构稳定性的必要条件是：□MnO_2（其中□为结晶空位）的空位应作为 3D 隧道或通道连接以适应 Li^+ 运动。

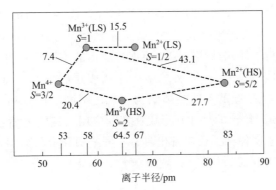

图 6.1　配位数 CN＝6 的 Mn^{n+} 的离子半径
（其中 LS 和 HS 表示低和高自旋态及两种氧化还原物质与自旋 S 之间的百分比）

本章的目的是总结具有堆积（ccp）阵列的 3D 隧道结构现状。这些材料属于 3V 和 4V 正极类，例如非锂化□M_xO_y 和锂化 LiM_xO_y。第一类包含 MnO_2、V_6O_9、WO_3 及其衍生物等具有众多不同的多晶型结构的物质，而第二类包括 $LiMnO_2$、$Li_{0.33}MnO_2$、$LiMn_2O_4$ 尖晶石及其衍生物。

6.2　二氧化锰

二氧化锰（MnO_2，MDO）广泛用作原电池的正极材料。它是锌-MnO_2 电池的正极材料，由法国工程师乔治-莱昂内尔·莱克兰奇于 1866 年发现[11]。Li-MnO_2 电池由 SANYO 电气公司于 1975 年用于手表、计算器和内存备份等低功耗电源得到发展[12]。为了发展二次电池，通过制备复合锰氧化物（CDMO）来改善 MDO 的循环性[13]。表 6.2 列出了锂电池中使用的 Li-Mn-O 化合物的化学式。

表 6.2　Li-Mn-O 化合物的名称和化学式

名称	成分	化学式
水钠锰矿	$MnO_{1.86} \cdot 0.6H_2O$	$[Mn^{4+}]_{0.84}[Mn^{2+}]_{0.16}O_{1.84} \cdot 0.6H_2O$
Na-水钠锰矿	$Na_{0.32}MnO_2 \cdot 0.6H_2O$	$Na_{0.32}[Mn^{4+}]_{0.68}[Mn^{3+}]_{0.32}O_2 \cdot 0.6H_2O$
Li-水钠锰矿	$Li_{0.32}MnO_2 \cdot 0.6H_2O$	$Li_{0.32}[Mn^{4+}]_{0.68}[Mn^{3+}]_{0.32}O_2 \cdot 0.6H_2O$
Co-水钠锰矿	$Mn_{0.85}Co_{0.15}O_2 \cdot 0.6H_2O$	$[Co^{3+}]_{0.15}[Mn^{4+}]_{0.72}[Mn^{2+}]_{0.13}O_{1.80} \cdot 0.6H_2O$
尖晶石	λ-$LiMn_2O_4$	$Li[Mn^{4+}Mn^{3+}]O_4$
NMD	钡硬锰矿	$(R)_2Mn_5O_{10} \cdot xH_2O$
EMD	γ-MnO_2	$MnO_2 \cdot 0.16H_2O$

续表

名称	成分	化学式
CDMO	MnO_2 基化合物	$\gamma\text{-}\beta\text{-}MnO_2 + Li_2MnO_3$
m-LMO	$LiMnO_2$	单斜相 $Li[Mn^{3+}]O_2$
LT-LMO	$Li_{0.52}MnO_2$	含尖晶石相
HT-LMO	$Li_{0.52}MnO_2$	层状相

6.2.1 MnO_2

锰氧化物的隧道和层状晶体结构可以形成多种多孔材料[14]。二氧化锰以不同晶体结构存在，包括 α-、β-、γ-、ε-、η-、δ-和 λ-MnO_2 等形式，这些不同的晶体结构是由基本结构单元［MnO_6］以不同的方式连接构成[15~17]。大多数框架是由角和边缘共享的 MnO_6 八面体单元构成，定义为阳离子插入结构空隙。根据八面体的不同连接方式，MnO_2 结构可以分为三类：链状隧道结构，如 α-、β-和 γ-晶型；片状或层状结构，如 δ 型 MnO_2；以及如 λ-MnO_2 的三维结构。二氧化锰的不同晶体结构表现出不同的性质和寿命周期[18,19]。此外，除了晶体结构之外，MnO_2 颗粒的尺寸和形貌在实际应用的性能方面也起关键作用。在这方面，许多研究学者已经通过各种手段制备出具有不同结构和形状的纳米晶体 MnO_2。到目前为止，已经合成的 MnO_2 纳米材料有：纳米颗粒，纳米棒，带，线，管，纤维，海胆/兰花，介孔和支链结构[18]。

在锂离子电池中，不同结构的 MnO_2 所展示出的优良的电化学性能引起人们对锂电池正极的关注[20~23]。其中，各种各样的电池级 MDO 其结构已被广泛研究[24]。在 MDO 中，最受关注的是通过电解（EMD）或化学（CMD）方法制备的合成产品，它们属于微粒（γ-MnO_2）[25]。Ohzuku 等人研究了 EMD 化合物的电化学行为[26]。除了 γ-MnO_2 形式外，还应特别注意其他化学计量的化合物。例如，$MnO_{1.85}$-$0.6H_2O$ 显示出较大的层间距离和三角柱状位置的分层结构，有利于锂的嵌入[27]。二氧化锰可以根据 MnO_6 单元的聚合性质和两个基底层之间的 MnO_6 八面体链的数量来进行分类。$T_{1,n}$ 组包括两种化学纯的形式，即软锰矿 β-MnO_2（$T_{1,1}$）和斜方锰矿 R-MnO_2（$T_{1,2}$）。$T_{m,\infty}$ 组包括层状阳离子型锰矿，如黑云母、白铁矿和球铁矿。图 6.2 为各种 MnO_2 多晶型物的结构示意图，显示了链和隧道（$m \times n$）结构的变化[28]。

单相 α-MnO_2，β-MnO_2，R-MnO_2，稳定相 α/β-MnO_2 等不同形式的二氧化锰的放电曲线如图 6.3 所示。这些数据表明，稳定的两相 α/β-MnO_2 样品比单相 α-MnO_2 具有更高的放电容量。此外，斜方锰矿 R-MnO_2 和软锰矿 β-MnO_2 显示出最高的放电容量。这些材料呈现出平坦的放电曲线，而锰钡矿结构显示出 S 形放电曲线。在首次放电时，稳定的 α/β-MnO_2 材料的放电容量为 $230mA \cdot h \cdot g^{-1}$，该材料在 20 次循环后显示出良好的充电能力，容量保持为 $150mA \cdot h \cdot g^{-1}$。初始容量损失为 33%，表明大约有 0.3mol 的锂离子被利用[27]。

6.2.2 锰基复合材料

Nohma 等人[29]表明，预先在 MnO_2 晶体结构中插入少量的锂，则可以改善它的电化学循环性能。通过将 LiOH 与 MnO_2 进行反应制备了几种复合的氧化锰（CDMO）材料。图 6.4 展示了不同 Li/Mn 原子比例制备产物的 XRD 图谱。

通过结果可以看出，将 Li_2MnO_3 和 γ-β-MnO_2 材料在 375℃ 时混合形成的复合材料就是

LiOH·MnO_2 前驱体。

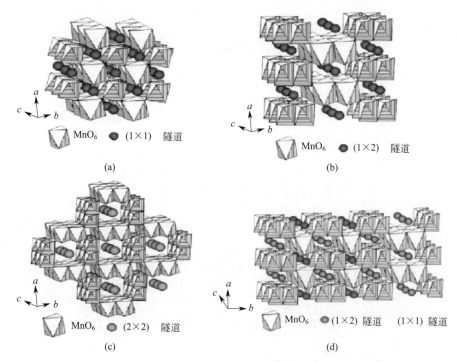

图 6.2 MnO_2 多晶型物的隧道结构示意图：软锰矿 β-MnO_2（$T_{1,1}$）(a)；
斜方锰矿 R-MnO_2（$T_{1,2}$），锰钡矿 α-MnO_2（$T_{2,2}$）(b) 和六方锰矿 γ-MnO_2（共生 $T_{1,1}+T_{1,2}$）(c)

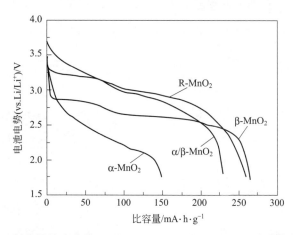

图 6.3 单相二氧化锰放电曲线（α-MnO_2，β-MnO_2，R-MnO_2 和稳定相 α/β-MnO_2）

γ-β-MnO_2 相具有一维通道，而 Li_2MnO_3 是层状化合物，即 $Li[Li_{1/3}Mn_{2/3}]O_2$（图 6.5）。结果显示，用 Li/(Li+Mn)=0.3 在 375℃ 的条件下制备的 CDMO 电极材料，在电流密度为 1.1mA·cm^2，2.0～3.6V 的电压范围下，放电容量为 200mA·h·g^{-1}[30]。

6.2.3 MnO_2 纳米棒

通过过硫酸铵和 Mn(Ⅱ) 盐之间的水热反应制备具有纳米尺寸的 MnO_2 纳米棒样品[31]。图 6.6 为由硫酸锰制备的 α-MnO_2 相样品和由硝酸锰制备的 β-MnO_2 相样品的

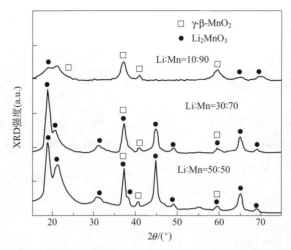

图 6.4 几种 Li/Mn 原子比下 CDMO 的 X 射线衍射图（在 375℃加热下的 LiOH·MnO₂ 前驱体）

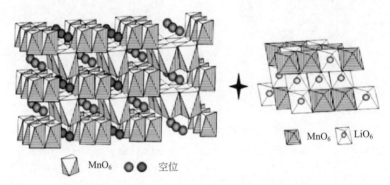

图 6.5 由 γ-β-MnO₂ 和 Li₂MnO₃ 的复合物形成的 CDMO 结构的示意图

XRD 图。

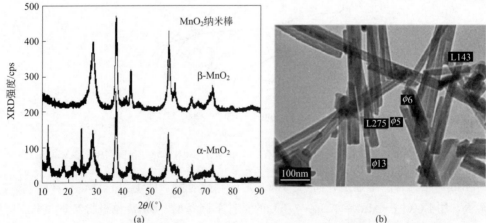

图 6.6 通过（NH₄）₂S₂O₈ 和 MnSO₄·4H₂O 之间（NH₄）₂S₂O₈ 和 Mn(NO₃)₂·4H₂O 之间的氧化还原反应制备的 α-MnO₂ 和 β-MnO₂ 纳米棒的 XRD 图谱（a）和 α-MnO₂ 纳米棒的 TEM 图像（纳米棒的直径和长度值为纳米）（b）

TGA 分析证明由于隧道中不存在 K⁺，使得两种样品的 MnO₂ 结构没有热稳定性，显示出三个重量损失。α-MnO_2($T_{2,2}$) 和 β-MnO_2($T_{1,1}$) 之间的隧道性质和大小差异可能会影响比容量。通过循环伏安法（图 6.7）可以观察到，纳米棒结构表现出良好的电化学性能，该材料在第一次循环后有一个结构演变。这可以从第一次循环之后电位极化的降低以及容量的衰减来清楚地观察到。Shao-Horn 等人[32]已经证明，具有小纵横比的晶体具有较大的电化学活性表面，其原因是大的 $T_{2,2}$ 型隧道横截面积可使锂离子有效地嵌入和脱出。β-MnO_2 纳米棒结构在第一次和第 45 次循环中分别产生 180mA·h·g^{-1} 和 130mA·h·g^{-1} 的放电容量，而 α-MnO_2 纳米棒在第一次循环时放电容量为 210mA·h·g^{-1}，但是在第 45 次循环中放电容量衰减到 115mA·h·g^{-1}。

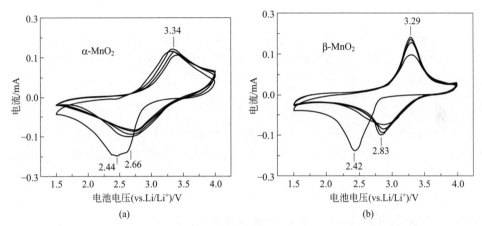

图 6.7 （a）α-MnO_2 和（b）β-MnO_2 的循环伏安图（数据记录在锂电池中，扫描速率为 0.05V·s^{-1}，相对于 Li/Li^+ 电压范围为 1.5~4.0V，氧化还原电位以伏特表示）

β-MnO_2 材料优良的电化学性能可能归因于该样品的纳米棒性质，它减轻了应力，并且为锂离子在 1×1 的隧道中灵活嵌入/脱出提供了可能[33]。其在第一次循环后可以观察到容量的损失，原因是少量的锂离子嵌入 MnO_2 材料中很难从结构中脱出。第二个循环后容量降低的原因可能与放电结束后形成的大量 Mn^{2+} 有关，Mn^{2+} 可以溶解于电解液中，造成锰酸锂容量的衰减[34]。

6.2.4 水钠锰矿

水钠锰矿（δ-MnO_2）或草酸锰矿是由 MDO 多晶型物在层状结构（单斜晶体，C/2m S.G.）中结晶得到的[27,35]。在自然界（土壤，矿床，海洋结节等）中被发现的铋矿型锰氧化物可以通过各种方法（水热，溶胶-凝胶等）来合成。如图 6.8 所示，层状框架由边缘 MnO_6 八面体与占据层间结构的水分子或金属阳离子构成[36]。

根据合成路线，在铋矿（BR）中发现 Mn(Ⅳ)/Mn(Ⅲ) 或 Mn(Ⅳ)/Mn(Ⅱ) 的组合。例如，在 3.6<Z_{Mn}<3.8 的范围内，溶胶-凝胶材料中的锰的平均氧化态和传统的 BR（由 Stahnli 方法制备）是有差异的。传统的铋矿中 Mn 元素的化合价为 Mn(Ⅳ) 和 Mn(Ⅲ)，而在溶胶-凝胶半导体（SG-BR）和 Co 掺杂的溶胶-凝胶半导体（SGCo-BR）[37]条件下得到的材料为 Mn(Ⅳ) 和 Mn(Ⅱ) 的混合物。

这些相具有六边形或单斜对称性。其中如层状的 CdI_2 型结构，由单层边界 [MnO_6] 八面体，层间水分子和位于 [MnO_6] 板之间的水层和氧之间的 Mn^{2+} 或 Mn^{3+} 组成，以平

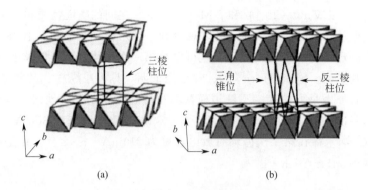

图 6.8 钠锰矿的层状结构

(a) 层间距离 $d=7.1\text{Å}$ 对应于两个连续的重叠 MnO_6 八面体片（三棱柱体被钠离子占据）；
(b) 无碱铋矿的层状结构（层间距离 $d=7.25\text{Å}$ 对应于两个连续的不可重叠的 MnO_6 八面体片，
层间空间定义了反三棱柱和三角锥体位点

衡 MnO_6 片中的电荷缺陷。沿 c 轴的顺序是：

$$O-Mn^{IV}|-O-Mn^{III(+)/II(*)}-H_2O-Mn^{III(+)/II(*)}-O-Mn^{IV}-O \qquad (6.1)$$

其中（+）表示传统 BR 和（*）SG-BR 的化合物。其中 [MnO_6] 两个连续板之间的正交距离约为 7Å。在 SGCo-BR 的情况下，先前我们已经表明 Co^{3+} 会掺入到 MnO_6 片中，使得 Co^{3+} 代替 Mn 离子[38]（见表 6.1 中的化学式）。当 SG-BR 中 $x(Li)=0.85$ 时，Li^+ 的最大吸收量与 Mn^{4+} 的浓度非常一致（Mn 离子的平均价数为 $Z_{Mn}=3.68$），在间隙反应（放电过程）中，主体晶格有 7.5% 的明显收缩时，Mn^{4+} 还原为 Mn^{3+}。Pereira-Ramos 等人[39]报道，SG-BRr 获得的法拉第感应电流产量比无线电通信增加了两倍。这样的结果可以从 Li^+ 动力学得到解释，因为其扩散系数估计为 $D_{Li}^*=10^{-11}\sim10^{-10}\text{cm}^2\cdot\text{s}^{-1}$。在 2.0~4.2V 的电位范围内，Li∥SG-BR 电池表现出良好的循环性能，在第 50 个循环后放电比容量为 $150\text{mA}\cdot\text{h}\cdot\text{g}^{-1}$。

6.3 锂化二氧化锰

根据 Paulsen 和 Dahn[40]报道，图 6.9 为 Li-Mn-O 体系在 350~1060℃ 的相图。由图中可以看出，锂掺杂单相尖晶石 $Li_{1+z}Mn_{2-z}O_4$（$0\leq z\leq 0.33$）在 400 和 880℃ 之间是稳定的（Mn 的平均化合价在 3.5 和 4 之间）。其中，当 T_{c_1} 高于临界温度线时，尖晶石与单斜晶 Li_2MnO_3 共存，当 T_{c_2} 低于临界温度线时，尖晶石与 Mn_2O_3 或 MnO_2 共存。目前大多数氧化锰面临两大难题：①在充放电过程中，存在 Jahn-Teller（JT）效应，使得晶格扭曲；②氟化阴离子与水杂质反应产生的酸引起的 Mn^{3+} 分解为 Mn^{2+} 和 Mn^{4+} 的歧化反应，以及溶剂的氧化，使得锰从阴极骨架溶解到电解液中，特别是在较高的温度和高电压电荷状态下[41]。

6.3.1 $Li_{0.33}MnO_2$

通过低温条件将 $LiOH-MnO_2$ 和 $LiNO_3-MnO_2$ 混合，进行热处理得到的锂离子 Li_xMnO_2（$x=0.33$）电池材料，已经作为 3V 正极材料在锂电池中被广泛研究。该化合物

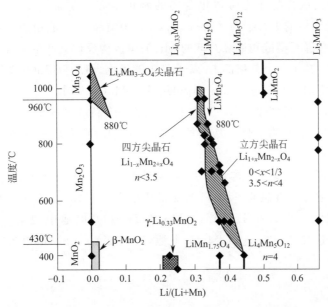

图 6.9 Li-Mn-O 体系在 350～1060℃之间的相图

在 50 次循环后放电比容量为 180mA·h·g^{-1}，其相对于 Li/Li$^+$ 的平均电位为 2.9V[42,43]。其中 Li$_{0.33}$MnO$_2$ 以单斜晶体结构（C2/m S.G.）结晶。根据 Levi 等人的结构讨论[44]，位于（1×2）通道的八面体位置的 Li 离子，对 MnO$_2$ 晶格中的锂离子可以产生弱键合。

图 6.10 显示 25℃和 50℃下，在电流密度为 0.14mA·cm^{-2}，电压范围 4.0～1.5V（相对于金属锂负极）的 Li//Li$_{0.33+x}$MnO$_2$ 电池的首次放电-充电曲线[45]。测试采用化学二氧化锰和 Li 盐固态反应合成材料为正极，显示放电时实现的法拉第产量 0.62Li/Mn，比容量为 194mA·h·g^{-1}。对于首次充电过程，电压曲线的轮廓为一个 S 形，表示有 Li$_{0.33+x}$MnO$_2$ 单相生成。由于 Li$_{0.33}$MnO$_2$ 的还原过程是可逆的，所以构建可充电电池是可能的。令人满意的充放电效率和存储能力是该电池的有利特征。在 Li$_{0.33+x}$MnO$_2$ 锂化时，电导率从 $x=0$ 时的 1×10^{-4}S·cm^{-1} 略微增加到 $x=0.55$ 时的 5×10^{-3}S·cm^{-1}。

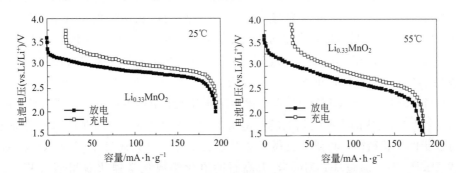

图 6.10 在 25℃和 50℃下，在 4.0～1.5V 的电压范围内测试的 Li//Li$_{0.33+x}$MnO$_2$ 电池的首次放电-充电曲线（负极为金属锂，电流密度为 0.14mA·cm^{-2}）

6.3.2　Li$_{0.44}$MnO$_2$

作为二次锂电池的正极材料锂锰氧化物 Li$_{0.44}$MnO$_2$ 被广泛研究[46~49]。该化合物可以通过使用相应的钠锰氧化物作为母体化合物的软化学方法制备。$Li_{0.44}MnO_2$ 在维持母体 $Na_{0.44}MnO_2$ 型隧道结构的正交结构（Pbam S.G.）中结晶[47]。它由边缘共享的 MnO_6 八面体的双金属和三重金红石型链和边缘共享的 MnO_5 单链构成，其产生沿着 c 轴方向包含大的和小的隧道的框架，其中三个晶格的 Li 离子位于隧道内。$Li_{0.44}MnO_2$ 晶格与众所周知的岩盐结构的锂锰氧化物如尖晶石型 $LiMn_2O_4$ 和层状 $LiMnO_2$ 不同。$Li//Li_{0.44}MnO_2$ 电池的电化学测量结果表明，在充放电时，4.3V 左右出现了一个新的高压平台区，在充电和放电过程中均产生了 3.57V 的平均电压，从而使得在 2.5~4.8V 电压范围内，初始放电容量为 166mA·h·g^{-1}。

在中等电流密度下，隧道结构可以可逆地嵌入高达 0.55~0.6Li/Mn，对应于 160~180mA·h·g^{-1} 的容量。在具有不同 Ti 含量的 $Li//Li_{0.44}Mn_{1-y}Ti_yO_2$（$0<y<0.55$）电池中观察到 4V 平台[49,50]。在 $Li//Li_{0.44}Mn_{0.89}Ti_{0.11}O_2$ 电池中观察到最大放电容量为 179mA·h·g^{-1}。$Li/PEO/Na_{0.2}Li_xMnO_2$ 电池以 0.1mA·cm^{-2} 的电流密度循环，具有优异的容量保持率[46]。

6.3.3 LiMnO$_2$

在下一节报道的 $LiMn_2O_4$ 尖晶石遇到的困难也促成了几种非尖晶石锰氧化物的研究[16]。在已知的几种存在的 $LiMnO_2$ 相中，其中两种是高温斜方晶（以下称为 o-LiMnO$_2$）和单斜晶（以下简称为 m-LiMnO$_2$）的形式；它们都具有紧密排列的理想立方体的扭曲的氧阵列[51]。第三种形式是四方晶系的 $Li_2Mn_2O_4$ 相。具有易于制备和空气稳定的优点的 o-LiMnO$_2$（Pmnm S.G.）材料表现出较高的比容量（286mA·h·g^{-1}）和高电位。Ohzuku 等人[52]通过在 450℃下使 γ-MnOOH 和 LiOH 反应制备了低温 o-LiMnO$_2$ 形式，在非常低的温度（100℃）下完成了离子交换[53]。Gummow 等人[51]研究了在中等（约 600℃）温度下从 γ-MnO$_2$ 和 LiOH 在氩气中用碳作为还原剂获得的 o-LiMnO$_2$。利用水热法[54]和淬火法[55]合成材料的工艺也被报道出来。Liu 等[56]通过 MnOOH 针的水热转化制备了 o-LiMnO$_2$ 纳米棒。以 $C/20$ 速率放电时，在 4.0V 和 2.9V 出现两个电压平台，这可归因于从 o-LiMnO$_2$ 循环到尖晶石相的相变[51]。循环伏安法揭示了 o-LiMnO$_2$ 向尖晶石 $LiMn_2O_4$ 相转化过程中发生的反应[55]。通常认为与 $LiCoO_2$ 具有相同层状结构的 m-LiMnO$_2$ 相（C2/m S.G.）很难获得。合成材料的锂含量可以在 $LiMnO_2$ 中从 $x=0$ 到 1 变化，取决于所使用的合成方法[57,58]。Capitaine 等人[58]通过 Li-Na 交换从 α-NaMnO$_2$ 前驱体的 chimie douce 反应制备了该相。对于 O_2 结构，单斜晶胞参数为 $a=5.439(3)$Å，$b=2.809(2)$Å，$c=5.395(4)$Å，$\beta=115.9(4)°$。层状 LiMnO$_2$ 在电化学循环过程中结构不稳定，表现出显著的容量衰退[16]。$Li_{0.5}MnO_2$ 组成的尖晶石相的转变是由于 Mn 离子从 Mn 平面迁移到 Li 平面造成的。为了获得稳定的层状结构，科研人员做了非常多的工作，例如通过用 Al 和 Co 的阳离子掺杂剂代替 Mn[59~61]。通过 λ-LiMn$_2$O$_4$ 尖晶石的电化学或化学锂化获得四方相（I4$_1$/amd S.G.）。Taridan（以色列）开发了 LiMnO$_2$ 可充电 AA 型电池。提出了插入反应 $LiMn_3O_6 + 2Li^+ \rightleftharpoons 3LiMnO_2$，该过程的平均电压为 2.8V。在典型的快充循环下（250mA，$C/3$~$C/2$ 倍率），100%DOD 时至少循环了 150 次。在这些电池的高循环寿命归因于 Li 沉积在 1,3-二氧戊环-LiAsF$_6$ 溶液中具有非常平滑的形态[62]。然而，具有紧密堆积的氧阵列的 o-LiMnO$_2$ 和 m-LiMnO$_2$ 在电化学循环中容易不可逆地转变为尖晶石结构。这与在 4.0V 和

2.9V（对锂）的两个平台的外观一致，因为母系空间点群 Pmnm 和 C2/m 是 Fd$\bar{3}$m 尖晶石的子点群。图 6.11 是在电化学循环中从 o-LiMnO$_2$ 和 m-LiMnO$_2$ 到尖晶石的结构转变的示意图。

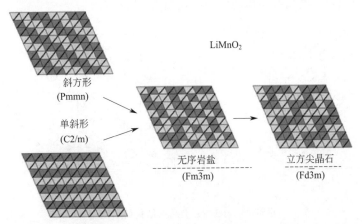

图 6.11　电化学循环时从 o-LiMnO$_2$ 和 m-LiMnO$_2$ 到 LiMn$_2$O$_4$ 尖晶石的结构转变的示意图
[Fd$\bar{3}$m 是 Fm$\bar{3}$m 的 klassengleiche（k-）子群]

6.3.4　Li$_x$Na$_{0.5-x}$MnO$_2$

采用非封闭式隧道结构的 Na$_{0.5}$MnO$_2$（文献中称为 Na$_{0.44}$MnO$_2$）引起了人们的关注，因为它不会转变为尖晶石相，并且在 300℃下依然具有非常高的结构稳定性[48,63,64]。该结构由 MnO$_5$ 正方棱锥和 MnO$_6$ 八面体组成，通过共享边缘和角部连接在一起。然而，尽管可以将另外的锂插入 Li$_x$Na$_{0.5-x}$MnO$_2$ 中，但是只能从离子交换的样品 Li$_x$Na$_{0.5-x}$MnO$_2$ 中脱出少量的锂。因此，该类正极材料对用碳负极的锂离子电池没有吸引力。然而，它们已经被证明是使用金属锂负极的锂聚合物电池的有力候选材料[63]。另外，无定形锰具有高容量（300mA·h·g^{-1}），循环性好[64]。然而，无定形锰容量发生在 4.3~1.5V 的宽电压范围内，具有连续倾斜的放电曲线，并且不能从初始材料中提取太多的锂。因此，这些无定形氧化物对于用碳负极锂离子电池是没有吸引力的。然而，随着新型含锂负极的发展，它们也将会成为锂离子电池可选的正极材料。

6.4　尖晶石锂锰氧化物

6.4.1　LiMn$_2$O$_4$（LMO）

在已知离子导电的锰酸锂中，可能研究最多的可嵌锂化合物就是锂锰氧化物 LiMn$_2$O$_4$。LiMn$_2$O$_4$（LMO）属于 4V 可锂化化合物，并且具有立方尖晶石结构。

Hunter[21] 描述了尖晶石 Li[Mn$_2$]O$_4$ 和缺锂结构物质之间的结构关系。其结晶结构具有对称性 Fd3m，具有通式结构式（A）$_{8a}$[B$_2$]$_{16d}$O$_4$，其中 B 阳离子位于八面体 16d 位点，32e 位上的氧阴离子、A 阳离子占据四面体 8a 位点。氧化物离子的近似立方密堆积（ccp）阵列结合 MnO$_6$ 八面体，与 LiO$_4$ 四面体共享两个相对的角。尖晶石结构的主要特征如下：

①MnO_6 八面体，通过边缘共享在三维空间中相互连接；②LiO_4 四面体，以不同的 MnO_6 单元共享它们的四个角中的每一个，但基本上彼此独立；③八面体（16c）和四面体（主要是8a）位点的三维网络，锂离子通过尖晶石晶格的（1×1）通道移动[65]。正常（Fd3m S.G.）和有序（$P4_132$ S.G.）尖晶石晶格的原子排列如图6.12所示。

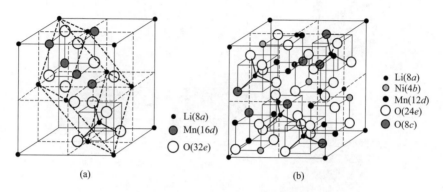

图 6.12　AB_2O_4 尖晶石结构的示意图

（a）正常尖晶石（Fd3m S.G.）的最小（原始）立方晶胞；
（b）1:3 有序尖晶石（$P4_132$ S.G.）的晶胞（该结构由 AO_4 四面体和 B_4O_4 立方体的交替八分体组成，以构建 fcc 单元）

早期提出用 $LiMn_2O_4$ 替代 $LiCoO_2$，锰酸锂有几个优点：①与 Co 和 Ni 相比，天然丰富的锰产生的成本较低；②较低的毒性；③较高的电池电压。然而，锰酸锂的大规模应用面临两个主要困难：①难以制备高质量的样品；②尽管尖晶石锰酸锂在 4V 域内不会发生 JT 变形，但是由于局部放电，在锰酸锂颗粒的表面观察到了四方晶 $Li_2Mn_2O_4$ 层的生成[66]；③$LiMn_2O_4$ 在每一个锰对应的锂插入量多于 1 时，转变成四方晶相。光谱研究证实，（$Mn^{3+}O_6$）八面体参与 JT 效应是这种转变的机理。该材料中的容量衰减机理和体积膨胀有关，而体积膨胀又与这种结构变化相关，这个问题是由立方和四方相共存而产生的。如下所示，3V 平台的存在证实了这种共存。限制循环使 4V 平台减少，但不消除结构形变，却将可用的理论容量降至 140mA·h·g^{-1}。

将各种技术用于合成 LMO，如固相反应法，即通过空气中在约 800℃加热 Li_2CO_3 和电解法 MnO_2 的化学计量混合物 24h[67]；溶胶-凝胶法[68]；Pechini 技术[69,70]；乳液干法[71,72]；超声波喷雾热解法[73]；沉淀法[74]。锰酸锂有各种湿法化学制备技术，如用琥珀酸作为螯合剂辅助的溶胶-凝胶法[75]。也可以通过将三倍多余的 Li 化学插入 γ-MnO_2 中，然后在氧气中进行热处理合成锰酸锂[76]。在纳米结构的锰酸锂材料中，通过燃烧方法[77,78]和高能球磨法制备纳米粒子[79]。通过聚合物模板法合成了介孔改性聚合物的尖晶石[80]。使用 LiOH 和纳米 MnO_2 通过超声波法制备直径 35nm 的纳米球锰酸锂[81]。Kim 等人[82]通过与超声波结合的化学反应成功地制造了高度有序的介孔锰酸锂纳米球。采用水热法，以 β-MnO_2 为前驱体，得到 300nm 直径的锰酸锂纳米棒[83,84]；并且证明锰酸锂纳米线在（220方向[85]）生长，氟化作为改变氧化物的结构和电子性质的手段，已经证实是稳定其结构的有效途径，主要可以改进材料的高温储存性能和尖晶石锰酸锂的循环性能[86,87]。还通过用各种氧化物如 $LiCoO_2$[88]，V_2O_5[89]，Al_2O_3[90]，SiO_2[91]，MgO[92]等借助于溶液的化学工艺技术，如溶胶-凝胶法，溶液沉淀法和微乳液法包覆在颗粒表面，改善锰酸锂材料的循环性能。这种表面修饰技术避免了材料在高温（50～60℃）下形成聚合物，聚合物的形成不仅增加了电极阻抗，甚至隔离了一定量的活性物质[93]。不同条件制备的样品和不同程度的阳离子对四元尖晶石固溶体相取代 $LiM_yMn_{2-y}O_4$（M=Co，Cr，Ni，Al，Ti，Ge，Fe，Zn）的电化学性能也被研究[94,95]。有关报道 $LiMn_2O_4$ 的物理性质，如充放电结构演化[96]，由小极化机理驱动的电子导电性[97]，晶格动力学[98,99]，磁性[100,101]，电子属性[102]等的论文多达几百篇。Wang 等人[103]报道了退火温度对溶胶-凝胶法合成的 $LiMn_2O_4$ 的立方晶格参数的影响。

图 6.13 是 $Li//LiMn_2O_4$ 电池在 22℃ 的恒电流条件下的首周充放电曲线。以 $1mA\cdot cm^{-2}$ 的电流密度对电池进行充电和放电，同时在 3.0V 和 4.4V 之间监测电压。在该电压范围内，充-放电曲线对应于与锂相关的尖晶石材料的锂占据四面体位置的电压轮廓特征[104]。完整电池的电位变化揭示锂插入-脱出过程中存在两个区域。第一区域（Ⅰ）的特征在于 S 形电压曲线，而第二区域（Ⅱ）对应于平台部分。在区域Ⅰ中，充电电压在 3.80~4.05V 的范围内连续增加。

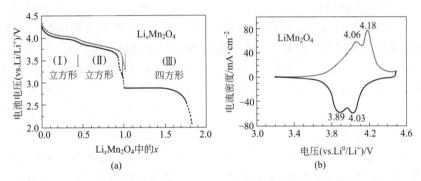

图 6.13 Li/$LiMn_2O_4$ 电池在 4V 和 3V 区域的首次充放电曲线（a）；
以扫描速率 $1mV\cdot min^{-1}$ 进行的循环伏安图（b）

在区域Ⅱ中，充电电压在 4.15V 附近稳定。此外，这些结果描述了 $Li_xMn_2O_4$ 化合物对锂含量的相图。

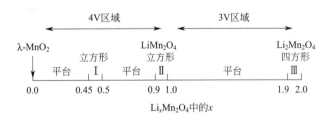

图 6.14 $Li_xMn_2O_4$ 在 4V 和 3V 区域发生平台的相图

在 4V 和 3V 范围内出现的平台的 $Li_xMn_2O_4$（$0 \leqslant x \leqslant 2$）系统的相图如图 16.14 所示。根据图 6.14 所示的结果，在对应于电压平台以上的区域Ⅱ可以识别出两相体系，而区域Ⅰ可归因于以 S 形电压曲线为特征的单相。当绘制导数电压 $-dx/dV$ 对电池电压的曲线时，两个插锂方式被清楚地描绘。对于 $Li//Li_xMn_2O_4$ 电池，4V 以上可用于循环的容量超过 $120mA\cdot h\cdot g^{-1}$[105]。为了维持初始立方尖晶石的对称性，在四面体 $8a$ 位置的锂脱出/插入发生在约 4V（图 6.13），而八面体 $16c$ 位点锂的脱出/插入发生在约 3V 处，这与立方尖晶石 $Li[Mn_2]O_4$ 和四方锂化尖晶石 $Li_2[Mn_2]O_4$ 的两相机制有关。Palacin 等人[106]在 4.5V

和 3.3V 发现两个附加步骤，这是双六方层优先氧化的特征。虽然它们都涉及相同的 $Mn^{3+/4+}$ 的反应，但两个过程之间的 1V 差异反映了位点能量的差异[107]。8a 四面体位置的 Li^+ 具有较深的能阱，并且活化能使得锂离子从一个 8a 四面体位点经过能量较低的相邻的 16c 位点移动到另一个 8a 四面体位置导致 4V 的高电压。

从 $Li[Mn_2]O_4$ 转变为 $Li_2[Mn_2]O_4$ 时的立方到四方转变是由于高自旋 Mn^{3+}：$3d^4$ ($t_{2g}^3 e_g^1$) 离子的轨道中与单电子相关的 Jahn-Teller（JT）形变（图 6.15）。沿着 c 轴长 Mn—O 键的 MnO_6 八面体和沿 a 轴和 b 轴的短 Mn—O 键的协同变形导致图 6.15 所示的 $Li_2[Mn_2]O_4$ 的宏观四方对称性。尽管每个 $LiMn_2O_4$ 配方单元中的两个锂离子可以被可逆地脱出/插入，但是立方到四方转变伴随着单元晶胞参数的 c/a 比增加了 6.5%，同时和单元晶胞体积增加了 16%。我们可以回忆一下，这种变化对于电极在放电/充电循环过程中，保持结构完整性来说是具有严重破坏性的，因此 $LiMn_2O_4$ 在 3V 区域中显示出快速的容量衰减。因此，$LiMn_2O_4$ 只能用于 4V 区域，实际容量约为 120mA·h·g^{-1}（图 6.13），这对应于每个 Mn 脱出/插入 0.4 个锂，这与我们前面提到的 140mA·h·g^{-1} 的理论容量相吻合。不幸的是，即使容量有限，$LiMn_2O_4$ 也容易在 4V 区域表现出容量衰减，特别是在升高的温度（50℃）下。4V 区域的能量衰减有很多原因。例如，锰在电解液中的溶解源自于锰在 Mn^{3+} 因为歧化反应生成 Mn^{4+} 和 Mn^{2+}[108]，以及 $Li_2[Mn_2]O_4$ 在非平衡循环条件下在颗粒表面形成四方晶系[66] 都被认为是容量衰减的原因。此外，4V 区域涉及形成两个立方相，也可能在容量衰减中起作用。$LiMn_2O_4$ 尖晶石晶格畸变这一难题，已经激发了抑制 JT 变形的方法研究。抑制 JT 变形的一种方法是提高锰的平均氧化态，因为 Mn^{4+}：$3d^3$ ($t_{2g}^3 e_g^0$) 不会发生 JT 扭曲形变。锰的氧化态可以通过二价阳离子取代或通过增加 $LiMn_2O_{4+\delta}$ 中的氧含量来提高[109~112]。此外，为了提高尖晶石锰氧化物的容量保持率，还可以在 $LiMn_{2-y}M_yO_4$ 中采取其他过渡金属 M＝Cr，Co，Ni 和 Cu 等进行阳离子取代[113~116]。这个方法可以用以下事实来解释：用一些价态≤3 的阳离子来取代一些 Mn（体相掺杂）使得材料在 4V 平台上进行循环时，Mn 氧化态保持在 3.5 以上，从而抑制了 JT 形变。

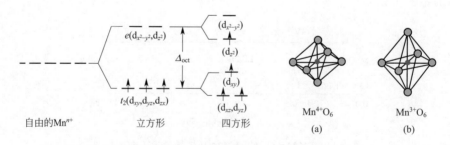

图 6.15　锰氧化物中 JT 变形的图示
(a) 具有立方对称性（无 JT 变形）的 Mn^{4+}：$3d^3$；
(b) 具有四方对称性（JT 变形）的 Mn^{3+}：$3d^4$

此外，表面掺杂可以通过减少与电解质的表观接触面积并抑制表面 Jahn-Teller 变形来降低锰溶解。近年来，业内同行们为了合成掺杂的锰酸锂已经做出了许多努力。有关掺杂改性锰酸锂的制备和掺杂方法（体积、表面和组合掺杂）的大量近期工作已经被综述[117] 所介绍。因此，这些工作并没有在这里被综述出来，我们只是引导读者们去重新关注这篇论文，了解不同的掺杂元素和过程，并讨论如何有效地抑制锰酸锂的容量衰退。然而，这种提升两

个平台从 $8a$ 四面体位置提取/插入锂的方法，导致了 4V 平台区域容量的下降。一个在 4V 左右，对应于 Mn^{3+} 对 Mn^{4+} 的氧化；另一个在 5V 左右，对应于其他过渡金属离子的氧化。尽管从能量密度的观点来看，电池电压增加到 5V 是有吸引力的，但 $LiMn_{2-y}M_yO_4$ 氧化物容易出现晶格失氧和 5V 区域的安全问题。

6.4.2 锰酸锂表面修饰

对于锰酸锂来说，锰在电解质中的溶解是个主要问题[118]。$LiMn_2O_4$ 与电解液的反应随温度升高而加剧，使 $LiMn_2O_4$ 基电池的使用条件需要稳定在室温。在这种情况下，LMO 的表面改性研究对于保护材料免受电解液的反应和避免 Mn^{3+} 溶解两个目的至关重要：①提高日历寿命和循环寿命，使其与其他正极成分竞争，以摆脱正极中的层状成分；②恢复电池的热安全性。最常用的表面涂层材料是 Al_2O_3，ZrO_2，ZnO，SiO_2，Bi_2O_3 等金属氧化物，可以保护电极免受高温的侵袭。关于 $LiMn_2O_4$ 作为动力锂离子电池正极材料表面改性的研究进展，可参见参考文献 [119]。为了探索尖晶石电极的电化学性质的变化，文献采用电化学阻抗（EIS）的方法对 55℃ 循环至充电态的电池进行了研究，被研究的样品包括未进行表面包覆和进行了表面包覆的两种。从未包覆和 ZrO_2 包覆的 $LiMn_2O_4$ 的分析得到的 Nyquist 图如图 6.16(a)，(b) 所示。每个 EIS 光谱由两个半圆和一个斜线组成。高中频区的第一个半圆是由覆盖电极颗粒的表面膜（R_{sf}）的电阻引起的。中低频区的半圆与外加的双层电容的电荷转移电阻（R_{ct}）相关。低频区域的斜线代表材料中的锂离子扩散。在这种机理的基础上，用于分析的等效电路如插图中所示。R_w 表示电解质电阻，CPE_{dl} 是恒定相组分，W_z 是对应于主体材料中 Li^+ 扩散的 Warburg 组分。

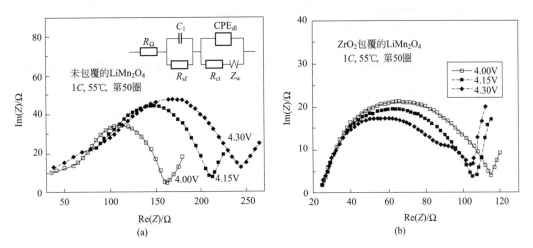

图 6.16 Nyquist 图 [(a) 在 4.0~4.3V 的电位范围内经过 50 次循环后，$LiMn_2O_4$ 作为充电状态的函数 (b) ZrO_2 包覆之后的样品 50 次循环后，作为充电态的函数。电池以 $1C$ 倍率并且在 $T=55$℃ 下循环。插图为用于分析的等效电路（符号含义参见相关文本）]

50 次循环后，未包覆材料的 R_{ct} 的增加是由于在电极-电解质界面处的化学变化，而不是 Mn(Ⅱ) 迁移。ZrO_2 包覆的 $LiMn_2O_4$ 样品，阻抗谱清晰地显示出由于修饰 SEI 层引起的低频区组分的贡献，通过包覆减少了 Li^+ 输运。据报道，用硼酸盐玻璃 $Li_2O\text{-}2B_2O_3$（LBO）或氟化物包覆的锰酸锂颗粒表现出良好的高温电化学性能。通过溶液法包覆 LBO

的锰酸锂电极具有优异的循环性能（112mA·h·g^{-1}），即使在1C倍率下经过30个循环也没有任何容量损失[120]。氟化物也用于包覆锰酸锂以提高其循环性，因为甚至是在HF中它也非常稳定。Lee等[121]报道，BiOF涂层的尖晶石电极在55℃时具有优异的容量保持率，100次循环后容量保持在其初始放电容量的96%，而未包覆的材料其容量保持率为84%，这主要是因为氟氧化物层提供了有力的防止HF攻击的保护，同时起到清除HF的作用。

6.4.3 缺陷尖晶石

作为缺陷尖晶石正极材料的 $Li_{1-\delta}Mn_{2-\delta}O_4$，赢得业内的关注实际上来自于其可逆插入/脱嵌锂的能力。就 Li-Mn-O 相图（图6.17）而论，MnO_2-$LiMn_2O_4$-$Li_4Mn_5O_{12}$ 三角形内的区域构成缺陷尖晶石组成区域。在四面体和八面体锰位置都含有空位的缺陷型尖晶石 $Li_{1-\delta}Mn_{2-\delta}O_4$ 拥有高容量（>230mA·h·g^{-1}）。

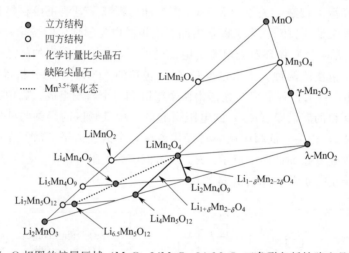

图6.17 Li-Mn-O 相图的扩展区域（MnO_2-$LiMnO_2$-Li_2MnO_3 三角形包括缺陷尖晶石组成的区域）

这种化合物的 Li/Mn 比为0.5，Mn 的平均价态从3.5变化到4（取决于 δ 的值）[16,122]。对于 $\delta=0.11$ 的值，该化合物 $Li_2Mn_4O_9$ 为 Mn 的氧化态为4.0的非化学计量形式。δ 值越大，4V 时的容量越小，晶格参数越小，3V 区域的循环性就越好。因而我们可以推测出，富氧锂锰螺旋体可以提供超过 150mA·h·g^{-1} 的高稳定容量（图6.17）。

通过柠檬酸盐溶胶-凝胶法合成具有结构式 $Li_{0.50}MnO_{2.25}$（$Li_2Mn_4O_9$）和 $Li_{0.51}MnO_{2.20}$ 的缺陷尖晶石。通过对样品的结构分析可以得到 $Li_{0.52}MnO_{2.1}$ 的晶格参数为 $a=8.193\text{Å}$，$Li_2Mn_4O_9$ 的 $a=8.162\text{Å}$。它们与化学计量为 $LiMn_2O_4$（$a=8.248\text{Å}$）的样品相比，具有立方结构（Fd3m S.G.）的粉末 $Li_4Mn_5O_{12}$（$a=8.137\text{Å}$）。结构式 $Li_2Mn_4O_9$ 可以写成 ($\square_{0.11}Li_{0.89}$)$_{8a}$[$\square_{0.22}Mn_{1.78}$]$_{16d}O_4$ 的尖晶石符号的形式。$Li_2Mn_4O_9$ 在放电截止电压到 2V 时，可以容纳 0.95Li/Mn，并且其中 0.9Li 显示出从立方变为四方的轻微相变（图6.18）。这是由 $Li_{4.4}Mn_4O_9$ 的拉曼光谱中第二相出现所证明的。对于 $Li_{0.51}MnO_{2.20}$，可以观察到类似的特征，可以插入 0.86 个 Li/Mn。

6.4.4 锂掺杂尖晶石

对于大规模应用，$LiMn_2O_4$ 的主要缺点是很难制备高品质的样品，因为 Mn^{3+} 容易发生

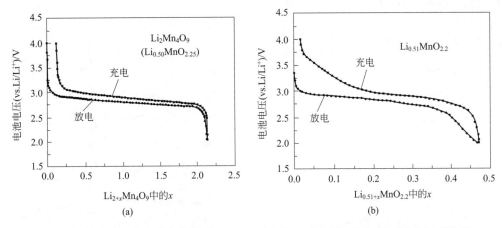

图 6.18 缺陷尖晶石的充放电特征 [(a) $Li_{0.51}MnO_{2.25}$($Li_2Mn_4O_9$) 和 (b) $Li_{0.51}MnO_{2.2}$ 测量在 $C/20$ 倍率下进行,电位范围为 2～4V]

Jahn-Teller 效应造成晶格畸变。采用锂替代锰去抑制容量的衰减,已经进行了大量研究。Mn^{3+} 浓度的降低是通过取代一价离子获得的,这提高了 $LiMn_2O_4$ 尖晶石相的稳定性。在系统中,Li-Mn-O,$Li_{1+x}Mn_{2-x}O_4$ 尖晶石作为连续的固溶体系存在于 $0.00 \leqslant x \leqslant 0.33$ 的范围内。通常认为富锂尖晶石具以改善材料的电化学性能。最近很多论文报道了这些物质的物理性质[100,101,123]。结构和磁学分析表明,物理和电化学性质受到 Li_2MnO_3 杂质相的存在的影响非常严重。这种附加相的存在通过歧化反应降低了锰的平均氧化态,使得尖晶石相的最终组成为 $Li_{3.8}Mn_{5.2}O_{12}$ (或 $Li_{1.27}Mn_{1.73}O_4$)。由于磁相互作用造成重要的几何失真和反铁磁相互作用的稀释,在所研究的温度范围内没有观察到磁性有序性。异常磁性,包括 ESR 线的 Dysonian 轮廓,表明材料是金属性的。从特殊的热测量推导出的 Sommerfeld 常数为 $308mJ \cdot K^{-2}$ (每摩尔 $Li_{1.27}Mn_{1.73}O_4$),表明该材料属于 LiV_2O_4 或 $LiTi_2O_4$ 等重质费米子体系。这些重的费米子是 Mn^{3+} 自旋向下的电子 $t_g \downarrow$,这些电子具有减重效应,$m/m_0 = 467$。电化学性能表明,$Li_{3.8}Mn_{5.2}O_{12}$ 在倍率为 1C 下充电的比电容量为 $163mA \cdot h \cdot g^{-1}$,由于可能将 Li 插入 $Li_{6.8}Mn_{5.2}O_{12}$ 组成,因此值较大。在 Mott 绝缘相对金属相的稳定性框架内讨论了歧化的起源,以及锂化过程中扁平的电压[75]。

图 6.19(a) 显示了 $Li/\!/Li_4Mn_5O_4$ 电池的放电-充电曲线。正如先前所报道的[16,124],$Li[Li_{1/3}Mn_{5/3}]O_4$ 尖晶石的 $[Mn^{IV}]O_6$ 骨架是锂插入-脱出反应的吸引人关注的主体结构,因为它提供了面向共享四面体和八面体的三维网络,用于锂离子扩散。$Li_{4/3}Mn_{5/3}O_4$ 在 3.5～1.5V 的电位范围内具有 $163mA \cdot h \cdot g^{-1}$ 的容量。

$Li_4Mn_5O_{12}$ 在从尖晶石到岩盐型相的插锂(放电)相转变过程中吸收了三个锂:

$$Li_4Mn_5O_{12} + 3Li^+ + 3e^- \rightleftharpoons Li_{4+x}Mn_5O_{12} \tag{6.2}$$

注意,该相变开始主导电极动力学。OCV 对 x(Li) 曲线显示了一个 Li 组成范围为 $0.05 \leqslant x \leqslant 0.85$ 的电压平台。该曲线在 0.9 之前略微下降,当 $x \approx 0.95$ 时急剧下降。两相电化学反应的发生以平台的方式响应。在该反应中,随着一相反应被耗尽,电压会发生明显的改变,这就可以作为充电结束的指示[125]。图 6.19(b) 显示了通过拉曼散射(RS)光谱法研究的 Li 插入时的相变化。在 3.2～2.5V 范围内放电,同时记录电化学锂化 $Li_{4+x}Mn_5O_{12}$ 尖晶石过程中的拉曼散射(RS)光谱。$Li_{6.5}Mn_5O_{12}$ 的 RS 光谱清楚地显示了 Li 插入时 $Li_{4/3}Mn_{5/3}O_4$

立方（O_h^7）到四方晶（D_{4h}^{19}）的结构变化。

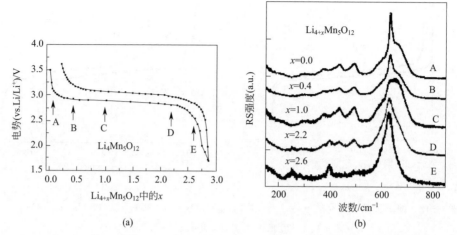

图 6.19　$Li_{4+x}Mn_5O_{12}$ 电池中以锂含量为函数的充电-放电曲线（箭头表示分析的组成）(a)；$Li_{4+x}Mn_5O_{12}$ 电极材料在不同锂插入量下的拉曼光谱（最终产品的光谱显示了四方结构的特征）(b)

这种结构修饰在波数 $255cm^{-1}$，$282cm^{-1}$ 和 $397cm^{-1}$ 处引起三个典型的 RS 带。高频带出现在 $628cm^{-1}$ 处，肩部在 $592cm^{-1}$ 处。与 $Li_7Ti_5O_{12}$ 类似，光谱特征 $Li_{6.5}Mn_5O_{12}$ 与四方晶 $I4_1/amd$ 对称性一致。由于在放电结束时出现 Mn^{3+} Jahn-Teller 离子，锂离子在 $Li_{4/3}Mn_{5/3}O_4$ 中将会出现四方畸变。最终的效果是从立方 $Fd3m$ 到四方晶 $I4_1/amd$ 的晶体对称性降低[126]。

6.5　5V 尖晶石

为了改善 $LiMn_2O_4$ 的循环性能，有人报道了采用过渡金属取代的尖晶石材料 $LiM_yMn_{2-y}O_4$（M=Ni，Co，Fe，Cr 等）[127]。它们的电化学性能主要取决于三维过渡金属的种类和含量。然而，它们在 5V 左右时对金属锂呈现高电压平台[128,129]。其中，业内对于 $LiNi_{0.5}Mn_{1.5}O_4$ 在 4.7V 左右主平台电压非常感兴趣。4.7V 的平台来自 Ni^{2+}/Ni^{4+} 氧化还原变化，而 4.1V 的平台是由于 Mn^{3+}/Mn^{4+} 氧化还原。与将 Li^+ 插入未掺杂的尖晶石中形成的四方结构相反，尖晶石 $LiNi_{0.5}Mn_{1.5}O_4$ 在放电过程中保持立方体以形成 $Li_2Ni_{0.5}Mn_{1.5}O_4$。

该结构被认为具有空间群 $P4_132$（晶胞参数 $a=8.166Å$）的立方晶体，而非正常的 $Fd3m$ 尖晶石晶胞。空间群 $P4_132$ 允许将较大的 Ni^{2+}（离子半径 $0.69Å$）置于在较大的 4b 位点，而不是正常尖晶石结构的 16d 位点（图 6.12）。较小的单位晶胞尺寸主要是由于 Mn 价态的变化。尽管用较大的 Ni^{2+} 代替了一部分 Mn 离子，但 Mn 价态变化依然存在。图 6.20 显示了通过湿化学法合成的 $LiNi_{0.5}Mn_{1.5}O_4$ 粉末的 RS 光谱。使用不同的煅烧程序，获得两种类型的材料，即有序结构和正常尖晶石结构。由于对称性降低，前一种化合物显示出额外的拉曼谱带[130]。

图 6.21 显示的是正常尖晶石晶格 A[B_2]O_4 和 1∶3 有序的尖晶石制成的电池（Li∥$LiNi_{0.5}Mn_{1.5}O_4$）在 3.5～4.9V（对金属锂负极）之间的首周充放电曲线。根据高电压的特点，我们的数据与这些先前报道的结果一致。从图 6.21 中可以看出，$LiNi_{0.5}Mn_{1.5}O_4$ 样品

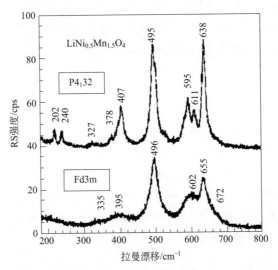

图 6.20 具有有序和正常尖晶石框架的 $LiNi_{0.5}Mn_{1.5}O_4$ 粉末的拉曼光谱

显示出高于 4.5V 的工作电压。曲线表现出两步锂插层-脱嵌的特征。4.0V 附近的小平台与 Mn^{3+}/Mn^{4+} 的氧化还原有关。纯化学计量的 $LiNi_{0.5}Mn_{1.5}O_4$ 不应含有 Mn^{3+}。然而,由于在高温合成过程中存在少量氧的损失,出于电荷平衡的目的,部分惰性 Mn^{4+} 被还原为活性 Mn^{3+}。4.7V 左右的平台归因于 Ni^{2+} 氧化成 Ni^{4+}。正常尖晶石相在 4.65V 下显示出主要的一步反应。有序尖晶石结构的电压曲线从斜率曲线转变为 4.72V 的平曲线。在 3.5~4.9V 的电压范围内,Li∥$LiNi_{0.5}Mn_{1.5}O_4$ 在首次放电过程中的容量为 133 $mA·h·g^{-1}$。在 3.5~4.9V 的电压范围内,在 C/10 放电的电池的容量保持率是初始容量的 97% 以上。

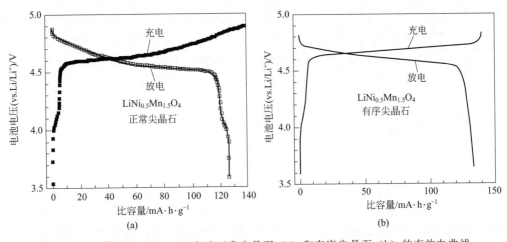

图 6.21 Li∥$LiNi_{0.5}Mn_{1.5}O_4$ 电池正常尖晶石(a)和有序尖晶石(b)的充放电曲线

由于 Li^+ 在前者中的扩散系数较高,正常 $LiNi_{0.5}Mn_{1.5}O_4$ 的循环性能优于有序尖晶石材料。不幸的是,无序态尖晶石由于发生了失氧,所以导致材料中有 Mn^{3+} 的 Jahn-Teller 效应的存在以及 $Li_yNi_{1-y}O$ 杂质的存在,这对于材料的电化学性质是有害的,因此,为了克服这个问题,科研人员在不同的阳离子取代方面做了很多工作。其中性能最好的是用 Cr 来取代一部分 Mn，特别是 600℃下进行后退火处理的共沉淀法制备的 $LiMn_{1.45}Cr_{0.1}Ni_{0.45}O_4$ 尖晶石，将锰再次氧化为 Mn^{4+} 状态，掺杂后的样品，在任何倍率下（乃至提高至 5C），都显示了容量的提升，经过 125 次循环后只有 6% 的容量损失[131]。

6.6 钒氧化物

钒拥有从 V^{4+} 到 V^{5+} 之间混合价态的多种氧化物相。它们拥有从 V^{4+} 到 V^{5+} 的跳变机理产生的更高的电子电导率，并且可以用 V_nO_{2n+1}（$n>2$）的标称公式表示。钒氧化物如 V_2O_5，$VO_2(B)$，V_6O_{13} 和 LiV_3O_8 已经被证明可用于插锂反应。它们的结构由边缘共享八面体组成，形成单个曲折的带以及双曲折带无限延伸垂直于纸张的平面，然后通过共享拐角将单相和双相片层连接在一起，得到三维晶格。Murphy 等人[132,133] 研究了钒氧化物如 V_3O_7，V_4O_9 和 V_6O_{13} 的一些不同的相。

6.6.1 V_6O_{13}

V_6O_{13} 是一种黑色材料，其来自 ReO_3 结构，并且是组成 VO_2 和 V_2O_5 的中间相。在该系列中，V_3O_7 和 V_4O_9 似乎具有 V_6O_{13} 和 V_2O_5 之间的中间结构。V_6O_{13} 的单斜晶体结构包含边缘共享扭曲的 VO_6 八面体，形成通过进一步的边缘共享的角共享而连接在一起的单和双 Z 字形链（图 6.22）。所得到的平面（单和双）通过角共享相互连接，从而得到一个 3D 框架[134]。该结构包含通过共享正方形面连接三个带盖的腔体。空腔的三个开放面应允许锂离子沿（010）扩散，可能在相邻通道对之间进行交换。根据所涉及的钒离子的价态，化学计量 V_6O_{13} 可以写为 $(V^{4+})_4(V^{5+})_2(O^{2-})_{13}$。

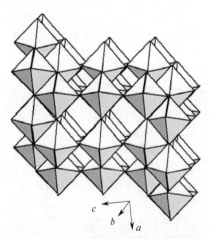

图 6.22 V_6O_{13} 的晶体结构显示出来自 ReO_3 的剪切晶格（该结构由扭曲的 VO_6 八面体共享拐角和边缘组成）

V_6O_{13} 的结构从电化学观点来看是有趣的，因为锂吸收的理论最大极限能量密度为 $890 W \cdot h \cdot kg^{-1}$。一般认为，化学计量为 V_6O_{13} 的每个化学式单元内可以容纳 8 个 Li，这是由可用的电子位点而不是结构空腔确定[135]。该极限对应于所有钒离子以三价 V^{3+} 态存在的情况。作为化学计量的函数，$VO_{2.18}$ 氧化物的最大摄取量为 1.35Li。Murphy 等人首次证明锂在 V_6O_{13} 中的可逆化学和电化学插锂[132,136]，其在实际电池中作为活性正极材料的潜力已经得到了更充分的研究[135]。放电曲线显示三个不同的平台，反映主体结构中非等效位置的顺序填充（图 6.23）[137]。

图 6.24(a) 显示了 V_6O_{13} 和 $Li_xV_6O_{13}$（$0 \leqslant x \leqslant 6$）电导率的 Arrhenius 图。纯物质在室温下的电导率为 $1 \times 10^{-2} S \cdot cm^{-1}$，并且呈现出半导体特性。$V_6O_{13}$ 中的电子传导是由于 V^{4+} 和 V^{5+} 状态之间的电子跳跃。电导率降低对应于 $Li_xV_6O_{13}$ 框架中添加 Li 离子的稳定下降。锂离子的嵌入被认为是通过电子转移来降低钒离子的价态。

阳离子相对浓度的降低导致材料的导电性降低并使之成为差的电子半导体。压实的 V_6O_{13}

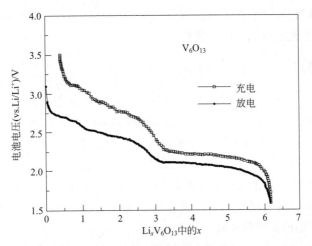

图 6.23 Li/V_6O_{13} 电池在 $C/24$ 下电位范围为 1.5～3.5V 时的放电-充电曲线

（平台对应于类似 ReO_3 结构中钒的各种氧化还原态。经许可转载[135]，版权所有 1983 Elsevier）

粉末的电子电导率随着 Li 含量的增加，分两步骤急剧下降[138,139]。对于锂化的 V_6O_{13}，我们观察到电导率的持续下降，$Li_6V_6O_{13}$ 最低的电导率为 $5×10^{-4} S·cm^{-1}$。伴随着活化能的增加，这是在具有小极性传导的所有氧化物中观察到的普遍现象。$Li_xV_6O_{13}$（$x=0.0$ 和 3.2）化合物的傅里叶红外变换（FTIR）光谱揭示了从类金属到小极化特征的转变[图 6.24(b)]。在纯 V_6O_{13} 中，观察到约 $200 cm^{-1}$ 处的 Drude 边缘，这是 3d 带中的自由电荷载体的贡献。

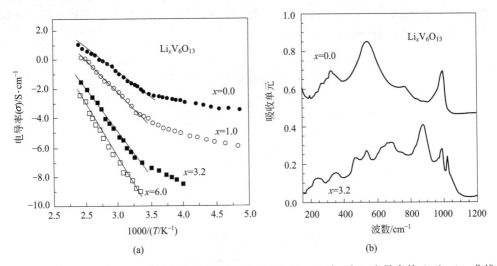

图 6.24 使用 vander Pauw 方法测量的 V_6O_{13} 和 $Li_xV_6O_{13}$（$0 \leqslant x \leqslant 6$）电导率的 Arrhenius 曲线
（a）以及 V_6O_{13} 和 $Li_{3.2}V_6O_{13}$ 的 FTIR 吸收光谱（b）

对于锂化的 V_6O_{13}，我们观察到电导率的连续降低，其也通过 Drude 吸收的消失的方式被记录在远红外光谱中[137]。

6.6.2　$LiVO_2$

$LiVO_2$ 具有类似于 $LiCoO_2$ 的 $O3$ 结构。尽管锂可以容易地从 $LiVO_2$ 中脱出来，但钒离

子迁移到 $Li_{1-x}VO_2$ 中的锂平面，这里 $(1-x)<0.67^{[140,141]}$。类似地，尖晶石 LiV_2O_4 在充放电过程中也会经历钒离子迁移的过程。

6.6.3 VO₂(B)

$VO_2(B)$ 相是具有良好循环性的高容量的 $VO_2^{[142]}$ 的亚稳态。它的剪切结构来自于假想的 VO_3，它具有类似于 ReO_3 的结构，由扭曲的 VO_6 八面体共享拐角和边缘组成[143~145]。另外，$VO_2(B)$ 含有可用于碱插入的一维隧道。亚稳态的 $VO_2(B)$ 晶体，具有明确的单斜晶结构（$a=12.03Å$，$b=3.693Å$，$c=6.42Å$，$\beta=106°$），并且与 V_6O_{13} 的密切相关的结构不同。然而，由于从亚稳态到热力学更稳定的金红石相 $VO_2(R)$ 的相变，$VO_2(B)$ 非常难以通过常规高温路线制备。其他两个 VO_2 相是已知的：$VO_2(A)$ 表现出 fcc 晶格和金属 $VO_2(M)$ 相的氧空位移动。

纳米结构的 $VO_2(B)$ 材料可以通过不同形态的前驱体进行制备，如纳米线，纳米带，纳米片，纳米针和纳米棒等[146~150]。通过 V_2O_5 中 V^{5+} 的缓慢还原合成 $VO_2(B)$，显示了平行于 ab 平面片层表面优先生长[151]。通过甲醛或异丙醇溶剂热还原 V_2O_5 制备 $VO_2(B)$ 纳米棒[152]。氧化钒气凝胶用真空低温热处理制备具有纳米纹理 $VO_2(B)$ 的前驱体。由气凝胶前驱体制备的 $VO_2(B)$ 材料保留了气凝胶的纤维形态和高表面积。

$VO_2(B)$ 的电化学行为显示，其比容量高达 $500 mA·h·g^{-1}$，并且在 4V 和 2.4V 之间相对于金属锂负极[153]循环时具有良好的稳定性。通过一步水热法合成的纳米级 $VO_2(B)$ 的初始放电容量为 $180 mA·h·g^{-1[154]}$。通过简单水热法合成的 $VO_2(B)$ 纳米带具有长方形截面，平均长度约为 $1\mu m$，平均宽度约为 80nm，厚度约为 50nm。电化学测试显示，初始放电容量为 $321 mA·h·g^{-1}$，电压平台接近 $2.5V^{[155]}$。图 6.25 显示了以 $C/12$ 速率循环的 $Li//VO_2(B)$ 电池的前两周充放电曲线。

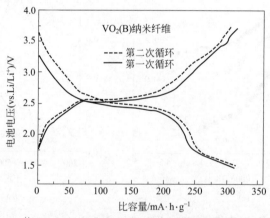

图 6.25　$Li//VO_2(B)$ 电池在 $C/12$ 倍率下循环的前两周充放电曲线

6.7 总结与评论

为了解决商业化锂离子电池正极钴酸锂材料带来的成本和环境问题，业内科研人员在寻求替代材料方面做出了很多努力，新材料的开发需要新的合成工艺，如溶胶-凝胶工艺、离子交换工艺、水热反应工艺等。通过对大量样品的研究，比较了过渡金属氧化物电极的化学和结构稳定性。在这方面，各种物理化学技术被用于设计最佳结构。无定形化合物的合成有助于了解这方面的微结构。

寻找表现出优越循环性能的材料导致了过渡金属和阳离子取代材料的研究；在许多情况下掺杂的效果如 $LiNiO_2$，$LiCoO_2$，$LiMnO_2$，$LiMn_2O_4$ 等都是成功的。具有相对较好的化学稳定性的 $LiCo_{1-y}M_yO_2$ 体系可以取代传统且容易发生失氧的 $LiCoO_2$ 材料。然而，这些层状化合物的热稳定性较低的问题尚未解决[156]。新体系如 $LiNi_{0.5}Mn_{0.5}O_2$ 和 $LiNi_{0.5}Mn_{1.5}O_4$ 显示出有趣的电化学特征，但需要更好地控制其晶体的化学性质。

考虑到电池电压和能量密度最大化的问题，过渡金属氧化物主体已经成为正极材料的选择。一些 3d 过渡金属氧化物的电极性质总结在表 6.3 中。在各种氧化物主体中，层状 $LiMO_2$（M＝Co 和 Ni），尖晶石 $LiMn_2O_4$ 和橄榄石结构的 $LiFePO_4$ 已经成为主要的候选正极，因为它们可以与不含锂的碳负极匹配。然而，对于层状 $LiMO_2$ 和尖晶石 $LiMn_2O_4$ 来说，只有理论容量的 40%～65% 可以被实际应用，这主要是由于化学和结构不稳定性造成的，这些问题我们在后续章节会讨论。

表 6.3 一些 3d 过渡金属氧化物的电极特性的比较

氧化物	比容量 /$mA \cdot h \cdot g^{-1}$	平均电压 /V	每摩尔原子可接受的可逆 Li^+ 的量	能量密度 /$mW \cdot h \cdot g^{-1}$
Li_xVO_2	290	2.6	0.9	750
$Li_{1-x}Mn_2O_4$	120	3.8	0.4	455
$Li_xNa_yMnO_zI_\eta$（无定形化合物）	275	2.6	1.5	715
$Li_{1-x}CoO_2$	140	3.7	0.5	520
$Li_{1-x}MnCoO_4$	125	4.8	0.4	600
$Li_{1-x}NiO_2$	140	3.8	0.5	530
$Li_{1-x}Ni_{0.85}Co_{0.15}O_2$	180	3.75	0.6	675
$Li_xFe_2(SO_4)_3$	110	3.6	0.8	400
Li_xFePO_4	170	3.3	1.0	560

未来的挑战是开发简单的氧化物正极材料，而不需要其他元素如 P 或 Na，其中每个过渡金属离子至少有一个锂离子可以可逆地脱出/插入，同时保持材料成本和毒性低，与目前的水平相比，这样的正极材料可以将能量密度几乎增加一倍。还可能通过关注非晶材料来增加负极主体的容量。另一种方法是开发含锂负极和无锂正极的电池。该方法将允许使用一些已知的高容量正极，例如具有更好化学稳定性和安全特性的氧化钒。从安全、循环和储存性能的角度来看，也可以选择具有较低电压（3～4V）的正极，但这是以降低能量密度为代价的。

特别是在下一章中，我们看到，利用 PO_4^{3-} 构建框架的聚阴离子正极是非常有希望的。橄榄石结构的 $LiFePO_4$ 在电化学循环中结构非常稳定，同时碳包覆的 $LiFePO_4$ 是大功率电池优异的正极材料成分，最近的研究表明，尽管 $LiFePO_4$ 的理论容量 100% 可以利用，但其能量密度依然小于层状化合物的能量密度。

参 考 文 献

1. Ikeda H, Saito T, Tamura H (1975) In: Kozawa A, Brodd RH (eds) Proceedings manganese dioxide symposium, vol 1. IC Sample Office, Cleveland, OH, p 384
2. Gabano JP (1983) Lithium batteries. Academic, London
3. Schöllhorn R (1982) Solvated intercalation compounds of layered chacogenide and oxide bronzes. In: Whittingham MS, Jacobson AJ (eds) Intercalation chemistry. Academic, New York, pp 315–360

4. Dickens PG, Pye MF (1982) Oxide insertion compounds. In: Whittingham MS, Jacobson AJ (eds) Intercalation chemistry. Academic, New York, pp 539–561
5. Murphy DW (1982) Lithium intercalation compounds of vanadium chalcogenides. In: Whittingham MS, Jacobson AJ (eds) Intercalation chemistry. Academic, New York, pp 563–572
6. Thackeray MM, David WIF, Bruce PG, Goodenough JB (1983) Lithium insertion into manganese spinels. Mater Res Bull 18:461–472
7. MacNeil DD, Dahn JR (2001) The reaction of charged cathodes with nonaqueous solvents and electrolytes: II. $LiMn_2O_4$ charged at 4 V. J Electrochem Soc 148:A1211–A1215
8. MacNeil DD, Lu Z, Chen Z, Dahn JR (2002) A comparison of the electrode/electrolyte reaction at elevated temperatures for various Li-ion battery cathodes. J Power Sourc 108:8–14
9. Shannon RD (1976) Revised effective ionoic radii and systematic studies of interatomic distances in halides and chalcogenides. Crystallogr Acta A 32:751–767
10. Ohzuku T (1994) Four-volt cathodes for lithium accumulators and the Li-ion batteries concept. In: Pistoia G (ed) Lithium batteries: new materials, developments, and perspectives. Elsevier, Amsterdam, pp 239–280
11. Leclanché GL (1866) Pile au peroxide de manganèseà seul liquide. Fr Pat 71,865. Brit Pat 2623
12. Ikeda H, Saito T, Tamura H (1977) Manganese dioxide symposium, vol 1. Cleveland Section of the Electrochem Society, Pennington
13. Dampier FW (1974) The cathodic behaviour of CuS, MoO_3 and MnO_2 in lithium cells. J Electrochem Soc 121:656–660
14. Feng Q, Kanoh H, Ooi K (1999) Manganese oxides porous crystals. J Mater Chem 9:319–333
15. Chabre Y, Pannetier J (1995) Structural and electrochemical properties of the proton/γ-MnO_2 system. J Prog Solid State Chem 23:1–130
16. Thackeray MM (1997) Manganese oxides for lithium batteries. Prog Solid State Chem 25:1–71
17. Julien CM, Massot M, Poinsignon C (2004) Lattice vibrations of manganese oxides. Part I. Periodic structure. Spectrochim Acta A 60:689–700
18. Chen Y, Hong Y, Ma Y, Li J (2010) Synthesis and formation mechanism of urchin-like nano/micro-hybrid α-MnO_2. J Alloys Compd 490:331–335
19. Abuzeid HM, Hashem AM, Narayanan N, Ehrenberg H, Julien CM (2011) Nanosized silver-coated and doped manganese dioxide for rechargeable lithium batteries. Solid State Ionics 182:108–115
20. Le Goff P, Baffier N, Bach S, Pereira-Ramos JP (1996) Synthesis, ion exchange and electrochemical properties of lamellar phyllomanganates of the birnessite group. Mater Res Bull 31:63–75
21. Hunter JC (1981) Preparation of a new crystal form of manganese dioxide λ-MnO_2. J Solid State Chem 39:142–147
22. Thackeray MM, de Kock A, de Picciotto LA, Pistoia G (1989) Synthesis and characterization of γ-MnO_2 from $LiMn_2O_4$. J Power Sourc 26:355–363
23. Nardi JC (1985) Characterization of the Li/MnO_2 multistep discharge. J Electrochem Soc 132:1787–1791
24. Palache C, Berman H, Frondel C (1963) The system of mineralogy, vol 1, 7th edn. Wiley, New York
25. Julien C, Massot M, Rangan S, Lemal M, Guyomard D (2002) Study of structural defects in γ-MnO_2 by Raman spectroscopy. J Raman Spectr 33:223–228
26. Ohzuku T, Kitagawa M, Hirai T (1989) Electrochemistry of manganese dioxide in lithium nonaqueous cell. I. X-ray diffractional study on the reduction of electrolytic manganese dioxide. J Electrochem Soc 136:3169–3174
27. Le Goff P, Baffier N, Bach S, Pereira-Ramos JP (1994) Structural and electrochemical properties of layered manganese dioxides in relation to their synthesis: classical and sol-gel routes. J Mater Chem 4:875–881
28. Julien CM, Massot M (2004) Vibrational spectroscopy of electrode materials for rechargeable lithium batteries. III. Oxide frameworks. In: Stoynov Z, Vladikova D (eds) Proceedings of the international workshop on advanced techniques for energy sources investigation and testing, Bulgarian Academy of Sciences, Sofia, pp 1–17
29. Nohma T, Yoshimura S, Nishio K, Saito T (1994) Commercial cells based on MnO_2 and MnO_2-related cathodes. In: Pistoia G (ed) Lithium batteries. Elsevier, Amsterdam, pp 417–456
30. Nohma T, Saito T, Furukawa N, Ikada H (1989) Manganese oxides for a lithium secondary battery. Composite dimensional manganese oxide (CDMO). J Power Sourc 26:389–396

31. Hashem AM, Abuzeid HM, Abdel-Latif AM, Abbas HM, Ehrenberg H, Indris S, Mauger A, Julien CM (2013) MnO$_2$ nanorods prepared by redox reaction as cathodes in lithium batteries. ECS Trans 50–24:125–130
32. Shao-Horn Y, Hackney SA, Johnson CS, Thacheray MM (1998) Microstructural features of α-MnO$_2$ electrodes for lithium batteries. J Electrochem Soc 145:582–589
33. Huang X, Lv D, Zhang Q, Chang H, Gan J, Yang Y (2010) Highly crystalline macroporous β-MnO$_2$: hydrothermal synthesis and application in lithium battery. Electrochim Acta 55:4915–4920
34. Hashem AM, Abuzeid HM, Nikolowski K, Ehrenberg H (2010) Table sugar as preparation and carbon coating reagent for facile synthesis and coating of rod-shaped MnO$_2$. J Alloys Compd 497:300–303
35. Renuka R, Ramamurthy S (2000) An investigation on layered birnessite type manganese oxides for battery applications. J Power Sourc 87:144–152
36. Julien C, Massot M, Baddour-Hadjean R, Franger S, Bach S, Pereira-Ramos JP (2003) Raman spectra of birnessite manganese dioxides. Solid State Ionics 159:345–356
37. Strobel P, Mouget C (1993) Electrochemical lithium insertion into layered manganates. Mater Res Bull 28:93–100
38. Franger S, Bach S, Pereira-Ramos JP, Baffier N (2000) Influence of cobalt ions on the electrochemical properties of lamellar manganese oxides. Ionics 6:470–476
39. Bach S, Pereira-Ramos JP, Baffier N, Messina R (1991) Birnessite manganese dioxide synthesized via a sol-gel process: a new rechargeable cathodic material for lithium batteries. Electrochim Acta 36:1595–1603
40. Paulsen JM, Dahn JR (1999) Phase diagram of Li-Mn-O spinel in air. Chem Mater 11:3065–3079
41. Wen SJ, Richardson TJ, Ma L, Striebel KA, Ross PN, Cairns EJ (1996) FTIR spectroscopy of metal oxide insertion electrodes: a new diagnostic tool for analysis of capacity fading in secondary Li/LiMn$_2$O$_4$ cells. J Electrochem Soc 143:L136–L138
42. Banov B, Momchilov A, Massot M, Julien CM (2003) Lattice vibrations of materials for lithium rechargeable batteries V. Local structure of Li$_{0.3}$MnO$_2$. Mater Sci Eng B 100:87–92
43. Yoshio M, Nakamura H, Xia Y (1999) Lithiated manganese dioxide Li$_{0.33}$MnO$_2$ as a 3 V cathode for lithium batteries. Electrochim Acta 45:273–283
44. Levi E, Zinigrad E, Teller H, Levi MD, Aurbach D (1998) Common electroanalytical behaviour of Li intercalation processes into graphite and transition metal oxides. J Electrochem Soc 145:3024–3034
45. Julien CM, Banov B, Momchilov A, Zaghib K (2006) Lithiated manganese oxide Li$_{0.33}$MnO$_2$ as electrode material for lithium batteries. J Power Sourc 159:1365–1369
46. Doeff MM, Peng MY, Ma Y, De Jonghe LC (1994) Orthorhombic Na$_x$MnO$_2$ as a cathode material for secondary sodium and lithium polymer batteries. J Electrochem Soc 141:L145–L147
47. Armstrong AR, Huang H, Jennings RA, Bruce PG (1998) Li$_{0.44}$MnO$_2$: an intercalation electrode with a tunnel structure and excellent cyclability. J Mater Chem 8:255–259
48. Jeong YU, Manthiram A (1999) Synthesis and lithium intercalation properties of Na$_{0.5-x}$Li$_x$MnO$_{2+\delta}$ and Na$_{0.5-x}$MnO$_{2+\delta}$ cathodes. Electrochem Solid State Lett 2:421–424
49. Akimoto J, Awaka J, Takahashi Y, Kijima N, Tabuchi M, Nakashima A, Sakaebe H, Tatsumi K (2005) Synthesis and electrochemical properties of Li$_{0.44}$MnO$_2$ as a novel 4 V cathode material. Electrochem Solid State Lett 8:A554–A557
50. Akimoto J, Awaka J, Hayakawa H, Takahashi Y, Kijima N, Tabuchi M, Sakaebe H, Tatsumi K (2007) Structural and electrochemical properties of Li$_{0.44}$Mn$_{1-y}$Ti$_y$O$_2$ as a novel 4-V positive electrode material. J Power Sourc 174:1218–1223
51. Gummow RJ, Liles DC, Thackeray MM (1993) Lithium extraction from orthorhombic lithium manganese oxide and the phase transformation to spinel. Mater Res Bull 28:1249–1256
52. Ohzuku T, Kitano S, Iwanaga M, Matsuno H, Ueda A (1997) Comparative study of Li[Li$_x$Mn$_{2-x}$]O$_4$ and LT-LiMnO$_2$ for lithium-ion batteries. J Power Sourc 68:646–651
53. Reimers JN, Fuller EW, Rossen E, Dahn JR (1993) Synthesis and electrochemistry studies of LiMnO$_2$ prepared at low temperatures. J Electochem Soc 140:3396–3401
54. Zhou F, Zhao X, Liu Y, Li L, Yuan C (2008) Size-controlled hydrothermal synthesis and electrochemical behaviour of orthorhombic LiMnO$_2$ nanorods. J Phys Chem Solids 69:2061–2065
55. Jin EM, Jin B, Jeon YS, Park KH, Gu HB (2009) Electrochemical properties of LiMnO$_2$ for lithium polymer battery. J Power Sourc 189:620–623
56. Liu Q, Mao D, Chang C, Huang F (2007) Phase conversion and morphology evolution during hydrothermal preparation of orthorhombic LiMnO$_2$ nanorods for lithium ion battery appli-

cation. J Power Sourc 173:538–544
57. Armstrong AR, Bruce PG (1996) Synthesis of layered $LiMnO_2$ as an electrode for rechargeable lithium batteries. Nature 381:499–500
58. Capitaine F, Gravereau P, Delmas C (1996) A new variety of $LiMnO_2$ with a layered structure. Solid State Ionics 89:197–202
59. Singhal A, Skandan G, Amatucci G, Pereira N (2000) Nanostructured electrodes for rechargeable Li batteries. In: Proceedings of electrochemical society workshop on interfaces, phenomena and nanostructures in lithium batteries, Argonne, Accessed 11–13 Dec 2000
60. Paulsen JM, Thomas CL, Dahn JR (1999) Layered Li-Mn-Oxide with O2 structure: a cathode material for Li-ion cells which does not convert to spine. J Electrochem Soc 146:3560–3565
61. Chiang YM, Wang H, Jang YI (2001) Electrochemically induced cation disorder and phase transformations in lithium intercalation oxides. Chem Mater 13:53–63
62. Dan P, Mengeritsky E, Aurbach D, Weissman I, Zinigrad E (1997) More details on the new $LiMnO_2$ rechargeable battery technology developed at Taridan. J Power Sourc 68:443–447
63. Doeff MM, Richardson TJ, Kepley L (1996) Lithium insertion processes of orthorhombic Na_xMnO_2-base electrode materials. J Electrochem Soc 143:2507–2516
64. Kim J, Manthiram A (1997) A manganese oxyiodide cathode for rechargeable lithium batteries. Nature 390:265–267
65. Wickham DG, Croft WJ (1958) Crystallographic and magnetic properties of several spinels containing trivalent JA-1044 manganese. J Phys Chem Solids 7:351–360
66. Thackeray MM, Shao-Horn Y, Kahaian AJ. Kepler KD, Skinner E, Vaughey JT, Hackney SA (1998) Structural fatigue in spinel electrodes in high voltage (4 V) $Li/Li_xMn_2O_4$ cells. Electrochem Solid State Lett 1:7–9
67. Wang E, Bowden W, Gionet P (1998) Method of preparation of lithium manganese oxide spinel. US Patent 5,753,202. Accessed 8 Apr 1996
68. Rho YH, Dokko K, Kanamura K (2006) Li^+ ion diffusion in $LiMn_2O_4$ thin film prepared by PVP sol-gel method. J Power Sourc 157:471–476
69. Liu W, Farrington GC, Chaput F, Duhn B (1996) Synthesis and electrochemical studies of spinel phase $LiMn_2O_4$ cathode materials prepared by the Pechini process. J Electrochem Soc 143:879–884
70. Wu SH, Su HJ (2002) Electrochemical characteristics of partially cobalt-substituted $LiMn_{2-y}Co_yO_4$ spinels synthesized by Pechini process. Mater Chem Phys 78:189–195
71. Kim BH, Choi YK, Choa YH (2003) Synthesis of $LiFe_xMn_{2-x}O_4$ cathode materials by emulsion method and their electrochemical properties. Solid State Ionics 158:281–285
72. Komaba S, Oikawa K, Myung ST, Kumagai N, Tamiyama T (2002) Neutron powder diffraction studies of $LiMn_{2-y}Al_yO_4$ synthesized by the emulsion drying method. Solid State Ionics 149:47–52
73. Taniguchi I, Lim CK, Song D, Wakihara M (2002) Particle morphology and electrochemical performances of spinel $LiMn_2O_4$ powders synthesized using ultrasonic spray pyrolysis method. Solid State Ionics 146:239–247
74. Barboux P, Tarascon JM, Shokoohi FK (1991) The use of acetates as precursors for the low-temperature synthesis of $LiMn_2O_4$ and $LiCoO_2$ intercalation compounds. J Solid State Chem 94:185–196
75. Kopeć M, Dygas JR, Krok F, Mauger A, Gendron F, Jaszczak-Figiel B, Pietraszko A, Zaghib K, Julien CM (2009) Heavy-fermion behaviour and electrochemistry of $Li_{1.27}Mn_{1.73}O_4$. Chem Mater 21:2525–2533
76. Ammundesn B, Jones DJ, Rosière J, Berg H, Tellgren, Thomas JO (1998) Ion exchange in manganese dioxide spinel: proton, deuteron and lithium sites determined from neutron powder diffraction data. Chem Mater 10:1680–1687
77. Kovacheva D, Gadjov H, Petrov K, Mandal S, Lazarraga MG, Pascual L, Amarilla JM, Rojas RM, Herrero P, Rojo JM (2002) Synthesizing nanocrystalline $LiMn_2O_4$ by a combustion route. J Mater Chem 12:1184–1188
78. Chitra S, Kalyani P, Mohan T, Gangadharan R, Yebka B, Castro-Garcia S, Massot M, Julien C, Eddrief M (1999) Characterization and electrochemical studies of $LiMn_2O_4$ cathode materials prepared by combustion method. J Electroceram 3:433–441
79. Kamarulzaman N, Yusoff R, Kamarudin N, Shaari NH, Abdul-Aziz NA, Bustam MA, Blagojevic N, Elcombe M, Blackford M, Avdeev M, Arof AK (2009) Investigation of cell parameters, microstructures and electrochemical behaviour of $LiMn_2O_4$ normal and nano powders. J Power Sourc 188:274–280
80. Liu HK, Wang GX, Guo Z, Wanq J, Konstantinov K (2006) Nanomaterials for lithium-ion rechargeable batteries. J Nanosci Nanotechnol 6:1–15
81. Kiani MA, Mousavi MF, Rahmanifar MS (2011) Synthesis of ano- and micro-particles of

$LiMn_2O_4$: electrochemical investigation and assessment as a cathode in Li battery. Int J Electrochem Sci 6:2581–2595

82. Kim JM, Lee G, Kim BH, Huh YS, Lee GW, Kim HJ (2012) Ultrasound-assisted synthesis of Li-rich mesoporous $LiMn_2O_4$ nanospheres for enhancing the electrochemical performance in Li-ion secondary batteries. Ultrason Sonochem 19:627–631
83. Yung DK, Kim MP, Lee HW, Riccardo R (2009) Spinel $LiMn_2O_4$ nanorods as lithium-ion battery cathodes. Nano Lett 8:3948–3952
84. Chen ZH, Huang KL, Liu SQ, Wang HY (2010) Preparation and characterization of spinel $LiMn_2O_4$ nanorods as lithium-ion battery cathodes. Trans Nonferrous Met Soc China 20:2309–2313
85. Hosono E, Kudo T, Honma I, Matsuda H, Zhou H (2009) Synthesis of single crystalline spinel $LiMn_2O_4$ nanowires for a lithium ion battery with high power density. Nano Lett 9:1045–1051
86. Amatucci GG, Tarascon JM (1997) Lithium manganese oxy-fluorides for Li-ion rechargeable battery electrodes. US Patent 5,674,645. Accessed 7 Oct 1997
87. Xia Y, Hideshima Y, Kumada N, Nagano M, Yoshio M (1998) J Power Sourc 24:24–28
88. Liu Z, Wang H, Fang L, Lee JY, Gan LM (2002) Improving high-temperature performance of $LiMn_2O_4$ spinel by micro-emulsion coating of $LiCoO_2$. J Power Sourc 104:101–107
89. Kweon H, Kim G, Paark D (2001) Positive active material for rechargeable lithium batteries. US Patent 6,183,911. Accessed 6 Feb 2001
90. Cho J, Kim YJ, Kim TJ, Park B (2001) Enhanced structural stability of o-$LiMnO_2$ by sol-gel coating of Al_2O_3. Chem Mater 13:18–20
91. Zheng Z, Tang Z, Zhang Z, Shen W, Lin Y (2002) Surface modification of $Li_{1.03}Mn_{1.97}O_4$ spinels for improved capacity retention. Solid State Ionics 148:317–321
92. Kannan AM, Manthiram A (2002) Surface/chemically modified $LiMn_2O_4$ cathodes for lithium-ion batteries. Electrochem Solid State Lett 5:A167–L169
93. Aurbach D, Markovsky B, Rodkin A, Cojocaru M, Levi E, Kim HJ (2002) An analysis of rechargeable lithium-ion batteries after prolonged cycling. Electrochim Acta 47:1899–1911
94. Tarascon JM, Wang E, Shokoohi FK, McKinnon WR, Colson S (1991) The spinel phase of $LiMn_2O_4$ as a cathode in secondary lithium cells. J Electrochem Soc 138:2859–2864
95. Wakihara M (2005) Lithium manganese oxides with spinel structure and their cathode properties for lithium ion battery. Electrochem 73:328–335
96. Lee YJ, Wanf F, Mukerjee S, McBreen J, Grey CP (2000) ^{6}Li and ^{7}Li magic-angle spinning nuclear magnetic resonance and in situ X-ray diffraction studies of the charging and discharging of $Li_xMn_2O_4$ at 4 V. J Electrochem Soc 147:803–812
97. Ziolkiewicz S, Rougier A, Nazri GA, Julien C (1998) Electrical conductivity of $Li_xMn_2O_4$ with $0.60 \leq x \leq 1.18$. Electrochem Soc Meeting Proc 97-24:145–150
98. Julien C, Rougier A, Nazri GA (1997) Synthesis, structure and lattice dynamics of lithiated manganese spinel $LiMn_2O_4$. Mater Res Soc Symp Proc 453:647–653
99. Julien C, Rougier A, Haro-Poniatowski E, Nazri GA (1998) Vibrational spectroscopy of lithium manganese spinel oxides. Mol Cryst Liq Cryst 311:81–86
100. Dygas JR, Kopeć M, Krok F, Gendron F, Mauger A, Julien CM (2007) Electronic, structural and magnetic properties of nanocrystalline $Li_{1+x}Mn_{2-x}O_4$ spinels. ECS Trans 3–36:179–190
101. Kopec M, Dygas JR, Krok F, Mauger A, Gendron F, Julien CM (2008) Magnetic characterization of $Li_{1+x}Mn_{2-x}O_4$ spinel ($0 \leq x \leq 1/3$). J Phys Chem Solids 69:955–966
102. Bagci S, Tutuncu HM, Duman S, Bulut E, Ozacar M, Srivastava GP (2014) Physical properties of the cubic spinel $LiMn_2O_4$. J Phys Chem Solids 75:463–469
103. Wang GG, Wang JM, Mao WQ, Shao HB, Zhang JQ, Cao CN (2005) Physical properties and electrochemical performance of $LiMn_2O_4$ cathode materials prepared by a precipitation method. J Solid State Electrochem 9:524–553
104. Ohzuku T, Kitagawa M, Hirai T (1990) Electrochemistry of manganese dioxide in lithium nonaqueous cell. III X-ray diffraction study on the reduction of spinel-related manganese dioxide. J Electrochem Soc 137:769–775
105. Julien C, Ziolkiewicz S, Lemal M, Massot M (2001) Synthesis, structure and electrochemistry of $LiMn_{2-y}Al_yO_4$ prepared by wet chemistry. J Mater Chem 11:1837–1842
106. Palacin MR, Chabre Y, Dupont L, Hervieu M, Strobel P, Rousse G, Masquelier C, Anne M, Amatucci GG, Tarascon JM (2000) On the origin of the 3.3 and 4.5 V steps observed in $LiMn_2O_4$-based spinels. J Electrochem Soc 147:845–853
107. Aydinol MK, Ceder G (1997) Firs-principles prediction of insertion potentials in Li-Mn oxides for secondary Li batteries. J Electrochem Soc 144:3832–3835
108. Jang DH, Shin JY, Oh SM (1996) Dissolution of spinel oxides and capacity losses in 4 V $Li/Li_xMn_2O_4$ cells. J Electrochem Soc 143:2204–2211

109. Thackeray MM, de Kock A, Rossouw MH, Liles DC, Hoge D, Bittihn R (1992) Spinel electrodes from the Li-Mn-O system for rechargeable lithium battery applications. J Electrochem Soc 139:363–366
110. de Gummow RJ, Kock A, Thackeray MM (1994) Improved capacity retention in rechargeable 4 V lithium/lithium-manganese oxide (spinel) cells. Solid State Ionics 69:59–67
111. Kim J, Manthiram A (1998) Low temperature synthesis and electrode properties of $Li_4Mn_5O_{12}$. J Electrochem Soc 145:L53–L55
112. Choi S, Manthiram A (2000) Synthesis and electrode properties of metastable $Li_2Mn_4O_{9-\delta}$ spinel oxides. J Electrochem Soc 147:1623–1629
113. Sigala C, Guyomard D, Verbaere A, Piffard Y, Tournoux M (1995) Positive electrode materials with high operating voltage for lithium batteries $LiCr_yMn_{2-y}O_4$ ($0 \leqslant y \leqslant 1$). Solid State Ionics 81:167–170
114. Kawai H, Nagata M, Takamoto H, West AR (1998) A new lithium cathode $LiCoMnO_4$: toward practical 5 V lithium batteries. Electrochem Solid State Lett 1:212–214
115. Zhong Q, Bonakdarpour A, Zhang M, Gao Y, Dahn JR (1997) Synthesis and electrochemistry of $LiNi_xMn_{2-x}O_4$. J Electrochem Soc 144:L205–L207
116. Ein-Eli Y, Howard WF Jr, Lu SH, Mukerjee S, McBreen J, Vaughey JT, Thackeray MM (1998) $LiMn_{2-x}Cu_xO_4$ spinels ($0.1 \leqslant x \leqslant 0.5$): a new class of 5 V cathode materials for Li batteries. I. Electrochemical, structural, and spectroscopic studies. J Electrochem Soc 145:1238–1244
117. Liu Q, Wang S, Tan H, Yang Z, Zeng J (2013) Preparation and doping mode of doped $LiMn_2O_4$ for Li-ion batteries. Energies 6:1718–1730
118. Amatucci GG, Schmutz CN, Blyr A, Sigala C, Gozdz AS, Larcher D, Tarascon JM (1997) Materials effects on the elevated and room temperature performance of $C/LiMn_2O_4$ Li-ion batteries. J Power Sourc 69:11–25
119. Yi TF, Zhu YR, Zhu XD, Shu J, Yue CB, Zhou AN (2009) A review of recent developments in the surface modification of $LiMn_2O_4$ as cathode material of power lithium-ion battery. Ionics 15:779–784
120. Sahan H, Göktepe H, Patat S, Ülgen A (2008) The effect of LBO coating method on electrochemical performance of $LiMn_2O_4$ cathode material. Solid State Ionics 178:1837–1842
121. Lee KS, Myung ST, Amine K, Yashiro H, Sun YK (2009) Dual functioned BiOF-coated Li$[Li_{0.1}Al_{0.05}Mn_{1.85}]O_4$ for lithium batteries. J Mater Chem 19:1995–2005
122. Franger S, Bach S, Pereira-Ramos JP, Baffier N (2001) Highly rechargeable $Li_xMnO_{2+\delta}$ oxides synthesized via low temperatures techniques. J Power Sourc 97–98:344–348
123. Dygas JR, Kopec M, Krok F, Julien CM (2007) Relaxation of polaronic charge carriers in lithium manganese spinels. J Non-Cryst Solids 353:4384–4389
124. Takada T, Hayakawa H, Akiba E, Izumi F, Chakoumakos BC (1997) Novel synthesis process and structure refinements of $Li_4Mn_5O_{12}$. J Power Sourc 68:613–617
125. Endres P, Fuchs B, Kemmler-Sack S, Brandt K, Faust-Becker G, Praas HW (1996) Influence of processing on the Li:Mn ratio in spinel phases of the system $Li_{1+x}Mn_{2-x}O_{4-\delta}$. Solid State Ionics 89:221–231
126. Julien CM, Zaghib K (2004) Electrochemistry and local structure of nano-sized $Li_{4/3}Me_{5/3}O_4$ (Me = Ti, Mn) spinels. Electrochim Acta 50:411–416
127. Julien CM, Mauger A (2013) Review of 5-V electrodes for Li-ion batteries: status and trends. Ionics 19:951–988
128. Amine K, Tukamoto H, Yasuda H, Fujita Y (1996) A new three-volt spinel $Li_{1+x}Mn_{1.5}Ni_{0.5}O_4$ for secondary lithium batteries. J Electrochem Soc 143:1607–1613
129. Ohzuku T, Takeda S, Iwanaga M (1999) Solid-state redox potentials for $Li[Me_{1/2}Mn_{3/2}]O_4$ (Me: 3d-transition metal) having spinel-framework structures: a series of 5 volt materials for advanced lithium-ion batteries. J Power Sourc 81–82:90–94
130. Amdouni N, Zaghib K, Gendron F, Mauger A, Julien CM (2006) Structure and insertion properties of disordered and ordered $LiNi_{0.5}Mn_{1.5}O_4$ spinels prepared by wet chemistry. Ionics 12:117–126
131. Liu D, Hamel-Paquet J, Trottier J, Barray F, Gariépy V, Hovington P, Guerfi A, Mauger A, Julien CM, Goodenough JB, Zaghib K (2012) Synthesis of pure phase disordered $LiMn_{1.45}Cr_{0.1}Ni_{0.45}O_4$ by a post-annealing method. J Power Sourc 217:400–406
132. Murphy DW, Christian PA, DiSalvo FJ, Carides JN, Waszczak JV (1981) Lithium incorporation by V_6O_{13} and related (+4,+5) oxide cathodes materials. J Electrochem Soc 128:2053–2058
133. Christian PA, DiSalvo FJ, Murphy DW (1980) Nonaqueous secondary cell using vanadium oxide positive electrode. US Patent 4,228,226. Accessed 14 Oct 1980

134. Wilhelmi KA, Waltersson K, Kihlborg L (1971) A refinement of the crystal structure of V_6O_{13}. Acta Chem Scand 25:2675–2687
135. West K, Zachau-Christiansen B, Jacobsen T (1983) Electrochemical properties of non-stoichiometric V_6O_{13}. Electrochim Acta 28:1829–1833
136. Murphy DW, Christian PA, Carides JN, DiSalvo FJ (1979) Topochemical reactions of metal oxides with lithium. In: Vashishta P, Mundy JN, Shenoy GK (eds) Fast ion transport in solids. North-Holland, Amsterdam, pp 137–140
137. Julien C, Nazri GA (2001) Intercalation compounds for advanced lithium batteries. In: Nalwa HS (ed) Handbook of advanced electronic and photonic materials, vol 10. Academic, San Diego, pp 99–184
138. Julien C, Balkanski M (1993) Is the rigid band model applicable in lithium intercalation compounds? Mater Res Soc Symp Proc 293:27–37
139. Chaklanabish NC, Maiti HS (1986) Phase stability and electrical conductivity of lithium intercalated nonstoichiometric V_6O_{13}. Solid State Ionics 21:207–212
140. De Picciotto LA, Thackeray MM, David WF, Bruce PG, Goodenough JB (1984) Structural characterization of delithiated $LiVO_2$. Mater Res Bull 19:1497–1506
141. De Picciotto LA, Thackeray MM (1985) Insertion/extraction reactions of lithium with LiV_2O_4. Mater Res Bull 20:1409–1420
142. Tsang C, Manthiram A (1997) Synthesis of nanocrystalline VO_2 and its electrochemical behavior in lithium batteries. J Electrochem Soc 144:520–524
143. Theobald F, Cabala R, Bernard J (1976) Essai sur la structure de VO_2(B). J Solid State Chem 17:431–438
144. Grymonprez G, Fiermans L, Vennik J (1977) Structural properties of vanadium oxides. Acta Crystallogr A 33:834–837
145. Oka Y, Yao T, Tamamoto N (1991) Structural phase transition of VO_2(B) to VO_2(A). J Mater Chem 1:815–818
146. Armstrong G, Canales J, Armstrong AR, Bruce PG (2008) The synthesis and lithium intercalation electrochemistry of VO_2(B) ultra-thin nanowires. J Power Sourc 178:723–728
147. Liu X, Xie G, Huang C, Xu Q, Zhang Y, Luo Y (2008) A facile method for preparing VO_2 nanobelts. Mater Lett 62:1878–1880
148. Mao L, Liu C (2008) A new route for synthesizing VO_2(B) nanoribbons and 1D vanadium-based nanostructures. Mater Res Bull 43:1384–1392
149. Sediri F, Touati F, Gharbi N (2006) From V_2O_5 foam to VO_2(B) nanoneedles. Mater Sci Eng B 129:251–255
150. Reddy CVS, Walker EH, Wicher SA, Williams QL, Kalluru RR (2009) Synthesis of VO_2(B) nanorods for Li battery application. Curr Appl Phys 9:1195–1198
151. Valmalette JC, Gavarri JR (1998) High efficiency thermochromic VO_2(R) resulting from the irreversible transformation of VO_2(B). Mater Sci Eng B 54:168–173
152. Corr SA, Grossman M, Shi Y, Heier KR, Stucky GD, Seshadri R (2009) VO_2 (B) nanorods: solvothermal preparation, electrical properties and conversion to rutile VO_2 and V_2O_3. J Mater Chem 19:4362–4367
153. Baudrin E, Sudant G, Larcher D, Dunn B, Tarascon JM (2006) Preparation of nanostructured VO_2(B) from vanadium oxide aerogels. Chem Mater 18:4369–4374
154. Ni J, Jiang W, Yu K, Sun F, Zhu Z (2011) Electrochemical performance of B and M phases VO_2 nanoflowers. Cryst Res Technol 46:507–510
155. Ni S, Zeng H, Yang X (2011) Fabrication of VO_2(B) nanobelts and their application in lithium ion batteries. J Nanomater 2011(961389):1–4
156. Zaghib K, Dubé J, Dallaire A, Galoustov K, Guerfi A, Ramanathan M, Benmayza A, Prakash J, Mauger A, Julien CM (2012) Enhanced thermal safety and high power performance of carbon-coated $LiFePO_4$ olivine cathode for Li-ion batteries. J Power Sourc 219:36–44

第 7 章
聚阴离子正极材料

7.1 引言

自从 Goodenough 团队首次提出聚阴离子化合物后，含聚阴离子基团例如"$(SO_4)^{2-}$，$(PO_4)^{3-}$，$(P_2O_7)^{4-}$，$(MoO_4)^{2-}$ 和 $(WO_4)^{2-}$"等的锂嵌入化合物被认为是潜在的可充锂离子电池正极材料[1,2]。在这个体系中，橄榄石磷酸盐和类似 Nasicon 结构的磷酸盐是目前许多研究的热点。$LiFePO_4$（磷酸铁锂）正极材料在一定的电流密度下，最高比容量可以达到 $170mA·h·g^{-1}$，从而受到特别的关注[3]。尤其是在诸如混合电动车辆（HEV）等大规模应用方面，与钴基氧化物材料相比，磷酸铁锂具有低成本、无毒性、环境友好性和高安全性等优点。然而，磷酸铁锂的电子电导率相当低，这可能导致其在高倍率放电下容量损失。为了提高其电子导电性，在生产锂离子电池正极材料的过程中，向磷酸铁锂粉末中添加碳[1,4]或用薄层碳包覆磷酸铁锂颗粒表面[5-7]是常见的做法。然而，从技术角度来看，添加到粉末中的碳不能超过一定的质量分数，使得颗粒表面包覆一层薄薄（通常3nm厚）的碳层。加入有机材料作为碳前驱体（如蔗糖），通过喷雾热解技术对 $LiFePO_4$ 原材料进行碳包覆，从而使电子电导率达到 7 个数量级[7]。因此，碳包覆磷酸铁锂同时兼有高电子电导率和高容量的优点。特别地，在文献 [5] 中发现，碳包覆量为 1%（质量分数）的磷酸铁锂具有约 $160mA·h·g^{-1}$ 的容量。

Ravet 等[6]报道了两种碳包覆的方法：向糖溶液中添加 $LiFePO_4$ 粉末，充分混合后在 700℃下加热混合物；或在 $LiFePO_4$ 合成前加入一些有机物后进行焙烧。虽然现在碳包覆的方式尚未被完全优化[8]，但是碳沉积过程对 $LiFePO_4$ 的合成和影响已经被深入研究[9]。

目前已知磷酸铁锂的制备方法和结构对其电化学性能有很大影响。如果我们对与材料的结构和物理性质相关的制备方法进行优化，这有利于拓宽磷酸铁锂的应用领域。针对这个问题，我们首先研究了三种不同合成方法对磷酸铁锂的影响[10]。不同的集群效应已被证明。烧结温度大于 800℃能增加 Fe_2P[11] 的比例。在这种烧结温度下，生成较多的 Fe_2P 纳米颗粒，使得在样品中能检测到超磁化[10]。一方面，金属性质 Fe_2P 的存在可以增加电子电导率；但另一方面，降低了离子电导率，与不含杂质的碳包覆磷酸铁锂相比，容量和循环速率都降低。最重要的是，Fe_2P 溶解在电解液中，大大降低了电池的使用寿命。因此，我们希望优化样品的制备，使其不会发生这种集群效应。降低合成温度可以很容易地抑制 Fe_2P 的生成，但是很难避免低浓度下（$1.0×10^{-6}$/化学式）γ-Fe_2O_3 纳米粒子的生成[10,12]。我们从钢铁工业知道氢、一氧化碳或碳可以通过不同的还原过程来还原 Fe_2O_3，这取决于温度以及其他物理参数，如粒径。几乎所有商业生产的铁都是用化学教科书中覆盖的高炉工艺制成的。其本质为，在高温下根据反应：$2Fe_2O_3+3C \longrightarrow 4Fe+3CO_2 \uparrow$，用碳（焦炭）去还原 Fe_2O_3。这是历史上最重要的工业过程，现代工艺的起源可追溯到 1773 年，在希罗普郡（英格兰）的一个叫斯洛伐克的小城镇这被称为碳热效应。虽然我们可能预期碳加热到 1000℃ 以上或直接通 CO 气体来还原 Fe^{3+}，可以防止形成 γ-Fe_2O_3，但是该方法在用于磷酸铁锂的较低合成温度下是不可能的。这也证明了以下事实：在磷酸铁锂前驱体中添加碳不能合成磷酸铁锂，而通过添加一些有机化合物作为碳前体可以合成磷酸铁锂[13]。实际上，在合成过程中，控制合成温度为 500～700℃，有机化合物分解产生的碳可以沉积在磷酸铁锂颗粒表面形成碳涂层，还能产生具有还原性的氢气，用来还原 Fe^{3+} 杂质。这种效果也有利于有机前驱体与磷酸铁锂材料或磷酸铁锂化前驱体在溶液过程中达到分子级别的混合。关于橄榄石磷酸盐材料的概述请参阅最近发表的综述[14~16]。

本章的目的是研究磷酸铁锂和 Nasicon 型电极材料在优化过程中的物理化学性质。对电极材料的结构和电子性质考察提供方法，包括结构、磁性和光谱测量技术相结合的系统研究。此外，可以利用一些高灵敏度的分析工具来检测固相合成过程中产生的杂质。在优化磷酸铁锂化合物过程中，这些原理被充分利用。通过检测无碳和碳包覆的 LFP 样品，研究碳对其结构性能的影响。

Li 从 $LiFePO_4$ 中电化学脱嵌产生（Fe^{2+}/Fe^{3+}）的氧化还原电位约 3.5V（对金属锂）。在此电压区间，在 $0<x<1$ 范围的 Li_xFePO_4 固溶体中，大部分 Li 能够脱嵌，发生一阶结构变化，两相分离，形成平坦的 V-x 曲线。碳包覆纳米结构的正极材料具有 $160mA \cdot h \cdot g^{-1}$ 的可逆容量。图 7.1 比较了 $LiFePO_4$ 与其他含 Fe 磷酸盐的电化学特性。该图表明磷酸盐骨架中氧化还原对的能量与锂和铁比容量间的关系。已经在各种条件下对优化的 $LiFePO_4$ 进行电化学测试，以评估电解质对电极稳定性的影响和电极处理的影响。事后分析，ICP、XRD、SEM 结果

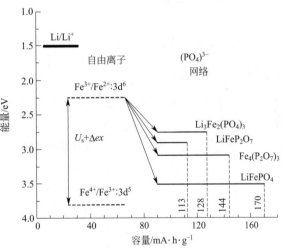

图 7.1 锂和磷酸铁骨架的氧化还原对的能量图
（横坐标轴表示每种化合物的理论容量）

显示，在电池的隔膜-负极（锂金属，石墨或 C-$Li_4Ti_5O_{12}$）界面处没有检测到铁物质[12,17,18]。这个结果归因于高品质、无杂质的"优化"$LiFePO_4$ 材料用作正极材料。

本章内容如下：在 7.2 节，我们首先阐述 LFP 的合成路线和晶体化学。在 7.3 节介绍 X 射线粉末衍射（XRD），扫描电子显微镜（SEM），高分辨透射电子显微镜（HRTEM），傅里叶变换红外（FTIR）和拉曼散射（RS）光谱等数据分析优化 $LiFePO_4$ 颗粒的结构和形貌。但是，这些技术检测不到含量低于 1% 的杂质或纳米尺寸聚集体。然后，我们用磁性测量完成了磁化曲线和电子自旋共振（ESR）分析（第 7.4 节），磁性测量是用来表征浓度为 10^{-6} 级的 γ-Fe_2O_3 强磁性纳米颗粒（大小和浓度）的有效手段[10,11]。

然而，这组实验不足以表征碳包覆化合物。首先，碳是非磁性的。其次，红外光谱灵敏

度不足,能够检测到主体特性,而不足以检测到碳。因此,我们使用拉曼光谱来表征碳包覆层。由于在这些实验中,光在 LFP 颗粒内部的穿透深度非常小,所以这些实验是对这些颗粒表面进行探测,并检测碳包覆层。实验结果证明碳没有渗透到颗粒内部,而是保留在其表面。因此,我们发现碳包覆的样品不含 γ-Fe_2O_3 和 Fe^{3+} 杂质。在 7.5 节,我们探索了 H_2O 对碳包覆 $LiFePO_4$ 颗粒的影响。发现碳包覆层的劣化取决于水热或固态反应的合成过程。如果颗粒被简单地暴露在潮湿的空气中,碳包覆层能更有效地保护颗粒。在这种情况下,由于 Li 的亲水性,暴露于潮湿空气中会导致表面层的剥离。如果,颗粒暴露于潮湿空气在合理的时间(周)内,这一过程只会影响表面层。此外,在该时间范围内,表面层可以再次被化学锂化,并且样品可以被干燥以除去水分,恢复其可逆的电化学性能。最后,在 7.6 节,显示了优化 LFP 颗粒的电化学性能。我们展示了材料在高温(60℃)下的电化学性能。证明它作为正极材料,为新一代电动车辆(EV)提供动力锂二次电池。我们报告一个可以在 1min 内充电的锂离子电池,通过安全测试,保质期很长。活性物质分别是正极为 $LiFePO_4$ 和负极为 $Li_4Ti_5O_{12}$ 纳米颗粒。在这种条件下制备的"18650"电池可提供 800mA•h 的容量。在 $10C$ 倍率充电,$5C$ 倍率放电下进行 20000 次循环后,能保持其全部容量,并且在充电倍率 $15C$ 和放电倍率 $5C$ 下经过 30000 次循环后保持 95% 的容量。

7.2 合成路线

许多合成路线已被用于制备 $LiFePO_4$ 材料。本节对这些方法进行了如下综述。

7.2.1 固相法

该合成路线中的一个重要参数是前驱体的选择[19~22]。例如,通过草酸亚铁(Ⅱ)[$Fe(C_2O_4)$•$2H_2O$]、磷酸二氢铵($NH_4H_2PO_4$)和碳酸锂(Li_2CO_3)以摩尔比 1:1:1 混合来制备 $LiFePO_4$ 样品。可以通过磁性实验检测到 γ-Fe_2O_3 的残留浓度[10,23]。

涉及这种杂质的铁含量非常小(0.3%,原子分数),因此,不能通过例如 X 射线衍射分析来检测。由于它位于 $LiFePO_4$ 颗粒表面,这可能阻碍电子和离子的转移,从而破坏材料的电化学性质。另外,可以选择前驱体,即化学计量比的 $FePO_4(H_2O)_2$ 和 Li_2CO_3,合成没有任何杂质的样品。然后将这些前驱体在异丙醇中充分混匀。干燥后,在还原气氛下将混合物在 700℃保温 8h。这个烧结温度也是一个重要的参数。如果烧结温度 $T \leq 500℃$,容易生成 Fe^{3+} 的二次相杂质,Fe^{3+} 的存在已经被 Mössbauer 实验检测到。另外,烧结温度在 800℃以上,会大量生成 Fe_2O_3 和 $Li_3Fe_2(PO_4)_3$,X 射线分析能检测到它们的存在。烧结温度 700~750℃为最佳温度:足够获得具有良好结晶的样品,也可以避免形成杂质。使用这种工艺的前驱体,颗粒不是碳层包覆的。正如引言中所指出的那样,电导率很小的颗粒需要用导电剂,通常用碳层包覆颗粒(用导电聚合物包覆也是可能的,我们将在下面介绍多元醇工艺)。碳层包覆可以采用如下的方法,选择蔗糖和醋酸纤维素作为碳前驱体溶解在丙酮溶液中。将无碳粉末与碳前驱体混合。添加 5% 的碳到 LFP 中,干燥后,将混合物在氩气气氛下 700℃加热 4h。我们已经在其他文献中发现这是使碳层导电所需的最低温度[24]。还要注意,在固相法中,在进行碳包覆之前,不需要首先合成 $LiFePO_4$。它是将碳前驱体和 LFP 前驱体混合在一起,一步进行的。但是结果是相同的,即 C-$LiFePO_4$,这表明有一层 3nm 厚的导电碳层覆盖在 $LiFePO_4$ 颗粒表面。此外,蔗糖或纤维素的选择并不重要。也可以选择其他碳源，如聚苯乙烯或丙二酸，但是在这种情况下，碳层的厚度较大（在 4~9nm 之间）[25]。

7.2.2 溶胶-凝胶法

溶胶-凝胶法也能成功合成 LFP[26,27]。作为起始前驱体，柠檬酸铁（Ⅲ）和两份柠檬酸在 60℃下溶于水中。另外，由磷酸锂和磷酸（Ⅴ）制备等物质的量的 LiH_2PO_4 水溶液。将澄清溶液混合在一起，在 60℃下干燥 24h。

干燥后得到的固体用研钵彻底研磨，得到的干凝胶在惰性（纯氩气）气氛中在 700℃下煅烧 10h。注意，由于相同的原因，这与固态法合成 LFP 的合成温度一样。同样在两种合成途径中，获得微米尺寸的颗粒。注意，由于相同的原因同样在两种合成途径中，获得微尺寸的颗粒。在两种情况下均可获得 $LiMPO_4$/C（M=Mn，Fe）复合颗粒。在溶胶-凝胶技术中，这是由于固体柠檬酸盐被降解（基本上是纯碳）沉积在 $LiFePO_4$ 颗粒的表面[28,29]。同固体法一样，溶胶-凝胶法导致球形颗粒或大或小。然而，在形态上有所差异。与固相法结果不同的是，溶胶-凝胶法产生的颗粒具有多孔结构，这是由于柠檬酸盐阴离子的降解产生气体使颗粒内部具有大的空隙。然而，这种是结晶良好的颗粒。此外，与固相法相比，包覆层不规则且不均匀。

7.2.3 水热法

在过去几年所采用的各种综合方法中，水热法在控制化学组成和微晶尺寸方面取得了显著成功[13,30~33]。常规水热法合成 $LiFePO_4$ 的反应时间为 5~12h[34~40]。水热法具有以下优点：合成温度可以低至 230℃[33]。Brochu 等人[41]证明了在水热法中选择合适的络合剂的有益效果。即使在这种温和的温度下，导电碳颗粒的包覆也可以通过合成过程中葡萄糖的原位水热碳化来实现。用导电碳包覆的颗粒的加热温度仍为 700℃，但仅在 1h 内加热就能获得良好的结果。请注意，这与微波辅助有关，本节后面将对此进行介绍。

7.2.4 共沉淀法

选择共沉淀法作为 $LiFePO_4$ 的合成方法，是因为它可以控制颗粒形貌和可供选择的原料成本便宜[42,43]。最近，Wang 等人[44]通过共沉淀法成功制备了纳米尺寸、原位聚合的 $LiFePO_4$。在先前的共沉淀过程中，苯胺单体聚合物覆盖在每个新形成的 $FePO_4$ 颗粒的表面，从而进一步阻碍核生长。$LiFePO_4$ 的形态由或多或少的一次球形颗粒（40~50nm）组成，仅仅轻微凝聚的二次粒子的尺寸小于 100~110nm。

每个粒子均匀地包覆无定形碳层，其厚度约为 3~5nm。使用先前的共沉淀法在室温的去离子水中获得球形和大小约 100nm 的石墨烯-$LiFePO_4$ 复合材料[45]。在这种情况下的复合材料是用石墨烯纳米片作为添加剂获得的，并且在氩气气氛、管式炉中 700℃下烧结 18h。

7.2.5 微波合成

微波辅助综合方法是有吸引力的，因为它可以缩短反应时间到几分钟，节省了大量能源。Park 等[46]报道，使用碳作为微波吸收剂和还原剂通过微波加热合成了单相 $LiFePO_4$，并通过共沉淀法制备了 $LiFePO_4$ 的前驱体。Higuchi 等[47]报道了在家用微波炉中制备的 $LiFePO_4$，通过人工研磨的方法混合原料。然而，该工艺的主要问题在于前驱体中组分的不均匀性，特别是在添加碳后。最近，Beninati 等人[48]和 Wang 等人[49]报道了在家用微波炉中用碳照射固态原料合成 LiFePO$_4$。但是，他们无法控制粒径，电化学性能也不如预期的好。他们通过简单的微波辅助水热（MW-HT）方法，在短的反应时间（15min）内，获得了直径约为 200nm 的棒形式的 C-LiFePO$_4$ 颗粒[33]，这为材料的大规模工业制造节省了大量的能源和成本[50~52]。虽然上述工艺更加专注于纳米级颗粒，但应注意的是，微波级和亚微米颗粒也可以通过一步微波法用家用或实验室微波炉制备[53,54]。

7.2.6 多元醇与溶剂热过程

Kim 首先开发了多元醇工艺来合成 LiFePO$_4$ 颗粒。该法通过控制工艺条件制备了平均宽度为 20nm 和长度为 50nm 的棒状材料[55]，该工艺可以获得从棒状到板状的不同形状，平均尺寸为 100~300nm[56]。注意，多元醇工艺使 LiFePO$_4$ 的合成在低温下，就像水热过程一样。在二甘醇的多元醇介质中可以通过溶剂热法获得更大的颗粒，但仍然是板状或棒状的。该方法的优点是多元醇介质不仅像溶剂一样起作用，而且还作为还原剂和稳定剂起作用，限制了颗粒的生长并阻止了颗粒之间的聚集[55~58]。

一般来说，溶剂热过程导致形成约 50nm 厚的板状 LiFePO$_4$[59]，其可以通过使用聚乙烯基吡咯烷酮（PVP）作为表面活性剂[60]。

7.2.7 微乳液

乳液干燥方法允许合成更加类球形的颗粒，合成温度甚至可以在 300℃ 以下[61]。然而，该工艺得到的样品结晶度低，而结晶良好的 C-LiFePO$_4$ 粉末仅在 750℃ 煅烧后才能得到。此外，得到的颗粒粒径较大（只有亚微米尺寸），除非采用乳化干燥的方法，才有可能得到来自油燃烧的非常高浓度的碳。

7.2.8 喷雾技术

喷雾热解是一种可用于获得窄粒径分布的粉末的方法，可使粒径从微米降到亚微米[62]。通过喷雾的组合将颗粒的尺寸减小到 300nm，用干球磨进行热解[63]。为了将颗粒的尺寸平均降低到 150nm，需要采用 45mL 氧化锆小瓶，乙醇用作介质的湿磨工艺[64]。

7.2.9 模板法

多孔 LiFePO$_4$ 也可以通过基于溶液的模板技术制备[65~67]。纳米线 LiFePO$_4$ 可以通过使用具有 P6mm 对称性的二维六方 SBA-15 二氧化硅模板工艺制备得到。然而，作为正极，其性能不如使用硬模板 KIT-6 时制得的三维多孔 LiFePO$_4$ 好[66]。使用聚甲基丙烯酸甲酯（PMMA）胶体晶体作为模板，已经获得了具有一定孔径范围的多孔 LiFePO$_4$，孔径达到 2~50nm、20~80nm 和 50~120nm 尺寸范围，这些尺寸取决于初始 PMMA 模板的直径[67]。加热温度为 700℃，是除水热和微波合成之外的其他合成路线的温度。我们已经提到，通过溶胶-凝胶技术可以获得多孔样品，但是模板技术具有监测孔径的优点，使得形貌可以控制，电化学性质得到优化。然而，由模板制备的纳米结构电极材料的合成需要使用聚碳酸酯过滤膜，合成之后除去膜。因此，模板合成方法由于成本高和工艺复杂的缺点，难以扩展到大规模的商业应用。

这就是使用无模板的反胶束方法去合成棒状 C-LiFePO$_4$ 颗粒的动机[68]。

7.2.10 机械活化

机械活化涉及通过高能球磨混合原料，然后在高温下进行热处理。球磨能降低颗粒尺寸，并使反应物紧密接触。当掺入合适的有机/高分子化合物时，机械激活过程能使颗粒碳源在合成过程中，在 LiFePO$_4$ 原位上形成碳涂层。因此，在煅烧过程中，通过降低温度和缩短时间，获得纯相产物。这就是机械活化[63,69~73]在 LiFePO$_4$ 的合成中普遍使用的原因。然而，在目前的情况下，在 C-LiFePO$_4$ 复合材料的合成过程中，机械活化并不能降低煅烧温度和缩短煅烧时间，因为这些参数是由导电碳包覆决定的。

上述所有合成路线均可制备出容量接近理论值的 LiFePO$_4$ 粉末，只要在还原气氛下进行合成可以避免产生氧化 Fe^{3+} 杂质相[10]。合成路线的多样性揭示了哪种路线在工业规模中能合成结晶度高、粒径小的颗粒。如我们所报道的，可以通过不同的技术获得小的结晶颗粒。然而，大小不是唯一的参数，颗粒的形状也很重要，因为离子运动是非常各向异性的。Li$^+$ 优选沿着具有正交 Pnma S.G. 晶体的 b 轴偏斜[74,75]。因此，我们希望沿着该轴减小微晶尺寸。然而，这是一个困难的问题，因为在 ab 面[76]中存在颗粒以板式生长的倾向，尽管在一些情况下沿着 b 轴的厚度降低到 30~40nm[59,77~79]。正如我们已经描述的那样，对于一些合成路线，尺寸的减小是以牺牲结晶度和形成大量缺陷为前提的[78]，这降低了电化学性能。这些困难已经在机械制造过程得到克服，仅有助于减小颗粒的尺寸[80]。在第一步中，使用前面所描述的聚合物合成工艺，在惰性（氮气）气氛 700℃下以磷酸铁（Ⅲ）[FePO$_4$(H$_2$O)$_2$] 和碳酸锂（Li$_2$CO$_3$）为原料，通过固相反应制备 LiFePO$_4$ 颗粒[81]。然后，将混合物加热至 1050℃，在石墨坩埚中加热 5min，然后在 N$_2$ 气氛下冷却。这种制备方式不能获得纳米尺寸的颗粒。但它可以合成大尺寸样品，甚至大小为几十厘米的晶锭，该晶锭具有高结晶度并且无缺陷。

下一步是将粒子的尺寸从厘米降低到 40nm 范围内所需的任意值。为此，首先使用具有陶瓷内衬的颚式破碎机压碎该锭，以避免金属污染。然后，使用辊式破碎机（陶瓷型）获得毫米级的颗粒。毫米级粒子通过气流磨进一步研磨以获得微米级粒子。在此过程中，颗粒进入分级轮并被收集器喷射。在该步骤中获得的颗粒在下文中称为"气流研磨颗粒"。尺寸为 1μm 的数量级。为了获得较小的颗粒，将这些微米尺寸的粉末分散在固体含量为 10%~15%的异丙醇（IPA）溶液中，然后在砂磨机上用 0.2mm 氧化锆珠研磨，得到纳米级颗粒[80]。该最终产品在下文中称为"湿磨颗粒"。该方法的一个优点是我们可以研究相同的颗粒在不同阶段的性质，以便进行比较，因此任何差异都有尺寸效应的因素在里面。由于球磨过程对颗粒造成了巨大破坏，颗粒可以被认为是未包覆的颗粒。在用于获得本综述中所示的实验结果颗粒的情况下，根据以下工序，用丙酮溶液中的乳糖作为碳前驱体获得碳包覆的颗粒。未包覆的颗粒与碳前驱体混合。对应添加 5%（质量分数）的碳在 LiFePO$_4$ 中。干燥后，将混合物在氩气气氛下，750℃或 700℃[69,81]加热 4h。这个温度范围由两个因素决定，一方面，低于 700℃，碳沉积物导电性差[81]；另一方面，作为温度的函数原位记录的 TEM 图像显示，在 750℃以上，颗粒的形状发生变化，从而发生相互扩散现象[80]。最终产品的碳含量约为 2%（质量分数）（C-detector，LECO Co，CS 444）。整个过程有很多优点。该过程制备的样品，具有较高的纯度和结晶度，在球磨过程中没有引入缺陷。最后，湿磨的纳米颗粒是微晶，因为按照 Scherrer 公式从 XRD 谱图的 Rietveld 精修测得的粒径尺寸与通过 TEM 观察到的初级粒子的尺寸相同。

碳沉积过程的主要作用是减少 Fe^{3+}，最可能是通过有机碳前驱体在气相过程中释放的氢气去还原。氢气可以阻止纳米 γ-Fe_2O_3 的生成。图 7.2 介绍了 LFP 粉体作为锂离子电池正极材料的合成条件。尽管在制备过程中样品的加热不超过 700℃，但无定形碳在热分解温度 $T_p = (830 \pm 30)$℃时具有类似于热解碳抗蚀剂的性能。提高烧结温度会导致材料中 Fe_2O_3 簇含量的增加（甚至在某些情况下可能出现 Fe_2P 簇），从而加速 LFP 的衰降，因此添加具有抗热降解的碳可以提升 LFP 材料的性能，这也是进行碳包覆的根本原因之一。另外，热解温度低于 800℃时，碳的电子电导率可显著地提高。材料表面的碳沉积物可以视为不规则厚度的膜，平均厚度为 30nm，并且具有间隙。这些间隙实际上是有意义的，因为锂可以通过它们而不必穿过碳膜，这可能是离子电导率不受包覆层影响的一个原因。最后，还可以制备以 $FePO_4$ 为原料的纳米晶体 $LiFePO_4$[82]。

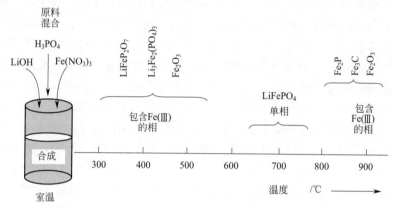

图 7.2　合成 $LiFePO_4$ 粉末作为锂离子电池正极材料

7.3　晶体化学

7.3.1　橄榄石磷酸盐的结构

磷酸锂铁矿是一种相当稀缺的正磷酸盐矿物，在磷矿伟晶岩和伟晶岩堤中被发现。其配方为 $Li(Mn,Fe)PO_4$，不同于其他矿物，如磷锰锂矿，富含铁而不是锰。两种矿物的结构相同，形成固溶体，称为与橄榄石同晶的锂铁矿系列。因此，该系列物理性质的差异与铁/锰的百分比有关。这些差异最好通过比较两个端组分的物理性质，即 $LiFePO_4$ 和相关的 $LiMnPO_4$ 材料来证明，与磷酸铁锂、磷锰锂矿相比，它们是人造陶瓷[83]。此外，磷酸锂铁矿在希腊语中意味着"三族"（指铁、锰、锂）。应该避免在文献中将 $LiFePO_4$ 与磷酸锂铁矿混淆。磷酸铁锂易变更为其他磷酸盐矿物，地质学家对其比其他磷酸盐矿物有更多关注。然而，材料的这种易变性意味着难以制造质量好、结晶良好的样品。地质学家们所关注的这一特征实际上对于物理和化学家而言并不是一个好消息，物理学家和化学家也非常重视这个磷酸锂铁矿系列，尽管他们的工作主要集中在 $LiFePO_4$ 和 $LiMnPO_4$ 化合物上，而不是固溶体。这些材料属于具有通式 B_2AX_4 的 Mg_2SiO_4 型富族橄榄石[84]。

磷酸铁锂材料的晶体结构已经被几位学者研究[84~91]。磷酸铁锂作为橄榄石家族的一员，为 Pnma S.G. 晶胞，斜方晶系（No.62）。它包含一个扭曲的六方密堆积氧框架，Li 和

Fe 各占一半八面体位置，P 占据 1/8 的四面体位置[86]。然而，FeO_6 八面体是扭曲的，将局部立方八面体 O_h 对称降低到 C_s 对称性。角共享 FeO_6 八面体在 bc 平面中连接在一起，LiO_6 八面体沿 b 轴形成边缘共享链。四面体 PO_4 基团与 FeO_6 八面体共享一个边缘，与 LiO_6 八面体共享两个边缘，LiO_6 八面体与相邻的 FeO_6 八面体层桥接。共享的 PO_4 和 FeO_6 边缘的 O—O 键明显短，有助于相互屏蔽阳离子电荷。该结构如图 7.3 所示，具有可脱出锂离子的一维通道。

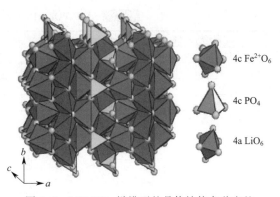

图 7.3　$LiFePO_4$ 橄榄石的晶体结构角共享的 FeO_6 八面体一起连接在 bc 平面（LiO_6 八面体沿 b 轴形成边缘共享链，四面体 PO_4 基团通过与一个 FeO_6 八面体共享一个共同的边缘和两个边缘与 LiO_6 八面体桥接相邻的 FeO_6 八面体层）

$LiFePO_4$ 结构包括三个非等位 O 位点。橄榄石结构的大部分原子占据 $4c$ 的位置，除了位于通常的 $8d$ 位置的 O(3) 外，Li^+ 仅占据 $4a$ Wyckoff 位置（M1 反转中心位置）。铁在 FeO_6 单位八面体中处于二价态（Fe^{2+}），在垂直于（001）六方方向的 $TeOc_2$ 层中彼此分离[87]。此外，晶格具有强烈的二维特征，因为上述 $TeOc_2$ 层在上一个垂直方向上另外形成一层，以构建（100）层 FeO_6 八面体共享拐角以及 LiO_6 八面体和 PO_4 四面体的混合层。从根本上看，主要的关注点在于橄榄石结构产生了磁相互作用的几何不稳定性[92]。然而，三种橄榄石结构类别可以通过磁性离子占位的功能来区分。

在 Mn_2SiS_4 和 Fe_2SiS_4 中，磁离子（Mn，Fe）位于 M1 和 M2 位点[93]，而在 $NaCoPO_4$ 和 $NaFePO_4$ 中，磁离子仅在 M1 位置上[94]。第三类是磷离子橄榄石 $LiMPO_4$（M=Ni，Co，Mn，Fe），其中磁离子位于 M2 位点，M1 位置被非磁性离子（Li^+）占据。

我们使用斯特雷索夫等的结构数据[86]作为参考标准（表 7.1）。橄榄石结构的斜方晶胞包含 28 个原子（$Z=4$）。结构参数和原子间距离列于表 7.2 和表 7.3 中。Fe—O 距离范围为 2.064～2.251Å。$LiFePO_4$ 中 Fe—Fe 键的键长更大一些（3.87Å）。

表 7.1　Pnma（62）结构中化学计量的 $LiFePO_4$ 材料的晶格常数

a/Å	b/Å	c/Å	单位电池体积/Å^3	参考文献
10.332(4)	6.010(5)	4.692(2)	291.4(3)	Herle[11]
10.334	6.008	4.693	291.39	Yamada[22]
10.329(0)	6.006(5)	4.690(8)	291.02	Geller[84]
10.31	5.997	4.686	289.73	Santorro[85]
10.3298	6.0079	4.6921	291.19	Andersson[92]
10.322(3)	6.008(1)	4.690(2)	290.8(4)	Junod[93]

表 7.2　$LiFePO_4$（Pnma S.G.）中原子的分数坐标和位置对称性

原子	x	y	z	位置对称性
Li	0	0	0	$\bar{1}(4a)$
Fe	0.28222	1/4	0.97472	m(4c)
P	0.09486	1/4	0.41820	m(4c)
O(1)	0.09678	1/4	0.74279	m(4c)
O(2)	0.45710	1/4	0.20602	m(4c)
O(3)	0.16558	0.04646	0.28478	1(8d)

表 7.3　LiFePO$_4$（Pnma S.G.）中的原子间距离　　　　　　　　单位：Å

Fe 八面体		Li 八面体		P 八面体	
Fe—O(1)	1×2.204(2)	Li—O(1)	2×2.171(1)	P—O(1)	1.524(2)
Fe—O(2)	1×2.108(2)	Li—O(2)	2×2.087(1)	P—O(2)	1.538(2)
Fe—O(3)	2×2.251(1)	Li—O(3)	2×2.189(1)	P—O(3)	2×1.556(1)
Fe—O(3)	2×2.064(2)				

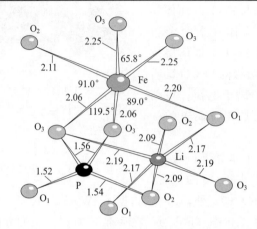

图 7.4　LiFePO$_4$ 橄榄石晶格阳离子配位的示意图

（有三个非等价氧原子，O$_1$～O$_3$；扭曲的 FeO$_6$ 八面体在氧原子的强晶体场中将其对称性从 O$_h$ 降低到 C$_s$）

LiFePO$_4$ 晶格由围绕在 Fe 3d 过渡金属原子的六个氧原子组成的八面体构成。由于氧原子形成的晶体场使原来的 3d 轨道杂化分裂成 e_g 和 t_{2g} 轨道，因此原来 O$_h$ 对称退化为 C$_s$ 对称。如图 7.4 所示，氧原子大致分为轴向（O$_{ax}$）和赤道（O$_{eq}$）类型。O$_{ax}$—Fe—O$_{ax}$ 的角度约为 180°，在垂直于 O$_{ax}$—Fe—O$_{ax}$ 的平面上，O$_2$FeO$_2$ 形成剪刀结构。在赤道平面上，Fe—O 键的长度不等于 0.2Å，O—Fe—O 角远离 90°。显著的结构特征包括 PO$_4$ 四面体中的短 O—O 键，并且六个边缘中的三个与金属八面体共享。

7.3.2　诱导效应

调整电极材料的氧化还原电位的另一方面由 Goodenough 等人证明[1,95]。参考文献 [1，95] 表明，与 Li 阳极的费米能级相比，聚阴离子（XO$_4$）$^{n-}$，例如（SO$_4$）$^{2-}$、（PO$_4$）$^{3-}$、（AsO$_4$）$^{3-}$，甚至（WO$_4$）$^{2-}$，将 3d 金属氧化还原能降低到有用水平。因此，聚阴离子框架最具吸引力的关键点是 X—O 的强共价键，这导致 Fe—O 共价的降低。与氧化物相比，这种电感效应是导致氧化还原电位降低的原因[95,96]。聚阴离子 PO$_4^{3-}$ 单元稳定了 LiFePO$_4$ 的橄榄石结构，并通过 Fe—O—P 电感效应降低了 Fe$^{2+/3+}$ 氧化还原对的费米能级，导致了橄榄石材料的更高的电位。放电电压 3.45V 比 Li$_3$Fe$_2$(PO$_4$)$_3$[1] 高出近 650mV，也比 Fe$_2$(SO$_4$)$_3$[97] 高 350mV，这与硫酸与磷酸的较强的路易斯酸度一致。在 Li$_2$FeSiO$_4$ 中，Si 与 P 的较低电负性导致 Fe$^{2+/3+}$ 氧化还原电对的降低[98]。另外，由强 X—O 共价和刚性（XO$_4$）$^{n-}$ 单元造成的磷橄榄石的较高的热稳定性和较低的释放氧气趋势，降低了其安全隐患。

然而，由于 AMXO$_4$ 化合物以及 AM(XO$_4$)$_3$（A 是碱离子）中 MO$_6$ 八面体和 XO$_4$ 四面体之间的分离，在充放电期间引起大的极化反应[99]，导致电子电导率非常低。图 7.5 说明了相

对于 $Fe^{2+}/^{3+}$ 和 $V^{n+}/^{(n+1)+}$ 对的 Li 的费米能级的氧化还原能量的变化。例如，氟磷酸钒锂 ($LiVPO_4F$) 的电化学插入性能表明，$LiVPO_4F$ 中的 V^{3+}/V^{4+} 氧化还原电位比磷酸锂钒 [$Li_3V_2(PO_4)_3$][99] 高 0.3V 左右的电位。该性质描述了氟对 PO_4^{3-} 聚阴离子的诱导效应的影响。

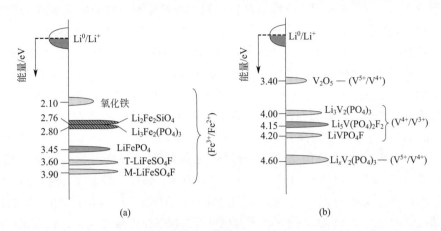

图 7.5 铁（a）和钒（b）磷酸盐骨架的氧化还原对相对于金属锂的费米能级的能量

7.4 优化的 $LiFePO_4$ 粒子的结构与形貌

我们在本节中报告的是在我们的一个样品上获得的典型结果，因为它代表了目前用于商业化 $LiFePO_4$ 电池正极材料的产品。

7.4.1 磷酸铁锂的 XRD 谱

无碳和碳包覆样品的 X 射线衍射谱如图 7.6 所示。无碳包覆的样品是典型的 $LiFePO_4$

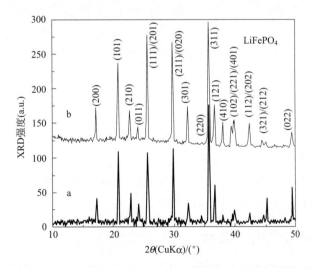

图 7.6 无碳（a）和碳包覆（b）的 $LiFePO_4$ 样品的 X 射线衍射谱 [XRD 谱线在 Pnma 空间群菱方晶系中能够检索到；X 射线衍射谱的特征由 (101)，(111)+(201)，(020)+(211) 和 (311) 四条线支配；根据 Scherrer 分析，CF 和 CC 样品的颗粒尺寸分别约为 36nm 和 32nm]

特征。通过喷雾热解引入的碳在 $2\theta=22°$ 产生一宽的无定形峰[7]。这个宽峰是包覆碳为无定形碳的证据[100]。

另外，通过叠加在无定形背景上的结晶峰证明了引入的碳并未改变 LiFePO$_4$ 颗粒的结晶度。峰的位置在两组样品中相同，意味着晶格参数不受碳影响，这是碳未渗入 LiFePO$_4$ 的第一个证据。此外，X 射线衍射谱峰的宽度在两个样品中大致相同。根据 Scherrer 定律，该宽度与微晶的平均直径 d 成反比。我们可以推断，LiFePO$_4$ 晶体的尺寸（以下称为初级颗粒）在两个样品中大致相同。更精确地说，根据 Scherrer 定律估计的无碳和碳包覆样品的微晶尺寸分别为 36nm 和 32nm。根据选择的空间群 Pnma 或 Pnmb 有两种等效的方式来索引 X 射线衍射谱的线，因此称为 a 或 b 轴。两者都列在美国材料试验协会（ASTM）的 X 射线粉末衍射数据文件（88-2092，40-1499）中。我们选择了与 Pnma S.G. 对应的符号（$a=10.33$Å，$b=6.010$Å，$c=4.693$Å）。无碳和碳包覆样品的 X 射线衍射谱之间的唯一差别是 Bragg 峰的相对强度。LiFePO$_4$ 的谱由（101），（111）+（201），（211）+（020）和（311）四条线支配。四条线中的哪条线具有最大强度这取决于样品。它可以是在无碳样品的情况下（也是在 ASTM 文件 40-1499 中报道的情况）的（211）+（020）线，或者它也可能是碳包覆样品的 X 射线衍射谱中的（311）线（也就是 ASTM 文件 83-2092 和文献 [101] 中报道的情况）。

然而，这些差异涉及 Li 的紊乱；过去研究的所有 LiFePO$_4$ 材料的共同特征是这四条线具有相当的强度[102]。

7.4.2 优化的磷酸铁锂的形貌

LiFePO$_4$ 粉末的表面形貌和碳包覆样品的形状已经通过扫描电子显微镜（SEM）和高分辨率透射电子显微镜（HRTEM）进行了研究。碳包覆样品的典型的扫描电镜（SEM）图像如图 7.7(a)、(b) 所示。这些粉末由分散良好的二次颗粒组成，稍微团聚，在 SEM 图像中表现出少量碎片。SEM 观察表明在样品的任何部位其在相对于所研究的面积大的尺度下这种相似的图像是均匀的。然后图 7.6 中 a、b 代表二次粒径分布，平均粒径为 200nm。透过 TEM 观察到每个二次粒子由大量的初级粒子构成。碳包覆样品的 TEM 图像示于图 7.7(c)、(d)。它们显示具有平均尺寸约 90nm 的多分散初级颗粒，其比从应用 Scherrer 定律推导的单晶颗粒的平均尺寸大 3 倍。因此，一次颗粒是由几个（平均为 3 个）LiFePO$_4$ 的单晶构成的 LiFePO$_4$ 多晶。透过 TEM 照片可以观察到无定形碳层覆盖在初级粒子上 [图 7.7(c)、(d)]。在显微照片中，LiFePO$_4$ 微晶呈现为较暗的区域，而碳作为灰色区域围绕着初级粒子。据估计平均厚度为 30nm。碳膜是高度多孔的，使得在 SEM 和 TEM 图像上观察到微晶的不规则包覆，但是重要的是连接颗粒的这种碳膜有助于提高 LiFePO$_4$ 的电子传导性。总结这些结果，SEM 和 TEM 图像清楚地描绘了包覆在 LiFePO$_4$ 微晶的碳层。XRD 和 HRTEM 数据是一致的[81]。

7.4.3 局域结构与晶格动力学

傅里叶变换红外（FTIR）光谱可以探测本体特性[103,104]，而拉曼散射（RS）光谱是表面分析的工具[105,106]。例如，LiFePO$_4$ 上的碳含量太低，不能被红外光谱检测到，但是它可以通过拉曼散射实验得到良好的表征[23]。LiFePO$_4$ 的振动模式主要是由磷酸盐和铁相关的运动构成，其他模式显示了一些锂的贡献[13,107,108]。

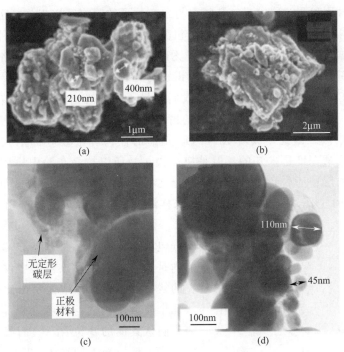

图 7.7 表示二次粒子的形状的 SEM 图像 [(a)、(b)]（有轻微的团聚和少量碎片，晶粒尺寸的单位为 nm）；TEM 图像 [(c)、(d)] 显示沉积在 LiFePO$_4$ 微晶上的无定形碳层

图 7.8 介绍了样品的红外光谱。我们也有报道这种材料固有峰的位置，已经在早期的文献中予以确认[103,104]。让我们来回忆一下，光谱是由吸收测量结果产生的，因此它们是体相特性的一个探针，由于粉体中碳的数量太少，无法通过这种实验检测。这就是为什么使用红外线光谱作为 LiFePO$_4$ 部分特征的根本原因。所有红外波段的位置与参考文献 [103] 表 1 中所列出的一致。对于纯的 LiFePO$_4$ 没有观察到多余的线条。在 372～647cm^{-1} 范围内的波段涉及 O—P—O 对称和不对称模式和 Li 振动的弯曲模式（v_2 和 v_4）[108]。特别地，在 230cm^{-1} 处的波线对应于锂离子的同笼模式，也就是在由六个最近邻氧原子构成的笼中进行的平移振动[109]。因此 372～647cm^{-1} 这个范围的波带，是对局部 Li 环境敏感的频谱一部分。这也是在无碳和碳包覆样品中都相同的光谱部分。

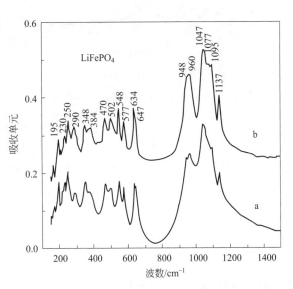

图 7.8 无碳（a）和碳包覆（b）的 LiFePO$_4$ 样品的红外吸收光谱 [峰值位置被标记（cm^{-1}），在稀释到 ICs 基质（1∶300）的 LiFePO$_4$ 粉末颗粒上记录红外光谱]

我们可以从这个结果推断出，锂离子是"看"不见碳离子的，另一个证据表明碳没有渗入到 LiFePO$_4$ 颗粒内部。945～1139cm^{-1} 的光谱部分对应于 PO$_4^{3-}$ 单位的伸展振动模式。

涉及 P—O 键的对称和非对称模式,其频率与游离分子的频率密切相关,这说明两种样品中这些模式的频率相同。然而,无碳样品比碳包覆样品的模式要明显宽。这种宽化也给出了声子寿命下降的证据,因此缺陷的存在打破了无碳样品 $LiFePO_4$ 微晶中晶格位置的周期性循环。下一节分析磁性能我们可以将这些缺陷识别为 $\gamma\text{-}Fe_2O_3$ 纳米粒子。

为了探索 $LiFePO_4$ 颗粒的表面特性,我们测量了拉曼光谱;拉曼光谱中显示碳的穿透深度约为 30nm[107]。这比在均匀的碳分布的情况下沉积在 $LiFePO_4$ 颗粒表面上的碳包覆层厚度要大一个数量级。因此,碳对 $LiFePO_4$ 光谱的任何屏蔽效应都是无法预料的。碳在 $LiFePO_4$ 内部的渗透深度是未知的,但是应该很小,所以拉曼实验中检测器在光穿透深度内采集信号,这种信号基本上代表了碳与百分之几的 $LiFePO_4$ 的量的总和。由于碳的总量占 $LiFePO_4$ 质量的 5%,因此可以预期通过采样深度探测碳和 $LiFePO_4$ 相对含量。

图 7.9 中的拉曼光谱证实了这一点。无碳和碳包覆样品的光谱在 $100 \sim 1100 cm^{-1}$ 的波数范围内是相同的,并且该范围中仅检测到 $LiFePO_4$ 的线特征。图 7.9 中显示出此范围内峰位置在几个波数距离内与参考文献 [103] 是相同的,为确认具体的峰位置,我们参考了他们之前的工作。最大的不同在于 $395 cm^{-1}$ 处的线,参考文献 [108] 中报道的是在 $410 cm^{-1}$ 处。这条线与具有强耦合性的 PO_4 弯曲模式 ν_2, ν_4 相联系。然而,由于所有与 PO_4 相联系的线均有相同的情况,我们不能认为这种差异是显著的。这种情况特别是在 $620 cm^{-1}$, $940 cm^{-1}$, $986 cm^{-1}$ 和 $1058 cm^{-1}$ 处的线分别对应于 PO_4 的 ν_4, ν_1, ν_3 和 ν_2 分子内伸展模式。在这个范围内的波数,唯一的区别是碳包覆样品的拉曼线向低频方向偏移了约 $10 cm^{-1}$。对比拉曼线的

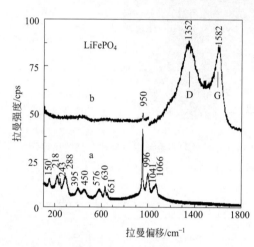

图 7.9 无碳和碳包覆 $LiFePO_4$ 样品的拉曼光谱
(使用 514.5nm 的激光线,以 $2 cm^{-1}$ 的光谱分辨率记录光谱,通过观察 G 带和 D 带的碳沉积物来筛选 $LiFePO_4$ 本体材料的拉曼散射光谱特性)

偏移与 FTIR 线的无变化,证明了这种偏移是表面效应的结果。拉曼线的变化是由于靠近碳的界面处第一层 $LiFePO_4$ 颗粒的键长增加,起因是碳膜黏附引起的应变。对于具有不同制备方式的样品,据报道碳被用于对来自 $LiFePO_4$ 的信号进行筛选,所以只能在 $942 cm^{-1}$ 处观察到一条指向 $LiFePO_4$ 的微弱的带[105]。再次,由于以上提到的原因,这样的筛选是无法预期的,并且在本实验中没有观察到。

7.5 磁性和电子特性

7.5.1 本征磁性

铁离子之间的磁相互作用是-Fe-O-Fe-和-Fe-O-P-O-Fe-反铁磁超交换相互作用的形式,并且结晶良好的 $LiFePO_4$ 在 Néel 温度 $T_N = 52K$[83,85,110,111] 时是反铁磁(AF)的。通过中子实验确定了反铁磁顺序的拓扑结构,从而确定了磁场的相互作用[112]。充分考虑这种结构主要的交互作用是 Fe-O-Fe 层内超交换反应 J_1, Fe-O⋯O-Fe 的双超交换相互作用即层间

相互作用 J_2 和层内相互作用 J_b。在早期作品[113]中设想的其他交互作用可以忽略不计。这些相互作用（J_1、J_2 和 J_b）是反铁磁性的，它们的估计值是[112]：

$$J_1=-1.08\text{meV}, J_2=-0.92\text{meV}, J_b=-0.4\text{meV} \quad (7.1)$$

有趣的是，最近的结果表明 $FePO_4$ 层具有强烈的反铁磁耦合。其本质上是为什么系统经历了一个真正的过渡到三维反铁磁有序，而二维磁系统没有秩序，因为增强的量子自旋涨落。另外与先前的观点相反，J_2 和 J_b 无法引起磁相互作用的几何不稳定性，因为 J_b 比 J_1 明显缩小。因此，纯 $LiFePO_4$ 样品的磁化曲线 $M(H)$ 是简单的线性。这个例子是由图 7.10 的 B-10 所示。磁化率满足顺磁状态下的居里-维斯定律。H/M 随温度的变化而变化，如图 7.10(b) 所示。

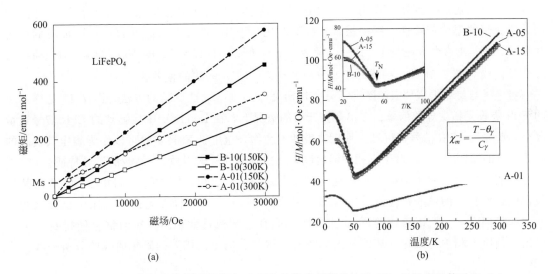

图 7.10　磁矩的等温曲线与磁场作为 A 型和最优 B 型样品 $LiFePO_4$ 的温度函数对比（a）（符号是实验数据，连续的垂直线是引导）；$LiFePO_4$ 样品在 $H=10\text{kOe}$ 处测量的温度依赖于 H/M ［最佳材料（B-10）具有最低的 $3.41\text{emu}\cdot\text{K}\cdot\text{mol}^{-1}$（$1\text{emu}=1\text{A}\cdot\text{m}^2$）的居里常数，添加物表现出在 Néel 温度 $T_N=52\text{K}$ 处的顶点］（b）

7.5.2　$\gamma\text{-}Fe_2O_3$ 杂质的影响

另外，在存在杂质的情况下，$LiFePO_4$ 样品的磁性能可能不同。该情况由图 7.10 中称为 A 的样品说明。其磁化曲线与低场线性行为发生强烈偏离。该曲率是纳米尺寸簇形式的亚铁磁性杂质[10,109,114]的特征。在这种情况下，磁化 $M(H)$ 是两个贡献的叠加：

$$M(H)=\chi_m H+M_{\text{extrin}} \quad (7.2)$$

本征部分 $\chi_m H$ 在施加的磁性 H 中是线性的，仅仅是纯 $LiFePO_4$ 的贡献。在 H 中容易饱和的外在成分是亚铁磁性纳米团簇的贡献，可以在简单的超顺磁模型中估计[10]。它可以写成以下形式：

$$M_{\text{extrin}}=Nn\mu\pounds(\xi) \quad (7.3)$$

式中，$\pounds(\xi)=\pounds[n\mu H/(kBT)]$，是朗文函数；$N$ 是磁簇的数量，每个簇包含 n 个平均力矩为 μ 的磁离子；T 是热力学温度；k_B 是玻尔兹曼常数。在高场下，M_{extrin} 饱和至 $Nn\mu$，并且容易确定为在大场处的磁化曲线切线的交点处 $H=0$ 处的纵坐标。

结果，我们发现 $Nn\mu$ 并不是取决于低于 300K 的温度。集束磁化具有温度依赖性，也就是说簇内的居里温度 T_c 远大于 300K，而在这一过程中，将该簇识别为亚铁磁性矿物杂质（γ-Fe_2O_3）。由于该材料的 μ 值是已知的，因此根据等式（7.3）的 $M_{extrin}(H)$ 曲线的拟合容易确定 n，同时 N 可以从饱和值 $Nn\mu$ 来确定。结果发现杂质簇的大小为 1nm，浓度为 0.1×10^{-6}。尽管这个值很小，但是足以改变电化学性质，这对于控制合成过程以获得纯样品是至关重要的[10,114]。事实上，一维 Li 通道使得橄榄石性能不仅对颗粒大小敏感，而且对于杂质和堆垛层错阻碍通道的问题同样敏感。这就是为什么除掉这种杂质是至关重要的，其原因在于铁更易于形成三价态。这可以借助在还原气氛如氢气中合成 LFP 来实现。

在一步法合成碳包覆磷酸铁锂的过程中，包覆层前驱体的有机材料会分解，其部分产物为氢气，氢气可以起到还原作用。图 7.10(b) 显示了具有不同浓度杂质的一系列 A 样品的倒数磁化率的温度依赖性。图中报告的数据是用 SQUID 磁力计测量当 $H=10$kOe 时的原始数据 H/M。在这个大磁场下，M_{extrin} 是饱和的，所以 $M/H=\chi_m+(Nn\mu/H)$。第二项导致 A 样品曲线与图 7.10(b) 中样品 B 的 $H/M \sim \chi_m^{-1}(T)$ 曲线的偏差。

过电子自旋共振（ESR）提供了另一种研究 γ-Fe_2O_3 磁性贡献的方法。图 7.11 是样品 A 的 ESR 吸收光谱的导数信号。在不存在杂质的情况下，在 $LiFePO_4$ 中检测到的 EPR 信号数量级小一些[83]。EPR 信号可以唯一地反映磁性不纯物，这也是 ESR 实验可以作为确定其贡献的有效工具的原因[10,109]。对于不相关的磁簇，可以预期回旋磁因数 $g=2$ 时的信号特征。

在实验中所用频率的条件下，这样的信号以 $H=3300$G 为中心。实际上，已经在其他包含铁磁性粒子的磷酸铁锂样品中检测出来的信号[10,109]，同样在先前的工作中也被检测出来，并且拥有一个可以参比的形状。3300 G 拥有的结构宽度相同。它的整合使得我们可以得出与杂质簇相关的磁化，从而导出其浓度，这与我们上面描述的磁化曲线的分析一致。

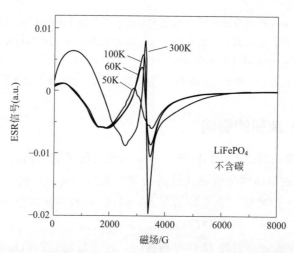

图 7.11 几种温度下不包碳的 $LiFePO_4$ 样品的电子自旋共振谱
（该单位是任意的，但是与上图中的相同，因此两个样品的谱图之间的相对强度由两个图中之间的纵坐标的比率给出）（$1G=10^{-4}$T）

7.5.3 Fe_2P 杂质的影响

根据合成条件的不同，已经发现了具有橄榄石结构的其他铁基杂质，包括 $Li_3Fe_2(PO_4)_3$、

$Fe_2P_2O_7$、$Fe_2P^{[10,13,81,114]}$ 等。例如，我们已经在图 7.12 中提到过。对于不同样品，在 10kOe 处再次测量的 $H/M(T)$ 曲线，其显示 $T_C=265K$ 附近曲线的斜率的突然变化。由于 T_C 是铁磁体 Fe_2P 的居里温度，所以这是样品中含有 Fe_2P 的特征。对磁特性样品的磁化曲线进行定量分析，结果显示，该杂质中所含铁的比例为 Fe_2P 为 0.5%。从纯样品和含有 Fe_2O_3 杂质的样品上获得的数据也被报道出来用于比较。

由于 Fe_2P 为金属性，它的存在不仅增加了电子电导率，也降低了离子电导率，使得容量和循环倍率都相对于 C-LFP 而降低。图 7.13 中显示了三种 $LiFePO_4$ 样品（不含杂质的未包覆材料、含 Fe_2P 的未包覆样品和碳包覆磷酸铁锂）的电子电导率 σ_{elec} 的 Arrhenius 曲线图，显而易见的是，添加磷化铁或碳大大提高了 σ_{elec}。因此，有些作者甚至故意引入这种杂质。

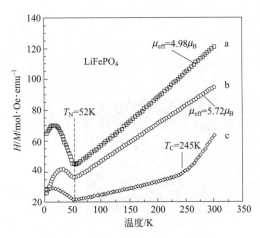

图 7.12　不同 $LiFePO_4$ 样品的倒数磁化率对温度的依赖性（a 为优化的纯 $LiFePO_4$；b 为含 Fe_2O_3 的样品；c 为含 Fe_2P 的样品）

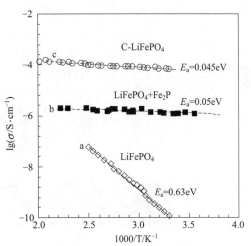

图 7.13　$LiFePO_4$ 样品的电子导电性 [a 为无杂质的未包覆材料（空心正方形）； b 为含 Fe_2P 的未包覆样品（全方块）； c 为碳包覆的 $LiFePO_4$（空心圆）]

然而，由于以下讨论的原因，这对电化学性质是不利的。

图 7.13 还显示，碳包覆大大提高了 LFP 颗粒的电子导电性，允许样品进行高倍率的充放电。LFP 与 Fe_2P 杂质的电导率介于包覆层和未包覆的纯磷酸铁锂之间。这个结果解释了为什么 LFP 的电导率的奇特结果已被不同的科研人员所报道，这些作者没有在其材料中检测到杂质，因为他们未能对材料进行磁测量，特别是那些掺杂了不同金属离子的样品，掺杂元素没有进入基体，而是在颗粒表面处以金属杂质的形式独立存在。

图 7.14 显示了在室温下用纯 $LiFePO_4$ 和含 Fe_2P 的电极材料循环的 Li∥LFP 电池的电化学充电-放电曲线。显然，在 2C 倍率下，含有少量 Fe_2P 的材料，容量保持率显著降低。为了考察长循环后样品可能发生的铁溶解的情况，我们对其进行了进一步的分析和检测。图 7.15(a)、(b) 是极片横截面（切片图）的 SEM 照片，照片中显示的是隔膜/锂（SL）界面处的铁物质分析结果。从检测结果可知，较早一代的磷酸铁锂的 SEM 照片中，在 SL 界面存在铁簇。显然，一些铁粒子（或离子）通过电解质从 $LiFePO_4$ 正电极迁移到锂负极。这种迁移的净效应是 Li∥LFP 电池容量保持率的大幅度下降。图 7.15(b) 显示了在以锂为负极的电池中，采用优化的电极测试获得的循环后剖析的扫描电镜照片。在这种情况下，人

们在 SL 界面没有检测到铁，而且 100 次循环后其仍保持完好。

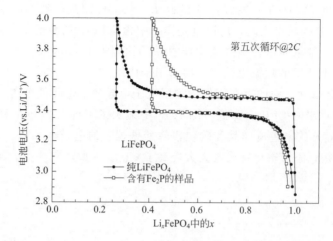

图 7.14 Li∥LiFePO$_4$ 电池在室温下循环的电化学充放电曲线
（用纯 LiFePO$_4$ 和含 Fe$_2$P 的电极材料）

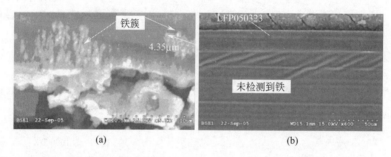

图 7.15 循环结束后，在隔膜和锂金属负极之间的界面处检测铁物质的 SEM 照片
(a) 当使用较早一代的 LiFePO$_4$ 正极时，在界面处形成铁簇；
(b) 经过优化之后的 LiFePO$_4$ 正极，在 Li 箔表面未检测到铁

这些结果表明，Fe$_2$P 杂质中的铁溶解在电解液中，破坏电池并缩短其寿命。因此，必须除去这种杂质，这可以通过将合成温度降低至 700℃ 来进行。

我们报道的两种杂质即 γ-Fe$_2$O$_3$ 和 Fe$_2$P 的结果说明了调整合成参数的必要性，为了获得没有任何杂质的纯样品，对材料的结构质量必须严格控制。利用几种物理方法来分析橄榄石磷酸铁锂框架的局部结构和电子特性[115]。产品的质量控制是获得高性能 LFP 锂离子电池的关键。

7.5.4 磁极性效应

LiFePO$_4$ 的固有电导率是极性的，如许多离子化合物。本例中的极化子与存在锂空位时保持电荷中性的 Fe^{3+} 的存在有关。根据 Mott 公式，电导率 $\sigma(T)$ 为[116]：

$$\sigma = c(1-c)\frac{e\nu}{RkT}\exp(-2\alpha R)\exp\left(\frac{-E_a}{kT}\right) \tag{7.4}$$

其中 c 是每个磁离子的极化子的浓度，即可以发现 Fe^{3+} 的概率，使得 $c(c-1)$ 是在距离 R 处找到具有 Fe^{2+} 最近邻的 Fe^{3+} 的以交换外层电子概率。

$t_g\downarrow$ 3d 电子的轨道的波函数由衰减率 α 的指数表示,所以第一个指数比例对波函数的平方为电子跃迁(空穴)的概率。E_a 是活化能,即电子(空穴)必须克服跳跃的能垒;ν 是原子频率。对于铁离子,$\alpha=1.5\text{Å}^{-1}$,$R=3.83\text{Å}$,$\nu=10^{-15}\text{Hz}$。在图 7.13 之后,$E_a=0.6\text{eV}$。然后直接从图 7.13 中纯的未包覆磷酸铁锂实验曲线的拟合来确定 c 与等式(7.4),求得 $c=3\times10^{-3}$[117]。

在传导过程中,电子从 Fe^{2+} 位点跃迁到相邻的 Fe^{3+} 位点。该电子是 Fe^{2+} 的 $t_g\downarrow$ 3d 电子,因为它处于高自旋多电子状态 $(t_g\uparrow)^3(e_g\uparrow)^2 t_g\downarrow$,而 Fe^{3+} 的最低能量的状态是高自旋多电子态 $(t_g\uparrow)^3(e_g\uparrow)^2$,如图 7.16(a) 所示。"上"和"下"符号指大多数自旋方向。

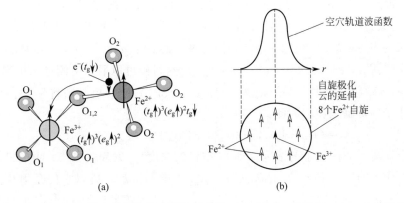

图 7.16　$LiFePO_4$ 中的小型极化子〔跃迁过程如(a)所示,通过将一个 $t_g\downarrow$ 电子从位点 2 转移到位点 1,Fe^{3+} 位点 1 上的 $t_g\downarrow$ "空穴"转移到相邻的铁位点 2〕(a) 和间接交换相互作用负责在电子 $t_g\downarrow$ "空穴"波函数内(与 t_g 电子相反的方向)铁离子的自旋极化(b)

在铁磁结构[118]中进行的带隙结构计算中,这仅仅是自发磁化的方向。实际上,在电子导电性测量的温度范围内,磷酸铁是顺磁性的;而在反铁磁相中,它只在 52K 时才是有序的。对于电子结构而言,由于磁性交换能量相对于该离子材料中的库仑能量可以忽略不计,所以不是很重要。但是,这种差异在涉及磁性的时候至关重要。在顺磁结构中,大多数自旋方向必须以 Hartree-Fock 方式进行。

因此,位置 i 上的一个 Fe^{2+} 的 $t_g\downarrow$ 电子与位于其上的铁离子携带的自身旋转 $\vec{S}_i$ 自旋极化方向相反。在跃迁过程中,该电子通过在初始状态 $(t_g\uparrow)^3(e_g\uparrow)^2$ 处的位置 j 上最近邻(nn) Fe^{3+} 的隧道效应跳跃,使其成为最终状态 $(t_g\uparrow)^3(e_g\uparrow)^2 t_g\downarrow$ 中的 Fe^{2+}。但是在这种最终状态下,自旋极化是指位置 j 上铁离子所产生的自旋 $\vec{S}_j$ 的方向。这个跃迁,如图 7.16(a) 所示,由于 Pauli 原理,只有当位置 i 和 j 上的两个铁离子在相同方向上自旋极化时才是可能的。因此,在 nn 位置 i 和 j 处耦合铁离子的跃迁过程产生 $\vec{S}_i$ 和 $\vec{S}_j$ 之间的 nn 间接交换是铁磁性的。因此,极化子的中心离子的自旋和相邻的铁离子应该是自旋极化的。

结果是,移动电子不仅必须承载其扭曲云,而且还必须承载其自旋极化云,如图 7.16(b) 所示。这种极化子是一种叫作"铁"的伪粒子[119]。在通常的半导体中,其关于电子轨道定位的形成需要比预期更强的间接交换相互作用。即使在稀土化合物中,由于库仑吸引电位和间接磁选择性良好的叠加效应,极化子实际上与供体(或受体)结合。这是结合的极化子。然而,我们以前研究的结合磁极子和我们现在所讨论的问题之间存在重要的区别。磁极子的先前研究涉及具有重要的间接交换相互作用的非离子材料,在这种情况下,极化子可能对电子传输特性有很大的影响[120]，而由极化子承载的有效磁矩 μ_{pol} 可能很大[119]。这里，因为材料是离子的，所以过量电荷载体的轨道由于其周围的变形而被强烈地减小。结果是间接交换相互作用对活化能的贡献可以忽略不计，因此自旋极化过程对运输性能没有显著影响。与前一个密切相关的另一个结果是，与云的自旋极化相关的磁矩很小，因为轨道比非离子化合物更狭窄，所以只有中心极化子位点的邻近物才能自旋极化。实际时机取决于多余的载体可以自旋极化的邻域。合理的近似是考虑到与晶格中给定的铁离子有效磁耦合的邻域。

这些磁相互作用根据方程式(7.1)是通过Fe-O-Fe层间相互作用 J_1 耦合的四个铁离子，其中两个铁离子通过Fe-O···O-Fe层间相互作用耦合 J_2 超-超交换相互作用，另外两个通过层间交互 J_b 耦合。以 Fe^{3+} 位点为中心的过量载体自旋极化的相邻 Fe^{2+} 数应该为 8 个。由于中心 Fe^{3+} 的旋转为 $S=5/2$，并且 nn Fe^{2+} 的自旋为 $S=2$，所以我们预计与极化子相关联的高自旋波长为 $S_{pol}=5/2+8\times2=18.5$，因此玻尔的磁矩 $\mu_{pol}=gS_{pol}=37$ 磁体单元（我们在整个工作中采用 $\mu_B=1$），而 $\mu(Fe^{2+})=4.9\mu_B$。这时候可以通过磁测量来检测。在满足居里-魏斯定律的顺磁性方程中，每个磁离子 $C=\mu_{eff}^2/(3k_B)$ 的居里常数将是 $LiFePO_4$ 的内在贡献加上极化子的贡献之和，因此：

$$\mu_{eff}^2=(1-c)[\mu(Fe^{2+})]^2+c(\mu_{pol})^2-4c[\mu(Fe^{2+})]^2 \quad (7.5)$$

其中 c 是每个铁离子的极化子的浓度（即 Li 空位的浓度）。方程式(7.5)中的最后（负）项来自于参与极化子的四个 Fe^{2+} 的贡献包括在 μ_{pol} 项中的贡献，所以它们必须从主体的内在贡献（第一项）的贡献中减去。实验有效力矩 μ_{eff} 可以从满足居里-魏斯定律的顺磁方程中的 $\chi^{-1}(T)$ 实验曲线的斜率推导出来：

$$\chi=C/(T-\theta)$$
$$C=\mu_{eff}^2/(3k_B) \quad (7.6)$$

在不含任何杂质的纯样品中，磁化率 χ 被明确定义，因为 M 在 H 中是线性的。对于含有磁性杂质的残留浓度的样品，如图 7.10 中的样品 B。进入方程式(7.6)的敏感性 χ 必须定义为磁化曲线 $M(H)$ 的斜率，即在 $H=10kOe$ 下测量的 $\chi=dM/dH$，不与图 7.10(b)中报道的比率 M/H 混淆。在这个大磁场下，杂质相对 M 的超顺磁性贡献饱和至 M_{extrin} [见式(7.3)]，使得杂质相（如果有的话）没有贡献 χ[10]。我们发现，对于我们的无碳样品，μ_{eff} 的实验值为 $\mu_{pol}=5.3\mu_B$。这相对于固有值为 $\mu(Fe^{2+})=4.9\mu_B$ 的纯化学计量品来说，是过量的，这主要是由于极化子的贡献。在式(7.1)和式(7.5)中，我们发现，对于 $c=3\times10^{-3}$，这与电分析确定的值是一致的。对 $LiFePO_4$ 的光学，电子和磁性的描述完全自相一致。间接交换相互作用负责在电子 $t_g\downarrow$ "空穴" 波函数（与 t_g 电子相反的方向）内铁离子的自旋极化，如图 7.16(b) 所示。

作为从点到点的过量跃迁的电荷，它不仅带来了与库仑电势相关的局部晶格变形云，而且也带来了自旋极化云。

我们已经提到了由 Li 空位形成的极化子，因此，无论是否被碳包覆，c 也是 LFP 中几乎总是存在的 Li 空位的浓度。我们系统地发现在 5.1~5.3 范围内的 μ_{eff}，具体取决于样品。与碳本身相关的磁化率可以忽略不计，因此超过 4.9 的磁力矩只有在化学计量比组成的样品中能够观察到，这种样品中的锂空位浓度小于 10^{-3}，和无碳样品一致。在碳包覆样品中，粉末样品的电子导电性由碳而不是由小极化子保证，结果不能够再通过传输实验检测小极化子。在后一种情况下，只有磁测量的办法才能揭示出它们的存在，以 μ_{eff} 为单位。我们已经知道，有机添加剂中所含的氢具有还原铁的能力，从而防止 Fe_2O_3、Fe_2P 和 $Li_3Fe_2(PO_4)_3$ 杂质相的形成。但是，无论在合成过程中是否使用了有机化合物，μ_{eff} 是相同的，现在可以证明有机化合物对本征缺陷没有影响，原因是存在浓度较小（$c = 3 \times 10^{-3}$）的三价铁。这一结果与本征缺陷与铁本身不相关但与 Li 空位有关的观点是一致的。

7.6 碳包覆层

在锂离子电池电极的生产中，为提高电子导电性，常见的做法是向其中添加碳，这样不仅可以向 $LiFePO_4$ 添加碳基体[3]，而且可以使 $LiFePO_4$ 表面涂覆薄层颗粒碳[5,6]。使用喷雾热解技术[7]，在 $LiFePO_4$ 原料中添加蔗糖，达到添加碳的效果，使其电子电导率提高七个数量级（见图 7.13）。加入碳后，结合电子电导率更好的优点，因此效率高，能力强，容量大。特别地，有人发现用 1%（质量分数）碳包覆的 $LiFePO_4$ 容量约为 160mA·h·g^{-1}[81]。Ravet 等人[5,6] 报道了两种包覆方法：①在 700℃将 $LiFePO_4$ 粉末与糖溶液混合加热；②在一些有机材料添加前加热合成 $LiFePO_4$。虽然这些添加碳的方式并没有被完全优化[6]，但是这些方法是添加碳源合成的开端，只要有可能，可以认为是有希望的[6~8]。然而，在水热合成的情况下，烧结温度太低而不能获得导电性碳涂层，不可避免地要采用两步法，其中碳包覆层在 700℃ 的烧结温度下制成。最近，Zaghib 等人[117] 表明，在 $LiFePO_4$ 电极中添加 6%的碳添加剂，使其具有高倍率的性能。这种材料适合应用于 HEV。

7.6.1 碳层的表征

拉曼光谱是探讨 $LiFePO_4$ 颗粒表面性质的一个强大的工具[24,121,122]。如图 7.17 所示，在 1345cm^{-1} 和 1583cm^{-1} 处的两个峰，仅在碳包覆样品中被发现。这些峰是无定形碳的特征峰。由于它们构成保护光学或摩擦涂料[123]，因此前期已经有了大量工作以致力于通过各种方法沉积无定形碳。不同方法使内部键的连接顺序有一定的不同，所以导致它们呈现各种各样的形态，包括非晶金刚石、氢化"类金刚石"碳和等离子体聚合物。所有这些形态都有共同点，在拉曼光谱中存在这两个峰。波数 1583cm^{-1} 主要对应于与光学允许相关联的 G

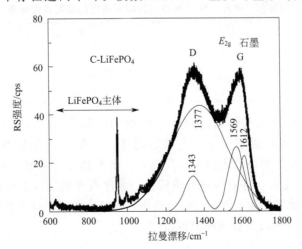

图 7.17 适合（粗线）显示高斯拉曼光谱的去卷积（细线，由它们的位置确定）的 D 和 G 碳结构的拉曼光谱碳涂层的 $LiFePO_4$ 样品

线，E_{2g} 结晶石墨区域中心。波数 1345cm^{-1} 主要对应于与石墨无序允许区域边缘模式相关联的 D 线。非晶膜中结构的确切位置取决于探针激光波长[123~126]，在文献中，定量比较光谱只能在使用相同激光波长的实验之间进行。Tamor 和 Vassell[127] 比较了近似的拉曼光谱，用相同的探针-激光波长获得 100 个无定形碳层（Ar 线）作为选择。

第一，我们注意到无氢碳薄膜的拉曼光谱与氢化薄膜的拉曼光谱有所差异，其特征谱线是以波数 600cm^{-1} 为中心的[128]。由于这种结构不存在于氢化物中，却总是存在于无氢结构中，这个标准被认为是非常有力的[127]。在这种情况下，没有观察到这种结构。因此，碳被氢化，实际上并不奇怪，因为制备工艺涉及不同的有机添加剂。然而，我们看到只有很少量的氢。第二，光谱特征是无定形的石墨碳，意味着碳原子基本上是三配位的并与 sp^2 型混合轨道结合，与类金刚石碳相反[128]。这个结果解释了为什么碳包覆层可以有效地增加材料中的电子导电性，因为只有石墨碳是可以导电的碳。我们更加完整地分析了 D 和 G 带，因为它们可以用来预测结构和物理性质[128]。特别是将拉曼光谱中的 D 和 G 特征带与该结构关联进行综合研究，在参考文献 [129] 中可以找到无序的石墨形态，而与物理性质的关系可参见参考文献 [127]。

这些形态中 D 和 G 带的分析总是通过拟合高斯曲线来完成的，并且结合 1000~2000cm^{-1} 区域内的高斯模型。高斯模型峰的数量从两个[127]变化到四个[105]。在我们举的例子中，我们发现拉曼光谱与两个高斯模型的逆卷积（一个用于 D 线，一个用于 G 线）没有给出好的结果，有四个高斯模型用来解释拉曼光谱。该拟合的结果如图 7.17 和表 7.4 所示。1569cm^{-1} 处的振动来自于石墨，这是非常广泛的，主峰为 1378cm^{-1}，这是碳振动在整个光谱范围内的延伸，是石墨高度无序缺陷引起的峰值特征。如果在拟合程序中只有两个高斯模型，那么它们的结构是可以确定的。如果两个额外的结构可以被四个高斯模型拟合，那么频带在 1612cm^{-1} 是典型的严重无序的碳材料[130,131]。另一条出现在 1344cm^{-1} 处的线则存在着更多的疑问，这条线在低于 750℃ 下制备聚对亚苯基（PPP）的碳的拉曼光谱中可以观测到[132]。对于这种基于 PPP 的碳，这条线被归因于类醌，由于作为 PPP 的环间键长度的收缩引起的环间拉伸模式，链转化成石墨带，或转化为芳环的"桥接"，沿着多个 C—C 键连接[132]。

表 7.4 拟合了 G 线和 D 线的拉曼谱图的高斯模型参数

拉曼线	位置/cm^{-1}	振幅	宽度/cm^{-1}
D 线	1343.7	14.6	107.4
	1377.7	44.1	347.6
G 线	1569.4	26.7	99.4
	1612.7	22.9	64.6

最初的想法是，这条线与原料中某种聚合物的性质有关，在来自于较高温度（$T>$ 750℃）下加热的 PPP 基的碳薄膜中没有观察到这一现象，这表明 PPP 处在低温区范围。然而，在由热解碳抗蚀剂制备的薄膜中，我们可以观察到相同的峰，而且在 C-LiFePO$_4$ 中表明它与 PPP 的存在无关，并且应该与碳转化为无序石墨的过程中与原始聚合物优先形成的一些芳环有关。原始聚合物不重要的这一结论，也可以通过在许多热解的碳抗蚀剂中无论温度是否高达 1000℃ 均可以观察到峰而得出[105]。

7.6.2 碳层质量

现在我们分析一下其他参数，以表征碳膜，即拉曼线的强度。拉曼强度比，定义为

图 7.17 和表 7.4 中高斯的积分,是 $I_{1343.7}/I_{1377}=0.102$ 和 $I_{1569}/I_{1612}=1.789$。如果我们比较这些强度,确定热解碳抗蚀剂的值[105],我们发现碳包覆 LiFePO$_4$ 具有沉积在硅晶片上的碳膜的拉曼光谱,然后在 800~860℃ 的温度下热解。显著的结果是我们的碳膜在此例中已经在 700℃ 加热。这个温差对于碳膜的电子导电性来说至关重要,由于热解的碳材料具有高电阻,所以碳膜在热解温度 $T_p=700℃$ 下制备。当较高的热解温度到达片材时电阻率会急剧下降,在 $T_p=1000℃$ 时电阻率为 $10\Omega \cdot m^2$。我们可以预计,在此基础上,拉曼光谱中 LiFePO$_4$ 碳包覆层中的电导率与 850℃ 下热解沉积的碳相近,这意味着相当好的导电性。它成功地解释在文献中报道碳包覆 LiFePO$_4$ 的电导率增加。同时,它表明使用热解技术如果对 LiFePO$_4$ 的涂层工艺碳的效率不会有所改善,结果将是完全失败,因为这项工作不可能将 LiFePO$_4$ 加热到 800℃ 以上而不损坏材料,这主要是由于前面提到的高温下杂质的生长。

1569cm^{-1} 处 G 线的宽度为 99.3cm^{-1},在氢化无定形碳(a-C:H)[128]中,无氢特性曲线明显大于无定形碳层曲线宽度。这个结果证明了这一点,沉积在 LiFePO$_4$ 上的碳中有一些氢气,但是 H/C 比例很小。这实际上与事实是一致的,在高于 700℃ 的温度下热解后的电子传导性的增加是由于 H/C 比的降低[105]。

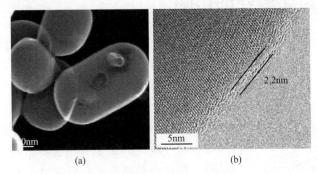

图 7.18 水热法合成碳涂层 LFP 颗粒 HRTEM(使用乳糖途径实现约 2nm 厚的碳涂层)

拉曼光谱的测试结果表明,在 H/C 比相同,并足够小的时候,碳的热解温度可以提升到更高的温度,800~860℃。同理,我们也希望碳沉积物的硬度与 a-C 膜的硬度相当。但是,在文献中研究的碳膜较厚,因此硬度不依赖于底物的固有性质。碳涂层平均厚度在 3~5nm 的范围内可以在图 7.18 中看到。由于 a-C 层间的相互拉力非常大,因此在该厚度时,不能形成具有足够强度的 a-C 层,所以不能保证碳在 LiFePO$_4$ 颗粒表面的包覆。虽然当 G 线宽度从 50cm^{-1} 增加到 80cm^{-1} 时,a-C:H 膜的硬度从 0 增加到 20GPa,具有 G 线宽 100cm^{-1} 的 a-C 膜硬度只是中等,即 10GPa[127]。这种硬度可以认为很小。例如,已被报道为"类钻石 i-C"的碳膜,硬度高达 80GPa。这实际上仅仅是预测,特别是当沉积碳的衬底不像硅晶片那样平坦,而是纳米颗粒的弯曲表面。我们甚至可以认为,由碳选择的这种 a-C 结构是自适应的一个例子,以允许在这样的表面上的黏附,这在硬度上是不可能的。

文献中已经使用了 D/G 的强度比来确定多晶碳中的石墨颗粒的尺寸。一些延伸经常被用于使用相同的关系来确定石墨阶的相关长度。然而,这个扩展在参考文献中已经做了概述[130]。D/G 强度比给出了在没有任何紊乱的情况下颗粒的大小,不应该与无定形材料中的远距离顺序的损失相混淆。无序碳,关于紊乱的信息由光学间隙提供,Robertson 和 O'Reilly 法则允许估计本地集群内的碳环数量[133]。

特别指出,同时研究光学间隙和拉曼 D/G 比率已经显示出 D/G 强度比的矛盾由非晶碳中的石墨簇尺寸以外的因素确定[133]。这一点有时候错过了，我们可以找到最近对 C-LiFePO$_4$ 的分析，D/G 强度比值降低与碳紊乱有关。在同样的分析中，假设降低 D/G 强度也意味着降低 sp^3/sp^2 比。这也不是正当的，并且不可能评估 sp^2 和 sp^3 中配位碳的含量，材料主要是石墨化，因为内在的拉曼强度，石墨光谱是金刚石光谱的 50 倍。因此，拉曼光谱学是检测钻石中残留 sp^2 键的敏感工具，但不是在主要石墨碳中存在 sp^3 键的可靠的测试方法[127,128]。在这项工作中研究的碳涂层样品中，我们没有研究光学间隙，但我们注意到拉曼线的宽度（而不是强度）与碳紊乱程度有关，这表明在此种情况下碳是无定形的。虽然我们不知道 sp^3/sp^2 比，但是我们知道 sp^3 的量很小。此外，这是无序碳的情况。即使在类金刚石碳膜中，四面体碳的百分比也很小[105]。然而，在目前的情况下，百分比应该比大多数情况下更小，因为 D 线和 G 线的位置非常接近石墨。预计石墨片的弯曲将引起一些 sp^3 特征进入 sp^2 键，它们是平面的。因此，少量的 sp^3 证明弯曲很小，即曲率半径在那里很大。这与图 7.18 中的 HRTEM 图像一致。图 7.18 表明碳覆盖具有典型二次颗粒 100nm 半径，不渗透到 LiFePO$_4$ 颗粒中[41]。

7.7 化学计量比偏差的影响

在上一节中，我们发现一个很小的 Li 缺乏导致形成了 Li 空位，用 Fe^{2+} 转化为 Fe^{3+} 来维持库仑电荷中性产生了极化子。因此，我们得到固溶体 Li$_{1-x}$FePO$_4$，其中 x 只是我们在这一节中称为 c 的极化子的浓度。但是，对于 $x=0.003$ 的非常小的值，这是正确的，这是上面的例子。对于显著较大的 x 值，情况将不同（图 7.19），因为我们已经提到在有实际应用意义的温度下两相系统中的脱锂过程，这意味着固溶体在临界值 ε（x 大于 0.003）以上不再稳定。x 远大于 0.003 时的情况，已经在参考文献 [134] 中进行了探讨，这主要是通过减少合成过程中的 Li 前驱体的量来实现的。电感耦合等离子体光谱（ICP）和 XRD 的 Rietveld 精修已经表明，Li 缺陷样品的化学成分是 Li$_{1-2x}$Fe$_x$FePO$_4$，或者是和其相接近的 Li$_{1-2x}$Fe$_{1+x}$PO$_4$，我们可以发现，缺陷是由锂空位产生的复杂

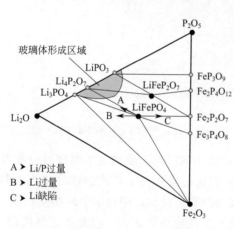

图 7.19 非化学计量 LiFePO$_4$ 的三元相图
（组合物向 Li/P 过量三方向移动，
B 仅为过量，C 为 Li 缺陷）

过程：

$$Fe\cdot_{Li}+V'_{Li} \tag{7.7}$$

在 Kröger-Vink 表示法中 $1\% \leqslant x \leqslant 6\%$ [134]。

这是一个中性的缺陷，在 Li 位有一个 Fe，还有一个 Li 空位的电荷补偿。在低于 200℃ 的水热法合成材料中也观察到了 Li 位上的 Fe[135,136]。固溶体 Li$_{1-2x}$Fe$_{1+x}$PO$_4$ 的形成可以通过晶胞体积在 x 轴上的线性变化来证实。这就为 ε 设定 1% 的上限，与固溶体 Li$_{1-x}$FePO$_4$[137] 的稳定极限的其他估计一致。在 $x \geqslant 1\%$ 时，该固溶体相对于 Li$_{1-2x}$Fe$_x$FePO$_4$ 是不稳定的。在从 LiFePO$_4$ 开始的脱锂过程中，由于铁离子不能在 Li 位上移动，所以不能形成 Li$_{1-2x}$Fe$_x$FePO$_4$，在这种情况下容易形成两相系统。然而复合缺陷的相溶极限为 6.8%。

对于较大的缺陷，ICP 和 XRD 分析显示 $Li_{1-2x}Fe_{1+x}PO_4$（$x=6.8\%$）和 $Fe_3(PO_4)_2$ 杂质分解，称为磷钙铁锰矿[134]。

另外，过量的锂不会导致任何固溶体形成，而是导致 Li_3PO_4 的形成。由于 Li_3PO_4 相对于 $LiFePO_4$ 具有可忽略的磁性贡献，因此可通过测量磁化强度来量化 Li_3PO_4 的量，这种杂质已被 XRD、ICS 以及间接地通过磁测量检测到[134]。此外，$LiFePO_4$ 的晶格参数和单位晶胞体积与 Li 过量无关，这是 Li 过量不会渗透到 $LiFePO_4$ 基体中的另一个证明，并且简单地在表面形成 Li_3PO_4，甚至形成 LFP 颗粒的 Li_3PO_4 涂层。锂的过剩和不足之间的这种差异意味着 Li 位置上的缺陷铁的形成能量较低，而在铁位上的 Li 的形成能量较高，因此在合成过程中不能形成缺陷，因此过量的 Li 只能以 Li_3PO_4 的形式沉淀。锂的过量和缺乏对电化学性能的影响也是非常不同的，如图 7.20 所示。

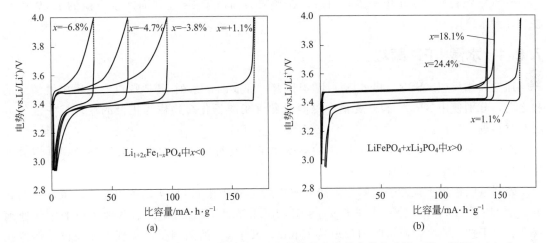

图 7.20　$Li_{1-2x}Fe_xFePO_4$ 定义的 Li 缺陷的 LFP 样品的电化学充放电曲线（第二循环）（a）和与 $LiFePO_4+xLi_3PO_4$ 定义的 Li 缺陷的 LFP 样品一样（b）

在 $Li_{1-2x}Fe_xFePO_4$ 中，随着 x 的增大，材料的容量急剧下降，这是由于 Li 位置上的一个铁离子阻挡了位于其中的整个 Li 通道，从而阻止了该通道中的所有 Li^+ 的电化学过程。另外，在 Li 过量的情况下，Li_3PO_4 成分根本不参与电化学过程。由于容量相当于 $LiFePO_4+xLi_3PO_4$ 中的 $LiFePO_4$ 部分的容量，所以它只是作为惰性物质。有时，Li_3PO_4 薄膜的沉积甚至是有目的地保护活性颗粒。最近，也有非常薄的 Li_3PO_4 薄膜沉积在薄膜 Si 负极上，并且发现这些层有效抑制 SEI 形成，显著提高薄膜 Si 负极的循环性能[138]。

7.8　LFP 颗粒暴露于水中的老化

几十年来人们都知道，所有的锂电池都需要防潮保护，主要是因为锂特别活泼，能够与水反应，方程式如下：

$$Li+H_2O \longrightarrow LiOH+\tfrac{1}{2}H_2 \tag{7.8}$$

氢氧化锂（LiOH）是一种腐蚀性碱金属氢氧化物。结晶时，它是一种白色易吸潮材料。它可溶于水，因此将氢氧化锂水溶液作为 $LiFePO_4$ 的水系电池的电解液正极材料，也具有一定的潜在应用前景。碳包覆已经不再是锂离子的运输障碍，因为 $C-LiFePO_4$ 已经作为锂电池的电极材料使用。我们预期反应方程式(7.8)是有效的，这也意味着从 $LiFePO_4$ 和水的相互作用体系中提取锂元素是可行的。我们也可得知，脱锂反应只有在将水暴露在空气中时，才能有效进行；而且它只影响粒子的表层。当 C-LiFePO$_4$ 粉末落入水中，碳粒子解开连接的一部分，保留一些粒子浮于表面，而主要部分下沉。在目前的工作中，我们考察了水对漂浮部分和下沉部分的碳包覆层 LiFePO$_4$ 粒子的影响。我们报道指出水进攻磷酸铁锂粒子而碳包覆层起不到保护作用，因为碳包覆层会脱离粒子而且它并不是不透水的，我们发现不仅铁元素会与水发生反应，在 LiFePO$_4$ 浸湿后，P 和 Li 也会与水反应。LiFePO$_4$ 与水分子的强烈反应肯定是不被期望的。毕竟，铁的磷化防腐蚀处理就是将铁加入带有磷化锰的热水浴中，最终使其表面形成薄层的 FePO$_4$ 膜。由于磷酸铁是疏水的，该层保护铁免受氧化和腐蚀。直观地表明，在将 LiFePO$_4$ 浸入水中时，表层脱锂反应的发生导致形成 FePO$_4$，这将保护粒子免受其他的损害。我们的调查结果显示情形有些复杂。Porcher 等人[140]确定，C-LiFePO$_4$ 颗粒暴露于水中一段时间后，在颗粒表面由于 Fe 迁移而产生极薄的 Li$_3$PO$_4$ 薄膜（几纳米厚）。

7.8.1　水浸 LFP 颗粒

通过固相反应（SSR）和水热反应（HTR）合成的一系列 LFP 颗粒，在水中浸渍之前和之后，分别使用 XRD、拉曼光谱、磁测量和聚阴离子化合物作为正极的循环伏安法等方法对材料进行表征。

Zaghib 等人[139]报道了 LiFePO$_4$ 的湿度测定以及对事先在含水的大气环境中暴露放置几个月的材料的电化学性能的影响。

磁测量已被用于检测表面效应，浸入水中后，SSR 和 HTR 法制备的粒子下沉部分的磁矩 μ_{eff} 增加了 $0.04\mu_B$，分别达到了 $\mu_{eff}=5.42\mu_B$ 和 $5.40\mu_B$。磁矩的这些值可以非常快速地获得。由于技术原因，测试时间最短是 15min，其中 μ_{eff} 的限制得以实现。即使样品停留在水中较长时间（长达 1h），磁力矩也保持在该值。在短时间内这种 μ_{eff} 的增加是铁氧化的特征。样品表面的 Fe^{2+} 转化为 Fe^{3+}，也是表面层剥离的证据。该效应的定量表明，剥离表面层的厚度约为 3nm。

在水中浸泡 1h 后，SSR 和 HTR 样品沉降部分的伏安法测量结果如图 7.21 所示。在这些测量中，初始工作电位是 3.2V。然后，电压以 1.25mV·min^{-1} 的速率变化，电压先增

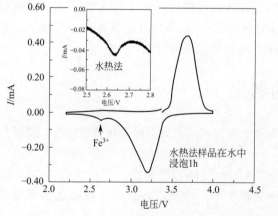
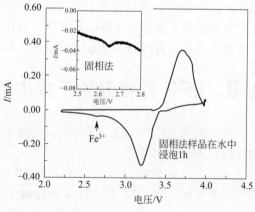

图 7.21　室温下 C-LiFePO$_4$（HTR 样品）/LiPF$_6$-EC-DEC/Li 电池的电化学性能
（将样品浸入水中 63h，然后在 85℃下干燥 48h 之后的结果）

加高达 4V 紧接着降至 2.2V，再升高至 3.2V。除了与 Fe^{2+} 相关的峰，通过降低电压获得的曲线部分显示在 2.63V 处有二次峰，这是铁氧化物中 Fe^{3+} 的特征（相对于磷酸盐中的 3.5V 以上）。在 SSR 和 HTR 样品中 Fe^{3+} 的存在证实了在前面部分中明显的表层剥离。另外，当再次增加电压时，该信号消失，这表明样品的伏安曲线在暴露于水中之前恢复。因此，随着 Li 的插入过程，表面层再次锂化，而浸入水中的作用相反。

7.8.2 长期暴露于水中的 LFP 颗粒

更长时间的浸泡得到的结果相似，在接下来的实验中，样品浸泡 63h，然后在 85℃下干燥 48h，浸入水中的开路电压（OCV）下降 2.3%。由于 OCV 与电池的充电状态直接相关，所以可以将其视为电池脱锂率的间接测量。实际上，这一结果完全符合从磁化测量中推导出的 4% 的脱锂率，以及从物理和化学分析估计的在浸入过程中 Fe 和 P 的 1% 和 3% 的损失。这些结果也证实了脱锂过程位于表层。还通过将样品暴露于环境空气中来评估 H_2O 对电化学性能的影响。对 HTR 样品的影响如图 7.22 所示，表明不同温度下干燥气氛中和相对湿度 55% 环境中，容量随时间的变化。

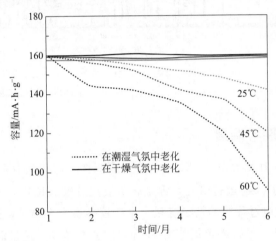

图 7.22　在三种不同温度下，在干燥气氛和环境气氛（55% 相对湿度）下消耗的时间和 C-LiFePO$_4$（HTR 样品）/LiPF$_6$-EC-DEC/Li 电池的容量性能曲线［可以通过不重叠的事实来区分完全曲线（在干燥气氛中）的温度，并且温度越低，容量越高］

7.9　LFP 的电化学性能

7.9.1　循环性能

在这里，我们将要阐述优化后的 LiFePO$_4$ 样品的高温性能，例如，碳包覆等。将软包电池以 C/8 倍率进行第一次循环，然后在 C/4 倍率下进行 12 个循环，并在每次充放电之前休息 1h。这种高温试验是在 60℃下进行的，其目的是考察非水电解质中发生铁溶解的条件。图 7.23 显示了新一代 C-LFP 在 60℃下循环 200 次（47d）后的 XRD 图谱。60℃条件下循环材料的橄榄石结构没有变化。我们观察到与原始材料相同强度的布拉格线。对于这种优化的电极材料，100 次循环中的容量损失低于 3%。通过 SEM 仔细分析了长循环后可能发生的铁溶解的情况。在进行了正极优化的电池的 Li 箔上检测不到铁，100 次循环后保持率很高。事实上，这种高性能可能不仅是因为 $LiFePO_4$ 粉末的优化合成，还因为严格控制了材料的结构质量；同时，在石墨//LFP 锂离子电池中也观察到类似结果。石墨电极的 EDX 分析证实了最后的观察结果。即使在 10^{-6} 水平，电解质溶液中也没有发现铁。因此，所有这些数据综合显示，即使在 60℃时，优化后的 $LiFePO_4$ 在电解液中也不发生溶解。

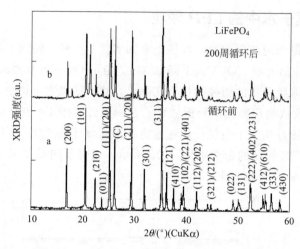

图 7.23 制备的 $LiFePO_4$ 材料（a）和 200 次循环后的 XRD 图（b）
（布拉格线为 Pmna S.G. 对称结构；注意，在 60℃循环后，橄榄石框架保持完整）

7.9.2 电化学特性与温度

为了研究 $LiFePO_4$ 在高温下（60℃）的容量衰减情况，文献中采用了三种不同的负极，即锂金属、石墨和 $Li_4Ti_5O_{12}$ 进行研究，锂金属负极在过量 $LiFePO_4$ 正极材料 2.5 倍时，给出了该正极材料在充放电过程中的精确容量。由于锂金属大大过量，则难以观察到该负极材料在 60℃时的容量衰减。当石墨负极相对 $LiFePO_4$ 正极有 5% 过量时，这种负极可容易地检测到铁的溶解，因为石墨负极的钝化层是离子导体和电绝缘体，因此铁从正极侧向负极的溶解增加了石墨钝化层的电子导电性，导致电池容量衰减。当使用 LTO 的时候，其表面没有形成钝化层，并且它也是零应变材料，在循环过程中体积不随锂浓度的变化而变化。在这种情况下，即使负极对正极仅有 0% 的过剩，电池也具有高循环稳定性，并且还防止了电解质的副反应或还原至 LTO（1.5V，对金属锂而言）的电位（参见第 3 章关于 SEI 的形成，以及关于电池平衡技术的章节）。

图 7.24(a) 显示了使用 LFP 作为正极的两种体系的电化学性能，其目的在于更好地了解碳包覆层对纳米颗粒的作用。经过原位高分辨透射电子显微镜的观察，合成出的纳米 $LiFePO_4$ 具有以下性能[141]：在碳包覆之前，纳米颗粒的表面层是强烈无序的；在碳包覆过程中，包覆层在 600~700℃ 的温度范围内形成，同时可以观察到表面层的结晶。为了区分表面层的再结晶的影响和碳包覆层对电化学性质的影响，第一颗纽扣电池采用平均尺寸为 40nm 的 LFP 颗粒，这一材料没有进行碳包覆，但是像碳包覆的样品一样，在 700℃ 下烧结 4h。从上面实验可知，在 700℃ 的退火，可以使粒子结晶化，但由于没有添加碳前驱体，所以粒子不是碳包覆的。第二颗纽扣电池所用的正极材料采用了碳前驱体（采用乳糖），并且

这种正极材料也经过了相同的热处理方式,从而使得表面被碳包覆。使用相同的粉末主要是为了排除颗粒尺寸对电化学性能的影响,同时使用相同的电解质,即 $1mol·L^{-1}$ 的 $LiPF_6$-EC-DEC,并且在两种情况下对电极均为 Li。在室温下以 $C/12$ 倍率测量的两个电池的电压分布对比如图 7.24(a) 所示。结果表明,尽管 $LiFePO_4$ 颗粒的表面层结晶,加热至 700℃ 未包覆的 LFP 所制备的电池的容量也非常小。其容量只能达到理论值的 55% 左右,而碳包覆后,这些颗粒的容量接近于理论值。

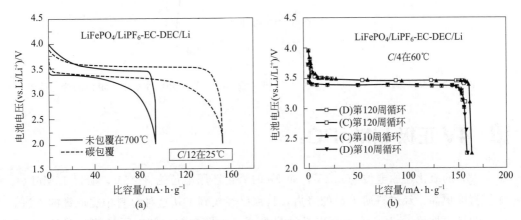

图 7.24 Li-LFP 扣式电池在 25℃ 以 $C/12$ 倍率循环的电化学性能
[正极是(1)未包覆并在 700℃ 下烧结的样品 (2)碳包覆](a)及 Li∥LFP 18650 型
电池的电压容量循环[电解液为 $1mol·L^{-1}$ 的 $LiPF_6$,溶剂 EC:DEC(1:1)](b)

这确实证明,即使在颗粒纳米化的情况下,碳包覆能够强制性地恢复 C-LFP 的容量,其原因我们在导论中已经给出。通过 TEM 观察,少量的碳包覆(小于 2%,质量分数)可以看作平均厚度为 3nm 的膜。

60℃ 下 C-LFP 采用 $1mol·L^{-1}$ 的 $LiPF_6$-EC-DEC 电解液和金属 Li 负极的 18650 电池的典型电化学曲线如图 7.24(b) 所示。在这些实验条件下,这种类型的 C-LFP 电极可循环使用,经过 200 次循环没有明显的容量损失[142]。实际上,这个结果表明,即使在 60℃,电池的循环寿命也是很长的。

值得注意的是,在这种温度下,电解质的选择会降低日历寿命,因为 $LiPF_6$ 在高温下容易分解,采用 $Li_4Ti_5O_{12}$ 测试的其他电解质和盐可以避免这个问题[143]。在 200~300nm 范围内优化的粒径与晶粒的平均直径 L 很好地遵循如下公式:特征扩散时间 $\tau = L^2/4\pi^2 D^*$,其中 D^* 是放电倍率高达 5C 时 $LiFePO_4$ 基体中 Li^+ 的化学扩散系数(通常为 $10^{-14} cm^2·s^{-1}$)。第 10 周和第 120 周显示出类似的比容量,为 $160mA·h·g^{-1}$。这些结果说明了碳包覆的橄榄石材料的优异的电化学性能。电极可以完全充电至 4V,这是其最具反应活性的状态。这种显著的性能归因于优化的碳包覆颗粒及其在电极中的大电流下的结构完整性。即使在这样高的倍率下循环,C-$LiFePO_4$ 表现出锂脱出的快速动力学过程,并且释放出了其大部分理论容量($170mA·h·g^{-1}$)。放电曲线表现出典型的电压平台(约 3.45V,对金属锂而言),这归因于 $(1-x)FePO_4 + xLiFePO_4$ 体系的两相反应。25~60℃ 下电池在 2.5~4.0V 的电位范围内循环的普克特曲线图如图 7.25 所示。对于 C-$LiFePO_4$/$LiPF_6$-EC-DEC/Li 体系的电池,放电容量和电化学利用率,放电/充电比与循环次数十分优异,以 10C 的速率充放电,这些锂离子电池在 60℃ 时可放出相对于 $0.1C$ 时 85% 的容量。

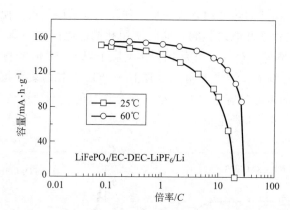

图 7.25 工作温度为 25℃ 和 60℃ 时，C-LiFePO$_4$ 在 LiPF$_6$-EC-DEC 体系中半电池的普克特图

7.10 4V 正极 LiMnPO$_4$

由于 Mn 的氧化还原电位为 4.1V，而 Fe 的氧化还原电位为 3.45V，所以 LiMnPO$_4$ 的理论能量密度更高，经过科研人员的努力，目前已经找到了从这种材料中提取锂的方法。不幸的是它的导电性比 LFP 更小，所以必须尽可能地缩短颗粒内部电子迁移的路径。只有进行了碳包覆，且尺寸减小到大约 50nm 时，C-LiMnPO$_4$ 颗粒才具有电化学活性。这个尺寸的粒子已经可以通过很多技术手段合成出来，例如利用熔融烃类的固相反应[144]，喷雾热解加球磨[145]，多元醇合成[146,147]。这种材料的另一个困难是 LiMnPO$_4$ 比铁更难进行表面包覆。其原因是 Fe 与碳有很强的相互作用，这一点很幸运，因为它可以在生物学有许多应用。我们认为，这种亲和力的结果是导电碳包覆层可以沉积在 LFP 的表面上。相反，Mn 不像铁那样有亲和力，所以碳层在 LiMnPO$_4$ 上沉积更困难。然而，C-LiMnPO$_4$ 还是被成功地合成出来[148~150]。尽管已经合成了出来，但结果令人失望，因为发现碳层的效率比 LFP 的低。即使颗粒浸入大量的导电碳中，即达到 20%（质量分数）[151]或 30%（质量分数）[145,152]，其最大放电容量也只有 130~140mA·h·g^{-1}。在这种 C-LiMnPO$_4$ 容量很小的情况下，只有很少比例的 C-LiMnPO$_4$ 可以应用到商业化电池中[153]。C-LiMnPO$_4$ 的碳包覆层不像 C-LiFePO$_4$ 的碳层那样具有导电性，其原因有两个：第一，LiMnPO$_4$ 的烧结温度为 600~650℃，而对于 LFP 的碳层，温度可升高至 700℃，正如我们在前面的章节中所提到的那样，碳的电导率增加与碳沉积的温度有关；第二，因为 Mn 和 C 之间没有亲和力，我们怀疑在相同的温度下，碳沉积在 LiMnPO$_4$ 表面的电导率与碳沉积在硅晶片上的电导率相同，并且在 600℃ 时，这种电导率很小（7.6.2 部分已经表明，在 600℃ 下沉积在 LFP 上的碳层的电导率与在 800℃ 下沉积在硅晶片上的碳相同）。在这种情况下，LiMnPO$_4$ 碳层的电导率不能有效地应用到集流体上，因为碳层不均匀，且需要大量导电碳加入粉体中才能使电池工作。这与 C-LFP 不同，C-LFP 渗透的导电碳涂层通过粉末可以将电子驱动到集流体。

对于 LiMnPO$_4$ 的这些问题，可以尝试其他的解决策略。其中之一是在 LiMnPO$_4$ 上述问题最终解决之前[154]，在 LiFePO$_4$ 和 LiMnPO$_4$ 之间进行折中，合成固溶体 LiMn$_y$Fe$_{1-y}$PO$_4$，并找出可以用的 y 的最大值。由于这种固溶体比较容易实现碳包覆，所以 C-LiMn$_y$Fe$_{1-y}$PO$_4$

的合成现在有了多种方法[155~160]。

最好的结果是 y 约为 0.7 时,在这种情况下容量为接近理论值的 160mA·h·g^{-1},电压和电容曲线图显示两个曲线为 3.45V 和 4.1V 对应于 Fe^{2+}/Fe^{3+} 和 Mn^{2+}/Mn^{3+} 的氧化还原电位。相对于金属锂负极,Fe 和 Mn 是活性的[157]。但是,这种容量只能以低倍率进行。在 1C 速率下,容量降低到 120mA·h·g^{-1},因为富锰的 $LiMn_yFe_{1-y}PO_4$ 材料中极化子的电导率非常小。

因为 $LiFePO_4$ 容易用导电碳包覆,所以另一策略是首先用 $LiFePO_4$ 包覆 $LiMnPO_4$,然后用碳层包覆 $LiFePO_4$ 外层。碳层作为缓冲具有两个优点:①它保护 $LiMnPO_4$ 颗粒,避免与电解质发生副反应,例如锰在电解液中的溶解等;②碳层沉积在 $LiFePO_4$ 上。文献[161]率先介绍了这项工作,在这项工作中,尺寸为 200nm 的 $LiMnPO_4$ 颗粒被 $LiFePO_4$ 层包覆。然而,包覆层不规则,有小孔存在,其平均厚度为 10nm。因此,合成了多重复合物,颗粒含有 1/3 的 $LiFePO_4$ 和 2/3 的 $LiMnPO_4$。通过和具有相同 [Fe]/[Mn] 比例的固溶体 $LiMn_yFe_{1-y}PO_4$(即 $y=2/3$)材料相比较,它们的电化学测量结果如图 7.26 所示,多组分材料比固溶体效率高得多,因为容量和倍率都得到很大的提升。

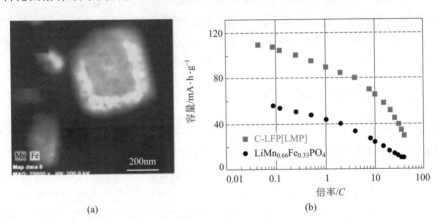

图 7.26 表面包覆了 $LiFePO_4$(绿色壳)的 $LiMnPO_4$(核心区域)颗粒的 EDX 图(a)和用 Li 对电极(正方形),材料进行碳包覆改性后颗粒的普克特图(b)[并且采用相同粒子尺寸和锰、铁比例,Mn 和 Fe:$y=2/3$(圆圈)的 $LiMn_yFe_{1-y}PO_4$ 样品颗粒,获得了相同的结果]

7.11 聚阴离子高电压正极材料

第五类 5V 阴极材料基于具有橄榄石和橄榄石相关结构的聚阴离子框架。最近,对这些材料作为高级锂离子电池正极的简要综述已经出版[162]。由于橄榄石结构且氧化还原电位 $Fe^{3+/2+}$ 和 $Mn^{3+/2+}$ 分别为 3.5V 和 4.1V(金属锂负极)的理论容量为 170mA·h·g^{-1} 的正极材料 $LiMPO_4$(M=Fe,Mn)的发现[1],科研人员正在研究开发具有 4.5V 以上的插层电压正极材料,这些材料可提供高达 800W·h·kg^{-1} 的比能量密度。高压电极的候选者是含有镍或钴的聚阴离子材料(结构描述见参考文献[163])。$LiMPO_4$ 化合物在属于正交对称性的橄榄石结构(Pnma S.G.)中结晶。根据该结构,锂离子沿着通道分布,离子电导率是锂离子沿着这些通道的 1 维扩散。我们从传输理论知道,沿着 1 维晶格的任何杂质或缺陷可导致局部化。这实际上是电化学性质对任何结构缺陷如此敏感的原因,正如我们在上一节所示。所有橄榄石材料的另一个常见特征是其电导率差。因此，正极的活性成分总是纳米复合物 C-LiMPO$_4$，其表示具有碳包覆的纳米颗粒[164]。另外，抑制 LiMPO$_4$ 橄榄石骨架的热失控的能力归因于四面体（PO$_4$）单元中 P—O 键的高共价特征，在高达 600℃ 时也可以稳定橄榄石结构并防止从带电（脱锂）橄榄石中释放氧气。然而，LiCoPO$_4$ 的脱锂状态仍然存在争议[165]。

7.11.1 橄榄石材料的合成

在本节中，我们考虑了用于 LiNiPO$_4$（LNP）和 LiCoPO$_4$（LCP）异构橄榄石生长的各种技术。合成方法包括在氩气中在 775℃ 下热处理 48h 的固态反应[166~173]，前驱体与碳球磨混合[174]，由甲酸辅助的冷冻干燥过程[175]，聚乙烯吡咯烷酮辅助的溶胶-凝胶法[176]，沉淀法[177]，Pechini 法[178,179]，使用 1,2-丙二醇和乙二醇的多元醇法[180]，薄膜沉积[181]。通过原始固态合成方法制备 LCP 粉末，即采用含钴前驱体 CoNH$_4$PO$_4$ 和过量的锂以炭黑为分散剂来合成，随后炭黑以 CO$_2$ 的方式除去[181]。在乙二醇[182,183]中的溶胶-凝胶技术是制备碳包覆 LNP 和 LCP 的亚微米尺寸和均匀尺寸分布的简单方法。Bramnik 等人[165]报道了不同合成路线对 LiCoPO$_4$ 的 Li 脱出-插入的影响；尽管以 NH$_4$CoPO$_4$·H$_2$O 为前驱体[181]的合成方法可以观察到材料性能的一些改善，通过 SSR（固相法）方法在高温下制备的样品其电化学性能并不能让人满意[169]，通过溅射法[177]在颗粒表面沉积一层 Al$_2$O$_3$ 薄膜（约 10nm）或者是通过 SSR 法[17]在表面包覆一层 LiFePO$_4$ 薄膜（约 4nm）可实现 LCP 颗粒的表面改性。

7.11.2 5V 正极材料 LiNiPO$_4$

Wolfenstine 和 Allen[166,184]测定了 LiNiPO$_4$ 中的 Ni^{3+}/Ni^{2+} 氧化还原电位在 5.1~5.3V 之间。为了克服电解质稳定性低的问题，将 1mol·L^{-1} 的 LiPF$_6$ 溶解于四亚甲基砜中作为电解液，该电解液氧化稳定性高，对金属锂的电位约为 5.8V。这些实验值与理论预测非常一致[185~187]。当在氩气氛下加热 LNP 时，没有氧化还原峰表明该材料具有非常低的本体电导率。因此，LNP 需要额外的处理，如为了研究该材料中锂的插入/脱出，必须对材料进行碳包覆。实际上，LiNiPO$_4$ 的导电性是 LiCoPO$_4$ 和 LiMnPO$_4$ 的导电性的 1/3~1/2[188]。文献[189,190]研究了锂磷酸盐的磁各向异性及其磁电性质的起源。LCP 和 LNP 的磁特性表明，反铁磁 M-O-M 超交换相互作用使平行于（100）的平面中的自旋紧密耦合[111]。通过振动光谱，即拉曼和 FTIR[190,191]研究了阳离子的局部环境和结合强度。关于 LNP 的电化学性能的信息非常有限，几乎没有报道，如果 LNP 在 5.2V 以上[192~194]充电，则没有电化学活性。然而，Wolfenstine 和 Allen[166]提到了通过 SSR 方法在高纯度氩气下加入薄层碳包覆层制备的 LNP 粉末的电化学活性。伏安法在约 5.3V 时显示氧化峰，在约 5.1V 时显示还原峰。最近，Jaegermann 等[195,196]通过 Pechini 辅助溶胶-凝胶法报道了 LNP 和 LCP 的制备，该方法介绍了在约 5.2 和约 4.9V（对金属锂负极）表现出氧化还原峰的材料。Mg 取代的 LNP/石墨碳泡沫复合材料也通过相同的方法合成，当用 0.2Mg 取代 Ni 时，在 C/10 倍率下具有 126mA·h·g^{-1} 的放电容量[197]。

7.11.3 5V 正极材料 LiCoPO$_4$

在 Amine 等人的早期工作中[184]，证明了 Li 可以在平均电压为 4.8V（对金属锂）的情况下可逆地从 LCP 中除去，其中橄榄石晶格的晶胞体积只有小的收缩，并且 Li 从

Li_xCoPO_4 中脱出过程中,每个化学式单位只能有限地脱出 $\Delta x = 0.422$ 的锂,从而形成第二类似橄榄石的相。$LiCoPO_4$ 的电化学性质作为几个参数的函数已经被研究。对放电容量的影响和性能的提升包括:将 LNP-LCP 混合获得的固溶体作为正极[198],碳包覆[199,200],氧分压对放电容量的影响[201]。Wolfenstine 等人研究了通过化学氧化脱锂的 $LiCoPO_4$ 的结构变化[202]。Okada 等[172]报道,$LiCoPO_4$ 在首次充电到 5.1V 之后表现出最高的 4.8V 放电平台,且容量为 $100mA \cdot h \cdot g^{-1}$,其能量密度($480W \cdot h \cdot kg^{-1}$)与钴酸锂相当。

用合金化(Co,Ni),(Co,Mn)[203]和掺杂[204]的方法对 LCP 的导电性能进行研究。像橄榄石族的任何成员一样,LNP 具有低的电子传导性,因此其作为正极材料仅能够像 C-$LiCoPO_4$ 复合物一样,在碳包覆下使用[205]。这种复合材料可以以 4.7~4.8V 的电压放电。然而,它们的循环性非常低,这是由于在 Co^{2+} 氧化为 Co^{3+} 的同时,在 4.8~5.1V 的电位范围内,电解液在充电状态发生分解。C-$LiCoPO_4$ 的首次放电容量接近理论值,约为 $167mA \cdot h \cdot g^{-1}$。图 7.27 比较了 $LiCoPO_4$(LCP),$LiCoO_2$(LCO),$LiFePO_4$(LFP)和 $Li_3V_2(PO_4)_3$(LVP)等各种锂电池的放电曲线。

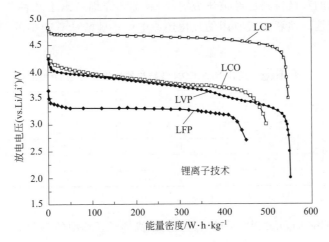

图 7.27 几种正极材料的放电曲线比较[$LiCoPO_4$(LCP),$LiCoO_2$(LCO),$LiFePO_4$(LFP)和 $Li_3V_2(PO_4)_3$(LVP)]

有一些课题组已经研究了 $LiCoPO_4$ 的锂插入/脱出后发生的相变[206]。通过原位同步加速器衍射证实了两相机制[168]。在电化学或化学氧化后观察到磷酸盐的非晶化[204]。Nakayama 等[206]从 X 射线吸收光谱中提出了 Co 3d 和 O 2p 轨道之间的杂化效应以及由锂离子引入的极化效应。Bramnik 等人[171]报道了电化学 Li 脱出时出现两个斜方晶相。$LiCoPO_4$ 和 Li 缺陷相 $Li_{0.7}CoPO_4$ 和 $CoPO_4$ 对应 4.8V 和 4.9V(对金属锂)的两个电压平台。尺寸约 5~$8\mu m$ 刺猬一样的 $LiCoPO_4$ 微结构由大量直径约为 40nm、长度约 $1\mu m$ 的纳米棒组成。表面包覆有碳层,在溶剂热反应过程中葡萄糖发生原位碳化,厚度为 8nm。

作为可充电锂离子电池的 5V 正极材料,刺猬样 $LiCoPO_4$ 以 $C/10$ 倍率可提供 $136mA \cdot h \cdot g^{-1}$ 的初始放电容量,并在 50 次循环后保持容量保持率为 91%[168]。LCP 颗粒的表面改性使得 $LiCoPO_4$ 作为 5V 正极材料展示了令人满意的循环性能[177]。在 $T=55$℃下 50 次循环后,Al_2O_3 涂覆的 LCP 的容量保持为 $105mA \cdot h \cdot g^{-1}$。Jang 等人[173]声称通过 SSR 法在 LCP 颗粒(约 100~150nm)表面包覆 $LiFePO_4$,对电池性能有所改善,首次放电容量为 $132mA \cdot h \cdot g^{-1}$,但没有提及倍率和电流密度。另一个问题来自于这样一个事实,即金属氧化物的热稳定性具有降低氧化还原电位的功能[207]。在 M=Fe，Mn 的 LMP 的情况下，氧化还原电位仍然足够小，在高达 600℃时，四面体（PO_4）单元中的 P—O 共价键足以稳定橄榄石结构并防止氧从充电（脱锂）的橄榄石材料中释放。然而，对于 M=Ni，Co，5V 的氧化还原电位太大，P—O 键可能不足以稳定结构。特别是，已经有文献报道了 $LiCoPO_4$ 的带电（即脱锂）状态下的热不稳定性[165]。$LiCoPO_4$ 脱锂过程中出现的类橄榄石相 Li_zCoPO_4（$z=0.6$）和 $CoPO_4$ 在加热时不稳定，容易在 100～200℃范围内分解。贫锂相的分解导致气体逸出和 $Co_2P_2O_7$ 的结晶。在常规电解质溶液中掺入双（草酸）硼酸锂（LiBOB）作为添加剂增强了 LCP 电极的电化学性能[208]。然而，$LiCoPO_4$ 是锂离子电池所面临冲突的一个很好的例子：即更多的能量密度意味着更低的热稳定性，这对于安全性来说是不利的。

7.12 NASICON 类型化合物

由于高 Li^+ 迁移率和可接受的放电容量，NASICON（用于 Na^+ 超离子导体）相关化合物作为锂离子电池的正极材料已经被研究[96]。表 7.5 详细列出了几种与 NASICON 相关的正极材料的相关特性。注意，最有用的氧化还原电位是硫酸盐骨架中的 $Fe^{2+/3+}$，磷酸盐骨架中的 $Fe^{3+/4+}$[209]。

表 7.5 具有 NASICON 型结构的插锂化合物的性质

化学式	结构	氧化还原对	电压/V	Li 插入
$Fe_2(SO_4)_3$	R/M	$Fe^{3+/2+}$	3.6	2
$V_2Fe_2(SO_4)_3$	R	$V^{3+/2+}$	2.6	1.8
$LiTi_2(PO_4)_3$	R	$Ti^{4+/3+}$	2.5	2.3
$Li_{3-x}Fe_2(PO_4)_3$	M	$Fe^{3+/2+}$	2.8	1.6
$Li_{3-x}FeV(PO_4)_3$	M	$V^{4+/3+}$	3.8	1.6

注：R 为菱形（$R\bar{3}$ S.G.），M 为单斜晶（$P2_1/n$ S.G.）。

如 Cushing 和 Goodenough[209] 所指出，具有最高离子迁移率的 NASICON 相关化合物具有斜方（$R\bar{3}$）对称性[210]。$M_2(XO_4)_3$ 框架由 $(XO_4)_n$（X=Si^{4+}，P^{5+}，S^{6+}，Mo^{6+} 等）四面体角连接到八面体位点 M^{m+}（M 为过渡金属）构成。碱离子可以占据两个不同的位置。在 $A_xM_2(XO_4)_3$ 中的低碱含量 $x\leq 1$ 时，碱离子选择性地占据八面体位点 A1（图 7.28）。当 $x>1$ 时，碱离子随机分布在 A1 和 3 个 8 位点之间的 A2 位点。结构开放的 3-D 特性允许碱离子在 A1 和 A2 之间容易迁移，并且碱离子的特殊离子迁移率有很好的记载[211]。将锂插入 NASICON 样骨架中进行了六方 $Fe_2(SO_4)_3$ 的比较，并与同构 $Fe_2(MoO_4)_3$ 和 $Fe_2(WO_4)_3$ 进行了比较。这些物质在八面体位置含有 Fe^{3+}，这允许通过将 Fe^{3+} 转化为 Fe^{2+} 每个化学式单元插入 2 个锂离子。$Li_xFe_2(SO_4)_3$ 的开路电压为 $V_{oc}=3.6V$，而 $Fe_2(MoO_4)_3$ 和 $Fe_2(WO_4)_3$ 具有 $V_{oc}=3.0V$ 的开路电压。$Li_xFe_2(SO_4)_3$ 的电压对化合物组成 x 的电压曲线由于六方晶 $Fe_2(SO_4)_3$ 与正交 $Li_2Fe_2(SO_4)$ 绝缘相之间的分散结构变化而导致平坦的平台出现。作为在富 Li 和贫 Li 相之间的前移动性，导致随倍率增加的可逆容量损失，这就构成了锂嵌入的机理。从这些研究可以得出以下结论：通过聚阴离子混合价态的电子传输并不是太小，通过 (XO_4) 单元的抗衡，$Fe^{3+/2+}$ 氧化还原能的位置被降低，最后这个八面体位点的能量是阳离子 X 的函数。因此，由于酸性更强的 (XO_4) 基团，Fe—O 键的弱共价性增加了 V_{oc}。随着阴离子基团（SO_4^{2-}）的酸度的进一步增强，相对于（PO_4^{3-}）来说，电压上升 0.8V。与尖晶石框架相反，NASICON 晶格中的氧化还原能不随间隙位置中 Li^+ 的位置而变化。

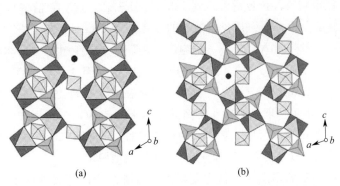

图 7.28　NASICON 型结构 (a) 菱方和 (b) 单斜晶体的示意图

在室温下，$Li_3Fe_2(PO_4)_3$ 可以稳定在三种不同的晶体结构中。根据 Bykov 等的报道[212]，单斜晶 α-$Li_3Fe_2(PO_4)_3$（P_{21}/n S.G.），斜方六面体 NASICON 结构的（$R\bar{3}$ S.G.）和正交 γ-$Li_3Fe_2(PO_4)_3$（Pcan S.G.）的晶格对称性取决于制备技术[213]。

斜方六面体相具有 NASICON（$Na_3Zr_2Si_2PO_{12}$）的晶体结构[214]。该聚阴离子框架结构包含互连的间隙空间，这样可以实现快速的离子传导，特别是当能量相当的位点相连的时候。最近，Goni 等[215]研究了 α-$Li_3Fe_2(PO_4)_3$（单斜晶相）的磁化率和 Mössbauer 效应。研究结果显示，磁性 Fe(Ⅲ) 体系在 $T_N=29K$ 以下经历反铁磁相变，而 Anderson 等[216]报道了斜方六面体相的磁结构。文献 [217，218] 使用硝酸盐为原料的标准湿化学法（溶胶-凝胶）制备了 γ 型 $Li_3Fe_2(PO_4)_3$ 材料。元素晶胞参数为 $a=8.827Å$，$b=12.3929Å$ 和 $c=8.818Å$。框架结构由 FeO_6 八面体和 PO_4 四面体通过普通的角形成 $[Fe_2P_3O_{12}]$ 灯笼单元连接而成。不对称单元包含三个 PO_4 四面体和两个 FeO_6 八面体。锂离子占据了 8d Wyckoff 位点，形成了 Li-O-Fe-O-Li 型边界

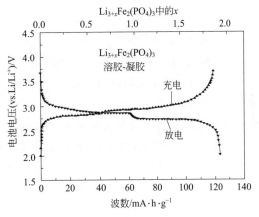

图 7.29　Li∥$Li_3Fe_2(PO_4)_3$ 电池的放电-充电曲线（通过溶胶-凝胶法制备的 γ 型正极材料）

共享 LiO_4 四面体和 FeO_6 八面体的无限链。图 7.29 显示了 Li∥$Li_3Fe_2(PO_4)_3$ 电池的放电-充电曲线。Li^+ 向 $Li_3Fe_2(PO_4)_3$ 的电化学插入导致 $Li_5Fe_2(PO_4)_3$ 中的铁完全被还原（$Fe^{3+} \rightarrow Fe^{2+}$），理论容量为 $128mA·h·g^{-1}$。

7.13　聚阴离子硅酸盐 Li_2MSiO_4（M=Fe，Mn，Co）

根据它们的化学式，这种材料理论上可以每个过渡离子交换两个电子。在 Armand 课题组创新地报道了 Li_2FeSiO_4 中锂可以可逆地提取之后，这就成为对该类材料进行研究的动机[98,219]。像 $LiFePO_4$ 一样，电导率低的问题可以通过将颗粒尺寸减小到纳米级和碳包覆来解决[220]。即使在这样的条件下，容量也较低，即 $91mA·h·g^{-1}$ 和 $78mA·h·g^{-1}$，在放电倍

率高于1C时；对于厚度为40～80nm的颗粒，其可以以5C和10C的倍率放电[221]。然而，以较低的倍率下，性能得到改善，容量可达到135mA·h·g^{-1}（C/16倍率），并且在40个循环中稳定[222]。碳包覆量为8.06%（质量分数）的多孔Li_2FeSiO_4/C纳米复合材料，第一循环中在0.5C倍率下显示出176.8mA·h·g^{-1}的容量，在第50次循环中在1C（1C=160mA·g^{-1}）下的可逆容量为132mA·h·g^{-1} [223]。如果电压范围拓展至1.5～4.8V，则在低电流密度10mA·g^{-1}时释放了220mA·h·g^{-1}的容量，但是在3个循环之后，容量已经降低到大约190mA·h·g^{-1} [224]，因为一般认为在非常高的电压下（4.7V，对金属锂）第二个锂（Fe^{3+}/Fe^{4+}氧化还原对）的脱出可能会伴随着严重的结构扭曲，这对第二个锂离子的可逆循环是不利的。因此，实际上只有一个Li可以在Li_2FeSiO_4中可逆地脱出。

Li_2FeSiO_4具有丰富的多态性，这主要是由于电子结构计算反映的Li^+，Si^{4+}和M^+占据的四面体位点的连通性的变化[225]。依据合成条件的不同，已经获得了晶胞参数$a=10.66$Å，$b=12.54$Å，$c=5.02$Å的Cmma空间点群的Li_2FeSiO_4样品，以及在800℃退火制备的晶胞参数为$a=8.23$Å，$b=5.02$Å，$c=8.23$Å，$\beta=99.20°$ [227,228]具有单斜对称性的Li_2FeSiO_4样品，而在900℃淬火至室温时发现另一种多晶型[229]。

所有的多晶型物都具有相当的能量[225]，这解释了材料为何在单相中难以合成。然而，这不一定是最刺激的，因为它们具有非常相似的电化学性质。另外，杂质会使该材料发生"中毒"并影响电化学性能。特别是难以避免诸如Li_2SiO_3的硅酸锂相，或者和$LiFePO_4$一样，将Fe^{2+}部分氧化成Fe^{3+}，并且许多合成方法已被用于此目的：在H_2O中直接沉淀[226]，水热反应[230,231]，Pechini溶胶-凝胶[230,232]，水热辅助溶胶-凝胶[221]，陶瓷合成[229]，微波辅助溶剂热法[233]，喷雾热解[234]。

通过溶胶-凝胶法制备的多孔C包覆纳米颗粒得到性能最好的样品[235]：以C/5倍率，初始充放电容量为164mA·h·g^{-1}和134mA·h·g^{-1}。从第53次循环开始，在190次电化学循环中，充放电容量连续增加，达到157.7mA·h·g^{-1}和155.0mA·h·g^{-1}。循环过程中容量的增加可归因于孔中的电化学活性物质在循环过程中逐渐活化。

我们在这里还原一个在第10章中也会遇到的一般属性。专用于负极，即孔隙率在电化学性能中的重要作用，以及随着活性位点数量增加而导致循环容量增加的可能性。另一个重要参数是纳米颗粒的团聚。在这种情况下，尺寸约100nm的一次粒子团聚为5μm左右的二次粒子。实际上，我们发现在研究$LiFePO_4$粉末时，当二次粒子足够大直至可以增加振实密度时，团聚体有助于改善材料的电化学性能，同时一次颗粒又足够小可以使电解液渗透到二次颗粒中[236]。由于在四面体点位中，孤立的FeO_4四面体和Li^+结合得非常紧密，导电性非常小，为了改善电子和离子运输，文献报道的大部分数据是在60℃[220,232,237]时测量的。但是，概述了该电极的性能的参考文献[235]中的数据在室温下可以得到。

然而，Li_2FeSiO_4还没有办法与$LiFePO_4$竞争，原因有几个方面，倍率能力较差，工作电压也较低。如果第一个充电平台位于3.1V，则第一个放电平台电压只有2.8V（对金属锂），而随着循环的进行，电压会进一步降低。这种降低归因于结构重排，其中一些Li^+和铁原子出现晶体位置内互换[234,238]。此外，这种材料如$LiFePO_4$不仅对水分敏感，而且对氧气也敏感，所以必须储存在惰性气氛中[239]。

为了提高工作电压，可以用Mn代替Fe。Li_2MnSiO_4也具有多态性[239,240]。然而，尽管单斜晶和斜方晶体之间的固有Li迁移率的差异是被希望存在的，但是它们仍然导电性很差[241]。对于第一和第二锂脱出，工作电压分别为 4.2V 和 4.4V[242]，但直到最近，在首次氧化过程中发生重要的结晶损失，导致 Li_2MnSiO_4 的电化学性质非常差，这一结论才被报道出来[239]。因此，这里遇到的情况与在 $LiFePO_4$ 中用 Mn 取代 Fe 的情况相同，并且可能是相同的起源，即与 Jahn-Teller Mn^{3+} 的结构不稳定性相关。因此，已经尝试使用与橄榄石族相同的策略，即尝试用 Mn 取代部分 Fe，从而找到平衡点，使得 Fe^{3+} 在四面体配位下的局部环境更加稳定[243~245]。然而，即使这种取代改善了稳定性，$Li_2Fe_{0.8}Mn_{0.2}SiO_4$[246] 中每个过渡金属的氧化态总体变化也不超过 0.8 电子。

最近，通过新的合成方法得到了 Li_2MnSiO_4，这赢得了行业内新的兴趣[247]。为了避免 Jahn-Teller 变形的问题，颗粒不仅是纳米尺寸的，而且也是多孔的。为此，作者在油包水微乳液环境下制备单分散 $MnCO_3$ 纳米管。然后在温和的湿化学条件下，通过改性的 Stöber 二氧化硅包覆获得 $MnCO_3$@SiO_2 核-壳纳米管[248]。下一步是将 $MnCO_3$@SiO_2 纳米管与乙酸锂 (LiAc) 和乳糖混合，然后在惰性气氛下煅烧。所得的 MnO 将进一步与壳中的 SiO_2 和 LiAc 反应，作为模板产生 Li_2MnSiO_4 纳米盒，并释放出 CO_2 气体，在中空结构的壁上产生孔[249]。同时，由乳糖碳化导致的 Li_2MnSiO_4 表面原位形成碳包覆层，结果得到纯相的 Li_2MnSiO_4@纳米盒。最后，在磁力搅拌下，将 100mg 纳米盒加入 10mg 葡萄糖中，再加入 10mg 乙酸纤维素，以及在 2.5mL 水中超声分散 5mg 氧化石墨烯（GO）的悬浊液。最后，真空蒸发将水除去。将得到的干燥粉末在 Ar 中 400℃下退火 4h 以形成大小约为 200nm 的多孔 Li_2MnSiO_4@C/还原型氧化石墨烯氧化物颗粒，Li_2MnSiO_4 在纯 $Pmn2_1$ 相中结晶而没有任何杂质，孔尺寸为 4nm。

在电压范围为 1.5~4.8V 的情况下，以非常低的倍率（0.02C）在 40℃进行的电化学测试表明，该产品在 50 次循环后仍然能够释放 220mA·h·g^{-1} 的容量[248]。纳米尺寸加孔隙度可以克服与 Mn^{3+} 相关的结构不稳定性的问题，碳包覆加上 RGO 可以解决电导率问题，但是即使在非常低的倍率下以及温度为 40℃超过 50 次的循环，也远远达不到商业化的要求，而且在较高的倍率下，性能可能会下降。然而，这种引起该材料性能提升的新型合成方法也可用于增强其他正极材料的电化学性质。但是，应该指出的是，该制备过程涉及许多步骤，因此成本将成为材料工业化的另一个障碍（第 10 章中负极材料也会遇到同样的问题）。

7.14 总结和展望

本章重要的部分是对 $LiFePO_4$ 几种合成方法的全面报道，因为该化合物已经成为锂离子电池市场的重要组成部分。我们在合成、晶体学性质、LFP 颗粒表面的碳包覆表征、磁性及与水和湿度反应等研究的基础上，最终得到了在室温下、60℃下以及全电池中电化学性能优化后的材料。根据合成方法的不同，由于杂质会使材料发生中毒，材料的基本性能也会发生改变。采用连用的分析手段，可以识别这些杂质并定量地推导出它们的浓度。迄今为止使用的最强大的技术是 SQUID 磁力计，它对于检测 Fe^{3+} 非常敏感。值得注意的是，这种铁基杂质可能在电解液中发生铁溶解造成电池短路。

因此，优化后的工艺可以制备不含任何杂质相的碳包覆材料，确保材料结构稳定性和电化学性能。拉曼散射光谱是探测碳层质量的工具，特别是其石墨化程度。结构性能与正极材料的电化学性能相关。严格控制合成条件对于在高电流密度下具有良好性能的材料来说，是非常必要的。

该产物与水反应,但不与干燥空气反应,因此 LFP 粉末需要储存在相对湿度在 5% 以下的干燥室中,以保证这些材料在制造电池之前不会老化。碳包覆层起不到保护作用,暴露于较高湿度下的材料的表面层会剥离。然而,在湿空气中暴露几分钟所形成的 $FePO_4$ 层是具有保护作用的,因此除非暴露于潮湿环境的时间非常长(月),否则这种损伤仅限于表面层(约 3nm 厚)。

所有这些研究都证明了利用 $LiFePO_4$ 材料作为正极材料的新一代锂二次电池可以为混合电动汽车和纯电动汽车提供动力,并且还可以存储来自风和光电的能量,以解决智能电网的间歇问题。

这里只考虑了聚阴离子磷酸盐。为了完整性,我们也涉及了被认为是 4.9V 正极材料的焦磷酸盐($Li_2CoP_2O_8$)[218]。这种焦磷酸盐具有单斜晶结构($P2_1/c$ S.G.),其中 Li 占据五个位点,两个是四面体协调的,一个形成三角双锥点位,两个 Li 和钴双锥体共享这些点位。使用两步固相法合成的材料在 C/20 倍率下释放出约 $80mA·h·g^{-1}$ 的放电容量。这说明了作为活性正极材料的磷酸盐化合物的优越性。然而,含氟聚阴离子化合物值得特别注意,下一章专门针对它们进行特别介绍。

在其他 XO_4(X=S,Si,Mo,W)的化合物中,我们选择了硅酸盐(X=Si),因为最近的研究使人们恢复了对这些材料的兴趣;对其他聚离子化合物的更详尽的叙述可以在一篇综述中找到[250]。

参 考 文 献

1. Padhi K, Nanjundaswamy KS, Goodenough JB (1997) Phospho-olivines as positive-electrode materials for rechargeable lithium batteries. J Electrochem Soc 144:1188–1194
2. Padhi K, Nanjundaswamy KS, Masquelier C, Okada S, Goodenough JB (1997) Effect of structure on the Fe^{3+}/Fe^{2+} redox couple in iron phosphates. J Electrochem Soc 144:1609–1613
3. Huang H, Yin SC, Nazar LF (2001) Approaching theoretical capacity of $LiFePO_4$ at room temperature at high rates. Electrochem Solid State Lett 4:A170–A172
4. Dominko D, Gaberscek M, Drofenik J, Bele M, Jamnik J (2003) Influence of carbon black distribution on performance of oxide cathodes for Li ion batteries. Electrochim Acta 48:3709–3716
5. Ravet N, Goodenough JB, Besner S, Simoneau M, Hovington P, Armand M (1999) Improved iron based cathode material. In: Proceedings of the 196th ECS meeting, Honolulu, Oct 1999, extended abstract n° 127
6. Ravet N, Chouinard Y, Magnan JF, Besner S, Gauthier M, Armand M (2001) Electroactivity of natural and synthetic triphylite. J Power Sourc 97:503–507
7. Bewlay SL, Konstantinov K, Wang GX, Dou SX, Liu HK (2004) Conductivity improvements to spray-produced $LiFePO_4$ by addition of a carbon source. Mater Lett 58:1788–1791
8. Chen Z, Dahn JR (2002) Reducing carbon in $LiFePO_4$/C composite electrodes to maximize specific energy, volumetric energy and tap density. J Electrochem Soc 149:A1184–A1189
9. Ravet N, Besner S, Simoneau M, Vallée A, Armand M, Magnan JF (2005) Electrode materials with high surface conductivity. US Patent 6,962,666, 8 Nov 2005
10. Ait-Salah A, Mauger A, Julien CM, Gendron F (2006) Nanosized impurity phases in relation to the mode of preparation of $LiFeO_4$. effects. Mater Sci Eng B 129:232–244
11. Herle PS, Ellis B, Coombs N, Nazar LF (2004) Nano-network electronic conduction in iron and nickel olivine phosphates. Nat Mater 3:147–152
12. Ait-Salah A, Dodd J, Mauger A, Yazami R, Gendron F, Julien CM (2006) Structural and magnetic properties of $LiFePO_4$ and lithium extraction effects. Z Allg Inorg Chem 632:1598–1605
13. Ravet N, Gauthier M, Zaghib K, Goodenough JB, Mauger A, Gendron F, Julien CM (2007) Mechanism of the Fe^{3+} reduction at low temperature for $LiFePO_4$ synthesis from a polymeric additive. Chem Mater 19:2595–2602

14. Ellis BL, Lee KT, Nazar LF (2010) Positive electrode materials for Li-ion and Li-batteries. Chem Mater 22:691–714
15. Fergus JW (2010) Recent developments in cathode materials for lithium ion batteries. J Power Sourc 195:939–954
16. Zaghib K, Mauger A, Julien CM (2012) Overwiew of olivines in lithium batteries for green transportation and energy storage. J Solid State Electrochem 16:835–845
17. Zaghib K, Shim J, Guerfi A, Charest P, Striebel KA (2005) Effect of carbon source as additive in LiFePO$_4$ as positive electrode for Li-ion batteries. Electrochem Solid State Lett 8:A207–A210
18. Zaghib K, Armand M (2002) Electrode covered with a film obtained from an aqueous solution containing a water soluble binder, manufacturing process and uses thereof. Canadian Patent CA 2,411,695
19. Cho YD, Frey GTK, Kao HM (2009) The effect of carbon coating thickness on the capacity of LiFePO$_4$/C composite cathodes. J Power Sourc 189:256–262
20. Lu CZ, Frey GTK, Kao HM (2009) Study of LiFePO$_4$ cathode materials coated with high surface area carbon. J Power Sourc 189:155–162
21. Zaghib K, Mauger A, Gendron F, Julien CM (2008) Magnetic studies of phospho-olivine electrodes in relation with their electrochemical performance in Li-ion batteries. Solid State Ionics 179:16–23
22. Yamada A, Chung SC, Hinokuma K (2001) Optimized LiFePO$_4$ for lithium battery cathodes. J Electrochem Soc 148:A224–A229
23. Julien CM, Mauger A, Ait-Salah A, Massot M, Gendron F, Zaghib K (2007) Nanoscopic scale studies of LiFePO$_4$ as cathode material in lithium-ion batteries for HEV application. Ionics 13:395–411
24. Julien CM, Zaghib K, Mauger A, Massot M, Ait-Salah A, Selmane M, Gendron F (2006) Characterization of the carbon-coating onto LiFePO$_4$ particles used in lithium batteries. J Appl Phys 100:063511
25. Doeff MM, Wilcox JD, Kostecki R, Lau G (2006) Optimization of carbon coatings on LiFePO$_4$. J Power Sourc 163:180–184
26. Dominko R, Bele M, Gaberscek M, Remskar M, Hanzel D, Goupil JM, Pejovnik S, Jamnik J (2006) Porous olivine composites synthesized by sol-gel technique. J Power Sourc 153:274–280
27. Gaberscek M, Dominko R, Bele M, Remskar M, Hanzel D, Jamnik J (2005) Porous, carbon-decorated LiFePO$_4$ prepared by sol-gel method based on citric acid. Solid State Ionics 176:1801–1805
28. Dominko R, Goupil JM, Bele M, Gaberscek M, Remskar M, Hanzel D, Jamnik J (2005) Impact of LiFePO$_4$/C composites porosity on their electrochemical performance. J Electrochem Soc 152:A858–A863
29. Dominko R, Bele M, Gaberscek M, Remskar M, Hanzel D, Pejovnik S, Jamnik J (2005) Impact of the carbon coating thickness on the electrochemical performance of LiFePO$_4$/C composites. J Electrochem Soc 152:A607–A610
30. Yang S, Zavajil PY, Whittingham MS (2001) Hydrothermal synthesis of lithium iron phosphate cathodes. Electrochem Commun 3:505–508
31. Sato M, Tajimi S, Okawa H, Uematsu K, Toda K (2002) Preparation of iron phosphate cathode material of Li$_3$Fe$_2$(PO$_4$)$_3$ by hydrothermal reaction and thermal decomposition processes. Solid State Ionics 152–153:247–251
32. Dokko K, Koizumi S, Kanamura K (2006) Electrochemical reactivity of LiFePO$_4$ prepared by hydrothermal method. Chem Lett 35:338–339
33. Murugan AV, Muraliganth T, Manthiram A (2009) One-pot microwave-hydrothermal synthesis and characterization of carbon-coated LiMPO$_4$ (M = Mn, Fe, and Co) cathodes. Electrochem Soc 156:A79–A83
34. Meligrana G, Gerbaldi C, Tuel A, Bodoardo S, Penazzi N (2006) Hydrothermal synthesis of high surface LiFePO$_4$ powders as cathode for Li-ion cells. J Power Sourc 160:516–522
35. Shiraishi K, Dokko K, Kanamura K (2005) Formation of impurities on phospho-olivine LiFePO$_4$ during hydrothermal synthesis. J Power Sourc 146:555–558
36. Franger S, Le Cras F, Bourbon C, Rouanlt H (2003) Comparison between different LiFePO$_4$ synthesis routes and their influence on its physico-chemical properties. J Power Sourc 119–121:252–257
37. Tajimi S, Ikeda Y, Uematsu K, Toda K, Sato M (2004) Enhanced electrochemical performance of LiFePO$_4$ prepared by hydrothermal reaction. Solid State Ionics 175:287–290
38. Lee J, Teja AS (2006) Synthesis of LiFePO$_4$ micro and nanoparticles in supercritical water. Mater Lett 60:2105–2109
39. Dokko K, Koizumi S, Sharaishi K, Kananura K (2007) Electrochemical properties of

LiFePO$_4$ prepared via hydrothermal route. J Power Sourc 165:656–659
40. Jin B, Gu HB (2008) Preparation and characterization of LiFePO$_4$ cathode materials by hydrothermal method. Solid State Ionics 178:1907–1914
41. Brochu F, Guerfi A, Trottier J, Kopeć M, Mauger A, Groult H, Julien CM, Zaghib K (2012) Structure and electrochemistry of scaling nano C-LiFePO$_4$ synthesized by hydrothermal route: complexing agent effect. J Power Sourc 214:1–6
42. Delacourt C, Poizot P, Levasseur S, Masquelier C (2009) Size effects on carbon-free LiFePO$_4$ powders. Electrochem Solid State Lett 9:A352–A355
43. Arnold G, Garche J, Hemmer R, Ströbele S, Vogler C, Wohlfgang-Mehrens M (2003) Fine-particle lithium iron phosphate LiFePO$_4$ synthesized by a new low-cost aqueous precipitation technique. J Power Sourc 119–121:247–251
44. Wang Y, Sun B, Park J, Kim WS, Kim HS, Wang G (2011) Morphology control and electrochemical properties of nanosize LiFePO$_4$ cathode material synthesized by co-precipitation combined with in situ polymerization. J Alloys Compd 509:1040–1044
45. Ding Y, Jiang Y, Xu F, Yin J, Ren H, Zhuo Q, Long Z, Zhang P (2010) Preparation of nano-structured LiFePO$_4$/graphene composites by co-precipitation method. Electrochem Commun 12:10–13
46. Park KS, Son JT, Chung HT, Kim SJ, Lee CH, Kim HG (2003) Synthesis of LiFePO$_4$ by co-precipitation and microwave heating. Electrochem Commun 5:839–842
47. Higuchi M, Katayama K, Azuma Y, Yukawa M, Suhara M (2003) Synthesis of LiFePO$_4$ cathode material by microwave processing. J Power Sourc 119–121:258–261
48. Beninati S, Damen L, Mastragostino M (2008) MW-assisted synthesis of LiFePO$_4$ for high power applications. J Power Sourc 180:875–879
49. Wang L, Huang Y, Jiang R, Jia D (2007) Preparation and characterization of nano-sized LiFePO$_4$ by low heating solid-state coordination method and microwave heating. Electrochim Acta 52:6778–6783
50. Hu X, Yu JC (2008) Continous aspect-ratio tuning and fine shape control of monodisperse α-Fe$_2$O$_3$ nanocrystals by a programmed microwave-hydrothermal method. Adv Funct Mater 18:880–887
51. Qin X, Wang X, Xiang H, Xie J, Li J, Zhou Y (2010) Mechanism for hydrothermal synthesis of LiFePO$_4$ platelets as cathode material for lithuium-ion batteries. J Phys Chem C 114:16806–16812
52. Gerbec JA, Morgan D, Washington A, Strouse GF (2005) Microwave-enhanced reaction rates for nanoparticle synthesis. J Am Chem Soc 127:15791–15800
53. Feng H, Zhang Y, Wu X, Wang L, Zhang A, Xia T, Dong H, Liu M (2009) One-step microwave synthesis and characterization of carbon-modified nanocrystalline LiFePO$_4$. Electrochim Acta 54:3206–3210
54. Bileka I, Hintennach A, Djerdj I, Novak P, Niederberger M (2009) Efficient microwave-assisted synthesis of LiFePO$_4$ mesocrystals with high cycling stability. J Mater Chem 19:5125–5128
55. Kim DH, Kim J (2006) Synthesis of LiFePO$_4$ nanoparticles in polyol medium and their electrochemical properties. Electrochem Solid State Lett 9:A439–A442
56. Kim DH, Kim J (2007) Synthesis of LiFePO$_4$ nanoparticles and their electrochemical properties. J Phys Chem Solids 68:734–737
57. Kim DH, Kang JW, Jung IO, Lim JS, Kim EJ, Song SJ, Lee JS, Kim J (2008) Microwave assisted synthesis of nanocrystalline Fe-phosphates electrode materials and their electro-chemical propperties. J Nanosci Nanotechnol 8:5376–5379
58. Kim DH, Lim JS, Kang JW, Kang JW, Kim EJ, Ahn HY, Kim J (2007) A new synthesis route to nanocrystalline olivine phosphates and their electrochemical properties. J Nanosci Nanotechnol 7:3949–3953
59. Saravanan K, Reddy MV, Balaya P, Gong H, Chowvari BVR, Vittal JJ (2009) Storage performance of LiFePO$_4$ nanoplates. J Mater Chem 19:605–610
60. Yang H, Wu XL, Cao MH, Guo YG (2009) Solvothermal synthesis of LiFePO$_4$ hierarchically dumbbell-like microstructures by nanoplate self-assembly and their application as a cathode material in lithium-ion batteries. J Phys Chem C 113:3345–3351
61. Myung ST, Komaba S, Hirosaki N, Yashiro H, Kumagai N (2004) Emulsion drying synthesis of olivine LiFePO$_4$/C composite and its electrochemical properties as lithium intercalation material. Electrochim Acta 49:4213–4222
62. Konstantinov K, Bewlay S, Wang GX, Lindsay M, Wang JZ (2004) New approach for synthesis of carbon-mixed LiFePO$_4$ cathode materials. Electrochim Acta 50:421–426
63. Konarova M, Taniguchi I (2009) Preparation of carbon coated LiFePO$_4$ by a combination of spray pyrolysis with planetary ball-milling followed by heat treatment and their electrochem-

ical properties. Powder Technol 191:111–116
64. Konarova M, Taniguchi I (2010) Synthesis of carbon-coated LiFePO$_4$ nanoparticles with high rate performance in lithium secondary batteries. J Power Sourc 195:3661–3667
65. Cides CR, Croce F, Young VY, Martin CR, Scrosati B (2005) A high-rate, nanocomposite LiFePO$_4$/carbon cathode. Electrochem Solid State Lett 8:A484–A487
66. Lim S, Yoon CS, Cho J (2008) Synthesis of nanowire and hollow LiFePO$_4$ cathodes for high-performance lithium batteries. Chem Mater 20:4560–4564
67. Doherty CM, Caruso RA, Smarsly BM, Drummond CJ (2009) Colloidal crystal templating to produce hierarchically porous LiFePO$_4$ electrode materials for high power lithium ion batteries. Chem Mater 21:2895–2903
68. Hwang BJ, Hsu KF, Hu SK, Cheng MY, Chou TC (2009) Template-free reverse micelle process for the synthesis of a rod-like LiFePO$_4$/C composite cathode for lithium batteries. J Power Sourc 194:515–519
69. Zaghib K, Mauger A, Gendron F, Julien CM (2008) Surface effects on the physical and electrochemical properties of thin LiFePO$_4$ particles. Chem Mater 20:462–469
70. Kim JK, Cheruvally G, Choi JW, Kim JU, Ahn JH, Cho GB, Kim KW, Ahn H-J (2007) Effect of mechanical activation process parameters on the properties of LiFePO$_4$ cathode material. J Power Sourc 166:211–218
71. Shin HC, Cho WI, Jang H (2006) Electrochemical properties of carbon-coated LiFePO$_4$ cathode using graphite, carbon black, and acetylene black. Electrochim Acta 52:1472–1476
72. Kim JK, Choi JW, Cheruvally G, Kim JU, Ahn JH, Cho GB, Kim KW, Ahn HJ (2007) A modified mechanical activation synthesis for carbon-coated LiFePO$_4$ cathode in lithium batteries. Mater Lett 61:3822–3825
73. Kang HC, Jun DK, Jin B, Jin EM, Park KH, Gu HB, Kim KW (2008) Optimized solid-state synthesis of LiFePO$_4$ cathode materials using ball-milling. J Power Sourc 179:340–346
74. Maxisch T, Zhou F, Ceder G (2006) Ab initio study of the migration of small polarons in olivine Li$_x$FePO$_4$ and their association with lithium ions and vacancies. Phys Rev B 73:104301
75. Islam MS, Driscoll DJ, Fischer CA, Slater PR (2005) Atomic scale investigation of defects, dopants, and lithium transport in the LiFePO$_4$ olivine-type battery material. Chem Mater 17:5085–5092
76. Chen G, Song X, Richardson TJ (2007) Metastable solid-solution phases in the LiFePO$_4$/FePO$_4$ system. J Electrochem Soc 154:A627–A632
77. Chen G, Song X, Richardson TJ (2006) Electron microscopy study of the LiFePO$_4$ to FePO$_4$ phase transition. J Electrochem Solid State Lett 9:A295–A298
78. Laffont L, Delacourt C, Gibot P, Wu MY, Kooyman P, Masquelier C, Tarascon JM (2006) Study of the LiFePO$_4$/FePO$_4$ two-phase system by high-resolution electron energy loss spectroscopy. Chem Mater 18:5520–5529
79. Dokko K, Koizumi S, Nakano H, Kanamura K (2007) Particle morphology, crystal orientation, and electrochemical reactivity of LiFePO$_4$ synthesized by the hydrothermal method at 443 K. J Mater Chem 17:4803–4810
80. Zaghib K, Dontigny M, Charest P, Labrecque JF, Guerfi A, Kopec M, Mauger A, Gendron F, Julien CM (2010) LiFePO$_4$: from molten ingot to nanoparticles with high-rate performance in Li-ion batteries. J Power Sourc 195:8280–8288
81. Ait-Salah A, Mauger A, Zaghib K, Goodenough JB, Ravet N, Gauthier M, Gendron F, Julien CM (2006) Reduction of Fe^{3+} impurities in LiFePO$_4$ from the pyrolysis of organic precursor used for carbon deposition. J Electrochem Soc 153:A1692–A1701
82. Prosini PP, Carewska M, Scaccia S, Wisniewski P, Passerini S, Pasquali M (2002) A new synthetic route for preparing LiFePO$_4$ with enhanced electrochemical performance. J Electrochem Soc 149:A886–A890
83. Arcon D, Zorko A, Dominko R, Jaglicic Z (2004) A comparative studies of magnetic properties of LiFePO$_4$ and LiMnPO$_4$. J Phys C Condens Matter 16:5531–5548
84. Geller S, Durand JL (1960) Refinement of the structure of LiMnPO$_4$. Acta Crystallogr 13:325–329
85. Santorro RP, Newnham RE (1987) Antiferromagnetism in LiFePO$_4$. Acta Crystallogr 22:344–347
86. Streltsov VA, Belokoneva EL, Tsirelson VG, Hansen NK (1993) Multipole analysis of the electron density in triphylite LiFePO$_4$ using X-ray diffraction data. Acta Crystallogr B 49:147–153
87. Rousse G, Rodriguez-Carvajal J, Patoux S, Masquelier C (2003) Magnetic structures of the triphylite LiFePO$_4$ and its delithiated form FePO$_4$. Chem Mater 15:4082–4090
88. Losey A, Rakovan J, Huges J, Francis CA, Dyar MD (2004) Structural variation in the

lithiophilite-triphylite series and other olivine-group structures. Canad Mineral 42:1105–1109
89. Junod A, Wang KQ, Triscone G, Lamarche G (1995) Specific heat, magnetic properties and critical bahaviour of Mn_2SiS_4 and Fe_2GeS_4. J Magn Magn Mater 146:21–29
90. Moring J, Kostiner E (1986) The crystal structure of $NaMnPO_4$. J Solid State Chem 61:379–383
91. Nakamura T, Miwa Y, Tabuchi M, Yamada Y (2006) Structural and surface modifications of $LiFePO_4$ olivine particles and their electrochemical properties. J Electrochem Soc 153:1108
92. Andersson AS, Thomas JO (2001) The source of first-cycle capacity loss in $LiFePO_4$. J Power Sourc 97–98:498–502
93. Nyten A, Thomas JO (2006) A neutron powder diffraction study of $LiCo_xFe_{1-x}PO_4$ for $x = 0$, 0.25, 0.40, 0.60 and 0.75. Solid State Ionics 177:1327–1330
94. Beale AM, Sankar G (2002) Following the structural changes in iron phosphate catalysts by in situ combined XRD/QuEXAFS technique. J Mater Chem 12:3064–3072
95. Nanjundaswamy KS, Padhi AK, Goodenough JB, Okada S, Ohtsuka H, Arai H, Yamaki J (1996) Synthesis, redox potential evaluation and electrochemical characteristics of NASICON-related-3D framework compounds. Solid State Ionics 92:1–10
96. Pahdi AK, Manivannan M, Goodenough JB (1998) Tuning the position of the redox couples in materials with NASICON structure by anionic substitution. J Electrochem Soc 145:1518–1520
97. Manthiram A, Goodenough JB (1989) Lithium insertion into $Fe_2(SO_4)_3$ frameworks. J Power Sourc 26:403–408
98. Nyten A, Abouimrane A, Armand M, Gustafsson T, Thomas JO (2005) Electrochemical performance of Li_2FeSiO_4 as a new Li-battery cathode material. Electrochem Commun 7:156–160
99. Barker J, Saidi MY, Swoyer JL (2003) Electrochemical insertion properties of the novel lithium vanadium fluorophosphate, $LiVPO_4F$. J Electrochem Soc 150:A1394–A1398
100. Armand M, Gauthier M, Magnan JF, Ravet (2002) Method for synthesis of carbon-coated redox materials with controlled size. Word Patent 02/27823 A1
101. Zaghib K, Armand M Guerfi A, Perrier M, Dupuis E (2004) Electrode covered with a film obtained from an aqueous solution containing a water soluble binder, manufacturing process and usesthereof. Canadian Patent CA 2,411,695, 13 May 2004
102. Striebel K, Shim J, Srinivasan V, Newman J (2005) Comparison of $LiFePO_4$ from different sources. J Electrochem Soc 152:A664–A670
103. Paques-Ledent MT, Tarte P (1974) Vibrational studies of olivine-type compounds – II orthophosphates, -arsenates and -vanadates $A^IB^{II}X^VO_4$. Spectrochim Acta Part A 30:673–689
104. Burma CM, Frech R (2004) Raman and FTIR spectroscopic study of Li_xFePO_4 ($0 \leq x \leq 1$). J Electrochem Soc 151:A1032–A1038
105. Kostecki R, Schnyder B, Alliata D, Song X, Kinoshita K, Kotz R (2001) Surface studies of carbon films from pyrolyzed photoresist. Thin Solid Films 396:36–43
106. Julien CM, Massot M (2004) Structure of electrode materials for Li-ion batteries: the Raman spectroscopy investigations. In: Vladikova D, Stoynov Z (eds) Portable and emergency energy sources. Academic, Waltham, MA, pp 37–70
107. Burba CM, Frech R (2006) In situ transmission FTIR spectroelectrochemistry: a new technique for studying lithium batteries. Electrochem Acta 52:780–785
108. Ait-Salah A, Jozwiak P, Zaghib K, Garbarczyk J, Gendron F, Mauger A, Julien CM (2006) Spectrochim Acta A 65:1007–1013
109. Julien CM, Ait-Salah A, Gendron F, Morhange JF, Mauger A, Ramana CV (2006) Microstructure of $LiXPO_4$ (X = Ni, Co, Mn) prepared by solid-state chemical reaction. Scripta Mater 55:1179–1182
110. Santorro RP, Newnham RE, Nomura S (1966) Magnetic properties of Mn_2SiO_4 and Fe_2SiO_4. J Phys Chem Solids 27:655–666
111. Santoro RP, Segal DJ, Newnham RE (1966) Magnetic properties of $LiCoPO_4$ and $LiNiPO_4$. J Phys Chem Solids 27:1192–1193
112. Dai D, Koo HJ, Rocquefelte X, Jobic S (2005) Analysis of the spin exchange interactions and the ordered magnetic structures of lithium transition metal phosphates $LiMPO_4$ (M = Mn, Fe, Co, Ni) with the olivine structure. Inorg Chem 44:2407–2413
113. Mays JM (1963) Nuclear magnetic resonances and Mn-O-P-O-Mn superexchange linkages in paramagnetic and antiferrmagnetic $LiMnPO_4$. Phys Rev 131:38–53
114. Zaghib K, Ravet N, Gauthier M, Gendron F, Mauger A, Goodenough JB, Julien CM (2006) Optimized electrochemical performance of $LiFePO_4$ at 60 °C with purity controlled by

SQUID magnetometry. J Power Sourc 163:560–566
115. Julien CM, Zaghib K, Mauger A, Groult H (2012) Enhanced electrochemical properties of LiFePO$_4$ as positive electrode of Li-ion batteries for HEV application. Adv Chem Eng and Sci 2:321–329
116. Mott NF (1968) Conduction in glasses containing transition metal ion. J Non-Cryst Solids 1:1–17
117. Zaghib K, Mauger A, Goodenough JB, Gendron F, Julien CM (2007) Electronic, optical, and magnetic properties of LiFePO$_4$: small magnetic polaron effects. Chem Mater 19:3740–3747
118. Zhou F, Kang K, Maxisch T, Ceder G, Morgan D (2004) The electronic structure and band gap of LiFePO$_4$ and LiMnPO$_4$. Solid State Commun 132:181–186
119. Mauger A, Godart C (1986) The magnetic, optical and transport properties of representatives of a class of magnetic semiconductors: the europium chalcogenides. Phys Reports 141:51–176
120. Mauger A, Godart C (1980) Metal-insulator transition in Eu rich EuO. Solid State Commun 35:785–788
121. Wilcox JW, Doeff MM, Marcinek M, Kostecki R (2007) Factors influencing the quality of carbon coatings on LiFePO$_4$. J Electrochem Soc 154:A389–A395
122. Doeff MM, Hu Y, McLarnon F, Kostecki R (2003) Effect of surface carbon structure on the electrochemical performance of LiFePO$_4$. Electrochem Solid State Lett 6:A207–A209
123. Geis MW, Tamor MA (1993) Diamond and diamondlike carbon. In: Trigg GL (ed) The encyclopedia of applied physics, vol 5. VCH, New York, NY, p 1
124. Robertson J (1992) Properties of diamond-like carbon. Surf Coatings Technol 50:185–203
125. Ramsteiner M, Wagner J (1987) Resonant Raman scattering of hydrogenated amorphous carbon: evidence for π-bonded carbon clusters. Appl Phys Lett 51:1355–1357
126. Yoshikawa M, Katagani G, Ishida H, Ishitami A, Akamatsu T (1988) Resonant Raman scattering of diamondlike amorphous carbon films. Appl Phys Lett 52:1639–1641
127. Tamor MA, Vassell WC (1994) Raman fingerprinting of amorphous carbon films. J Appl Phys 76:3823–3830
128. Wada N, Gaczi PJ, Solin SA (1980) Diamond-like 3-fold coordinated amorphous carbon. J Non-Cryst Solids 35–36:543–548
129. Lespade P, Marchand A, Cousi M, Cruege F (1984) Caractérisation de matériaux carbonés par microspectrométrie Raman. Carbon 22:375–385
130. Knight DS, White WB (1989) Characterization of diamond films by Raman spectroscopy. J Mater Res 4:385–393
131. Nakamizo M, Tamai K (1984) Raman spectra of the oxidized and polished surfaces of carbon. Carbon 22:197–198
132. Matthews MJ, Bi XX, Dresselhaus MS, Endo M, Takahashi T (1996) Raman spectra of polyparaphenylene-based carbon prepared at low heat-treatment temperatures. Appl Phys Lett 68:1078–1080
133. Robertson J, O'Reilly EP (1987) Electronic and atomic structure of amorphous carbon. Phys Rev B 35:2946–2957
134. Axmann P, Stinner C, Wohlfahrt-Mehrens M, Mauger A, Gendron F, Julien CM (2009) Non-stoichiometric LiFePO$_4$: defects and related properties. Chem Mater 21:1636–1644
135. Chen J, Whittingham MS (2006) Hydrothermal synthesis of lithium iron phosphate. Electrochem Commun 6:855–858
136. Yang S, Song Y, Zavalij PY, Whittingham MS (2002) Reactivity, stability and electrochemical behavior of lithium iron phosphates. Electrochem Commun 4:239–244
137. Yamada A, Koizumi H, Sonoyma N, Kanno R (2005) Phase change in Li$_x$FePO$_4$. Electrochem Solid State Lett 5:A409–A413
138. Xie J, Oudenhoven FM, Harks PRML, Li D, Notten PHL (2015) Chemical vapor deposition of lithium phosphate thin-films for 3D all-solid-state Li-ion batteries. J Electro Chem 162:A249–A254
139. Zaghib K, Dontigny M, Charest P, Labrecque JF, Guerfi A, Kopec M, Mauger A, Gendron F, Julien CM (2008) Aging of LiFePO$_4$ upon exposure to H$_2$O. J Power Sourc 185:698–710
140. Porcher W, Moreau P, Lestriez B, Jouanneau S, Guyomard D (2008) Is LiFePO$_4$ stable in water? Toward greener Li-ion batteries. Electrochem Solid State Lett 11:A4–A8
141. Trudeau ML, Laul D, Veillette R, Serventi AM, Zaghib K, Mauger A, Julien CM (2011) In situ high-resolution transmission electron microscopy synthesis observation of nanostructured LiFePO$_4$. J Power Sourc 196:7383–7394
142. Zaghib K, Ravet N, Mauger A, Gauthier M, Goodenough JB, Julien CM (2007) LiFePO$_4$ high electrochemical performance at 60 °C with purity controlled by SQUID magnetometry. ECS Trans 3-27:119–129

143. Zaghib K, Dontigny M, Guerfy A, Trottier J, Hamel-Paquet J, Gariepy V, Galoutov K, Hovington P, Mauger A, Groult H, Julien CM (2012) J Power Sourc 216:192–200
144. Choi D, Wan D, Bae LT, Xiao J, Nie Z, Wang W, Viswanathan VV, Lee YJ, Zhang JG, Graff GL, Yang Z, Liu J (2010) $LiMnPO_4$ nanoplate grown via solid-state reaction in molten hydrocarbon for Li-ion battery cathode. Nano Lett 10:2799–2805
145. Oh SM, Oh SW, Yoon CS, Scrosati B, Amine K, Sun YK (2010) High-performance carbon-$LiMnPO_4$ nanocomposite cathode for lithium batteries. Adv Funct Mater 20:3260–3265
146. Wang D, Buqa H, Crouzet M, Deghenghi G, Drezen T, Exnar I, Kwon N-H, Miners JH, Poletto L, Grätzel M (2009) High-performance, nano-structured $LiMnPO_4$ synthesized via a polyol method. J Power Sourc 189:624–628
147. Martha K, Markovski B, Grinblat J, Gofer Y, Haik O, Zinigrad E, Aurbach D, Drezen T, Wang D, Deghenghi G, Exnar I (2009) $LiMnPO_4$ as an advanced cathode material for rechargeable lithium batteries. J Electochem Soc 156:A541–A552
148. Kuroda S, Tobori N, Sakuraba M, Sato Y (2003) Charge–discharge properties of a cathode prepared with ketjen black as the electroconductive additive in lithium ion batteries. J Power Sourc 119–121:924–928
149. Xing W, Qiao SZ, Ding RG, Li F, Lu GQ, Yan ZF, Cheng HM (2006) Superior electric double layer capacitors using ordered mesoporous carbons. Carbon 44:216–224
150. Bakenov Z, Taniguchi I (2010) $LiMg_xMn_{1-x}PO_4/C$ cathodes for lithium batteries prepared by a combination of spray pyrolysis with wet ball milling. J Electrochem Soc 157:430–436
151. Bakenov Z, Taniguchi I (2005) Electrochemical performance of nanostructured $LiM_xMn_{2-x}O_4$ (M=Mo and Al) powders at high charge–discharge operations. Solid State Ionics 176:1027–1034
152. Oh SM, Jung HG, Yoon CS, Myung ST, Chen ZH, Amine K, Sun YK (2011) Enhanced electrochemical performance of carbon-$LiMn_{1-x}Fe_xPO_4$ nanocomposite cathode for lithium-ion batteries. J Power Sourc 196:6924–6928
153. Oh SM, Oh SW, Myung ST, Lee SM, Sun YK (2010) The effects of calcination temperature on the electrochemical performance of $LiMnPO_4$ prepared by ultrasonic spray pyrolysis. J Alloy Compd 506:372–376
154. Yamada A, Chung S-C (2001) Crystal chemistry of the olivine-type $LiMn_yFe_{1-y}PO_4$ and $Mn_yFe_{1-y}PO_4$ as possible 4 V cathode materials for lithium batteries. J Electrochem Soc 148:A960–A967
155. Nakamura T, Sakumoto K, Okamoto M, Seki S, Kobayashi Y, Takeuchi T, Tabuchi M, Yamada Y (2007) Electrochemical study on Mn^{2+}-substitution in $LiFePO_4$ olivine compound. J Power Sourc 174:435–441
156. Molenda J, Ojczyk W, Marzec J (2007) Electrical conductivity and reaction with lithium of $LiFe_{1-y}Mn_yPO_4$ olivine-type cathode materials. J Power Sourc 174:689–694
157. Kopec M, Yamada A, Kobayashi G, Nishimura S, Kanno R, Mauger A, Gendron F, Julien CM (2009) Structural and magnetic properties of $Li_xMn_yFe_{1-y}PO_4$ electrode materials for Li-ion batteries. J Power Sourc 189:1154–1163
158. Bramnik NN, Bramnik KG, Nikolowski K, Hinterstein M, Baehtz C, Ehrenberg H (2005) Synchrotron diffraction study of lithium extraction from $LiMn_{0.6}Fe_{0.4}PO_4$. Electrochem Solid State Lett 8:A379–A381
159. Bini M, Mozzati MC, Galinetto P, Capsoni D, Ferrari S, Grandi MS, Massarotti V (2009) Structural, spectroscopic and magnetic investigation of the $LiFe_{1-x}Mn_xPO_4$ ($0 \leq x \leq 1$) solid solution. J Solid State Chem 182:1972–1981
160. Yoncheva M, Koleva V, Mladenov M, Sendova-Vassileva M, Nikolaeva-Dimitrova M, Stoyanova R, Zhecheva E (2011) Carbon-coated nano-sized $LiFe_{1-x}Mn_xPO_4$ solid solutions ($0 \leq x \leq 1$) obtained from phosphate–formate precursors. J Mater Sci 46:7082–7089
161. Zaghib K, Trudeau M, Guerfi A, Trottier J, Mauger A, Veillette R, Julien CM (2012) New advanced cathode material: $LiMnPO_4$ encapsulated with $LiFePO_4$. J Power Sourc 204:177–181
162. Kraytsberg A, Ein-Eli Y (2012) Higher, stronger, better. A review of 5 volt cathode materials for advanced lithium-ion batteries. Adv Energy Mater 2:922–939
163. Zaghib K, Mauger A, Goodenough JB, Gendron F, Julien CM (2009) Positive electrode: Lithium iron phosphate. In: Garche J (ed) Encyclopedia of electrochemical power sources, vol 5. Elsevier, Amsterdam, pp 264–296
164. Zhu QB, Li XH, Wang ZW, Guo HJ (2006) Novel synthesis of $LiFePO_4$ by aqueous precipitation and carbothermal reduction. Mater Chem Phys 98:373–376
165. Bramnik NN, Nikolowski K, Trots DM, Ehrenberg H (2008) Thermal stability of $LiCoPO_4$ cathodes. Electrochem Solid State Lett 11:A89–A93
166. Wolfenstine J, Allen J (2005) Ni^{3+}/Ni^{2+} redox potential in $LiNiPO_4$. J Power Sourc 142:389–390

167. Minakshi M, Sharma N, Ralph D, Appadoo D, Nallathamby K (2011) Synthesis and characterization of Li(Co$_{0.5}$Ni$_{0.5}$)PO$_4$ cathode for Li-ion aqueous battery applications. Electrochem Solid State Lett 14:A86–A89
168. Bramnik NN, Bramnik KG, Baehtz C, Ehrenberg H (2005) Study of the effect of different synthesis routes on Li extraction–insertion from LiCoPO$_4$. J Power Sourc 145:74–81
169. Bramnik NN, Bramnik KG, Buhrmester T, Baehtz C, Ehrenberg H, Fuess H (2004) Electrochemical and structural study of LiCoPO$_4$-based electrodes. J Solid State Electrochem 8:558–564
170. Nakayama M, Goto S, Uchimoto Y, Wakihara M, Kitayama Y (2004) Changes in electronic structure between cobalt and oxide ions of lithium cobalt phosphate as 4.8-V positive electrode material. Chem Mater 16:3399–3401
171. Bramnik NN, Nikolowski K, Baehtz C, Bramnik KG, Ehrenberg H (2007) Phase transition occurring upon lithium insertion-extraction of LiCoPO$_4$. Chem Mater 19:908–915
172. Okada S, Sawa S, Egashira M, Yamaki JI, Tabuchi M, Kageyama H, Konishi T, Yoshino A (2001) Cathode properties of phospho-olivine LiMPO$_4$ for lithium secondary batteries. J Power Sourc 97–98:430–432
173. Jang IC, Lim HH, Lee SB, Karthikeyan K, Aravindan V, Kang KS, Yoon WS, Cho WI, Lee YS (2010) Preparation of LiCoPO$_4$ and LiFePO$_4$ coated LiCoPO$_4$ materials with improved battery performance. J Alloys Compd 497:321–324
174. Rabanal ME, Gutierrez MC, Garcia-Alvarado F, Gonzalo EC, Arroyo-de Dompablo ME (2006) Improved electrode characteristics of olivine–LiCoPO$_4$ processed by high energy milling. J Power Sourc 160:523–528
175. Koleva V, Zhecheva E, Stoyanova R (2010) Ordered olivine-type lithium-cobalt and lithium-nickel phosphates prepared by a new precursor method. Eur J Inorg Chem 26:4091–4099
176. Kandhasamy S, Pandey A, Minakshi M (2012) Polyvinyl-pyrrolidone assisted sol-gel route LiCo$_{1/3}$Mn$_{1/3}$Ni$_{1/3}$PO$_4$ composite cathode for aqueous rechargeable battery. Electrochim Acta 60:170–176
177. Eftekhari A (2004) Surface modification of thin-film based LiCoPO$_4$ 5 V cathode with metal oxide. J Electrochem Soc 151:A1456–A1460
178. Deniard P, Dulac AM, Rocquefelte X, Grigorova V, Lebacq O, Pasturel A, Jobic S (2004) High potential positive materials for lithium-ion batteries: transition metal phosphates. J Phys Chem Solids 65:229–233
179. Prabu M, Selvasekarapandian S, Kulkarni AR, Karthikeyan S, Hirankumar G, Sanjeeviraja C (2011) Structural, dielectric, and conductivity studies of yttrium-doped LiNiPO$_4$ cathode materials. Ionics 17:201–207
180. Karthickprabhu S, Hirankumar G, Maheswaran A, Sanjeeviraja C, Daries-Bella RS (2013) Structural and conductivity studies on LiNiPO$_4$ synthesized by the polyol method. J Alloys Compd 548:65–69
181. Lloris JM, Pérez-Vicente C, Tirado JL (2002) Improvement of the electrochemical performance of LiCoPO$_4$ 5 V material using a novel synthesis procedure. Electrochem Solid State Lett 5:A234–A237
182. Yang J, Xu JJ (2006) Synthesis and characterization of carbon-coated lithium transition metal phosphates LiMPO$_4$ (M = Fe, Mn, Co, Ni) prepared via a nonaqueous sol-gel route batteries, fuel cells, and energy conversion. J Electrochem Soc 153:A716–A723
183. Gangulibabu N, Bhuvaneswari D, Kalaiselvi N, Jayaprakash N, Periasamy P (2009) CAM sol-gel synthesized LiMPO$_4$ (M = Co, Ni) cathodes for rechargeable lithium batteries. J Sol-Gel Sci Technol 49:137–144
184. Amine K, Yasuda H, Yamachi M (2000) Olivine LiCoPO$_4$ as 4.8-V electrode material for lithium batteries. Electrochem Solid State Lett 3:178–179
185. Zhou F, Cococcioni M, Kang K, Ceder G (2004) The Li intercalation potential of LiMPO$_4$ and LiMSiO$_4$ olivines with M = Fe, Mn, Co, Ni. Electrochem Commun 6:1144–1148
186. Howard WF, Spotnitz RM (2007) Theoretical evaluation of high-energy lithium metal phosphate cathode materials in Li-ion batteries. J Power Sourc 165:887–891
187. Chevrier VL, Ong SP, Armiento R, Chan MKY, Ceder G (2010) Hybrid density functional calculations of redox potentials and formation energies of transition metal compounds. Phys Rev B 82:075122
188. Rissouli K, Benkhouja K, Ramos-Barrado JR, Julien C (2003) Electrical conductivity in lithium orthophosphates. Mater Sci Eng B 98:185–189
189. Goñi A, Lezama L, Barberis GE, Pizarro JL, Arriortua MI, Rojo T (1996) Magnetic properties of the LiMPO$_4$ (M = Co, Ni) compounds. J Magn Magn Mater 164:251–255
190. Julien CM, Mauger A, Zaghib K, Veillette R, Groult H (2012) Structural and electronic properties of the LiNiPO$_4$ orthophosphate. Ionics 18:625–633

191. Fomin VI, Gnezdilov VP, Kurnosov VS, Peschanskii AV, Yeremenko AV, Schmid H, Rivera JP, Gentil S (2002) Raman scattering in a LiNiPO$_4$ single crystal. Low Temp Phys 28:203–209
192. Ficher CAJ, Prieto VMH, Islam MS (2008) Lithium battery materials LiMPO$_4$ (M = Mn, Fe, Co and Ni): insights into defect association, transport mechanisms and doping behaviour. Chem Mater 20:5907–5915
193. Garcia-Moreno O, Alvarez-Vega M, Garcia-Alvarado F, Garcia-Jaca J, Garcia-Amores JM, Sanjuan ML, Amador U (2001) Influence of the structure on the electrochemical performance of lithium transition metal phosphates as cathodic materials in rechargeable lithium batteries: a new high-pressure form of LMPO$_4$ (M = Fe and Ni). Chem Mater 13:1570–1576
194. Piana M, Arrabito M, Bodoardo S, D'Epifanio A, Satolli D, Croce F, Scrosati B (2002) Characterization of phospho-olivines as materials for Li-ion cell cathodes. Ionics 8:17–26
195. Dimesso L, Jacke S, Spanheimer C, Jaegermann W (2012) Investigation on LiCoPO$_4$ powders as cathode materials annealed under different atmospheres. J Solid State Electrochem 16:3911–3919
196. Dimesso L, Becker D, Spanheimer C, Jaegermann W (2012) Investigation of graphitic carbon foams/LiNiPO$_4$ composites. J Solid State Electrochem 16:3791–3798
197. Dimesso L, Spanheimer C, Jaegermann W (2013) Effect of the Mg-substitution on the graphitic carbon foams – LiNi$_{1-y}$Mg$_y$PO$_4$ composites as possible cathodes materials for 5 V applications. Mater Res Bull 48:559–565
198. Wolfenstine J, Allen J (2004) LiNiPO$_4$–LiCoPO$_4$ solid solutions as cathodes. J Power Sourc 136:150–153
199. Ni J, Gao L, Lu L (2013) Carbon coated lithium cobalt phosphate for Li-ion batteries: comparison of three coating techniques. J Power Sourc 221:35–41
200. Wolfenstine J, Read J, Allen J (2007) Effect of carbon on the electronic conductivity and discharge capacity LiCoPO$_4$. J Power Sourc 163:1070–1073
201. Wolfenstine J, Lee U, Poese B, Allen J (2005) Effect of oxygen partial pressure on the discharge capacity of LiCoPO$_4$. J Power Sourc 144:226–230
202. Wolfenstine J, Poese B, Allen J (2004) Chemical oxidation of LiCoPO$_4$. J Power Sourc 138:281–282
203. Ruffo R, Mari CM, Morazzoni F, Rosciano F, Scotti R (2007) Electrical and electrochemical behavior of several LiFe$_x$Co$_{1-x}$PO$_4$ solid solutions as cathode materials for lithium ion batteries. Ionics 13:287–291
204. Wolfenstine J (2006) Electrical conductivity of doped LiCoPO$_4$. J Power Sourc 158:1431–1435
205. Wang F, Yang J, Li YN, Wang J (2011) Novel hedgehog-like 5 V LiCoPO$_4$ positive electrode material for rechargeable lithium battery. J Power Sourc 196:4806–4810
206. Nakayama M, Goto S, Uchimoto Y, Wakihara M, Kitayama Y, Miyanaga T, Watanabe I (2005) X-ray absorption spectroscopic study on the electronic structure of Li$_{1-x}$CoPO$_4$ electrodes as 4.8 V positive electrodes for rechargeable lithium ion batteries. J Phys Chem B 109:11197–11203
207. Huggins RA (2013) Do you really want an unsafe battery? J Electrochem Soc 160:A3001–A3005
208. Aravindan V, Cheah YL, Chui Ling WC, Madhavi S (2012) Effect of LiBOB additive on the electrochemical performance of LiCoPO$_4$. J Electrochem Soc 159:A1435–A1439
209. Cushing BL, Goodenough JB (2002) Li$_2$NaV$_2$(PO$_4$)$_3$: a 3.7 V lithium-insertion cathode with the rhombohedral NASICON structure. J Solid State Chem 162:176–181
210. Goodenough JB, Hong HYP, Kafalas JA (1976) Fast Na$^+$-ion transport in skeleton structures. Mat Res Bull 11:203–220
211. Anantharamulu N, Rao K, Rambabu G, Kumar B, Radha V, Vithal M (2011) A wide-ranging review on Nasicon type materials. J Mater Sci 46:2821–2837
212. Bykov B, Chirkin AP, Demyanets LN, Doronin SN, Genkina EA, Ivanov-Shits AK, Kondratyuk IP, Maksimov BA, Melnikov OK, Muradyan LN, Simonov VI, Timofeeva VA (1990) Superionic conductors Li$_3$M$_2$(PO$_4$)$_3$ (M = Fe, Sr, Cr): synthesis, structure and electrophysical properties. Solid State Ionics 38:31–52
213. D'Yvoire F, Pintard-Scrépel M, Bretey E, De la Rochère M (1983) Phase transitions and ionic conduction in 3D skeleton phosphates A$_3$M$_2$(PO$_4$)$_3$: A = Li, Na, Ag, K; M = Cr, Fe. Solid State Ionics 9–10:851–857
214. Barj M, Lucazeau G, Delmas C (1992) Raman and infrared spectra of some chromium Nasicon-type materials: short-range disorder characterization. J Solid State Chemistry 100:141–150
215. Goni A, Lezama L, Moreno NO, Fournes L, Olazcuaga R, Barberis GE, Rojo T (2000)

Spectrocopic and magnetic properties of α-$Li_3Fe_2(PO_4)_3$: a two-submattice ferrimagnet. Chem Mater 12:62–66

216. Anderson AS, Kalska B, Jonsson P, Haggstrom L, Nordblad P, Tellgren R, Thomas JO (2000) The magnetic structure and properties of rhombohedral $Li_3Fe_2(PO_4)_3$. J Mater Chem 10:2542–2547

217. Ait-Salah A, Jozwiak P, Garbarczyk J, Gendron F, Mauger A, Julien CM (2006) Magnetic properties of orthorhombic $Li_3Fe_2(PO_4)_3$ phase. Electrochem Soc Symp Proc 2006–19:173–181

218. Kim H, Lee S, Park YU, Kim H, Kim J, Jeon S, Kang K (2011) Neutron and X-ray diffraction study of pyrophosphate-based $Li_{2-x}MP_2O_8$ (M = Fe, Co) for lithium rechargeable battery electrodes. Chem Mater 23:3930–3938

219. Armand M, Michot C, Ravet N, Simoneau M, Hovington P (2000) New lithium insertion electrode based on orthosilicate derivatives. European patent EP1134 826 A1

220. Dominko R, Conte DE, Hanzel D, Gaberscek M, Jamnik J (2008) Impact of synthesis conditions on the structure and performance of Li_2FeSiO_4. J Power Sourc 178:842–847

221. Gong ZL, He GN, Li J, Yang Y (2008) Nanostructured Li_2FeSiO_4 electrode material synthesized through hydrothermal-assisted sol-gel process. Electrochem Solid-State Lett 11 (5):A60–A63

222. Yan Z, Cai S, Miao L, Zhou X, Zhao Y (2012) Synthesis and characterization of in situ carbon-coated Li_2FeSiO_4 cathode materials for lithium ion battery. J Alloys Compd 511:101–106

223. Zheng Z, Wang Y, Zhang A, Zhang T, Cheng F, Tao Z, Chen J (2012) Porous Li_2FeSiO_4/C nanocomposite as the cathode material of lithium-ion batteries. J Power Sourc 198:229–235

224. Lv D, Wen W, Huang X, Bai J, Mi J, Wu S, Yang Y (2011) A novel Li_2FeSiO_4/C composite: synthesis, characterization and high storage capacity. J Mater Chem 21:9506–9512

225. Saracibar A, Van Der Ven A, Arroyo-De Dompablo ME (2012) Crystal structure, energetics, and electrochemistry of Li_2FeSiO_4 polymorphs from first principles calculations. Chem Mater 24(3):495–503

226. Quoirin G, Tarascon JM, Masquelier C, Delacourt C, Poizot P, Taulelle F (2008) Mixed lithium silicates. World Patent WO 2008/107571 A2

227. Nishimura S, Hayase S, Kanno R, Yashima M, Nakayama N, Yamada A (2008) Structure of Li_2FeSiO_4. J Am Chem Soc 130:13212–13213

228. Boulineau A, Sirisopanaporn C, Dominko R, Armstrong AR, Bruce P, Masquelier C (2010) Polymorphism and structural defects in Li_2FeSiO_4. Dalton Trans 27:6310–6316

229. Sirisopanaporn C, Boulineau A, Dominko R, Hanzel D, Armstrong AR, Bruce P, Masquelier C (2010) Crystal structure of a new polymorphism in Li_2FeSiO_4. Inorg Chem 49:7446–7451

230. Dominko R, Bele M, Gaberscek M, Meden A, Remskar M, Jamnik J (2006) Structure and electrochemical performance of Li_2MnSiO_4 and Li_2FeSiO_4 as potential Li-battery cathode materials. Electrochem Commun 8:217–222

231. Nadherna M, Dominko R, Hanzel D, Relter J, Gaberscek M (2009) Electrochemical behavior of Li_2FeSiO_4 with ionic liquids at elevated temperature. J Electrochem Soc 156:A619–A626

232. Dominko R (2008) Li_2MSiO_4 (M = Fe and/or Mn) cathode materials. J Power Sourc 184:462–468

233. Muraliganth T, Stroukoff KR, Manthiram A (2010) Microwave-solvothermal synthesis of nanostructured Li_2MSiO_4/C (M = Mn and Fe) cathodes for lithium-ion batteries. Chem Mater 22:5754–5761

234. Shao B, Taniguchi I (2012) Synthesis of Li_2FeSiO_4/C nanocomposite cathodes for lithium batteries by a novel synthesis route and their electrochemical properties. J Power Sourc 199:278–286

235. Fan X-Y, Li Y, Wang JJ, Gou L, Zhao P, Li D-L, Huang L, Sun S-G (2010) Synthesis and electrochemical performance of porous Li_2FeSiO_4/C cathode material for long-life lithium-ion batteries. J Alloys Compd 493:77–80

236. Vediappan K, Guerfi A, Gariépy V, Demopoulos GP, Hovington P, Trottier J, Mauger A, Zaghib K, Julien CM (2014) Stirring effect in hydrothermal synthesis of C-$LiFePO_4$. J Power Sourc 266:99–106

237. Zaghib K, Salah AA, Ravet N, Mauger A, Gendron F, Julien CM (2006) Structural, magnetic and electrochemical properties of lithium iron orthosilicate. J Power Sourc 160:1381–1386

238. Nyten A, Kamali S, Häggström L, Gustafsson T, Thomas JO (2006) The lithium extraction/insertion mechanism in Li_2FeSiO_4. J Mater Chem 16:2266–2272

239. Nyten A, Stjerndahl M, Rensmo H, Armand M, Gustafsson T, Edström K, Thomas JO (2006) Surface characterization and stability phenomena in Li_2FeSiO_4 studied by PES/XPS. J Mater Chem 16:3483–3488

240. Duncan H, Kondamreddy A, Mercier PHJ, Le Page Y, Abu-Lebdeh Y, Couillard M, Whitfield PS, Davidson I (2011) Novel *Pn* polymorph for Li_2MnSiO_4 and its electrochemical activity as a cathode material in Li-ion batteries. Chem Mater 23:5446–5456
241. Kuganathan N, Islam MS (2009) Li_2MnSiO_4 lithium battery material: atomic-scale study of defects, lithium mobility, and trivalent dopants. Chem Mater 21:5196–5202
242. Arroyo-de Dompablo ME, Armand M, Tarascon JM, Amador U (2006) On-demand design of polyoxianionic cathode materials based on electronegativity correlations: an exploration of the Li_2MSiO_4 system (M = Fe, Mn, Co, Ni). Electrochem Commun 8:1292–1298
243. Gong ZL, Li XY, Yang Y (2006) Synthesis and characterization of $Li_2Mn_xFe_{1-x}SiO_4$ as a cathode material for lithium-ion batteries. Electrochem Solid State Lett 9:A542–A544
244. Kokalj A, Dominko R, Mali G, Meden A, Gaberscek M, Jamnik J (2007) Beyond one-electron reaction in Li cathode materials: designing $Li_2Mn_xFe_{1-x}SiO_4$. Chem Mater 19:3633–3640
245. Deng C, Zhang S, Yang SY (2009) Effect of Mn substitution on the structural, morphological and electrochemical behaviors of $Li_2Mn_xFe_{1-x}SiO_4$ synthesized via citric acid assisted sol–gel method. J Alloys Compd 487:L18–L23
246. Dominko R, Sirisopanaporn C, Masquelier C, Hanzel D, Arcon I, Gaberscek M (2010) On the origin of the electrochemical capacity of $Li_2Fe_{0.8}Mn_{0.2}SiO_4$. J Electrochem Soc 157:A1309–A1316
247. Yang X-F, Yang J-H, Zaghib K, Trudeau ML, Ying JY (2015) Synthesis of pure Li_2MnSiO_4 @ C porous nanoboxes for high-capacity Li-ion battery cathodes. Nano Energy 12:305–313
248. Graf C, Vossen DLJ, Imhof A, Van Blaaderen A (2003) A general method to coat colloidal particles with silica. Langmuir 19:6693–6700
249. Biernacki L, Pokrzywnicki S (1999) The thermal decomposition of manganese carbonate thermogravimetry and exoemission of electrons. J Therm Anal Calorim 55:227–232
250. Masquelier C, Croguennec L (2013) Polyanionic (phosphates, silicates, sulfates) frameworks as electrode materials for rechargeable Li (or Na) batteries. Chem Rev 113:6552–6591

第 8 章 氟代聚阴离子化合物

8.1 引言

在过去的 10 年里,相对传统氧化物电极,许多研究致力于用聚阴离子型框架结构的材料替代氧化物,这对传统氧化物电极来说是一种更安全的选择[1]。例如,以硫酸盐 $M_x(SO_4)_y$ 和磷酸盐 $M_x(PO_4)_y$ 为基体的化合物(M 是一种过渡金属离子)嵌入 Li^+ 形成的 $LiFe_2(SO_4)_3$[2], $LiFePO_4$[3], $Li_3V_2(PO_4)_3$[4], $Li_{2.5}V_2(PO_4)_3$[5], $LiVOPO_4$[6~8] 和 $LiVP_2O_8$[8,9] 都被认为具有较好的热稳定性。相比锂金属氧化物,这些材料在长时间循环过程中通常展现出优异的稳定性,而且基本上没有氧从晶格中释放出来,也没有与电解液反应。但是,这类材料电子电导率比较低[3]。

为了使新型正极材料达到一个好的综合性能,包括电化学和安全性能参数。研究人员采用两种方法:①氟取代氧或者②氟包覆正极活性物质,使这项研究在电化学性能方面取得了一些进展。结果表明,氟化合物表现出几方面优点,例如,氧化还原电压高,晶格主体稳定,保护电极颗粒表面不被 HF 腐蚀和电解液分解,从而阻止副反应发生,而且易于 Li^+ 迁移[10~15]。因此,人们认为阴离子替代是一种提高尖晶石和层状化合物电化学性能的一种有效方法,尤其对三元 NCM 材料[16],由于 F^- 的强电负性,能够使结构更稳定。在金属氟化物中,表面氟化(包覆)的氧化物基正极材料,最受欢迎的是 ZrF_x[17], AlF_3[18], CaF_2[19] 和 LiF[20]。这些材料已经在第 1 章和第 3 章介绍,下文将重点介绍氟磷酸盐和氟硫酸盐的技术进展[21~23]。本章通过介绍最新技术水平来了解含氟材料的性能。由于在本领域的进展,在提高能量存储和电子传输等技术方面,这些化合物有望成为下一代正极材料。本章按照下面内容进行阐述。首先主要介绍了这些材料的能量性能。第二部分介绍氟磷酸盐材料的结构和电化学性能。在 8.3 部分介绍氟硫酸盐材料。最后,给出了一些结论性意见,重点在质量上确保这些材料的可靠性和最佳的电化学性能。

8.2 聚阴离子型化合物

根据公式(1.5),嵌入式化合物的平均电压与最终状态的能量(充电和放电)有直接的关系,电压取决于正极材料元素的结构[24]。一些计算机模拟技术已经被用来处理正极材料的电压、扩散和纳米结构特性[25,26]。最近,DFT+U 方法也被用来研究 tavorite 和 triplite

相多晶 $LiFeSO_4F$ 的结构和电子特性。Islam 和 Fisher[25] 指出，电压的不同主要是由于脱锂态 $FeSO_4F$ 稳定性的不同，这和氟磷锰石型结构几何边缘 Fe^{3+} 之间的相互排斥有关[27]。

Goodenough 提出了晶体领域概念[28]，嵌入式电极材料的氧化还原电位由 M-X 键的离子共价键决定：离子键越多，电位越高。因此，氧化还原电位很大程度上依赖电负性离子：F^- 取代 O^{2-} 获得了更高的电位，用 S 则得到相反的结果。例如，$LiFePO_4F$ tavorite 相的氧化还原电位是 850mV，高于 $LiFePO_4$ 橄榄石相，因为 Fe—F 键的离子性比 Fe—O 键的离子性大。一项关于氟聚阴离子化合物的计算研究表明，M—F 离子键越多，氟取代氧后的过渡金属离子的反 3d 轨道越稳定，这成了电化学性能方面的定律[28]。

Goodenough 等人展开了调节电极材料氧化还原电位方面的研究[3,29]。他们指出使用聚阴离子 $(XO_4)^{n-}$ 如 SO_4^{2-}、PO_4^{3-}、AsO_4^{3-}、WO_4^{2-}，可以使 3d 金属氧化还原能量降低到有利的能级（与 Li 负极的费米能级相比）。因此，聚阴离子框架的重要性可以从强的共价键 X—O 中看出，这导致了 Fe—O 共价键的减弱。与氧化物相比，这种诱导效应是由氧化还原电位降低引起的[29,30]。聚阴离子 PO_4^{3-} 单元可稳定 $LiFePO_4$ 的橄榄石结构，并且通过 Fe—O—P 的诱导效应降低 $Fe^{2+/3+}$ 氧化还原对的费米能级，使橄榄石结构材料具有更高的电位。放电电压为 3.45V 的 $LiFePO_4$ 比 $Li_3Fe_2(PO_4)_3$[3] 的放电电压高出 650mV，也比 $Fe_2(SO_4)_3$[2] 的放电电压高出 350mV，这与强质子酸硫酸和磷酸的差别是一致的。如果是 Li_2FeSiO_4，Si 比 P 有更低的电负性，导致了更低的 $Fe^{2+/3+}$ 氧化还原对的费米能级[31]。另外，强的 X—O 共价键和刚性 $(XO_4)^{n-}$ 单元可以用来解释磷酸橄榄石材料更高的热稳定性和它们更低释放氧的趋势，这可降低安全风险。然而，$AMXO_4$ 和 $AM(XO_4)_3$ 化合物（A 是强碱离子）表现出更低的电子电导率，这是因为 MO_6 八面体和 XO_4 四面体的分离，导致材料在充放电过程中产生很大的极化效应[32]。图 8.1 显示 Fe^{2+}/Fe^{3+} 和 $V^{n+}/V^{(n+1)+}$ 相对于 Li 费米能级的氧化还原能量的变化。例如，$LiVPO_4F$ 的电化学嵌入特性表明，$LiVPO_4F$ 的 V^{3+}/V^{4+} 氧化还原对电位在 0.3V，比 $Li_3V_2(PO_4)_3$ 高[32]。这种特性表明了 F 对聚阴离子 PO_4^{3-} 诱导效应的影响。表 8.1 中列出了含不同聚阴离子框架的锂化合物的电化学特性[32~36]。

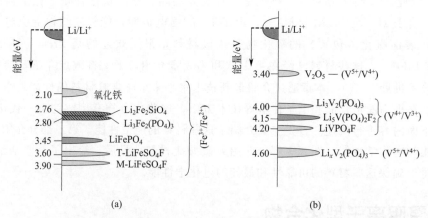

图 8.1 相对金属锂的费米能级，铁（a）和钒（b）磷酸盐氧化还原对的能量

这类化合物结晶后的结构和 tavorite 相的 $LiFe(PO_4)(OH)$ 相似[37]。Mueller 等人[37] 用高通量密度泛函理论对已经鉴定出 tavorite 结构的氧磷酸盐、氟磷酸盐、氧硫酸盐和氟硫酸盐展开了计算。tavorite 框架结构的 $LiVO(PO_4)$、$LiV(PO_4)F$ 和 $Li_2V(SO_4)F$ 中 Li 扩散的活化能表

明，这些材料可以在很高倍率下可逆地嵌入锂离子（每个金属离子对应两个锂离子）。

表 8.1 聚阴离子框架结构的锂化合物的电化学性能

嵌锂态化合物	脱锂态化合物	氧化还原电位/V	容量/mA·h·g^{-1}	文献
LiVPO$_4$F	VPO$_4$F	4.2	115	[32]
Li$_2$VPO$_4$F	LiVPO$_4$F	1.8	130	[33]
Li$_2$FePO$_4$F	LiFePO$_4$F	2.9	288	[34]
Li$_{1+x}$TiPO$_4$F	LiTiPO$_4$F	1.8	145	[35]
LiFeSO$_4$F	FeSO$_4$F	3.6	140	[35]
LiNiSO$_4$F	NiSO$_4$F	5.4(?)	142	[36]

8.3 氟代聚阴离子

无机材料大多的影响因素，包括过渡金属离子的性质和价数，影响材料的结构和传输性能。例如，众所周知，由 P$_2$O$_5$ 玻璃和经掺杂后的 LiF 玻璃制成的氟磷酸玻璃（LFG）展示出高的电导率，玻璃转化温度降低而不改变磷酸盐网络结构[38,39]。3d-金属含锂氟磷酸框架结构的结晶材料，LiMPO$_4$F 和 Li$_2$MPO$_4$F，被认为是可充电锂电池很有希望的高电压正极材料[22]。表 8.2 中列出了 LiMPO$_4$F（M＝Fe，Co，Ni）化合物的晶体参数。

8.3.1 氟掺杂 LiFePO$_4$

为了提高氧化还原反应的电压，Liao 等人[44]是第一批研究了氟取代对 LiFePO$_4$/C 复合电极材料的电化学性能影响的研究人员。在 650℃，以 NH$_4$F 作为掺杂剂，采用固相碳热还原法合成 LiFe(PO$_4$)$_{1-x}$F$_{3x}$/C（x＝0.01，0.05，0.1，0.2）。在氩气保护气氛下[45,46]，通过低温水热反应，然后在 850℃下高温热处理 5h，或者用 LiF[48]通过溶胶-凝胶法制备 F 掺杂的 LiFePO$_4$/C 纳米颗粒。前驱体物质在熔融硬脂酸中通过水沉淀法合成纳米结构的 C-LiFePO$_{3.98}$F$_{0.02}$/C 复合物[48]。氟取代越多，C-LiFe(PO$_4$)$_{0.9}$F$_{0.3}$/C 化合物表现出越高的倍率性能和高温循环性能（T＞50℃），这是由于更多的 Fe-F 离子键稳固了过渡金属 3d 轨道的反键能量。

然而，下面给出了两种氟占据的猜测：①第一种猜测是 3F$^-$取代 PO$_4^{3-}$基团[44,45]；第二种猜测是 F$^-$只能在氧位置被替代[46~48]。对于第二种猜测而论，LiFePO$_4$ 晶体单元中有三种非等效、随机被占据的氧位置，命名为 O(1)，O(2)，O(3)。和纯橄榄石型材料做对比，在 10C 倍率下，它的放电比容量是 110mA·h·g^{-1}，放电电压平台是 3.3～3.0V（vs. Li/Li$^+$）。Lu 等人[46]报告中指出 F 掺杂时，Li—O 键的长度增加，P—O 键长度减少。这表明，由于 F 掺杂导致 Li—O 键减弱。这说明 F 掺杂可以改善含锂相与脱锂相间的 Li$^+$扩散。氟离子更可能占据 O(2) 位置。也许是氟掺杂导致锂位置上电子密度增加，标志着 FeLi$^+$-LiFe$^-$反位对形成。这些掺杂的氟关闭了电子结构的间隙，导致了它在费米能级的极限密度状态。最近很多研究中报道了橄榄石-磷酸盐材料掺杂氟后[46~48]，高倍率性能增强，循环稳定性能提升。C-LiFePO$_{3.98}$F$_{0.02}$/C 复合物在 C/10 倍率下比容量为 164mA·h·g^{-1}。第一性原理计算结果表明，在这种复合物的结构中，电子特性、锂嵌入电压和一般电化学行为对氟离子的位置很敏感[48]。LiVSiO$_4$F 和 Li$_{0.5}$FePO$_{3.5}$F$_{0.5}$ 中锂脱出会使 M—F 键距离增大（表明 M—F 键断裂），锂嵌入电压比目前复合物的电压低 0.3V。

表 8.2 LiMPO$_4$F (M=Fe, Co, Ni) 化合物的晶体参数

化合物	空间群	a/Å	b/Å	c/Å	α/(°)	β/(°)	γ/(°)	V/Å^3	文献
VPO$_4$F	C2/c	8.1553(2)	8.1014(1)	8.1160(2)	90	118.089(1)	90	319.00(8)	[35]
LiVPO$_4$F	P$\bar{1}$	5.1830(8)	5.3090(6)	8.2500(3)	82.489(4)	108.868(8)	84.385(8)	184.35(0)	[32]
LiFePO$_4$F	P$\bar{1}$	5.15510(3)	5.3044(3)	8.2612(4)	108.358(5)	108.855(6)	98.618(5)	1832.91(2)	[40]
LiTiPO$_4$F	P$\bar{1}$	5.1991(2)	5.3139(2)	8.2428(3)	106.985(3)	108.262(4)	98.655(4)	186.10(2)	[40]
Li$_2$VPO$_4$F	C2/c	8.2255(1)	8.9450(1)	8.3085(1)	90	116.881(1)	90	384.53(8)	[38]
Li$_2$FePO$_4$F	P$\bar{1}$	5.3846(3)	8.4438(3)	5.3256(4)	109.038(2)	94.423(6)	108.259(9)	189.03(4)	[34]
Li$_2$FePO$_4$F	Pbcn	5.0550(2)	13.5610(2)	11.0520(3)	90	90	90	858.62(1)	[41]
Li$_2$CoPO$_4$F	Pnma	10.4520(2)	6.3911(8)	10.8840(3)	90	90	90	826.40(3)	[42]
Li$_2$NiPO$_4$F	Pnma	10.4830(3)	6.2888(8)	10.8460(1)	90	90	90	814.33(2)	[43]

8.3.2 LiVPO$_4$F

Barker 等人[32,49~59]最先提出，并详细介绍了锂离子电池 4V 级正极材料，即包含钒的磷酸盐 LiVPO$_4$F。最初的测试表明 LiVPO$_4$F 材料比传统氧化物材料有更高的安全性，因此它被认为是下一代锂离子电池正极材料的替代材料[32]。LiVPO$_4$F 与天然矿 tavorite 相具有同等结构，属于含锂结晶岩结构族，此族包括 LiFe^{3+}(PO$_4$)(OH)，多晶型的磷铝石 (Li, Na)AlPO$_4$·(F, OH) 和磷锂铝石 LiAlPO$_4$(F, OH)。tavorite 相结晶成三斜结构 (P$\bar{1}$ 空间群)，它的框架包括八面体结构的 V^{3+}O$_4$F$_2$，它是沿着 c 轴氟顶点位置形成 V^{3+}O$_4$F$_2$ 链而连接的（图 8.2）。这些链通过四面体结构的 PO$_4$ 的公共点连接形成一个开放的三维结构，在 a, b, c 三个轴线向有宽的通道，每个位置可容纳两个 Li$^+$。例如，Li(1) 有 5 个很低的占据率（约 18%），Li(2) 在 2i 等效点位置可以容纳 6 个（约 82%）占据率[60~63]。

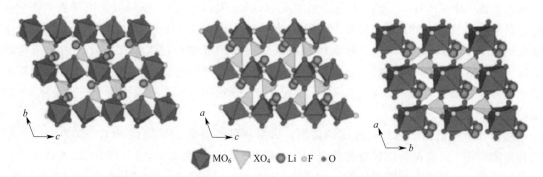

图 8.2 tavorite 结构（P$\bar{1}$ 空间群）在 a-, b-, c-晶体方向的观点

在 Barker 等人[32]很早的研究中，通过两步法合成 LiVPO$_4$F，首先以 V$_2$O$_5$，NH$_4$H$_2$PO$_4$ 和碳颗粒（导电炭黑）作为前驱体，通过碳热还原法得到 VPO$_4$，然后经过简单的 LiF 掺杂。单晶 tavorite 相的晶格常数 $a=5.1830(8)$ Å，$b=5.3090(6)$ Å，$c=8.2500(3)$ Å，$\alpha=82.489(4)°$，$\beta=108.868(8)°$，$\gamma=81.385(8)°$，$V=184.35(0)$ Å^3。LiVPO$_4$F 正极材料最早的电化学性能研究显示在 V$^{3+/4+}$ 氧化还原对基础上有一个锂离子嵌入/脱出的可逆过程：①在 4.19V 左右有一个放电电压平台（vs. Li/Li$^+$）；②两相反应的机理伴随着成核行为；③可逆比容量在 115mA·h·g^{-1} 左右，大致和 Li$_{1-x}$VPO$_4$F 中 $x=0.84$ 时的循环相当。在图 8.3(a) 中，我们展示了 LiVPO$_4$F//Li 电池在不同倍率下的放电曲线，电解液为 1mol·L^{-1} LiPF$_6$ 的 EC-DEC（1:1）。首次充电曲线作为对比曲线。图 8.3(b) 中表明，

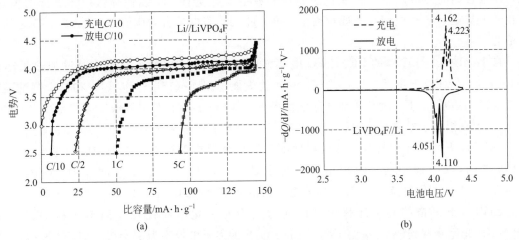

图 8.3　LiVPO$_4$F∥Li 电池在电解液为 1mol·L^{-1}LiPF$_6$ 的 EC-DEC（1∶1），不同倍率下的充放电曲线（充电曲线作为对比）(a) 和 LiVPO$_4$F 中 Li$^+$ 嵌入（放电）和脱出（充电）的容量微分曲线（−dQ/dV）的变化 (b)

Li$^+$ 在 LiVPO$_4$F 基体中脱出（充电）和嵌入（放电）时导致了容量微分曲线（−dQ/dV）的变化。在充电曲线中，60mV 左右有两个明显分离的峰，伴随着 V$^{3+/4+}$ 氧化还原对占据到 Li(1)、Li(2) 位置。通过差示扫描量热计得到 Li$_{1-x}$VPO$_4$F 相完全脱锂后的典型热效应，热量为 205J·g^{-1}，LiVPO$_4$F 的安全性能比目前已有的氧化物正极材料有很大优势（例如 LiMn$_2$O$_4$ 是 345J·g^{-1})[58]。

由于钒离子多价的优势，有关报道称在 1.8V（vs. Li/Li$^+$）存在多余的锂离子嵌入反应，这和 V$^{3+/2+}$ 氧化还原对有关[49,56~58]。图 8.4 表明，由于 V$^{3+/4+}$（LiVPO$_4$F → VPO$_4$F 反应）和 V$^{3+/2+}$（LiVPO$_4$F → Li$_2$VPO$_4$F 反应）氧化还原对，LiVPO$_4$F 有两个氧化还原电位，为这种材料作为正极材料提供了可能，如图 8.4 所示。结合 X 射线衍射和中子衍射，

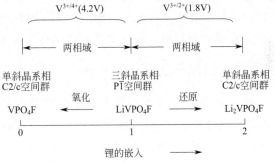

图 8.4　Li$_x$VPO$_4$F 的相图（0≤x≤2）

Ellis 等人[40]研究了通过化学氧化和减少母体化合物的方法制备的 VPO$_4$F 和 Li$_2$VPO$_4$F 的最终相。表 8.2 中显示了这些最终相的晶体化学参数。脱锂相 VPO$_4$F 是一种单斜的结构（C/2c 空间群），在八面体链公共角上（V^{4+}O$_4$F$_2$），并和四面体 PO$_4$ 连接。脱锂相 Li$_2$VPO$_4$F 展示了相同的结构，变成单斜对称结构（C/2c 空间群），Li$^+$ 占据两个等同的位置，Li(1) 和 Li(2)[64]。LiVPO$_4$F 和 Li$_2$VPO$_4$F 之间的氧化还原活性是非常灵活的，在体积变化中占 8%，有一个稳定的比容量 145mA·h·g^{-1}[34]。最近，Ellis[40]和 Plashnitsa[65]等人用 LiVPO$_4$F 作为正极材料制作了一种对称的锂离子 LiVPO$_4$F∥LiVPO$_4$F 电池，电解液是非易燃的离子液体 LiBF$_4$-EMIBF$_4$。这种对称的电池在电压为 2.4V 时的可逆比容量为 130mA·h·g^{-1}，在高温 80℃时稳定、安全。

通过两步碳热还原法，将铝掺入 LiV$_{1-y}$Al$_y$PO$_4$F 框架结构中，产生了一些有趣的特

性：①通过铝的掺杂，$V^{3+/4+}$ 氧化还原对的放电比容量有一个线性降低；②更低的极化；③在 90mV 处，$V^{3+/4+}$ 氧化还原峰逐步上升；④两个充电平台的比值在 $0 \leqslant y \leqslant 0.25$ 之间保持不变[59]。

在 $1mol \cdot L^{-1} LiPF_6$ 的 EC：DEC 电解液，高温，$C/5$ 倍率下充电，通过加速量热仪（ARC）对 $LiVPO_4F$ 的反应进行测试。材料比表面积相同（$15m^2 \cdot g^{-1}$），在整个测试温度范围（50～350℃）下，通过碳热还原法制备的 $LiVPO_4F$ 材料与电解液反应的自热率（dT/dt），低于或相同于橄榄石结构的 $LiFePO_4$[66,67]（比表面积为 $15m^2 \cdot g^{-1}$）。Ma 等人[68]研究了 $LiVPO_4F$ 作为正极材料，结构和性能对其氧化反应的影响。在平均电压平台 4.26～4.30V 之间，Li^+ 脱出时，两相结构发生了转变，这和第一次充电过程中 $LiVPO_4F \rightarrow Li_{0.82}VPO_4F \rightarrow VPO_4F$ 转变一致，而放电过程没有中间相的产生。Li 环境的变化和 tavorite 结构 $LiVPO_4F$ 晶格的离子迁移率可以通过化学和电化学脱锂样品固态多核的 $^{6/7}$Li 和 ^{31}P NMR 光谱观察到[68]。室温下测得 $LiVPO_4F$ 的离子电导率为 $\sigma_1 = 0.6 \times 10^{-8} S \cdot cm^{-1}$，通过电化学阻抗频谱分析得到 $LiVPO_4F$ 的活化能为 $E_a = 0.85eV$[69]，这一结果与 Recham 等人报道的 $\sigma_1 = 8 \times 10^{-11} S \cdot cm^{-1}$，$E_a = 0.99eV$ 数值不同。

作为锂离子电池正极材料，各种钒基氟磷酸盐均得到了一定的研究[35,70~83]。Wang 等人[81]将反应剂 $H_2C_2O_4 \cdot 2H_2O$、碳源、$NH_4H_2PO_4$、NH_4VO_3 和 LiF 通过球磨得到前驱体，然后通过热处理得到 $LiVPO_4F/C$ 复合材料，并评测了 $LiVPO_4F/C$ 复合材料的电化学性能。结果表明，电压为 3.0～4.4V，倍率为 $0.1C$ 和 $10C$ 时，$LiVPO_4F/C$ 复合材料的放电容量分别达到 $151mA \cdot h \cdot g^{-1}$ 和 $102mA \cdot h \cdot g^{-1}$，而且倍率在 $10C$ 时循环 50 周后，放电库仑效率可以保持到 90.4%。Reddy 等[83]以碳热还原法制备了 $LiVPO_4F$，并在电压范围为 3.0～4.5V，倍率为 $0.92C$ 时研究了其长时间循环稳定性，结果表明当循环超过 800～1260 周后，容量衰减很慢，而且总的容量损失约为 14%。

8.3.3 LiMPO$_4$F（M=Fe，Ti）

Barker 等人[46]尝试将钒元素用过渡金属 Fe 或者 Ti 代替，形成 $LiM_{1-y}M'_yPO_4F$ 材料（M 和 M' 为氧化态+3 价过渡金属氧化物）。DFT 利用平面波方法计算 $Li_2M PO_4F$，$LiMPO_4F$ 和 MPO_4F（M=V，Mn，Fe，Co，Ni）作为锂离子电池高压正极材料（相对于 Li 金属 $>3.5V$）的可行性[84]。计算得到的 Mn，C 和 Ni 的平均开路电压分别为 4.9V，5.2V 和 5.3V。

通过碳热还原法或氢还原法制备成的 $LiFePO_4F$ 材料，属于三斜晶系的结构（$P\bar{1}$ 空间群），晶格参数是 $a = 5.1528Å$，$b = 5.3031Å$，$c = 8.4966Å$，$\alpha = 68.001°$，$\beta = 68.164°$，$\gamma = 81.512°$，晶格体积 $V = 183.89Å^3$。用同样的方法制备的 $LiCrPO_4F$ 材料，属于 $P\bar{1}$ 空间群，晶格参数分别为 $a = 4.996Å$，$b = 5.308Å$，$c = 6.923Å$，$\alpha = 88.600°$，$\beta = 100.81°$，$\gamma = 88.546°$，晶格体积 $V = 164.54Å^3$。Recham 等人[35]通过固态法和离子热技术分析了晶体 $LiFePO_4F$ 的生长过程。固态合成法中，在铂金管中，将 Li_3PO_4 和 FeF_3 的混合物在 800℃ 下加热 24h 得到 $LiFePO_4F$ 材料。而离子热法则是利用相似的稳定离子液体和三氟甲烷磺酸盐进行混合制备 $LiFePO_4F$ 纳米粒子（约 20nm）。$LiFePO_4F$ 在平均电压为 2.8V 时，表现出的可逆容量约为 $145mA \cdot h \cdot g^{-1}$，对应的氧化还原反应为 $Fe^{3+} \rightarrow Fe^{2+}$。然而，$LiFePO_4F$ 不可被氧化的特点限制了其在锂离子电池方向的发展[21]。Ramesh 等人[34]还研

究了 $LiFePO_4F\text{-}Li_2FePO_4F$ 的相变和电化学性能。对于完全嵌入锂的阶段,采用一个与本相密切相关的 Li_2FePO_4F 三斜晶系结构(见表 8.2)。尽管在 $P\bar{1}$ 空间群中有两个不同的 Fe 晶格位点存在($1a$ 和 $1c$ Wyckoff 位置),$LiFePO_4F\text{-}Li_2FePO_4F$ 的电化学特性在电压为 3V 时,0.96Li 表现出对应的可逆容量为 $145mA\cdot h\cdot g^{-1}$。

Ti 基 $LiMPO_4F$ 是另外一种 tavorite 结构,由扭曲的 TiO_4F_2 八面体和氟离子相连接,它既不是通过固态法合成的,也不是运用离子热法得到的[35]。单相 $LiTiPO_4F$ 是在低温下形成的(260℃),晶格参数是 $a=5.1991Å$,$b=5.3139Å$,$c=8.2428Å$,$\alpha=106.985°$,$\beta=108.262°$,$\gamma=98.655°$,晶格体积 $V=186.10Å^3$。发生在 $Li_{1+x}TiPO_4F$ 框架中的 Li^+ 的嵌入/脱出过程,x 的取值范围为 $-0.5\leqslant x\leqslant 0.5$。这一过程在 2.9V 和 1.8V 处出现了两个峰,对应的氧化还原反应分别是 $Ti^{3+}\rightarrow Ti^{4+}$ 和 $Ti^{3+}\rightarrow Ti^{2+}$。然而,由于其在合成过程中的微小改变会影响电化学性能,Barpanda 和 Tarascon 证实 $LiTiPO_4F$ 并不适于用作电池材料。

8.3.4 Li_2FePO_4F(M=Fe,Co,Ni)

与(MO_4F_2)的连通八面体晶体结构不同,一般通式为 A_2MPO_4F(A=Li,Na;M=Fe,Mn,Co,Ni)的氟磷酸盐主要存在如下三种晶体结构:共面结构(如 Na_2FePO_4F)、共边结构(如 Li_2MPO_4F,M=Co,Ni)和共角结构(Na_2MnPO_4F)[42,83]。Li_2MPO_4F(M=Fe,Co,Mn,Ni)有三种不同的晶型:三斜晶系(tavorite)、二维正交晶系(Pbcn 空间群)、单斜晶系($P2_1/n$ 空间群)[85]。在他们的前期工作中,Ellis 等人[41]证明 A_2MPO_4F(A=Li,Na)可以作为锂离子电池正极材料。这种复合物有便利的 Li^+ 移动的二维通道,氧化还原反应中结构变化很小,体积变化仅有 3.8%,这是由明显的两相分离引起的。通过 Na_2FePO_4F 在 $1mol\cdot L^{-1}$ LiBr 的乙腈溶液中的离子交换得到单相 Li_2FePO_4F。通过将 $NaFePO_4F$ 和 LiI 在乙腈溶液中放置 6h 得到 $LiNaFePO_4F$(Li/Na 比 1∶1)。$LiNaFePO_4F$ 属于正交晶系结构(Pbcn 空间群),晶格参数为 $a=5.055Å$,$b=13.561Å$,$c=11.0526Å$,$\beta=90°$,晶胞体积 $V=858.62Å^3$。开路电压比橄榄石结构的 $LiFePO_4$ 低(3.0V vs. 3.45V);在第一次循环氧化过程中可得到 80%的理论容量($135mA\cdot h\cdot g^{-1}$)。最近,同一小组[33]报道了通过固相和水热法制备的 Li_2MO_4F 的晶体结构和电化学性能(M=Fe,Mn,Co,Ni)。研究人员还报道了新的锂氟磷酸盐材料,例如 Li_2FePO_4F,通过将正交晶系的 $NaLiFePO_4F$(Pnma 空间群)在电化学电池中循环得到[85],单相纳米晶体 $Li_{1-x}Fe_{1-y}M_yPO_4$(M=Fe,Co)[86],tavorite 结构的 $Li_{2-x}Na_xFe[PO_4]F$ 是通过与乙醇溶液中的 LiBr 进行离子交换得到的[87]。

8.3.5 Li_2MPO_4F(M=Co,Ni)

一些研究小组报道了高电压材料 Li_2CoPO_4F 和 Li_2NiPO_4F 的电化学性能[86]。$LiCoPO_4$ 和 Li_2CoPO_4F(和 Li_2NiPO_4F 一样)都属于正交晶系(空间群 Pnma,$Z=8$),然而,在结构结晶方面的观点有一些明显的不同。$LiCoPO_4$ 有 CoO_6,LiO_6 正八面体和 PO_4 正四面体。相反,Li_2CoPO_4F 有 CoO_4F_2 八面体结构,替代 CoO_6 正八面体。Li_2CoPO_4F 有两种 Li 晶格位置,4c 和 8d[43]。Li_2CoPO_4F 被证实是一种与 $LiCoPO_4$[13,42,89]类似的新的 5V 正极材料。Dumont-Botto 等人[85]指出,与容易获得 Na 相反,Li_2CoPO_4F 的合成仍然比较困难,而且需要从 Na 的相对物中进行离子交换或者比较长的固态反应(至少 10h 热处理)[83],为了找到非传统方法制备 Li_2CoPO_4F,通过火花等离子烧结将反应时间降低到 9min,可以帮助制备微米级颗粒(0.8μm)。

Li_2CoPO_4F 和 Li_2NiPO_4F 相当大的理论容量上限为 310mA·h·g^{-1},Li_2CoPO_4F[88] 材料的理论电压约为 4.9V,与在 5V 左右观察到的电压平台一致。Li_2CoPO_4F 和嵌锂钴盐的共同缺点是不可逆容量大(尤其在第一圈),这与在高电压下电解液分解有关。实验中,$LiNiPO_4F$ 的放电电压接近 5.3V[88]。Khasanova 等人[79]研究了高电压材料 Li_2CoPO_4F 的电化学性能和结构特性。在 3.0～5.1V(vs. Li)电压范围内,循环伏安法和电量分析显示在 4.8V 以上有一个结构转变。这种转变发生在锂析出过程,而且是不可逆的;随后嵌入的锂没有使原始的结构恢复,但是产生了一个新的"改良的"框架。根据结构精修来看,这种结构转变涉及八面体(CoO_4F_2)和四面体(PO_4)的相互旋转,并伴随着相当大的晶胞扩大,这被认为可以提高锂在随后的循环中的运动速率。新的框架结构显示,在固溶体中锂离子的嵌入和脱出是可逆的,放电比容量稳定在 60mA·h·g^{-1}。通过两步固相法制备 Li_2CoPO_4,然后用不同含量的 ZrO_2 进行包覆。在电流密度 10mA·g^{-1}[83],电压范围 2～5.2V(vs. Li/Li$^+$)时,5%ZrO_2 包覆的 Li_2CoPO_4 表现出最好的性能,首次放电比容量达到 144mA·h·g^{-1}。Wang 等人[84]研究了 Li_2CoPO_4F 电极首次充放电各个阶段的 XRD。电极从 5.0V 放电和初始电极保持相同的趋势;但是,有一个轻微的变化显示,Li_2CoPO_4F 框架结构松弛发生在 5.0V 以上,这和 CV 测试一致。

8.3.6 $Na_3V_2(PO_4)_2F_3$ 混合离子正极材料

研究证明钠钒氟磷酸盐是一种具有可逆嵌锂行为的材料,$Na_3V_2(PO_4)_2F_3$ 相材料可以通过固态热碳还原法合成,涉及的单体包括 VPO_4 和 NaF 晶体,拥有正四方空间群 $P4_2/mnm$,晶格参数 $a=0.0388(3)$Å,$c=10.8482(4)$Å,$V=888.94(6)$Å^3,这种结构可以看作是正八面体的 $V_2O_8F_3$ 和正四面体的 PO_4 通过氟原子连接而成,而氧原子通过 PO_4 单元内部连接起来。在电势为 3.0～4.6V(vs. Li/Li$^+$)范围内,$Li_xNa_{3-x}V_2(PO_4)_2F_3$ 的电化学性质说明了 Na 会与 Li 快速置换(图 8.5)。电压相应对应着每个单元中两个碱金

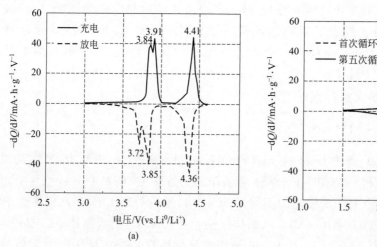
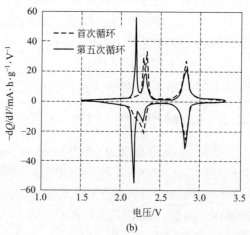

图 8.5 $Li//Na_3V_2(PO_4)_2F_3$ 电池的 dQ/dV 曲线(a)和 $Li_{4/3}Ti_{5/3}O_4//Na_3V_2(PO_4)_2F_3$ 电池的首次和第五次循环曲线(b)[电解液是由碳酸亚乙酯和碳酸二甲酯(2:1,质量比)组成的 1mol·L^{-1} $LiPF_6$ 溶液]

属离子的可逆循环过程。相对于锂金属,在平均放电电压为 4.1V 的情况下其有着 120mA·h·g^{-1} 的比容量[88]。在 C/20 的充放电倍率下充放电不同数据如图 8.5(a) 所示。相对于 Li,当充电电压达到 4.6V 时,近似 NaV$_2$(PO$_4$)$_2$F$_3$ 的阴极材料产生,这时钒元素被氧化成 +4 价钒。以 Li$_{4/3}$Ti$_{5/3}$O$_4$ 为锂源,可以将这种混合锂离子电池正极材料应用于锂离子电池中。Li$_{4/3}$Ti$_{5/3}$O$_4$ // Na$_3$V$_2$(PO$_4$)$_2$F$_3$ 混合离子电池的首次和第五次循环微分电容曲线如图 8.5(b) 所示。在电池首次循环时,钠离子从 Na$_3$V$_2$(PO$_4$)$_2$F$_3$ 正极脱出。结果表明首次循环 $-dQ/dV$ 响应是宽且对称的,这证实了电池的能量可逆性,而材料容量约为

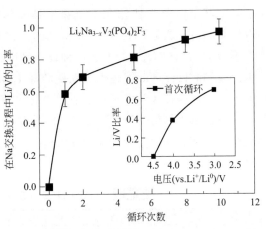

图 8.6 随着循环次数增加 Li$_x$Na$_{3-x}$V$_2$(PO$_4$)$_2$F$_3$ 中 Li/V 比率的变化(表明 Li 和 Na 的交换过程,插入的图标显示第一圈的变化)

120mA·h·g^{-1}。然而,Na$^+$ 在 Li$_{4/3}$Ti$_{5/3}$O$_4$ 中的嵌入过程很难。在随后的循环中,由于 Li$^+$/Na$^+$ 的离子交换(以尖锐的氧化还原峰作为特征),使 2.28/2.23V 处的氧化还原峰向低电势平移 100mV。因此,在正极中发生了主导锂离子嵌入机制的改变[88]。图 8.6 所示为改变 Li$_x$Na$_{3-x}$V$_2$(PO$_4$)$_2$F$_3$ 中 Li 的占比后,Li-Na 互换过程的周期函数。结果显示,十周后几乎全部完成了 Li/Na 的互换。Ellis 等人[31]也报道了 Na$_2$FePO$_4$F 材料的类似结果。由于 Li 与 Na 相比具有更高的电负性,导致其氧化还原性略高于母体化合物,因此通过离子交换反应,Na$_2$FePO$_4$F 中全部的 Na 将会被 Li 替代生成 Li$_2$FePO$_4$F[43]。随后,这些作者展示了以 LiVPO$_4$F 和石墨为电极组成的锂离子电池,容量可达到 130mA·h·g^{-1},并且它的放电电压为 4.06V,倍率为 C/5,500 周循环后,库仑效率能保持在 90% 左右[48]。

8.3.7 其他氟磷酸盐

继 Barker 等人的研究之后,研究人员又提出了一些结构相同的化合物。Park 等人[89]以 LiBr 为锂源,正己醇为溶剂,通过逆流法,利用 Na$^+$ 和 Li$^+$ 的交换结构,合成了虚层结构的 Na$_{1.5}$VPO$_5$F$_{0.5}$ 和 Li$_{1.1}$Na$_{0.4}$VPO$_{4.8}$F$_{0.8}$ 材料,其晶格由 VO$_5$F 和四面体结构的 PO$_4$ 组成,其中两个 VO$_5$F 共用一个氟离子形成 V$_2$O$_{10}$F 八面体结构。这些分子通过 PO$_4$ 共享的氧原子将 V$_2$O$_{10}$F 八面体结构不断地连接成 ab 面,形成一个层间距易于 Na$^+$/Li$^+$ 插入的开放结构[90]。合成的化合物中 Li$^+$ 的嵌入脱附过程是可逆的,60℃ 的环境下,电势为 4V 时,100 周循环后其容量保持到 156mA·h·g^{-1},库仑效率高达 98%。在同样作为电极材料的其他氟磷酸盐中[91,92],层状结构的 Li$_5$M(PO$_4$)$_2$F$_2$(M=V,Cr)电势虽然高达 4V,但是其容量都很低,一般都不高于 100mA·h·g^{-1}。

8.4 氟硫酸盐

近来,诱导效应的概念已经应用于以 PO$_4^{3-}$ 取代 SO$_4^{2-}$ 的正极材料中[35,36,93~119]。表 8.3 汇总了氟硫酸盐的一些结构性质。氟硫酸盐 LiMSO$_4$F 庞大家族表现出了良好的混合

性能，尤其是电化学性能和安全稳定性。然而，我们注意到，最早发现的电活性化合物 $LiFe^{2+}(SO_4)F$ 是在 2010 年研究得到的。例如，用独立的三维过渡金属离子替换钠离子，即可形成 $Li_xM_3(XO_4)_3$，并且这种替换可以将化合物的氧化还原电位增加到 $800mV^{[2]}$。近来 Rousse 和 Tarascon 综述阐述氟硫酸盐 $LiMSO_4F$ 新电极材料的晶体化学和结构电化学之间的关系。从晶体化学的观点上看，锂化氟硫酸盐族的结构主要有三种类型：锂磷铁石矿结构，氟磷铁锰矿结构（M=Mn），硅线石矿结构（M=Zn）。其结构差异取决于过渡金属离子的差异。图 8.7 展示了锂磷铁石矿相（$P\bar{1}$ 空间群）和氟磷铁锰矿相（$P\bar{1}$ 结构）的结构差异。

表 8.3 $LiMSO_4F$ 复合物（M=Fe，Co，Ni）的晶体参数

化合物	空间群	$a/Å$	$b/Å$	$c/Å$	$\alpha/(°)$	$\beta/(°)$	$\gamma/(°)$	$V/Å^3$	文献
$LiFeSO_4F$	$P\bar{1}$	5.1848(3)	5.4943(3)	8.2224(3)	106.522(3)	108.210(3)	98.891(3)	182.559(16)	[36]
$LiFeSO_4F$	$C2/c$	13.0238(6)	6.3958(3)	9.8341(5)	90	119.68(5)	90	811.64(1)	[108]
$LiNiSO_4F$	$P\bar{1}$	5.1430(6)	5.3232(8)	8.1404(8)	106.802(9)	108.512(8)	98.395(6)	182.56(4)	[100]
$LiCoSO_4F$	$P\bar{1}$	5.1821(8)	5.4219(8)	8.1842(8)	106.859(6)	108.888(6)	98.986(5)	188.80(4)	[100]
$LiMnSO_4F$	$C2/c$	13.2801(5)	6.4162(2)	10.0393(4)	90	120.586(2)	90	835.85(5)	[102]
$LiMgSO_4F$	$P\bar{1}$	5.1623(8)	5.388(1)	8.083(1)	106.68(1)	108.40(1)	98.50(1)	184.82(5)	[93]
$LiZnSO_4F$	$Pnma$	8.4035(8)	6.3299(5)	8.4201(6)	90	90	90	348.84(0)	[96]

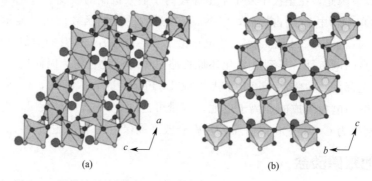

图 8.7 锂磷铁石矿相（a）和氟磷铁锰矿相（b）晶体化学的原理图

8.4.1 $LiFeSO_4F$

单相锂磷铁石矿 $LiFeSO_4F$ 因其差的热力学稳定性致使其结晶化须在疏水的离子液体中低温（<400℃）下进行，不能通过典型的固态法制备。Tripathi 等人[99]报道了易行的 $LiFeSO_4F$ 合成方法，在疏水的四甘醇中 220℃反应，可产生高电化学活性材料。可逆的 Li 嵌入因其点阵结构与锂磷铁石矿单斜 $FeSO_4F$（$C2_1/c$ 空间群）相似而变得比较容易。$LiFeSO_4F$ 容易被氧化产生无锂的 $FeSO_4F$，但是体积收缩（从 $182.4Å^3$ 到 $164.0Å^3$），这比橄榄石型 $LiFePO_4$ 骨架要大。磁化的温度特性证明 $T_N=100K$ 时，在 $FeSO_4F$ 中转变为长程反铁磁有序，这种有序化在 $LiFeSO_4F$ 中 25K 出现。去锂化相关的 T_N 剧增，由于在 $LiFePO_4$ 中没有这样的例证，故其不仅关系到铁离子的价态变化。相反，这为成键路径的缩短导致超交换作用提供了证据，同时也是巨大的点阵收缩的另一个证明。离子热法（软化学）被研发用于氟硫酸盐的合成，该法中成核通过大约 300℃时离子液体的分解而促进。这样的合成方法中，$FeSO_4 \cdot H_2O$ 一水化合物因其结构与锂磷铁石矿 $LiMgSO_4F$ 相似而被采用。离子热

恒电流循环合成的 LiFeSO$_4$F 在 $C/10$ 倍率下展现出 130mA·h·g^{-1} 可逆容量，涉及在电位 3.6V（vs. Li/Li$^+$）的 Fe$^{2+/3+}$ 氧化还原反应。注意电池电压比 LiFePO$_4$ 提高了 150mV[120]。超快微波合成氟磷铁锰矿 LiFeSO$_4$F 已经被 Tripathi 等实现。利用固态反应法，氟磷铁锰矿在含水高压反应釜中 320℃ 长时间加热反应得到，6d 后完全地从锂磷铁石矿到氟磷铁锰矿转变完成。氟磷铁锰矿结构中 Li 在 3.9V 嵌入，比在锂磷铁石矿类似结构中高 0.3V，这归功于更长的 Fe—O 键长度。锂磷铁石矿相和氟磷铁锰矿相的电压不同的本质已经被 Ben-Yahia 等从 DFT+U 计算结果角度讨论。电压的提高源于两种同质异形体的阴离子网络不同，由于过渡金属阳离子周围氟原子构型导致电子斥力的变化。两种同质异形体之间电位的不同在图 8.8 中图解。

最近，Ati 等人[110]利用 X 射线衍射和 TEM 研究讨论了氟磷铁锰矿相 LiFeSO$_4$F 的成核。除了从干燥的前驱体制备氟磷铁锰矿相 LiFeSO$_4$F，还发现这种相可以从锂磷铁石矿相中通过 320℃ 加热几天处理获得。Sobkowiak 等人[118]论证了锂磷铁石矿相 LiFeSO$_4$F 的电化学特性取决于合成条件，并强调了表面化学的重要性，同时优化的循环性能可以通过除去杂质和包裹导电聚合物（如 PEDOT 膜）来实现。

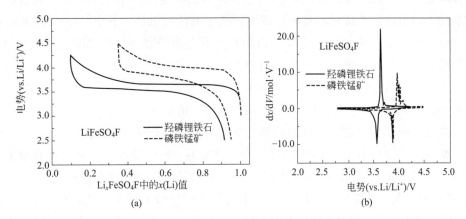

图 8.8 羟磷锂铁石型和磷铁锰矿型 LiFeSO$_4$F 同质异形体充电-放电特性（a）和导数-dx/dV（b）

8.4.2 LiMSO$_4$F（M=Co，Ni，Mn）

这种锂盐的还原电势预期能分别达到 4.25V，4.95V 和 5.25V。Barpanda 等人[100]成功地应用一水合固溶体作为前驱体制备 Li(Fe$_{1-x}$M$_x$)SO$_4$F 锂固溶体。这为其衍生形貌的合成反应提供了更加有力的证明。这些盐到目前为止电化学活性范围还没有超过 5V。很显然，Co^{2+}/Co^{3+}，Ni^{2+}/Ni^{3+} 和 Mn^{2+}/Mn^{3+} 氧化还原对在恒流循环窗口内不会发生氧化还原反应，而 Fe^{2+}/Fe^{3+} 却可以发生氧化还原反应。随后，纯相 LiMSO$_4$F 的电化学活性通过用铝箔材料做阴极循环至 5V 在不同的倍率下（$C/2\sim C/10$）得到测试。在如此高的电解电压氧化作用下，M^{2+}/M^{3+} 氧化还原对仍无活性。在以钴为基础的聚阴离子嵌入化合物中，Li$_2$CoP$_2$O$_8$ 可以达到 4.9V 电压[121]。这种聚磷酸盐以单斜晶体结构结晶，锂占据 5 个点，其中两个同等位置，一个形成三角双锥位置，另外两个钴离子共同形成三角双锥结构，用两步固态法合成的这种材料在 $C/20$ 倍率下放电容量达到 80mA·h·g^{-1}。有着硅线石结构的 LiZnSO$_4$F 在小于 300℃ 的低温条件下可以合成。通过使用单分子层离子液体的嫁接法，锂可增强材料的离子导电性[115]。另外，需要指出的是，LiMnSO$_4$F 多晶体的电化学并不活跃。然而，通过锌离子的掺杂，使所得的 LiFe$_{1-y}$Zn$_y$SO$_4$F 成了电化学活跃的固溶体。在磷铁锰矿结构下可得到富铁相，而富锌相形则以硅线石结构结晶。LiFe$_{0.8}$Zn$_{0.2}$SO$_4$F（硅线石晶体结构）和 LiFe$_{0.9}$Zn$_{0.1}$SO$_4$F（磷铁锰矿结构）的氧化还原电势分别达到 3.6V 和 3.9V（相对于 Li/Li$^+$）。同样，磷铁锰矿结构的 LiMnSO$_4$F 并没有电化学活性，而 LiFe$_{1-x}$Mn$_x$SO$_4$F 则可具有电化学活性。富铁相（0＜x＜0.2）固溶体在 3.6V 具有氧化还原活性，此电压值接近于 LiFeSO$_4$F（具有锂磷铁石结构）中 Fe^{2+}/Fe^{3+} 的特征氧化还原电势，它具有标准两相电压曲线。另外，富铁的 LiFe$_{1-x}$Mn$_x$SO$_4$F 多晶固溶体在 3.9V 表现出氧化还原活性。这个 Fe^{2+}/Fe^{3+} 特征氧化还原电势数值，在具有氟磷铁锰结构的中是比较大的。不幸的是，只有铁显示出了活性，容量会随着 x 的值线性减小，x=0.2 时容量为 120mA·h·g^{-1}。

8.5 总结与评论

F 的高电负性与聚阴离子诱导效应的组合能够调节许多基于氟的聚阴离子化合物在电解窗中的氧化还原电位，使得它们有希望成为锂离子电池的电极。其中，LiVPO$_4$F 可以提供 145~150mA·h·g^{-1} 的容量，这与 LiFePO$_4$ 提供的容量相当，但是其工作电压（4.1V）要大于橄榄石（3.45V）的工作电压。LiVPO$_4$F∥Li$_4$Ti$_5$O$_{12}$ 电池在 2.4V 的电压下工作，材料具有 130mA·h·g^{-1} 的可逆容量，并且在 80℃下具有较好的安全性，与在该温度下工作的 LiFePO$_4$∥Li$_4$Ti$_5$O$_{12}$ 电池相当[122]。然而，在高倍率下 LiVPO$_4$F 的性能逊于 LiFePO$_4$ 的性能，当电流密度为 10C 时，在最佳情况下，其容量也会降至 100mA·h·g^{-1}。同时我们也能观察到，即使在 1C 的电流密度下，循环次数到 800~1260 圈之间时，容量也会损失 14%，而 LiFePO$_4$ 在这种条件下是稳定的。在我们已经综述的其他氟磷酸盐中，LiFePO$_4$F 的结果最好，而且其不会被氧化。其次，LiFePO$_4$F→Li$_2$FePO$_4$F 的反应提供了 145mA·h·g^{-1} 的可逆容量，但是此反应仅在 3V 的电势下发生。使用 Li$_{1.1}$Ni$_{0.4}$VPO$_{4.8}$F$_{0.8}$ 可以获得理想的 4V 电池，在 60℃下 100 次循环后，提供 156mA·h·g^{-1} 的容量，库伦效率为 98%。由于工作电压较高，其能量密度优于 LiFePO$_4$。然而，LiFePO$_4$ 的优点是其高倍率性能，可以达到更高的功率密度，并且在室温下循环寿命能够超过 30000 次[122]。

在氟硫酸盐中，由于 Fe^{2+}/Fe^{3+} 具有高达 3.9V 的氧化还原电位，因此，氟磷铁锰矿相中的 LiFeSO$_4$F 拥有较好的应用前景，但是其动力学非常缓慢，并且到目前为止只能脱出一小部分锂。在氟磷铁锰结构中，平台电压会降低到 3.6V，然后容量升高到 130mA·h·g^{-1}，相对于 LiFePO$_4$，此材料的低容量能够由较高的工作电压来补偿。然而，LiFeSO$_4$F 的容量在倍率超过 1C 时会降低，并且此正极到目前为止还不能以 10C 的倍率工作。

目前，氟磷酸盐和氟硫酸盐在能量密度上不能与层状化合物竞争，并且在功率密度和循环寿命中不能与 C-LiFePO$_4$ 竞争。然而，应当注意的是这些材料在最近才被研究应用于锂离子电池，而我们花费了大约 15 年来优化 C-LiFePO$_4$ 并使其在市场上占有一席之地。此外，前驱体与最终产物（基于局部定向反应所得）之间的结构关系使得许多氟磷酸盐和硫酸盐的合成成为可能，并且它们中的许多材料还有待发现。因此，在这一领域的研究将在未来几年非常活跃，事实将证明这一族材料有希望被应用于电化学能量存储。

参 考 文 献

1. Julien CM, Mauger A, Zaghib K, Groult H (2014) Comparative issues of cathode materials for Li-ion batteries. Inorganics 2:132–154
2. Manthiram A, Goodenough JB (1989) Lithium insertion into $Fe_2(SO_4)_3$ frameworks. J Power Sourc 26:403–408
3. Padhi AK, Nanjundaswamy KS, Goodenough JB (1998) Phospho-olivines as positive-electrode materials for rechargeable lithium batteries. J Electrochem Soc 144:1188–1194
4. Saidi MY, Barker J, Huang H, Swoyer JL, Adamson G (2002) Electrochemical properties of lithium vanadium phosphate as a cathode material for lithium-ion batteries. Electrochem Solid State Lett 5:A149–A151
5. Yin C, Grondey H, Strobel P, Nazar LF (2004) $Li_{2.5}V_2(PO_4)_3$: a room-temperature analogue to the fast-ion conducting high-temperature γ-phase of $Li_3V_2(PO_4)_3$. Chem Mater 16:1456–1465
6. Azmi BM, Ishihara T, Nishiguchi H, Takita Y (2005) $LiVOPO_4$ as a new cathode materials for Li-ion rechargeable battery. J Power Sourc 146:525–528
7. Gaubicher J, Le Mercier T, Chabre Y, Angenault J, Quarton M (1999) Li/β-$VOPO_4$: a new 4 V system for lithium batteries articles. J Electrochem Soc 146:4385–4389
8. Rousse G, Wurm C, Morcrette M, Rodriguez-Carvajal J, Gaubicher J, Masquelier C (2001) Crystal structure of a new vanadium(IV) diphosphate VP_2O_8, prepared by lithium extraction from $LiVP_2O_8$. Int J Inorg Mater 3:881–888
9. Barker J, Gover RKB, Burns P, Bryan A (2005) $LiVP_2O_8$: a viable lithium-ion cathode material. Electrochem Solid State Lett 8:A446–A448
10. Kim GH, Myung ST, Bang HJ, Prakash J, Sun YK (2004) Synthesis and electrochemical properties of $Li[Ni_{1/3}Co_{1/3}Mn_{(1/3-x)}Mg_x]O_{2-y}F_y$ via coprecipitation. Electrochem Solid State Lett 8:A480–A488
11. Son JT, Kim HG (2005) New investigation of fluorine-substituted spinel $LiMn_2O_{4-x}F_x$ by using sol–gel process. J Power Sourc 148:220–226
12. Luo Q, Muraliganth T, Manthiram A (2009) On the incorporation of fluorine into the manganese spinel cathode lattice. Solid State Ionics 180:803–808
13. Stroukoff KR, Manthiram A (2011) Thermal stability of spinel $Li_{1.1}Mn_{1.9-y}M_yO_{4-z}F_z$ (M = Ni, Al, and Li, $0 \leqslant y \leqslant 0.3$, and $0 \leqslant z \leqslant 0.2$) cathodes for lithium ion batteries. J Mater Chem 21:10165–10180
14. Yue P, Wang Z, Guo H, Xiong X, Li X (2013) A low temperature fluorine substitution on the electrochemical performance of layered $LiNi_{0.8}Co_{0.1}Mn_{0.1}O_{2-z}F_z$ cathode materials. Electrochim Acta 92:1–8
15. Yue P, Wang Z, Li X, Xiong X, Wang J, Wu X, Guo H (2013) The enhanced electrochemical performance of $LiNi_{0.6}Co_{0.2}Mn_{0.2}O_2$ cathode materials by low temperature fluorine substitution. Electrochim Acta 95:112–118
16. Fergus JW (2010) Recent developments in cathode materials for lithium ion batteries. J Power Sourc 195:939–954
17. Yun SH, Park KS, Park YJ (2010) The electrochemical property of ZrF_x-coated $Li[Ni_{1/3}Co_{1/3}Mn_{1/3}]O_2$ cathode material. J Power Sourc 195:6108–6115
18. Park BC, Kim HB, Myung ST, Amine K, Belharouak I, Lee SM, Sun YK (2008) Improvement of structural and electrochemical properties of AlF_3-coated $Li[Ni_{1/3}Co_{1/3}Mn_{1/3}]O_2$ cathode materials on high voltage region. J Power Sourc 188:826–831
19. Xu K, Jie Z, Li R, Chen Z, Wu S, Gu J, Chen J (2012) Synthesis and electrochemical properties of CaF_2-coated for long-cycling $Li[Mn_{1/3}Co_{1/3}Ni_{1/3}]O_2$ cathode materials. Electrochim Acta 60:130–133
20. Shi SJ, Tu JP, Tang YY, Zhang YQ, Liu XY, Wang XL, Gu CD (2013) Enhanced electrochemical performance of LiF-modified $LiNi_{1/3}Co_{1/3}Mn_{1/3}O_2$ cathode materials for Li-ion batteries. J Power Sourc 225:338–346
21. Barpanda P, Tarascon JM (2013) Fluorine-based polyanionic compounds for high-voltage electrode materials (Chapter 8). In: Scrosati B, Abraham KM, Van Schalkwijk W, Hassoun J (eds) Lithium batteries: advanced technologies and applications. John Wiley & Sons, New York, NY
22. Julien CM, Mauger A (2013) Review of 5-V electrodes for Li-ion batteries: status and trends. Ionics 19:951–988
23. Hu M, Pang X, Zhou Z (2013) Recent progress in high-voltage lithium ion batteries. J Power Sourc 238:229–242
24. Goodenough JB (1994) Design considerations. Solid State Ionics 69:184–198

25. Islam MS, Fisher CAJ (2013) Lithium and sodium battery cathode materials: computational insights into voltage, diffusion and nanostructural properties. Chem Soc Rev 43:185–204
26. Saubanère M, Ben-Yahia M, Lemoigno F, Doublet ML (2013) Beyond the inductive effect to increase the working voltage of cathode materials for Li-ion batteries. ECS Meeting Abstracts MA2013-02, p 840
27. Goodenough JB (2002) Oxide cathodes (Chapter 4). In: van Schalkwijk W, Scrosati B (eds) Advances in lithium-ion batteries. Kluwer Academic/Plenum, New York, NY
28. Arroyo de Dompablo ME, Amador U, Tarascon JM (2008) A computational investigation on fluorinated-polyanionic compounds as positive electrode for lithium batteries. J Power Sourc 184:1251–1258
29. Nanjundaswamy KS, Padhi AK, Goodenough JB, Okada S, Ohtsuka H, Arai H, Yamaki J (1996) Synthesis, redox potential evaluation and electrochemical characteristics of NASICON-related-3D framework compounds. Solid State Ionics 92:1–10
30. Pahdi AK, Manivannan M, Goodenough JB (1998) Tuning the position of the redox couples in materials with NASICON structure by anionic substitution. J Electrochem Soc 145:1518–1520
31. Nyten A, Abouimrane A, Armand M, Gustafsson T, Thomas JO (2005) Electrochemical performance of Li_2FeSiO_4 as a new Li-battery cathode material. Electrochem Commun 8:156–160
32. Barker J, Saidi MY, Swoyer JL (2003) Electrochemical insertion properties of the novel lithium vanadium fluorophosphate, $LiVPO_4F$. J Electrochem Soc 150:A1394–A1398
33. Ellis BL, Makahnouk WRM, Rowan-Weetaluktuk WN, Ryan DH, Nazar LF (2010) Crystal structure and electrochemical properties of A_2MPO_4F fluorophosphates (A = Na, Li; M = Fe, Mn, Co, Ni). Chem Mater 22:1059–1080
34. Ramesh TN, Lee KT, Ellis BL, Nazar LF (2010) Tavorite lithium iron fluorophosphates cathode materials: phase transition and electrochemistry of $LiFePO_4F$-Li_2FePO_4F. Electrochem Solid State Lett 13:A43–A48
35. Recham N, Dupont L, Courty M, Djellab K, Larcher D, Armand M, Tarascon JM (2009) Ionothermal synthesis of Li-based fluorophosphates electrodes. Chem Mater 22:1142–1148
36. Recham N, Chotard JN, Dupont L, Delacourt C, Walker W, Armand M, Tarascon JM (2010) A 3.6 V lithium-based fluorosulphate insertion positive electrode for lithium-ion batteries. Nat Mater 9:68–84
37. Mueller T, Hautier G, Jain A, Ceder G (2011) Evaluation of tavorite-structured cathode materials for lithium-ion batteries using high-throughput computing. Chem Mater 23:3854–3862
38. Chowdari BVR, Mok KF, Xie JM, Gopalakrishnan R (1995) Electrical and structural studies of lithium fluorophosphates glasses. Solid State Ionics 86:189–198
39. Sreedhar B, Sairam M, Chattopadhyay DK, Kojima K (2005) Preparation and characterization of lithium fluorophosphates glasses doped with MoO_3. Mater Chem Phys 92:492–498
40. Ellis BL, Ramesh TN, Davis LJM, Govard GR, Nazar LF (2011) Structure and electrochemistry of two-electron redox couples in lithium metal fluorophosphates based on the tavorite structure. Chem Mater 23:5138–5148
41. Ellis BL, Makahnouk WRM, Makimura Y, Toghill K, Nazar LF (2008) A multifunctional 3.5 V iron-based phosphate cathode for rechargeable batteries. Nat Mater 6:849–853
42. Okada S, Ueno M, Uebou Y, Yamaki JI (2005) Fluoride phosphate Li_2CoPO_4F as a high-voltage cathode in Li-ion batteries. J Power Sourc 146:565–569
43. Dutreilh M, Chevalier C, El-Ghozzi M, Avignant D, Montel JM (1999) Synthesis and crystal structure of a new lithium nickel fluorophosphates Li_2NiFPO_4 with an ordered mixed anionic framework. J Solid State Chem 142:1–5
44. Liao XZ, He YS, Ma ZF, Zhang XM, Wang L (2008) Effects of fluorine-substitution on the electrochemical behavior of $LiFePO_4$/C cathode materials. J Power Sourc 184:820–825
45. Pan M, Lin X, Zhou Z (2011) Electrochemical performance of $LiFePO_4$/C doped with F synthesized by carbothermal reduction method using NH_4F as dopant. J Solid State Electrochem 16:1615–1621
46. Lu F, Zhou Y, Liu J, Pan Y (2011) Enhancement of F-doping on the electrochemical behavior of carbon-coated $LiFePO_4$ nanoparticles prepared by hydrothermal route. Electrochim Acta 56:8833–8838
47. Pan F, Wang W (2012) Synthesis and characterization of core–shell F-doped $LiFePO_4$/C composite for lithium-ion batteries. J Solid State Electrochem 16:1423–1428
48. Milovic M, Jugovic D, Cvjeticanin N, Uskokovic D, Milosevic AS, Popovic ZS, Vukajlovic FR (2013) Crystal structure analysis and first principle investigation of F doping in $LiFePO_4$. J Power Sourc 241:80–89
49. Barker J, Saidi MY, Swoyer JL (2001) Lithium metal fluorophosphates materials and

preparation thereof. International Patent, WO01/084,655
50. Barker J, Saidi MY, and J.L. Swoyer JL (2002) Lithium metal fluorophosphates materials and preparation thereof US Patent, 6,388,568 B1, 14 May 2002
51. Barker J, Saidi MY, Swoyer JL (2003) Electrochemical insertion properties of the novel lithium vanadium fluorophosphate, LiVPO$_4$F. Electrochem Solid State Lett 6:A1–A4
52. Barker J, Saidi MY, Swoyer JL (2004) A Comparative investigation of the Li insertion properties of the novel fluorophosphate phases, NaVPO$_4$F and LiVPO$_4$F. J Electrochem Soc 151:A1680–A1688
53. Barker J (2005) Lithium-containing phosphate active materials. US Patent, 6,890,686 B1, 10 May 2005
54. Barker J, Gover RKB, Burns P, Bryan AJ (2005) Hybrid-ion, a symmetrical lithium-ion cell based on lithium vanadium fluorophosphates LiVPO$_4$F. Electrochem Solid State Lett 8: A285–A288
55. Barker J, Gover RKB, Burns P, Bryan A, Saidi MY, Swoyer JL (2005) Performance evaluation of lithium vanadium fluorophosphate in lithium metal and lithium-ion cells. J Electrochem Soc 152:A1886–A1889
56. Barker J, Saidi MY, Swoyer JL (2005) Lithium metal fluorophosphates materials and preparation thereof. US Patent, 6,855,462 B2, 15 Feb 2005
57. Barker J, Gover RKB, Burns P, Bryan A, Saidi MY, Swoyer JL (2005) Structural and electrochemical properties of lithium vanadium fluorophosphate, LiVPO$_4$F. J Power Sourc 146:516–520
58. Gover RKB, Burns P, Bryan A, Saidi MY, Swoyer JL, Barker J (2006) LiVPO$_4$F: a new active material for safe lithium-ion batteries. Solid State Ionics 188:2635–2638
59. Barker J, Saidi MY, Gover RKB, Burns P, Bryan A (2008) The effect of Al substitution on the lithium insertion properties of lithium vanadium fluorophosphate LiVPO$_4$F. J Power Sourc 184:928–931
60. Lindberg ML, Pecora WT (1955) Tavorite and barbosalite, two new phosphate minerals from Minas Gerais Brazil. Am Mineral 40:952–966
61. Roberts AC, Dunn PJ, Grice JD, Newbury DE, Dale E, Roberts WL (1988) The X-ray crystallography of tavorite from the tip top pegmatite, custer, South Dakota. Powder Diffr 3:93–95
62. Groat LA, Raudseep M, Hawthorne FC, Ercit TS, Sherriff BL, Hartman JS (1990) The amblygonite-montebrasite series: characterization by single-crystal structure refinement, infrared spectroscopy, and multinuclear MAS-NMR spectroscopy. Am Mineral 85:992–1008
63. Pizarro-Sanz JL, Dance JM, Villeneuve G, Arriortuz-Marcaida ML (1994) The natural and synthetic tavorite minerals: crystal chemistry and magnetic properties. Mater Lett 18:328–330
64. Davis LJM, Ellis BL, Ramesh TN, Nazar LF, Bain AD, Govard GR (2011) 6Li 1D EXSY NMR spectroscopy: a new tool for studying lithium dynamics in paramagnetic materials applied to monoclinic Li$_2$VPO$_4$F. J Phys Chem C 115:22603–22608
65. Plashnitsa LS, Kobayashi E, Okada S, Yamaki JI (2011) Symmetric lithium-ion cell based on lithium vanadium fluorophosphate with ionic liquid electrolyte. Electrochim Acta 56:1344–1351
66. Zhou F, Zhao X, Dahn JR (2011) Reactivity of charged LiVPO$_4$F with 1 M LiPF$_6$ EC:DEC electrolyte at high temperature as studied by accelerating rate calorimetry. Electrochem Commun 11:589–591
67. Ma R, Shao L, Wu K, Shui M, Wang D, Long N, Ren Y, Shu J (2014) Effects of oxidation on structure and performance of LiVPO$_4$F as cathode material for lithium-ion batteries. J Power Sourc 248:884–885
68. Davis LJ, Cahill LS, Nazar LF, Goward GR (2010) Studies of ion mobility in lithium vanadium fluorophosphates using multinuclear solid state NMR. ECS Meeting Abstracts, MA-2010-01, p 626
69. Prabu M, Reddy MV, Selvasekarapandian S, Subba Rao GV, Chowdari BVR (2012) Synthesis, impedance and electrochemical studies of lithium iron fluorophosphate, LiFePO$_4$F cathode. Electrochim Acta 85:582–588
70. Zheng JC, Zhang B, Yang ZH (2012) Novel synthesis of LiVPO$_4$F cathode material by chemical lithiation and postannealing. J Power Sourc 202:380–383
71. Wang JX, Wang ZX, Shen L, Li XH, Guo HJ, Tang WJ, Zhu ZG (2013) Synthesis and performance of LiVPO$_4$F/C-based cathode material for lithium ion battery. Trans Nonferrous Met Soc China 23:1818–1822
72. Zhang QM, Shi ZC, Li YX, Gao D, Chen GH, Yang Y (2011) Recent advances in fluorophosphate and orthosilicate cathode materials for lithium ion batteries. Acta Phys

Chim Sin 28:268–284
73. Reddy MV, Subba-Rao GV, Chowdari BVR (2010) Long-term cycling studies on 4 V-cathode lithium vanadium fluorophosphates. J Power Sourc 195:5868–5884
74. Yu J, Rosso KM, Zhang JG, Liu J (2011) Ab initio study of lithium transition metal fluorophosphate cathodes for rechargeable batteries. J Mater Chem 21:12054–12058
75. Khasanova NR, Drozhzhin OA, Storozhilova DA, Delmas C, Antipov EV (2012) New form of Li_2FePO_4F as cathode material for Li-ion batteries. Chem Mater 24:4281–4283
76. Badi SP, Ramesh TN, Ellis B, Lee KT, Nazar LF (2009) Effect of substitution and solid solution behavior in lithium metal polyanion materials for Li-ion battery cathodes. ECS Meeting Abstracts, MA2009-02, p 398
77. Okada S, Ueno M, Uebou Y, Yamaki JI (2004) Electrochemical properties of a new lithium cobalt fluorophosphate $Li_2[CoF(PO_4)]$. IMLB-12 Abstracts, p 301
78. Nagahama M, Hasegawa N, Okada S (2010) High voltage performances of Li_2NiPO_4F cathode with dinitrile-based electrolytes. J Electrochem Soc 158:A848–A852
79. Khasanova NR, Gavrilov AN, Antipov EV, Bramnik KG, Hibst H (2011) Structural transformation of Li_2CoPO_4F upon Li-deintercalation. J Power Sourc 196:355–360
80. Wu X, Gong Z, Tan S, Yang Y (2012) Sol-gel synthesis of Li_2CoPO_4F/C nanocomposite as a high power cathode material for lithium ion batteries. J Power Sourc 220:122–129
81. Kosova NV, Devyatkina ET, Slobodyuk AB (2012) In situ and ex situ X-ray study of formation and decomposition of Li_2CoPO_4F under heating and cooling. Investigation of its local structure and electrochemical properties. Solid State Ionics 225:580–584
82. Karthikeyan K, Amaresh S, Kim KJ, Kim SH, Chung KY, Cho BW, Lee YS (2013) A high performance hybrid capacitor with Li_2CoPO_4F cathode and activated carbon anode. Nanoscale 5:5958–5964
83. Amaresh S, Karthikeyan K, Kim KJ, Kim MC, Chung KY, Cho BW, Lee YS (2013) Facile synthesis of ZrO_2 coated Li_2CoPO_4F cathode materials for lithium secondary batteries with improved electrochemical properties. J Power Sourc 244:395–402
84. Wang D, Xiao J, Xu W, Nie Z, Wang C, Graff G, Zhang JG (2011) Preparation and electrochemical investigation of Li_2CoPO_4F cathode material for Li-ion batteries. J Power Sourc 196:2241–2245
85. Dumont-Botto E, Bourbon C, Patoux S, Rozier P, Dolle M (2011) Synthesis by spark plasma sintering: a new way to obtain electrode materials for lithium ion batteries. J Power Sourc 196:2284–2288
86. Ben-Yahia H, Shikano M, Koike S, Sakaebe H, Tabuchi M, Kobayashi H (2013) New fluorophosphate $Li_{2-x}Na_xFe[PO_4]F$ as cathode material for lithium ion battery. J Power Sourc 244:88–93
87. Gover RKB, Bryan A, Burns P, Barker J (2006) The electrochemical insertion properties of sodium vanadium fluorophosphate, $Na_3V_2(PO_4)_2F_3$. Solid State Ionics 188:1495–1500
88. Barker J, Gover RKB, Burns P, Bryan AJ (2008) $Li_{4/3}Ti_{5/3}O_4//Na_3V_2(PO_4)_2F_3$: an example of a hybrid-ion cell using a non-graphitic anode. J Electrochem Soc 154:A882–A888
89. Park YU, Seo DH, Kim B, Hong KP, Kim H, Lee S, Shakoor RA, Miyasaka K, Tarascon JM, Kang K (2012) Tailoring a fluorophosphate as a novel 4 V cathode for lithium-ion batteries. Sci Rep 2:804–811
90. Sauvage F, Quarez E, Tarascon JM, Baudrin E (2006) Crystal structure and electrochemical properties vs. Na^+ of sodium fluorophosphates $Na_{1.5}VPO_5F_{0.5}$. Solid State Sci 8:1215–1221
91. Yin SC, Edwards R, Taylor N, Herle PS, Nazar LF (2006) Dimensional reduction: synthesis and structure of layered $Li_5M(PO_4)_2F_2$ (M = V, Cr). Chem Mater 18:1845–1852
92. Makimura Y, Cahill LS, Iriyama Y, Goward GR, Nazar LF (2008) Layered lithium vanadium fluorophosphate, $Li_5V(PO_4)_2F_2$: a 4 V class positive electrode material for lithium-ion batteries. Chem Mater 20:4240–4248
93. Sebastian L, Gopalakrishnan J, Piffard Y (2002) Synthesis crystal structure and lithium ion conductivity of $LiMgFSO_4$. J Mater Chem 12:384–388
94. Ati M, Sougrati MT, Recham N, Barpanda P, Leriche JB, Courty M, Armand M, Jumas JC, Tarascon JM (2010) Fluorosulphate positive electrodes for Li-ion batteries made via a solid-state dry process. J Electrochem Soc 158:A1008–A1015
95. Ati A, Walker WT, Djellab K, Armand M, Recham N, Tarascon JM (2010) Fluorosulfate positive electrode materials made with polymers as reacting media. Electrochem Solid State Lett 13:A150–A153
96. Barpanda P, Chotard JN, Delacourt C, Reynaud M, Filinchuk Y, Armand M, Deschamps M, Tarascon JM (2010) $LiZnSO_4F$ made in an ionic liquid: a new ceramic electrolyte composite for solid-state Li-batteries. Angew Chem Int Ed 50:2526–2531
97. Barpanda P, Chotard JN, Recham N, Delacourt C, Ati M, Dupont L, Armand M, Tarascon JM

(2010) Structural, transport and electrochemical investigation of novel AMSO$_4$F (A = Na, Li; M = Fe, Co, Ni, Mn) metal fluorosulphates prepared using low temperature synthesis routes. Inorg Chem 49:8401–8413

98. Tripathi R, Ramesh TN, Ellis BL, Nazar LF (2010) Scalable synthesis of tavorite LiFeSO$_4$F and NaFeSO$_4$F cathode materials. Angew Chem Int Ed 49:8838–8842
99. Tripathi R, Ramesh TN, Ellis BL, Nazar LF (2010) Scalable synthesis of tavorite LiFeSO$_4$F and NaFeSO$_4$F cathode materials. Angew Chem 122:8920–8924
100. Barpanda P, Recham N, Chotard JN, Djellab K, Walker W, Armand M, Tarascon JM (2010) Structure and electrochemical properties of novel mixed Li(Fe$_{1-x}$M$_x$)SO$_4$F (M = Co, Ni) phases fabricated by low temperature ionothermal synthesis. J Mater Chem 20:1659–1668
101. Frayret C, Villesuzanne A, Spaldin N, Bousquet E, Chotard JN, Recham N, Tarascon JM (2010) LiMSO$_4$F (M = Fe, Co and Ni): promising new positive electrode materials through the DFT microscope. Phys Chem Chem Phys 12:15512–15522
102. Barpanda P, Ati M, Melot BC, Rousse G, Chotard JN, Doublet ML, Sougrati MT, Corr SA, Jumas JC, Tarascon JM (2011) A 3.90 V iron-based fluorosulphate material for lithium-ion batteries crystallizing in the triplite structure. Nat Mater 10:882–889
103. Ati M, Melot BC, Rousse G, Chotard JN, Barpanda P, Tarascon JM (2011) Structural and electrochemical diversity in LiFe$_{1-\delta}$Zn$_\delta$SO$_4$F solid solution: a Fe-based 3.9 V positive-electrode material. Angew Chem Int Ed 50:10584–10588
104. Ramzan M, Lebegue S, Kang TW, Ahuja R (2011) Hybrid density functional calculations and molecular dynamics study of lithium fluorosulphate, a cathode material for lithium-ion batteries. J Phys Chem C 115:2600–2603
105. Liu L, Zhang B, Huang XJ (2011) A 3.9 V polyanion-type cathode material for Li-ion batteries. Prog Nat Sci Mater Int 21:211–215
106. Tripath R, Gardiner GR, Islam MS, Nazar LF (2011) Alkali-ion conduction paths in LiFeSO$_4$F and NaFeSO$_4$F tavorite-type cathode materials. Chem Mater 23:2284–2288
107. Ati M, Melot BC, Chotard JN, Rousse G, Reynaud M, Tarascon JM (2011) Synthesis and electrochemical properties of pure LiFeSO$_4$F in the triplite structure. Electrochem Commun 13:1280–1283
108. Melot BC, Rousse G, Chotard JN, Ati M, Rodríguez-Carvajal J, Kemei MC, Tarascon JM (2011) Magnetic structure and properties of the Li-ion battery materials FeSO$_4$F and LiFeSO$_4$F. Chem Mater 23:2922–2930
109. Tripathi R, Popov G, Ellis BL, Huq A, Nazar LF (2012) Lithium metal fluorosulfate polymorphs as positive electrodes for Li-ion batteries: synthetic strategies and effect of cation ordering. Energ Environ Sci 5:6238–6246
110. Ati M, Sathiya M, Boulineau S, Reynaud M, Abakumov A, Rousse G, Melot B, Van Tendeloo G, Tarascon JM (2012) Understanding and promoting the rapid preparation of the triplite-phase of LiFeSO$_4$F for use as a large-potential Fe cathode. J Am Chem Soc 134:18380–18388
111. Ati M, Sougrati MT, Rousse G, Recham N, Doublet ML, Jumas JC, Tarascon JM (2012) Single-step synthesis of FeSO$_4$F$_{1-y}$OH$_y$ ($0 < y < 1$) positive electrodes for Li-based batteries. Chem Mater 24:1482–1485
112. Recham N, Rousse G, Sougrati MT, Chotard JN, Frayret C, Mariyappan S, Melot BC, Jumas JC, Tarascon JM (2012) Preparation and characterization of a stable FeSO$_4$F-based framework for alkali ion insertion electrodes. Chem Mater 24:4363–4380
113. Ben-Yahia M, Lemoigno F, Rousse G, Boucher F, Tarascon JM, Doublet ML (2012) Origin of the 3.6 V to 3.9 V voltage increase in the LiFeSO$_4$F cathodes for Li-in batteries. Energ Environ Sci 5:9584–9594
114. Radha AV, Furman JD, Ati M, Melot BC, Tarascon JM, Navrotsky A (2012) Understanding the stability of fluorosulfate Li-ion battery cathode materials: a thermochemical study of LiFe$_{1-x}$Mn$_x$SO$_4$F ($0 \leqslant x \leqslant 1$) polymorphs. J Mater Chem 22:2446–2452
115. Barpanda B, Dedryvère R, Deschamps MP, Delacourt C, Reynaud M, Yamada A, Tarascon JM (2012) Enabling the Li-ion conductivity of Li-metal fluorosulphates by ionic liquid grafting. J Solid State Electrochem 16:1843–1851
116. Tripathi R (2013) Novel high voltage electrodes for Li-ion batteries. PhD thesis, Univ. Of Waterloo, Ontario, Canada
117. Sobkowiak A, Roberts MR, Younesi R, Ericsson T, Häggström L, Tai CW, Andersson AM, Edström K, Gustafsson T, Björefors F (2013) Understanding and controlling the surface chemistry of LiFeSO$_4$F for an enhanced cathode functionality. Chem Mater 25:3020–3029
118. Dong J, Yu X, Sun S, Liu L, Yang X, Huang X (2013) Triplite LiFeSO$_4$F as cathode material for Li-ion batteries. J Power Sourc 244:816–820

119. Rousse G, Tarascon JM (2014) Sulfate-based polyanionic compounds for Li-ion batteries: synthesis, crystal chemistry, and electrochemistry aspects. Chem Mater 26:394–406
120. Tripathi R, Popov G, Sun X, Ryan DH, Nazar LF (2013) Ultra-rapid microwave synthesis of triplite LiFeSO$_4$F. J Mater Chem A 1:2990–2994
121. Kim H, Lee S, Park YU, Kim H, Kim J, Jeon S, Kang K (2011) Neutron and X-ray diffraction study of pyrophosphate-based Li$_{2-x}$MP$_2$O$_8$ (M = Fe, Co) for lithium rechargeable battery electrodes. Chem Mater 23:3930–3938
122. Zaghib K, Dontigny M, Guerfi A, Trottier J, Hamel-Paquet J, Gariepy V, Galoutov K, Hovington P, Mauger A, Groult H, Julien CM (2012) An improved high-power battery with increased thermal operating range: C-LiFePO$_4$//C-Li$_4$Ti$_5$O$_{12}$. J Power Sourc 216:192–200

第 9 章
无序化合物

9.1 引言

迄今为止的研究中,适合作为含碱金属或银电极的电化学发生载体的插层结构正极的材料,都具有了实质性的晶体结构。然而,20 世纪 50 年代五氧化二铌基玻璃的半导体性能的发现[1,2]已经开辟了无定形和无序半导体的新领域。不久前,非晶材料结构的问世还被视为"意外的发现"。然而,今天,由于与其本身有关的一些有趣的特征,无序态已经被广泛研究。Whittingham 等人已经指出,在 MoS_2 中,无定形材料要比晶态材料具有更高的容量[3]。这可能与无定形化合物中更开放的晶格或可以阻止某些物质分解的无序框架相关联。无定形材料锂嵌入过程的储能容量非常高,其中一些受到越来越多的关注。在本质上,插入反应为拓扑性的,主体材料的晶格原子只发生位移而不产生扩散性重组。例如,a-MoS_3,其初始放电能量密度为 $1.0W \cdot h \cdot g^{-1}$;和晶态的 TiS_2($0.48W \cdot h \cdot g^{-1}$)和 V_6O_{13}($0.8W \cdot h \cdot g^{-1}$)相类似。而相对的非晶状态中,其结构中锂离子迁移率较低,在高电流密度下的应用受到限制。然而,很多实例证明,非晶态的电极活性材料可以提高电池的再充性能[4~9]。典型实例如 Sakurai 和 Yamaki 等人报道的 xV_2O_5-$(1-x)P_2O_5$ 玻璃态物质,其锂离子传输率较低,同时具有较好的充电和放电性能。但对于 $Li_{1.211}Mo_{0.467}Cr_{0.3}O_2$ 材料,其高电化学性能可归因于无序相中流畅的锂扩散。Lee 等人[10]认为此出人预料的结果是因为无序富锂结构中存在特定类型的活性扩散通道。作为锂离子电池负极,球磨加 800℃烧结制备的纳米硅基-碳无序复合材料充放电容量可达 $548mA \cdot h \cdot g^{-1}$[11]。

当我们引出无序或非晶材料时,首要问题是:怎样定义它们?经典定义是:"非晶材料是一种原子位置无长程有序结构的固体。"见图 9.1。原则上,此类物质无 XRD 衍射图谱,但可以通过 FTIR,Raman,NMR,ESR 等分析其短程有序结构。例如,SiO_2 的结构是由 SiO_4 四面体通过各自顶角以很宽的角度范围互相连接而成。这造成 SiO_2 中的桥键适应性很强,可以形成很多种晶体结构,并易于形成玻璃态。而且,非晶物质发生嵌入反应后具有其特有的性能。其原因有二:宿主晶格的离子迁移路径发生了改变;电子结构改变带来的电子能带的新形态和(或者)带尾。因费米能级造成锂电池的开路电压是不同的,这可以解释非晶材料的开路电压 [$V_{oc}(a)$] 要低于相对的晶态材料 [$V_{oc}(c)$](图 9.2)。

本章的目的是展示适当的无序材料,并描述其锂离子嵌入反应的性能。本章共有六个部分。9.2 节主要介绍过渡金属二硫化物(MoS_2)。9.3~9.6 节主要介绍过渡金属氧化物,如

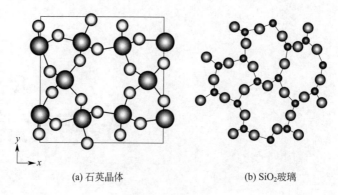

(a) 石英晶体 (b) SiO₂玻璃

图 9.1 结构比较

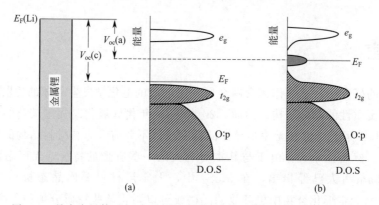

图 9.2 晶态半导体（a）与非晶半导体（b）电子带结构（vs. Li/Li$^+$）
（因开路电压为费米能级的差值，所以非晶半导体展示出更低的开路电压）

MoO_3、V_2O_5、MnO_2 和 $LiCoO_2$；同时介绍聚晶玻璃材料和薄膜材料。最后介绍无序单斜结构（$LiMn_2O_4$ 和 $LiNiVO_4$）的物理化学性能。

9.2 无序 MoS₂

晶态的 MoS_2（c-MoS_2）的电化学很早就已经有报道[3,12,13]。Li∥MoS_2 电池的能量密度很低，在 100W·h·kg^{-1} 左右，仅仅应用于一次电池。Haering 等人[14]发现 Li-MoS_2 化合物在对电极为 Li 的电池中可以体现出很多明显的平台。这样，电池即为可逆的，比能量可以翻倍。Jacobson 等[15]和 Julien 等[16,17]报道了无序的 MoS_2 相的电化学性能，发现此种材料在锂电池中，会因其在高倍率可充电电池上的应用，而相应地增加能量密度。高度无序化的 MoS_2 样品可通过在 1Pa 的压力下 400℃ 热处理晶态的 MOS_2 4h 而制得。X 射线衍射只显示一宽峰（002 晶面）。此结构表现为 MoS_2 层高度折叠但无序叠加，倾向于面内生长而非层状堆垛。衍射线宽化显示样品具有高度无序化的晶格。

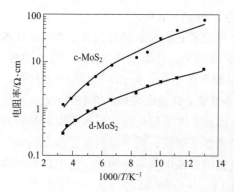

图 9.3 无序 MoS_2（a）和晶态 MoS_2（b）的电阻率比较

图 9.3 显示 d-MoS_2（无序 MoS_2）的电阻具有

温度依赖性。其室温电阻为 0.3Ω·cm，与 c-MoS$_2$ 相比（1.25Ω·cm），数值还是较低的。在溅射 MoS$_2$ 薄膜的相关研究中，同样报道了无序状态对电化学参数类似的影响[18]。电性能的差异表明其导电传输机理主要由分散在 d-MoS$_2$ 内部的微晶晶界驱动。晶界的频带偏移导致势垒的生成，这是无序化合物电阻低的原因。

图 9.4 为含 d-MoS$_2$ 电池的典型的放电曲线。初始电位为 2.4V，持续下降至 1.1V，即为 Li$_{3.0}$MoS$_2$ 的相变。作为对比，含晶态 MoS$_2$ 的同类电池的开路电压同时给出。开路电压在 $x=1$ 时发生突然的改变，即为上文中讨论的相变。曲线恒定的部分反映了两相共存区。对比晶态，无序相 MoS$_2$ 展示了极高的储存充电容量。d-MoS$_2$ 的放电曲线类似于 Haering 等[14]报道的 β 相放电曲线。我们注意到放电曲线并不光滑，因为在 1.9V，1.7V，1.5V 和 1.3V 出现多个小平台。但是，组分在 0.1~3 之间的放电曲线可符合以下线性关系。

$$E(\text{Volt}) = E^* - kx \tag{9.1}$$

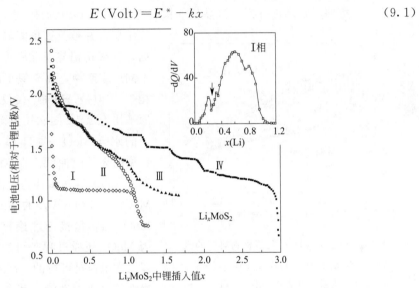

图 9.4 各类 Li∥MoS$_2$ 电池放电曲线 [x 为 Li$_x$MoS$_2$ 中的锂含量，Ⅰ 相为 2H 多型晶态 MoS$_2$；Ⅱ 相为 1T-多型晶态 MoS$_2$（β-MoS$_2$）；Ⅲ 相是由射频溅射沉积的薄膜；Ⅳ 相是通过真空下 400℃ 热处理晶态 MOS$_2$ 4h 而制得的无序化的 MoS$_2$ 样品；插图为晶态相的电容微分曲线]

在 Li∥d-MoS$_2$ 电池体系中，$E^* = 1.85V$，$k = 9RT/F$，R 为理想气体常数，F 为法拉第常数。在 2H-MoS$_2$ 样品的 OCV（vs. x）曲线中，在 1.1V 和 0.5V 存在两个特征平台。而这两个平台并未在 d-MoS$_2$ 样品中出现。这一结果说明，无序结构可以有效稳定两相结构中的固溶体。图 9.5 展示了 d-Li$_x$MoS$_2$ 材料中扩散系数和锂嵌入度的函数关系。无序 MoS$_2$ 材料在室温下的表观扩散系数，是通过假设在任意组成的固溶体电极具有统一的 Li$^+$ 分布的基础上而计算得来。我们发现随着锂含量的增加，D^* 值在不断下降。Li$^+$ 扩散系数在 Li 浓度在 $0 \leqslant x \leqslant 0.2$ 范围内保持较高值，为 10^{-7} cm^2·s^{-1}。其原因可能是由于相对于晶相，无序相中锂离子具有更短的扩

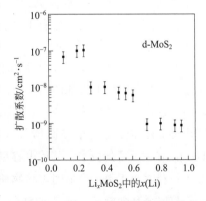

图 9.5 d-MoS$_2$ 材料中锂化学扩散系数与 Li 含量的关系图（扩散参数随电位分步极化而减小）

散路径。d-MoS$_2$ 的扩散系数的变化大致遵循以下公式：$D^* = D_0 \exp(-\beta x)$，其中 $D_0 = 1.7 \times 10^{-7}\ \mathrm{cm}^2 \cdot \mathrm{s}^{-1}$，$\beta = 2.8\ \mathrm{mol}^{-1}$[16]。这一特性反应为随嵌入-脱出反应的循环的同时，伴随材料结构完整性的丧失。因此，乃至在长时间脱嵌锂循环后，纳米尺度的 d-MoS$_2$ 电极材料仍会保持相当足够的实用性。实际上，对于嵌入式化合物，这已经是一普遍的特性[19]。

9.3 水合 MoO$_3$

钼元素已知具有多种氧化价态，可形成多种氧化物、低值氧化物、氢氧化物和水合物[20]。这些 Mo 最高价态的氧化物和氧化物水合物由 MoO$_6$ 八面体相互连接，展现了不同的结构类型。最为普遍的正交形态的无水氧化物，如 α-MoO$_3$，在室温下可保持稳定，其结构可描述为按照层状晶格排列。该晶格的构成为扭曲 MoO$_6$ 八面体共享顶点和边形成波浪状二维层，并被范德华间隔分隔。根据 X 射线数据，三氧化钼与锂反应可以形成两种可确认的不同反应产物，都类似于已知的 Li$_2$MoO$_3$ 高温相[21]。但是，MoO$_3$ 仅仅能嵌锂反应至 Li/Mo 原子比为 1.5。图 9.6 为无水 α-MoO$_3$ 和作为对比的水合 MoO$_3 \cdot n$H$_2$O（$n = 0.66$，1.00）的典型的充放电曲线。在 MoO$_3$ 框架中的电化学锂嵌入过程能被叙述为类似从 Mo(Ⅵ) 氧化态到 Mo(Ⅴ) 和 Mo(Ⅳ) 的还原过程。在此条件下，MoO$_3$ 的容量接近理论容量 280mA·h·g^{-1}。因 MoO$_3$ 还原过程是可逆的，以此为基础，构建二次电池是可行的。MoO$_3 \cdot n$H$_2$O 材料具备类似的电化学性能，其令人满意的充放电效率和容量是有利于其实现工程化应用的另一有利因素。在 Li$_x$MoO$_3$ 材料锂化过程中，其电子电导率从 $x = 0$ 的 $10^{-4}\ \mathrm{S \cdot cm^{-1}}$ 增加到了 $0.3 \leqslant x \leqslant 0.9$ 的 $10^{-1}\ \mathrm{S \cdot cm^{-1}}$[22]。Li$_xMoO_3$ 材料的锂扩散系数与 x 值相关。据报道，当 $x = 0.6$ 时，材料的扩散系数最大值为 $10^{-9}\ \mathrm{cm}^2 \cdot \mathrm{s}^{-1}$。锂迁移能力随循环的进行而略有下降。这可归因于材料本体不可逆的结构和形态的改变。然而，在再次充电过程中，Mo 的再次氧化生成具有电阻效应的化合物，导致电池在 3.5V 的电压下发生较大极化（图 9.6）。从技术角度来看，这一特性具有极大的优势，因为此种材料可以在充电结束时作为自限制电压的介质。许多研究者已经对 MoO$_3 \cdot n$H$_2$O 作为非水锂电池电极材料的可行性进行了评估[23~28]。发现 MoO$_3 \cdot n$H$_2$O 材料的放电容量随水含量的减少而增加，而循环寿命随水含量的增加而增长（成分在 $0.33 < n < 1.00$ 之间）。单斜一水化物，MoO$_3 \cdot$H$_2$O，有一分子配位水，其放电容量可达 200mA·h·g^{-1}，放电电位为 2.5V（vs. Li/Li$^+$）。在容量释放小于 1e$^-$/Mo 时，该物质仍保持初始的层状晶格结构，此时的正极材料展示了良好的充放电循环性能。溶胶-凝胶法制备的[23]水合氧化物具有良好的性能，可以作为实用化一次锂电池的候选材料。非晶 MoO$_3 \cdot$H$_2$O 正极表现为分步放电，具有两个平台：第一平台可放电至 0.3e$^-$/Mo；第二平台放电至 1.0e$^-$/Mo。此非晶相放电容量为 260mA·h·g^{-1}，对应

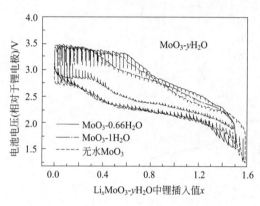

图 9.6　MoO$_3$-yH$_2$O 阴极材料典型的充放电曲线（$y = 0.0$，0.66；1.0）（锂电池测试电流 0.1mA·cm^{-2}，测试电解液为非水的 1mol·L^{-1} LiPF$_6$ 的 EC-DEC 溶液）

$1.5e^-/Mo$。而晶态 $MoO_3 \cdot \frac{1}{2}H_2O$ 电极放电电压比较单一，无其他放电平台。电化学性能应归因于其具有可供锂离子利用的较大的空腔，可以避免嵌入离子之间的排斥力。半水化合物电极在 $1.5e^-/Mo$ 放电条件下，可实用的能量密度可达 $630W \cdot h \cdot kg^{-1}$。电化学滴定 $Li_xMoO_3 \cdot \frac{1}{2}H_2O$ 的X射线谱显示：锂化后的材料大体上保持了单斜结构，最强的（001）布拉格峰向低角度移动。这一现象表明在放电过程中，锂离子插入层中，导致层间距略有增加。这可以由嵌入阳离子分隔的初始状态水合 MoO_3 刚性层的理论模型来加以解释。

非化学计量比钼氧化物 $MoO_{3-\delta}$ 的电化学性能表明，通道/点位的大小和电子导电能力都是影响锂与具有 ReO_3 和 MoO_3 类似框架结构的金属氧化物可逆化合程度的主要因素。可被锂离子有效利用的扭曲和非化学计量比的点位可以对还原过程的热力学产生影响。非化学计量比的钼氧化物 Mo_5O_{14}（$MoO_{2.8}$），其结构基于多面体的混合形成的网络，已通过大量公开渠道进行报道[29]。Mo_5O_{14} 是通过 Mo 氧化物的一水化物脱水并在 750℃ 热处理而得到的。$Li//MoO_{2.8}$ 电池开路电压为 3.1V。首次放电呈现出多步反应，在大约 2.2V 有一放电平台，随后为一倾斜的放电电位区间，其对应组成为 $x>0.7Li/Mo$。Mo_5O_{14} 材料嵌锂可逆

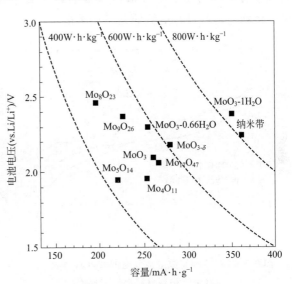

图 9.7 Li/Mo 基电池电化学性能
（根据能量密度，阴极材料可分为三类）

反应 Li 成分限制为 $1.5Li/Mo$。化合物中的 Mo 元素价态分布为 $3Mo^{6+}$ 和 $2Mo^{5+}$。如可逆的锂化合反应产物为全部为 Mo^{4+}；预计 Li 的吸收量为 $8/5(1.6)Li/Mo$；接近电化学滴定测试的结果。质量比容量要远高于无水 MoO_3 的 $280mA \cdot h \cdot g^{-1}$。图 9.7 总结了钼基锂电池材料的电化学性能。从电压-容量曲线中，根据能量密度的不同，可将物质分为三类。

9.4 MoO_3 薄膜

通过多种沉积技术，如射频溅射、热蒸发、闪蒸、深度包覆、脉冲激光沉积（PLD）和原子层沉积（ALD）等途径，使得 MoO_3 薄膜的制备极为容易。调节沉积室中的衬底温度和氧气分压，可以得到多种化学晶体形态[30,31]。例如，在 30～300℃ 于硅衬底上闪蒸沉积形成的材料主要为沿（0 k 0）方向生长的 α 相。表面形态研究表明，在 200～300℃ 范围内生长的薄膜具有原晶体几何结构延伸而形成的晶态。其微晶都表现了层状结构的本质[31~33]。在 30℃ 和 120℃ 于硅衬底上闪蒸沉积的 MoO_3 薄膜作为阴极的 $Li//MoO_3$ 电池，其放电曲线展示于图 9.8。此微电池的电化学特征如下：MoO_3 薄膜锂电池的初始电压为 3.2V，要高于使用晶态和化学计量比的电池的电压。这一现象应归因于 $MoO_{3-\delta}$ 薄膜具有氧缺陷结构。电池电压持续降低，取决于锂嵌入程度；其稳定的性能则取决于薄膜中的结构重排，由

沉积时的衬底温度决定[34]。此电化学过程为经典的锂离子嵌入机理,在放电过程中无电压平台,主体材料 1.5e^- 发生转移。还原过程伴随 MoO_3 薄膜的显色过程。这些结果暗示锂离子扩散为各向异性的,并受晶界效应限制,这些因素对放电曲线产生了影响。120℃沉积的 MoO_3 薄膜组成电池的放电曲线十分稳定。这是由于其薄膜具有独特的 α-MoO_3 的层状结构(其纳米晶粒为 43nm)。第二种可能性是薄膜中存在 α-β 混合相,可提高标准电位 120mV。第三种解释是在半导体薄膜主体结构中的氧缺陷带来了较低的费米能级可以导致较高的开路电压。此种假说由在不同氧分压下射频溅射沉积制备的 MoO_3 薄膜电极的性能得到了验证(图 9.9)。实验结果表明,在氧分压为 150mTorr(1Torr=133.322Pa,全书同)沉积的薄膜具有更低的无序化晶格。

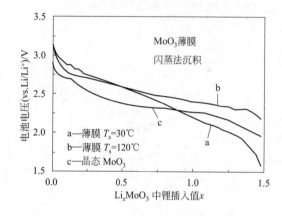 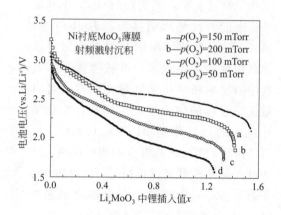

图 9.8　Li∥MoO_3 微电池放电曲线(其薄膜电极由闪蒸法沉积到硅衬底,衬底温度为 30℃和 120℃,测试电流密度为 10μA·cm^{-2})

图 9.9　Li∥MoO_3 微电池放电曲线(其薄膜电极由在不同氧分压下射频溅射沉积到 Ni 衬底,测试电流密度为 20μA·cm^{-2})

在过渡金属氧化物电子结构的研究中,例如 MoO_3 和 WO_3 薄膜因具有较大电子亲和势(6.7eV)的氧空位和电离电势(9.7eV)以及较高的功函数(6.8eV),表现出 n 型半导体的性质。MoO_3 薄膜价带边缘为 5.3eV,导带边缘为 2.3eV[35,36]。在最简化的半导体模型中,Li_xMoO_3 膜的电化学性质可被描述为电子能带图式,如图 9.10 所示[37]。电池的电压可被视为费米能级在锂金属与正极之间的差距。在 MoO_3 中,存在 5 个氧轨道($p_π$)和三个 Mo(t_{2g})轨道,相互作用形成 π 和 $π^*$ 键,进而形成价带和导带[38]。反键 $π^*$ 的电子由嵌入的锂离子提供。导带的收缩可望带来有效质量的增加,进而影响 Li_xMoO_3 相的费米能级。在 Li 嵌入 MoO_3 晶格中,费米能级或位于施主能级,接近导带的底部;或者就位于导带本身(图 9.10)。而在 MoO_3 薄膜态密度在带宽中展现出一能带,而费米能级就在此能带位置。最终结论由吸收测试所支持[31]。如此,α-MoO_3 为带宽为 3.1eV 的半导体,晶体材料与 α-MoO_3 薄膜材料费米能级有较大的差异(>0.5eV),所以薄膜电池具有高于晶体结构电池的电压。在 MoO_3 薄膜网络结构中的锂离子传输特性已通过改进的恒电流间隙滴定技术(GITT)进行了测定,即在放电过程中,于弛豫时间后加一短脉冲电流,进而对电位-时间曲线的差别进行相应的研究[39]。关于晶体状态正极的锂离子嵌入过程中的传输参数,如锂离子化学扩散系数、热力学因子、离子电导率等,已经进行了研究。图 9.11 显示了锂离子化学扩散系数与在 Li_xMoO_3 材料中锂嵌入度的关系。在此实验中,电池在施加电流脉冲 t=0 时的 E^* 值符合以下方程:

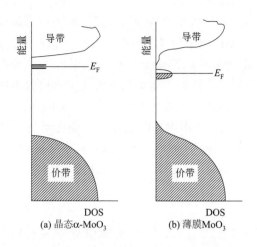
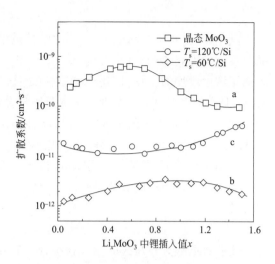

图 9.10　电子带结构视图（费米能级位于锂嵌入本体材料的电子能带位置）

图 9.11　锂离子在 MoO_3 材料中化学扩散系数与材料成分的关系（薄膜由闪蒸沉积于硅衬底，衬底温度为 60℃ 和 120℃，晶体 α-MoO_3 的 D^* 作为对照，也在图中展示）

$$E^* = \left(\frac{IWRT}{F^2 c^* A}\right)\left[\left(\frac{4t}{\pi D^*}\right)^{1/2} - \frac{t}{\delta}\right] \tag{9.2}$$

式中，I 为脉冲电流强度；t 为时间；c 为锂离子初始浓度；W 为热力学因子；A 和 δ 分别为电极的面积与厚度；T 为热力学温度；F 为 $96485 A \cdot s \cdot mol^{-1}$；$R$ 为 $8.314 J \cdot K^{-1} \cdot mol^{-1}$。热力学因子 W 定义为：

$$W = \frac{\partial(\ln a^*)}{\partial(\ln c^*)} \tag{9.3}$$

a^* 为嵌入固溶体电极的物质的活度。W 为化学扩散系数 D^* 与成分扩散系数 D_0 的比值。

$$W = D^*/D_0 \tag{9.4}$$

式(9.1) 的有效条件：① 前述的放电时间要长于临界时间：

$$t_0 = \frac{\delta^2}{4D^*} \tag{9.5}$$

② 电池的限制弛豫周期 $t < t_0$，成分在 $0.2 \leq x \leq 1.2$ 的范围内，在 MoO_3 晶格中锂化学扩散系数变化范围在 $9 \times 10^{-11} \sim 1 \times 10^{-9} cm^2 \cdot s^{-1}$ 之间。依据在材料本体中的空穴的性质，D^* 与材料成分的关系可用二次方程表示。根据 Basu 和 Worrell[40] 提出的模型，其化学扩散与成分的关系如下：

$$D^* = \beta x^2(1-x) + x(1-x^2) \tag{9.6}$$

β 为与碱金属离子相互间排斥能相关的相互作用参数。根据式(9.6)，D^* 值在半充满状态下有最高值。但是化学扩散数据仍存在不确定性，如图 9.11 所示，导致了对式(9.6) 的充分的检验。$Li_x MoO_3$ 数据的最大值表明嵌入能应低于 0.2 eV，这与从热力学测试得到的数据相一致。而 MoO_3 薄膜（图 9.11，曲线 b，c）的化学扩散系数要低于 α-MoO_3 单晶。

衬底温度 $T_s = 60℃$ 沉积的 MoO_3 薄膜在 $x = 0.8$ 时具有最大值，为 $5 \times 10^{-12} cm^2 \cdot s^{-1}$（图 9.11，曲线 b）。$D^*$ 值与成分 x 值的关系符合以下二次方程式：

$$D^* = k(2x - x^2) \tag{9.7}$$

其中 $k = 2 \times 10^{-12} \text{cm}^2 \cdot \text{s}^{-1}$。化学扩散系数在 250℃沉积的 MoO_3 薄膜不同于以前的样品。我们发现其 D^* 值在成分为 $0.1 < x < 1.2$ 时，保持恒定值 $1.5 \times 10^{-11} \text{cm}^2 \cdot \text{s}^{-1}$；当嵌入离子浓度增加时，$D^*$ 值还会增加。我们暂将此复杂性质归因于在高衬底温度下生长的 MoO_3 具有的多晶状态。如此，嵌入过程部分由在薄膜晶体的主体结构中的离子占位数所决定。图 9.12 为热力学因子（W，对数坐标范围）和 Li_xMoO_3 本体材料中嵌入度的关系。对于 MoO_3 晶体（图 9.12，曲线 a），成分在 $0.2 < x < 1.4$ 范围内，W 值从 1.8 变化到 30。考虑到 MoO_3 具有层状结构且层间可嵌入，模型离子-离子间相互作用能应用于该物质。Armand[41]建议用此模型解释插入化合物不同的化学势。热力学因子与相互作用因子 g 有以下关系：

$$W = (1-x)^{-1} + gx \tag{9.8}$$

实验数据很好地与式(9.8)相符合，其相互影响因子 g 为 7.5。此数值与 TiS_2 材料处于同一数量级[42]。在组成为 $0.2 < x < 1.5$ 时，MoO_3 薄膜的热力学因子从 50 变化到 800。我们观察到 W 值和材料成分呈准线性关系。这可能与主体晶格中氧缺陷密切相关。事实上，即使是通过不同方式制备的晶格增强薄膜，其中也存在大量缺陷。因此，我们注意到薄膜 MoO_3 的 W 比晶态的大两个数量级。利用式(9.8)，得到大量高相互作用因子的实验数据（$g = 400$）。基于 MoO_3 为具有氧缺陷的物质，在材料内部缺陷电荷传输的模型可应用[43]。缺陷可以是 Li 空隙（Li^*）和导电电子（e'）。Maeir[44]研究表明，无内部缺陷反应的固溶体，热力学因子与缺陷浓度相关（假设稀释缺陷存在）：

$$W = \Phi_{Li^*}^{-1} + \Phi_{e'}^{-1} \tag{9.9}$$

其中，$\Phi_{Li^*}^{-1} = c_{Li^*} / c_{Li^+}$，$\Phi_{e'}^{-1} = c_{e'} / c_{Li^+}$。式(9.4)表明热力学因子与插入度之间存在线性关系，如图 9.12（曲线 b）所示。W 的显著增加可能与 Li_xMoO_3 薄膜中电子迁移率下降有关。因化学扩散主要由离子种类控制，所以对公式(9.4)进行相应的调整，将 D_0 替换为导电系数 σ_i 和热力学系数，也考虑了偏导电系数的影响[45]：

$$\sigma_i t_e = \frac{F}{RT} \left(\frac{qc^* D^*}{W} \right) \tag{9.10}$$

其中，t_e 为迁移数，定义为：

$$t_e = \frac{\sigma_e}{\sigma_e + \sigma_i} \tag{9.11}$$

通过综合考虑化学扩散系数和热力学因子值，Li_xMoO_3 材料中的锂离子电导率 σ_i 如图 9.13 所示。电池放电过程导致混合导体的形成，该化合物本体存在电子和离子导体两种导电形式。如果样品本体主要是电子导体，即 $\sigma_e \gg \sigma_i$，则离子电导率可以从式(9.8)推导而出。发现 Li_xMoO_3 晶体中的电导率随锂浓度增加而在 $x = 0.6$ 时达到约 $1.5 \times 10^{-4} \text{S} \cdot \text{cm}^{-1}$（图 9.13，曲线 a）。可以注意到 Li_xMoO_3 晶体中的离子迁移参数与 Li_xTiS_2 的离子迁移参数相当[40]。图 9.13（曲线 b）为 MoO_3 薄膜阴极的锂离子电导率。据估计该电极离子电导率在 $x \leq 0.8$ 处的平均值为 $9 \times 10^{-9} \text{S} \cdot \text{cm}^{-1}$。我们认为在薄膜中 Li^+ 电导率远远小于在晶态 MoO_3 的离子电导率。这种行为可能归因于该薄膜的无序结构。在这种材料中的传导路径不同于结晶材料中的传导路径，因为在薄膜中：①范德华平面不是准无穷大；②势垒更重要；③Li^+ 可被结构缺陷所捕获。

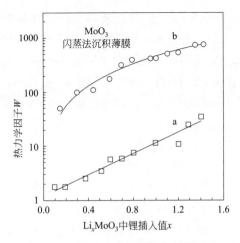

图 9.12 Li_xMoO_3 电极的热力学因子 [a 为晶态 $\alpha\text{-}MoO_3$ 相；b 为生长温度为 250℃ 的薄膜；曲线可拟合为式 (9.8)]

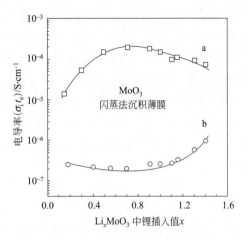

图 9.13 Li_xMoO_3 电极偏离子电导率（a 为晶态 $\alpha\text{-}MoO_3$ 相；b 为沉积衬底温度为 250℃ 的 MoO_3 薄膜）

9.5 无序钒氧化物

骤冷 V_2O_5 和玻璃助剂如 P_2O_2，TeO_2 和 GeO_2 的熔融混合物可获得无定形氧化钒。低价过渡金属离子通常由熔体中的氧的损失而产生。氧的损失不仅导致玻璃态中存在混合价态，而且增强了半导体导电能力。半导体导电能力是通过 V^{4+} 和 V^{5+} 态之间的电子跳跃而产生的。过渡金属氧化物（TMO）玻璃具有优于结晶固体的潜在优势，可用作高能量密度锂电池中的阴极材料[37]。玻璃态 V_2O_5 中比在多晶材料中存在更强的 Li^+ 的扩散能力[46,47]，相应地也具备更加优异的性能。Nabavi 等人[48]报道了通过极冷在 950℃ 下空气中熔融的纯氧化物所制备的无定形 V_2O_5 正极的电化学性质。无定形氧化物能够通过电化学插入 Li^+ 而获得 $Li_xV_2O_5$ 相，可逆脱嵌锂容量为 $1.8Li^+/V_2O_5$。图 9.14 显示了锂电池中各种

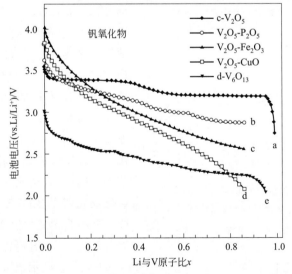

图 9.14 对比晶态 V_2O_5(a)，无序钒氧化物的放电曲线：$V_2O_5\text{-}P_2O_5$ 玻璃态(b)，$0.8V_2O_5\text{-}0.2Fe_2O_3$ 玻璃态(c)，$0.67V_2O_5\text{-}0.33CuO$ 玻璃态(d) 和无序 V_6O_{13}(e)

钒基阴极的放电曲线。这些结果清楚地表明，xV_2O_5-$(1-x)P_2O_5$ 的玻璃表现出良好的电化学特征。与晶体 V_2O_5 相反，放电电位随着插入的 Li^+ 的量而连续降低，表明在无定形材料中没有发生相变。特别地，组成为 $0.66V_2O_5$-$0.4P_2O_5$ 的材料表现出可逆插入过程，其高电压较高（3.6V，vs. Li/Li^+），晶格体积膨胀率较低（2%），能量密度可达 $750W·h·m^{-3}$。Sakurai 等[49]通过在电流密度为 $0.5mA·cm^{-2}$、电压范围 2.0~3.5V 的条件下循环 95∶60（摩尔比）的 V_2O_5，证明了 $Li//xV_2O_5$-$(1-x)P_2O_5$ 电池体系的可循环性。图 9.14 显示了与结晶五氧化二钒作为对照，V_2O_5 和无序 V_6O_{13} 玻璃态电极的放电曲线。

通过热蒸发[50]，闪蒸[51]，射频溅射[52]，脉冲激光沉积（PLD）[53]，电子束蒸发[54]，干凝胶法[55]，溶胶-凝胶铸造[56]等方法合成的无定形氧化钒薄膜电极，都进行了 Li^+ 嵌入性能的相关研究。对生长条件非常敏感的 V_2O_5 薄膜的微观结构对薄膜固态微电池和其他电化学器件的性能影响很大[57]。通过溶胶-凝胶路径制备的 $V_2O_5·nH_2O$ 材料中（$n=1.6$，0.6 和 0.3），$V_2O_5·0.3H_2O$ 膜具有最佳的 Li^+ 插层性能，在较高电流密度（$100\mu A·cm^{-2}$）的放电条件下，初始容量为 $275mA·h·g^{-1}$，50 次循环后稳定容量为 $185mA·h·g^{-1}$。这种通过热处理而增强的电化学的性能应归因于膜中水含量的降低，并保留了层间距和主要的非晶相[56]。在 V_2O_5 膜中 Li^+ 嵌入的比容量和循环稳定性可归因于在结晶较差的五氧化二钒中与氧空位相关的表面缺陷 V^{4+} 和/或 V^{3+}。但比容量是有限的，因为金属阳离子的价态固定了从每个中心金属元素释放的电子数是有限的[58~61]。Swider-Lyons 等人[62]讨论了使用不同热处理方式将点缺陷引入氧化物网络中，对多晶 V_2O_5 的缺陷结构加以修饰。V_2O_5 阴极存在有缺陷的氧化物，其作为阴极的半电池平衡反应可以用 Kröger-Vink 表示法表示[63]：

$$V_V^x + O_O^x + Li^+_{(sol)} + e^- \longrightarrow V_V' + OLi_O^· \tag{9.12}$$

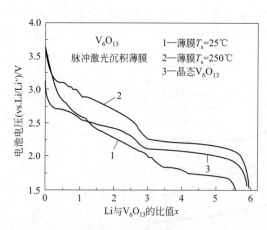

图 9.15 不同衬底温度沉积钒氧化物正极的 $Li//V_6O_{13}$ 微电池的放电曲线（与含晶态 V_6O_{13} 的 $Li//V_6O_{13}$ 电池进行对比，测试条件为 $10\mu A·cm^{-2}$）

式中，V_V^x 表示 V_2O_5 晶格中的钒位点处的 V^{5+}；O_O^x 表示氧位置上的氧离子。根据式（9.12），一种观点认为，当 $Li^+[Li^+_{(sol)}]$ 从电解质溶液插入 V_2O_5 阴极时消耗一个电子，同时 V^{5+} 还原为 V^{4+}。使用 V^{4+} 占用 V^{5+} 的位置，并产生有效的单负电荷，并且由 V_V' 表示。嵌入的锂离子与氧原子位相关联，形成 $OLi_O^·$，并且具有有效正电荷（·）。Li^+ 交替引入间隙位，写作 $Li_i^·$。作为钒氧化物薄膜的电化学性质的范例，图 9.15 给出了不同衬底温度沉积钒氧化物正极的 $Li//V_6O_{13}$ 微电池的放电曲线，并与含晶态 V_6O_{13} 的 $Li//V_6O_{13}$ 电池进行对比[58]。值得注意的是，衬底温度能影响活性阴极薄膜的电化学特性。$T_s=25℃$ 下沉积的 V_6O_{13} 显示出非晶材料的典型放电曲线，每个钒原子吸收 1 个 Li 原子；而 $T_s=250℃$ 沉积薄膜的放电曲线与晶态 V_6O_{13} 类似，具有位于 2.2V（vs. Li/Li$^+$）明显的放电平台。扭曲的 V_6O_{13} 薄膜结构和钒原子距离的变化导致 3d 子能带中的电子状态发生改变，从而形成此种电化学特性。同时这也是开路电压变化的主要原因[64]。$Li_xV_6O_{13}$ 在组成为 $0 \leqslant x \leqslant 6$ 的范围内，化学扩散系数保持恒定，平均值为 $10^{-13} cm^2 \cdot s^{-1}$。该值比典型的化学计量比的非晶体结构材料，如 $LiMn_2O_4$ 薄膜[65]低约三个数量级。注意，在 V_6O_{13} 的 3D 框架的（010）方向上延伸的空腔的扩散路径对于合成条件非常敏感。因此，晶态形式的氧化物与膜之间的差异可归因于晶格完整性的差异，即具有静态无序或具有非扭曲空腔的短链[58]。

9.6 LiCoO$_2$ 薄膜

钴酸锂的多晶薄膜[66,67]可通过 PLD（脉冲激光沉积）技术生长。通过 Nd：YAG 激光照射烧结后的复合靶（$LiCoO_2 + Li_2O$），将 $LiCoO_2$ 膜沉积到温度低于 300℃ 的 Si 衬底上。包括在当前沉积条件下，即相同的衬底温度、氧分压和温度，照射不含 Li_2O 添加剂的烧结靶，生长的 $LiCoO_2$ 膜存在氧化钴杂质。除了属于 $LiCoO_2$ 的峰之外，存在于 $2\theta = 45°$ 和 $59°$ 的两个小峰归属于 Co_3O_4。此外，在 $2\theta = 70°$ 附近存在可能主要与硅衬底相关的大峰。随着标靶中的 Li_2O 含量增加，其 XRD 图表现出常规的层状相的特征。它们可索引为 $R\bar{3}m$ 对称性。图 9.16 示出了当使用 15% Li_2O 的靶时获得的高度纹理化、具有（003）晶面排列的膜。X 射线衍射图在 $2\theta = 19°$、$38°$ 和 $58°$ 处显示三个锐利和强烈的峰，很显然，这些衍射峰归于（003），（006）和（009）布拉格晶面。在低衬底温度下沉积的 $LiCoO_2$ 薄膜显示了该层状结构具有无定形特性。在氧分压为 50 mTorr 的条件下，随衬底温度（$T_s = 300℃$）的增加，用富锂标靶得到的 $LiCoO_2$ 薄膜展现出多晶层状相的典型峰。这也进一步证明了在这种结构中存在钴氧框架[66]。

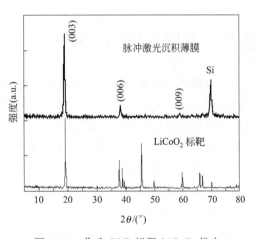

图 9.16 作为 PLD 标靶 $LiCoO_2$ 粉末 XRD 衍射图及在氧分压为 50 mTorr 的条件下生长的具有纹理的 $LiCoO_2$ 薄膜

通过 PLD 获得的具有多晶形态的 $LiCoO_2$ 膜已成功地用作锂微电池中的阴极材料。在 $T_s = 300℃$ 下生长的脉冲激光沉积膜的 Li // $LiCoO_2$ 电池的典型充放电曲线如图 9.17 所示。电化学测量在 $2.0 \sim 4.2V$ 的电位范围内以 $C/100$ 放电速率进行；因此，该曲线的电压应该与开路电压 OCV 的近似。电池电压曲线表现出典型的 Li_xCoO_2 阴极特性。通过其电化学特征，我们做以下一般性的讨论。$LiCoO_2$ 薄膜阴极电池的初始电压约 2.15V（vs. Li/Li$^+$），低于使用晶态阴极的原电池的数值[68]。电池电压是膜中结构排列的函数，因此取决于衬底沉积温度（图 9.17）。对于在高衬底温度下生长的膜，这些电位略微增加。这与许多文献数据一致，并确保了在 $T_s = 300℃$ 时材料颗粒具有电化学活性[68]。$LiCoO_2$ 多晶膜测试结果显示其具有高达 $158 mC \cdot cm^{-2} \cdot \mu m^{-1}$ 的比容量[67]。具有层状（$R\bar{3}m$ S.G.）结构的膜的容量在很大程度受衬底温度及衬底性质的影响。例如，图 9.18 为沉积在 Ni 箔，Si 晶片和

ITO/玻璃上的三种不同衬底上富 Ni 的 $LiNi_{0.80}Co_{0.15}Al_{0.05}O_2$（NCA）膜的比容量的变化。实验结果显示，通过 PLD 技术在 $T_s=500℃$ 下沉积到镍上的 NCA 阴极表现出最高的比容量，为 $100μA·cm^{-2}·μm^{-1}$。

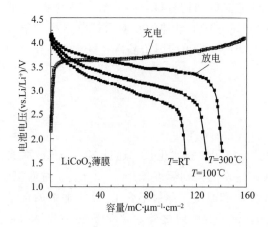

图 9.17 Li∥$LiCoO_2$ 微电池首次充放电曲线（$LiCoO_2$ 薄膜在氧分压为 50 mTorr 由 PLD 技术沉积制备，衬底温度为 25～300℃）

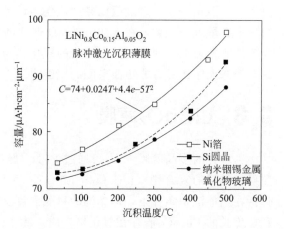

图 9.18 Li∥$LiNi_{0.8}Co_{0.15}Al_{0.05}O_2$ 电池的比容量与衬底温度的关系（PLD 薄膜在氧分压为 50 mTorr 条件下在不同衬底生长沉积，衬底温度为 25～300℃，沉积于 Ni 衬底的薄膜具有最高的放电容量）

9.7 无序 $LiMn_2O_4$

作为锂离子电池电极中最具希望的化合物，3D 尖晶石 $LiMn_2O_4$ 中每一过渡金属原子可逆地获得 0.5 个 Li 原子[69]。然而，存在一些限制其应用的问题，例如在其合成或循环过程中，这些体系存在阳离子混排的问题[70]。与 $LiMn_2O_4$ 中的阳离子分布相关的其他问题也很严重，因为通式为 AB_2O_4 的尖晶石化合物易于在四面体和八面体位点之间进行阳离子混排，不仅可以形成正常 $[A]_{Tet.}[B_2]_{Oct.}O_4$ 而且可形成反式 $[B]_{Tet.}[AB]_{Oct.}O_4$ 尖晶石。$LiMn_2O_4$ 显示为正常的尖晶石，但是具体情况取决于合成过程，即退火温度和材料的冷却速度，这些因素导致最终的样品与正常阳离子分布存在偏差。在这里，我们介绍两种 $LiMn_2O_4$ 尖晶石氧化物的性质，第一种材料是通过燃烧尿素辅助法[71]合成的，第二种是通过研磨 MnO_2 和 Li_2O 获得的。

使用由尿素作为辅助燃烧剂的湿化学技术所制备的 $LiMn_2O_4$ 尖晶石氧化物，具有非常小的晶粒尺寸，为 0.5μm 的晶粒。由此种尖晶石阴极组成的 Li∥$LiMn_2O_4$ 的电压组成曲线如图 9.19 所示。在 3.0～4.5V 的电压范围内，充放电曲线符合以前报道的锂占据四面体位点的尖晶石 $LiMn_2O_4$ 阴极材料的电压分布特征。$Li_xMn_2O_4$ 材料的电池电压随 x 的变化曲线可以分为两个区域。电压曲线的形状可以说明脱锂的 $LiMn_2O_4$ 是以单相还是多相存在。在后一种情况下，可预计电位-组成曲线保持不变。第一区域（Ⅰ）的特征在于 S 形电压曲线，而第二区域（Ⅱ）对应于平台部分。在区域Ⅰ中，充电电压在 3.80～4.05V 的电压范围内连续增加。在区域Ⅱ中，充电电压稳定在 4.10V 左右。Ⅰ区和Ⅱ区的锂脱出/插入反应的本体材料具有立方对称性。区域Ⅱ电压平台中，可识别出两立方相系统；而区域Ⅰ归于以 S 形电压曲线为特征的单个立方相。基于活性材料的利用，4V 以上平台提供了超过 110

$mA·h·g^{-1}$ 的容量，同时显示出了优异的循环性[71]。

机械化学技术是在室温下通过机械活化直接获得高分散化合物的有效方法[72]。通过在行星式球磨机中用钢球球磨 Li_2O 和电解 MnO_2（EMD）的混合物[73]合成机械活化的 $LiMn_2O_4$。机械研磨结构的演变如下。研磨1h后，尖晶石型相的主峰已经可见。在较高的研磨时间，2~8h之间，材料可有更好的结晶状态。X射线峰值变窄（即更好的结晶）可能与晶格应力的减小和微晶尺寸的增加相关，微晶尺寸在1h的球磨之后为20Å而8h后变化为80Å。进一步球磨（$t_m \geq 10h$），可导致Li-Mn-O尖晶石型氧化物的分解，出现了大体上可被鉴定为 Mn_2O_3 的新相。图9.20中展示了无反应和反应性研磨的研磨时间的晶胞参数的变化。在两种情况下，晶格参数 a_{cub} 随着研磨时间和合成温度而增加。陶瓷 $LiMn_2O_4$ 的晶格参数 a_{cub} 为 8.238Å，略小于在文献中报道的化学计量比的 $LiMn_2O_4$ 的晶格参数 (8.247Å)。表明陶瓷样品的Li/Mn比与原值½相比，有较小的偏离[74]。在5h的非反应球磨后，晶格参数 a_{cub} 强烈增加，从 8.238Å 增长到 8.318Å，其机理尚未完全清楚。事实上，据我们所知，这样高的晶胞参数值在尖晶石型锂化锰氧化物中从未被报道过。在文献中，高于 8.24Å 的立方晶胞参数 a_{cub} 通常归因于尖晶石过程中锂过量或氧缺失。Xia 等[75]发现，在700℃空气中热处理24h，陶瓷 $LiMn_2O_4$ 氧原子缺失0.08（即 $Li_{0.938}Mn_2O_{3.92}$），其晶格参数 a_{cub} 值为 8.2485Å。

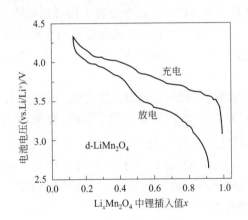

图 9.19　$Li//LiMn_2O_4$ 电池的电压组成曲线
（尖晶石正极由燃烧尿素辅助法合成，电池的充放电电流密度为 $0.05mA·cm^{-2}$）

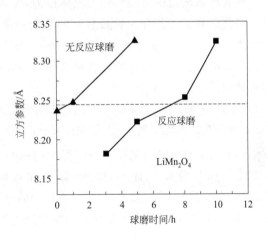

图 9.20　陶瓷 $LiMn_2O_4$（▲）和机械合成 Li-Mn-O（■）的晶格参数演变（a_{cub} 的准确度为 0.01Å，而由于其值的误差较大，球磨10h后陶瓷晶格参数未见报道，虚线为化学计量 $LiMn_2O_4$ 的晶格参数 $a_{cub}=8.247Å$）

通过拉曼散射光谱观察5h球磨制备的产物，发现其具有相当无序的尖晶石结构[图9.21(a)]。对于该化合物，A_{1g} 模式的拉曼活性谱峰位置由 $625cm^{-1}$（λ-$LiMn_2O_4$）转变为 $633cm^{-1}$，并且与 λ-$LiMn_2O_4$ 陶瓷相比峰宽变宽。这种无序结构也是图9.21(b)所示的电化学性能的来源。球磨制备样品首次充放电曲线（测试电流密度为 $C/10$）与标准 $LiMn_2O_4$ 尖晶石的电化学曲线存在一定的偏差。在充电过程中，我们没有观察到4.05V和4.15V的特征平台。这归因于 MnO_6 八面体的强烈形变，这已由 A_{1g} 模式的拉曼活性谱峰的红移所证明。

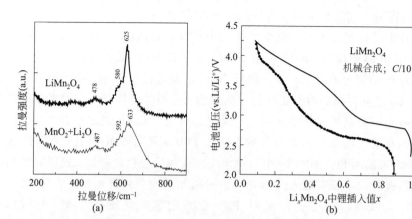

图 9.21 球磨 MnO_2-Li_2O 混合物合成无序尖晶石和 λ-$LiMn_2O_4$ 尖晶石的拉曼光谱
（a）及无序的 $LiMn_2O_4$ 首次充放电曲线（b）

9.8 无序 LiNiVO₄

在各种钒酸盐中，$LiNiVO_4$ 晶体作为 4V 电极材料其电化学性能非常有应用前景[76~78]。通过经典的高温工艺合成的晶态 $LiNiVO_4$ 在放电至低于 0.2V 时，每个过渡金属可以与约 7 个锂离子反应[79]，从而可以实现 800~900mA·h·g^{-1} 的比容量。该钒酸盐显示在第一次电化学放电时转化为无定形，并且必须以非常低的倍率进行，以确保随后的电极循环过程能够正常进行。

$LiNiVO_4$ 可以通过湿化学方法，即以甘氨酸作为燃烧剂辅助的低温反应合成。将粉末在 350℃ 和 500℃ 下在空气中退火 6h，以改善 $LiNiVO_4$ 最终产物的结晶度。XRD 数据显示 $LiNiVO_4$ 属于反尖晶石结构（空间群 $Fd\bar{3}m$-O_h^7），其立方晶格参数为 8.222Å。五价钒位于四面体（8a）位置，而 Li 和 Ni 分布在八面体（16d）位点上，分布为无序状态。图 9.22(a) 给出了 Li 插入无定形 $LiNiVO_4$ 中的电压-组成曲线。第一次还原，$LiNiVO_4$ 中每个 Ni 原子可以与 10 个锂离子反应，后续再充电时只能释放 7 个 Li/Ni。

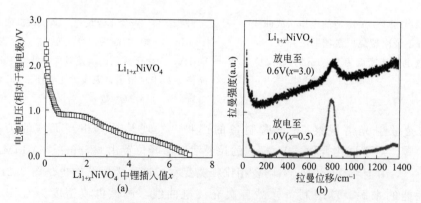

图 9.22 Li 插入无定形 $LiNiVO_4$ 中的电压-组成曲线（a）及 $LiNiVO_4$ 放电至 1.0V 和 0.6V（相对于锂电极）的拉曼光谱（b）

图 9.22(b) 显示了 Li 嵌入 $LiNiVO_4$ 相的拉曼光谱。在 Li∥$LiNiVO_4$ 电池放电（Li 嵌

入）期间，记录了在两个平台的开始处，即 0.9V 和 0.4V 的光谱。由于钒离子可被深度还原，这些平台应处于双相转变的起点。LiNiVO$_4$ 的拉曼特征已在别处讨论[78]。光谱主要由 700～850cm^{-1} 区域中的宽峰组成，应为氧和最高价阳离子之间的振动。该振动对应于具有 A$_1$ 对称性的 VO$_4$ 四面体的拉伸模式，而位于 335cm^{-1} 处的带对应于具有 E 对称性的 VO$_4$ 四面体的弯曲模式。因此，可以观察到 VO$_4$ 四面体的弯曲振动或涉及 NiO$_6$、LiO$_6$ 八面体环境的振动。如果认为所有的锂离子都容纳在八面体 LiO$_6$ 环境中，则 F$_{1u}$ 模式通常可分为（A+2B）拉曼活性和 IR 活性组分。因此，具有（A+2B）对称性的 IR 模式是强烈的，而拉曼模式非常弱。这两种模式分别在 416cm^{-1} 和 435cm^{-1} 处观察到。如图 9.22（b）所示，Li 嵌入时 LiNiVO$_4$ 的拉曼光谱有重大的变化。当阴极放电时，VO$_4$ 四面体的拉伸模式向着低波数侧移动，对应最高价阳离子的还原。在 0.6V 时，拉曼效率非常弱。这样，主晶格高度插入，LiNiVO$_4$ 的拉曼峰值降低；并且对于 Li$_5$NiVO$_4$，在约 1.8eV 处出现强烈的发光带。

参 考 文 献

1. Denton EP, Rawson H, Stanworth JE (1954) Vanadate glasses. Nature 173:1030–1032
2. Baynton PL, Rawson H, Stanworth JE (1957) Semiconducting properties of some vanadate glasses. J Electrochem Soc 104:237–240
3. Whittingham MS, Chianelli RS, Jacobson AJ (1980) Amorphous cathodes for lithium batteries. In: Murphy DW, Broadhead J, Steele BCH (eds) Materials for advanced batteries. Plenum, New York, NY, pp 291–299
4. Jacobson AJ, Rich SM (1980) Electrochemistry of amorphous V$_2$S$_5$ in lithium cells. J Electrochem Soc 127:779–781
5. Nassan K, Murphy DW (1981) The quenching and electrochemical behaviour of Li$_2$O-V$_2$O$_5$ glasses. J Non-Cryst Solids 44:297–304
6. Whittingham MS (1981) Lithium incorporation in crystalline and amorphous. J Electroanal Chem 118:229–239
7. Takeda Y, Kanno R, Tsuji Y, Yamamoto O (1984) Rechargeable lithium/chromium oxide cells. J Electrochem Soc 131:2006–2010
8. Sakurai Y, Yamaki J (1985) V$_2$O$_5$-P$_2$O$_5$ glasses as cathode for lithium secondary battery. J Electrochem Soc 132:512–513
9. Wakihara M, Uchida T, Morishita T, Wakamatsu H, Tanigushi M (1987) A rechargeable lithium battery employing a porous thin film of Cu$_{3+\delta}$Mo$_6$S$_{7.9}$. J Power Sourc 20:199–204
10. Lee J, Urban A, Li X, Su D, Hautier G, Ceder G (2014) Unlocking the potential of cation-disordered oxides for rechargeable lithium batteries. Science 343:519–522
11. Zhang XW, Patil PK, Wang C, Appleby AJ, Little FE, Cocke DL (2004) Electrochemical performance of lithium ion battery, nano-silicon-based, disordered carbon composite anodes with different microstructures. J Power Sourc 125:206–213
12. Py MA, Haering RR (1983) Structural destabilization induced by lithium intercalation in MoS$_2$ and related compounds. Can J Phys 61:76–84
13. Selwyn LS, McKinnon WR, von Sacken U, Jones CA (1987) Lithium electrochemical cells at low voltage. Decomposition of Mo and W dichalcogenides. Solid State Ionics 22:337–344
14. Hearing RR, Stiles JAR, Brandt Klaus (1979) Lithium molybdenum disulphide battery cathode. US Patent 4,224,390, 23 Sep 1980
15. Jacobson AJ, Chianelli RR, Whittingham MS (1979) Amorphous molybdenum disulfide cathodes. J Electrochem Soc 126:2277–2278
16. Julien C, Saikh SI, Nazri GA (1990) Disordered MoS$_2$ used as cathodic material in Li electrochemical cell. ISSI Lett 1:12–14
17. Julien C, Saikh SI, Nazri GA (1992) Electrochemical studies of disordered MoS$_2$ as cathode material in lithium batteries. Mater Sci Eng B 15:73–77
18. Bichel R, Levy F (1986) Influence of process conditions on the electrical and optical properties of RF magnetron sputtered MoS$_2$ films. J Phys D 19:1809–1820
19. Julien C, Nazri GA (1994) Solid state batteries: materials design and optimization. Kluwer, Boston, MA
20. Julien C, Yebka B (2000) Electrochemical features of lithium batteries based on molybdenum-oxide compounds. In: Julien C, Stoynov Z (eds) Materials for lithium-ion batteries, NATO-

ASI series, Ser 3–85. Kluwer, Dordrecht, pp 263–277
21. James ACWP, Goodenough JB (1988) Structure and bonding in Li_2MoO_3 and $Li_{2-x}MoO_3$ ($0 \leqslant x \leqslant 1.7$). J Solid State Chem 76:87–96
22. Julien C, Nazri GA (1994) Transport properties of lithium-intercalated MoO_3. Solid State Ionics 68:111–116
23. Guzman G, Yebka B, Livage J, Julien C (1996) Lithium intercalation studies in hydrated molybdenum oxides. Solid State Ionics 86–88:407–413
24. Nazri GA, Julien C (1995) Studies of lithium intercalation in heat-treated products obtained from molybdic acid. Ionics 2:1–6
25. Dampier FW (1974) The cathodic behaviour of CuS, MoO_3, and MnO_2 in lithium cells. J Electrochem Soc 121:656–660
26. Margalit N (1974) Discharge behaviour of Li/MoO_3 cells. J Electrochem Soc 121:1460–1461
27. Kumagai N, Kumagai N, Tanno K (1988) Electrochemical characteristics ans structural changes of molybdenum trioxide hydrates as cathode materials for lithium batteries. J Appl Electrochem 18:857–862
28. Sugawara M, Kitada Y, Matsuki K (1989) Molybdic oxides as cathode active materials in secondary lithium batteries. J Power Sourc 26:373–379
29. Ekstrom T (1972) Formation of ternary phases of Mo_5O_{14} and $Mo_{17}O_{47}$ structure in the molybdenum-wolfram-oxygen system. Mater Res Bull 7:19–26
30. Julien C, Nazri GA, Guesdon JP, Gorenstein A, Khelfa A, Hussain OM (1994) Influence of the growth conditions on electrochemical features of MoO_3 film-cathodes in lithium microbatteries. Solid State Ionics 73:319–326
31. Julien C, Khelfa A, Hussain OM, Nazri GA (1995) Synthesis and characterization of flash evaporated MoO_3 thin films. J Cryst Growth 156:235–244
32. Julien C, Hussain OM, El-Farh L, Balkanski M (1992) Electrochemical studies of lithium insertion in MoO_3 films. Solid State Ionics 53–56:400–404
33. Julien C, El-Farh L, Balkanski M, Hussain OM, Nazri GA (1993) The growth and electro-chemical properties of metal-oxide thin films: lithium intercalation. Appl Surf Sci 65–66:325–330
34. Julien C, Yebka B, Guesdon JP (1995) Solid-state lithium microbatteries. Ionics 1:316–327
35. Kröger M, Hamwi S, Meyer J, Riedl T, Kowalsky W, Ouchi Y (2009) Role of the deep-lying electronic states of MoO_3 in the enhancement of hole-injection in organic thin films. Appl Phys Lett 95:123301
36. Kim DY, Subbiah J, Sarasqueta G, So F, Ding H, Gao Y (2009) The effect of molybdenum oxide interlayer on organic photovoltaic cells. Appl Phys Lett 96:093304
37. Julien C (1996) Electrochemical properties of disordered cathode materials. Ionics 2:169–178
38. Goodenough JB, Manthiram A, James ACWP, Strobel P (1989) Lithium insertion compounds. Mater Res Soc Symp Proc 135:391–415
39. Honders A, Broers GHJ (1985) Bounded diffusion in solid solution electrode powder compacts. Part I. The interfacial impedance of a solid solution electrode (M_xSSE) in contact with a m^+-ion conducting electrolyte. Solid State Ionics 15:173–183
40. Basu S, Worrell WL (1979) Chemical diffusion of lithium in Li_xTaS_2 and Li_xTiS_2 at 30 °C. In: Vashishta P, Mindy JN, Shenoy GK (eds) Fast ion transport in solids. North-Holland, Amsterdam, pp 149–152
41. Armand M (1980) Intercalation electrodes. In: Murphy DW, Broadhead J, Steele BCH (eds) Materials for advanced batteries. Plenum, New York, NY, pp 145–161
42. Honders A, der Kinderen JM, van Heeren AH, de Wit JHW, Broers GHJ (1985) Bounded diffusion in solid solution electrode powder compacts. Part II. The simultaneous measurement of the chemical diffusion coefficient and the thermodynamic factor in Li_xTiS_2 and Li_xCoO_2. Solid State Ionics 15:265–276
43. Julien C, El-Farh L, Balkanski M, Samaras I, Saikh SI (1992) Studies of the transport properties in lithium-intercalated $NiPS_3$. Mater Sci Eng B 14:127–132
44. Maeir J (1991) Diffusion in materials with ionic and electronic disorder. In: Nazri GA, Huggins RA, Shriver DF (eds) Solid state ionics II, vol 210. Materials Research Society, Pittsburgh, PA, pp 499–510
45. Weppner W, Huggins RA (1977) Determination of the kinetic parameters of mixed-conducting electrodes and application to the system Li_3Sb. J Electrochem Soc 124:1569–1578
46. Minami T (1984) Fast ion conducting glasses. J Non-Cryst Solids 73:273–284
47. Machina N, Fuchida R, Minami T (1989) Behavior of rapidly quenched V_2O_5 glass as cathode in lithium cells. J Electrochem Soc 136:2133–2136
48. Nabavi M, Sanchez C, Taulette F, Livage J, de Guibert A (1988) Electrochemical properties of amorphous V_2O_5. Solid State Ionics 28–30:1183–1186

49. Sakurai Y, Yamaki J (1985) Electrochemical behaviour of amorphous $V_2O_5(-P_2O_5)$ cathodes for lithium secondary batteries. J Power Sourc 20:173–177
50. Lee SH, Cheong HM, Liu P, Tracy CE (2003) Improving the durability of amorphous vanadium oxide thin-film electrode in a liquid electrolyte. Electrochem Solid State Lett 6: A102–A105
51. Julien C, Guesdon JP, Gorenstein A, Khelfa A, Ivanov I (1995) The growth of V_2O_5 flash-evaporated films. J Mater Sci Lett 14:934–936
52. Oukassi S, Salot R, Pereira-Ramos JP (2009) Eleboration and characterization of crystalline RF-deposited V_2O_5 positive electrode for thin film batteries. Appl Surf Sci 256:149–155
53. Julien C, Haro-Poniatowsk E, Camacho-Lopez MA, Escobar-Alarcon L, Jimenez-Jarquin J (1999) Growth of V_2O_5 thin films by pulsed laser deposition and their applications in lithium microbatteries. Mater Sci Eng B 65:170–176
54. Madhuri KV, Naidu BS, Hussain OM, Eddrief M, Julien C (2001) Physical investigations on electron beam evaporated V_2O_5-MoO_3 thin films. Mater Sci Eng B 86:165–171
55. Liu D, Liu Y, Garcia BB, Zhang Q, Pan A, Jeong YH, Cao G (2009) V_2O_5 xerogel electrodes with much enhanced lithium-ion intercalation properties with N_2 annealing. J Mater Chem 19:8789–8795
56. Wang Y, Shang HM, Chou T, Cao GZ (2005) Effects of thermal annealing on the Li^+ intercalation properties of $V_2O_5 \cdot nH_2O$ xerogel films. J Phys Chem B 109:11361–11366
57. Ramana CV, Smith RJ, Hussain OM, Massot M, Julien CM (2005) Surface analysis of pulsed-laser-deposited V_2O_5 films and their lithium intercalated products studied by Raman spectroscopy. Surf Interface Anal 37:406–411
58. Julien C, Gorenstein A (1995) R&D of lithium microbatteries using transition oxide films as cathodes. J Power Sourc 15:373–391
59. Julien C, Gorenstein A, Khelfa A, Guesdon JP, Ivanov I (1995) Fabrication of V_2O_5 thin films and their electrochemical properties in lithium microbatteries. Mater Res Soc Symp Proc 369:639–647
60. Gorenstein A, Khelfa A, Guesdon JP, Julien C (1995) Effect of the crystallinity of V_6O_{13} films on the electrochemical behaviour of lithium microbatteries. Mater Res Soc Symp Proc 369:649–655
61. Gorenstein A, Khelfa A, Guesdon JP, Nazri GA, Hussain OM, Ivanov I, Julien C (1995) The growth and electrochemical properties of V_6O_{13} flash-evaporated films. Solid State Ionics 76:133–141
62. Swider-Lyons KE, Love CT, Rolison DR (2002) Improved lithium capacity of defective V_2O_5 materials. Solid State Ionics 152–153:99–104
63. Kröger FA (1964) Chemistry of imperfect crystals. North-Holland, Amsterdam
64. Abo-el-Soud AM, Mansour B, Soliman LI (1994) Optical and electrical properties of V_2O_5 thin films. Thin Solid Films 247:140–143
65. Liquan C, Schooman J (1994) Polycrystalline, glassy and thin films of $LiMn_2O_4$. Solid State Ionics 67:17–23
66. Escobar-Alarcon L, Haro-Poniatowski E, Jimenez-Jarquin J, Massot M, Julien C (1999) Physical properties of lithium-cobalt oxides grown by laser ablation. Mater Res Soc Symp Proc 548:223–228
67. Julien C, Camacho-Lopez MA, Escobar-Alarcon L, Haro-Poniatowski E (2001) Fabrication of $LiCoO_2$ thin film cathodes for rechargeable lithium microbatteries. Mater Chem Phys 68:210–216
68. Garcia B, Farcy J, Pereira-Ramos JP, Perichon J, Baffier N (1995) Low-temperature cobalt oxide as rechargeable cathodic material for lithium batteries. J Power Sourc 54:373–377
69. Tarascon JM, Guyomard D (1993) The $Li_{1+x}Mn_2O_4$/C rocking-chair system: a review. Electrochim Acta 38:1221–1231
70. Tarascon JM (2000) Better Electrode materials for energy storage applications through chemistry. In: Julien C, Stoynov Z (eds) Materials for lithium-ion batteries, NATO-ASI Series, Ser 3–85. Kluwer, Dordrecht, pp 75–103
71. Chitra S, Kalyani P, Mohan T, Gangadharan R, Yebka B, Castro-Garcia S, Massot M, Julien C, Eddrief M (1999) Characterization and electrochemical studies of $LiMn_2O_4$ cathode materials prepared by combustion method. J Electroceram 3:433–438
72. Kosova NV, Asanov IP, Devyatkina ET, Avvakumov EG (1999) State of manganese atoms during the mechanochemical synthesis of $LiMn_2O_4$. J Solid State Chem 146:184–188
73. Soiron S, Rougier A, Aymard L, Julien C, Moscovici J, Michalowicz A, Hailal I, Taouk B, Nazri GA, Tarascon JM (2003) Relationship between the structural and catalytic properties of mechanosynthesized lithiated manganese oxides. Ionics 9:155–167
74. Endres P, Ott A, Kemmler-Sack S, Jager A, Mayer HA, Praas HW, Brandt K (1997) Extraction

of lithium from spinel phases of the system $Li_{1+x}Mn_{2-x}O_{4-\delta}$. J Power Sourc 69:145–156
75. Xia Y, Sakai T, Fujieda T, Yang XQ, Sun X, Ma ZF, McBreen L, Yoshio M (2001) Correlating capacity fading and structural changes in $Li_{1+y}Mn_{2-y}O_{4-\delta}$ spinel cathode materials. J Electrochem Soc 148:A723–A729
76. Bernier JC, Poix P, Michael A (1961) Sur deux vanadates mixtes du type spinelle. CR Acad Sci (Paris) 253:1578
77. Fey GTK, Li W, Dahn JR (1994) $LiNiVO_4$: a 4.8 volt electrode material for lithium cells. J Electrochem Soc 141:2279–2282
78. Prabaharan SRS, Michael MS, Radhakrishna S, Julien C (1997) Novel low-temperature synthesis and characterization of $LiNiVO_4$ for high-voltage Li-ion batteries. J Mater Chem 7:1791–1796
79. Orsini F, Baudrin E, Denis S, Dupont L, Touboul M, Guyomard D, Piffard Y, Tarascon JM (1998) Chimie douce synthesis and electrochemical properties of amorphous and crystallized $LiNiVO_4$. Solid State Ionics 107:123–133

第10章
锂离子电池负极

10.1 引言

锂离子电池（LiBs）自1991年第一次由索尼公司商品化以来，取得了长足进步。其中 LiCoO$_2$ 和石墨分别作为正极和负极的活性物质。LiBs 现在是运输和通信中的主要储能装置，从便携式电脑到电动和混合动力车辆都可应用。最近，它们也被用作备用电源单元，频率调节器（负载调平），将风车和光伏电站生产的电力整合到智能电网中（最近的综述见文献[1]）。这些应用需要高能量密度，高功率和安全性。为满足这些要求，科研人员们已经做出了相当大的努力来进行电极研制。我们回顾了最近正极材料的工作和进展[2~6]。目前的工作集中于负极材料。虽然电极在充电和放电过程中可交替地起负极和正极的作用，但通常只使用负极和正极的术语，即负极和正极。为了简明起见，我们将使用以下术语。

理想的负极活性物质应满足以下要求。①重量轻，尽可能多地容纳 Li 以优化质量比容量。②在任何 Li 浓度时，具有较低的 Li/Li$^+$ 的氧化还原电位。其原因是正极材料的氧化还原电位减去该电位，即为电池的整体电压，而较小的电池电压意味着较小的能量密度。③由于锂离子和电子的快速运动意味着电池的功率密度较高，因此它必须具有良好的电子和离子电导率。④不得溶于电解质溶剂中，不能与锂盐反应。⑤必须安全，即避免电池的热失控，这个标准并不仅仅为某个电池单独设置，但在用于电动车辆和飞机等运输中需特别注意。⑥必须廉价环保。关于这些的不同标准，必须对现有锂离子电池负极材料进行相应讨论。

石墨作为最常用的负极材料，仍然有参考价值。1955年[7]，在实验中首次得到锂插入石墨的相关数据，并于1965年成功合成 LiC$_6$[8]。然而，当时没有通过电化学过程获得 LiC$_6$。10年之后，Besenhard 和 Eichinger 发现锂在石墨中的可逆嵌入，于1976年提出了碳材料可作为锂离子电池负极这一观点[9,10]。增加 LiC$_6$ 中的 Li 含量是有可能的[8]，但不可能获得超过 LiC$_6$ 的可逆循环容量。因此，石墨负极可以具有从 Li 到 LiC$_6$ 的循环能力，在此阶段 I 插层反应中，Li 位于碳层之间。与 C 和 LiC$_6$ 之间的循环相关的理论容量为 372mA·h·g^{-1}。如此，并不能完全满足上述①的要求，所以负极材料研究的目标是提高其容量。但目前倾向于关注容量提高。因正极与负极相比，容量更加有限。通常，正极元件的容量在 140~200mA·h·g^{-1} 的范围内。因此，通过单独增加负极容量，电池的总容量增益是有限的[11]。图10.1中为18650型锂离子电池的总容量和负极容量的关系。当负极容量达到一般 500mA·h·g^{-1} 时，总容量几乎饱和。一方面，这表明通常在半电池（即用锂金属对电极）上进行的负极材料的测试是有误导性的。另一方面，石墨的容量为 372mA·h·g^{-1}，明显低于该饱和极限，对具有较高容量的负极的研究显然是有意义的。②得到很好的满足，因为石墨与 Li 金属的电位只有 0.15～0.25V。亦可满足③的要求。石墨是室温下电子电导率超过 10^{-3}S·cm^{-1} 的半金属，而 LiC_6 具有高的锂离子迁移率的金属性，可达 10^{-10}～$10^{-8}cm^2·s^{-1}$。要求④有一定困难，必须保护石墨免于与电解液发生副反应。在以石墨为负极的电池的电解质中用作溶剂的碳酸亚乙酯（EC）可起这样的作用。由于存在 EC 基的溶剂，在第一次循环期间在石墨颗粒的表面就形成固体电解质界面（SEI）。该 SEI 可防止过度的溶剂插入石墨层中并充当良好的锂离子导体[12~16]。此外，它阻止了在充电终点形成的具有强烈还原性的 LiC_6 直接与电解质接触。另外，由于副反应，不能过度使用碳酸亚丙酯（PC）等导电性溶剂，因为到达石墨表面的锂离子浓度必须在一定范围内，使锂离子有时间插入石墨，否则 Li 沉积在表面产生安全问题[17,18]。因此，研究重点也在寻找相对于④和⑤的更有效新型电极材料。关于⑥，石墨成本不是很高，除了专门的石墨如 Meso-Carbon MicroBeads（MCMB）石墨或微晶石墨，它们意味着昂贵的制造工艺。

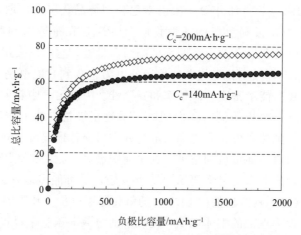

图 10.1 18650 型锂离子电池的总容量与负极容量的关系[11]
（负极容量分别为 140mA·h·g^{-1} 和 200mA·h·g^{-1}，2007 Elsevie 授权引用）

从这个结论可以很容易地理解，由于负极材料必须满足许多要求，所以很难有替代现有的石墨材料的新型负极材料出现。在市场上推出的唯一一款可替代碳负极的材料为索尼在 2005 年开发的复合 Sn/Co/C[19]。在这里，Sn 是电化学活性元素，其例证了在综述[20]中的所谓的包括金属准金属的合金负极和合金化合物的等方面研究的有效性。钴和碳是有助于更好循环的非活性基质元素。该负极材料已经实现了大约 400mA·h·g^{-1} 的可逆容量，与石墨相比其优点是增强了安全性和具有较低的成本。另一个负极 $Li_4Ti_5O_{12}$ 是非常有希望的，这种材料已经商业化，但装备这种负极的电池仍然是在实验室规模制造的。在 2010 年之前，用这种负极获得的相关成果已经在文献 [21] 中进行了综述。在过去 10 年中，对其他负极化合物进行了积极的研究[22~67]。它们包括金属形式的金属负极，金属间化合物[20]，氧化物和含氧盐（包括磷酸盐和碳酸盐[22]，氧化钒[34]，氧化钼[34,68]，基于 TiO_2 的纳米结构材料[31,35,38,53,69~73]），更寻常的是氟化物[27,75]，硫化物[27]，硒化物[25]，氮化物[27]，磷化物[25,27]，锑化物[25]等嵌锂后发生物质转化的电极[27,74]和石墨烯纳米复合材料[76]。许多研究也集中在硅负极[77~86]，这说明了这种负极材料非常有前景。并由新的纳米技术推动，可以预测其具备以下优点：①比较大的颗粒，纳米尺寸的活性颗粒可经受 Li 嵌入/脱出时的巨大的膨胀/收缩的内应力而结构不被破坏；②纳米材料的较大表面积/体积比的特性，意味着该材料具有较大的比容量和与负极/电解液的两相的界面，良好的两相界面具有高锂离子通量；③由于电子传导和 Li^+ 扩散路径长度的减少，锂扩散和电子传导性得到改善，导致电池具有更强的功率容量。因此，众多研究工作致力于纳米尺度负极颗粒的合成和性能分析，已进行特别综述总结[49,87]。一些研究也聚焦于含有碳基的纳米颗粒（碳纳米管，石墨烯复合材料）[41,88~93]。

本章的目的是回顾近期提出的不同类型负极材料的相关工作，重点关注过去5年来在这一领域的进展。更早期的文献也在本文中引用的综述中列出。根据要求①~⑤，我们对不同负极材料的性能进行了比较研究。

10.2 碳基负极

共有两种类型的碳可作为活性负极材料[94,95]：软碳，也称石墨化碳，其中微晶几乎沿相同的方向取向以及硬碳，其中微晶具有无序取向。两种材料都用于锂离子电池，但它们具有不同的性能。

10.2.1 硬碳

在软碳负极获得进展之前，硬碳材料具有高可逆性和高可逆性容量的优势。目前硬质石墨的容量在 $200\sim600\ mA\cdot h\cdot g^{-1}$[96~100]范围内。通常意义上，硬碳的问题不是容量，而是其较差的倍率性能。而倍率性能是由与石墨层的随机取向相关的许多空隙和缺陷引起的缓慢扩散过程所决定的。此问题似乎已经在热解的蔗糖合成的纳米多孔硬碳中得到了解决。硬碳负极微层状纳米多孔硬碳[101]，由于具备快速的锂扩散能力（$4.11\times 10^{-5}\ cm^2\cdot s^{-1}$）使该电极具有较好的倍率性能，可逆容量为 $500\ mA\cdot h\cdot g^{-1}$，循环寿命长。

10.2.2 软碳

用于负极的最普遍的石墨材料是中间相碳微球（MCMB），中间相沥青基碳纤维（MCF），气相生长碳纤维（VGCF）和大规模人造石墨（MAG）。这些软碳负极的循环寿命长，库仑效率大于 90%[54,102~106]。它们的比容量接近理论值 $372\ mA\cdot h\cdot g^{-1}$，对应于形成 LiC_6。如引言中所讨论的，容量较低是一个限制性因素，目前科研人员们正在努力提高其容量[107]。提高容量的方案有两种：应用多孔碳和纳米级碳。实际上，介孔碳也是一种纳米尺度的碳。例如，文献[108]报道介孔碳在首次循环中容量为 $1100\ mA\cdot h\cdot g^{-1}$，第20个循环容量为 $850\ mA\cdot h\cdot g^{-1}$。而该介孔碳的长度为 $10.5\ nm$，孔的平均尺寸为 $3.9\ nm$，碳壁厚度为 $6.6\ nm$。事实上，各种形态的纳米尺度碳（纳米管，纳米线，石墨烯）是最有希望的负极材料之一。这个方案的主旨是将碳材料尺寸减小到极小尺度（通常为10nm），电子态的量子限制效应改变了大尺度材料的电子结构和特性。该改变消除了 $372\ mA\cdot h\cdot g^{-1}$ 容量[109~114]限制，引入了有利于存储容量的新型特性。除了量子效应，纳米结构碳小封闭空间中可用于锂离子存储的位置的增加，也可以对碳材料出现的超过理论容量[99,115,116]的相关现象做出合理解释。例如，具有 $20\ nm$ 外径和 $3.5\ nm$ 壁厚的碳纳米管（图 10.2），其容量为 $1200\ mA\cdot h\cdot g^{-1}$，并且可在 $0.4\ A\cdot g^{-1}$ 的电流密度下循环超过数百周。即使在 45A·g^{-1} 的较高电流密度下,容量也高达 500mA·h·g^{-1}[117]。

10.2.3 碳纳米管

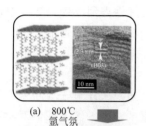

(a) 800℃ 氩气氛

(b) 盐酸蚀刻

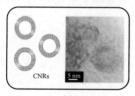

(c)

图 10.2 在含有共插十二烷基磺酸钴(DSO)阴离子和甲基丙烯酸甲酯(MMA)钴(Ⅱ)-铝(Ⅲ)层状双氢氧化物(LDH)的 CoAl-DSO-MMA-LDH 基质中制备碳纳米管(CNR)的不同阶段的示意图和 HRTEM 图像
(a) (CoAl-DSO-MMA-LDHCoAl-DSO-MMA-LDH) 前驱体;
(b) 在 800℃ 的 Ar 气氛中煅烧后的 CoAl-DSO-MMA-LDH;
(c) 在基体溶解后获得的分离的 CNR(经 [117] 许可转载。版权所有 2013Wiley)

碳纳米管(CNTs)通常与其他活跃的负极材料一起使用,以通过利用其优异的电子导电性,机械和热稳定性来改善电化学性能[107,118]。CNTs 根据其厚度和同轴层的数量分为单壁(SWCNTs)和多壁(MWCNTs)。锂可嵌入到位于准石墨层表面和中心管表面的稳定位点,预测 SWCNTs 的可具备最高可逆容量,估计容量可达 1116mA·h·g^{-1}[119~122],对应化学计量 LiC$_2$ 化合物。此理论预测已通过实验验证,因为通过激光蒸发过程产生的纯化的 SWCNTs 产生大于 1050mA·h·g^{-1}[123] 的容量,这是 SWCNTs 负极获得的最大容量。虽然具备高容量的纯化 SWCNTs 已可通过激光蒸发获得,但是,制备不含有可严重降低可逆容量和库仑效率的缺陷或杂质的 CNTs 还是非常困难的。因此,目前很多工作致力于研究制备方式[107,119] 及形态(厚度,孔隙率,形状)[124,125]。

直到最近,MWCNTs 都没有达到 SGCNTs 的性能水平。商业 MWCNTs 具有接近 250mA·h·g^{-1} 的容量,纯化后,容量提高到 400mA·h·g^{-1}。通过固态过程[126] 化学成孔的 MWCNTs(DMWCNTs)[126] 得到了制备。

在这项工作中,氧化钴颗粒已经沉积在纳米管的表面上,并且在氧化过程之后被去除,导致材料出现了 4nm 的孔隙。在 0.02~3.0V 之间循环的 DMWCNTs 的可逆容量超过 600mA·h·g^{-1}。经测试发现该材料可在 20 个循环中保持稳定。通过催化剂沉积和化学气相沉积(CVD)两步法合成并直接生长于铜集流体的界面控制 MWCNTs 结构[127] 已经取得了进展,其容量为 900mA·h·g^{-1},在 50 周循环中无衰减。迄今为止,MWCNTs 的最佳结果是通过原子层沉积(ALD),在 MWCNTs 负极上直接生长 10nm 厚的 Al$_2$O$_3$ 后获得的;在 372mA·g^{-1}[128] 的电流密度下,其负极具备 1100mA·h·g^{-1} 的稳定容量,在 50 次充放电循环中无衰减。通过模拟来理解 ALD-Al$_2$O$_3$ 涂层的影响,表明涂层有效地阻挡了电解质中吸附 EC 分子的电子隧穿效应,从而降低了电解质的分解[129]。

因此,实验和模拟均表明 ALD-Al$_2$O$_3$ 涂层可作为"人造" SEI。但是,请注意,当直接涂覆由粉末制成的预制电极时,可以获得出色的性能。另外,当通过 ALD 涂覆电极材料,然后将涂覆的材料制成电极时,反而获得不良结果。在后一种情况下,负极功率性较差是由于绝缘的 Al$_2$O$_3$ 膜抑制这些集流体和活性负极之间的电子传导路径[130]。

上述最近的结果表明,现在可以制备具有良好电化学性质的基于 MWCNTs 的负极。然而,MWCNTs 负极的缺点在于电极存在 Li 诱导的脆化的倾向[131]。原因是当 Li 插入时,MWCNTs 的同心和紧密结构不允许像石墨那样在 c 轴或径向方向膨胀石墨层,从而引起大的应力。这可能会导致老化，特别是在汽车等存在强烈振动的交通工具中[78]。将 CNTs 与另一种纳米结构材料（Si，Ge，Sn-Sb，M_xO_y，M = Mn，Ni，Mo，Cu，Cr）[93,103,107,113,132,133]结合的混合负极也获得了良好的性能。通过磁控溅射将 Fe_3O_4 均匀涂覆到阵列 CNTs 上，其容量可超过 $800mA·h·g^{-1}$，具有 100 次稳定的充电放电循环[134]；MoS_2/MWCNTs 在第 60 个循环[135]具有 $1030mA·h·g^{-1}$ 的稳定容量。尽管有这些满意的数据，但是 CNTs 在锂离子电池工业中还没有得到应用，这主要是因为它们的高成本及制备的样品很难免于结构性缺陷和高电压滞后。

10.2.4 石墨烯

石墨烯是石墨的一个原子层片。其具有良好的电子导电性，较高机械强度和较大比表面积，使其作为负极材料极具吸引力[33,112,113,136,137]。事实上，单层表面可以吸收的锂的量很小[138]，但是考虑到多层石墨烯片，其理论容量远远大于石墨的理论容量，即 $780 mA·h·g^{-1}$，如果锂离子可以在两个位置上被吸收，即对应化学计量比化合物 Li_2C_6，它的理论容量可提高到 $1116mA·h·g^{-1}$；如果锂离子在苯环上被捕获，则可以共价键结合形成化学计量比物质 LiC_2[112,139,140]。实验证实，由石墨烯提供的初始容量大于石墨。然而，石墨烯的问题是循环老化衰减[141~143]。例如，氧化的石墨烯纳米带在首周具有 $820mA·h·g^{-1}$ 的放电容量，但在第 15 个循环中降低至约 $550mA·h·g^{-1}$[142]。由于无序状态可引入新的锂储存活性位点，无序石墨烯[140]可达到 $1050mA·h·g^{-1}$ 的较大容量。

无序石墨烯的缺点在于其与无序状态相关的较差的电子传导性，并使功率密度受到限制，循环中的容量的衰减也未被解决。然而，这一问题已经在 Wang 等人的杰出工作中得到解决。他们通过将含有石墨烯氧化物（GO）、磺化聚苯乙烯（S-PS）球体和聚乙烯基吡咯烷酮（PVP）的流体的泡沫镍作为前驱体，原位构建了一种新型的掺杂分层多孔石墨烯（DHPG）电极。多孔石墨烯直接生长在镍泡沫的骨架上而不添加任何黏合剂，可以确保电极组件具备高电子导电性。来自 PVP 的氮原子和 S-PS 的硫原子在前驱体的热解过程中成功地原位掺杂到石墨烯中。受益于结构和掺杂的协同效应，新型电极可具备 $116kW·kg^{-1}$ 的高功率密度，而能量密度在 $80A·g^{-1}$（充满电仅为 10s）时保持高达 $322W·h·kg^{-1}$，这提供了同时具备超级电容器功率密度和电池能量密度的电化学能储存。此外，这些优化的电极具有长周期循环能力（3000 周）、几乎无容量损失和可在 20~55℃ 范围内保持高容量的宽温度特性。这是迄今为止用碳基负极获得的最出色的性能。接下来的问题是研究这样的负极是否能够以合理的价格在工业规模下制造，是否可满足我们在引言中列出的标准。

最后的实验结果表明掺杂有利于石墨烯负极的性能。具有 5 个价电子并且具有与 C 相当的原子尺寸的氮元素是最普遍的掺杂剂，形成了强共价 C—N 键破坏碳原子的电中性。该掺杂在原始石墨烯的蜂窝晶格中产生无序态，可能有助于防止石墨烯片重新堆叠，并且向碳网络提供更多的电子，增加了电导率[145]。显然，参考文献［144］中采用的合成方法可避免循环时电极老化衰减，其主要原因就是该方法有效地防止石墨烯片重新堆叠。为避免石墨烯的重新堆叠趋势，促使人们研制一种石墨烯与其他电活性负极材料纳米颗粒复合的新型材料，这将在以下部分中描述。事实上，随着每个石墨面和 n-电子的暴露，石墨烯是负极的理想支撑材料[146,147]。弹性强，柔性和导电的石墨烯可以适应颗粒在循环时所承受的体积变化，从而有益于纳米颗粒的结构稳定性，提高循环寿命。此外，纳米颗粒在石墨烯片上的接合防止石墨烯重新堆叠，如根据图 10.3 所示方法制备的文献［146］中 Co_3Sn_2/Co 与 N

掺杂的石墨烯的复合纳米颗粒材料，相对于最初的纳米颗粒，性能得到了很大的提高和改善。在 0.005~3V 的电压范围内，该复合材料的电化学容量为 1600mA·h·g^{-1}（测试电流密度为 250mA·g^{-1}）和 800mA·h·g^{-1}（测试电流密度为 2500mA·g^{-1}），并在第 2 和第 100 次循环之间几乎保持恒定。循环和倍率方面的优良性能，使得这种复合材料与本章涉及的其他负极材料相比，具有很强的竞争力。

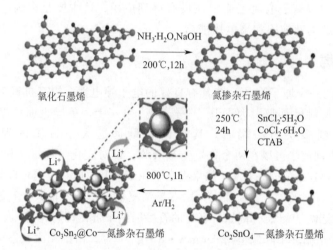

图 10.3　Co_3Sn_2-Co-NG 复合材料合成方法示意图及其可逆 Li^+ 储存的电化学机理（转载自 [146]。版权所有 2013 美国化学学会）

10.2.5　表面修饰碳材料

我们已经提到 EC 在电解液中的存在可能形成保护石墨负极的 SEI 膜。然而，在这种情况下形成的 SEI 具有相当厚度。与一些先前的标准要求相反，由于层状多孔石墨烯负极支持的充放电速率高达 80A·g^{-1}，所以较厚的 SEI 膜并不能确定成为高倍率性能障碍。然而，SEI 表面的质量（孔隙度，缺陷），在某些情况下可能会显著影响电化学性能。此外，SEI 的形成并不限于在石墨循环的第一周期，这可能影响其寿命。因此，希望通过涂层来保护石墨。我们前面提到的 MWCNTs 的 ALD-Al_2O_3 涂层[127,128]是一个很好的例子。ALD 是一种一流的技术，可以构建均匀且可良好控制的纳米结构涂层，但也是昂贵的。然而，也可以采用成本较低的碳包覆的方式，对负极进行改善。在文献 [148] 中已经研究了碳涂层和非涂层石墨之间的差异。其结果是，在包覆的石墨上形成的 SEI（60~150nm）比在非包覆石墨（450~980nm）上形成的 SEI 要薄得多。此外，碳涂层防止石墨和电解质之间直接接触，碳酸亚丙酯的分解大大降低，并且阻止了电解质物质（有机碳酸酯）插入石墨层内部[104,149]。表面的一层薄软碳，提高了硬碳的库仑效率和容量[150]。

10.3　硅负极

硅是门捷列夫周期表中第Ⅳ主族排在碳之后的元素，因其廉价及比容量极高，研究人员对 Si 基电极已经进行了大量研究工作。对应 $Li_{4.4}Si$[151]，硅材料的容量可达 4200 mA·h·g^{-1}。此外，硅与 Li 反应的起始电位高于 Li/Li^+ 氧化还原电位（0.3~0.4V），这避免了石墨负极遇到的锂沉积的安全问题。因此，硅材料可满足引言部分中①，②和④相应的要求。由于 Si 是半导体，也可以基本满足③的要求。实际上，与本综述中提及的 Sn，Sb 等其他负极材料类似，硅材料的问题在于较大不可逆容量和容量衰减。由于充电/放电过程中的体积变化很大，在首周循环后，硅负极性能出现较大下降[152~158]：从 Si 转化为 $Li_{4.4}Si$，体积膨胀率为 420%[159~163]。循环后的这种巨大的体积变化导致 Si 颗粒的破裂和粉碎以及一些颗粒与导电碳和集流体脱离[164~166]。在脱 Li 过程中，通过原子力显微镜观察到硅颗粒的破裂[20,25,154,167]。裂纹的形成也已经通过原位扫描电子显微镜研究证实[168]。原位实验表明，直径为 240~360nm 的结晶 Si（c-Si）柱的裂纹得到了一定的缓解[169]。原位实验表明，在高锂化速率（分钟级别）的条件下，150nm 以下的微粒没有裂纹[170]；在低的锂化速率下，无裂纹的微粒尺寸限制可以提高到 $2\mu m$[168]。然而，我们认为颗粒的裂纹不产生于锂化过程中，而是在脱锂过程中，所以这些结果并不令人印象深刻。在锂化时，Si 和基体都处于压应力下，而裂纹的起始和扩展是拉应力的结果[20]。在锂化时，Si 颗粒保持完整。颗粒破裂与否也取决于几何形状，甚至 150nm 厚的 Si 结构也可能在循环时破裂[171]。此外，即使颗粒不破裂，也可以发现在锂脱出过程中 Si 负极的内部电阻急剧上升，即发生 Si 颗粒与碳基体的断开[172]。相反也是如此，在刚性金属基底上沉积的 150nm 厚的 Si 薄膜，尽管它确实保持与集流体的接触[171]，但还是发生了破裂。这一结果再一次强调了几何形状和循环条件的重要性。因此，减小硅微粒的粒度至纳米范围是减轻应力的必要条件[173]。据报道，减小颗粒尺寸对于在首周循环中不可逆容量损失没有显著影响，但是在随后循环中提高了容量保持率[174]。事实上，这个观点太片面了，因为电极颗粒破裂取决于很多因素。纳米结构电极可以更容易地吸收与体积变化相关的应力，并避免开裂[157,175]。颗粒破裂取决于颗粒的几何形状。对于给定几何体的颗粒，例如准球形[168]或柱形[169]，已经进行实验验证。此外，脱 Li 时颗粒直径的减小与其尺寸成正比，因此较小的颗粒可与基质保持接触，从而完全提取锂。这些影响降低了不可逆的容量损失，从而提高了容量的保持率。此外，硅不是良好的导体，因此纳米颗粒内电子和空穴的扩散距离较小，从而提高了倍率性能。另外，不考虑其化学性质，纳米颗粒也具有诸如制造成本高和处理难度大的缺点[176]。此外，与电解质接触的面积同时增加了与电解质的副反应。当负极的电位低于 1V（vs. Li/Li^+）时，有机电解质在颗粒表面的分解形成固体-电解质界面（SEI）。经研究，在 Si 颗粒上形成的 SEI 膜[16,177~179]，主要由碳酸锂、烷基碳酸锂、LiF、Li_2O 和非导电聚合物组成。SEI 必须是致密和稳定的，以防止发生进一步的副反应。然而，巨大的体积变化挑战了稳定 SEI 的形成，因为它可能导致 SEI 的破裂。然后，新鲜的 Si 表面暴露于电解质中，导致另外的 SEI 的形成，并且在循环时变得越来越厚[180]。这些效应可以影响循环和日历寿命。这就是硅负极的研究集中于合成不同几何形状的纳米颗粒，以及保护 Si 颗粒免受与电解质副反应影响的根本原因。以下将对这些工作进行综述介绍。

请注意，只要通过限制电压范围，硅负极即可获得更好的循环寿命。锂化的无定形 Si 在低于 50mV 的电位下转化为晶态的 $Li_{15}S_4$，导致容量衰减和高内应力，从而降低了循环寿命[181,182]。而阈值 0.1V 对应于形成化合物 $Li_{12}Si_7$ 预期的电压。实际上，Bridel 等[183]已经报道，当不被彻底锂化时，Si 颗粒不会断裂（锂化停止于 $Li_{12}Si_7$，而不是 $Li_{22}Si_5$）。另外，当锂化完全形成 $Li_{22}Si_5$ 时，颗粒破裂[168]。实际上，将下限截止电压从 0V 改变到 0.2V，可使非晶 Si 负极的循环寿命从 20 次增加到 400 次[184]。这种改变的缺点是 Si 负极比容量从 3000mA·h·g^{-1} 降低到 400mA·h·g^{-1}。在循环的容量为 1800mA·h·cm^{-2}（对应于其理论容量的约45%)时，6μm厚的Si薄膜显示出非常稳定的循环性能，库仑效率可达100%，达250次循环[182,185,186]。使用4μm和6μm厚的Si膜作为负极和标准商业$LiCoO_2$作为正极（70μm厚）的全电池以200次循环可具有1.8mA·h·cm^{-2}的稳定容量。这种面积容量非常接近当前商业LiBs负极的要求。我们早先已经注意到，当负极容量达到500mA·h·g^{-1}（参见图10.1）时，锂离子电池的容量才得以饱和，使得由缩短电压范围产生的较低容量看起来并不显著。然而，这方面内容通常只是综述性的，所有的研究都旨在使硅电极电化学充放电的电压范围保持在0~2V。因此，除非指定电压范围，报道的所有电化学特性均在该电压范围内获得。

10.3.1 Si薄膜

晶态Si在锂化时各向异性，膨胀主要集中在<110>方向[187~189]。这种各向异性可增加材料中的应力和应变。这就是在连续薄膜中，非晶Si（a-Si，在锂化时的各向同性）的性能要优于晶态Si（c-Si）的原因。这已经通过薄膜上的实验加以证实[190]。注意，即使以c-Si开始，硅也已经在第一个循环之后变成非晶态[191]；然而，由于我们刚刚提到的原因，锂化过程从a-Si开始更好，因为它会减少第一个周期内的不可逆容量损失。本节引用的文献都与a-Si性能相关。

Si薄膜已经取得了显著的循环性能。沉积于30μm厚Ni箔上的50nm厚的Si膜，在2C充放电倍率下，容量超过3500mA·h·g^{-1}，并在200次循环期间保持稳定。而1500Å的膜，在1C倍率下，200次循环容量可保持在2200mA·h·g^{-1}左右[192]。通过优化Si沉积速率等合成参数及磷掺杂的n-Si以提高电子导电性，50nm厚的n-Si的容量超过3000mA·h·g^{-1}（12C充放电），可以稳定循环1000周。另外，30C重负载的条件下，即使在循环中容量有所波动，充电/放电容量仍然超过2000mA·h·g^{-1}[193]。

通过在铜箔上的射频（rf）磁控溅射沉积的250nm厚的薄膜，30周循环容量可达3500mA·h·g^{-1}（电压范围0.02~1.2V）[194]。通过使用电子束沉积法顺序沉积Fe（无活性）和Si（活性）在Cu衬底上，制备Fe-Si多层薄膜[195]。退火后，存在于Fe-Si界面的稳定的Fe-Si相，可作为Si与Li[196]的合金化反应的缓冲基体。该薄膜电极在30A·cm^{-2}的恒定电流密度下，300周循环中体积比容量可稳定在3000mA·h·cm^{-3}（30℃，电压范围0~1.2V）。这些结果表明，膜电极性能主要取决于与载体的结合力、沉积速率和沉积温度、膜厚度和退火处理等参数。通过物理气相沉积[193,197]或磁控溅射[198]制备的Si膜可以获得高达3000周循环的长寿命。

10.3.2 Si纳米线

在低负载条件下，薄膜或纳米颗粒具有良好的性能。同时，硅纳米线（Si Nws）阵列在纳米线之间提供了足够的空间，可以适应与锂的嵌入/脱出相关的体积变化。每根SiNws都与集流体导电连接，使得它可以有助于总容量的提升，从而不需要导电碳添加剂和聚合物黏合剂[83]。参考文献中已经对其生长方法进行了综述[199]。最普遍的方法是在气相沉积反应器中于气态Si载气气氛，在300~1000℃的温度范围内进行的气固-液体（VLS）生长，其产物形态取决于气体前驱体和金属催化剂的类型[199]。Si Nws线径范围从几纳米到几百微米。热板（冷壁）反应器中Au催化的VLS生长合成的互连和弯曲的Si纳米线，在全能量密度下具有长循环寿命[200]。在没有充电电压限制，C/2倍率40次循环后，容量可保持在 3100mA·h·g^{-1}。负极也可以以 8C 倍率循环而不损坏，在这种情况下，容量仍然保持为大约 500mA·h·g^{-1}。此容量已达到图 10.1 中提出的负极的最优有效的容量。我们认为，该电极实际上经过特意优化设计。

由于第一阶段生长后的缠结，集流体电极上 Si 的量约为 1.2mg·cm^{-2} 数量级，如此克服了在电池电极中使用纳米材料的缺点之一，即体积能量密度低[31]。在气相中用 PH$_3$ 实现第一生长步骤，以产生其核掺杂磷的 n-Si Nws 晶核，旨在改善电导率，提高倍率性能。此外，导线由覆盖晶核的无定形壳组成。这被认为是最好的结构配置，因为无定形壳能够防止脱锂时在表面层中产生初始裂纹。以前的工作中，对循环寿命的改进主要是加强 Nws 之间的互连以防止它们与基板分离。这种纠缠状态主要是由于平面炉的使用。在这种情况下，炉上方气相中的温度迅速下降，使得在停滞层短暂地垂直生长之后，纳米线倾向于扭曲其向衬底的生长方向。由于这种增长方向的变化，Nws 变得高度纠缠。

通过 VLS-CVD 生长的 Nws 通常由 c-Si 核和 a-Si 壳构成[200]。还有进一步的实验证明，通过在 c-Si Nws 上 CVD 沉积可被锂化的 a-Si 层，确实可以改善循环寿命[157,201]。为了避免开裂和快速衰减，假设纳米颗粒上获得的结果适用于 Nws[168,202]，c-Si Nws 的直径必须保持在 240~360nm 之间[169]，而对于 a-Si Nws 则在 900nm 左右。特别是在文献 [178] 中，未反应的 Si Nws 的平均直径为 89nm。在锂化后，Nws 保持完整，而它们的直径增加到 141nm。Si Nws 也可以通过可扩大的超临界流体-液-固（SFLS）方法制备。在该方法中，将金属纳米粒子（例如 Au 胶体）与含盐反应物（己烷，甲苯，苯）混合成为溶液，在一定的温度和压力条件下变为超临界态。已经研究了黏合剂，电解质和存在的金种子对基于 SFLS 生长的 Nws 的负极性能的影响[203]。在 Au 催化的 SFLS 线上使用藻酸钠黏合剂[204] 获得最佳结果的同时，还要向电解质中加入氟代碳酸亚乙酯作为添加剂，在以上情况下，作者报道的材料具有良好的循环性。海藻酸盐的作用将在以后的 SEI 稳定性的相关章节下进行讨论。

在实验室级别的研究工作中，Nws 也可通过蚀刻获得（见综述 [78]）。然而，由于成本高，难以用于工业级别的生产[78]。但是，金属辅助湿法化学蚀刻（MaCE）技术，代表了一种有趣的降低成本的方法，使用 c-Si 粉末进行蚀刻（而不是 c-Si 晶片）[205]。在硅颗粒本体中形成长度为 5~8μm，孔径为 10nm 的纳米多孔硅纳米线。这些硅电极具有 2400mA·h·g^{-1} 的高可逆充电容量，初始库仑效率为 91%，循环性能稳定。这种合成路线不仅成本低，而且适合大规模生产（产率 40%~50%，几十克级别产量），从而为生产高性能负极材料提供了有效的方法。使用直接蚀刻硼掺杂的硅晶片合成的多孔掺杂的硅纳米线已经获得了显著的效果，其中再一次使用了海藻酸钠。这里硼掺杂具有两个效果：①增加了提高倍率性能所需的电导率；②它提供有利于在硅纳米线表面上留下孔的蚀刻工艺的缺陷位置。有关合成的更多细节将在 10.3.3 关于多孔 Si 的章节中加以讨论。孔径和壁厚均约为 8nm。即使经过 250 周循环，Nws 形成的负极的容量也分别稳定在 2000mA·h·g^{-1}（2A·g^{-1}，对应 0.5C 倍率），1600mA·h·g^{-1}（4A·g^{-1}，对应 1C 倍率）和 1100 mA·h·g^{-1}（18A·g^{-1}，对应 4.5C 倍率）。甚至在 18A·g^{-1} 的电流密度下，最好的电池循环 2000 周，容量仍保持在 1000mA·h·g^{-1}。应该注意的是，这种高倍率充放电能力是在 0.3mg·cm^{-2} 的低质量负载下获得的。这是所有 Si 负极的一般通性：仅在低质量负载下，才能实现电极高倍率充放电。

最终的结果说明了两个结论：①与传统聚偏二氟乙烯（PVdF）黏合剂相比，使用藻酸盐黏合剂可大大提高硅纳米颗粒负极的循环性能，这一结论已经在文献 [204] 中得到证实；

② 它还说明了孔隙的有益效果，其限制了循环过程中颗粒体积的变化，从而提高了负极结构稳定性并稳定了负极 SEI。此外，参考文献 [151] 表明，对于 Si 纳米线上述两点同样成立。即便近期纳米线获得了长足进步，但 Si Nws 负极仍然难以与石墨负极竞争。典型的商业化石墨基负极可以存储 $4mA \cdot h \cdot cm^{-2}$ 的容量，因为它们在集流体上可负载 $50\mu m$ 厚的膜。因此，假设 Si 容量为 $3800mA \cdot h \cdot g^{-1}$，需要大于 $1mg \cdot cm^{-2}$ 的 Si 的面密度，以便与石墨负极竞争。为了满足这一条件，Nws 生长直径必须在 300nm 级别，这将使其电流倍率限制在 3C 左右[78]。这是 Nws 的主要限制，因为难以同时具有高倍速性能和高 Si 质量负载。实际上，正如我们在上一节所述的那样，容量约 $1.8mA \cdot h \cdot cm^{-2}$ 且可稳定循环 200 周的 Si 膜负极材料，才可以与石墨负极竞争。

10.3.3 多孔 Si

最近，多孔结构的 Si 负极研究取得了令人鼓舞的进展[206~208]。具有几纳米孔的多孔结构硅或具有薄壳的中空硅球，可以为锂离子插入引起的体积膨胀提供额外的自由空间，以降低其应力。这已经通过实验证实[206~210]，与模拟结果[151,207]也是一致的。有限元计算表明，在同等体积条件下，中空 Si 球体的拉伸应力是固体球体的拉伸应力的 $1/5$[207]，这意味着中空纳米结构将不容易断裂。这也已经通过实验证实[207,211]。在上一节中提及，多孔纳米线具有良好的效果，但其制备规模极其有限。实际上，具有纳米结构的多孔硅需要更大规模的制备方法，这已经在文献 [84] 中进行了综述。一种解决方案是以可大量获得的商业硅纳米粒子作为起始材料，并以涉及硼掺杂和非电蚀刻的方式处理[212]。通过将硅纳米颗粒与硼酸在溶液中混合，干燥，然后于氩气气氛中在 900℃ 退火来实现硼掺杂。无电蚀刻通过利用贵金属（例如 Ag）和硅之间的电镀置换来产生孔隙。这是在含 $AgNO_3$ 的 HF 蚀刻液中实现的。同时发生的两个反应是：

$$4Ag^+ + 4e^- \longrightarrow 4Ag \qquad (10.1)$$

$$Si + 6F^- \longrightarrow [SiF_6]^{2-} + 4e^- \qquad (10.2)$$

在该反应中，硅提供电子以将 Ag^+ 还原成 Ag，并被 F^- 蚀刻掉。由于 Ag^+/Ag 的氧化还原电位低于硅的价带，对于 p 型硅（例如硼掺杂硅），Ag^+ 优先与硅纳米颗粒在缺陷位点（掺杂剂位点）反应，在表面留下孔[213]。可以通过调节硼酸和硅的比例来获得具有不同孔隙率的多孔纳米颗粒。作为锂离子电池负极，石墨烯缠绕多孔硅纳米颗粒具备极其良好的电化学性能[212]：$C/8$ 倍率下的初始容量为 $2500mA \cdot h \cdot g^{-1}$，$C/2$ 倍率下仍为 $1000mA \cdot h \cdot g^{-1}$ ($1C=4A \cdot g^{-1}$)；在 $C/4$ 和 $C/2$ 倍率下，200 次循环后，容量分别保持在 $1400mA \cdot h \cdot g^{-1}$ 和 $1000mA \cdot h \cdot g^{-1}$。以同样的方式，也可用破碎的硼掺杂硅晶片获得多孔 Si 颗粒[214]。在该过程中添加 H_2O_2 作为蚀刻剂，可以得到具有不同等级的分布均匀的微孔或纳米孔的 Si 材料。最终产品，在低倍率下，50 周循环后容量保持在 $1500mA \cdot h \cdot g^{-1}$。使用类似的方法，从商品块状硅开始，获得了孔径为几百纳米的多孔硅，具备更优良的性能，50 周循环后容量保持在 $2000mA \cdot h \cdot g^{-1}$[215]。

可以在 HF 蚀刻溶液中，通过电化学蚀刻获得多孔硅。调节电流密度和 HF 浓度，可控制多孔 Si 的孔隙率和深度。通过该方法获得的多孔硅膜与热解聚丙烯腈（PAN）[216]结合可实现 $1260mA \cdot h \cdot g^{-1}$ 的放电容量，镀金处理后[217]，容量甚至可高于 $2000mA \cdot h \cdot g^{-1}$。当电流密度突然增加时，独立的多孔膜从衬底上脱离，可以转化成颗粒结构并与诸如 PAN 的黏合剂组合以形成自适应于卷对卷方法进行批量生产的浆料[218]。也可以通过 Si 沉积到多孔模板中获得多孔 Si。通常使用 SiO_2 纳米球形成一种蛋白石结构模板。然后，通过填充模板的空隙，可以以反向结构的形式获得多孔 Si。合成通过化学气相沉积（CVD）法沉积气态硅源如 Si_2H_6，随后进行 HF 溶液处理。通过这种改进的 CVD 方法获得的互连的硅纳米球膜在 700 个循环后的容量可高于 $1300mA \cdot h \cdot g^{-1}$[207]。通过在二氧化硅蛋白石模板上电沉积 Ni 可制备多孔 Ni 反蛋白石结构模板。使用此种模板，在 100 次循环后容量高于 $2500mA \cdot h \cdot g^{-1}$[219]。以同样的方式，在 CVD 过程中，将硅涂覆于多孔镍膜上，形成了多孔硅-镍结构，其循环 120 周之后的可逆容量为 $1650mA \cdot h \cdot g^{-1}$[220]。

用于 CVD 方法生长纳米结构 Si 的主要问题在于产率过低。例如，对于纳米线，仅能达到 $200 \sim 250 \mu g \cdot cm^{-2}$ 或 $0.75mg \cdot h^{-1}$[221] 的级别，这大大限制了这种方法用于批量生产。代替 CVD 方法，可以用凝胶状硅前驱体填充模板的空隙空间，然后在高温下退火用固化凝胶来获得刚性多孔硅[206]。在这项工作中，首先用甘醇二甲醚中的钠萘还原 $SiCl_4$ 并通过与 LiC_4H_9 的反应，用正丁基封端硅氧端基，来制备由细硅纳米颗粒组成的硅胶。这个封端反应是必不可少的，可在退火过程中保护 Si 不与 SiO_2 反应形成 SiO_x。该产品在 1C 倍率 100 次循环后容量保持率高达 90%。使用相同的凝胶，使用 SBA-15 模板为锂电池负极材料制备直径为 6.5nm 的介孔 Si-碳核-壳纳米线。这些纳米线首周容量为 $3163mA \cdot h \cdot g^{-1}$，在 80 次循环后容量为 $2738mA \cdot h \cdot g^{-1}$[222]（见图 10.4 和图 10.5）。

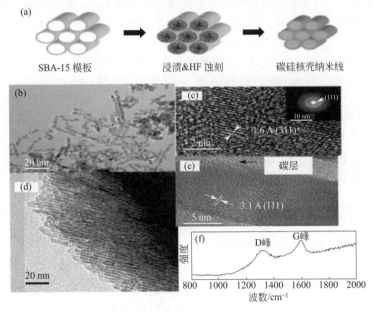

图 10.4 （a）使用 SBA-15（介孔二氧化硅筛）模板制备 Si-碳核-壳纳米线的示意图；
（b）从第一次浸渍丁基封端的 Si 获得的 Si-碳核-壳纳米棒的 TEM 图像；(c) (b) 的扩展 TEM 图像
[插图是（c）的 SADP]；(d) 从第四浸渍获得的 Si-碳核-壳纳米线的 TEM 图像；
(e)（d）的扩展 TEM 图像和（f）Si-碳核-壳纳米线的拉曼光谱
（经[222]许可转载。版权所有 2008 美国化学学会）

通过氧化镁热还原直接将多孔二氧化硅模板转化为硅，可替代填充模板的空隙以获得反向多孔结构的方法。镁在 650℃发生还原反应，根据反应：

$$2Mg(g) + SiO_2(s) \longrightarrow 2MgO(s) + Si(s) \tag{10.3}$$

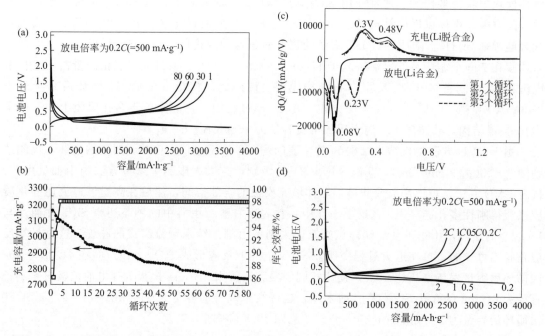

图 10.5 （a）根据图 10.4 制备的 Si-碳核-壳纳米线电极的电压曲线图（在扣式半电池中，在 1.5～0V 之间的 0.2C 的速率下，第 1 个，30 个，60 个和 80 个循环）；（b）电池（a）的充电容量和库仑效率与循环周期；（c）Si-碳核-壳纳米线电极在第 1 个，2 个和 30 个循环之后的电容微分曲线；（d）在扣式半电池半电池中，Si-碳核-壳纳米线电极的电流倍率为 0.2C，0.5C，1C 和 2C （1.5～0V）的电压分布（使用相同的充放电倍率）（经[222]许可转载。版权所有 2008 美国化学学会）

通过依次用 HCl 和 HF 洗涤除去副产物（MgO，未反应的 SiO_2）。通过该方法，使用 P123 作为表面活性剂和 SBA-15 二氧化硅作为模板和硅前驱体，已经获得了具有 74.2 $m^2 \cdot g^{-1}$ 的高比表面积的三维介孔硅。在通过 CVD 工艺进行碳涂覆之后，该负极材料循环 100 周容量高于 1500mA·h·g^{-1}。

10.3.4 多孔纳米管/纳米线与纳米颗粒

硅材料的形状很重要。纳米管和纳米线的一个优点是，比纳米粒子更容易将其接触到集流体上。这是多孔纳米管性能良好的一个原因[151,223～225]。例如，Cho 的小组通过在 Si 负极氧化铝模板中的还原分解 Si 前驱体来制造 Si 纳米管结构[225]。Si 纳米管的使用增加了与电解质两相接触面积，允许锂离子从纳米管的内部和外部插入，使得在 1C 倍率下，可逆充电容量达到 3200mA·h·g^{-1}，200 次循环后容量保持率为 89％。而 Si 纳米颗粒与集流体的电接触更加具有挑战性，采用传导性碳和 PVdF 黏合剂的传统浆料涂覆方法效果不佳。为了克服这个问题，制备了 Si 颗粒负极后，将作为无机胶水的非晶 Si 沉积到电极结构上，所有颗粒融合在一起并结合到集流体[226]上。在限制容量（1200mA·h·g^{-1}）的条件下，制备的 200nm Si 颗粒负极显示出高达 130 周的稳定循环。改善 Si 纳米粒子的电化学性能的另一种方法是研究新的黏合剂材料。基于 Si 颗粒和 PFFOMB［聚(9,9-二辛基芴-共-芴基)二甲基苯甲酸］黏合剂的复合电极，无任何导电添加剂，表现出高容量，长循环，充电和放电之间的低过电位以及良好的倍率性能[227]。另一个例子是我们在纳米线上已经提到的海藻酸盐的使用[204]，使用藻酸盐黏合剂的电化学性能的显著改善归因于几个原因。第一个原因是黏合剂和电解质之间相互作用较小。第二个原因是黏合剂可以提供锂离子进入硅表面的通路。第三个原因是黏合剂有助于构建可变形和稳定的 SEI[204]。

10.3.5　纳米结构 Si 包覆及 SEI 稳定性

到目前为止，我们已经对可成功解决 Si 粉碎问题的材料结构进行了介绍，但是它们不会阻止循环时的体积变化，使得它们与电解质的界面不是静态的。因此，不稳定 SEI 的问题尚未得到解决[228]，主要是因为在锂离子锂化膨胀状态下形成的 SEI 可以在纳晶结构在脱锂过程中收缩时破裂。这会使新鲜的 Si 表面暴露于电解质和形成更多的 SEI，从而在充电/放电循环时产生更厚的 SEI 膜。较厚的 SEI 膜意味着电解液消耗，电阻率增加，Li 在 SEI 中的扩散路径增加，厚 SEI 膜的机械应力引起衰减，即电池老化。因此，稳定 SEI 至关重要。解决问题的一个策略是用保护元素包覆硅结构。实际上，当壳体在循环期间保持不变时，它有助于形成稳定的 SEI 层[229,230]。对于理想的情况，刚性壳体可以有效地减少在循环过程中 Si 芯中产生的机械应力[231]。实际效果主要取决于外壳材料的厚度和杨氏模量[232]。通常，较厚的外壳可避免断裂，然而，厚壳增加了额外的重量。因此，需要精心设计核心和外壳材料以获得最佳平衡[233,234]。在直径为 90nm 的 Si 纳米线上具有 10nm 厚的碳包覆层，第一循环库仑效率从 70%（无包覆层）大大提高至 83%，而且容量从 3125 mA·h·g^{-1}（无涂层）增加到 3702mA·h·g^{-1}，并具有良好的循环稳定性（15 个循环后 86% 容量保留率）[235]。用 10nm 厚的 Cu 膜替代碳包覆层可以将初始循环的库仑效率进一步提高至 90.3%，并且在 15 个循环后提高至 86% 的容量保持率[236]。这种改进不一定是由于 SEI 的更好的稳定性，可能是由于 Cu 是比碳包覆层更好的电子导体。薄膜上的 Cu 包覆层具有相似的效果[237]。用 PEDOT 等导电聚合物进行包覆也改善了 Si Nws 的循环性能[238]。

Al 包覆层不能有助于提高初始库仑效率，但它确实有助于在多个循环后增加容量保持率[239]。改进的容量保持率是由于在 Al 包覆层存在下电极的更稳定的机械结构[240,241]。在涂覆有 100nm Ag/聚（3,4-亚乙基二氧噻吩）（PEDOT）层的 Si 纳米线组成的电池上观察到类似的结果，其表现为：在 100 个循环后，容量保持率从 30%（无包覆层）提高到 80%[238]。虽然用诸如 Cu 和 Al 的导电层进行包覆可能有益于电化学性能，部分是由于导电性的增加，随后，开始仅用氧化物包覆以防止与电解质的直接接触。特别是，通过 ALD 在 Si 薄膜[242,243]和 Si Nws[244]上获得的 Al$_2$O$_3$ 包覆层（小于 10nm），其性能已经开始测试。在第一次锂化时，Al$_2$O$_3$ 转变为 Al-Li-O 玻璃[245]，它是一种良好的离子导体和电子绝缘体，因此展现出良好的 SEI 替代品的特性。实际上，Al$_2$O$_3$ 涂层导致负极寿命增加 45%，并且用 Al$_2$O$_3$ 包覆的 Si Nws 在 1C 倍率下可循环 1280 周[244]。

多孔结构的表面夹紧也已经实现。通过用刚性碳涂覆多孔纳米管可成功控制 SEI 生长[246]。在类似的策略中，市售的 Si 纳米颗粒被完全密封在薄的自支撑碳壳内，合理地设计了颗粒和壳之间的空隙。这些限定的空隙可以使 Si 粒子自由扩张，而不会破坏外部的外壳，从而稳定了壳体表面的 SEI。在该蛋黄-壳结构的 Si 电极中实现了高容量（C/10 时为 2800mA·h·g^{-1}），长循环寿命（1000 周循环，容量保持率为 74%）和高库仑效率（99.84%）。其他材料如 Ge[223,247]，SnO$_2$[248]和 TiO$_2$[247]也沉积在 Si 纳米管壁的表面，形成所谓的双层或三层硅纳米管结构。几乎所有这些包覆层，除了 Ge，对初始库仑效率提高几乎没有影响，但它们极大地增加了电池寿命。通过用 SiO_x[246]涂覆 Si 纳米管已经获得了双壁 Si 纳米管。该涂层具有足够的刚性和机械强度,因此可以成功地防止 Si 在锂化期间向外膨胀扩展,同时仍允许锂离子通过。结果,文献[246]中的 SiO_x 涂覆的 Si 纳米管表现出长的循环寿命(6000 个循环后具有 88%容量保留率),高容量($C/5$ 下为 2970 mA·h·g^{-1};12C 下为 1000mA·h·g^{-1})和快速充电/放电倍率(最高达 20C)。使用在透射电子显微镜(TEM)内操作的纳米级开放的电化学电池装置,Liu 等人展示了可超快速和完全电化学锂化[241,249]的具有碳包覆层的单独 Si Nws。在超高的锂化速率下,Si Nws 并没有断裂。已经通过使用类似的方法观察到卵黄壳 Si 纳米颗粒的锂化和膨胀[229]。完全锂化后,最大 Si 颗粒的直径从 185nm 增加到 300nm,并填充碳涂层中的中空空间。

对各种碳硅(C-Si)复合负极已经进行了研究。在质量负载为 1.1mg·cm^{-2}时,C/3.4 倍率下 100 次循环后,几百纳米二维的石墨/Si 材料容量可达 840mA·h·g^{-1}[250]。而且,在碳硅复合颗粒中,硅纳米颗粒嵌入多孔碳颗粒[251];多孔 Si-C 复合球[252]也实现了类似的性能,但是具有更高的倍率性能。将 Si Nws 嵌入碳纳米管网中也是改善负极整体电导率的方法;而且,所得到的负极是柔性和独立的[253]。Si Nws 不仅通过脉冲激光沉积在单壁碳纳米管纸上生长[254],也通过气液固化法在 Au 纳米颗粒修饰的多壁纳米管生长,并沉积在不锈钢基底上[255]。

对其他二元薄膜负极 Si-M(M=Mg,Al,Sn,Zn,Ag,Fe,Ni,Mn)和三元薄膜负极 Si-Al-M,已经进行相关研究。这些来自前 10 年的研究总结于文献[20]中,但是它们的电化学性质与本文中报道的结果相比没有竞争力。更精细的架构可得到更好的结果。例如,使用均匀涂覆有 Si 和薄 C 表面层的垂直排列的碳纳米管(VACNTs)的电极显示出非常好的稳定性,循环超过 250 周且高比容量接近理论极限(4200mA·h·g^{-1})[256]。此外,Si 表面上的外部 C 涂层对于实现良好的容量保持率和接近 100%库仑效率至关重要。本文展示目前在 Si 负极方面取得的进展。本综述表明,与循环过程中巨大体积变化相关的技术问题,如断层,粉碎,SEI 的稳定性在过去 4 年逐渐得到了解决。现在可以获得具有高容量和超过 1000 个循环良好容量保持的 Si 负极。然而,整个电极厚度和所提出的工艺的成本仍然是大尺寸电池应用的限制因素。参考文献[256]中描述的方法是一种可扩大规模来生产超厚但高导电和稳定的锂离子电池电极。近来,已经报道了使用纳米棒状镍-肼复合物作为模板制备克级 Si NTs 的有效方法[257]。这些不同的结果表明,目前为寻找可扩大规模的合成过程而不破坏 Si 负极的电化学性能的相关工作,将在不久的未来开辟其大批量生产的新路线。然而,不能同时具备高倍率性能和高面密度是 Si 负极的一贯难题,将限制其应用于无高功率需求电池。

10.4 锗

门捷列夫周期表中,C 和 Si 之后的下一个元素是 Ge。在引言中定义的标准中,对于 Ge,标准⑥显然未能实现。虽然硅价格便宜,但是锗价格却非常昂贵,并没有受益于与电子市场相关的发展。对于大多数应用而言,其成本甚至令人望而却步。然而,对于 Si,它还是具有一些优势,特别是关于标准③:更好的电子传导性和更好的锂扩散性。此外 Ge 还有另一大优势。它可以锂化直到形成 $Li_{15}Ge_4$[258],而脱锂则生成多孔非晶相[259~261]。与 Si 不同,在上述锂化范围内,整个过程是各向同性的,即使在高电流密度和620nm的粒子尺寸下，本体也不会形成裂纹[261,262]。这就是为什么Ge目前越来越受到关注。Ge薄膜可以在高达1000C的速率下可逆锂化[263]。Si-Ge合金改善的高倍率性能也证明Ge具有显著的倍率能力，因为存在Si向Ge过渡[264]。我们在上一节中已经概述，不可能制造含有纳米线或纳米管的具有一定厚度的Si负极膜。而只有满足这一点，才能使它们在与石墨基负极竞争中，不牺牲高倍率性能。这一障碍用锗解决，因为Ge颗粒的尺寸可以有所增加不致破裂，即不增加SEI层的厚度。事实上，500nm厚的Ge颗粒在150mA·g^{-1}电流密度下表现出稳定的循环寿命，容量可达800mA·h·g^{-1}[265]。在石墨烯上的200nm厚Ge层，几乎可达其理论容量，且在400次循环中的容量损失小于20%[266]。在第一次循环之后，微分电容图显示了对应于无定形Ge的锂化过程，在500mV、350mV和200mV处出现的三个较宽的锂化峰，这使得无定形多孔相在循环时可保持不变。除$LiFePO_4$外，正极材料不能接受高达40C倍率循环。因此，为了利用Ge的令人印象深刻的倍率能力，或者甚至只是测试Ge，Ge负极应该与$LiFePO_4$相配对。已经研究了这样的Ge/$LiFePO_4$全电池，质量负荷为15mg·cm^{-2}[260]。在40C倍率下循环400周后，负极容量为1000mA·h·g^{-1}。令人惊奇的是，大多数关于Ge负极的研究已经在尺寸为100nm[267,269~271]或甚至3nm的纳米Ge上进行[272]，而对于锗本体的研究基本没有，这大概是由于先前关于Si材料的研究中必须采用纳米结构造成的。特别指出，如Si纳米线，Ge纳米线已经可以通过CVD[273]生长。需要提醒，这是一个昂贵的工艺，在沉积几个小时后才产生非常少量的材料，对于大量的Ge纳米线，更好的合成工艺是在溶液中生长[267]，就像Si Nws一样。然而，由于Ge相对于Si的优越性，显然其具有同时达到高的面密度和非常高的倍率能力的可能性。另外，与Si的情况相比，PVdF黏合剂更适合Ge；而由于Ge更具导电性，所以在Ge作负极的情况下所需的导电添加剂的量少，而Si负极配方则需要10%~30%（质量分数）的导电碳粉与Si混合。这些性质也解释了为什么用Ge涂覆Si可以有效提高Si基负极的性能，如上一节所述。

过高的价格很可能限制锂离子电池Ge基负极的批量生产。然而，它与$LiFePO_4$电极的耦合产生了性能及其优良的锂离子电池。$LiFePO_4$在倍率能力和安全性方面是最好的正极材料，其唯一的缺点是其能量密度限于170mA·h·g^{-1}；与Ge负极的耦合将对容量限制有所补偿，可发挥其倍率能力，这可导致具有最高功率密度和良好能量密度的锂离子电池得以产生。

10.5 锡和铅

门捷列夫周期表中第Ⅳ主族中Ge下一个元素是Sn。纯Sn的理论容量为960mA·h·g^{-1}，大于许多基于石墨的负极。不幸的是，巨大的体积变化（360%体积膨胀达到完全锂化）是令人沮丧的，导致循环后的断层和碎裂。此外，大概是由于脆性，其理论容量永远不可能达到。考虑到这些问题，基于Sn的负极清楚地需要复合结构来帮助保持电接触和Li扩散性，相关研究已经在文献[43]中进行了综述。事实上，在过去10年中，取得了设计含有Sn且具备应力容纳性质的复合材料的相关进展。在这些研究中碳被发现是适当的第二相，这归功于其优异的消除应力性能以及对Sn的低反应性。在这些C-Sn复合材料中，填充锡的碳纳米纤维或纳米管[274~276]和Sn-微孔碳复合材料[277]因其高可逆容量和良好容量保持率而最具发展前景。特别指出，对于具有6~10nm的封装Sn颗粒的Sn-CNTs，在前 20 个循环中，Sn 对总容量的贡献大约为 1050mA·h·g^{-1}，这大于 Sn 的理论容量[275]。高于理论上限的容量可能归因于纳米级材料堆叠形成的大间隙区域中的锂离子的额外存储。以相同的方式，Sn/C 封装的碳纳米纤维在 200 次循环后容量可达 800mA·h·g^{-1}[274]。然而，用于生产这些材料的多步骤过程太复杂，难以在工业生产中使用。因此，基于 Sn 的负极的未来是不确定的，因为它们似乎难以与 Si 负极竞争。此外，金属氧化物通常比金属本身容易处理，氧化锡负极将在下一节中进行综述。第Ⅳ主族中最后一个元素是 Pb。这个元素具有毒性和低比容量，这是令人沮丧的，所以很少有人研究。最近获得的最佳结果是 SiC-Pb-C 复合材料[278]，但容量太小，无法引起人们的兴趣。

10.6 具有插层-脱嵌反应的氧化物

10.6.1 TiO$_2$

氧化钛成本低，对环境安全，被认为是用作锂离子电池负极有希望的候选者。其理论容量为 335mA·h·g^{-1}，基于反应：

$$Ti^{4+}O_2+Li^++e^- \Longleftrightarrow Li_x(Ti_x^{3+}Ti_{1-x}^{4+})O_2 (x \leqslant 1) \tag{10.4}$$

此外，其热稳定性非常好，SEI 稳定，因此推荐使用 TiO$_2$ 负极进行安全性研究[279,280]。大量的工作致力于通过各种技术成功制备纳米 TiO$_2$：水热[281,282]，溶胶-凝胶[283~287]，软模板[288]，沉淀或固态方法及随后进行离子交换[289,290]，尿素介质中的水解/沉淀途径[291]，负极氧化[292,293]，熔融盐法[294]，离子液体合成[295]和静电纺丝技术[294,296]。这些 TiO$_2$ 的合成法已经在文献 [73，297] 中进行了综述和讨论。TiO$_2$ 存在于不同的多晶型结构中：锐钛矿，金红石，板钛矿，TiO$_2$-B（青铜），TiO$_2$-R（斜方锰矿），TiO$_2$-H（碱硬锰矿），TiO$_2$-Ⅱ（铌铁矿），TiO$_2$-Ⅲ（砷铋镍钴矿）。这些多晶化合物的结构因 TiO$_6$ 八面体之间的多种连接而有所差异。具备锂离子电池材料研究价值[38]的多晶化合物的结构如图 10.6 所示。这些多晶化合物的 Li 循环性质已经在文献 [38，73] 中进行了综述。由于电化学性质主要取决于多晶化合物的晶格结构，因此各种多晶化合物必须分开考虑。

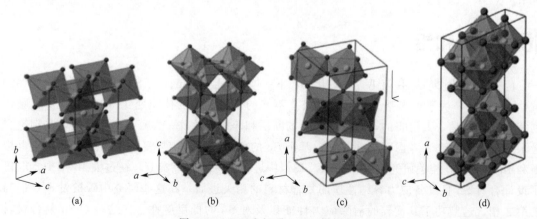

图 10.6 （a）金红石，（b）锐钛矿，（c）板钛矿和（d）TiO$_2$-B（经[222]许可转载。版权所有 2009 Elsevier）

10.6.1.1 锐钛矿相 TiO_2

锐钛矿相为体心四方相晶格,包含可插入 Li 的间隙位点,可按照反应方程式(10.4)进行反应。截止电压为 1V（vs. Li/Li^+）时,其理论容量为 335mA·h·g^{-1}。注意其截止电压高于石墨和 Si,这将影响材料的能量密度。因此,引言中定义负极材料的标准①和②均差强人意,但其他标准却堪称完美。在循环过程中,锐钛矿成为两相体系,$Li_{约0.01}TiO_2$ 与 $Li_{约0.55}TiO_2$ 之间有数十纳米[298]的间隔。在锂化过程中,一直保持两相区,直到所有的 $Li_{约0.01}TiO_2$ 转化为 $Li_{约0.55}TiO_2$ 相,并在电压与容量曲线中被反映在电压平台上。锂嵌入时,平台出现在 1.72~1.75V,脱锂期间发生在 1.8~1.9V,意味着电压滞后 0.1~0.2V。然而,$Li_{约0.55}TiO_2$ 相采用正交结构[299],这种对称性变化伴随着 4% 的体积增长。Wagemaker 和 Mulder 的研究小组研究了粒径和结构对富 Li 的正交晶相和贫 Li 四方相的影响[298,300~303]。对于大颗粒 Li_xTiO_2,可以仅在 $0 \leq x \leq 0.55$ 范围内可逆地循环,而不会有容量衰减。通过将颗粒的尺寸减小至纳米范围,可循环至 $x \geq 1$。然而,由于对称性的变化和体积的变化,使得全范围（$0 \leq x \leq 1$）的循环稳定性较弱。此外,$x=1$ 时,其动力学非常慢。实际上,通过将 x 的上限值限制为 0.7,可以获得纳米锐钛型 TiO_2 的良好的循环性能和倍率性能。

类似 Si,出于相同的原因（更好地抵抗应变及增强离子和电子扩散）,多孔材料相对于无孔结构,其电化学性能得到了改善。特别是,通过尿素辅助水热法,包含平均尺寸为 14nm 的微晶且粒径均匀（约400nm）的介孔单相锐钛矿 TiO_2 球[304]被成功合成。比表面积为 116.49m^2·g^{-1} 而其中孔径为 7nm 证实了合成材料的介孔性质。在 400℃ 煅烧后,该材料在 $C/10$ 倍率（循环范围为 1.5~3V）下 80 次循环后可逆容量为 180mA·h·g^{-1};而在 $0.5C$、$1C$、$5C$ 和 $10C$ 倍率下,容量则分别为 162mA·h·g^{-1}、160mA·h·g^{-1}、154mA·h·g^{-1} 和 147mA·h·g^{-1}。使用二氧化硅 KIT-6 作为硬模板,获得具有有序 3D 孔结构的介孔锐钛矿 TiO_2[305]。有序孔结构包含 11nm 和 50nm 的孔,壁厚为 6.5nm,BET 比表面积为 205m^2·g^{-1}。在 $0.09C$ 倍率下,材料首次放电容量为 322mA·h·g^{-1}（组成 $Li_{0.96}TiO_2$）,具有优异的可达 1000 次的循环性能,并具备良好的高倍率性能。使用改良的原位水解方法可以减小粒度并获得纳米多孔 TiO_2[306]。这是一个两步的过程。第一步是在乙二醇介质中制备羟乙酸钛球体。第二步是在特定温度下将乙醇酸钛与水混合并回流,羟乙酸钛与水反应形成层状纳米多孔 TiO_2。所获得的纳米多孔锐钛矿 TiO_2 显示完全可逆的容量高达 302mA·h·g^{-1}（$1C$;第 100 周循环）和 229mA·h·g^{-1}（$5C$;第 100 周循环）[307]。该材料的恒电流曲线如图 10.7 所示。说明锐钛矿结构的多重反应的 Li 嵌入机理。显著的高倍率性能归因于在高充电/放电速率下可以避免在大颗粒放电中形成不可逆相。通过熔融盐法（MSM）制备的 TiO_2 也得到了良好的结果[308,309]。特别地,通过尿素处理的 MSM 产物获得的纳米尺寸颗粒具备 250mA·h·g^{-1} 的可逆容量,并且在 60 个循环后显示出 94% 的容量保持率[309]。

已经通过无模板水热法合成了锐钛矿 TiO_2 中空微球（直径 400nm）,壳体由纳米管（直径约 30nm,壁厚 5nm,长度 200nm）组成[281]。在 450℃ 煅烧 5h 后获得单相锐钛矿相,通过循环伏安法和恒电流法研究了锐钛矿样品的电化学性能。在 $0.2C$ 的电流密度下的初始 Li 嵌入/脱出容量可达 232mA·h·g^{-1} 和 290mA·h·g^{-1}。而且,所制备的 TiO_2 在 $1C$（电压范围 1~3V）电流下 500 个循环后,可逆容量可达 150mA·h·g^{-1},并具有优异的高倍率性能（如,

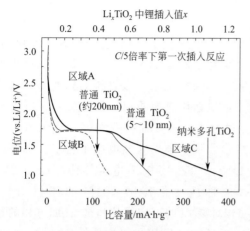

图 10.7 两种商业化锐钛矿型 TiO_2（粒度分别为 200nm 和 5～10nm）的恒电流放电曲线和在 $0.2C$ 下放电的煅烧纳米孔 TiO_2（np-TiO_2）的颗粒（示出了三个不同的区域：区域 A，电压 $>1.75V$，Li_xTiO_2 中的 $x<0.15$，固溶体；区域 B，电压平台为 $1.75V$，$0.15<x<0.5$，两相共存；区域 C，电压 $<1.75V$，$x>0.5$，其中电压的连续减小表示锂已经储存在电极界面处。经[307]许可转载。版权所有 2011Wiley）

在 $8C$ 电流密度下容量为 $90mA \cdot h \cdot g^{-1}$）。锐钛型 TiO_2 的纳米管也通过水热法合成。这些纳米管的厚度为 2～3nm，外径为 8～10nm，长度范围为 200～300nm，最大容量为 $300mA \cdot h \cdot g^{-1}$，循环寿命长，在 100 次循环中容量超过 $250mA \cdot h \cdot g^{-1}$。空心锐钛矿 TiO_2 微球是通过调整水热反应时间和煅烧温度，采用适合模板辅助和水热法的方法设计制备的，具有受控尺寸和层状纳米结构[310]。结果表明，由介孔纳米球（6nm）构成的中空微球，具有 $230mA \cdot h \cdot g^{-1}$ 的初始可逆容量。在 $0.25C$、$1.5C$ 和 $10C$ 的电流密度下，材料稳定的可逆容量分别为 $184mA \cdot h \cdot g^{-1}$（$Li_{0.55}TiO_2$）、$172mA \cdot h \cdot g^{-1}$（$Li_{0.51}TiO_2$）和 $122mA \cdot h \cdot g^{-1}$。样品的优异的高倍率和高容量性能归功于有效的层状纳米结构。中空结构可以缩短微球中锂离子的扩散距离。介孔纳米球之间的大介孔通道提供了一种易于进行电解质迁移和电极材料内锂离子扩散的系统。多孔纳米球与非多孔纳米球的优势也在文献[311]中得到证实。

通过在 $270°C$ 回流 12h，由异丙醇钛 $[Ti(O-iPi)_4]$ 的三甘醇溶液合成均匀和高度分散的锐钛矿 TiO_2 纳米颗粒[312]。当制备中使用的温度从 $500°C$ 降低到 $100°C$ 时，粒度在 50～5nm 之间变化。根据其粒度，可逆容量在 100～$250mA \cdot h \cdot g^{-1}$ 之间变化，电流密度为 $0.1mA \cdot cm^{-2}$ 循环 20 周后，容量保持率为 85%～90%[312]（$1C=335mA \cdot g^{-1}$）。

通过在十六烷基三甲基溴化铵中模板化 C_{16}-TiO_2 制备的介孔材料，其比表面积可达 $135m^2 \cdot g^{-1}$，在 $0.2C$、$1C$、$5C$、$10C$ 和 $30C$ 倍率下，可逆容量分别为 $288mA \cdot h \cdot g^{-1}$、$220mA \cdot h \cdot g^{-1}$、$138mA \cdot h \cdot g^{-1}$、$134mA \cdot h \cdot g^{-1}$ 和 $107mA \cdot h \cdot g^{-1}$[288]。合成介孔 TiO_2 的可储存性能比市售的 TiO_2 纳米粉末高 5 倍。这种介孔 TiO_2 的堆积密度比 TiO_2 纳米粉末高 6.6 倍，是锐钛矿 TiO_2 中取得的最好的结果。而且，可以通过氢还原引入氧空位来增强锐钛矿纳米颗粒的性能以增强电子传导性[313]。特别是 H_2-1h-$TiO_{2-\delta}$ 锐钛矿纳米粒子，即在 5%H_2/95%Ar（$p_{O_2} \approx 10^{-25}$ bar，$1bar=10^5Pa$）下热退火 1h 的颗粒（尺寸为 29nm），在第 1 周和第 20 个周循环的容量分别为 $307mA \cdot h \cdot g^{-1}$ 和 $131mA \cdot h \cdot g^{-1}$。该材料在 $1C$ 倍率和 $10C$ 倍率[313]下均可得到以上同样放电容量。

锐钛型 TiO_2 纳米棒也取得了很好的进展[314,315]。特别地，在 $0.1A \cdot g^{-1}$ 的电流密度下，介孔锐钛型 TiO_2 棒的初始锂嵌入/脱出容量分别达到 $262mA \cdot h \cdot g^{-1}$ 和 $221mA \cdot h \cdot g^{-1}$。在 $1A \cdot g^{-1}$ 的电流密度下，循环 40 周后，可以保持大约 $161mA \cdot h \cdot g^{-1}$ 的放电容量，表现出良好的倍率性能和高循环性能[314]。更大的比容量通过 TiO_2 纳米棒获得。首先通过无定形 TiO_2 在 NaOH 中的水热反应获得 $Na_2Ti_3O_7$ 纳米棒，然后在 HCl 溶液中进行离子交换，得到 $H_2Ti_3O_7$ 并在 $400°C$ 脱水获得 TiO_2 纳米棒。长度 40～50nm，直径 10nm 的棒具有 185.5

$m^2 \cdot g^{-1}$ 的 BET 比表面积。第一次放电和充电容量分别为 $320mA \cdot h \cdot g^{-1}$ 和 $265mA \cdot h \cdot g^{-1}$ （1~3V 电压范围，$50mA \cdot g^{-1}$ 电流密度）。在 50 个循环后该材料具有 $225mA \cdot h \cdot g^{-1}$ 的可逆容量。

如可有效地减小壁厚，纳米管将极具应用前景[295,316~321]。如锐钛框 TiO_2 纳米管当壁厚度降至 5nm 时[307]，可逆容量可达 $330mA \cdot h \cdot g^{-1}$。具有纳米结构颗粒的初始大容量意味着存在 Li 的界面储存。在参考文献 [307] 中，np-TiO_2 的第一次放电容量为 $388mA \cdot h \cdot g^{-1}$。因此，问题是如何稳定这种界面 Li 储存，以避免在循环中存在较大的容量损失。文献 [307] 指出，通过使该材料在高倍率下循环，可以克服该容量损失，而无须进一步的长时间休息。高比表面积稳定的锐钛矿 TiO_2 纳米片已经从纳米片自发组装到三维分层球体中获得，这些纳米片包含近 100% 的裸露（001）晶面，这使得它们不会崩溃[321]。裸露的 TiO_2（001）面的高面密度导致快速的锂插入/脱入过程；以 1C 和 5C 的倍率，在超过 100 次充放电循环之后，分别保留 $174mA \cdot h \cdot g^{-1}$ 和 $135mA \cdot h \cdot g^{-1}$ 的可逆容量。

由于 TiO_2 的低导电性（$10^{-13} S \cdot cm^{-1}$），具有高导电性的各种金属，金属氧化物和碳质材料已被用作基质或导电添加剂，以改善锐钛型 TiO_2 的电化学性能。石墨烯由于其独特的特性，包括优异的导电性，大的比表面积和优异的机械弹性，似乎有望提高二氧化钛的倍率能力和循环性能。然而，由于石墨烯薄片的强烈 π 相互作用及其与无机组分的固有不相容性，二氧化钛纳米颗粒在石墨烯上的均匀分散仍然是一个挑战[141,322~326]。即便如此，也有相关研究取得了良好的效果。Wang 等通过水热法制造二氧化钛和石墨烯的复合材料。该结构由 10nm 直径锐钛矿型 TiO_2 纳米管组成，长度从数百纳米到数千纳米，建立在石墨烯层上[327]。该复合材料在 $10mA \cdot g^{-1}$ 的电流密度下的容量为 $350mA \cdot h \cdot g^{-1}$。倍率循环性能如下，在 $4000 mA \cdot g^{-1}$ 电流密度下，50 次循环后容量为 $150mA \cdot h \cdot g^{-1}$；在 $8000mA \cdot g^{-1}$ 的电流密度下，2000 次循环后容量为 $80mA \cdot h \cdot g^{-1}$。且库仑效率约为 99.5%，表现出良好的循环稳定性和可逆性。另一个例子是通过参考文献 [328] 提及的纳米熔炼技术成功制造三明治状的石墨烯基介孔二氧化钛（G-TiO_2）纳米片，其合成策略涉及在溶胶-凝胶过程中使用 G 型二氧化硅纳米层作为模板和 $(NH_4)_2TiF_6$ 作为 TiO_2 的前驱体。这些 G-TiO_2 纳米片分别在 1C 和 10C 下分别保持 $162mA \cdot h \cdot g^{-1}$ 和 $123mA \cdot h \cdot g^{-1}$ 的可逆容量，并且库仑效率（由放电和电荷容量计算）接近 100%。即使在 50C 的高倍率（72s 内的充电/放电）中，仍然可以传送 $80 mA \cdot h \cdot g^{-1}$ 的容量。TiO_2-石墨烯复合材料也被证明是极具前景的负极[329~332]。通过溶剂热路线使用钛酸四丁酯作为钛源的 TiO_2 还原型氧化石墨烯复合材料（TGC）纳米结构也得到了良好的进展[330]。样品由厚度为 200~300nm 的单分散 TiO_2 颗粒构成，而 TiO_2 颗粒由沉积在氧化石墨烯片上的厚度为 20~30nm 的颗粒团聚而产生。在 5C（$1000mA \cdot g^{-1}$）的高充电速率下 100 次循环后，TGC 的初始不可逆容量和可逆容量分别为 $386.4mA \cdot h \cdot g^{-1}$ 和 $152.6 mA \cdot h \cdot g^{-1}$。

碳-二氧化钛复合材料也得到了研究。参考文献 [333] 已经讨论了介孔和原位生长的导电无定形碳对锐钛型 TiO_2 的锂储存能力的综合益处。介孔碳-TiO_2 球在 0.2C 倍率下第一周放电循环容量为 $334mA \cdot h \cdot g^{-1}$，而碳-$TiO_2$ 球和介孔 TiO_2 容量分别为 $120mA \cdot h \cdot g^{-1}$ 和 $270mA \cdot h \cdot g^{-1}$。介孔碳-$TiO_2$ 球良好的循环性能归因于介孔隙和原位生长碳对于 TiO_2 球周围导电物质形成有效渗滤网络的协同作用。对介孔碳二氧化钛复合材料[334]，锐钛矿 TiO_2-碳纳米纤维[335] 和 TiO_2/碳纳米管[336,337] 都已进行了研究。

已经研究了包含不同导电元素的锐钛矿型 TiO_2 复合材料包括 $TiO_2/Ag^{[296]}$，介孔 TiO_2/Cu 和 $TiO_2/Sn^{[287]}$，$TiO_2/RuO_2^{[338]}$ 等的 Li 存储性能，其电化学性能可与锐钛矿 TiO_2 最新进展相比。另外，使用三维多孔负极氧化铝（PAA）模板辅助电沉积 Ni，然后使用原子层沉积法（TiO_2）涂覆，成功制作了三维（3D）Ni/TiO_2 纳米线网络$^{[339]}$。其具有稳定的 Ni/TiO_2 纳米线网络结构，600 次循环后容量保持率为 100%。最后，增加电导率的另一种方法是掺杂，如掺杂锐钛型 NiO_2，共掺杂 N、F$^{[340]}$ 及 $Cu^{[341]}$、Mn、Sn、Zr、V、Fe、Ni、Nb 掺杂$^{[309]}$。

10.6.1.2 金红石型 TiO_2

即便锐钛矿 TiO_2 是电压范围为 1~3V 的最具电活性的材料，金红石型 TiO_2 也同样被广泛研究。纳米相的金红石 TiO_2 已经证明，每 1mol TiO_2（理论容量 170mA·h·g^{-1}）对应的约 0.5mol 的 Li 可以在 1~3V 的电压范围内循环。金红石 TiO_2 电化学循环比锐钛矿相更容易，因为 Li^+ 的扩散系数 D_{Li} 在纳米金红石 Li_xTiO_2 中非常高。这已经通过阻抗谱加以评估$^{[342]}$。在环境压力下，在 $x=0.1$，$D_{Li}=7\times 10^{-8} cm^2 \cdot s^{-1}$；在 $x=0.4$ 处其值随 x 线性递减到 $1\times 10^{-9} cm^2 \cdot s^{-1}$。文献 [38] 对 2009 年金红石 TiO_2 物理性能和电化学性能的进展进行了综述与讨论。最近，通过电纺丝技术制备了由具有低碳含量［小于 15%（质量分数）］的介孔金红石 TiO_2/C 纳米纤维组成的高度柔性的自立薄膜电极，其可以直接用作锂电极而没有进一步使用任何添加剂和黏合剂$^{[343]}$。优化后，纤维的直径可以达到约 110nm，制备的金红石 TiO_2 膜的初始电化学活性高，第一次放电容量高达 388mA·h·g^{-1}。在 $1C$、$5C$ 和 $10C$ 的倍率下，其稳定的可逆容量分别为约 122mA·h·g^{-1}、92mA·h·g^{-1} 和 70mA·h·g^{-1}，在 100 次循环时间内可以忽略衰减速率。N、F 共掺杂的金红石 TiO_2 样品 60 个循环后提供了 210mA·h·g^{-1} 的可逆容量和 80% 的容量保持率$^{[340]}$。Wohlfahrt-Mehrens 组在一系列论文中对金红石 TiO_2 做了非常值得关注的工作$^{[279,286,344,345]}$。在此，通过在阴离子表面活性剂存在下使用甘油改性的 Ti 前驱体的溶胶-凝胶法制备纳米二氧化钛，并在空气中在 400℃下进行热处理。由此获得的金红石晶须被聚集以形成几微米尺寸的类花椰菜聚集体。晶须在 a-b 平面中的直径为 4~6nm，c 方向的长度约为 50nm。BET 比表面积为 181m^2·g^{-1}。在不同电流倍率［0.05~30C（$1C=335$mA·g^{-1}）］和温度（20~40℃）下，不仅研究材料在 1~3V 的通常电压范围内的 Li 循环性，还对 0.1~3V（vs. Li/Li$^+$）的范围内的性能进行了研究。通常，在深度放电条件下，预期在 0.1V（vs. Li/Li$^+$），TiO_2 的非晶化和晶体结构已被破坏。令人惊讶的是，情况并非如此。在 20℃，0.2C 倍率下，对于 1V 和较低的 0.1V 截止电压，分别观察到较大的第一次放电容量 380mA·h·g^{-1} 和超常的 660mA·h·g^{-1}（2mol Li/TiO_2）。这些值分别对应于每摩尔 TiO_2 对应 1.1mol 和 2mol 的 Li。在上述电压范围内的第一次放电-充电周期中注意到较大的不可逆容量损失。然而，经过五个循环，库仑效率提高到 95%~97%，在 1~3V 和 0.1~3V 的电压范围内分别测试到 183mA·h·g^{-1}（0.55mol Li）和 324mA·h·g^{-1}（0.97mol Li）的可逆容量。即使在低温下，其性能也是显著的。在 -20℃ 时，在上述电压范围内容量分别为 80mA·h·g^{-1} 和 140mA·h·g^{-1}，对应于 40% 容量保持率。与 0.05C 倍率相比，高倍率能力也很好，在 20C 电流下分别具有 50% 和 24% 的容量保持率。在 5C 倍率和 20℃ 下进行 1000 次长期循环研究，显示在前 200 个循环中的容量衰减为 150~120mA·h·g^{-1}，并缓慢直至 750 次循环，在 750~1000 周的范围内最终稳定在 105mA·h·g^{-1}。这对应于 70% 的容量保持率。

金红石 TiO_2 具有可深度放电至 0.1V 的优异的电化学性质的原因是未知的。文献 [22] 提出，至少在几个表面层的第一次放电期间，纳米锐钛矿 TiO_2 发生非晶转化，导致形成复合材料 $Li_2O \cdot TiO_y$ ($y \leqslant 1.5$)，并且 Li 循环可通过"转化反应"进行。

10.6.1.3 TiO_2-B

青铜多晶型 TiO_2 是最后一个进行 Li 插入研究的 TiO_2。它采用开放的框架结构，使其易于 Li 传输。然而，它只能通过 $Na_2Ti_3O_7$ 的质子交换制备，然后在 $400 \sim 500°C$ 热处理，并且这种合成导致 TiO_2 中的残余 H_2O 和形成不可忽略量的锐钛矿相。然而，TiO_2-B 是具有很大可逆容量的极具潜力的负极材料。该材料具有快速动力学性能，具有 12nm 孔径的多孔 TiO_2-B 微球，60C 倍率下容量可达 $120 mA \cdot h \cdot g^{-1}$[346]。在 10C 倍率下，第 6 周循环可逆容量为 $166 mA \cdot h \cdot g^{-1}$，并且在 5000 次循环后保持 $149 mA \cdot h \cdot g^{-1}$。该材料通过五步模板辅助超声波喷雾热解，然后回流，离子交换和在 $500°C$ 热处理获得。另一个实例是通过在 $120°C$ 溶液回流一周，然后在 $400°C$ 和 $500°C$ 下进行热处理获得 96% TiO_2-B 纳米带、4% 纳米管和 1% 纳米球的混合物[289]。纳米带的宽度为 30nm，厚度为 6nm，长度为 $1 \sim 2\mu m$，BET 比表面积为 $115 m^2 \cdot g^{-1}$。在 C/3、3C 和 15C（$1C = 330 mA \cdot g^{-1}$）的倍率下，可逆容量分别为 $200 mA \cdot h \cdot g^{-1}$、$150 mA \cdot h \cdot g^{-1}$ 和 $100 mA \cdot h \cdot g^{-1}$；以 3C 倍率循环高达 500 周，容量损失仅为 5%。但是请注意，这些结果是在具有 50%（质量分数）炭黑负载的电极中获得的，这是任何商业化电池中不可能使用的碳量。具有 $5 \sim 10$ 个厚度的纳米片的分层多孔 TiO_2-B，其 BET 比表面积为 $151 m^2 \cdot g^{-1}$，10C 倍率可逆容量为 $211 mA \cdot h \cdot g^{-1}$，并且在 200 个循环后容量保持为 $200 mA \cdot h \cdot g^{-1}$[47]。通过使用多层四钛酸盐纳米片作为重组组分，当 K^+ 代替 H^+ 作为纳米片自组装的客体离子时，也获得了纯 TiO_2-B 的纳米片[348]。小纳米片宽 200nm，长 $1\mu m$，厚 4nm，BET 比表面积为 $66 m^2 \cdot g^{-1}$。它们在第 5 周循环中放电容量为 $258 mA \cdot h \cdot g^{-1}$，并且在 10 个循环后保持了 $253 mA \cdot h \cdot g^{-1}$ 的放电容量。

通过水热法获得封闭于内部的 TiO_2-B 纳米线和包覆在外部的无定形碳层[349]。这些碳-TiO_2-B 纳米线在 $30 mA \cdot g^{-1}$ 电流密度下，100 次循环后可逆容量高达 $560 mA \cdot h \cdot g^{-1}$，并具有良好的循环稳定性和倍率性能（在 $750 mA \cdot g^{-1}$ 的电流密度下循环时容量为 $200 mA \cdot h \cdot g^{-1}$）。通过水热处理和后处理，合成了具有由 TiO_2-B 核和锐钛矿壳组成的双晶态结构的 TiO_2-B 锐钛矿混合纳米线[350]。其质量组成经测定为 92.8(5)% 的 TiO_2-B 和 7.2(1)% 的锐钛矿。复合电极在第一周循环中显示出高度可逆的初始放电和充电容量，分别超过 $256.5 mA \cdot h \cdot g^{-1}$ 和 $232 mA \cdot h \cdot g^{-1}$。在 C/10 倍率下 100 次循环后，其保持了高达约 $196 mA \cdot h \cdot g^{-1}$ 的容量，在 15C 倍率下容量保持为 $125 mA \cdot h \cdot g^{-1}$。以 15C 倍率循环后，回到 C/10 倍率下循环，容量可恢复至 $219.3 mA \cdot h \cdot g^{-1}$。$TiO_2$-B 的高倍率能力促使与 $LiFePO_4$ 对电极的耦合，如 Ge 的情况。用 TiO_2-B 纳米纤维束测试 $LiFePO_4 // TiO_2$-B 电池[351]。通过使用比容量为 $200 mA \cdot h \cdot g^{-1}$ 的 TiO_2 和 $165 mA \cdot h \cdot g^{-1}$ 的 $LiFePO_4$ 作为负极和正极材料，其平衡质量比设计为 1:1.5。电池的平均电压为 1.8V，容量以 TiO_2-B 负极为基准，记作 $200 mA \cdot h \cdot g^{-1}$。通常，本文研究的电池在 1C 的倍率下，初始放电容量为 $160 mA \cdot h \cdot g^{-1}$；2C 和 5C 的倍率下，放电容量为 $140 mA \cdot h \cdot g^{-1}$ 和 $120 mA \cdot h \cdot g^{-1}$。该电池在 20C 的高倍率下具有 $80 mA \cdot h \cdot g^{-1}$ 的放电容量，并且每个循环的平均容量损失不大于 $0.05 mA \cdot h \cdot g^{-1}$。完整的锂电池在 300 次循环后保持其初始容量的 81%。总之，二

氧化钛难以与硅竞争。像 Si 一样，TiO_2 具有低的电导率，但其可逆容量要小得多。然而，TiO_2 具有循环时体积变化减小的优点，这有利于安全性和循环寿命。锐钛矿一直被认为是负极的最佳候选。然而，近期研究发现，金红石相具备在 0～3V 的全电压范围内的显著性能，相对于锐钛矿，同样具有竞争性。TiO_2-B 相具备最高倍率放电能力。事实上，TiO_2 适合批量生产，具有成本效益。问题在于电化学性质与其晶相无关，需要纳米尺寸和其他选定材料相复合，因此最终的 TiO_2 基负极材料不便宜。因此，氧化钛作为负极材料可能仍然处于小众市场，特别是因为它还必须与其他钛化合物即 $Li_4Ti_5O_{12}$ 竞争。

10.6.2 $Li_4Ti_5O_{12}$

$Li_4Ti_5O_{12}$（LTO）尖晶石被认为是最适合用于锂离子电池中负极的钛基氧化物，实际上被认为是锂离子电池的可行的活性负极。它表现出良好的锂离子可逆性，根据两相反应保持恒定电压 1.55V（vs. Li/Li^+），充电和放电之间电压滞后非常小；该材料电位较高，这为 SEI 膜形成提供了较为缓和的安全条件，并且避免了用碳质，特别是石墨负极观察到的枝晶的发育。该材料价格便宜，非常安全、环保，结构稳定。Li 循环嵌入-脱出涉及立方晶格参数的变化非常小，使得 LTO 是极为理想的负极的"零应变"材料。这就是为什么对这个材料进行了大量的研究工作，此为以前关于 $Li_4Ti_5O_{12}$ 的综述[21,22,38]，重点关注近年来取得的进展。$Li_4Ti_5O_{12}$ 的锂插入/提取反应可概括为：

$$(Li^+)_{3(8a)} \cdot \square_{16c}[Li^+(Ti^{4+})_5]_{(16d)}(O^{2-})_{12(32e)} + 3Li^+ + 3e^-$$
$$\longrightarrow \cdot \square_{(8a)}(Li^+)_{6(16c)}[Li^+(Ti^{3+})_3(Ti^{4+})_2]_{(16d)}(O^{2-})_{12(32e)} \quad (10.5)$$

该反应方程表明，锂离子在氧配位四面体（8a）位点和八面体（16d）位点之间的迁移。根据该方程式的理论容量为 $175mA \cdot h \cdot g^{-1}$。LTO 的电导率小（室温下 σ_e 约为 10^{-12}～$10^{-13} S \cdot cm^{-1}$），形成 LTO 导带的 Ti^{4+} 的 t_{2g} 状态为空。幸运的是，反应方程式表明由于锂化一些钛离子转移到 Ti^{3+} 价态，其中一个 t_{2g} 被占据，激活 Ti^{3+} 和 Ti^{4+} 之间电子跃迁。然而，原始 LTO 的 σ_e 值较低的结果是，仅在低倍率下才能接近理论容量，特别是当离子电导率也较小时（$3 \times 10^{-10} S \cdot cm^{-1}$）。为了克服这个问题，解决方案与其他负极类似，如减小颗粒尺寸到纳米范围，适当增加多孔结构 LTO 以增加活性表面积，同时缩短电子的长度和离子扩散路径。

电子喷雾沉积（ESD）技术是工程化合成纳米结构负极的一种方式[352]。早在 2005 年，使用乙酸锂和丁醇钛作为前驱体，通过 ESD 技术，合成了多孔纳米尺度的 LTO[353]。获得的 LTO 显示不规则碎片形态。在高温退火（700℃）后没有观察到明显的结构变化（参见图 10.8），表明 LTO 具有非常好的热稳定性。发现由 ESD 产生的负极在循环倍率 C/18 下容量为 $175mA \cdot h \cdot g^{-1}$，接近其在初始循环中的理论值。在 10 个循环后仍然达到约 $155mA \cdot h \cdot g^{-1}$ 的容量，并在 70 个循环中保持恒定。介孔 LTO 微球（由 20nm 厚的一次颗粒制成的 300nm 球体），通过无模板水热法在乙醇-水混合溶液中制备，目的在于形成介孔结构，随后进行热处理。该物质在 30C 的倍率下，容量为 $114mA \cdot h \cdot g^{-1}$，并且在 20C（$1C = 170mA \cdot g^{-1}$）200 次循环后容量保持为 $125mA \cdot h \cdot g^{-1}$。下一步是将纳米 LTO 与导电材料复合或包覆形式的结合，以提高倍率能力。纳米晶 LTO 还通过单步溶解燃烧法在不到 1min 的时间内合成[354]，由此合成的 LTO 颗粒本质上是片状且高度多孔的，比表面积为 $12m^2 \cdot g^{-1}$，初级颗粒为不同的聚集微晶，粒度在 20～50nm 之间，具有三维互连的多孔网络结构，在 $C/2$ 倍率下，容量接近理论值 $175mA \cdot h \cdot g^{-1}$。此材料具有优良容量保持能力，100 周循环无衰减，在 $10C$ 和 $100C$ 放电倍率下的容量分别为 $140mA \cdot h \cdot g^{-1}$ 和 $70mA \cdot h \cdot g^{-1}$。制备由良好结晶纳米颗粒制成的分层多孔 LTO 微球的另一种合成途径是在 LiOH 溶液中水热处理商业锐钛矿型 TiO_2 粉末，随后煅烧[355]，由此得到的产品的比表面积为 $57.5m^2 \cdot g^{-1}$。该材料于 $2C$ 倍率 200 次循环后容量为 $147mA \cdot h \cdot g^{-1}$，保持率为 95%。软化学也可用于制备由纳米颗粒构成的球形 LTO 颗粒。通过基于"苄醇路线"的溶剂热合成制备的样品在 $1C$ 倍率下容量为 $155mA \cdot h \cdot g^{-1}$，在 200 次循环中的容量保持率为 95%，比表面积为 $8m^2 \cdot g^{-1}$。多孔 LTO 也是 LiCl 和 $TiCl_4$ 与 70%（质量分数）草酸的混合物通过改进的一步固相法合成的[356]。在这种情况下，分别在 $0.5C$ 和 $1C$ 充电/放电速率下的初始容量为 $167mA \cdot h \cdot g^{-1}$ 和 $133mA \cdot h \cdot g^{-1}$，并且在 200 次循环后容量保持率保持在 98% 以上。$10C$ 倍率下充电/放电 200 周循环后的容量为 $70mA \cdot h \cdot g^{-1}$。

所有这些工作中 LTO 具有相同形态，即由初级纳米颗粒构成的球体。但也获得了其他几何形状的 LTO。通过水热合成制备的层状介孔巢状 LTO，具有 $219.2m^2 \cdot g^{-1}$ 的较大比表面积，在 $14C$ 倍率下经 200 次循环后容量为 $135mA \cdot h \cdot g^{-1}$，在 $57C$ 倍率下容量为 $113.6mA \cdot h \cdot g^{-1}$[357]。通过在 LiOH 前驱体添加剂下，水热处理无定形 TiO_2 珠粒，已经合成了 10nm 厚的纳米花状 LTO[358]。该样品在 $0.5C$、$1C$、$3C$、$5C$、$10C$、$20C$ 和 $30C$ 倍率下容量分别为 $148mA \cdot h \cdot g^{-1}$、$143mA \cdot h \cdot g^{-1}$、$141mA \cdot h \cdot g^{-1}$、$138mA \cdot h \cdot g^{-1}$、$133mA \cdot h \cdot g^{-1}$、$126mA \cdot h \cdot g^{-1}$ 和 $118mA \cdot h \cdot g^{-1}$。在 $30C$ 倍率下的可逆容量甚至保持在 $C/2$ 倍率下容量的 80% 以上。优越的高倍率性能与纳米花状结构相关，增强了循环过程中锂的迁移能力。为了获得更好的结果，纳米 LTO（纳米棒，空心球，纳米颗粒）已被碳包覆[359,360]。图 10.8 为粒度 90nm 的 C-LTO 颗粒的性能[268]。碳涂层覆盖了 LTO 颗粒的催化活性位点。然后一些研究者推测碳包覆层将 LTO 颗粒与电解质分离，使得在碳层上形成固体电解质界面（SEI）膜，这可以防止电解液在 0.7V 左右进一步还原分解，使电压范围扩大到较低的电位[361]。然而，这种解释是不令人满意的，因为无论负极是碳，石墨还是金属氧化物，一旦在电压低于 1V 时发生 Li 插入反应，其表面上就形成 SEI 膜。这是由于在低于 1V 电位下和辅以锂盐（$LiPF_6$）的作用，溶剂中碳酸亚乙酯（EC）和碳酸二乙酯（DEC）发生还原反应。这就是为什么在这里报道的所有电化学性能都是以 1V 的低电压获得的，除非另有规定。此外，碳包覆层（实际上是任何包覆层）的意义在于包覆层是多孔的，并且不阻止电解质和颗粒之间的接触，否则颗粒将失去活性。相反，碳包覆层改善了电化学性能。例如，通过滤纸模板溶胶-凝胶路径制备的具有链结构碳包覆层的 LTO 在 $C/5$ 和 $12C$ 倍率下容量分别 $165mA \cdot h \cdot g^{-1}$ 和 $110mA \cdot h \cdot g^{-1}$[362]。通过使用 TiO_2，Li_2CO_3 和沥青[363]的简单的固相反应合成比表面积为 $12m^2 \cdot g^{-1}$ 的 100nm C-LTO 一次粒子。含 5%（质量分数）C 的样品具有均匀的 3nm 厚的碳包覆层。在 $1C$ 倍率下，可逆容量为 $165mA \cdot h \cdot g^{-1}$，在 100 次循环中容量保持率为 99%。在 $5C$ 和 $10C$ 倍率下也获得了非常好的循环性。还通过无模板溶剂热合成制备了 5%（质量分数）的碳包覆的 LTO[364]。在这种情况下，LTO 由包含 11nm 的微晶（孔径 4.3nm）$0.5 \sim 1 \mu m$ 的多孔微球体构成。当在 $1 \sim 2.5V$ 的电压范围内循环时，该碳包覆的 LTO 分别在 $1C$ 和 $50C$ 下容量分别 $158mA \cdot h \cdot g^{-1}$ 和 $100mA \cdot h \cdot g^{-1}$，无明显的容量衰减。在另一项研究中，通过喷雾干燥法制备的多孔 LTO 颗粒已经用氮掺杂的碳包覆，显示出比源自于糖的非掺杂碳更好的结果[365]。$3 \sim 5 \mu m$ 的 7%（质量分数）N 掺杂碳涂覆的 LTO 球形颗粒（由纳米团聚体构成）具有良好的性能。$5C$ 和 $10C$ 倍率下，容量分别为 $145mA \cdot h \cdot g^{-1}$ 和 $129mA \cdot h \cdot g^{-1}$，至少可稳定循环

20周。在2C倍率下,其初始容量为150mA·h·g^{-1},2200次循环后容量保持率为83%。由于使用十六烷基三甲基溴化铵(CTAB)作为表面活性剂将碳包覆层的厚度降低至1nm,便于Li在碳层扩散,显著提高了碳涂覆的LTO的倍率性能[366]。在0.1C,1C,5C,10C和20C的充放电倍率下通过水热法制备的具有块状形态的C-LTO材料的比容量分别为176mA·h·g^{-1},163mA·h·g^{-1},156mA·h·g^{-1},151mA·h·g^{-1}和136mA·h·g^{-1}。

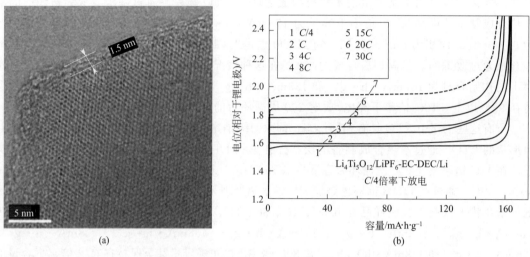

图10.8 碳包覆C-Li$_4$Ti$_5$O$_{12}$复合物(粒径为90nm)的TEM图(a);
C-Li$_4$Ti$_5$O$_{12}$/1mol·L^{-1}LiPF$_6$(EC-DEC 1∶1)/Li电池在不同倍率下的放电曲线(b)
(经[268]许可转载。版权所有2012 Elsevier)

提高LTO性能的另一个方法就是合成复合材料。正如在前面部分中综述的其他负极材料的情况一样,可合成复合LTO-石墨烯材料。通过静电纺丝合成了具有173m^2·g^{-1}比表面积的1%(质量分数)石墨烯-纳米LTO的复合材料[367]。在22C的充放电倍率下,嵌入石墨烯的LTO纳米复合材料的初始可逆比容量约为110mA·h·g^{-1}。在1300次循环后,容量为101mA·h·g^{-1}(为初始容量的91%)。与其他形式碳的复合材料也进行了合成。海胆型的LTO-碳纳米纤维在15C充电/放电时容量为123mA·h·g^{-1}[368]。通过微波辅助溶剂热反应,将10~20nm的LTO纳米小片均匀分散在还原的氧化石墨(RGO)上形成纳米混合复合物(72∶28,质量比),随后在700℃热处理形成纳米复合材料[369]。在1C,10C,50C和100C倍率下其可逆容量分别为154mA·h·g^{-1},142mA·h·g^{-1},128mA·h·g^{-1}和101mA·h·g^{-1}。1C和10C倍率下,100次循环后的容量保持率为95%。碳纳米管(CNTs)-LTO复合材料也通过机械混合LTO与CNTs[370~372]合成。为得到更好的实验结果,通过固相法合成了LTO/C/CNTs复合物[373]。该材料总体碳(沥青和CNTs)含量为6%(质量分数),在0.5C、5C和10C的充放电倍率下,放电容量分别为163mA·h·g^{-1}、148mA·h·g^{-1}和143mA·h·g^{-1},在5C倍率下100次循环后,容量保持在146mA·h·g^{-1}。通过球磨辅助固相反应制备LTO/多壁碳纳米管(MWCNTs)复合材料的缠结结构[370]。该电极在10C的倍率下,容量为147mA·h·g^{-1},超过100次循环容量保持率可达97%。在其他合成方法中,由于钛酸四丁酯的受控水解,纳米LTO通过液相沉积而锚挂在MWCNTs上[374]。纳米LTO/MWCNTs复合材料中预定量的MWCNTs含量为10%(质量分数)。首先,通过浓硝酸处理,MWCNTs表面引入官能团如羧基（—COOH），羟基（—OH）和羰基（—C(=O)—）基团。然后，通过钛酸四丁酯的可控水解将 TiO_2 纳米颗粒锚定在 MWCNTs 的表面上。最后，通过短暂的热退火将 TiO_2/MWCNTs 转化为 LTO/MWCNTs 纳米复合材料。由此获得的 LTO 颗粒为 50nm 厚。在电压窗口 1~2.5V 下进行测试，LTO/MWCNTs 在 $1C$ 倍率下容量可达 171mA·h·g^{-1}（基于 LTO），并且在 $30C$ 倍率下，容量仍可在 90mA·h·g^{-1}，可至少稳定循环 30 周。这种性能接近于文献 [365] 中包覆掺杂 N 的碳的 LTO 性能。通过固相合成获得的 MWNTs-LTO 芯/护套同轴纳米线（厚度 25nm），具有 80m^2·g^{-1} 的高比表面积的富孔层状结构，在 $40C$ 倍率下经过 100 次循环容量为 90mA·h·g^{-1}[375]。这些不同的结果证明，使用可促进电解质渗透并改善电子传导性的碳纳米管，可有效改善 LTO 的电化学性能。

LTO 相对于 TiO_2 的主要缺点是其较低的容量，由不规则纳米晶体和纳米棒组成的双相 LTO-TiO_2 已经通过水热法合成，并加入硫脲以提升两种氧化物的性质[376]。以 $1C$ 倍率经过 300 个循环后，双相 LTO-TiO_2 纳米复合材料保持了 116mA·h·g^{-1} 的容量。在 1600mA·g^{-1} 的电流密度下循环，容量可达 132mA·h·g^{-1}。这种高倍率的能力归因于在复合材料中存在丰富的相界面引起的假电容性影响。在另一项工作中，对双相 LTO-TiO_2 进行了碳包覆处理[377]，其容量在 $10C$ 的电流密度下可达 110mA·h·g^{-1}，并可循环至少 100 周。

克服低电导率的另一个主要的途径是对 LTO 进行掺杂改性。掺杂可引入 Ti^{3+}，而在 t_{2g} 子带中含有一个导电电子。Shen 等公布了一个简单的无模板路线，以制造直接在 Ti 箔上生长的 LTO 纳米线阵列，同时通过氢化产生 Ti^{3+} 位点[378]。在低倍率（例如 $C/5$）下，该电极实现高达 173mA·h·g^{-1} 的首次放电容量。由于当前倍率从 $1C$ 升高到 $5C$ 和 $10C$，放电容量分别从 166mA·h·g^{-1} 降低到 157mA·h·g^{-1} 和 145mA·h·g^{-1}。在 $30C$（5.3A·g^{-1}）的高倍率下容量为 $0.2C$ 时获得容量值的 69%，放电电压平台为 1.33V，表明该材料具有优异的倍率能力。比较了这些不同 LTO 负极的电化学性质：TiO_2 包覆的 LTO[379]，纳米晶体 LTO[354]，介孔 LTO/C[380]，LTO/石墨烯[381]，碳包覆的 LTO[382]，磷酸化 LTO[383]，Ni 掺杂的 LTO[384]（从参考文献 [380] 中提取的图）。表明无任何添加剂直接生长在钛箔上的氢化 LTO 纳米线，可以获得最佳的效果，与普通的导电涂层电极相当。这是由于通过氢化引起掺杂使材料电子电导性增加；以及为 Li^+ 的快速迁移提供了较大空间和在小直径纳米线中较短的 Li 扩散距离。对于 Ti^{4+}，LTO 也掺杂了超过其化合价的金属离子：Nb^{5+}[385,386]，V^{5+}[387,388]。更令人惊讶的是，Gu 等人声称掺杂 Zr^{4+}[389] 以获得碳包覆的 $Li_4Ti_{5-x}Zr_xO_{12}$（$x=0, 0.05$），获得了良好的效果。由于 Zr^{4+} 与 Ti^{4+} 是等价的，所以如果替代 Ti，则不应将 Zr 看作掺杂剂；然而，由于未知原因，电子电导率随着该取代[390]而增加。但最重要的是，此电化学性能是在电压范围 0~2.5V（非 1V）内取得的结果，这类似于上一节中 Wohlfahrt-Mehrens 组关于金红石 TiO_2 的工作。Zr^{4+} 掺杂的 $Li_4Ti_5O_{12}$/C 在将电压范围扩大到 0~2.5V 后，以 $0.2C$ 的倍率在 50 个循环后放电容量为 289mA·h·g^{-1}，并且在 $5C$ 下容量仍然为 212.6mA·h·g^{-1}。就像金红石型 TiO_2 一样，这种改善的原因，特别是通过将电压范围扩大到 0V 而产生的改进，是不明了的，应对钛氧化物的表面反应进行更深入的研究。而且，我们不能理所当然地使用这样的低电压来改善负极的性能。在 V 掺杂的 LTO[386] 的分析中，已经注意到电解液在低于 1.0V 电位开始不可逆地分解，并且在第一次放电过程中形成了 0.7V 的 LTO 的 SEI 膜，从而改变了其循环寿命。特别是，放电截止电位为 0V 的 Zr 掺杂的 LTO 的循环寿命尚未得到研究。掺杂其他异价离子也导致了电化学性能的一些改进，但是没有取得相同的成功：Mg^{2+}[391]，Al^{3+}[392~394]，Ni^{2+}[384,395,396]，Mn^{2+}[395]，Cr^{3+}[396]，Co^{2+}[394,395]，Fe^{3+}[396]，Ga^{3+} [La^{3+}][397~400]，Zn^{2+}[401,402]，Mo^{6+}[403]，Mo^{4+}[404]，Sn^{2+}[405]，Ta^{5+}[406]，Ru^{4+}[407]，F^{-}[392] 和 Br^{-}[408]。最近通过选择不同的掺杂物，即钇[409]获得了更好的结果。Y 掺杂的 LTO（Y 含量为 4%，原子分数）以 10C 的倍率在 1800 次循环后容量为 141.3mA·h·g^{-1}。由于这些优异的性能，LTO 已经被认为是可行的锂离子电池负极，并且本节论述也证实了这一结论。特别是出于安全考虑，LTO 非常适合 HEV 设备电气减载系统。因此，LTO 负极已经和所有可用于锂离子电池的正极进行耦合，在电池中进行测试。

10.6.3 Ti-Nb 氧化物

对新型钛衍生化合物的研究仍在继续。最近，Goodenough 的小组研究了 $TiNb_2O_7$（TNO），其结晶为单斜层状结构[410]。在碳包覆之后，该材料获得了 285mA·h·g^{-1} 的可逆容量，并且电压-容量曲线中存在 1.6V 平台。在 C/5 倍率下，10 周循环之后（1~2.5V 的标准电压范围），容量保持率为 98%；容量可达 270mA·h·g^{-1}，可稳定 20 个循环。Nb^{4+} 掺杂碳包覆的 TNO（C-$Ti_{0.9}Nb_{2.1}O_7$）得到最好的结果，在放电倍率 2C、充电倍率 2~600C 的条件下性能稳定。然而，安全性和结构稳定性尚未得到验证。

10.7 基于合金化与去合金化反应的氧化物

10.7.1 Si 氧化物

由于硅在锂化-去锂化过程中，承受了巨大的体积变化，SiO 被视为另一备选方案。SiO 是非晶硅和无定形二氧化硅的混合物。在其首次锂化期间，产生氧化锂（Li_2O）：

$$SiO + 2Li^+ + 2e^- \longrightarrow Li_2O + Si \tag{10.6}$$

从而在活性材料中产生 Si 纳米嵌入 Li_2O 基体中的微结构[411]。结果，Li_2O 层可以作为缓冲区，从而抑制由 Si 的体积变化引起的副作用。第一次锂化期间的这种反应还表明，在随后的循环中，硅作为唯一的活性物质，存在于首次锂与 SiO 化合反应形成的硅酸锂基体中，与 Li 进行合金化/去合金化反应，产生可逆容量。研究了硬质碳中 SiO 的电化学还原，结果表明，随着 Li_2O 和/或 Li_4SiO_4 的形成，SiO 还原成 Si。关于氧化硅及其复合材料的电化学性能在 2010 年的研究工作已经在文献 [25] 中发表，此后还有进展。当然，SiO 就像 Si 一样，由于相同的原因，SiO 通常与导电元素混合，以提高材料的导电性。而且该元素通常是碳，表现为包覆或复合材料的形式。然而，SiO 的合成参数也起作用。特别地，已经发现通过在 1000℃下热处理 SiO 获得的歧化 SiO（d-SiO）粉末在所测试的样品中具有最优的初始的库仑效率和循环保持率[413]。该材料用石墨粉末球磨以获得纳米 Si/SiO_x/石墨复合材料，以 100mA·g^{-1} 的电流密度在第 10 周循环到第 200 次循环中，容量恒定为 600mA·h·g^{-1}。

通过高能机械球磨一氧化硅和镁，使其部分发生还原反应，生成由 Si-次氧化物和嵌入的 Si 纳米晶组成的 SiO_x/Si[414]。通过化学气相沉积工艺进行碳包覆后，复合材料显示出稳定的可逆容量（$1250mA·h·g^{-1}$）和优异的循环稳定性（相对于第 6 周循环，第 100 周循环具有 90.9% 的容量保持率）。用 N 掺杂的碳（NC）包覆 SiO 可以提高任何倍率的容量，因为它可以提高碳包覆层的电子导电性。NC-SiO 在 1C 倍率下 200 次循环后容量为 $955mA·h·g^{-1}$，对应于 92% 的容量保持率[415]。这个结果是用大于 $20\mu m$ 的 SiO 颗粒获得的，证明了用 SiO 避免了 Si 体积变化的副作用（微米级 Si 颗粒的断裂，粉碎）。我们已经在上一节中注意到，包括专门论述 Si 的章节，孔隙率通过增加有效表面积来改善电化学性能。对于 SiO 负极也是如此。碳包覆的多孔 SiO 在 0.1C 倍率下 50 周循环容量高达 $1490mA·h·g^{-1}$，在 3C 和 5C 下稳定容量分别为 $1100mA·h·g^{-1}$ 和 $920mA·h·g^{-1}$[416]。由 SiO、石墨和具有碳包覆层的碳纤维组成的 SiO-碳复合材料在第一次循环时，相对于其他硅基材料，具有最小的首周不可逆容量和最佳容量保持率，例如：碳包覆的硅，1:1 的"SiO"和石墨混合物，或 1:1 的碳涂"SiO"和石墨的混合物[417]。于 $2.5\sim4.2V$ 的电压范围，在具有正极的层压型电池中的 100 次循环，负极容量与初始 10 个循环中的容量相比，容量保持率超过 85%。在其他的工作中，$Si-SiO_2-C$ 还通过以 3:1.5:1.5 的质量比球磨研磨 SiO、石墨和煤沥青的混合物，然后在惰性气氛中在 900℃下进行热处理来合成复合材料。该复合材料在 $100mA·g^{-1}$ 的电流密度下，即使在大约第 90 个循环，也提供了 $700mA·h·g^{-1}$ 的可逆的 Li-合金/脱合金化容量以及优异的循环稳定性。通过球磨的 SiO 和碳纳米纤维（CNF）复合负极获得了更好的结果，其在 200 次循环之后仍保持了 $700mA·h·g^{-1}$ 的恒定容量[418]。该结果来自于通过用附着在电极边缘上的锂膜进行化学预充电，将 SiO/CNF 复合电极的首周循环的不可逆容量降低至 2%。通过球磨随后化学气相沉积法制备的一氧化硅/石墨/多壁碳纳米管（SiO/G/CNTs）材料具有 $790mA·h·g^{-1}$ 的初始比放电容量，库仑效率为 65%。在 $23mA·g^{-1}$ 的恒电流密度下循环 100 次后，仍然保留了 $495mA·h·g^{-1}$ 的高可逆容量[419]。新型 SiO/石墨烯复合材料具有超高的初始比容量（$2285mA·h·g^{-1}$），优秀的循环性能（在第 100 次循环下，容量保持为 $890mA·h·g^{-1}$）和良好的倍率性能，这归因于 SiO/石墨烯纳米复合材料的三维结构[420]。

考虑到歧化 SiO 中的 SiO_2 被认为是主要的基体相和初始不可逆反应的原因，多种研究方案被制定[421]。其主旨为改造这种基质相以减少不可逆的电化学反应性和更强化的机械性能。这类工作已经开展[422]，其中通过机械化学合成开发了纳米结构的 $SiAl_{0.2}O$ 复合材料。基体的组成结构是铝硅石，其中大多数硅原子与氧上的两个铝原子相邻。该复合材料在 $120mA·g^{-1}$ 的电流密度下，在 100 次循环中容量为 $800mA·h·g^{-1}$。

还应该注意的是，SiO 负极的性能主要取决于黏合剂的选择，这使得难以对不同研究工作之间样品的电化学性能进行定量比较。不同黏合剂对电化学性质影响的研究已经由 Komaba 等人[423]开展。他们认为，与聚四氟乙烯（PVdF），羧甲基纤维素钠（NaCMC）和聚乙烯醇 PVA 黏合剂相比，使用聚丙烯酸（PAA）作为黏合剂，显著提高了 SiO 负极的电化学可逆性。也发现聚酰亚胺作为黏合剂可取得非常好的结果[424]。值得关注的是，SiO 材料在 $350\sim400℃$ 的区域中突然出现的放热峰而导致的热不稳定性。通过用锐钛矿 TiO_2 涂覆 SiO，该焓峰显著地减少（但不被抑制）[425]。这归因于锂化二氧化钛及其 SEI 的热稳定性[279,280]。

通过化学气相沉积技术，将柱状 SiO_x 纳米棒直接自组装在金属 $NiSi_x$（$0.9<x<1$）纳米线上[426]。这些 SiO_x 纳米器件在 $150mA·g^{-1}$ 的电流密度下首次充电和放电容量分别为

$4058mA \cdot h \cdot g^{-1}$ 和 $1737mA \cdot h \cdot g^{-1}$，这在第一周期产生 57% 的不可逆容量损失。随后的循环，SiO_x 纳米微孔细胞的库仑效率高达 97% 以上。20 个循环后，容量为 $1375mA \cdot h \cdot g^{-1}$，相当于初始容量的 80%。然后，到第 100 个周期，其容量逐渐降至约 $800mA \cdot h \cdot g^{-1}$。最近合成了其他多重复合物。碳包覆的 SiO_x 和 PVdF 黏合剂通过离子束溅射均匀地涂覆 $Cr^{[427]}$。发现 Cr 涂层改善了电极的电化学性能。被涂覆负极在 $C/10$ 倍率下首次充电容量为 $1127mA \cdot h \cdot g^{-1}$。第二周放电容量为 $517mA \cdot h \cdot g^{-1}$，$C/10$ 倍率下循环 100 周后，容量仍为 $517mA \cdot h \cdot g^{-1}$。基于 $SiO-Sn_xFe_yC_z$ 的机械合金化复合负极材料也已开始研究，并调整组成 x,y,z 以优化其电化学性能$^{[428]}$。50%（质量分数）的 SiO-50%（质量分数）$Sn_{30}Fe_{30}C_{40}$ 复合物表现出高比容量（$900mA \cdot h \cdot g^{-1}$，$C/6$ 倍率），循环寿命长达 40 个循环，但随后的循环容量会衰减。

与 SiO 相反，SiO_2 并没有被认为是负极的竞争者。然而，最近已经做出了研究来改善二氧化硅的性能。通过两步硬模板工艺制备的中空多孔 SiO_2 纳米立方体，在 $3\sim0V$ 之间，电流密度为 $100mA \cdot g^{-1}$ 时，30 个循环中可逆容量为 $919mA \cdot h \cdot g^{-1[429]}$。以相同的方式，通过简易的两步硬模板生长方法制备的 SiO_2 纳米管在 100 次循环后显示出高度稳定的可逆容量，为 $1266mA \cdot h \cdot g^{-1}$，容量衰减可忽略$^{[430]}$。在这两种情况下，$SiO_2$ 纳米立方体或纳米管的中空形态可容纳在锂化期间 Si 基负极的大体积膨胀，并促进固体电解质中间相层的保存。

10.7.2 GeO_2 和锗酸盐

10 年来，GeO_2 作为潜在的负极材料被研究$^{[431]}$。在第一次放电反应中，在 0.65V 电位下形成无定形 $Li_2O \cdot GeO_2$ 相，在 $0.55\sim0.35V$ 的范围内，晶体结构被破坏形成纳米复合 $Li_2O \cdot Ge$ 和 LiGe 合金。其次是在 $0.35\sim0.05V$ 的电压范围内形成合金 $Li_{4.2}Ge$。结果，至少部分地由于 Li 合金化/脱 Li 合金化反应：$Ge + 4.2Li^+ + 4.2e^- \rightleftharpoons Li_{4.2}Ge$，带来巨大的体积变化而导致剧烈的容量衰减。然而，通过使用导电碳包覆，已经取得了相应的最近的进展$^{[432]}$。$GeO_2/Ge/C$ 材料分三步制备，首先从 $GeCl_4$ 的水解合成 GeO_2 开始，然后用乙炔气体包覆碳，得到 GeO_2/C，最后一步是通过 650℃ 加热将 GeO_2/C 还原成 $GeO_2/Ge/C$。该复合材料在 $1C$ 和 $10C$ 的电流倍率下，容量分别高达 $1860mA \cdot h \cdot g^{-1}$ 和 $1680mA \cdot h \cdot g^{-1}$。在 $0.5C$ 放电倍率和 $1C$（$2.1A \cdot g^{-1}$）充电倍率下，具有良好的超过 50 周的稳定循环。性能的这种改善归因于通过碳包覆层和 Ge 的催化效应提高了 GeO_2 与锂的合金/脱合金反应的可逆性。在 Ge 基化合物$^{[433,446]}$ 中，$LiGe_2(PO_4)_3$ 具有最有发展前景的电化学性质。它采用含有 GeO_6 八面体和 PO_4 四面体的纳斯康型结构，而 Li 占据 3D 通道。当 LGP 在电压范围为 $0.001\sim1.5V$，电流密度为 $150mA \cdot g^{-1}$ 循环时，获得了 $460mA \cdot h \cdot g^{-1}$ 的可逆容量，并且在 25 次循环后仍保持了 92% 的容量。在 $1500mA \cdot g^{-1}$ 的高电流密度下，在 1000 次循环后其仍有 77% 的容量保留$^{[433]}$。

10.7.3 Sn 氧化物

在第一次放电期间，根据以下反应，SnO 和 SnO_2 结构被破坏（非晶化）并形成分散在无定形 Li_2O 中的纳米 Sn 的微结构：

$$SnO + 2Li^+ + 2e^- \rightleftharpoons Sn + Li_2O \tag{10.7}$$

$$SnO_2 + 4Li^+ + 4e^- \rightleftharpoons Sn + 2Li_2O \tag{10.8}$$

这两相反应是不可逆的，造成首周不可逆容量损失。随后的可逆反应提供了可逆容量：

$$Sn + 4.4Li \rightleftharpoons Li_{4.4}Sn \tag{10.9}$$

因此，SnO 和 SnO_2 的理论可逆容量分别为 $875mA \cdot h \cdot g^{-1}$ 和 $782mA \cdot h \cdot g^{-1}$。由于在 Sn 的合金化/去合金过程中形成用作缓冲剂的纳米 Li_2O［反应方程式（10.7）和式（10.8）］，因此相对于 Sn 金属，循环性能得到改善，从而保持 Sn 颗粒的完整性。尽管已经做了大量的研究改进，SnO 仍然没有解决容量衰减的问题[22]。今天的研究重点集中于具有更好的电化学性能的 SnO_2，这也与氧化锡的稳定形态有关。SnO_2 合金化/去合金反应的最佳电压范围为 $0.005\sim1V$（vs. Li/Li^+）。在较高的截止电压下，根据以下反应，形成 SnO_x：

$$Sn + xLi_2O \rightleftharpoons SnO_x + 2xLi^+ + 2xe^- \quad (x<2) \tag{10.10}$$

由于该反应伴随较大体积变化，与式（10.9）中 Sn 的合金-去合金化反应相关的体积变化协同作用，总体上会导致容量衰减。因此，直到最近，与反应方程式（10.10）相关联的容量大约为 $1494mA \cdot h \cdot g^{-1}$，只能在第一周循环中观察到，并且随可逆反应进行而消失［反应方程式（10.9）］。这就是为什么 SnO_2 的理论容量通常被认为是 $782mA \cdot h \cdot g^{-1}$。通过 TEM 实验进行了 SnO_2 循环研究，并在一些论文中进行了详细讨论[435,436]和总结综述[437]。在此，我们只略提及（参见文献［22］）2009 年之前的研究，将重点放在最新的进展上。对于 SnO_2 来说，像目前的任何一种负极一样，进行材料纳米化，以改善导电性，并优化材料经循环过程中体积变化而保持结构完整性的能力。

通过水热法在大面积柔性金属集流体基板上制备了直径平均为 60nm，长 670nm 的 SnO_2 纳米棒阵列[438]。在 $0.1C$ 倍率下 100 次循环后的可逆容量为 $580mA \cdot h \cdot g^{-1}$（$C$ 定义为 $4.4Li^+ \cdot h^{-1}$；$781mA \cdot g^{-1}$），并且显示出良好的倍率能力（在 $5C$ 倍率下为 $350mA \cdot h \cdot g^{-1}$）。通过在 N-甲基-2-吡咯烷（NMP）溶剂中充分混合 75%（质量分数）的活性物质，15%（质量分数）的炭黑和 10%（质量分数）的聚偏二氟乙烯（PVdF）来获得电极。高浓度碳的添加总是有益于电子传导性，并且可作为促进活性材料的结构稳定性的缓冲剂，但是在商用电池中，电解质中的碳含量不超过 10%（质量分数）。这是通过简单，易放大的熔盐法合成的超细多孔 SnO_2 纳米粉末（5nm）混合的碳量[439]。该电极在 $0.1C$ 倍率下，在 $0.05\sim1.5V$ 的电压范围内经过 100 次循环后，可逆容量为 $410mA \cdot h \cdot g^{-1}$。在 $5C$ 和 $10C$ 倍率下，其首周的可逆充电容量分别约为 $400mA \cdot h \cdot g^{-1}$ 和 $300mA \cdot h \cdot g^{-1}$。该结果是纳米化和多孔组合高效性的另一个例子，我们已经在 Si 负极的情况下证明了这一点。同理，在 $200\sim300nm$ 范围内的介孔 SnO_2 球在 $200mA \cdot g^{-1}$ 的电流密度下经过 50 次循环之后容量为 $761mA \cdot h \cdot g^{-1}$。即使在 $2A \cdot g^{-1}$ 电流密度下，该电极在 50 次循环后仍可保持 $480mA \cdot h \cdot g^{-1}$ 的容量[440]。通过无表面活性剂的水热反应进行的二氧化锡（SnO_2）多孔微球的自组装在 $500mA \cdot g^{-1}$ 的电流密度下经过 50 个循环后稳定容量约为 $690mA \cdot h \cdot g^{-1}$。这些结果与以下报道的结果相比不那么乐观，特别是当与石墨烯组合时，但是这种负极具有更大的可扩展性。其他形态已被探索。通过在空气中热电解和氧化 2-乙基己酸/聚丙烯腈（PAN）聚合物纳米纤维的电纺丝得到了由有序结合的纳米颗粒组成的 SnO_2 纳米纤维[441]。它们在 $100mA \cdot g^{-1}$ 倍率下循环 50 周，容量为 $446mA \cdot h \cdot g^{-1}$；并具有良好的倍率性能，$10C$ 倍率下可逆容量为 $446mA \cdot h \cdot g^{-1}$。

以薄膜的形式，Sn-Co-O 和 Sn-Mn-O 得到了最好的结果[442,443]。特别是在 $C/2$ 倍率下，Sn-Co-O 膜的可逆容量为 $734mA \cdot h \cdot g^{-1}$。有趣的是，其容量在 50 个循环后增加到 $845mA \cdot h \cdot g^{-1}$。在其他 SnO_2 负极中也观察到了这种容量增加，当涉及 SnO_2/N 掺杂的石墨烯混合材料的情况时，我们将继续讨论该性质。

文献[53]为关于 SnO_2 中空结构的综述。然而，这样的结构不能完全缓解与循环时的大体积变化相关的容量衰减，并且仅可获得约 30~50 周较为良好的循环。对 SnO_2 包覆处理是探索改善负极性能的另一种途径。水热法制备的碳包覆 SnO_2 纳米颗粒（6~10nm 厚）[444]构建了相应的电极。所制备的 SnO_2-碳电极［具有 8%（质量分数）碳］在 $400mA \cdot g^{-1}$ 的电流密度下，在 100 次充电/放电循环之后容量高达 $631mA \cdot h \cdot g^{-1}$。此结果实际上优于掺入 12%（质量分数）碳基体的 SnO_2 纳米粒子[445]，尽管该纳米颗粒具有一定孔隙度。最近，通过简单的一锅水热法和随后的碳化，已经成功地合成了相互连接的超细 SnO_2-C 核壳（核 SnO_2-壳 C）纳米球，具有了优异的电化学性能[446]。在电流密度为 $100mA \cdot g^{-1}$ 的 200 次循环后，放电容量高达 $1215mA \cdot h \cdot g^{-1}$，证明与反应相关的体积变化带来的衰减问题已经解决了。即使在 $1600mA \cdot g^{-1}$ 电流密度下，容量仍然为 $520mA \cdot h \cdot g^{-1}$；并且如果电流密度回到 $100mA \cdot g^{-1}$，容量即可恢复到 $1232mA \cdot h \cdot g^{-1}$。即使在 500 次循环后，碳包覆 SnO_2-NiO 纳米复合电极，在 $800mA \cdot g^{-1}$ 电流密度下，可逆容量约为 $529mA \cdot h \cdot g^{-1}$，以及在 $1600mA \cdot g^{-1}$ 电流密度下容量仍保持为 $265mA \cdot h \cdot g^{-1}$[447]。使用组成为 40%：60%（质量分数）的纳米 Si 涂覆 SnO_2 纳米管获得了较大的容量，但具有较大容量的衰减。以 $0.5C$ 倍率，在 0~1.2V 的电压范围内，该负极初始可逆容量为 $1800mA \cdot h \cdot g^{-1}$，经过 90 个循环，缓慢降至 $1600mA \cdot h \cdot g^{-1}$。这种高容量是由于 Si 和 SnO_2 都是电化学活性的原因。然而，由于 Si 和 SnO_2 在循环时都经受较大的体积变化，所以通过 TEM 研究证明了在 $2C$ 倍率下 90 次循环之后的管壁结构发生劣化。然而，在 2014 年，用 HfO_2 通过原子层沉积涂覆 SnO_2 获得最好的结果[448]。在 $150mA \cdot g^{-1}$ 的电流密度下，该负极在 100 次循环后容量为 $853mA \cdot h \cdot g^{-1}$。最后，通过在 SnO_2 纳米线上涂覆 V_2O_5，利用 SnO_2 纳米线的更好的导电性和 V_2O_5 薄层的短扩散距离，开发了一种新型的锂离子电池高性能正极材料[449]。该材料提供约 $60kW \cdot kg^{-1}$ 的高功率密度，而能量密度保持在 $282W \cdot h \cdot kg^{-1}$。

对不同的复合材料已经进行了研究。将 SnO_2 与金属化合物结合，如 Cu[450,451]。使用导电聚合物也获得了良好的结果：在 0.005~3V 电压范围内，电流密度 $690mA \cdot g^{-1}$ 的情况下，聚吡咯（PPy）纳米线均匀修饰的 SnO_2 纳米粒子，在第 2 周和第 80 周循环中容量保持率为 90%，容量可达 $690mA \cdot h \cdot g^{-1}$[452]。然而，以不同形态的碳复合均获得最好的结果[453~459]。通过溶剂热法在碳纳米管表面上沉积了晶体尺寸约 5nm 的均匀的 SnO_2 纳米晶体层，合成了 SnO_2/多壁碳纳米管（MWCNTs）复合物[456]。在 $100mA \cdot g^{-1}$ 的恒电流密度和 0.01~3V 的电压范围内，首次循环中可逆容量为 $709mA \cdot h \cdot g^{-1}$（基于复合材料的重量）。经过 100 周循环，容量稳定到大约 $400mA \cdot h \cdot g^{-1}$。通过湿化学路线制备的 SnO_2/多壁碳纳米管芯-壳结构的初始放电容量和可逆容量，分别达到 $1472.7mA \cdot h \cdot g^{-1}$ 和 $1020.5mA \cdot h \cdot g^{-1}$[456]。此外，在 0.005~3V 的电压范围内，电流密度为 $0.2mA \cdot cm^{-2}$ 时，超过 35 个循环，可逆容量仍然高于 $720mA \cdot h \cdot g^{-1}$，并且每个循环的容量衰减仅为 0.8%。这种性能应归因于，沉积在 MWCNTs 上仅 3nm 厚的 SnO_2 具有较大比表面积，MWCNTs 的高导电性和 MWCNTs 避免了 SnO_2 颗粒的团聚。良好的容量保持率（可逆容量为540mA·h·g^{-1}，在0.5C倍率下几乎稳定循环200周），很好地证明了在SnO$_2$/碳纳米管中SnO$_2$可保持其完整性[458]。通过新型的以乙二醇为介质的溶剂热-多元醇路线，在MWCNTs表面上合成高度分散的3~5nm SnO$_2$纳米晶体，该材料显示出高倍率能力和优异的循环稳定性，在长达300周循环中，具有500mA·h·g^{-1}的比容量[460]。Sn/SnO$_2$/MWCNTs复合材料在$C/4$倍率下经过100次循环后仍然能够具有高达624mA·h·g^{-1}的容量[460]。

碳-锡氧化物（C-SnO$_2$）纳米纤维也被合成，以高锂储存能力氧化锡补充具有长循环寿命碳材料[461]。复合纳米纤维负极是无黏合剂的，并且在50mA·g^{-1}电流密度下具有788mA·h·g^{-1}的首次放电容量。经过这项开创性的工作，这项技术得到了逐步改进。特别是最近获得了可以在反复充放电循环期间保持其结构稳定性的电沉积SnO$_2$-多孔碳纳米纤维（PCNF-SnO$_2$）复合材料[462]。在通过化学气相沉积法包覆无定形碳层后，该PCNF-SnO$_2$-C复合材料在100mA·g^{-1}、200mA·g^{-1}、400mA·g^{-1}和800mA·g^{-1}电流密度下的容量分别为713mA·h·g^{-1}、568mA·h·g^{-1}、463mA·h·g^{-1}和398mA·h·g^{-1}；在100次循环后，容量保持率为78%，库仑效率高达99.8%。在更高的电流密度下经历这些循环之后，电流密度再降低到100mA·g^{-1}，充电容量值恢复到600mA·h·g^{-1}。由于通过溶剂置换和随后的电纺丝，将SnO$_2$纳米颗粒均匀分散在聚丙烯腈（PAN）/N,N-二甲基甲酰胺（DMF）溶液中，合成超均匀SnO$_x$/碳纳米复合物（表示为U-SnO$_x$/C），已经获得了显著的进展[463]。所得到的一维纳米结构U-SnO$_x$/C具有SnO$_x$和含氮碳纳米纤维基质之间的强相互作用，有效地限定了均匀嵌入的SnO$_x$。在0.005~3V（vs. Li/Li$^+$）之间，0.5A·g^{-1}电流密度下200周全充电/放电循环之后，U-SnO$_x$/C电极仍然具有608mA·h·g^{-1}的可逆容量。随着电流密度从0.5A·g^{-1}逐渐增加到1A·g^{-1}、2A·g^{-1}、5A·g^{-1}和10A·g^{-1}，电极的稳定容量从663mA·h·g^{-1}分别降至518mA·h·g^{-1}、365mA·h·g^{-1}、175mA·h·g^{-1}和80mA·h·g^{-1}。对于其他几何形状复合物，如同轴SnO$_2$-碳中空纳米球［碳含量32%（质量分数）］，以0.8C倍率（C定义为625mA·g^{-1}），在2V和5mV之间评估其循环性能。该材料大约在460mA·h·g^{-1}容量下稳定循环100周以上[464]。以4.8C的高倍率循环，空心球仍然可以提供约210mA·h·g^{-1}的稳定容量。需要说明的是，高性能是在高碳含量的条件下取得的。

SnO$_2$/石墨烯复合材料的广泛和有前景的研究始于2010~2011年[465~473]。最近，合成了由石墨烯纳米带和SnO$_2$纳米粒子制成的复合材料[474]。该复合材料首次放电和充电容量分别超过1520mA·h·g^{-1}和1130mA·h·g^{-1}，这大于SnO$_2$的理论容量。可逆容量在电流密度为100mA·g^{-1}时保持为825mA·h·g^{-1}，50周循环后库仑效率为98%。此外，该复合材料在电流密度为2A·g^{-1}时具有良好的功率性能，可逆容量约为580mA·h·g^{-1}。由石墨烯纳米带（GNR）和SnO$_2$纳米颗粒制成的复合材料也被作为负极测试[474]。通过简单的化学方法合成直径为10nm的SnO$_2$纳米粒子，均匀分布在GNR结构层中。GNR是通过Na/K催化裂解MWCNTs来制备的。在100mA·g^{-1}的电流密度下，其可逆容量保持为825mA·h·g^{-1}，在50次循环后库仑效率为98%。此外，该复合材料在电流密度为2A·g^{-1}时具有良好的功率性能，可逆容量为580mA·h·g^{-1}。其显著的性能是由于GNRs通过已知边缘效应增强了锂储存[142,447]，此外还可以缓冲SnO$_2$颗粒体积的变化。石墨烯避免形成团聚物的性质也是利用原位肼一水合物蒸气还原法，依靠Sn—N键将SnO$_2$纳米晶体束缚于石墨烯片中,以获得SnO_2纳米晶/氮掺杂还原氧化石墨烯氧化物混合材料[475,476]。通过水热法合成了4~5nm厚的SnO_2颗粒。初始活化循环后,该材料库仑效率提高到97%以上;电流密度为$0.5A \cdot g^{-1}$的条件下,其稳定容量为$1021mA \cdot h \cdot g^{-1}$(电压范围为0.005~3V, vs.$Li/Li^+$)。在这项工作中,根据$SnO_2$/N掺杂的石墨烯混合材料的总质量计算比容量值,从而容量$1021mA \cdot h \cdot g^{-1}$意味着$SnO_2$纳米晶体的容量为$1352mA \cdot h \cdot g^{-1}$,即非常接近$1494mA \cdot h \cdot g^{-1}$的$SnO_2$理论容量[对应反应方程式(10.10)]。此外,循环后容量增加,在500次循环后可逆充电容量高达$1346mA \cdot h \cdot g^{-1}$。这种增加归因于循环过程中锂离子在混合材料中渗透性的改善,这导致对锂的可储存位置的增加[477]。在任何情况下,这个大的容量值意味着在反应方程式(10.10)中Sn与Li_2O的转化反应贡献的附加容量。当电流密度从$0.5A \cdot g^{-1}$增加到$2A \cdot g^{-1}$、$5A \cdot g^{-1}$、$10A \cdot g^{-1}$和$20A \cdot g^{-1}$时,电极显示出良好的容量,分别从$1074mA \cdot h \cdot g^{-1}$变化到$994mA \cdot h \cdot g^{-1}$、$915mA \cdot h \cdot g^{-1}$、$782mA \cdot h \cdot g^{-1}$、$631mA \cdot h \cdot g^{-1}$和$417mA \cdot h \cdot g^{-1}$。当电流密度恢复到$0.5A \cdot g^{-1}$时,充电容量恢复到$1034mA \cdot h \cdot g^{-1}$。与纯$SnO_2$纳米晶体相比,混合材料中观察到的Sn L3边峰强度降低,表明混合材料中Sn位点处的电子密度较高,证实了混合材料中Sn—N键的形成,这可能是混合材料高稳定的电化学性能所不可或缺的。这是迄今为止用SnO_2负极获得的最佳结果,性能显著,因为颗粒尺寸减小到4~5nm,再加上石墨烯的高柔性,加上Sn—N键具有将纳米颗粒锚定在石墨片上,避免了颗粒的团聚,都导致在长期循环中(500次),混合材料可以容纳与反应式(10.10)中相关的体积变化。最近,通过真空过滤Fe_2O_3-SnO_2和GO混合溶液制备纳米颗粒,然后进行热还原,合成了纺锤状Fe_2O_3-SnO_2纳米颗粒修饰的柔性石墨烯膜[478]。核壳结构的Fe_2O_3-SnO_2纳米粒子通过简便的水热法合成,均匀分散在层状石墨烯纳米片之间。即使在200次循环后,该负极也表现出优异的循环性能,容量可达$1015mA \cdot h \cdot g^{-1}$。已经通过嵌入氧化石墨烯(GO)纳米片,并封于导电聚合物PEDOT[聚(3,4-亚乙基二氧噻吩)]所构成鞘中的140~150nm的SnO_2中空球(HS)获得了另一个显著的进展[479]。由于GO纳米片的固有的适度的高电子导电性和PEDOT缓冲在Li^+重复充放电期间体积变化能力之间的协同作用,所以SnO_2HS/GO/PEDOT混合材料在$100mA \cdot g^{-1}$的电流密度下,150周循环容量保持在$608mA \cdot h \cdot g^{-1}$(相对于混合材料),当仅考虑混合物中的$SnO_2$HS的质量时,容量可达$1248mA \cdot h \cdot g^{-1}$。即使在$2000mA \cdot g^{-1}$的高电流密度下,$SnO_2$HS/GO/PEDOT混合物也显示出优异的倍率能力,即可达到$381mA \cdot h \cdot g^{-1}$的容量。

以上结果清晰地将SnO_2升级为预备负极。2013年的突破是成功地合成了多种纳米结构混合材料,以避免结构退化,从而导致与反应过程中体积变化相关的容量衰减。然而,这些负极的工业规模生产是值得怀疑的,因为价格昂贵,合成过程也是如此。将这种纳米结构复合材料的制备扩大到商业开发所需的产量仍然是具有挑战性的,并且是确保该材料作为负极未来成功的关键问题。

10.8 基于转化反应的负极

转化或氧化还原反应,根据所谓的转化-置换反应,涉及Li_2O形成和分解[480~483]:

$$MO + 2Li^+ \longrightarrow M + Li_2O \tag{10.11}$$

其中 M 是 3d 金属；M=Mn，Fe，Co，Ni，Cu。虽然电化学惰性，但 Li_2O 也可以通过催化反应间接参与负极性能。MO 与 Li 金属的第一次放电反应涉及晶格的非晶化，随后形成嵌入到 Li_2O 基体中的金属纳米颗粒。在充电过程中，MO 的形态是 Li_2O 分解的结果。因此，MO 的电压与电压-容量曲线具有相同的特征。在非晶化过程中由 M 和 Li_2O 共存而引起的两相反应显示为低于 1V 的特征性的平坦电压区域；随后是下降到 0.001V 的倾斜区域，为单一相的 Li 插入反应的特征反应。除了立方缺陷结构的 FeO 晶体和由于 Jahn-Teller (JT) 变形而采用变形岩盐结构的 CuO，MO 化合物均采用立方岩盐结构。这些材料的性质已经在综述（文献 [22]）中进行了总结，本文重点关注近年来取得的进展。

10.8.1 CoO

根据反应式(10.11)，CoO 的理论容量高达 715mA·h·g^{-1}，足以使之成为有发展前景的负极。事实上，接近理论值的实验结果可在较低倍率条件下实现。然而，钴氧化物由于在充放电过程中的低导电性和较大的体积膨胀收缩，而具有较差的容量保持性。许多研究工作试图通过最小化氧化钴类负极的体积变化来解决上述问题，这与之前已经论述的其他负极的情况相同。

在第一次放电过程中，CoO 基负极表面上除了形成 3~6nm 厚的 SEI 膜之外，和任何其他负极相同，全放电状态下电极上还形成厚度为 50~100nm 的聚合物凝胶型膜。其在高于 1.8V 的电压下充电时变得更薄，并且在充电电压至 3V 时完全消失。该聚合物-凝胶层的分解可以解释实验中的容量大于理论值（在第一次放电期间，注意到每摩尔 CoO 消耗超过 2.0mol 的 Li）的现象[482]。此外，通过分解 Li_2O 形成较高的氧化物（Co_2O_3 和 Co_3O_4）有助于实验容量的增加[484]。这个特征也被用来解释在氧化钴中通常观察到的循环容量的增加[484,485]。然而，我们还注意到，此种效应更为普遍，因为在 SnO_2 负极中也观察到了类似现象。无论如何，容量的增加提供了循环后表面改性的相关证据，而且该现象还没有被充分了解。

Reddy 等人用 Co_3O_4 作为前驱体通过碳热还原合成了具有珊瑚状结构的 CoO 颗粒[486]。第 60 周循环，放电容量为 895mA·h·g^{-1}，充电容量为 893mA·h·g^{-1}（电压范围 0.005~3V，电流密度 60mA·g^{-1}）。只有少数实验使用掺杂来提高 CoO 的电导率，从而提高了性能。已经发现 Cu 掺杂的 h-CoO 纳米棒在电流密度为 72mA·g^{-1} 时，在 30~50 周循环之间容量大约为 1000mA·h·g^{-1}；不幸的是，文献中还没有报道在较高电流密度下的结果[487]。通过综合应用纳米化和孔隙率，获得了较高倍率性能的良好进展。特别是在柔性导电 Ti 箔上合成具有强力机械黏合性的 CoO 多孔纳米线阵列，分别在 1C（716mA·g^{-1}），2C（1432mA·g^{-1}），4C（2864mA·g^{-1}）和 6C（4296mA·g^{-1}）电流密度下[488]展现了优良的高倍率性能。通过乙酸钴四水合物与水合肼在溶液中反应，随后在惰性气氛中进行热处理合成了层状自组装的介孔 CoO 纳米盘，在 200mA·g^{-1} 电流密度下进行 50 周充放电循环，容量为 1118.6mA·h·g^{-1}；并表现出优异的循环性能：在 800mA·g^{-1} 的电流密度下 400 周充放电循环后，容量为 633.5mA·h·g^{-1}。这个显著的进展归功于，具有介孔、超薄、大面积二维结构的小一次粒子和有序自叠层 3D 结构等方面高度有效结合形成独特的层状纳米结构。实际上，这种性能足以使这种材料成为下一代锂离子电池的极具前景的负极。据报道，其合成过程是一种轻松、便宜和易于放大的路线，可以补偿以下事实：钴价格昂贵。然而，在更高的倍率下，就必须用包覆层或复合材料的形式与其他导电材料相关联，如同其他负极材料。

在已经研究的被包覆的 CoO 颗粒混合材料中,由具有金属 Co 核及未密封中空多孔 CoO 壳组成的 Co-CoO 纳米颗粒,在核和壳之间具有空隙,在电势窗口为 0~3V,电流密度为 50mA·g^{-1} 的条件下,50 次循环后,可逆容量超过 800mA·h·g^{-1};且初始库仑效率为 74.2%[490]。使用碳修饰的 CoO 样品也获得了几乎相同的结果,在 0.01~3.0V 的电压范围和 100mA·g^{-1} 电流密度的情况下,70 次循环后的容量保持在 800mA·h·g^{-1}。通过简易的 CVD 和随后的 RF 溅射方法合成的 CoO/NiSi$_x$ 核-壳纳米线阵列在 1C 倍率下容量可达 600mA·h·g^{-1},并且在 44C 下仍然保持在 400mA·h·g^{-1}[492],极大地增强了 CoO 负极的倍率性能。同一课题组通过在随后溶解去除的多孔氧化铝膜辅助下,将 Cu 纳米棒的 3D 阵列电沉积到 Cu 箔上,获得了纳米结构集流体。通过可控射频溅射实现 CoO 沉积到 Cu 纳米棒上,形成纳米结构的混合 CoO/Cu 电极[493]。在电流密度为 215mA·g^{-1} (0.3C) 时,负极的首次放电容量为 1362mA·h·g^{-1},首次充电容量达到 903mA·h·g^{-1}。它对应于 66% 的库仑效率,这对于氧化钴就是良好的结果,因其在首次循环期间显著的不可逆容量损失,包括 SEI 的形成和颗粒的非晶化过程的共同作用。200 次循环后仍可保留大约 900mA·h·g^{-1} 的稳定可逆容量。这是一个显著的进展,表明 Co[441]因团聚产生的容量衰减问题已经被克服。在 10C 的倍率下,容量仍然大于 500mA·h·g^{-1}。由介孔 CoO 碳纳米棒-碳纳米管壳材料组成的自组装的类棘状纳米结构,在高电流倍率 (3580mA·g^{-1}) 的条件下,显示高容量 (200 个循环为 703~746mA·h·g^{-1}),高循环寿命 (每个循环的 0.029% 容量损失)[494]。

我们在前面的部分已经看到,石墨烯片被广泛用作锚定多种活性负极的材料以形成独特的纳米复合材料的理想基体,CoO 也是如此。然而,直到最近,这些氧化钴/石墨烯纳米复合材料具有相对较低的钴氧化物负载,在石墨烯纳米片上具有不令人满意的分散体。高分散,分散良好的氧化钴/石墨烯纳米复合材料仅在最近才通过在油相溶液中自组装合成[495]。这个合成涉及在石墨烯存在的情况下在油胺中热分解乙酰丙酮钴[Co(acac)$_3$]的相关过程(参见图 10.9)。在 100mA·g^{-1} 的电流密度下,质量比为 9:1 的 CoO/石墨烯纳米复合材料在 60 个循环中提供了 1400mA·h·g^{-1} 的恒定容量。即使在电流密度高达 8A·g^{-1} 的情况下,纳米复合电极仍能够提供约 500mA·h·g^{-1} 的稳定容量。实际上,这些进展优于 CoO-石墨烯纳米片上之前的一些结果[496]。然而,Peng 等人获得了更好的进展[497]。这些研究者设计了一种简便的一步超声波方法,在环境温度下使用金属羰基[Co$_4$(CO)$_{12}$]簇作为前驱体在石墨烯纳米片 (GNs) 上合成 CoO 量子点 (3~8nm) (Qds)。该负极在电流密度为 50mA·g^{-1} 条件下 (总是在 0~3V 的电压范围内),第二周循环可逆放电容量为 996mA·h·g^{-1};第 50 次循环后,容量增加到 1592mA·h·g^{-1}。在电流密度为 1000mA·g^{-1} 条件下,第 50 次循环后容量仍然保持在 1008mA·h·g^{-1}。最后,紧密锚定在石墨烯纳米片上的大小为 5nm 的 CoO 纳米颗粒保持了 1015mA·h·g^{-1} 的稳定容量和 100% 库仑效率[498]。实际上,透射电子显微镜分析证实,CoO 颗粒的形态随循环进行而被保留。最近的电化学性能的进展使 CoO 成为极具前景的负极材料。然而,CoO 也经历了其昂贵而有毒的缺陷的困扰。另外,这种氧化物不是非常稳定,具有向更稳定的尖晶石相 Co$_3$O$_4$ 转变的趋势。

10.8.2 NiO

氧化镍 (NiO) 由于成本低,毒性低,安全性高,被认为是锂离子电池和超级电容器的

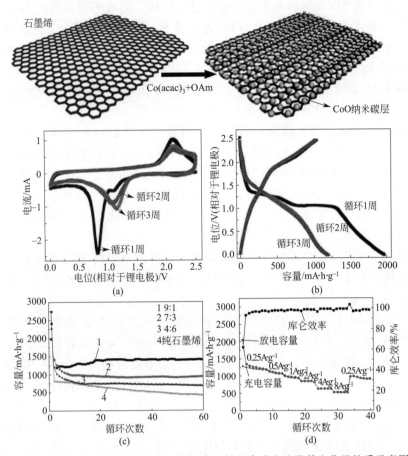

图 10.9 制备高负载 CoO/骨架纳米复合材料的合成方法及其电化学性质示意图
(a) CoO/石墨烯纳米复合材料的前三个 CV 曲线,其电位范围为 0.0~2.5V,扫描速率为 $0.1mV \cdot s^{-1}$ 时质量比为 9:1;
(b) 在电流密度为 $100mA \cdot g^{-1}$ 和室温下,CoO/图形纳米复合材料的前三个放电-充电曲线(质量比为 9:1);
(c) 质量比为 9:1,7:3 和 4:6 的 CoO/石墨烯纳米复合材料的放电容量与循环次数的关系,以及电流密度为 $100mA \cdot g^{-1}$ 和室温的纯石墨烯;(d) 不同的放电-充电循环的 CoO/石墨烯纳米复合材料的比容量为 9:1,目前的速率为 $0.25 \sim 8.0 A \cdot g^{-1}$(黑色:库仑效率;红色:放电容量;蓝色:充电容量)
(经[494]许可转载。2013 皇家化学学会版权所有)

极具前景的电极材料。此外,NiO 的密度为 $6.67g \cdot cm^{-3}$,体积能量密度较高。由于这些原因,在过去已经做出了相当大的努力来合成纳米 NiO 及其复合材料(参见文献[22])。然而,直到 2010 年,各种 NiO 负极,如 Ni/NiO 核壳粒子,NiO 中空纳米球[500],NiO 微球[501],NiO-碳纳米复合材料[502~504],NiO 多孔薄膜[505~507],NiO/聚(3,4-亚乙二氧基噻吩)(PEDOT)复合材料[508],在 0.005~3V 电压和 0.1~1C 电流倍率的范围内,在 20~50 周循环后获得的可逆容量限制在 $250 \sim 650 mA \cdot h \cdot g^{-1}$ 的范围内。类似的成果于 2011 年获得,Co 掺杂的 NiO 纳米片阵列,在 $100mA \cdot g^{-1}$ 的低电流密度下,在 50 次放电/充电循环后显示出 $600mA \cdot h \cdot g^{-1}$ 的容量;当电流密度增加到 $2A \cdot g^{-1}$ 时,容量保持在 $471mA \cdot h \cdot g^{-1}$[509]。掺杂是重要的。通过改进的水热合成及随后的退火直接在铜基底上生长的未掺杂的单晶 NiO 纳米阵列,经掺杂后,电化学性能明显提高[510]。

另一个重要参数是孔隙率。经 BET 测量,有效比表面积为 $96m^2 \cdot g^{-1}$ 的 8nm 厚的介孔 NiO 颗粒,在 0.1C 倍率下 50 周循环后容量为 $680mA \cdot h \cdot g^{-1}$[511]。近年来,NiO 取得了快速的发展。极具发展前景的纳米片几何结构已被确认,因为平均粒度约 $2\mu m$ 和平均厚度约 20nm 的 NiO 纳米片在 $100mA \cdot g^{-1}$ 的电流密度下,经过 50 次循环,充放电容量分别为 $1015mA \cdot h \cdot g^{-1}$ 和 $990mA \cdot h \cdot g^{-1}$;当电流密度为 $800mA \cdot g^{-1}$,经过 50 次循环,充放电容量仍然可保持在 $568mA \cdot h \cdot g^{-1}$ 和 $578mA \cdot h \cdot g^{-1}$[512]。通过简易的氨诱导途径制备直接生长在泡沫 Ni 上的纳米多孔 NiO 膜,10C 倍率下其容量为 $280mA \cdot h \cdot g^{-1}$;C/5 倍率下循环 100 周后可逆容量高达 $543mA \cdot h \cdot g^{-1}$[513]。

最近,通过简单制造技术制备和随后进行热氧化处理制备的三维"弯曲"层状介孔 NiO 纳米膜,在 1.5C 倍率下,容量高达 $721mA \cdot h \cdot g^{-1}$,并具有长达 1400 周循环寿命,使其对大功率锂离子电池具有很强的吸引力[514]。通过 10h 500℃下简易热分解 $Ni(CH_3COO)_2 \cdot 4H_2O$,合成具有层状多孔结构的 NiO 微球[515]。该 NiO 负极在 $500mA \cdot g^{-1}$ 的电流密度下 100 次循环后保持 $800mA \cdot g^{-1}$ 的可逆容量。这是大面积层状结构 NiO 微球大规模生产的首次报道。

多孔结构和一维形态的二者集合使用被证明可以有效地提高 NiO 负极性能,如同其他负极。使用滤纸作为模板的介孔 NiO 纳米管在 $200mA \cdot g^{-1}$ 电流密度下,100 周循环后可逆容量为 $600mA \cdot h \cdot g^{-1}$[516]。

通过在 PEG2000(聚乙二醇)中的简单沉淀法获得的中空纳米结构的 $Ni(dmg)_2$(dmg=二甲基-乙醛肟)微管,经高温煅烧合成的层状多孔 NiO 微管在 $1A \cdot g^{-1}$ 电流密度下,循环 200 周后,容量保持在 $640mA \cdot h \cdot g^{-1}$。倍率能力的研究表明,在 $50mA \cdot g^{-1}$,$200mA \cdot g^{-1}$,$500mA \cdot g^{-1}$,$1000mA \cdot g^{-1}$ 和 $2000mA \cdot g^{-1}$ 电流密度下,材料的可逆容量分别为 $810mA \cdot h \cdot g^{-1}$,$780mA \cdot h \cdot g^{-1}$,$720mA \cdot h \cdot g^{-1}$,$630mA \cdot h \cdot g^{-1}$ 和 $520mA \cdot h \cdot g^{-1}$。更重要的是,当电流密度回到 $50mA \cdot g^{-1}$,放电容量可以恢复 $800mA \cdot h \cdot g^{-1}$。这表明 NiO 微管具有高稳定性[517]。

对 NiO 的包覆并没有完全成功。为了避免包覆 NiO 的均匀金属涂层对于锂传输的阻碍,合成了 NiO/Co-P 复合材料,NiO 颗粒尺寸为 200nm,Co-P 镀覆颗粒厚 30nm[518]。该负极在电流密度为 $100mA \cdot g^{-1}$ 的情况下经过 50 次循环,放电和充电容量分别为 $560mA \cdot h \cdot g^{-1}$ 和 $540mA \cdot h \cdot g^{-1}$。在 $200mA \cdot g^{-1}$,$500mA \cdot g^{-1}$ 和 $1000mA \cdot g^{-1}$ 的较高电流密度下,可逆容量分别为 $560mA \cdot h \cdot g^{-1}$,$480mA \cdot h \cdot g^{-1}$ 和 $270mA \cdot h \cdot g^{-1}$。在 NiO/Ni 复合材料[519~521]中,通过化学浴沉积的 NiO 片状阵列和随后磁控溅射镍纳米粒子,所合成的自支撑镍涂层 NiO 阵列,取得了最佳的结果,循环可超过 50 周[521]。溅射时间为 60s,合成 NiO/Ni 复合材料,在 $100mA \cdot g^{-1}$ 电流密度下,循环 50 周容量为 $648mA \cdot h \cdot g^{-1}$。在 $2A \cdot g^{-1}$,$4A \cdot g^{-1}$ 和 $7.18A \cdot g^{-1}$ 的电流密度下,该材料的容量分别为 $455mA \cdot h \cdot g^{-1}$,$316mA \cdot h \cdot g^{-1}$ 和 $187mA \cdot h \cdot g^{-1}$。NiO 与石墨烯的复合材料已被合成,因电导率的增加,从而提高了材料的倍率性能。文献[521~525]中的部分复合材料没有取得比文献[513]中纳米膜更好的倍率性能。然而,最近的石墨烯/NiO 复合材料达到了这一目标。通过水热法制备的 NiO-石墨烯叠层片在 0.1C 倍率下经过 50 次循环后容量为 $1030mA \cdot h \cdot g^{-1}$;并且在 5C 倍率下容量仍保持 $492mA \cdot h \cdot g^{-1}$[526]。NiO/石墨烯纳米片层状结构获得更好的倍率能力,其通过在 pH=4 的水溶液中的带正电荷的 NiO 纳米片和带负电荷的氧化石墨烯之间的静电相互作用制备,然后在 Ar 气氛中烧结[527],在 $4000mA \cdot g^{-1}$(5.6C 倍率)高电流密度下,放电容量仍高达 $615mA \cdot h \cdot g^{-1}$。通过均相共沉淀和随后的退火制备的还原氧化石墨烯和纳米片基氧化镍微球复合材料在 $100mA \cdot g^{-1}$ 电流密度下经过 50 次循环后的放电容量为 1041mA·h·g^{-1}；在 1600mA·g^{-1} 的电流密度下容量高达 727mA·h·g^{-1}，但没有以更高的倍率进行测试[528]。最近，通过以下方法合成了由核-壳结构的 Ni/NiO 纳米簇修饰的石墨烯（Ni/NiO-石墨烯）组成的粉末：首先，通过一锅喷雾热解制备包含均匀分布的 Ni 纳米团簇的皱褶石墨烯粉末；随后，将该粉末在空气中在 300℃下退火将其转变成 Ni/NiO-石墨烯复合材料[529]。作为负极，该复合物在 1500mA·g^{-1} 电流密度下经过 300 次循环后容量 863mA·h·g^{-1}。即使在 3000mA·g^{-1} 的高电流密度下，Ni/NiO-石墨烯复合粉末的放电容量在 40 个循环后仍高达 700mA·h·g^{-1}。这是自 2011 年该负极取得突破以来所取得的最佳结果，NiO/石墨烯复合材料的性能也在很大程度上取决于电极的合成和结构。Ni/NiO-石墨烯复合材料的显著性能归功于高度分散的 Ni 纳米团簇的作用，导致在放电过程中形成的 Li$_2$O 得以更完全分解，以及这些 Ni 簇作为 NiO 与 Li 的转化反应过程中的电子传输的高导电路径。这解释了通过引入 Ni 金属，Ni/NiO-石墨烯复合材料性能得到提高的原因。然而，我们在无 Ni 修饰的纳米团簇的 NiO/石墨烯复合材料方面的进展同样极具前景，这意味着 NiO 能够强烈地锚定在石墨烯上。已经通过 X 射线光电子能谱，傅里叶变换红外光谱和拉曼光谱测量的分析了解了这种键合，这些结果证明了 NiO 纳米片/石墨烯复合材料中氧桥的形成，源自石墨烯的羟基/环氧基团在 NiO 中 Ni 原子上的钉扎[530]。

10.8.3 CuO

CuO 也被认为是有发展前途的负极材料，因为它是便宜和环境可接受的，且具有良好的安全性。其理论容量只有 375mA·h·g^{-1}（Cu^{2+}⟶Cu$^+$），但幸运的是，在充电期间形成中间相 Cu$_2$O，同样具备电化学活性（Cu$^+$⟶Cu^0），CuO 基负极总体理论容量为 674mA·h·g^{-1}。然而，它与任何基于转化反应的负极材料一样，CuO 在循环过程中存在巨大的体积膨胀和 Cu 原子分散到 Li$_2$O 基体，这导致严重的机械应变力和快速的容量衰减。此外，CuO 具有低电子导电性，这对电荷转移是不利的。为了减少这些限制，CuO 必须合成为纳米形态材料。不同的形态已经进行了相关研究。最近，研究了不同纳米形态对 CuO 负极性能的影响[531]。结果显示：叶状 CuO 的可逆性在循环过程中降低，这证实了不同课题组在具有此种形态的 CuO 颗粒上的先前研究结果[532,533]，麦片状 CuO 和分层结构[534]也是如此。纳米线[535]和纳米棒阵列[536]是可避免容量衰减的纳米形态。在 0.02~3V 的电压范围内，纳米线以 C/2 倍率在 100 周循环中提供 650mA·h·g^{-1} 的稳定容量。在相同的电压范围内以 C/2 倍率循环至 275 周，纳米级阵列的初始可逆容量为 500mA·h·g^{-1}，缓慢上升 610mA·h·g^{-1}；并且在 800mA·g^{-1} 的电流密度下，容量仍可保持为 332mA·h·g^{-1}。文献 [22] 列举了多种 CuO 负极的研究工作，但在其中未有更好的结果。作为比较，在最佳合成温度（750℃），使用熔融盐法合成制备的 CuO 微米/纳米薄膜壁，在第 40 周循环后，容量保持为 620mA·h·g^{-1}[537]。为了与我们报道材料的性能相竞争，就需要导电物质以形成复合材料，特别是使用最具导电能力的石墨烯。然而，不能保证其一定具有良好进展，因为一些石墨烯/CuO 复合材料没有达到这个目标[538,539]，所以即使对于这种复合材料也需要优化的纳米结构设计。这样的设计已经由 Wang 等人提出，正如他们在论文中描述的合成过程[540]。这些作者用 CuO 纳米片亚结构获得了一个基本的类似海胆的 CuO 簇；这些 CuO 花被周围的石墨烯片均匀分离。经测试，在电流密度为 65mA·g^{-1} 的条件下，该 CuO/石墨烯复合物 100 周循环后稳定可逆容量为 600mA·h·g^{-1}。对 10 次循环后的（10

周小倍率循环）倍率性能的研究表明，在电流密度为 $320mA \cdot g^{-1}$，$1600mA \cdot g^{-1}$ 和 $6400mA \cdot g^{-1}$ 时，容量分别为 $480mA \cdot h \cdot g^{-1}$，$320mA \cdot h \cdot g^{-1}$ 和 $150mA \cdot h \cdot g^{-1}$。在这个最高的电流密度（$6400mA \cdot g^{-1}$）下，发现其容量比石墨的容量大 3 倍，而 CuO 根本没有容量。通过 Kirkendall 效应合成了另一种纳米颗粒/石墨烯纳米片复合材料[541]。该材料在 $50mA \cdot g^{-1}$ 的电流密度下，可逆容量达到 $640mA \cdot h \cdot g^{-1}$；电流密度增加 10 倍，容量保持率约为初始值的 96%。在 $1A \cdot g^{-1}$（约 $1.7C$）电流密度下，可逆容量达到 $485mA \cdot h \cdot g^{-1}$，并在 500 次循环后保持 $281mA \cdot h \cdot g^{-1}$。利用通过简易的低温溶液途径制备了石墨烯纳米片支撑的梭状 CuO 纳米结构，取得了更好的结果[542]。在 $700mA \cdot h \cdot g^{-1}$ 的电流密度下，该复合物在 100 次循环后保持 $826mA \cdot h \cdot g^{-1}$ 的稳定容量。该容量甚至大于在较低电流密度（$70mA \cdot g^{-1}$）下获得的 $771mA \cdot h \cdot g^{-1}$ 的容量值。在其他电极中也观察到这种较高的电流密度对应较高的容量的现象，并且归因于在较小电流下慢的锂离子反应可能导致更严重的电极粉化[543]。这种循环性能至少在某种程度上可归因于 CuO 纳米片均匀分布并被石墨烯纳米片充分包裹的事实，这是石墨烯/CuO 复合材料设计可对负极性能及应用前景产生重要影响的另一个证据。据了解，这些是 CuO 负极的最佳结果。已经合成的其他 CuO/石墨烯复合材料没有这种倍率能力[525,544]。

近五年来 CuO 负极的进步，特别是当与石墨烯相结合时，已经达到了使材料具有挑战实用化的循环性能和速率性能。复合材料虽然获得了最好的结果，但仍需要证明它们可以在工业规模和合理成本的条件下进行合成。事实上，关于这种材料的研究现在可能正在集中解决这方面的问题。例如，通过比以前的中空结构合成更为规模化的简易方法，最近合成得到的介孔 NiO 微球的电化学性能虽与最佳的 CuO-石墨烯复合材料性能有一定差距，但足以满足容量和倍率方面的相关要求，使其成为极具发展前景的负极材料。在不久的将来对 CuO 负极进一步研究将会产生令人兴奋的巨大进展。

10.8.4 MnO

具有 $755mA \cdot h \cdot g^{-1}$ 的高理论容量的锰氧化物也被认为是具有潜在应用价值的负极材料，而且近年来已经在 MnO 基负极的电化学性质方面取得了稳定的进展。第一个令人鼓舞的数据来自 2009 年，限制于多孔碳纳米纤维上的 MnO 和 Mn_3O_4 混合物，在 $50mA \cdot g^{-1}$ 的电流密度和 $0.01 \sim 3V$ 电压范围内，初始容量为 $785mA \cdot h \cdot g^{-1}$ 时，$10 \sim 50$ 周循环之间容量稳定在 $600mA \cdot h \cdot g^{-1}$[545]。MnO/C 纳米复合材料也通过苯甲酸锰前驱体的简单热分解制备[546]。已经获得了良好的结果：在 $100mA \cdot g^{-1}$ 电流密度下，可获得 $600 \sim 680mA \cdot h \cdot g^{-1}$ 的容量，但是代价为材料中需较大的碳含量[10%～18%（质量分数）]存在。更有利的是，与糖进行球磨及随后的 600℃ Ar 气氛合成的碳包覆 MnO 在 $50mA \cdot g^{-1}$（$0.08C$）电流密度和 $0.01 \sim 3V$ 电压范围内，150 周循环的可逆容量几乎稳定在 $650mA \cdot h \cdot g^{-1}$，并且在 $400mA \cdot g^{-1}$ 高电流密度下容量高达 $400mA \cdot h \cdot g^{-1}$[547]。值得注意的是，该合成方法与目前商业化的一些 $C\text{-}LiFePO_4$ 正极的制造方法相同。然而，在此种情况下制备 $LiFePO_4$，碳涂层大约在 700℃ 下进行，以获得更好的碳的电子电导率。如 MnO 粉末结构不被破坏，在 700℃ 温度下处理该材料可获得更好的结果。因此，该文献中使用的 600℃ 的温度是否是最佳选择尚不明确。在相同的烧结温度（600℃）下，用 C_2H_2 前驱体[548]对 MnO 纳米管进行碳包覆处理，结果是类似的，在电流密度为 $189mA \cdot g^{-1}$ 时，其容量接近 $500mA \cdot h \cdot g^{-1}$。然而，容量衰退未能得到解决，在 25 周循环后，容量即损失

18%。其他在600℃进行碳包覆的MnO-C负极[549]具有更好的循环性能，但低于在较高温度下碳包覆材料的相关性能。在700℃使用甲苯作为前驱体，氩气作为载气，碳包覆化学气相沉积获得的多孔MnO微球，得到更好的结果。该材料在50mA·g^{-1}电流下，循环超过50周，容量几乎恒定为700mA·h·g^{-1}；在1600mA·g^{-1}电流密度下，容量仍可保持在400mA·h·g^{-1}[550]。另外一个例子是使用葡萄糖作为碳源和还原剂，在700℃下对20nm MnO颗粒进行碳包覆[551]。具有10.7%（质量分数）碳包覆量的MnO/C材料显示出非常稳定的循环性能，在C/10倍率下，30周循环后具有939.3mA·h·g^{-1}的高可逆容量。该电极在1C，2C，5C和10C倍率下，比容量分别为726.7mA·h·g^{-1}，686.8mA·h·g^{-1}，633.0mA·h·g^{-1}和587.9mA·h·g^{-1}。另外，使用嵌段共聚物F127作为碳源在烧结温度低至500℃下制备的碳包覆纳米棒，在充电电流密度为200mA·g^{-1}的条件下，从第2周期和第40周期之间，容量几乎线性地从800mA·h·g^{-1}减少到600mA·h·g^{-1}[552]。

这些结果与我们的分析一致，碳层的导电性随着烧结温度的增加而增强，并且只要有可能就提高到700℃。然而，这不是唯一的相关参数，因为电化学性质主要取决于颗粒的孔隙率。如：尽管使用葡萄糖作为前驱体仅在500℃低温下进行碳包覆，但是合成的碳包覆多孔MnO纳米管仍获得了良好的结果就最好地证明了这一点[553]。该多孔MnO/C纳米管在100mA·g^{-1}（0.13C；1C≤755.6mA·g^{-1}）的充电/放电电流密度下，100周循环之后可逆容量高达763.3mA·h·g^{-1}；0.66C倍率下循环200周容量保持在618.3mA·h·g^{-1}。碳层包覆MnO纳米板的结构的研究[554]对此现象做出了解释。当在550~650℃温度范围内，只要升温至550℃以上后，就会发现拉曼光谱中碳的D峰与G峰的强度比几乎不变。因此碳材料的石墨度，在550℃以下，会随着温度升高而增加，在更高温度下不会显著变化。事实上，在550℃加热10h合成的具有8nm厚碳层的纳米板，在电流密度为200mA·g^{-1}条件下，30周循环之后，容量为563mA·h·g^{-1}。不幸的是，其循环寿命只限于这么少的周期。另一个例子是在镍泡沫上相互连接的无碳包覆层的多孔MnO纳米片，获得的良好结果[555]。对于第二次放电，在246mA·g^{-1}的电流密度下获得568.7mA·h·g^{-1}的高可逆容量。在不同电流密度下（最高达2460mA·g^{-1}），充放电循环200周，其容量仍恢复到708.4mA·h·g^{-1}（电流密度为246mA·g^{-1}）；并且在最高的电流密度（2460mA·g^{-1}）下，容量可达376mA·h·g^{-1}。这个良好的结果是由于两个功能相结合的效果。首先是孔隙度的有益效果。其次，直接在金属上生长的活性材料的结构在活性材料和金属集流体之间提供了有效的电子传输通道，可以补偿导电碳包覆层的缺失。

受到天然微藻特征的启发，已经开发了一种仿生方法来合成MnO/C的中空微球，其在100mA·g^{-1}电流密度下，50次循环后的比容量为700mA·h·g^{-1}[556]。高容量在一定程度上来源于多孔碳基质。最近，使用碳纳米球作为模板和还原剂合成了MnO的中空纳米球[557]。所制备的MnO纳米球是由团聚的纳米颗粒构成的，得到了薄且多孔的壳。相应的负极在100mA·g^{-1}电流密度下经过60个循环后，可逆容量为1515mA·h·g^{-1}。即使在500mA·g^{-1}电流密度下，在100次循环后保持的容量仍然为1050mA·h·g^{-1}。这表明中空结构，表面孔隙率和纳米尺寸三者组合时可获得优良的性能。这也解释了通过静电纺丝工艺通过多孔结构获得的MnO纳米晶体嵌入碳纳米纤维（MnO/CNF）中获得的非常好的结果[558]。形成的MnO/CNF的直径为100~200nm，长度可达数毫米。在100mA·g^{-1}电流密度下循环100周，MnO/CNF的放电容量可高达1082mA·h·g^{-1}，库仑效率为99%，表现出良好的循环性能。即使在高电流密度（1000mA·g^{-1}）的情况下，在200次循环后，比容量也可达到 575mA·h·g^{-1}。此外，在 2000mA·g^{-1} 的高电流密度下循环的 MnO/CNF 电极具有相似的电化学性能，优于先前报道的 MnO/CNT。

如前所述，石墨烯是可与活性负极复合的最佳碳形态。在 MnO 的研究中也得到了证实。在导电石墨烯纳米片上生长的 MnO 纳米晶体所组成的混合材料在 200mA·g^{-1} 电流密度下 150 周放电/充电循环后，可逆容量高达 2014.1mA·h·g^{-1}，并具有优异的倍率能力（电流密度为 3000mA·g^{-1} 时，容量可达 625.8mA·h·g^{-1}）和优异的循环性能（即使在 0mA·g^{-1} 电流密度下进行放电/充电循环，每周循环仅有 0.01% 的容量损失。即使在 2000mA·g^{-1} 电流密度的情况下，容量也可以达到 843.3mA·h·g^{-1}）[559]。据我们所知，在 MnO 在倍率容量和循环性方面表现最好，表现为 2011 年以来 MnO-石墨烯复合材料合成的恒定进展[560~564]。

10.8.5 尖晶石结构氧化物

对许多氧化物已经进行了研究，它们具有共同的特征[22]。第一次放电反应可能涉及 Li 嵌入晶格（单相反应）（图 10.10），随后是晶体结构被破坏（非晶化），最后通过两相反应生成相应的纳米尺寸金属颗粒。这三个步骤分别对应于图 10.10(a) 中标记为 a，b，c 的区域。

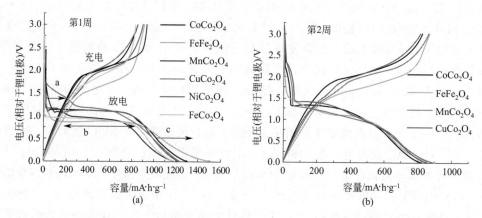

图 10.10 AB$_2$O$_4$（MM′$_2$O$_4$）（A=Co，Fe，Cu，Ni 或 Mn，B=Co 或 Fe）的恒电位放电-充电循环曲线
[首次循环（a）和第二周循环（b）在电流密度为 60mA·g^{-1} 下和 0.005~3.0V 的电压范围内循环。
ACo$_2$O$_4$（A=Co，Cu，Mn）在 280℃下通过熔盐法制备，粒度大约在亚微米级；
A=Ni 或 Fe（尿素燃烧法）和 Fe$_3$O$_4$ 碳热还原法制备。为了比较，
还显示了二元尖晶石（Co$_3$O$_4$ 和 Fe$_3$O$_4$）的放电-充电循环曲线]

10.8.5.1 Co$_3$O$_4$

根据转化反应，Co$_3$O$_4$ 的理论容量为 890mA·h·g^{-1}，因此受到关注。此外，这是最稳定的氧化钴，它比 CoO 或 Co$_2$O$_3$ 更容易制备，因此我们可以期望更强的结构稳定性以有利于循环寿命。然而，在氧化还原反应期间体积的巨大变化，意味着如在 CoO 的情况下使用纳米尺寸颗粒的必要性，所以已经做了来制备不同纳米形态的 Co$_3$O$_4$：纳米线[565,556]，纳米管[567,568]，纳米带[569]，纳米胶囊[570]，纳米片[571]。不同形态之间的第一次充电和放电容量的比较[572~575]已经在参考文献 [575] 中进行了讨论，并总结在表 10.1 中。在最简单的纳米结构中，通过在 550℃下热分解钴基普鲁士蓝类似物的纳米颗粒合成的 Co$_3$O$_4$ 纳米

颗粒，在电流密度为 $50mA \cdot g^{-1}$ 的条件下在 30 个循环后，容量可达 $970mA \cdot h \cdot g^{-1[574]}$。这个容量大于理论值，这是纳米尺寸负极材料中常见的一种现象，这是由于可用于表面位置的锂的额外贡献，适用于任何负极材料的一般特征或聚合物层的贡献，在 CoO 负极章节中已经讨论过，但该现象比 Co 基负极中表现得更为显著。

表 10.1 Co_3O_4 作为锂离子电池负极材料电化学性能的比较（来自参考文献 [5]）

材料	电流密度/$mA \cdot g^{-1}$	初始充电容量/$mA \cdot h \cdot g^{-1}$	初始库仑效率/%	参考文献
Co_3O_4纳米线	100	892	80	[572]
针状 Co_3O_4	50	950	58.7	[573]
Co_3O_4纳米笼	50	741	73.5	[574]
Co_3O_4纳米片	150	1031	61	[571]
网状 Co_3O_4	100	1214	60	[575]

Co_3O_4-石墨烯纳米片尚未达到上一章节中 CoO-石墨烯达到的最佳电化学活性。研究结果包括：在 $74mA \cdot g^{-1}$ 电流密度下[576]循环 70 次，容量从 $800mA \cdot h \cdot g^{-1}$（第二周）扫至 $1000mA \cdot h \cdot g^{-1}$；在电流密度为 $50mA \cdot g^{-1}$ 的情况下，30 周循环后的容量保持为 $935mA \cdot h \cdot g^{-1[143]}$；60 周循环后的容量为 $740mA \cdot h \cdot g^{-1[577]}$，50 周循环后容量为 $640mA \cdot h \cdot g^{-1[578]}$ 或在 $50mA \cdot g^{-1}$ 的电流密度下，50 周循环后容量为 $1000mA \cdot h \cdot g^{-1[579]}$。如何以受控方式直接在导电基片上生长独立的一维负极元件，以支撑较大体积的变化而不影响负极完整性，是研究的重要课题。具体到 Co_3O_4，已利用含氟质导，通过水热法合成直接在镍箔上生长的菱形 Co_3O_4 纳米棒阵列[580]。这些纳米棒表现出介孔孔隙度和准单晶结构结合的相关性质，同时对镍箔具有坚固的机械黏附性。该负极在 $0.005\sim 3V$ 的电压范围内以 1C 倍率在第 2 和第 20 个循环之间的可逆容量大约为 $1000mA \cdot h \cdot g^{-1}$。孔隙率和晶体结构的组合效应也通过介孔、单晶、大比表面积（$118.6m^2 \cdot g^{-1}$）、小平均孔径（$4.7nm$）的 Co_3O_4 纳米板（厚度为 $30nm$，宽度为 $1\mu m$）的性能来体现[581]。该负极在 $0.2C$ 下经过 30 个循环后容量为 $1000mA \cdot h \cdot g^{-1}$，对应于电流密度为 $178mA \cdot g^{-1}$。然而，倍率能力是有限的，因为该负极在 1C 倍率下容量仅能达到 $750mA \cdot h \cdot g^{-1}$，而不是在文献 [580] 中提到的 $1000mA \cdot h \cdot g^{-1}$。材料中获得的较高倍率能力可归因于以下事实：相比 [580] 中使用的板状颗粒的几何形状，一维结构（纳米棒）可以更好地适应循环时的体积变化。尝试以包覆的形式改善纳米 Co_3O_4 电化学性质。网络状 Ppy 包覆的 Co_3O_4 颗粒在电流密度为 $100mA \cdot g^{-1}$ 的情况下，在第 2 周和第 50 周循环之间可逆容量几乎恒定，大约为 $1000mA \cdot h \cdot g^{-1[575]}$。

多孔空心结构具有良好的性能，可以适应循环中体积的大幅度变化。模板法是应用于 Co_3O_4 最普遍的方法[582,583]。然而，这些方法通常需要严格的实验条件或复杂的后处理（例如去除模板，在适当的溶剂中进行选择性蚀刻和复杂的再处理过程），这不仅引入杂质，而且增加成本。更重要的是，这些方法不适合大规模生产。然而，最近已经发现了一种用于合成多孔 Co_3O_4 中空纳米球的简单且可扩大生产规模的配位衍生方法[584]。在 $100mA \cdot g^{-1}$ 的电流密度下，在第 10 和第 60 周循环之间，用这些多孔中空纳米球制备的负极的容量几乎保持恒定，大约为 $1100mA \cdot h \cdot g^{-1}$。不幸的是，容量在较长周期后衰减：在第 80 周循环时接近 $1000mA \cdot h \cdot g^{-1}$，在第 100 周循环时为 $820mA \cdot h \cdot g^{-1}$，这仍然可算是好结果，但是显示出负极的老化衰减是难以克服的。通过在连续电流密度 $100mA \cdot g^{-1}$，$200mA \cdot g^{-1}$，$400mA \cdot g^{-1}$，$600mA \cdot g^{-1}$ 和 $1000mA \cdot g^{-1}$ 下分别测量 10 个循环的容量来研究倍率性能。在最高电流密度下，该材料容量为 543mA·h·g^{-1}。然而，当返回到 100mA·g^{-1} 的电流密度时，回收的容量仅剩 802mA·h·g^{-1}，小于之前记录的 1100mA·h·g^{-1}，即负极在该循环过程中已发生显著老化衰减。最近这种容量的衰减已经得到解决。该负极由无模板水热法制备的多孔 Co_3O_4 六方纳米盘（厚度 20nm，比表面积 $60m^2·g^{-1}$）[585]，通常在 0.01～3V 电压范围内和 100mA·g^{-1} 电流密度下经过 100 次循环后，容量达到 1180mA·h·g^{-1}，而初始容量为 1417mA·h·g^{-1}。通过在连续电流密度 500mA·g^{-1}，1000mA·g^{-1}，2000mA·g^{-1}，4000mA·g^{-1} 和 8000mA·g^{-1} 下循环分别超过 50 周，测量其容量来研究倍率性能，然后最终恢复 500mA·g^{-1} 的初始电流密度。在最高电流密度（8000mA·g^{-1}）下，其容量仍接近 300mA·h·g^{-1}。最重要的是，在恢复初始的 500mA·g^{-1} 的电流密度之后，即在这些不同倍率下总共循环 250 周后，容量恢复为 1086mA·h·g^{-1}，并具有几乎 100％的库仑效率。层状的类海胆的 Co_3O_4 是由许多纳米线和纳米颗粒（10～50nm）组成的球体（直径 5～8μm），也具有非常好的循环稳定性（C/10 循环 100 次后容量为 1190mA·h·g^{-1}）和优异的倍率性能（5C 倍率下容量为 796mA·h·g^{-1}；10C 倍率下，电流密度为 8900mA·g^{-1} 时，容量为 433mA·h·g^{-1}）[586]。此外，合成过程中也是无模板的，这使得合成过程更具规模化。一些其他几何形状的材料也是有希望的，例如多孔中空多壳 Co_3O_4 微球，其在第 30 周循环中容量为 1616mA·h·g^{-1}[587]，但不幸的是，没有进一步探索其循环性能。我们还感到遗憾的是，具有优异的倍率性能的 Co_3O_4 纳米带阵列（具有针状尖端，宽 20～50nm）具有很好的倍率性能（在 15C 和 30C 倍率下循环 30 周后，容量分别为 530mA·h·g^{-1} 和 320mA·h·g^{-1}），其测试未超过 30 周循环[588]。

然而，最近取得的突出的进展不应掩盖改善 Co_3O_4 的循环工作的困难性。第 2 周和第 100 周循环之间的容量保持率大于 90％的 Co_3O_4 材料通常不会超过研究总数的 90％。除了以上报道的结果，这一目标已经通过由带负电的石墨烯氧化物和带正电荷的氧化物纳米颗粒之间共同组装获得的石墨烯封装的 Co_3O_4［Co_3O_4 的量：91.5％（质量分数）］复合物实现。该过程由两种物质的静电相互作用驱动，随后化学还原。所得到的 GE-MO（石墨烯包裹金属氧化物）具有有效地包裹氧化物纳米粒子的柔性和超薄石墨烯壳。该 GE-MO 在电流密度为 74mA·g^{-1} 时，在第 2 周和第 130 周循环之间可逆容量为 1100mA·h·g^{-1}，容量保持率为 91％。此结果明显优于金属氧化物分布在石墨烯的表面上或石墨烯层之间的"标准"Co_3O_4/石墨烯复合材料。我们还可以注意到，通过水热法合成的多孔的多面和梭状 Co_3O_4 粉末，在 70 周循环范围内，具有良好的容量和良好的容量保持率[589]。其初始放电容量大约为 1350mA·h·g^{-1}，70 次循环后的 0.1C 容量保持率为 92％。梭形粒子的倍率性能更好，主轴（长度为 2.0～5.0μm，宽度为 0.5～2.0μm）由不规则纳米颗粒（直径 20～200nm，厚度为 20～40nm）组成，分别在 0.5C，1C 和 2C 倍率下 70 次循环后，分别可恢复原放电容量的 93.8％，90.1％和 98.9％。已经合成了由锐钛矿 TiO_2 纳米纤维和具有多孔表面的二次 Co_3O_4 纳米片组成的层状异质结构[590]。作为负极，该复合材料可逆容量高达 632.5mA·h·g^{-1}，480 个循环后容量保持率为 95.3％。此外，良好的倍率能力主要归因于 TiO_2 组分，在 400mA·g^{-1} 和 1000mA·g^{-1} 电流密度下，容量分别为 475.8mA·h·g^{-1} 和 449.5mA·h·g^{-1}。

总而言之，构建具有良好循环寿命和良好倍率能力的 Co_3O_4 的难题最近才得以解决。最近两三年的主要进展使得可能制造基于 Co_3O_4 的负极材料，即使在高倍率下也能在 100～

200次循环中提供1000mA·h·g^{-1}的容量,最重要的是,一些合成工艺是可扩大规模的。因此,Co_3O_4仍然是锂离子电池未来负极的有希望的材料,而几年前发表的大多数评论对其未来并不乐观。即便如此,钴昂贵且不环保的事实仍然是一个限制因素。

10.8.5.2 Fe_3O_4

Fe_3O_4具有一定的优势,使其成为有希望的负极。因为其理论可逆容量高(928mA·h·g^{-1}),矿物磁铁矿本身就是丰富的,且无毒;具有低成本和高耐腐蚀性的特点。限制因素包括:通常情况下,基于转化反应负极材料的所有电池,容量衰减来自循环时的体积变化(200%)。另外,合成不含杂质的材料存在一定的困难,由于材料中存在Fe^{2+}(除了Fe^{3+}之外),而Ⅲ价铁为铁的稳定存在价态,因此Fe_3O_4存在含有Fe_2O_3杂质的倾向。这也是我们在制备$LiFePO_4$正极材料时遇到的问题(见第8章)。然而,在本情况下,Fe_2O_3的存在并不显著影响材料性能,因为Fe_2O_3本身是高容量的电活性材料,会经历类似的金属还原反应(即转化反应),这些内容我们将在接下来的章节看到。

人们在不同形式的Fe_3O_4和C-Fe_3O_4复合材料的合成方面已经做了大量的努力(参见文献[591]的综述),与C-$LiFePO_4$合成几乎同时进行。没有碳包覆层,纳米颗粒通常显示出极大的容量衰减[592];碳包覆层,或者Fe_3O_4/碳复合材料的形成被认为是电荷转移所必需的。没有碳涂层,尺寸为200nm的颗粒容量仍可达1000mA·h·g^{-1},但是仅进行了40周循环测试[593]。关于碳包覆层,最近得到了一较为中性的结果:通过自底向上自组装方法进行碳包覆的11~12nm大小的介孔纳米颗粒簇[594]负极循环100周容量可达800mA·h·g^{-1},但当倍率增加时,其容量仍有较大的减小。此外,碳层必须是导电的,因此碳必须在高温(大于600℃)下包覆处理,如前面章节中铬尖晶石的情况,或者如$LiFePO_4$制备中所遇状况(见第8章)。例如,由于在合成单分散介孔颗粒期间在前驱体中存在碳,故在400℃沉积的碳没有任何帮助[595]。虽然它们具有高比表面积(122.3m^2·g^{-1}),大初始放电容量(1307mA·h·g^{-1}),但是容量衰减仍然很严重(在0.2C下110次循环后容量降低到450mA·h·g^{-1})。

中空复合Fe_3O_4材料在改善材料循环过程体积膨胀方面、通过增加孔隙率进而增大材料和电解液的接触面积、增加电子电导率从而提升材料的电荷转移能力等方面具有明显优势。通过真空过滤和热还原工艺制造的柔性独立(无黏合剂)中空Fe_3O_4/石墨烯[39.6%(质量分数)石墨烯]混合膜,石墨烯形成了三维导电网络,其中捕获并均匀分布中空多孔纺锤状Fe_3O_4。在电压范围为0.01~3V,电流密度为100mA·g^{-1},200mA·g^{-1}和500mA·g^{-1}的情况下,负极在50次循环后比容量高达1400mA·h·g^{-1},940mA·h·g^{-1}和660mA·h·g^{-1}[596]。然而,实验已经停止于第50周循环,在此范围内没有观察到容量损失,这表明在该材料更长循环中仍可能具有优异的容量保持率。接枝在石墨烯上的Fe_3O_4纳米颗粒的合成通常需要使用表面活性剂和溶剂来避免颗粒聚集。它们的引入不可避免地使固液分离更加复杂。近来已经提出了合成Fe_3O_4-石墨烯的新方法[597]。首先,在二氧化碳膨胀乙醇的混合溶剂中,在氧化石墨烯存在下,通过硝酸铁分解合成前驱体。然后,通过在N_2气氛中的热处理将前驱体转化为Fe_3O_4-石墨烯复合物。在二氧化碳膨胀乙醇的帮助下,高负载量的Fe_3O_4纳米颗粒完全均匀地涂覆在GN(石墨烯纳米卷)的表面上。所得到的具有25%(质量分数)石墨烯的Fe_3O_4-石墨烯复合物在电流密度为1A·g^{-1}的情况下100次循环后容量为826mA·h·g^{-1},在前两周循环之后几乎恒定。在5A·g^{-1}的高电流密度下，复合材料仍然能够保持 $460mA \cdot h \cdot g^{-1}$ 的容量。该倍率能力优于另一种复合石墨烯纳米辊（GNS）-Fe_3O_4 纳米颗粒，其中 GNS 是具有缠绕一维管状结构的 Fe_3O_4 纳米颗粒的螺旋缠绕的二维（2D）石墨烯片（GS）[598]。尽管该复合材料以 0.1C 倍率显示出了极高的容量（50周循环后容量约 $1100mA \cdot h \cdot g^{-1}$），但是在 $5A \cdot g^{-1}$ 的电流密度下，仅可保持 $300mA \cdot h \cdot g^{-1}$ 的容量。通过用 Fe_3O_4 涂覆铜纳米带获得的特殊纳米结构具有非常好的负极性能[599]。首先，在碱性溶液中通过 Cu 片的一步氧化制备 CuO 纳米带阵列（NRA）；通过将 CuO 纳米带阵列（NRA）电化学还原在铜基底上制备 Cu 纳米带阵列；最后，通过在 Cu NRA 上电沉积 Fe_3O_4 纳米颗粒来制造 3D 纳米结构的 Fe_3O_4。作为负极，该 3D 架构在 $385mA \cdot g^{-1}$（0.42C）的电流密度下，循环 280 周后可逆容量为 $870mA \cdot h \cdot g^{-1}$。在 9C（$8000mA \cdot h \cdot g^{-1}$）的高倍率下容量仍保持为 $231mA \cdot h \cdot g^{-1}$。

10.8.5.3 Mn_3O_4

由于较低的反应电位（1.2V）和 $936mA \cdot h \cdot g^{-1}$ 的高理论容量，Mn_3O_4 的能量密度预期可大于 Co_3O_4 和 Fe_3O_4 尖晶石。然而，直到最近，用 Mn_3O_4 获得的结果与其他尖晶石化合物的相比没有竞争性，除非它以复合材料的形式存在。在最好的结果中，海绵状纳米尺寸的 Mn_3O_4 以 C/4 倍率在 40 次充放电循环后稳定可逆容量约为 $800mA \cdot h \cdot g^{-1}$[600]。然而，最近，在通过分解具有 $27.6m^2 \cdot g^{-1}$ 的高 BET 比表面积和 3.9nm 的窄孔径分布的 MnOOH 纳米棒合成的多孔纳米棒[601]之后，重新唤起了研究者对 Mn_3O_4 材料的兴趣。在 $500mA \cdot g^{-1}$ 的电流密度下，该材料比容量为 $901.5mA \cdot h \cdot g^{-1}$ 并可在较长的循环保持稳定（150 周循环后库仑效率为 99.3%）和高倍率能力（$2000mA \cdot g^{-1}$ 电流密度下容量为 $387.5mA \cdot h \cdot g^{-1}$）。这种性能优于 Mn_3O_4-碳复合材料，例如锚定在多壁碳纳米管上的 Mn_3O_4 纳米晶体（在 $100mA \cdot g^{-1}$ 的电流密度下循环 50 周，容量为 $592mA \cdot h \cdot g^{-1}$）[602]和 Mn_3O_4-有序介孔碳（在 $100mA \cdot g^{-1}$ 电流密度下循环 50 周容量为 $802mA \cdot h \cdot g^{-1}$）[603]或 Mn_3O_4/还原氧化石墨烯复合物和 Mn_3O_4/石墨烯板状复合物（在 $75mA \cdot g^{-1}$ 电流密度下，100 次循环后放/充电容量分别为 $675mA \cdot h \cdot g^{-1}$ 和 $725mA \cdot h \cdot g^{-1}$）[604]。文献[601]说明了具有石墨烯或碳纳米管或任何其他材料的复合结构，并不是 Mn_3O_4 负极性能的决定性因素，而其关键在于活性 Mn_3O_4 纳米颗粒的孔隙率。

10.8.6 具有刚玉结构的氧化物:M_2O_3(M= Fe,Cr,Mn)

10.8.6.1 γ-Fe_2O_3

此种化合物价格低廉，因为它是自然界存在的赤铁矿。此外，因其为稳定的三价铁化合物，理论容量大，可达 $1005mA \cdot h \cdot g^{-1}$。所以，$\gamma$-$Fe_2O_3$ 作为 LiB 的潜在负极材料，已经有大量的工作来优化其制备，这已经在文献[22]中进行了综述。在此，我们对其电化学历程进行回顾：γ-Fe_2O_3 的首次充放电曲线（0~3V）表明发生转化反应（参见[605]）：在 Li 嵌入过程中，首先在 1.2V（vs. Li/Li^+）电位生成 Li_2（Fe_2O_3）；然后通过另外消耗 4mol 的 Li，在 0.75V（vs. Li/Li^+）电位非晶化；通过两相反应得到 FeO 和 Li_2O。由于锂化电位较高，避免了锂枝晶的出现，Fe_2O_3 的安全性要好于碳材料。直到 3V 的首次 Li 脱出曲线表示发生转化反应，生成 FeO 或 Fe_2O_3，如 2.1V 的电压平台所述。Fe_2O_3 介孔颗粒获得最佳结果，基于转化反应的负极材料的一般规律如前几节所述。2007 年，发现尺寸为 25nm 的多孔纳米颗粒在 $100mA \cdot g^{-1}$ 电流密度下循环 100 周后，可逆容量为 $1000mA \cdot h \cdot$

g^{-1}，容量保持率可达 99%[606]。然后，众多工作一直致力于提高材料的倍率性能。再次关注近年来取得的进展，我们发现许多 γ-Fe_2O_3 材料现在已经可以容纳循环中巨大的体积变化。

一种有效的，廉价的和大规模的合成 Fe_2O_3 纳米颗粒的生产方法，其优点是将主体直径为 5nm 的铁氧化物组装成介孔网状结构，在 100mA·g^{-1} 电流密度下循环至 230 周可逆容量高达 1009mA·h·g^{-1}[607]。通过简单的水热法由具有富介孔（3nm）的纳米晶体颗粒（5nm）组装的多孔 γ-Fe_2O_3 干凝胶以 0.1C，5C 和 10C 的倍率在 1000 个循环后容量分别为 1000mA·h·g^{-1}，600mA·h·g^{-1} 和 200mA·h·g^{-1}[608]。在 1000mA·g^{-1} 电流密度下循环 230 周后容量仍保持 400mA·h·g^{-1}，表明不含碳基质作为缓冲剂的介孔 Fe_2O_3 纳米颗粒仍具有优异的结构稳定性。电纺丝制备的 γ-Fe_2O_3 纳米棒（比表面积和平均孔半径分别为 27.6m^2·g^{-1} 和 15nm）可逆容量高达 1095mA·h·g^{-1}，在 50 次循环后具有 100% 的容量保持率（电压范围 0.005～3.0V，电流倍率为 0.05C）；在 2.5C（1C=1007mA·h·g^{-1}）下仍可获得 765mA·h·g^{-1} 的容量[609]。以上结果证明，通过在聚合物溶液或熔体上施加高电压，电纺丝已经成为用于生产直径范围从几微米到几纳米的长连续多孔纤维的通用和低成本的方法。γ-Fe_2O_3 纳米管的比表面积为 102.1m^2·g^{-1}，孔总比体积为 0.46cm^3·g^{-1}，也获得了显著的结果，尽管电化学仅测试了 30 周循环[610]。一种由超薄纳米片组成的内部空心层状球体的简单合成方法[611]也进行了报道。这些超薄纳米片亚单位的厚度约为 3.5nm，多孔层状 γ-Fe_2O_3 球的比表面积为 139.5m^2·g^{-1}。结果，在 500mA·g^{-1} 的电流密度下，循环 200 周可逆放电容量为 815mA·h·g^{-1}。最近，使用碳质微球牺牲模板合成的 Fe_2O_3 三壳多孔中空微球获得了最好的结果[612]。中空微球具有约 1.2μm 的均匀直径。通过调节碳质微球模板中的 Fe^{3+} 浓度来控制壳体厚度，孔隙率和内部多壳的数量。获得最佳结果，其平均壳厚度为 35nm，含有不规则形状的 40nm 的孔。中空壳具有层状结构，由直径约 25～30nm 的相互连接的 γ-Fe_2O_3 晶粒组成。在此条件下，其容量为 1702mA·h·g^{-1}，在经过测试的 50 周循环中（电流密度为 50mA·g^{-1}）保持恒定。倍率能力也非常好，该负极在 1000mA·g^{-1} 电流密度下稳定容量为 1100mA·h·g^{-1}。为了比较，我们列举了 γ-Fe_2O_3-碳复合材料获得的最佳结果。由碳纳米管（CNTs）骨架上的碳包覆 γ-Fe_2 中空纳米角组成的层状纳米结构在 500mA·g^{-1} 的电流密度下在 100 个循环内容量逐渐从 660mA·h·g^{-1} 增加到 820mA·h·g^{-1}，库仑效率高达约 97%～98%；并且在 3000mA·g^{-1} 电流密度下，可逆容量仍保持在 400mA·h·g^{-1}[613]。这些结果优于由 γ-Fe_2O_3 纳米颗粒负载在碳纳米纤维上而形成的复合材料[614]和其中引用的其他 γ-Fe_2O_3-C 复合材料。从近年来获得的进展可以看出，无论是否与碳结合，多孔 γ-Fe_2O_3 纳米颗粒，在数百周循环中，容量可保持在 400～1000mA·h·g^{-1} 范围内的，具有极好的最高可至 5C 的倍率性能，是极具前景的负极材料，特别是该材料还兼具廉价环保的相关特性。

10.8.6.2 Cr_2O_3

虽然刚玉结构的 Cr_2O_3 是最稳定的铬的氧化物，但是其容量衰减未能彻底解决。即使由 20nm 尺寸的颗粒组成的介孔 Cr_2O_3 片，其比表面积高达 162m^2·g^{-1}，在 100mA·g^{-1} 电流密度下，50 次循环后，容量也仅能保持在 400mA·h·g^{-1}[615]。在石墨烯的辅助下，情况有所改善。最近在没有外来模板的情况下，合成了石墨烯-Cr_2O_3 纳米片。在水热反应中分别选择 Na_2CrO_4 和氧化石墨烯作为氧化剂和还原剂模板，以合成多孔 $Cr(OH)_3$ 纳米片前驱体。在氧化石墨烯和 Na_2CrO_4 的初始质量比为 1∶3 的条件下，实验获得了最好的结果。随后，通过煅烧该前驱体可以获得石墨烯与 Cr_2O_3 的质量比值为 0.135 的石墨烯-Cr_2O_3 复合物[616]。这些石墨烯-Cr_2O_3 纳米片在 200mA·g^{-1} 的电流密度下循环 50 次后，可逆容量为 850mA·h·g^{-1}。在 800mA·g^{-1} 和 1.6A·g^{-1} 的较高电流密度下，可逆容量仍分别保持在 630mA·h·g^{-1} 和 500mA·h·g^{-1}。良好地分散在介孔碳基质中的 10~20nm 的 Cr_2O_3 颗粒，在 50mA·g^{-1} 的电流密度下循环超过 80 周，容量大约为 600mA·h·g^{-1}[617]。该材料含有 42%的碳和 58%的 Cr_2O_3，由于其较高的多孔碳含量才使该材料获得了良好的结果。

10.8.6.3 Mn_2O_3

Mn_2O_3 的理论容量（1018mA·h·g^{-1}）与以下反应有关：

$$2Li^+ + 3Mn_2O_3 + 2e^- \longrightarrow 2Mn_3O_4 + Li_2O \tag{10.12}$$

$$2Li^+ + Mn_3O_4 + 2e^- \longrightarrow 3MnO + Li_2O \tag{10.13}$$

$$2Li^+ + MnO + 2e^- \longrightarrow Mn + Li_2O \tag{10.14}$$

$$Mn + xLi_2O \rightleftharpoons 2xLi^+ + MnO_x + 2xe^- \quad (1.0 < x < 1.5) \tag{10.15}$$

最近多孔 Mn_2O_3 材料已被成功合成。2011 年，通过水热处理具有不同官能团的多元醇分子（椭圆形果糖和草捆形 α-环糊精）和高锰酸钾，选择性地制备了椭圆和草捆形两种形态的前驱体；该形态可在前驱体分解后保留[618]。其中，草捆形 Mn_2O_3 效果最好，在 100mA·g^{-1} 电流密度下，比容量为 550mA·h·g^{-1}；在 1600mA·g^{-1} 的高电流密度下，比容量为 180mA·h·g^{-1}，然而，在高电流密度下循环 36 周后，在 100mA·g^{-1} 电流密度下回收的容量降为 430mA·h·g^{-1}。在接下来的一年，通过 $MnCO_3$ 前驱体分解获得的多孔微球在 50 个循环后容量为 796mA·h·g^{-1}[619]。通过调节 $MnCO_3$ 前驱体的烧结温度来控制并改善微球的孔隙率，得到了更好的结果。在 500℃下获得最佳结果，在这种情况下，BET 比表面积为 28.3m^2·g^{-1}，孔径为 23.6nm[620]。在 200mA·g^{-1} 电流密度下，第 4 周循环的放电容量为 529mA·h·g^{-1}；在 200 循环后容量保持在 524mA·h·g^{-1}。在 1000mA·g^{-1} 的高电流密度下，容量仍保持在 125mA·h·g^{-1}，可稳定循环 1000 周以上。根据多孔 Mn_2O_3 微球∶碳∶VDF 质量份为 60∶20∶20 的比例混合原料制备电极，以提高材料的倍率性能[621]。该负极在 200mA·g^{-1} 的电流密度下，循环 70 周后容量为 470mA·h·g^{-1}。最近，通过多元醇溶液法和随后退火处理制备了比表面积为 21.6m^2·g^{-1} 的多孔 Mn_2O_3 纳米板[622]。作为负极，该材料在 100mA·g^{-1} 的电流密度下保持 814mA·h·g^{-1} 的容量。在 2000mA·g^{-1} 的电流密度下，容量为理论值的 38%，即 387mA·h·g^{-1}。尽管近两年以来取得了一些进展，但作为负极材料，Mn_2O_3 与其他锰氧化物相比没有竞争优势。Mn 基负极（包括我们在这里没有进行讨论的 MnO_2）需解决的另一障碍是即使在使用相同的合成方法制备 Mn 基负极材料时也缺乏结果的再现性，相关文献为 [623]。

10.8.7 二氧化物

对许多氧化物的研究到目前为止尚未有良好的进展。二氧化物 MO_2（M＝Mn，Mo，Ru）即是如此，见于文献 [22]。其中，MoO_2 取得了最好的效果。实际上，这种化合物为变形的金红石结构晶体，形成的导带结构使其成为良好的电导体（室温下 MoO_2 的体相电阻率为 8.8~10^{-5}Ω·cm），可与所有我们目前为止设想的其他负极材料（碳除外）相比。我们还可以提出该材料的其他良好优势，包括良好的化学稳定性，高理论容量（838mA·h·g^{-1}）及其实惠的成本。然而，除非 MoO_2 颗粒是纳米尺寸的，并且与碳混合，否则，其倍率和容量保持的问题无法得到解决。例如，MnO_2/碳纳米线在 1000mA·g^{-1} 的电流密度下容量为 350mA·h·g^{-1}，可在几乎 20 周循环中保持恒定[624]。碳包覆的 MoO_2 纳米球（60~80nm）在 0.1~3V 的电压范围内，1C 倍率下初始容量为 670mA·h·g^{-1}，但大多数负极在 30 个循环后仅保留其 90% 的容量[625]。结构更复杂的物质的混合材料，如碳装饰的 WO_x-MoO_2 纳米棒[626]，其良好的容量保持率和倍率性能归功于碳提供弹性基质，用于吸收循环过程中的体积变化，并防止粒子团聚。MoO_2/石墨烯复合物在 0.01~3V 电压范围内，电流密度为 540mA·g^{-1}，循环 1000 周，容量为 550mA·h·g^{-1}[627]。最近，使用 SBA-15 作为硬模板，蔗糖作为碳源，通过两步低温溶剂热化学反应路线制备了 MoO_2-有序介孔碳（MoO_2-OMC）复合物[628]。在最优情况下，含 45%（质量分数）MoO_2 的 MoO_2-OMC 复合物，即使在 100mA·g^{-1} 电流密度下，循环 50 周之后，可逆容量仍高达 1049 mA·h·g^{-1}，远大于 MoO_2 的理论容量（838mA·h·g^{-1}）。在 1600mA·g^{-1} 的高电流密度下，MoO_2-OMC 复合物在 50 次循环后容量仍然保持为 600mA·h·g^{-1}，具有优异的循环性能。这比 OMC（54mA·h·g^{-1}）大一个数量级。MoO_2-OMC 复合材料的出色性能归功于 OMC 作为连接 MoO_2 纳米颗粒的支链，并建立了一个网络，以确保良好的电接触。同时，在 MoO_2 纳米颗粒表面的有序介孔 OMC 的开放通道允许充分渗透电解质并提供 Li^+ 向 MoO_2 纳米粒子内部快速扩散的通道。这些进展与其他基于转化反应的负极基本一致。

10.9 尖晶石结构三元金属氧化物

由于 Co_3O_4 和 Fe_3O_4 为反尖晶石结构，所以也进行了 Co 或 Fe 的取代研究。其中，通过静电纺丝法合成的 $NiFe_2O_4$ 纳米纤维，在 0.005~3V 电压范围内，电流密度为 100mA·g^{-1}，循环 100 周后，电荷存储容量高达 1000mA·h·g^{-1} 以上；在 10~100 次循环之间库仑效率高达 100%[629]。这是迄今为止用该化合物获得的最佳结果。不幸的是，在较高的电流密度下，尚未探讨该负极的电化学性质。作为对比，具有 70%（质量分数）负载比的 $NiFe_2O_4$/单壁碳纳米管（SWNTs）复合材料在相同条件下在 55 个循环中，可逆容量为 776mA·h·g^{-1}[630]。通过溶剂热处理合成的多孔 $CoFe_2O_4$+20% 还原氧化石墨烯，在 C/10（91mA·g^{-1}）下，容量为 1040mA·h·g^{-1}，在已经测试的 30 个循环中非常稳定[631]。即使在 20C 的极高的倍率下，放电容量仍为 380mA·h·g^{-1}。即使没有石墨烯支持，通过 $(CoFe_2)_{1/3}C_2O_4·2H_2O$ 纳米片的热分解也合成了多孔 $CoFe_2O_4$ 纳米片，其厚度为 30~60nm，横向尺寸为几微米，具有许多穿透孔，获得了非常好的结果[632]。在 1000mA·g^{-1} 和 2000mA·g^{-1} 电流密度下，循环 200 周后，负极容量分别为 806mA·h·g^{-1} 和 648 mA·h·g^{-1}。这些结果表明，相对于 $NiFe_2O_4$，$CoFe_2O_4$ 具有优异性能，有希望作为负极材料。此外，这些纳米片已经可以在不超过 600℃ 的烧结温度下合成，同时获得 $CoFe_2O_4$ 的良好容量保持率（以 1C 倍率下 75 次循环后为 740mA·h·g^{-1}）。在先前的工作中则需要高达 1000℃ 的烧结温度[633]。烧结温度的这种增加使得合成对于工业过程更具规模化。

10.9.1 钼化合物

在白钨矿结构的含钼混合氧化物中，$CoMoO_4$ 得到最好的结果。通过基于聚合物基质的金属前驱体溶液的热分解制备的网状互联 $CoMoO_4$ 亚微米颗粒，在 $100mA·g^{-1}$ 的电流密度下，可逆容量高达 $(990±10)mA·h·g^{-1}$，在 5~50 周循环之间具有 100% 的容量保持率[634]。通过水热法制备了 $CoMoO_4$ 的层状多孔 3D 电极，并形成了 $CoMoO_4$ 网络，由横向长度为 $1μm$ 和厚度为 8~10nm 的互联多孔纳米片组成，每个纳米片由许多相互连接的纳米晶体组成，晶粒尺寸约 5nm，空隙约 2~4nm[635]，该结构在 0.005V 和 3.0V 电压范围内电流密度为 $0.1A·g^{-1}$（$C/10$；$1C=980mA·g^{-1}$）时，在第二次和第二次循环中实现了 $1063mA·h·g^{-1}$ 的放电容量和 100% 的库仑效率，并保持稳定循环 100 周。即使在 $2C$ 和 $3C$ 的高倍率下，$CoMoO_4$ 电极仍然可以分别实现 $460mA·h·g^{-1}$ 和 $327mA·h·g^{-1}$ 的高容量。在 $0.3C$ 倍率下 100 次循环后，可逆放电容量为 $894mA·h·g^{-1}$，对应容量保持率为初始容量的 87.6%。当电流密度增加到 $0.5A·g^{-1}$ 时，$CoMoO_4$ 电极在 100 次循环结束时容量可达 $758mA·h·g^{-1}$，对应于 75.7% 的容量保持率。这些结果表明，具有互连网状形态的 $CoMoO_4$ 亚微米颗粒可成为锂离子电池的高容量负极材料，因为 Co 和 Mo 是可以在 Li 循环时相互缓冲体积变化的元素。

10.9.2 青铜型氧化物

三氧化钼（$α-MoO_3$）也被认为是有发展前景的负极材料，具有层状结构，假设 6 个 Li 原子可以参与转化反应，其理论容量高达 $1117mA·h·g^{-1}$。通过热纺丝化学气相沉积制备的 MoO_3 纳米球（大小为 5~20nm）的良好性能提升了人们对该材料研究的兴趣[636]。通过将这些纳米球体电泳沉积到不锈钢基底上制备电极，得到 $2μm$ 厚的膜，然后在 450℃ 下在空气中退火，得到多孔晶态 $α-MoO_3$。然后用固态聚合物电解质 $PEO-LiClO_4$ 包覆电极。研究该材料在 0.005~3V 电压范围内，$C/10$ 倍率下进行循环时所表现出的电化学性质，发现在第 30 和 150 周循环之间，其容量稳定在 $630mA·h·g^{-1}$。由于 MoO_3 电子导电性较差，所以许多研究致力于合成不同形态的纳米颗粒：线阵列[637]，中空纳米球[638]，纳米带[639]和/或用导电层包覆的纳米颗粒。用四个单层 Al_2O_3 包覆 MoO_3 电极，在 $C/2$ 倍率下，可将容量提高到 $900mA·h·g^{-1}$，直至第 50 周循环[640]。最近，碳包覆的 MoO_3 纳米带以 $C/10$ 的倍率在 50 次循环后可保持 $1064mA·h·g^{-1}$ 的容量[641]。直径为 150nm，长度为 5~$8μm$ 的纳米带通过简单的水热反应制备。有趣的是，使用分散在甲苯中的苹果酸作为碳前驱体，对材料进行碳包覆。苹果酸在 265℃ 下分解，足以用无定形碳包覆材料。比较碳包覆之前和之后的电化学性能，提供了材料性能的改进主要与碳包覆层存在相关的证据；尽管在低温下烧结，碳包覆层被证实仍是良好的电子导体；同时，在前驱体合成碳的过程中，需要较高的温度，正如我们在前面的章节中所讨论的。像所有的负极一样，孔隙率对于提高 MoO_3 的性能是重要的。最近，通过使用简易的水热路线及随后在空气中煅烧的方法制备多孔 MoO_3 膜。该材料具有高容量（$1C$ 时为 $750mA·h·g^{-1}$）和长循环寿命（120 次循环，80% 容量保持率）的特点[642]。在 $500mA·g^{-1}$ 的电流密度下，MoO_3/石墨烯复合电极（质量比 1:1）在第 1，第 2，第 50 和第 100 次循环中放电容量分别可达 $437mA·h·g^{-1}$，$967mA·h·g^{-1}$，$688mA·h·g^{-1}$ 和 $574mA·h·g^{-1}$；从第 2 周循环开始，材料的库仑效率保持 97%。即使在 $1000mA·g^{-1}$ 的高电流密度下，电极容量仍然可保持在 $513mA·h·g^{-1}$[642]。考虑到 $1C=1117mA·g^{-1}$，该材料的倍率性能仍小于无石墨修饰的多孔 MoO_3 膜[643]，这一结果再次表明孔隙率对电极性能的重要影响。

10.9.3 Mn$_2$Mo$_3$O$_8$

许多可被明确定义为三角形钼原子簇氧化物的化合物,被认为是可能的负极材料(参见文献[22]进行综述)。然而,具备可与其他负极材料相竞争的倍率和容量性能的只有 Mn$_2$Mo$_3$O$_8$。在 200mA·g^{-1} 电流密度下,通过两步还原法合成的由卷绕石墨烯二次微球(3~5μm)组成的层状纳米结构的 Mn$_2$Mo$_3$O$_8$-石墨烯复合材料[含10.3%(质量分数)的碳]在第 2 周和第 20 周之间容量从 650mA·h·g^{-1} 增加到 921mA·h·g^{-1}。第 40 周循环后的容量达到 950mA·h·g^{-1}。材料的倍率能力也很好,在 1500mA·g^{-1} 的电流密度下,可逆容量为 671mA·h·g^{-1}[644]。此项工作是从 2011 年开始的,但据我们所知,对该化合物未进行进一步研究。这与本文提到的其他负极材料的状况形成对比。通过 2011~2014 年的努力,许多材料都取得了重大进展。

10.10 基于合金和转化反应的负极

将可与 Li 形成合金的元素添加到可发生转化反应的过渡金属氧化物中,形成多种材料。对这种材料进行研究,希望这两种效应能够改善电化学性能。其中最具发展潜力的是具有尖晶石结构的氧化物。

10.10.1 ZnCo$_2$O$_4$

该系列尖晶石材料还包括有毒的 CdFe$_2$O$_4$。由于 CdFe$_2$O$_4$ 的电化学性能不比对环境更友好的 ZnM$_2$O$_4$(M=Co,Fe)更好,所以在这里只考虑 Zn 基尖晶石。该材料电化学方面的反应在下文中以 ZnCo$_2$O$_4$ 为代表,也适用于用 Fe 代替的 Co 的 ZnFe$_2$O$_4$:

$$ZnCo_2O_4 + xLi^+ + xe^- \longrightarrow Li_x(ZnCo_2O_4) \tag{10.16}$$

$$Li_x(ZnCo_2O_4) + (8-x)Li^+ + (8-x)e^- \longrightarrow Zn + 2Co + 4Li_2O \tag{10.17}$$

$$Zn + Li^+ + e^- \longrightarrow ZnLi(合金/去合金反应) \tag{10.18}$$

$$Zn + 2Co + 3Li_2O \longrightarrow \frac{2}{3}Co_3O_4 + \frac{4}{3}Li^+ + \frac{4}{3}e^- \tag{10.19}$$

假定每摩尔 ZnCo$_2$O$_4$ 消耗 8.3mol 的 Li(可逆容量约为 900mA·h·g^{-1}),即 $x \leqslant 0.5$ 的 Li 插入尖晶石晶格中[式(10.16)],晶体结构被破坏,随后为金属颗粒形成和 Zn 形成合金[式(10.17)和式(10.18)]。在充电期间发生转化反应[Li 提取,式(10.19)]。一部分 CoO 也可以在充电过程中形成 Co$_3$O$_4$ [式(10.19)]。通过尿素燃烧技术制备的纳米尺寸的 ZnCo$_2$O$_4$ (20nm)已经达到了理论容量,在电流密度为 60mA·g^{-1} (0.07C),0.005~3V 电压范围内,至少稳定循环 60 周[645]。从 ZnSO$_4$·4H$_2$O 和 Co(OH)$_2$ 前驱体开始,通过熔融盐法在 280℃ 下在空气中所制备的 ZnCo$_2$O$_4$ 的稳定容量提高到 957mA·h·g^{-1}[646]。然而,这些工作以及其他纳米/微结构,包括纳米线,纳米管[649],都不能满足电池体系对负极材料在倍率性能和循环性能上更具竞争性的需要。又一次,人们必须等待多孔纳米颗粒在合成中能够取得显著的进展,其结果是合成了被纳米颗粒和微球包围的均匀介孔 ZnCo$_2$O$_4$ 微球(比表面积为 26.8m^2·g^{-1},孔比体积为 0.12cm^3·g^{-1},孔径在 2~10nm 的范围内)[650]。在 80 周放电-充电循环后,容量保持在 721mA·h·g^{-1}。即使电流密度达到 1000mA·g^{-1},初始比容量仍为 937mA·h·g^{-1},40 周循环后放电容量仍可保持为

$432mA \cdot h \cdot g^{-1}$。

通过水热反应在碳布上生长的层状 3D-$ZnCo_2O_4$ 纳米线阵列，形成了不含黏合剂的柔性负极[651]。该负极在 $200mA \cdot g^{-1}$ 的电流密度下，充电-放电容量在 $1200 \sim 1340mA \cdot h \cdot g^{-1}$ 的范围内，在 $3 \sim 160$ 周循环中具有 99% 的容量保持率。随着电流倍率从 $0.2C$，$0.5C$，$1C$，$2C$ 增加到 $5C$（$1C=900mA \cdot g^{-1}$），容量不断降低，从 $1200mA \cdot h \cdot g^{-1}$，$920mA \cdot h \cdot g^{-1}$，$890mA \cdot h \cdot g^{-1}$，$710mA \cdot h \cdot g^{-1}$ 到 $605mA \cdot h \cdot g^{-1}$。一旦充电/放电倍率再次恢复到 $C/5$，则容量可以可逆地回到 $1105mA \cdot h \cdot g^{-1}$，几乎回收了初始容量的 92%。该负极可以应用于用电设备中，例如可拉伸/可弯曲的电子设备，便携式能量存储设备，可持续对车辆柔性供电，光伏器件以及商业用途的 LED 和显示器的控制。

已经成功开发了一种涉及多元醇方法和随后的热退火处理的简易的两步方案，用于大规模制备不需表面活性剂的 $ZnCo_2O_4$ 各种层状微/纳米结构（二次球和微管）[652]。对于二次球，比表面积为 $7.33m^2 \cdot g^{-1}$，孔径分布相对较窄，范围为 $30 \sim 80nm$。孔比体积确定为 $0.0449cm^3 \cdot g^{-1}$。相对较低的孔比体积主要由同样的纳米尺寸构件之间的小介孔贡献。在 $500mA \cdot g^{-1}$ 电流密度下，电压范围为 $0.01 \sim 3V$，该材料在 50 次和 100 次循环后，放电容量均保持为 $1100mA \cdot h \cdot g^{-1}$。在 $1000mA \cdot g^{-1}$ 的电流密度下，容量为 $1145mA \cdot h \cdot g^{-1}$，经过 100 次循环后容量仍保持为 $831.7mA \cdot h \cdot g^{-1}$，第二周循环后材料的库仑效率达 99%。电流密度从 $1.0A \cdot g^{-1}$，$2.0A \cdot g^{-1}$ 增加到 $5.0A \cdot g^{-1}$，电极表现出优异的倍率性能，容量仅轻微变化，分别为 $1040mA \cdot h \cdot g^{-1}$，$1005mA \cdot h \cdot g^{-1}$ 和 $920mA \cdot h \cdot g^{-1}$。当电流倍率进一步增加到 $10A \cdot g^{-1}$ 时，其比容量高达 $790mA \cdot h \cdot g^{-1}$。值得注意的是，当电流倍率回到 $0.5A \cdot g^{-1}$，即使在 600 次循环之后，其容量仍高达 $1260mA \cdot h \cdot g^{-1}$，没有任何损耗，而且库仑效率几乎在 99% 左右。通过多步分裂原位溶解再结晶生长过程，用 $Zn_{0.33}Co_{0.67}CO_3$ 二次微球拓扑转化制备介孔 $ZnCo_2O_4$，是一种简易的合成方法，使 $ZnCo_2O_4$ 可作为高能锂电池潜在负极材料。

10.10.2 $ZnFe_2O_4$

另一种普通的尖晶石氧化物 $ZnFe_2O_4$ 具有成本上的竞争优势，理论容量为 $1072mA \cdot h \cdot g^{-1}$。碳包覆的 $ZnFe_2O_4$ 纳米颗粒，在低倍率下容量可达 $1000mA \cdot h \cdot g^{-1}$；当电流密度为 $1000mA \cdot g^{-1}$ 时[653,654]，材料容量仅降低 10%。在文献 [655] 中已经研究了碳前驱体对电化学性质的影响。在蔗糖、柠檬酸和油酸之间，获得较好结果的是蔗糖。使用蔗糖作为前驱体的碳包覆 $ZnFe_2O_4$ 在 $50mA \cdot g^{-1}$ 的电流密度下，经过 60 个循环后容量稳定在 $1100mA \cdot h \cdot g^{-1}$。使用尿素辅助自动燃烧合成及随后退火处理合成的 $ZnFe_2O_4$/石墨烯复合物，其中在石墨烯片上均匀分布着尺寸为 $25 \sim 50nm$ 的 $ZnFe_2O_4$ 粒子。该复合物负极以 $C/10$ 倍率在第 5 周循环中容量为 $908.6mA \cdot h \cdot g^{-1}$，75 周循环后为 $908.6mA \cdot h \cdot g^{-1}$。该负极在 $0.1C$，$0.2C$，$0.4C$，$0.8C$，$1.6C$，$3.2C$ 和 $4.0C$ 的倍率下，可逆充电容量分别为 $1002.5mA \cdot h \cdot g^{-1}$，$721.9mA \cdot h \cdot g^{-1}$，$658.8mA \cdot h \cdot g^{-1}$，$595.7mA \cdot h \cdot g^{-1}$，$516.7mA \cdot h \cdot g^{-1}$，$398.6mA \cdot h \cdot g^{-1}$ 和 $352.3mA \cdot h \cdot g^{-1}$[656]。另一种通过水热法合成的 $ZnFe_2O_4$/石墨烯复合材料已经获得了相类似的结果，在电流密度为 $100mA \cdot g^{-1}$，循环 50 周后，其容量为 $956mA \cdot h \cdot g^{-1}$；在 $1000mA \cdot g^{-1}$ 的电流密度下，容量为 $600mA \cdot h \cdot g^{-1}$[657]。有趣的是，通过聚合物热解法制备的纳米结构 $ZnFe_2O_4$（$30 \sim 70nm$ 颗

粒)，即在空气中600℃下分解的金属-聚丙烯酸酯，具有更好的倍率性能。例如，在4C倍率下，所得的纳米$ZnFe_2O_4$负极的可逆容量超过$400mA·h·g^{-1}$[658]。值得注意的是，使用多元醇合成途径也获得了$ZnCo_2O_4$的最佳结果，这实际上表明多元醇在与这些尖晶石化合物的相互作用中的特定作用。通过原位高温分解在多元醇溶液中的乙酰丙酮酸前驱体铁(Ⅲ)，乙酸锌和MWCNTs，尺寸小于10nm的单分散$ZnFe_2O_4$纳米颗粒已经成功地组装在多壁碳纳米管（MWCNTs）上[659]。该负极以较小的倍率（在电流密度为$60mA·g^{-1}$的50次循环后容量为$1152mA·h·g^{-1}$）可提供较大的容量，但是其倍率性能较差：在$300mA·g^{-1}$，$600mA·g^{-1}$和$1200mA·g^{-1}$电流密度下，比容量分别为$840mA·h·g^{-1}$，$580mA·h·g^{-1}$和$270mA·h·g^{-1}$。本文中多次指出的孔隙率的重要性，从嵌入到碳网络中的介孔$ZnFe_2O_4$微球获得的结果也很明显地证明了这一点[660]。微球由10~50nm大小的纳米颗粒构成，孔径分布在5~20nm的范围内，峰值为11nm，平均来说，微球的比表面积平均为$46.8m^2·g^{-1}$，来自纳米颗粒的外表面和无定形碳。在$0.05A·g^{-1}$电流密度下，100周循环后，该材料可逆比容量为$1100mA·h·g^{-1}$；在$1.1A·g^{-1}$的电流密度下，容量大于$500mA·h·g^{-1}$；循环性也非常好，几乎没有衰减（100次循环后容量保持率为97.6%）。所有这些结果表明，作为负极，$ZnCo_2O_4$性能优于$ZnFe_2O_4$。通过二次微球的拓扑转化制备介孔$ZnCo_2O_4$的有效途径，对于$ZnCo_2O_4$而言，得到了良好的结果，而现在尚未对$ZnFe_2O_4$进行相关实验。

对尖晶石氧化锡M_2SnO_4也进行了研究，以检验其是否可以通过使Sn和Li_2O参与转化反应生成SnO和SnO_2，以获得额外的容量。结果，正如在文献[22]所总结的情况，即使在与ZnM_2O_4相同的情况下，甚至在M=Co被认为是最有利的情况下，容量都会剧烈衰减。

10.11　总结与评论

在试图替换石墨以提高电池能量密度的众多工作中，最重要的是确保锂电池的安全运行，特别是用于混合动力和电动车辆。已经对各种各样的金属氧化物和含氧盐进行了作为锂离子电池负极的相关研究。虽然本章中列举的负极材料的清单并不十分详尽，但迄今为止所设想的其他材料都无法与碳材料竞争。在插层脱嵌类材料中，软碳是一种成熟的技术，但硬碳可以应用于高功率装置。氧化钛的缺点在于能量密度低于石墨，$Li_4Ti_5O_{12}$的理论容量为$160mA·h·g^{-1}$，TiO_2为$250mA·h·g^{-1}$，而对于碳材料则高达$372mA·h·g^{-1}$。此外，氧化钛材料Li循环的电压高，即1.3~1.6V，这降低了锂离子电池的工作电压，并因此降低了其能量密度。另外，该电压具有避免由于在低于1V的负极粒子上形成SEI而导致较大的不可逆容量损失的优点。氧化钛具有其他显著的优点：成本低，环境安全，在放电和充电状态下都具有非常好的稳定性，良好的循环性和极高的功率密度，非常好的抗滥用性。这就是为什么$Li_4Ti_5O_{12}$预计在未来几年被接受用于混合动力和电动汽车。石墨烯具有非常好的电子导电性，良好的机械灵活性和高的化学功能。因此，它可以作为用于组装具有各种结构的纳米颗粒的理想的2D支撑，并且通过石墨烯-纳米金属氧化物的复合材料获得非常好的结果。此外，石墨烯能够防止纳米颗粒在循环时的聚集，并且纳米颗粒防止石墨烯片的重新堆积。开发这种负极的障碍是石墨烯的成本和可规模化的生产。这已成为一个巨大的挑战，阻碍了这种负极的大量生产。此外，碳纳米管-金属氧化物复合材料的纳米颗粒目前只能在实验室规模下制备，因为生产成本不允许其应用于电池行业。

诸如 Si，Ge，SiO，SnO_2 等可生成 Li 合金的材料可以提供比钛氧化物和碳材料更大的容量和能量密度，但是由于 Li 插入和脱出时伴随巨大的体积变化，它们在循环中遭受重大的容量损失。这个问题可以通过将材料颗粒尺寸减小到纳米级，并和诸如石墨烯等材料形成复杂的结构来加以解决，但是我们再次回到了我们刚刚概述的石墨烯或碳纳米管的规模化生产问题。Si 和 SnO_2 是这个家族中最有希望的材料，因为锗成本极其昂贵，而且储量稀少。基于转化反应的氧化物负极也遇到了同样的问题。此外，这些负极在充电和放电反应之间表现出巨大的电压滞后。然而，这种电压滞后预期可以通过使用一些催化剂和表面包覆层来解决。过去几年来，这些负极的循环性能和倍率性能得到了重大改善。

基于转化反应的合金负极材料和氧化物负极都受益于多孔纳米结构的合成过程。直到最近，合成多孔材料的一般策略是基于去除硬/软模板或去合金化方法，从主体材料中去除某些部分，同时产生多孔结构。此种方法不适合大规模生产。然而，最近有技术已经涉及氢氧化物、碳酸盐、草酸盐等的热分解，其可扩展性更高，并且已经被发现是生产多孔材料的有效方式。实际上，多孔纳米材料产生的结果与我们提到的复合材料相当，因此可以预期在不久的将来，基于合金化或转化反应的少量金属氧化物以及基于插层过程的氧化钛等负极材料可得到极大的发展。

参 考 文 献

1. Zaghib K, Mauger A, Julien CM (2014) Energy storage for smart grid applications. In: Franco AA (ed) Rechargeable lithium batteries: from fundamentals to applications. Woodhead Publications, Oxford
2. Zaghib K, Mauger A, Julien CM (2012) Overview of olivines in lithium batteries for green transportation and energy storage. J Solid State Electrochem 16:835–845
3. Zaghib K, Guerfi A, Hovington P, Vijh A, Trudeau M, Mauger A, Goodenough JB, Julien CM (2013) Review and analysis of nanostructured olivine-based lithium recheargeable batteries: status and trends. J Power Sourc 232:357–369
4. Julien CM, Mauger A (2013) Review of 5-V electrodes for Li-ion batteries: status and trends. Ionics 19(7):951–988
5. Julien CM, Mauger A, Zaghib K, Groult H (2014) Comparative issues of cathode materials for Li-ion batteries. Inorganics 2:132–154
6. Liu D, Zjhu W, Trottier J, Cagnon C, Barray F, Guerfi A, Mauger A, Groult H, Julien CM, Goodenough JB (2014) Comparative issues of cathode materials for Li-ion batteries. RSC Adv 4:154–167
7. Herold A (1955) Bull Soc Chim Fr 187:999
8. Juza R, Wehle V (1965) Lithium-graphit-einlagerungsverbindungen. Nature 52:560–560
9. Besenhard JO, Eichinger G (1976) High energy density lithium cells. Part I. Electrolytes and anodes. J Electroanal Chem 68:1–18
10. Eichinger G, Besenhard JO (1976) High energy density lithium cells. Part II. Cathodes and complete cells. J Electroanal Chem 72:1–31
11. Kasavajjula U, Wang C, Appleby AJ (2007) Nano- and bulk-silicon-based insertion anodes for lithium-ion secondary cells. J Power Sourc 163:1003–1039
12. Van Schalkwijk WA, Scrosati B (2002) Advances in lithium-ion batteries. Kluwer, New York, NY
13. Nazri GA, Pistoia G (2003) Lithium batteries: science and technology. Kluwer, New York, NY
14. Alifantis KE, Hackney SA, Kumar R (2010) High energy density lithium batteries: materials, engineering, applications. Wiley VCH, Weinheim
15. Arico AS, Bruce P, Scrosati B, Tarascon JM, Van Schalkwijk W (2005) Nanostructured materials for advanced energy conversion and storage devices. Nat Mater 4:366–377
16. Verma P, Maire P, Novak P (2010) A review of the features and analyses of the solid electrolyte interphase in Li-ion batteries. Electrochim Acta 55:6332–6341
17. Shukla AK, Kumar TP (2008) Materials for next generation of lithium batteries. Curr Sci 94:314–331

18. Winter M, Besenhard JO, Spahr ME, Novak P (1998) Insertion electrode materials for rechargeable lithium batteries. Adv Mater 10:725–763
19. Sony press news (2005) www.Sony.net/SonyInfo/News/Press/200502/05-006E/index.html
20. Zhang W-J (2011) A review of the electrochemical performance of alloy anodes for lithium-ion batteries. J Power Sourc 196:13–24
21. Yi TF, Jiang LJ, Shu J, Yue CB, Zhu RS, Qiao HB (2010) Recent development and application of $Li_4Ti_5O_{12}$ as anode material of lithium ion battery. J Phys Chem Solids 71:1236–1242
22. Reddy MV, Subba Rao GV, Chowdari BVR (2013) Metal oxides and oxysalts as anode materials for Li ion batteries. Chem Rev 113:5364–5457
23. Scrosati B, Garche JJ (2010) Lithium batteries: status, prospects and future. J Power Sourc 195:2419–2430
24. Kim MG, Cho J (2009) Reversible and high-capacity nanostructured electrode materials for Li-ion batteries. Adv Funct Mater 19:1497–1514
25. Park CM, Kim JH, Kim H, Sohn HJ (2010) Li-alloy based anode materials for Li secondary batteries. Chem Soc Rev 39:3115–3141
26. Todd ADW, Ferguson PP, Fleischauer MD, Dahn JR (2010) Tin-based materials as negative electrodes for Li-ion batteries: combinatorial approaches and mechanical methods. Int J Energ Res 34:535–555
27. Cabana J, Monconduit L, Larcher D, Palacin MR (2010) Beyond intercalation-based Li-ion batteries: the state of the art and challenges of electrode materials reacting through conversion reactions. Adv Mater 22:E170–E191
28. Bruce PG (2008) Energy storage beyond the horizon: rechargeable lithium batteries. Solid State Ionics 179:752–760
29. Guo Y-G, Hu J-S, Wan LJ (2008) Nanostructured materials for electrochemical energy conversion and storage devices. Adv Mater 20:2878–2887
30. Balaya P (2008) Size effects and nanostructured materials for energy applications. Energ Environ Sci 1:645–654
31. Bruce PG, Scrosati B, Tarascon JM (2008) Nanomaterials for rechargeable lithium batteries. Angew Chem Int Ed 47:2930–2946
32. Cheng F, Tao Z, Liang J, Chen J (2008) Template-directed materials for rechargeable lithium-ion batteries. Chem Mater 20:667–681
33. Wu Z-S, Zhou G, Yin L-C, Ren W, Li F, Cheng H-M (2012) Graphene/metal oxide composite electrode materials for energy storage. Nano Energy 1:107–131
34. Chernova N, Roppolo M, Dillon AC, Whittingham MS (2009) Layered vanadium and molybdenum oxides: batteries and electrochromics. J Mater Chem 19:2526–2552
35. Deng D, Kim MG, Lee JY, Cho J (2009) Green energy storage materials: nanostructured TiO_2 and Sn-based anodes for lithium-ion batteries. Energ Environ Sci 2:818–837
36. Centi G, Perathoner S (2009) The role of nanostructure in improving the performance of electrodes for energy storage and conversion. Eur J Inorg Chem 2009:3851–3878
37. Li H, Wang ZX, Chen LQ, Huang XJ (2009) Research on advanced materials for Li-ion batteries. Adv Mater 21:4593–4607
38. Yang ZG, Choi D, Kerisit S, Rosso KM, Wang DH, Zhang J, Graff G, Liu J (2009) Nanostructures and lithium electrochemical reactivity of lithium titanites and titanium oxides: a review. J Power Sourc 192:588–59
39. Liu C, Li F, Ma LP, Cheng HM (2010) Advanced materials for energy storage. Adv Mater 22:E28–E62
40. Su DS, Schlogl R (2010) Nanostructured carbon and carbon nanocomposites for electrochemical energy storage applications. ChemSusChem 3:13138
41. Luo B, Liu SM, Zhi LJ (2012) Chemical approaches toward graphene-based nanomaterials and their applications in energy-related areas. Small 8:630–646
42. Jiang J, Li Y, Liu J, Huang X (2011) Building one-dimensional oxide nanostructure arrays on conductive metal substrates for lithium-ion battery anodes. Nanoscale 3:45–58
43. Kamali AR, Fray DJ (2011) Tin-based materials as advanced anode materials for lithium ion batteries: a review. Rev Adv Mater Sci 27:14–24
44. Lee KT, Cho J (2011) Roles of nanosize in lithium reactive nanomaterials for lithium ion batteries. Nano Today 6:28–41
45. Li J, Daniel C, Wood D (2011) Materials processing for lithium-ion batteries. J Power Sources 196:2452–2460
46. SongMK PS, Alamgir FM, Cho J, Liu M (2011) Nanostructured electrodes for lithium-ion and lithium-air batteries: the latest developments, challenges, and perspectives. Mater Sci Eng R 72:203–252

47. Zhang X, Ji L, Toprakci O, Liang Y, Alcoutlabi M (2011) Electrospun nanofiber-based anodes, cathodes, and separators for advanced lithium-ion batteries. Polym Rev 51:239–264
48. Jeong G, Kim YU, Kim H, Kim YJ, Sohn HJ (2011) Prospective materials and applications for Li secondary batteries. Energ Environ Sci 4:1986–2002
49. Ji L, Lin Z, Alcoutlabi M, Zhang X (2011) Recent developments in nanostructured anode materials for rechargeable lithium-ion batteries. Energ Environ Sci 4:2682–2699
50. Cavaliere S, Subianto S, Savych I, Jones DJ, Roziere J (2011) Electrospinning: designed architectures for energy conversion and storage devices. Energ Environ Sci 4:4761–4785
51. Yang Z, Zhang J, Kintner-Meyer MCW, Lu X, Choi D, Lemmon JP, Liu J (2011) Electrochemical energy storage for green grid. Chem Rev 111:3577–3613
52. Ji G, Ma Y, Lee JY (2011) Mitigating the initial capacity loss (ICL) problem in high-capacity lithium ion battery anode materials. J Mater Chem 21:9819–9824
53. Chen JS, Archer LA, Lou XW (2011) SnO_2 hollow structures and TiO_2 nanosheets for lithium-ion batteries. J Mater Chem 21:9912–9924
54. Marom R, Amalraj SF, Leifer N, Jacob D, Aurbach D (2011) A review of advanced and practical lithium battery materials. J Mater Chem 21:9938–9954
55. Dunn B, Kamath H, Tarascon JM (2011) Electrical energy storage for the grid: a battery of choices. Science 334:928–935
56. Liu Y, Liu D, Zhang Q, Cao G (2011) Engineering nanostructured electrodes away from equilibrium for lithium-ion batteries. J Mater Chem 21:9969–9983
57. Singh V, Joung D, Zhai L, Das S, Khondaker SI, Seal S (2011) Graphene based materials: past, present and future. Prog Mater Sci 56:1178–1271
58. Zhou Z-Y, Tian N, Li J-T, Broadwell I, Sun S-G (2011) Nanomaterials of high surface energy with exceptional properties in catalysis and energy storage. Chem Soc Rev 40:4167–4185
59. Cheng F, Chen J (2011) Transition metal vanadium oxides and vanadate materials for lithium batteries. J Mater Chem 21:9841–9848
60. Tartaj P, Morales MP, Gonzalez-Carreno T, Veintemillas-Verdaguer S, Serna CJ (2011) The iron oxides strike back: from biomedical applications to energy storage devices and photoelectrochemical water splitting. Adv Mater 23:5243–5249
61. Dillon SJ, Sun K (2012) Microstructural design considerations for Li-ion battery systems. Curr Opin Solid State Mater Sci 16:153–162
62. Li Y, Yang XY, Feng Y, Yuan ZY, Su BL (2012) One-dimensional metal oxide nanotubes, nanowires, nanoribbons, and nanorods: synthesis, characterizations, properties and applications. Crit Rev Solid State Mater Sci 37:1–74
63. Kim T-H, Park J-S, Chang SK, Choi S, Ryu JH, Song H-K (2012) The current move of lithium ion batteries towards the next phase. Adv Energ Mater 2:860–872
64. Devan RS, Patil RA, Lin JH, Ma YR (2012) One-dimensional metal-oxide nanostructures: recent developments in synthesis, characterization, and applications. Adv Funct Mater 22:3326–3370
65. Liu JH, Liu XW (2012) Two-dimensional nanoarchitectures for lithium storage. Adv Mater 24:4097–4111
66. Nishihara H, Kyotani T (2012) Templated nanocarbons for energy storage. Adv Mater 24:4473–4498
67. Tan CW, Tan KH, Ong YT, Mohamed AR, Zein SHS, Tan SH (2012) Energy and environmental applications of carbon nanotubes. Environ Chem Lett 10:265–273
68. Ellefson CA, Marin-Flores O, Ha S, Norton MG (2012) Synthesis and applications of molybdenum (IV) oxide. J Mater Sci 47:2057–2071
69. Djenizian T, Hanzu I, Knauth P (2011) Nanostructured negative electrodes based on titania for Li-ion microbatteries. J Mater Chem 21:9925–9937
70. Zhu GN, Wang YG, Xia YY (2012) Ti-based compounds as anode materials for Li-ion batteries. Energ Environ Sci 5:6652–6667
71. Su X, Wu QL, Zhan X, Wu J, Wei S, Guo Z (2012) Advanced titania nanostructures and composites for lithium ion battery. J Mater Sci 47:2519–2534
72. Berger T, Monllor-Satoca D, Jankulovska M, Lana-Villarreal T, Gomez R (2012) The electrochemistry of nanostructured titanium dioxide electrodes. ChemPhysChem 13:2824–2875
73. Froschl T, Hormann U, Kubiak P, Kucerova G, Pfanzelt M, Weiss CK, Behm RJ, Husing N, Kaiser U, Landfester K, Wohlfahrt-Mehrens M (2012) High surface area crystalline titanium dioxide: potential and limits in electrochemical energy storage and catalysis. Chem Soc Rev 41:5313–5360
74. Nitta N, Yushin G (2014) High-capacity anode materials for lithium-ion batteries: choice of elements and structures for active particles. Part Syst Charact 31:317–336
75. Li H, Balaya P, Maier J (2004) Li-storage via heterogeneous reaction in sSelected binary

metal fluorides and oxides. J Electrochem Soc 151:A1878–A1885
76. Li Q, Mahmood N, Zhu J, Hou Y, Sun S (2014) Graphene and its composites with nanoparticles for electrochemical energy applications. Nano Today 9:668–683
77. Su X, Wu Q, Li J, Xiao X, Lott A, Lu W, Sheldon BW, Wu J (2014) Silicon-based nanomaterials for lithium-ion batteries: a review. Adv Energy Mater 4:1300882
78. Zamfir MR, Nguyen HT, Moyen E, Lee YH, Pribat D (2013) Silicon nanowires for Li-based battery anodes: a review. J Mater Chem A 1:9566–9586
79. Erk C, Brezesinski T, Sommer H, Schneider R, Janek J (2013) ACS toward silicon anodes for next-generation lithium ion batteries: a comparative performance study of various polymer binders and silicon nanopowders. ACS Appl Mater Interfaces 5:7299–7307
80. Chen J (2013) Recent progress in advanced materials for lithium-ion batteries. Materials 6:156–183
81. Kamali AR, Fray DJ (2010) Review on carbon and silicon based materials as anode materials for lithium ion batteries. J New Mat Electr Sys 13:147–160
82. Bogart TD, Chockla AM, Korgel BA (2013) High capacity lithium ion battery anodes of silicon and germanium. Curr Opin Chem Eng 2:286–293
83. Wu H, Cui Y (2012) Designing nanostructured Si anodes for high energy lithium ion batteries. Nano Today 7:414–429
84. Ge M, Fang X, Rong J, Zhou C (2013) Review of porous silicon preparation and its application for lithium-ion battery anodes. Nanotechnology 24:422001
85. Cho J (2010) Porous Si anode materials for lithium rechargeable batteries. J Mater Chem 20:4009–4014
86. Szczech JR, Jin JR (2011) Nanostructured silicon for high capacity lithium battery anodes. Energ Environ Sci 4:56–72
87. Goriparti S, Miele E, De Angellis F, Di Fabrizio E, Zaccaria RP, Capiglia C (2014) Review on recent progress of nanostructured anode materials for Li-ion batteries. J Power Sourc 257:421–443
88. Inagaki M, Yang Y, Kang F (2012) Carbon nanofibers prepared via electrospinning. Adv Mater 24:2547–2566
89. Yan L, Zheng YB, Zhao F, Li S, Gao X, Xu B, Weiss PS, Zhao Y (2012) Chemistry and physics of a single atomic layer: strategies and challenges for functionalization of graphene and graphene-based materials. Chem Soc Rev 41:97–114
90. Liu XM, Huang ZD, Oh SY, Zhang B, Ma PC, Yuen MMF, Kim J-K (2012) Carbon nanotube (CNT)-based composites as electrode material for rechargeable Li-ion batteries: a review. Compos Sci Technol 72:121–144
91. Tiwari JN, Tiwari RN, Kim KS (2012) Zero-dimensional, one-dimensional, two-dimensional and three-dimensional nanostructured materials for advanced electrochemical energy devices. Prog Mater Sci 57:724–803
92. Dai LM, Chang DW, Baek JB, Lu W (2012) Carbon nanomaterials for advanced energy conversion and storage. Small 8:1130–1166
93. De Las Casas C, Li WZ (2012) A review of application of carbon nanotubes for lithium ion battery anode material. J Power Sourc 208:74–85
94. Winter M, Moeller K-C, Besenhard JO (2003) Carbonaceous and graphitic anodes (Chapter 5). In: Pistoia G, Nazri GA (eds) Lithium batteries: science and technology. Springer, New York, NY
95. Park T-H, Yeo J-S, Seo M-H, Miyawaki J, Mochida I, Yoon S-H (2013) Enhancing the rate performance of graphite anodes through addition of natural graphite/carbon nanofibers in lithium-ion batteries. Electrochim Acta 93:236–240
96. Fujimoto H, Tokumitsu K, Mabuchi A, Chinnasamy N, Kasuh T (2010) The anode performance of the hard carbon for the lithium ion battery derived from the oxygen-containing aromatic precursors. J Power Sourc 195:7452–7456
97. Yang J, Zhou XY, Li J, Zou Y-L, Tang JJ (2012) Study of nano-porous hard carbons as anode materials for lithium ion batteries. Mater Chem Phys 135:445–450
98. Bridges CA, Sun X-G, Zhao J, Paranthaman MP, Dai S (2012) In situ observation of solid electrolyte interphase formation in ordered mesoporous hard carbon by small-angle neutron scattering. J Phys Chem C 116:7701–7711
99. Liu Y, Xue JS, Zheng T, Dahn JR (1996) Mechanism of lithium insertion in hard carbons prepared by pyrolysis of epoxy resins. Carbon 34:193–200
100. Hu J, Li H, Huang X (2005) Influence of micropore structure on Li-storage capacity in hard carbon spherules. Solid State Ionics 176:1151–1159
101. Li W, Chen M, Wang C (2011) Spherical hard carbon prepared from potato starch using as anode material for Li-ion batteries. Mater Lett 65:3368–3370
102. Li C-C, Wang YW (2013) Importance of binder compositions to the dispersion and

electrochemical properties of water-based LiCoO$_2$ cathodes. J Power Sourc 227:204–210
103. Boyanov S, Annou K, Villevieille C, Pelosi M, Zitoun D, Monconduit L (2008) Nanostructured transition metal phosphide as negative electrode for lithium-ion batteries. Ionics 14:183–190
104. Yashio M, Wang H, Fukuda K, Umeno T, Abe T, Ogumi Z (2004) Improvement of natural graphite as a lithium-ion battery anode material, from raw flake to carbon-coated sphere. J Mater Chem 14:1754–1758
105. Haik O, Ganin S, Gershinsky G, Zinigrad E, Markovsky B, Aurbach D, Halalay I (2011) On the thermal behavior of lithium intercalated graphites batteries and energy storage. J Electrochem Soc 158:A913–A923
106. Wang H, Yoshio M, Abe T, Ogumi Z (2002) Characterization of carbon-coated natural graphite as a lithium-ion battery anode material. J Electrochem Soc 149:A499–A503
107. Li C-C, Zheng H, Qu Q, Zhang L, Liu G, Battaglia VS (2012) Hard carbon: a promising lithium-ion battery anode for high temperature applications with ionic electrolyte. RSC Adv 2:4904–4912
108. Zhou HS, Zhu SM, Hibino M, Honma I, Ichihara M (2003) Lithium storage in ordered mesoporous carbon (CMK-3) with high reversible specific energy capacity and good cycling performance. Adv Mater 15:2107–2111
109. Li CC, Orsini F, du Pasquier A, Beaudouin B, Tarascon JM, Trentin M, Langenhuizen N, de Beer E, Notten P (1999) In situ SEM study of the interfaces in plastic lithium cells. J Power Sourc 81–82:918–921
110. Landi BJ, Ganter MJ, Cress CD, DiLeo RA, Raffaelle RP (2009) Carbon nanotubes for lithium ion batteries. Energ Environ Sci 2:638–654
111. Kim C, Yang KS, Kojima M, Yoshida K, Kim YJ, Kim YA, Endo M (2006) Fabrication of electrospinning-derived carbon nanofiber webs for the anode material of lithium-ion secondary batteries. Adv Funct Mater 16:2393–2397
112. Hou J, Shao Y, Ellis MW, Moore RB, Yi B (2011) Graphene-based electrochemical energy conversion and storage: fuel cells, supercapacitors and lithium ion batteries. Phys Chem Chem Phys 13:15384–15402
113. Cui G, Gu L, Zhi L, Kaskhedikar N, Aken PA, Mullen K, Maier J (2008) A germanium-carbon nanocomposite material for lithium batteries. Adv Mater 20:3079–3083
114. Candelaria SL, Shao Y, Zhou W, Li X, Xiao J, Zhang J-G, Wang Y, Liu J, Li J, Cao G (2012) Nanostructured carbon for energy storage and conversion. Nano Energy 1:195–220
115. Mabuchi A, Tokumitsu K, Fujimoto H, Kasuh T (1995) Charge-discharge characteristics of the mesocarbon microbeads heat-treated at different temperatures. J Electrochem Soc 142:1041–1046
116. Nagao M, Pitteloud C, Kamiyama T, Otomo T, Itoh K, Fukunaga T, Tatsumi K, Kanno R (2006) Structure characterization and lithiation mechanism of nongraphitized carbon for lithium secondary batteries, fuel cells, and energy conversion. J Electrochem Soc 153:A914–A919
117. Sun J, Liu H, Chen X, Evans DG, Yang W, Duan X (2013) Carbon nanorings and their enhanced lithium storage properties. Adv Mater 25:1124–1130
118. Yu Y, Cui C, Qian W, Xie Q, Zheng C, Kong C, Wei F (2013) Carbon nanotube production and application in energy storage. Asia Pac J Chem Eng 8:234–245
119. Meunier V, Kephart J, Roland C, Bernholc J (2002) Ab initio investigations of lithium diffusion in carbon nanotube systems. Phys Rev Lett 88:075506
120. Schauerman CM, Ganter MJ, Gaustad G, Babbitt CW, Raffaelle RP, Landi BJ (2012) Recycling single-wall carbon nanotube anodes from lithium ion batteries. J Mater Chem 22:12008–12015
121. Nishidate K, Hasegawa M (2005) Energetics of lithium ion adsorption on defective carbon nanotubes. Phys Rev B 71:245418
122. Zhao J, Buldum A, Han J, Ping Lu J (2000) First-principles study of Li-intercalated carbon nanotube ropes. Phys Rev Lett 85:1706–1709
123. DiLeo RA, Castiglia A, Ganter MJ, Rogers RE, Cress CD, Raffaelle RP, Landi BJ (2010) Enhanced capacity and rate capability of carbon nanotube based anodes with titanium contacts for lithium ion batteries. ACS Nano 4:6121–6131
124. Lv R, Zou L, Gui X, Kang F, Zhu Y, Zhu H, Wei J, Gu J, Wang K, Wu D (2008) High-yield bamboo-shaped carbon nanotubes from cresol for electrochemical application. Chem Commun 17:2046–2048
125. Zhou J, Song H, Fu B, Wu B, Chen X (2010) Synthesis and high-rate capability of quadrangular carbon nanotubes with one open end as anode materials for lithium-ion batteries. J Mater Chem 20:2794–2800
126. Oktaviano HS, Yamada K, Waki K (2012) Nano-drilled multiwalled carbon nanotubes:

characterizations and application for LIB anode materials. J Mater Chem 22:25167–25173
127. Lahiri I, Oh S-M, Hwang JY, Cho S, Sun Y-K, Banerjee R, Choi W (2010) High capacity and excellent stability of lithium ion battery anode using interface-controlled binder-free multiwall carbon nanotubes grown on copper. ACS Nano 4:3440–3446
128. Lahiri I, Oh S-M, Hwang JY, Kang C, Choi M, Jeon H, Banerjee R, Sun YK, Choi W (2011) Ultrathin alumina-coated carbon nanotubes as an anode for high capacity Li-ion batteries. J Mater Chem 21:13621–13626
129. Leung K, Qi Y, Zavadil KR, Jung YS, Dillon AC, Cavanagh AS, Lee S-H, George SM (2011) Using atomic layer deposition to hinder solvent decomposition in lithium ion batteries: first-principles modeling and experimental studies. J Am Chem Soc 133:14741–14754
130. Jung YS, Cavanagh AS, Riley LA, Kang S-H, Dillon AC, Groner MD, George SM, Lee SH (2010) Ultrathin direct atomic layer deposition on composite electrodes for highly durable and safe Li-ion batteries. Adv Mater 22:2172–2176
131. Liu Y, Zheng Z, Liu XH, Huang S, Zhu T, Wang J, Kushim A, Hudak NS, Huang X, Zhang S, Mao SX, Qian X, Li J, Huang JY (2011) Lithiation-induced embrittlement of multiwalled carbon nanotubes. ACS Nano 5:7245–7253
132. Gu Y, Wu F, Wang Y (2013) Confined volume change in Sn-Co-C ternary tube-in-tube composites for high-capacity and long-life lithium storage. Adv Funct Mater 23:893–899
133. Yoon TH, Park YJ (2012) Electrochemical properties of CNTs/Co_3O_4 blended-anode for rechargeable lithium batteries. Solid State Ionics 225:498–501
134. Wu Y, Wei Y, Wang J, Jiang K, Fan S (2013) Conformal Fe_3O_4 sheath on aligned carbon nanotube scaffolds as high-performance anodes for lithium ion batteries. Nano Lett 13:818–823
135. Bindumadhavan K, Srivastava SK, Mahanty S (2013) MoS_2-MWCNT hybrids as a superior anode in lithium-ion batteries. Chem Commun 49:1823–1825
136. Liang M, Zhi L (2009) Graphene-based electrode materials for rechargeable lithium batteries. J Mater Chem 19:5871–5878
137. Brownson DAC, Kampouris DK, Banks CE (2011) An overview of graphene in energy production and storage applications. J Power Sourc 196:4873–4885
138. Liu Y, Artyukhov VI, Liu M, Harutyunyan AR, Yakobson BI (2013) Feasibility of lithium storage on graphene and its derivatives. J Phys Chem Lett 4:1737–1742
139. Hwang HY, Koo J, Park M, Park N, Kwon Y, Lee H (2013) Multilayer graphynes for lithium ion battery anode. J Phys Chem C 117:6919–6923
140. Pan D, Wang S, Zhao B, Wu M, Zhang H, Wang Y, Jiao Z (2009) Storage properties of disordered graphene nanosheets. Chem Mater 21:3136–3142
141. Yoo E, Kim J, Hosono E, Zhou H, Kudo T, Honma I (2008) Large reversible Li storage of graphene nanosheet families for use in rechargeable lithium ion batteries. Nano Lett 8:2277–2282
142. Bhardwaj T, Antic A, Pavan B, Barone V, Fahlman BD (2010) Enhanced electrochemical lithium storage by graphene nanoribbons. J Am Chem Soc 132:12556–12558
143. Wu ZS, Ren W, Wen L, Gao L, Zhao J, Chen Z, Zhou G, Li F, Cheng HM (2010) Graphene anchored with Co_3O_4 nanoparticles as anode of lithium ion batteries with enhanced reversible capacity and cyclic performance. ACS Nano 4:3187–3194
144. Wang ZL, Xu D, Wang HG, Wu Z, Zhang XB (2013) In situ Fabrication of porous graphene electrodes for high-performance energy storage. ACS Nano 7:2422–2430
145. Lee SU, Belosludov RV, Mizuseki H, Kawazoe Y (2009) Designing nanogadgetry for nanoelectronic devices with nitrogen-doped capped carbon nanotubes. Small 5:1769–1775
146. Mahmood N, Zhang C, Liu F, Zhu J, Hou Y (2013) Hybrid of Co_3Sn_2-Co nanoparticles and nitrogen-doped graphene as a lithium ion battery anode. ACS Nano 7:10307–10318
147. Mukherjee R, Thomas AV, KrishnamurthY A, Koratkar N (2012) Photothermally reduced graphene as high power anodes for lithium-ion batteries. ACS Nano 6:7876–7878
148. Zhang H-L, Liu S-H, Li F, Bai S, Liu C, Tan J, Cheng H-M (2006) Electrochemical performance of pyrolytic carbon-coated natural graphite spheres. Carbon 44:2212–2218
149. Fu LJ, Liu H, Li C, Wu YP, Rahm E, Holze R, Wu HQ (2006) Surface modifications of electrode materials for lithium ion batteries. Solid State Sci 8:113–128
150. Wang J, Liu J-L, Wang Y-G, Wang C-X, Xia Y-Y (2012) Pitch modified hard carbons as negative materials for lithium-ion batteries. Electrochim Acta 74:1–7
151. Ge M, Rong J, Fang X, Zhou C (2012) Porous doped silicon nanowires for lithium ion battery anode with long cycle life. Nano Lett 12:2318–2323
152. Ge MY, Lu YH, Ercius P, Rong JP, Fang X, Zhou CW, Mecklenburg M (2014) Large-scale fabrication, 3D tomography, and lithium-ion battery application of porous silicon. Nano Lett 14:261–268
153. Besenhard JO, Yang J, Winter M (1997) Will advanced lithium-alloy anodes have a chance in

lithium-ion batteries? J Power Sourc 68:87–90
154. Beaulieu LY, Eberman KW, Turner RL, Krause LJ, Dahn JR (2001) Colossal reversible volume changes in lithium alloys. Electrochem Solid State Lett 4:A137–A140
155. Beaulieu LY, Hatchard TD, Bonakdarpour A, Fleischauer MD, Dahn JR (2003) Reaction of Li with alloy thin films studied by in situ AFM. J Electrochem Soc 150:A1457–A1464
156. Zhang XW, Patil PK, Wang CS, Appleby AJ, Little FE, Cocke DL (2004) Electrochemical performance of lithium ion battery, nano-silicon-based, disordered carbon composite anodes with different microstructures. J Power Sourc 125:206–213
157. Chan CK, Peng HL, Liu G, McIlwrath K, Zhang XF, Huggins RA, Cui Y (2008) High-performance lithium battery anodes using silicon nanowires. Nat Nanotechnol 3:31–35
158. McDowell MT, Lee SW, Wang C, Cui Y (2012) The effect of metallic coatings and crystallinity on the volume expansion of silicon during electrochemical lithiation/delithiation. Nano Energy 1:401–410
159. Maver U, Znidarsic A, Gaberscek M (2011) An attempt to use atomic force microscopy for determination of bond type in lithium battery electrodes. J Mater Chem 21:4071–4075
160. Soni SK, Sheldon BW, Xiao XC, Verbrugge MW, Ahn D, Haftbaradaran H, Gao HJ (2012) Stress mitigation during the lithiation of patterned amorphous Si islands. J Electrochem Soc 159:A38–A43
161. Lee KL, Jung JY, Lee SW, Moon HS, Park JW (2004) Electrochemical characteristics of a-Si thin film anode for Li-ion rechargeable batteries. J Power Sourc 129:270–274
162. Park MS, Wang GX, Liu HK, Dou SX (2006) lectrochemical properties of Si thin film prepared by pulsed laser deposition for lithium ion micro-batteries. Electrochim Acta 51:5246–5249
163. Raimann PR, Hochgatterer NS, Korepp C, Moller KC, Winter M, Schrottner H, Hofer F, Besenhard JO (2006) Monitoring dynamics of electrode reactions in Li-ion batteries by in situ ESEM. Ionics 12:253–255
164. Kim H, Choi J, Sohn HJ, Kang T (1999) The Insertion mechanism of lithium into Mg_2Si anode material for Li-ion batteries. J Electrochem Soc 146:4401–4405
165. Wachtler M, Winter M, Besenhard JO (2002) Anodic materials for rechargeable Li-batteries. J Power Sourc 105:151–160
166. Kim JW, Ryu JH, Lee KT, Oh SM (2005) Improvement of silicon powder negative electrodes by copper electroless deposition for lithium secondary batteries. J Power Sourc 147:227–233
167. Simon GK, Goswami T (2011) Improving anodes for lithium ion batteries. Metall Mater Trans A 42:231–238
168. Hovington P, Dontigny M, Guerfi A, Trottier J, Lagacé M, Mauger A, Julien CM, Zaghib K (2014) In situ Scanning electron microscope study and microstructural evolution of nano silicon anode for high energy Li-ion batteries. J Power Sourc 248:457–464
169. Lee SW, McDowell MT, Berla ML, Nix WD, Cui Y (2012) Fracture of crystalline silicon nanopillars during electrochemical lithium insertion. Proc Natl Acad Sci U S A 109:4080–4085
170. Liu XH, Zhong L, Huang S, Mao SX, Huang JH (2012) Size-dependent fracture of silicon nanoparticles during lithiation. ACS Nano 6:1522–1531
171. Soni K, Sheldon BW, Xiao X, Bower AF, Verbrugge MW (2012) Diffusion mediated lithiation stresses in Si thin film electrodes batteries and energy storage. J Electrochem Soc 159:A1520–A1527
172. Ryu JH, Kim JW, Sung YE, Oh SM (2004) Failure modes of silicon Powder Negative Electrode in Lithium secondary Batteries. Electrochem Solid State Lett 7:A306–A309
173. Goldman JL, Long BR, Gewirth AA, Nuzzo RG (2011) Strain anisotropies and self-limiting capacities in single-crystalline 3D silicon microstructures: models for high energy density lithium-ion battery anodes. Adv Funct Mater 21:2412–2422
174. Si Q, Hanna K, Imanishi N, Kubo M, Hirano A, Takeda Y, Yamamotao O (2009) Highly reversible carbon-nano-silicon composite anodes for lithium rechargeable batteries. J Power Sourc 189:761–765
175. Yang J, Winter M, Besenhard JO (1996) Small particle size multiphase Li-alloy anodes for lithium-ion batteries. Solid State Ionics 90:281–287
176. Trifonova A, Wachtler M, Wagner MR, Schroettner H, Mitterbauer C, Hofer F, Moller KC, Winter M, Besenhard JO (2004) Influence of the reductive preparation conditions on the morphology and on the electrochemical performance of Sn/SnSb. Solid State Ion 168:51–59
177. Ruffo R, Hong SS, Chan CK, Huggins RA, Cui Y (2009) Impedance analysis of silicon nanowire lithium ion battery anodes. J Phys Chem C 113:11390–11398
178. Chan CK, Ruffo R, Hong SS, Cui Y (2009) Surface chemistry and morphology of the solid electrolyte interphase on silicon nanowire lithium-ion battery anodes. J Power Sourc

189:1132–1140
179. Wu XD, Wang ZX, Chen LQ, Huang XJ (2003) Ag-enhanced SEI formation on Si particles for lithium batteries. Electrochem Commun 5:935–939
180. Stjerndahl M, Bryngelsson H, Gustafsson T, Vaughey JT, Tackeray MM, Edstrom K (2007) Surface chemistry of intermetallic AlSb-anodes for Li-ion batteries. Electrochim Acta 52:4947–4955
181. Obrovac MN, Christensen L (2004) Structural changes in silicon anodes during lithium insertion/extraction. Electrochem Solid State Lett 7:A93–A96
182. Obrovac MN, Krause JL (2007) Reversible cycling of crystalline silicon powder. J Electrochem Soc 154:A10 –A108
183. Bridel J-S, Azaïs T, Morcrette M, Tarascon J-M, Larcher D (2011) In situ observation and long-term reactivity of Si/C/CMC composites electrodes for Li-ion batteries. J Electrochem Soc 158:A750–A759
184. Jung H, Park M, Yoon YG, Joo GB, Kim SK (2003) Amorphous silicon anode for lithium-ion rechargeable batteries. J Power Sourc 115:346–351
185. Yin J, Wada M, Yamamoto K, Kitano Y, Tanase S, Sakai T (2006) Micrometer-scale amorphous Si thin-film electrodes fabricated by electron-beam deposition for Li-ion batteries. J Electrochem Soc 153:A472–A477
186. Wang JS, Liu P, Sherman E, Verbrugge M, Tataria H (2011) Formulation and characterization of ultra-thick electrodes for high energy lithium-ion batteries employing tailored metal foams. J Power Sourc 196:8714–8718
187. Lee SW, McDowell MT, Choi JW, Cui Y (2011) Anomalous shape changes of silicon nanopillars by electrochemical lithiation. Nano Lett 11:3034–3040
188. Wagesreither S, Lugstein A, Bertagnolli E (2012) Anisotropic lithiation behavior of crystalline silicon. Nanotechnology 23:495716
189. Liu XH, Wang JW, Huang S, Fan FF, Huang X, Liu Y, Krylyuk S, Yoo J, Dayeh SA, Davydov AV, Mao SX, Picraux ST, Zhang SL, Li J, Zhu T, Huang JY (2012) In situ atomic-scale imaging of electrochemical lithiation in silicon. Nat Nanotechnol 7:749–756
190. Baranchugov V, Markevich E, Pollak E, Salitra G, Aurbach D (2007) Amorphous silicon thin films as a high capacity anodes for Li-ion batteries in ionic liquid electrolytes. Electrochem Commun 9:796–800
191. Liu XH, Liu Y, Kushima A, Zhang SL, Zhu T, Li J, Huang HY (2012) In situ TEM sxperiments of electrochemical lithiation and delithiation of individual nanostructures. Adv Energy Mater 2:722–741
192. Ohara S, Suzuki J, Sekine K, Takamura T (2004) A thin film silicon anode for Li-ion batteries having a very large specific capacity and long cycle life. J Power Sourc 136:303–306
193. Takamura T, Ohara S, Uehara M, Suzuki J, Sekine K (2004) A vacuum deposited Si film having a Li extraction capacity over 2000 mAh/g with a long cycle life. J Power Sourc 129:96–100
194. Maranchi JP, Hepp AF, Kumta PN (2003) High capacity, reversible silicon thin-film anodes for lithium-ion batteries. Electrochem Solid State Lett 6:A198–A201
195. Kim JB, Lee H-Y, Lee KS, Lim SH, Lee S-M (2003) Fe/Si multi-layer thin film anodes for lithium rechargeable thin film batteries. Electrochem Commun 5:544–548
196. Lee HY, Lee SM (2002) Graphite-FeSi alloy composites as anode materials for rechargeable lithium batteries. J Power Sourc 112:649–654
197. Ohara S, Suzuki J, Sekine K, Takamura T (2003) Li insertion/extraction reaction at a Si film evaporated on a Ni foil. J Power Sourc 119–121:591–596
198. Chen LB, Xie JY, Yu HC, Wang TH (2009) An amorphous Si thin film anode with high capacity and long cycling life for lithium ion batteries. J Appl Electrochem 39(8):1157–1162
199. Schmidt V, Wittemann JV, Gösele U (2010) Growth, thermodynamics, and electrical properties of silicon nanowires. Chem Rev 110:361–388
200. Nguyen HT, Yao F, Zamfir MR, Biswas C, So KP, Lee YH, Kim SM, Cha SN, Kim JM, Pribat D (2011) Highly interconnected Si nanowires for improved stability Li-ion battery anodes. Adv Energy Mater 1:1154–1161
201. Cui LF, Ruffo R, Chan CK, Peng HL, Cui Y (2009) Crystalline-amorphous core−shell Silicon nanowires for high capacity and high current battery electrodes. Nano Lett 9:491–495
202. Mc Dowell MT, Lee SW, Harris JT, Korgel BA, Wang C, Nix WD, Cui Y (2013) In situ TEM of two-phase lithiation of amorphous silicon nanospheres. Nano Lett 13:758–764
203. Chockla AM, Bogart TD, Hessel CM, Klavetter KC, Mullins CB, Korgel BA (2012) Influences of gold, binder and electrolyte on silicon nanowire performance in Li-ion batteries. J Phys Chem C 116:18079–180086
204. Kovalenko I, Zdyrko B, Magasinski A, Hertzberg B, Milicev Z, Burtovyy R, Luzinov I,

Yushin G (2011) A Major constituent of brown algae for use in high-capacity Li-ion batteries. Science 334:75–79
205. Bang BM, Kim H, Song HK, Cho J, Park S (2011) Scalable approach to multi-dimensional bulk Si anodes *via* metal-assisted chemical etching. Energ Environ Sci 4:5013–5019
206. Kim H, Han B, Choo J, Cho J (2008) Three-dimensional porous silicon particles for use in high-performance lithium secondary batteries. J Angew Chem Int Ed 47:10151–10154
207. Yao Y, McDowell MT, Ryu I, Wu H, Liu N, Hu L, Nix WD, Cui Y (2011) Interconnected silicon hollow nanospheres for lithium-ion battery anodes with long cycle life. Nano Lett 11:2949–2954
208. Wang XL, Han WQ (2010) Graphene enhances Li storage capacity of porous single-crystalline silicon nanowires. ACS Appl Mater Interfaces 2:3709–3713
209. Rong JP, Masarapu C, Ni J, Zhang ZJ, Wei BQ (2010) Tandem structure of porous silicon film on single-walled carbon nanotube macrofilms for lithium-ion battery applications. ACS Nano 4:4683–4690
210. Guo J, Sun A, Wang C (2010) A porous silicon-carbon anode with high overall capacity on carbon fiber current collector. Electrochem Commun 12:981–984
211. Ma H, Cheng FY, Chen J, Zhao JZ, Li CS, Tao ZL, Liang J (2007) Nest-like silicon nanospheres for high-capacity lithium storage. Adv Mater 19:4067–4070
212. Ge M, Rong J, Fang X, Zhang A, Lu Y, Zhou C (2013) Scalable preparation of porous silicon nanoparticles and their application for lithium-ion battery anodes. Nano Res 6:174–181
213. Peng KQ, Hu JJ, Yan YJ, Wu Y, Fang H, Xu Y, Lee ST, Zhu J (2006) Fabrication of single-crystalline silicon nanowires by scratching a silicon surface with catalytic metal particles. Adv Func Mater 16:387–394
214. Zhao Y, Liu XZ, Li HQ, Zhai TY, Zhou HS (2012) Hierarchical micro/nano porous silicon Li-ion battery anodes. Chem Commun 48:5079–5081
215. Bang BM, Lee JI, Kim H, Cho J, Park S (2012) High-performance macroporous bulk silicon anodes synthesized by template-free chemical etching. Adv Energy Mater 2:878–883
216. Thakur M, Pernites RB, Nitta N, Isaacson M, Sinsabaugh SL, Wong MS, Biswal SL (2012) Freestanding macroporous silicon and pyrolyzed polyacrylonitrile as a composite anode for lithium ion batteries. Chem Mater 24:2998–3003
217. Thakur M, Isaacson M, Sinsabaugh SL, Wong MS, Biswal SL (2012) Gold-coated porous silicon films as anodes for lithium ion batteries. J Power Sourc 205:426–432
218. Thakur M, Sinsabaugh SL, Isaacson MJ, Wong MS, Biswal SL (2012) Inexpensive method for producing macroporous silicon particulates (MPSPs) with pyrolyzed polyacrylonitrile for lithium ion batteries. Sci Rep 2:00795
219. Zhang HG, Braun PV (2012) Three-dimensional metal scaffold supported bicontinuous silicon battery anodes. Nano Lett 12:2778–2783
220. Gowda SR, Pushparaj V, Herle S, Girishkumar G, Gordon JG, Gullapalli H, Zhan XB, Ajayan PM, Reddy ALM (2012) Three-dimensionally engineered porous silicon electrodes for Li ion batteries. Nano Lett 12:6060–6065
221. Chan CK, Patel RN, O'Connell MJ, Korgel BA, Cui Y (2010) Solution-grown silicon nanowires for lithium-ion battery anodes. ACS Nano 4:1443–1450
222. Kim H, Cho J (2008) Superior Lithium electroactive mesoporous Si-carbon core – shell nanowires for lithium battery anode material. Nano Lett 8:3688–3691
223. Song T, Cheng HY, Choi H, Lee JH, Han H, Lee DH, Yoo DS, Kwon MS, Choi JM, Doo SG, Chang H, Xiao JL, Huang YG, Park WI, Chung YC, Kim H, Rogers JA, Paik U (2012) Si/Ge double-layered nanotube array as a lithium ion battery anode. ACS Nano 6:303–309
224. Song T, Xia JL, Lee JH, Lee DH, Kwon MS, Choi JM, Wu J, Doo SK, Chang H, Park WI, Il Zang DS, Kim H, Huang YG, Hwang KC, Rogers JA, Paik U (2010) Arrays of sealed silicon nanotubes as anodes for lithium ion batteries. Nano Lett 10:1710–1716
225. Park MH, Kim MG, Joo J, Kim K, Kim J, Ahn S, Cui Y, Cho J (2009) Silicon nanotube battery anodes. Nano Lett 9:3844–3847
226. Cui LF, Hu LB, Wu H, Choi JW, Cui Y (2011) Inorganic glue enabling high performance of silicon particles as lithium ion battery anode. J Electrochem Soc 158:A592–A596
227. Hu LB, Wu H, Hong SS, Cui LF, McDonough JR, Bohy S, Cui Y (2011) Si nanoparticle-decorated Si nanowire networks for Li-ion battery anodes. Chem Commun 47:367–369
228. Nadimpalli SP, Sethuraman VA, Dalavi S, Lucht B, Chon MJ, Shenoy VB, Guduru PR (2012) Quantifying capacity loss due to solid-electrolyte-interphase layer formation on silicon negative electrodes in lithium-ion batteries. J Power Sourc 215:145–151
229. Liu N, Wu H, McDowell MT, Yao Y, Wang C, Cui Y (2012) Kinetic competition model and size-dependent phase selection in 1-D nanostructures. Nano Lett 12:3315–3322
230. Zhou XY, Tang JJ, Yang J, Xie J, Ma L-L (2013) Silicon-carbon hollow core-shell

heterostructures novel anode materials for lithium ion batteries. Electrochim Acta 87:663–668
231. Zhao K, Pharr M, Hartle L, Vlassak JJ, Suo Z (2012) Fracture and debonding in lithium-ion batteries with electrodes of hollow core-shell nanostructures. J Power Sourc 218:6–14
232. Hao F, Fang D (2013) Diffusion-induced stresses of spherical core-shell electrodes in lithium-ion batteries: the effects of the shell and surface/interface stress batteries and energy storage. J Electrochem Soc 160:A595–A600
233. Chen S, Gordin ML, Yi R, Howlett G, Sohn H, Wang D (2012) Silicon core-hollow carbon shell nanocomposites with tunable buffer voids for high capacity anodes of lithium-ion batteries. Phys Chem Chem Phys 14:12741–12745
234. Li X, Meduri P, Chen X, Qi W, Engelhard MH, Xu W, Ding F, Xiao J, Wang W, Wang C (2012) Hollow core-shell structured porous Si-C nanocomposites for Li-ion battery anodes. J Mater Chem 22:11014–11017
235. Chen HX, Dong ZX, Fu YP, Yang Y (2010) Silicon nanowires with and without carbon coating as anode materials for lithium-ion batteries. J Solid State Electrochem 14:1829–1834
236. Chen H, Xiao Y, Wang L, Yang Y (2011) Silicon nanowires coated with copper layer as anode materials for lithium-ion batteries. J Power Sourc 196:6657–6662
237. Sethuraman VA, Kowolik K, Srivinasan V (2011) Increased cycling efficiency and rate capability of copper-coated silicon anodes in lithium-ion batteries. J Power Sourc 196:393–398
238. Yao Y, Liu N, McDowell MT, Pasta M, Cui Y (2012) Improving the cycling stability of silicon nanowire anodes with conducting polymer coatings. Energ Environ Sci 5:7927–7930
239. Memarzadeh EL, Kalisvaart WP, Kohandehghan A, Zahiri B, Holt CMB, Mitlin D (2012) Silicon nanowire core aluminum shell coaxial nanocomposites for lithium ion battery anodes grown with and without a TiN interlayer. J Mater Chem 22:6655–6668
240. Ryu I, Choi JW, Cui Y, Nix WD (2011) Size-dependent fracture of Si nanowire battery anodes J Mech Phys Solids 59:1717–1730
241. Liu XH, Zheng H, Zhong L, Huang S, Karki K, Zhang LQ, Liu Y, Kushima A, Liang WT, Wang JW, Cho JH, Epstein E, Dayeh SA, Picraux ST, Zhu T, Li J, Sullivan JP, Cumings J, Wang C, Mao SX, Ye ZZ, Zhang S, Huang JH (2011) Anisotropic swelling and fracture of silicon nanowires during lithiation. Nano Lett 11:3312–3318
242. Xiao X, Lu P, Dahn J (2011) Ultrathin multifunctional oxide coatings for lithium ion batteries. Adv Mater 23:3911–3915
243. He Y, Yu X, Wang Y, Li H, Huang X (2011) Alumina-coated patterned amorphous silicon as the anode for a lithium-ion battery with high coulombic efficiency. Adv Mater 23:4938–4941
244. Nguyen HT, Zamfir MR, Duong LD, Lee YH, Bondavalli P, Pribat D (2012) lumina-coated silicon-based nanowire arrays for high quality Li-ion battery anodes. J Mater Chem 22:24618–24626
245. Liu Y, Hudak NS, Huber DL, Limmer SJ, Sullivan JP, Huang JY (2011) In situ transmission electron microscopy observation of pulverization of aluminum nanowires and evolution of the thin surface Al_2O_3 layers during lithiation-delithiation cycles. Nano Lett 11:4188–4194
246. Wu H, Chan G, Choi JW, Ryu I, Yao Y, McDowell MT, Lee SW, Jackson A, Yang Y, Hu LB, Cui Y (2012) Stable cycling of double-walled silicon nanotube battery anodes through solid-electrolyte interphase control. Nat Nanotechnol 7:310–315
247. Rong J, Fang X, Ge M, Chen H, Xu J, Zhou C (2013) Coaxial Si/anodic titanium oxide/Si nanotube arrays for lithium-ion battery anodes. Nano Res 6:182–190
248. Choi N-S, Yao Y, Cui Y, Cho J (2011) One dimensional Si/Sn-based nanowires and nanotubes for lithium-ion energy storage materials. J Mater Chem 21:9825–9840
249. Liu XH, Zhang LQ, Zhong L, Liu Y, Zheng H, Wang JW, Cho JH, Dayeh SA, Picraux ST, Sullivan JP, Mao SX, Ye ZZ, Huang JY (2011) Ultrafast electrochemical lithiation of individual Si nanowire anodes. Nano Lett 11:2251–2258
250. Fuchsbichler B, Stangl C, Kren H, Uhlig F, Koller S (2011) High capacity graphite-silicon composite anode material for lithium-ion batteries. J Power Sourc 196:2889–2892
251. Jung DS, Hwang TH, Park SB, Choi JW (2013) Spray drying method for large-scale and high-performance silicon negative electrodes in Li-ion batteries. Nano Lett 13:2092–2097
252. Magasinski A, Dixon P, Hertzberg B, Kvit A, Ayala J, Yushin G (2010) High-performance lithium-ion anodes using a hierarchical bottom-up approach. Nat Mater 9:353–358
253. Nyholm L, Nyström G, Mihranyan A, Stromme M (2011) Toward flexible polymer and paper-based energy storage devices. Adv Mater 23:3751–3769
254. Chou SL, Zhao Y, Wang J-Z, Chen ZX, Liu H-K, Dou S-X (2010) Silicon/single-walled carbon nanotube composite paper as a flexible anode material for lithium ion batteries. J Phys Chem C 114:15862–15867

255. Li X, Cho J-H, Li N, Zhang Y, Williams D, Dayeh SA, Picraux ST (2012) Carbon nanotube-enhanced growth of silicon nanowires as an anode for high-performance lithium-ion batteries. Adv Energy Mater 2:87–93
256. Evanoff K, Kahn J, Balandin AA, Magasinski A, Ready WJ, Fuller TF, Yushin G (2012) Towards ultrathick battery electrodes: aligned carbon nanotube, enabled architecture. Adv Mater 24:533–537
257. Wen Z, Lu G, Mao S, Kim H, Cui S, Yu K, Huang X, Hurle PT, Mao O, Chen J (2013) Silicon nanotube anode for lithium-ion batteries. Electrochem Commun 29:67–70
258. Baggetto L, Notten PHL (2009) Lithium-ion (de)insertion reaction of germanium thin-film electrodes: an electrochemical and in situ XRD study batteries and energy storage. J Electrochem Soc 156:A169–A175
259. Seo M-H, Park M, Lee KT, Kim K, Kim J, Cho J (2011) High performance Ge nanowire anode sheathed with carbon for lithium rechargeable batteries. Energ Environ Sci 4:425–428
260. Park M, Cho Y, Kim K, Kim J, Liu M, Cho J (2011) Germanium nanotubes prepared by using the Kirkendall effect as anodes for high-rate lithium batteries. Angew Chem Int Ed 50:9647–9650
261. Liu XH, Huang S, Picraux ST, Li J, Zhu T, Huang JY (2011) Reversible nanopore formation in Ge nanowires during lithiation-delithiation cycling: an in situ transmission electron microscopy study. Nano Lett 11:3991–3997
262. Liang W, Yang H, Fan F, Liu Y, Liu XH, Huang XH, Zhu T, Zhang S (2013) Tough germanium nanoparticles under electrochemical cycling. ACS Nano 7:3427–3433
263. Graetz J, Ahn CC, Yazami R, Fultz B (2004) Nanocrystalline and thin film Germanium electrodes with high lithium capacity and high rate capabilities. J Electrochem Soc 151:A698–A702
264. Abel PR, Chockla AM, Lin Y-M, Holmberg VC, Harris JT, Korgel BA, Heller A, Mullins CB (2013) Nanostructured $Si_{(1-x)}Ge_x$ for tunable thin film lithium-ion battery anodes. ACS Nano 7:2249–2257
265. Zhang C, Pang S, Kong Q, Liu Z, Hu H, Jiang W, Han P, Wang D, Cui G (2013) An elastic germanium-carbon nanotubes-copper foam monolith as an anode for rechargeable lithium batteries. RSC Adv 3:1336–1340
266. Ren J-G, Wu Q-H, Tang H, Hong G, Zhang W, Lee S-T (2013) Germanium-graphene composite anode for high-energy lithium batteries with long cycle life. J Mater Chem A 1:1821–1826
267. Chockla AM, Klavetter KC, Mullins CB, Korgel BA (2012) Solution-grown germanium nanowire anodes for lithium-ion batteries. ACS Appl Mater Interfaces 4:4658–4664
268. Zaghib K, Dontigny M, Guerfi A, Trottier J, Hamel-Paquet J, Gariepy V, Galoutov K, Hovington P, Mauger A, Groult H, Julien CM (2012) An improved high-power battery with increased thermal operating range: $C\text{-}LiFePO_4//C\text{-}Li_4Ti_5O_{12}$. J Power Sourc 216:192–200
269. Yan C, Xi W, Si W, Deng J, Schmidt OG (2013) Highly conductive and strain-released hybrid multilayer Ge/Ti nanomembranes with enhanced lithium-ion-storage capability. Adv Mater 25:539–544
270. Yuan FW, Yang HJ, Tuan HY (2012) Alkanethiol-passivated Ge nanowires as high-performance anode materials for lithium-ion batteries: the role of chemical surface functionalization. ACS Nano 6:9932–9942
271. Xue DJ, Xin S, Yan Y, Jiang KC, Yin YX, Guo YG, Wan LJ (2012) Improving the electrode performance of Ge through Ge-C core-shell nanoparticles and graphene networks. J Am Chem Soc 134:2512–2515
272. Hwang IS, Kim J-C, Seo SD, Lee S, Lee JH, Kim DW (2012) A binder-free Ge-nanoparticle anode assembled on multiwalled carbon nanotube networks for Li-ion batteries. Chem Commun 48:7061–7063
273. Chan CK, Zhang XF, Cui Y (2008) High capacity Li ion battery anodes using Ge nanowires. Nano Lett 8:307–309
274. Yu Y, Gu L, Wang C, Dhanabalan A, Aken PAV, Maier J (2009) Encapsulation of Sn-carbon nanoparticles in bamboo-like hollow carbon nanofibers as an anode material in lithium-based batteries. Angew Chem Int Ed 48:6485–6489
275. Wang Y, Wu M, Jiao Z, Lee JY (2009) Sn-CNT and Sn-C-CNT nanostructures for superior reversible lithium ion storage. Chem Mater 21:3210–3215
276. Kumar TP, Ramesh R, Lin YY, Fey GTK (2004) Tin-filled carbon nanotubes as insertion anode materials for lithium-ion batteries. Electrochem Commun 6:520–525
277. Zhao H, Jiang C, He X, Ren J, Wan C (2007) Advanced structures in electrodeposited tin base anodes for lithium ion batteries. Electrochim Acta 52:7820–7826
278. Chen Z, Cao Y, Qian J, Ai X, Yang H (2012) Pb-sandwiched nanoparticles as anode material

for lithium-ion batteries. J Solid State Electrochem 16:291–295
279. Pfanzelt M, Kubiak P, Fleischhammer M, Wohlfahrt-Mehrens M (2011) TiO$_2$ rutile – an alternative anode material for safe lithium-ion batteries. J Power Sourc 196:6815–6821
280. Belharouak I, Sun Y-K, Lu W, Amine K (2007) On the Safety of the Li$_4$Ti$_5$O$_{12}$/LiMn$_2$O$_4$ lithium-ion battery system batteries and energy storage. J Electrochem Soc 154:A1083–A1087
281. Chen JZ, Yang L, Tang YF (2010) Electrochemical lithium storage of TiO$_2$ hollow microspheres assembled by nanotubes. J Power Sourc 195:6893–6896
282. Lai C, Li GR, Dou YY, Gao XP (2010) Mesoporous polyaniline or polypyrrole/anatase TiO$_2$ nanocomposite as anode materials for lithium-ion batteries. Electrochim Acta 55:4567–4572
283. Gnanasekar KI, Subramanian V, Robinson J, Jiang JC, Posey FE, Rambabu B (2002) Direct conversion of TiO$_2$ sol to nanocrystalline anatase at 85 °C. J Mater Res 17:1507–1512
284. Subramanian V, Karki A, Gnanasekar KI, Eddy FP, Rambabu B (2006) Nanocrystalline TiO$_2$ (anatase) for Li-ion batteries. J Power Sourc 159:186–192
285. Wang JP, Bai Y, Wu MY, Yin J, Zhang WF (2009) Preparation and electrochemical properties of TiO$_2$ hollow spheres as an anode material for lithium-ion batteries. J Power Sourc 191:614–618
286. Kubiak P, Pfanzelt M, Geserick J, Hormann U, Husing N, Kaiser U, Wohlfahrt-Mehrens M (2009) Electrochemical evaluation of rutile TiO$_2$ nanoparticles as negative electrode for Li-ion batteries. J Power Sourc 194:1099–1104
287. Mancini M, Kubiak P, Geserick J, Marassi R, Husing N, Wohlfahrt-Mehrens M (2009) Mesoporous anatase TiO$_2$ composite electrodes: electrochemical characterization and high rate performances. J Power Sourc 189:585–589
288. Saravanan K, Ananthanarayanan K, Balaya P (2010) Mesoporous TiO$_2$ with high packing density for superior lithium storage. Energ Environ Sci 3:939–948
289. Beuvier T, Richard-Plouet M, Mancini-Le Granvalet M, Brousse T, Crosnier O, Brohan L (2010) TiO$_2$(B) nanoribbons as negative electrode material for lithium ion batteries with high rate performance. Inorg Chem 49:8457–8464
290. Inaba M, Oba Y, Niina F, Murota Y, Ogino Y, Tasaka A, Hirota K (2009) TiO$_2$(B) as a promising high potential negative electrode for large-size lithium-ion batteries. J Power Sourc 189:580–584
291. Jin YH, Lee SH, Shim HW, Ko KH, Kim DW (2010) Tailoring high-surface-area nanocrystalline TiO$_2$ polymorphs for high-power Li ion battery electrodes. Electrochim Acta 55:7315–7321
292. Wei Z, Liu Z, Jiang R, Bian C, Huang T, Yu A (2010) TiO$_2$ nanotube array film prepared by anodization as anode material for lithium ion batteries. J Solid State Electrochem 14:1045–1050
293. Kim HS, Kang SH, Chung YH, Sung YE (2010) Conformal Sn coated TiO$_2$ nanotube arrays and Its electrochemical performance for high rate lithium-ion batteries and energy storage. Electrochem Solid State Lett 13:A15–A18
294. Reddy MV, Jose R, Teng TH, Chowdari BVR, Ramakrishna S (2010) Preparation and electrochemical studies of electrospun TiO$_2$ nanofibers and molten salt method nanoparticles. Electrochim Acta 55:3109–3117
295. Li H, Martha S, Unocic RR, Luo H, Dai S, Qu J (2012) High cyclability of ionic liquid-produced TiO$_2$ nanotube arrays as an anode material for lithium-ion batteries. J Power Sourc 218:88–92
296. Nam SH, Shim H-S, Kim YS, Dar MA, Kim JG, Kim WB (2010) Ag or Au nanoparticle-embedded one-dimensional composite TiO$_2$ nanofibers prepared via electrospinning for use in lithium-ion batteries. ACS Appl Mater Interfaces 2:2046–2052
297. Zhou WJ, Liu H, Boughton RI, Du GJ, Lin JJ, Wang JY, Liu D (2010) One-dimensional single-crystalline Ti-O based nanostructures: properties, synthesis, modifications and applications. J Mater Chem 20:5993–6008
298. Wagemaker M, Borghols WJH, Mulder FM (2007) Large impact of particle size on insertion reactions. A case for anatase Li$_x$TiO$_2$. J Am Chem Soc 129:4323–4327
299. Luca V, Hunter B, Moubaraki B, Murray KS (2001) Lithium intercalation in anatase-structural and magnetic considerations. Chem Mater 13:796–801
300. Gubbens PCM, Wagemaker M, Sakarya S, Blaauw M, Yaouanc A, de Reotier PD, Cottrell PS (2006) Muon spin relaxation in Li$_{0.6}$TiO$_2$ anode material. Solid State Ionics 177:145–147
301. Wagemaker M, Borghols WJH, van Eck ERH, Kentgens APM, Kearley GL, Mulder FM (2007) The influence of size on phase morphology and Li-ion mobility in nanosized lithiated anatase TiO$_2$. Chem Eur J 13:2023–2028
302. Borghols WJH, Lutzenkirchen-Hecht D, Haake U, van Eck ERH, Mulder FM, Wagemaker M (2009) The electronic structure and ionic diffusion of nanoscale LiTiO$_2$ anatase. Phys Chem Chem Phys 11:5742–5748

303. Ganapathy S, van Eck ERH, Kentgens PM, Mulder FM, Wagemaker M (2011) Equilibrium lithium-ion transport between nanocrystalline lithium-inserted anatase TiO_2 and the electrolyte. Chem Eur J 17:14811–14816
304. Jung HG, Oh SW, Ce J, Jayaprakash N, Sun YK (2009) Mesoporous TiO_2 nano networks: anode for high power lithium battery applications. Electrochem Commun 11:756–759
305. Ren Y, Hardwick LJ, Bruce PG (2010) Lithium intercalation into mesoporous anatase with an ordered 3D pore structure. Angew Chem Int Ed 49:2570–2574
306. Zhong L-S, Hu J-S, Wan L-J, Song WG (2011) Nanoflower arrays of rutile TiO_2. Chem Commun 2008:1184–1186
307. Shin JY, Samuelis D, Maier J (2011) Sustained lithium-storage performance of hierarchical, nanoporous anatase TiO_2 at high rates: emphasis on Interfacial storage phenomena. Adv Funct Mater 2:3464–3472
308. Reddy MV, Teoh XWV, Nguyen TB, Lim YYM, Chowdari BVR (2012) Effect of 0.5 M $NaNO_3$: 0.5 M KNO_3 and 0.88 M $LiNO_3$:0.12 M LiCl molten salts, and heat treatment on electrochemical properties of TiO_2 batteries and energy storage. J Electrochem Soc 159:A762–A769
309. Reddy MV, Pei Theng L, Soh H, Beichen Z, Jiahuan F, Yu C, Ling YA, Andreea LY, Justin NCH, Liang TILG, Ian MF, An HVT, Ramanathan K, Kevin CWJ, Daryl TYW, Hao TY, Loh KP, Chowdari BVR (2012) In: Chowdari BVR, Kawamura J, Mizusaki J (eds) Solid State ionics: ionics for sustainable world, proceedings of the 13th Asian conference. World Scientific Publishing Co, Singapore, p 265
310. Zhang F, Zhang Y, Song SY, Zhang HJ (2011) Superior electrode performance of mesoporous hollow TiO_2 microspheres through efficient hierarchical nanostructures. J Power Sourc 196:8618–8624
311. Wang HE, Cheng H, Liu CP, Chen X, Jiang QL, Lu ZG, Li YY, Chung CY, Zhang WY, Zapien JA, Martinu L, Bello I (2011) Facile synthesis and electrochemical characterization of porous and dense TiO_2 nanospheres for lithium-ion battery applications. J Power Sourc 196:6394–6399
312. Kang JW, Kim DH, Mathew V, Lim JS, Gim JH, Kimz J (2011) Particle size effect of anatase TiO_2 nanocrystals for lithium-ion batteries and energy storage. J Electrochem Soc 158:A59–A62
313. Shin JY, Joo JH, Samuelis D, Maier J (2012) Oxygen-deficient $TiO_{2-\delta}$ nanoparticles via hydrogen reduction for high rate capability lithium batteries. Chem Mater 24:543–551
314. Park SJ, Kim H, Kim YJ, Lee H (2011) Preparation of carbon-coated TiO_2 nanostructures for lithium-ion batteries. Electrochim Acta 56:5355–5362
315. Jiang YM, Wang KX, Guo XX, Wei X, Wang JF, Chen JS (2012) Mesoporous titania rods as an anode material for high performance lithium-ion batteries. J Power Sourc 214:298–302
316. Ryu WH, Nam DH, Ko YS, Kim RH, Kwon HS (2012) Electrochemical performance of a smooth and highly ordered TiO_2 nanotube electrode for Li-ion batteries. Electrochim Acta 61:19–24
317. Panda SK, Yoon Y, Jung HS, Yoon WS, Shin H (2012) Nanoscale size effect of titania (anatase) nanotubes with uniform wall thickness as high performance anode for lithium-ion secondary battery. J Power Sourc 204:162–167
318. Ortiz GF, Hanzu I, La' la P, Tirado JL, Knauth P, Djenizian T (2012) Novel fabrication technologies of 1D TiO_2 nanotubes, vertical tin and iron-based nanowires for Li-ion microbatteries. Int J Nanotechnol 9:260–294
319. Gonzalez JR, Alcantara R, Nacimiento F, Ortiz GF, Tirado JL, Zhecheva E, Stoyanova R (2012) Long-length titania nanotubes obtained by high-voltage anodization and high-intensity ultrasonication for superior capacity Electrode. J Phys Chem C 116:20182–20190
320. Han H, Song T, Lee EK, Devadoss A, Jeon Y, Ha J, Chung YC, Choi YM, Jung YG, Paik U (2012) Dominant factors governing the rate capability of a TiO_2 nanotube anode for high power lithium ion batteries. ACS Nano 6:8308–8315
321. Chen JS, Tan YL, Li CM, Cheah YL, Luan D, Madhavi S, Boey FYC, Archer LA, Lou XW (2010) Constructing hierarchical spheres from large ultrathin anatase TiO_2 nanosheets with nearly 100 % exposed (001) facets for fast reversible lithium storage. J Am Chem Soc 132:6124–6130
322. Wang DH, Choi DW, Li J, Yang ZG, Nie ZM, Kou R, Hu DH, Wang CM, Saraf LV, Zhang JG, Aksay IA, Liu J (2009) Self-assembled TiO_2-graphene hybrid nanostructures for enhanced Li-ion insertion. ACS Nano 3:907–914
323. Yang SB, Feng XL, Ivanovici S, Müllen K (2010) Fabrication of graphene-encapsulated oxide nanoparticles: towards high-performance anode materials for lithium storage. Angew Chem 122:8586–8589
324. Yang SB, Feng XL, Ivanovici S, Müllen K (2010) Fabrication of graphene-encapsulated oxide nanoprticles: towards high-performance anode materials for lithium storage. Angew Chem Int Ed 49:8408–8411

325. Qiu YC, Yan KY, Yang SH, Jin LM, Deng H, Li WS (2010) Synthesis of size-tunable Anatase TiO_2 nanospindles and their assembly into anatase-titanium oxynitride/titanium nitride – graphene nanocomposites for rechargeable lithium ion batteries with high cycling performance. ACS Nano 4:6515–6526
326. Lee JM, Kim IY, Han SY, Kim TW, Hwang S-J (2012) Graphene nanosheets as a platform for the 2D ordering of metal oxide nanoparticles: mesoporous 2D aggregate of anatase TiO_2 nanoparticles with improved electrode Performance. Chem Eur J 18:13800–13809
327. Wang J, Zhou Y, Xiong B, Zhao Y, Huang X, Shao Z (2013) Fast lithium-ion insertion of TiO_2 nanotube and graphene composites. Electrochim Acta 88:847–857
328. Yang SB, Feng XL, Mullen K (2011) Sandwich-like, graphene-based titania nanosheets with high surface Area for fast lithium storage. Adv Mater 23:3575–3579
329. Qiu JX, Zhang P, Ling M, Li S, Liu PR, Zhao HJ, Zhang SQ (2012) Photocatalytic synthesis of TiO_2 and reduced graphene oxide nanocomposite for lithium ion battery. ACS Appl Mater Interfaces 4:3636–3642
330. Cao HQ, Li BJ, Zhang JX, Lian F, Kong XH, Qu MZ (2012) Synthesis and superior anode performance of TiO_2-reduced graphene oxide nanocomposites for lithium ion batteries. J Mater Chem 22:9759–9766
331. Tao HC, Fan LZ, Yan XQ, Qu XH (2012) In situ synthesis of TiO_2-graphene nanosheets composites as anode materials for high-power lithium ion batteries. Electrochim Acta 69:328–333
332. Shah M, Park AR, Zhang K, Park JH, Yoo PJ (2012) Green synthesis of biphasic TiO_2-reduced graphene oxide nanocomposites with highly enhanced photocatalytic activity. ACS Appl Mater Interfaces 4:3893–3901
333. Das SK, Bhattacharyya AJ (2011) Influence of mesoporosity and carbon electronic wiring on electrochemical performance of anatase titania. J Electrochem Soc 158:A705–A710
334. Chang PY, Huang CH, Doong RA (2012) Ordered mesoporous carbon-TiO_2 materials for improved electrochemical performance of lithium ion battery. Carbon 50:4259–4268
335. Yang ZX, Du GD, Meng Q, Guo ZP, Yu XB, Chen ZX, Guo TL, Zeng R (2012) Synthesis of uniform TiO_2-carbon composite nanofibers as anode for lithium ion batteries with enhanced electrochemical performance. J Mater Chem 22:5848–5854
336. Moriguchi I, Hidaka R, Yamada H, Kudo T, Murakami H, Nakashima N (2006) Mesoporous nanocomposite of TiO_2 and carbon nanotubes as a high-rate Li-intercalation electrode material. Adv Mater 18:69–73
337. Cao FF, Guo YG, Zheng SF, Wu XL, Jiang LY, Bi RR, Wan LJ, Maier J (2010) Symbiotic coaxial nanocables: facile synthesis and an efficient and elegant morphological solution to the lithium storage problem. Chem Mater 22:1908–1914
338. Guo YG, Hu YS, Sigle W, Maier J (2007) Superior electrode performance of nanostructured mesoporous TiO_2 (anatase) through efficient hierarchical mixed conducting networks. Adv Mater 19:2087–2091
339. Wang W, Tian M, Abdulagatov A, George SM, Lee YC, Yang RG (2012) Three-dimensional Ni/TiO_2 nanowire network for high areal capacity lithium ion microbattery applications. Nano Lett 12:655–660
340. Cherian CT, Reddy MV, Magdaleno T, Sow CH, Ramanujachary KV, Subba Rao GV, Chowdari BVR (2012) (N, F)-Co-doped TiO_2: synthesis, anatase-rutile conversion and Li-cycling properties. CrystEngComm 14:978–986
341. Barreca D, Carraro G, Gasparotto A, Maccato C, Cruz-Yusta M, Gomez-Camer JL, Morales J, Sada C, Sanchez L (2012) On the performances of Cu_xO-TiO_2 ($x = 1, 2$) nanomaterial as innovative anodes for thin film lithium batteries. ACS Appl Mater Interfaces 4:3610–3619
342. Bach S, Pereira-Ramos JP, Willman P (2010) Investigation of lithium diffusion in nano-sized rutile TiO_2 by impedance spectroscopy. Electrochim Acta 55:4952–4959
343. Zhao B, Cai R, Jiang S, Sha Y, Sha Z (2012) Highly flexible self-standing film electrode composed of mesoporous rutile TiO_2/C nanofibers for lithium-ion batteries. Electrochim Acta 85:636–643
344. Pfanzelt M, Kubiak P, Wohlfahrt-Mehrens M (2010) Nanosized TiO_2 rutile with high capacity and excellent rate capability batteries and energy storage. Electrochem Solid State Lett 13:A91–A94
345. Marinaro M, Pfanzelt M, Kubiak P, Marassi R, Wohlfahrt-Mehrens M (2011) ow temperature behaviour of TiO_2 rutile as negative electrode material for lithium-ion batteries. J Power Sourc 196:9825–9829
346. Liu H, Bi Z, Sun X-G, Unocic RR, Paranthaman MP, Dai S, Brown GM (2011) Mesoporous TiO_2-B microspheres with superior rate performance for lithium ion batteries. Adv Mater 23:3450–3454

347. Liu SH, Jia HP, Han L, Wang JL, Gao PF, Xu DD, Yang J, Che SN (2012) Nanosheet-constructed porous TiO_2-B for advanced lithium ion batteries. Adv Mater 24:3201–3204
348. Jang H, Suzuki S, Miyayama M (2012) Synthesis of open tunnel-structured $TiO_2(B)$ by nanosheets processes and its electrode properties for Li-ion secondary batteries. J Power Sourc 203:97–102
349. Yang Z, Du G, Guo Z, Yu X, Chen Z, Guo T, Liu H (2011) $TiO_2(B)$-carbon composite nanowires as anode for lithium ion batteries with enhanced reversible capacity and cyclic performance. J Mater Chem 21:8591–8596
350. Yang Z, Du G, Guo Z, Yu X, Chen Z, Guo T, Sharma N, Liu H (2011) $TiO_2(B)$-anatase hybrid nanowires with highly reversible electrochemical performance. Electrochem Commun 13:46–49
351. Guo Z, Dong X, Zhou D, Du Y, Wang Y, Xia Y (2013) $TiO_2(B)$ Nnanofiber bundles as a high performance anode for a Li-ion battery. RSC Adv 3:3352–3358
352. Li X, Wang C (2013) Engineering nanostructured anodes via electrostatic spray deposition for high performance lithium ion battery application. J Mater Chem A 1:165–182
353. Yu Y, Shui JL, Chen CH (2005) lectrostatic spray deposition of spinel $Li_4Ti_5O_{12}$ thin films for rechargeable lithium batteries. Solid State Commun 135:485–489
354. Prakash AS, Manikandan P, Ramesha K, Sathiya M, Tarascon JM, Shukla AK (2010) Solution-combustion synthesized nanocrystalline $Li_4Ti_5O_{12}$ as high-rate performance Li-ion battery anode. Chem Mater 22:2857–2863
355. Shen LF, Yuan CZ, Luo HJ, Zhang XG, Xu K, Xia YY (2010) acile synthesis of hierarchically porous $Li_4Ti_5O_{12}$ microspheres for high rate lithium ion batteries. J Mater Chem 20:6998–6704
356. Lin C-Y, Duh J-G (2011) Porous $Li_4Ti_5O_{12}$ anode material synthesized by one-step solid state method for electrochemical properties enhancement. J Alloys Compd 509:3682–3685
357. Chen JZ, Yang L, Fang SH, Hirano S, Tachibana K (2012) Synthesis of hierarchical mesoporous nest-like $Li_4Ti_5O_{12}$ for high-rate lithium ion batteries. J Power Sourc 200:59–66
358. Lin YS, Tsai MC, Duh JG (2012) Self-assembled synthesis of nanoflower-like $Li_4Ti_5O_{12}$ for ultrahigh rate lithium-ion batteries. J Power Sourc 214:314–318
359. Cheng L, Yan J, Zhu G-N, Luo JY, Wang CX, Xia YY (2010) General synthesis of carbon-coated nanostructure $Li_4Ti_5O_{12}$ as a high rate electrode material for Li-ion intercalation. J Mater Chem 20:595–602
360. Zhu GN, Liu HJ, Zhang JH, Wang CX, Wang YG, Xia YY (2011) Carbon-coated nano-sized $Li_4Ti_5O_{12}$ nanoporous micro-sphere as anode material for high-rate lithium-ion batteries. Energ Environ Sci 4:4016–4022
361. He YB, Ning F, Li B, Song QS, Lv W, Du H, Zhai D, Su F, Yang QH, Kang F (2012) Carbon coating to suppress the reduction decomposition of electrolyte on the $Li_4Ti_5O_{12}$ electrode. J Power Sourc 202:253–261
362. Xie G, Ni J, Liao X, Gao L (2012) Filter paper templated synthesis of chain-structured $Li_4Ti_5O_{12}$/C composite for Li-ion batteries. Mater Lett 78:177–179
363. Jung HG, Myung ST, Yoon CS, Son SB, Oh KH, Amine K, Scrosati B, Sun YK (2011) Microscale spherical carbon-coated $Li_4Ti_5O_{12}$ as ultra high power anode material for lithium batteries. Energ Environ Sci 4:1345–1351
364. Shen L, Yuan C, Luo H, Zhang X, Chen L, Li H (2011) ovel template-free solvothermal synthesis of mesoporous $Li_4Ti_5O_{12}$-C microspheres for high power lithium ion batteries. J Mater Chem 21:14414–14416
365. Zhao L, Hu YS, Li H, Wang ZX, Chen LQ (2011) Porous $Li_4Ti_5O_{12}$ coated with N-doped carbon from ionic liquids for Li-ion batteries. Adv Mater 23:1385–1388
366. Li B, Han C, He Y-B, Yang C, Du H, Yang QH, Kang F (2012) Facile synthesis of $Li_4Ti_5O_{12}$/C composite with super rate performance. Energ Environ Sci 5:9595–9602
367. Zhu N, Liu W, Xue MQ, Xie ZA, Zhao D, Zhang MN, Chen JT, Cao TB (2010) Graphene as a conductive additive to enhance the high-rate capabilities of electrospun $Li_4Ti_5O_{12}$ for lithium-ion batteries. Electrochim Acta 55:5813–5818
368. Zhang BA, Liu YS, Huang ZD, Oh S, Yu Y, Mai YW, Kim JK (2012) Urchin-like $Li_4Ti_5O_{12}$-carbon nanofiber composites for high rateperformance anodes in Li-ion batteries. J Mater Chem 22:12133–12140
369. Kim HK, Bak SM, Kim KB (2010) $Li_4Ti_5O_{12}$/reduced graphite oxide nano-hybrid material for high rate lithium-ion batteries. Electrochem Commun 12:1768–1771
370. Jhan YR, Duh JG (2012) Synthesis of entanglement structure in nanosized $Li_4Ti_5O_{12}$/multi-walled carbon nanotubes composite anode material for Li-ion batteries by ball-milling-assisted solid-state reaction. J Power Sourc 198:294–297

371. Huang J, Jiang Z (2008) The preparation and characterization of $Li_4Ti_5O_{12}$/carbon nano-tubes for lithium ion battery. Electrochim Acta 53:7756–7759
372. Shi Y, Wen L, Li F, Chen HM (2011) Nanosized $Li_4Ti_5O_{12}$/graphene hybrid materials with low polarization for high rate lithium ion batteries. J Power Sourc 196:8610–8617
373. Li X, Qu M, Huai Y, Yu Z (2010) Preparation and electrochemical performance of $Li_4Ti_5O_{12}$/carbon/carbon nanotubes for lithium ion battery. Electrochim Acta 55:2978–2982
374. Ni H, Fan LZ (2012) Nano-$Li_4Ti_5O_{12}$ anchored on carbon nanotubes by liquid phase deposition as anode material for high rate lithium-ion batteries. J Power Sourc 214:195–199
375. Shen L, Yuan C, Luo H, Zhang X, Xu K, Zhang F (2012) In situ growth of $Li_4Ti_5O_{12}$ on multi-walled carbon nanotubes: novel coaxial nanocables for high rate lithium ion batteries. J Mater Chem 21:761–767
376. Li X, Lai C, Xiao CW, Gao XP (2011) Enhanced high rate capability of dual-phase $Li_4Ti_5O_{12}$–TiO_2 induced by pseudocapacitive effect. Electrochim Acta 56:9152–9158
377. Rahman MM, Wang JZ, Hassan MF, Wexler D, Liu HK (2011) Amorphous carbon coated high grain boundary density dual phase $Li_4Ti_5O_{12}$-TiO_2: a nanocomposite anode material for Li-ion batteries. Adv Energy Mater 1:212–220
378. Shen L, Uchaker E, Zhang X, Cao G (2012) Hydrogenated $Li_4Ti_5O_{12}$ nanowire arrays for high rate lithium ion batteries. Adv Mater 24:6502–6506
379. Wang Y, Gu L, Guo YG, Li H, He XQ, Tsukimoto S, Ikuhara I, Wan LJ (2012) Rutile-TiO_2 nanocoating for a high-rate $Li_4Ti_5O_{12}$ anode of a lithium-ion battery. J Am Chem Soc 134:7874–7879
380. Shen LF, Zhang XG, Uchaker E, Yuan CZ, Cao GZ (2012) $Li_4Ti_5O_{12}$ Nanoparticles embedded in a mesoporous carbon matrix as a superior anode material for high rate lithium ion batteries. Adv Energy Mater 2:691–698
381. Shen LF, Yuan CZ, Luo HJ, Zhang XG, Yang SD, Lu XJ (2011) In situ synthesis of high-loading $Li_4Ti_5O_{12}$-graphene hybrid nanostructures for high rate lithium ion batteries. Nanoscale 3:572–574
382. Wang YG, Liu HM, Wang K, Eiji H, Wang Y, Zhou HS (2009) Synthesis and electrochemical performance of nano-sized $Li_4Ti_5O_{12}$ with double surface modification of Ti(Ⅲ) and carbon. J Mater Chem 19:6789–6795
383. Jo MR, Nam KM, Lee Y, Song K, Park JT, Kang YM (2011) Phosphidation of $Li_4Ti_5O_{12}$ nanoparticles and their electrochemical and biocompatible superiority for lithium rechargeable batteries. Chem Commun 47:11474–11476
384. Kim J, Kim SW, Gwon H, Yoon WS, Kang K (2009) Comparative study of $Li(Li_{1/3}Ti_{5/3})O_4$ and $Li(Ni_{1/2-x}Li_{2x/3}Ti_{v/3})Ti_{3/2}O_4$ ($x = 1/3$) anodes for Li rechargeable batteries. Electrochim Acta 54:5914–5918
385. Tian BB, Xiang HF, Zhang L, Li Z, Wang HH (2010) Niobium doped lithium titanate as a high rate anode material for Li-ion batteries. Electrochim Acta 55:5453–5458
386. Yi TF, Xie Y, Shu J, Wang Z, Yue CB, Zhu R-S, Qiao HB (2011) Structure and Electrochemical Performance of Niobium-Substituted Spinel Lithium Titanium Oxide Synthesized by Solid-State Method Batteries and Energy Storage. J Electrochem Soc 158:A266–A274
387. Yu ZJ, Zhang XF, Yang GL, Liu J, Wang JW, Wang RS, Zhang JP (2011) High rate capability and long-term cyclability of $Li_4Ti_{4.9}V_{0.1}O_{12}$ as anode material in lithium ion battery. Electrochim Acta 56:8611–8617
388. Yi TF, Shu J, Zhu YR, Zhu X-D, Yue CB, Zhou AN, Zhu RS (2009) High-performance $Li_4Ti_{5-x}V_xO_{12}$ ($0 \leqslant x \leqslant 0.3$) as an anode material for secondary lithium-ion battery. Electrochim Acta 54:7464–7470
389. Gu F, Chen G, Wang ZH (2012) Synthesis and electrochemical performances of $Li_4Ti_{4.95}Zr_{0.05}O_{12}$/C as anode material for lithium-ion batteries. J Solid State Electrochem 16:375–382
390. Li X, Qu M, Yu Z (2009) Structural and electrochemical performances of $Li_4Ti_{5-x}Zr_xO_{12}$ as anode material for lithium-ion batteries. J Alloys Compd 487:L12–L17
391. Chen CH, Vaughey JT, Jansen AN, Dees DW, Kahaian AJ, Goacher T, Thackeray MM (2001) Studies of Mg-substituted $Li_{4-x}Mg_xTi_5O_{12}$ spinel electrodes ($0 \leqslant x \leqslant 1$) for lithium batteries. J Electrochem Soc 148:A102–A104
392. Huang S, Wen Z, Gu Z, Zhu X (2005) Preparation and cycling performance of Al^{3+} and F^- co-substituted compounds $Li_4Al_yTi_{5-y}F_yO_{12-y}$. Electrochim Acta 50:4057–4062
393. Wang Z, Chen G, Xu J, Lv Z, Yang W (2011) Synthesis and electrochemical performances of $Li_4Ti_{4.95}Al_{0.05}O_{12}$/C as anode material for lithium-ion batteries. J Phys Chem Solids 72:773–778
394. Huang S, Wen Z, Zhu X, Lin Z (2007) Effects of dopant on the electrochemical performance of $Li_4Ti_5O_{12}$ as electrode material for lithium ion batteries. J Power Sourc 165:408–412
395. Hao YJ, Lai Q-Y, Lu JZ, Ji XY (2007) Effects of dopant on the electrochemical properties of

$Li_4Ti_5O_{12}$ anode materials. Ionics 13:369–373
396. Robertson AD, Trevino L, Tukamoto H, Irvine JTS (1999) New inorganic spinel oxides for use as negative electrode materials in future lithium-ion batteries. J Power Sourc 81–82:352–357
397. Yi TF, Xie Y, Wu Q, Liu H, Jiang L, Ye M, Zhu R (2012) High rate cycling performance of lanthanum-modified $Li_4Ti_5O_{12}$ anode materials for lithium-ion batteries. J Power Sourc 214:220–226
398. Gao J, Ying JR, Jiang CY, Wan CR (2009) Preparation and characterization of spherical La-doped $Li_4Ti_5O_{12}$ anode material for lithium ion batteries. Ionics 15:597–601
399. Gao J, Jiang CY, Wan CR (2010) Synthesis and characterization of spherical La-doped nanocrystalline $Li_4Ti_5O_{12}/C$ compound for lithium-ion batteries. J Electrochem Soc 157: K39–K42
400. Bai YJ, Gong C, Qi YX, Lun N, Feng J (2012) Excellent long-term cycling stability of La-doped $Li_4Ti_5O_{12}$ anode material at high current rates. J Mater Chem 22:19054–19060
401. Zhang B, Du H, Li B, Kang F (2010) Structure and electrochemical properties of Zn-doped $Li_4Ti_5O_{12}$ as anode materials in Li-ion battery. Electrochem Solid State Lett 13:A36–A38
402. Yi TF, Liu H, Zhu YR, Jiang LJ, Xie Y, Zhu RS (2012) Improving the high rate performance of $Li_4Ti_5O_{12}$ through divalent zinc substitution. J Power Sourc 215:258–265
403. Yi TF, Xie Y, Jiang LJ, Shu J, Yue CB, Zhou AN, Ye MF (2012) Advanced electrochemical properties of Mo-doped $Li_4Ti_5O_{12}$ anode material for power lithium ion battery. RSC Adv 2:3541–3547
404. Zhong Z (2007) Synthesis of Mo^{4+} substituted spinel $Li_4Ti_{5-x}Mo_xO_{12}$ batteries and energy storage. Electrochem Solid State Lett 10:A267–A269
405. Zhang B, Huang Z-D, Oh S, Kim JK (2011) Improved rate capability of carbon coated $Li_{3.9}Sn_{0.1}Ti_5O_{12}$ porous electrodes for Li-ion batteries. J Power Sourc 196:10692–10697
406. Wolfenstine J, Allen JL (2008) Electrical conductivity and charge compensation in Ta doped $Li_4Ti_5O_{12}$. J Power Sourc 180:582–585
407. Jhan YR, Lin CY, Duh JG (2011) Preparation and characterization of ruthenium doped $Li_4Ti_5O_{12}$ anode material for the enhancement of rate capability and cyclic stability. Mater Lett 65:2502–2505
408. Qi Y, Huang Y, Jia D, Bao SJ, Guo ZP (2009) Preparation and characterization of novel spinel $Li_4Ti_5O_{12-x}Br_x$ anode materials. Electrochim Acta 54:4772–4776
409. Bai YJ, Gong C, Lun N, Qi YX (2013) Yttrium-modified $Li_4Ti_5O_{12}$ as an effective anode material for lithium ion batteries with outstanding long-term cyclability and rate capabilities. J Mater Chem A 1:89–96
410. Han JT, Huang YH, Goodenough JB (2011) New anode framework for rechargeable lithium batteries. Chem Mater 23:2027–2029
411. Yamamura H, Nobuhara K, Nakanishi S, Iba H, Okada S (2011) Investigation of the irreversible reaction mechanism and the reactive trigger on SiO anode material for lithium-ion battery. J Ceram Soc Jpn 119:855–860
412. Guo BK, Shu J, Wang ZX, H Y, Shi LH, Liu YN, Chen LQ (2008) Electrochemical reduction of nano-SiO_2 in hard carbon as anode material for lithium ion batteries. Electrochem Commun 10:1876–1878
413. Park CM, Choi W, Hwa Y, Kim JH, Jeong G, Sohn HJ (2010) Characterizations and electrochemical behaviors of disproportionated SiO and its composite for rechargeable Li-ion batteries. J Mater Chem 20:4854–4860
414. Feng X, Yang J, Lu Q, Wang J, Nuli Y (2013) Facile approach to $SiO_x/Si/C$ composite anode material from bulk SiO for lithium ion batteries. Phys Chem Chem Phys 15:14420–14426
415. Lee DJ, Ryou MH, Lee JN, Kim BG, Lee YM, Kim HW, Kong BS, Park JK, Choi JW (2013) Nitrogen-doped carbon coating for a high-performance SiO anode in lithium-ion batteries. Electrochem Commun 34:98–101
416. Lee JI, Park S (2013) High-performance porous silicon monoxide anodes synthesized via metal-assisted chemical etching. Nano Energy 2:146–152
417. Yamada M, Ueda A, Matsumoto K, Ohzuku T (2011) Silicon-based negative electrode for high-capacity lithium-ion batteries: "SiO"-carbon composite. J Electrochem Soc 158: A417–A421
418. Si Q, Hanai K, Ichikawa T, Phillipps MB, Hirano A, Imanishi N, Yamamoto O, Takeda Y (2011) Improvement of cyclic behavior of a ball-milled SiO and carbon nanofiber composite anode for lithium-ion batteries. J Power Sourc 196:9774–9779
419. Ren Y, Ding J, Yuan N, Jia S, Qu M, Yu Z (2012) Preparation and characterization of silicon monoxide/graphite/carbon nanotubes composite as anode for lithium-ion batteries. J Solid State Elecrochem 16:1453–1460

420. Guo C, Wang D, Wang Q, Wang B, Liu T (2012) A SiO/graphene nanocomposite as a high stability anode material for lithium-ion batteries. Int J Electrochem Sci 7:8745
421. Yamamura H, Nobuhara K, Nakanishi S, Iba H, Okada S (2011) Investigation of the irreversible reaction mechanism and the reactive trigger on SiO anode materials for lithium-ion battery. J Ceram Soc Jpn 119:845–849
422. Jeong J, Kim YU, Krachkovskiy SA, Lee CK (2010) A nanostructured $SiAl_{0.2}O$ anode material for lithium batteries. Chem Mater 22:5570–5579
423. Komaba S, Shimomura K, Yabuuchi N, Ozeki T, Yui H, Konno K (2011) Study on polymer binders for high-capacity SiO negative electrode of Li-ion batteries. J Phys Chem 115:13487–13495
424. Miyuki T, Okuyama Y, Sakamoto T, Eda Y, Kojima T, Sakai T (2012) Characterization of heat treated SiO powder and development of a $LiFePO_4$/SiO lithium ion battery with high-rate capability and thermostability. Electrochemistry 80:401–404
425. Jeong G, Kim JH, Kim Y-U, Kim YJ (2012) Multifunctional TiO_2 coating for a SiO anode in Li-ion batteries. J Mater Chem 22:7999–8004
426. Song K, Yoo S, Kang K, Heo H, Kang YM, Jo MH (2013) Hierarchical SiO_x nanoconifers for Li-ion battery anodes with structural stability and kinetic enhancement. J Power Sourc 229:229–233
427. Hwang SW, Lee JK, Yoon Y (2013) Electrochemical behavior of carbon-coated silicon monoxide electrode with chromium coating in rechargeable lithium cell. J Power Sourc 244:620–624
428. Liu B, Abouimrane A, Brown DE, Zhang X, Ren Y, Fang ZZ, Amine K (2013) Mechanically alloyed composite anode materials based on $SiO–Sn_xFe_yC_z$ for Li-ion batteries. J Mater Chem A 1:4376–4382
429. Yan N, Wang F, Zhong H, Li Y, Wang Y, Hu L, Chen Q (2013) Hollow porous SiO_2 nanocubes towards high-performance anodes for lithium-ion batteries. Nat Sci Rep 3:1568
430. Favors Z, Wang W, Bay HH, George A, Ozkan M, Ozkan CS (2013) Stable cycling of SiO_2 nanotubes as high-performance anodes for lithium-ion batteries. Sci Rep 4:4605
431. Pena JS, Sandu I, Joubert O, Pascual FS, Arean CO, Brousse T (2004) Electrochemical reaction between lithium and β-quartz GeO_2. Electrochem Solid State Lett 7:A278–A281
432. Seng KH, Park MH, Guo ZP, Liu HK, Cho J (2013) Catalytic role of Ge in highly reversible GeO_2/Ge/C nanocomposite anode material for lithium batteries. Nano Lett 13:1230–1236
433. Feng JK, Xia H, Lai MO, Lu L (2009) NASICON-structured $LiGe_2(PO_4)_3$ with improved cyclability for high-performance. J Phys Chem C 113:20514–20520
434. Feng JK, Lu L, Lai MO (2010) Lithium storage capability of lithium-ion conductor $Li_{1.5}Al_{0.5}Ge_{1.5}(PO_4)_3$. J Alloys Compd 501:255–258
435. Huang JY, Zhong L, Wang CM, Sullivan JP, Xu W, Zhang LQ, Mao SX, Hudak NS, Liu XH, Subramanian A, Fan HY, Qi LA, Kushima A, Li J (2010) In situ observation of the electrochemical lithiation of a single SnO_2 nanowire electrode. Science 330:1515–1520
436. Zhong L, Liu XH, Wang GF, Mao SX, Huang JY (2011) Multiple-stripe lithiation mechanism of individual SnO_2 nanowires in a flooding geometry. Phys Rev Lett 106:248302
437. Liu XH, Huang JY (2011) In-situ TEM electrochemistry of anode materials for lithium ion batteries. Energ Environ Sci 4:3844–3860
438. Liu J, Li Y, Huang X, Ding R, Hu Y, Jiang J, Liao L (2009) Direct growth of SnO_2 nanorod array electrodes for lithium-ion batteries. J Mater Chem 19:1859–1864
439. GuO ZP, Guo DD, Nuli Y, Hassan MF, Liu HK (2009) Ultra-fine porous SnO_2 nanopowder prepared via a molten salt process: a highly efficient anode material for lithium-ion batteries. J Mater Chem 19:3253–3257
440. Yin X, Chen L, Li C, Hao Q, Liu S, Li Q, Zhang E, Wang T (2011) Synthesis of mesoporous SnO_2 spheres via self-assembly and superior lithium storage properties. Electrochim Acta 56:2358–2363
441. Yang ZX, Du GD, Feng CQ, Li SA, Chen ZX, Zhang P, Guo ZP, Yu XB, Chen GN, Huang SZ, Liu HK (2010) Synthesis of uniform polycrystalline tin dioxide nanofibers and electrochemical application in lithium-ion batteries. Electrochim Acta 55:5485–5491
442. Zhu XJ, Guo ZP, Zhang P, Du GD, Zeng R, Chen ZX, Li S, Liu HK (2009) Highly porous reticular tin–cobalt oxide composite thin film anodes for lithium ion batteries. J Mater Chem 19:8360–8365
443. Zhu XJ, Guo ZP, Zhang P, Du GD, Poh CK, Chen ZX, Li S, Liu HK (2010) Three-dimensional reticular tin–manganese oxide composite anode materials for lithium ion batteries. Electrochim Acta 55:4982–4986
444. Chen JS, Cheah YL, Chen YT, Jayaprakash N, Madhavi S, Yang JH, Lou XW (2009) SnO_2 nanoparticles with controlled carbon nano-coating as high-capacity anode materials for

lithium-ion batteries. J Phys Chem 113:20504–20508
445. Liu B, Guo ZP, Du G, Nuli Y, Hassan MF, Jia D (2010) In situ synthesis of ultra-fine, porous, tin oxide-carbon nanocomposites via a molten salt method for lithium-ion batteries. J Power Sourc 195:5382–5386
446. He M, Yuan L, Zhang W, Shu J, Huang Y (2013) A SnO_2-carbon nanocluster anode material with superior cyclability and rate capability for lithium-ion batteries. Nanoscale 5:3298–3305
447. Hassan MF, Rahman MM, Guo Z, Chen Z, Liu H (2010) SnO_2–NiO–C nanocomposite as a high capacity anode material for lithium-ion batteries. J Mater Chem 20:9707–9712
448. Yesibolati N, Shahid M, Chen W, Hedhili MN, Reuter MC, Ross FM, Alshareef HN (2014) SnO_2 anode surface passivation by atomic layer deposited HfO_2 improves Li-ion battery performance. Small 10:2849–2858
449. Yan J, Sumboja A, Khoo E, Lee PS (2011) V_2O_5 loaded on SnO_2 nanowires for high-rate Li ion batteries. Adv Mater 23:746–750
450. Li C, Wei W, Fang SM, Wang HX, Zhang Y, Gui YH, Chen RF (2010) A novel CuO-nanotube/SnO_2 composite as the anode material for lithium ion batteries. J Power Sourc 195:2939–2944
451. Xu W, Canfield NL, Wang DY, Xiao J, Nie ZM, Zhang JG (2010) A three-dimensional macroporous Cu/SnO_2 composite anode sheet prepared via a novel method. J Power Sourc 195:7403–7408
452. Du Z, Zhang S, Jiang T, Wu X, Zhang L, Fang H (2012) Facile synthesis of SnO_2 nanocrystals coated conducting polymer nannowires for enhanced lithium storage. J Power Sourc 219:199–203
453. Yim CH, Baranova EA, Courtel FM, Abu-Lebdeh Y, Davison IJ (2011) Synthesis and characterization of macroporous tin oxide composite as an anode material for Li-ion batteries. J Power Sourc 196:9731–9736
454. Wang J, Zhao HL, Liu XT, Wang CM (2011) Electrochemical properties of SnO_2/carbon composite materials as anode material for lithium-ion batteries. Electrochim Acta 56:6441–6447
455. Li MY, Liu CL, Wang Y, Dong WS (2011) Simple synthesis of carbon/tin oxide composite as anodes for lithium-ion batteries. J Electrochem Soc 158:A296–A301
456. Du G, Zhong C, Zhang P, Guo Z, Chen Z, Liu H (2010) Tin dioxide/carbon nanotube composites with high uniform SnO_2 loading as anode materials for lithium ion batteries. Electrochim Acta 55:2582–2586
457. Zhu CL, Zhang ML, Qiao YJ, Gao P, Chen YJ (2010) High capacity and good cycling stability of multi-walled carbon nanotube/SnO_2 core–shell structures as anode materials of lithium-ion batteries. Mater Res Bull 45:437–441
458. Wang Y, Zeng HC, Lee JY (2006) Highly reversible lithium storage in porous SnO_2 nanotubes with coaxially grown carbon nanotube overlayers. Adv Mater 18:645–649
459. Ren J, Yang J, Abouimrane A, Wang D, Amine K (2011) SnO_2 Nanocrystals deposited on multiwalled carbon nanotubes with superior stability as anode material for Li-ion batteries. J Power Sourc 196:8701–8705
460. Alaf M, Akbulut H (2014) Electrochemical energy storage behavior of Sn/SnO_2 double phase nanocomposite anodes produced on the multiwalled carbon nanotube bucky papers for lithium-ion batteries. J Power Sourc 247:692–702
461. Bonino CA, Ji L, Lin Z, Toprakci O, Zhang X, Khan SA (2011) Electrospun carbon-tin oxide composite nanofibers for use as lithium ion battery anodes. Appl Mater Interfaces 3:2534–2542
462. Dirican M, Yanilmaz M, Fu K, Lu Y, Kizil H, Zhang X (2014) Carbon-enhanced electrodeposited SnO_2/carbon nanofiber composites as anode for lithium-ion batteries. J Power Sourc 264:240–247
463. Zhou X, Dai Z, Liu S, Bao J, Guo Y-G (2014) Ultra-Uniform SnO_x/Carbon Nanohybrids toward Advanced Lithium-Ion Battery Anodes. Adv Mater 26:3943–3949
464. Lou XW, Li CM, Archer LA (2009) Designed synthesis of coaxial SnO_2-carbon hollow nanospheres for highly reversible lithium storage. Adv Mater 21:2536–2539
465. Li YM, Lv XJ, Lu J, Li JH (2010) Preparation of SnO_2-nanocrystal/graphene-nanosheets composites and their lithium storage ability. J Phys Chem C 114:21770–21774
466. Zhao B, Zhang GH, Song JS, Jiang Y, Zhuang H, Liu P, Fang T (2011) Bivalent tin ion assisted reduction for preparing graphene/SnO_2 composite with good cyclic performance and lithium storage capacity. Electrochim Acta 56:7340–7346
467. Zhong C, Wang JZ, Chen ZX, Liu HK (2011) Photoinduced optical transparency in dye-sensitized solar cells containing graphene nanoribbons. J Phys Chem C 115:25115–25131

468. Lian PC, Zhu XF, Liang SZ, Li Z, Yang WS, Wang HH (2011) High reversible capacity of SnO_2/graphene nanocomposite as an anode material for lithium-ion batteries. Electrochim Acta 56:4532–4539
469. Huang XD, Zhou XF, Zhou LA, Qian K, Wang YH, Liu ZP, Yu CZ (2011) A facile one-step solvothermal synthesis of SnO_2/graphene nanocomposite and its application as an anode material for lithium-ion batteries. ChemPhysChem 12:278–281
470. Xie J, Liu SY, Chen XF, Zheng YX, Song WT, Cao GS, Zhu TJ, Zhao XB (2011) Nanocrystal-SnO_2-loaded graphene with improved Li-storage properties prepared by a facile one-pot hydrothermal route. Int J Electrochem Sci 6:5539–5549
471. Baek S, Yu SH, Park SK, Pucci A, Marichy C, Lee DC, Sung YE, Piao Y, Pinna N (2011) A one-pot microwave-assisted non-aqueous sol–gel approach to metal oxide/graphene nanocomposites for Li-ion batteries. RSC Adv 1:1687–1690
472. Wang XY, Zhou XF, Yao K, Zhang JG, Liu ZP (2011) A SnO_2/graphene composite as a high stability electrode for lithium ion batteries. Carbon 49:133–139
473. Xu CH, Sun J, Gao L (2012) Direct growth of monodisperse SnO_2 nanorods on graphene as high capacity anode materials for lithium ion batteries. J Mater Chem 22:975–979
474. Lin J, Peng Z, Xiang C, Ruan G, Yan Z, Natelson D, Tour JM (2013) Graphene nanoribbon and nanostructured SnO_2 composite anodes for lithium ion batteries. ACS Nano 7:6001–6007
475. Thaisar C, Barone V, Peralta JE (2009) Lithium adsorption on zigzag graphene nanoribbons. J Appl Phys 106:113715–113716
476. Zhou X, Wan LJ, Guo YG (2013) Binding SnO_2 nanocrystals in nitrogen-doped graphene sheets as anode materials for lithium-ion batteries. Adv Mater 25:2152–2157
477. Wu ZS, Sun Y, Tan YZ, Yang S, Feng X, Müllen K (2012) Three-dimensional graphene-based macro- and mesoporous frameworks for high-performance electrochemical capacitive energy storage. J Am Chem Soc 134:19532–19535
478. Liu S, Wang R, Liu M, Luo J, Sun J, Gao L (2014) Fe_2O_3-SnO_2 nanoparticle decorated graphene flexible films as high-performance anode materials for lithium-ion batteries. J Mater Chem A 2:4598–4604
479. Bhaskar A, Deepa M, Ramakrishna M, Rao TN (2014) Poly(3,4-ethylenedioxythiophene) sheath over a SnO_2 hollow spheres/graphene oxide hybrid for a durable anode in Li-ion batteries. J Phys Chem C 118:7296–7306
480. Poizot P, Laruelle S, Grugeon S, Dupont L, Tarascon JM (2000) Nano-sized transition-metal oxides as negative-electrode materials for lithium-ion batteries. Nature 407:496–499
481. Poizot P, Laruelle S, Grugeon S, Dupont L, Tarascon JM (2001) Searching for new anode materials for the Li-ion technology: time to deviate from the usual path. J Power Sourc 97–98:235–239
482. Grugeon S, Laruelle S, Dupont L, Tarascon JM (2003) An update on the reactivity of nanoparticles Co-based compounds towards Li. Solid State Sci 5:895–904
483. Badway F, Plitz I, Grugeon S, Laruelle S, Dolle M, Gozdz AS, Tarascon JM (2002) Metal oxides as negative electrode materials in Li-ion cells. Electrochem Solid State Lett 5:A115–A119
484. Chen CH, Hwang BJ, Do JS, Weng JH, Venkateswarlu M, Cheng MY, Santhanam R, Ragavendran K, Lee JF, Chen JM, Liu DG (2010) An understanding of anomalous capacity of nano-sized CoO anode materials for advanced Li-ion battery. Electrochem Commun 12:496–498
485. Yu Y, Chen CH, Shui JL, Xie S (2005) Nickel-foam-supported reticular CoO-Li_2O composite anode materials for lithium ion batteries. Angew Chem Int Ed 44:7085–7089
486. Reddy MV, Prihvi G, Loh KP, Chowdari BVR (2014) Li storage and impedance spectroscopy studies on Co_3O_4, CoO, and CoN for Li-ion batteries. ACS Appl Mater Interfaces 6:680–690
487. Nam KM, Choi YC, Jung SC, Kim YI, Jo MR, Park SH, Kang YM, Han YK, Park JT (2012) [100] Directed Cu-doped h-CoO nanorods: elucidation of the growth mechanism and application to lithium-ion batteries. Nanoscale 4:473–477
488. Jiang J, Liu J, Ding R, Ji X, Hu Y, Li X, Hu A, Wu F, Zhu Z, Huang X (2010) Direct synthesis of CoO porous nanowire arrays on Ti substrate and their application as lithium-ion battery electrodes. J Phys Chem C 114:929–932
489. Sun Y, Luo W, Huang Y (2012) Self-assembled mesoporous CoO nanodisks as a long-life anode material for lithium-ion batteries. J Mater Chem 22:13826–13831
490. Zhang L, Hu P, Zhao X, Tian R, Zou R, Xia D (2011) Controllable synthesis of core-shell Co-CoO nanocomposites with a superior performance as an anode material for lithium-ion batteries. J Mater Chem 21:18279–18283
491. Xiong S, Chen JS, Lou XW, Zeng HC (2012) Mesoporous Co_3O_4 and CoO-C topotactically transformed from chrysanthemum-like $Co(CO_3)_{0.5}(OH) \cdot 0.11H_2O$ and their lithium-storage

properties. Adv Funct Mater 22:861–871
492. Qi Y, Du N, Zhang H, Fan X, Yang Y, Yang D (2012) CoO/NiSi$_x$ core–shell nanowire arrays as lithium-ion anodes with high rate capabilities. Nanoscale 4:991–996
493. Qi Y, Du N, Zhang H, Wang J, Yang Y, Yang D (2012) Nanostructured hybrid cobalt oxide/copper electrodes of lithium-ion batteries with reversible high-rate capabilities. J Alloys Compd 521:83–89
494. Wu FD, Wang Y (2011) Self-assembled echinus-like nanostructures of mesoporous CoO nanorod-CNT for lithium-ion batteries. J Mater Chem 21:6636–6641
495. Qi Y, Zhang H, Du N, Yang D (2013) Highly loaded CoO/graphene nanocomposites as lithium-ion anodes with superior reversible capacity. J Mater Chem A 1:2337–2342
496. Zhu J, Zhu T, Zhou X, Zhang Y, Lou X, Chen X, Zhang H, Hng H, Yan Q (2011) Facile synthesis of metal oxide/reduced graphene oxide hybrids with high lithium storage capacity and stable cyclability. Nanoscale 3:1084–1089
497. Peng C, Chen B, Qin Y, Yang S, Li C, Zuo Y, Liu S, Yang J (2012) Facile ultrasonic synthesis of CoO quantum dot/graphene nanosheet composites with high lithium storage capacity. ACS Nano 6:1074–1081
498. Sun Y, Hu X, Luo W, Huang Y (2012) Ultrathin CoO/graphene hybrid nanosheets: a highly stable anode material for lithium-ion batteries. J Phys Chem C 116:20794–20799
499. Li XF, Dhanabalan A, Bechtold K, Wang CL (2010) Binder-free porous core-shell structured Ni/NiO configuration for application of high performance lithium ion batteries. Electrochem Commun 12:1222–1225
500. Zhong C, Wang JZ, Chou SL, Konstantinov K, Rahman M, Liu HK (2010) Nanocrystalline NiO hollow spheres in conjunction with CMC for lithium-ion batteries. J Appl Electrochem 40:1415–1419
501. Liu L, Li Y, Yuan SM, Ge M, Ren MM, Sun CS, Zhou Z (2010) Nanosheet-based NiO microspheres: controlled solvothermal synthesis and lithium storage performance. J Phys Chem C 114:251–255
502. Cheng MY, Hwang BJ (2010) Mesoporous carbon-encapsulated NiO nanocomposite negative electrode materials for high-rate Li-ion battery. J Power Sourc 195:4977–4983
503. Qiao H, Wu N, Huang FL, Cai YB, Wei QF (2010) Solvothermal synthesis of NiO/C hybrid microspheres as Li-intercalation electrode material. Mater Lett 64:1022–1024
504. Rahman MM, Chou SL, Zhong C, Wang JZ, Wexler D, Liu HK (2010) Spray pyrolyzed NiO-C nanocomposite as an anode material for the lithium-ion battery with enhanced capacity retention. Solid State Ionics 180:1646–1651
505. Wang C, Wang DL, Wang QM, Chen HJ (2010) Fabrication and lithium storage performance of three-dimensional porous NiO as anode for lithium-ion battery. J Power Sourc 195:7432–7437
506. Yuan YF, Xia XH, Wu JB, Yang JL, Chen YB, Guo SY (2010) Hierarchically ordered porous nickel oxide array film with enhanced electrochemical properties for lithium-ion batteries. Electrochem Commun 12:890–893
507. Huang XH, Tu JP, Xia XH, Wang XL, Xiang JY, Zhang L, Zhou Y (2009) Morphology effect on the electrochemical performance of NiO films as anodes for lithium-ion batteries. J Power Sourc 188:588–591
508. Huang XH, Tu JP, Xia XH, Wang XL, Xiang JY, Zhang L (2010) Porous NiO/poly (3,4-ethylenedioxythiophene) films as anode materials for lithium ion batteries. J Power Sourc 195:1207–1210
509. May YJ, Tu JP, Xia XH, Gu CD, Wang XL (2011) Co-doped NiO nanoflake arrays toward superior anode materials for lithium ion batteries. J Power Sourc 196:6388–6393
510. Wu H, Xu M, Wu H, Xu J, Wang Y, Peng Z, Zhzng G (2012) Aligned NiO nanoflake arrays grown on copper as high capacity lithium-ion battery anodes. J Mater Chem 22:19821–19825
511. Liu H, Wang G, Liu J, Qiao S, Ahn H (2011) Highly ordered mesoporous NiO anode material for lithium ion batteries with an excellent electrochemical performance. J Mater Chem 21:3046–3052
512. Ni S, Li T, Yang X (2012) Fabrication of NiO nanoflakes and its application in lithium ion battery. Mat Chem Phys 132:1108–1111
513. Chen X, Zhang N, Sun K (2012) Facile ammonia-induced fabrication of nanoporous NiO films with enhanced lithium-storage properties. Electrochem Commun 20:137–140
514. Sun X, Yan C, Chen Y, Si W, Deng J, Oswald S, Liu L, Schmidt OG (2014) Tree-dimensionally curved NiO nanomembranes as ultrahigh rate capability anodes for Li-ion batteries with long cycle lifetimes. Adv Energy Mater 4. doi:10.1002/aenm.201300912
515. Bai Z, Ju Z, Guo C, Qian Y, Tang B, Xiong S (2014) Direct large-scale synthesis of 3D hierarchical mesoporous NiO microspheres as high-performance anode materials for lithium ion batteries. Nanoscale 6:3268–3273

516. Liu L, Guo Y, Wang Y, Yang X, Wang S, Guo H (2013) Hollow NiO nanotubes synthesized by bio-templates as the high performance anode materials of lithium-ion batteries. Electrochim Acta 114:42–47
517. Wang N, Chen L, Ma X, Yue J, Niu F, Xu H, Yang J, Qian Y (2014) Facile synthesis of hierarchically porous NiO micro-tubes as advanced anode materials for lithium-ion batteries. J Mater Chem A 2:16847–16850. doi:10.1039/C4TA04321A
518. Huang XH, Yuan YF, Wang Z, Zhang SY, Zhou F (2011) Electrochemical properties of NiO/Co–P nanocomposite as anode materials for lithium ion batteries. J Alloys Compd 509:3425–3429
519. Wen W, Wu JM (2011) Eruption combustion synthesis of NiO/Ni nanocomposites with enhanced properties for dye-absorption and lithium storage. ACS Appl Mater Interfaces 3:4112–4119
520. Li X, Dhanabalan A, Wang C (2011) Enhanced electrochemical performance of porous NiO–Ni nanocomposite anode for lithium ion batteries. J Power Sourc 196:9625–9630
521. Mai YJ, Xia XH, Chen R, Gu CD, Wang XL, Tu JP (2012) Self-supported nickel-coated NiO arrays for lithium-ion batteries with enhanced capacity and rate capability. Electrochim Acta 67:73–78
522. Kottegoda IRM, Idris NH, Lu L, Wang J-Z, Liu H-K (2011) Synthesis and characterization of graphene–nickel oxide nanostructures for fast charge–discharge application. Electrochim Acta 56:5815–5822
523. Mai YJ, Shi SJ, Zhang D, Lu Y, Gu CD, Tu JP (2012) NiO-graphene hybrid as an anode material for lithium ion batteries. J Power Sourc 204:155–161
524. Mai YJ, Tu JP, Gu CD, Wang XL (2012) Graphene anchored with nickel nanoparticles as a high-performance anode material for Li ion batteries. J Power Sourc 209:1–6
525. Qiu D, Xu Z, Zheng M, Zhao B, Pan L, Pu L, Shi Y (2012) Graphene anchored with mesoporous NiO nanoplates as anode material for lithium-ion batteries. J Solid State Electrochem 16:1889–1892
526. Zou Y, Wang Y (2011) NiO nanosheets grown on graphene nanosheets as superior anode materials for Li-ion batteries. Nanoscale 3:2615–2620
527. Huang Y, Huang X-L, Lian J-S, Xu D, Wang L-M, Zhang X-B (2012) Self-assembly of ultrathin porous NiO nanosheets/graphene hierarchical structure for high-capacity and high-rate lithium storage. J Mater Chem 22:2844–2847
528. Zhu XJ, Hu J, Dai HL, Ding L, Jiang L (2012) Reduced graphene oxide and nanosheet-based nickel oxide microsphere composite as an anode material for lithium ion battery. Electrochim Acta 64:23–28
529. Choi SH, Ko YN, Lee J-K, Kang YC (2014) Rapid continuous synthesis of spherical reduced graphene ball-nickel oxide composite for lithium ion batteries. Sci Rep 4:5786
530. Zhou G, Wang D-W, Yin L-C, Li N, Cheng H-M (2012) Oxygen bridges between NiO nanosheets and graphene for improvement of lithium storage. ACS Nano 6:3214–3223
531. Wang C, Li Q, Wang F, Xia G, Liu R, Li D, Li N, Spendelow S, Wu G (2014) Morphology-dependent performance of CuO anodes via facile and controllable synthesis for lithium-ion batteries. ACS Appl Mater Interfaces 6:1243–1250
532. Xiang JY, Tu JP, Zhang J, Zhong J, Zhang D, Cheng JP (2010) Incorporation of MWCNTs into leaf-like CuO nanoplates for superior reversible Li-ion storage. Electrochem Commun 12:1103–1107
533. Dar MA, Nam SH, Kim YS, Kim WB (2010) Synthesis, characterization, and electrochemical properties of self-assembled leaf-like CuO nanostructures. J Solid State Electrochem 14:1719–1726
534. Xiang JY, Tu JP, Zhang L, Zhou Y, Wang XL, Shi SJ (2010) Self-assembled synthesis of hierarchical nanostructured CuO with various morphologies and their application as anodes for lithium ion batteries. J Power Sourc 195:313–319
535. Chen LB, Lu N, Xu CM, Yu HC, Wang TH (2009) Electrochemical performance of polycrystalline CuO nanowires as anode material for Li ion batteries. Electrochim Acta 54:4198–4201
536. Ke FS, Huang L, Wei GZ, Xue LJ, Li JT, Zhang B, Chen SR, Fan XY, Sun SG (2009) One-step fabrication of CuO nanoribbons array electrode and its excellent lithium storage performance. Electrochim Acta 54:5825–5829
537. Reddy MV, Yu C, Jiahuan F, Loh KP, Chowdari BVR (2013) Li-cycling properties of molten salt method prepared nano/submicrometer and micrometer-sized CuO for lithium batteries. ACS Appl Mater Interfaces 5:4361–4366
538. Mai JY, Wang XL, Xiang JY, Qiao YQ, Zhang D, Gu CD, Tu JP (2011) CuO/graphene composite as anode materials for lithium-ion batteries. Electrochim Acta 56:2306–2311
539. Guo Z, Reddy MV, Goh BM, San AK, Bao Q, Loh KP (2013) Electrochemical performance

of graphene and copper oxide composites synthesized from a metal–organic framework (Cu-MOF). RSC Adv 3:19051–19056

540. Wang B, Wu X-L, Shu C-Y, Guo Y-G, Wang C-R (2010) Synthesis of CuO/graphene nanocomposite as a high-performance anode material for lithium-ion batteries. J Mater Chem 20:10661–10664

541. Zhou J, Ma L, Song H, Wu B, Chen X (2011) Durable high-rate performance of CuO hollow nanoparticles/graphene-nanosheet composite anode material for lithium-ion batteries. Electrochem Commun 13:1357–1360

542. Lu LQ, Wang Y (2012) Facile synthesis of graphene-supported shuttle- and urchin-like CuO for high and fast Li-ion storage. Electrochem Commun 14:82–85

543. Zhou WC, Upreti S, Whittingham MS (2011) High performance Si/MgO/graphite composite as the anode for lithium-ion batteries. Electrochem Commun 13:1102–1104

544. Lu LQ, Wang Y (2011) Sheet-like and fusiform CuO nanostructures grown on graphene by rapid microwave heating for high Li-ion storage capacities. J Phys Chem 21:17916–17921

545. Ji LW, Medford AJ, Zhang XW (2009) Porous carbon nanofibers loaded with manganese oxide particles: formation mechanism and electrochemical performance as energy-storage materials. J Mater Chem 19:5593–5601

546. Liu J, Pang Q (2010) MnO/C nanocomposites as high capacity anode materials for Li-ion batteries. Electrochem Solid State Lett 13:A139–A142

547. Zhong KF, Xia X, Zhang B, Li H, Wang ZX, Chen LQ (2010) MnO powder as anode active materials for lithium ion batteries. J Power Sourc 195:3300–3308

548. Ding YL, Wu CY, Yu HM, Xie J, Cao GS, Zhu TJ, Zhao XB, Zeng YW (2011) Coaxial MnO/C nanotubes as anodes for lithium-ion batteries. Electrochim Acta 56:5844–5848

549. Liu Y, Zhao X, Li F, Xia D (2011) Facile synthesis of MnO/C anode materials for lithium-ion batteries. Electrochim Acta 56:6448–6452

550. Zhong K, Zhang B, Luo S, Wen W, Li H, Huang X, Chen L (2011) Investigation on porous MnO microsphere anode for lithium ion batteries. J Power Sourc 196:6802–6808

551. Li SR, Sun Y, Ge SY, Qiao Y, Chen YM, Lieberwirth I, Yu Y, Chen CH (2012) A facile route to synthesize nano-MnO/C composites and their application in lithium ion batteries. Chem Eng J 192:226–231

552. Sun B, Chen Z, Kim H-S, Ahn H, Wang G (2011) MnO/C core–shell nanorods as high capacity anode materials for lithium-ion batteries. J Power Sourc 196:3346–3349

553. Xu GL, Xu YF, Sun H, Fu F, Zheng XM, Huang L, Li JT, Yang SH, Sun SG (2012) Facile synthesis of porous MnO/C nanotubes as a high capacity anode material for lithium ion batteries. Chem Commun 48:8502–8504

554. Zhang X, Xing Z, Wang L, Zhu Y, Li Q, Liang J, Yu Y, Huang T, Tang K, Qian Y, Shen X (2012) Synthesis of MnO-C core–shell nanoplates with controllable shell thickness and their electrochemical performance for lithium-ion batteries. J Mater Chem 22:17864–17869

555. Li X, Li D, Qiao L, Wang X, Sun X, P W, He D (2012) Interconnected porous MnO nanoflakes for high-performance lithium ion battery anodes. J Mater Chem 22:9189–9194

556. Xia Y, Xiao Z, Dou X, Huang H, Lu XH, Yan R, Gan Y, Zhu W, Tu J, Zhang W, Tao X (2013) Green and facile fabrication of hollow porous MnO/C microspheres from microalgaes for lithium-ion batteries. ACS Nano 7:7083–7092

557. Yue J, Gu X, Wang N, Jiang X, Xu H, Yang J, Qian Y (2014) General synthesis of hollow MnO_2, Mn_3O_4 and MnO nanospheres as superior anode materials for lithium ion batteries. J Mater Chem A 2:17421–17426. doi:10.1039/c0xx00000x

558. Liu B, Hu X, Xu H, Luo W, Sun Y, Huang Y (2014) Encapsulation of MnO nanocrystals in electrospun carbon nanofibers as high-performance anode materials for lithium-ion batteries. Sci Rep 4:4229

559. Sun Y, Hu X, Luo W, Xia F, Huang Y (2013) Reconstruction of conformal nanoscale MnO on graphene as a high-capacity and long-life anode material for lithium ion batteries. Adv Func Mater 23:2436–2443

560. Hsieh CT, Lin CY, Lin JY (2011) High reversibility of Li intercalation and de-intercalation in MnO-attached graphene anodes for Li-ion batteries. Electrochim Acta 56:8861–8867

561. Zhang KJ, Han PX, Gu L, Zhang LX, Liu ZH, Kong QS, Zhang CJ, Dong SM, Zhang ZY, Yao JH, Xu HX, Cui GL, Chen LQ (2012) Synthesis of nitrogen-doped MnO/graphene nanosheets hybrid material for lithium ion batteries. ACS Appl Mater Interfaces 4:658–664

562. Mai YJ, Zhang D, Qiao YQ, Gu CD, Wang XL, Tu JP (2012) MnO/reduced graphene oxide sheet hybrid as an anode for Li-ion batteries with enhanced lithium storage performance. J Power Sourc 216:201–207

563. Qiu DF, Ma LY, Zheng MB, Lin ZX, Zhao B, Wen Z, Hu ZB, Pu L, Shi Y (2012) MnO

nanoparticles anchored on graphene nanosheets via in situ carbothermal reduction as high-performance anode materials for lithium-ion batteries. Mater Lett 84:9–12
564. Tang QW, Shan ZQ, Wang L, Qin X (2012) MoO_2-graphene nanocomposite as anode material for lithium-ion batteries. Electrochim Acta 79:148–153
565. Li Y, Tan B, Wu Y (2007) Mesoporous Co_3O_4 nanowire arrays for lithium ion batteries with high capacity and rate capability. Nano Lett 8:265–270
566. Li C, Yin X, Chen L, Li Q, Wang T (2010) Synthesis of cobalt ion-based coordination polymer nanowires and their conversion into porous Co_3O_4 nanowires with good lithium storage properties. Chem Eur J 16:5215–5221
567. Zhuo L, Ge J, Cao L, Tang B (2009) Solvothermal synthesis of CoO, Co_3O_4, Ni(OH)$_2$ and Mg(OH)$_2$ nanotubes. Cryst Growth D 9:1–6
568. Du N, Zhang H, Chen BD, Wu JB, Ma XY, Liu ZH, Zhang YQ, Yang DR, Huang XH, Tu JP (2007) Porous Co_3O_4 nanotubes derived from $Co_4(CO)_{12}$ clusters on carbon nanotube templates: a highly efficient material for Li-battery applications. Adv Mater 19:4505–4509
569. Tian L, Zou H, Fu J, Yang X, Wang Y, Guo H, Fu X, Liang C, Wu M, Shen PK, Gao Q (2010) Topotactic conversion route to mesoporous quasi-single-crystalline Co_3O_4 nanobelts with optimizable electrochemical performance. Adv Funct Mater 20:617–623
570. Liu J, Xia H, Lu L, Xue D (2010) Anisotropic Co_3O_4 porous nanocapsules toward high-capacity Li-ion batteries. J Mat Chem 20:1506–1510
571. Fan Y, Shao H, Wang J, Liu L, Zhang J, Cao C (2011) Synthesis of foam-like freestanding Co_3O_4 nanosheets with enhanced electrochemical activities. Chem Commun 47:3469–3471
572. Shaju KM, Jiao F, Débart A, Bruce PG (2007) Mesoporous and nanowire Co_3O_4 as negative electrodes for rechargeable lithium batteries. Phys Chem Chem Phys 9:1837–1842
573. Lou XW, Deng D, Lee JY, Feng J, Archer LA (2008) Self-supported formation of needlelike Co_3O_4 nanotubes and their application as lithium-ion battery electrodes. Adv Mater 20:258–262
574. Yan N, Hu L, Li Y, Wang Y, Zhong H, Hu X, Kong X, Chen Q (2012) Co_3O_4 nanocages for high-performance anode material in lithium-ion batteries. J Phys Chem C 116:7227–7235
575. Zhang XX, Xie QS, Yue GH, Zhang Y, Zhang XQ, Lu AL, Peng DL (2013) A novel hierarchical network-like Co_3O_4 anode material for lithium batteries. Electrochim Acta 111:746–754
576. Yang S, Cui G, Pang S, Cao Q, Kolb U, Feng X, Maier J, Mullen K (2010) Towards high-performance anode materials for lithium ion batteries. ChemSusChem 3:236–239
577. Li B, Shao J, Li G, Qu M, Yin G (2011) Co_3O_4-graphene composites as anode materials for high-performance lithium ion batteries. Inorg Chem 50:1628–1632
578. Wang B, Wang Y, Park H, Ahn H, Wang G (2011) In situ synthesis of Co_3O_4/graphene nanocomposite material for lithium-ion batteries and supercapacitors with high capacity and supercapacitance. J Alloys Compd 509:7778–7783
579. Choi B, Chang S, Lee Y, Bae J, Kim H, Huh Y (2012) 3D heterostructured architectures of Co_3O_4 nanoparticles deposited on porous graphene surfaces for high performance of lithium ion batteries. Nanoscale 4:5924–5930
580. Mei W, Huang J, Zhu L, Ye Z, Mai Y, Tu J (2012) Synthesis of porous rhombus-shaped Co_3O_4 nanorod arrays grown directly on a nickel substrate with high electrochemical performance. J. Mater Chem 22:9315–9321
581. Wang F, Lu C, Qin Y, Liang C, Zhao M, Yang S, Sun Z, Song X (2013) Solid state coalescence growth and electrochemical performance of plate-like Co_3O_4 mesocrystals as anode materials for lithium-ion batteries. J Power Sourc 235:67–73
582. Shim H-W, Jin Y-H, Seo S-D, Lee S-H, Kim D-W (2011) Highly reversible lithium storage in bacillus subtilis-directed porous Co_3O_4 nanostructures. ACS Nano 5:443–449
583. Huang H, Zhu WJ, Tao XY, Xia Y, Yu ZY, Fang JW, Gan YP, Zhang WK (2012) Nanocrystal-constructed mesoporous single-crystalline Co_3O_4 nanobelts with superior rate capability for advanced lithium-ion batteries. ACS Appl Mater Interfaces 4:5974–5980
584. Ge D, Geng H, Wang J, Zheng J, Pan Y, Cao X, Gu H (2014) Porous nano-structured Co_3O_4 anode materials generated from coordination-driven self-assembled aggregates for advanced lithium ion batteries. Nanoscale 6:9689–9694
585. Pan A, Wang Y, Xu W, Nie Z, Liang S, Nie Z, Wang C, Cao G, Zhang J-G (2014) High-performance anode based on porous Co_3O_4 nanodiscs. J Power Sourc 255:125–129
586. Rui X, Tan H, Sim D, Liu W, Chen X, Hng HH, Yazami R, Lim TM, Yan Q (2013) Template-free synthesis of urchin-like Co_3O_4 hollow spheres with good lithium storage properties. J Power Sourc 222:97–102
587. Wang J, Yang N, Tang H, Dong Z, Jin Q, Yang M, Kisailus D, Zhao H, Tang Z, Wang D (2013) Accurate control of multishelled Co_3O_4 hollow microspheres as high-performance

anode materials in lithium-ion batteries. Angew Chem Int Ed 52:6417–6420
588. Wang Y, Xia H, Lu L, Lin J (2010) Excellent performance in lithium-ion battery anodes: rational synthesis of $Co(CO_3)_{0.5}(OH)_{0.11}H_2O$ nanobelt array and its conversion into mesoporous and single-crystal Co_3O_4. ACS Nano 4:1425–1432
589. Huang G, Xu S, Lu S, Li L, Sun H (2014) Porous polyhedral and fusiform Co_3O_4 anode materials for high-performance lithium-ion batteries. Electrochem Acta 135:420–427
590. Wang H, Ma D, Huang Y, Zhang X (2012) General and controllable synthesis strategy of metal oxide/TiO_2 hierarchical heterostructures with improved lithium-ion battery performance. Nat Sci Rep 2:701
591. Zhang L, Wu HB, Lou XW (2014) Iron-oxide-based advanced materials for lithium-ion batteries. Adv Energy Mater 4:4. doi:10.1002/aenm.201300958
592. He Y, Huang L, Cai JS, Zheng XM, Sun SG (2010) Structure and electrochemical performance of nanostructured Fe_3O_4/carbon nanotube composites as anodes for lithium ion batteries. Electrochim Acta 55:1140–1144
593. Biswal M, Suryawanshi A, Thakare V, Jouen S, Hannoyer B, Aravindan V, Madhavi S, Ogale S (2013) Mesoscopic magnetic iron oxide spheres for high performance Li-ion battery anode: a new pulsed laser induced reactive micro-bubble synthesis process. J Mater Chem A 1:13932–13940
594. Lee SH, Yu S-H, Lee JE, Jin A, Lee DJ, Lee N, Jo H, Shin K, Ahn T-Y, Kim Y-W, Choe H, Sung Y-E, Hyeon T (2013) Self-assembled Fe_3O_4 nanoparticle clusters as high-performance anodes for lithium Ion batteries via geometric confinement. Nano Lett 13:4249–4256
595. Xu JS, Zhu YJ (2012) Monodisperse Fe_3O_4 and γ-Fe_2O_3 magnetic mesoporous microspheres as anode materials for lithium-ion batteries. ACS Appl Mater Interfaces 4:4752–4757
596. Wang R, Xu C, Sun J, Gao L, Lin C (2013) Flexible free-standing hollow Fe_3O_4/graphene hybrid films for lithium-ion batteries. J Mater Chem A 1:1794–1800
597. Zhuo L, Wu Y, Wang L, Ming J, Yu Y, Zhang X, Zhao F (2013) CO_2–expanded ethanol chemical synthesis of a Fe_3O_4-graphene composite and its good electrochemical properties as anode material for Li-ion batteries. J Mater Chem A 1:3954–3960
598. Zhao J, Yang B, Zheng Z, Yang J, Yang Z, Zhang P, Ren W, Yan X (2014) Facile preparation of one-dimensional wrapping structure: graphene nanoscroll-wrapped of Fe_3O_4 nanoparticles and its application for lithium-ion battery. ACS Appl Mater Interaces 6:9890–9896
599. Ke FS, Huang L, Zhang B, Wei GZ, Xue LJ, Li JT, Sun SG (2012) Nanoarchitectured Fe_3O_4 array electrode and its excellent lithium storage performance. Electrochim Acta 78:585–591
600. Gao J, Lowe MA, Abruna HD (2011) Spongelike nanosized Mn_3O_4 as a high-capacity anode material for rechargeable lithium batteries. Chem Mater 23:3223–3227
601. Bai Z, Zhang X, Zhang Y, Guo C, Tang B (2014) Facile synthesis of mesoporous Mn_3O_4 nanorods as a promising anode material for high performance lithium-ion batteries. J Mater Chem A 2:16755–16770. doi:10.1039/c4ta03532a
602. Wang ZH, Yuan LX, Shao QG, Huang F, Huang YH (2012) Mn_3O_4 nanocrystals anchored on multi-walled carbon nanotubes as high-performance anode materials for lithium-ion batteries. Mater Lett 80:110–113
603. Li Z, Liu N, Wang X, Wang C, Qi Y, Yin L (2012) Three-dimensional nanohybrids of Mn_3O_4/ordered mesoporous carbons for high performance anode materials for lithium-ion batteries. J Mater Chem 22:16640–16648
604. Lavoie N, Malenfant PRL, Courtel FM, Abu-Lebdeh Y, Davidson IJ (2012) High gravimetric capacity and long cycle life in Mn_3O_4/graphene platelet/LiCMC composite lithium-ion battery anodes. J Power Sourc 213:249–254
605. Reddy MV, Yu T, Sow CH, Shen ZX, Lim CT, Subba Rao GV, Chowdari BVR (2007) α-Fe_2O_3 nanoflakes as an anode material for Li-ion batteries. Adv Func Mater 17:2792–2799
606. Jiao F, Bao JL, Bruce PG (2007) Factors influencing the rate of Fe_2O_3 conversion reaction. Electrochem Solid State Lett 10:A264–A266
607. Zhang J, Huang T, Liu Z, Yu A (2013) Mesoporous Fe_2O_3 nanoparticles as high performance anode materials for lithium-ion batteries. Electrochem Commun 29:17–20
608. Jia X, Chen J, Xu J, Shi Y, Fan Y, Zheng M, Dong QF (2012) Fe_2O_3 xerogel used as the anode material for lithium ion batteries with excellent electrochemical performance. Chem Commun 48:7410–7412
609. Cherian CT, Sundaramurthy J, Kalaivani M, Ragupathy P, Kumar PS, Thavasi V, Reddy MV, Sow CH, Mhaisakrishna S, Chowdari BVR (2012) Electrospun α-Fe_2O_3 nanorods as a stable, high capacity anode material for Li-ion batteries. J Mater Chem 22:12198–12204
610. Kang N, Park JH, Choi J, Jin J, Chun J, Jung IG, Jeong J, Park JG, Lee SM, Kim HJ, Son SU (2012) Nanoparticulate iron oxide tubes from microporous organic nanotubes as stable anode materials for lithium ion batteries. Angew Chem Int Ed 51:6626–6630

611. Zhu J, Yin Z, Yang D, Sun T, Yu H, Hoster HE, Hng HH, Zhang H, Yan Q (2013) Hierarchical hollow spheres composed of ultrathin Fe_2O_3 nanosheets for lithium storage and photocatalytic water oxidation. Energ Environ Sci 6:987–993
612. Xu S, Hessel CM, Ren H, Yu R, Jin Q, Yang M, Zhao H, Wang D (2014) γ-Fe_2O_3 multi-shelled hollow microspheres for lithium ion battery anodes with superior capacity and charge retention. Energ Environ Sci 7:632–637
613. Wang ZY, Luan DY, Madhavi S, Hu Y, Lou XW (2012) Assembling carbon-coated γ-Fe_2O_3 hollow nanohorns on the CNT backbone for superior lithium storage capability. Energ Environ Sci 5:5252–5256
614. Ji L, Toprakci O, Alcoutlabi M, Yai Y, Li Y, Zhang S, Guo B, Lin Z, Zhang X (2012) α-Fe_2O_3 nanoparticle-loaded carbon nano fibers as stable and high-capacity anodes for rechargeable lithium-ion batteries. ACS Appl Mater Interfaces 4:2672–2679
615. Cao Z, Qin M, Jia B, Zhang L, Wan Q, Wang M, Volinsky A, Qu X (2014) Facile route for synthesis of mesoporous Cr_2O_3 sheet as anode materials for Li-ion batteries. Electrochim Acta 139:76–81
616. Zhao G, Wen T, Zhang J, Li J, Dong H, Wang X, Guo Y, Hu W (2014) Two-dimensional Cr_2O_3 and interconnected graphene-Cr_2O_3 nanosheets: synthesis and their application in lithium storage. J Mater Chem A 2:944–948
617. Guo B, Chi M, Sun XG, Dai S (2012) Mesoporous carbon-Cr_2O_3 composite as an anode material for lithium ion batteries. J Power Sourc 205:495–499
618. Qiu YC, Xu GL, Yan KY, Sun H, Xiao JW, Yang SH, Sun SG, Jin LM, Deng H (2011) Morphology-conserved transformation: synthesis of hierarchical mesoporous nanostructures of Mn_2O_3 and the nanostructural effects on Li-ion insertion/deinsertion properties. J Mater Chem 21:6346–6353
619. Deng Y, Li Z, Shi Z, Xu H, Peng F, Chen G (2012) Porous Mn_2O_3 microsphere as a superior anode material for lithium ion batteries. RSC Adv 2:4645–4647
620. Chang L, Mai L, Xu X, An Q, Zhao Y, Wang D, Feng X (2013) Pore-controlled synthesis of Mn_2O_3 microspheres for ultralong-life lithium storage electrode. RSC Adv 3:1947–1952
621. Hu L, Sun Y, Zhang F, Chen Q (2013) Facile synthesis of porous Mn_2O_3 hierarchical microspheres for lithium battery anode with improved lithium storage properties. J Alloys Compd 576:86–92
622. Zhang Y, Yan Y, Wang X, Li G, Deng D, Jiang L, Shu C, Wang C (2014) Facile synthesis of porous Mn_2O_3 nanoplates and their electrochemical behavior as anode materials for lithium ion batteries. Chemistry 20:6126–6130
623. Deng Y, Wan L, Xie Y, Qin X, Chen G (2014) Recent advances in Mn-based oxides as anode materials for lithium ion batteries. RSC Adv 4:23914–23935
624. Gao QS, Yang LC, Lu XC, Mao JJ, Zhang YH, Wu YP, Tang Y (2010) Synthesis, characterization and lithium-storage performance of MoO_2/carbon hybrid nanowires. J Mater Chem 20:2807–2812
625. Wang ZY, Chen JS, Zhu T, Madhavi S, Lou XW (2010) One-pot synthesis of uniform carbon-coated MoO_2 nanospheres for high-rate reversible lithium storage. Chem Commun 46:6906–6908
626. Yoon S, Manthiram A (2011) Microwave-hydrothermal synthesis of $W_{0.4}Mo_{0.6}O_3$ and carbon-decorated WO_x-MoO_2 nanorod anodes for lithium ion batteries. J Mater Chem 21:4082–4085
627. Bhaskar A, Deepa M, Rao TN, Varadaraju UV (2012) Enhanced nanoscale conduction capability of a MoO_2/Graphene composite for high performance anodes in lithium ion batteries. J Power Sourc 216:169–178
628. Chen A, Li C, Tang R, Yin L, Qi Y (2013) MoO_2-ordered mesoporous carbon hybrids as anode materials with highly improved rate capability and reversible capacity for lithium-ion battery. Phys Chem Chem Phys 15:13601–13610
629. Cherian CT, Sundaramurthy J, Reddy MV, Kumar PS, Mani K, Pliszka D, Sow CH, Ramakrishna S, Chowdar BVR (2013) Morphologically robust $NiFe_2O_4$ nano fibers as high capacity Li-ion battery anode material. ACS Appl Mater Interfaces 5:9957–9963
630. Zhao Y, Li J, Ding Y, Guan L (2011) Enhancing the lithium storage performance of iron oxide composites through partial substitution with Ni^{2+} or Co^{2+}. J Mater Chem 21:19101–19105
631. Kumar PR, Kollu P, Santhosh C, Rao KEV, Kim DK, Grace AN (2014) Enhanced properties of porous $CoFe_2O_4$-reduced graphene oxide composites with alginate binders for Li-ion battery applications. New J Chem 38:3654–3661
632. Yao X, Kong J, Tang X, Zhou D, Zhao C, Zhou R, Lu X (2014) Facile synthesis of porous $CoFe_2O_4$ nanosheets for lithium-ion battery anodes with enhanced rate capability and cycling

stability. RSC Adv 4:27488–27492
633. Lavela P, Tirado JL (2007) $CoFe_2O_4$ and $NiFe_2O_4$ synthesized by sol–gel procedures for their use as anode materials for Li ion batteries. J Power Sourc 172:379–387
634. Cherian CT, Reddy MV, Sow CH, Chowdari BVR (2013) Interconnected network of $CoMoO_4$ submicrometer particles as high capacity anode material for lithium ion batteries. ACS Appl Mater Interfaces 5:918–923
635. Yu H, Guan C, Rui X, Ouyang B, Yadian B, Huang Y, Zhang H, Hoster HE, Fan HJ, Yan Q (2013) Hierarchically porous three-dimensional electrodes of $CoMoO_4$ and $ZnCo_2O_4$ and their high anode performance for lithium ion batteries. Nanoscale 6:10556–10561
636. Lee SH, Kim YH, Deshpande R, Parilla PA, Whitney E, Gillaspie DT, Jones KM, Mahan AH, Zhang SB, Dillon AC (2008) Reversible lithium-ion insertion in molybdenum oxide nanoparticles. Adv Mater 20:3627–3632
637. Meduri P, Clark E, Kim JH, Dayalan E, Sumanasekera GU, Sunkara MK (2012) MoO_{3-x} nanowire arrays as stable and high-capacity anodes for lithium ion batteries. Nano Lett 12:1784–1788
638. Sasidharan M (2012) Gunawardhana, N, Noma H, Yoshio M, Nakashima K (2012) α-MoO_3 hollow nanospheres as an anode material for Li-ion batteries. Bull Chem Soc Jpn 85:642–646
639. Wang ZY, Madhavi S, Lou XW (2012) Ultralong α-MoO_3 nanobelts: synthesis and effect of binder choice on their lithium storage properties. J Phys Chem C 116:12508–12513
640. Riley LA, Cavanagh AS, George SM, Jung YS, Yan YF, Lee SH, Dillon AC (2010) Conformal surface coatings to enable high volume expansion Li-ion anode materials. ChemPhysChem 11:2124–2130
641. Hassan MF, Guo ZP, Chen Z, Liu HK (2010) Carbon-coated MoO_3 nanobelts as anode materials for lithium-ion batteries. J Power Sourc 195:2372–2376
642. Yu X, Wang L, Liu J, Sun X (2014) Porous MoO_3 film as a high-performance anode material for lithium-ion batteries. ChemElectroChem 1:1476–1479
643. Mondal AK, Chen S, Su D, Liu H, Wang G (2014) Fabrication and enhanced electrochemical performances of MoO_3/graphene composite as anode material for lithium-ion batteries. Int J Smart Grid Clean Energ 3:142–148
644. Sun Y, Hu X, Luo W, Huang Y (2011) Hierarchical self-assembly of $Mn_2Mo_3O_8$–graphene nanostructures and their enhanced lithium-storage properties. J Mater Chem C 21:17229–17235
645. Sharma Y, Sharma N, Subba RGV, Chowdari BVR (2007) Nanophase $ZnCo_2O_4$ as a high performance anode material for Li-ion batteries. Adv Func Mater 17:2855–2861
646. Reddy MV, Kenrick KYH, Wei TY, Chong GY, Leong GH, Chowdari BVR (2011) Nano-$ZnCo_2O_4$ material preparation by molten salt method and its electrochemical properties for lithium batteries and energy storage. J Electrochem Soc 158:A1423–A1428
647. Deng D, Lee JY (2011) Linker-free 3D assembly of nanocrystals with tunable unit size for reversible lithium ion storage. Nanotechnology 22:355401–355410
648. Du N, Xu YF, Zhang H, Yu JX, Zhai CX, Yang DR (2011) Porous $ZnCo_2O_4$ nanowires synthesis via sacrificial templates: high-performance anode materials of Li-ion batteries. Inorg Chem 50:3320–3324
649. Qiu YC, Yang SH, Deng H, Jin LM, Li WS (2010) A novel nanostructured spinel $ZnCo_2O_4$ electrode material: morphology conserved transformation from a hexagonal shaped nanodisk precursor and application in lithium ion batteries. J Mater Chem 20:4439–4444
650. Hu LL, Qu BH, Li CC, Chen YJ, Mein L, Lei DN, Chen LB, Li QH, Wang TH (2013) Facile synthesis of uniform mesoporous $ZnCo_2O_4$ microspheres as a high-performance anode material for Li-ion batteries. J Mater Chem A 1:5596–5602
651. Liu B, Zhang J, Wang XF, Chen G, Chen D, Zhou CW, Shen GZ (2012) Hierarchical three-dimensional $ZnCo_2O_4$ nanowire arrays/carbon cloth anodes for a novel class of high-performance flexible lithium-ion batteries. Nano Lett 12:3005–3011
652. Bai J, Liu G, Qian Y, Xiong S (2014) Unusual formation of $ZnCo_2O_4$ 3D hierarchical twin microspheres as a high-rate and ultralong-life lithium-ion battery anode material. Adv Funct Mater 24:3012–3020
653. Bresser D, Paillard E, Kloepsch R, Krueger S, Fiedler M, Schmitz R, Baither D, Winter M, Passerini S (2013) Carbon coated $ZnFe_2O_4$ nanoparticles for advanced lithium-ion anodes. Adv Energy Mater 3:513–523
654. Martinez-Julian F, Guerrero A, Haro M, Bisquert J, Bresser D, Paillard E, Passerini S, Garcia-Belmonte G (2014) Probing lithiation kinetics of carbon-coated $ZnFe_2O_4$ nanoparticle battery anodes. J Phys Chem C 118:6069–6072
655. Mueller F, Bresser D, Paillard E, Winter M, Passerini S (2013) Influence of the carbonaceous conductive network on the electrochemical performance of $ZnFe_2O_4$ nanoparticles. J Power Sourc 236:87–94
656. Rai AK, Kim S, Gim J, Alfaruqi MH, Mathew V, Kim J (2014) Electrochemical lithium

storage of $ZnFe_2O_4$/graphene nanocomposite as an anode material for rechargeable lithium ion batteries. RSC Adv 4:47087–47095. doi:10.1039/c0xx00000x

657. Xia H, Qian Y, Fu Y, Wang X (2013) Graphene anchored with $ZnFe_2O_4$ nanoparticles as a high-capacity anode material for lithium-ion batteries. Solid State Sci 17:67–71
658. Ding Y, Yang Y, Shao H (2011) High capacity $ZnFe_2O_4$ anode material for lithium ion batteries. Electrochim Acta 56:9433–9438
659. Sui J, Zhang C, Hong D, Li J, Cheng Q, Li Z, Cai W (2012) Facile synthesis of MWCNT–$ZnFe_2O_4$ nanocomposites as anode materials for lithium ion batteries. J Mater Chem 22:13674–13681
660. Yao L, Hou X, Hu S, Wang J, Li M, Su C, Tade MO, Shao Z, Liu X (2014) Green synthesis of mesoporous $ZnFe_2O_4$/C composite microspheres as superior anode materials for lithium-ion batteries. J Power Sourc 258:305–318

第 11 章
锂电池电解质与隔膜

11.1 引言

二次锂电池包括两种：锂金属电池和锂离子电池。锂金属电池（LMB）理论能量密度比其他体系高很多，然而，循环过程中锂枝晶的生长限制其大规模的商业化应用。锂枝晶不仅存在安全隐患，同时也会降低电池使用寿命。人们尝试了多种方法来抑制锂枝晶的生长，包括采用固态电解质充当机械隔离层，或者选择使用可以在电极表面生成具有保护作用的固态电解质界面（SEI）膜的电解液体系。由于锂枝晶的生长不能被完全消除，出于安全考虑，人们转而使用另一种锂电池，也就是锂离子电池（LiB）。

锂离子电池目前被广泛应用在各种电子器件、移动电话、笔记本电脑以及大量其他便携式设备中。锂离子电池具有能量密度高、质量轻、循环稳定性好及可靠性高的优点。目前商业化的锂离子电池采用的是非质子有机电解液，比如以碳酸乙烯酯和碳酸二甲酯等有机液体作为溶剂，它们一方面具有高的介电常数，可以获得高的锂盐溶解度；另一方面具有宽的电化学稳定窗口。然而，如果匹配的是低稳定性正极（如氧化物正极），这些有机溶剂由于蒸气压高，则会在电池意外短路的情况下发生燃烧和爆炸。诸如此类由电解液带来的安全问题在电动汽车等设备中应用的大型锂离子电池中会变得更加严重，高充放电倍率会进一步加剧问题的严重性。因此，电解液的安全问题在锂离子电池技术发展的过程中成为决定性因素。另一个影响安全问题的重要因素是隔膜。除此之外，隔膜还必须对电解液有良好的润湿性，这同时又取决于电解液的选择，这也是我们把电解液和隔膜放在同一章中论述的原因之一。

11.2 理想电解质的性质

与大多数电化学器件一样，锂电池部件包括正极、负极和电解质，因此，电解质成分的选择与现有电极材料密切相关。也就是说，电极/电解质界面成分最终决定了电解质的优化方向。原则上，理想的电解质应该具有以下特征：①宽温度范围内的相稳定，即不存在气化或者结晶等现象；②不可燃；③宽电化学稳定窗口；④无毒无害；⑤来源广泛易得；⑥对电池其他组件无腐蚀性；⑦环境友好；⑧可以耐受多种滥用，比如电滥用、机械以及热滥用等；⑨在电极/电解质界面具有高润湿性。大量有关锂电池的文献报道显示理想的电解质是不存在的，人们想要获得的是综合性能较为理想，并且可以应用在商业化电池体系中的电解质。有关锂电池电解质的文献报道以及综述数量庞大，已超过1000篇，我们在这里不会全部涉及，我们只是有针对性地对经典文献，特别是一系列包含大量文献的综述，做出总结，提炼出关键点。电解液领域最为经典的综述是Xu在2004年发表的文献[1]，这一章内容着重借鉴了这篇综述对早期研究工作的总结。近期的研究工作，尤其是涉及离子液体电解液方向的部分，主要来源于对原创学术论文以及我们近期发表综述的提炼概括[2]。

11.2.1 电解质的组成

应用于锂电池的电解液很少有只包含一种溶剂的，一般都会同时使用两种及以上溶剂，以此溶解更多的锂盐。混合溶剂可以解决单一溶剂多种优点不能兼得的问题，比如高流动性和高介电常数无法在一种溶剂中兼得，而混合溶剂可以获得两种性质的平衡。因此，将具有不同物理化学性质的溶剂联合起来使用，从而通过溶剂协同作用实现电解质溶剂的功能化目标。从根本上讲，固态和凝胶聚合物电解质与液态电解质体系相似，聚合物的极性大分子充当了溶解解离锂盐的溶剂；在凝胶态电解质中，高分子聚合物提供了具有机械强度的骨架，浸泡或者溶胀液态电解质。离子液体（也就是室温熔盐）在原理上与上述体系有本质上的区别，主要是离子液体电解质不存在溶剂，而是盐在热作用下熔融，解离成为特定的阴离子和阳离子。

11.2.2 溶剂

理想的溶剂需要具有以下特征：①高介电常数，从而使锂盐具有足够高的解离度；②高流动性（低黏度），以保证离子的快速传输；③对电池所有组分都是惰性的；④宽液程，即具有低熔点（T_m）和高沸点（T_b）；⑤具有高安全性（高闪点，T_f），无毒无害，成本低。一般而言，具有活性质子的质子性溶剂大多为良溶剂（比如水、乙醇），但是并不适合锂电池或者锂离子电池。这主要是由于还原性负极（金属锂或者嵌锂石墨）以及氧化性正极（过渡金属氧化物）的反应活性非常高，而质子性溶剂电化学反应一般发生在2～4V（vs. Li/Li$^+$），与锂电池工作电压范围0.0～4.5V重合。因此，锂电池的溶剂一般选用非质子性的非水系溶剂。然而，这些溶剂还需要具有高的锂盐溶解度，只有那些具有极性基团的非质子非水溶剂可以达到使用要求，比如含有羰基（C=O），氰基（C≡N），磺酰基（R—S(=O)(=O)—），醚基（—O—）的溶剂。多年来，人们尝试了大量的溶剂，主要包括有机酯类和醚类。目前，这些酯类和醚类溶剂被成功应用到锂电池中，表11.1和表11.2列举了最为常见的溶剂种类，这部分内容主要借鉴了Xu的综述[1]。

表 11.1 作为电解质溶剂的各类有机碳酸酯类和酯类分子的物化参数[1]

溶剂	摩尔质量/g·mol^{-1}	熔点/℃	沸点/℃	η/cP[3] (25℃)	介电常数 (25℃)	偶极矩/D[4]	闪点/℃	密度/g·cm^{-3} (25℃)
EC	88	36.4	248	1.90[1]	89.78	4.61	160	1.321
PC	102	−48.8	242	2.53	64.92	4.81	132	1.2
BC	116	−53	240	3.2	53	—	—	—
γ-BC	86	−43.5	204	1.73	39	4.23	97	1.199
γ-VC	100	−31	208	2	34	4.29	81	1.057
NMO	101	15	270	2.5	78	4.52	110	1.17
DMC	90	4.6	91	0.59[2]	3.107	0.76	18	1.063
DEC	118	−74.3	126	0.75	2.805	0.96	31	0.969
EMC	104	−53	110	0.65	2.958	0.89	—	1.006
EA	88	−84	77	0.45	6.02	—	3	0.902
MB	102	−84	102	0.6	—	—	11	0.898
EB	116	−93	120	0.71	—	—	19	0.878

① 在 40℃下的测试结果;② 在 20℃下的测试结果;③ 1cP=1.0mPa·s;④ 1D=3.33564×10^{-30} C·m。

注:EC 代指碳酸亚乙酯,PC 代指碳酸丙烯酯,BC 代指碳酸丁烯酯,γ-BC 代指 γ-碳酸亚丁酯,γ-VC 代指 γ-戊内酯,NMO 代指 N-甲基-2-噁唑烷酮,DMC 代指碳酸二甲酯,DEC 代指碳酸二乙酯,EMC 代指碳酸甲乙酯,EA 代指乙酸乙酯,MB 代指甲基丁酯,EB 代指乙酸丁酯。

表 11.2 作为电解质溶剂的各种有机醚类分子的物化参数[1]

溶剂	摩尔质量/g·mol^{-1}	熔点/℃	沸点/℃	η/mPa·s (25℃)	介电常数(25℃)	偶极矩/D	闪点/℃	密度/g·cm^{-3}(25℃)
DMM	76	105	41	0.33	2.7	2.41	17	0.86
DME	90	58	84	0.46	7.2	1.15	0	0.86
DEE	118	74	121	20	0.84	—	—	—
THF	72	109	66	0.46	7.4	1.7	17	0.88
2-Me-THF	86	137	80	0.47	6.2	1.6	11	0.85
1,3-DL	74	95	78	0.59	7.1	1.25	1	1.06
4-Me-1,3-DL	88	125	85	0.6	6.8	1.43	2	0.983
2-Me-1,3-DL	88	0.54	4.39	—	—	—	—	—

注:DMM 代指二甲氧甲烷,DME 代指二甲醚,DEE 代指二乙醚,THF 代指四氢呋喃,2-Me-THF 代指 2-甲基四氢呋喃,1,3-DL 代指 1,3-二氧戊环,4-Me-1,3-DL 代指 4-甲基-1,3-二氧戊环,2-Me-1,3-DL 代指 2-甲基-1,3-二氧戊环。

11.2.3 溶质

对于锂离子电池或者锂电池来说,选择的非水性溶剂必须匹配合适的锂盐(溶质),从而获得与电池正、负极相容性好的电解质。对于在室温下工作的二次电池而言,理想的溶质必须满足以下要求:①在溶剂中具有高的解离度;②阳离子(Li$^+$、Na$^+$、Zn^{2+} 等)具有优异的迁移扩散能力;③阴离子具有较高的氧化和还原稳定性;④阴离子对溶剂呈惰性;⑤阴离子、阳离子均对电池部件呈惰性,比如隔膜、集流体、电池组装材料等;⑥无毒、无害,在电池过热条件下(比如滥用或者短路等)稳定。

上述这些苛刻条件限制了锂电池电解液溶质的选择范围。锂离子半径较小,普通的锂盐,如卤化锂,在低介电常数的溶剂中溶解度非常有限。包含了较大半径阴离子的锂盐(路易斯软碱)溶解性更强,如 Br$^-$,I$^-$,S^{2-},RCOO$^-$,但是,在锂电池工作电压范围内也更容易在正极被氧化。研究发现,复合阴离子锂盐,如六氟磷酸锂(LiPF$_6$),可以满足锂盐的溶解度要求。PF$_6^-$ 可以看成为 F$^-$ 与 PF$_5$ 的复合体。作为超强酸的阴离子,由于强电负性路易斯酸配位体的存在,唯一的负电荷可以实现均匀分布。这些复合盐一般熔点较低,并且在低介电常数溶剂中亦具有较好的溶解度。

研究者发现，室温条件下弱的路易斯酸产生的阴离子在有机溶剂中可以稳定存在，因此这类锂盐在电池领域内被广泛研究，包括高氯酸锂、硼酸锂盐、砷酸锂、磷酸锂以及锑酸锂。在 Xu 的综述的基础上，我们在表 11.3 中列举了这些锂盐及其基本的物理性质，同时总结了其分别在 PC 以及 EC/DMC（1∶1）两种锂电池领域应用最为广泛的溶剂体系中的离子电导率。一般而言，碳酸酯以及其他酯类具有更强的氧化稳定性，而醚类的抗还原能力更强。因此，大多数商业化的电池都使用了添加功能添加剂的混合溶剂，以此获得多种更加理想的性能，这些体系的配方一般都受到专利保护。

表 11.3 作为电解液溶质的各类锂盐的物化参数[1]

盐	摩尔质量/$g \cdot mol^{-1}$	熔点/℃	溶液中的分解温度 T_{decomp}/℃	对铝腐蚀性	电导率 σ/(1.0mol·L^{-1},25℃)/mS·cm^{-1}	
					PC 溶剂	EC/DMC 溶剂
$LiBF_4$	93.9	293	>100	不腐蚀	3.4	4.9
$LiBF_6$	151.9	200	约 8①	不腐蚀	5.8	10.7
$LiAsF_6$	195.9	340	>100	不腐蚀	5.7	11.1
$LiClO_4$	106.4	236	>100	不腐蚀	5.6	8.4
Li-triflate	155.9	>300	>100	腐蚀	1.7	—
Li imide	286.9	234	>100	腐蚀	5.1	9.0

① 在 EC/DMC 混合体系中。

注：$LiBF_4$ 代指四氟硼酸锂，$LiBF_6$ 代指六氟磷酸锂，$LiAsF_6$ 代指六氟砷酸锂，$LiClO_4$ 代指高氯酸锂，Li-triflate 代指三氟甲基磺酸锂，Li imide（LiTFSI）代指双(三氟甲基)磺酰亚胺锂。

11.2.4 包含离子液体的电解质

离子液体由多原子有机离子构成，具有低熔点的特点，理想情况下熔点低于室温，因此，这些盐在电池要求的工作温度下呈现液态，常作为电解质溶剂应用。离子液体由于具有以下特点而受到广泛关注和研究[2]，包括：①不燃；②蒸气压极低；③低毒，环境适应性强；④宽电压窗口，电化学稳定性优良；⑤高热稳定性；⑥电导率适中；⑦充放电过程中与正极和负极兼容性好。与此同时，离子液体也存在一些不可忽视的问题，包括成本高昂，黏度高，在较低温度下导电性差，与电极材料/部件接触角大（即润湿性差）。

由于离子液体是由分别带单电荷的不对称离子组成，且结构单元体积较大，阴、阳离子结构中的电荷分散程度高，因此导致了阴、阳离子键静电吸引力弱以及离子液体熔点低。同时，这样的阴离子和阳离子很难在电极上发生放电反应，至少在较低的电压下不行，因此使得离子液体具有高的电化学稳定性。与 EC、PC 或者 H_2O 等共价键溶剂不同，这些离子液体由于熔融盐的特性使其具有非常低的蒸气压。一些典型的离子液体的结构列于图 11.1 中。

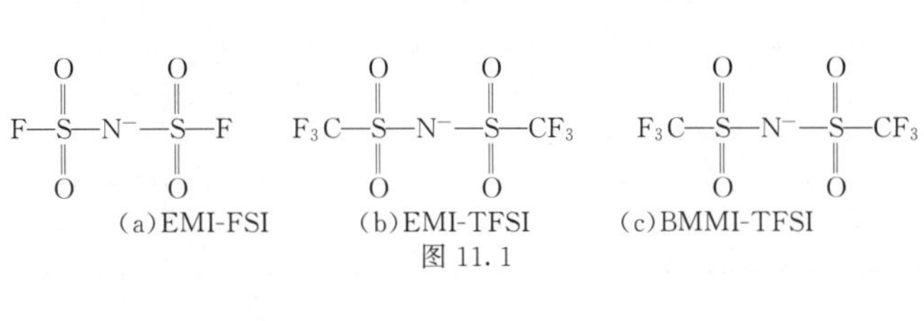

(a) EMI-FSI (b) EMI-TFSI (c) BMMI-TFSI
图 11.1

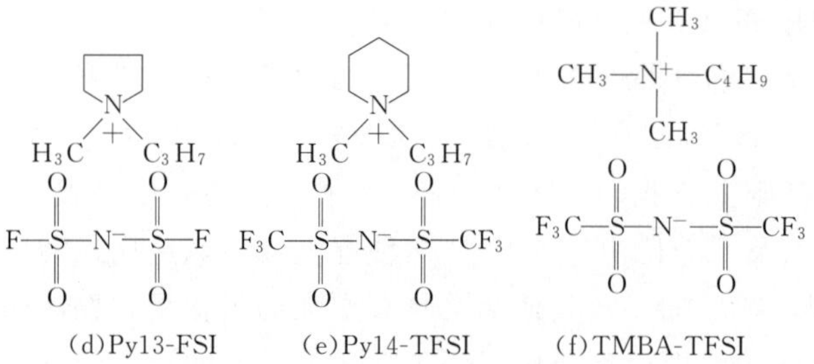

(d) Py13-FSI　　(e) Py14-TFSI　　(f) TMBA-TFSI

图 11.1　锂离子电池中具有代表性的离子液体的化学结构[2]

11.2.4.1　离子液体在锂金属二次电池中的应用

锂金属二次电池（LMB）由于超高的理论比能量而被不断地研究和探索，限制这类电池应用的关键是在循环过程中锂枝晶的生长，会导致潜在隐患（内部短路）以及电池循环寿命的降低。人们采取了多种措施来抑制锂枝晶的生长：采用固态电解质在界面处设置具有机械强度的隔离层。此外，应用可以在电极表面生成稳定固态电解质界面（SEI）膜的电解质体系是较为常见的方法。这样的 SEI 膜可以在基于如 EC 和 DEC 等混合溶剂的高介电常数非质子性有机电解液中获得，然而这类电解液往往蒸气压高且易燃，存在严重的安全隐患。因此，研究人员希望通过离子液体的应用解决这些问题[3,4]。为了提高离子液体的锂离子传输能力使其适用于电池体系，人们提出在电解液中添加两性离子化合物[2]，其作用是将离子液体的阴、阳离子连接在一起。两性离子改善离子液体锂离子传输能力的确切机理还不明确，目前只有一些推测，可能是两性离子的添加抑制了离子液体在电场作用下的迁移[2]，更有可能的是两性离子提供了锂离子扩散过程中电荷之间的桥接，类似于质子在固态水（冰）中的传导[5]。基于上述在应用中存在的问题，锂金属以及锂合金电池大多被当作原电池使用[6]。商业化的二次锂电池一般都是采用石墨插层化合物作为负极活性材料，金属锂电极目前仅用于聚合物电解质体系中，但仍存在着未解决的界面问题。

11.2.4.2　离子液体在锂离子二次电池中的应用

多年来，魁北克水利研究所[7,8]以及其他研究院所对离子液体在锂离子电池中的应用进行了大量研究，文献[2]对这些工作进行了总结提炼。需要指出的是，这项工作并不仅仅针对锂离子电池，同时也考察了与电池的正极、负极匹配半电池的电化学性能。工作涉及了一系列由离子液体和有机溶剂构成的混合溶剂组分，离子液体的加入极大地降低了纯有机溶剂的可燃性，同时电导率也保持在接近有机溶剂的水平。以我们之前的工作为基础[2,8]，表11.4 列出了混合溶剂种类及其电导率、黏度以及可燃性。

表 11.4　离子液体 EC-DEC-VC-LiPF$_6$ 混合电解液的黏度、离子电导率、可燃性随离子液体含量的变化趋势（25℃）[2]

离子液体①	黏度/Pa·s	电导率/mS·cm^{-1}	可燃性
0% EMI-TSFI	12.1	8.5	可燃
11% EMI-TSFI	12.7	9.45	可燃
20% EMI-TSFI	13.7	9.31	可燃
30% EMI-TSFI	14.1	9.41	可燃
40% EMI-TSFI	14.9	11.09	不可燃
50% EMI-TSFI	16.3	10.11	不可燃
60% EMI-TSFI	17	10.45	不可燃

续表

离子液体[①]	黏度/Pa·s	电导率/mS·cm^{-1}	可燃性
70% EMI-TSFI	19.9	10.26	不可燃
80% EMI-TSFI	24.5	10.13	不可燃
90% EMI-TSFI	30.5	9.78	不可燃
100% EMI-TSFI	36.3	8.61	不可燃

① EMI-TFSI 代指 1-乙基-3-甲基咪唑鎓-双(三氟甲基)磺酰亚胺盐。

11.2.5 聚合物电解质

针对锂离子电池安全性问题，人们进行了大量研究，希望将有机溶剂替换或者至少通过某些途径来降低其可燃性和蒸气压。其中一个方法是使用基于聚合物的固态电解质替换有机电解液；在解决安全问题的同时，还可以在锂金属负极电池中应用，构成锂金属聚合物电池。Wright 等人[10]在 1973 年发现醚基聚合物聚氧化乙烯（PEO）可以溶解无机盐，同时在室温下展现了离子传导特性，聚合物电解质应运而生。然而，直到 Armand 等人[11]提出聚合物和盐形成的复合物可以应用于电池之中后，人们对聚合物电解质的研发热情才被激发，涌现了大量文献报道和综述[12]。聚合物电解质的优点包括：优异的加工特性；不含可燃性液体；对枝晶的产生有抑制作用；具有高度形稳性，可以省去隔膜。离子在 PEO、聚丙烯腈（PAN）、聚甲基丙烯酸甲酯（PMMA）以及聚偏氟乙烯（PVdF）等聚醚类有机物中的传输主要发生在无定形区。因此，室温下离子电导率很低，同时在循环过程中枝晶的产生仍然存在很大问题。近期有研究表明，使用全氟聚醚基电解质[13]或者聚乙烯（PE）和聚氧化乙烯（PEO）的交联聚合物电解质[14]有望解决这些问题。

固态聚合物电解质适用于超薄电池并且不会发生漏液现象，因此更适合应用于微电子或者便携式设备领域。一般而言，高能量电池需要电解质电导率达到 10^{-3} S·cm^{-1} 数量级，固态聚合物电解质很难满足这一要求。相比之下，有机液态电解质则可以达到。因此，凝胶聚合物电解质将固态聚合物电解质与有机电解液结合在一起，以固态聚合物作为基体复合有机电解液，以此叠加二者的优点。有机电解液的使用可以获得 10^{-3} S·cm^{-1} 级的高离子电导率，而聚合物基体在保证电解质膜机械强度的同时，将有机电解液锁定在聚合物链段间，有效防止漏液。通过加热可以使聚合物主链之间彼此交缠连接形成交联结构，之后在降温过程中形成凝胶，最为常见的聚偏氟乙烯-六氟丙烯（PVdF-HFP）热塑性共聚物就是以此方法获得的[15]。选择这种（PVdF-HFP）共聚物，或者是 PAN[16]及其混合物[17]，是因为它们可以通过液态电解质实现凝胶化，在电池内部原位生成多微孔的凝胶聚合物电解质[18]。然而，这类通过分子内部链段局部结晶获得的物理交联聚合物膜的机械强度很低。为了克服这一问题，在制备锂离子聚合物电池的过程中，会将凝胶聚合物涂覆在聚烯烃纤维膜上或者置于电极表面[19]。这种涂覆的方式可以补偿电解质层机械性能差的弊端，提高安全性，同时增加电极层的黏附力。GPE 注入聚烯烃纤维膜多孔结构中的方式包括浸渍法[20~22]和现场聚合法[23,24]。非极性的聚烯烃纤维膜疏水特性使有机电解液重要成分 EC、PC 等对其润湿性很差，不过这个问题可以通过采用润湿剂（多为表面活性剂）对其进行表面处理[25]或者在表面以及空隙内接枝亲水性功能基团来解决[26~33]。由于表面活性剂会在电池循环或储存过程中被电解液冲刷掉，因此永久性地接枝亲水性功能基团的方法更为有效，可以在平板电极层之间通过气相射频溅射的方式实现[27,34]。

解决物理交联强度差的另一途径是采用化学交联的方式，将聚合物前驱体溶解在电解液中进行化学交联。例如，采用 PVdF-HFP 作为聚合物基体，聚乙二醇（PEG）作为增塑剂，聚二甲基丙烯酸乙二醇酯（PEGDMA）作为单体化学交联得到聚合物电解质，其与碳负极和 $LiCoO_2$ 正极匹配组成的二次锂电池具有良好的循环性能和倍率性能[35]。化学交联聚合物电解质依靠化学键交联获得，不存在范德华力，因此很难调适电极在循环过程中发生的体积变化。此外，电解质制备的最终步骤是加热或者紫外线辐照，热或者光引发剂分别是偶氮二异丁腈或芳香酮。这种长时间的高温化学交联过程非常不利于生产，还有一个问题是很难将没有反应活性的单体从聚合物前驱体中移除。Song 等人[36]将聚丙烯酸乙二醇酯（PEGDA）、PVDF、聚甲基丙烯酸甲酯（PMMA）的混合物浸渍在 85m 聚对苯二甲酸乙二醇酯（PET）无纺布中，通过紫外线辐照进行交联，此法获得的电解质机械强度得到了提升，具有高电导率，高温下电解液的保有率与未处理的凝胶聚合物电解质相当。可以说，经过处理的凝胶聚合物电解质既可作为电解质传导离子，也起到隔膜阻挡电子的作用，但是却无法像普通隔膜一样在电池发生安全问题时熔断，使电池断路、切段电流。近期的研究结果表明，将聚乙烯粒子分散在凝胶聚合物中，这些粒子在 100℃ 下会发生熔融，快速增加电池内阻，起到熔断作用[37]。

11.3　锂电池中电极-电解质界面钝化现象

在锂离子电池的前几圈循环过程中，电解质会同时与负极、正极发生反应生成具有保护作用的钝化层。此钝化层的生成消耗了部分电解液，可以起到保护电极免受腐蚀性破坏的作用；同时，离子传输扩散通过这层膜的过程成为电池反应的控速步骤。Aurbach 等人对这一现象的表面化学过程进行了大量研究，Aurbach 和 Cohen 在其著作主要章节的开篇这样描述"电化学以及电化学系统中的钝化现象由表面膜所控制，多年来得到了广泛处理和研究"。他们参考了（在他们的著作中为参考文献 [1]，对应于我们的参考文献 [38]）Vijh 最初的工作，同时也在其著作中得到总结[39]。在锂离子电池中，电极表面的钝化膜是决定电池能否正常工作的关键。因此，我们有必要在这里解释这一工作的起源，并把钝化膜的性质和功能介绍清楚。在锂离子电池中，电极与非水电解液最初反应生成的表面层是绝缘的，表现出非常低的电子电导率，在电场的作用下具有非常高的离子导电性。在非水溶剂中，金属会与电解质反应生成钝化膜，这一现象最早由 Vijh 在 1968 年提出[40]。

Vijh 研究发现，材料的带隙，包括半导体层，可以利用生成能[41]以及键能[42]进行估算，这一发现[41,42]在电化学领域受到了广泛关注[43]，被引入本章参考文献 [39] 这一著作中。后来 Vijh 将在电化学反应中生成的这些表面膜定义为"去金属化表面"[44]，是由电极和电解质反应得到的，具有半导体/绝缘体性质，是电化学反应的控速步骤，由在锂离子电池中获得的结果发展至广义的电极反应中。特别是在 1974 年提出，活性金属表面是电池反应中心的概念[45]。早在 1971 年，金属在非水溶剂中阳极溶解和电解的过程中，这些表面膜的作用就已经被报道[46]，随后在 1972 年被进一步研究[47]。因此，在电极反应中的表面膜的生成，包括在电池体系中发生的情况，在 1974 年的著作中就已经被报道和总结了[39]。在了解了在非水（以及含水）溶液中电极表面生成半导体/绝缘表面层的反应中心动力学的背景后，下文中我们将开始介绍发生在锂离子电池中的具体情况。

1979 年，Peled 提出"在实际的非水电池体系中，碱金属和碱土金属表面会被一层由金属与电解液反应生成的表面膜覆盖"[48]。他认为这层钝化膜是电池反应的控速步骤。他基本上得出了与前人同样的结论，前人的研究适用于全部的电极反应[39,40,43~47]，包括电池[45]，在 Peled 文章[48]发表的前几年就已经报道出来了。因此，人们认为 Peled 在其"重新发现"[48]著名的表面膜在电极反应中的作用[39~47]之前，并没有阅读有关的电化学文献，只狭义地关注了锂电池的部分[48]。之前 Vijh 命名的"去金属化表面"被 Peled 重新定义为 SEI 膜。由于局限在电池领域，多数人并不了解表面膜电化学基础研究过程[39,40,43~47]，除了 Aurbach[38]，他采用了 Peled 定义的术语进行描述。在这一部分的剩余篇幅，我们将对 SEI 膜的本质、特性以及在电极反应中扮演的角色进行介绍。需要记住的是，SEI 膜并不是由 Peled[48]发现的，而是由他"重新发现"并定义了新名字而已。

正如前文所述，金属，特别是比较活泼的碱金属和碱土金属，会与电解液成分反应，因此电极表面呈现去金属化状态[44]，也就是覆盖了一层固态半导体/绝缘体层[39]，Peled 提出的在包含了非水非质子电解液的电池中金属锂表面生成的 SEI 膜[48]仅为其中的一个例子。Peled[48]所做工作的创新点在于他将这层膜类比于固态电解质填充在界面相区域。Peled 还指出，在此表面上发生的氧化还原反应的控速步骤是锂离子扩散通过 SEI 膜的过程，这个观点已经在他之前其他研究者的一些报道中被很好地阐述过了，比如 Young 在 1961 年出版的经典著作里就提出，多数电极（特别是阳极）表面会被一绝缘层覆盖。

SEI 膜的化学组成与使用的电解液密切相关，其厚度大约在 $25 \sim 100 \text{Å}$（$1\text{Å}=0.1\text{nm}$，全书同）范围内，基本对电子绝缘[1]。理想情况下，选用的电解液应该有助于生成阳离子迁移数全部由锂离子贡献的 SEI 膜。在不同电解液中金属锂表面生成的 SEI 膜的结构和组成受到广泛研究，特别是 Aurbach 等人做了大量工作[38]。SEI 膜相关非常有用的知识和信息还可以从 Young 和 Balbuena 编写的书籍中获得[49,50]。Xu[1]认为 SEI 膜的性能主要被两方面因素影响：①SEI 膜的静态稳定性与电池的储存条件有关；②SEI 膜的动态稳定性与其是否可逆有关。SEI 膜的生成使得锂电极在非水溶剂中获得静态稳定，然而，SEI 膜同样会在沉积锂的过程中造成金属锂表面不均匀的表面形态，因此，在锂脱出/嵌入的过程中，通过其表面电流密度的分布是不均匀的，最终导致了锂枝晶的生成。

对于锂离子电池而言，电极表面 SEI 膜不均匀形貌造成的影响并不严重，一般不会出现枝晶产生的现象，除非是在一些极端的条件下，比如极低温时锂会在碳负极表面沉积。

对于锂离子电池而言，理想的 SEI 膜应该满足以下要求：①电子迁移数 $t_e=0$；②高的离子电导率；③形貌和化学组分一致性；④在负极（C、Si、Sn 等）表面具有好的黏附性；⑤机械强度高、弹性好；⑥在电解液中溶解度低。在锂离子电池中，SEI 膜对负极非常重要，同时也会在正极表面生成和存在[51]，这部分的相关信息可以在之前的综述中获得[1,49,50]。

11.4 现有商业化电解质体系存在的问题

对于锂电池来说，目前商业化的电解质体系与"完美"相差甚远，在现有基础上的改进以及新电解质体系的开发一直没有停止。下文列出了需要注意的一些问题。

11.4.1 不可逆容量损失

正极和负极表面均会生成 SEI 膜，这就意味着一部分电解液被消耗，一定量锂离子参与反应不可逆地生成不可溶盐，成为 SEI 膜的主要成分之一。这部分锂离子被固定，无法再参与后续的电化学过程。为了避免金属锂在充电结束时沉积在碳负极表面,大部分锂离子电池正极活性物质的量是被限制的,部分锂源的消耗导致循环前几周的永久性容量损失。因此,电池的能量密度和相应的消耗是折中后的结果,不可逆容量损失取决于负极、电解质以及正极的综合选择。

11.4.2 使用温度范围

大多数商业电池电解液由锂盐 $LiPF_6$ 以及混合有机溶剂组成,混合溶剂至少包括两种,其中 EC 处于非常重要的位置。研究发现,EC 是电池低温性能不佳的主要原因,而 $LiPF_6$ 会造成电池的高温性能不良以及稳定性差的问题。人们尝试许多途径解决这些问题,其中包括使用添加剂制备"功能电解液"的方法[1]。

11.4.3 热失控:安全与危害

当锂电池遭受各种各样的滥用时,会发生电池热失控,造成安全事故。这是一个非常严重和关键的问题,特别是对电动汽车以及飞行器用电池而言,因此人们通过采用添加剂[1]或离子液体[2]开发了大量阻燃或不燃电解质。

11.4.4 离子传输能力的提升

虽然负极/电解质以及正极/电解质界面阻抗是离子传输的限制因素,但是也需要考虑电解液本身的离子传输性能。非水溶液的离子电导率比水溶液的离子电导率低得多,事实上,电池电解液中锂离子传输对全部电流的贡献还不足一半。研究者们获得了这样的半经验规律:电池的非水电解液离子电导率越高,则电极表面形成的 SEI 膜导电性越好[1]。也就是说,电解液的高锂离子电导率预示着 SEI 膜更好的离子传输性能。

11.5 电解质设计

对于低功率或低能量的小型电池,固态电解质基本可以满足需求。对于要求更高的应用场合,必须采用电导率更高的有机液态电解质[52]。具有高离子电导率的非水电解液包括非质子型的碳酸酯溶剂,如碳酸丙烯酯(PC),碳酸乙烯酯(EC),碳酸二乙酯(DEC),碳酸甲乙酯(EMC)或碳酸二甲酯(DMC)以及它们的混合物。液态碳酸酯可以溶解足够浓度的锂盐,从而提供满足电荷输送所需的电导率($\sigma > 10^{-3} S \cdot cm^{-1}$)。由于在 SEI 膜生成过程中会产生可燃性气体,同时 SEI 膜的高电阻会使局部温度升高,这种情况下 SEI 膜的稳定性及可控性至关重要,因为稳定的 SEI 膜不仅可以提高电池的循环性能和电化学性能,而且能使其更安全。为此,研究者们针对 SEI 膜的形成机理做了大量研究,并且通过在电解液中加入添加剂来调控 SEI 膜使其更稳定。动力学研究表明 SEI 膜的形成可分为两个阶段:第一阶段发生在 Li^+ 插入石墨之前,在这个阶段形成的 SEI 膜结构多孔、电阻高且稳定性差;第二阶段与 Li^+ 的嵌入同时发生,所得的 SEI 膜更为致密且具有高的电导率[53]。后者具有更好稳定性可以归因于锂离子和有机碳酸阴离子配位形成的有机化合物网络[54]。因此,从安全性角度出发,研究者们主要针对 SEI 膜生成的第一阶段开展 SEI 膜的稳定和控制研究。

11.5.1 SEI 膜的控制

在 SEI 膜形成的第一阶段，主要产物为无机成分，而高电位（若参比 Li/Li$^+$ 进行测量则较低）的第二阶段，无机物质相对较少。另外，这一阶段会产生相对更多的气态产物，尤其是含有碳酸丙烯酯的电解液。还原型成膜添加剂可以通过电化学还原的方式生成一层有机物膜包覆在石墨电极表面，从而促进形成性能更优的 SEI 膜。通过选用可聚合的添加剂，使其优先还原形成不溶性固体产物薄膜覆盖在石墨表面，并导致催化活性位点失活，不能继续反应。因此，使用这些还原型成膜添加剂不仅可以减少气体的产生，而且由于添加剂分子部分迁移至 SEI 膜内，还能够使 SEI 膜的稳定性有所提升。一般来说，这些添加剂的分子结构中会含有一个或多个碳碳双键，包括碳酸亚乙烯酯[55~60]、碳酸乙烯亚乙酯[59,61]、烯丙基乙基碳酸酯[62]、乙酸乙烯酯[63]、己二酸二乙烯基酯[64]、丙烯酸腈[64]、2-乙烯基吡啶[65]、马来酸酐[66]、肉桂酸甲酯[1]、膦酸酯[67]和含乙烯基的硅烷类化合物[68,69]以及呋喃衍生物[70]。然而，除了还原性聚合反应，相反的氧化性聚合反应也可能发生在正极上，这就不可避免地增加了阻抗和正极的不可逆性。因此，电解液中添加剂的合理添加量一般不超过 2%（质量分数）。添加剂的还原性聚合反应会在比溶剂还原更高的电位下发生，因此，这些添加剂可以在 SEI 膜形成的初始阶段发生反应，促使气体生成量的减少并使 SEI 膜更加稳定，从而提高安全性。还有一些添加剂具有与上述不同的作用机理，通过将其还原产物吸附到石墨表面上来提高 SEI 膜安全性，包括含硫化合物如 SO_2[71]、CS_2[72]、多硫化物[73]、环烷基亚硫酸盐[74]和芳基亚硫酸盐[75]。然而，这些添加剂可溶于有机电解质，并且在高电位下对负极不稳定，因此这些添加剂的选用应该更加谨慎。由于 Ag 在电压为 2.15V（vs. Li/Li$^+$）时可以发生沉积，通过添加质量分数为 5% 的 $AgPF_6$ 可以抑制 1mol·L^{-1} LiPF$_6$（PC:DEC 体积比 3:2）电解液中碳酸丙烯酯的还原和石墨剥离[76]。此外，含氮化合物[73,77]和羰基化合物[78~80]也可以用于还原剂。最后，还有一种反应型添加剂[53]，可以通过捕捉自由基离子[81]或与 SEI 膜的最终产物结合发挥作用。可以提供 CO_2 的化合物就是这种情况[82]，这是由于 CO_2 有助于 EC 和 PC 基电解液体系电池中电极表面 SEI 膜的生成[72,83,84]。另外，类似的方法是将 Li_2CO_3 溶解于电解液中形成饱和溶液，以此作为电解液使用[85,86]。

11.5.2 锂盐的安全问题

电解液中的锂盐对电池安全性也起着重要作用。对于由 LiPF$_6$-碳酸酯类电解质形成的 SEI 膜而言，绝缘的 LiF 是导致 SEI 膜不稳定的重要因素[87]。为此，研究者们已经开发了许多硼基阴离子受体化合物来溶解 LiF[88]。最具代表性的是三（五氟苯基）硼烷（TPFPB）[89]，可以用在 LiPF$_6$[89]以及 LiBF$_4$[90,91]电解液体系中，起到溶解 LiF 的作用。TPFPB 的缺点在于在从 LiPF$_6$ 中捕获 LiF 的同时会释放出高反应活性的 PF_5[92]。添加芳香异氰酸酯化合物是抑制这种反应副作用的有效途径，它可以使缺电子的 PF_5 与电解质溶剂的反应失活，并且还可以通过与石墨颗粒表面上的化学吸附含氧基团的反应来稳定 SEI 膜[93]。由于它和水以及 HF 酸具有极高的反应性。因此还可以清除电解液中的这些杂质。PF_5 也可能通过与 SEI 膜的组分发生反应而破坏 SEI 的稳定性。结果是生成气体产物导致电池内部压力增加，从而产生电池安全隐患。通过加入弱路易斯碱，例如三(2,2,2-三氟乙基)亚磷酸酯

(TTFP)[93]可能会弱化PF$_5$的反应活性和酸性。我们将在11.5.4节对阻燃剂或酰胺类化合物如1-甲基-2-吡咯烷酮[94]、氟化氨基甲酸酯[95]和六甲基磷酰胺[96]进行专门介绍。

为了克服LiPF$_6$存在的问题，可以尝试使用无氟电解质盐来代替它。研究者们最初采用双草酸硼酸锂（LiBOB）作为替代盐，以提高锂离子电池的耐高温性能[97]，在长期循环实验中，使用LiBOB的确可以显著提高SEI膜的稳定性[98]。Jiang和Dahn等通过加速量热法（ARC）系统地研究了LiBOB与各种电极材料匹配使用时的安全性能[99]。研究发现，一方面，LiBOB电解质的使用可以提升石墨负极在完全嵌锂条件下的安全性能；另一方面，对于大部分测试的正极材料，它们表现出较高的自发热率，说明LiBOB与这些金属氧化物之间具有更高的反应活性，因此，还会存在一些安全隐患。唯一例外的正极材料是LiFePO$_4$，在含有LiBOB的体系中它表现出更高的发热起始温度。因此，Dahn与合作者们提出了由石墨/LiBOB/EC/DEC/LiFePO$_4$[89]组成的"热稳定型锂离子电池"[89]。此外，与LiPF$_6$相比，LiBOB能够起到非常有效的过充保护作用，我们将在下一节进行深入讨论。即使是添加剂水平（1%，摩尔分数）的LiBOB，也可以在1mol·L^{-1} LiPF$_6$或1mol·L^{-1} LiBF$_4$[100,101] PC-EC电解液中有效发挥作用。二氟草酸硼酸锂（LiODFB）具有同样的性质，而且其在低温下可以发挥比LiBOB更好的性能。需要说明的是，下面我们又回到含氟电解质盐的介绍。事实上，要摆脱含氟盐类很难，尽管它们会产生安全隐患，但它们同时也会对电池产生非常有益的影响：可以在铝集流体表面镀上一层具有钝化作用的AlF$_3$层，从而保护集流体免受腐蚀。然而，LiODFB和LiBOB可以在无氟参与反应的情况下实现PC-DEC或EC-DMC电解液体系中的Al集流体的钝化，从而抑制Al的腐蚀[101]。这类电池主要是通过LiODFB和LiBOB中O—B键断裂产生的阴离子与Al^{3+}不断结合形成非常稳定的钝化层来实现对集流体的保护。尽管如此，LiBOB还存在一些缺点：在低介电常数溶剂中溶解度较低；与LiPF$_6$相比，它与常规碳酸酯溶剂形成的混合溶液的电导率较低；易水解；难以实现大规模高纯度合成，正是上述缺点限制了它的商业化应用[101,102]。含有LiBOB的锂离子电池安全特性评估结果显示[103]：当Li$_x$Mn$_2$O$_4$中Li含量较低时，正极具有较高的自发热率，说明LiBOB和氧化物正极之间发生了化学反应，说明该电池的安全性值得商榷。

众所周知，LiBF$_4$比LiPF$_6$具有更好的热稳定性[105]，特别是LiBF$_4$在EC+γ-丁内酯（GBL）混合溶剂中具有良好的稳定性，确保了电池在高温储藏条件下负极的低溶胀率，从而提升了LiCoO$_2$正极的安全性能，同时在以LiFePO$_4$为正极的电池体系中同样也具有非常好的效果[106]。早期的研究工作还尝试利用双（三氟甲基）磺酰亚胺锂（LiTFSI）代替LiBF$_4$。LiTFSI基电解液的电导率约为8×10^{-3} S·cm^{-1}[107]，其分子量只有197。然而，在GBL-EC混合溶剂体系中，使用LiBF$_4$比使用LiTFSI的安全性更好，这是因为它是唯一允许石墨负极进行完全充放电循环的电解质盐[108]，其中，GBL是一种值得关注的溶剂，它具有高的闪点、高沸点、低蒸气压以及低温下的高导电率等优点[109]。

最近，一类叫作氟代烷基磷酸酯的化合物被研究者们引入电解液体系中[110]。研究这类化合物的目的是采用吸电子的全氟烷基取代LiPF$_6$中的一个或多个氟原子，从而形成更稳定的P—F键，使其难以发生水解反应，并且也提升了锂盐的热稳定性。疏水性全氟烷基的空间位阻效应可以抑制含磷结构的水解，这类新化合物具有与LiPF$_6$相当水平的电导率。Oesten等[111]报道了由阻燃单元、氟化衍生物和磷酸酯组成的电解质盐LiPF$_3$（C$_2$F$_5$）$_3$（LiFAP）。Gnanaraj等[112]研究了LiPF$_6$和LiFAP在EC-DEC-DMC混合溶剂体系中的热稳定性，研究表明尽管它们的自发热率非常高，但 LiFAP 溶液发生热反应的起始温度高于 200℃。

11.5.3 过充保护

电池过充时会引起安全隐患，同时充电到高电压也会使电池的寿命随之缩短。需要特别指出的是，氧化还原穿梭剂可以实现这样的可逆过程：当发生过充时，具有穿梭能力的分子在正极被氧化，这些被氧化的分子扩散到负极并被还原成原来的分子。难以解决的是这些氧化还原穿梭剂同时还需满足一些非常严格的条件：①穿梭反应必须具有高的可逆性；②其氧化电位必须略高于正极的终止充电电压；③在电压窗口范围内具有好的电化学稳定性；④氧化或还原产物必须具有良好的溶解性和足够高的扩散速度。苯甲醚类化合物是少数能同时满足上述所有条件的有机化合物，得到了研究者们的广泛关注。它们的电位大多数情况下集中在 3.8~4.0V 之间，适合用于基于 $LiFePO_4$ 为正极材料的锂离子电池。其他芳香族化合物也有类似功能。对于 $LiMn_2O_4$ 正极，其更高的工作电压需要新的添加剂来满足需求。目前唯一的解决方案是采用氟代十二烷基硼酸锂（$Li_2B_{12}F_xH_{12-x}$）作为锂盐，其氧化还原电位为 4.5V。这是目前氧化还原穿梭分子在不破坏分子结构前提下能够承受的最高电压值。

与氧化还原穿梭剂相反，气体发生添加剂可以永久地终止电池工作：在高电位下，添加剂分子聚合并释放气体，激活电流中断装置（压力安全阀断开），同时所生成的聚合物沉积到正极表面将其隔离从而进一步防止过充电。这样的添加剂大多数是芳族化合物，如二甲苯[115]，环己基苯[116]，联苯[117~120]，2,2-二苯基丙烷，苯基-R-苯基化合物（R 可以是脂肪烃基，氟取代脂肪烃基）和 3-噻吩乙腈[120]。然而，这些化合物的不可逆氧化会降低电池的使用寿命。另外，LiBOB 也可以作为气体发生添加剂[1]，因为它在约 4.5V 的电位下开始分解并释放气体（主要是 CO_2 和 CO）。在 8A·h 锂离子电池的 1C 过充电试验中，含 LiBOB 的电池最高温度不超过 100℃，仅出现较少量气流并没有起火，而含 $LiPF_6$ 的电池的最高温度高至 400℃，不仅发生燃烧而且出现爆炸[1]。对于正极是尖晶石材料的电池，LiBOB 也表现出很好的过充耐受力[121]，这主要是因为 LiBOB 中的草酸盐分子单元可以与正极材料释放的氧气反应生成 CO_2。

11.5.4 阻燃剂

由于有机液体的易燃性，使用有机电解液的电池容易发生热失控和着火问题，这也是限制锂离子电池在电动汽车中应用的主要问题。因此，研究者们开展了许多研究工作去寻找可以降低自放热速率并延迟热失控发生的阻燃添加剂。第一种策略是采用化学自由基清除法，这种方法可以终止气相中自由基链反应引起的燃烧反应[123,124]，这种类型的添加剂主要是有机磷化合物。部分氟化烷基磷酸酯不仅可以起到阻燃作用，而且可以提高还原稳定性[125]。在电解液中添加质量分数为 20%的三(2,2,2-三氟乙基)磷酸酯时，电解液会变得不易燃烧，同时也不会对电池的石墨负极以及正极产生不利影响[125]。环磷腈类化合物由于其环状结构中具有很高的磷含量，也是一种极具潜力的阻燃剂[126,127]，尤其是六甲氧基环三磷腈，在对负极电位高达 5V 时依然具有很好的稳定性[126]。除了含五价磷的磷酸盐外，含三价磷的亚磷酸酯也具有阻燃功能，其优点是有助于生成 SEI 膜[128]，并可以使 PF_5 失活[92]，最好的例子是三(2,2,2-三氟乙基)亚磷酸酯（TTFP）[129]。此外，无磷的氟化丙烯碳酸酯也可以作为阻燃剂使用[130]。

众所周知,室温离子液体具有非挥发性和阻燃性,降低电解液燃烧性能的另一个策略是与离子液体(IL)混合。然而,在初次嵌锂时,大多数离子液体在碳材料上无法形成稳定的固态电解质界面。目前许多研究致力于优化离子液体从而提升循环性能。离子液体阳离子选择 1-乙基-3-甲基咪唑鎓(EMI)、1-丙基-1-甲基吡咯烷鎓(Py13),而阴离子则为双(氟磺酰基)亚胺离子(FSI),并与常规 1mol·L^{-1} LiPF$_6$ 或双(氟磺酰基)亚胺锂(LiFSI)基(溶剂 EC-DEC)电解液进行了比较[131]。研究者们也探索了基于 N-三甲基-丁基铵(TMBA)阳离子和双(三氟甲基)磺酰亚胺(TFSI)阴离子的离子液体的性能[132]。结果显示,含有 TFSI$^-$ 的离子液体比含有 FSI$^-$ 的这些离子液体具有更好的安全性,而含有 EMI$^+$ 的离子液体比含有 1-丁基-3-甲基咪唑(BMIM$^+$)、Py13$^+$ 或 TMBA$^+$ 的离子液体的稳定性更差。TFSI$^-$ 具有更好稳定性的原因是它比 FSI$^-$ 含有更多的氟原子。在含 Li 的负极中,这些氟原子可以与锂反应生成 LiF,而 LiF 是构成钝化膜的有效成分,氟含量高于 FSI 的 TFSI 的反应产物则可以形成更厚、更稳定的钝化膜。此外,这些实验还表明,离子液体具有高黏度和相对低的电导率,因此在锂离子电池中不能使用纯的离子液体作为电解液;并且,当加入锂盐(例如 LiTFSI)形成电解质溶液时,体系的电导率会有所降低。这种现象与常规的水体系或非水溶剂恰恰相反。克服这个问题的一种途径是加入有机溶剂,例如 EC 和 DEC。研究者们探索了由离子液体 EMI-FTSI 与有机电解质碳酸乙烯酯/碳酸二乙酯外加 2%碳酸亚乙烯酯(1mol·L^{-1} LiPF$_6$-EC-DEC-VC)组成的电解液体系的电导率和黏度随离子液体浓度变化的函数关系[8]。结果如图 11.2 所示,当混合物中的离子液体的含量增加到 60%时,电导率升高速率明显快于黏度的升高。继续提高离子液体的含量时,由于没有足够的有机溶剂来溶解所有的离子液体,会导致电解液体系电导率降低,因此电导率接近于纯离子液体。随着离子液体含量的增加,混合物的黏度相应地急剧上升。混合体系电解液电导率和黏度之间的关系并没有遵循常规的反相关性,这是由于有机溶剂是由共价键形成且自身产生的离子很少,因此电导率低,而离子液体一般都含有大量离子,因此具有比有机溶剂更高的电导率。当混合物中离子液体的含量为 40%~60%时,电解液体系能够为电池提供所需的关键性能:高的电导率和低的黏度,因此,这也是有希望在电池中进行应用的最佳浓度范围。燃烧实验结果表明,纯的有机电解液在与火焰接触的第一秒时就会燃烧;当混合电解液体系直接暴露接触火焰时,随着混合体系中离子液体含量的增加,电解液体系燃烧前在火焰中暴露时间随之增加。当电解液中加入 40%的离子液体后,电解液在测试期间(25s)不发生燃烧。此外,纯离子液体电解液体系中 LiFePO$_4$ 倍率性能会有所降低,在使用混合体系(离子液体占 40%)后,其倍率性能也得到一定的改善;更重要的是,随着放电倍率的增加,当放电倍率高达 2C 时,其容量保持率依然接近有机溶剂体系的水平[8]。需要注意的

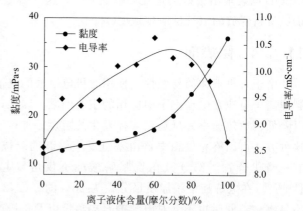

图 11.2 离子液体 EMI-TFSI 与 1mol·L^{-1} LiPF$_6$-EC-DEC-VC 组成的电解液体系的电导率和黏度随离子液体浓度变化的趋势

是，混合电解液并非新相，因此将混合物加热至100℃并不能阻止混合体系中盐和有机溶剂的分解。然而，在有机电解质中添加40%~60%的离子液体后，可以明显提升电池的安全性，并且在2C放电时也不会对电池的性能造成损害。

11.6 隔膜

在介绍凝胶聚合物电解质的部分我们已经提到了隔膜的重要性。在液态电解质体系中，隔膜是电池的关键组成部分，其作用是物理隔离正极和负极以阻止它们的接触。由于隔膜必须允许离子自由通过，因此它必须是多孔的；另外，隔膜应当是绝缘体，从而防止因电子流动产生的电池自放电过程。

Zhang已经就隔膜对化学稳定性、孔隙率、孔径和隔膜渗透性的要求以及隔膜所采用的不同材料进行了综述[133]。隔膜需要具有在低于电池热失控起始温度的条件下关闭电池的功能，与此同时仍然保持良好的机械性能。这种条件的严格程度取决于电极的选择，通常来说多孔聚合物膜可以满足上述需求。目前锂离子电池生产商使用的隔膜几乎全部都是基于半结晶的聚烯烃类材料，如聚乙烯（PE）、聚丙烯（PP）及PE-PP双层复合膜[134,135]或PP-PE-PP三层复合膜[136~140]。这些隔膜的关闭温度约为130℃（PE的熔点），而PP的熔融温度为165℃。因此，PE层能够在热失控出现前熔化并填充孔道，进而极大提高电极之间电解质层的电阻，最终使电池停止工作；同时PP层仍保持足够的机械强度从而防止电极之间的短路。由于PE关闭温度和PP熔化温度之间大约有35℃的缓冲，因此在绝大多数情况下这类隔膜足以满足保护锂离子电池的要求。而当电池出现非常严重的过热情况导致隔膜收缩甚至熔化，或是以层状化合物作为正极活性颗粒的电池在进行针刺测试和短路测试时，这些情况下的热失控是不可避免的。

隔膜的物理性质也取决于制备过程，因为制备过程决定了孔道的尺寸和取向。目前常用的两种隔膜制备方法是干法制备（Celgard商业公司化生产的PP-PE-PP复合隔膜）和湿法制备（Exxon Mobil公司商业化生产的PE单组分隔膜）。这两种制备方法的详细过程以及这两家公司生产的商业化隔膜的性能比较可以见参考文献［133］。从微孔结构的角度来看，基于干法制备的隔膜由于其开放的直孔结构特点更适用于高功率密度电池，而通过湿法制备的隔膜具有弯曲和相互连接的多孔结构，有利于在快速充电或低温充电时抑制石墨负极上锂枝晶的生长，因此更适用于长循环寿命的电池。锂离子电池中聚烯烃隔膜的常用厚度为$25\mu m$，为了进一步提升电池能量密度，其厚度逐渐向极限值$10\mu m$缩减，但比$10\mu m$更薄的膜厚会带来机械刺穿的安全风险。例如，作为PP-PE-PP复合膜标准的Celgard 2325型隔膜的厚度就是$25\mu m$。在干法制备这类隔膜的第一步中，聚合物树脂被熔融挤出形成单轴取向的管状膜。所得到的膜需要在长轴沿横向（TD）和纵向（MD）方向形成具有排列成行的阵列晶型结构。结果是在长轴沿横向（TD）方向和纵向（MD）方向的拉伸强度存在很大差异：MD方向为$1900 kg \cdot cm^{-2}$和TD方向$135 kg \cdot cm^{-2}$。而湿法制备的隔膜的主要区别是具有更好的各向同性：Exxon Mobil公司生产的隔膜在MD和TD方向的拉伸强度均在$1200\sim1500 kg \cdot cm^{-2}$范围内。

对于像电动汽车这样的大功率应用需求，要求隔膜具有良好的热稳定性，无机复合隔膜是一种可代替的选择，它们由使用少量黏结剂黏合的超薄颗粒制成。这些颗粒一般是过渡金属氧化物，例如MgO[143]，TiO_2[144]，Al_2O_3[145]或ZrO_2[146,147]；而黏结剂通常用的是在章节11.2.5中提到的PVDF或PVDF-HFP。这些隔膜具有极高的热稳定性,并在高温下不会发生收缩;其另一个优点是它们与所有液态电解质在一起使用时均表现出优异的润湿性。含有高浓度环状碳酸酯溶剂如EC和γ-丁内酯(GBL)的液态电解质往往不能润湿非极性的聚烯烃隔膜,而这类无机复合隔膜能够很好地和这类液态电解质体系浸润,并在EC含量很高的液态电解质中依然有效浸润。此外,无机复合隔膜非常好的热稳定性使得电池具有非常出色的耐热性能。然而,这些复合隔膜的机械强度不能完全满足电池处理和制造过程的需求。在其作为凝胶聚合物使用的例子中,我们提出了一种加入交联低聚物的方法来改善其机械性能。

为了解决隔膜存在的问题,Degussa公司通过结合聚对苯二甲酸乙二醇酯(PET)和陶瓷材料纳米颗粒(铝,二氧化硅,氧化锆纳米颗粒)的特性,开发了一系列Separion(商品名)隔膜[148~152],其结构示意图如图11.3所示。例如,无机黏结剂凝胶可以通过利用HCl水溶液水解四乙氧基硅烷、甲基三乙氧基硅烷和(3-缩水甘油氧丙基)三甲氧基硅烷的混合物来制备[152]。所得到的溶胶产物用于分散氧化铝粉末,然后将均匀的分散液涂布在多孔无纺PET上,进而在200℃下干燥得到隔膜。这种方法制备的隔膜的平均孔径为0.08μm,厚度约24μm,Gurley值约65s,该方法制备的隔膜最高可在210℃下保持稳定,其热稳定极限温度受限于无纺PET基体的熔点。表11.5中分别列举了Separion公司和Celgard公司生产的隔膜的各项性能参数,结果显示,与Celgard型隔膜相比,Separion型隔膜在润湿性、渗透性(低Gurley值)、熔点温度等方面均有显著改善。此外,所有的滥用测试均证明使用Separion型隔膜的电池的安全性能有显著提升。在8A·h的锂离子电池的针刺测试中,使用Separion型隔膜的电池最高耐受温度可达500℃,而相应的使用PE隔膜的电池最高耐受温度只有58℃[150,151]。

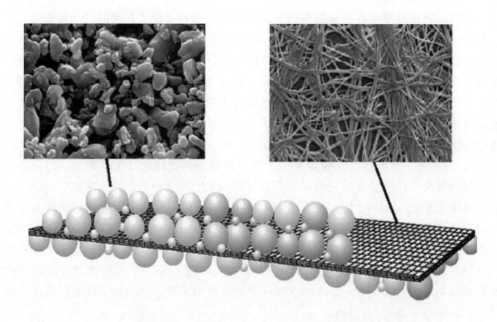

图11.3 Separion隔膜的结构示意图(本图是在参考文献[133]和参考文献[148]的图1以及Separion隔膜产品手册基础上重新绘制的)

表 11.5 Separion 和 Celgard 隔膜的性能比较

产品名称	Separion	Separion	Celgard	Celgard
隔膜型号	S240-P25	S240-P35	Celgard 2340	Celgard 2500
成分	Al_2O_3/SiO_2	Al_2O_3/SiO_2	PP-PE-PP	PP
支撑基质	PET 无纺布	PET 无纺布	N/A	N/A
厚度/μm	25±3	25±3	38	25
平均孔径/μm	0.24	0.45	0.038×0.90	0.209×0.054
Gurley 值/s	10~20	5~10	31	9
孔隙率/%	>40	>45	45	55
热稳定温度/℃	210	210	135/163	163
热收缩率/%	<1	<1	5	3
拉伸强度（MD 方向）	>3N·cm^{-1}	>3N·cm^{-1}	2100kg·cm^{-2}	1200kg·cm^{-2}
拉伸强度（TD 方向）			100kg·cm^{-2}	115kg·cm^{-2}

注：上述数据引自一些已出版的手册。Gurley 值指的是在 31.0cm（12.2in）水压下 100mL 气体通过 6.45cm^2（1in^2）膜时所需的时间（单位为秒）。

11.7 总结

在各类商业化锂离子电池中，不同生产商所使用的电解质确切组成往往不同，并且所使用的电解质会涉及一些专利信息，如保密的配方和添加剂等。然而绝大多数电解质体系都会涉及两个不可或缺的成分：作为溶剂的 EC 和作为溶质的 $LiPF_6$。可以确定的是所有电解质生产商都会使用混合溶剂，这些混合溶剂可以是一种或多种线性碳酸酯，如 DMC，DEC 或 EMC；辅助溶剂的添加可以提高电质体系的流动性并降低其熔点。商业化锂离子电池能够正常发挥其额定容量和功率性能的温度区间为 $-20\sim50$℃。溶剂 EC 的高熔点导致了即使在溶剂共混的条件下，电池低温极限仍只能达到-20℃。由于在更高温度下，$LiPF_6$ 会与溶剂发生反应，因此高温极限被限制在 50℃。在高于 60℃ 的温度下工作时，电池性能将会永久性损坏。而在 $-30\sim-20$℃ 低温条件下电池性能的降低通常是暂时性的，一旦电池的温度恢复到高于 20℃ 时，其性能就可以恢复。为了获得更好和更高性能的锂离子电池电解质，研究者们在这一复杂领域做出了许多努力[132]。最近的文献也涉及一些关于全固态锂电池中陶瓷电解质的研究[132~156]。本章的目标主要是对电解质进行了总结，重点讨论了电解质组成对电池安全性能和电化学性能的影响。有兴趣了解更多细节知识的读者可以阅读最近出版的一本与此相关的著作[157]。

参 考 文 献

1. Xu K (2004) Non-aqueous liquid electrolytes for lithium-based rechargeable batteries. Chem Rev 104:4303–4417
2. Guerfi A, Vijh A, Zaghib K (2013) Safe lithium re-chargeable batteries based on ionic liquids. In: Scrosati B, Abraham KM, Schalkwijk WV, Hassoun J (eds) Lithium batteries. Advanced technologies and applications. Wiley, New York, pp 291–326
3. Lewandowski A, Swiderska-Mocek A (2009) Ionic liquids as electrolytes in lithium-ion batteries – an overview of electrochemical studies. J Power Sourc 194:601–609
4. Howlett PC, MacFarlane DR, Hollenkamp AF (2004) High lithium metal cycling efficiency in a room temperature ionic liquid. Electrochem Solid-State Lett 7:A97–A101
5. Conway BE (1964) Modern aspects of electrochemistry, vol 3. Butter-Worths, London, p 43
6. Schalkwijk WV, Scrosati B (eds) (2002) Advanced lithium-ion batteries. Kluwer,

New York, p 3
7. Guerfi A, Dontigny M, Kobayashi Y, Vijh A, Zaghib K (2009) Investigations on some electrochemical aspects of lithium-ion ionic liquid/gel polymer battery systems. J Solid State Electrochem 13:1003–1014
8. Guerfi A, Dontigny M, Charest P, Peticlerc M, Lagacé M, Vijh A, Zaghib K (2010) Improved electrolytes for Li-ion batteries: mixtures of ionic liquid and organic electrolyte with enhanced safety and electrochemical performance. J Power Sourc 195:845–852
9. Fernicola A, Croce F, Scrosati B, Watanabe T, Ohno H (2007) Li TFSI-BEPy TFSI as an improved ionic liquid electrolyte for rechargeable lithium batteries. J Power Sourc 174:342–348
10. Wright PV (1975) Electrical conductivity in ionic complexes of poly (ethylene oxide). Br Polym J 7:319–325
11. Armand MB, Chabagano JM, Duclot M (1979) Poly-ethers as solid electrolytes. In: Vashishta P, Mundy JN, Shenoy GK (eds) Fast ion transport in solids. North Holland, Amsterdam, pp 131–136
12. Ratner MA, Shriver DF (1988) Ion transport in solvent – free polymers. Chem Rev 88:109–124
13. Wong DHC, Thelen JL, Fu Y, Devaux D, Pandya AA, Battaglia VS, Balsara NP, DeSimone JM (2014) Non-flammable perfluoropolyether – based electrolytes for lithium batteries, PNAS, doi: 10.1073/pnas.1314615111
14. Khurana R, Schaefer JL, Archer LA, Coates GW (2014) Suppression of lithium dendritic growth using cross-linked polyethylene/poly (ethylene oxide) electrolytes: a new approach for practical lithium-metal polymer batteries. J Am Chem Soc doi.org/10.1021/Ja502133j
15. Lee WJ, Kim SH (2008) Polymer electrolytes based on poly(vinylidenefluoride-hexafluoropropylene) and cyanoresin. Macromol Res 16:247–252
16. Min HS, Ko JM, Kim D (2003) Preparation and characterization of porous polyacrylonitrile membranes for lithium-ion polymer batteries. J Power Sourc 119–121:469–472
17. Subramania A, Sundaram NTK, Kumar GV (2006) Structural and electrochemical properties of micro-porous polymer blend electrolytes based on PVdF-co-HFP-PAN for Li-ion battery applications. J Power Sourc 153:177–182
18. Zhang SS, Xu K, Foster DL, Ervin MH, Jow TR (2004) Microporous gel electrolyte Li-ion battery. J Power Sourc 125:114–118
19. Jeong YB, Kim D-W (2004) Effect of thickness of coating layer on polymer-coated separator on cycling performance of lithium-ion polymer cells. J Power Sourc 128:256–262
20. Kim DW, Oh B, Park JH, Sun YK (2000) Gel-coated membranes for lithium-ion polymer batteries. Solid State Ionics 138:41–49
21. Wang Y, Travas-Sejdic J, Steiner R (2002) Polymer gel electrolyte supported with microporous polyolefin membranes for lithium ion polymer battery. Solid State Ionics 148:443–449
22. Oh JS, Kang YK, Kim DW (2006) Lithium polymer batteries using the highly porous membrane filled with solvent-free polymer electrolyte. Electrochim Acta 52:1567–1570
23. Abraham KM, Alamgir M, Hoffman DK (1995) Polymer electrolytes reinforced by Celgard® membranes. J Electrochem Soc 142:683–687
24. Morigaki K, Kabuto N, Haraguchi K (1997) Manufacturing method of a separator for a lithium secondary battery and an organic electrolyte lithium secondary battery using the same separator. U.S. Patent 5,597,659
25. Taskier HT (1982) Hydrophilic polymer coated microporous membranes capable of use as a battery separator. U.S. Patent 4,359,510
26. Gineste JL, Pourcelly G (1995) Polypropylene separator grafted with hydrophilic monomers for lithium batteries. J Membrane Sci 107:155–164
27. Urairi M, Tachibana T, Matsumoto K, Shinomura T, Iida H, Kawamura K, Yano S, Ishida O (1996) Process for producing a wind-type alkaline secondary battery. U.S. Patent 5,558,682
28. Senyarich S, Viaud P (2000) Method of forming a separator for alkaline electrolyte secondary electric cell. U.S. Patent 6,042,970
29. Choi SH, Lee KP, Lee JG, Nho YC (2000) Graft copolymer-metal complexes obtained by radiation grafting on polyethylene film. J Appl Polym Sci 77:500–508
30. Choi SH, Park SY, Nho YC (2000) Electrochemical properties of polyethylene membrane modified with carboxylic acid group. Radiat Phys Chem 57:179–186
31. Choi SH, Kang HJ, Ryu EN, Lee KP (2001) Electrochemical properties of polyolefin nonwoven fabric modified with carboxylic acid group for battery separator. Radiat Phys Chem 60:495–502
32. Ko JM, Min BG, Kim DW, Ryu KS, Kim KM, Lee YG, Chang SH (2004) Thin-film type Li-ion battery, using a polyethylene separator grafted with glycidyl methacrylate.

Electrochim Acta 50:367–370
33. Gao K, Hu KG, Yi TF, Dai CS (2006) PE-g-MMA polymer electrolyte membrane for lithium polymer battery. Electrochem Acta 52:443–449
34. Takeuchi Y, Kawabe M, Yamazaki H, Kaneko M, Anan G, Sato K (2001) Sulfur containing atomic group introduced porous article U.S. Patent 6,171,708
35. Cheng CL, Wang YY (2004) Preparation of porous, chemically cross-linked, PVdF-based gel polymer electrolytes for rechargeable lithium batteries. J Power Sourc 134:202–210
36. Song MK, Kim YT, Cho J-Y, Cho BW, Popov BN, Rhee HW (2004) Composite polymer electrolytes reinforced by non-woven fabrics. J Power Sourc 125:10–16
37. Gee MA, Olsen I (1996) Battery with fusible solid electrolyte. US Patent 5534365
38. Aurbach D, Cohen YS (2004) Identification of surface films on electrodes in non-aqueous electrolyte solutions: spectroscopic, electronic and morphologic studies. In: Balbuena PB, Wang Y (eds) Lithium-ion batteries: solid electrolyte interphase. Imperial College Press, London, pp 70–139
39. Vijh AK (1973) Electrochemistry of metals and semiconductors. Marcel Dekker, New York, 297 p
40. Vijh AK (1968) Relation between solid-state cohesion of metal fluorides and the electrochemical behaviour of metals in anhydrous hydrogen fluoride. J Electrochem Soc 115:1096–1098
41. Vijh AK (1968) Comments on the relation between band gap energy in semiconductors and heats of formation. J Phys Chem Solids 29:2233–2236
42. Vijh AK (1969) Correlation between bond energies and forbidden gaps of inorganic binary compounds. J Phys Chem Solids 116:972–975
43. Vijh AK (1970) Chemical approaches to the approximate prediction of band gaps of semiconductors and insulators. J Electrochem Soc 117:173C–178C
44. Vijh AK (1972) Electrode reactions on demetallized surfaces. J Electrochem Soc 119:1498–1502
45. Vijh AK (1974) A possible role of corrosion reaction products in passivation electrodes in high energy density battery systems. Corrosion Sci 14:169–173
46. Vijh AK (1971) Role of semiconducting films in the electropolishing of metals in sulphamic acid-formamide solutions. Electrochim Acta 16:1427–1435
47. Vijh AK (1972) An interpretation of corrosion and anodic dissolution of some film-covered metals. J Electrochem Soc 119:1187
48. Peled E (1979) The electochemical behaviour of alkali and alkaline earth metals in non-aqueous battery systems – the solid-electrolyte interphase model. J Electrochem Soc 126:2047–2051
49. Young L (1961) Anodic oxide films. Academic, New York
50. Balbuena PB, Wang Y (eds) (2004) Lithium-ion batteries: solid-electrolyte interphase. Imperial College Press, London
51. Choi NS, Chen Z, Freunberger SA, Ji X, Sun Y, Amine K, Yushin G, Nazar LF, Cho J, Bruce PG (2012) Challenges facing lithium batteries and electrical double layer capacitors. Angew Chem Int Ed 51:9994–10024
52. Goodenough JB, Kim Y (2011) Challenges for rechargeable batteries. J Power Sourc 196:6688–6694
53. Zhang SS, Xu K, Jow TR (2006) EIS study on the formation of solid electrolyte interface in Li-ion battery. Electrochim Acta 51:1636–1640
54. Matsuta S, Asada T, Kitaura K (2000) Vibrational assignments of lithium alkyl carbonate and lithium alkoxide in the infrared spectra an Ab initio MO study. J Electrochem Soc 147:1695–1702
55. Simon B, Boeuve JP (1997) Rechargeable lithium electrochemical cell. US Patent 5,626,981. Accessed 6 May 1997
56. Aurbach D, Gamolsky K, Markovsky B, Gofer Y, Schmidt M, Heider U (2002) On the use of vinylene carbonate (VC) as an additive to electrolyte solutions for Li-ion batteries. Electrochim Acta 47:1423–1439
57. Contestabile M, Morselli M, Paraventi R, Neat RJ (2003) A comparative study on the effect of electrolyte/additives on the performance of ICP383562 Li-ion polymer (soft-pack) cells. J Power Sourc 119–121:943–947
58. Aurbach D, Gnanaraj JS, Geissler W, Schmidt M (2004) Vinylene carbonate and Li salicylatoborate as additives in LiPF$_3$ (CF$_2$CF$_3$)$_3$ solutions for rechargeable Li-ion batteries. J Electrochem Soc 151:A23–A30
59. Chen G, Zhuang GV, Richardson TJ, Liu G, Ross PNJ (2005) Anodic polymerization of vinyl ethylene carbonate in Li-ion battery electrolyte. Electrochem Solid State Lett 8:A344–A347
60. Sasaki T, Abe T, Iriyama Y, Inaba M, Ogumi Z (2005) Suppression of an alkyl dicarbonate formation in Li-ion cells. J Electrochem Soc 152:A2046–A2050

61. Hu YS, Kong WH, Wang ZX, Li H, Huang X, Chen LQ (2004) Effect of morphology and current density on the electrochemical behaviour of graphite electrodes in PC-based electrolyte containing VEC additive. Electrochem Solid State Lett 7:A442–A446
62. Lee JT, Lin YW, Jan YS (2004) Allyl ethyl carbonate as an additive for lithium-ion battery electrolytes. J Power Sourc 132:244–248
63. Abe K, Yoshitake H, Kitakura T, Hattori T, Wang H, Yoshio M (2004) Additives-containing functional electrolytes for suppressing electrolyte decomposition in lithium-ion batteries. Electrochim Acta 49:4613–4622
64. Santner HJ, Moller KC, Ivanco J, Ramsey MG, Netzer FP, Yamaguchi S, Besenhard JO, Winter M (2003) Acryl acid nitrile, a film-forming electrolyte component for lithium-ion batteries, which belongs to the family of additives containing vinyl groups. J Power Sourc 119–121:368–372
65. Komaba S, Itabashi T, Ohtsuka T, Groult H, Kumagai N, Kaplan B, Yashiroa H (2005) Impact of 2-vinylpyridine as electrolyte additive on surface and electrochemistry of graphite for C/LiMn$_2$O$_4$ Li-ion cells. J Electrochem Soc 152:A937–A946
66. Ufheil J, Baertsch MC, Würsig A, Novak P (2005) Maleic anhydride as an additive to γ-butyrolactone solutions for Li-ion batteries. Electrochim Acta 50:1733–1738
67. Gan H, Takeuchi ES (2002) Phosphonate additives for nonaqueous electrolyte in rechargeable electrochemical cells. US Patent 6,495,285 B2. Accessed 17 Dec 2002
68. Yamada M, Usami K, Awano N, Kubota N, Takeuchi Y (2005) Nonaqueous electrolytic solution and nonaqueous secondary battery. US Patent 6,872,493. Accessed 29 Mar 2005
69. Schroeder G, Gierczyk B, Waszak D, Kopczyk M, Walkowiak M (2006) Vinyl tris-2-methoxyethoxy silane – a new class of film-forming electrolyte components for Li-ion cells with graphite anodes. Electrochem Commun 8:523–527
70. Korepp C, Santner HJ, Fujii T, Ue M, Besenhard JO, Moller KC, Winter M (2006) 2-Cyanofuran – a novel vinylene electrolyte addlitive for PC-based electrolytes in lithium-ion batteries. J Power Sourc 158:578–582
71. Ein-Eli Y, Thomas SR, Koch VR (1997) The role of SO$_2$ as an additive to organic Li-ion batter electrolytes. J Electrochem Soc 144:1159–1165
72. Ein-Eli Y (2002) Dithiocarbonic anhydride (CS$_2$) – a new additive in Li-ion battery electrolytes. J Electroanal Chem 531:95–99
73. Besenhard JO, Wagner MW, Winter M, Jannakoudakis AD, Jannakoudakis PD, Theodoridou E (1993) Inorganic film-forming electrolyte additives improving the cycling behavior of metallic lithium electrodes and the self-discharge of carbon-lithium electrodes. J Power Sourc 44:413–414
74. Wrodnigg GH, Besenhard JO, Winter M (1999) Ethylene sulfite as electrolyte additive for lithium-ion cells with graphitic anodes. J Electrochem Soc 146:470–472
75. Wrodnigg GH, Besenhard JO, Winter M (2001) Cyclic and acyclic sulfites: new solvents and electrolyte additives for lithium ion batteries with graphitic anodes? J Power Sourc 97–98:592–594
76. Gan H, Takeuchi ES (2000) Electrolytic cell containing an anode and a cathode made up of active material capable of intercalating with alkali metal, a nonaqueous electrolyte activating both electrodes and a organic nitrate additive in the electrolyte. US Patent 6,136,477 A. Accessed 24 Oct 2000
77. Shu ZX, McMillan RS, Murray JJ, Davidson IJ (1996) Use of chloroethylene carbonate as an electrolyte solvent for a graphite anode in a lithium-ion battery. J Electrochem Soc 143:2230–2235
78. McMillan R, Slegr H, Shu ZX, Wang WD (1999) Fluoroethylene carbonate electrolyte and its use in lithium ion batteries with graphite anodes. J Power Sourc 81–82:20–26
79. Naji A, Ghanbaja J, Willmann P, Billaud D (2000) New halogenated additives to propylene carbonate-based electrolytes for lithium-ion batteries. Electrochim Acta 45:1893–1899
80. Lee JT, Wu MS, Wang FM, Lin YW, Bai MY, Chiang PC (2005) Effects of aromatic esters as propylene carbonate-based electrolyte additives in lithium-ion batteries. J Electrochem Soc 152:A1837–A1843
81. Levi MD, Markevich E, Wang C, Koltypin M, Aurbach D (2004) The effect of dimethyl pyrocarbonate on electroanalytical behaviour and cycling of graphite electrodes. J Electrochem Soc 151:A848–A856
82. Simon B, Boeuve JP, Broussely M (1993) Electrochemical study of the passivating layer on lithium intercalated carbon electrodes in nonaqueous solvents. J Power Sourc 43–44:65–74
83. Ein-Eli Y, Markovsky B, Aurbach D, Carmeli Y, Yamin H, Luski S (1994) The dependence of the performance of Li-C intercalation anodes for Li-ion secondary batteries on the electrolyte solution composition. Electrochim Acta 39:2559–2569

84. Shin JS, Han CH, Jung UH, Lee SI, Kim HJ, Kim K (2002) Effect of Li_2CO_3 additive on gas generation in lithium-ion batteries. J Power Sourc 109:47–52
85. Choi YK, Chung KI, Kim WS, Sung YE, Park SM (2002) Suppressive effect of Li_2CO_3 on initial irreversibility at carbon anode in Li-ion batteries. J Power Sourc 104:132–139
86. Andersson AM, Edstrom K (2001) Chemical composition and morphology of the elevated temperature SEI on graphite. J Electrochem Soc 148:A1100–A1109
87. Sun X, Lee HS, Yang XQ, McBreen J (2002) Using a boron-based anion receptor additive to improve the thermal stability of $LiPF_6$-based electrolyte for lithium batteries. Electrochem Solid State Lett 5:A248–A251
88. Sun X, Lee HS, Yang XQ, McBreen J (2003) The compatibility of a boron-based anion receptor with the carbon anode in lithium-ion batteries. Electrochem Solid State Lett 6:A43–A46
89. Herstedt M, Stjerndahl M, Gustafsson T, Edstrom K (2003) Anion receptor for enhanced thermal stability of the graphite anode interface in a Li-ion battery. Electrochem Commun 5:467–472
90. Sun X, Lee HS, Yang XQ, McBreen J (1999) Comparative studies of the electrochemical and thermal stability of two types of composite lithium battery electrolytes using boron-based anion receptors. J Electrochem Soc 146:3655–3659
91. Zhang SS, Xu K, Jow TR (2002) A thermal stabilizer for $LiPF_6$-based electrolytes of Li-ion cells. Electrochem Solid State Lett 5:A206–A208
92. Jow TR, Zhang SS, Xu K, Ding MS (2005) Non-aqueous electrolyte solutions comprising additives and non-aqueous electrolyte cells comprising the same. US Patent 6,905,762 B1. Accessed 14 June 2005
93. Wang X, Naito H, Sone Y, Segami G, Kuwajima S (2005) New additives to improve the first-cycle charge-discharge performance of a graphite anode for lithium-ion cells. J Electrochem Soc 152:A1996–A2001
94. Appel K, Pasenok S (2000) Electrolyte system for lithium batteries and use of said system, and method for increasing the safety of lithium batteries. US Patent 6,159,640. Accessed 12 Dec 2000
95. Li W, Campion C, Lucht BL, Ravdel B, DiCarlo J, Abraham KM (2005) Additives for stabilizing $LiPF_6$-based electrolytes against thermal decomposition. J Electrochem Soc 152:A1361–A1365
96. Xu K, Zhang SS, Jow TR, Xu W, Angell CA (2002) LiBOB as salt for lithium-ion batteries: a possible solution for high temperature operation. Electrochem Solid State Lett 5:A26–A29
97. Xu K, Zhang SS, Poese BA, Jow TR (2002) Lithium bis(oxalate)borate stabilizes graphite anode in propylene carbonate. Electrochem Solid State Lett 5:A259–A262
98. Jiang J, Dahn JR (2003) Comparison of the thermal stability of lithiated graphite in LiBOB EC/DEC and in $LiPF_6$ EC/DEC. Electrochem Solid State Lett 6:A180–A182
99. Heider U, Schmidt M, Amann A, Niemann M, Kühner A (2003) Use of additives in electrolyte for electrochemical cells. US Patent 6,548,212. Accessed 15 Apr 2003
100. Wiesboeck RA (1972) Tetraacetonitrilolithium hexafluorophosphate, tetraacetonitrillithium hexafluoroarsenate and method for the preparation thereof. US Patent 3,654,330. Accessed 4 Apr 1972
101. Lee HS, Yang XQ, Nam KW, Wang X (2012) Fluorinated arylboron oxalate as anion receptors and additives for non-aqueous battery electrolytes. US Patent 2012/0183866 A. Accessed 19 July 2012
102. Xu K, Zhang SS, Lee U, Allen JL, Jow TR (2005) LiBOB: is it an alternative salt for lithium ion chemistry? J Power Sourc 146:79–85
103. Dahn JR, EFuller EW, Obrovac M, von Sacken U (1994) Thermal stability of Li_xCoO_2, Li_xNiO_2 and λ-MnO_2 and consequences for the safety of Li-ion cells. Solid State Ionics 69:265–270
104. Jang DH, Shin YJ, Oh SM (1996) Dissolution of spinel oxides and capacity losses in 4 V Li/$Li_xMn_2O_4$ cells. J Electrochem Soc 143:2204–2211
105. Zaghib K, Striebel K, Guerfi A, Shim J, Armand M, Gauthier M (2004) $LiFePO_4$/polymer/natural graphite: low cost Li-ion batteries. Electrochim Acta 50:263–270
106. Zaghib K, Charest P, Guerfi A, Shim J, Perrier M, Striebel K (2005) $LiFePO_4$ safe Li-ion polymer batteries for clean environment. J Power Sourc 146:380–385
107. Chagnes A, Carré B, Willmann P, Dedryvère R, Gonbeau D, Lemordant D (2003) Cycling ability of γ-butyrolactone-ethylene carbonate based electrolytes. J Electrochem Soc 150:A1255–A1261
108. Takami N, Sekino M, Ohsaki T, Kanda M, Yamamoto M (2001) New thin lithium-ion batteries using a liquid electrolyte with thermal stability. J Power Sourc 97–98:677–680

109. Schmidt M, Heider U, Kuehner A, Oesten R, Jungnitz M, Ignatev N, Sartori P (2001) Lithium fluoroalkylphosphates: a new class of conducting salts for electrolytes for high energy lithium-ion batteries. J Power Sourc 97–98:557–560
110. Oesten R, Heider U, Schmidt M (2002) Advanced electrolytes. Solid State Ionics 148:391–397
111. Gnanaraj JS, Zinigrad E, Asraf L, Gottlieb HE, Sprecher M, Aurbach D, Schmidt M (2003) The use of accelerating rate calorimetry (ARC) for the study of the thermal reactions of Li-ion battery electolyte solutions. J Power Sourc 119–121:794–798
112. Buhrmester C, Chen J, Moshurchak L, Jiang J, Wang RL, Dahn JR (2005) Studies of aromatic redox shuttle additives for LiFePO$_4$-based Li-ion cells. J Electrochem Soc 152:A2390–A2399
113. Dahn JR, Jiang J, Fleischauer MD, Buhrmester C, Krause LJ (2005) High-rate overcharge protection of LiFePO$_4$-based Li-ion cells using the redox shuttle additive 2,5-ditertbutyl-1,4-dimethoxybenzene. J Electrochem Soc 152:A1283–A1289
114. Feng XM, Ai XP, Yang HX (2004) Possible use of methylbenzenes as electrolyte additives for improving the overcharge tolerances of Li-ion batteries. J Appl Electrochem 34:1199–1203
115. Lee H, Lee JH, Ahn S, Kim HJ, Cho JJ (2006) Co-use of cyclohexyl benzene and biphenyl for overcharge protection of lithium-ion batteries. Electrochem Solid State Lett 9:A307–A310
116. Xiao L, Ai X, Cao Y, Yang H (2004) Electrochemical behavior of biphenyl as polymerizable additive for overcharge protection of lithium ion batteries. Electrochim Acta 49:4189–4196
117. Choy SH, Noh HG, Lee HY, Sun HY, Kim HS (2005) Nonaqueous electrolyte composition for improving overcharge safety and lithium battery using the same. U.S. Patent 6,921,612. Accessed 26 July 2005
118. Mao H, Wainwright DS (2000) Improvement comprises a monomer additive mixed in nonaqueous electrolyte which polymerizes to form electroconductive polymer at battery voltages greater than maximum operating charging voltage and creates an internal short circuiting. US Patent 6,074,776 A. Accessed 13 June 2000
119. Reimers JN, Way BM (2000) Additives selected from the group consisting of phenyl-aliphatic hydrocarbon-phenyl compounds, fluorine substituted biphenyl compounds, and 3-thiopheneacetonitrile can provide better cycling performances; fireproofing. US Patent 6,074,777 A. Accessed 13 June 2000
120. Amine K, Liu J, Belharouak I, Kang SH, Bloom I, Vissers D, Henriksen G (2005) Advanced cathode materials for high-power applications. J Power Sourc 146:111–115
121. Zhang SS (2006) An unique lithium salt for the improved electrolyte of Li-ion battery. Electrochem Commun 8:1423–1428
122. Granzow A (1978) Flame retardation by phosphorus compounds. Chem Res 11:177–183
123. Xu K, Ding MS, Zhang SS, Allen JL, Jow TR (2002) An attempt to formulate non-flammable lithium ion electrolytes with alkyl phosphates and phosphazenes. J Electrochem Soc 149:A622–A626
124. Xu K, Zhang SS, Allen JL, Jow TR (2002) Nonflammable electrolytes for Li-ion batteries based on a fluorinated phosphate. J Electrochem Soc 149:A1079–A1082
125. Lee CW, Venkatachalapathy R, Prakash J (2000) A novel flame-retardant additive for lithium batteries. Electrochem Solid State Lett 3:63–65
126. Prakash J, Lee CW, Amine K (2002) Flame-retardant additive for Li-ion batteries. US Patent 6,455,200 B1. Accessed 24 Sept 2002
127. Yao XL, Xie S, Chen CH, Wang QS, Sun JH, Li YL, Lu SX (2005) Comparative study of trimethyl phosphate and trimethyl phosphate as electrolyte additives in lithium ion batteries. J Power Sourc 144:170–175
128. Xu W, Deng Z (2007) Stabilized nonaqueous electrolytes for rechargeable batteries. World Patent 2007109435 A2. Accessed 27 Sept 2007
129. Yokoyama K, Sasano T, Hiwara A (2000) Fluorine-substituted cyclic carbonate electrolytic solution and battery containing the same. US Patent 6,010,806. Accessed 4 Jan 2000
130. Guerfi A, Duchesne S, Kobayashi Y, Vijh A, Zaghib Z (2008) LiFePO$_4$ and graphite electrodes with ionic liquids based on bis(fluorosulfonyl)imide (FSI)$^-$ for Li-ion batteries. J Power Sourc 175:866–873
131. Wang Y, Zaghib K, Guerfi A, Bazito FC, Torresi RM, Dahn JR (2007) Accelerating rate calorimetry studies of the reactions between ionic liquids and charged lithium ion battery electrode materials. Electrochim Acta 52:6346–6352
132. Sakuda A, Hagashi A, Tatsumisago M (2013) Sulfide solid electrolyte with favourable mechanical property for all-solid-state lithium battery. Sci Rep 3:2261–2266. doi:10.1038/svep 02261
133. Zhang SS (2007) A review on the separators of liquid electrolyte Li-ion batteries, together

with the manufacturing processes. J Power Sourc 164:351–364
134. Lundquist JT, Lundsager B, Palmer NI, Troffkin HJ, Howard J (1987) Battery separator. U.S. Patent 4,650,730
135. Yu WC, Geiger MW (1996) Shutdown, bilayer battery separator. U.S. Patent 5,565,281
136. Lundquist JT, Lundsager CB, Palmer NI, Troffkin HJ (1988) Dimensional stability. U.S. Patent 4,731,304
137. Yu WC, Dwiggins CF (1997) Methods of making cross-ply microporous membrane battery separator, and the battery separators made thereby. U.S. Patent 5,667,911
138. Yu WC (1997) Shutdown, trilayer battery separator. U.S. Patent 5,691,077
139. Yu TH (2000) Microporous polypropylene coatings; shutdown layer blend of low density polyethylene and calcium carbonate. U.S. Patent 6,080,507
140. Yu WC (2005) Continuous methods of making microporous battery separators. U.S. Patent 6,878,226
141. Callahan RW, Call RW, Harleson KJ, Yu TH (2003) Battery separators with reduced splitting propensity. U.S. Patent 6,602,593
142. Kinouchi M, Akazawa T, Oe T, Kogure R, Kawabata K, Nakakita Y (2003) Battery separator and lithium secondary battery. U.S. Patent 6,627,346
143. Prosini PP, Villano P, Carewska M (2002) A novel intrinsically porous separator for self-standing lithium-ion batteries. Electrochim Acta 48:227–233
144. Kim KM, Park NG, Ryu KS, Chang SH (2006) Characteristics of PVdF-HFP/TiO_2 composite membrane electrolytes prepared by phase inversion and conventional casting methods. Electrochim Acta 51:5636–5644
145. Takemura D, Aihara S, Hamano K, Kise M, Nishimura T, Urushibata H, Yoshiyasu H (2005) A powder particle size effect on ceramic powder based separator for lithium rechargeable battery. J Power Sourc 146:779–783
146. Zhang SS, Xu K, Jow TR (2003) Alkaline composite film as a separator for rechargeable lithium batteries. J Solid State Electrochem 7:492–496
147. Zhang SS, Xu K, Jow TR (2005) An inorganic composite membrane as the separator of Li-ion batteries. J Power Sourc 140:361–364
148. Augustin S, Hennige VD, Horpel G, Hying C (2002) Ceramic but flexible: new ceramic membrane foils for fuel cells and batteries. Desalination 146:23–28
149. Augustin S, Hennige VD, Horpel G, Hying C, Tarabocchia J, Swoyer J, Saidi MY (2006) Performance of saphion type batteries using SEPARION separators. Meet Abstr Electrochem Soc 502 Abstract 80
150. Augustin S, Hennige VD, Horpel G, Hying C, Haug P, Perner A, Pompetzki M, Wohrle T, Wurm C, Ilic D (2006) Improved abuse tolerance of PoLiFlex batteries using SEPARION separators. Meet Abstr Electrochem Soc 502 Abstract 84
151. Augustin S (2006) Ceramic separator for large lithium ion batteries. Advanced automotive battery and ultracapacitor conference (AABC-06), Baltimore MD. Accessed 15–19 May 2006
152. Hennige V, Hying C, Horpel G, Novak P, Vetter J (2006) Separator provided with asymmetrical pore structures for an electrochemical cell. U.S. Patent 20,060,078,791
153. West WC, Whitacre JF, Lim JR (2004) Chemical stability enhancement of lithium conducting solid electrolyte plates using sputtered LiPON thin films. J Power Sourc 126:134–138
154. Thangadurai V, Weppner W (2005) Investigations on electrical conductivity and chemical compatibility between fast lithium ion conducting garnet-like $Li_4BaLa_2Ta_2O_{12}$ and lithium battery cathodes. J Power Sourc 142:339–344
155. Fergus JW (2010) Ceramic and polymeric solid electrolytes for lithium-ion batteries. J Power Sourc 195:4554–4569
156. Kotobuki M, Kanamura K (2013) Fabrication of all-solid-state battery using $Li_5La_3Ta_2O_{12}$ ceramic electrolyte. Ceramic Intern 39:6481–6487
157. Jow RY, Ksu K, Borodin O, Ue M (2014) Electrolytes for lithium and lithium-ion batteries. Springer, New York, pp 1–467

第 12 章
储能纳米技术

12.1 引言

  金属氧化物纳米材料作为锂离子电池正极和负极材料，得到了研究人员的较集中研究，旨在获得较高的比容量和功率密度。值得一提的是，"纳米技术"这个词已经非常流行，用于描述直径小于 $1\mu m$ 的颗粒的相关研究。例如，为了绘制电脑元件，不断改进平板印刷术，最终使线条宽度小于 $1\mu m$，这项技术通常被称为"纳米技术"。在过去的 50 年里，电脑硬件性能一直稳定地呈现指数提高的趋势。在"纳米科学"相当普遍的今天，人们相信这种趋势很可能持续至少 7 年时间。但是，在能量转化领域，现在必须关注一些不同的方面。在这方面，理查德 P. 费恩曼 1959 年的经典文章"在底部有很大空间"中讨论了小型化的极限，并预言了"随心所欲地安排原子；通过这些原子，一切都能做到[1]。"

  在组成材料的独立体尺寸方面，纳米结构材料与传统的多晶材料有着很大区别。对于纳米材料，纳米尺寸的微结构至少存在于一个维度上。研究人员有能力将材料结构和构成控制在纳米级别，进一步研究发现，纳米材料和装置与多晶材料和器件在性质上有着内在区别。由于有可能在原子级别上调整基本性质，所以开发有新用途的新型材料和装置的前景是切合实际的。

  传统的可充电锂电池展现出相当差的倍率性能，即使与铅酸等旧体系相比，倍率性能也无任何优势[2]。可通过改变正负极活性材料的粒径，最终得到高倍率性能的可充电锂电池。其中，一种解决高功率电极的较好方法是选择纳米组成的材料，这是由于嵌入化合物的线性设计是决定性的内在性质。锂离子电池电极材料能够达到现在的性能归功于在材料尺寸纳米化方面的集中研究。但是，有必要详述一下此处"纳米"的含义。例如，在电子学中，纳米就是颗粒非常小，甚至可以通过对电子的量子限制，使其电子和磁性质得到改变。这就意味着颗粒尺寸小于 10nm。然而，在锂离子电池正极的物理与电化学方面，此术语表示颗粒很小，从而它们的性质主要取决于表面效应。一般来说，表面层大约 3nm 厚，所以文献中将尺寸小于 100nm 的颗粒标记为"纳米"，而尺寸通常在 20~100nm 范围内。目前，研究人员对合成较小颗粒并没有太大兴趣，这是因为颗粒太小会降低振实密度[3]，并且很难实现此类电极在工业化锂离子电池中的使用。结果发现，只有在"纳米"范围内，对颗粒的物理和化学性质的尺寸效应才会被观察到。这在此综述的后边会提及，但是没必要期待，可能对其理解不是很透彻。虽然如此，研究人员仍然投入大量精力来减小颗粒尺寸（从几个微米到纳米级。而其中有几个原因：第一个原因是，增加电解液与颗粒间的有效接触面积，较大的有效接触面积意味着电极中的锂离子参与反应的可能性更大，这会增加电池的功率密度。较小的颗粒尺寸同样缩短了锂离子的扩散距离，这会在高倍率充/放电下提升容量，从而提高功率密度。减小活性颗粒的尺寸到纳米范围意味着，对于指定的化学扩散常数 D^*，嵌入反应的特征时间 τ，降低为原来的 10^{-6} 倍，嵌入反应的特征时间常数计算公式为：

$$\tau = L^2/4\pi D^* \tag{12.1}$$

其中 L 为扩散距离[4]。与特定性更强的纳米结构一样，纳米颗粒得到了一定的研究并用于增加倍率性能，甚至还用于如橄榄石结构等低电子电导率材料的倍率改善中。对于这类材料，可以通过材料纳米化和碳包覆来实现高倍率[5]。另外，橄榄石结构颗粒的电子电导率低源于 $FePO_4/LiFePO_4$ 的两相反应，这可以通过包覆一个既到电子又到锂离子的薄层，通常这个薄层为无定形碳[6]。降低颗粒尺寸可以缩短电子往返传递距离（传递至表面层或到颗粒中心），这同样增加功率密度。包覆层同样可以降低锂离子穿过电极/电解液界面的活化能。

本章结构如下：第一部分是关于不同形状（如纳米颗粒、纳米纤维、纳米带）纳米电极材料的合成及其物理化学性质讨论，考察了多种化合物，其中包括 $LiMO_2$［其中 M＝(Ni，Co) 或 (Ni，Co，Mn)］、MnO_2、$LiFePO_4$、WO_3-SiO_2 纳米混合物、WO_3 纳米棒以及 Li_2MnO_3 岩盐纳米颗粒；并对颗粒形貌、粒度分布等影响电化学性质的各种参数进行了讨论。在第二部分中，我们展示了特定的一种表征手段，即振动光谱（红外和拉曼光谱），它是一种用于表征纳米材料特定区域结构性质的有力工具。

12.2 纳米材料的合成方法

低维度纳米结构（如纳米管、纳米棒、纳米纤维、纳米针、纳米线）的合成得到研究人员青睐，这是由于它们在一些先进系统中有着较好的应用前景。纳米材料的制备技术可以分成两大类："由上至下"的物理法，如碾磨法；"由下至上"的化学法，如溶胶-凝胶湿化学法。值得注意的是前者的物理法更受工业化领域的青睐[7]。普遍来说，化学法在较低温反应和较短反应时间就能实现，并且可以制备出较均匀且较高比表面积的材料[8]。

12.2.1 湿化学法

湿化学，又名软化学或"温和化学"，其对应的合成技术必有一液相。此方法较普遍地用于多晶材料的制备，尤其是低温（$T>200℃$）制备氧化物过程中。此方法包括原料溶液的酸化处理。如图 12.1 所示，整个过程包括几个步骤：①在液相中混合原料；②蒸发形成溶胶；③低温加热溶胶形成凝胶；④不同温度下烧结而得到最终产物。根据所用盐和络合剂，湿化学法可以分为四组（表 12.1），它们分别是溶胶-凝胶法[9,10]、沉淀法[11,12]、燃烧法[13]、热解法[14]、多元醇法[15]、Pechini 法[16,17]等。这些方法用于锂离子电池用纳米结构金属氧化物的制备中。这些技术需要络合剂的辅助，络合剂主要为羧酸，比如柠檬酸、草酸、马来酸、酒石酸以及琥珀酸[18]。Pereira-Ramos 关键性地讨论了软化学法，尤其是溶胶-凝胶法和沉淀法对合成的氧化物材料电化学行为的影响[19]。溶液合成技术会使混合更加均匀，从而使混合物反应更加充分，最终保证产物的纯度；较低温反应和较短反应时间可以制备出较均匀且较高比表面积的材料并且低温法采用较低的烧结温度，从而可以得到小尺寸和高应力晶格的颗粒。

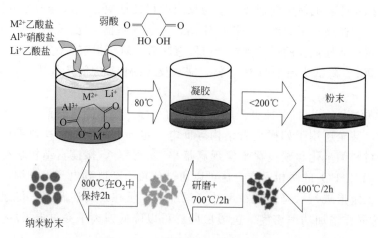

图 12.1 由羧酸辅助的湿化学法

表 12.1 用于生长过渡金属氧化物粉末的各种湿化学方法

方法	盐	络合剂	摩尔质量/g·mol^{-1}	分子式
溶胶-凝胶	乙酸盐	柠檬酸	192.43	$HOC(COOH)(CH_2COOH)_2$
沉淀	乙酸盐	草酸	90.04	$HOOCCOOH$
燃烧	硝酸盐	甘氨酸	75.07	NH_2CH_2COOH
热解	乙酸盐	琥珀酸	118.09	$HOOCCH_2CH_2COOH$

12.2.1.1 溶胶-凝胶法

溶胶-凝胶法是基于胶体悬浮液——溶胶的制备，以及向凝胶形式的转化。在此过程中，通过溶液中无机的络合反应来形成多晶材料。在溶胶-凝胶过程中，固相是通过胶体悬浮液的凝胶化而形成。干燥凝胶后可得到"干凝胶"（气凝胶），随后的热处理将去除未反应的有机残留物、稳定凝胶、增加其密度并诱发结晶。图 12.2 给出了 $LiNi_{0.5}Co_{0.5}O_2$ 气凝胶的热重曲线。在温度低于 250℃ 范围内，与 9% 失重相对应的弱吸热效应，对应着残留水的蒸发。在水分子蒸发后，在 316℃ 处出现了强的放热峰。放热效应对应着柠檬酸和乙酸离子气凝胶的燃烧。在此阶段超过一半的重量流失源于剧烈的氧化分解反应。柠檬酸在凝胶前驱体的高温分解中充当燃料，加速了乙酸离子的分解。据

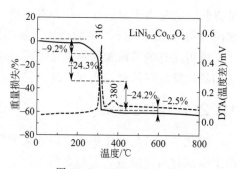

图 12.2 $LiNi_{0.5}Co_{0.5}O_2$ 干凝胶的 TG-DTA 曲线（用氧气流以 10℃·min^{-1} 的加热速率进行测量）

报道，在氧化物的合成中，络合剂为烧结提供了燃烧热[20]。一旦引发，凝胶前驱体会进行自燃烧，这是由于分解了的乙酸盐离子充当氧化剂。在 330～400℃ 范围内的失重对应着剩余有机组分的分解反应。虽然结晶反应在 400℃ 以下就开始发生，但是在 600℃ 才能得到晶态好且纯度高的产物。尽管此阶段的热解反应非常复杂，但可以推测在 380℃ 的放热峰对应着 $LiNi_{0.5}Co_{0.5}O_2$ 的结晶[9]。

12.2.1.2 Pechini法

1967年在制造陶瓷电容器过程中，Maggio Pechini 开发了一种溶胶-凝胶技术，用于碱土钛酸盐和铌酸盐的合成，针对原料没有一个合适的水解平衡[21]。在 Pechini 法（或者称为可聚合复合法）的过程中，络合离子是通过聚醇类来实现的，并经过酯化反应来形成凝胶。最常用的络合剂是带有四个羧基的乙二胺四乙酸（EDTA）。待凝胶形成后，将凝胶态的化合物进行烧结，从而使有机物进行热解，最终得到纳米颗粒。对于 Pechini 法，金属离子被聚合物凝胶所包围，而普通溶胶-凝胶中，它是凝胶结构的一部分。Pechini 法使用聚羟基醇类作为聚合剂，比如聚乙二醇和聚乙烯醇，它们的作用就是保证金属离子的均匀分布，并且避免在蒸发过程中形成沉淀[22]。值得注意的是，金属氧化物既可以通过传统的 pH 为酸性的 Pechini 技术制备，也可以通过改进的 pH 为碱性的 Pechini 技术制备。具有较高 pH 值的初始溶液会使最终烧结粉末具有很好的晶粒。利用乙二醇作为原料，可以成功制备出氧化锌纳米棒[23]。

12.2.1.3 沉淀法

沉淀法是合成纳米材料最古老的方法之一。沉淀合成是将可溶物通过凝聚而形成固态氧化物网络，即沉淀。凝聚过程是由氧化反应或改变 pH 值引发的。含有过渡金属离子的沉淀物有着典型的颜色：粉色的是钴、红棕色是三价铁、浅桃红色是锰、绿色是镍等。不同离子在不同 pH 值形成沉淀。例如，铁离子在 pH 值约为 2.5 时，开始形成氢氧化物沉淀；在 pH 值约为 1.8 时，开始形成磷酸盐沉淀。Zhang 等人[24]通过将 $(Ni_{1/3}Mn_{1/3}Co_{1/3})(OH)_2$ 的过渡金属氧化物沉淀与碳酸锂进行混合，而后经过两步燃烧法制备了 $Li_{1+x}(Ni_{1/3}Mn_{1/3}Co_{1/3})_{1-x}(OH)_2$ 粉体。利用 NaOH 和 NH_4OH 调节 pH 值来控制沉淀的形成，其中最优 pH 值为 11[25]。经过研磨和搅拌，将前驱体在 500℃ 下烧结 5h，而后在 950℃ 下烧结 10h 得到最终产物。在 <001> 方向上，平均微晶尺寸 L_{003} 大概比垂直方向的大 80Å（1Å = 0.1nm），这使其晶粒狭长。固溶体材料 $0.5Li_2MnO_3 - 0.5LiNi_{0.33}Co_{0.33}Mn_{0.33}O_2$，被称为富锂材料，是由改进的沉淀法制备的。在合成过程中，利用高水溶性的过渡金属硫酸盐作为原料而形成氢氧化物[26]。此过程需要适量的 KOH 和 NH_4OH 作为沉淀剂，二者需要分别加入反应器中。

12.2.1.4 多元醇法

多元醇法是一种软化学法，使用乙二醇基溶剂，如二烯乙二醇、三甘醇和四甘醇。多元醇过程涉及在液体醇沸点下，氧化物和盐等金属化合物的还原过程[27]。多元醇介质对于形成均匀分散的纳米颗粒的作用是双重的：溶剂、限制颗粒生长且阻止团聚的稳定剂。此反应有个规律：多元醇温度越高，成核速度越快，纳米颗粒形成得越均匀。Kim 等人[28]利用不需后续热处理的多元醇法制备了 $LiFePO_4$ 纳米颗粒。颗粒呈棒和片状且结晶度高，平均尺寸为 300nm。Badi 等人[29]则报道了利用改进的多元醇法制备 $Li_{1-y}FePO_4$ 纳米晶体，M1 位上的最大 Li 亚化学计量数约为 10%（合成温度为 320℃）。LFP 晶体是相对均匀的，平均宽度为 20nm，平均长度为 40nm，粒度分布相当窄[29]。

12.2.1.5 燃烧法

燃烧法通过氧化剂（金属硝酸盐）与有机燃料［羧酸、碳酰肼（CH）、乙二酰肼（ODH）、四正三嗪（TFTA）、二酰肼、尿素等］的放热氧化/还原反应来得到目的物相。

金属硝酸盐与燃料的化学计量比通过计算所得，假设充分燃烧后生成金属氧化物以及 CO_2、N_2、H_2O 副产物。一些燃料对应着特定氧化物种类，比如，尿素对应着铝及相关氧化物，碳酰肼对应着氧化锆，乙二酰肼对应着 Fe_2O_3 和铁氧体，四正三嗪对应着 TiO_2，甘氨酸对应着铬及相关氧化物[31]。燃烧法分为两种：自蔓延高温合成（SHS）和体燃烧合成（VCS）。样品利用外部热源进行加热来引发放热反应，热源有局部（SHS）和均一（VCS）的两种。VCS 更适合于较弱的放热反应，其需要预热点火。VCS 有时被称为"热爆炸"模式[32]。由燃烧反应合成的典型产物是亚微米尺寸的且有着大比表面积，这两点都是燃烧过程中的气体产物所造成的。例如，用 $FeN_2H_5(N_2H_3COO)_3$ 化合物制备 $\gamma\text{-}Fe_2O_3$ 的过程中，每生成 1mol Fe_2O_3 放出 30mol 气体（例如，$6CO_2 + 8N_2 + 16H_2O$），而利用硝酸铁与 $C_3H_8N_4O_2$，则只释放出 20mol 气体[33]。Julien 等人[34]以尿素为燃料制备了取代的钴酸锂氧化物锂离子电池正极材料 $LiCo_{0.5}M_{0.5}O_2$（M=Ni, Mg, Mn, Zn）。利用聚丙烯酸可以合成 30~60nm 的尖晶石 $LiMn_2O_4$ 材料[35]。可利用甘氨酸-硝酸盐体系的燃烧过程，在 320℃ 的低温下合成高压 $LiNiVO_4$ 正极材料[36]。而其具体过程如下：金属硝酸盐和偏钒酸铵的水溶液与甘氨酸溶液以化学计量数 1∶2 的比例进行混合；然后加热到沸腾，而后得到绿黑色黏糊；将黏糊在 250℃ 下烧结使之分解，会有大量小气泡产生，而后会有可燃气体（如 NO_x 和氨气）产生，最后得到灰棕色粉体，也就是前驱体。需要将前驱体在 500℃ 下烧结 6h 才能得到 $LiNiVO_4$ 的目标相。假设原料完全热分解的理论反应可写成：

$$LiNO_{3(aq)} + Ni(NO_3)_{2(aq)} + NH_4VO_{3(aq)} + 6NH_2CH_2COOH_{(aq)} \xrightarrow{\text{heat} \nabla \text{air}}$$
$$\longrightarrow LiNiVO_{4(s)} + 5N_{2(g)} + 12CO_{2(g)} + 17H_2O_{(g)} \tag{12.2}$$

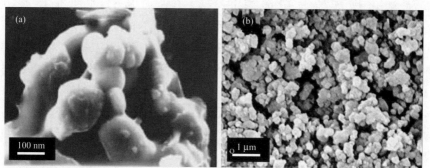

图 12.3　通过甘氨酸辅助燃烧法合成的反尖晶石 $LiNiVO_4$ 的显微照片（a）及通过使用尿素作为燃料的燃烧法制备的 $LiMn_2O_4$ 尖晶石纳米粉末（b）

SEM 分析显示形成亚微米尺寸的球形颗粒，颗粒的平均尺寸为 80~180nm [图 12.3(a)]。$LiNi_{0.3}Co_{0.7}O_2$ 层状材料是通过甘氨酸辅助燃烧法[37]制备的。形成黏性树脂的羧酸基团（—COOH）在较低温度（$T<250℃$）下的结晶过程中作为燃料，同时有助于纳米结构颗粒的形成。Chitra 等人[13]开发了一种新的燃烧方法，使用尿素作为合成尖晶石 $LiMn_2O_4$ 的燃料。在 500℃ 左右形成的纳米粉末为球形 [图 12.3(b)]，且几乎为无孔状态并具有高比表面积（$S_{BET} \geq 13cm^2 \cdot g^{-1}$）。改进的燃烧合成法，即含有聚乙烯醇（PVA）的金属硝酸盐溶液的 PVA-凝胶方法，已被研究人员提出用来制备具有松散团聚的 30nm 球形颗粒的纳米结构 $LiMn_2O_4$[38]。

12.2.1.6　热解法

热解法，又名琥珀酸辅助湿化学反应，包括树脂的点燃以去除有机部分，使得所选混合氧化物组成进行化学组合。与其他方法相比，在制备单相纳米材料方面，使用适量螯合剂的该方法使得煅烧温度低很多，并且煅烧时间和机械研磨时间都更短。已经发现，可以在低至 300℃ 的适度温度下获得大量的亚微米尺寸的颗粒，具有最高的相纯度水平。该技术描述了简单的溶液混合程序[39,40]。例如，在琥珀酸辅助的 $LiN_{0.5}Co_{0.5}O_2$ 工艺中的点火发生在 277℃，而溶胶-凝胶和燃烧方法分别为 296℃ 和 315℃[14]。热解法通过将金属乙酸盐溶解在甲醇和琥珀酸组成的混合溶液中进行。在缓慢蒸发甲醇和乙酸时，通过控制混合溶液的 pH 值来调节络合剂的浓度，最终形成极黏稠糊状物质。在甲醇和乙酸缓慢蒸发过程中，琥珀酸的羧基与金属离子形成化学键，形成极黏的糊状物质。将糊状物在 120℃ 下进一步干燥，得到干燥的前驱体。前驱体分解引发剧烈的放热反应，这是存在于前驱体物质中的有机物质的燃烧反应。在 $LiN_{0.5}Co_{0.5}O_2$ 的生成过程中，产生褐色黑色粉末的放热过程增强了氧化反应并引起结晶相的形成。在热解合成纳米晶体 $LiFePO_4$ 的过程中，使用液体 NH_3 调节琥珀酸的溶液，其范围在 5.0~5.5 之间，因为弱酸或中性或弱碱性前驱体溶液有利于单相 $LiFePO_4$ 的形成[41]，并且应避免强碱性条件以制备无杂质相的 $LiFePO_4$[42]。

12.2.2 模板合成法

通过模板技术可制备有序纳米结构材料。该方法通过热分解沉积在多孔膜上的溶胶-凝胶前驱体来实现。将模板浸入溶胶中 10min，取出后在 $T>400℃$ 下加热，使之在模板孔内形成纳米材料。不同类型的模板已经被广泛研究，例如阳极氧化铝（AAO），多孔聚合物和纳米通道玻璃模板。通过将模板复合物溶解在 $6mol·L^{-1}$ NaOH 溶液中获得最终的纳米样品。AAO 的多孔膜的模板方法已经成功地用于制备纳米管。Li 等人[43]报道了使用模板法，在空气中于 500℃ 下热处理 8h，合成 $LiCoO_2$、$LiMn_2O_4$ 和 $LiNi_{0.8}Co_{0.2}O_2$ 纳米管。Zhou 等人[44]通过 AAO 模板制备高度有序 $LiMn_2O_4$ 纳米线阵列，此过程中的聚合物基质由金属乙酸盐、柠檬酸和乙二醇的混合物组成，其中金属乙酸盐为阳离子源，而柠檬酸和乙二醇为单体。所制备的纳米线均匀分布并且具有约 100nm 的直径。

12.2.3 喷雾热解法

喷雾热解法是合成高纯度、窄尺寸分布、均匀组成的球形氧化物颗粒的有效方法。

实验装置的示意图如图 12.4 所示。该装置分为三个部分：液滴发生器、热解反应器和颗粒收集器。液滴发生器由三部分组成：超声雾化器，用于供应前驱体溶液的蠕动泵和恒温循环部件。热解反应器管通过将石英管（长 186cm）放入水平炉中而形成，该水平炉被分成五个加热区。Taniguchi 等人[45]报道了球形尖晶石 $LiMn_2O_4$ 粉末可以使用此方法来合成，通过改变反应器中的气体流速和温度分布来实现。微晶尺寸约为 30nm，颗粒的比表面积范围为 $5.7 \sim 12.7 m^2·g^{-1}$。$Li[Ni_{1/3}Mn_{1/3}Co_{1/3}]O_2$ 可通过两步合成制备：首先使用喷雾法制备 $Ni_{1/3}Mn_{1/3}Co_{1/3}$ 前驱体，所使用的水溶液包括水合金属硝酸盐和作为聚合物试剂的柠檬酸（总金属与柠檬酸的摩尔比固定为 0.2）。使用具有 1.7MHz 的共振频率的超声雾化器雾化溶液。将气溶胶流引入加热至 500℃ 的立式石英反应器中。用于载气的空气流量为 $10L·min^{-1}$。最终产物通过将前驱体与过量的 $LiOH·H_2O$ 混合，然后在 900℃ 下煅烧而获得。该粉末由多晶聚集体（约 500nm）组成，而多晶聚集体又是由 50nm 一次颗粒组成的[46]。在喷雾干燥法中，通过控制喷嘴的直径快速获得具有所需直径的干燥颗粒。通过使用雾化喷嘴与压缩空气来混合硝酸金属盐和琥珀酸的水溶液来合成 $Li[Ni_{1/3}Mn_{1/3}Co_{1/3}]O_2$。

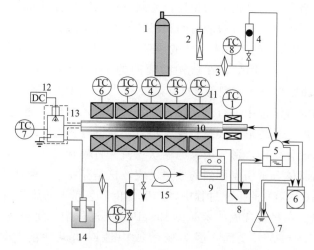

图 12.4 超声波喷雾热解合成实验装置示意图
(经许可转载[45]，版权所有 2002 Elsevier)
1—空气罐；2—填充柱；3—过滤器；4—流量计；5—超声雾化器；6—蠕动泵；
7—溶液；8—水浴；9—浸入式冷却器；10—反应管；11—电炉；
12—直流高压电源；13—静电除尘器；14—冷阱；15—真空泵

液体以 100mL·min^{-1} 的速率沉积，并且在 220℃、2MPa 压力的反应器中进行喷雾[47]。

12.2.4 水热法

一个多世纪以来，水热合成法就被明确地确定为用于制备纳米尺寸颗粒的重要技术，因为可以淬火以形成纳米颗粒粉末，或者交联以产生纳米晶体结构[48,49]。在锂离子电池的电极材料的制造中所追求的各种合成方法中，水热路线在控制化学组成、微晶尺寸和颗粒形状方面特别成功。水热合成（HTS）是在升高温度（$T>25℃$）和压力（$p>100kPa$）下，在水性介质中利用单相或非均相反应直接从溶液中结晶出陶瓷材料的方法[50]。HTS 在多种液体介质中进行：基于水性和溶剂的体系。HTS 有着优于常规陶瓷方法的优势，可以制备所有形式的纳米材料，即纳米粉末[51]、纳米纤维[52]、纳米带[53]、纳米片[54]、纳米线[55]、纳米棒[56]等。使用价格低廉的、环境友好的水作为溶剂为 Li(Fe,Mn)PO$_4$/C 正极材料的大规模生产提供了"绿色"制造方法，此正极材料可应用于大功率混合电动车辆和插电式混合动力电动车辆，其减少了进一步的耗能处理步骤，如更长时间的高温煅烧。HTS 消除了附聚物的形成并产出具有窄粒度分布的纳米颗粒。精确良好调控的粉末形态也可以是显著的。另一个优点是水热制备的粉末的纯度显著超过起始物质的纯度，因为水热结晶是排除杂质的自净化过程。然而常规的水热法涉及较长的反应时间，如合成 LiFePO$_4$ 为 $5\sim12h$[58~60]。在这方面，微波辅助合成方法将是有吸引力的，因为它们可以将反应时间缩短至几分钟，并显著节能。开发出的一锅法是通过微波辅助水热法制备 LiMPO$_4$/C(M=Mn, Fe, Co) 纳米复合材料，其中涉及葡萄糖的水热碳化[61]。最近，Beninati 等人[62]和 Wang 等人[63]报道了通过在家用微波炉中用照射固态原料与碳来合成 LiFePO$_4$。在 MW-HT 工艺过程中尝试在 LiFePO$_4$ 上原位包覆碳，所使用的碳源为葡萄糖。首先将 LiOH、H$_3$PO$_4$ 和葡萄糖的水溶液搅拌几分钟，然后向该混合物中加入 Mn^{2+}、Fe^{2+} 或 Co^{2+} 的硫酸盐的水溶液，使得 Li

：M：P的摩尔比为3：1：1，M^{2+}与葡萄糖的摩尔比为2：1，这使在最终产品中的碳含量为5%（质量分数）。此外，过渡金属氧化物或橄榄石磷酸盐的合成要求仔细控制溶液的pH值。对于M=Mn（pH=6.1）和Fe（pH=6.7）的反应混合物是酸性的，而通过加入氢氧化铵使它们保持碱性（pH=9.9）。因为对于M=Co的溶液呈酸性，在此条件下形成没有锂的磷酸钴水合物，所以使用碱性条件以获得$LiCoPO_4$[64]。在$LiFePO_4$的合成过程中，在水热合成之前和之后测量反应前驱体溶液的pH值。超临界水热合成将有机配体（氨基酸、羧酸或醇）引入到超临界水热条件，其中水处于高于临界温度（374℃）和压力（22.1MPa）的状态。因为密度的急剧变化，溶解度大大增强，相行为在临界点附近变化很大。最终使粒度在2.5~10nm的范围内，并且粒度分散极其窄。晶体形状，如纳米球和纳米管，可以通过改变有机改性剂的浓度来控制[64]。许多研究已经致力于合成锂离子电池的电极材料，如$LiFePO_4$[65]、$LiMn_2O_4$[66]、$LiCoO_2$[67]和$Li_4Ti_5O_{12}$[68]。

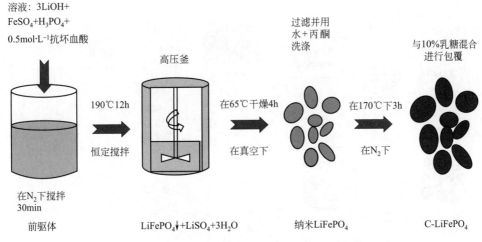

图12.5 使用搅拌水热法合成LFP颗粒的过程的示意图

$LiFePO_4$-C正极材料可以在水热合成过程中通过不同搅拌速度下的旋转/搅拌试验制备（图12.5）[69]。水热法在190℃下进行12h，其中溶液成分包括$LiOH·H_2O$，$FeSO_4·7H_2O$，H_3PO_4（85%，质量分数）和抗坏血酸（作为还原剂），其化学计量比为3Li：1Fe：1P：0.2C。在700℃下在氮气气氛下，以乳糖作为碳包覆源进行退火。研究发现在水热合成过程中通过搅拌制备的$LiFePO_4$-C正极材料（在$C/12$为137.6mA·h·g^{-1}）比不搅拌制备的（106.2mA·h·g^{-1}）具有更高的放电容量。这对于较高的倍率，即$C/5$和$C/3$也是如此。通过在不同速度（260~1150r·min^{-1}）和不同浓度（0.4mol·dm^{-3}，0.5mol·dm^{-3}，0.6mol·dm^{-3}）的一系列试验，所得最佳溶液旋转搅拌/浓度条件分别为260~380r·min^{-1}和0.5mol·dm^{-3}。在这些条件下，获得了具有优异的容量保持率（约130mA·h·g^{-1}，库仑效率>99%）以及在高倍率（1C）下具有更好的循环稳定性的$LiFePO_4$-C材料。通过可控的旋转-水热溶液合成法获得的$LiFePO_4$-C材料具有较好的性能，归因于较少的聚集颗粒、较高比表面积以及较少杂质。因此，可控旋转搅拌溶液合成方法提供了可推广的和环保的方式，来生产更好的锂离子电池正极材料[69]。

12.2.5 喷射研磨

材料的微粉化在制造药物、调色剂、陶瓷、化妆品和涂料的许多方面都是常见的过程。喷射研磨微粉化的原理是利用颗粒在快速气体射流内的碰撞。Rumpf 和 Kuerten[60]在20世纪60年代，对研磨室中尺寸减小和分离的过程进行了深入研究。虽然对硬和结晶材料的粒度减小了解很多，但喷射研磨是个特殊的研磨过程，是使用高度压缩的空气或其他气体（通常以涡旋运动）的研磨过程，以在室中使微粒彼此碰撞[74]。该技术的研磨能量来自于水平研磨空气喷嘴的气流，其主要好处是对研磨粉末非常低的污染。这种方法可以用于相对硬的材料的粉碎。原理如下：样品材料被吸入一个研磨室，压缩空气或另一种惰性气体的射流，加速在最大湍流区域中碰撞的颗粒；然后通过旋风分离器系统回收粉末。这种技术有一些优点：小颗粒尺寸、颗粒球形且均匀、研磨材料对温度敏感、对研磨粉末的低污染、严格的粒度控制、大批量和小批量、容易清洗和维护研磨机（图 12.6）。

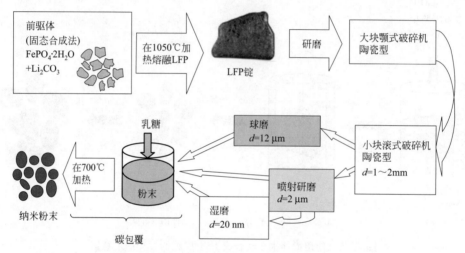

图 12.6　使用破碎机陶瓷衬管和喷射研磨，由熔融锭获得纳米粉末的示意图

通过将在熔融状态下合成的锭研磨而获得 $LiFePO_4$（LFP）纳米颗粒（图 12.6）。该过程（之后为喷射研磨，然后为湿磨）提供了一种简单的方法来获得可控尺寸的粉末，其尺寸范围为从宏观到 25nm，但是我们发现这些颗粒倾向于分离形成尺寸约为 100nm 的二次粒子[75]。合成方法如下：首先，通过在 1050℃ 下加热 $FePO_4 \cdot 2H_2O$ 和 Li_2CO_3 的混合物 5min 并在 Ar 气氛中冷却获得锭；然后通过使用具有陶瓷衬垫的颚式破碎机将锭破碎成厘米尺寸的颗粒，以避免金属污染；最后使用辊式破碎机（陶瓷型）获得毫米尺寸的颗粒。通过使用喷射式粉碎机进一步研磨毫米尺寸的颗粒以获得微米尺寸的颗粒。在此过程中，颗粒进入分级轮并被喷射到旋风分离器和收集器。通过将分散在异丙醇（IPA）溶液中的微米尺寸颗粒（固体含量 15%）进行喷射研磨，而后在使用 0.2mm Zironial 珠的球磨机上研磨，最终获得最小粒径（25nm）的颗粒。最后，通过将纳米颗粒与碳前驱体（乳糖）在丙酮溶液中混合并干燥，再将共混物在中性气氛中在 700℃ 下加热 45h 实现碳包覆。核壳纳米结构的 $xLi_2MnO_3(1-x)LiMO_2$（M=Ni，Co，Mn）复合正极材料可以使用机械化学球磨法通过简单的固相反应来合成[76]。TEM 分析显示一次颗粒比起始材料更小（<100nm），源于 Li_2MnO_3 粉末的低温（约 400℃）合成。

12.3 无序表面层

12.3.1 一般注意事项

可以通过尽可能减小颗粒的尺寸以增加电化学反应活性的有效表面,来实现正极材料(例如用于混合电动车辆)的倍率性能的提高。此外,较小的尺寸意味着缩短了粒子内部的电子和 Li^+ 的传输路径。由于电子和离子电导率小[30],这种路径的缩短预期有利于性能发挥,特别是高倍率性能。然而,实验结果不像我们所预期的那么简单,因为尺寸的减小意味着表面效应变得更加重要,并且表面层不一定具有与本体相同的性质,对其电化学性质有着重要影响。现在对于本体性质(即物理和化学性质足够大使得表面效应可忽略),我们理解得很透彻。但是,对于仍在辩论中的表面效应,情况并非如此。

多个实验已经证明,在氧化物颗粒的表面存在无序层(DSL),通常为几纳米,这改变了锂离子电池的电极材料的固有性质[77~83]。然而,必须注意表面的质量(品质),特别是当纳米材料的表面与体积比的重要性增加时,以防止在锂电池的充电和放电时,表面成为锂离子和/或电子转移的阻挡层。图 12.7 描述了对于 5nm 厚的表面层的壳核体积比(R_{SC})的简单模型:在足够大的颗粒(直径 $0.5\mu m$)的情况下

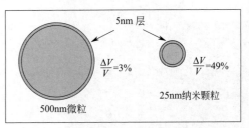

图 12.7 用于描述无序表面层在纳米颗粒中的重要性的简单核-壳模型示意图

$R_{SC}=3\%$,但对于纳米颗粒(直径 25nm)则 $R_{SC}=49\%$。在这种情况下,显然纳米颗粒的行为不同于大颗粒的。Aurbach 等人[84]提出正极活性材料容量的保持非常依赖于嵌入材料的颗粒的表面化学性质,这些颗粒总是被表面膜覆盖,限制了锂离子迁移和活性界面的电子转移。

为了说明这种复杂的情况,我们来研究一下橄榄石材料的情况。特别地,对于大颗粒(例如,尺寸 $d \geqslant 100nm$ 的颗粒),Li_xFePO_4 的相图显示其固溶体在室温下不稳定。结果,在冷却时发生快速分层,并且留下两个相,即 $Li_{1-\alpha}FePO_4$ 和 $Li_\beta FePO_4$,其中 α、β 表示单相区的宽度[85]。然而,对于大颗粒(例如,直径为 $d \geqslant 100nm$),这些参数较小。在这种情况下,采用一级近似,可知嵌锂-脱锂过程中涉及 $xLiFePO_4 + (1-x)FePO_4$,而不是 Li_xFePO_4 固溶体。这种分离,源于库仑相关性[86],对电化学性质具有重要影响,从而导致相对于 Li/Li^+ 的平台电压在 3.4V。然而,在减小颗粒的尺寸时,文献中报道的实验结果显示平台收缩,这是混溶性间隙随 d 减小的信号。这已由 Gibot 等人[87]证实,据该文献所知,在具有 $d \leqslant 40nm$ 的颗粒中不再观察到电压平台。对于在 $d \geqslant 100nm$ 微晶尺寸颗粒的循环过程中,可观察到颗粒的非晶化,这可由成核有限的相变途径来解释[88]。然而,在尺寸 $d \geqslant 100nm$ 的颗粒中没有观察到这种非晶化。在这种情况下,在嵌锂/脱锂过程的任何阶段都观察到了良好结晶的 $LiFePO_4$ 和 $FePO_4$ 晶畴[89]。

高分辨率透射电子显微镜(HRTEM)图像(图 12.8)显示约 2nm 厚的表面层是高度无序的,但不是无定形的[77]。可以看到,表面下颗粒核心的尺寸与 XRD 分析所得的相干长度相同。因此,颗粒是由无序表面层包围的微晶。碳包覆后的 HRTEM 图像显示,颗粒

覆盖有 3nm 厚的碳层和较少无序的表面层。现在可以通过比较碳包覆前后的 $LiFePO_4$ 颗粒之间的物理和化学性质来研究碳涂层的作用[80]。由于表面层仅约 3nm 宽且不是有序的,因此 XRD 实验对表面层不敏感。由于铁离子是磁性离子,所以通过对磁性的研究以达到最终研究目的是个好策略。在体相内,已知铁处于 Fe^{2+} 高自旋状态,因此承载自旋 $S=5/2$(轨道动量被晶体场猝灭,因此可忽略)。与给定铁离子的自旋相关的磁性,对其局部环境非常敏感。这就是为什么它们可以用于其附近的任何缺陷或杂质的探针。这种策略对于体相[5]是成功的,同样适用于表面[77],我们下面将关注它。

12.3.2 $LiFePO_4$ 纳米颗粒的无序层

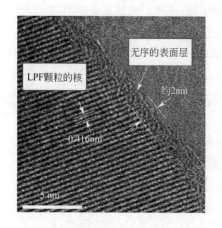

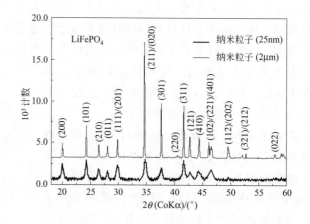

图 12.8 HRTEM 图像(显示了所制备的 $LiFePO_4$ 颗粒的无序表面层)

图 12.9 具有 25nm 一次颗粒(较低光谱)与 $2\mu m$ 一次颗粒(较高光谱)的两种 $LiFePO_4$ 样品的 XRD 比较图(纳米 $LiFePO_4$ 样品经过喷射研磨,其二次颗粒尺寸为 100nm)

$LiFePO_4$ 的纳米颗粒的制备和表征是最重要的,因为它们的尺寸可以决定其结构性质。为了优化 $LiFePO_4$ 电化学性能,已经通过具有碳包覆过程的喷射研磨路径制备了尺寸为 30~40nm 的 $LiFePO_4$ 颗粒[75]。25nm 尺寸的纳米颗粒的 XRD 图显示于图 12.9 中,与颗粒为 $2\mu m$ 的样品谱图进行比较。如图 12.10 所示,通过 FTIR 光谱学对辊压、喷射和湿磨后所得样品的局部结构进行研究。$LiFePO_4$ 的光谱中的固有谱带的位置是众所周知的:在 $372\sim647cm^{-1}$ 范围内的谱带是弯曲振动模式(ν_2 和 ν_4),包括 PO_4^{3-} 的对称和非对称模式和 Li 振动,而在 $945\sim1139cm^{-1}$ 范围内的光谱部分对应于 PO_4^{3-} 的拉伸振动模式。它们涉及 P—O 键的对称和不对称振动模式,其频率与自由分子的频率密切相关。随着 d 增加,存在着一种谱带展宽:在湿磨的情况下观察到最清晰的光谱。宽度的增加是振动模式较短寿命(由与缺陷相关的固体摩擦引起的)的特征。对于较小的 d 值,可观察到分辨率更高的光谱,这可归因于以下事实:较小的颗粒具有较少的结构缺陷,例如晶格边界,其附近的晶格有序性较小[在纳米颗粒 $d=25nm$ 的极限中,颗粒也是微晶($d\approx l$),因此在颗粒的主体中没有任何结构缺陷]。这种小颗粒的唯一无序性位于表面层上,其中铁离子处于 Fe^{3+} 低自旋($S=1/2$)构型。人们发现该无序对电化学性能具有显著的影响,因为它使钝化层内的固溶体稳定。这种无序经过 750℃ 下的碳包覆显著减少,其将表面层中的 Fe^{3+} 切换到高自旋($S=5/2$)构型,并恢复电压对容量的平台。实验结果要基于一种争议来进行讨论,这种争议就是颗粒尺寸减小到纳米级时，混溶性间隙是否收缩。

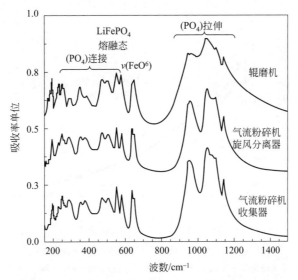

图 12.10　在研磨过程的不同阶段（在碳包覆之前）的熔融状态样品的 FTIR 吸收光谱：辊磨机，气流粉碎机旋风分离器和气流粉碎机收集器

对于纳米颗粒，表面层中铁离子的 $(1-y)$ 部分不可忽略，通过磁测量研究，我们发现表面的贡献与本体的贡献不同[80]。因此，对于本体中的离子和表面层中的离子，铁离子的磁矩的响应是不同的。所以，必须加入本体对磁化率的贡献，即来自表面层以内的铁离子的贡献（图 12.11）。我们发现这个贡献满足居里定律，使得 $\chi(T)$ 满足以下公式：

$$\chi(T) = y\frac{C_0}{T+\theta_0} + (1-y)\frac{C'}{T} \tag{12.3}$$

对于 $T \geqslant 100\mathrm{K}$，存在两个拟合参数：$C'$ 和本体铁离子分数 y。我们已经展示，集合 (y, C') 的解是唯一的，对于直径为 40nm 的粒子，解为[75]：

$$y = 0.89, C' = 0.37 \mathrm{emu \cdot K \cdot mol^{-1}} \tag{12.4}$$

应当注意，仅在顺磁体区域中，核心区域对磁化率的贡献才减少到居里-魏斯表达式。另外，居里定律证明了在任何温度下不存在自旋相关性，包括低于 Néel 温度 T_N：

$$\chi(T) - \chi_{\mathrm{bulk}}(T) = (1-y)\frac{C'}{T} \;\forall\; T \tag{12.5}$$

上述结果已经得到验证[75]。在低温下的这种行为，能让我们区分磁极化子（在前面部分中研究）和表面效应引起的有效力矩的增加，因为极化子在低温下被旋转冷冻，不会对磁化率有居里贡献。y 的值与 N_S/N_B 比率相一致，其中 N_S 为 3nm 厚的表面层中的铁离子数目；N_B 为直径 40nm 的球形颗粒的核心区域中的铁离子数目。然而，C' 的值不一定是所期望的，因为其对应于自旋 $S=1/2$，这意味着未包覆颗粒的表面层中的铁在低自旋状态下是 Fe^{3+}。该例子中，未包覆颗粒的磁性显示出重要的性质。首先，表面层中的铁是三价的。虽然没有给出关于它们位置的任何信息，但是通过 Mössbauer 实验在 $LiFePO_4$ 中系统地检测到大量 Fe^{3+}[5]。磁性质是这些 Fe^{3+} 位于表面层的第一个证据。此外，对 $\chi(T)$ 的分析已经表明 Fe^{3+} 间是不相关的，因为其贡献遵循居里定律 C'/T，T 为居里-魏斯温度（至少

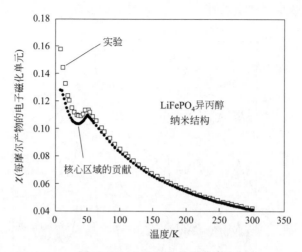

图 12.11 LiFePO$_4$ 的磁化率

[实心圆是核心区域的贡献,并匹配观察到的没有表面效应的颗粒的结果。空心正方形是碳涂覆之前的 40nm 尺寸颗粒的实验数据。该差异通过方程式(12.3)中的第二项定量拟合]

下降到 10K)。这是表面层中磁相互作用的一个重要的反面证据:磁性自旋相关就是结构紊乱的磁性性质的平移,这会影响表面层。最后,Fe^{3+} 处于低自旋状态。而自由离子,即未进入晶体场的离子,由于 Hund 规律总是处于高自旋状态。低自旋状态则是晶体场足够大以破坏 Hund 规律的特征。这是重要结构无序(这种无序会增强表面层中晶体场效应)的另一个标志。铁离子处于三价态意味着表面层已经脱锂。在碳包覆之后,包覆颗粒的磁响应更接近于对固有 LiFePO$_4$ 预测的结果,然而,有效力矩 ($5.02\mu_B$) 仍然稍大于理论值 ($4.90\mu_B$)。由于高自旋态的 Fe^{3+} 为 5/2,其有效力矩为 5.92,我们注意到:

$$y4.9^2+(1-y)5.92^2=5.02^2 \tag{12.6}$$

这意味着磁矩比理论值大的原因在于表面层中 Fe^{3+} ($S=5/2$) 向 Fe^{3+} ($S=1/2$) 状态的转化。这实际上是表面层中铁的"正常"状态。特别来说,即使在短时间内暴露于水分中,氧化表面的铁,结果铁在表面层中的状态为 Fe^{3+} ($S=5/2$)。注意,对暴露于水分中的颗粒降解的研究已经表明,表面层非常快速地完全脱锂,但是之后,在几天时间里没有观察到进一步的脱锂,因为 FePO$_4$ 表面层是疏水的,从而保护核心[78]。已经对层状化合物进行了相同的磁性分析,暴露于水分诱导情况下,它们有着大于 10nm 的厚度的脱锂[81],大于 LiFePO$_4$ 中的 3nm,这说明层状化合物对于水分比对橄榄石结构更敏感。

12.3.3 LiMO$_2$ 层状化合物的无序层

实际上,并不只是过渡金属氧化物材料,碳包覆也能有效提高使用 LiNi$_{1/3}$Mn$_{1/3}$Co$_{1/3}$O$_2$ (NMC) 和 LiCoO$_2$ (LCO) 材料的锂离子电池的循环寿命。即使在有机化合物存在下的简单加热也是可以的,因为退火效应使表面层再结晶,否则表面就是无序的。研究 NMC 颗粒的表面所使用的材料是通过两步法制备:将 LiOH·H$_2$O 和共沉淀所得的金属草酸盐 [(Ni$_{1/3}$Co$_{1/3}$Mn$_{1/3}$)C$_2$O$_4$] 混合,再在 900℃ 下煅烧合成材料[82]。通过 HRTEM 图像和拉曼光谱研究了在 600℃ 下用有机物质(诸如蔗糖和淀粉)进行热处理的效果,结果表明颗粒的表面已经改性。

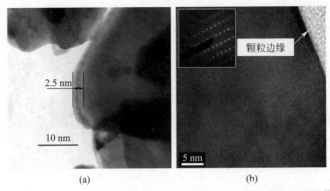

图 12.12 250nm 尺寸颗粒的表面改性的 NMC 粉末的 TEM 图像
[图像（a）和（b）分别显示了无处理的和用蔗糖热处理（在空气中于 600℃下处理 30min）的 NMC 粉末样品的 HRTEM 特征。经许可转载[82]，版权 2011 Elsevier 所有]

退火过程不会形成碳包覆层，但它会使 NMC 表面上薄的无序层进行结晶。对 HRTEM 图像（图 12.12）的分析证明了，经过在 600℃下煅烧，颗粒表面已经被改性。在碳处理之前，我们观察到 NMC 颗粒的表面存在着非晶状覆盖层，典型厚度为 2.5nm。在显微照片中，该表面层在 NMC 微晶的边缘且呈现灰色，而一次颗粒的核是暗色。在适当温度下用有机物质（如蔗糖或淀粉）热处理后，我们观察到无序层消失。因此，颗粒的边缘显示出明显的电子衍射图案 [图 12.12(b) 中的插图]。其积极效果已经在对 NMC 正极材料的半电池电化学性能测试中得到了证实。为了对倍率性能进行比较，改良的 Peukert 曲线，即比容量对倍率的曲线，显示在图 12.13 中。在表面改性 NMC 的电池中，在 2.5~4.2V 的电压范围内 10C 倍率下放电比容量为 107mA·h·g^{-1}，而在相同倍率下未处理的 NMC 电极仅为 81mA·h·g^{-1}。

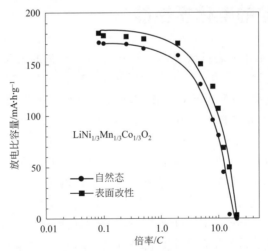

图 12.13 不同 Li // NMC 扣式电池的改良 Peukert 图（无表面改性和表面改性的 NMC 正极材料）（经[82]许可转载。版权 2011 Elsevier 所有）

为了研究湿润气氛下 H_2O 对 NMC 的影响，研究人员对共沉淀法合成的 $LiNi_{1/3}Mn_{1/3}Co_{1/3}O_2$ （NMC）化合物的结构、磁性和电化学等方面进行分析[81]。结果是 NMC 浸入水中或将 NMC 暴露于潮湿气氛都会导致水对 NMC 的快速攻击，其表现在于颗粒表面层的脱锂。该老化过程发生在前几分钟，而后就饱和了，表面层在饱和时的厚度为 10 nm。参考文献 [81] 报道了 NMC 样品的拉曼光谱的定量分析。对于相同样品，在暴露于大气环境下 1d 后，在光谱中多了 3 个 LiOH 的特征谱带和一个 CO_3 基团的特征谱带，其证实了除氢氧化锂之外还有 Li_2CO_3。不管它们是否是层状的，嵌入化合物的一般趋势是可恢复的，故锂与表面层上 H_2O 的反应导致表面层脱锂，这些锂参与表面 LiOH 和 Li_2CO_3 的形成过程。$LiNi_{1/3}Mn_{1/3}Co_{1/3}O_2$ 的表面分解影响其作为正极材料的电化学性质。老化后，在 3.0~4.3V 的截止电压下、在 1C 放电倍率下，释放出 $139mA \cdot h \cdot g^{-1}$ 的初始容量。在 30 个循环后容量保持率约为 95%。

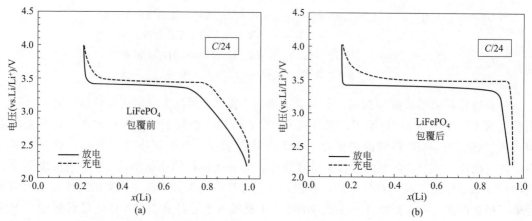

图 12.14　在室温下使用 LFP/$LiPF_6$-EC-DEC/Li 电池，所测试的碳包覆之前（a）和之后（b）$LiFePO_4$ 正极的充放电电压曲线（以充电-放电速率 $C/24$ 恒电流进行测试）

12.4　纳米颗粒的电化学性能

在本节中，我们首先介绍通过碳包覆 $LiFePO_4$ 纳米颗粒的表面改性的效果，其次是能量和功率相 LFP 材料的比较。图 12.14 显示了使用 LFP/$LiPF_6$-EC-DEC/Li 电池，在碳包覆之前（a）和碳包覆之后（b）研究的 $LiFePO_4$ 正极材料的典型充电-放电曲线。该测试在恒电流下进行，并使用非常缓慢的充电-放电倍率（$C/24$）以确保反应达到平衡。其中电压范围为 2.2~4.0V（vs. Li/Li^+）。充电-放电曲线呈现出典型电压平台（在约 3.45V，相对于 Li/Li^+）归因于 $FePO_4$-$LiFePO_4$ 体系的两相反应。然而，平台有所收缩，特别是在低 Li 浓度（充电状态）一侧。但是，在碳包覆之后，平台的全宽得到恢复。碳包覆材料显示出 $160mA \cdot h \cdot g^{-1}$ 的可逆容量，达到 94% 的利用效率。Zaghib 等人[77] 揭示了不同课题发现的关于相图和尺寸 $d \leqslant 40nm$ $LiFePO_4$ 颗粒的电化学性能的矛盾结果。降低的电化学性质和充电-放电曲线中的斜率源于存在严重紊乱颗粒的区域中固溶体的稳定性。使用本工作中我们所使用的合成工艺，则该区域仅限于在碳包覆之前的表面层。另外，与碳包覆相关的处理过程固化了这种无序，使我们获得了结晶良好且没有杂质和缺陷的颗粒。对于这样的颗粒，我们发现，与理论模型一致，小尺寸颗粒没有显著改变材料的电化学性质。此外，由于颗粒的团聚较小并且颗粒尺寸较集中，所以该合成方法为制备纳米结构 $LiFePO_4$ 颗粒开辟了新途径，该材料可用作未来大功率锂离子电池中的活性材料。

图 12.15 展示了两种类型的 LFP 颗粒的 SEM 图像：使用聚合物前驱体方法，通过固态反应合成的 LFP 颗粒尺寸为 2～5μm；通过水热法合成的 LFP 颗粒平均尺寸为 300nm。改良的 Peukert 图如图 12.16 所示。值得注意的是，功率级粉末在 10C 下能发挥出初始容量的 75%。

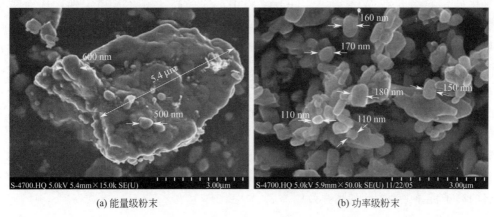

(a) 能量级粉末　　　　　　　　　(b) 功率级粉末

图 12.15　不同 LiFePO$_4$ 粉末的 SEM 图像

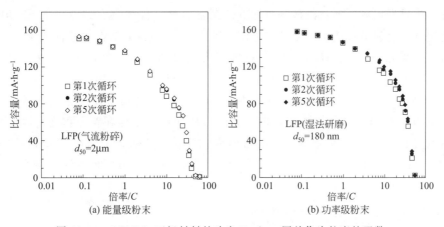

(a) 能量级粉末　　　　　　　　　(b) 功率级粉末

图 12.16　LiFePO$_4$ 正极材料的改良 Peukert 图并作为粒度的函数

12.5　纳米功能材料

12.5.1　WO$_3$ 纳米复合材料

三氧化钨是 n 型半导体，其已经在包括电致变色显示器、智能窗口、气体检测器和电化学电容器的若干应用中引起了研究人员的极大兴趣。传感器装置中 WO$_3$ 纳米材料的最佳性能取决于导电性和表面吸附性质，其与颗粒的结构、形态和尺寸密切相关。Ag 掺杂的 WO$_3$ 纳米材料已被研究以用于检测相对湿度（RH）的敏感元件，在 20%～90% 范围内具有 2.14MΩ/%RH 的平均灵敏度。Ag：WO$_3$ 青铜通过具有 147nm 粒度的软化学途径而制备[90]。WO$_3$ 纳米材料通过溶胶-凝胶法和煅烧合成，并用于 CO 气体传感器。WO$_3$ 传感器装置的灵敏度是通过在 200℃ 时比较有无 50×10^{-6} 的 CO 气体条件下的电阻变化来确定的[91]。通过气体蒸发制备的纳米晶WO_3膜显示出更灵敏的气体感测性能；当用Al或Au掺杂时，即使在室温下，$5×10^{-6}$的H_2S也产生约250倍的电导增加[92]。

在用于电致变色显示装置（ECD）的材料中，WO_3已经引起最多注意。众所周知，更好的电致变色可逆性和相对短的响应时间取决于膜的结构和形态。通过溶胶-凝胶法，将纳米级氧化硅颗粒结合在WO_{3-x}-$0.1TiO_2$薄膜中，这提高了寿命及稳定性，从而实现了WO_3膜的表面改性和增加锂离子在电致变色器件中的扩散速率的尝试。将具有纳米尺寸SiO_2颗粒（40nm）的溶胶-凝胶溶液旋涂在铟氧化物覆盖的玻璃基底上[93]。对于在着色（$E=-2.5V$）和漂白（$E=+1.5V$）期间$WO_{3-x}-0.1TiO_2$薄膜的表面显影的光密度的变化，在锂电池中使用无水的$1mol·L^{-1}$高氯酸锂的碳酸亚丙酯电解液进行研究。对于纳米复合膜，在1.5s后几乎达到着色的饱和度，而纯WO_{3-x}则需要约4s。对于在纯的和表面显影的膜中观察到的$Q=9.4~41mC·cm^{-2}$的比电荷密度的提高可以解释如下：①由于复合材料的极高表面积，改善了响应时间，导致通过膜-电解质界面的离子插入的增强；②SiO_2纳米颗粒的存在导致WO_{3-x}膜具有更开放的干凝胶无定形结构。这是在$LiI-Al_2O_3$复合材料的离子传导中观察到的增强效应[94]。

12.5.2 WO_3纳米棒

研究人员已经研究了通过溶液基胶体方法制备的单斜晶WO_3纳米棒的Li驱动电化学性质，并且建立了材料的性质和纳米结构之间的关系[95]。发现具有高纵横比的WO_3纳米棒产生高达每个式单元1.12Li的嵌入能力，远高于大块WO_3的0.78Li的值。这可以基于有效地增强结构稳定性的独特棒状结构来解释。Li驱动的反应动力学的演变进一步说明了WO_3纳米棒的好处在于其边缘和拐角效应的增加。WO_3纳米棒的通过使用无表面活性剂的水热法合成。沉积在ITO上的纳米棒膜表现出高的电致变色稳定性和相当程度的颜色显示、对比度和着色/漂白响应。最大透射波长明显蓝移，透射强度随着在500~900nm的光谱内施加的负电压的增加而减小。电致变色装置可循环超过3000个循环，着色/漂白响应为8s[96]。

12.5.3 WO_3纳米粉末和纳米膜

合成不同形式的纳米材料以满足基于锂装置的光学应用。WO_3-TiO_2的混合氧化物是由钨酸和异丙醇钛在H_2O_2中的水溶液制备的。过氧多钨酸是从纯钨酸所获得的，而$WO_3·1/3H_2O$会在Ti^{VI}的存在下形成。加热掺杂Ti的$WO_3·1/3H_2O$会连续形成三种晶体氧化物，即h-WO_3，o-WO_3和m-WO_3。在没有钛的情况下，并未观察到中间亚稳态o-WO_3相。这些氧化物的阴极行为表明，对应于Li的电化学插入的各自放电曲线明显不同[97,98]。在通过溶胶-凝胶技术制备WO_3的过程中，在胶体溶液转变为凝胶期间，利用原位拉曼光谱研究WO_3合成的动力学和结构变化。水分子的去除影响对称W=O拉伸振动模式。凝胶化样品的拉曼光谱显示出了对应着O—W—O弯曲振动模式的峰以及对应着聚阴离子物质的高频模式的消失。2d后，凝胶化的样品变成沉淀材料，其显示出结晶氧化钨水合物的拉曼光谱[99]。WO_3薄膜的另一个潜在应用是在航天工业中用于航天器的红外发射率调制和温度控制[100]。500nm厚的WO_3膜是通过脉冲激光沉积（PLD）技术制造的。使用X射线光电子能谱和电子探针微量分析（EPMA）测量的组成结果表明，生长的膜几乎是化学计量的，具有少量的氧空位。图 12.17（a）显示了样品结构的明场 TEM 图像。PLD WO_3 膜的形态的特征在于 60～70nm 的颗粒以及 10nm 的均方根（rms）表面粗糙度值。HRTEM 图像[图12.17（b）]证实该膜由良好结晶的 WO_3 组成，且 WO_3 为单斜晶相[101]。

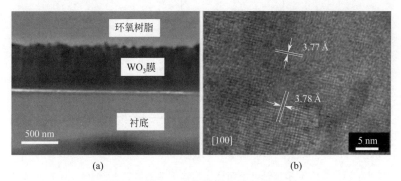

图 12.17　WO_3 薄膜的电子显微照片
(a) 样品结构的明视野视图（显微照片中指示了基底，WO_3 薄膜和环氧树脂区域）；
(b) 具有对应于单斜晶结构的晶格条纹的 WO_3 薄膜的 HRTEM 图像

12.5.4　Li_2MnO_3 岩盐纳米结构

在锂插层氧化物中，从其结构和电化学行为的角度来看，Li_2MnO_3 是最有趣的化合物之一[102,103]。实际上，该氧化物的微晶形式对于 2.0～4.4V 之间的锂插入和脱出是电化学惰性的；然而它理论上可以提供 460mA·h·g^{-1} 的高脱出容量。Li_2MnO_3（或者 Li［$Li_{1/3}Mn_{2/3}$］O_2）具有岩盐结构，在密堆积的氧阴离子之间包含 Li^+ 和 Mn^{4+} 阳离子层；所有的八面体位点被阳离子占据。锂离子层与（1∶2）锂和锰离子的混合层在紧密堆积的氧层之间交替排布（参见图 5.24 中的结构表示）。该化合物是电化学惰性的。将 Li^+ 插入化学计量的岩盐相是不可能的，因为所有的八面体位点被完全占据。Li 脱出在能量上是不可行的，因为所有的锰阳离子都是四价的。使用自燃反应合成 Li_2MnO_3 的纳米颗粒（20～80nm），并研究了由该纳米材料在 30℃、45℃ 和 60℃ 制备的电极的电化学活性[103]。结果表明，与微米尺寸的 Li_2MnO_3 电极相比，纳米 Li_2MnO_3 中第一个 Li 的脱出则发生在低得多的电位（180～360mV）下。这可以与更高的表面积/体积比相关联，即更短的扩散路径和较高表面浓度的电化学活性位点。图 12.18 示出了纳米尺寸 Li_2MnO_3 材料与微米尺寸 Li_2MnO_3 材料 XRD 图的比较。纳米尺寸材料的特征在于峰的显著拓宽。

在纳米 Li_2MnO_3 的磁化率研究的基础上，我们提出了一个无序的表面层模型，包含 Mn^{3+} 或 Mn^{2+}，并以低自旋状态处于这些纳米粒子表面上。从锂电池中纳米 Li_2MnO_3 电极恒电流循环后的结构分析结果中（通过 X 射线和电子衍射和振动拉曼光谱），我们得出了在脱锂/嵌锂过程中层状 $LiMnO_2$ 到尖晶石型部分转变的结论。这些材料的拉曼光谱分析结果同样证实这个结论，即主拉曼带（A_{1g} 模式）的强蓝移源于尖晶石型结构的形成。

12.5.5　NCA 材料中的铝掺杂效应

通过湿化学法由柠檬酸盐前驱体制备的掺杂铝的 $LiNi_yCo_{1-y}O_2$（NCA）氧化物显示出纳米结构相。Al 的掺杂对颗粒尺寸和形貌的影响在图 12.19 中清楚地显示。掺入少量 Al（0.05%，摩尔分数）的最终结果是晶粒尺寸从 $LiNi_{0.7}Co_{0.3}O_2$ 的 300nm 减少到

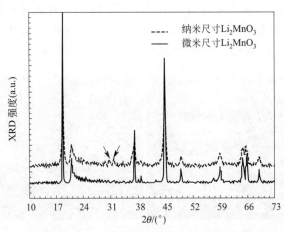

图 12.18 与微米化材料（下曲线）相比的纳米尺寸 Li_2MnO_3（上曲线）的 XRD 图案（在 $2\theta=30.5°$ 和 $31.6°$ 处用箭头标记的两个峰属于 Li_2CO_3 杂质，是由于锂过量而形成的）

$LiNi_{0.70}Co_{0.25}Al_{0.05}O_2$ 的 80nm。此外，粒度分布较窄。XRD 图谱显示掺杂样品属于 $LiNiO_2$-$LiCoO_2$-$LiAlO_2$ 的固溶体，并具有层状菱面体结构（$\bar{R}3m$ S.G）。$Li//LiNi_{0.7}Co_{0.25}Al_{0.05}O_2$ 和 $Li//LiCoO_2$ 电池在 2.5～4.3V 电位范围内的充放电曲线如图 12.19 所示。与 $LiCoO_2$ 电极（约 50mV）相比，替换少量的 Co 表现出更高的容量保持率。在 4.3V 的截止电压（$\Delta x=0.72$）下，$Li//Li_xNi_{0.6}Co_{0.35}Al_{0.05}O_2$ 电池释放的比容量为 195mA·h·g^{-1}，这比具有 $\Delta x=0.5$ 的 $Li//Li_xCoO_2$ 体系的比容量更大。由于纳米颗粒的原因，容量保持率小于 $y=0.7$ 的 NCA 材料。Al^{3+} 掺杂材料的趋势表明，随着 $y(Al)$ 的增加，将会获得较低的容量，因为 Al^{3+} 不能被氧化，也就是说它是电化学惰性元素。长寿命电化学数据显示，使用 $LiNi_{0.70}Co_{0.25}Al_{0.05}O_2$ 粉末材料的电池表现略好于其他电池。这意味着对于 Al^{3+} 掺杂，当 $y=0.05$ 左右时，质量比容量和循环寿命达到最优水平。对于这样的趋势，还无法给出解释。然而，$Li//LiNi_{0.7}Co_{0.25}Al_{0.05}O_2$ 电池的可充性能似乎优于 $LiCoO_2$，因为在高电压区域中缺少两相行为（$x\approx0.5$）。此外，正极材料的电阻率在充电结束时会增加，而这是防止过充的有利性质。因此，对于完全充电状态，即无法从主体材料中脱出锂离子时，Al 掺杂的 $LiNi_yCo_{1-y}O_2$ 的安全性似乎更好，因为无法从 Al^{3+} 或 Co^{4+} 状态中移除电子[104,105]。

12.5.6 MnO_2 纳米棒

作为一种重要的无机化合物，MnO_2 已广泛应用于许多领域，包括一次电池、锂电池、水处理、超级电容器、传感器，因为其独特的化学结构和物理性质。MnO_2 基材料能在电池中应用的有利特点是成本低，并且与钴、镍和钒相比，其储量丰富。因此，MnO_2 型电池对于如电动车辆（在市场上需要大量材料）的能量存储应用是有吸引力的[106]。掺杂二氧化锰（MDO）纳米线（各种元素 Cr，Al，Ni 和 Co 取代），可以通过固态前驱体或离子加合物前驱体，在水热或非水热条件下通过氧化还原反应制备。研究发现用过渡金属离子部分替代 Mn 可以改善一维纳米结构锰酸盐的电性能[107]。通过 $KMnO_4$ 和富马酸之间的氧化还原反应制备纳米结构的二氧化锰；包括纯的、Ag 包覆的和掺杂的二氧化锰（MDO）。XRD 结果给出了纯的、Ag 包覆的和掺杂的 α 相的锰钾矿晶体结构。化学分析检测到掺杂和包覆的

MDO 中银的存在。扫描电子显微镜和能量色散光谱分析证实了在掺杂和包覆的氧化物中存在银。TEM 图像显示，纯 MnO_2 颗粒为纳米级（约为 20nm），与用 Scherrer 公式所得的计算值一致。从代表性的 TEM 图像［图 12.20 为（a）］可观察到，掺杂的 MnO_2 样品具有棒状形态。这些纳米棒的平均尺寸为直径约为 25nm，长度为 90nm。磁性测量显示在包覆和掺杂银之后晶体结构中的 Mn^{3+} 减少。电化学性能表明 Ag 包覆和掺杂的 MnO_2 样品具有比原始 MnO_2 更好的初始容量。Ag 包覆的 MnO_2 材料在所有制备的包覆氧化物中，循环过程时显示出最佳的容量保持率，即在电位窗口 1.5～4.0V（相对于 Li/Li^+）且 C/5 倍率下，循环 40 圈后的比容量为 140mA·h·g^{-1} [56,108]。

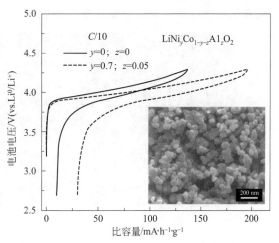

图 12.19　与 Li//$LiCoO_2$ 的电压组成剖面相比 Li//$LiNi_{0.7}Co_{0.25}Al_{0.05}O_2$ 第一次充放电曲线（掺杂 NCA 粉末的 SEM 图像）

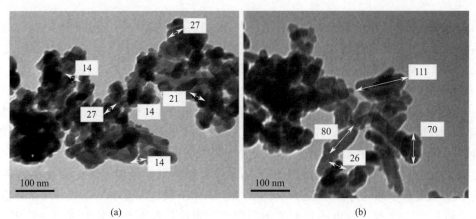

图 12.20　通过 $KMnO_4$ 和富马酸之间的氧化还原反应制备的 Ag 包覆的（a）和 Ag 掺杂的（b）纳米棒状 MnO_2 的 TEM 图像

12.5.7　MoO_3 纳米纤维

MoO_3 纳米纤维是通过酸化的七钼酸铵四水合物前驱体的水热反应合成的（图 12.21）。结构分析显示，直径为 50～80nm，长度为几微米的 MoO_3 纳米纤维是斜方晶系（Pbnm S.G.）中的 α 晶型。$MoO_{2.9975}$ 的组成是通过 Rietveld 精修和磁化率测量来确定的。从 Li//MoO_3 电池的电化学性能上看，在 40 个循环后，纳米纤维 MoO_3 可提供比块状 MoO_3 更好的放电容量。在 3.5～1.5V 的电压范围内，纳米纤维首次放电比容量为 265mA·h·g^{-1}（1.5Li/Mo）。因此，纳米纤维的电化学特征类似于大块 α-MoO_3 的两相域的特征。然而，我们注意到，如所预期的，放电曲线对于高倍率表现出较大的电池极化，即在 2C 下约 0.6V。该域的结构演变对应于 $Li_{0.08}MoO_3$ 和 $Li_{0.2}MoO_3$（称为 α'-MoO_3）的固溶体。通过拉曼光谱研究了第一次放电期间正极材料的局部结构的演变。结果表明，锂嵌入过程包括相当温和的局部变形，允许每摩尔氧化物嵌入 1.5mol 的锂，而不破坏斜方对称性[109]。

图 12.21　不同 MoO_3 样品的扫描电镜图
(a) 将中间体化合物置于加热至 170℃ 的高压釜中；
(b) 将在高压釜中合成的纳米纤维在 185℃ 加热 6d

12.6　总结与评论

对于可再充锂离子电池领域，其挑战之一是使用具有纳米颗粒的正极和负极材料。这通常被认为有利于实现高倍率性能，因为在本体材料中的固态锂离子传输是整个嵌入-脱嵌过程的速率控制步骤。纳米颗粒的使用会将电子和锂离子传输的扩散路径减小到最小，并且在 Li^+ 脱出/插入过程中更好地适应应变。此外，由于电化学活性表面积与颗粒尺寸成反比，含有纳米颗粒的电极具有更大的表面积并且具有更多的电化学反应活性位点。因此，对于纳米颗粒，表面效应变得比本体性质更重要，并且它们仍然在文献中处于争论阶段。对于锂电池中的正极材料，含有 $LiMn_{0.5}Ni_{0.5}O_2$ 和 $LiMn_{1.5}Ni_{0.5}O_4$ 的纳米颗粒的正极比含相应微米尺寸颗粒的电极显示出更快的动力学。另外，由尖晶石 $LiMn_2O_4$ 纳米颗粒制备的电极显示出较好的循环性能、电极-溶液界面处较小的电荷转移阻抗、减弱的 Jahn-Teller 效应以及 60℃ 下较好的循环稳定性。对纳米结晶 $LiCoO_2$ 电极，放电容量的增加归因于更短的扩散距离，其促进更快且更均匀的 Li^+ 插层。最近，对于 $LiCrO_2$ 电极的锂脱出/嵌入反应，小晶粒尺寸材料（<20nm）对提高电化学活性（容量）的显著影响已经得到了公认。另外，具有较高表面积的纳米颗粒可以与基于烷基碳酸酯溶剂和 $LiPF_6$ 的电解液（其不可避免地含有不利污染物，例如 HF，痕量水，PF_5 和 POF_3）进行反应。颗粒与电解液可能发生所不期望的不利副反应（特别是在高表面积颗粒上），导致钝化现象和高电极阻抗。在此体系中，烷基碳酸酯溶剂的不可逆氧化导致 CO_2 的释放，并伴随着在高阳极电势下的电化学过程。十多年来，研究人员已经积累了大量信息并发表了大量论文，内容包括含锂过渡金属氧化物的纳米颗粒的合成及其磁性质、振动模式（通过红外和拉曼光谱研究）以及纳米正极材料在锂电池中的电化学性能。基于本领域的文献报道，可以得出结论，即应该对纳米材料在锂离子电池电极中的一些可能应用进行严格的研究，要综合考虑不同电极材料的优缺点。对于 Li_2MnO_3 纳米颗粒来说，我们意识到关于其表征和电化学性能的文献数据很少。已有结果显示，纳米晶 Li_2MnO_3 电极的电化学行为取决于所制备的材料的颗粒形态、比表面积和退火温度。作者通过固态反应合成了纳米 Li_2MnO_3，并研究了该材料在层状 $LiMnO_2$ 和立方 $LiMn_2O_4$ 尖晶石型相之间的结构转变。

参 考 文 献

1. Feynman RP (1992) There's plenty of room at the bottom. J Microelectromech Syst 1:60–66
2. Zaghib K, Julien CM, Prakash J (2003) New trends in intercalation compounds for energy storage and conversion. The Electrochem Society, Pennington
3. Chen Z, Dahn JR (2002) Reducing carbon in LiFePO$_4$/C composite electrodes to maximize specific energy, volumetric energy and tap density. J Electrochem Soc 149:A1184–A1189
4. Weppner W, Huggins RA (1977) Determination of the kinetic parameters of mixed-conducting electrodes and application to the system Li$_3$Sb. J Electrochem Soc 124:1569–1578
5. Julien CM, Mauger A, Ait-Salah A, Massot M, Gendron F, Zaghib K (2007) Nanoscopic scale studies of LiFePO$_4$ as cathode material in lithium-ion batteries for HEV application. Ionics 13:395–411
6. Ravet N, Goodenough J.B, Besner S, Simoneau M, Hovington P, Armand M (1999) Improved iron based cathode material. In: Proceedings of the 196th ECS meeting, Honolulu, extended abstract n° 127. Accessed Oct 1999
7. Lalena JN, Clearly DA (2010) Principles of inorganic materials design. Wiley, Hoboken, NJ
8. Huang B, Jang YI, Chiang YM, Sadoway DR (1998) Electrochemical evaluation of LiCoO$_2$ synthesized by decomposition and intercalation of hydroxides for lithium-ion battery applications. J Appl Electrochem 28:1365–1369
9. Julien C, El-Farh L, Rangan S, Massot M (1999) Synthesis of LiNi$_{1-y}$Co$_y$O$_2$ cathode materials prepared by a citric acid-assisted sol-gel method for lithium batteries. J Sol Gel Sci Technol 15:63–72
10. Abdel-Ghany AE, Hashem AM, Abuzeid HA, Eid AE, Bayoumi HA, Julien CM (2009) Synthesis, structure characterization and magnetic properties of nanosized LiCo$_{1-y}$Ni$_y$O$_2$ prepared by sol-gel citric acid route. Ionics 15:49–59
11. Garcia B, Barboux P, Ribot F, Kahn-Harari A, Mazerolles L, Baffier N (1995) The structure of low temperature crystallized LiCoO$_2$. Solid state Ionics 80:111–118
12. Myung ST, Kim GH, Sun YK (2004) Synthesis of Li[Ni$_{1/3}$Co$_{1/3}$Mn$_{1/3}$]O$_{2-z}$F$_z$ via coprecipitation. Chem Lett 33:1388–1389
13. Chitra S, Kalyani P, Mohan T, Gangadharan R, Yebka B, Castro-Garcia S, Massot M, Julien C, Eddrief M (1999) Characterization and electrochemical studies of LiMn$_2$O$_4$ cathode materials prepared by combustion method. J Electroceram 3:433–441
14. Julien C, Letranchant C, Rangan S, Lemal M, Ziolkiewicz S, Castro-Garcia S, El-Farh L, Benkaddour M (2000) Layered LiNi$_{0.5}$Co$_{0.5}$O$_2$ cathode materials grown by soft-chemistry via various solution methods. Mater Sci Eng B 76:145–155
15. Azib T, Ammar S, Nowak S, Lau-Truing S, Groult H, Zaghib K, Mauger A, Julien CM (2012) Crystallinity of nano C-LiFePO$_4$ prepared by the polyol process. J Power Sourc 217:220–228
16. Liu W, Farrington GC, Chaput F, Dunn B (1996) Synthesis and electrochemical studies of spinel phase LiMn$_2$O$_4$ cathode materials prepared by the Pechini process. J Electrochem Soc 143:879–884
17. Vivekanandhan S, Venkateswarlu M, Satyanarayana N (2005) Effect of different ethylene glycol precursors on the Pechini process for the synthesis of nano-crystalline LiNi$_{0.5}$Co$_{0.5}$VO$_4$ powders. Mater Chem Phys 91:54–59
18. Kwon SW, Park SB, Seo G, Hwang ST (1998) Preparation of lithium aluminate via polymeric precursor routes. J Nucl Mater 257:172–179
19. Pereira-Ramos JP (1995) Electrochemical properties of cathodic materials synthesized by low-temperature techniques. J Power Sourc 54:120–126
20. Taguchi H, Yoshioka H, Matsuda D, Nagao M (1993) Crystal structure of LaMnO$_{3+\delta}$ synthesized using poly(acrylic acid). J Solid State Chem 104:460–463
21. Pechini MP (1967) Method of preparing lead and alkaline-earth titanates and niobates and coating method using the same to form a capacitor. US Patent 3,330,697. Accessed 11 Jul 1967
22. Tai LW, Lessing PA (1992) Modified resin-intermediate processing of perovskite powders: part I. Optimization of polymeric precursors. J Mater Res 7:511–519
23. Ramasamy Devaraj R, Karthikeyan K, Jeyasubramanian K (2013) Synthesis and properties of ZnO nanorods by modified Pechini process. Appl Nanosci 3:37–40
24. Zhang X, Jiang WJ, Mauger A, Qi L, Gendron F, Julien CM (2010) Minimization of the cation mixing in Li$_x$(NMC)$_{1-x}$O$_2$ as cathode materials. J Power Sourc 195:1292–1301
25. Lee KS, Myung ST, Prakash J, Yashiro H, Sun YK (2008) Optimization of microwave synthesis of Li[Ni$_{0.4}$Co$_{0.2}$Mn$_{0.4}$]O$_2$ as a positive electrode material for lithium batteries. Electrochim Acta 53:3065–3074

26. Chen Y, Xu G, Li J, Zhang Y, Chen Z, Kang F (2013) High capacity $0.5Li_2MnO_3$-$0.5LiNi_{0.33}Co_{0.33}Mn_{0.33}O_2$ cathode material via a fast co-precipitation method. Electrochim Acta 87:686–692
27. Larcher D, Patrice R (2000) Preparation of metallic powders and alloys in polyol media: a thermodynamic approach. J Solid State Chem 154:405–411
28. Kim DH, Kim TR, Im JS, Kang JW, Kim J (2007) A new method to synthesize olivine phosphate nanoparticles. J Phys Scripta T 129:31–34
29. Badi SP, Wagemaker M, Ellis BL, Singh DP, Borghols WJH, Kan WH, Ryan DH, Mulder FM, Nazar LF (2011) Direct synthesis of nanocrystalline $Li_{0.90}FePO_4$: observation of phase segregation of anti-site defects on delithiation. J Mater Chem 21:10085–10093
30. Kim DH, Kim J (2006) Synthesis of $LiFePO_4$ nanoparticles in polyol medium and their electrochemical properties. Electrochem Solid State Lett 9:A439–A442
31. Patil KC, Aruna ST, Mimani T (2002) Combustion synthesis: an update. Curr Opinion Solid State Mater Sci 6:507–512
32. Varma A, Rogachev AS, Mukasyan AS, Stephen Hwang S (1998) Combustion synthesis of advanced materials: principles and applications. Adv Chem Eng 24:79–226
33. Patil KC (1993) Advanved ceramics: combustion synthesis and properties. Bull Mater Sci 16:533–541
34. Julien C, Camacho-Lopez MA, Mohan T, Chitra S, Kalayani P, Gopakumar S (2001) Combustion synthesis and characterization of substituted lithium cobalt oxides in lithium batteries. Solid State Ionics 141–142:549–557
35. Hyu-Bum P, Kim J, Chi-Woo L (2001) Synthesis of $LiMn_2O_4$ powder by auto-ignited combustion of poly(acrylic acid)-metal nitrate precursor. J Power Sourc 92:124–130
36. Prabaharan SRS, Michael MS, Radhakrishna S, Julien C (1997) Novel low-temperature synthesis and characeterization of $LiNiVO_4$ for high-voltage Li ion batteries. J Mater Chem 7:1791–1796
37. Julien C, Michael SS, Ziolkiewicz S (1999) Structural and electrochemical properties of $LiNi_{0.3}Co_{0.7}O_2$ synthesized by different low-temperature techniques. Int J Inorg Mater 1:29–37
38. Lu CH, Saha SK (2001) Low temperature synthesis of nano-sized lithium manganese oxide powder by the sol-gel process using PVA. J Sol Gel Sci Technol 20:27–34
39. Prabaharan SRS, Saparil NB, Michael SS, Massot M, Julien C (1998) Soft chemistry synthesis of electrochemically-active spinel $LiMn_2O_4$ for Li-ion batteries. Solid State Ionics 112:25–34
40. Julien C (2000) 4-Volt cathode materials for rechargeable lithium batteries, wet-chemistry synthesis, structure and electrochemistry. Ionics 6:30-46
41. Higuchi M, Katayama K, Azuma Y, Yukawa M, Suhara M (2003) Synthesis of $LiFePO_4$ cathode material by microwave processing. J Power Sourc 119:258–261
42. Lee J, Teja AS (2005) Characteristics of lithium iron phosphate ($LiFePO_4$) particles synthesized in subcritical and supercritical water. J Supercrit Fluids 35:83–90
43. Li X, Cheng F, Guo B, Chen J (2005) Template-synthesized of $LiCoO_2$, $LiMn_2O_4$ and $LiNi_{0.8}Co_{0.2}O_2$ nanotubes as the cathode materials of lithium ion batteries. J Phys Chem B 109:14017–014024
44. Zhou YK, Shen CM, Huang J, Li HL (2002) Synthesis of high-ordered $LiMn_2O_4$ nanowire arrays by AAO template and its structural properties. Mater Sci Eng B 95:77–82
45. Taniguchi T, Song D, Wakihara M (2002) Electrochemical properties of $LiM_{1/6}Mn_{11/6}O_4$ (M = Mn, Co, Al, and Ni) as cathode materials for Li-ion batteries prepared by ultrasonic spray pyrolysis method. J Power Sourc 109:333–339
46. Park SH, Yoon CS, Kang SG, Kim HS, Moon SI, Sun YK (2004) Synthesis and structural characterization of layered $Li[Ni_{1/3}Mn_{1/3}Co_{1/3}]O_2$ cathode material by ultrasonic spray pyrolysis method. Electrochim Acta 49:557–563
47. Guo ZP, Liu H, Liu HK, Dou SX (2003) Characterization of layered $LiNi_{1/3}Mn_{1/3}Co_{1/3}O_2$ cathode materials prepared by spray-drying method. J New Mat Electrochem Syst 6:263–266
48. Byrappa K, Yoshimura M (2001) Handbook of hydrothermal technology. William Andrew Publishing, Norwich
49. Yoshimura M, Suchanek WL, Byrappa K (2000) Soft solution processing: a strategy for one-step processing of advanced inorganic materials. MRS Bull 25:17–25
50. Suchanek WL, Riman RE (2006) Hydrothermal synthesis of advanced ceramic powders. Adv Sci Technol 45:184–193
51. Brochu F, Guerfi A, Trottier J, Kopeć M, Mauger A, Groult H, Julien CM, Zaghib K (2012) Structure and electrochemistry of scaling nano C-$LiFePO_4$ synthesized by hydrothermal route: complexing agent effect. J Power Sourc 214:1–6

52. Eftekhari A (2006) Bundled nanofibers of V-doped LiMn$_2$O$_4$ spinel. Solid State Commun 140:391–394
53. Ma R, Bando Y, Zhang L, Sasaki T (2004) Layered MnO$_2$ nanobelts: hydrothermal synthesis and electrochemical measurements. Adv Mater 16:918–922
54. Xiao X, Liu X, Wang L, Zhao H, Hu Z, He X, Li Y (2012) LiCoO$_2$ nanoplates with exposed (001) planes and high rate capability for lithium-ion batteries. Nano Res 5:395–401
55. Xiao X, Yang L, Zhao H, Hu Z, Li Y (2012) Facile synthesis of LiCoO$_2$ nanowires with high electrochemical performance. Nano Res 5:27–32
56. Hashem AM, Abuzeid HM, Abdel-Latif AM, Abbas HM, Ehrenberg H, Indris S, Mauger A, Groult H, Julien CM (2013) MnO$_2$ nanorods prepared by redox reaction as cathodes in lithium batteries. ECS Trans 50–24:125–130
57. Li Q, Gao F, Zhao D (2002) One-step synthesis and assembly of copper sulphide nanoparticles to nanowires, nanotubes and nanovesicles by a simple organic amine-assisted hydrothermal process. Nano Lett 2:725–728
58. Shiraishi K, Dokko K, Kanamura K (2005) Formation of impurities on phospho-olivine LiFePO$_4$ during hydrothermal synthesis. J Power Sourc 146:555–558
59. Lee J, Teja AS (2006) Synthesis of LiFePO$_4$ micro and nanoparticles in supercritical water. Mater Lett 60:2105–2109
60. Jun B, Gu HB (2008) Preparation and characterization of LiFePO$_4$ cathode materials by hydrothermal method. Solid State Ionics 178:1907–1914
61. Vadivel-Murugan A, Muraliganth T, Manthiram A (2009) One-pot microwave-hydrothermal synthesis and characterization of carbon-coated LiMPO$_4$/C (M=Mn, Fe, Co) cathodes. J Electrochem Soc 156:A79–A83
62. Beninati S, Damen L, Mastragostino M (2008) MW-assisted synthesis of LiFePO$_4$ for high power applications. J Power Sourc 180:875–879
63. Wang L, Huang Y, Jiang R, Jia D (2007) Preparation and characterization of nano-sized LiFePO$_4$ by low heating solid-state coordination method and microwave heating. Electrochim Acta 52:6778–6783
64. Hayashi H, Hakuta Y (2010) Hydrothermal synthesis of metal oxide nanoparticles in supercritical water. Materials 3:3794–3817
65. Xu CB, Lee J, Teja AS (2008) Continuous hydrothermal synthesis of lithium iron phosphate particles in subcritical and supercritical water. J Supercrit Fluid 44:92–97
66. Lee JH, Ham JY (2006) Synthesis of manganese oxide particles in supercritical water. Korean J Chem Eng 23:714–719
67. Shin YH, Koo SM, Kim DS, Lee YH, Veriansyah B, Kim J, Lee YW (2009) Continuous hydrothermal synthesis of HT-LiCoO$_2$ in supercritical water. J Supercrit Fluids 50:250–256
68. Zhu W, Yang M, Yang X, Xu X, Xie J, Li Z (2014) Supercritical continuous hydrothermal synthesis of lithium titanate anode materials for lithium-ion batteries. US Patent 20140105811 A1. Accessed 17 Apr 2014
69. Vediappan K, Guerfi A, Gariépy V, Demopoulos GP, Hovington P, Trottier J, Mauger A, Julien CM, Zaghib K (2014) Stirring effect in hydrothermal synthesis of C-LiFePO$_4$. J Power Sourc 266:99–106
70. Kuerten H, Rumpf H (1966) Zerkleinerungsuntersuchungen mit triboluminieszierenden Stoffen. Chemie Ing Techn 38:331–342
71. Tanaka T, Kanda Y (2006) Crushing and grinding. In: Masuda H, Higashitani K, Yoshida H (eds) Powder technology handbook, vol 3. CRC Taylor and Francis, New York
72. Saleem IY, Smyth HDC (2010) Micronization of a soft material: air-jet and micro-ball milling. AAPS Pharm Sci Tech 11:1642–1649
73. Hosokawa Micron Powder Systems (1996) Fluidized bed jet milling for economical powder processing. Ceram Ind. http://hmicronpowder.com/fluidized.pdf. Accessed Apr 1996
74. Comex (2014) Jet milling. http://www.comex-group.com/Comex/files/78/Brochure%20JMX.pdf
75. Zaghib K, Charest P, Dontigny M, Guerfi A, Lagace M, Mauger A, Kopec M, Julien CM (2010) LiFePO$_4$: from molten ingot to nanoparticles with high-rate performance in Li-ion batteries. J Power Sourc 195:8280–8288
76. Noh JK, Kim S, Kim H, Choi W, Chang W, Byun D, Cho BW, Chung KY (2014) Mechanochemical synthesis of Li$_2$MnO$_3$ shell/LiMO$_2$ (M = Ni, Co, Mn) core-structured nanocomposites for lithium-ion batteries. Sci Rep 4:4847
77. Zaghib K, Mauger A, Gendron F, Julien CM (2008) Surface effects on the physical and electrochemical properties of thin LiFePO$_4$ particles. Chem Mater 20:462–469
78. Zaghib K, Dontigny M, Charest P, Labrecque JF, Guerfi A, Kopec M, Mauger A, Gendron F, Julien CM (2008) Aging of LiFePO$_4$ upon exposure to H$_2$O. J Power Sourc 185:698–710
79. Axmann A, Stinner C, Wohlfahrt-Mehrens M, Mauger A, Gendron F, Julien CM (2009)

Non-stoichiometric LiFePO$_4$: defects and related properties. Chem Mater 21:1636–1644
80. Julien CM, Mauger A, Zaghib K (2011) Surface effects on electrochemical properties of nano-sized LiFePO$_4$. J Mater Chem 21:9955–9968
81. Zhang X, Jiang WJ, Zhu XP, Mauger A, Lu D, Julien CM (2011) Aging of LiNi$_{1/3}$Mn$_{1/3}$Co$_{1/3}$O$_2$ cathode material upon exposure to H$_2$O. J Power Sourc 196:5102–5108
82. Hashem AMA, Abdel-Ghany AE, Eid AE, Trottier J, Zaghib K, Mauger A, Julien CM (2011) Study of the surface modification of LiNi$_{1/3}$Co$_{1/3}$Mn$_{1/3}$O$_2$ cathode material for lithium ion battery. J Power Sourc 196:8632–8637
83. Mauger A, Zaghib K, Groult H, Julien CM (2013) Surface and bulk properties of LiFePO$_4$: the magnetic analysis. ECS Trans 50–24:115–123
84. Aurbach D, Gamolsky K, Markovsky B, Salitra G, Gofer Y, Heider U, Oesten R, Schmidt M (2000) The stydy of surface phenomena related to electrochemical lithium intercalation into Li$_x$MO$_y$ host materials (M = Ni, Mn). J Electrochem Soc 147:1322–1331
85. Yamada A, Koizumi H, Nishimura S, Sonoyama N, Kanno R, Yonemura M, Nakamura T, Kobayashi T (2006) Room-temperature miscibility gap in Li$_x$FePO$_4$. Nat Mater 5:357–360
86. Zhou F, Marianetti CA, Cococcioni M, Morgan D, Ceder G (2004) Phase separation in Li$_x$FePO$_4$ induced by correlation effects. Phys Rev B Condens Matter 69:201101
87. Gibot P, Casas-Cabanas M, Laffont L, Levasseur S, Carlac P, Hamelet S, Tarascon JM, Masquelier C (2008) Room-temperature single-phase Li insertion/extraction in nanoscale Li$_x$FePO$_4$. Nat Mater 7:741–747
88. Tang M, Huang HY, Meethong N, Kao YH, Carter WC, Chiang YM (2009) Model for the particle size, overpotential and strain dependence of phase transition pathways in storage electrodes: application to nanoscale olivines. Chem Mater 21:1557–1571
89. Zaghib K, Mauger A, Goodenough JB, Gendron F, Julien CM (2009) Positive electrode: lithium iron phosphate. In: Garche J, Dyer C, Moseley P, Ogumi Z, Rand D, Scrosati B (eds) Encyclopedia of electrochemical power sources, vol 5. Elsevier, Amsterdam, pp 264–296
90. Pandey NK, Tiwari K, Roy A (2011) Ag doped WO$_3$ nanomaterials as relative humidity sensor. Sensors J IEEE 11:2911–2918
91. Suisanti D, Diputra AA, Tananta L, Purwaningsih H, Kusuma GE, Wang C, Shih S, Huanf Y (2014) WO$_3$ nanomaterials synthesized via a sol-gel method and calcination for use as a CO gas sensor. Front Chem Sci Eng 8:179–187
92. Hoel A, Reyes LF, Heszler P, Lantto V, Granqvist CG (2004) Nanomaterials for environmental applicationq: novel WO$_3$-based gas sensors made by advanced gas deposition. Curr Appl Phys 4:547–553
93. Aliev AE, Park C (2000) Deveopment of WO$_3$ thin films using nanoscale silicon particles. Jpn J Appl Phys 39:3572–3578
94. Liang CC (1973) Conduction characteristics of the lithium iodide-aluminium oxide solid electrolytes. J Electrochem Soc 120:12891292
95. Wang Q, Wen Z, Jeong Y, Choi J, Lee K, Li J (2006) Li driven electrochemical properties of WO$_3$ nanorods. Nanotechnology 17:3116–3120
96. Wang J, Eugene Khoo E, Lee PS, Ma J (2008) Synthesis, assembly, and electrochromic properties of uniform crystalline WO$_3$ nanorods. J Phys Chem C 112:14306–14312
97. Yebka B, Pecquenar B, Julien C, Livage J (1997) Electrochemical Li$^+$ insertion in WO$_{3-x}$TiO$_2$ mixed oxides. Solid State Ionics 104:169–175
98. Pecquenard B, Lecacheux H, Livage J, Julien C (1998) Orthorhombic WO$_3$ formed via a Ti-stabilized WO$_3$·1/3H$_2$O phase. J Solid State Chem 135:159 168
99. Picquart M, Castro-Garcia S, Livage J, Julien C, Haro-Poniatowski E (2000) Sol-gel transition kinetics in WO$_3$ investigated by in-situ Raman spectroscopy. J Sol Gel Sci Technol 18:199–206
100. Ramana CV, Utsunomiya S, Ewing RC, Julien CM, Becker U (2005) Electron microscopy investigation of structural transformations in tungsten oxide (WO$_3$) thin films. Phys Status Sol A 202:R108–R110
101. Ramana CV, Utsunomiya S, Ewing RC, Julien CM, Becker U (2006) Structural stability and phase transitions in WO$_3$ thin films. J Phys Chem B 110:10430–10435
102. Yu DYW, Yanagida K (2011) Structural analysis of Li$_2$MnO$_3$ and related Li-Mn-O materials. J Electrochem Soc 158:A1015–A1022
103. Amalraj SF, Sharon D, Talianker M, Julien CM, Burlaka L, Lavi R, Zhecheva E, Markovsky B, Zinigrad E, Kovacheva D, Stoyanova R, Aurbach D (2013) Study of the nanosized Li$_2$MnO$_3$: electrochemical behaviour, structure, magnetic properties and vibrational modes. Electrochim Acta 97:259–270
104. Amdouni N, Zarrouk H, Soulette F, Julien C (2003) LiAl$_y$Co$_{1-y}$O$_2$ ($0.0 \leqslant y \leqslant 0.3$) intercalation compounds synthesized from the citrate precursors. Mater Chem Phys 80:205–214

105. Amdouni N, Zarrouk H, Julien CM (2003) Structural and electrochemical properties of $LiCoO_2$ and $LiAl_yCo_{1-y}O_2$ ($y=0.1$ and 0.2) oxides. A comparative study of electrodes prepared by the citrate precursor route. Ionics 9:47–55
106. Minakshi M, Blackford M, Ionescu M (2011) Characterization of alkaline-earth oxide additions to the MnO_2 cathode in an aqueous secondary battery. J Alloys Compd 509:5974–5980
107. Park DH, Ha HW, Lee SH, Choy JH, Hwang SJ (2008) Transformation from microcrystalline $LiMn_{1-x}Cr_xO_2$ to 1D nanostructured $\beta\text{-}Mn_{1-x}Cr_xO_2$: promising electrode performance of $\beta\text{-}MnO_2$-type nanowires. J Phys Chem C 112:5160–5164
108. Abuzeid HM, Hashem AM, Narayanan N, Ehrenberg H, Julien CM (2011) Nanosized silver-coated and doped manganese dioxide for rechargeable lithium batteries. Solid State Ionics 182:108–115
109. Hashem AM, Groult H, Mauger A, Zaghib K, Julien CM (2012) Electrochemical properties of nanofibers $\alpha\text{-}MoO_3$ as cathode materials for Li batteries. J Power Sourc 219:126–132

第 13 章 试验技术

13.1 引言

应用于常规电池的嵌入电极材料的容量增加可以利用电压谱进行测量。该方法可以用于确定嵌入化合物的相图[1]。在第一小节中,讨论了锂离子嵌入多种电极材料电化学过程的不同方面。第二节讨论了固体电化学的试验技术。探讨了锂离子嵌入正极材料过程中的电压变化和相图间的关系。最后讨论了固相材料中锂离子扩散系数的测定。

很多种常规电池使用嵌入电极材料,在这种材料中一定比例(x)的客体阳离子(Li^+)和相对应的电子(e^-)进入宿主电极材料(H)中,形成非化学计量比化合物:

$$x Li^+ + x e^- + H \rightleftharpoons Li_x H \tag{13.1}$$

如果反应产物和原始电极材料(H)的晶体结构一致,该反应可以归类为局部化学反应[2]。典型的局部反应中宿主材料的化学键在嵌入或脱出过程中没有产生断裂。反应(13.1)一般为可逆反应。

13.2 理论

随着锂离子的嵌入和脱出,固体氧化还原反应的平衡电势通常直接与反应深度参数(x,离子或电子进入宿主的比例)相关。因为嵌入物种和宿主晶格间会产生相互作用,平衡电势通常会偏离简单的能斯特方程[3]。开路电压(OCV)和化合物组成(x)间的关系可以分为三项:标准电极电势项、结构项(对应于理想平衡位置分布)和 K 项(对应于嵌入离子间的相互作用):

$$V(x) = V_o + \frac{RT}{F}\left[\ln\left(\frac{x}{1-x}\right) - \frac{K}{F}\left(x - \frac{1}{2}\right)\right] \tag{13.2}$$

式中,结构项和相互作用项都是嵌入分数 x 的函数。相互作用参数 K 可能为正值(推力)也可能为负值(吸引力)。图 13.1 给出了不同相互作用参数时,公式(13.2)中开路电压与组成的关系图。开路电压持续下降,对于单相嵌入反应,平衡电势和容量间显示出 S 形。当两相同时存在时,呈现出 L 形曲线。常规微分容量 $C^* = (-dx/dV)$,也称为递增容量,可以用下式描述:

$$C^* = -\frac{dx}{dV} = \frac{F}{RT}\left[1 + \frac{x}{1-x} + Kx\right]^{-1} \tag{13.3}$$

式中，dx/dV 表示电化学系统在状态 V 时的电化学容量。当 K 值大于 -4 时，微分容量曲线呈现为钟形，最大值出现在 x 为 0.5 时的电压位置。不同 K 值的微分容量曲线在图 13.1(b) 中给出。当 $K=-4RT$ 时，公式(13.3) 给出的常规微分容量 C^* 在 $x=0.5$ 时出现异常，对应于嵌入锂离子之间的强吸引力。在该点时，OCV 和组成间曲线的斜率为零。对应于该区域的状态在现实中不能存在，但会分裂成富锂相和贫锂相，两相的锂离子活度一致。对应于该两相区域的微分曲线为无穷大，可以通过变量增量（delta）函数表示 [图 13.1(b)]。

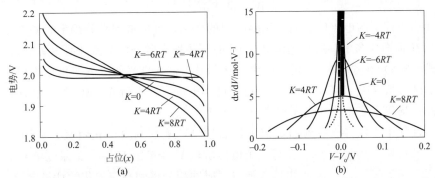

图 13.1　不同相互作用参数 K 时根据公式(13.2) 得到的开路电压与组成间的关系曲线（$E_o=2V$）(a) 及不同相互作用参数 K 时，常规微分容量与 $V-V_o$ 的关系曲线（b）

13.3　嵌入参数的测量

与组成直接相关的电极电势 $E(x)$ 可以利用合适参比电极，在电化学电池中测量通过化学法或电化学法得到的不同组成的活性材料的开路电压得到。电极材料的平均组成可以通过化学分析法或库仑计数法（电化学法制备样品）得到[4,5]。在两种方法中，都需要足够的平衡时间以达到热力学平衡。库仑法本质上为点到点测试法，可以用于测量诸位空间点的电迁移力（emf）曲线。这种测试方法为间歇恒电流电位滴定法（GITT）和电化学电势谱（EPS）[4~9]。

13.3.1　电化学电势谱

电化学电势谱是一种非常有效的电化学技术，包含了电化学电池的一系列连续电势步骤[7]。在每一个电势步骤中的电势都在电流衰减到极小值时的准开路电压状态下测得。当每步电压值变化都足够小时，电压-电荷间的关系非常精确，并且非常接近于电池的热力学平衡状态。该方法应用于 Li-TiS$_2$ 电极对体系时，每一电压段的电荷积累形成电化学电势谱，并为锂在 Li$_x$TiS$_2$ 中的结构有序提供证据。该技术可以应用于研究电池动力学、表面热力学吸附和正极材料相变控制的电池电势。

锂离子嵌入电池的电压随着放电状态（嵌入分数 x）变化。更详细的试验表明许多嵌入体系的 $V(x)$ 精细结构可以通过 dx/dV 对 x 或 V 作图得到，$V(x)$ 精细结构的变化可能是由多个物理过程的变化（如嵌入原子与宿主间的相互作用或嵌入引发的宿主结构相变）引起的[4,5,7,10]。因此 dx/dV 的精细测量可以用于研究嵌入过程的物理化学变化。

参考文献 [7] 中给出了 EPS 的试验细节。在此我们给出该方法的基本思想，即 $dQ=I_0 dt$ 和 $dQ=Q_0 dx$。当基于嵌入反应的电池进行恒电流充放电时，电池电压的变化速率为：

$$\frac{dV}{dx}=\frac{dV}{dQ}\times\frac{dQ}{dt}=\frac{I_0}{Q_0}\times\frac{dV}{dx} \tag{13.4}$$

式中，V 为电池电压；I_0 为恒电流值；Q_0 为充电电荷。在嵌入电极 $\Delta x = 1$ 时：

$$Q_0 = \frac{mF}{M_w} \tag{13.5}$$

式中，m 为电极中活性材料的质量；M_w 为摩尔质量（假设每个化学式内含一个锂离子）；F 为法拉第常数。监测电池电压随时间的变化可以得到 dx/dV：

$$\frac{dx}{dV} = \frac{I_0}{Q_0}\left(\frac{dV}{dt}\right)^{-1} \tag{13.6}$$

利用计算机控制的电压计监测电压随时间的变化，可以得到高分辨率的 V 和 x，从而得到 dx/dV。在标准命名中，这种测试 dx/dV 的方法称为微分恒电流计时电势分析法。

根据式（13.4）和式（13.6）可以推断电流积分与嵌入电极的组分变化直接相关。测量不同电流下的微分值（dx/dV），通常可以得到极小电流下的平衡 dx/dV 值。相似的研究也可以通过线性扫描伏安法中改变电压扫描速率进行。

该实验过程中，包含一系列的定值电压台阶 ΔV 施加到电池正负极，如图 13.2 所示。在每一个电压阶段 $V_i + \delta V = V_{i+1}$。记录逐渐衰减的电流输出，并通过对时间积分得到相应的化学计量电荷 Δx，积分截止时间为当电流小于预先设定的最小电流 I_{min} 时。电池中相应的电荷变化为：

$$\Delta q = \frac{mF}{M_w}\Delta x \tag{13.7}$$

式中，M_w，m 和 F 分别为分子量，正极活性材料质量和法拉第常数。最小电流值 I_{min} 越小，电池越接近于热力学平衡态，电压 V 和 x 的关系越接近于电池的热力学平衡（EMF），因此可以得到精确的热力学参数，如：

① 利用较低电压解析度的试验（如 0.5mV）可以得到精确的电池电压，不准确性小于基于 μV 解析度的恒电流法测量结果。

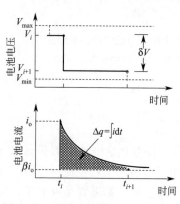

图 13.2 电压台阶循环法，电化学电势谱（EPS）和电池相应的电流变化示意图

② 微分递增容量（$-dx/dV$ 对 V 或 x 作图）基本上不存在误差。这对存在差别很小的两相或生成自由能很小（如锂的有序性）的电化学体系来说非常重要。

该测试方法的另一个优势为实验速度，在 EIS 中，当电池容量较大时，实验时间主要消耗在电势变化中。相反，电流衰减很快，电化学体系可以很快进行下一个电势台阶。换个说法，即该实验的时间主要由电压扫描速率决定。在实际中，实验者可以在 1/5 或更少的时间内得到和恒电流测试相似的结果，因为在该测试方法中，每个台阶的开始电流远大于台阶终止时的最小电流 I_{min}。最后，EPS 是不明正极材料初次研究的最佳选择，也是许多固相体系中常遇到的慢反应的最佳选择。

在 EPS 研究中，主要针对时间函数强度的有效性和计算[11,12]。锂在宿主材料的快速扩散除了受宿主材料本质影响外，更重要的是粉末或多晶正极材料的颗粒大小。因此，研究者需要考虑施加电压的升高和确定截止电流的大小，以保证动力学参数是在接近于理想平衡态下进行的。换而言之，实验的时间尺度必须远小于特性时间（$\tau \ll L^2/4\tilde{D}_i$），$\tilde{D}_i$ 为化学扩散常数；τ 为锂离子一个电极到另一个电极所需要的时间；L 为锂离子在固体内的路径长度（锂离子在电解液中的扩散时间忽略）。实验中的 C 倍率必须小于 $1/\tau$（为了和 C 倍率对应，

此时 τ 的时间单位以小时计）。这说明在实验中当电压台阶过大或者锂离子扩散控制反应时，不能使用 EPS 方法进行测试。

13.3.2 间歇恒电流电位滴定法

Weppner 和 Huggins[4] 提出了间歇恒电流电位滴定法（GITT）的理论和试验方法。该测试方法成功地应用于多种锂离子嵌入化合物（如 TiS_2 和 TaS_2）的动力学过程研究中。Honders[13,14] 提出了 GITT 扩展法并应用于 Li_xTiS_2 和 Li_xCoO_2 体系中。该扩展法的优势在于考虑到更多的传统方法。该方法中只采用半无限扩散，即物种 i 的化学扩散常数（$\tilde{D}_i$）和增强因子（W）都可以只通过动力学参数确定，$\tilde{D}_i = D_i^0 W$。另外，$\tilde{D}_i$ 的确定只需要估算扩散的有效长度即可，不需要活性电极表面积。

化学物种的自扩散常数或扩散率 D_i^0 通过菲克第一定律确定：

$$J_i = -c_i \frac{D_i^0}{RT} \times \frac{d\mu_i}{dx} \tag{13.8}$$

式中，J_i 为物质 i 在单位时间单位面积的总穿过量，moL；c_i 为浓度，$mol \cdot m^{-3}$；R 为通用气体常数；μ_i 为化学势，可以通过下式得到：

$$\mu_i = \mu_i^0 + RT \ln a_i \tag{13.9}$$

该关系式定义了物种 i 的活度 a_i。两等式联合可以得到：

$$J_i = \tilde{D}_i \frac{dc_i}{dx} \tag{13.10}$$

其中物种 i 的化学扩散常数：

$$\tilde{D}_i = D_i \frac{d(\ln a_i)}{d(\ln c)} = D_i K_i \tag{13.11}$$

式中，K_i 为物种 i 的达尔肯因子或热力学因子。根据参考文献［13］，整个结构的总扩散增强因子 W 可以表示为：

$$W = \left[(1-t_i) \frac{\partial \ln a_i}{\partial \ln c_i} - \sum_{j \neq i,e,h} t_j \frac{z_i}{z_j} \times \frac{\partial \ln a_i}{\partial \ln c_i} \right] \tag{13.12}$$

式中，t_i 为物种 i 的电荷转移常数（或迁移数），在只存在一种离子 i 和一种电子物种 e 时，$t_e = 1 - t_i$，扩散系数改写为：

$$\tilde{D} = D_i^0 t_e \frac{\partial \ln a_i}{\partial \ln c_i} \tag{13.13}$$

如果实验样品为明显的电子导体（电子电导率远大于离子电导率）则 $t_e \to 1$，因此：

$$D = D_i \tag{13.14}$$

这意味着离子电导率不受电子的影响，在这种情况下，电子对离子的移动能够给出瞬时响应，保持电荷中性，因此扩散只受离子的移动 f 限制。另外，如果迁移离子物种的数量远大于电子物种，公式(13.13)可以改写为：

$$\tilde{D} = \frac{c_e D_e^0}{z_i^2 c_i} \times \frac{\partial \ln a_i}{\partial \ln c_i} \tag{13.15}$$

式中离子物种的化学扩散速率常数受到电子动力学的影响。造成该影响的原因是电子物种的受限扩散导致离子和电子移动中的延误，形成了内部的电势场和离子与电子间的库仑作

图 13.3 给出了 GITT 测试技术中单个台阶的示意图。电流 I_0 施加到平衡态电池上，持续时间为 τ。由库仑滴定引起的化合物的化学计量数变化 Δx 可以通过法拉第定律得到：

$$\Delta x = \frac{I_0 \tau M_w}{zmF} \tag{13.16}$$

式中，τ 为电流脉冲的持续时间（见图 13.3）。

因此 ΔV_t 是电池施加电流 I_0 后的总瞬时电压变化。ΔV_s 是该台阶 $i^{[6]}$ 引起的电池稳态电压变化，图 13.3 中给出了其中的关系：

$$\Delta V_s = V_{i+1} - V_i$$
$$\Delta V_t = V_{i+\tau} - V_{i+1} \tag{13.17}$$

电压延迟的瞬间反应可以表示为：

$$\Delta V_t = \frac{I_0 RT}{AF^2 x} W\left(\sqrt{\frac{4t}{\pi \widetilde{D}}} - \frac{t}{L}\right) \tag{13.18}$$

式中，L 为与电解质相接触的颗粒尺寸，也称为固相扩散长度。

13.3.2.1 短弛豫时间（$t \ll L^2/\widetilde{D}$）

在电流施加一段时间 τ 后，电流中断，样品内部的组成在移动物种扩散作用下取向均一化，由于产生浓度梯度的弛豫，电压衰减。如果 ΔV_t 和 $\sqrt{t}$ 间呈现明显的线性关系（图 13.4），由于其他数据都可以得到或测量，扩散系数可以通过菲克第二定律得到：

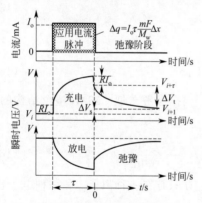

图 13.3 间歇恒电流电位滴定法
（GITT）的示意图

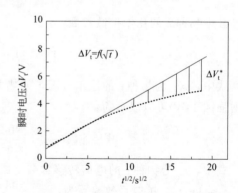

图 13.4 瞬时电压变化曲线 $\Delta E_t = f(\sqrt{t})$

$$\widetilde{D} = \frac{4}{\pi \tau} \left(\frac{mV_m}{M_w A}\right)^2 \left(\frac{\Delta V_s}{\Delta V_t}\right)^2 \tag{13.19}$$

式中，A 为样品与电解液间的接触表面积。在 $L^2/t\widetilde{D} \gg 1$，电极厚度为 $1\mu m$，$\widetilde{D} = 10^{-10} cm^2 \cdot s^{-1}$ 时，得到 $t \ll 100s$。值得注意的是：增强因子包含在库仑滴定斜率 $\Delta V_s/\Delta x$ 中。从图 13.4 线性段中可以得到 $\widetilde{D}/W^2$ 的值：

$$\frac{\widetilde{D}}{W^2} = \frac{4}{\pi} \left(\frac{I_0 RT}{AF^2 x}\right)^2 \left(\frac{\Delta(\sqrt{t})}{\Delta V_t}\right)^2 \tag{13.20}$$

13.3.2.2 长弛豫时间（$t \gg L^2/\widetilde{D}$）

对于更长的时间，电压与时间曲线偏离线性关系的程度（图中的竖直线）是时间（t）

的函数。这个新的过电压 ΔV_t^* 与时间呈线性关系：

$$\Delta E_t^* = \left(\frac{\partial(\Delta V_t)}{\partial(\sqrt{t})}\right)\sqrt{t} - \Delta V_t = \left[\frac{I_0 RTW}{AF^2 xL}\right]t + \eta \tag{13.21}$$

式中，η 为电压项常数，因此增强因子可以用新函数 ΔV_t^* 与时间 t 的斜率表达：

$$W = \left[\frac{AFxL}{I_0 RT}\right]\left(\frac{\partial(\Delta V_t)}{\partial t}\right) \tag{13.22}$$

13.3.3 电化学阻抗谱

锂离子和电极的动力学过程也可以通过电化学阻抗谱（EIS）进行研究。EIS 测试在金属锂负极作为参比电极的电池中进行。EIS 测试技术是通过阻抗/增益相位分析器和电池测试单元的耦合实现的。通常 EIS 的测试过程中使用频率范围为 350kHz 到 3mHz 的几毫伏叠加电压（典型电压为 5mV）作为交流信号。图 13.5 给出了典型的原始态和碳包覆的 $LiNi_y Mn_z Co_{1-y-z}O_2$ 样品阻抗谱图（奈奎斯特图）。两个样品在高频区都出现半圆状态，在随后的低频区（$\omega < 1Hz$）为直线状态（沃伯格扩散）。碳包覆后，$LiNi_y Mn_z Co_{1-y-z}O_2$ 的阻抗明显下降，沃伯格扩散的组成发生变化。

电池的阻抗具有非常复杂的定量化表达式，$Z_c = Re(Z_c) + Im(Z_c)$，其中实部是内阻的总和，包含了在两个电极界面上的电荷转移内阻 R_1 和 R_2，沃伯格阻抗主要是由扩散过程引起的：

$$Re(Z_c) = R_1 + R_2 + \frac{\sigma}{\sqrt{\omega}} \tag{13.23}$$

式中，σ 为沃伯格系数，定义为低频区域 Z_c 对 $\omega^{-1/2}$ 作图得到直线的斜率，如图 13.5(b) 所示。离子的扩散系数可以通过以下等式计算得到[15]：

$$\widetilde{D} = \frac{R^2 T^2}{2n^4 F^4} \times \left(\frac{1}{Ac\sigma}\right)^2 \tag{13.24}$$

式中，R，T 和 F 为常规常数；n 为每摩尔氧化物转移电子数；A 为活性物质颗粒和电解液相接触的表面积；c 是锂离子的浓度。值得注意的是，沃伯格系数和扩散系数间的关系只适用于扩散层为无限厚度的情况。在实际实验中，当实验的特征弛豫时间 $\omega^{-1} \leqslant L^2/\widetilde{D}$ 时，可以认为符合上述条件。从图 13.5(b) 中可以明显看出，在材料表面包覆碳层可以提高锂离子的扩散系数，这可以归因于电子电导上升引起的达尔肯因子的上升。这种现象有利于提升 NMC 材料在高倍率循环时的电化学性能。

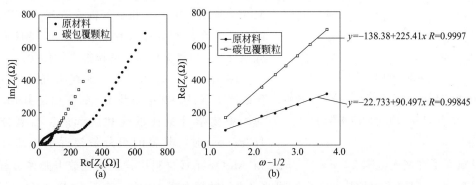

图 13.5 (a) 原材料和碳包覆的 $LiNi_y Mn_z Co_{1-y-z}O_2$ 样品的阻抗谱图
(b) 及实部部分 Z_c 对 $\omega^{-1/2}$ 直线图，斜率 σ 为沃伯格系数

13.4 应用：MoO_3 电极的动力学研究

在该节的讨论中展示了上述测试技术的优势，包括锂离子嵌入 MoO_3 电极材料中增强（热力学）因子和化学扩散系数在半无限扩散中的确定。分别讨论了晶态和薄膜 MoO_3 两种状态[15,16]。

13.4.1 MoO_3 晶体

在第 9 章中给出了典型的 $Li//MoO_3$ 体系的充放电曲线。无水 $\alpha\text{-}Li_xMoO_3$ 相的动力学研究表明层状网格中锂离子在范德华平面的移动为快速过程。组成变化为 $0.05 \leqslant x \leqslant 1.35$ 的样品中锂离子的化学扩散系数变化范围为 $2\times10^{-10} \sim 6\times10^{-11}$ $cm^2 \cdot s^{-1}$，当 $x=0.75$ 时，最大扩散系数为 1×10^{-9} $cm^2 \cdot s^{-1}$，增强因子的变化范围为 $1 \leqslant W \leqslant 17$（见图 13.6）。$\widetilde{D}$ 随组分的变化主要是由宿主中的空穴位置分布引起的，$\alpha\text{-}Li_xMoO_3$ 中锂离子化学扩散系数的变化可以通过 x 的二次方程表达：

$$\widetilde{D} = \beta x^2(1-x) + x(1-x^2) \tag{13.25}$$

式中，β 是与碱金属离子在宿主结构中的排斥能相关的参数；此时 x 为锂离子的浓度，而在式(13.8) 和式(13.10) 中 x 为位置函数。排斥能的最大值出现在半充满状态[12]。

材料的化学势可以表示为：

$$\mu = \mu_o + RT\ln\alpha = -FV(x) \tag{13.26}$$

该式与式(13.11) 联合可以得到增强因子的表达式，联合式(13.11) 和式(13.2) 得到随 x 变化的增强因子表达式：

$$W = -\frac{F}{RT} \times \frac{\partial V}{\partial \ln x} = 1 + \frac{x}{1-x} + Kx \tag{13.27}$$

将该表达式应用到图 13.6 中的数据中可以得到相互作用因子 K，对应于嵌入锂离子间的相互静电排斥力。在 $\alpha\text{-}Li_xMoO_3$ 样品中 $K=6.8$。

13.4.2 MoO_3 薄膜

使用具有平面结构的 MoO_3 薄膜正极的电池电压与锂离子嵌入间的关系在图 13.7(a) 中给出。MoO_3 薄膜是在氧气和氩气混合气氛下，通过 rf-溅射技术在硅圆片生长制备的。生长条件通过基底温度 T_s 和氧分压 p_{O_2} 的调控进行优化。

图 13.7(a) 显示了电压曲线与沉积腔内氧分压的强关联性。标准电势 E^0 的变化是由 $MoO_{3-\delta}$ 薄膜中化学计量比的变化引起的。当氧分压为 150mTorr 时，薄膜的组分最接近于理想计量比

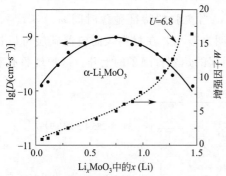

图 13.6 单晶组分相关的 $\alpha\text{-}Li_xMoO_3$ 样品中 $\widetilde{D}$ 和 W 与组分间的关系图

$\delta=0$。研究了在嵌入范围 $0 \leqslant x \leqslant 1.5$ 时，Li_xMoO_3 正极材料中锂离子在放电弛豫过程的动力学过程[16]。利用采用长脉冲激发时间的改进间歇恒电流电位滴定法（GITT）研究了化学扩散系数 $\widetilde{D}$，组分扩散 D_0 和增强因子（或热力学因子）W，$W = \widetilde{D}/D_0$。根据式(13.20)，

瞬时电压 ΔE 和时间的开方 $\sqrt{t}$ 呈线性关系（如图 13.4 所示），在热力学因子已知的情况下，可以通过斜率计算化学扩散系数 $\widetilde{D}$，热力学因子可以通过电池电压和 x 的关系得到。

图 13.7(b) 给出了 Li_xMoO_3 薄膜样品中，化学扩散系数 $\widetilde{D}$ 和增强因子 W 随 x 的变化关系。在 $x=0.75$ 时，得到最大化学扩散系数 $6.8\times10^{-12}\,\text{cm}^2\cdot\text{s}^{-1}$，此后，随着浓度的增加，$\widetilde{D}$ 按二次方的关系降低：

$$\widetilde{D}=x(5.3-2.8x)\times10^{-12} \tag{13.28}$$

在这种情况下，嵌入过程受宿主晶格内的锂离子浓度控制。如图 13.7(b) 所示，热力学因子 W 随着 x 的嵌入呈线性增加，在 $0.05\leqslant x\leqslant 1.5$ 范围内，W 从 10 上升到 820。W 随 x 的变化与 Li_xMoO_3 薄膜的电子移动性的大幅度衰减有关。考虑到 MoO_3 薄膜为氧缺乏材料，可以使用内部缺陷材料的电荷传递模型[14~18]。缺陷由锂空隙 Li^* 和导电电子 e' 组成。文献 [17] 提到在固溶体中不发生内部缺陷反应，因此，热力学因子与缺陷浓度相关（稀缺陷浓度时）：

$$W=\phi_{Li}^{-1}+\phi_{e'}^{-1} \tag{13.29}$$

式中，$\phi_{Li}=c_{Li^*}/c_{Li^+}$，$\phi_{e'}=c_{e'}/c_{Li^+}$。式(13.29) 解释了图 13.7(b) 中 W 随嵌入程度变化的原因。W 的大幅度上升归因于 Li_xMoO_3 材料中电子移动性的下降。

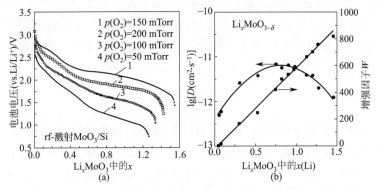

图 13.7　不同氧气分压下通过 rf-溅射法在硅片表面沉积生长的 MoO_3 组装成的 $Li//MoO_3$ 电池的放电曲线（a）及 Li_xMoO_3 薄膜中化学扩散系数和增强因子随 x 的变化曲线（b）

13.5　递增容量分析法（ICA）

13.5.1　简介

确定电极嵌入和脱出机理的本质特性需要热力学函数。电化学电势谱（EPS）的概念是 Thomson 在 1979 年提出的[7]，通过单一的慢速电压循环研究相关动力学和热力学细节。EPS 也被称为递增容量分析法（ICA）或微分电压分析法（DVA）。OCV 数据经常用于反映电池老化和性能衰减状态[19]；在 ICA 技术中[10]，电池充电电量对终端电压 V 微分，将 V-Q 曲线中的电压平台转化成微分容量曲线中易于辨识的 dQ/dV 峰，可以利用该技术研究电池充放电的平缓过程。结合寿命循环数据比传统技术具有更高的灵敏度。

嵌入电极的氧化还原电势可以由式(13.2) 推导出，在 $K=0$ 时，可以表示为：

$$\frac{dx}{dV} = \frac{F}{RT} x(1-x) \tag{13.30}$$

式(13.30)展示了嵌入过程中随着嵌入物种物质的量而变化的 S 形电压曲线。在这种情况下，(dx/dV) 定义在电压为 V 时存储或释放电荷的能力。然而在实际实验中，相互作用 K 项是不能忽略的，因此，总公式(13.2) 必须针对每个递增步骤 i，由于相互作用与锂离子浓度直接相关，设定 K 随 i 变化，根据文献 [20, 21] 使用其标记法，将 $x_{i-1} < x_i < x_{i+1}$ 时的电极电势公式改写为如下形式：

$$V(x) = V_{0i} - \frac{RT}{F}\ln\left(\frac{x_i}{1-x_i}\right) - \frac{z\varnothing_i}{F}(1-2x_i) \tag{13.31}$$

当 $\varnothing_i = -K_i/(2z)$ 时，该表达式与公式一致，因此，$\varnothing_i$ 为相互作用能（$\varnothing_i < 0$ 为推力，$\varnothing_i > 0$ 为吸引力），z 是最邻近位置的数目，x_i 是给定体系中占有位置与总位置的比值，V_{0i} 是第 i 个氧化还原电对在 $x = 1/2$ 时的标准电位。因此：

$$\frac{dx_i}{dV} - \left[\frac{RT}{F} \times \frac{i}{x_i(1-x_i)} - \frac{2z\varnothing_i}{F}\right]^{-1} \tag{13.32}$$

图 13.8 展示了含有两个 S 形固溶体反应平台电压的嵌入化合物 $Li_x\langle H\rangle$ 的氧化还原电势分析结果，Li_xMO_2 电极 （M＝Co，$Ni_{0.5}Co_{0.5}$ 或 Ni）的典型放电曲线为 S 形。在这些层状网格中，每个 [2×2] 次晶格对应于一个基底三方晶格，这是锂离子最多可能占据的位置点，由于颗粒-空穴嵌入，形成组成为 $Li_{0.25}MO_2$ 和 $Li_{0.25}MO_2$ 的结构[图 13.8(b)][21]。在图 13.8 中所示的电化学过程可以分为三部分，这种状态的出现可以通过态叠加基本原则解释。随后，可以得到在电压为 $V(y)$ 时，Li_xMO_2 中的 x 的值：

$$x = \int_{\infty}^{V} \sum_{i=1}^{3} \left(\frac{\partial x_i}{\partial V}\right) dV \tag{13.33}$$

通过图 13.8 中数据的分析结果可以得到以下参数：在电化学体系 I 中，$V_{01} = 4.50V$，$z\varnothing_1/F = +0.25V$；在化合物组成阶段 II，$V_{02} = 4.18V$，$z\varnothing_2/F = -0.25V$；在化合物组成阶段 III，$V_{03} = 3.91V$，$z\varnothing_3/F = +0.25V$。因此在第 I 阶段和第 III 阶段，嵌入能参数为吸引力，这可以通过锂离子在正负极材料中的嵌入过程的 ICA 研究结果证明；这类材料包括 $Li_xV_6O_{13}$，$Li_{1-x}NiO_2$，$Li_{1-x}Ni_{1/2}Mn_{1/2}O_2$，$Li_3V_2(PO_4)_3$ 和硅纳米线。还利用该测试方法做了基于 $LiFePO_4$//石墨电池循环寿命的健康状态预测（SOH）。

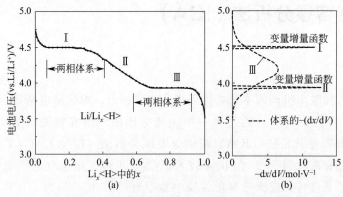

图 13.8 嵌入化合物 $Li_x\langle H\rangle$ 的固相氧化还原反应电压与组分间的关系图，（显示有三个电压区域）(a) 及相对应的微分容量 (dx/dV) 曲线 (b)

13.5.2 半电池的递增容量分析法

13.5.2.1 V_6O_{13}

Murphy 最早于 1979 年提出 V_6O_{13} 作为锂二次电池的正极材料。V_6O_{13} 材料的最大优势在于化学计量比容量可以达到 $0.89W \cdot h \cdot g^{-1}$[22]。但是,最大锂嵌入量 $Li_6V_6O_{13}$ 的电子电导率非常低[23]。因此,需要添加高导电性材料,如石墨或碳;降低了颗粒的能量密度。V_6O_{13} 结构中包含边共享的八面体结构形成的单链或双链的曲折链,通过共享更多的边连接在一起。单链和双链形成的片通过角共享相互连接,形成三维结构[24]。该结构中包含通过面共享连接的三帽空穴。空穴的三个开放面允许锂离子沿(010)方向扩散,伴随临近通道对间的相互交换。

图 13.9 给出了 $Li//V_6O_{13}$ 电池的第一次充放电曲线。在锂离子嵌入反应中(一个 V 原子对应于一个 Li 原子),电压在 $3.2 \sim 1.5V$ 范围内的氧化还原反应为可逆的。理论上,每个化学计量比 V_6O_{13} 结构的最大锂嵌入量为 8,这是根据可能的电子态得到的而不是晶体空穴[25]。最大嵌入值的得出对应于每个 V 原子都处在 V^{3+} 状态。根据化学计量比,每个 $VO_{2.18}$ 可以嵌入 1.35 个 Li。West 等人指出[6],V_6O_{13} 的晶体结构可以形象化地看作片状 VO_2(B)和 $\alpha-V_2O_5$ 通过共用八面体角的堆积;因此,V_6O_{13} 可以看作单层 $\alpha-V_2O_5$ 和双层 VO_2(B)与 VO_6 八面体的共生物。放电曲线(嵌入反应)分三个阶段对应于钒阳离子的还原。原始材料可以表示为 $[V_4^{4+}V_2^{5+}]O_{13}$,嵌入反应的最终产物为 $Li_6[V_4^{3+}V_2^{4+}]O_{13}$,暗示了放电反应的三个阶段分别对应于:锂离子在不同晶体位置的嵌入;还原反应 $V^{5+} \rightarrow V^{4+}$;还原反应 $V^{4+} \rightarrow V^{3+}$(图 13.10)。其中位于 2.1V 的最大放电平台对应于 $V^{4+} \rightarrow V^{3+}$ 的还原过程[26]。

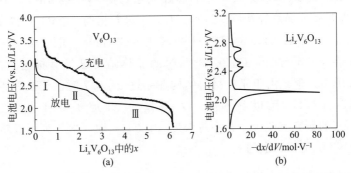

图 13.9 $Li//V_6O_{13}$ 电池的首次充放电循环(a)及锂嵌入 V_6O_{13} 过程的递增容量曲线(b)

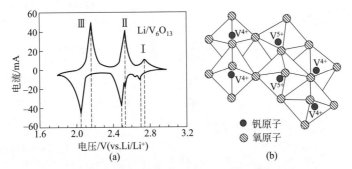

图 13.10 $Li//V_6O_{13}$ 电池的循环伏安曲线(扫描速度为 $10\mu V \cdot s^{-1}$,假设对 Li/Li^+ 电位为 2.2V 的化合物为 $Li_4V_6O_{13}$,通过 dQ/dV 对电流进行标准化调整)(a)和 V_6O_{13} 的晶体结构示意图(显示出钒价态的不一致)(b)

13.5.2.2 LiNiO$_2$

层状过渡金属氧化物,如 LiCoO$_2$ (LCO) 和 LiNiO$_2$ (LNO) 是最有吸引力的锂离子电池正极材料,具有高能量密度 (273mA·h·g^{-1}),高工作电压 (约 4V) 和优异的可再充性。因为价格较低,和 LiCoO$_2$ 相比,LiNiO$_2$ 的吸引力更大。LiNiO$_2$ 具有层状岩盐的晶体结构 (和 α-NaFeO$_2$ 类似的结构)。该结构是由氧原子的紧密堆积,Li$^+$ 和 Ni^{2+} 有序地替换分布在立方岩盐结构的 (111) 面组成。该 (111) 面的有序性导致六方对称性的轻微形变,晶胞参数 $a=2.816$Å, $c=14.08$Å[27]。LiNiO$_2$ 的层状结构是由 (NiO$_2$)$^{2-}$ 堆积层和 Li$^+$ 嵌入到层间空位形成的。Dutta 等人[28] 报道了对 LiNiO$_2$ 材料的电性质和磁性质的研究结果,该材料类似于小极化子半导体材料,具有 Ni^{4+}/Ni^{3+} 空穴对和大量的 Ni-O 共价混合。

低锂含量化合物 Li$_x$NiO$_2$ ($x<0.2$) 的产生导致循环失效。另外,出现材料对电解质氧化反应的催化和镍离子移动到锂位置。合成中很难生成纯度较高的 LNO,剩余的 Ni^{II} (可达 1%~2%) 存在于 NiO$_2$ 堆积层。事实上,首次充放电循环的不可逆容量和 NiO$_2$ 堆积层残余的 Ni^{II} 量直接相关,在严格控制电解液分解时,剩余的 Ni^{II} 需要更多的电荷氧化到更高价态。通过对热处理阶段材料的精确合成和锂浓度调节,可以得到接近于计量比的 LiNiO$_2$ 材料。图 13.11(a) 给出了这种 LNO 正极材料在 0.1mA·cm^{-2} 电流密度下的首次充放电曲线。首次循环的不可逆性表明材料为化学计量比化合物,锂层的 Ni^{II} 量可以忽略不计。

伏安曲线 [图 13.11(b)] 表明 Li$_{1-x}$NiO$_2$ 样品在锂脱出过程中发生多个相转变过程。Zhong 和 von Sacken 的研究表明 LiNiO$_2$ 材料在充电到 4.1V (vs. Li/Li$^+$) 时脱锂程度 $x=0.7$[29]。反应机理解释为局部异构反应过程:R-3m 六方相的 LiNiO$_2$ 被氧化成 NiO$_2$ (R-3m, $a=2.81$Å, $c=13.47$Å),中间经过单斜相 (C2/m)[30] 的 Li$_{1-x}$NiO$_2$ ($0.25 \leq x \leq 0.55$)。Li$_y$NiO$_2$ 在 $y=0.25, 0.33, 0.63$[31] 时的晶体结构已经有报道。在高于 4.1V 时,可以有更多的 Li 脱出,但是由于正极材料结构在超过 $x=0.7$ 时已经被破坏,所以电池性能衰减。在过充 Li$_{1-x}$NiO$_2$ 正极材料中,大多数的 Ni 原子处在不稳定的 Ni^{4+} 价态。Manthiram 等人[32] 的研究表明由于在中等温度 (150℃) 时,氧排列可以转换成立方尖晶石结构,因此 Li$_{0.5}$NiO$_2$ 是不稳定的。

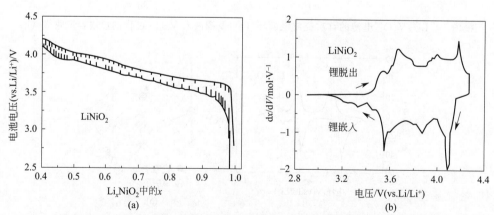

图 13.11 Li//LiNiO$_2$ 电化学电池的充放电曲线 (电流密度 0.1mA·cm^{-2}, 电解液为 1mol·L^{-1} LiPF$_6$+65/35 EC-DMC) (a) 及 Li//LiNiO$_2$ 电池的伏安曲线 (扫描速度为 10μV·s^{-1}) (b)

13.5.2.3 LiNi$_{0.5}$Mn$_{0.5}$O$_2$

不含钴的氧化镍锰锂是一种锂离子电池正极材料[33], Koyama 等人[34]的研究表明 LiNi$_{0.5}$Mn$_{0.5}$O$_2$ 是一种含有 Ni^{2+} 和 Mn^{4+} 的稳定化合物,而不是 LiNiO$_2$ 和 LiMnO$_2$ 固溶体,而 LiCo$_{0.5}$Ni$_{0.5}$O$_2$ 是一对一的 LiNiO$_2$ 和 LiCoO$_2$ 固溶体。如图 13.12 所示,LiNi$_{0.5}$Mn$_{0.5}$O$_2$ 固相氧化还原反应过程可以通过递增容量曲线分为三个阶段,分别对应于 Li$_x$Ni$_{0.5}$Mn$_{0.5}$O$_2$ 中 $x=$ 1/3, 1/2 和 2/3,对应的氧化还原电压分别为 4.49V,4.05V 和 3.81V(对 Li^0/Li$^+$)。利用式 (13.29) 得到的负相互作用参数 $z\phi_i/F$ 表明为排斥力,即整个过程为单相反应。类似地,LiNiO$_2$ 和 LiNi$_{0.5}$Co$_{0.5}$O$_2$ 体系都有三个氧化还原平台,但是电压不同,在 LiNiO$_2$ 体系中为 4.23V,3.93V,和 3.63V,而在 LiNi$_{0.5}$Co$_{0.5}$O$_2$ 体系中为 4.58V,4.05V 和 3.58V。需要指出的是:①LiNiO$_2$ 体系的固相氧化还原反应包含 Ni^{3+}/Ni^{4+},而在 LiNi$_{0.5}$Mn$_{0.5}$O$_2$ 中同时存在 Ni^{2+}/Ni^{3+} 和 Ni^{3+}/Ni^{4+};② LiNi$_{0.5}$Mn$_{0.5}$O$_2$ 的平均电压为 4.10V,高于 LiNiO$_2$ 体系的 3.90V。

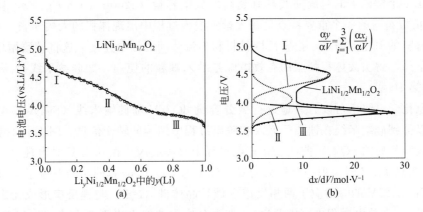

图 13.12 LiNi$_{0.5}$Mn$_{0.5}$O$_2$ 正极材料的放电电压随组成的变化曲线
(a) 及递增容量曲线(显示出氧化还原反应分为三个阶段)(b)

13.5.2.4 Li$_3$V$_2$(PO$_4$)$_3$

单斜相的磷酸钒锂材料在充电状态限制在每个分子单元脱出两个锂原子时具有很好的可逆性。最后一个锂原子的脱出电压高于 4.6V(vs. Li/Li$^+$)并具有明显的过电势[35]。在 Li$_x$V$_2$(PO$_4$)$_3$ 中,V^{3+}/V^{4+} 氧化还原对发生在 $x=1\sim3$ 的整个范围内。

图 13.13 给出了 Li$_3$V$_2$(PO$_4$)$_3$ 材料的电压曲线和递增容量曲线。Li$_3$V$_2$(PO$_4$)$_3$ 材料的实验滴定曲线显示出三个阶段,对应于 Li$_{3-x}$V$_2$(PO$_4$)$_3$ 的组成跨度分别是 $x_1=0\sim0.5$,$x_2=0.5\sim1$,和 $x_3=1\sim2$。在每个阶段中都有平台出现,对应于电化学氧化还原反应的两相反应特征,只存在很少的锂溶解。在小电流(C/20)测试中,前两个锂离子的脱出平均电压分别为 3.64V 和 4.09V(vs. Li/Li$^+$)。第一个锂离子的脱出分两个阶段,对应电压为 3.61V 和 3.69V(vs. Li^0/Li$^+$)。第二个锂离子的脱出只有一个阶段,对应电压 4.09V。几乎所有的等化学计量的 2 个锂离子每分子式的容量约为 125mA·h·g^{-1};理论容量为 133mA·h·g^{-1}。所有的锂离子脱出平台都伴随着 V^{3+}/V^{4+} 氧化还原对。

13.5.2.5 硅纳米线

硅作为锂离子电池负极材料石墨的代替材料是最近的研究热点(见第 10 章)。每个硅原

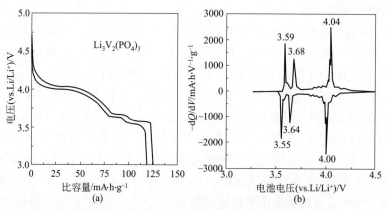

图 13.13 单斜 $Li_3V_2(PO_4)_3$ 正极材料的充放电曲线（C/20）
（a）及递增容量曲线（显示氧化还原反应的三个区域，数字为对应的氧化还原电压值）（b）

子对应于 4.4 个锂原子的组成使其具有超高的放电容量（4200mA·h·g^{-1}），且电压低于 0.5V。硅负极材料的一个重要特点是在大量锂嵌入过程中出现体积的大幅膨胀（约 400%）。这会导致材料的粉化或坍塌，损害活性材料和集流体间的导电连接。这将导致循环过程中的有效容量下降。解决大体积膨胀的有效措施是纳米颗粒的使用，如硅纳米线[36]和纳米多孔硅[37]（见第 10 章）。

利用电化学电势谱可以有效地进行微分容量 dQ/dV 随硅纳米线（Si Nw）电势变化的研究，可以得到硅纳米线在锂离子嵌入和脱出过程中结构的转变信息。图 13.14 中给出了电压容量曲线和相应的 dQ/dV 曲线。在充电过程中（锂嵌入）在 0.62V 时出现一个小峰（标示为 A），在 0.125V 时出现一个较大的峰（标示为 B）。0.62V 的小峰对应于硅表面 SEI 膜的形成，而 0.125V 的峰对应于两相反应区域，晶体硅（c-Si）与锂反应形成无定形的锂化硅（a-Li_xSi）。在放电过程中（锂脱出），在微分容量曲线上出现两个峰（D 和 E），对应于充放电曲线的平台段。E 峰的两相反应区和文献[38]中的报道类似，为晶体 Li_5Si_4 脱锂形成无定形硅，在几次循环后，dQ/dV 曲线[图 13.14(c)]显示晶体硅已经转变成无定向硅。在充电中，锂嵌入无定形硅产生两个倾斜单相反应区域，标示为 B′ 和 B″。Chan 等人[39]的研究报道称 a-$Li_{x'}$Si 和 a-$Li_{(x'+x'')}$Si 相分别形成峰 B′ 和 B″。在低于 50mV 时，发生相同的 a-Li_ySi 转变，该相的脱锂反应为两相反应区域。

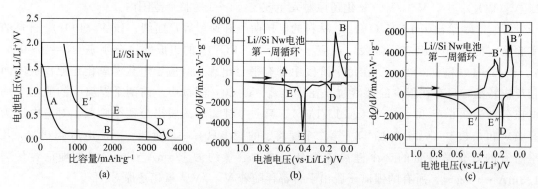

图 13.14 Si 纳米线的电化学特性
（a）电压对容量曲线；（b）首次循环的 dQ/dV 曲线；（c）第 10 次循环的 dQ/dV 曲线（显示了材料的无定形化）

13.5.3 全电池的 ICA 和 DVA 法

最近，递增容量分析法（ICA）被证明可以和高度逼真和精度的计算机模拟仿真联用对电池的衰降机理进行研究[40~43]。ICA 可以广泛地应用于标记电压曲线中不同区域，电压对容量的微分是电池容量的函数。电池的电压可以通过电极电压确定：

$$V_{cell} = V_{cathode} - V_{anode} \tag{13.34}$$

每个独立电极的 ICA 定义为：

$$ICA_{anode} = \frac{dQ_{anode}}{dV_{anode}} = f(V) \tag{13.35}$$

$$ICA_{cathode} = \frac{dQ_{cathode}}{dV_{cathode}} = f(V) \tag{13.36}$$

电池的 ICA 为两电极的倒数的线性组合

$$ICA_{cell} = \left[\frac{1}{ICA_{cathode}} - \frac{1}{ICA_{anode}}\right] = f(V) \tag{13.37}$$

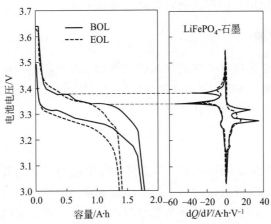

图 13.15 LiFePO$_4$//石墨电池在 BOL 和 EOL 状态的 ICA 曲线 [18650 电池，充放电电流为 $C/25$，通过寿命开始阶段（BOL）和寿命结束阶段（EOL）的 ICA 可以明显看出电池的老化[47~51]]

有报道表明 ICA 技术在对机载锂离子电池健康状态估计方面是非常有用的，利用 ICA（或 DVA）技术可以精确地解释大规模商业化的 LiFePO$_4$ 基锂离子电池的老化和衰降机理[44,45]。图 13.15 给出了典型石墨-LiFePO$_4$ 电化学体系在 $C/25$ 倍率下的连续递增容量曲线[46]，可以明显看到曲线的分段现象。在负极随着锂的嵌入由 C 转变为 LiC$_6$，至少出现 5 个明显的台阶过程（从一个中间产物转变到另一个）。ICA 曲线上的每一个峰代表着一个电压曲线的平台段。在极低电流条件下得到的电压曲线，可以明显看出在特定电压范围内与石墨负极材料台阶相对应的电压平台（图 13.15）。当预期的电池整体老化时，峰强度的整体降低表明了电池的老化状态，正负极材料的活性按相同的速率下降，导致电池总容量的损失。在图 13.15 中的实例表明，老化程度对 3.35~3.38V 的峰有明显影响。

类似地，全电池的研究也可以通过低电流倍率（$C/25$）下微分电压法进行。这些数据可以通过容量和电压的时间依赖性或微分电压（dV/dQ）来分析以得到电池内部的某些容量衰降机理。电池电压 [式(13.26)] 和电压对容量的微分曲线（dV/dQ）非常适用于电池状态的图表分析，电池的（dV/dQ）可以表述为：

$$\left(\frac{dV}{dQ}\right)_{cell} = \left(\frac{dV}{dQ}\right)_{cathode} - \left(\frac{dV}{dQ}\right)_{anode} \tag{13.38}$$

即电池为正负极电极的线性累加，这和式(13.37)中使用 dQ/dV 的累积方法不同。

在 dV/dQ 曲线中，峰表示相转变的形成过程，而在 dQ/dV 曲线中，峰表示相平衡阶段。在平衡阶段可能出现处在相同锂化学势的两相或更多的共存现象。因此在平衡阶段 dV=0，导致 dQ/dV 无法定义。另外，在恒流充放电时 dQ 接近于零，dV/dQ 峰可以通过与半电池数据的对比分辨出正极峰、负极峰或正负极同时存在的峰。下文中，将继续讨论 dV/dQ 分析法在存在负极副反应体系中的应用。

13.6 固相传输测量技术

在固相传输测量实验中首先要确定的参数是自由载流子 n 或 p 的浓度。直接的测量方法是基于霍尔效应的测量技术。在第一节中讨论了霍尔效应法，但是这类测量需要样品的欧姆接触，即使大的结晶度很好的样品也不一定能满足该要求，对纳米样品来说，这个要求是不可能实现的，因此需要使用光谱技术测定样品的 n 或 p 浓度。

13.6.1 电阻率测量

固体材料电阻率测量最简单的方法是裁剪成棒状，在短边边缘进行分立的电流接触，在表面进行分立的电压接触，如图 13.16 所示。四个接触点保证电压测量不受电流接触引起的电压降影响。电阻率通过下列公式计算得到：

$$\rho = -\frac{V_C - V_D}{i} \times \frac{S}{l_{CD}} \tag{13.39}$$

式中，l_{CD} 为点 C 和点 D 间的距离；S 为样品与电流垂直面的横截面积。可能存在的因温度造成的影响可以通过反演电流消除。需要注意的是，测试中必须有精确的接触点排布和样品的几何尺寸。该测试方法在测试样品难以精确裁剪时受到很大的限制。另外，只有样品横截面上每一点的电流密度都是均匀的，并且等势线与电流电极平行时，才能使用式(13.39)。

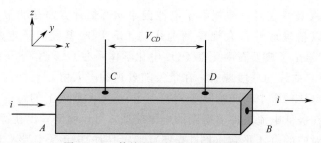

图 13.16 传统的四电极电阻率测试法
(电流通过接触点 A 进入，通过接触点 B 输出；电压降通过接触点 C，D 测量)

13.6.2 霍尔效应测试法

为了得到样品的欧姆接触，理想的方法是在外加 x 方向的静电场中直接测量穿过样品的电流 j_x。在 z 方向施加统一的磁场 H 时，可以直接测量 y 方向的电压。图 13.17 给出了测试示意图。

如果样品中含有的电子浓度 n，在 $+x$ 方向的电场作用，产生一个 $-x$ 方向的偏移速率 ν。在 $-y$ 方向产生的洛伦兹力为 $-|e|\vec{\nu}\wedge\vec{B}$，该作用力在 y 方向产生新的电场 E_y，因此在样品边缘产生 y 方向的累加电荷（图 13.17）。最终导致洛伦兹力诱导电势对电子移动的反向作用，在平衡状态时，由于洛伦兹力和 y 方向电场力 eE_y 的精确补偿，y 方向的电流为零。洛伦兹力和 y 方向电场力 eE_y 间的关系为：

$$-|e|(\vec{E_y}+\vec{\nu}\wedge\vec{B})=0 \Rightarrow E_y=\nu_x B \tag{13.40}$$

因为 $j_x=-|e|n\nu_x$，所以 $\dfrac{E_y}{j_x B}=R_H=-\dfrac{1}{n|e|}$。测量 $E_y=V/L_y$，其中 L_y 为与该方向上样品的长度；B 为已知值；j_x 为电流，可以通过电导率推算得到，因此可以求解得到霍尔系数 R_H，对于电子来说 R_H 为负值，如果载流子为空穴，$R_H=1/(p|e|)$。因此，通过霍尔常数可以直接得到载流子浓度，并且通过霍尔系数可以知道载流子为电子或空穴。另外，只要通过霍尔系数得到 n 或 p 的浓度，可以通过 j_x 推导出移动性 μ_e 或 μ_p。

如果样品中同时存在电子和空穴，情况会更加复杂化，但是仍然可能推导出四个参数，n 和 p 的浓度，μ_e 和 μ_p。确定四个参数而不是两个参数的代价是电导率和霍尔系数都是磁场的函数[52]。理论上讲，可以精确地测量沿 y 方向的两个电极的 E_y，但在实际实验中，需要使用 4 个连接点进行重复测量，原因是无法得到两个严格在 y 方向的接触点，因此测量值不仅包含 E_y 引起的电压还包含由测量的位置的非对称性导致的 E_x 引起的寄生力电压。由于所有的计算都是基于理想平行六面体样品进行的，所以实际

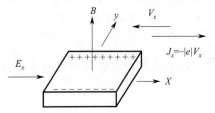

图 13.17 霍尔效应测试原理图

测试样品的形状是另一个问题。解决该问题的最常用方法是进行两套霍尔测量，一套为正磁场方向，一套为负磁场方向，并使用 4 个接触点。文献 [53] 中给出了详细的试验过程。有时候使用基于霍尔效应的范德华测试法，测量层状或片状电导率比测量体状电导率更方便[54]。

13.6.3 范德华测试技术

范德华测量法的优势在于可以测量纳米尺度的棒状或桥状样品的电阻率，而忽略样品的外形结构（图 13.18）。该方法是为了测试薄层或扁平半岛样品的电阻率（片电阻率）发展起来的。

范德华[30]的研究表明确定任意不规则形状样品的电阻率需要：①样品边缘接触；②接触点足够小（点接触）；③样品在厚度方向具有均一性；④样品表面不存在独立空洞（表面连接）。这是满足范德华理论的条件：

$$\exp\left(-\pi\dfrac{R_{AB,CD}d}{\rho}\right)+\exp\left(-\pi\dfrac{R_{BC,AD}d}{\rho}\right)=1 \tag{13.41}$$

式中

$$R_{AB,CD}=\dfrac{V_D-V_C}{i_{AB}} \tag{13.42}$$

i_{AB} 是样品中从点 A 到点 B 的电流强度，$R_{BC,AD}$ 的定义类似。对于接触点来说，需要两次测量 $R_{BC,AD}$ 和 $R_{AB,CD}$；因此电导率可以表示为：

$$\rho = \frac{\pi d}{\ln 2} \times \frac{R_{AB,CD} + R_{BC,AD}}{2} \times f\left(\frac{R_{AB,CD}}{R_{BC,AD}}\right) \tag{13.43}$$

式中，校正函数 f 来自于式(13.46) 的表达，可以通过图 13.19 得到[54~56]。

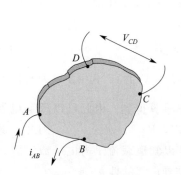

图 13.18 在范德华测量法中任意形状样品的沿边缘接触点排布 [电流从 A 到 B，通过 C 和 D 测试电压，电阻 $R_{AB,CD}$ 通过 $(V_C - V_D)/i_{AB}$ 得到]

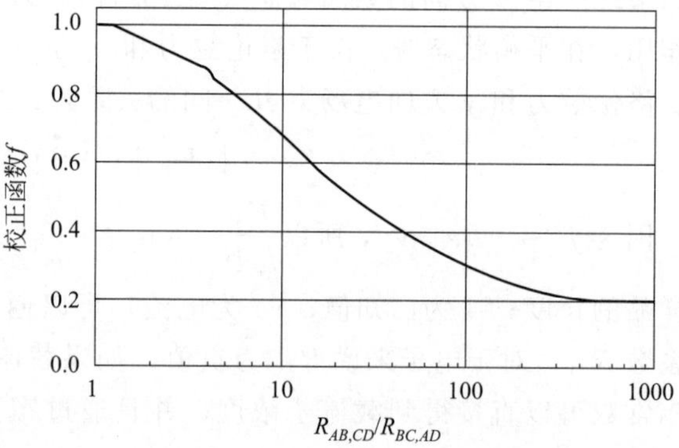

图 13.19 校正函数与测量电阻比例 $(R_{AD,CD}/R_{DC,AD})$ 间的关系

使用范德华方法沿样品边缘对 A，B，C，D 接触点进行等角排布，此时霍尔系数可以改写为[57]：

$$R_H = d\Delta(R_{BD,AC})/H \tag{13.44}$$

式中，$R_{BD,AC}$ 为接触点 A 和 C 间的电压差 V_{AC} 对 B 点的单位电流微分；$\Delta(R_{BD,AC})$ 为 $R_{BD,AC}$ 随样品平面施加磁场强度 H 的变化率（图 13.14）。范德华测量法已经成功地应用于锂离子嵌入材料的半导体性质测试[58~61]。

13.6.4 光学性质测试

如果无法得到样品的欧姆电接触，可以通过光学性质测试对样品固相传输性质进行研究。第 4 章中给出了一个实例。到目前为止，所讨论的研究都是静态性质，下面将讨论半导体对角度频率 ω 电磁波 $[E(t) = E(\omega)e^{-i\omega t}]$ 的响应。电子运动轨迹通过动力学定律得到：

$$m\frac{dv}{dt} = eE(t) - \frac{mv}{\tau} \tag{13.45}$$

式中，τ 为弛豫时间，电子对激发源的响应处在相同频率 $v(t) = v(\omega)e^{-i\omega t}$，式(13.45) 改写为：

$$p(\omega) = mv(\omega) = \frac{e\tau E(\omega)}{1 - i\omega\tau} \tag{13.46}$$

该电磁波产生的电流为：$j(t) = nev(t) = \sigma(t)E$，$\sigma$ 为电导率：

$$\sigma(t) = \frac{ne^2\tau}{m(1 - i\omega\tau)} \tag{13.47}$$

当 $\omega\tau \ll 1$ 时，符合欧姆定律。否则，摩擦力妨碍场内电子的移动；式(13.47) 中的虚部为反相电子气的响应。考虑到电子的轨道，电子振动位置 x 也处在相同的频率，即 $x(t) = x(\omega)e^{-i\omega t}$，所以，$v(t) = dx/dt = -i\omega x(t)$，代入式(13.46) 可以得到：

$$x = -\frac{e\tau E}{m(i\omega + \omega^2\tau)} \tag{13.48}$$

位置改变暗示着介质的极化：

$$P = nex = -\frac{ne^2/m}{\omega^2 + i\omega/\tau}E \tag{13.49}$$

因此变位场 $D = \varepsilon_0 E + P$，代入盖斯定律中麦克斯韦等式 $\nabla D = \rho_f$，其中 ρ_f 为自由电荷密度，根据式(13.49)，介电常数 $\varepsilon = D/E$，因此：

$$\varepsilon = 1 - \frac{\omega_p^2}{\omega^2[1 + i/\omega\tau]} \tag{13.50}$$

式中，ω_p 为等离子体频率 $ne^2/m\varepsilon_0$；式(13.50) 为德鲁德-齐纳方程，该等式使用国际标准单位（MKSA）。但是，在固相物理中，经常使用厘米-克-秒单位制（cgs），此时 $4\pi\varepsilon_0 = 1$，因此在书中（或论文中）的公式通常使用 $1/(4\pi)$ 取代 ε_0，公式改写为：

$$\omega_p^2 = \frac{4\pi ne^2}{m} \tag{13.51}$$

在数值计算时，必须记清所有的单位制，为了避免单位制引起的问题，通常使用公式：

$$\omega_p/(2\pi) \approx 0.9 \times 10^4 n^{1/2} \tag{13.52}$$

式中，n 的单位为 cm^{-3}，结果的单位为 Hz。

13.6.4.1 自由电子气（限定为 $\omega\tau \gg 1$，无声子混合）

在高频率满足 $\omega\tau \gg 1$ 时，式(13.50) 可以简化为：

$$\varepsilon = 1 - \frac{\omega_p^2}{\omega^2} \tag{13.53}$$

为研究式(13.53)，需要了解几个基本光学基础：

根据麦克斯韦方程 $c^2 q^2 = \omega^2 \varepsilon$，电磁波的扩散为：

$$E = E_0 \exp(iqx - i\omega t)$$

波矢量为 $q = \omega \hat{n}(\omega)/c$，复杂折射系数 $\hat{n}(\omega) = \sqrt{\varepsilon}$。

因此，当 $\varepsilon > 0$ 时，q 为实数，为透明介质：电磁波可以穿过而没有任何吸收。根据式(13.53)，当 $\omega > \omega_p$ 时为该状况。对金属中高载流子密度的情况，等离子频率在接近紫外的可见光区域，这就可以解释碱金属（Li，K）在 UV 区域的透明性。另外，如果 $\omega < \omega_p$，式(13.53) 中的 ε 为负实数，因此 $\hat{n}$ 和 q 为纯虚数，在这种情况下，E 为消逝波，只是为满足表面的边界条件（体相的连续）而存在。当该频率的光照到样品上时，不能进入样品内部，在表面发生全发射。这是精细抛光的金属可以作为镜面的原因。

在半导体样品中，n 浓度非常小，等离子频率下降到红外区域；在这种情况下，和等离子相关的光学效应可能干涉晶体的吸收/激发，需要引入与频率相关的介电常数。这是强调等离子频率和声子频率在避免干扰性上具有很大差异的原因。需要注意的是，变位场和电子移动在相同的 x 方向，意味着需要应对纵向电荷密度波。另一个办法相反，将电荷密度波认为具有角度频率 ω，$\rho = \rho_\omega e^{i\omega t}$。具有保护或连续等式：

$$\text{div } j + \partial \rho/\partial t = 0 = \text{div } j + i\omega \rho_\omega e^{i\omega t} \tag{13.54}$$

如果忽略离子极化，只保证电子气（等离子体），麦克斯韦方程为：

$$\text{div } E = \frac{\rho}{\varepsilon_0} = \frac{\rho_\omega}{\varepsilon_0} e^{i\omega t} \tag{13.55}$$

或者考虑公式的连续性：$\text{div } E = \dfrac{\text{div } j}{-i\varepsilon_0 \omega}$，上述公式可以改写为：

$$\text{div}\left(E + \dfrac{j}{i\varepsilon_0 \omega}\right) = 0 \tag{13.56}$$

再同时考虑式(13.47)，则：

$$j = \sigma(\omega)E = \dfrac{ne^2 \tau}{m(1+i\omega\tau)}E \tag{13.57}$$

在 $\omega\tau \gg 1$ 的限定时：

$$\text{div}\left(E + \dfrac{1}{i\varepsilon_0 \omega} \times \dfrac{ne^2 \tau E}{i\omega\tau m}\right) = \text{div } E\left(1 - \dfrac{ne^2 \tau}{m\omega^2 \varepsilon_0}\right) = 0 \tag{13.58}$$

上面讨论了介电常数的表达式，这些等式的解析结构满足 $\varepsilon = 0$，即 $\omega = \omega_p$ 时，对等离子，在电子气中为纵向扩散的电荷密度波。

13.6.4.2 固体等离子边缘的反射率

到目前为止，主要讨论了自由电子情况。但是在固体重不仅有可以看作自由电子的导电电子还有处在核心轨道的电子。这些电子对介电常数也有影响。在等离子体频率量级，核心轨道电子对频率的贡献与 ω 没有明显的相关性；只在更大频率时才有相关性。但是式(13.50)表明 $\varepsilon(\omega \gg \omega_p) = 1$。在实际实验中，明显大于 ω_p 的光谱频率 ω 占据优势，此时，核心轨道电子的贡献与 ω 没有相关性。因此称为本质 ε_∞，即在 $\omega \gg \omega_p$ 时测定的 ε 值，反映了核心轨道电子的贡献；只有在更大的频率下，ε 衰减为1。保持 ε_∞ 的传统定义，可以利用 ε_∞ 代替式(13.50)中的1：

$$\varepsilon = \varepsilon_\infty - \dfrac{\omega_p^2}{\omega^2[1+i/\omega\tau]} \tag{13.59}$$

① $\omega\tau \gg 1$ 状况时；如果式(13.59)满足条件 $\omega\tau \gg 1$，则：

当 $\omega > \omega_p[\varepsilon_\infty]^{-1/2}$ 时，样品为透明体；

当 $\omega > \omega_p[\varepsilon_\infty]^{-1/2}$ 时，样品为全反射。

样品从镜面转变为透明体的频率由固体的 $\varepsilon_\infty^{1/2}$ 因子决定。另一个重要的频率因子在 $n = \varepsilon = 0$ 时得到，此时对应于反射系数 $R = 0$，此时的频率为：

$$\omega = \omega_{\min} = \omega_p[\varepsilon_\infty - 1]^{-1/2} \tag{13.60}$$

② 通常情况，在某些情况下，不能忽略 τ，有限的 τ 值意味着 ε 同时具有实部和虚部，因此必须使用常规光学方程：

$$\hat{n} = \varepsilon^{1/2} = n + ik \tag{13.61}$$

式中，n 为折射系数；k 为吸收系数（在前面的讨论中 n 为电子浓度，但是在文献传统中折射系数也表示为 n，应该不会导致混乱）。式(13.59)改写为：

$$\text{Re}(\varepsilon) = \varepsilon_\infty - \dfrac{\omega_p^2}{\omega^2 + \gamma_p^2}, \quad \text{Im}(\varepsilon) = \dfrac{\gamma_p \omega_p^2}{\omega^2 + \gamma_p^2} \tag{13.62}$$

式中，$\gamma_p^2 = \omega/\tau$，γ_p 为阻尼因子。在实验中，该物理性质通过反射率实验测定，反射系数为：

$$R = \left|\dfrac{1-\hat{n}}{1+\hat{n}}\right|^2 = \dfrac{(n-1)^2 + k^2}{(n+1)^2 + k^2} \tag{13.63}$$

反射率曲线 $R(\omega)$ 可以通过式(13.61)～式(13.63)计算得到，然后通过和实验数据的拟合得到两个拟合参数 τ（含在 γ_p 中）和 ω_p，将实验频率延伸到足够大，可以得到 ε_∞：

$$R_\infty = \left[\left(\varepsilon_\infty^{1/2} - 1\right) \middle/ \left(\varepsilon_\infty^{1/2} + 1\right)\right]^2 \tag{13.64}$$

通过图 13.20 中的 $R(\omega)$ 曲线对结果进行汇总，ω_p 给出 n/m。由于静态电导率为 $ne^2\tau/m$，利用光学测试可以在没有欧姆接触的情况下得到电导率。另外，该实验无法将 n 和 m 独立求解，而霍尔测量法可以得到独立的 n 值。因此，最佳办法是两种测试技术都做，通过霍尔测试和等离子体附近的反射率测试得到三个参数 n，m 和 μ。

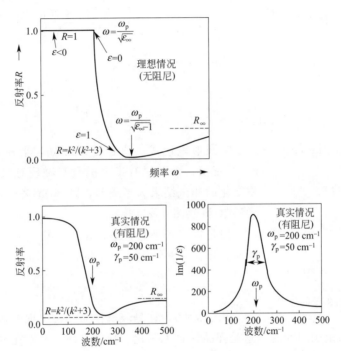

图 13.20　反射与频率间的关系（表明半导体材料的德鲁德边界出现在红外区域）

最后，由于 n 和 μ 都非常小，光学测量可以被 ε 测量取代。在半导体样品中，由于其所需要的光波频率很容易得到，因此光学测试是一种常规测试 ω_p 的技术。对于金属样品，等离子体频率位于近紫外，更容易测试得到等离子边缘频率，很容易使电子束以常规入射角进入金属样品，收集反射光束的光谱能量。由于是纵波，常规入射角就可以在等离子体频率激发等离子体。和其他波一样，电子激发为量子化，因此入射波可以产生量子化的等离子体准粒子，称为等离激元，具有 $\hbar\omega_p$ 的能量。在这种情况下，某些反射电子失去 $\hbar\omega_p$ 的动能，可以通过反射光束的能谱分析探测到。

13.6.5　离子电导率测定：复合阻抗技术

通常，离子电导率远小于电子电导率。测量离子电导率的常规技术是复合阻抗技术，在该技术中只需要非常小的电流（避免产热）和非常小的离子移动。交流阻抗又称为电化学阻抗谱（EIS），因为其测量在很宽的频率范围内进行，可以用于电池及其组成部分（电极、电解液、电极/电解液界面）的性能评价。首先讨论固体电解质的离子电导率，基于锂离子迁移的复合阻抗为：

$$Z = \frac{Z_{\omega=0}}{1+i\omega\tau} = \frac{R}{1+i\omega\tau} \tag{13.65}$$

式中，R 为介质电阻；τ 为弛豫时间（相对于离子迁移性）。该表达式可以通过 RC 电路（电阻 R 和电容 C 并联）的复合阻抗进行改写：

$$Z = \frac{R}{1+i\omega RC} \tag{13.66}$$

因此，将 R 和 τ 的测定转变为电阻和电容的测量。该方法称为"科尔-科尔图"。在该目的下，将式(13.66) 改写为对称形式：

$$\mathrm{Re}(Z) - \frac{R}{2} = R\left[\frac{1}{1+(RC\omega)^2} - \frac{1}{2}\right] = \frac{R}{2}\left[\frac{1-(RC\omega)^2}{1+(RC\omega)^2}\right] \tag{13.67}$$

$$-\mathrm{Im}(Z) = \frac{RC\omega}{1+(RC\omega)^2}$$

因此：

$$[\mathrm{Re}(Z) - R/2]^2 + [\mathrm{Im}(Z)]^2 = \frac{R^2}{4} \tag{13.68}$$

这是 Re(Z)，Im(Z) 平面上的圆形表达式，圆心在 $R/2$ 处，半径为 $R/2$；RC（或 τ）为正值，因此只有半个圆具有物理意义。Z 随着扫描频率变化的测试结果为半圆形，以 $-\mathrm{Im}(Z)$ 对 Re(Z) 作图得到科尔-科尔图（图 13.21）。

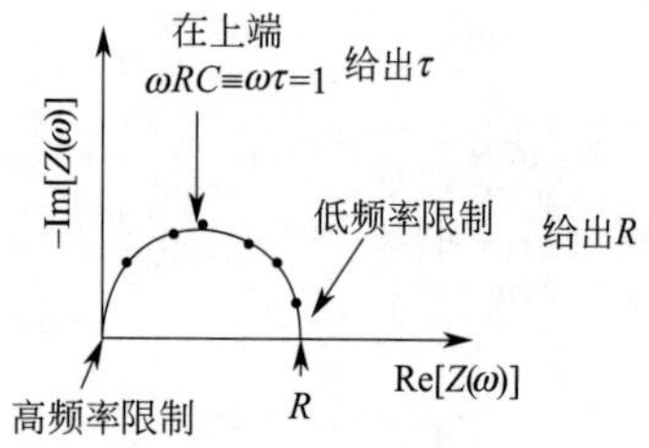

但是这只是理想状态，在实际测试中，会出现更复杂的情况。如在某些情况下，阻抗具有下面的形式：

$$Z = \frac{1}{1+(i\omega\tau)^{1-\alpha}} \tag{13.69}$$

图 13.21 科尔-科尔图的原理

其中 $\alpha \neq 0$，这是玻璃样品经常出现的状况，主要是由于弛豫时间的宽分布范围引起的。这是样品材料无序化的特征表现，经常在层状正极材料的表面层出现。这在科尔-科尔图中表现为仍然是圆的一部分，但是直径旋转了 $\pi\alpha/2$ 的角度。另一种情况是在低频率段，科尔-科尔曲线中的数据出现接近于垂直的直线，这种情况下，Z 是纯粹的电容 $1/(i\omega C)$；离子不具有迁移性，这种情况会出现在阻碍电极中，即锂离子在表面被阻止。这两种情况在图 13.22 中给出。另外一种常遇到的情况是，科尔-科尔曲线中出现几个半圆，这是由于离子在电极间移动时需要经历不同的过程造成的，在图 13.23 中给出。

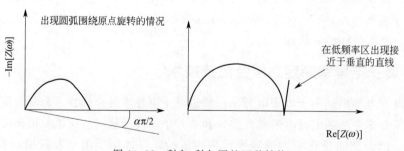

图 13.22 科尔-科尔图的两种结构

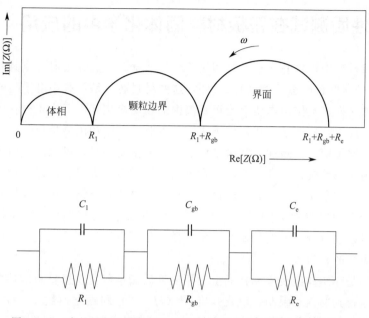

图 13.23　多晶材料的科尔-科尔图及与实验数据对应的等效电路图

最后对一个真实的试验结果进行讨论。图 13.24 给出了不同温度下锂硼玻璃（B_2O_3-Li_2O-Li_2SO_4）的阻抗谱。科尔-科尔曲线变化表明该样品具有离子导电性，其活化能可以通过试验降低[62,63]。

Dzwonkowski 等人[63]研究过热气相沉积薄膜二元硼玻璃（$B_2O_{3-x}Li_2O$）样品的电导率随氧化锂含量（$0.7 \leqslant x \leqslant 5$）的变化过程。复合阻抗谱也可以用来研究薄膜阻碍电极的平面组态。数据处理通过两个电模数形式的接近函数进行，一个使用衰退函数作为指数函数，另一个采用类高斯分布函数作为弛豫时间函数。将两者与复合阻抗平面法对比。复合阻抗实验数据通过电极效应进行修正。提出了一种简单的计算无修订介电参数的方法，在拟合过程中对电模数的实部和虚部同时处理。

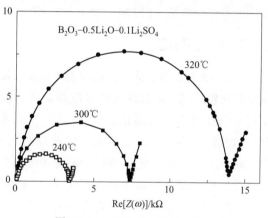

图 13.24　B_2O_3-Li_2O-Li_2SO_4 玻璃样品的阻抗谱随温度的变化

电导率的实部随频率的变化是由弛豫时间分布引起的[62]。通常使用 Jonscher[64]提出的表达式：

$$\sigma(\omega)=\sigma(0)+A\omega^n \tag{13.70}$$

式中，n 为指数因子，受碱金属的跳跃机制控制。这是从实验数据中提取介电弛豫效应的方法。指数因子 n 在 $B_2O_3 \cdot xLi_2O$ 玻璃样品中的值在 $0.6 \sim 0.7$ 之间。需要指出的是，利用电模数形式从由弛豫时间分布表征的静态电导弛豫中分辨出与无电荷传输机制耦合的局部介电弛豫非常重要[63]。$B_2O_3 \cdot xLi_2O$ 玻璃样品的电导率和平均弛豫时间具有热激活性，活化能为 $0.6 \sim 0.7 eV$。

13.7 磁性质测试在正极材料固体化学中的应用

锂离子正极材料中包含的元素有氧和过渡金属元素。大多数过渡金属具有磁性（少数像 Fe^{2+}，Co^{3+} 等处在低自旋态的例外）。另外，这些材料通常是具有小电子（或空穴）浓度的半导体材料。磁交换相互作用本质上为短距离内的超交换相互作用。正极材料的磁性质由每一个磁性离子和周围临近离子的相互作用决定。因此，可以利用磁性离子作为研究其原子尺度临近范围内的原子探针，磁性质测量是样品表征的重要手段，可以用于研究杂质相和局部缺陷，可以作为其他传统技术的补充。本章给出了橄榄石正极材料的磁性质测试实例，磁性质研究用于测定不同杂质相并对其浓度进行定量化。这些研究结果可以支持材料合成的杂质剔除，最终得到无缺陷材料。XRD、SEM、TEM 可以用于研究材料在纳米尺度上的结晶性；红外光谱可以进行分子尺度的研究；磁性质测量可以进行原子尺度的研究，因此它可以成为其他测试方法的补充。

该节的目的是介绍如何在不同样品上使用磁性质测量研究正极材料的性质。该方法受最简化磁性质测量得到的信息限制：磁化强度 $M(H, T)$ 和磁化系数 $\chi(H, T)$ 为温度和磁场的函数。它们是固体化学研究中心应具备的基本实验装置。也有更精密的仪器设备，如穆斯堡尔谱、核磁共振。但是它们是 $M(H, T)$ 和 $\chi(H, T)$ 的补充，不在本节的讨论范围内。另外操作这些更精密的设备需要一些专门知识，因此需要与该领域的专业人员合作。电子自旋共振（ESR）谱也在该范围内。

13.7.1 LiNiO$_2$

从第 13.5.2.2 小节中讨论过的 LiNiO$_2$ 材料开始讨论磁性质测量的应用。该材料的晶体结构比较脆弱，镍混排占据锂位置是所有镍基材料的通性。Ni^{2+} 和锂的混排，会导致本来应该全是锂离子的晶格位置（b）[65]中出现应该在镍位置（a 位置）的 Ni^{2+}，形成 Ni($3b$）缺陷，标示为 Ni_{Li}，造成这种现象的原因是 Ni^{2+} 的离子半径和 Li^+ 的离子半径相近：Li^+ 为 0.76Å，Ni^{2+} 为 0.69Å。Ni_{Li} 缺陷是 Li^+ 的漫扩散中心，影响了其迁移性，因此造成电化学性质的损害。由于化学计量比的 LiNiO$_2$ 材料很难制备，最终产物的组成通常是 $Li_{1-z}Ni_{1+z}O_2$，参数 z 非常重要。利用磁性质确定 z 值基本上是最精确的方法。

磁化系数在 50K 到室温的温度范围内满足居里-魏斯定律[66]。大范围的温度变化有利于得到 $\chi^{-1}(T)$ 的斜率，因此可以得到精确的居里常数。测试结果为 $C_p = 4.26 \times 10^{-3}$ emu·g^{-1}，进一步推导出 Ni^{2+} 导致的有效磁力矩 $\mu_{eff}^{exp} = 1.81\mu_B$。顺磁居里温度 $\theta_p = +30K$，表明了存在铁磁性的相互作用。首先对 μ_{eff} 值进行讨论，该值大于预期值，因为在计量比 LiNiO$_2$ 晶体中，为了保持电中性，所有的 Ni 原子都处在 Ni^{3+} 状态，Ni^{3+} 为低自旋态，具有 1 个未配对电子，因此 $S=1/2$，相应的磁力矩 $\mu_{eff}=[S(S+1)]^{1/2}\mu_B=1.73\mu_B$。实验值 $\mu_{eff}=1.81\mu_B$ 明显表明不是所有的 Ni 原子都处在 Ni^{3+} 状态，只有分数比为 x 的镍原子处在 Ni^{3+} 状态，其他 $1-x$ 分数比的处在 Ni^{2+} 状态，导致材料组成偏离计量比。根据化学式 $Li_{1-z}Ni_{1+z}O_2$，其电中性平衡应该为：

$$1-z+(1+z)[3x+2(1-x)]-4=0 \quad \text{或者} \quad x+2=(z+3)/(1+z) \quad (13.71)$$

由于在 z 值很小，可以进行一阶近似：

$$x+2 \approx (z+3)(1-z) \approx 3-2z \rightarrow x=1-2z; 1-x=2z \tag{13.72}$$

因此：

$$\mu_{\text{eff}}^{\text{exp}}=[(1-2z)\mu_{\text{eff}}^2(\text{Ni}^{3+})+2z\mu_{\text{eff}}^2(\text{Ni}^{2+})]^{1/2} \tag{13.73}$$

因为 $\mu_{\text{eff}}(\text{Ni}^{3+})=1.73\mu_B$，$\mu_{\text{eff}}(\text{Ni}^{2+})=2.83\mu_B$，$\mu_{\text{eff}}^{\text{exp}}=1.81\mu_B$，可以得到 $z=0.027$。居里常数的斜率正比于 $(\mu_{\text{eff}})^2$，因此，$1.81\mu_B$ 和 $1.73\mu_B$ 相比，会带来 $\chi^{-1}(T)$ 的斜率按因子 $(1.81/1.73)^2$ 变化，即约 9% 的斜率变化，很容易检测到。这是磁性质测试对化学计量比偏离非常敏感的原因。

现在来讨论材料低温磁性质变化，在 $T=8K$ 时，磁化系数出现一个峰值（见图 13.25），在这种情况下，使用参比场冷却（FC）和零场冷却（ZFC）两种实验方法是非常重要的。在 FC 实验中，磁场从高温开始（远高于 T_B 的温度），在冷却的过程中进行磁性质测试。在 ZFC 实验中，样品在实验前被冷冻到最低温度，在冷却过程中没有磁场存在，然后施加磁场，在升温过程中进行磁性质测试，直到温度高于 T_B。如果磁化系数峰在奈耳温度符合反铁磁性规律，利用 FC 和 ZFC 测试的结果应该是一致的。$\text{Li}_{1-z}\text{Ni}_{1+z}\text{O}_2$ 材料的 FC 和 ZFC 测试结果表明在 8K 的磁化系数峰存在着差距，说明存在着磁不可逆性温度。这是存在铁磁性纳米颗粒阻碍的特征。这些颗粒是由占据 Li 位置的 Ni（标示为 Ni_{Li}）和临近的 Ni 层镍组成的。在 $T>8K$ 时，这些颗粒为超顺磁性状态，T_B 为阻挡温度。在温度高于 T_B 时，Ni_{Li} 及其周

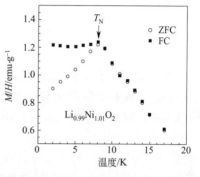

图 13.25 LiNiO_2 材料的 M/H 曲线（其中 M 为在磁场强度为 $H=10\text{kOe}$ 时测得的，ZFC 和 FC 分别表示零场冷却测试法和参比场冷却测试法）

围的 Ni 原子间的铁磁性规律被热扰动打断，表现为顺磁性，对应于样品的 θ_p 为正值。由于每个 Ni_{Li} 位置的最近邻 Ni 原子数可以通过晶体结构得到，因此可以得到每个簇内包含的镍原子数，因此可以通过低温（$T \ll 8K$）段的磁化强度 $M(H)$ 曲线直接求出 Ni_{Li} 的浓度。该求解方法在第 7 章中确定 LiFePO_4 中杂质含量的时候已经给出。

13.7.2 $\text{LiNi}_{1-y}\text{Co}_y\text{O}_2$

LiNiO_2 材料存在两个问题，一个是上述讨论的 Ni 占据 Li 位导致偏离计量比，改变材料的电化学性质；另一个是 Ni^{3+} 具有 Jahn-Teller 效应，结构中的电子会造成局部晶格破坏。在循环过程中产生的裂痕会加剧这种晶格破坏，造成边界和其他缺陷，导致电池寿命下降。

利用其他过渡金属原子取代 Ni^{3+}，降低 Ni 的含量是一种正极材料改性常用的方法。用钴离子取代镍离子是一个很好的选择，因为 LiCoO_2 是第一代锂离子电池中最出名的正极材料[67]。图 13.26 中给出了 $\text{LiNi}_{1-y}\text{Co}_y\text{O}_2$（$y=0.2$）材料的磁化强度 $M(H)$ 曲线，显示出典型的存在磁簇的磁化强度曲线特征。在磁场较小时，磁化强度随 H 上升，这是由于超顺磁性状态下 $\text{LiNi}_{1-y}\text{Co}_y\text{O}_2$ 材料中存在的铁磁性簇造成的，较大的磁力矩与外加磁场中孤立铁磁性簇的排列相关。大于 30kOe 时，由铁磁性簇造成的磁化强度接近于饱和状态。在更大的磁场中，$M(H)$ 的变化主要由 $\text{LiNi}_{1-y}\text{Co}_y\text{O}_2$ 材料的本质的 $\mu_{\text{int}}H$ 的贡献决定，在该温度下 $\text{LiNi}_{1-y}\text{Co}_y\text{O}_2$ 材料是线性的，因为在温度下材料具有顺磁性。但是，由于磁性簇的

磁化强度并没有完全饱和（与13.71节中 $LiFePO_4$ 材料中的情况不同），因此需要一个考虑各向异性的更详细的模型。铁磁性簇饱和态的接近为 $M_s(1-a/H-b/H^2)$[68,69]，因此在 $H > 30kOe$ 的磁场下，磁化强度为：

$$M(H) = M_s\left(1 - \frac{a}{H} - \frac{b}{H^2}\right) + \chi_{\text{int}} H; b = \beta\left(\frac{K}{M_s}\right)^2 \quad (13.74)$$

式中，a 相来自于郎之万函数的级数展开；b 相为各向异性效应；K 为各向异性系数；β 为只与材料相关的常数。通过式(13.74)与实验数据的拟合可以得到拟合参数 M_s 和 b 值。另外，超顺磁性颗粒的奈尔弛豫时间是磁场的响应函数[70]：

$$\tau = \tau_0 \exp\left(\frac{E_a}{\kappa_B T}\right) \quad (13.75)$$

式中，$\tau_0 = 10^{-9} s$，为原子弛豫时间。τ 值等于100s时：

$$E_a = 25\kappa_B T \quad (13.76)$$

该等式定义了温度 T_B，在该温度时，颗粒的磁化强度在测量前达不到平衡状态。势能壁垒正比于颗粒的体积 V 和磁晶能量密度，在单轴各向异性时，使用 $E_a = VK = 25\kappa_B T_B$ 的简单形式，同时考虑式(13.74)中 M 对 M_s 的偏移，两者间的关系为：

$$V = \frac{25\kappa_B T_B}{M_s}\sqrt{\frac{\beta}{b}} \quad (13.77)$$

T_B 是通过试验确定的阻碍温度，在该实验中 $\beta = 0.0762$，通过磁化强度曲线的拟合确定 b 值后，可以利用该式确定铁磁簇的体积，假设铁磁簇为球形，可以确定铁磁簇的半径（图13.27）。

在早期的文献[67]中并没有讨论磁簇尺寸的变化。实际上，如果每个磁簇间的距离足够远，其尺寸可以通过晶格结构确定，即 Ni_{Li} 及其最邻近 Ni^{3+}。Co 浓度造成的磁簇尺寸增大可以说明该此材料中的磁簇本质和文献[65,66]中的磁簇不同，造成该不同的原因是采用了不同的材料合成方法。磁簇的起始信息可以通过阻碍温度推断。图13.28中 FC 和 ZFC 曲线的分化起点，为不可逆过程的起始点，发生在 $T_B = 220K$ 时。

在低磁场强度和室温时，磁化强度曲线表明磁化强度与 H 呈线性，表明直达居里温度300K 时没有铁磁性簇，即没有镍的纳米颗粒。实际上，铁磁力矩大约在 T_B 温度时出现。因此，铁磁簇一旦形成，其体积就比较大（$V = 25\kappa_B T_B/K$ 其中 K 为各向异性系数，因此在相同组成时，簇颗粒的尺寸 d 正比于 $T_B^{1/3}$）。图13.27中给出了磁簇颗粒尺寸随组成的变化。较大的居里温度 $T_C \sim T_B \sim 220K$ 表明磁簇的起始也在 Ni_{Li} 位置。实际上，从13.7.1小节中可以看出 Ni_{Li} 存在时，材料为顺磁性，当居里-魏斯温度下降到50K 时，第二种相铁磁性存在。为了寻找证据，在文献中寻找具有相同温度的磁变化规律的含 Ni 化合物。图13.29中含有杂质的 NiO 的磁性质变化，与预期相符。即使居里温度上升到250K，也可以明显看出其相似性[71]。由于居里温度对 NiO 基样品的组成非常敏感，所以两者间居里温度的偏移是可以理解的。因此 $LiNi_{1-y}Co_yO_2(y < 0.25)$ 材料的磁簇颗粒大于1nm，包含非计量比的 NiO 和某些 Li 原子，如前面提到的 $Li_{0.05}Fe_{0.02}Ni_{0.93}O_2$ 样品（由于每个 $LiNi_{1-y}Co_yO_2$ 分子式中含有1个锂，出现这种情况比较意外）。

但是 $LiNi_{1-y}Co_yO_2$ 样品中检测到的磁簇中 Co 的含量非常低，另外，在 $d(y)$ 曲线中，在 $y > 0.25$ 时，磁簇尺寸基本上与 y 值无关，都约为1nm；在 y 值较大时，阻碍温度为 $8 \sim 10K$，和 $Li_{1-z}Ni_{1+z}O_2$ 样品的结果类似，这说明两类样品中的铁磁簇相同，即铁磁

簇是由 Ni_{Li} 缺陷造成的。

因此可以得到如下结论：

① 在 $LiNi_{1-y}Co_yO_2$ 样品中，Ni_{Li} 导致邻近 Ni 原子的自旋极化，形成约 1nm 的铁磁簇。在低于阻碍温度（约 8~10K）时，呈现超顺磁性。在 $y=0$ 和 $y>0.2$ 的样品中都出现了该现象[67]。

② 另外，文献[2]的制备方法导致第二种相的存在，具有非计量比 NiO 的形式。NiO 基的纳米磁簇约为 3nm。Co 代替 Ni 会导致第二种相减少，证据为 NiO 基的纳米磁簇的尺寸减小，在 $y \approx 0.2$ 时，该相消失。Co 的引入不能消除 Ni_{Li} 缺陷，即使在 Co 含量较高时也不能。

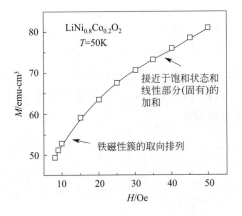

图 13.26 $LiNi_{0.8}Co_{0.2}O_2$ 的磁化强度曲线

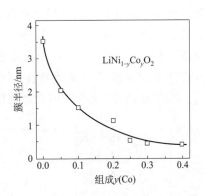

图 13.27 $LiNi_{1-y}Co_yO_2$ 样品中磁簇尺寸与 Co 含量的关系

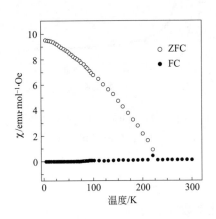

图 13.28 $LiNi_{1-y}Co_yO_2$（$y=0$）样品的磁化系数（M/H）曲线（$H=10$ kOe）

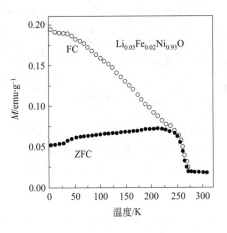

图 13.29 $Li_{0.05}Fe_{0.02}Ni_{0.93}O_2$ 样品的磁化强度曲线[71]

13.7.3 硼掺杂的 $LiCoO_2$

连续上一小节，本节继续讨论 $LiCoO_2$。讨论在 $y=1$ 的情况下，当硼掺杂时材料的性质，硼掺杂可以防止脱锂时的费耳威相变，从而提升 $LiCoO_2$ 材料的电化学性能。费耳威相变最早作为 Fe_3O_4 中有序荷电态的属性名称，表示磁性离子有 50% 在一种荷电状态，而

50%在另一种荷电状态。费耳威相变会出现在 $Li_{0.5}CoO_2$（Co^{3+} 和 Co^{4+}）时，这意味着 $LiCoO_2$ 材料的脱锂量不可能小于该组成。

文献［72］给出了硼掺杂的 $LiCoO_2$ 材料的磁性质分析，图 13.30 给出了组成为 $LiCo_{0.75}B_{0.25}O_2$ 的材料的磁化强度曲线。在曲线中 H 呈线性，但是根据直线延伸得到的磁化强度 M_s，再一次证实为铁磁性簇。值得注意的是，直到室温状态，M_s 的值都表现出和温度无关，因此该磁杂质的居里温度远高于 300K。该现象可以解释为，制备样品所用的含钴商业化原材料中有残余的 Ni 杂质，形成了 Ni 纳米颗粒。当然，Ni 的含量很低，利用 M_s 值可以推算出 Ni 杂质的含量约为 60×10^{-6}。但这足够形成寄生磁信号，这也是磁性质测试高灵敏度的另一种体现。同样，由于 Ni 纳米颗粒也很小（由于 Ni 的含量非常低），材料的阻碍温度也非常低，无法在实验中检测。

第二步是研究材料的固有磁化系数，定义为 $\chi=(M-M_s)/H$。由于材料的磁化系数非常小，式中的 M_s 非常重要，可以将 χ 和 M_s/H 区分出来。原因是 Co 为三价，其基态是非磁性状态（$S=0$），但是其中一个激发态为磁性状态，造成范弗利克顺磁性的增加，克服了核的反磁性贡献。范弗利克顺磁性的特点是与温度无关，因此对磁化系数的贡献为定值 χ_0[73]。但是图 13.31 给出的磁化系数随温度变化幅度很大。

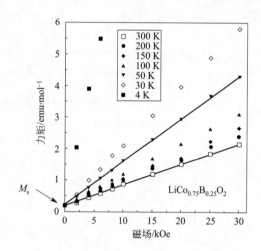

图 13.30 $LiCo_{0.75}B_{0.25}O_2$ 材料的等温磁化强度曲线［饱和态由 Ni 纳米簇决定（60×10^{-6} 的 Ni），这种 Ni 杂质（<0.4%）来源于商业氧化钴］

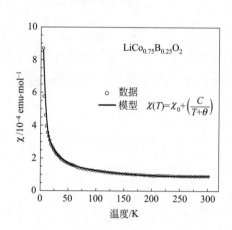

图 13.31 $LiCo_{0.75}B_{0.25}O_2$ 正极材料的固有磁化系数

因此，在 χ_0 项的基础上添加居里-魏斯项，磁化系数表示为：

$$\chi(T)=\chi_0+\left(\frac{c}{T+\theta}\right) \tag{13.78}$$

居里系数的实验值非常小，不可能来源于杂质，因而假设其来源于 Co^{4+}（约占 0.09%），和锂空穴数量一致。在该浓度下通过对实验曲线的拟合得到 $\chi_0=5 \times 10^{-5}$ emu·mol^{-1}（绝对电磁单位·摩尔$^{-1}$）（Co^{3+} 的贡献），拟合参数 $\theta=2K$。由于 Co^{4+} 旋转的贡献太小无法在实验中得到明确影响，这意味着 Co^{4+} 对磁性质的贡献和居里定律（C/T）相近。

13.7.4 LiNi$_{1/3}$Mn$_{1/3}$Co$_{1/3}$O$_2$

这是该章中讨论的最后一个层状化合物，是最有前途的正极材料。其组成来源为：Ni 是电化学中非常活跃的元素（第 13.7.1 节）；Co 用来减少 Ni 对 Li 3b 位置的占位（第 13.7.2 节）；Mn 用于稳定晶格。Ni(3b) 位置形成 Mn^{4+}-Ni^{2+} 对，呈铁磁性，符合 Goodenough 规则。因此材料的磁性质非常适合于检测 Ni(3b) 位置[74,75]。图 13.32 给出的磁化强度曲线的形状和前面讨论过的具有 Ni$_{Li}$ 缺陷的层状化合物 LiNi$_{1-y}$Co$_y$O$_2$ 类似。唯一的区别在于现在是 Mn^{4+}-Ni^{2+} 对。可以采用和前面相似的分析方法，也可以采用更简单的分析法：由于可以使用的磁场足够大，可以达到铁磁簇的磁化饱和强度，因而可以通过对高磁场强度段磁化强度曲线的外延得到 M_s，如图 13.32 中所示。值得注意的是，这必须在实验中最低温度（4.2K）下的磁化强度曲线上进行，因为只有在更高温度更大磁场中才能达到外延饱和。由于铁磁性对中 $S(Mn^{4+})=3/2$，$S(Ni^{2+})=1$，因此铁磁性对的总旋转为 $3/2+1=5/2$，所以由 Ni(3b) 产生的铁磁性对的磁运动量为 $5\mu_B$。因此 Ni(3b) 的浓度为 M_s 和 $5\mu_B$ 的比值。在该材料中为 1.8% 的 Ni 处在 Ni(3b) 位置。该数值和通过 XRD 图的特沃尔德解析得到的数值一致，证明材料合成得到优化 [Ni(3b) 的含量低于 2% 时，对材料的电化学性质是无害的]。

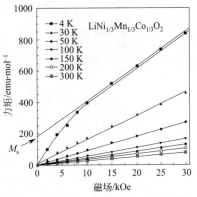

图 13.32 LiNi$_{1/3}$Mn$_{1/3}$Co$_{1/3}$O$_2$ 正极材料的等温磁化强度曲线 [在 Li(3b) 位置的 Ni^{2+} 缺陷浓度通过 M_s 计算得到]

磁性质分析对于处在不同插锂/脱锂状态的层状材料结构分析也非常有用[76]，曾经成功地用于不同族的电极材料性质研究。例如，对尖晶石结构材料而言，可以检测 LiMn$_2$O$_4$[77] 材料中的 MnO$_3$ 杂质，或者 Li$_{1+y}$Mn$_{2-y}$O$_4$[78] 材料中的 Li$_2$MnO$_3$ 杂质。最近，磁性质分析还用于 Li$_2$MnO$_3$ 电极材料在不同荷电状态下的相转变研究[79]。

参 考 文 献

1. Julien C, Nazri GA (2001) Intercalation compounds for advanced lithium batteries. In: Nalwa HS (ed) Handbook of advanced electronic and photonic materials, vol 10. Academic Press, San Diego, pp 99–184
2. Julien CM (2003) Lithium intercalated compounds charge transfer and related properties. Mat Sci Eng R 40:47–102
3. Armand M (1980) Intercalation electrodes. In: Murphy DW, Broadhead J, Steele BCH (eds) Materials for advanced batteries. Plenum Press, New York, pp 145–161
4. Coleman ST, McKinnon WR, Dahn JR (1984) Lihtium intercalation in Li$_x$Mo$_6$Se$_8$: a model mean-field lattice gas. Phys Rev B 29:4147–4149
5. Berlinsky AJ, Unruh WG, McKinnon WR, Haering RR (1979) Theory of lithium ordering in Li$_x$TiS$_2$. Solid State Commun 31:135–138
6. Weppner W, Huggins R (1977) Determination of the kinetic parameters of mixed-conducting electrodes and applications to the system Li$_3$Sb. J Electrochem Soc 124:1569–1578
7. Thompson AH (1979) Electrochemical potential spectroscopy: a new electrochemical measurement. J Electrochem Soc 126:608–616
8. Dalard F, Deroo D, Sellani A, Mauger R, Mercier J (1982) Thermodynamical insertion of lithium in V$_5$O$_8$. Validity domain of the Thompson method. Solid State Ionics 7:17–22
9. West K, Jacobsen T, Zachau-Christiansen B, Atlung S (1983) Determination of the differential capacity of intercalation electrode materials by slow potential scans. Electrochim Acta 28:97–107

10. Roscher MA, Assfalg J, Bohle OS (2011) Detection of utilizable capacity deterioration in battery systems. IEEE Trans Veh Technol 60:98–103
11. Dines MB (1975) Lithium intercalation via n-butyllithium of the layered transition metal dichalcogenides. Mater Res Bull 10:287–291
12. Basu S, Worrell WL (1979) Chemical diffusion of lithium in Li_xTaS_2 and Li_xTiS_2 at 30 °C. In: Vashishta P, Mindy JN, Shenoy GK (eds) Fast ion transport in solids. North-Holland, Amsterdam, pp 149–152
13. Honders A, Young EWA, Van Heeren AH, de Wit JHW, Broers GHJ (1983) Several electrochemical methods for the measurement of thermodynamic activity and effective kinetic properties of inserted ions in solid solution electrodes. Solid State Ionics 9–10:375–382
14. Honders A, der Kinderen JM, Van Heeren AH, de Wit JHW, Broers GHJ (1985) Bounded diffusion in solid solution electrode powder compacts. Part II. The simultaneous measurement of the chemical diffusion coefficient and the thermodynamic factor in Li_xTiS_2 and Li_xCoO_2. Solid State Ionics 15:265–276
15. Bard AJ, Faukner LR (1980) Electrochemical methods. Wiley, New York
16. Julien C, Nazri GA (1994) Transport properties of lithium-intercalated MoO_3. Solid State Ionics 68:111–116
17. Julien C, Nazri GA, Guesdon JP, Gorenstein A, Khelfa A, Hussain OM (1994) Influence of the growth conditions on electrochemical features of MoO_3 film-cathodes in lithium microbatteries. Solid State Ionics 73:319–326
18. Honders A, Young EWA, Hintzen AJH, de Wit JHW, Broers GHJ (1985) Bounded diffusion in solid solution electrode powder compacts. Part II. The kinetic prperties of Ag_xTiS_2 and Ag_xNiPS_3. Solid State Ionics 15:277–286
19. Maier J (1991) Diffusion in materials with ionic and electronic disorder. In: Nazri GA, Huggins RA, Shriver DF (eds) Solid state ionics II, vol 210. Materials Research Society, Pittsburgh, pp 499–510
20. Dubarry M, Svoboda V, Hwu R, Liaw BY (2006) Incremental capacity analysis and close-to-equilibrium OCV measurements to quantify capacity fade in commercial rechargeable lithium batteries. Electrochem Solid State Lett 9:A454–A457
21. Jacobsen T, West K, Atlung S (1979) Electrochemical potential spectroscopy: a new electrochemical measurement. J Electrochem Soc 126:2169–2170
22. Ohzuku T, Ueda A (1997) Phenomenological expression of solid-state redox potentials of $LiCoO_2$, $LiCo_{1/2}Ni_{1/2}O_2$ and $LiNiO_2$ insertion electrodes. J Electrochem Soc 144:2780–2785
23. Murphy DW, Christian PA, DiSalvo FJ, Carides JN (1979) Vanadium oxide cathode materials for secondary lithium cells. J Electrochem Soc 126:497–499
24. West K, Zachau-Christiansen B, Jacobsen T (1983) Electrochemical properties of non-stoichiometric V_6O_{13}. Electrochim Acta 28:1829–1833
25. West K, Zachau-Christiansen B, Jacobsen T, Atlung S (1985) V_6O_{13} as cathode material for lithium cells. J Power Sourc 14:235–245
26. Lampe-Önnerud C, Thomas JO, Hardgrave M, Yde-Andersen S (1995) The Performance of single phase V_6O_{13} in the lithium/polymer electrolyte battery. J Electrochem Soc 142:3648–3651
27. Mizushima K, Jones PC, Wiseman PJ, Goodenough JB (1980) Li_xCoO_2 ($0 < x < 1$): a new cathode material for batteries of high energy density. Mater Res Bull 15:783–789
28. Dutta G, Manthiram A, Goodenough JB, Grenier JC (1992) Chemical synthesis and properties of $Li_{1-\delta-x}Ni_{1+\delta}O_2$ and $Li[Ni_2]O_4$. J Solid State Chem 96:123–131
29. Zhong Q, von Sacken U (1995) Crystal structure and electrochemical properties of $LiAl_yNi_{1-y}O_2$ solid solution. J Power Sourc 54:221–223
30. Ohzuku T, Ueda A, Nagayama M (1993) Electrochemistry and structural chemistry of $LiNiO_2$ (R-3m) for 4 volt secondary lithium cells. J Electrochem Soc 140:1862–1870
31. Arroyo ME, Ceder G (2003) First principles calculations of Li_xNiO_2: phase stability and monoclinic distortion. J Power Sourc 119–121:654–657
32. Chebiam RV, Prado F, Manthiram A (2001) Structural instability of delithiated $Li_{1-x}Ni_{1-y}Co_yO_2$ cathodes. J Electrochem Soc 148:A49–A53
33. Lu Z, MacNeil DD, Dahn JR (2001) Layered cathode materials $Li[Ni_xLi_{(1/3-2x)}Mn_{(2/3-x/3)}]O_2$ for lithium-ion batteries. Electrochem Solid State Lett 4:A191–A194
34. Koyama Y, Makimura Y, Tanaka I, Adachi H, Ohzuku T (2004) Systematic research on insertion materials based on superlattice models in a phase triangle of $LiCoO_2$-$LiNiO_2$-$LiMnO_2$: I. First-principles calculation on electronic and crystal structures, phase stability and new $LiNi_{1/2}Mn_{1/2}O_2$ material. J Electrochem Soc 151:A1499–A1508
35. Saidi MY, Barker J, Huang H, Swoyer JL, Adamson G (2002) Electrochemical properties of lithium vanadium phosphate as a cathode material for lithium-ion batteries. Electrochem Solid State Lett 5:A149–A151

36. Nguyen HT, Yao F, Zamfir MR, Biswas C, So KP, Lee YH, Kim SM, Cha SN, Kim JM, Pribat D (2011) Highly interconnected Si nanowires for improved stability Li-ion battery anodes. Adv Energy Mater 1:1154–1161
37. Ge M, Rong J, Fang X, Zhang A, Lu Y, Zhou C (2013) Scalable preparation of porous silicon nanoparticles and their application for lithium-ion battery anodes. Nano Res 6:174–181
38. Obrovac MN, Krause JL (2007) Reversible cycling of crystalline silicon powder. J Electrochem Soc 154:A103–A108
39. Chan CK, Riccardo Ruffo R, Hong SS, Huggins RA, Cui Y (2009) Structural and electrochemical study of the reaction of lithium with silicon nanowires. J Power Sourc 189:34–39
40. Dubarry M, Liaw BY (2009) Identify capacity fading mechanism in a commercial LiFePO$_4$ cell. J Power Sourc 194:541–549
41. Roscher MA, Assfalg J, Bohle OS (2011) Detection of utilizable capacity deterioration in battery systems. IEEE Trans Veh Technol 60:98–103
42. Dubarry M, Svoboda V, Hwu R, Liaw BY (2006) Incremental capacity analysis and close-to equilibrium OCV measurements to quantify capacity fade in commercial rechargeable lithium batteries. Electrochem Solid State Lett 9:A454–A457
43. Weng C, Cui Y, Sun J, Peng H (2013) On-board state of health monitoring of lithium-ion batteries using incremental capacity analysis with support vector regression. J Power Sourc 235:36–44
44. Dubarry M, Liaw BY, Chen MS, Chyan SS, Han KC, Sie WT, Wu SH (2011) Identifying battery aging mechanisms in large format Li ion cells. J Power Sourc 196:3420–3425
45. Weng C, Cui Y, Sun J, Peng H (2013) On-board state of health monitoring of lithium-ion batteries using incremental capacity analysis with support vector regression. J Power Sourc 235:36–44
46. Zaghib K, Dubé J, Dallaire A, Galoustov K, Guerfi A, Ramanathan M, Benmayza A, Prakash J, Mauger A, Julien CM (2012) Enhanced thermal safety and high power performance of carbon coated LiFePO$_4$ olivine cathode for Li-ion batteries. J Power Sourc 219:36–44
47. Bloom I, Jansen AN, Abraham DP, Knuth J, Jones SA, Battaglia VS, Henriksen GL (2005) Differential voltage analyses of high-power, lithium-ion cells 1. Technique and application. J Power Sourc 139:295–303
48. Bloom I, Christophersen J, Gering K (2005) Differential voltage analyses of high-power lithium-ion cells 2. Applications. J Power Sourc 139:304–313
49. Bloom I, Christophersen JP, Abraham DP, Gering KL (2006) Differential voltage analyses of high-power lithium-ion cells 3. Another anode phenomenon. J Power Sourc 157:537–542
50. Bloom I, Walker LK, Basco JK, Abraham DP, Christophersen JP, Ho CD (2010) Differential voltage analyses of high-power lithium-ion cells. 4. Cells containing NMC. J Power Sourc 195:877–882
51. Kassem M, Bernard J, Revel R, Pelissier S, Duclaud F, Delacourt C (2012) Calendar aging of a graphite/LiFePO$_4$ cell. J Power Sourc 208:296–305
52. Kwan CCY, Basinski J, Wooley JC (1971) Analysis of the two-rand Hall effect and magnetoresistance. Phys Status Solidi 48:699–704
53. Smits FM (1958) Measurement of sheet resistivities with the four-point probe. Bell Syst Tech J 34:711–718
54. Van der Pauw LJ (1958) A method of measuring the resistivity and Hall coefficient on lamellae of arbitrary shape. Philips Tech Rev 26:220–224
55. Chwang R, Smith BJ, Crowell CR (1974) Contact size effects on the van der Pauw method for resistivity and Hall coefficient measurement. Solid State Electron 17:1217–1227
56. Ramadan AA, Gould RD, Ashour A (1994) On the Van der Pauw method of resistivity measurements. Thin Solid Films 239:272–275
57. Levy M, Sarachik MP (1989) Measurement of the Hall coefficient using van der Pauw method without magnetic field reversal. Rev Sci Instrum 60:1342
58. Julien C, Hatzikraniotis E, Chevy A, Kambas K (1985) Electrical behaviour of lithium intercalated layered In-Se compounds. Mat Res Bull 20:287–292
59. Julien C, Hatzikraniotis E, Balkanski M (1986) Electrical properties of lithium intercalated p-type GaSe. Mater Lett 4:401–403
60. Klipstein PC, Friend RH (1987) Transport properties of Li$_x$TiS$_2$ ($0 < x < 1$): a metal with a tunable Fermi level. J Phys C 20:4169–4180
61. Julien C, Samaras I, Gorochov O, Ghorayeb AM (1992) Optical and elec rical-transport studies on lithium-intercalated TiS$_2$. Phys Rev B 45:13390–13395
62. Julien C, Massot M (1990) Complex impedance spectroscopy. In: Balkanski M (ed) Microionics: solid state integrable batteries. North-Holland, Amsterdam, pp 173–195
63. Dzwonkowski P, Eddrief M, Julien C, Balkanski M (1991) Electrical ac conductivity in B$_2$O$_3$-xLi$_2$O glass thin films and analysis using the electric modulus formalism. Mater Sci Eng B 8:193–200

64. Jonscher AK (1977) The universal dielectric response. Nature 267:673–679
65. Chappel E, Nunez-Regueiro MD, de Brion S, Chouteau G, Bianchi V, Caurant D, Baffier Nn (2002) Interlayer magnetic frustration in quasistoichiometric $Li_{1-x}Ni_{1+x}O_2$. Phys Rev B66:132412
66. Julien CM, Ait-Salah A, Mauger A, Gendron F (2006) Magnetic properties of intercalation compounds. Ionics 12:21–32
67. Senaris-Rodrigues MA, Castro-Garcia S, Castro-Couceiro A, Julien C, Hueso LE, Rivas J (2003) Magnetic clusters in $LiNi_{1-y}Co_yO_2$ nanomaterials used as cathodes in lithium-ion batteries. Nanotechnol 14:277–282
68. Grossinger R (1981) A critical examination of the law of approach to saturation. I. Fit procedure. Phys Status Solidi A 66:665–674
69. Grossinger R (1982) Correlation between the inhomogeneity and the magnetic anisotropy in polycrystalline ferromagnetic materials. J Magn Magn Mater 28(1982):137–142
70. Néel L (1949) Théorie du traînage magnétique des ferromagnétiques en grains fins avec application aux terres cuites. Ann Geophys 5:99–136
71. Mana S, De SK (2009) Magnetic properties of Li and Fe co-doped NiO. Solid State Commun 149:297–300
72. Julien CM, Mauger A, Groult H, Zhang X, Gendron F (2011) $LiCo_{1-y}B_yO_2$ cathode materials for rechargeable lithium batteries. Chem Mater 23:208–218
73. Kittel C (2004) Introduction to solid state physics, 8th edn. Wiley, Hoboken
74. Zhang X, Mauger A, Lu Q, Groult H, Perrigaud L, Gendron F, Julien CM (2010) Synthesis and characterization of $LiNi_{1/3}Mn_{1/3}Co_{1/3}O_2$ by wet-chemical method. Electrochim Acta 55:6440–6440
75. Zhang X, Jiang WJ, Mauger A, Lu Q, Gendron F, Julien CM (2010) Minimization of the cation mixing in $Li_{1+x}(NMC)_{1-x}O_2$ as cathode material. J Power Sourc 195:1292–1301
76. Ben-Kamel K, Amdouni N, Mauger A, Julien CM (2012) Study of the local structure of $LiNi_{0.33+\delta}Mn_{0.33+\delta}Co_{0.33-2\delta}O_2$ ($0.025 \leqslant \delta \leqslant 0.075$) oxides. J Alloys Comp 528(2012):91–98
77. Kopec M, Dygas JR, Krok F, Mauger A, Gendron F, Julien CM (2008) Magnetic characterization of $Li_{1+x}Mn_{2-x}O_4$ spinel ($0 \leqslant x \leqslant 1/3$). J Phys Chem Solids 69:955–966
78. Kopec M, Dygas JR, Krok F, Mauger A, Gendron F, Jaszczak-Figiel B, Gagor A, Zaghib K, Julien CM (2009) Heavy-fermion behavior and electrochemistry of $Li_{1.27}Mn_{1.73}O_4$. Chem Mater 21:2525–2533
79. Amalraj FS, Burlaka L, Julien CM, Mauger A, Kovacheva D, Talianker M, Markovsky B, Aurbach D (2014) Phase transitions in Li_2MnO_3 electrodes at various states-of-charge. Electrochim Acta 123:395–404

第 14 章
锂离子电池安全性

14.1 引言

最近几年锂离子电池由于其高电压和高能量密度，成为可携带电子设备的电源的主流产品。可以预见锂离子电池在小规模应用的成功可能转变为大规模应用，在提高能量密度，减少环境污染方面起到重要作用。锂离子可充放电池的安全性成为其高功率使用的技术障碍[1]。锂离子电池在常规应用条件下是安全的。但是锂离子电池在滥用情况下的安全性问题阻碍了其在混合电动车（HEV）和纯电动车（EV）方面的应用，锂电池的安全性经常依赖于电池智能管理系统（BMS）。热失控不仅是安全危害还影响了电池的最终性能。

尽管热失控起因于与电解液相互作用的负极[2]，但是电池温度的急剧上升是由正极和电解液的作用产生的大量热导致的[3,4]。因此，锂离子电池安全性最重要的是研究具有更高稳定性的正极，使锂离子电池可以在全电压范围内使用[5]。

锂离子电池最初使用锂金属氧化物作为正极材料，这类正极材料对锂的嵌入表现出高容量，以及符合锂离子电池正极要求的物理化学特性。$LiMO_2$ 层状材料（M＝Co，Ni，Mn 或这些金属元素的组合）曾经是最具有吸引力的正极材料。该类正极材料表现出良好的电化学性能，但是价格较高，而且有毒性（$LiCoO_2$）和热不稳定性（$LiNiO_2$）。为了避免这些问题，具有尖晶石结构的锂金属氧化物（$LiMn_2O_4$）成为层状正极的取代品。该类氧化物价格便宜并环境友好，但是具有容量衰降的缺点，尤其是高温容量衰减严重。最近，橄榄石结构正极材料（$LiFePO_4$）成为锂离子电池正极材料的取代品。过去几年和近年来，$LiFePO_4$ 成为研究热点[6~12]，其特性优势在于：①相对便宜的原材料；②高平均循环电压（对 Li/Li^+ 的平台电压为 3.4V）；③合理的高理论容量，$170mA \cdot h \cdot g^{-1}$；④和 $LiCoO_2$ 相比低毒性；⑤最重要的是，可以在一定程度上抑制热失控，提高锂离子电池的热安全性。$LiFePO_4$ 的高热稳定性归因于四面体（PO_4）结构单元中 P—O 键的高共价键特性，该结构单元稳定了橄榄石晶格结构，即使在高达 600℃ 高温情况下[13,14]，也可以防止氧从充电（脱锂）态正极材料中脱出。这在其他 $LiMPO_4$ 橄榄石结构材料中还存在争议。尤其是，关于充电（脱锂）态 $LiMnPO_4$ 和 $LiCoPO_4$ 材料的不稳定性报道[15~18]。但是在最近的研究报道中，$LiFePO_4$ 和 $LiMnPO_4$ 正极材料在原始态和全脱锂态都表现出很好的热稳定性[19]。另外，$LiFePO_4$ 正极材料与其脱锂产物的高热稳定性是一致的[15,16]，并一致认为 $LiFePO_4$ 是比常用的层状锂金属氧化物材料更安全的正极材料[3,20,21]。

但是，LiFePO$_4$ 正极材料的电导率较低，导致其倍率性能较差，限制了其在高功率密度 HEV 和 EV 中的应用[22]。因此，导电碳包覆在 LiFePO$_4$ 材料表面以提高电极的电导率，以制备适合于高功率 HEV 和 EV 应用的电极[8~12,24~26]。本章将讨论薄层碳保护的 LiFePO$_4$ 在电化学性能和热性能方面的提高。

14.2 实验与方法

14.2.1 扣式电池制备

扣式 LiFePO$_4$/Li 和石墨碳/Li 半电池是利用加拿大 Hydro-Quebec 公司的碳包覆 LiFePO$_4$ 电极和石墨负极制备的。图 14.1 的 SEM 图片显示碳包覆 LiFePO$_4$ 材料颗粒约为 150nm。正极极片的组成为 89% 碳包覆 LiFePO$_4$，3% 的真空生长碳纤维，3% 的乙炔黑和 5% 的 PVdF 黏结剂。金属锂片为负极。电极在 120℃ 真空下干燥后转移到充满氩气的手套箱内，扣式电池的规格为直径 20mm，厚 3.2mm（2032 扣式电池）。表面涂层的 Celgrd 3501 多孔聚丙烯膜为隔膜，1.2mol·L^{-1} LiPF$_6$ 的乙烯碳酸酯（EC）和乙基甲基碳酸酯（EMC）（质量比 3:7）溶液为电解液。电池在氩气手套箱内组装。电池在室温（25℃）条件下，使用 Arbin BT-2043 充放电仪，进行 0.1C 恒电流循环 5 次，电压范围为 2.5~

图 14.1 作为 LiFePO$_4$/Li 扣式电池和 18650 电池正极活性材料的碳包覆 LiFePO$_4$ 材料颗粒的 SEM 图片

4V。石墨电极的组成包括碳包覆石墨活性材料 VGCF 和黏结剂。负极半电池的制备方法和正极半电池制备一致，半电池在相同的充放电仪上 0.1C 循环 5 次，电压范围 1~10^{-3} V。通过扣式电池得到的全脱锂正极材料利用 DSC 进行热稳定性测试。芝加哥伊利诺伊斯理工大学合成的尖晶石（LiMn$_2$O$_4$）材料和层状氧化物（LiNi$_{0.8}$Co$_{0.15}$Al$_{0.05}$O$_2$）材料作为不同正极材料热稳定性的对比材料。

14.2.2 差示扫描量热仪（DSC）

利用 DSC（DSC-Perkin-Elmer Pris1）研究 LiFePO$_4$ 和其他正极和负极材料的热稳定性。电池 0.1C 循环 5 次后得到其准确容量。电池充满电后进行 8h 的涓流充电，充电电压限定为 4.2V 以保证正极处在全脱锂状态。然后将电池移到干燥的手套箱内，仔细打开扣式电池，取出正极电极。电极经过稍微干燥后将活性材料刮下，将 3~6mg 的活性材料放置在 DSC 的不锈钢坩埚中后密封。样品的测试条件为：N$_2$ 气氛，50~400℃，升温速率 10℃·min^{-1}。

14.2.3 商业 18650 电池实验

样品电池是加拿大 Hydro-Quebec 公司提供的，碳包覆 LiFePO$_4$ 为正极，碳包覆石墨为负极的圆柱形 18650 电池。18650 电池中电极片的组成和 14.2.1 中扣式电池的极片组成相同。使用等温量热仪（IMC）研究了不同充放电状态的 1.4A·h 18650 电池的热性质。利用加速绝热量热仪（ARC）研究了满电状态的 18650 电池的热失控行为。使用 HPPC 法测试了该 18650 电池的动态功率容量[27]。

14.2.3.1 混合脉冲功率特性（HPPC）

在需要大功率的大规模应用中，锂离子电池被看成是最直接的解决方法。HPPC 测试是为了评价电池是否满足 HEV 和 PHEV 的路况要求。HPPC 测试中，需要在满电态的电池上施加一定序列的脉冲，包括：10% 的容量放电，1h 测试，3C 脉冲放电 18s，32s 测试，和一系列的恢复性 10s 脉冲充电，下一个脉冲在电池经过 10s 测试进行，还是电池 10% 的容量放电。图 14.2 给出了 HPPC 测试的示意图。该测试用于研究电池在不同放电深度（DOD）时的可用能量和电压范围。

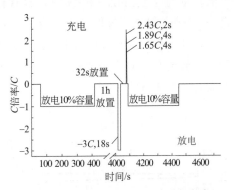

图 14.2　圆柱 18650 电池的混合脉冲功率特性（HPPC）测试示意图[27]

14.2.3.2 等温微量量热法

18650 电池充放电过程中释放/吸收的热量速率测量是通过等温微量量热法（IMC，CSC 4400，Calorimetry Science Corp）进行的。IMC 中的电池测试舱温度控制在 25℃，圆柱电池样品和参比圆柱电池间的热流速率差作为电池反应的热流释放速率给出。为了研究放电倍率对热流速率的影响，18650 电池在不同放电倍率下循环（0.1C，0.2C 和 0.5C）。在每次充放电转换时电池静置 2h，以保证电池中的剩余热量完全释放，从而防止充电热量和放电热量混淆。

14.2.3.3 加速绝热量热仪

商业圆柱 18650 电池的热稳定性测试是通过加速绝热量热仪（Arthur D. Little ARC2000）进行的。18650 电池在充电到 4.0V 后，恒压涓流充电 24h，然后进行 ARC 测试。ARC 的电池舱内包含三个加热器：上部加热器，底部加热器和侧面加热器，并都配有独立的热电偶以保证整个电池舱内的温度均匀，电池可以均匀加热。ARC 测试基于加热—等待—寻找（HWS）模式，温度范围为 40~450℃，加热速率 5℃·min^{-1}，台阶温度为 10℃。在等待模式时有 20min 的时间保证温度的均衡，然后开始 15min 寻找电池是否放热（>0.02℃·min^{-1}）阶段。如果寻找到电池的自放热大于或等于 0.02℃·min^{-1}，测试进入放热模式，否则，温度台阶式上升 10℃ 后继续下一轮的 HWS 模式。因此，HWS 模式一直到电池进入热分解（样品和舱体的温度差大于 100℃），或者达到最终温度（450℃）。

14.2.3.4 安全测试

电池安全行为研究通过带录像的针刺实验进行。使用前，电池以 $C/6$ 充满电后立即小心安全地把电池转移放置在特定的指定位置。电池周围放置热电偶。在针刺实验中，电池被针刺打孔，针停留在电池内部。电池的电压、电流、温度一直在测量中，以得到针刺前后的电池损坏状况。对于挤压实验，电池在厚度方向被挤压 50%。针刺实验和挤压实验都是为了强制得到电池内短路而采用的方法。测试后，电池在室温下冷却，保证至少 1h 的温度下降时间，以确保电池内不再发生反应。该实验需要在特殊设计的防爆间内进行，实验结束后进行房间通风，以清除实验过程中产生的气体。

14.3 LiFePO$_4$-石墨电池的安全性

图 14.3 给出了碳包覆 LiFePO$_4$ 半电池的电化学性能（第 7 次 $C/10$ 充放电曲线）。在约 3.4V（vs. Li/Li$^+$）呈现一个宽的平台电压。碳包覆 LiFePO$_4$ 的库仑效率约为 97%，可逆放电容量约为 152mA·h·g^{-1}，是理论容量的 89%（电压范围 2.5～4.0V），和以前的报道一致[28]。但是明显低于理论容量 170mA·h·g^{-1}，这主要是由于通过 2032 扣式电池进行的，其容量一般比 18650 电池得到的容量小约 10mA·h·g^{-1}[29]。碳包覆 LiFePO$_4$ 的 3.43V 放电平台对应于两相 LiFePO$_4$/FePO$_4$ 的转变过程[12]，这比未包覆 LiFePO$_4$ 电池的性能有一个提升[12, 23, 24, 30, 31]。

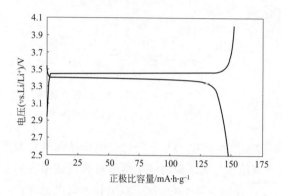 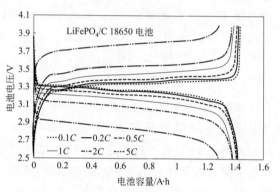

图 14.3 碳包覆 LiFePO$_4$/Li 2032 电池第七次 0.1C 充放电循环的电化学性能

图 14.4 碳包覆 LiFePO$_4$/石墨 18650 电池的倍率性能（低倍率下平台电压的变化与负极不同的 Li$_x$C$_6$ 相状态有关）

图 14.4 给出了碳包覆 LiFePO$_4$//石墨 18650 电池在 0.1C，0.2C，0.5C，1C，2C 和 5C 倍率下的倍率容量，在测试时充放电倍率相同，电压范围和扣式电池相同（2.5～4.0V），在 0.1C 充放电时，电池的可逆放电容量为 1.42A·h，高于扣式电池。在 0.1C 循环时，电池显示出很好的容量保持率，70 次循环后容量下降 1.3%。所有倍率下的库仑效率都高于 99.3%。图 14.5 给出了碳包覆 LiFePO$_4$//石墨 18650 电池的倍率放电容量。可以看出，当循环倍率小于 1C 时，容量保持不变，在 5C 循环时，容量保持率为 90%。这表明和未包覆 LiFePO$_4$ 相比，碳包覆 LiFePO$_4$ 具有更好的倍率性能[32,33]，并且电池在 0.1C 循环时具有 1.42A·h 的容量。高倍率下电池容量的下降应该是由电池内阻造成的。倍率性能测试说明正极材料在高倍率放电时没有发生任何衰减。

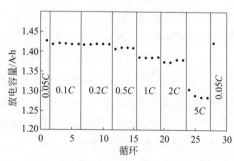

图 14.5 碳包覆 LiFePO$_4$/石墨 18650 电池不同倍率下的放电容量

碳包覆 LiFePO$_4$ 18650 电池在 0.1C 循环 70 次和 100 次后的 HPPC 测试结果在图 14.6 中给出。同时呈现了施加电流和电池电压的变化。即使经过 70 次循环，该电池依然表现出很好的高倍率放电性质和脉冲充电恢复能力。在循环 100 次后可以承受 8 次高倍率脉冲。

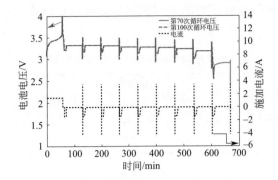
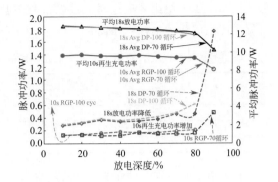

图 14.6 c-LiFePO$_4$/石墨 18650 电池在 0.1C 循环 70 次和 100 次后的 HPPC 测试结果（循环 100 次和 70 次的测试结果差别很小，符合预计的电压变化）

图 14.7 c-LiFePO$_4$/石墨 18650 电池在不同荷电状态时，脉冲功率降/升和脉冲功率容量变化［符号对应于纳秒记录的 70 次和 100 次循环后电池放电脉冲（DP）和脉冲充电恢复（RGP）过程］

电池在 80%DOD 时显示为 3.2V，通过不同 SOC 状态下电池内阻的计算（$\Delta V/\Delta I$）表明，电池在 80%DOD 时的 18s 放电脉冲和 10s 脉冲充电恢复中，内阻小于 34.3mΩ。并且脉冲放电时的内阻大于脉冲充电恢复过程，内阻的变化范围为 14~34mΩ。充放电间的电阻差异来源于 HPPC 测试过程（图 14.1），放电为持续过程而充电为脉冲过程。较小的放电脉冲容量差距和较小的脉冲充电恢复容量差距表明电池具有稳定的脉冲功率容量（图 14.7）。平均功率值表明 80% 的放电功率可以通过电池的脉冲充电恢复。另外，循环 70 次和 100 次的电池在 80%DOD 状态下，在 18s 的放电脉冲（DP）和 10s 的充电恢复脉冲（RGP）中没有出现明显的内阻和脉冲功率容量变化。HPPC 测试结果表明碳包覆 LiFePO$_4$ 电极适合于 HEV 应用。LiFePO$_4$ 电极在高放电倍率下表现的高功率性能主要由于碳包覆带来的电子电导率提高。

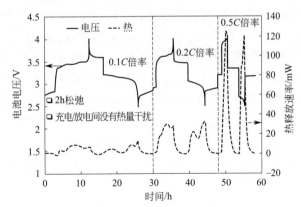

图 14.8 等温微量量热仪得到的 c-LiFePO$_4$/石墨 18650 电池循环过程中的产热速率（虚线，右纵坐标）和电压（实线，左纵坐标）曲线

图 14.8 给出了 18650 电池在 25℃ 下不同倍率（0.1C，0.2C 和 0.5C）放电过程的产热速率和电压变化。在每次充放电转换中有 2h 的静置时间，因此不存在充电放热和放电放热的叠加。每个倍率下循环测试三次。从图中可以看出充放电过程的总放热量随着倍率的增加而增加。18650 电池总热量释放包括：电池反应熵变造成的可逆热和电池极化造成的不可逆

热[34]。表 14.1 给出了通过对充放电过程放热速率积分得到的累积放热量。电池在静置 2h 过程中产生的热量也计算在内。

表 14.1 c-LiFePO$_4$/石墨 18650 电池在不同倍率下的充放电累积放热量和预计造成的电池温升

C 倍率	累积热量/J		估计温升 ΔT/℃	
	充电	放电	充电	放电
C/10	216	197	2.9	2.6
C/5	420	375	5.6	5.0
C/2	689	645	9.3	8.5

在低倍率时，放电过程中产生的热量从 0.1C 到 0.2C 上升 90%。低倍率放电时，可逆熵变热和不可逆极化热都接近于平衡过程，因此放热速率曲线中出现非单一的变化过程，这是由于充放电过程熵变值的明显改变造成的[35]。但是在高倍率（0.5C）时，产生的热量上升 227%，不可逆极化热超越熵变热成为放热量的主体，这是由于转化 FePO$_4$ 相导致内阻和电极极化的持续上升造成的[34]。该转化在 3.6V（对 Li/Li$^+$）时完成，FePO$_4$ 为绝缘体。脱锂材料因为已经没有锂离子存在，所以不再放热。尽管如此，电池在 0.5C 充放电过程中的产热仍然非常温和，远小于造成电池热失控的温度[36]。0.5C 充放电过程，估计充电上升 9.3℃，放电上升 8.5℃，在充放电过程中如果没有冷却，电池温度可能达到 34℃（该计算基于电池的比热容为 75J·g^{-1}·K^{-1}）[37]。估算的电池温度低于电池中 SEI 膜的分解温度，因此碳包覆 LiFePO$_4$ 可以作为安全正极材料，在连续的充放电过程中保持可逆的化学结构。

图 14.9 给出了过充全脱锂碳包覆 LiFePO$_4$ 材料和全嵌锂碳包覆石墨材料的 DSC 曲线，两种材料存在微量的 1.2mol·L^{-1} LiPF$_6$ EC-EMC（3:7）电解液，在 50~400℃ 范围内升温速率为 10℃·min^{-1}。其中微量电解液大概在测试电极材料质量的 15%~20% 之间。嵌锂负极和脱锂正极的第一个放热峰分别开始于 80℃ 和 245℃。根据惯例，释放热为负值，因此图中的负向峰为放热反应峰。表 14.2 给出了相应的焓变，嵌锂石墨在 67~200℃ 释放的热量为 -179J·g^{-1}，对应于 SEI 膜的分解；该部分热量是导致全电池热失控的起点。超过 200℃ 的负极反应热没有计算，因为该温度下多数正极材料开始分解（放热反应）。对电池热失控起主要作用的脱锂正极在 DSC 中表现出很好的稳定性。在 50~400℃ 范围内的放热量为 -250J·g^{-1}，对应于全充电正极中 Fe 的更高氧化状态，在电解液存在时为放热反应，这和早期的研究一致[38]。该结果表明 LiFePO$_4$ 材料因为（PO$_4$）$^{3-}$ 配位单元中存在较强的 P-O 共价键，防止氧的析出，所以具有很好的安全性。LiFePO$_4$ 正极材料分解反应的开始温度和较小的放热量主要归因于断开强 P-O 键而释放氧需要很高的活化能[39]。同时还可以看出，正极的放热量小于负极石墨的放热量[40]。两种分解反应的共同作用在后面的 ARC 测试中给出。

表 14.2 由 DSC 曲线得到的过充全脱锂碳包覆 LiFePO$_4$ 材料和全嵌锂碳包覆石墨材料（图 14.9），以及其他全脱锂正极材料（图 14.10）的焓变值。

表 14.2 LiFePO$_4$ 材料和全嵌锂碳包覆石墨材料以及其他全脱锂正极材料焓变值

电池	温度范围/℃	ΔH/J·g^{-1}
LiFePO$_4$ // 石墨	$250 \leqslant T \leqslant 360$	-96.6
石墨 // Li	$250 \leqslant T \leqslant 360$	-170
正极材料	起始温度/℃	总 ΔH/J·g^{-1}
LiNi$_{0.8}$Co$_{0.15}$Al$_{0.05}$O$_2$	170	-941
LiMn$_2$O$_4$	264	-439
LiFePO$_4$	245	-250

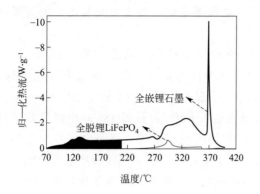 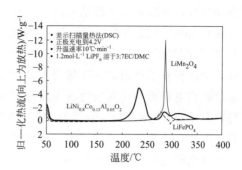

图 14.9 嵌锂石墨和过充电 LiFePO$_4$ 材料在微量的 1.2mol·L^{-1} LiPF$_6$ EC-EMC（3∶7）电解液中的 DSC 曲线（升温速率 10℃·min^{-1}）

图 14.10 过充电尖晶石（LiMn$_2$O$_4$），层状（LiNi$_{0.8}$Co$_{0.15}$Al$_{0.05}$O$_2$）和碳包覆 LiFePO$_4$ 正极的 DSC 曲线［存在微量的 1.2mol·L^{-1} LiPF$_6$ EC-EMC（3∶7）电解液；10℃·min^{-1} 的升温速率］

图 14.10 给出了过充电尖晶石（LiMn$_2$O$_4$），层状（LiNi$_{0.8}$Co$_{0.15}$Al$_{0.05}$O$_2$）和碳包覆 LiFePO$_4$ 正极的 DSC 曲线，所有样品都存在微量的 1.2mol·L^{-1} LiPF$_6$ EC-EMC（3∶7）电解液，在 50～400℃ 范围内 10℃·min^{-1} 的升温速率。从图中可以看出，尖晶石正极和橄榄石正极的放热峰起始温度都比层状正极材料的至少延后 70℃。层状正极的热稳定性较差，热分解过程释放出非常大的热量（焓变为 -941J·g^{-1}），分解反应温度较低，全分解的结束温度都低于尖晶石正极和橄榄石正极的起始温度。尖晶石正极的放热量约为层状正极的一半（焓变为 -439J·g^{-1}），而碳包覆橄榄石正极释放的热量最少（焓变为 -250J·g^{-1}），表 14.2 中给出了对比结果。基于前面的实验结果，Prakash 等人[39]提出层状正极材料的热失控过程的可能机理。该机理包括四步：

第一步：层状 LiNi$_{0.8}$Co$_{0.15}$Al$_{0.05}$O$_2$ 材料的结构向无序氧化物结构（类尖晶石结构）转变，同时释放出少量的氧。

第二步：第一步产生的氧气和乙烯碳酸酯反应（150℃ 的低闪点）。

$$C_3H_4O_3 + 2.5O_2 \longrightarrow 3CO_2 + 2H_2O \tag{14.1}$$

EC 与氧气的反应以及随后可能的 EMC 与氧气的反应都是放热反应，导致温度上升。

第三步：第二步反应导致的温度上升加剧了结构形变，最终导致层状结构的完全坍塌，释放出氧。

$$Li_{0.36}Ni_{0.8}Co_{0.15}Al_{0.05}O_2 \longrightarrow 0.18Li_2O + 0.8NiO + 0.05Co_3O_4 + 0.025Al_2O_3 + 0.3725O_2 \tag{14.2}$$

第四步：第三步中产生的大量氧和热造成了其他电解质（EC，EMC 和 LiPF$_6$）的燃烧，导致热失控过程。

$$C_3H_4O_3 + 2.5O_2 \longrightarrow 3CO_2 + 2H_2O \tag{14.3}$$

$$C_3H_8O_3 + 3.5O_2 \longrightarrow 3CO_2 + 4H_2O \tag{14.4}$$

但是，对于 LiFePO$_4$ 正极来说，相对于层状材料的无序化的第一步为 LiFePO$_4$ 相转变为 FePO$_4$ 相，第二步和层状正极相似，但是由于第三步中的氧被固定在 FePO$_4$ 相内，阻止了热量的产生和溶剂的燃烧，因此 LiFePO$_4$/FePO$_4$ 体系是结构稳定的正极体系。PO$_4^{3-}$

配位单元中存在较强的 P—O 共价键，在 LiFePO$_4$ 结构形变时，防止氧的析出，因而降低了燃烧过程，并阻止了正极结构进一步被破坏。

根据 IMC 测试结果，LiFePO$_4$ 电池在 0.5C 充放电过程中，温度上升不超过 34℃。DSC 测试结果表明，LiFePO$_4$ 与电解液间的高温反应活性远低于尖晶石正极和层状正极。另外，全嵌锂石墨负极的 SEI 膜分解释放出比 LiFePO$_4$ 多的热量。为了解电池中 LiFePO$_4$，石墨负极和电解质的全部电池放热反应热量，对全充电 LiFePO$_4$/石墨 18650 电池进行了加速绝热量热实验（ARC）。在进行 ARC 实验的同时监测电池的温度，开路电压和加热器的温度，图 14.11 给出了监测结果。可以看出，由于位于上部，底部和侧面的热电偶的温度一致，因此实验过程中电池舱内温度一致，在电池自放热之前，电池温度紧随加热器温度，电池开路电压恒定在 3.3V。在 160min 后，电池达到 80℃，电池显示出高于 0.02℃·min^{-1} 的自升温速率。该自放热持续 30min 后，加热器温度开始以相同的升温速率跟随电池温度。电池的开路电压由于电阻热开始逐步下降。1455min 以后，电池温度在 150℃附近开始急剧上升，电池开路电压也急剧下降。该现象是由于电池中隔膜熔断造成的内短路引起的。在 1756min 时，电池材料分解完全，电池温度迅速降低到加热器温度（大于 80℃），几分钟后电池开路电压降为零。

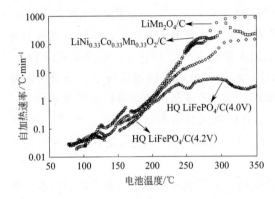 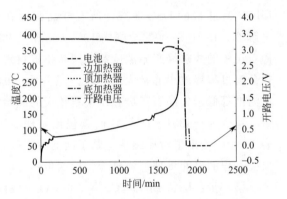

图 14.11　LiFePO$_4$/石墨 18650 电池 ARC 实验过程中，电池温度，上部、底部和侧面加热器温度和电池开路电压的变化过程

图 14.12　使用尖晶石正极，层状正极和橄榄石正极的全充电 18650 电池在 ARC 实验中的自加热速率（其中橄榄石正极电池过充到 4.2V）

图 14.12 给出了容量为 1.42A·h 的 18650 电池（LiFePO$_4$∥石墨）在 ARC 实验中的自加热速率。数据表明，该电池存在三个不同的放热过程。第一个放热反应发生在 90～130℃之间，对应于 SEI 膜分解引起的含碳材料和电解液间的反应[40]。温度高于隔膜融化温度（150℃）时，出现第二个放热过程，该过程导致正极和电解液的反应，随后在更高温度（245℃）发生正极材料在电解液中的分解，引起电池温度的进一步上升。在温度高于 260℃ 时，正极材料释放的氧气与有机溶剂反应，这是第三个放热反应过程，对应于电池热失控的开始。但是，由于观测到的电池最大升温速率不足 6℃·min^{-1}，电池仍然保持其安全性，即使在 450℃时也没有发生爆炸。因而可以推断在 286℃时出现的最大自加热速率（6℃·min^{-1}）对应于 DSC 中的主要放热反应。在 ARC 实验中观察到的 LiFePO$_4$ 正极自加热速率明显低于尖晶石正极和层状正极，表明橄榄石正极具有良好的具有热稳定性。表 14.3 中列出了不同正极材料的起始自加热温度和最大自加热速率。可以看出，即使过充的 LiFePO$_4$∥石墨（4.2V）电池出现的最大自加热速率也只有 158℃·min^{-1}，远小于层状材

料的 532℃·min^{-1} 和尖晶石材料的 878℃·min^{-1}。

表 14.3 不同电化学体系（负极为石墨）的绝热加速量热实验参数对比（T_{Onset} 为电池自加热的起始温度；第二列为自加热速率的最大值，对应的电池温度在最后一列中给出）

表 14.3 不同电化学体系的绝热力速量热实验参数对比

正极	T_{Onset}/℃	最大 SHR/℃·min^{-1}	$T_{Max\ SHR}$/℃
LiNi$_{0.8}$Co$_{0.15}$Al$_{0.05}$O$_2$ // C	74	532	307
LiMn$_2$O$_4$ // C	79	878	334
LiFePO$_4$ // C (4.0V)	89	6.1	286
LiFePO$_4$ // C (4.2V)	89	158	353

DSC 结果表明层状氧化物材料释放出比尖晶石正极更多的热量，但是 ARC 实验中尖晶石正极的最大自加热速率大于层状正极。ARC 实验中出现最大自加热速率时的温度和 DSC 中的放热峰温度一致。为了研究反应焓和最大自加热速率的不一致，进行了全脱锂正极材料 Li$_{0.36}$Ni$_{0.8}$Co$_{0.15}$Al$_{0.05}$O$_2$ 在有无电解液条件下的 DSC 测试。图 14.13 给出了全脱锂正极材料 Li$_x$Ni$_{0.8}$Co$_{0.15}$Al$_{0.05}$O$_2$ 在有无电解液 [1.2mol·L^{-1} LiPF$_6$ EC-EMC（3:7）] 时的 DSC 曲线。主要放热峰出现在 225℃，紧跟着许多复杂的小放热峰。最大放热峰（−731J·g^{-1}）开始于 204℃，在 224℃时达到最大，对应于脱锂材料的结构变化，伴随着氧的释放和电解液的燃烧。随后的复杂小峰归因于随后的剩余电解质反应和正极的持续分解[39]。图 14.13 中清洗后样品的放热速率明显降低，表明 225℃ 的主要放热反应对应于脱锂正极与电解液之间的反应。

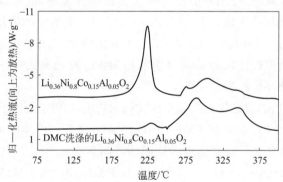

图 14.13　全脱锂正极材料 Li$_x$Ni$_{0.8}$Co$_{0.15}$Al$_{0.05}$O$_2$ 在有无电解液
[1.2mol·L^{-1} LiPF$_6$ EC-EMC（3:7）] 时的 DSC 曲线

因此，很明显层状正极材料过早地和电解液反应，导致后续反应中的电解液不足。该现象和层状氧化物正极的最大自放热速率出现在较低的温度（307℃）一致，在电解液在 307℃ 燃烧耗尽后，自加热过程减速。由于 LiFePO$_4$ 电池表现出高的起始温度和相对较低的热失控自加热速率，所以 LiFePO$_4$ 电池表现出最好的安全性，远优于其他电化学体系。

关于全充电 LiCoO$_2$ 和碳包覆 LiFePO$_4$ 18650 电池的安全测试结果（针刺实验和挤压实验的录像）在支撑信息中给出。挤压实验前电池在 26℃ 下充电至 3.7V。对于 LiCoO$_2$ 电池挤压后很快着火，产生大量的烟，电池温度在 14s 内从 27℃ 上升到 352℃，电池电压在几秒钟内从 4.46V 降低到 0V。而对于橄榄石正极的电池在挤压实验后的 24s 内电池温度达到最高值（98℃），电池电压降低到 0.05V。LiCoO$_2$ 电池的针刺实验中立即出现着火和浓烟，电池温度在 14s 内从 27℃ 上升到 352℃，电池电压在几秒钟内从 4.46V 降低到 0V。

LiFePO$_4$ 电池的针刺实验中，电池温度上升到103℃，伴随少量的电解液漏出。LiFePO$_4$ 电池在这两项实验中都没有出现浓烟，着火，爆炸现象。Li$_x$CoO$_2$ 材料的热分析研究表明，脱锂 LiCoO$_2$ 在240℃时分解成 CoO 和 Co$_2$O$_3$，同时释放出氧气[41,42]。因而当剩余电解液和释放出的氧气反应时释放出大量的热[41~44]。图 14.12 中 DSC 结果和其他 LiNiO$_2$ 的研究结果一致[41~43]。尽管通过 Co 和 Al 对材料进行掺杂，LiNi$_{0.8}$Co$_{0.15}$Al$_{0.05}$O$_2$ 的热稳定性还是呈现出和 Li$_x$NiO$_2$ 类似的反应机理。从另一方面说，(PO$_4$)$^{3-}$ 配位单元中的强 P-O 共价键导致氧释放速率的降低，从而防止了 LiFePO$_4$ 的热失控。

14.4 使用离子液体的锂离子电池

传统的锂离子电池电解液多是具有高蒸气压的有机溶剂，如乙烯碳酸酯或二甲基碳酸酯。在电池内短路或热失控时会导致其着火或爆炸。某些强破坏性事故时常发生，导致百万计的电池被召回，造成制造商和消费者的恐慌。安全问题变成大规模锂离子电池在电动车上应用的最主要问题，尤其是高倍率充放电时的安全性。因此安全性成为该技术领域发展的核心问题。制造安全锂离子电池的一个主要途径是取代有机溶剂，或者尽可能降低有机溶剂的可燃性和蒸气压。Hydro-Quebec（HQ）公司研发部研究使用离子液体作为锂离子电池的电解质。同时研究了某些具有最优性能的有机溶剂与离子液体的混合电解液组分，可以成为安全锂离子电池的电解质[45]。

基于双（氟磺酰）亚胺（FSI）阴离子和 1-乙基-3-甲基咪唑（EMI）或 N-甲基丙基吡咯烷（Py13）阳离子的锂离子液体在 LiFePO$_4$/天然石墨电池中的使用已经得到了研究。和传统电解液（1mol·L^{-1} LiPF$_6$ 或 1mol·L^{-1} LiFSI 的 EC/DEC 溶液）相比，使用离子液体的电池的首次库仑效率较低，为80%（使用 EC-DEC 为93%）。通过阻抗谱研究了不同电解质的电阻，按递增顺序依次为：

$$EC/DEC\text{-}LiFSI < EC/DEC\text{-}LiPF_6 < Py13(FSI)\text{-}LiFSI = EMI(FSI)\text{-}LiFSI \quad (14.5)$$

但是，使用 EC/DEC-LiFSI 和 EMI（FSI）-LiFSI 得到的电池的可逆容量相近。离子液体的高黏性可以通过特殊条件提高电极的浸润性，如真空和60℃。电池的可逆容量在 $C/24$ 倍率时可以提升到 160mA·h·g^{-1}。使用聚合离子液体和纯离子液体的 LiFePO$_4$ 高倍率性能研究表明：当添加聚合离子液体时，电池在 $C/10$ 倍率时容量从 155mA·h·g^{-1} 降低到 126mA·h·g^{-1}。

14.4.1 不同电解液中石墨负极性能

图 14.14 给出了使用不同电解液的 Li∥石墨体系的阻抗测试结果。在离子液体和 EC/DEC-LiPF$_6$ 的界面阻抗一致为 80Ω，而在 EC/DEC-LiFSI 中最小，为 65Ω。在扩散部分，离子液体显示出更大的电阻（20Ω），并按式（14.5）给出的顺序递增。离子液体扩散电阻的增加归因于高黏性。

图 14.15 给出了石墨负极在 EC-DEC-LiPF$_6$（a），EC-DEC-LiFSI（b），EMI（FSI）（c）和 Py13（FSI）（d）中前两次的放电-充电循环曲线，充放电电流为 $C/24$，电压范围（室温）为 0~2.5V。参比电池（曲线1）在第二次放电时得到的可逆容量达到 365mA·h·g^{-1}，接近于理论容量，首次库仑效率高达 92.7%。这些数据反映了电极在参比电解液中的

性能水平，可以作为其他电池的参比标准。当 LiFSI 代替 LiPF$_6$（曲线 2）负极显示出更高的性能，可逆容量更加接近于理论容量，达到 369mA·h·g^{-1}，首次库仑效率达到 93%。LiFSI 盐对石墨负极形成连续保护层有正向影响。使用 EMI-FSI 离子液体的电池（曲线 3）显示出 362 mA·h·g^{-1} 的可逆容量，但是库仑效率仅为 80.5%。对于使用 Py13-FSI 离子液体的电池（曲线 4）可逆容量接近于理论容量，为 367mA·h·g^{-1}，库仑效率仅为 80%。这些数据说明基于 FSI 离子液体的 LiFSI 盐比较适合应用于石墨负极中，而不会引起任何二次反应。在表 14.4 中总结了石墨电极的首次循环数

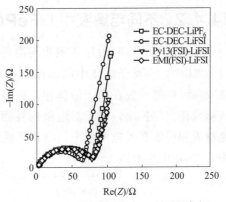

图 14.14 不同电解液中 Li//石墨负极在循环前的阻抗谱

据，第二次循环的库仑效率也没有达到 100%，这可能是由于副反应造成的，石墨电极的保护层不能在第一次循环中就完成 [图 14.15(b)]。

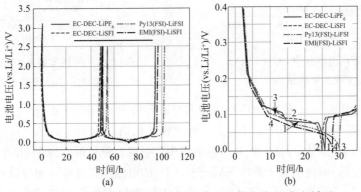

图 14.15 不同电解液中 Li//石墨负极的首次放电-充电循环
(a) 及第一循环数据在 0.5~0V 间的放大图 (b)

表 14.4 石墨负极的首次循环电化学性能

电解质	第一次放电容量/mA·h·g^{-1}	CE1/%	可逆容量/mA·h·g^{-1}	CE2/%
EC-DEC+1mol·L^{-1} LiPF$_6$	398	92.7	365	100
EC-DEC+1mol·L^{-1} LiFSI	382	93	369	100
Py13-FSI+0.7mol·L^{-1} LiFSI	468	80	367	98.3
EMI-FSI+0.7mol·L^{-1} LiFSI	432	80.5	362	97.6

对上述电池在 1C 放电 C/4 充电条件下的循环性能也进行了研究。使用有机溶剂电池的容量在循环中非常稳定，使用 LiPF$_6$ 盐的电池可逆容量比使用 LiFSI 的略低。而使用离子液体的电池在前 5 个循环（Py13-FSI）和前 10 个循环（EMI-FSI）的放电容量上升。这说明使用离子液体（Py13-FSI）的电池需要更多的循环才能在石墨颗粒表面形成保护层。而对于使用 EMI-FSI 的电池，其容量上升是由电极浸润性随着锂离子的嵌入脱出不断提升造成的。但是 Ishikawa 等人[46]报道使用离子液体（EMI-FSI+0.8mol·L^{-1} LiFSI）电解液的 Li/石墨电池具有非常稳定的循环容量，C/5 时为 360mA·h·g^{-1}。该数据说明 FSI 阳离子同时具有稳定容量和促使 SEI 膜形成的联合效果，因此具有非常高的可逆容量。

14.4.2 不同电解液中 LiFePO₄ 正极性能

在电池中，LiFePO$_4$ 正极表现出的界面阻抗和石墨负极不同（图14.16），最大界面阻抗为 240Ω，在离子液体中的界面阻抗较小，分别为 54Ω（Py13-FSI）和 64Ω（EMI-FSI）。该现象可以解释为在离子液体中，正极颗粒没有被完全浸润。也许有些 LiFePO$_4$ 颗粒还没有形成任何保护层，因此对电极的界面阻抗没有任何贡献。正极 LiFePO$_4$ 在不同离子液体电解液和传统有机电解液中的电化学性能测试结果在图 14.17 中给出，首次充放电循环电流为 $C/24$，电压范围 4~2.5V。

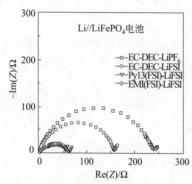 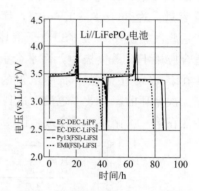

图 14.16 不同电解液中 Li//LiFePO$_4$ 正极的阻抗谱

图 14.17 不同电解液中 Li//LiFePO$_4$ 电池的首次充放电循环

在 EC-DEC-LiPF$_6$ (a) 中 LiFePO$_4$ 电极的可逆容量为 158mA·h·g^{-1}，首次库仑效率为 97.5%（CE1）；在 EC-DEC-LiFSI (b) 中，可逆容量相当，为 156.5mA·h·g^{-1}，首次库仑效率为 98%；在离子液体 Py13-FSI (c) 电解液中，可逆容量较低，为 143mA·h·g^{-1}，首次库仑效率仅为 93%；而使用离子液体 EMI-FSI (d) 的电池具有高的可逆容量和首次库仑效率，分别为 160mA·h·g^{-1} 和 95%。表 14.5 汇总了 LiFePO$_4$ 电极的可逆容量和库仑效率。Py13 的高黏性（EMI 黏性的两倍）使锂离子即使在低倍率（$C/24$）条件下从 LiFePO$_4$ 结构中脱出也非常困难。这可以用于解释在充电平台末端，充电曲线弯曲度很差的现象。

表 14.5 LiFePO$_4$ 正极的首次循环电化学性能

电解质	第一次放电容量/mA·h·g^{-1}	CE1/%	可逆容量/mA·h·g^{-1}	CE2/%
EC-DEC+1mol·L^{-1} LiPF$_6$	158.2	97.5	158	98.0
EC-DEC+1mol·L^{-1} LiFSI	156.5	98.05	156.5	98.0
Py13-FSI+0.7mol·L^{-1} LiFSI	151.3	93.0	143.3	98.3
EMI-FSI+0.7mol·L^{-1} LiFSI	164	95.0	160	97.0

在 LiFePO$_4$ 电池中，黏度对性能的影响可以归因于碳包覆在 LiFePO$_4$ 颗粒的表面。当电解液的黏度较大时（如离子液体）由于碳层具有很大的表面积因而更加难以浸润，造成锂离子很难穿过该层，尤其是第一次循环。另外，由于电极极片为三维结构，高黏度也阻碍了正负极电极在深度方向的进一步浸润，使用 EMI-FSC 电解液的电池具有最大容量，比容量为 145mA·h·g^{-1}，使用 EC-DEC-LiPF$_6$ 和 EC-DEC-LiFSI 的电池比容量分别为 137mA·h·g^{-1} 和 139mA·h·g^{-1}，而使用 Py13-FSI 的电池比容量仅为 105mA·h·g^{-1}。除了使用 Py13-FSI 的电池只有第六周循环时才达到 100%外，其他电池的库仑效率都在第二个循环达到 100%。由于离子液体的离子导电性与其黏度直接相关，所以使用 Py13-FSI 的电池

在1C充放电时,比容量较低。因此,为了得到这些电解液的功率限制,需要对正极在不同倍率下放电时的容量变化进行研究。为了得到 LiFePO$_4$ 电极在不同电解液中的功率性能,进行了倍率放电性能测试。图 14.18 中给出了在不同电解液中,LiFePO$_4$ 功率性能与放电倍率的相互关系,充电电流保持为 C/4,而放电倍率不同。

使用有机溶剂 EC-DEC-LiFSI 为电解液的电池表现出最佳的高倍率性能,在 15C 放电时,能量密度为 105mA·h·g^{-1},到 20C 放电时,该电池的容量开始偏离使用 EC-DEC- LiPF$_6$ 电解液的电池。当使用具有更高黏度的离子液体为电解液时,

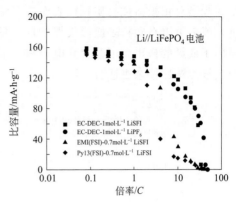

图 14.18　不同电解液中 Li//LiFePO$_4$ 电池的倍率容量

EMI-FSI 表现出良好的放电性能,直到 1C 放电。在 4C 放电时,容量仅剩 45mA·h·g^{-1}。对于黏度更大的 Py13-FSI 电解液,其电池的倍率性能非常差,在 C/2 时就出现明显偏离,在 4C 放电时,容量仅剩 40mA·h·g^{-1}。通过这些数据可以说明电池的功率性能与黏度和离子电导率直接相关。而 LiFSI 盐在有机溶剂和离子液体中都表现出很好的倍率性能。在使用 FSI 和 TFSI 为阴离子的 Li/ LiFSI-EMI /LiCoO$_2$ 电池研究中发现:当使用 FSI 阴离子时 EMI 能表现出更好的性能[47]。1C/0.1C 倍率容量的比值分别为 93%(EMI-FSI)和 87%(Py13-FSI)。而当使用 TFSI 阴离子时,1C/0.1C 倍率容量的比值仅为 43%(EMI-TFSI)。这些离子液体的性能不仅与黏度和离子电导率有关,还与阴离子和添加盐的类型有关。Wang 等人[48]曾报道 Py13-FSI 离子液体具有很高的安全性,为了提升正极在该离子液体中的浸润性,先把 LiFePO$_4$ 正极预先浸渍在 Py13-FSI 离子液体中,在真空 60Ω 下放置 8h,然后使用该正极制备半电池。

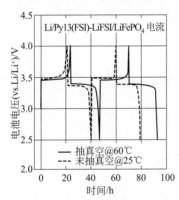

图 14.19　预先真空处理和未处理正极制备的 Li//LiFePO$_4$ 电池 [Py13(FSI)-LiFSI 为电解液] 的首次充放电循环

正极预先处理电池在 25℃ 下的首次充放电曲线在图 14.19 中给出,作为对比,同时给出了未经过真空处理正极电池的数据。首次和第二次库仑效率从 92.6% 和 98.3% 提升到 100%。图 14.20(见下页)给出了这两组对照电池在循环前后的阻抗谱。预先处理正极电池的界面阻抗从 50Ω 提升到 70Ω,但是在经过两个 C/24 循环后,预先处理正极电池的界面阻抗降低。预先处理正极电池的可逆容量从 140mA·h·g^{-1} 提升到 160mA·h·g^{-1},高倍率性能在小于 2C 时也略有提升,但是超过 2C 放电,倍率性能急剧下降,容量降至 80mA·h·g^{-1}(未处理正极为 40mA·h·g^{-1}),见图 14.21(见下页)。在高倍率情况下,容量衰降和未处理正极电池一致。

14.5　表面修饰

通过提高电压来提升电池能量密度目前还没有出现有竞争力的产品,因为这样得到的高能量密度伴随着循环寿命的下降和安全性问题的上升[49,50]。因此提高电池能量密度的另一

个途径是对正极活性物质颗粒表面进行修饰，通过该方法或者可以降低晶体表面层的界面阻抗，或者可以在颗粒表面形成保护层，抑制电极-电解液间副反应的进行，或者避免过渡金属离子或氧的析出而不改变其电子和离子电导率。在提升锂离子电池电化学性能和安全性方面，该方法比掺杂更适合[51]。

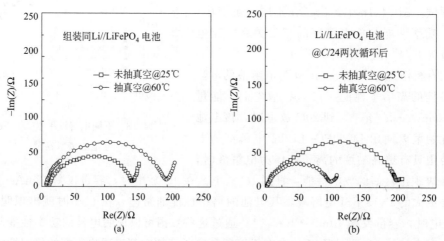

图 14.20　使用 Py13（FSI）-LiFSI 为电解液的 Li//LiFePO$_4$ 电池的阻抗谱
（a）及新制备电池（b）循环 2 次以后的阻抗谱

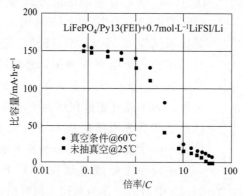

图 14.21　预先真空处理和未处理正极制备的 Li//LiFePO$_4$ 电池
[Py13（FSI）-LiFSI 为电解液] 的倍率性能

14.5.1　能量示意图

在非水锂电池体系中，负极（Li 或石墨）总是被 1~3nm 厚的表面固体电解质界面相（SEI）覆盖，该表面层是通过金属和电解液间的反应就地生成的。该膜作为金属和溶剂间的界面相具有固体电解质的性质。在电池中该层具有可侵蚀性，并随着循环寿命而生长[52]。锂电池的热力学稳定性需电极电化学势 E_A 和 E_C 间的差距在电解质能量窗口范围内，包含电化学体系的电压 V_0：

$$eV_0 = E_C - E_A \geqslant E_g \tag{14.6}$$

式中，e 为电子电荷；E_g 为最低空轨道能量（LUMO）和最高占有轨道能量（HOMO）[53]间的能量差（$E_L - E_H$）。电极/电解液界面上形成的 SEI 膜为 $V_0 > E_g$ 电池提供了动力学稳定性。电极设计必须和电解液的 LUMO/HOMO 相匹配。图 14.22 给出了两种不同锂离子电池体系的能量示意图。对于石墨∥$LiCoO_2$ 电池 [图 14.22(a)]，石墨的 E_A 高于非水电解液的 LUMO，同时正极材料的 E_C 低于电解液的 HOMO，因此石墨和 $LiCoO_2$ 电极都需要生长钝化 SEI。该 SEI 膜具有以下性质：①必须有足够的机械强度，满足循环过程中电极体积变化；②必须有足够快的锂离子转移通道，保证电解液和电极间的离子迁移；③在 $-40 \sim 60℃$ 的温度范围内具有良好的离子电导率。另外，$Li_4Ti_5O_{12}$∥$LiFePO_4$ 电池不需要 SEI 膜的形成 [图 14.22(b)]，因为电极能量 E_C 和 E_A 与电解液窗口匹配得非常好，可以提高安全性。但是代价为较低的开路电压（2V，石墨∥$LiCoO_2$ 电池为 4V）。

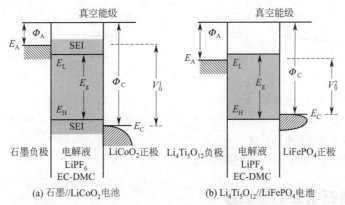

图 14.22　锂离子电池的电子能级示意图（E_C 和 E_A 分别为正极材料和负极材料的费米能级，E_g 为保证电解液热力学稳定性的能量窗口，当 $E_A > E_L$ 和 $E_C < E_H$ 时，为了保证动力学稳定性需要形成 SEI 膜）

14.5.2　层状电极的表面包覆

14.5.2.1　$LiCoO_2$

$LiCoO_2$ 是目前应用于商业化锂离子电池的正极材料，具有高的倍率性能，但是由于 Co^{4+} 在电解液中的溶解而导致电池性能恶化，因此其使用条件被限定在 Li_xCoO_2，$x > 0.5$；电压 $< 4.2V$（vs. Li/Li^+）的范围之内。在 $LiCoO_2$ 表面进行不同材料的包覆可以表现出不同效果，如金属氧化物，碳和磷酸盐。这些表明包覆可以一致 Co 的溶解和电解液的分解，从而提高电池的安全性，能量密度和工作电压。另一种效果为抑制不希望的 SEI 膜的生成，保护粒子不与电解液发生副反应，避免氧的丢失。典型的表面包覆为合成 $2 \sim 3nm$ 厚的表面覆盖层，约占总重量的 $1\% \sim 2\%$[54~57]。

图 14.23 给出了未包覆，Al_2O_3 包覆，MgO 包覆的 $LiCoO_2$ 材料在满充电到 4.4V（vs. Li/Li^+）时的 DSC 曲线。电极通过扣式电池，在 $1mol·L^{-1}$ $LiPF_6$，EC-DMC（1∶1）电解液中循环。DSC 结果显示，表面包覆使 $LiCoO_2$ 材料热分解温度上升，总放热量下降。MgO 包覆的 $LiCoO_2$ 材料的安全性得到提升。但是同时包覆降低了锂离子在 $LiCoO_2$ 形成的电极/电解液界面膜中的迁移活化能，表明 MgO 包覆影响了 $LiCoO_2$ 电解液界面的锂离子迁移动力学过程[57]。

14.5.2.2　$LiNi_{0.7}Co_{0.3}O_2$

为了提高电化学性能和热稳定性，$LiCoO_2$ 表面包覆所用的材料同样应用于 $LiNiO_2$ 体系进行测试。例如：Yoon 等人报道 MgO 包覆的 $LiNi_{0.8}Co_{0.2}O_2$ 材料在 450℃加热时可以形成类 NiO 的岩盐结构[58]。$AlPO_4$ 包覆的 $LiNi_{0.8}Co_{0.1}Mn_{0.1}O_2$ 材料具有比 $LiCoO_2$ 更高的能量密度[59]。图 14.24 给出了未包覆，Al_2O_3 包覆，$AlPO_4$ 包覆的 $LiNi_{0.7}Co_{0.3}O_2$ 材料在满充电到 4.6V（vs. Li/Li^+）时的 DSC 曲线。该结果显示了包覆对降低总放热量的有利效果。

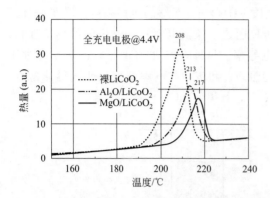

图 14.23　未包覆，Al_2O_3 包覆，MgO 包覆的 $LiCoO_2$ 材料在满充电到 4.4V（vs. Li/Li^+）时的 DSC 曲线 [电极通过扣式电池，在 $1mol·L^{-1}$ $LiPF_6$，EC-DMC（1∶1）电解液中循环]

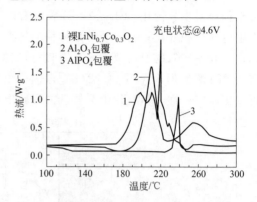

图 14.24　未包覆，Al_2O_3 包覆，$AlPO_4$ 包覆的 $LiNi_{0.7}Co_{0.3}O_2$ 材料在满充电到 4.6V（vs. Li/Li^+）时的 DSC 曲线

14.5.3　尖晶石电极的表面修饰

14.5.3.1　$LiMn_2O_4$

尖晶石 $LiMn_2O_4$ 材料（LMO）是一种非常具有吸引力的正极材料，主要是因为具有比层状化合物更好的热稳定性[60]。但是，该材料的循环寿命较差，从而降低了电池的日历寿命。锰在电解液中的溶解是主要原因。而且，$LiMn_2O_4$ 和电解液间的副反应速率随着温度的上升而提高[61]，因此基于 $LiMn_2O_4$ 的电池需要保持在室温环境。在该背景下，研究 LMO 材料的表面修饰主要目的是抑制材料和电解液间的副反应，避免 Mn^{3+} 的溶解，以达到以下两个目标：①将 LMO 材料的日历寿命和循环寿命提高到和其他正极材料匹配的程度；②可以代替层状材料以提升电池的安全性。常用的包覆材料包括金属氧化物，如 Al_2O_3，ZrO_2，ZnO，SiO_2 和 Bi_2O_3 等。这些材料已经成功地降低了 LMO 材料的高温损害。Yi 等人对功率锂离子电池用 LMO 正极材料的表面修饰的研究进展进行了综述[62]。

为了探讨尖晶石材料电化学性质的变化，对未包覆和包覆后的 LMO 材料在经过高温 55℃循环后的充电态进行了电化学阻抗谱（EIS）测试。图 14.25 给出了 ZrO_2 包覆前后 LMO 材料的尼奎斯特图。每条 EIS 曲线都包含两个半圆弧和一个斜线。第一个半圆对应于中高频区域，为覆盖电极颗粒的表面膜阻抗（R_{sf}）；在中低频率的半圆是和双电层电容耦合的电荷转移阻抗（R_{ct}）；在低频区的斜线为锂离子在固相材料的扩散。在该机理下，对应的等效电路图如插图所示。R_w 为电解液阻抗，CPE_{dl} 为常量因素，W_z 为与锂离子在宿主材料中扩散有关的瓦尔堡阻抗。50 次循环后，未包覆 LMO 材料的 R_{ct} 增大，这应该是电极-电解液界面的化学变化造成的，而不是 Mnemonic（Ⅱ）的迁移造成的。ZrO_2 包覆 LMO 材料的 EIS 谱在低频区明显不同，这是由修饰的 SEI 层造成的，降低了 Li^+ 在包覆层的传递。

曾有报道称，硼酸盐玻璃 Li_2O-$2B_2O_3$ 包覆或者氟化物包覆的 LMO 材料可以表现出很好的高温电化学性能。通过溶液法制备的 LBO 包覆 LMO 电极表现出优异的循环特性（$112mA·h·g^{-1}$），在 1C 循环 30 次后没有容量衰降[63]。即使在 HF 中，氟化物也非常稳

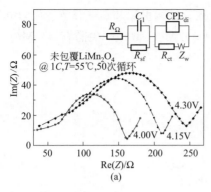
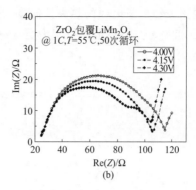

图 14.25 在 50 次循环后充电至不同电压（4.0～4.3V）的未包覆 $LiMn_2O_4$ 材料（a）和 ZrO_2 包覆 $LiMn_2O_4$ 材料（b）的尼奎斯特图（在 $T=55℃$ 下，1C 循环。插图为数据分析时使用的等效电路图）

定，因而也应用于 LMO 材料的表面包覆研究中，用以提升循环稳定性。Lee 等人[64]的研究结果表明 BiOF 包覆的尖晶石电极在 55℃ 下具有优异的容量保持率，在 100 次循环后放电容量保持率为 96%，而包覆材料的 100 次循环容量保持率仅为 84%。这主要是由于氧氟层有效防止了 HF 的损害，并吸收 HF。

14.5.3.2　$LiNi_{0.5}Mn_{1.5}O_4$

$LiNi_{0.5}Mn_{1.5}O_4$（LNM）材料的操作电压为 4.7V[65]，因而成为提高电池能量密度最有前途的正极材料。但是距离实用还有很多问题，主要是由于在温度大于 50℃ 时，其容量明显衰降，这是 HEV 和 EV 应用的临界值。应用于尖晶石 $LiMn_2O_4$ 的抑制电极-电解液反应的补救方法同样适用于该材料，即在颗粒表面包覆保护层。和 LCO 材料表面包覆研究类似，关于 LNM 材料的包覆也有很多类型包覆材料的研究，如 ZnO，$AlPO_4$，$FePO_4$ 等，这些材料对 LNM 的电化学性能也有提升，但是都不如 Al_2O_3 包覆效果明显[66]。ZnO 包覆对 LNM 电极充电到 4.75V 时性能的影响在图 14.26 中给出。未包覆和包覆后的材料在 55℃ $C/10$ 下循环 15 次，未包覆 LNM 材料的 R_{ct} 阻抗明显增大。EIS 图谱的等效电路如图 14.25 中的插图所示，由于包覆层的形成，导致尼奎斯特图中 ZnO 包覆后 LNM 材料的起

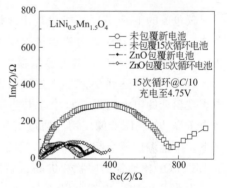

图 14.26　未包覆与 ZnO 包覆 $LiNi_{0.5}Mn_{1.5}O_4$ 材料在循环 15 次前后的尼奎斯特图 [$T=55℃$，1C 循环，EIS 测量在充电状态下进行（vs. Li/Li^+ 4.75V）]

始 R_{ct} 阻抗大于未包覆材料。但是，在循环 15 次后基本没有发生改变。包覆后的材料 R_{sf} 在循环前后基本保持常值，R_{ct} 只有略微上升，说明具有更加稳定的电极-电解液界面。

14.6　总结与评论

近几年来锂电池的安全性成为一大热点。安全防护是锂离子电池技术的一个重要基础，保证电池的安全使用。安全防护包括许多方面，如最低热失控温度，内短路，机械损坏和充电状态控制等。可能的安全事故有：氧气的释放，电解液的腐蚀，着火和爆炸等。图 14.27

给出了不同正极锂离子电池的热失控温度示意图。结构坍塌和氧气释放造成的电极不稳定性与金属-氧键相关,按不稳定性依次为层状材料（$LiMO_2$型）→尖晶石（$LiMn_2O_4$）→橄榄石（$LiMPO_4$）。

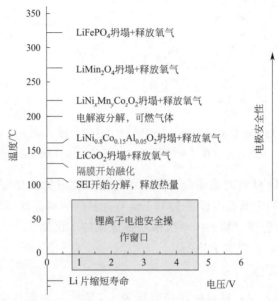

图14.27 不同正极锂离子电池的热失控温度示意图和电池安全的电压/温度范围

碳包覆的$LiFePO_4$正极表现出最优的电化学性能,比容量达到$152mA·h·g^{-1}$,并且在2.5~4.0V循环时,可逆容量达到理论容量的89%以上。碳包覆$LiFePO_4$的18650电池在0.1C 100次循环后,放电容量损失仅为1.3%,在高达5C放电时,放电容量保持率达到90%,库仑效率达到99.3%。这说明碳包覆提高了$LiFePO_4$的电子电导率。在HPPC测试中表现出低的电池内阻,脉冲放电功率的脉冲充电恢复率达到80%,表明碳包覆$LiFePO_4$适合于高功率HEV的应用。通过IMC研究的0.5C充放电热效应表明在没有外部散热的情况下,电池温度不会超过34℃。ARC和DSC热性质研究表明在热滥用和电化学滥用的条件下$LiFePO_4$比通常的层状和尖晶石结构的锂金属氧化物更加安全。$LiFePO_4$电池的安全性实验表明$LiFePO_4$电池可以经受物理滥用而不会引起安全事故,而$LiCoO_2$电池则会导致着火和浓烟。另外,$LiNi_{0.8}Co_{0.15}Al_{0.05}O_2$的研究结果表明Ni和Al的掺杂不能提升热稳定性,无法解决层状材料的共有问题。尖晶石$LiMn_2O_4$//石墨电池中Mn在电解液中的溶解可以通过包覆抑制层的方法解决,可以减缓电池的容量衰降,但是会在电池中引入热稳定性较差的不安全因素。因此,从高功率输出、热安全性、电化学性能和物理滥用等方面考虑,碳包覆$LiFePO_4$电池最适合于HEV应用。

参 考 文 献

1. Joachin H, Kaun TD, Zaghib K, Prakash J (2008) Electrochemical and thermal studies of LiFePO4 cathode in lithium-ion cells. ECS Trans 6–25:11–16
2. Yang H, Bang HJ, Amine K, Prakash J (2005) Investigations of the exothermic reactions of natural graphite anode for Li-ion batteries during thermal runaway. J Electrochem Soc 152: A73–A79
3. Joachin H, Kaun TD, Zaghib K, Prakash J (2009) Electrochemical and thermal studies of carbon-coated LiFePO4 cathode. J Electrochem Soc 156:A401–A406
4. Lee CW, Venkatachalapathy R, Prakash J (2000) A novel flame-retardant additive for lithium

batteries. Electrochem Solid State Lett 3:63–65
5. MacNeil DD, Lu Z, Chen Z, Dahn JR (2002) A comparison of the electrode/electrolyte reaction at elevated temperatures for various Li-ion cathodes. J Power Sourc 108:8–14
6. Li J, Suzuki T, Naga K, Ohzawa Y, Nakajima T (2007) Electrochemical performance of LiFePO$_4$ modified by pressure-pulsed chemical vapor infiltration in lithium-ion batteries. Mater Sci Eng B 142:86–92
7. Takahashi M, Otsuka H, Akuto K, Sakurai Y (2005) Confirmation of long-term cyclability and high thermal stability of LiFePO$_4$ in prismatic lithium-ion cells. J Electrochem Soc 152:A899–A904
8. Yonemura M, Yamada A, Takei Y, Sonoyama N, Kanno R (2004) Comparative kinetic study of olivine Li$_x$MPO$_4$ (M = Fe, Mn). J Electrochem Soc 151:A1352–A1356
9. Zaghib K, Shim J, Guerfi A, Charest P, Striebel KA (2005) Effect of carbon source as additive in LiFePO$_4$ as positive electrode for Li-ion batteries. Electrochem Solid State Lett 8:A207–A210
10. Belharouak I, Johnson C, Amine K (2005) Synthesis and electrochemical analysis of vapor-deposited carbon-coated LiFePO$_4$. Electrochem Commun 7:983–988
11. Jiang J, Dahn JR (2004) ARC studies of the thermal stability of three different cathode materials LiCoO Li[Ni$_{0.1}$Co$_{0.8}$Mn$_{0.1}$]O$_2$ and LiFePO$_4$ in LiPF$_6$ and LiBoB EC/DEC electrolytes. Electrochem Commun 6:39–43
12. Padhi AK, Nanjundaswamy KS, Masquelier C, Goodenough JB (1997) Mapping of transition metal redox energies in phosphates with NASICON structure by lithium intercalation. J Electrochem Soc 144:2581–2586
13. Yamada A, Chung SC, Hinokuma K (2001) Optimized LiFePO$_4$ for lithium battery cathodes. J Electrochem Soc 148:A224–A229
14. Armand M, Tarascon JM (2008) Building better batteries. Nature 451:652–657
15. Chen G, Richardson TJ (2010) Thermal instability of olivine-type LiMnPO$_4$ cathodes. J Power Sourc 195:1221–1224
16. Chen G, Richardson TJ (2009) Solid solution phases in the olivine-type LiMnPO$_4$/MnPO$_4$ system. J Electrochem Soc 156:A756–A762
17. Kim SW, Kim J, Gwon H, Kang K (2009) Phase stability study of Li$_{1-x}$MnPO$_4$ ($0 \leq x \leq 1$) cathode for Li rechargeable battery. J Electrochem Soc 156:A635–A638
18. Bramnik NN, Nikolowski K, Trots DM, Ehrenberg H (2008) Thermal stability of LiCoPO$_4$ cathodes. Electrochem Solid State Lett 11:A89–A93
19. Martha SK, Haik O, Zinigrad E, Exnar I, Drezen T, Miners JH, Aurbach D (2011) On the thermal stability of olivine cathode materials for lithium-ion batteries. J Electrochem Soc 158:A1115–A1122
20. Martha SK, Markovsky B, Grinblat J, Gofer Y, Hai O, Zinigrad E, Aurbach D, Drezen T, Wang D, Deghenghi G, Exnar I (2009) LiMnPO$_4$ as an advanced cathode material for rechargeable lithium batteries. J Electrochem Soc 156:A541–A552
21. Martha SK, Grinblat J, Haik O, Zinigrad E, Drezen T, Miners JH, Exnar I, Kay A, Markovsky B, Aurbach D (2009) LiMn$_{0.8}$Fe$_{0.2}$PO$_4$: an advanced cathode material for rechargeable lithium batteries. Angew Chem Int Ed 48:8559–8563
22. Zaghib K, Mauger A, Goodenough JB, Gendron F, Julien CM (2007) Electronic, optical, and magnetic properties of LiFePO$_4$: small magnetic polaron effects. Chem Mater 19:3740–3747
23. Nakamura T, Miwa Y, Tabuchi M, Yamada Y (2006) Structural and surface modifications of LiFePO$_4$ olivine particles and their electrochemical properties. J Electrochem Soc 153:A1108–A1114
24. Yang S, Song Y, Zavalij PY, Whittingham MS (2002) Reactivity, stability and electrochemical behavior of lithium iron phosphates. Electrochem Commun 4:239–244
25. Ravet N, Chouinard Y, Magnan JF, Besner S, Gauthier M, Armand M (2001) Electroactivity of natural and synthetic triphylite. J Power Sourc 97:503–507
26. Zaghib K, Mauger A, Kopec M, Gendron F, Julien CM (2009) Intrinsic properties of 40 nm-sized LiFePO$_4$ particles. ECS Trans 16–42:31–41
27. Wu Q, Lu W, Prakash J (2000) Characterization of a commercial size Li-ion cell with a reference electrode. J Power Sourc 88:237–242
28. Trudeau ML, Laul D, Veillette R, Serventi AM, Mauger A, Julien CM, Zaghib K (2011) In-situ HRTEM synthesis observation of nanostructured LiFePO$_4$. J Power Sourc 196:7383–7394
29. Zaghib K, Dontigny M, Guerfi A, Charest P, Rodrigues I, Mauger A, Julien CM (2011) Safe and fast-charging Li-ion battery with long shelf life for power applications. J Power Sourc 196:3949–3954
30. Shin HC, Cho WI, Jang H (2006) Electrochemical properties of the carbon-coated LiFePO$_4$ as a cathode material for lithium-ion secondary batteries. J Power Sourc 159:1383–1388

31. Gao F, Tang Z (2008) Kinetic behavior of LiFePO$_4$/C cathode material for lithium-ion batteries. Electrochim Acta 53:5071–5075
32. Zaghib K, Dontigny M, Charest P, Labrecque JF, Guerfi A, Kopec M, Mauger A, Gendron F, Julien CM (2010) LiFePO$_4$: from molten ingot to nanoparticles with high-rate performance in Li-ion batteries. J Power Sourc 195:8280–8288
33. Julien CM, Mauger A, Zaghib K (2011) Surface effects on electrochemical properties of nano-sized LiFePO$_4$. J Mater Chem 21:9955–9968
34. Yang H, Prakash J (2004) Determination of the reversible and irreversible heats of a LiNi$_{0.8}$Co$_{0.15}$Al$_{0.05}$O$_2$/natural graphite cell using electrochemical-calorimetric technique. J Electrochem Soc 151:A1222–A1229
35. Lu W, Yang H, Prakash J (2006) Determination of the reversible and irreversible heats of LiNi$_{0.8}$Co$_{0.2}$O$_2$/mesocarbon microbead Li-ion cell reactions using isothermal microcalorimetry. Electrochim Acta 51:1322–1329
36. Whitacre JF, Zaghib K, West WC, Ratnakumar BV (2008) Dual active material composite cathode structures for Li-ion batteries. J Power Sourc 177:528–536
37. Forgez C, Do DV, Friedrich G, Morcrette M, Delacourt C (2010) Thermal modeling of a cylindrical LiFePO$_4$/graphite lithium-ion battery. J Power Sourc 195:2961–2968
38. Jin EM, Jin B, Jun DK, Park KH, Gu HB, Kim KW (2008) A study on the electrochemical characteristics of LiFePO$_4$ cathode for lithium polymer batteries by hydrothermal method. J Power Sourc 178:801–806
39. Bang HJ, Joachin H, Yang H, Amine K. Prakash J (2006) Contribution of the structural changes of LiNi$_{0.8}$Co$_{0.15}$Al$_{0.05}$O$_2$ cathodes on the exothermic reactions in Li-ion cells. J Electrochem Soc 153:A731–A737
40. Dokko K, Koizumi S, Sharaishi K, Kananura K (2007) Electrochemical properties of LiFePO$_4$ prepared via hydrothermal route. J Power Sourc 165:656–659
41. Dahn JR, Fuller EW, Obrovac M, von Sacken U (1994) Thermal stability of Li$_x$CoO$_2$, Li$_x$NiO$_2$ and λ-MnO$_2$ and consequences for the safety of Li-ion cells. Solid State Ionics 69:265–270
42. McNeil DD, Dahn JR (2001) The reaction of charged cathodes with nonaqueous solvents and electrolytes: I. Li$_{0.5}$CoO$_2$. J Electrochem Soc 148:A1205–A1210
43. Lee KK, Yoon WS, Kim KB, Lee KY, Hong ST (2001) A study on the thermal behaviour of electrochemically delithiated Li$_{1-x}$NiO$_2$. J Electrochem Soc 148:A716–A722
44. Baba Y, Okada S, Yamaki JI (2002) Thermal stability of Li$_x$CoO$_2$ cathode for lithium ion battery. Solid State Ionics 148:311–316
45. Guerfi A, Dontigny M, Charest P, Petitclerc M, Legacé M, Vijh A, Zaghib Z (2010) Improved electrolytes for Li-ion batteries: mixtures of ionic liquid and organic electrolyte with enhanced safety and electrochemical performance. J Power Sourc 195:845–852
46. Ishikawa M, Sugimoto Y, Kikuta M, Ishiko E, Kono M (2006) Pure ionic liquid electrolyte compatible with a graphitized carbon negative electrode in rechargeable lithium-ion batteries. J Power Sourc 162:658–662
47. Matsumoto H, Sakaebe H, Tatsumi K, Kikuta M, Ishiko E, Kono M (2006) Fast cycling of Li/LiCoO$_2$ cell with low-viscosity ionic liquids based on bis(fluorosulfonyl)imide [FSI]$^-$. J Power Sourc 160:1308–1313
48. Wang Y, Zaghib Z, Guerfi A, Bazito FFC, Torresi RM, Dahn JR (2007) Accelerating rate calorimetry studies of the reactions between ionic liquids and charged lithium ion battery electrode materials. Electrochim Acta 52:6346–6352
49. Zaghib K, Dubé J, Dallaire A, Galoustov K, Guerfi A, Ramanathan M, Benmayza A, Prakash J, Mauge A, Julien CM (2012) Enhanced thermal safety and high power performance of carbon-coated LiFePO$_4$ olivine cathode for Li-ion batteries. J Power Sourc 219:36–44
50. Zaghib K, Dubé J, Dallaire A, Galoustov K, Guerfi A, Ramanathan M, Benmayza A, Prakash J, Mauger A, Julien CM (2014) Lithium ion cell components and their effect on high-power battery safety. In: Pistoia G (ed) Lithium-ion batteries: advances and applications. Elsevier, New York, pp 437–460
51. Li C, Zhang HP, Fu LJ, Liu H, Wu YP, Rahm E, Holze R, Wu HQ (2006) Cathode materials modified by surface coating for lithium ion batteries. Electrochim Acta 51:3872–3888
52. Cho J, Kim YJ, Park B (2000) Novel LiCoO$_2$ cathode material with Al$_2$O$_3$ coating for a Li ion cell. Chem Mater 12:3788–3791
53. Liu LJ, Chen Q, Huang XJ, Yang XQ, Yoon WS, Lee HS, McBreen J (2004) electrochemical and in situ synchrotron XRD studies on Al$_2$O$_3$-coated LiCoO$_2$ cathode material. J Electrochem Soc 151:A1344–A1351
54. Oh S, Lee JK, Byuna D, Cho W, Cho BW (2004) Effect of Al$_2$O$_3$ coating on electrochemical performance of LiCoO$_2$ as cathode materials for secondary lithium batteries. J Power Sources 132:249–255

55. Chen ZH, Dahn JR (2002) Effect of a ZrO_2 coating on the structure and electrochemistry of Li_xCoO_2 when cycled to 4.5 V. Electrochem Solid State Lett 5:A213–A216
56. Chang W, Choi JW, Im JC, Lee JK (2010) Effects of ZnO coating on electrochemical performance and thermal stability of $LiCoO_2$ as cathode material for lithium-ion batteries. J Power Sourc 195:320–326
57. Wang Z, Wu C, Liu L, Wu F, Chen L, Huang X (2002) Electrochemical evaluation and structural characterization of commercial $LiCoO_2$ surfaces modified with MgO for lithium-ion batteries. J Electrochem Soc 149:A466–A471
58. Yoon WS, Nam KW, Jang D, Chung KY, Hanson J, Chen JM, Yang XQ (2012) Structural study of the coating effect on the thermal stability of charged MgO-coated $LiNi_{0.8}Co_{0.2}O_2$ cathodes investigated by in situ XRD. J Power Sourc 217:128–134
59. Cho J, Kim H, Park B (2004) Comparison of overcharge behavior of $AlPO_4$-coated $LiCoO_2$ and $LiNi_{0.8}Co_{0.1}Mn_{0.1}O_2$ cathode materials in Li-ion cells. J Electrochem Soc 151:A1707–A1711
60. Wohlfahrt-Mehrens M, Vogler C, Garche J (2004) Aging mechanisms of lithium cathode materials. J Power Sourc 127:58–64
61. Amatucci GG, Schmutz CN, Blyr A, Sigala C, Gozdz AS, Larcher D, Tarascon JM (1997) Materials effects on the elevated and room temperature performance of $C-LiMn_2O_4$ Li-ion batteries. J Power Sourc 69:11–25
62. Yi TF, Zhu YR, Zhu XD, Shu J, Yue CB, Zhou AN (2009) A review of recent developments in the surface modification of $LiMn_2O_4$ as cathode material of power lithium-ion battery. Ionics 15:779–784
63. Sahan H, Göktepe H, Patat S, Ülgen A (2008) Solid State Ionics 178:1837–1842
64. Lee KS, Myung ST, Amine K, Yashiro H, Sun YK (2009) Dual functioned BiOF-coated Li$[Li_{0.1}Al_{0.05}Mn_{1.85}]O_4$ for lithium batteries. J Mater Chem 19:1995–2005
65. Julien CM, Mauger A (2013) Review of 5-V electrodes for Li-ion batteries: status and trends. Ionics 19:951–988
66. Liu D, Bai Y, Zhao S, Zhang W (2012) Improved cycling performance of 5 V spinel $LiMn_{1.5}Ni_{0.5}O_4$ by amorphous $FePO_4$ coating. J Power Sourc 219:333–338

第 15 章
锂离子电池技术

15.1 容量

不可逆容量是在电池第一周循环（也有到第二周循环的）测得的容量损失，其产生原因各有不同。正极侧前二周循环的容量损失通常是充电时脱锂引起结构恢复的不完全可逆造成的，第一次放电时尽管锂离子重新进入正极的活性位，但由于发生了晶格畸变，部分锂离子将残留在正极中。$LiCoO_2$ 不可逆容量相对比较小，典型值为 $3\sim5\,mA\cdot h\cdot g^{-1}$。但 $LiNiO_2$ 等结构稳定性较差，不可逆容量可上升到 $20\sim30\,mA\cdot h\cdot g^{-1}$。在负极侧不可逆容量损失的原因也各不相同。碳基负极的初始容量损失是由电解质在负极表面还原形成 SEI 膜造成的。不可逆容量的准确值取决于碳颗粒的形状、尺寸及结晶度，一般在 $20\sim30\,mA\cdot h\cdot g^{-1}$ 范围。这部分不可逆容量损失是由于锂离子被负极表面的 SEI 膜捕获，而这部分锂离子是在第一次充电过程中由正极提供的。另外，第 10 章中给出了初始容量损失较大的例子，或是由于负极材料（如 Si）在第一次充电过程中结晶度的破坏（非晶化），或是第一次放电过程中不可逆的化学反应造成的（如负极的合金化/合金分解反应）。尽管负极的不可逆容量较大，但人们关心的是第一周、第二周循环后的可逆容量，因为这个容量关系到电池全寿命周期的供电能力。无论如何，人们在电池应用中（已商业化或实验室研究），对循环两周后库仑效率接近 100% 的材料更感兴趣。

15.2 负极/正极容量比

负极/正极容量比即 N/P 比也称为电池平衡。为理解这个参数的重要性，举例如下：初始容量 $100\,mA\cdot h$，不可逆容量 $10\,mA\cdot h$ 的负极在以金属锂为对电极的半电池中，生成 SEI 膜将消耗 $10\,mA\cdot h$，其后电极能提供 $90\,mA\cdot h$ 的容量。对于半电池，SEI 膜生成消耗锂离子多少并不重要，也不会影响半电池容量，因为金属锂对电极可以提供所需要的更多的锂离子。但在全电池中则不同。假设使用同样的负极，而正极的初始容量为 $100\,mA\cdot h$，不可逆容量为 $20\,mA\cdot h$，可逆容量为 $80\,mA\cdot h$。第一次充电，正极正好满足负极形成 SEI 消耗的 $10\,mA\cdot h$，加上负极满充电所需要的 $90\,mA\cdot h$ 锂离子的量。放电时，锂离子将由负极提供给正极，正极中可吸收锂离子的量仅为 $100-10=90(mA\cdot h)$，但其中将有 $20\,mA\cdot h$、不可逆容量的锂离子被消耗，所以负极容量较大时电池的容量将是 $90-20=70(mA\cdot h)$。所以，生成 SEI 膜将引起全电池可逆容量的降低。但是，通过增加正极活性物质的量来提高电池容量未必是好办法。假设正极容量增加50%，则正极容量为150mA·h、不可逆容量为30mA·h。首次充电过程中150mA·h容量正极提供出100mA·h容量。如果充电停止在这个阶段，则首次放电过程中90mA·h的容量将返回负极。在第二周循环时正极可提供的锂量是140-30=110(mA·h)，此容量高于负极可吸收的90mA·h容量，所以电池的可逆容量取决于负极的90mA·h。无论如何，电池通常工作在深充放电条件下，如果我们选择电池将100mA·h的锂输运到负极，当进一步充电时正极中的锂仍然可以移动到负极。因为负极没有足够的空间接纳过量的锂，过量的锂将在负极表面聚集形成锂金属膜，即析锂，这将导致严重的安全隐患所以要避免出现。所以，尽管使用大容量正极对获得大容量电池有很大诱惑力，但电池设计的第一准则就是负极容量必须大于正极容量。

基于以上准则，我们尝试通过提高负极容量50%来增加电池容量。使用容量为100mA·h、不可逆容量为10mA·h的正极，负极容量150mA·h、不可逆容量15mA·h。如前所述，第一个循环后，电池容量是100-15-20=65(mA·h)，而负极容量是100mA·h时电池的容量是70mA·h。所以，使用高容量负极导致电池容量的下降。其原因是使用同样可逆容量的负极，形成负极SEI膜所消耗的不可逆容量增加了。

当然，我们选择的例子过于简单化，实际上有些容量衰减发生在循环过程中或一段时间以后，我们也假设负极的不可逆容量损失只来源于稳定的SEI膜的形成。但无论如何，这可以说明电极平衡（N/P比）的选择对电池容量和安全均非常重要。

因为电池平衡是电池非常重要的参数，电池制造商通常不愿公开这一参数。经典钴酸锂/石墨电池用了30年后设计参数信息才公开。标准的18650电池（圆柱电池，直径18mm，长度65mm）的负极片宽度约59mm，略大于正极片的58mm，所以其负极容量大于可全覆盖正极的容量，其N/P比是1.1。

15.3 电极载量

电极载量是指集流体单位面积上承载的电极材料的量。载量也是需要优化的重要参数。载量过高将导致电极层内阻升高、限制电流通过而导致电池倍率性能下降，降低载量可提高电池倍率性能但由于减少了活性物质而影响能量密度。所以为保持同样的容量，需要增加电极面积以抵消载量降低的影响，这需要大量的金属箔集流体，而集流体带来的质量增加也可能大于降低载量的红利。解决办法之一是减薄集流体箔的厚度，但为保证电池的制造过程需要集流体有一定的强度，所以减薄集流体厚度是有极限的。锂离子电池的高功率和高能量设计是一对基本矛盾。载量水平（$g·cm^{-2}$）总是根据需要进行设计妥协，并在电极材料特性上进行优化，因为有效表面积也取决于材料颗粒的尺寸和形状。

15.4 衰降

由于各种原因导致容量随着循环（循环寿命）和时间（日历寿命）而降低，本节对容量衰降进行综述。

15.4.1 晶体结构破坏

除了 $Li_4Ti_5O_{12}$ 以外，当负极活性材料吸收或放出锂离子时将发生体积变化。随着循环导致活性材料疲劳，大部分情况下如石墨发生微裂而出现新的表面，这些新表面暴露在电解液中，在极端情况下材料颗粒发生破裂（参照第 10 章 Si 负极的介绍）。而最大的体积变化发生在深度放电的结束点，当电池再充电时，活性材料颗粒的新表面与电解液相互作用生成新的 SEI 膜，消耗锂而导致容量减少。无论如何新增的 SEI 膜导致电池内阻上升，降低倍率放电性能。材料颗粒的表面陈化对其电化学特性产生影响并关系到电池老化。

15.4.2　SEI 膜讨论

电解质中的杂质可以是制造过程引入的，也可以是充电末期正极氧化后的可溶物。某种情况下溶解在电解质中的基团可以作为溶解 SEI 的催化剂，特别是在放电末期，在 SEI 膜不够稳定的情况下更容易溶解。为进一步了解对电池的影响，让我们再回顾前面同样的示例。全电池的正极初始容量是 110mA·h、不可逆容量是 10mA·h，所以其可逆容量是 100mA·h；负极初始容量 130mA·h，包括用于形成初始 SEI 膜的不可逆容量 50mA·h。第一周循环后，全电池的容量是 110－10－30＝70(mA·h)，小于负极所需要的 80mA·h 容量。现假设 100 周循环后正极衰降，SEI 膜部分溶解而不可逆容量降至 10mA·h，电池的容量增至负极所需要的 80mA·h，则导致负极表面的金属锂析出，这是我们不希望看到的。当然这是一种极端状态，但显示了正极衰降而溶解 SEI 膜的严重后果。上述分析也表明正负电极对的选择及生成稳定 SEI 膜的重要性（参照第 1 章）。

15.4.3　正极基团迁移

源于正极的溶解基团可以从正极迁移到负极，在负极表面被还原生成新的表面层。如尖晶石材料 $LiMn_2O_4$ 的锰溶解到电解液中，升温可以加速这一氧化反应。在美国，装备有该体系电池的电动汽车经过一个炎热夏天后被车厂召回，更换了电池。更具有戏剧性的是，采用富镍层状金属氧化物正极时，正极可析氧并转移到碳负极，与碳反应生成 CO_2。

15.4.4　腐蚀

任何形式的水残留都会引起集流体腐蚀。用于锂离子电池的锂盐最普遍的就是 $LiPF_6$，该锂盐的电解液具有很好的电导率，同时可防止铝箔腐蚀。但它与水反应生成氢氟酸（HF），对金属集流体腐蚀性非常强：

$$LiPF_6+4H_2O =\!\!=\!\!= 5HF+LiF+H_3PO_4 \tag{15.1}$$

这就是为什么在锂离子电池制造过程中特别注意避免以任何途径引进水杂质。

15.5　制造与包装

电池的构成要素包括两个电极、隔膜和电解质。针对安全性隔膜的选择原则已经在前面章节中叙述，本节介绍电池制造过程中各电池元件的组装步骤。

15.5.1　步骤 1：电极活性材料颗粒的制备

在正负极材料的章节中已经介绍了活性材料的合成，其特性取决于材料的尺寸、形状和成分组成。正负极活性材料现在是纳米化的，而读者已从纳米技术专业书刊中了解了纳米材料的制备等相关内容[1]。这里假设我们已得到纳米材料，而电极是由均匀的正负极粉末制备的,我们的目的是测试电池活性部件,比较其电化学特性。任何材料均有各自的优缺点,如何选择取决于电池的应用。许多储能装置采用锂离子电池,通常的工作模式是长时间基本输出(典型的辅助或待机功能)和有限的循环,如瞬间驱动或通信连接[2~4]。没有一种电极材料既可以提供高比能量,又具备高倍率放电能力,所以系统设计师选择两种方案:其一是选择低比能量可高倍率放电的装置;其二是使用两个独立的储能系统组成混合装置,包括低倍率放电的高密度储能装置和可高倍率输出的低能量密度储能装置[5~7]。这个解决方案需要各自充电控制元件、封装及连线,增加了系统复杂度。有另外一种可行的多倍率复合电池的解决方案,即采用两种不同正极活性材料制成复合正极。这种尝试并不新鲜,在许多出版物和专利中均有描述。举例说明如下:如将层状化合物 $LiMO_2$(M=Ni,Co,Mn)与尖晶石 $LiMn_2O_4$ 混合制成复合正极[8~10],将 $LiMO_2$ 与 Li_3RuO_3 混合[11]。也有人建议将 $LiFePO_4$ 与 $LiCoO_2$ 制成多层结构电极[12]。一项美国专利覆盖了较宽范围的可能复合正极组成,包括将层状 $LiMO_2$ 与 $LiMPO_4$ 复合等[13]。碳包覆 $LiFePO_4$ 是一种大家熟知的最安全正极材料,可在 50C 高功率放电[14,15]。因为该电池支持大倍率充电,可以满足刹车时快速恢复能量,并在加速时快速放电,采用该技术的电池成功应用于混合动力车[16,17]。但由于 $LiFePO_4$ 工作电压是 3.5 V、容量为 $160mA \cdot h \cdot g^{-1}$,其能量密度较低,在纯电动车应用受到制约。层状化合物与磷酸铁锂相对,材料虽不够安全、倍率性能较差,但比容量大。准两相材料 $xLi[Ni_{0.5}Mn_{0.5}O_2;_y Li[Li_{0.33}Mn_{0.67}]O_2$,如 $Li[Li_{0.17}Mn_{0.58}Ni_{0.25}]O_2$($x=y=0.5$)低倍率充电到 4.8 V 时具有高达 $250mA \cdot h \cdot g^{-1}$ 比容量[18~20]。所以,这是一种诱人的正极材料,问题是如何找到其优缺点的平衡。

如图 15.1 所示,有三种技术途径制备该类电极[21]:①是充分混合两种材料制成单一电极;②隔离为两个不同区域;③以 $LiFePO_4$ 打底的多层电极。以三种电极分别制成电池进行评估,结果显示混合与分层电极差别较小,表明将 $Li[Li_{0.17}Mn_{0.58}Ni_{0.25}]O_2$ 和 $LiFePO_4$ 混合均匀,由于相邻颗粒均通过高比表面积导电剂保持导电接触而使得所有颗粒趋向等电位。尽管高导电性的 $C-LiFePO_4$ 材料提供了贯穿整个电极的导电路径,某种程度上抵消了电极极化水平,但整个电极的极化仍然增加了。

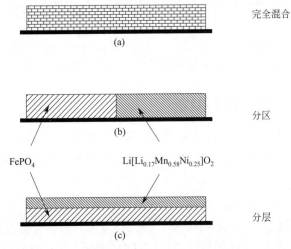

图 15.1 不同方法制备 $Li[Li_{0.17}Mn_{0.58}Ni_{0.25}]O_2$ 电极

层状结构电极的情况更为极端,由于 $C-LiFePO_4$ 未贯穿整个电极提供导电通道,无论是电子还是离子电导率均受影响，全电池的电流传导压力施加到 Li[Li$_{0.17}$Mn$_{0.58}$Ni$_{0.25}$]O$_2$ 材料，从而影响了电极的倍率性能。

对于材料区域分离的电极，Li[Li$_{0.17}$Mn$_{0.58}$Ni$_{0.25}$]O$_2$ 电极区域总体上与单独存在时的极化行为类似，大部分电流通过 LiFePO$_4$ 电极区域。在这种情况下，电极的 Li[Li$_{0.17}$Mn$_{0.58}$Ni$_{0.25}$]O$_2$ 和 LiFePO$_4$ 活性材料不必保持在相同的电位。

作为结论，可以说混合两种倍率放电能力完全不同的材料制备复合电极与并联两种材料电极效果不等效，最佳电极结构是均匀混合两种活性材料并与共同集流体接触。这种电极不会受低倍率材料发生显著极化的困扰，使得高倍率材料在大电流放电时充分贡献容量。这种结构更像将单一材料的电池并联在电路中，有助于储能装置小型化和充电控制简单化。图 15.2 显示了 Li[Li$_{0.17}$Mn$_{0.58}$Ni$_{0.25}$]O$_2$/C-LiFePO$_4$（50%：50%，质量分数）复合正极半电池的电压曲线。电极是通过喷涂混合粉末的 NMP 溶液制备的，其中黏结剂和炭黑导电剂各占 10%（质量分数）。数据是电池经过数周循环形成稳定 SEI 后采集的。3.45 V 电压平台对应的是 LiFePO$_4$ 放电部分，与 Li[Li$_{0.17}$Mn$_{0.58}$Ni$_{0.25}$]O$_2$ 放电重叠，该电池低倍率放电功率为 300 W·kg^{-1}，3C 倍率放电功率超过 700 W·kg^{-1}。

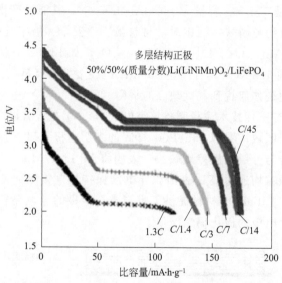

图 15.2 Li[Li$_{0.17}$Mn$_{0.58}$Ni$_{0.25}$]O$_2$/C-LiFePO$_4$ 混合正极（50%：50%，质量分数）与锂对电极构成的半电池放电电位曲线

15.5.2 步骤 2：电极叠片的制备

正负极的制备方法类似。首先将导电剂（通常为碳和炭黑）加到电极材料中以吸收电极颗粒的膨胀收缩、提高电极粉末的导电性；然后加入黏结剂以增塑电极、便于操控。

15.5.2.1 黏结剂

典型的黏结剂是聚偏氟乙烯（PVdF）。在电芯制备过程中，N-甲基吡咯烷酮（NMP）被用作黏结剂 PVdF 的溶剂。尽管 NMP 被广泛用作溶剂，但其也存在成本高、影响环境等缺点。所以，使用 NMP 要严格控制环境相对湿度（低于 2%）以避免腐蚀作用。PVdF 黏接强度大但缺乏柔韧性。如果黏结剂柔韧性低，由于充放电过程中活性材料颗粒发生膨胀、收缩将使颗粒间连接发生断裂，从而容易导致循环寿命降低。所以为替代 PVdF，开发了易于吸收电极膨胀、收缩应力的新型黏结剂,重点应用于负极[22,23]。由于硅负极在锂嵌入脱出过程中体积变化非常大,用 PVdF 作为黏结剂测试结果较差,所以选择更具柔韧性的新型黏结剂对其电性能的发挥非常重要[24~27]。迄今为止科学家们提出了多种面向硅负极的各种新型黏结剂,包括丁苯橡胶-羧甲基纤维素钠(SBR-SCMC),聚酰胺酰亚胺(PAI),聚丙烯酸(PAA),聚酰亚胺(PI),藻类等[27~35](参考第 10 章)。

当然替换 PVdF 还有一些其他原因,如电池安全性、成本问题等[36,37]。氟在锂电池中可以生成稳定的 LiF,是电池衰降产物之一。与液态电解质相关,LiF 和其他碳氟双键($C=CF^{-1}$)有害物质的生成加速电池性能衰降[38~40]。由于 PVdF 的自加热作用,进一步引发热失控。同时,PVdF 可以溶解在有机溶剂中,对人体和环境有害。

人们努力探索比有机溶剂环境友好的新型非氟黏结剂,适于替代 PVdF。一些新型水溶性黏结剂被成功测试通过并广泛应用于负极[23,37]。新型黏结剂具有以下优势:①低成本;②无污染问题;③用于用量可降低,从而增加电池中活性物质比例;④不需要严格控制过程湿度;⑤电极加工过程干燥速度快。SBR/CMC 混合物是最普遍的水性黏结剂,其中 SBR 是基础黏结剂,CMC 是增黏剂。现在一些人造橡胶也用作锂离子电池负极的黏结剂。最近,人们努力将正极浆料做得更好,但从非水系过渡到水系涂布工艺遇到一些困难,如浆料制备、黏度控制以及成膜过程。只有解决了这些难点才能成功用于锂离子电池。$LiFePO_4$ 是最近商业化的正极材料,我们发现作为其黏结剂的人造橡胶是可以与 PVdF 相媲美的。不同的黏结剂在 $LiFePO_4$ 颗粒间如何连接与相互作用是不同的。图 15.3 比较了人造橡胶与 PVdF 的不同。考虑到在电极结构中难以直接观察 CMC,假设 CMC 薄层涂在 $LiFePO_4$ 颗粒表面,部分与材料颗粒刚性连接。在水性浆料制备过程中,CMC 对控制浆料黏度非常重要,但在涂完电极后,CMC 在电极中几乎不发生变化。CMC 是电极中电化学惰性的成分,在干燥电极中无显著作用。我们认为人造橡胶在电极中以相当小的接触面积与颗粒彼此相连,在足以保障黏接力的同时提供电极的柔韧性。电极的柔韧性是通过采用相同材料和人造橡胶时、不同黏结剂的低密度极片确认的。我们发现采用 CMC 替代 PVdF,极片柔韧性倍增[41]。

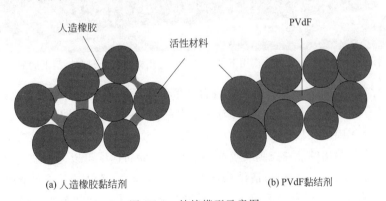

(a) 人造橡胶黏结剂　　　　　　　　(b) PVdF 黏结剂

图 15.3　粘接模型示意图

因为电极柔韧性提高了,所以黏结剂吸收了反复充放电过程中电极膨胀收缩的应力,显著提高了电池寿命。与此相反,PVdF 接触面积大影响电极柔韧性和电池循环寿命。更进一步,人造橡胶显示了良好的抗氧化能力,其稳定性上升到 6V,而 PVdF 在 5.4V 即发现衰减。所以,人造橡胶可以用作下一代 5V 电极的黏结剂,但 PVdF 则因为氧化衰降并最后产生 HF 而不能用于 5V 材料[41]。人造橡胶即使在高电压衰降,其主要衰降产物具有碳氢键芳香烃结构。这类新型黏结剂未来不仅用于负极也可以用于正极。但是，由于水性黏结剂悬浮液与电极材料存在较强的氢键和静电作用，易于团聚[42]，所以制造浆料时，必须注意控制人造橡胶的分散状态以避免团聚。典型的活性材料、黏结剂和炭黑的干组分比例范围分别为 75%～90%、5%～10%、5%～15%。

15.5.2.2 集流体沉积

活性材料粉体、碳添加剂和溶解在溶剂中的黏结剂的混合采用行星搅拌器。搅拌后的浆料呈连续墨水状，可以采用流延或印刷的方式将浆料涂布在铝箔（正极）或铜箔上（负极）。

①流延。流延成型可以制备 5μm 膜，干燥后膜厚在 1.3～2.5μm 范围[43]。流延过程是将浆料装入刮刀料斗内，然后流延到移动的铝箔上[44]。当浆料从刮刀下面通过时，在刀口剪切力作用下黏度下降，高黏度浆料从刀口流下，避免浆料从流延区域扩散开去。湿膜的厚度由刀口与铝箔间隙大小及铝箔移动速度决定。流延后的湿电极被转移去干燥，从电极表面蒸发掉溶剂。在这一步骤，预干燥的极片被转移到真空箱进一步干燥。干燥过程基于两个机制：其一是溶剂从电极表面蒸发；其二是溶剂从涂层向表面扩散。最快的加热方法不是借助热风而是加热极片底部以加速溶剂在极片中的移动，不过在干燥过程中只要保持干燥速率足够小则整个极片或多或少会保持更均匀。

图 15.4 在水压泵压力作用下采用喷涂法将正极浆料沉积在铝箔上的照片

② 涂布。涂布过程非常重要。如果读者希望了解更详细情况可阅读参考文献 [45]。此处仅简单介绍锂离子电池基本制造过程。喷涂是电极的另一种制造方法[46]。在水泵压力作用下，浆料被从料槽中挤出喷涂在移动的铝箔上（图 15.4）。喷嘴方向与运动的铝箔走向垂直。为制备均匀的膜，应保持喷出的液珠充满喷嘴与铝箔间隙。涂布速度可以通过调整真空度提高[47]。喷嘴水平坐标位置启停空气清扫与清洁操作完美结合，保障沉积层不混入杂质。在浆料接触到铝箔之前，喷涂制膜过程浆料流道处于一种密封环境，是一种低杂质涂膜工艺。因为喷涂工艺不存在刮刀与衬底接触、不会给衬底带来拉伸应力，所以接触少是喷涂工艺的又一优势。喷涂膜的涂层厚度是通过流速及衬底移动速度控制的，而不是由刀口与衬底间缝隙大小控制的，所以可得到均匀且无缺陷的膜。在参考文献[48]中对喷涂参数进行了优化，Lee 等人在文献 [49] 中研究了该方法的短板。特别是高黏度浆料限制了最大喷涂速度，而黏度不仅与黏结剂浓度有关，而且与活性材料的粒径和形状有关，必须分别进行优化。最小涂层厚度也与毛细喷管数有关。最大涂布速度极限受限于气体夹带[50]，发生气体夹带的原

因包括动力学接触角接近 180°[50]、衬底表面粗糙[50]、液体表面张力等[50]。

③ 印刷。印刷技术可用凹版印刷或丝网印刷以及苯胺印刷。此处，采用覆盖有墨水状浆料的辊轮进行电极涂层沉积，通过干燥窑蒸发掉溶剂而得到干燥的电极卷。最普遍的印刷过程是丝网印刷。该方法简单、重现性高并可高效制备大尺度电极[53]，而且不需要后处理[54]。关键问题与其他技术相同，仍然是如何得到均匀、稳定、具有合适黏度的涂料，这对优化衬底与厚膜结合力非常重要。否则膜层将脱落。

以 $LiCoO_2$ 为例，为增加黏接强度，在浆料中加入双酚树脂，双氰胺作为去除环氧树脂添加剂。树脂与双氰胺的比例是 1/0.1[55]。无论如何，树脂固化将分层，并增加膜的表面粗糙度。这个问题可以通过向涂料中加入甲基纤维素树脂得到解决，树脂与甲基纤维素的比例为 1/3。

15.5.2.3 辊压过程

电极成膜后必须压实，将孔隙率从 70% 降低到 20%～40%。调整孔隙率足够大以保持电极材料颗粒与电解质的良好接触，提供更大的有效电化学反应面积；调整孔隙率足够小以避免颗粒间及与集流体的分离。首先，整平修剪电极片，然后分切成一定尺寸的电极。经预热后进行辊压用无纺布清理掉电极表面杂质，最后在保持一定张力的条件下卷成卷。

15.5.3 装配过程

卷绕过程是将两个用隔膜分开的电极片一同卷绕制成电芯卷，通过极耳与电极相连。采用超声焊接分别将铝、镍极耳与正、负极相连接。重整步骤将去除卷心褶皱，插入焊接件。在这个阶段要测试电芯是否短路，正常电芯电阻应大于数十兆欧。如果接下来制备圆柱形电池，即可将卷绕电芯插入金属罐中制备电池。而像用于电动车的电池组需要许多单体电池包，由于圆柱形单体电池装配密度低，并不是最简易方便的单体形式。因此，车用电池组多采用方形单体，卷绕电芯入壳前将被压扁。通过 X 射线观察控制电芯入壳深度，负极耳与壳底焊接。装配圆柱形电池单体时，通过壳体滚槽限位、固定密封圈再将电芯与上盖连接。然后减压加注电解液，并允许电芯卷电解液饱和。注液后用无纺布擦去附着在极耳及上盖与极组连接件上的残余液体。最后装上密封圈。负极的极耳与带安全阀的壳底中心位置进行超声焊接（参考第 14 章）。

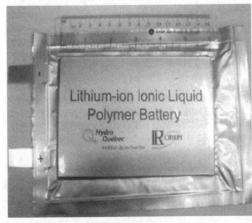

(a) (b)

图 15.5 铝塑膜锂离子电池（离子液体/聚合物型，活性面积 104 cm^2）
(a) 及 20A·h 方形锂离子电池（A4 尺寸）(b)

压接过程是加压将包括熔断装置、正温度系数元件（PTC）、电池上盖等组装起来，然后激光密封或软包装热封。折叠电芯需要加压保持恒定高度。经 X 射线检查确认有无缺陷及内部元件装配问题，然后水洗去除外表电解液及杂质，再干燥去除水汽。最后，制造商印制产品系列号及日期。

15.5.4 化成过程

初始充电过程中形成 SEI 膜，这个过程对电池的未来电性能、寿命非常重要。形成完好稳定 SEI 膜可以避免电解质的进一步分解（图 15.6）。所以制造商把化成过程作为电池制造的重要步骤。一些有缺陷的电池也可以在这个阶段被筛选出来。因为主要故障是电池内短路，并导致开路电压下降和容量损失。

 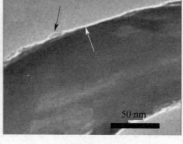 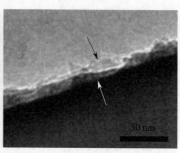

(a) 新电极　　　　　　　　(b) 放电到1.2V　　　　　　　　(c) 放电到0.05V

图 15.6　显示 SEI 膜形成在石墨电极表面的 TEM 图像
（白色和黑色箭头分别表示石墨端面和 SEI 层）

故障电池单体将被弃用，因为组合中无论是串联还是并联对单体电池一致性要求都很高，如容量差别要求控制在 3 ％以内。在 15.4.1～15.4.4 节介绍了单体制造完成后的陈化筛选过程。电池单体制造完成后需要在满电态稳定数小时，去掉故障电池单体，然后将剩余电池在恒温下搁置一个月后再完全放电测出容量。根据单体容量进行分级，一级品是容量差别在 3％以内的电池。然后电池可以在放电态下推向市场。

15.5.5 充电器

消费者买到电池后首先要用充电器充电。充电器内具有防过充电装置，避免过多锂转移到负极。本节中已经介绍了正负极容量平衡的重要性，电池设计时负极容量适当大于正极，所以理论上不存在过量的锂转移到负极在表面形成金属锂层的可能性。但正极活性物质在过充情况下因失锂而变成绝缘体，导致内阻增加、电压突升、电池内部温度升高，甚至有电池热失控和起火的可能性。过充有时导致正极活性材料结构坍塌，存在爆炸风险。正因为如此，电池充电需要用电子装置认真控制。固溶体活性材料中锂离子的嵌入/脱出至少伴随1～2个电极过程，其电压随着充电而变化，通过电压可控制电池荷电状态。如果锂离子嵌入脱出是两相反应如磷酸铁锂电池电压曲线呈平台状，可以通过测量电流对时间积分直接获得转移到负极的锂量。电池电压对应的荷电状态与正负极组合种类相关联。充电过程中需要控制通过电池的电流，以免电池远离热力学平衡，电流过大导致过电位极化。通常电池充电分步进行，应控制每步的电流与时间。再次强调，电池的电极选择不同，其内部锂离子迁移动力学就不同，所以强制电池供应商配特制充电器，用于其特殊设计电池的充电。

参 考 文 献

1. Hosakawa M, Nogi K, Naito M, Yokoyama T (eds) (2008) Nanoparticles technology handbook. Elsevier, New York
2. Mayo RN, Ranganathan P (2005) Energy consumption in mobile devices: why future systems need requirements – aware energy scaie-down. In: Salsafi B, Vijaykumar TN (eds) Power – aware computer systems. Lect Notes Comput Sci 3164:26–39
3. Verbrugge M, Frisch D, Koch B (2005) Adaptive energy management of electric and hybrid electric vehicles. J Electrochem Soc 152:A333–A342
4. Harrison AI (2003) The changing world of standby batteries in telecoms applications. J Power Sourc 116:232–235
5. Lam LT, Louey R (2006) Development of ultra-battery for hybrid-electric vehicle applications. J Power Sourc 158:1140–1148
6. Chandrasekaran R, Sikha G, Popov BN (2005) Capacity fade analysis of a battery/super capacitor hybrid and a battery under pulse loads – full cell studies. J Appl Electrochem 35:1005–1013
7. Han J, Park ES (2002) Direct methanol fuel-cell combined with a small back-up battery. J Power Sourc 112:477–483
8. Park SH, Kang SH, Johnson CS, Amine K, Tackeray MM (2007) Lithium-manganese-nickel-oxide electrodes with integrated layered-spinel structures for lithium batteries. Electrochem Commun 9:262–268
9. Arrebola JC, Caballero A, Hernan L, Morales J (2005) Expanding the rate capabilities of the $LiNi_{0.5}Mn_{1.5}O_4$ spinel by exploiting the synergistic effect between nano and microparticles. Electrochem Solid State Lett 8:A461–A645
10. Ma ZF, Yang XQ, Liao XZ, Sun X, McBreen J (2001) Electrochemical evaluation of composite cathodes base on blends of $LiMn_2O_4$ and $LiNi_{0.8}Co_{0.2}O_2$. Electrochem Commun 3:425–428
11. Stux AM, Swider-Lyons KE (2005) Li-ion capacity enhancement in composite blends of $LiCoO_2$ and Li_2RuO_3. J Electrochem Soc 152:A2009–A2016
12. Imachi N, Takano Y, Fujimoto H, Kida Y, Fujutani S (2007) Layered cathode for improving safety of Li-ion batteries. J Electrochem Soc 154:A412–A416
13. Barker J, Saidi MY, Tracey EK (2006) Electrodes comprising mixed active particles. US Patent 7,041,239. Accessed 9 May 2006
14. Zaghib K, Dontigny M, Guerfi A, Charest P, Rodrigues I, Mauger A, Julien CM (2011) Safe and fast-charging Li-ion battery with long shelf life for power applications. J Power Sourc 196:3949–3954
15. Zaghib K, Dontigny M, Guerfi A, Trottier J, Hamel-Paquet J, Gariepy V, Galoutov K, Hovington P, Mauger A, Groult H, Julien CM (2012) An improved high-power battery with increased thermal operating range: $C-LiFePO_4//C-Li_4Ti_5O_{12}$. J Power Sourc 216:192–200
16. Zaghib K, Dubé J, Dallaire A, Galoustov K, Guerfi A, Ramanathan M, Benmayza A, Prakash J, Mauger A, Julien CM (2014) Enhanced thermal safety and high power performance of carbon-coated $LiFePO_4$ olivine cathode for Li-ion batteries. J Power Sourc 219:36–44
17. Zaghib K, Dontigny M, Perret P, Guerfi A, Ramanathan M, Prakash J, Mauger A, Julien CM (2014) Electrochemical and thermal characterization of lithium titanate spinel anode in $C-LiFePO_4//C-Li_4Ti_5O_{12}$ cells at sub-zero temperatures. J Power Sourc 248:1050–1057
18. Wu Y, Manthiram A (2006) High capacity, surface-modified layered $Li/Li[Ni_xLi_{(1/3-2x/3)}Mn_{(2/3-x/3)}]O_2$ cathodes with low irreversible capacity loss batteries, fuel cells, and energy conversion. Electrochem Solid State Lett 9:A221–A224
19. Lu ZH, Dahn JR (2002) Understanding the anomalous capacity of $Li/Li[Ni_xLi_{(1/3-2x/3)}Mn_{(2/3-x/3)}]O_2$ cells using in situ X-ray diffraction and electrochemical studies. J Electrochem Soc 149:A815–A822
20. Lu ZH, Beaulieu LJ, Donaberger RA, Thomas CL, Dahn JR (2002) Synthesis, structure, and electrochemical behavior of $Li[Ni_xLi_{(1/3-2x/3)}Mn_{(2/3-x/3)}]O_2$. J Electrochem Soc 149:A778–A791
21. Whitacre JF, Zaghib K, West WC, Ratnakumar BV (2008) Dual active material composite cathode structures for Li-ion batteries. J Power Sourc 177:528–536
22. Fukunaga M, Suzuki K, Kuroda A (2003) The 44th battery symposium in Japan. Abst #1D19, p 462
23. Zhang SS, Xu K, Jow TR (2004) Evaluation on a water-based binder for the graphite anode of Li-ion batteries. J Power Sourc 138:226–231
24. Chen Z, Chevrier V, Christensen L, Dahn JR (2004) Design of amorphous alloy electrodes for

Li-ion batteries: a big challenge. Electrochem Solid State Lett 7:A310–A314
25. Chen Z, Christensen L, Dahn JR (2003) Comparison of PVDF and PVDF-TFE-P as binders for electrode materials showing large volume changes in lithium-ion batteries. J Electrochem Soc 150:A1073–A1078
26. Chen Z, Christensen L, Dahn JR (2003) Large-volume-change electrodes for Li-ion batteries of amorphous alloy particles held by elastomeric ethers. Electrochem Commun 5:919–923
27. Liu R, Yang MH, Wu HC, Chiao SM, Wu NL (2005) Enhanced cycle life of Si anode for Li-ion batteries by using modified elastomeric binder. Electrochem Solid State Lett 8: A100–A103
28. Li J, Lewis RB, Dahn JR (2007) Sodium carboxymethyl cellulose: a potential binder for Si negative electrodes for Li-ion batteries. Electrochem Solid State Lett 10:A17–A20
29. Bridel JS, Azaïs T, Morcrette M, Tarascon JM, Larcher D (2010) Key parameters governing the reversibility of Si/carbon/CMC electrodes for Li-ion batteries. Chem Mater 22:1229–1241
30. Choi NS, Yew KH, Choi WU, Kim SS (2008) Enhanced electrochemical properties of a Si-based anode using an electrochemically active polyamide imide binder. J Power Sourc 177:590–594
31. Magasinski A, Zdyrko B, Kovalenko I, Hertzberg B, Burtovyy R, Huebner CF, Fuller TF, Luzinov I, Yushin G (2010) Toward efficient binders for Li-ion battery Si-based anodes: polyacrylic acid. ACS Appl Mater Interfaces 2:3004–3010
32. Ding N, Xu J, Yao Y, Wegner G, Lieberwirth I, Chen C (2009) Improvement of cyclability of Si as anode for Li-ion batteries. J Power Sourc 192:644–651
33. Chong J, Xun S, Zheng H, Song X, Liu G, Ridgway P, Wang JQ, Battaglia VS (2011) A comparative study of polyacrylic acid and poly(vinylidene difluoride) binders for spherical natural graphite/LiFePO$_4$ electrodes and cells. J Power Sourc 196:7707–7714
34. Kiovelko I, Zdyrko B, Magasinski A, Hertzberg B, Milicev Z, Burtovyy R, Luzinov I (2011) A major constituent of brown algae for use in high-capacity Li-ion batteries. Science 334:75–79
35. Kim JS, Choi W, Cho KY, Byun D, Lim JC, Lee JK (2014) Effect of polyimide binder on electrochemical characteristics of surface-modified silicon anode for lithium ion batteries. J Power Sourc 244:521–526
36. Lee JH, Kim JS, Kim YC, Zang DS, Paik U (2008) Dispersion properties of aqueous-based LiFePO$_4$ pastes and their electrochemical performance for lithium batteries. Ultramicroscopy 108:1256–1259
37. Lee JH, Lee S, Paik U, Choi YM (2005) Aqueous processing of natural graphite particulates for lithium-ion battery anodes and their electrochemical performance. J Power Sourc 147:249–255
38. Maleki H, Deng G, Haller IK, Anami A, Howard JN (2000) Thermal stability studies of binder materials in anodes for lithium-ion batteries. J Electrochem Soc 147:4470–4475
39. Gaberscek BM, Drofenik J, Dominiko R, Pejovnik S (2000) Improved carbon anode for lithium batteries pretreatment of carbon particles in a polyelectrolyte solution. Electrochem Solid State Lett 3:171–173
40. Oskam G, Searson PC, Jow TR (1999) Sol-gel synthesis of carbon/silica gel electrodes for lithium intercalation articles. Electrochem Solid State Lett 2:610–612
41. Guerfi A, Kaneko M, Petitclerc M, Mori M, Zaghib K (2007) LiFePO$_4$ water-soluble binder electrode for Li-ion batteries. J Power Sourc 163:1047–1052
42. Nahass P, Rhine WE, Pober RL, Bowen HK, Robbins WL (1990) A comparison of aqueous and non-aqueous slurries for tape-casting, and dimensional stability in green tapes. In: Nair KM, Pohanka R, Buchanan RC (eds) Materials and processes in microelectronic systems, ceramic transactions, vol 15. American Ceramic Society, Westerville OH, pp 355–364
43. Mistler RE, Twiname ER (2000) Tape casting: theory and practice. American Ceramic Society, Westerville, OH
44. Berni A, Mennig M, Schmidt H (2004) Sol-gel technologies for glass producers and users. Springer, New York, pp 89–92
45. Tracton AA (ed) (2005) Coatings technology handbook. CRC Press, Taylor & Francis Group, Boca Raton
46. Hodges AM, Chambers G (2005) Multilayer; dielectric substrate overcoated with electroconductive layer US Patent 6,946,067. Accessed 20 Sept 2005
47. Chang YR, Chang HM, Lin CF, Liu TJ, Wu PY (2007) Three minimum wet thickness regions of slot die coating. J Colloid Interface Sci 308:222–230
48. Chu WB, Yang JW, Wang YC, Liu TJ, Tiu C, Guo J (2006) The effect of inorganic particles on slot die coating of poly(vinyl alcohol) solutions. J Colloid Interface Sci 297:215–225
49. Lee KY, Liu LD, Ta-Jo L (1992) Minimum wet thickness in extrusion slot coating. Chem Eng Sci 47:1703–1713

50. Deryagin BV, Levi SM (1964) Film coating theory. The Focal Press, New York
51. Buonopane RA, Gutoff EB, Rimore MMT (1986) Effect of pumping tape surface properties on air entrainment velocity. AIChE J 32:682–683
52. Burley S, Kennedy BS (1976) An experimental study of air entrainment at a solid/liquid/gas interface. Chem Eng Sci 31:901–911
53. Tymecki L, Zwierkowska E, Koncki R (2004) Screen-printed reference electrodes for potentiometric measurements. Anal Chim Acta 526:3–11
54. Park MS, Hyun SH, Nam SC (2006) Preparation and characteristics of $LiCoO_2$ paste electrodes for lithium ion micro-batteries. J Electroceramics 17:651–655
55. Park MS, Hyun SH, Nam SC (2007) Mechanical and electrical properties of a $LiCoO_2$ cathode prepared by screen-printing for a lithium-ion micro-battery. Electrochim Acta 52:7895–7902

缩略词

缩写	全称
a.c.	交变电流
AFM	反铁磁性
ALD	原子层沉积
ARC	加速量热仪
ASTM	美国测试与材料协会
BET	比表面积
BMS	电池管理系统
ccp	立方紧密堆积阵
CDMO	复合二氧化锰
CE	库仑效率
CMD	化学二氧化锰
CMOS	互补金属氧化物半导体
CN	配位数
CNT	碳纳米管
CPE	恒相位元件
CPO	紧密堆积的氧
CVD	化学气相沉积
d.c.	直流电
DEC	碳酸二乙酯
DEG	二甘醇
DHPG	掺杂分层多孔石墨烯
DMC	碳酸二甲酯
DMF	二甲基甲酰胺
DOD	放电深度
DSC	示差扫描量热仪
DSL	无序的表面分析
DVA	差分电压分析
EC	碳酸乙烯酯
EDS	能量色散谱
EIS	电化学阻抗谱
EMC	碳酸甲乙酯
EMD	电解二氧化锰
EMI	1-乙基-3-甲基咪唑
EPR	电子顺磁共振
ES	储能
ESCA	化学分析电子光谱
ESR	电子自旋共振
EV	电动汽车
EXAFS	广延 X 射线吸收精细结构
FC	场冷却
fcc	面立方中心
FEC	氟化碳酸乙烯酯
FM	铁磁性
FTIR	红外光谱
Fwhm	半高全宽
GBL	γ-丁内酯
GHG	温室气体

续表

缩写	全称
GITT	恒电流间歇滴定技术
GNR	纳米带石墨烯
GNS	纳米卷石墨烯
GS	石墨片
HEV	混合电动汽车
HPPC	混合脉冲功率特性
HOMO	最高占据分子轨道
HRTEM	高分辨透射电镜
HTR	水热反应
HWS	热等研究
HWHM	半高半宽
IEA	国际能源署
IC	嵌入化合物
ICA	容量增量分析
ICM	等温微热量计
ICP	电感耦合等离子体
IPA	异丙醇
ITO	氧化铟锡（掺锡氧化铟）
JT	John-Teller 效应
LCO	$LiCoO_2$
LCP	$LiCoPO_4$
LFP	$LiFePO_4$
LIB	锂离子电池
LiBOB	双乙二酸硼酸锂
LiFAP	$LiPF_3(C_2F_5)_3$
LiTFSI	双三氟甲烷磺酰亚胺锂
LMB	锂金属电池
LMO	$LiMn_2O_4$
LMP	$LiMnPO_4$
LNM	$LiNi_{0.5}Mn_{1.5}O_4$
LNMC	富 LiNMC
LNO	$LiNiO_2$
LNP	$LiNiPO_4$
LTO	$Li_4Ti_5O_{12}$
LUMO	最低占据分子轨道
LVP	$Li_3V_2(PO_4)_3$
MAS	魔角旋转
MDO	二氧化锰
MOC	介孔碳
MWCNT	多层碳纳米管
NaCMC	羧甲基纤维素钠
NASICON	Na^+ 超离子导体
NC	氮掺杂碳
NCA	$LiNi_{0.8}Co_{0.15}Al_{0.05}O_2$
NCO	$LiNi_{1-y}Co_yO_2$
NIR	近红外线
NMC	$LiNi_xCo_yMn_zO_2$
NMO	$LiNi_{0.5}Mn_{0.5}O_2$
NMP	N-甲基-2-吡咯烷酮

续表

缩写	全称
NMR	核磁共振
Nn	最紧邻
NRA	纳米带阵
Nw	纳米线
OCV	开路电压
PAA	聚丙烯酸
PbBat	铅酸电池
PC	碳酸丙烯酯
PCNF	多孔碳纳米纤维
PEDOT	聚(3,4-乙烯二氧噻吩)
PEO	聚环氧乙烷
PHEV	插入式混合电动汽车
PLD	脉冲激光沉积
PMMA	聚甲基丙烯酸甲酯
ppm	百万分之一
PVA	聚乙烯醇
PVdF	聚偏氟乙烯
PVP	聚乙烯吡啶
RBM	能带模型
rf	无线电频率
rms	均方根
RS	拉曼散射
SAED	选定区电子衍射
SDR	自放电率
SEI	固态电解质界面
SEM	扫描电子显微镜
SFLS	超临界流体-液体-固体
S.G.	空间群
SOC	荷电态
SQUID	超导量子干涉器件
SSR	固态反应
SVO	$Ag_2V_4O_{11}$
SWNT	单壁碳纳米管
tEG	三甘醇
TEG	四甘醇
TEM	透射电子显微镜
TF	薄膜
TM	过渡金属
TMD	过渡金属硫化物
TMO	过渡金属氧化物
TNO	$TiNb_2O_7$
TTFP	三(2,2,2-三氟乙基)亚磷酸酯
USABC	美国先进电池联合会
USP	超声雾化热解
V2G	汽车到电网
VC	循环伏安法
vdW	范德华
VLS	气-固-液
XANES	近边 X 射线吸收

续表

缩写	全称
XPS	X 射线光电子谱
XRD	X 射线衍射
XRPD	粉末 X 射线衍射
ZFC	零磁场冷却
1D	一维
2D	二维
3D	三维